Building Information Modeling –
Grundlagen, Standards, Praxis

Building Information Modeling – Grundlagen, Standards, Praxis

Digitales Denken im Ganzen

Ulrich Hartmann

Ernst & Sohn
A Wiley Brand

< bSD Verlag >

Autor

Dipl.-Ing. Ulrich Hartmann
Höhenkirchen

Titelbild BIM in der Anwendung – Revitalisierung Bonatzbau (Hauptbahnhof Stuttgart)

Grafiken BuP. Boll Beraten und Planen GmbH & Co. KG

Ernst & Sohn GmbH
Print ISBN 978-3-433-03256-5
ePDF ISBN 978-3-433-60958-3
ePub ISBN 978-3-433-60959-0
oBook ISBN 978-3-433-60957-6
Print + ePDF ISBN 978-3-433-03302-9

bSD Verlag
Print ISBN 978-3-948742-81-2
E-Book ISBN 978-3-948742-82-9
Print + ePDF ISBN 978-3-948742-83-6

Bibliografische Information der Deutschen Nationalbibliothek
Die Deutsche Nationalbibliothek verzeichnet diese Publikation in der Deutschen Nationalbibliografie; detaillierte bibliografische Daten sind im Internet über <http://dnb.d-nb.de> abrufbar.

Umschlaggestaltung Petra Franke, Ernst & Sohn GmbH, Berlin

Herstellung pp030 – Produktionsbüro Heike Praetor, Berlin

Satz Olaf Mangold Text & Typo, Stuttgart

Druck und Bindung CPI Group (UK) Ltd, Croydon, CR0 4YY

Gedruckt auf säurefreiem Papier.

C000324_010324

Drei Regeln zu neuen Technologien (nach Douglas Adams)

Alles, was es schon gab, als du geboren wurdest, ist ganz normal.

Alles, was bis zu deinem 30. Lebensjahr erfunden wird, ist unglaublich aufregend und mit etwas Glück kannst du deine Karriere darauf aufbauen.

Alles, was danach erfunden wird, widerspricht der natürlichen Ordnung und bedeutet das Ende der Zivilisation, wie wir sie kennen –
bis sich nach etwa zehn Jahren allmählich herausstellt, dass es eigentlich doch ganz in Ordnung ist.

Doch auch wer sein Alter vorschiebt, sei gewarnt, auch das schützt vor BIM nicht, denn …

„If you take all the experience and judgment of (wo)men over fifty out of the world, there wouldn't be enough left to run it."

(Henry Ford)

Ihr persönlicher E-Book Code

ISBN 9783433033029
Hartmann, U.: Building Information Modeling – Grundlagen, Standards, Praxis (inkl. E-Book als PDF)

Das von Ihnen erworbene E-Book ist im ePDF-Format. Das Format ist nicht mit Amazon Endgeräten oder Apps kompatibel.

Beachten Sie: Sobald der Code verwendet wurde, sind eine Rückgabe oder der Weiterverkauf ausgeschlossen.

Das E-Book können Sie unter www.wiley-vch.de/ebooks/einlösen.
Eine ausführliche Anleitung zum Herunterladen des E-Books finden Sie unter http://www.wiley-vch.de/publish/dt/ebooks

Geleitwort von Dr. Ilka May

Für die eine ist BIM ein alter Hut, für den anderen haben die drei Buchstaben noch Herausforderndes. Beiden gibt das vorliegende Buch von Ulrich Hartmann nicht nur wertvolle Handreichungen. Der Autor greift neben den vielen technischen Aspekten auch den bestehenden Diskussions- und Aktionsbedarf zur Digitalisierung auf. Er scheut sich nicht, über Ländergrenzen zu schauen und bei allen Unterschieden die Gemeinsamkeiten in einem vielversprechenden Ansatz zu sehen. Er versucht nicht, das Rad neu zu erfinden, sondern sortiert und strukturiert ein komplexes Thema, das weit über 3D-Modelle, Prozesse und Standards hinausgeht.

Wir haben durch die Digitalisierung eine Chance, Missstände und Unarten abzustellen, die längst zur akzeptierten Normalität im Bausektor wurden. Worum es geht, ist das Verhältnis zwischen Auftraggebern, Betreibern sowie der Lieferkette und dem Markt. Wir müssen über Innovation sprechen und über die Rollen der verschiedenen Akteure in dem stattfindenden Wandel. Die öffentliche Hand ist der größte Auftraggeber der Baubranche. Dementsprechend hat sie die größte Hebelwirkung auf den Markt. Auf diesem findet Wettbewerb zwischen den Lieferanten statt, und dort muss auch Innovation stattfinden.

Die Erstellung, Verwaltung, Pflege und Nutzung von Daten und Informationen von Bauwerken und Anlagen ist keine triviale Aufgabe. Sie war es übrigens noch nie. Doch seit einigen Jahren spüren die Beteiligten, dass die Digitalisierung im Bausektor kein vorübergehender Hype ist. Sie wird die Vorgaben, Technologien und Prozesse innerhalb des Sektors nachhaltig verändern – und dies in einem ungewöhnlich kurzen Zeitrahmen. Die flächendeckende Einführung von BIM, synonym für den Begriff Digitalisierung im Bau verwendet, führt zu umfangreichen Veränderungen bei Auftraggebern und Marktteilnehmern. Das allein zeigt schon die Dimension des vorliegenden Werks.

Auftraggeber müssen es schaffen, den Markt entsprechend zu ertüchtigen und Innovation voranzutreiben. Nur dann wird Digitalisierung tatsächlich stattfinden.

Für die Betreiber von Bauwerken und Anlagen werden sich viele Investitionen der Umstellung erst mit der Zeit amortisieren – aber dann richtig! Die Anfangsinvestitionen auf die Lieferkette abzuwälzen, kann nicht der richtige Weg sein und führt unweigerlich zu Kollateralschäden. Wir sehen schon lange, dass die praktizierte Vergabe an den billigsten Anbieter auf Kosten der Qualität geht. Es ist klar, dass diese Vergabepraxis keine Innovationen stimuliert bzw. sie gar nicht erst zulässt. Deshalb müssen wir das Vergaberecht und die Vergabepraxis in ganz Europa grundsätzlich neu diskutieren. Da müssen wir ran, das wissen wir nicht erst seit dem Endbericht der Reformkommission „Bau von Großprojekten" des BMVI.

Ein Blick auf das Inhaltsverzeichnis macht deutlich, dass wir uns unter anderem über neue Software, veränderte Daten- und Austauschformate sowie digitalisierte Prozesse und Standards Gedanken machen müssen. Das ist ein dickes Brett und man könnte sich angesichts der Komplexität und des Umfangs der anstehenden Veränderungen durchaus überfordert fühlen. Dafür, dass das Buch solchen Befindlichkeiten energisch und durchweg munter begegnet, geht ein großer Dank an den Autor des vorliegenden Werks. Dank gebührt gleichermaßen auch der großen Zahl von Personen, die oft ehrenamtlich einen enorm großen Anteil ihrer persönlichen Zeit in die Entwicklung von Standards und die Mitarbeit in Gremien investieren. Der Dank geht auch an Unternehmen, die ihre Beschäftigten für solche Aufgaben freistellen und aktiv die Bewältigung der Aufgaben für den ganzen Sektor unterstützen. Nicht zu vergessen sind auch die Kammern und Verbände, die sich für die Interessen ihrer Mitglieder in diesem Wandel einsetzen.

Dr. Ilka May, Juni 2022

Dr. Ilka May leitete 2015 die Entwicklung des Stufenplans „Digitales Planen und Bauen" im Auftrag des Bundesministeriums für Verkehr und digitale Infrastruktur. Ilka May war Geschäftsführerin der „planen-bauen 4.0 – Gesellschaft zur Digitalisierung des Planens, Bauens und Betreibens mbH", die von führenden Verbänden und Institutionen aus der komplexen Wertschöpfungskette Bau im Februar 2015 gegründet wurde. Bis 2017 war sie stellvertretende Leiterin der EU BIM Task Group, bevor sie 2018 die Aktualisierung der BIM-Strategie der Deutschen Bahn maßgeblich begleitete. Sie war Mitglied in verschiedenen Gremien zur Standardisierung der Bauwirtschaft auf europäischer und nationaler Ebene (CEN, DIN, VDI, BSI) und ist seit Anfang 2017 teilhabende Geschäftsführerin der LocLab Consulting GmbH.

Danksagung

Angesichts einer facettenreichen und vielfältigen beruflichen Laufbahn ist die Liste derer, denen ich zu Dank verpflichtet bin und an deren Erfahrungen und Einsichten ich teilhaben durfte, recht lang.

Die Initialzündung für meine große Begeisterung für digitale Methoden im Bereich Architektur, Ingenieurwesen und Konstruktion (AEC) verdanke ich meinen Lehrern Professor Dr.-Ing. Peter Jan Pahl und dem leider früh verstorbenen Professor Dr.-Ing. Rudolf Damrath am Institut für Allgemeine Bauingenieurmethoden IAB der Technischen Universität Berlin. Sie haben mich als wissenschaftlichen Mitarbeiter bereits früh in ihre damals bahnbrechenden Forschungsarbeiten zur digitalen Zusammenarbeit mit verteilten Bauwerksmodellen in Rechnernetzen eingebunden. Schon die aktive Mitarbeit während des Studiums der Bauinformatik an umfangreichen FE-Staudammberechnungen und der neuen Prüfstatik für die damals frisch eingestürzte Stahlbeton-Hyperboloidschale der Berliner Kongresshalle hatten mich begeistert.

Danach zog mich wie ein Magnet der Pionier der Bausoftware in seinen Bann. Mit meiner ziemlich ungewöhnlichen, jedoch innovativen Idee für eine komplett neue Windows-Oberfläche für sein CAD-Flaggschiff ALLPLAN nahm mich Herr Prof. Nemetschek als Development Team Lead beim Wort. Es folgte eines der produktivsten und innovativsten Software-Projekte meiner Laufbahn. Mit der von vielen für technisch unmöglich gehaltenen Idee gelang ein großer Markterfolg, zu dem ich in einer entscheidenden Unternehmensphase beitragen durfte. Für den Mut, die Professionalität und das Herzblut bei der Umsetzung danke ich insbesondere Prof. Nemetschek und den Dev-Teams Bratislava, Sofia und München.

Wissensdurst und Tatendrang wiesen mir den Weg zurück in die Forschung und stießen ein Tor zu neuem BIM-Wissen und digitaler Innovation am Karlsruher Institut für Technologie (KIT) auf. Für die fruchtbare Zusammenarbeit in vielen Projekten und bei Veröffentlichungen, beispielsweise der ersten umfänglichen BIM-Marktanalyse im deutschen Sprachraum „BIM-Potentiale, Hemmnisse und Handlungsplan", danke ich meinen damaligen Kollegen am Institut für Industrielle Bauproduktion ifib.

Der Weg führte zurück in die Wirtschaft. Statt die Zaghaftigkeit bei der Umsetzung der Digitalisierung zu beklagen, soll man sich lieber denjenigen anschließen, die voranstürmen. Ich danke dem unermüdlichen Kämpfer für die Digitalisierung der Bauindustrie und BIM, Frank Weiss, Mitgründer der Conject AG, für die globalen Perspektiven und Initiativen in der Standardisierung, Wissenschaft und Marktentwicklung, die durch ihn im Konzern und in internationalen Gremien immer wieder initiiert und getrieben werden und an denen ich beteiligt war und bin.

Für die sehr fruchtbare Zusammenarbeit zwischen Wissenschaft und Wirtschaft und die für beide Seiten förderlichen Ergebnisse im EU-Forschungsprojekt U_CODE zur Bürgerbeteiligung in der Stadtplanung mit CDE und BIM danke ich besonders Professor Dr.-Ing. Jörg Nönnig und Dipl.-Ing. Anja Jannack von der TU Dresden.

Ich danke Prof. Rasso Steinmann für die Initiierung und Leitung der nationalen BIM-Normung für die VDI 2552 BIM-Richtlinienreihe, an deren Gestaltung ich bei einigen Blättern die Gelegenheit hatte und habe, tatkräftig mitzuwirken.

Mein Dank geht ebenfalls an das DIN für die Unterstützung bei der Entwicklung der DIN SPEC 91391 und die Entsendung als deutscher Delegierter zum CEN. Dafür sei gleichermaßen auch dem Bundesverband Bausoftware BVBS gedankt. Besonderer Dank gilt auch meinen Kolleginnen, Kollegen und Mitstreitern in der nationalen und internationalen Normung bei VDI, DIN, CEN, ISO und in den Arbeitsgruppen von buildingSMART International.

Ich danke Dr. Ilka May für das Geleitwort und ihre Beiträge zum Abschnitt Stufenplan, Dr. Mingyi Wang für den umfassenden Beitrag zu BIM im Risikomanagement und Deniz Sahin und Tariq Kaddoura für ihren Beitrag zur Künstlichen Intelligenz in der Entwurfsphase.

Ich danke dem Verlag Ernst & Sohn, allen voran Dr. Burkhard Talebitari, der mich – möge der Erfolg ihm recht geben – zum Schreiben angestiftet hat. Dr. Swen Wagner und Dr. Bernhard Hauke danke ich für das engagierte Lektorat sowie die Navigation bis zur redaktionellen Fertigstellung. Dem gesamten Verlagsteam, besonders Sylvia Rechlin, gilt mein besonderer Dank für die exzellente Zusammenarbeit bei der Korrektur, Gestaltung und Umsetzung.

Das einzigartige Modell des neuen alten Stuttgarter Hauptbahnhofs, aus dem das Bild für das Buch-Cover entsprang, verdanken wir Hinrich Münzner von BuP/Boll Beraten und Planen Ingenieurgesellschaft mbH & Co. KG.

Nicht zuletzt danke ich allen Kolleginnen und Kollegen meiner vergangenen und gegenwärtigen beruflichen Stationen, insbesondere bei der Conject AG und bei ORACLE Aconex, mit denen ich in oft anspruchsvollen herausfordernden Projekten die BIM-Entwicklung immer wieder ein Stückchen weiter voranbringen durfte.

Ohne die Unterstützung und Rückendeckung im Privaten wäre ein Unterfangen, das zum vorliegenden Buch geführt hat, undenkbar. Ich danke daher zum Schluss und doch zuallererst meiner Familie dafür, dass sie zu jeder Zeit uneingeschränkt hinter mir stand und mir auch in schwierigen Zeiten und angeschlagener Laune den Rücken gestärkt hat.

Ulrich Hartmann, München, im Juni 2022

Inhaltsverzeichnis

Verzeichnis der Beispiele

Verzeichnis der Exkurse

Abkürzungsverzeichnis

2D	zweidimensionale, ebene Geometrie
3D	dreidimensonale, räumliche Geometrie
4D	3D plus zeitliche Verläufe
5D	4D plus Kosten
AEC	Architektur, Ingenieurwesen und Konstruktion
AG	Auftraggeber
AI	Künstliche Intelligenz (Artificial Intelligence)
AIA	Austausch-Informationsanforderungen (in Deutschland üblich), Exchange Information Requirement EIR (ISO 19650, internationale Fassung), früher auch Auftraggeber-Informationsanforderungen, Asset-Informationsanforderungen EIR (ISO 19650, deutsche Fassung)
AIM	Anlagen-Informations-Modell, Asset Information Model
AIR	Asset Information Requirements (ISO 19650, internationale Fassung), Anlagen-Informationsbedarf (im Buch oft synonym verwendet), Asset-Informationsbedarf, Asset-Informationsanforderungen (DIN EN ISO 19650)
AKS	Anlagenkennzeichnungssystem
AKZ	Anlagenkennziffern
AM	Asset Management
AN	Auftragnehmer
API	Application Programming Interface; dt. Anwendungs-Programmierschnittstelle
AVA	Ausschreibung, Vergabe, Abrechnung
AwF	Anwendungsfälle
BAP	BIM-Abwicklungsplan oder BIM-Ablaufplan
BBA	Brandbekämpfungsabschnitte
BCF	BIM Collaboration Format
BCP	Business Continuity Plan
BEP	BIM Execution Plan
BE-Plan	Baustelleneinrichtungsplan
BMI	Bundesministerium des Innern, für Bau und Heimat
BMVI	Bundesministerium für Verkehr und digitale Infrastruktur
BOL	Building Ontology Language

BOT	Building Topology Ontology
BPMN	Business Process Model and Notation
BS	British Standard
bSDD	buildingSMART Data Dictionary
BSI	British Standard Institution, Britische Standardisierungsorganisation; Entsprechung des DIN
BTGA	Bundesindustrieverband technische Gebäudeausrüstung e. V.
BUW	Bergische Universität Wuppertal
BVBS	Bundesverband Bausoftware
CAD	Computer-aided Design, rechnerunterstütztes Konstruieren bzw. Entwerfen
CAFM	Computer-aided Facility Management, rechnerunterstütztes Facility Management
CAPEX	CAPital EXpenditure = Investitionsphase
CCTV	Videoüberwachung
cdbb	Centre for Digital Built Britain
CDE	Common Data Environment, Gemeinsame Datenumgebung
CEN	Europäisches Komitee für Normung (franz.: Comité Européen de Normalisation; engl.: European Committee for Standardization); europäische Standardisierungsorganisation
CIC	Construction Industry Council
COBie	Construction Operations Building Information Exchange
COD	Construction Object Data View
CoE	Center of Excellence
CSG	Constructive Solid Geometry
CV	Coordination View
DBD	Dynamische BauDaten
DIN	Deutsches Institut für Normung
DTV	Design Transfer Views
DWG	Binäres Dateiformat für Zeichnungsdaten
EIR	Exchange Information Requirements
ER	Exchange Requirement
FE	Finite Elemente
FGK	Fertigstellungsgrad Kostenplan
FGT	Fertigstellungsgrad Terminplan
FIDIC	International Federation of Consulting Engineers
FM	Facility Management
GAEB	Gemeinsamer Ausschuss Elektronik im Bauwesen
GDV	Gesamtverband der Deutschen Versicherungswirtschaft e. V.
GEFMA	German Facility Management Association e. V.
GIS	Geoinformationsstandard
GML	Geography Markup Language
GU	Generalunternehmer

GUID	Globally Unique Identifier, global eindeutige Kennung
HKLS	Heizung, Klima, Lüftung, Sanitär
HLS	Heizung, Lüftung, Sanitär
HOAI	Honorarordnung für Architekten und Ingenieure
http	Hypertext Transfer Protocol
IAA	Informationsaustauschanforderungen
IAB	Institut für Allgemeine Bauingenieurmethoden
IAI	International Alliance for Interoperability
ICIS	International Construction Information Society
IDS	Information Delivery Specification
IETF	Internet Engineering Task Force
IFB	Institut für Bauforschung e. V.
IFC	Industry Foundation Classes
IFD	International Framework for Dictionaries
IKT	Informations- und Kommunikationstechnologie
ILS	Informationslieferungsspezifikation
IM	Information Modeling
IoT	Internet of Things
IPD	Integrated Project Delivery
ISO	International Organization for Standardization, Internationale Standardisierungsorganisation
KIT	Karlsruher Institut für Technologie
KMU	kleine und mittelständische Unternehmen
KoSIT	Koordinierungsstelle für IT-Standards
KPI	Key Performance Indicator
LOD	Level of Detail, Level of Development
LOG	Level of Geometry
LOI	Level of Information
LOIN	Level of Information Need
LPH	Leistungsphase
LV	Leistungsverzeichnis
MDM	Datenmanagementplan
MIDP	Master-Informationslieferplan
MVD	Model View Definitions
MVDxml	Dateiendung von MVD-Dateien
NBS	Aus der National Building Specification Organisation hervorgegangene Technologieplattform www.theNBS.com
NGF	Nettogeschossfläche
NURBS	Non-Uniform Rational B-Splines
OCL	Object Constraint Language

ODA	Open Design Alliance
OGC	Open Geospatial Consortium
OIM	Organisations-Informations-Modell
OIR	Organizational Information Requirements, Organisations-Informationsanforderungen, Organisations-Informationsbedarf, Organisatorische Informationsanforderungen
OKFF	Oberkante fertiger Fußboden
OKRD	Oberkante Rohdecke
OKSTRA	Objektkatalog für das Straßen- und Verkehrswesen
ÖNORM	Österreichischer Standard
OO	objektorientiert
OPEX	Operational EXpenditure = Betriebskostenphase
OQL	Object Query Language
OSP/OBS	Organisationsstrukturplan (Englisch: Organizational breakdown structure)
OWL	Web Ontology Language
PAS	Publicly Available Specification
PDF	Portable Document Format, portables Dateiformat für Dokumente. ISO 32000
PDS	Product Data Sheet
PDT	Product Data Templates
PIM	Projekt-Informations-Modell
PIR	Projekt-Informationsanforderungen, Projekt-Informationsbedarf, Project Information Requirements
PM	Property Management
PPP	Private Public Partnership
prEN	Entwurfsfassung eines CEN-Standards zur öffentlichen Kommentierung
PropTech	Property Technology
PSP	Projektstrukturplan
RDF	Resource Description Framework
RE Tech	Real Estate Technology
RFI	Request for Information
RIBA	Royal Institute of British Architects
RLOM	Real Life Object Mapping
RS	Risikoschutz
SPARQL	Semantic Protocol And RDF Query Language
SPF	STEP Physical File
SQL	Structured Query Language
STEP	STandard for the Exchange of Product Modell Data
StLB	Standardleistungsbuch
StLBau	Standard-Leistungsbuch Bau
TGA	Technische Gebäudeausstattung
TIDP	Aufgabenbezogener Informationsbereitstellungsplan, Task Information Delivery Plan, aufgabenbezogener Informationslieferplan

U_CODE	Urban Collective Design Environment
UCM	(buildingSMART) Use Case Management
UKRD	Unterkante Rohdecke
UML	Unified Modeling Language
URI	Uniform Resource Identifier
USACE	United States Army Corps of Engineers
UUID	Universally Unique Identifier
VBI	Verband Beratender Ingenieure
VDI	Verein Deutscher Ingenieure
VDMA	Verband Deutscher Maschinen- und Anlagenbau
VNK	Vereniging Nederlands Kalkzandsteenplatform
VOB	Vergabe- und Vertragsordnung für Bauleistungen
W3C	World Wide Web Consortium
WADL	Web Application Description Language
WBS	Work Breakdown Structure
WSV	Wasserstraßen- und Schifffahrtsverwaltung des Bundes
WWW	World Wide Web
XML	eXtensible Markup Language
XÖV	XML-basierte Datenformate der öffentlichen Verwaltung

Überholspur oder Panoramaweg – Ein Buch, zwei Geschwindigkeiten

Mehr als zwei Jahrzehnte der aktiven Mitgestaltung von BIM in Bauwesen, Software-Entwicklung, BIM-Forschung und Produktmanagement fließen in die folgenden Seiten ein. Als Mitglied in den BIM-Arbeitsgruppen von ISO, CEN, DIN, VDI und buildingSMART hat der Autor dieses Buches viele BIM-Standards mitgestaltet. Nach einem Verständnis der hier vermittelten Grundlagen lassen sich die Details leichter einordnen und Chancen besser nutzen. Dieses Buch will seinen Beitrag dazu leisten, dass mit diesem Wissen Ihre Chancen zu Erfolgen werden.

Falls Sie zunächst weder Zeit noch Lust haben, auf der kompletten BIM-Bandbreite gleich ganz in die Tiefe zu gehen, ermöglicht dieses Buch zwei Geschwindigkeiten:

- die „Überholspur“: Sie machen Stopp am Anfang eines Kapitels und finden das Wesentliche kurz zusammengefasst.
- den „Panoramaweg“: Wenn's tiefer rein gehen soll, springen Sie erst mal weiter zu den Kapiteln, die Sie am brennendsten interessieren.

Wie Sie klein anfangen können und schrittweise zum BIM-Champion werden können, zeigt dieses Buch. Die Wege zur Vollendung sind vielfältig, wichtig ist der erste Schritt. Dieses Buch will Ihre ganz persönliche Lernkurve begleiten und von den kleinen Anfangsfragen bis zum großen Ganzen den ganzen BIM-Komplex aus verschiedenen Richtungen beleuchten.

BIM als Methodik hat den gesamten Lebenszyklus eines Gebäudes, von der Planung über Ausschreibung, Vergabe, Bauphase, Nutzung sowie letztlich den Abriss auf dem Schirm. Nur wenige Projektbeteiligte beschäftigen sich mit dem gesamten Lebenszyklus eines Gebäudes. Man ist entweder Planer oder Architekt oder Bauherr, Unternehmer, Projektsteuerer, Nutzer, Betreiber, Projektleiter oder, oder, oder ...

Verfolgen Sie Ihren individuellen Weg und Ihr individuelles Tempo durch dieses Buch!

1

BIM kompakt – Alles auf einen Blick

1.1 BIM = Denken im Ganzen

Wer sagt, dass es bei BIM nur um das Modellieren von Gebäuden geht? Schließlich kann man auch andere Dinge modellieren, den Datenfluss beim Austausch von Informationen zum Beispiel.

Information Modeling (IM), das ist der Kern von BIM. Die Frage ist also: Wer trägt welche Information zum Gesamtprojekt wann und zu welchem Zwecke bei? Ohne Koordination bleibt es allenfalls beim Speichern, mit der Weitergabe an die richtigen Stellen sieht es dann schlecht aus. Dieses koordinierende Prozessmanagement ermöglicht erst das kollaborative Erstellen und Weiterentwickeln digitaler Informationen im BIM-Projekt. Bei BIM geht es nicht um das stumpfe Abarbeiten „nun einmal notwendiger" Prozeduren. Nur wer die Methodik verstanden hat, kann sie gestalten und nutzbringend anwenden. Die Entstehung eines BIM-Modells ist ein Gemeinschaftswerk. Im Abschnitt 1.5 Informationsmanagement sehen wir, wie Modellintelligenz entsteht und anwächst.

Die Organisation der Prozesse einer modellbasierten Zusammenarbeit ist die Voraussetzung für eine erfolgreiche Zusammenarbeit. Gemeinsame Datenumgebungen (CDEs) können als zentrale Informationsdrehscheibe helfen, diese Prozesse abzubilden und im Projektalltag die Qualität der Informationslieferungen sicherzustellen. Der Begriff „Gemeinsame Datenumgebung, CDE" ist nicht unbedingt als Produkt zu verstehen. Die „oberste BIM-Norm", die ISO 19650, legt den Begriff „Umgebung" sehr nicht-technisch aus: als eine Umgebung im wahrsten Sinne des Wortes, in der alle Teilnehmer in ein gemeinschaftliches Informationsmanagement eingebunden sind.

Niemand hat bei BIM die Weisheit „mit Löffeln gefressen". Bei einem komplexen Thema wie diesem gilt mehr denn je: Wer nicht fragt, bleibt dumm! Das Neue dann auch umzusetzen, erfordert ein schrittweises Vorgehen und die notwendige organisatorische Flexibilität. Gerade die großen Unternehmen tun sich hier oft schwer. Sie können mit dem kreativen Potenzial oft nur mühevoll umgehen und zwängen Neuerungen in ein Korsett aus Formalismen und „Old School"-Prozessen. Das führt oft zu großen Reibungsverlusten mit wirtschaftlich nachteiligen Folgen. Hier sind gerade kleine und mittelständische Unternehmen klar im Vorteil. Sie können Entscheidungen schneller treffen und bedarfsgerecht anpassen. Gerade BIM bietet diesen Unternehmen

Building Information Modeling – Grundlagen, Standards, Praxis. Ulrich Hartmann

die Chance, stark im Markt zu sein und qualitativ hochwertige Leistungen anzubieten. Es gilt, die Chancen zu nutzen und die Risiken zu minimieren.

Die Einführung digitaler Technologien im Bauwesen ist überfällig und dringend notwendig, denn im Vergleich zu anderen Industriezweigen klafft eine Produktivitätslücke. Doch trotz erwiesener Mehrwerte sind bisher nur wenige Unternehmen in Deutschland in der Lage, die weitreichenden Chancen in eigene Unternehmenserfolge umzusetzen. Marktuntersuchungen machen deutlich: Es fehlt an entsprechendem Know-how und an Kräften, die BIM in die Praxis bringen können. Manch einer glaubt, zum Beispiel wegen derzeit voller Auftragsbücher, Wichtigeres zu tun zu haben, als sich um BIM zu kümmern. Er könnte am Ende kalt erwischt werden. Die gute alte Kaufmannsregel, sich in guten Zeiten für die schlechten zu rüsten, gilt ganz besonders in einer Branche, die mittlerweile bereits einige Innovationssprünge ausgelassen hat, anders als in Bild 1.1.

Bild 1.1 Innovationen auszusitzen könnte sich als Weg in die Sackgasse erweisen. Grafik: B. Weinberger

Die Veränderungen durch BIM erschließen sich gerade denjenigen, die heute schon ambitioniert und mit Herzblut ihre Kompetenzen im Bauwesen einbringen. Gerade sie werden den mit der neuen Methodik einhergehenden Kulturwandel als etwas Positives für ihre tägliche fachliche Arbeit erleben. Fachliches Können bleibt auch mit BIM die zentrale Kompetenz.

Die ungeheure Produktivität, die aus digitalen Technologien und deren Umsetzung durch BIM erwächst, bietet unendlich mehr Chancen als Risiken, denn

BIM ist digitales Denken im Ganzen!

1.2 BIM ist …

Sie wollen eine Definition für BIM?

Hier sind gleich mal ein paar davon...

- Für die BIM-Richtlinie VDI 2552 Blatt 1 ist BIM eine „Methode zur Planung, zur Ausführung und zum Betrieb von Bauwerken mit einem partnerschaftlichen Ansatz auf Grundlage einer zentrischen Bereitstellung von Informationen zur gemeinschaftlichen Nutzung."
- Das US-amerikanische National Institute of Building Sciences NIBS hält BIM für „eine digitale Repräsentation der physikalischen und funktionalen Charakteristiken einer Einrichtung. Als solches dient es als gemeinsame Wissensressource für Informationen zu einer [baulichen] Anlage und bildet eine verlässliche Basis für Entscheidungen während ihres Lebenszyklus von Anfang an."
- Das britische NBS (www.thenbs.com) sieht in BIM „schlichtweg die Mittel, mit denen jeder ein Gebäude mithilfe eines digitalen Modells verstehen kann. Die Modellierung einer Anlage in digitaler Form erlaubt es denjenigen, die mit dem Gebäude interagieren, ihre Aktivitäten zu optimieren, was zu einem höheren Wert der Anlage innerhalb der gesamten Lebensdauer führt." (*deutsche Übersetzung: Autor*)
- buildingSMART, vielleicht die BIM-Organisation schlechthin, stellt fest: „BIM ist eine Abkürzung, die drei getrennte aber miteinander zusammenhängende Funktionen repräsentiert *(deutsche Übersetzung: Autor)*:
  - Building Information **Modeling**: ein Businessprozess zur Erstellung und Nutzung von Gebäudedaten für das Entwerfen, Bauen und Betreiben eines Gebäudes während seines Lebenszyklus. BIM erlaubt allen Interessengruppen den Zugang zur gleichen Information, zur gleichen Zeit durch Interoperabilität zwischen technologiebasierten Plattformen.
  - Building Information **Model**: ist die digitale Repräsentation von physikalischen und funktionalen Charakteristiken einer Anlage. Als solches stellt sie eine gemeinsame Wissensressource für Informationen über das Gebäude dar und bildet eine verlässliche Basis für Entscheidungen während des gesamten Lebenszyklus.
  - Building Information **Management**: ist das Organisieren und Steuern des Businessprozesses unter Nutzung der Informationen des digitalen Prototyps, um die Verteilung von Informationen über den gesamten Lebenszyklus zu beeinflussen. Die Mehrwerte umfassen eine zentralisierte und visuelle Kommunikation, die frühe Untersuchung von Optionen, Nachhaltigkeit, einen effizienten Entwurf, die Integration von verschiedenen Fachrichtungen, Baustellenmanagement, „wie gebaut"-Dokumentation (As-Built) usw. – um schließlich Gesamtprozess und -modell im Gebäudelebenszyklus vom Konzept bis zum Rückbau zu entwickeln".

BIM hat viele Facetten – da herrscht kein Mangel an BIM-Definitionen. Bemerkenswert sind die feinen Unterschiede: Einige betonen die Aspekte der Modellierung, andere die Prozesse zur Erstellung eben dieser Modellinformationen. Kann sich nun jeder die BIM-Definition aussuchen, die ihm am günstigsten erscheint? Diese hypothetische Frage zeigt, wie wichtig Standards sind, denn sie schaffen gemeinsame, verbindliche Rahmenbedingungen. Mit ihnen werden aus BIM-Konzepten praktisch umsetzbare Lösungen. Nicht alle Standards sind jedoch schon praxisnah genug, daher gehen wir in diesem Buch einen Schritt weiter und bringen in den jeweiligen Abschnitten beispielhafte Anwendungsfälle aus den unterschiedlichen Phasen eines Bauprojekts.

... und am Ende des Buches machen Sie sich dann Ihre eigene BIM-Definition.

1.3 Grundsätze der BIM-Methodik

Beginnen wir mit den Kernelementen der BIM-Methodik. Ein schneller, kompakter Einstieg soll zunächst einen Überblick verschaffen, bevor die folgenden Kapitel dann tiefer einsteigen. Unabhängig von nationalen und projektspezifischen Ausprägungen haben diese fundamentalen Kernbestandteile allgemein Anerkennung gefunden. Denn auch BIM hat Regeln und Prinzipien, die für alle Planungs- und Bauprojekte gelten. Sie gelten unabhängig von deren Größe, der Art und Komplexität des Vorhabens und auch von der Vergabestrategie und gewählten Form der Durchführung. Die hier genannten Grundsätze stehen im Einklang mit der BIM-Richtlinienreihe VDI 2552. Eine kompakte Zusammenfassung der wichtigsten BIM-Prinzipien soll den Einstieg erleichtern, ohne gleich zu weit in Details zu gehen.

1.3.1 „BIM heißt informiert entscheiden!"

Das könnte als die kürzeste aller BIM-Definitionen durchgehen.

Was ist zu entscheiden?

Wie und durch wen wird informiert?

Folgende Grundsätze helfen, den Informationsbedarf einzugrenzen:

Effizientes Informationsmanagement

- Wertschöpfende Informationen im geforderten Umfang sind gefragt.
- Zu viele Informationen sind genauso störend wie zu wenige.
- Verlustbehaftete Tätigkeiten, wie das Erzeugen nicht angeforderter Informationen oder die unsystematische Suche nach Informationen, sind zu vermeiden.

Prozessorientiert

- Informationen werden über definierte Prozesse geliefert und nicht auf unterschiedlichen, individuellen Nebenwegen.
- Informationen werden an einer zentralen Stelle strukturiert und nachvollziehbar abgelegt.
- Ein Lieferplan legt Informationslieferprozesse vertraglich bindend fest (siehe Abschnitte BIM-Projektpraxis, BIM-Abwicklungsplan).
- Devise in BIM-Projekten: „Im Ganzen denken, gemeinschaftlich vorgehen."
- Eine bestehende Streit- und Nachtragskultur soll durch mehr gemeinsame Partizipation am Projektfortschritt und -erfolg ersetzt werden.
- Frühes und häufiges Teilen und das Abgleichen von Zwischenständen stellt den konsistenten Projektfortschritt sicher.

Open-BIM

- Daten und Informationen stellen einen hohen Wert dar. Informations-Silos, auf die nur über die Software eines einzigen Herstellers zugegriffen werden kann, sind zu vermeiden.
- Offene Schnittstellen, die den software-unabhängigen Zugang zu Informationen und einen fairen, freien Marktzugang gewährleisten, sind zu bevorzugen.
- Informationsmanagement findet in einer für alle bindenden sicheren und standardisierten Gemeinsamen Datenumgebung (Common Data Environment, CDE) statt.
- Geeignete offene Standards für Daten (Modelle, Dokumente) und Prozesse können wesentlich zur Effizienz- und Produktivitätssteigerung beitragen und sind, wo immer möglich, zu nutzen.
- Der Open-BIM-Ansatz schließt keineswegs die Verwendung herstellerspezifischer Formate (Closed-BIM) aus. Die Koexistenz beider Ansätze ist sinnvoll. Unternehmensintern ist Closed-BIM üblich und oft sogar effizienter.

Phasendenken überwinden

Ein bekanntes BIM-Motto lautet: „Starte mit dem Ende im Sinn!" (nach [1], "Begin with the End in Mind!")

Was fast wie ein allgemeines Lebensmotto daherkommt, ist bei BIM deutlich konkreter gefasst: „Melde deinen Informationsbedarf frühzeitig an, solange diejenigen noch verfügbar sind, die diese Informationen liefern können."

Soll heißen: Bei der bisherigen traditionellen Vorgehensweise sind Informationen entweder lückenhaft oder sie liegen nicht in digitaler, d. h. leicht zugänglicher, Form vor (Bild 1.2). Sie lassen sich nachträglich auch nicht mehr ohne Weiteres beschaffen, da oft die betreffenden Informationslieferanten das Projekt bereits verlassen haben. So kommt es, dass Betreiber nach Abschluss der Bauarbeiten keine Ahnung haben, was genau in ihrer Anlage verbaut wurde, und mühselig auf die Suche gehen müssen. Auch planen Bauunternehmen oft lieber noch mal neu, ehe sie sich auf schlechte Pläne verlassen.

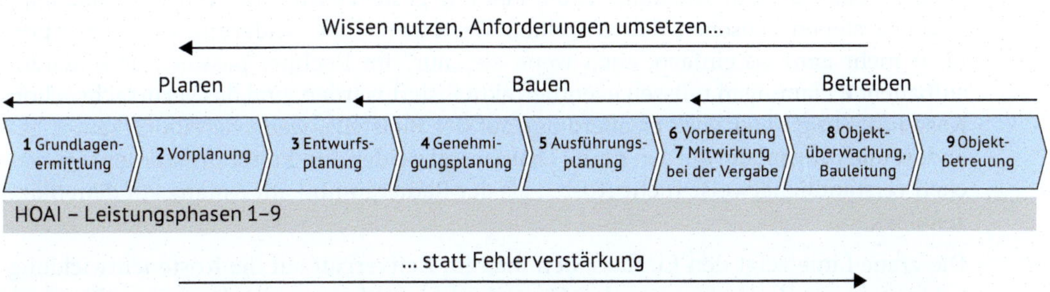

Bild 1.2 Kann ein sequenzielles Phasenmodell übergreifende Leistungen ausreichend berücksichtigen? Das BIM-Motto „Starte mit dem Ende im Sinn!" appelliert an ein Denken über Phasengrenzen hinaus. Konstruktionswissen der ausführenden Unternehmen soll in die Planung einfließen, damit Probleme in der Bauphase vermieden und bessere Lösungen gefunden werden. Ebenso führt Betreiberwissen nur dann zu einem reibungsloseren Betrieb, wenn es bereits in die Planung einfließt. Allerdings: Appelle allein reichen nicht. Der Informationsfluss will solide organisiert sein.

Nur eine genaue und frühzeitige Angabe des Informationsbedarfs der folgenden Projektphasen kann das verbessern. Dieser Informationsbedarf muss rechtzeitig an die Beteiligten der früheren Phasen kommuniziert werden, denn von selbst werden auch bei BIM keine Informationen geliefert.

Gewinnerstraße – Von hinten nach vorne denken

Bauunternehmen wissen aus praktischer Erfahrung, wo es bei der Ausführung häufig Probleme gibt. Sie könnten in vielen Fällen Alternativen vorschlagen. Auch Betreiber wissen aus der Praxis, wo hohe Betriebskosten entstehen und wie diese am besten vermieden werden könnten.

Die präzise Ermittlung des Informationsbedarfs für Herstellung und Betrieb ist einer der Hauptgründe für die höhere Qualität des Gesamtergebnisses durch Anwendung der BIM-Methodik. Von hinten nach vorne denken heißt Wissen aus späteren Phasen in frühere Phasen einfließen zu lassen. Anforderungen aus der Herstellung müssen in die Planung und die Konzeptphase entgegen der Zeitachse einfließen.

1.3.2 MacLeamy-Diagramm – Entscheiden, wenn es noch günstig ist

Das international bekannte MacLeamy-Diagramm darf in einem BIM-Buch nicht fehlen. Auch wenn es die Veränderungen durch BIM sehr idealistisch darstellt und die – im angelsächsischen Raum weit mehr als in Deutschland übliche – frühe Einbeziehung von ausführenden Unternehmen in die Planung berücksichtigt, zeigt es doch sehr gut die Grundgedanken.

1.3.2.1 Informationen für Entscheidungen bereitstellen

Im MacLeamy-Diagramm (Bild 1.3) werden Aufwände der BIM-Methodik der traditionellen Vorgehensweise gegenübergestellt. Die hellblaue Kurve zeigt die Kosten von Änderungen entlang der Zeitachse.

In frühen Phasen sind die Kosten einer Änderung noch gering, denn es existiert erst ein vages Konzept, Änderungen können noch mit dem (virtuellen) Radiergummi umgesetzt werden. Je mehr Aufwand in die Planung gesteckt wird, desto mehr Abhängigkeiten bestehen zwischen den einzelnen Gewerken. Eine Änderung ist dann schon nicht mehr ganz so einfach, auch wenn sie „nur" im Rechner passiert, denn darauf aufbauende Planungen müssen eventuell aktualisiert werden, und das verursacht schon Kosten. Richtig teuer wird es allerdings auf der Baustelle, wenn bereits Gebautes geändert und umgeplant werden muss. Diamantschneider und Presslufthammer verursachen verständlicherweise mehr Kosten als der Radiergummi am Anfang auf dem Skizzenblock.

Die graue Linie zeigt den Einfluss, den man im Zeitverlauf auf die Kostenentwicklung nehmen kann. Zu Anfang, in der Grundlagenermittlung und sehr frühen Planung, wurden noch sehr wenige Investitionen getätigt. Mit fortschreitender Planung sind bereits Kosten entstanden, die nicht mehr rückgängig zu machen sind. Zudem haben Entscheidungen in der Planung natürlich einen äußerst hohen Einfluss auf die Bau- und Betriebskosten. An dieser Stelle entscheidet sich also, welche Kosten zukünftig über die Gebäudelebensdauer anfallen werden. Ob man diese Kosten vorab ermittelt oder

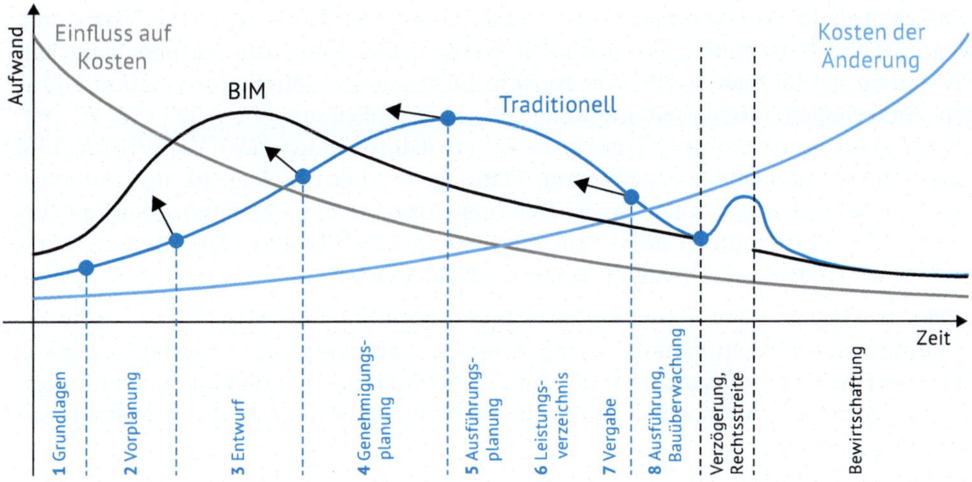

Bild 1.3 Das MacLeamy-Diagramm stellt Einflussmöglichkeiten dem Aufwand für Änderungen gegenüber. Mit voranschreitendem Projektverlauf sinken die Einflussmöglichkeiten, da sich viele Entscheidungen schon manifestiert haben. Der Aufwand, um Änderungen im Plan oder auf der Baustelle doch noch umzusetzen, steigt dagegen stetig an. Schlechte oder fehlende Entscheidungen am Anfang haben daher oft nachhaltige und unumkehrbare Konsequenzen. BIM verlagert Entscheidungen daher nach vorne, denn dort ist die Einflussnahme noch möglich und weit weniger aufwendig.

ob man von ihnen überrascht wird, weil man die Grundlagen für diese Ermittlung nicht verfügbar gemacht hat, entscheidet sich ebenfalls hier.

1.3.2.2 Entscheidungsgrundlagen

Vorteilhaft wäre es also, wenn man wichtige Entscheidungen in einem Bereich treffen würde, wo die Einflussnahme auf die Kosten noch sehr wirkungsvoll ist und gleichzeitig die dafür anfallenden Kosten noch vergleichsweise gering sind. Wie man aus dem Diagramm entnehmen kann, liegt dieser Punkt natürlich möglichst weit vorn auf der Zeitachse. Offenkundig fehlen zu Beginn, am Punkt Null der Zeitachse, die Entscheidungsgrundlagen, denn sie müssen logischerweise erst erarbeitet werden. Es gilt also, ein Optimum zu finden zwischen dem Aufwand, die entsprechenden Entscheidungsgrundlagen zu schaffen, und dem Mehrwert, den man daraus erzielt.

1.3.3 Mehr Einfluss auf die Erfolgsfaktoren Kosten, Zeit, Qualität und Risiken

Kosten, Zeit, Qualität und Risiken sind die vier wichtigsten Faktoren für den Projekterfolg. Zwischen diesen Faktoren bestehen komplexe Abhängigkeiten, die nur auf einer soliden Informationsgrundlage beeinflusst werden können. Effizientes Management von Informationen nimmt daher eine Schlüsselposition bei der Produktivitätssteigerung ein.

Im Bauwesen liegt in der Koordination der bedarfsgerechten Erzeugung und Lieferung von Informationen eine besondere Herausforderung. Das gilt ganz besonders angesichts der Vielzahl Projektbeteiligter, der besonderen Produktionsformen und der langen Lebensdauer von Bauwerken. Informationen stehen oft nicht dann zur Verfügung, wenn sie für Entscheidungen gebraucht werden. Das führt zur Fortpflanzung von Problemen aus der Planung über die Ausführung bis in den Betrieb. Informationsanfragen, Änderungen, Nacharbeiten und Rechtsstreite senken erheblich die Produktivität. Ebenso lassen sich innovative Potenziale, wie etwa durch individuelle Vorfertigung und eine optimal aufeinander abgestimmte Planung, Produktion, Logistik und Montage nicht annähernd ausschöpfen. Smart-Building-Konzepte und der Einsatz von IoT (Internet of Things) kommen nicht zum Zuge, wenn sie als bloßes „Add-on" betrachtet und nicht bereits aus der Planung heraus gedacht werden.

BIM legt das Gewicht auf eine Verbesserung der Zusammenarbeit durch gezielte Ermittlung der Informationsanforderungen und die anschließende koordinierte Informationserstellung, -prüfung und -lieferung. Durch ein digital unterstütztes Informationsmanagement haben alle Beteiligten ein klares Bild über Informationsanforderungen und Lieferpflichten.

Diese strukturierte Vorgehensweise erfolgt in Teilschritten:

- Das Anforderungsmanagement stellt sicher, dass die erwartete Qualität der geforderten Informationen festgelegt wird und den Erstellern und Prüfern von Informationen entsprechende Qualitätskriterien vorliegen.
- Das Liefermanagement definiert die Erstellung und Lieferung von Informationen. Der Lieferprozess erfolgt geplant, Lieferwege werden festgelegt und Lieferzeitpunkte werden so gewählt, dass die Lieferverantwortlichen noch für das Projekt verfügbar sind und Informationen zur Unterstützung von Entscheidungen rechtzeitig geliefert werden.
- Das Qualitätsmanagement stellt in definierten Prozessen zur Prüfung, Freigabe und Verteilung von Informationen sicher, dass gelieferte Informationen den vereinbarten Anforderungen entsprechen.

Die genannten drei Punkte werden im *Kapitel 3 Informationsmanagement macht's möglich* genauer beleuchtet.

Schafft man frühzeitig die Möglichkeit, kosten- oder qualitätsrelevante Entscheidungen zu treffen, werden die gewünschten Resultate mit höherer Wahrscheinlichkeit und in der geforderten Qualität erzielt. Eine genau dimensionierte Heizanlage ist im Betrieb eben günstiger als eine überdimensionierte. Die genaue Dimensionierung kann aber nur erfolgen, wenn man den Wärmebedarf eines Gebäudes genau einschätzen kann. Dies kann man jedoch nur, wenn die Eigenschaften der Außenhaut und das Nutzungsprofil genau ermittelt werden, sodass eine energetische Berechnung nicht nur überschlägig, sondern ausreichend genau durchgeführt werden kann.
Rechtzeitig genauer planen – das klingt wie eine Binsenweisheit, warum also passiert es nicht heute schon so? Denn Beispiele wie diese lassen sich unzählige finden.

BIM-Methodik nimmt für sich in Anspruch, wirtschaftlicher zu sein, weil der Gesamtaufwand im Vergleich zur traditionellen Methode deutlich geringer ist. Und nicht nur das, auch die Erträge können deutlich höher sein, weil sie erstens früher anfallen und zweitens kalkulierbarer, d. h. mit geringerem Risiko behaftet, sind. Rücklagen für Risiken können somit geringer ausfallen.

Gleiches gilt für die Ausgaben- und Fixkostenseite. Nur wenn frühzeitig Entscheidungsgrundlagen vorliegen, darf man mit den genannten Vorteilen rechnen, denn wie das MacLeamy-Diagramm zeigt, ist eine wirtschaftliche Einflussnahme nur in frühen Phasen möglich und das heißt eine stärkere Planungstiefe und damit ein höherer Planungsaufwand so früh wie möglich. Diese qualitative Aussage zeigt die schwarze Kurve im MacLeamy-Diagramm.

Wie kann BIM diese angepriesenen Vorteile in die Realität umsetzen?

Folgekosten vermeiden – Folgenutzen sicherstellen

Die dunkelblaue Kurve der traditionellen Vorgehensweise (siehe Bild 1.3) weist gegen Ende noch mal einen Buckel nach oben auf, der die Aufwände für Rechtsstreite, Mängelbeseitigungen und andere kostenverursachende und renditeverzögernde Aufwände berücksichtigt. Das Ausmaß dafür ist nicht zu unterschätzen. Ganze Flughäfen ließen sich davon manchmal zweimal bauen. Die schwarze BIM-Kurve hat hier eine Lücke. Der Grund: Idealerweise gibt es mit der BIM-Methode keine derartigen Aufwände, sodass hier verzögerungsfrei in den Betrieb und die Nutzung übergegangen werden kann. Und nicht nur das! Dem Betrieb stehen von Anfang an belastbare Informationen zur Verfügung, um das Gebäude optimal zu betreiben, wie reale BIM-Projekte vielfach belegen.

Bereits durch einen verzögerungsfreien Betriebsbeginn wären die Gesamtaufwendungen eines BIM-Projekts vergleichsweise deutlich geringer. Dieses wird durch ein signifikant früheres Ende der Investitionsphase und damit früheren Beginn der Renditephase erreicht. Aber auch insgesamt geringere Investitionen im Vergleich zur konventionellen Verfahrensweise, beispielsweise durch weniger Arbeitsaufwände und weniger Materialverschwendung, tragen zu höherer Wirtschaftlichkeit bei.

Mit BIM lässt sich aufgrund besser koordinierter Bauprozesse der Mittelabfluss während der Bauphase wegen der geringeren Störfaktoren besser planen. Daher verringert sich der Kapitalaufwand, beispielsweise infolge besserer Planbarkeit von Kreditabrufen und damit geringerer Bereitstellungskosten.

Wir werden in den folgenden Kapiteln einige Beispiele sehen, die diese generelle Perspektive konkretisieren. Traditionelle Vorgehensmodelle, z. B. die Leistungsphasen der HOAI, implizieren eine starre zeitliche Reihenfolge mit sequenziellem Informationsaustausch zwischen den Leistungsphasen. So fließen Leistungen der Bauphase, beispielsweise die Montageplanung, oder Betreiberwissen aus vergangenen Inbetriebnahmen, beispielsweise Wartungsfreundlichkeit und -kosten, nicht in die Entwurfsphase ein.

Die BIM-Methodik überwindet diese strenge Reihenfolge und definiert den notwendigen Informationsbedarf zur Erreichung von BIM-Zielen. BIM-Ziele beschreiben die Mehrwerte, die aus Sicht des Bauherrn bzw. Auftraggebers durch den Einsatz von BIM erreicht werden sollen. Zur Zielerreichung müssen Informationen zu definierten Zeitpunkten bereitstehen, damit faktenbasiert Entscheidungen getroffen werden können. Sinn ist es, Entscheidungen dann zu treffen, wenn man noch großen Einfluss auf die zukünftigen Gebäudeeigenschaften hat, also zu einem Zeitpunkt, bei dem Entscheidungsänderungen noch keine großen Kosten verursachen (siehe hellblaue und graue Linien im MacLeamy-Diagramm). Folgerichtig muss man Informationen dann bereitstellen, wenn entsprechende Entscheidungen getroffen werden sollen. Will man frühzeitig wissen, ob eine bestimmte Ausführungsvariante Vorteile gegenüber einer anderen bietet, muss man notwendigerweise eine ausreichende Planungstiefe erarbeiten. Das gilt für eine Kostenberechnung ebenso wie für die Energieplanung oder die Vermeidung von Montageproblemen auf der Baustelle.

1.4 Modellbasierte Arbeitsweise

Die modellorientierte Arbeitsweise kommt der Denkweise von Ingenieuren und Architekten sehr entgegen und bietet schon deshalb Potenziale für ein effizienteres Arbeiten. Traditionelle Werkzeuge unterstützen die 2D-Arbeitsweise mit Plänen und Zeichnungen. Digitale Modelle bieten entscheidende Vorteile für die Zusammenarbeit und Informationsqualität, dennoch besteht der Bauprozess auch zukünftig nicht einzig und allein aus Modellen. Nach wie vor gibt es Pläne, Zeichnungen, Verträge, Vorschriften und viele andere Dokumente. Das bleibt auch mit BIM so. Ändern wird sich allerdings die Art, mit diesen Informationsträgern umzugehen. Modelle, Pläne und andere Dokumente werden vernetzt. Dadurch werden Zusammenhänge deutlicher und Informationen sind leichter auffindbar.

Rechnergerechte Formate ermöglichen das nahtlose Kommunizieren und Zusammenführen von Informationen sowie Analysen und Berechnungen, zum Beispiel die Ermittlung von Kosten, das frühzeitige Erkennen von Problemen, und „last not least" werden auch die rechnergesteuerten Automaten, die uns zukünftig zunehmend bei der Herstellung von Gebäuden unterstützen werden, auf rechnergerechte digitale Modellinformationen zurückgreifen.

Wie und warum das erst durch digitale Modelle möglich wird, wird im *Kapitel 2 Modelle – Schlüssel zur digitalen Zusammenarbeit* vorgestellt.

Beispiel 1.1 **Dokumente mit dem Modell verlinken**

Eine Bedienungsanleitung ist mit dem Modellelement der Heizanlage im digitalen Modell verknüpft. Über einen Mausklick auf das Bauteil im BIM-Viewer ist die angehängte PDF-Datei leicht zu öffnen.

Ebenso sind Zonen und Nutzflächen im Modell mit Nutzerdaten, wie Miet- und Reinigungsverträgen vernetzt. Dadurch erschließen sich Informationen über den räumlichen Kontext und sind intuitiv über die Navigation im Modell auffindbar. Aber nicht nur der menschliche Anwender hat es leichter, auch für Maschinen sind digitale Modellinformationen besser zugänglich.

Informationsqualität kann man messen

Beim Thema Modellanalyse und -qualitätssicherung kommt vielen möglicherweise gleich die Kollisionsermittlung in den Sinn. Unerwünschte Durchdringung von Bauteilen unterschiedlicher Gewerke: Rohr schneidet Träger, Sprinkleranlage im Lüftungskanal usw. – Probleme, die man besser beseitigt, bevor sie auf der Baustelle „irgendwie gelöst" werden.

Kollisionen sind jedoch nur ein Beispiel dafür, was man in und mit Modellen analysieren kann. Bau- und Montageabläufe, Ressourceneinsatz, Kosten, energetische und sonstige bauphysikalisch-technische oder betriebliche Fragestellungen sind ebenso möglich wie üblich. Derartige Berechnungs- und Analyseergebnisse liefern die Informationsgrundlage für „informiertes Entscheiden".

Wann sind Informationen ausreichend, um qualifizierte Entscheidungen zu treffen? Informationsqualität kann man messen. Jedoch nur, wenn man zuvor Qualitätsmaßstäbe definiert hat. Ausreichend genau definierte Informationsaustauschanforderungen IAA sind fester Bestandteil eines modellbasierten Qualitäts- und Liefermanagements. Werden diese Informationsanforderungen sogar in digitaler Form spezifiziert, lassen sich anschließend die gelieferten Informationen ebenfalls rechnergerecht, teilweise automatisiert, prüfen. Sind die gelieferten Informationen formal vollständig und widerspruchsfrei? Es geht hier noch nicht um eine fachliche Prüfung, sondern zunächst lediglich um die informationstechnische Qualität. Ein Rechner kann beispielsweise prüfen, ob ein Modell alle geforderten Informationen enthält oder ob alle geforderten Pläne und Dokumente geliefert wurden. Das heißt nicht, dass die Pläne und Dokumente fachlich korrekt sind, es entbindet die Projektbeteiligten aber von einigen manuellen Prüftätigkeiten und schafft neue Möglichkeiten für eine digitale Zusammenarbeit.

1.5 Informationsmanagement

Bei der traditionellen Vorgehensweise ist das fertige Bauwerk die vertraglich geschuldete Leistung. Es zählt nur das Endergebnis, nicht der Weg dorthin. Wie das Bauwerk entstand, also ob mit oder ohne digitale Repräsentationen, wie zum Beispiel digitale Modelle, ist nicht Bestandteil traditioneller Werkverträge. Pläne und Zeichnungen sind lediglich Mittel zum Zweck, aber kein vertraglich geschuldeter Liefergegenstand.

Mit BIM ist das anders: Auch digitale Informationen sind eine zu erbringende Leistung und können damit Gegenstand eines Werkvertrags sein. Und auch die Bereitstellung einer digitalen Infrastruktur und das Organisieren digitaler Lieferungen, wie die Spezifikation von Prozessen, Lieferinhalten und Detaillierungsgraden, ist eine eigenständige BIM-Leistung.

Was ist der rechtliche Hintergrund?

Ein virtuelles Modell ist ein eigenständiges Arbeitsergebnis, auf dessen Grundlage eigenständige Dienstleistungen erbracht werden können. Es geht hier also nicht nur um die Errichtung des Bauwerkes selbst. Damit unterscheidet es sich grundsätzlich von den traditionellen Arbeitsergebnissen, wie Zeichnungen und Plänen, auf deren Basis diese Dienstleistungen nicht in dem Umfang möglich sind.

Beispiel 1.2 **Neue Anwendungsmöglichkeiten durch digitale Modelle**

Mit einem digitalen Modell kann man Anwendungen durchführen, die mit traditionellen Methoden nicht möglich waren. Eine virtuelle Begehung zeigt die Nutzbarkeit eines Gebäudes. Sie erleichtert die Entscheidung hinsichtlich erfüllter oder nicht erfüllter Nutzeranforderungen und der entsprechenden Entwurfsanpassung. Gleiches gilt für energetische, produktionstechnische und sicherheitsrelevante Untersuchungen. Weitere Modellnutzungsmöglichkeiten sind beispielsweise die Gebäudeautomation (Aktoren, IoT-Sensoren, Steuerung) oder -sicherheit (Überwachung, Schließeinrichtungen), bei denen auf Gerätedaten über das virtuelle Modell zugegriffen wird.

1.5.1 Differenzierung: Projektmanagement und BIM-Management

BIM als Methodik steht und fällt mit der Qualität der gelieferten Informationen. Die Zusammenarbeit in BIM-Projekten muss gut strukturiert und nahtlos in den Projektmanagementprozess integriert sein.

Es ist wichtig zu verstehen, dass der Projektmanagementprozess mit allen erforderlichen Kenntnissen und Erfahrungen durch den Einsatz von BIM nicht verändert werden muss. BIM bringt zusätzliche Tools, Metadaten und Konzepte in die vorhandenen traditionellen Prozesse des Entwurfs, der Planung, Ausschreibung und Ausführung ein und verbessert entscheidend die Kommunikation und Koordination. Dies reduziert finanzielle und zeitliche Risiken und erhöht die Qualität.

Der BIM-Ansatz unterstützt die agilen und schlanken Prinzipien, zum Beispiel Lean Construction, und liefert besseren Input zur Entscheidungsfindung im Projektmanagement. Dieser integrierte Ansatz für Änderungen und Optimierungen verbessert die Kommunikation und Interoperabilität zwischen verschiedenen Interessengruppen in den verschiedenen Projektphasen. Das führt in der Summe zu besseren Ergebnissen.

BIM ist also nicht als ein Ersatz für die heutigen Formen des Projektmanagements zu betrachten, sondern es unterstützt und stärkt dieses durch ein strukturiertes, prozessorientiertes und modellbasiertes Informationsmanagement.

1.5.2 Den Informationsfluss modellieren

Das „I" in der Abkürzung „BIM" liegt erstaunlicherweise oft in einer Art Dornröschenschlaf. Übrig bleibt dann nur noch „BM", *Building Modeling*, also das „Abbilden von Gebäuden in einem digitalen Modell". Dieses *Gebäudemodellieren* geschieht mit den bekannten Modellierungswerkzeugen. Sie liefern Modelle, Pläne und Zeichnungen.

Doch bedeutet im Gegensatz dazu „IM", Informationsmodellierung? Kann man auch den Informationsfluss innerhalb eines Projekts modellieren, zum Beispiel Informationsinhalte und -lieferwege? In der Regel nennt man diese Modelle, die die Dynamik von Arbeitsabläufen beschreiben, „Workflows", „Anwendungsfälle" oder „Prozesse". Genau diese Art der Informationsmodellierung ist Teil der BIM-Methodik.

Welche Informationen müssen in Modellen stecken? Zu welchem Zweck und zu welchem Zeitpunkt sollen sie bereitgestellt werden?

Dass man diesen Informationsbedarf beschreiben muss, leuchtet ein, zumal, wenn er Gegenstand einer vertraglich vereinbarten Leistung sein soll.

Wie aber wird das formal bewerkstelligt? Für eine solche definierte Informationsmodellierung wäre zu klären, welche Interessengruppen Informationen anfordern und für welche Entscheidungen sie benötigt werden.

Um diese Anforderungen elegant auszudrücken, gibt es bereits einen Standard zum Erstellen von Handbüchern für Informationslieferungen, mit dem wir uns später eingehender befassen werden. Mit der Umsetzung befassen sich auch die Blätter 10 und 11 der VDI-BIM-Richtlinie 2552, die wir später ebenfalls näher beleuchten.

Sinn und Zweck der projektspezifischen Informationsmodellierung ist, dass dem Informationslieferanten die folgenden geforderten Anforderungen bekannt gegeben werden:

- die genauen zu liefernden Inhalte,
- die Anwendung, für die diese Informationen benötigt werden,
- der einzuhaltende Lieferweg und
- die technische Umsetzung der Lieferung.

Dazu muss der Informationsempfänger (= Informationsbesteller) dem Informationserzeuger (= Informationslieferanten) seinen Informationsbedarf (= Informationsanforderungen) mitteilen und das in einer verständlichen, am besten standardisierten, Form. Neue Rollen unterstützen die Besteller und Lieferanten bei der Umsetzung der BIM-Prozesse in der Projektpraxis. So hilft der BIM-Manager bei der Spezifikation der Anforderungen und der Implementierung von Liefer- und Qualitätssicherungsprozessen und der BIM-Koordinator ist dafür verantwortlich, dass die erstellten Informationslieferungen den Informationsanforderungen entsprechen. Dieses prüft er innerhalb seines Unternehmens, bevor er Informationen, zum Beispiel Modelle, an andere Projektpartner weitergibt. Auch auf Empfängerseite kann es BIM-Koordinatoren geben, die bei Eingang von Informationen Qualitätsprüfungen vornehmen.

Die Begriffe BIM-Manager und BIM-Koordinator wurden kurz vor Fertigstellung der ISO 19650 in Informationsmanager und Informationskoordinator „umgetauft". Daher werden sowohl diese ISO-konformen Begriffe als auch die bereits etablierten Begriffe in der BIM-Literatur und auch in diesem Buch alternativ verwendet.

Mehr dazu im *Kapitel 4 Standards – „Spielregeln" der Zusammenarbeit*, Abschnitt Handbuch der Informationslieferungen und im *Kapitel 5 BIM-Projektpraxis – EINFACH machen!* zu AIA und BAP.

Gemeinsames Erstellen von Informationen

Warum lassen sich mit BIM einige Schwächen der heutigen Arbeitsweise beheben? Betrachten wir die Planung. Kein System ist so umfassend, dass alle Aufgaben innerhalb der Planungsphase mit der Software eines einzelnen Herstellers bewältigt werden können. Zu viele Fachdisziplinen sind beteiligt, als dass sie ein einzelner Software-Lieferant allein optimal bedienen könnte (auch wenn dieser Eindruck immer wieder erweckt wird). Sogenannte proprietäre oder native Datenformate, also Formate, die ausschließlich von der Software dieses Herstellers geschrieben und gelesen werden können, schränken die Austauschmöglichkeiten mit anderen Projektpartnern stark ein. Statt also Daten in diesen geschlossenen Informations-Silos einzuschließen, sind offene Austauschformate und offene Schnittstellen gefragt. Dieses Vorgehen ist einer der Schlüsselfaktoren für den Erfolg der modellbasierten Arbeitsweise à la BIM. Die separat von den einzelnen Fachgewerken erstellten Fachmodelle müssen zu einem konsistenten Gesamtmodell zusammengefügt und als Ganzes auf Stimmigkeit untersucht werden können, um die Gesamtqualität sicherzustellen.

Offene Standards – Open-BIM

Werden offene Modellstandards verwendet, sind ein Zusammenfügen und ein rechnergerechtes Prüfen möglich, auch wenn Modelle mit Software-Werkzeugen unterschiedlicher Hersteller erstellt wurden. Genau dazu sind die offenen BIM-Formate entwickelt worden. Arbeitet man dagegen zeichnungsbasiert zusammen, geschieht dieses Zusammenfügen vorwiegend in den Köpfen der Projektbeteiligten. Einer maschinellen Bearbeitung ist dieses Format nur sehr eingeschränkt zugänglich, auch wenn es in einem digitalen Format (DWG, PDF etc.) daherkommt.

Zeichnungen lassen sich nicht zu einem Gesamtpaket, zum Beispiel einem Gesamtgebäude mit allen Fachplanungen, zusammensetzen und dann als Ganzes im Rechner auf Probleme untersuchen, Modelle dagegen schon. Entdeckte Unstimmigkeiten können digital kommuniziert und behoben werden. Damit ermöglichen Modelle einen iterativen, agilen und digital unterstützten Verbesserungsprozess. Jede Disziplin liefert zyklisch ihren fachlichen Anteil, danach werden diese Teilmodelle erneut zusammengefügt. Dabei sind alle Prüfungen und Fragestellungen denkbar, man muss die entsprechende Information „lediglich" anfordern und in das Modell einfügen. Dank der digitalen Unterstützung, die durch Modelle möglich wird, hält sich der Aufwand für das wiederholte Durchlaufen dieses Verbesserungsprozesses in Grenzen. Ein Beispiel für effizientes BIM-Informationsmanagement ist das getrennte Erstellen und zyklische Liefern, Prüfen, Kommunizieren und Verbessern von Modellinformationen. Für die Kommunikation von Problemstellen in Modellen wurde sogar ein eigenes BIM-Format, das BIM Collaboration Format BCF, entwickelt. Dazu mehr im *Kapitel 2 Modelle – Schlüssel zur digitalen Zusammenarbeit.*

Trennung von Fachlichkeit und Informationsmanagement

Einer der Kerngedanken des BIM-Informationsmanagements ist die Trennung von fachspezifischen Informationsinhalten und deren informationstechnischer Verarbeitung. Ein BIM-Manager muss daher kein Tragwerks- und TGA- und Feuerschutz- und Architekturexperte zugleich sein, um BIM-Prozesse aufzusetzen oder Informationsanforderungen zu definieren. Er oder sie muss sich auch keineswegs sowohl in Hochbauprojekten als auch im Tief- und Infrastrukturbau auskennen, um BIM anzuwenden. Personen mit einem solch imposanten Kompetenzprofil wären denn wohl auch schwerlich zu finden und das BIM-Informationsmanagementkonzept wäre schon dadurch nahezu undurchführbar.

Darum ist das BIM-Informationsmanagementkonzept – unabhängig von Projektarten, Größenordnungen und baufachlichen Inhalten – für alle Formen des Projektmanagements anwendbar. Fachliches Wissen spielt nur an den Kommunikationsendpunkten eine Rolle. Das Informationsmanagement dazwischen beurteilt beispielsweise nicht, ob es sich um eine gute oder schlechte Planung handelt, sondern definiert lediglich die Informationsanforderungen und entsprechenden Prüf-, Verbesserungs- und Freigabeprozesse (Bild 1.4).

Bei der Beschreibung der Anforderungen ist der BIM-Manager nur Moderator, der die konkreten Lieferanforderungen aus den Fachexperten „herauskitzelt". Diese bringen ihre fachlichen Anforderungen in ihrer Fachsprache ein, der BIM-Manager überträgt sie in informationstechnische Anforderungen.

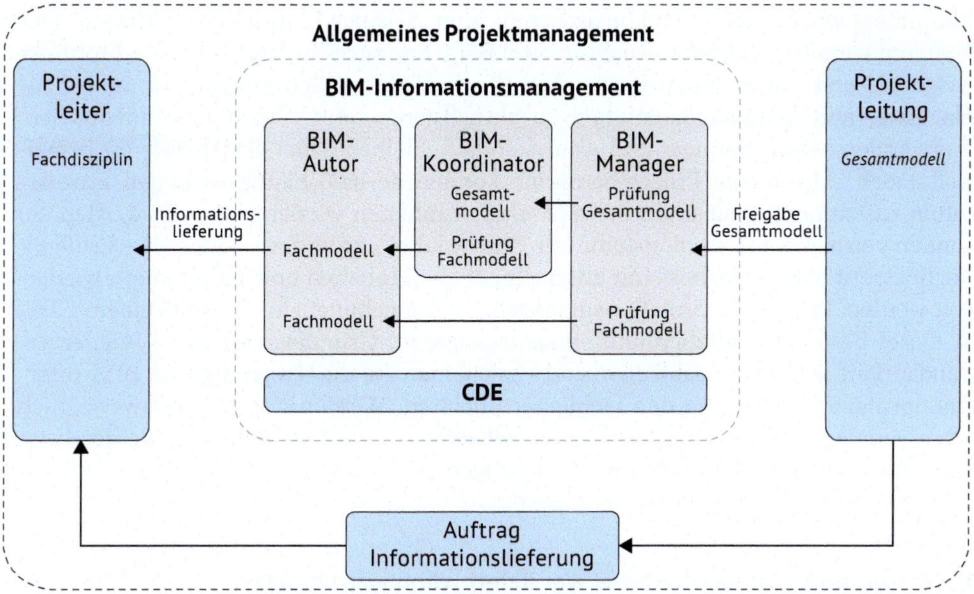

Bild 1.4 Trennung von allgemeinem Projektmanagement (Fachteam) und BIM-Informationsmanagement. Der BIM-Manager arbeitet an der Schnittstelle zwischen Gesamt-Projektleitung und BIM-Informationsmanagement. Er prüft eingehende und ausgehende Informationen auf Konformität hinsichtlich der BIM-Anforderungen. Die endgültige Freigabe im Projekt obliegt auch in BIM-Projekten der Gesamt-Projektleitung.

Eine formal korrekte Informationslieferung bedeutet also nicht, dass die inhalt-fachlichen Planungen korrekt sind. Umgekehrt kann jedoch mit formal fehlerhaften Informationslieferungen, zum Beispiel, wenn bei Modellelementen vereinbarte Attribute fehlen, fachlich nicht weitergearbeitet werden. Formale Fehler dieser Art würden durch eine formale Prüfung offengelegt. Zur fachbezogenen Prüfung bezieht das Informationsmanagement dagegen Prozessbausteine ein, in denen entsprechende Experten, zum Beispiel Fachplaner, Prüfer usw., eingebunden sind. Diese öffnen den ihnen zugestellten Informationscontainer und importieren ihn beispielsweise in ihre Fachanwendung. Seine fachliche Beurteilung (Fehler, Freigabestatus etc.) gibt der Prüfer an den BIM-Prozess zurück. Für die weitere formale Abarbeitung des BIM-Prozesses ist der konkrete fachliche Grund, zum Beispiel für eine Freigabe oder Zurückweisung, dann ohne Bedeutung.

In dieser strikten, von fachlichen Inhalten freien, Form ist das BIM-Informationsmanagement daher ohne Weiteres auch außerhalb der Bauindustrie anwendbar. Im internationalen Basisstandard für BIM, der ISO 19650, ist diese Trennung in Fachlichkeit und Informationsmanagement konsequent durchgehalten.

Wiederverwendbare Prozessketten

Das koordinierte Zusammenfügen von Informations-Teillieferungen der Einzelgewerke findet regelmäßig und zu unterschiedlichen Zwecken statt. Dadurch werden Untersuchungen des Gesamtsystems ermöglicht, etwa, ob die Planungen von Teilgewerken zusammenpassen oder ob Inkonsistenzen, zum Beispiel Kollisionen, auftreten. Des Weiteren werden wiederholt Analysen und Berechnungen durchgeführt, um Optimierungsziele und Varianten zu vergleichen, Kosten/Nutzen-Schätzungen zu untermauern, Zeit- und Kostenkalkulationen zu aktualisieren oder Ablaufpläne anzupassen. Trotz anderer Berechnungs- und Analyseinhalte bleiben dabei die Abläufe oft prinzipiell gleich. Allgemeine Prozessbausteine können deshalb häufig zu neuen Prozessketten zusammengebaut und mit wechselnden Inhalten wiederverwendet werden. So können beispielsweise die Bausteine der Prozesskette „Anfordern – Liefern – Prüfen – Nachbessern bzw. Freigeben" mit unterschiedlichen Inhalten und Teilnehmern wiederholt werden. In einer Informationsmanagement-Umgebung, zum Beispiel einem CDE, ist dieses besonders nützlich und effizienzsteigernd. Grundlage für diese Wiederverwendbarkeit von Prozessabläufen und -bausteinen ist die Trennung des BIM-Informationsmanagements von den fachlichen Inhalten. Werden also beispielsweise nach Fehlerbehebung neue Modellversionen geliefert, so wird dieselbe Prüfprozesskette durchlaufen wie bei den vorherigen Lieferungen. Auch das Hinzufügen neuer Fachmodelle ändert nichts am prinzipiellen Ablauf.

1.5.3 Informationslieferketten – Wer liefert wann was wohin?

Jeder Projektteilnehmer ist an einer oder mehreren Informationslieferketten beteiligt, entweder als Informationslieferant, als Informationsempfänger oder als Nutzer. Die Gestaltung der Lieferkette hängt von den Erfordernissen des Bauherrn und der beteiligten Unternehmen ab (Bild 1.5). In der Planungsphase liefern beispielsweise die Fachgewerke Tragwerk, HLS, TGA, Elektro, Küchenplanung, Feuerschutz usw. Informationen an ihre Auftraggeber oder eine beauftragte zentrale Instanz, zum Beispiel den Architekten. Konsument dieser Informationen ist der Bauherr oder seine Beauftragten.

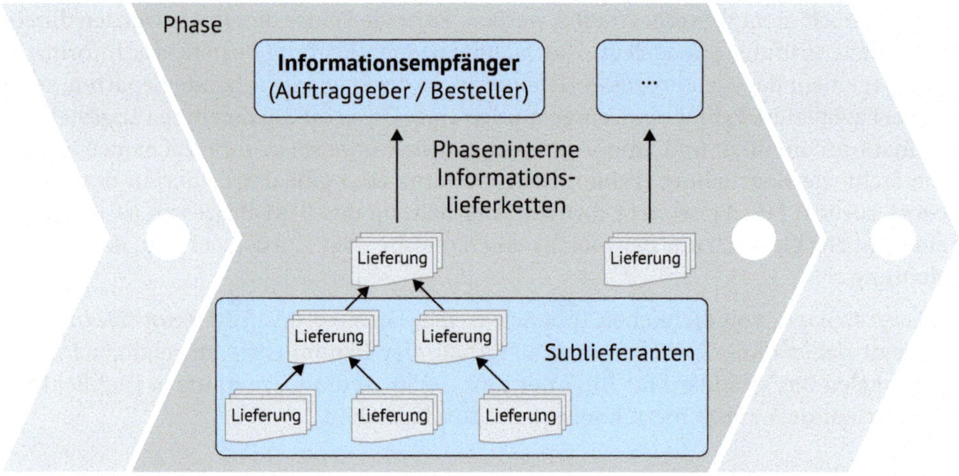

Bild 1.5 Die genaue Beschreibung der Informationslieferketten ist wichtiger Bestandteil eines BIM-Ablaufplans. Innerhalb einer Projektphase werden Modelle und andere Informationsträger durch wiederholtes Liefern, Zusammenfügen, Prüfen und Verbessern fit für die Weitergabe an die nächste Phase gemacht.

Dort werden Informationen für Entscheidungen zum Bauvorhaben, zum Beispiel Bau- und Betriebskostenermittlung, Energieplanung usw. genutzt. Da der Bauherr in der Regel die notwendige Fachkompetenz nicht selbst besitzt, zieht er Fachexperten für entsprechende Entscheidungsfindungen zu Rate. Es ist daher im ureigensten Interesse des Bauherrn, dafür zu sorgen, dass die Lieferkette zwischen allen Fachbeteiligten inhaltlich und formal klar definiert ist und keine Informationsverluste beinhaltet. Nur wenn sichergestellt ist, dass Fachplaner sich gegenseitig mit den notwendigen Informationen beliefern, können sie vernünftige Planungen, Berechnungen und Analysen durchführen und damit am Ende die anstehenden Entscheidungen qualifiziert unterstützen. Daher muss der Bauherr dafür sorgen, dass auch zwischen den Planungsbeteiligten die richtigen Informationslieferketten aufgebaut und umgesetzt werden. Beispielsweise kann der Energieplaner nur vernünftig arbeiten, wenn die physikalischen und geometrischen Eigenschaften korrekt modelliert sind und sich sowohl inhaltlich als auch formal zusammenfügen lassen. Lieferprozesse müssen sicherstellen, dass der Energieplaner diese Informationen rechtzeitig bekommt.

Dazu sind koordinierte Prozesse erforderlich. Aus den Geschäftsprozessen und -strategien der beteiligten Unternehmen ergeben sich die Entscheidungen und Aktivitäten, die unterstützt werden müssen. Aus diesen leitet sich wiederum der Informationsbedarf von Unternehmen und Organisationen ab. Erfordern Geschäftsprozesse beispielsweise eine strikte Kostenkontrolle, leiten sich daraus notwendigerweise genaue Kostenberechnungsaktivitäten ab. Präzise Kostenberechnungen erfordern wiederum die entsprechenden Informationen. Sie müssen explizit geliefert werden, will man nicht – wie allzu häufig – auf Vermutungen und „Erfahrung" angewiesen sein. Welche Informationen das genau sind, wird in den Informationsanforderungen beschrieben. In frühen Phasen reichen für eine Kostenschätzung eventuell das Raumvolumen und die Nutzungsart aus, später sind dagegen weitaus höhere Detaillierungsgrade erforderlich. Das ist entsprechend in einem BIM-Abwicklungsplan BAP festzulegen.

Informationslieferketten in der Planungsphase

Mit der Formulierung und Beauftragung von Informationslieferungen beginnt die Informationslieferkette. Die Lieferkette spiegelt üblicherweise die Beauftragungsstruktur wider. In Erfüllung des Auftrags liefert der Planer bzw. ausführende Unternehmer entsprechende Informationen über den vereinbarten Lieferweg an die vereinbarte Lieferadresse. Im besten Fall ist dieses eine Gemeinsame Datenumgebung (Common Data Environment, CDE). Jeder Subunternehmer liefert an seinen beauftragenden Unternehmer und der Generalunternehmer schließlich an den BIM-Koordinator.

Nach Eingang beim zentralen BIM-Koordinator werden alle Teilmodelle zu einem Gesamtmodell zusammengesetzt. Dieses wird geprüft, freigegeben und anderen zur weiteren Verwendung übergeben oder mit Mängelbeschreibungen an die Lieferkette zur Nachbesserung zurückgegeben.

Welche Inhalte gefordert und geliefert werden, ist gewerke- und phasenabhängig und hängt von den Anwendungsfällen ab, für die Entscheidungen und damit Informationen benötigt werden. Entsprechende Informationsanforderungen und Anwendungsfälle werden im Abschnitt BIM-Praxis genauer beleuchtet.

Beispiel 1.3 **Anwendungsfall – Koordination der Gewerke**

In der Planungsphase liefern einzelne Gewerke und Fachrichtungen, zum Beispiel Architekt, Tragwerks-, Elektro- oder TGA-Planer, ihre Informationen. Das geschieht in Form von Modellen, ggf. ergänzt durch Dokumente und Pläne. Einer der wichtigsten Anwendungsfälle ist die Koordination dieser Lieferungen der Einzelgewerke. Der BIM-Koordinator erhält die Lieferungen in einem definierten Prozess, zum Beispiel an ein CDE. Die Einzellieferungen werden zu einem virtuellen Gesamtgebäude zusammengefügt und einem Gesamtprüfprozess, wie etwa der Kollisionsprüfung bzw. der Schlitz- und Durchbruchsplanung, zugeführt. Werden nach Fehlerbehebung neue Modellversionen geliefert, wird die Prozesskette erneut durchlaufen. Dieser Ablauf wird bis zur Lieferung freigabefähiger Modelle wiederholt.

1.5.4 Gemeinsame Datenumgebung – Umgebung für gemeinsame Daten

Wie gestaltet sich der technische Ablauf einer Informationslieferung? Informationen sollten nicht auf irgendeiner Online-Festplatte oder auf dem lokalen Rechner eines Projektleiters landen. Sie müssen in einem strukturierten und sicheren Datenspeicher zusammengeführt werden (Bild 1.6) und von dort für die berechtigten Projektbeteiligten jederzeit abrufbar sein.

Der digitale Informationsfluss braucht ein „Flussbett", das den Transportprozess strukturiert und kanalisiert. Informationscontainer transportieren als „Frachtschiffe" beliebige Informationen auf diesem „Informationsfluss". Eine Plattform, die als zentrale Informationsquelle ein solches qualifiziertes und sicheres Informationsmanagement ermöglicht, wird als Gemeinsame Datenumgebung oder engl. Common Data Environment (CDE) bezeichnet.

DIN SPEC 91391 „Gemeinsame Datenumgebungen für BIM-Projekte"[1)] beschreibt eingehend die Arbeitsweise und Funktionen eines CDE. Hier sind einige wesentliche Eigenschaften kurz zusammengefasst:

Nachvollziehbare Kommunikation – Das CDE als zentraler Ort für Informationen bewahrt Daten nachvollziehbar und sicher auf. Neben den aktuellen Versionen ggf. zehntausender Dokumente sind auch die vergangenen Planungsstände wiederherstellbar. Liefervorgänge und die Kommunikation zwischen den Projektpartnern werden zuverlässig und rechtssicher aufgezeichnet. Statusebenen geben den Freigabefortschritt wieder, zum Beispiel kennzeichnen sie Modelle oder Dokumente als „geprüft", „freigegeben", „in Bearbeitung". Dadurch wird der Reifegrad von Informationen kenntlich gemacht.

Prozessorientierte Zusammenarbeit – Alle projektrelevanten Liefer-, Prüf-, Freigabe- und Informationsverteilungsprozesse werden ausschließlich über das CDE abgewickelt. Die Kommunikation und der Datenaustausch über Nebenwege, wie zum Beispiel E-Mail oder Online-Speicher, ist zu vermeiden, weil die Nachvollziehbarkeit und Eindeutigkeit von Prozessen dann nicht mehr gewährleistet ist. Ein CDE bietet in der Regel übliche Standard-Workflows an, zum Beispiel zur Kommunikation zwischen

1) Kostenfrei zum Download erhältlich unter: www.beuth.de/go/din-spec-91391.

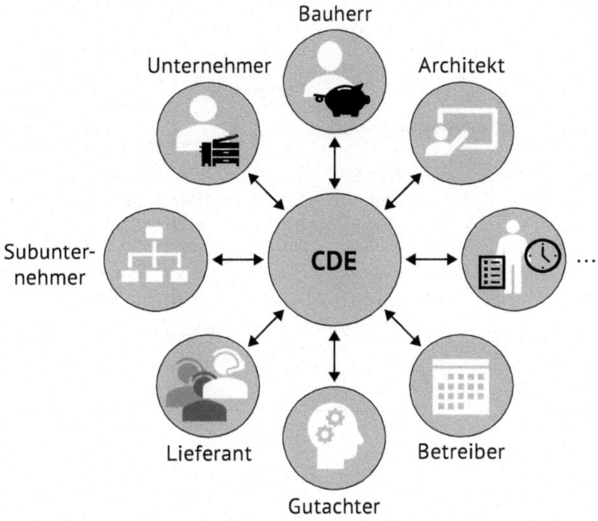

Bild 1.6 Eine Gemeinsame Datenumgebung CDE ist die einzige zentrale und neutrale Datenquelle. Alle vertraglich vereinbarten Informationen werden nachvollziehbar und rechtlich nachweisbar an das CDE geliefert. Das ineffektive Suchen von Informationen entfällt, aktuelle Versionen sind jederzeit auffindbar.

Projektbeteiligten oder für Freigabeprozesse. Es lassen sich häufig auch individuelle Workflows konfigurieren, um projekt- oder unternehmensspezifische Abläufe in das Prozessmanagement einzubeziehen.

Neutralität gegenüber allen Teilnehmern – Aufgrund ihrer zentralen Rolle im BIM-Projekt darf ein CDE kein geschlossener Datensilo sein, sondern sollte über offene Formate und Schnittstellen nahtlos Daten mit anderen Diensten austauschen können. Dadurch wird kein Teilnehmer gezwungen, eine bestimmte Software zu verwenden, um sich am Projekt beteiligen zu können.

Sichere Datenhaltung – Eine Gemeinsame Datenumgebung muss hohen Sicherheitsansprüchen genügen und Datenschutz- und Datenhoheitsrechte aller Beteiligten sicherstellen. Zugriffsrechte gewährleisten die Datenhoheit und Kontrolle über die eigenen Daten. Datenzentren haben hohe Verfügbarkeits- und Sicherheitsstandards.

Strukturierte Datenablage – Die an ein CDE gelieferten Informationscontainer können beliebige Informationen enthalten (Pläne, Dokumente, Modelle, Verweise usw.). Der Containerinhalt ist für das Informationsmanagement innerhalb der CDE nicht relevant. Er wird durch das CDE weder gelesen noch bearbeitet.

Das gesamte Informationsmanagement innerhalb des CDE erfolgt über Metainformationen (Bild 1.7). Diese beschreiben alle relevanten Eigenschaften eines Informationscontainers. Das gesamte Informationsmanagement innerhalb des CDE erfolgt über Metainformationen. Über diese können Informationscontainer strukturiert abgelegt und wieder aufgefunden werden. Welche Metainformationen relevant sind, ist projektabhängig und kann entsprechend konfiguriert werden. Gängige Metainformationen sind Autor, Phase, Gewerk, Freigabestatus, Version, Revisionsnummer, Dateityp (Modell, Dokument, Plan, Zeichnung usw.).

Auch Workflows, wie zum Beispiel Kommunikationsabläufe, können durch Metadaten gekennzeichnet werden. Diese können sich auf Antwortfristen, Statusinformationen (gelesen, vertraulich, beantwortet usw.) und vieles mehr beziehen.

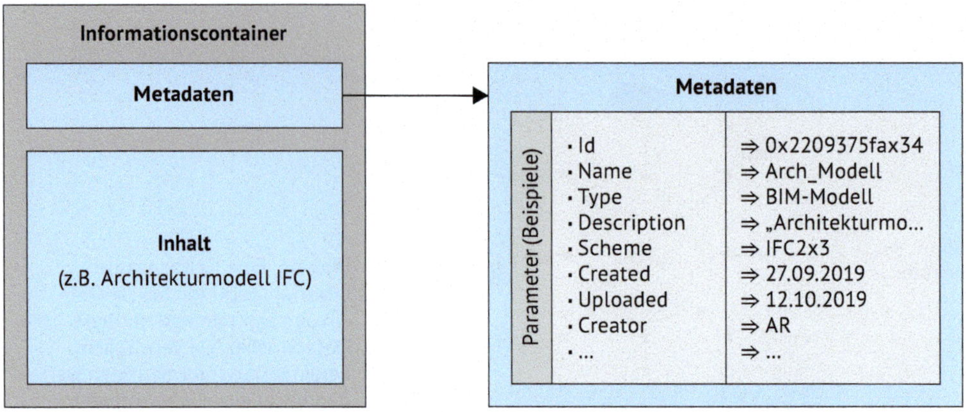

Bild 1.7 Die meisten CDE arbeiten mit Informationscontainern (Dateien, Ordner), die von dem CDE nicht geöffnet und in keinem Fall geändert werden. Projektspezifisch konfigurierbare Metadaten beschreiben den Informationscontainer. Über die Metadaten werden Container klassifiziert, z. B. nach Ersteller, Disziplin, Zweck usw. und sind darüber leicht wieder auffindbar.

Liefermanagement – Mit der Übergabe von Informationen an ein CDE beginnt der Lieferprozess. Er ist einer der Kernprozesse im Informationsmanagement, an den sich weitere Prozesse anschließen. Ein CDE ist häufig in der Lage, Lieferfristen für Informationscontainer festzulegen. Zum Beispiel können Platzhalter für zukünftige Informationslieferungen angelegt und ein Lieferdatum festgesetzt werden. Dadurch lassen sich ausstehende Lieferungen leicht erkennen.

Modellunterstützung – Modelle werden innerhalb eines CDE häufig als eigene Informationsart, für die spezielle Funktionalitäten zur Verfügung stehen, behandelt. So können einzelne Fachmodelle beispielsweise zu Modellstapeln gebündelt werden, um anschließend eine koordinierte Gesamtprüfung durchzuführen (siehe Koordination der Gewerke). Ein CDE verfügt oft über einen leistungsfähigen BIM-Viewer, der neben grafischen Modellinformationen auch alphanumerische Daten (Elementattribute) und mit Modellobjekten verlinkte Dokumente darstellen kann.

BIM-Anwendungsfälle – Die Aufgaben eines CDE erstrecken sich vom Dokumentenmanagement über die Kontrolle und Ausführung von Arbeitsabläufen zwischen allen Beteiligten eines Bauprojekts bis zur Übergabe aller relevanten Modelle und Dokumente an den Betrieb. Die zum Erreichen einer Aufgabenstellung notwendigen Schritte werden oft unter einem Anwendungsfall (engl. Use Case) zusammengefasst. Ein Anwendungsfall wird sinnvollerweise nach seinem Zweck benannt. Anwendungsfälle, wie zum Beispiel die „Koordination der Gewerke", können in einer Gemeinsamen Datenumgebung durch Workflows abgebildet werden. Die Aktivitäten innerhalb eines Anwendungsfalls erfordern entsprechende Informationslieferungen. Dazu werden Informationscontainer im Workflow nachvollziehbar an diese Aktivitäten weitergeleitet. Sind menschliche Bearbeiter involviert, importieren diese in der Regel Informationen aus dem CDE in ihre externen Anwendungen, wie zum Beispiel Prüfsoftware oder Modellierungswerkzeuge. Die Ergebnisse einer Aktivität werden jeweils wieder an das CDE zurückgeben. Dort können sie an Folgeprozesse weitergegeben oder für Entscheidungsprozesse genutzt werden.

Ausführlicheres zu Anwendungsfällen in den einzelnen Projektphasen im Praxiskapitel.

Ökosystem – Ein CDE sollte das Rad nicht neu erfinden, indem es bewährte Anwendungen nachimplementiert, sondern die Einbindung existierender Werkzeuge ermöglichen. Dadurch können Anwender mit ihren gewohnten Werkzeugen arbeiten und dabei das Informationsmanagement eines CDE nutzen. Die Koordination von Gewerken ist ein solcher zentraler CDE-Anwendungsfall. Hierbei werden die gelieferten Fachmodelle in dem CDE zusammengeführt und in einem Prüfprozess an die entsprechenden Prüfwerkzeuge weitergeleitet. Die Prüfergebnisse werden zurück an das CDE geliefert. Dort werden entsprechend Verbesserungs- bzw. Freigabeprozesse eingeleitet. Offene Schnittstellen zur Einbindung verschiedenster externer Werkzeuge, wie zum Beispiel Modellierungs- und Prüfsoftware, in ein CDE sind daher sehr wichtig. Hierüber können diese Werkzeuge direkt in das Informationsmanagement eingebunden werden. Das CDE bildet dann ein Ökosystem, in das sich unterschiedliche Fachrichtungen einbringen können.

Ortsunabhängig – In der Regel sind CDEs als Cloud-Lösung implementiert und sind sowohl auf mobilen Geräten als auch auf PCs über Webbrowser verfügbar. Eine lokale Software-Installation entfällt. Die CDE-Dienste sind weltweit ohne nutzerseitigen administrativen Aufwand verfügbar.

1.6 Standardisierung

Die Briten haben mit ihrer PAS 1192- und BS-1192-Normenreihe international der BIM-Methodik einen ordentlichen Schub verliehen. Bereits seit 2011 treiben sie die Einführung von BIM bei öffentlich finanzierten Bauvorhaben voran. Ziel war der sorgsame Umgang mit Steuergeldern, eingehende Untersuchungen hatten zuvor das hohe Einsparpotenzial der Methodik belegt. Auch Umweltaspekte, wie CO_2-Einsparung und weniger Abfälle beim Bau neuer Anlagen, waren die Motivation für eine flächendeckende BIM-Einführung. Die seit 2016 in Großbritannien verpflichtende BIM-Anwendung schuf einheitliche Marktbedingungen und trug entscheidend dazu bei, BIM in die Praxis zu bringen. Dieser staatlicherseits initiierte Innovationsschub geriet auch zum Nutzen der international ohnehin schon sehr gut aufgestellten britischen Bauunternehmen. Er half, sich für den internationalen Wettbewerb zu rüsten, der längst die BIM-Methodik zur Selbstverständlichkeit erhoben hat. Neben den PAS 1192 Standards entstanden weitere britische BIM-Normen sowie öffentlich zugängliche BIM-Bibliotheken und -Guidelines. Alle britischen Normen der PAS 1192-Reihe waren bis vor Kurzem noch frei verfügbar, was die Verbreitung stark unterstützte.

Weitere Details siehe *Kapitel 4 Standards – „Spielregeln“ der Zusammenarbeit.*

1.6.1 ISO 19650 – Die zentrale BIM-Norm

Die britische Regierung hat sehr viel Geld in die Entwicklung von BIM-Standards investiert und treibt BIM auch weiterhin aktiv voran. Es war daher für die Briten nur folgerichtig, die britischen BIM-Normen zum Gegenstand internationaler Normung zu machen. So fand Teil 2 der britischen PAS 1192 in gewissem Umfang Eingang in die ISO 19650. Die internationale Arbeitsgruppe der ISO hat sich nach jahrelangem, teilweise hartem Ringen – auch unter deutscher Beteiligung – auf einen umfassenden internationalen BIM-Standard geeinigt. Die deutsche Übersetzung ist seit 2019 verfügbar. [2]

Internationale Abkommen zur Einführung von BIM in der EU

Seit Dezember 2018 gibt es diesen weltweit gültigen BIM-Standard. Kraft der sog. Wiener Vereinbarung zwischen ISO und der europäischen Normungsorganisation CEN sind alle EU-Mitgliedsstaaten verpflichtet, ihn in das eigene nationale Normenwerk zu übernehmen. Bereits vorhandene nationale Normen sind ggf. zurückzuziehen, sofern sie ähnliche Inhalte behandeln oder gar der ISO zuwiderlaufen.

Die Briten mussten hier Federn lassen und ihren ursprünglichen ISO-Input, die BIM-Standards BS 1192 und PAS 1192-2, zurückziehen und durch die britische Version BS EN ISO 19650 ersetzen. Die ISO ist allerdings weitaus allgemeiner gefasst als die ursprünglichen 1192-Versionen. Zum Leidwesen vieler Briten. Um die nationalen Gegebenheiten nicht vollständig zu überrollen, darf die jeweilige nationale Übersetzung der ISO 19650 daher einen Nationalen Anhang enthalten, der landesspezifische Gegebenheiten berücksichtigt, natürlich ohne im Widerspruch zum ISO-Standard zu stehen. Die Briten haben über ihren Nationalen Anhang die Dateinamenskonventionen aus der BS 1192 „herübergerettet".

1.6.2 Die deutsche BIM-Richtlinienreihe VDI 2552

Nationale Normung darf die ISO 19650 durchaus präzisieren und ergänzen. Genau dieses ist das Ziel der BIM-Richtlinienreihe VDI 2552. Diese von ungefähr achtzig Experten entwickelte, umfassende Richtlinienreihe des Vereins Deutscher Ingenieure hat den Anspruch, alle wesentlichen Aspekte von BIM abzudecken. Sie geht dabei weitaus tiefer ins Detail als die ISO 19650. Die VDI 2552 besteht bisher aus elf Teilen, Blätter genannt. Einige Blätter der VDI 2552 wurden zeitgleich mit der ISO 19650 oder vorher entwickelt. Bei Veröffentlichung der ISO stellte sich daher die Frage, ob alle Teile der VDI 2552 konform mit der ISO sind oder ihr zumindest nicht widersprechen. Einige Anpassungen wurden notwendig, wie zum Beispiel die Umbenennung von BIM-Rollen. So wurde aus dem bereits eingebürgerten Begriff „BIM-Manager" in der ISO nun der „Informationsmanager". Die Endfassung der ISO verabschiedet sich komplett vom Rollenbegriff und spricht lediglich von Funktionen.

Mehr hierzu im *Kapitel 4 Standards – „Spielregeln" der Zusammenarbeit.*

1.6.3 Übersetzungen und nationaler Sprachgebrauch

Im Zuge der Internationalisierung der britischen BIM-Normen in Form der ISO 19650 stellten sich die Übersetzung der englischen Begriffe und der Sprachgebrauch in den jeweiligen EU-Ländern als schwierig heraus, besonders bei den Begriffen „Employer" und „Asset". Während die Briten in „Employer" und „Supplier" (Lieferant) eine vertragliche Beziehung sehen, etwa Auftraggeber/Auftragnehmer, sehen viele Kontinental-Europäer darin ein disziplinarisches Verhältnis, wie im Deutschen von Arbeitgeber zu Arbeitnehmer. Mit Rücksicht darauf hat man sich daher schon in der englischen Fassung auf die neutraleren Begriffe „Appointing Party" (wörtlich: ernennende Partei), also letztlich Auftraggeber, und „Appointed Party", also Auftragnehmer, geeinigt. In der deutschen Übersetzung werden daraus der „Informationsbesteller" und der „Informationsbereitsteller".

Als gänzlich unverdaulich stellte sich der englische Begriff „Asset"[2)] heraus. Schon im Englischen nur aus dem Kontext heraus interpretierbar, erweist sich die deutsche Übersetzung offenbar als unmöglich. „Asset" ist daher in der deutschen Übersetzung haften geblieben, was Lesbarkeit und Verständnis nicht gerade zuträglich ist. Der Begriff „Asset" wird im Sinne eines „baulichen Vermögenswertes" verwendet, angesichts dessen man dann doch lieber „Asset" als kleineres Übel verkraftet. Leider fehlten der Mut und der regulatorische Spielraum, sich für die doch eigentlich treffenden deutschen Begriffe „Liegenschaft", „Bestand" oder „Anlage" zu entscheiden.

Synonyme und Abkürzungen deutscher und englischer Begriffe

Nicht nur durch die unterschiedlichen nationalen Interpretationen von Fachbegriffen herrscht derzeit eine babylonische Sprachverwirrung hinsichtlich der BIM-Begriffe und -Abkürzungen. Eine konsequente Übersetzung englischer Begriffe führt teilweise zu Doppelbelegungen bei den deutschen Abkürzungen, wie etwa bei der Abkürzung AIA (**A**ustausch-**I**nformations**a**nforderung und **A**nlagen-**I**nformations**a**nforderungen). Als Lösung haben sich die Experten dazu entschlossen, die englischen Abkürzungen auch für die deutschen Begriffe zu verwenden. Also zum Beispiel Anlagen-Informationsanforderungen mit AIR abzukürzen, da Englisch „**A**sset **I**nformation **R**equirement" und für Austausch-Informationsanforderung, da Englisch „**E**xchange **I**nformation **R**equirement", EIR zu verwenden. Ich halte diese Lösung für didaktisch unglücklich, da sie den Einstieg in die ohnehin komplexe Materie unnötig erschwert. Ich werde mich daher in diesem Buch an die standardisierten Begriffe und Abkürzungen halten, erlaube mir jedoch, in Klammern dahinter des Öfteren den verständlicheren deutschen Begriff zu bringen. Klarheit schaffen soll auch die Übersetzungstabelle 1.1, in der die unterschiedlichen Begriffe mit gleicher Bedeutung zum besseren Verständnis aufgelistet sind.

Tabelle 1.1 Übersetzungstabelle wichtiger Begriffe aus ISO 19650, VDI 2552 und deren Bezeichnung in diesem Buch. Die Begriffsbildung im Buch soll zum intuitiveren Verständnis im deutschen Sprachgebrauch beitragen und dennoch nicht zu weit von der internationalen Fassung abweichen.

Sprachgebrauch in diesem Buch	Nach VDI 2552 (teilweise noch in Vorbereitung, Begriffsänderungen möglich)	Nach ISO 19650 englische / deutsche Fassung
Bestand oder Anlage	Anlage, Bestand	Asset / baulicher Vermögenswert
Anlagen-Informations-Modell AIM	Asset Informationsmodell AIM	Asset Information Model AIM / Asset -Informationsmodell AIM
Anlagen-Informationsbedarf	Asset-Informations-anforderungen AIR	Asset Information Requirements AIR / Asset-Informationsanforderungen AIR

2) Zitat aus [2], Abs. 3.2.8: "item, thing or entity that has potential or actual value to an organization"

Tabelle 1.1 (Fortsetzung)

Sprachgebrauch in diesem Buch	**Nach VDI 2552 (teilweise noch in Vorbereitung, Begriffsänderungen möglich)**	**Nach ISO 19650 englische / deutsche Fassung**
Projekt-Informations-Modell PIM	Projekt-Informations-Modell PIM	Project Information Model PIM / Projekt-Informationsmodell PIM
Projekt-Informationsbedarf	Projekt-Informations-anforderungen PIR	Project Information Requirements PIR
Organisations-Informations-bedarf	Organisations-Informations-anforderungen OIR	Organizational Information Requirements OIR / Organisatorische Informationsanforderungen OIR
Austausch-Informations-anforderungen (AIA)	Auftraggeber-Informations-anforderungen AIA	Exchange Information Requirements EIR Frühere Versionen und PAS 1192 Employers Information Requirement / Austausch-Informations-anforderung EIR
BIM-Manager	BIM-Manager, Informationsmanager	Es werden keine Rollen spezifiziert.
BIM-Abwicklungsplan BAP oder BIM-Ablaufplan BAP	BIM-Abwicklungsplan BAP	BIM Execution Plan / BIM-Abwicklungsplan In beiden Fassungen wird nicht die englische Abkürzung BEP verwendet.
Rolle / Funktion	Rolle	Function / Funktion

1.7 BIM-Praxis – AIA und BAP

1.7.1 Modelle als Informationsträger – AIM und PIM

Die im *Kapitel 4 Standards – „Spielregeln" der Zusammenarbeit* später im Detail behandelte ISO 19650 stellt aus ihrer sehr abstrakten konzeptionellen „Vogelperspektive" zwei grundsätzliche Modellarten vor.

Zuerst das sogenannte Anlagen-Informations-Modell (AIM), das den gesamten Gebäudelebenszyklus begleitet und den baulichen Bestand einer Liegenschaft und ggf. der relevanten Umgebung (Anschlüsse, Zufahrten etc.) widerspiegelt. Es entsteht bereits in der frühen Planung und wird bis zum Betrieb, mit wachsender Detailtiefe, weiterentwickelt. Am Ende enthält dieser „Digitale Zwilling" alle Informationen, die für den Betrieb des Gebäudes relevant sind.

Der zweite grundlegende Informationsträger ist das sogenannte Projekt-Informations-Modell (PIM), das alle für das Projektmanagement relevanten Informationen beinhal-

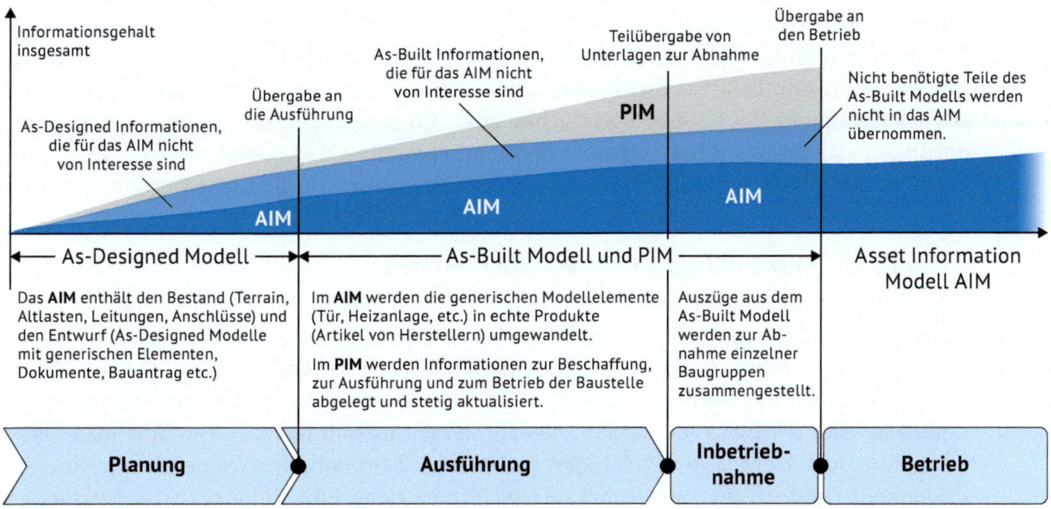

Bild 1.8 Wachsender Informationsumfang des AIM. Nicht alle Informationen des As-Built-Modells werden am Ende der Ausführungsphase in das AIM übernommen. Lediglich die in den AIR geforderten Informationen wandern in das AIM.

tet. Das PIM unterstützt Entscheidungen in der Investitionsphase, wie Abnahmen und Rechnungsfreigaben. Es bildet die Dynamik der Planungsphase und der Ausführungsprozesse auf der Baustelle ab, beispielsweise für das Management der Baustellenlogistik oder des Ressourceneinsatzes. Das PIM greift dabei ggf. auf Informationen aus dem AIM zurück oder ergänzt sie, beispielsweise, wenn nach Einbau und Abnahme von Bauteilen oder Anlagen der Ist-Zustand im AIM dokumentiert wird (Bild 1.8).

Am Ende der Bauphase werden die für den Betrieb nicht relevanten Bestandteile entfernt, denn beispielsweise Gerüste und Baubehelfe aus dem PIM interessieren im Betrieb nicht mehr, die vergangene Bauablaufplanung sowie Fehlerbehebungs- und Freigabezyklen ebenso wenig. Dagegen interessieren Garantie- und Gewährleistungsfristen und auch Dokumente zum Bestand, wie Produktdatenblätter, Zulassungen und Wartungshandbücher, in der Betriebsphase außerordentlich. Bei der Übergabe an den Betrieb muss die Vollständigkeit dieser Dokumente sichergestellt sein. Wer allerdings erst hier feststellt, dass wichtige Dokumente fehlen, wird eventuell Schwierigkeiten haben, diese noch zu beschaffen.

Die Unterscheidung zwischen AIM und PIM ist vom Konzept her hilfreich, bedeutet aber nicht, dass es getrennte Datenbankstrukturen oder IFC-Modelle dafür geben müsste. Sie soll dazu beitragen, die dynamischen, projektorientierten Informationen und die statischen, den Planungsgegenstand und das Bauobjekt beschreibenden Informationen besser zu trennen. Dadurch können Informationsanforderungen und der daraus resultierende Bedarf an Informationslieferungen besser ausgedrückt werden.

1.7.2 Informationsbedarf bei Unternehmen und Organisationen

Informationsanforderungen können diejenigen am besten formulieren, die sie zur Entscheidungsfindung benötigen. DIN ISO 19650 unterscheidet aus diesem Grunde zwischen Informationsbedarf aus Betreibersicht, Projektsicht und Unternehmenssicht. BIM beschränkt den Informationsbedarf also nicht auf die Klärung rein bautechnischer Fragen, auch der Informationsbedarf von Unternehmen und Organisationen findet Berücksichtigung. ISO 19650 spricht hier von „Organisatorischen Informationsanforderungen" (Organizational Information Requirements OIR). Dieser Bedarf resultiert aus den Geschäftsprozessen, die in einem Unternehmen durchlaufen werden.

Beispiel 1.4 **Anwendungsfall – Kollisionsermittlung**

Der Anwendungsfall Kollisionsermittlung wird für die Durchführung der Projektaufgabe „Koordination der Gewerke" notwendig. Die Umsetzung dieser Aufgabe kann als Geschäftsprozess verstanden werden. Zur Durchführung einer Kollisionsermittlung bedarf es mehr als nur der Geometrie der Bauteile, denn durchdringen sich zwei gleichartige Bauteile, zum Beispiel zwei Betonträger, so handelt es sich lediglich um eine Materialdopplung, die leicht vom zuständigen Fachplaner allein behoben werden kann. Durchdringen sich jedoch ein Wasserrohr und ein Lüftungskanal, gibt dieses höchstwahrscheinlich Anlass zu einer Planänderung, an der mindestens zwei Fachplaner beteiligt sind.

Was bedeutet das für die Informationsanforderungen? Modellelemente müssen für den Anwendungsfall „Kollisionsermittlung" außer der Geometrie zumindest noch den Bauteiltyp (Stahlbetonträger, Lüftungsrohr, Wasserrohr) oder das Gewerk (Stahlbeton, Lüftung, Wasser) kennzeichnen, sonst ist eine sinnvolle Kollisionsermittlung nicht möglich.

BIM-Anwendungsfälle liefern Daten für Entscheidungen

Unternehmen benötigen zur Durchführung ihrer Geschäftsprozesse bestimmte BIM-Anwendungsfälle. Damit diese Anwendungsfälle durchgeführt werden können, sind bestimmte Informationen erforderlich. Diese werden als Austausch-Informationsanforderungen AIA spezifiziert und später auch im BIM-Abwicklungsplan BAP festgelegt. Nach Durchlaufen dieser Anwendungsfälle fließen deren Ergebnisse zur Entscheidungsfindung an den Geschäftsprozess zurück.

Natürlich gibt es eine Fülle weiterer Anwendungsfälle, die jeweils ihre eigenen Informationsanforderungen haben.

Hat man die prinzipiellen Informationsanforderungen für die Durchführung eines Anwendungsfalls ermittelt, geht es an die technischen Details der Informationslieferungen. Genaue Elementbezeichnungen, Attributnamen und Dateiformate müssen spezifiziert werden. Welche das genau sind, hängt von der Art der Zusammenarbeit im Projekt ab. Bei Open-BIM-Projekten werden offene Formate verwendet, während bei Closed-BIM-Projekten mit herstellereigenen Formaten gearbeitet wird.

Wer legt diese technischen Details fest? Möglicherweise verfügt das anfordernde Unternehmen, das die Informationen für seine Geschäftsprozesse benötigt, bereits über entsprechende BIM-Kompetenz. Denkbar ist auch, dass ein externer BIM-Manager mit der Koordination der genauen datentechnischen Umsetzung beauftragt wird, den Informationsbedarf ermittelt und Datenformate und Lieferprozesse festlegt.

BIM-Prozesse und Informationslieferungen werden im BIM-Abwicklungsplan BAP festgehalten.

Beispiel 1.5 Informationsbedarf für die Ressourceneinsatzplanung

Will ein Unternehmen seinen Ressourceneinsatz (Personal, Maschinen usw.) in die BIM-Planung einbeziehen, muss es möglich sein, Bauteile im Modell mit entsprechenden Aufwandsinformationen auszustatten, aus denen dann Ort, Zeit und Umfang der zu einem bestimmten Zeitpunkt benötigten Ressourcen berechnet werden können. Der Organisatorische Informationsbedarf besteht also darin, Modellelemente und deren erforderliche Eigenschaften zu benennen, also zum Beispiel Merkmale zum Arbeitsaufwand pro Volumeneinheit, zum Maschinenbedarf usw. am Modellelement zu verankern, um diese Informationen später algorithmisch auswerten zu können.

1.7.3 Informationsbedarf auf der Zeitachse und in der Lieferkette

Der weitaus größte Kommunikationsbedarf besteht innerhalb einer Phase. Daher findet ein regelmäßiger Informationsaustausch zwischen den beteiligten Unternehmen und Organisationen, die in dieser Phase zusammenarbeiten, statt. Über die bereits beschriebenen Informationslieferketten (Abschnitt 1.5.3) werden „bestellte" Informationen an den „Informationsbesteller" geliefert.

Die BIM-Methodik zielt jedoch auch auf die phasenübergreifende Bereitstellung von Informationen entlang des gesamten Gebäudelebenszyklus ab (Bild 1.9). Daher steht

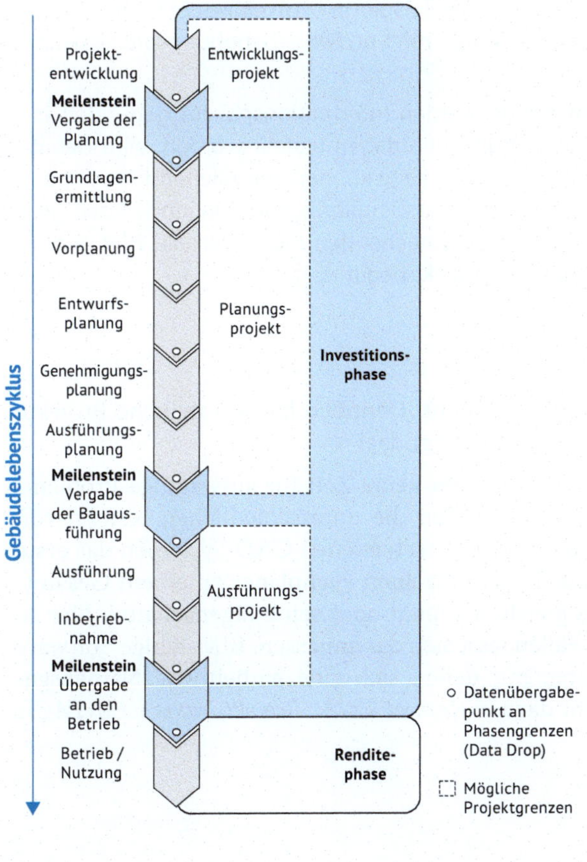

Bild 1.9 Projektphasen haben eigene Informationsanforderungen, aber auch das phasenübergreifende Liefern von Informationen ist zentraler Bestandteil von BIM. Entscheidend ist die genaue Bedarfsbeschreibung. Sie richtet sich nach dem Zweck der Informationslieferung und steht unter dem Motto „Beginne mit dem Ende im Sinn!" Unternehmerische Fragestellungen wie Investitionsplanung und Rendite spielen dabei genauso eine Rolle wie die Projektablaufplanung oder die Übergabe von Anlageninformationen an den Betrieb.

der Datentransport, entlang der Zeitachse mit definierten Datenübergabepunkten an die nächste Phase, stark im Fokus.
Bei der Informationsübergabe an fundamentalen Phasengrenzen spricht man oft auch von Meilensteinen. Bei Erreichen dieser Meilensteine wird ein konsistenter geschlossener Satz von Informationen übergeben. Hier finden also keine iterativen Einzellieferungen wie bei den phaseninternen Lieferketten statt. Meilensteine stehen oft an Projektgrenzen, zum Beispiel am Übergang von der Ausschreibung zu Vergabe und Ausführung. Dabei werden geschlossene Sätze von Ausschreibungs- bzw. Planungsunterlagen an die jeweiligen Unternehmen übergeben.

Bild 1.9 zeigt die Zeitachse: Lieferungen an den Phasengrenzen und die großen Meilensteine für Informationslieferungen (Vergabe der Planung, Vergabe der Bauausführung, Übergabe an den Betrieb). Die konsistente Datenmenge, die dabei übergeben wird, ist das Ergebnis eines gemeinsamen, iterativen Erstellungsprozesses durch Lieferketten innerhalb einer Phase. Der Informationserstellungsprozess besteht aus wiederholten Informationslieferungen und -verbesserungen. Das geschieht so lange, bis am Phasenende ein konsistenter, übergabefähiger Zustand erreicht ist, der an die Folgephase übergeben werden kann.

Beispiel 1.6 **Lieferketten und Meilensteine**

- Im Projekt werden Informationen über Lieferketten bereitgestellt: Innerhalb der Planung liefern Fachplaner ihre Informationen zum Beispiel in Form einzelner Fachmodelle an den zentralen BIM-Koordinator. Dieser stößt Prüf- und Fehlerbehebungsprozesse an, die letztlich zur Freigabe führen.
- In den Phasen des Gebäudelebenszyklus' werden Informationspakete gebündelt in Meilensteinen übergeben: Sind alle Planungsunterlagen erstellt worden, wird damit ein Projekt-Meilenstein erreicht. Auf dieser Grundlage können anschließend Ausschreibung und Vergabe durchgeführt werden. Die Ausschreibungsunterlagen werden gewerkweise zusammengestellt und an die entsprechenden Bieter verteilt. Hier endet das Planungsprojekt und das Ausführungsprojekt beginnt.

1.7.4 Der Teufel steckt im Detail!

BIM ist durchdacht und als Methodik konsistent. Dennoch bleiben manche Projekte schon bei Anfangsproblemen stecken. Woran liegt das?

Der Projektdruck ist hoch, Zeit ist rar. Da bleibt keine Zeit für aufwendige Problemanalysen und Lösungsfindungen. Oft sind schon die unterschiedlichen Namen von Bauelementen und ihrer Eigenschaften in den verschiedenen CAD-Systemen das erste Problem. Wie will man die Fachmodelle der einzelnen Fachplaner zu einem Gesamtmodell zusammenführen, wenn das gleiche Element oder seine Eigenschaften hier so und dort so heißen? In den meisten Fällen lässt sich das anpassen. BIM-fähige Software stellt Export-Manager zur Verfügung, mit denen sich eine einheitliche Namensgebung im Projekt erreichen lässt. Mehr dazu in *Kapitel 5 BIM-Projektpraxis – EINFACH machen!*

1.7.5 BIM-Projekt

Wie in traditionellen Projekten, so werden auch in BIM-Projekten die notwendigen Leistungen ermittelt, ausgeschrieben, beauftragt und geliefert. BIM-Leistungen sind Informationsliefer- und Informationsmanagementleistungen.

Ein Projekt erstreckt sich in der Regel über mehrere Phasen, zum Beispiel mehrere HOAI-Leistungsphasen. Innerhalb einer Phase sind Informationslieferketten zu organisieren, am Phasenanfang steht die Übernahme von Informationen aus der vorangegangenen Phase, am Phasenende werden alle Informationen für eine Übergabe an die nächste Phase zusammengestellt. Die beteiligten Organisationen und Unternehmen in jeder Projektphase und jedem Abschnitt im Gebäudelebenszyklus haben eigene Geschäfts- und Entscheidungsprozesse, aus denen sich ein Informationsbedarf ergibt. Bauherr, Planer, Unternehmen, Betreiber, Sachverständige, Behörden müssen die für sie maßgeblichen Anwendungsfälle definieren und ihren Informationsbedarf daraus ableiten. Die Summe dieser Austausch-Informationsanforderungen AIA und deren Erfüllung durch Informationslieferungen wird in einem BIM-Ablaufplan BAP vertraglich festgehalten.

1.7.5.1 Informationsbedarf für die Investitionsphasen

Die Planungs- und die Bauphase sind die Investitionsphasen im Gebäudelebenszyklus. Investitionen sollen mit möglichst geringen Risiken verbunden sein. BIM trägt dazu bei, Risiken einzuschätzen und zu verringern. Der Return on Investment (RoI), also die Rendite auf getätigte Investitionen, muss einschätzbar und verlässlich sein. Daher muss die Betriebsphase zeitgerecht und ungestört beginnen und die realen Betriebskosten müssen den geplanten entsprechen. Die durch BIM herbeigeführte Transparenz trägt dazu entscheidend bei.

Planungsphase: Koordinierter Planungsstand und „As-Designed Model"

Entscheidungen, die in der Planungsphase getroffen werden, haben unmittelbaren Einfluss auf die Herstellungs- und Betriebskosten, den reibungslosen Bauablauf und die Qualität des Gebäudes. Das Motto „BIM = informiert entscheiden" führt folgerichtig zu einem gesteigerten Informationsbedarf.

Eine definierte Prozesskette aus Informationsbeschaffung, Prüfvorgängen und Qualitätssicherungsaktivitäten liefert belastbare Ergebnisse. Resultat dieser prozessbasierten Vorgehensweise ist ein besseres Erreichen der Zielvorgaben durch eine Verringerung von Problemen auf der Baustelle und im Betrieb. Neben der Beseitigung von Kollisionen treten deutlich weniger Informationsanfragen auf. Diese führen traditionell zu Verzögerungen und sind oft der Vorbote von Änderungsanfragen, also weiteren Kostentreibern und Ursachen von Verzögerungen.

Aus der Forderung nach vorausschauender Vermeidung dieser Probleme ergibt sich ein entsprechender Informationsbedarf. Liegen verlässliche und für die Ausführung bindende Modelle vor, steigt die Neigung zur Vorfertigung. Die vertraglich fundierte Gewissheit, dass die Modellgeometrie der realen Geometrie auf der Baustelle entspricht, führt dazu, dass vorgefertigte Bauteile nun in die maßgerechte Umgebung auf der Baustelle eingefügt werden können. Der bisherige manuelle, kostentreibende Anpassungsbedarf an die Realgeometrie auf der Baustelle entfällt. Qualitäts- und Kostengewinne einer Werkstattvorfertigung lassen sich daher mit BIM besser realisieren.

Durch gezielte Koordination der Gewerke und das Durchlaufen entsprechender Anwendungsfälle hinsichtlich verschiedener Fragestellungen (Baukosten, Kollisionen, Nachhaltigkeit, Betriebskosten, Bauablauf etc.) kann eine modellbasierte Planungsqualität erreicht werden, die Probleme in der Herstellungsphase minimiert und qualitativ hochwertige Ergebnisse für die Betriebsphase ermöglicht. Dazu ist es notwendig, einen konsistenten koordinierten Planungsstand an die ausführenden Unternehmen zu übergeben, indem die Einzelmodelle der Gewerke aus der Entwurfsphase (As-Designed Models) zu einem stimmigen Gesamtmodell (Koordinationsmodell) zusammengeführt wurden.

Im Praxisteil lernen wir die wichtigsten BIM-Anwendungsfälle kennen, die Antworten auf gängige Fragestellungen liefern.

Beispiel 1.7 **Probleme nicht erst auf der Baustelle beheben**

Falsche oder ungenaue Pläne führen zu Problemen auf der Baustelle. So führen Kollisionen zwischen Bauteilen unterschiedlicher Gewerke, beispielsweise Sprinkleranlage (Feuerschutz) mit Lüftungskanal (HLS), auf der Baustelle zu akutem Handlungsbedarf. Dort müssen derartige Probleme unter Zeitdruck gelöst werden und führen oft zu Folgeproblemen bis hin zu gescheiterten Abnahmen oder Spätschäden.

Bauphase: Digitaler Zwilling und „As-Built Model"

In der Bauphase werden Informationen geliefert, die den realen Fertigstellungsgrad des physischen Gebäudes wiedergeben. Dabei handelt es sich sowohl um Modelldaten als auch um Begleitinformationen in Dokumentform. Das dadurch aktualisierte Anlagen-Informations-Modell AIM gibt als „Digitaler Zwilling" den Ist-Zustand des Gebäudes wieder. Dieser Zustand „wie gebaut" wird auch als „As-Built Model" bezeichnet.

Von der Vollständigkeit der gelieferten Angaben können Entscheidungen abhängen, zum Beispiel die Freimeldung oder Rechnungsfreigabe.

Ein wesentlicher Teil der Informationslieferungen besteht aus Dokumenten, die eingebaute Objekte, Anlagen und Materialien beschreiben und für die Bewirtschaftung benötigt werden. Also zum Beispiel Produktspezifikationen der Hersteller, Zulassungen, Wartungshandbücher, Schaltpläne, Sicherheitsanweisungen, Inbetriebnahmeprotokolle, Mängellisten und so weiter. Dabei sind, abhängig vom Bauteiltyp, unterschiedliche Dokumente zu liefern. Damit der Kontext zwischen Dokumenten und Bauteilen deutlich wird, sind Dokumente und Bauteile im Modell entsprechend zu vernetzen. Die Informationslieferanforderungen sind entsprechend zu gestalten und im BIM-Ablaufplan BAP festzuhalten.

Beispiel 1.8 **Der Digitale Zwilling – Modelle und Dokumente**

Ein ausführendes Unternehmen hat Bauteile und Systeme im realen Gebäude installiert und dokumentiert nun seine physisch erbrachte Leistung im Anlagen-Informations-

Modell. Dazu werden, falls nötig, Geometriedaten und nichtgeometrische (alphanumerische) Daten im Digitalen Zwilling aktualisiert. Hinzu kommen Dokumente wie Betriebsanleitungen, Zulassungen etc. Diese Informationslieferungen erfolgen über das Projekt-CDE.

1.7.5.2 Informationsbedarf für die Betriebsphase

Wirtschaftlich ist ein Gebäude nur dann ein Erfolg, wenn die erzielte Rendite den in der Planung entwickelten Zielen entspricht. Die tatsächlichen Gebäudeeigenschaften entscheiden darüber, ob das Betriebsergebnis eines Gebäudes positiv ausfällt. Zu hohe Betriebskosten, aber auch Nachhaltigkeitskosten oder nicht hinlänglich erfüllte Nutzungseigenschaften können das Ergebnis negativ beeinflussen. Angesichts der Lebensdauer eines Gebäudes ist daher die zutreffende Einschätzung aller wichtigen Einflussgrößen bereits in der Planung für die am Ende erreichte Qualität von entscheidender Bedeutung.

Beispiel 1.9 **Kritische Abläufe zuerst im virtuellen Modell durchspielen**

Will ein Krankenhausbetreiber die Aktivitäten und Einrichtungen im Operationssaal optimieren, dann sollte er dieses bereits während der Planung in einem realistischen virtuellen Modell durchführen können. Daraus lassen sich ggf. bereits entsprechende Änderungen ableiten. Folgerichtig muss bereits in der Planungsphase ein solches virtuelles Modell erstellt und dem zukünftigen Nutzer in geeigneter Weise zur Verfügung gestellt werden. Ein solches Modell muss nicht übermäßig detailliert sein, sondern benötigt lediglich die für den Anwendungsfall notwendigen Informationen.

Analog gilt dieses für alle Anwendungsfälle, zum Beispiel die modellbasierte Gewerkekoordination, die Kostenermittlung, die Bauablaufplanung und die Betriebsübergabe. Nur wenn in der Planungsphase entsprechende Modelle zur Verfügung stehen, kann frühzeitig in der Planung gegengesteuert und können Probleme mit geringem Aufwand behoben werden.

Die BIM-Forderung „am Anfang das Ende im Sinn zu haben“, bedeutet hier konkret, die wesentlichen Gebäudeeigenschaften (Fixkosten, Qualitäten, Energieverbrauch etc.) schon in der Planung nachprüfbar festzuhalten und das reale Produkt nach dessen Fertigstellung daran zu messen.
Unerwünschte Produkteigenschaften, wie zu hohe Fixkosten (Energie, Wartung, Reinigung) oder zu geringer Ertrag (Nutzungsausfall, Mängel) sind Risiken, die sich in der Betriebsphase nur noch schwer bis gar nicht beheben lassen. Betriebsanforderungen müssen daher bereits in die Planung einfließen.

In der späteren Betriebsphase werden die zuvor gelieferten Informationen des bestehenden Modells verwendet, um die bauliche Anlage zu nutzen, zu betreiben und instand zu halten. Informationen, die nicht während der Planungs- oder Bauphase in das Modell gelangen, stehen demnach in der Betriebsphase nicht zur Verfügung. Ergo muss der Informationsbedarf der Betriebsphase bereits in der Planungs- und Ausführungsphase erfüllt werden. Auch hier gilt: Entsprechende Informationslieferleistungen müssen beauftragt und im BAP festgehalten werden.

Es gilt also, den Informationsbedarf der beteiligten Organisationen durch passende Modellkonzepte und Lieferketten bereits im Projektverlauf frühzeitig und aufgabengerecht für den Betrieb zu strukturieren.

Beispiel 1.10 **Informationsübergabe an den Betreiber**

Wenn Informationen nicht übergeben wurden, muss der Betreiber sich zunächst mühevoll ein Bild der Anlage verschaffen. Ein Szenario, das heute leider immer noch die Regel ist. Produktdatenblätter, Betriebsanleitungen und Wartungshandbücher werden schlimmstenfalls in Aktenordnern und Umzugskartons übergeben. Was genau wurde wo und wie verbaut? Was fehlt? Handelt es sich möglicherweise um einen Mangel mit Nachbesserungsforderung oder um einen Planungsfehler? Was führt zu erhöhten Wartungs- und Reinigungskosten?

Ein unstrukturierter Festplatteninhalt voller PDFs ist die digitale Entsprechung dieses Informationschaos, das zu unerträglichem Suchaufwand führt. Eine strukturierte Übergabe aller Informationen an den Betrieb wäre erforderlich.

1.7.5.3 BIM beauftragen

Modelle sind auch mit BIM nicht der alleinige Träger von Informationen. Zeichnungen, Pläne und Dokumente aller Art spielen auch weiterhin eine wesentliche Rolle. Einerseits können vorhandene Dokumente und Pläne mit Modellelementen verlinkt werden. Beispielsweise verknüpft man die Betriebsanleitung einer Heizanlage mit ihrer virtuellen Entsprechung im Modell. Im BIM-Viewer ist sie daher leicht auffindbar, indem man auf die Heizanlage klickt. Andererseits können Zeichnungen und Pläne, zum Beispiel Grundrisse, Schnitte und Ansichten, mit entsprechenden Software-Werkzeugen aus dem Modell generiert werden. Sowohl die Lieferung und Verknüpfung bestehender als auch die Ableitung neuer Zeichnungen, Pläne und anderer Dokumente muss beauftragt werden.

Welchen Informationsgehalt Modelle und Informationsträger, wie Dokumente und Pläne, aufweisen müssen, leitet sich aus deren Verwendungszweck ab. Das ist an sich nichts Neues, bei BIM wird die Kausalkette vom Sinn und Zweck einer Informationslieferung allerdings sehr viel systematischer erfasst und auf eine digitale Verwendung zugeschnitten. Lieferinhalte und Lieferprozesse sind daher auf die Kommunikationspartner abzustimmen.

Zur Beschreibung der erforderlichen physischen Baumaßnahmen erstellen wir zum Beispiel Raumbücher und Leistungsverzeichnisse und verweisen dabei ggf. auf technische Regelwerke. Darin werden die Anforderungen an den Liefergegenstand beschrieben – zum einen aus Sicht des Nutzers, zum Beispiel die Nutzungsart, zum anderen aber auch aus Sicht des herstellenden Unternehmens, etwa ob Zusatzaufwände, zum Beispiel Gerüste, anfallen. Der Sinn einer Angabe wird dabei nicht explizit genannt. Allen Beteiligten ist klar, dass ohne Angabe der Nutzungsart und Raumfunktionen keine Entscheidung über die Ausstattung eines Raumes (Büro, Verkehrsfläche etc.) und dessen klimatische, energetische, statische und weitere Ausprägungen getroffen werden. Die Kausalkette aus Informationsbedarf (Angabe der Nutzungsart) und Entscheidungen (Ausstattung eines Raumes, Heizungs- und Lüftungslösungen) ist fachlich mit oder ohne BIM immer dieselbe: Entscheidungsbedarf zieht Informationsbedarf nach sich. Bei BIM kommt hinzu, dass der fachliche Informationsbedarf in einer digitalen Form geliefert werden muss, der die Beteiligten in die Lage versetzt, mit digitalen Werkzeugen zusammenzuarbeiten.

Wie komme ich – ausgehend vom Entscheidungsprozess, der unterstützt werden soll – von den fachlichen Informationsanforderungen zur Beschreibung der digitalen Informationsanforderungen? Wie spezifiziere ich die Informationen, die ich zur Entscheidungsfindung brauche?

Die Kausalkette vom Bedarf bis zur digitalen Informationslieferung beginnt beim Informationsbedarf eines Unternehmens bzw. einer Organisation. Zunächst sind – der Informationsbedarf für den Betrieb einer Anlage (ISO 19650 Asset-Informationsbedarf AIR) und der Informationsbedarf der beteiligten Organisationen (ISO 19650 Organisations-Informationsbedarf OIR) zu spezifizieren. Nachdem der Informationsbedarf bestimmt wurde, konkretisieren anschließend die sogenannten Austausch-Informationsanforderungen die erforderlichen Informationslieferungen, die den Informationsbedarf (OIR, AIR) decken können. Sie beschreiben die dafür zu erbringenden Informationslieferleistungen. Diese Vorgehensweise entspricht der Erstellung eines Leistungsverzeichnisses für reale Bauleistungen. Eine Leistungsposition beschreibt das Endergebnis, den „Bedarf", zum Beispiel die Ausführung einer Wand mit Feuerwiderstandsklasse R60. Der Bieter beschreibt seine Lieferung, die den Bedarf (R60) erfüllt, also zum Beispiel „Mauerwerkswand HLz 24".

Analog bei BIM: Austausch-Informationsanforderungen AIA beschreiben die erforderliche Informationslieferleistung, etwa die Nutzungsart eines Raumes oder die Eigenschaften einer Wand (Material, Feuerwiderstandsklasse), der Bieter beschreibt seine Informationslieferung, zum Beispiel „Raumobjekte (*IFCSpace*) im Modell enthalten das Attribut Nutzungsart (Occupancy)", „Wände enthalten die Attribute Material und Feuerwiderstandsklasse".

Der Detaillierungsgrad einer Informationsbedarfsbeschreibung variiert danach, wie vertraut der Auftraggeber bereits mit der BIM-Methodik ist. Die Aussage des Bauherrn „Projektdurchführung mit BIM" reicht allerdings nicht aus, wenn der Auftraggeber qualifizierte Informationslieferungen erwartet. Er sollte seine Anwendungsfälle zumindest so skizzieren können, dass dadurch die Entscheidungen, für die unterstützende Informationen benötigt werden, erkennbar sind.

Gut bestellt ist halb geliefert, das gilt auch für Informationen. Die Beschreibung der genauen Umsetzung von BIM im Projekt ist Sache der Bieter. Sie reagieren auf die ausgeschriebenen AIAs mit einer genauen Beschreibung der Lieferleistungen, also dem Was, Wie, Wann und Womit ihrer Lieferungen. In ihrer Angebotsbeschreibung, dem „vorvertraglichen" BAP, legen sie dar, wie sie die Informationslieferleistungen erbringen wollen. „Vorvertraglich" deshalb, weil erst mit der Beauftragung die zu erbringenden Informationslieferleistungen in einem Vertrag, dem BIM-Ausführungsplan, festgeschrieben werden.

Beispiel 1.11 **Betriebsszenarien virtuell erproben**

Der Bauherr fordert: „Es sollen die wichtigsten Betriebsszenarien durchgespielt werden, um Wartungs- und Reinigungsaufwände abschätzen zu können." Ein Bieter antwortet zur

Erfüllung dieses Anwendungsfalls mit folgender Informationslieferung: „Die Flächenqualitäten werden im Raumbuch eingetragen", ein anderer bietet „die Erstellung eines virtuellen Modells, in dem alle Revisions- und Inspektionsvorgänge realitätsnah untersucht werden können". Dort kann also zum Beispiel die Zugänglichkeit für das Wartungspersonal am 3D-Modell geprüft werden.

1.7.5.4 BIM liefern

Ab dem Projektstart werden die Informationslieferketten aktiviert oder im BIM-Jargon „mobilisiert". Dazu werden eventuell sogar Probedaten an das CDE geliefert und wichtige Prozesse und Anwendungsfälle getestet, bevor mit der echten Projektarbeit begonnen wird. Lieferungen während des Projekts erfolgen grundsätzlich an das Projekt-Informations-Modell PIM. Im Nachgang wandern die Informationen, die die bauliche Anlage beschreiben, direkt ins Anlagen-Informations-Modell AIM, welches das Gebäudeleben von Anfang bis Ende als Digitaler Zwilling begleitet, während das PIM nur in der Investitionsphase eingesetzt wird.

Wie traditionelle Projekte beginnen auch BIM-Projekte mit der fachlichen Bedarfsermittlung. Die ermittelten Anforderungen seitens des Bauherrn werden anschließend in der Planungsphase umgesetzt.

Mit Eintritt in die Planung beginnt die Informationslieferphase und damit das **Building Information Modeling**. In dieser Phase sind Bauherr und Architekt bzw. Objektplaner die einzigen BIM-relevanten Projektbeteiligten. Der Architekt übernimmt hier gelegentlich selber die Rolle des BIM-Managers, soweit es die Projektgröße zulässt.

Folgende Strukturen werden jetzt eingerichtet[3]:

- Die **Projektablagestruktur** wird festgelegt, optimalerweise bereits eine Gemeinsame Datenumgebung (Common Data Environment CDE). In ihr werden ausnahmslos alle bereits erstellten und noch zu erstellenden Informationen (Dokumente, Modelle, Pläne, Zeichnungen, Adressen, Termine) abgelegt und den zukünftig relevanten Parteien soweit erforderlich zugänglich gemacht.
- Ein **erstes AIM** stellt bereits die Bestandssituation der Liegenschaft dar. Es wird in der Ablagestruktur gespeichert. Optimalerweise ist dieses AIM schon als BIM-Modell ausgeprägt, zum Beispiel als Terrain-Modell inklusive Anschluss-Situation (Zufahrten, Ver-/Entsorgung) und Bestandsbauten. Es wäre jedoch nicht realistisch, dieses als Normalfall anzunehmen. Gängig ist derzeit noch die Hinterlegung von Daten zur Ist-Situation in Dokumentform, zum Beispiel Katasterinformationen, Anschlüsse, Zufahrten usw. Für den weiteren Projektablauf tut man sich allerdings einen sehr großen Gefallen, ein derartiges AIM bereits frühzeitig zu erstellen.
- Erste **Informationsanforderungen,** also Organisations-Informationsanforderungen (Organisational Information Requirements OIR) und Anlagen-Informationsbedarf (Asset Information Requirements AIR) werden in Dokumentform abgelegt. So könnte ein erstes Raumprogramm in Form einer Excel-Tabelle umgesetzt werden. Dies geschieht in dem Umfang, der in dieser frühen Phase möglich und sinnvoll ist.

3) Die Regelung dieser frühen Leistungen in einer HOAI wäre hilfreich.

Für die in dieser Phase zu liefernden Informationen werden Architekt und Objektplaner sich nicht selber Informationsanforderungen schreiben, sondern die entsprechenden Strukturen (AIM und bzw. Excel-Tabelle) entsprechend beliefern, damit die im weiteren Projektfortschritt hinzugezogenen Fachplaner auf diese Informationen zurückgreifen können und eigene hinzufügen können.

- Ein **erstes PIM** enthält bereits Informationslieferungen, welche der Architekt bzw. Objektplaner einbringen können, zum Beispiel örtliche Bauvorschriften.

Mit dem Einrichten dieser Strukturen können nun weitere Projektbeteiligte in strukturierte BIM-Prozesse eingebunden werden. Die BIM-basierte Planung kann beginnen.

Lieferqualität sichern

Ebenfalls als Parallele zu physischen Bauleistungen wird eine Informationslieferleistung nach erfolgter Lieferung geprüft und abgenommen oder wegen Mängeln zur Nachbesserung zurückgewiesen. Bei physischen Bauteilen ist zu erfüllende Qualität in technischen Vorschriften, wie zum Beispiel der VOB, beschrieben. Analoge Kriterien zur Qualitätsbeschreibung von Informationen tauchen zwar mehr und mehr in Regularien auf, zum Beispiel in Blatt 11 der BIM-Richtlinie VDI 2552, sind aber noch nicht umfassend verfügbar. Im Projekt gilt es daher, Prüfkriterien und Prüfprozesse im BIM-Abwicklungsplan BAP vertraglich bindend festzulegen. Ein einfacher Verweis auf technische Vorschriften ist derzeit leider noch nicht in der erforderlichen Detailtiefe möglich. Immerhin werden die grundsätzlichen BIM-Forderungen bereits durch die ISO 19650 und die bereits erschienen Blätter der VDI 2552 abgedeckt. In einem BAP sollte daher unbedingt auf sie verwiesen werden.

1.8 BIM – Nur wer mitmacht, kann gewinnen …

Wer beauftragt BIM und wo und für wen erschließen sich die Mehrwerte? Wer kann digitales Denken im Ganzen sinnvoll und bedarfsgerecht in der Praxis anwenden?

Bei dem Versprechen nach Termin- und Kostentreue sollte es bei Bauherren zuallererst klingeln, doch Bauherren wissen bekanntlich manchmal nicht so genau, was sie wollen, und versprochen wird allenthalben ziemlich viel. Eine gewisse Skepsis auch gegenüber den Verheißungen von BIM ist da durchaus verständlich. Also holen sich Bauherren Rat von Fachleuten – wie Ihnen[4)] und mir. Daher ist es wichtig, dass Fachleute ihren Auftraggebern den Mehrwert von BIM erklären können.

Bisher merkt der Bauherr erst am Ende, dass etwas schiefgelaufen ist. Da ist das liebe Geld schon verbrannt. Manche Bauherren sagen sich daher: „Schwindeln tun sie doch alle, da nehme ich doch gleich den günstigsten." Wer kann hier Vertrauen schaffen und wodurch? Auch die Auftragnehmerseite bewegt sich oft auf dünnem Eis, wenn sie sich beispielsweise auf Teilleistungen einlässt, deren Aufwandsschätzungen nicht auf fundierten Angaben beruhen. Oft wird bei Angebotsabgabe auf lukrative Nachträge spekuliert, die dann zu Defiziten führen, wenn sie so nicht eintreten.

---

4) Wenn nicht schon jetzt, dann spätestens am Ende dieses Buches …

BIM kann nur funktionieren, wenn für alle Beteiligten ein Mehrwert entsteht. Hier ist auch der Bauherr selbst in der Pflicht. BIM schafft Transparenz für Ursachen und Auswirkungen, auch bei ausbleibenden Entscheidungen und Freigabestaus. „Schwarzer Peter“ spielen funktioniert daher bei BIM nicht mehr so einfach. Neben dem vielzitierten Kulturwandel trägt dazu eine Vertragsgestaltung mit klaren Abgrenzungen der Informationsanforderungen bei. Lieferpflichten durch Aufnahme in den BIM-Ablaufplan und in Aufträge und Werkverträge gehören dazu. Mehr im *Kapitel 5 BIM-Projektpraxis – EINFACH machen!*

1.9 Schrittweises Vorgehen ist Investitionsschutz

Nicht so lange warten, bis alles perfekt ist und sich große Investitionen am Schluss eventuell doch noch als Fehlinvestitionen herausstellen, sondern in kleinen überschaubaren Schritten investieren, lernen und verbessern – das ist der Weg des vorsichtigen, überschaubaren und sicheren Voranschreitens. Das gilt auch und ganz besonders bei neuen Technologien und Methodiken wie BIM und der Digitalisierung insgesamt. Nicht zuletzt deshalb kommt BIM in Deutschland nur so schleppend voran, weil wir oftmals dazu tendieren, unendlich lange auf die perfekte Lösung zu warten.

Auch die Firmen, beispielsweise Software-Häuser, die BIM-Lösungen entwickeln und daher für diese innovativen Entwicklungen in Vorleistung gehen, können keine endgültigen, perfekten Lösungen jahrelang im Voraus entwickeln. Auch sie müssen Vorsicht walten lassen bei dem Einsatz von Ressourcen und Investitionen. Hier beißt sich die Katze in den Schwanz, denn wenn schrittweise entwickelte Lösungen am Markt keinen Erfolg haben, weil Anwender sie nicht kaufen, sondern auf die letztendgültige, perfekte Lösung warten, ist es für Lösungsentwickler zu riskant, in diesen zögerlichen Markt zu investieren. So bleibt die schrittweise und Hand in Hand gehende Weiterentwicklung des Marktes leider häufig aus. Besonders bei Industriezweigen, die es nicht gewohnt sind, Innovationen aufzunehmen und schnell in ihre Abläufe zu integrieren, kann das zu einem größeren Problem werden.

In diesen Märkten werden dann Lösungen aus anderen Märkten, die Innovationen besser annehmen, angeboten. Sie passen eventuell nicht ganz perfekt, da sie ja für einen anderen Markt entwickelt wurden. Deutsche Anwender beschweren sich dann beispielsweise, dass eine Software sich nicht so verhält, wie es erwartet wird. Hier zeigt sich der Nachteil, wenn Produkte aus dem eigenen Marktumfeld nicht schrittweise mitgetragen werden.

Innovationsschutz ist also durchaus zweiseitig, denn es gibt nur EINEN Markt, in dem wir alle gemeinsam tätig sind.

1.10 Suche die Chancen, nicht die Nebenwirkungen!

Das kompakte Grundgerüst der BIM-basierten Zusammenarbeit haben wir damit kennengelernt. Bevor wir uns im letzten Kapitel, dem Praxisteil, detaillierter mit der ganz konkreten Umsetzung beschäftigen, fehlen noch „ein paar Details“, denen wir uns in den folgenden Kapiteln widmen wollen.

Die folgenden Kapitel gehen zwar ans „Eingemachte" von BIM, beleuchten also die Fragen „Wie funktionieren BIM-Modelle?", „Was bringen BIM-Standards?" und „Was ist BIM-Informationsmanagement genau?", ich hoffe aber trotzdem, die richtige Mischung zwischen Informationsdichte und Praxisnähe getroffen zu haben. Anders als bei einem Roman ist das Springen zwischen den Kapiteln erlaubt und ermöglicht einen individuellen Zugang.

Zukunft Bauen

Wie wird sich die Zukunft des Bauens entwickeln? BIM, Digitalisierung, Internet of Things (IoT) und Robotic sind in aller Munde, doch unsere Gebäude werden gebaut wie eh und je.

Ein Gebäude weiß nichts über seinen aktuellen Energieverbrauch, geschweige denn, an welchen Stellen der Verbrauch stattfindet. Effizienzsteigerungen sind schwer, wenn nur die jährlichen Gesamtverbräuche als Informationsquelle vorhanden sind.

Ein Gebäude gibt keine Warnung, wenn ein Schadensfall einzutreten droht. Ein Feuchtesensor für ein paar Euro könnte Schäden vermeiden, bevor sie eintreten.

Gebäude lassen sich nicht „updaten". Einmal gebaut, stehen sie hundert Jahre in der Landschaft. Gibt es nach zwanzig Jahren bessere Wand- oder Dachkonstruktionen, zum Beispiel Dächer, die Energie erzeugen, ist ein Austausch äußerst schwer.

Gebäude wissen nichts über sich. Baustoffe, die heute noch als ungefährlich gelten, können schon morgen Schadstoffe sein. Gut, wenn man weiß, was verbaut wurde, besser, wenn man weiß, was wiederverwendet werden kann. Wiederverwendungsansätze wie Cradle-to-cradle gibt es zwar, sie helfen jedoch nur, wenn auch die entsprechenden Gebäudedaten erfasst und verfügbar sind.

Gebäudekonstruktionen sind heute für die handwerkliche Herstellung durch Menschen optimiert. Mauerwerkssteine, die leicht durch menschliche Hände positioniert und verbaut werden können. Noch scheint sich niemand Gedanken darüber zu machen, wie ein zarter Drohnenschwarm oder ein klotziger Roboter wohl am besten arbeiten könnten.

In all diesen Bereichen werden neue Impulse gebraucht. BIM als Methodik steht bereit, sie in die Tat umzusetzen.

No Data – No Business

Ein Gebäude, das nichts über sich weiß, weil keine Daten, Modelle, Informationen vorliegen, kann nicht analysiert und optimiert werden. Sind Verbrauchswerte wie geplant? Können Wartungsintervalle gestreckt werden? Können Inspektionen reduziert werden? Können Ausfallzeiten für Wartung und Überholung minimiert werden? Wie steht's mit der vorausschauenden Wartung (Predictive Maintenance)? Diese Fragen können nur auf solider Datengrundlage beantwortet werden. Keine Daten, keine Antwort. Keine Antwort, keine Einsparung. Das modellbasierte System Engineering erstellt diese Daten. BIM ist System Engineering im Bauwesen.

Die Zukunft wird zeigen, wer sich keine Antworten leisten kann, weil er keine Daten hat.

Unabhängig davon, welche Rolle die Beteiligten im Bau- und Managementprozess von Gebäuden spielen, ist es in relativ kurzer Zeit auch für unsere Branche erforderlich, die digitalen Chancen zu nutzen. Jeder kann seine eigenen Beiträge leisten und mit seinem eigenen Fachwissen den Daten- und Wissensstand des Endprodukts verbessern, wertschöpfend für alle, einschließlich des allzu oft vergessenen Endnutzers.

Exkurs 1.1 **Disruptionen und was sonst noch so geschah …**

Innovation von innen – Beispiel: Fahrstuhl

Die Bauindustrie ist keineswegs so innovationsfern, wie sie derzeit oft wahrgenommen wird. Manchmal müssen erst ein paar Innovationen zusammenkommen, bevor daraus ein Innovationsschub von vielleicht disruptivem Charakter entsteht. Auch die Bauindustrie hat Derartiges schon des Öfteren erlebt. Hohe Häuser und Türme bauen, das konnte man bekanntlich schon im Mittelalter. Die Festigkeit der Materialien gab das her, der praktische Nutzen jedoch war begrenzt, glich doch das Erklimmen der oberen Stockwerke einer Gipfelbesteigung. So blieb das hohe Bauen zunächst weltlichen oder sakralen Prunkdemonstrationen vorbehalten. Zwar war in prosperierenden Städten der Drang nach Ausnutzung der meist teuren Grundfläche immens, doch etwa ab dem sechsten Stockwerk fielen die Mietpreise schroff ab. Welche Mandanten, welche Kunden wollten sich schon mühsam endlose Treppenhäuser hinaufwinden, um schließlich verschwitzt ans Ziel zu kommen?

Nach den hochfesten Baustoffen war daher noch eine zweite Innovation notwendig: Der Personenaufzug. Sie war die zündende Erfindung und führte zu einer wahren Explosion der Gebäudehöhe und damit der Stadtbevölkerung und ihren Folgen. Die Expansion dieser Disruptionswolke ist – wie wir wissen – immer noch nicht abgeschlossen.

Im Zeitalter von Internet und allgegenwärtigen Computern ist alles anders? Stehen wir vor einer nie da gewesenen Welle von Innovationen und damit zwangsläufig auch Disruptionen, also der Umwälzung bestehender Geschäftsmodelle? Hier ein Beispiel, bei dem es nicht um den Austausch von Informationen wie bei BIM geht, sondern lediglich um den Austausch physischer Güter.

Globalisierung – Ende vom BIM-Laden um die Ecke?

Würde man auf Google Maps die Kaufläden von vor 50 Jahren suchen, würde man vor lauter Stickern die Karte selbst kaum noch erkennen, so zahlreich war diese Form der Einzelhandelsgeschäfte damals. „Tante-Emma-Läden" wurden sie oft liebevoll genannt. Noch vor einigen Jahrzehnten nahm man tatsächlich die (wiederverwendbare) Einkaufstasche und ging mal eben in fußläufiger Entfernung zum Einkaufen. So konnte man seinen alltäglichen Bedarf decken. Allerdings: Das Angebot war begrenzt. Der Bäcker hatte eben „nur" Brot, der Metzger „nur" Fleisch, der Obsthändler „nur" Obst, daher auch der Name: Einzelhändler.

Warum sind sie so schnell und nachhaltig verschwunden?

Zwei Innovationen waren ausschlaggebend.

- Mobilität: Das Auto für jedermann fand mehr und mehr Verbreitung, der private Transport von Gütern wurde für jedermann einfach und erschwinglich.

- Lagerung: Carl von Linde hatte bereits vor längerer Zeit die Basiserfindung gemacht, ein Verfahren zur Erzeugung von Kälte. Durch industrielle Fertigung entstand daraus ein Massenprodukt, das bald als „Kühlschrank" in fast jedem Haushalt vorhanden war. Auch die Lagerung von verderblichen Waren war somit für jedermann einfach und erschwinglich geworden.

Transportfähigkeit durch möglich gewordene Mobilität und Lagerungsmöglichkeiten durch die Massenverfügbarkeit neuer Haushaltsgeräte – scheinbar zusammenhanglose Innovationen und doch Zündfunke der dann folgenden Disruption: der Entwicklung einer neu organisierten Lieferkette, dem Prinzip „Supermarkt". Mit fundamentalen Auswirkungen für die bis dahin bestehende Lieferkette, mit Produzenten, Groß- und Zwischenhändlern und „Tante Emma". Nun koordinierte der bisherige Großhändler als „Supermarkt" die gesamte Lieferkette. Durch seine marktbeherrschende Stellung konnte er bald bestimmen, was überhaupt ins Regal kam, und so Druck auf Hersteller und Preise ausüben. „Fachdisziplinen" wie Einkauf, Wareneingang, Personal und Logistik konnten besser aufeinander abgestimmt und optimiert werden. Durch das Prinzip „Selbstbedienung" entfiel der Verkäufer hinter der Theke, denn der Kunde bediente sich jetzt selbst. Der Einzelhändler war schlichtweg überflüssig geworden. So mancher Verbraucher hegt auch heute noch nostalgische Erinnerungen an „Tante Emma", dennoch waren es die Verbraucher selber, die das Angebot der Supermärkte vorzogen. Der Markt hat entschieden.

Das Prinzip, eine oder mehrere Ebenen in bestehenden Lieferketten durch Einsatz technischer Innovationen überflüssig zu machen, setzt sich bis heute fort. Prozessketten neu zu definieren und zu optimieren ist eine der Gesetzmäßigkeiten disruptiver Veränderungen. Oft werden verbesserte oder neue Prozesse durch neue Technologien erst möglich. Ob bei Aldi, eBay, Amazon, Uber, AirBnB, Ikea – überall entfallen ganze Zwischenebenen. Die virtuelle Distanz zwischen Anbieter und Konsument wird kürzer. Marktperspektiven verschieben sich. Nachahmer haben es schwer. Zu groß ist die Dominanz der Etablierten. Anbieter und Hersteller, die es nicht in die digitalen Regale von Amazon und Co. schaffen, sind schlichtweg nicht mehr existent, auch wenn ihre Produkte noch so gut sind. Nicht das Produkt ist entscheidend, sondern die Qualität der Schnittstelle zum Kunden.

Und was hat das alles mit BIM zu tun?

Änderungen mit disruptivem Charakter überspringen eine oder mehrere Stufen in bestehenden Prozessketten. Durch Einsatz neuer Technologien kann das Bisherige mit deutlich weniger Aufwand erledigt oder sogar überflüssig werden.

Im Beispiel des „Tante-Emma-Ladens" ging es gar nicht primär um das Auto, sondern um Mobilität, Transportfähigkeit und eine verbesserte Kundenschnittstelle. Auswirkung: neue Vertriebswege, kompaktere Lieferketten, neue, differenziertere Produktpaletten, optimierte Stückzahlen, geringere Preise, stärkere Marktposition.

Lässt sich das auf die Digitalisierung im Bauwesen übertragen? Welche Mittel stehen uns heute zur Verfügung? Können sie die Art, wie wir planen, bauen und betreiben, grundlegend ändern? Listen wir sie doch einfach mal auf:

Technik und Infrastruktur

- Mobile Verfügbarkeit von Hochleistungsrechnern an jedem Ort und zu jeder Zeit (zum Beispiel Smartphones, Drohnen)
- Millimetergenaue geografische Standortbestimmung über GPS
- Rechnervernetzung und müheloser Informationsaustausch
- Nahezu beliebige Kapazitäten durch Cloud-Dienste
- Geringe Investitionskosten durch Mieten statt Kaufen (Cloud, SaaS, IaaS, PaaS[5)])
- Digitalisierung der realen Welt (Drohnen, 3D-Scanner, Smartphones[6)])
- Erstellen physischer Welten aus digitalen Modellen (Roboter, 3D-Drucker)

Konzepte

- Standardisierte, zuverlässige Kommunikation in Rechnernetzen
- Standards zu Beschreibung und Austausch von Fachinformationen, zum Beispiel Modellen
- Gewinnen neuer Informationen durch Analyse großer Datenmengen (Big Data, Data Lakes)
- Digitale Abbildung von Geschäftsprozessen (digitales Regal, Kauf- und Lieferabwicklung, Bezahlung)

Mögliche Auswirkungen auf die Bauwirtschaft

- Beispiel Bauprodukthersteller: Integrierbare digitale Produktinformationen werden entscheidender. Integration in den Gesamtprozess wird erfolgsentscheidend, nicht das Produkt selbst. Markterfolg hängt verstärkt von der Sichtbarkeit im Netz ab. Traditionelle Vertriebswege funktionieren nicht mehr. Dienstleistungen um das Produkt herum liefern Mehrwerte. Zunehmend werden diejenigen, die das „digitale Regal" kontrollieren, den Bauproduktmarkt beherrschen.
- Beispiel Fertigung: Der Grad der industriellen Vorfertigung wird stark zunehmen, der Ort der Fertigung wird an Bedeutung verlieren. Hochgradig vorkonfektionierte Produkte, zum Beispiel die Wand inklusive Leitungen, Steckdosen etc., werden das modulare Bauen auf eine neue Ebene heben. Robotik wird bei diesen Vorfertigungsprozessen eine zunehmende Rolle spielen. Es wird in Systemen und Funktionen gedacht, nicht mehr in Einzelbaustoffen, die vor Ort handwerklich zusammengefügt werden.
- Beispiel Dienstleistungen: Was für die Bauprodukthersteller gilt, wird auch für die Anbieter von Dienstleistungen an Bedeutung gewinnen: Wer sichtbar ist und seine Leistungen transparent darstellen kann, wird gewinnen. BIM liefert die Methodik, um vorhandene Technik und digitale Infrastruktur zu nutzen. Planung als Dienstleistung, Vergleichbarkeit inklusive.
- Beispiel Generation Smartphone: Bauherren werden sich nicht mehr mit unübersichtlichen Zeichnungen zufriedengeben. Sie werden das Gebäude und seine digitalen

---

5) SaaS: Software as a Service, IaaS: Infrastructure as a Service, PaaS: Platform as a Service

6) Z. B. mit Google Tango-Technologie

Varianten zunächst virtuell untersuchen. Chancenlos wird, wer seinen Kunden nur eine kryptische Zeichnung anbietet …

… und wann geht's endlich los oder sind wir schon mittendrin?

Das ist also eine lange Liste von Bausteinen für die nächste, tiefgreifende Umwälzung bei bestehenden Produkten, Dienstleistungen und Lieferketten. Hinzu kommt: Diese Basisfunktionalitäten sind für einen globalen Nutzerkreis verfügbar. Auf diesem Fundament aus Infrastruktur und Grundfunktionen können Anwender und Anwendungen aufbauen. Die Kosten sind einschätzbar.

Reicht das für eine Disruption oder warten wir lieber noch auf die Erfindung des nächsten „Kühlschranks"?

In einer aktuellen Studie zur Digitalisierung in der deutschen Baubranche [3] zeigt sich noch eine Menge Luft nach oben. Das bietet Chancen für derzeit weniger etablierte Marktteilnehmer. Sie werden Innovationsstufen überspringen und gleich mit neuen, preiswerten Technologien, zum Beispiel 3D-Druck, einsteigen. Was bedeutet das für die Digitalisierung ganzer Industriezweige und für BIM? Es scheint, als seien die Straßen längst gebaut, wann erfindet endlich jemand das Auto?

Wird also der Architekt sein BIM-Modell bald direkt vor Ort von Robotern zusammenbauen lassen? Zurzeit noch unwahrscheinlich, in den Labors führender Universitäten – auch in Deutschland – laufen jedoch schon stockwerksgroße 3D-Drucker im Probebetrieb. Die ganz nahe Zukunft hat schon begonnen. Dank der Standardisierung von Informationsstrukturen und Informationsaustausch wird der globale Ort, an dem eine Dienstleistung erbracht wird, das Internet sein. Weltweit wird derjenige beauftragt, der eine bestimmte Aufgabe am besten lösen kann. Entwurf in Hamburg, per CDE abends nach Guangzhou, bereits am nächsten Morgen sind die überarbeiteten Pläne der Fachplaner da.

Warum also nicht die komplexe energetische Planung in Deutschland durchführen und dabei bereits mit internationalen Glasherstellern gemeinsam nach der ästhetisch und produktionstechnisch optimalen Fassadenlösung suchen?

Global vernetzt agil zusammenarbeiten? Digitales Denken im Ganzen – ein Mehrwert also für alle Seiten? Möglichkeiten gibt es viele. Bei BIM kommt es drauf an, was man draus macht …

Literatur

[1] Messner, J. (2021) *BIM Execution Planning Guide Computer Integrated Construction Program*, Version 3.0. Penn State University, Press Books, Pennsylvania, USA. https://psu.pb.unizin.org/bimprojectexecutionplanning/ [Zugriff am 12.12.2021]

[2] DIN EN ISO 19650 *Organisation und Digitalisierung von Informationen zu Bauwerken und Ingenieurleistungen, einschließlich Bauwerksinformationsmodellierung (BIM) – Informationsmanagement mit BIM.* Teil 1 (2018) *Begriffe und Grundsätze.* Teil 2 (2018) *Planungs-, Bau- und Inbetriebnahmephase.* Beuth, Berlin.

[3] Baubranche aktuell Wachstum – Digitalisierung und BIM (2018) *pwc Kurzstudie zur aktuellen Branchensituation und Marktentwicklung im deutschen Baugewerbe.* pwc PriveWaterhouseCoopers, München.

2

Modelle – Schlüssel zur digitalen Zusammenarbeit

2.1 Kurzübersicht – Worum geht's in diesem Kapitel?

Dem Modellieren verdankt die BIM-Methodik, zumindest teilweise, ihren Namen. Modelle werden daher oft als gegeben hingenommen. Das Erstellen von Modellen und der Akt des Modellierens sind der Schlüssel für das vorausschauende Zusammenarbeiten aller Beteiligten im virtuellen Raum.

Doch was zeichnet Modelle eigentlich aus? Wie entsteht Modellintelligenz? Wie beschreibt man solche Modelle? Welche Arten von Modellen gibt es überhaupt? In welchen Formaten kann man sie abbilden? Wie detailliert müssen sie sein? Wie tauschen Anwendungen Modelle untereinander aus und wie prüft man die Qualität von Modellen? Grund genug, sich dem Thema etwas genauer zu widmen.

Die folgenden Abschnitte geben Antworten und Beispiele.

Wir befassen uns zunächst mit der Frage, wie Modelle vom Kopf in den Rechner kommen und was genau semantische Modelle sind, streifen kurz die Frage der Modelltransparenz und wie weit diese gehen sollte, um dann die modellbasierte Zusammenarbeit der Projektbeteiligten zu beleuchten. Welche Modelleigenschaften sind notwendig, damit Teilmodelle, die von den unterschiedlichen Beteiligten an unterschiedlichen Orten mit unterschiedlichen Werkzeugen erstellt werden, am Ende auch wirklich zu einem stimmigen und fehlerfreien Gesamtmodell zusammengefügt werden können? Dabei wollen wir – bei allem Idealismus – nicht die Stellen verschweigen, an denen es kräftig knirscht im Getriebe der modellbasierten Zusammenarbeit. Das Hintergrundwissen zum Thema Modelle und Modellierung gibt uns jedoch auch ein Verständnis dafür, wie das eine oder andere Sandkorn eventuell aus dem Getriebe der modellbasierten Zusammenarbeit zu entfernen wäre, um zu einer reibungsloseren Zusammenarbeit zu gelangen.

Welche Werkzeuge bei den verschiedenen Aspekten der modellbasierten Zusammenarbeit zum Einsatz kommen, sehen wir zum Abschluss dieses Kapitels.

Building Information Modeling – Grundlagen, Standards, Praxis. Ulrich Hartmann

2.2 Was sind Modelle?

Bei Modellen denken viele sofort an dreidimensionale grafische Darstellungen. Das modellbasierte Arbeiten schafft weitaus mehr Möglichkeiten. Zweidimensionale (2D) und dreidimensionale (3D) Formate schließen sich nicht gegenseitig aus. Es geht bei BIM nicht darum, Bewährtes abzustempeln, und es wäre falsch, das Ende zweidimensionaler Darstellungen zu postulieren oder deren Wert grundsätzlich infrage zu stellen. Zweifellos werden Pläne, Zeichnungen, Ansichten und Schnitte auch in Zukunft weiterhin benötigt. Allerdings werden Modelle zunehmend zum zentralen Träger von Informationen und dadurch zur führenden Instanz. Änderungen werden zuerst im Modell vorgenommen, Grundrisse, Schnitte und Ansichten werden anschließend daraus abgeleitet.

Der Grund, warum Modelle die Führung übernehmen, liegt in ihrer rechnergerechten Struktur, die intelligente Vernetzungen, Berechnungen und Analysen ermöglicht. Im Gegensatz zu Plänen und Zeichnungen „wissen" Modelle zum Beispiel, welches Stockwerk oberhalb und welches unterhalb liegt, welche Pumpe zu welchem Heizkreislauf gehört, welche Wand aus welchem Material besteht. Mit den entsprechenden Angaben im Modell kann berechnet werden, wie lange es dauert, diese Wand herzustellen und welche Ressourcen dafür benötigt werden. Aber auch Modelle sind nicht allwissend, eine ihrer Stärken ist jedoch ihre „Lernfähigkeit". Man kann ihnen Informationen „beibringen", falls für bestimmte Anwendungen noch Angaben fehlen.

2.2.1 Explizite und implizite Symbolik

Zeichnungen und Pläne erschließen sich nicht ohne Vorkenntnisse. Auch Architekten und Ingenieure müssen zunächst erlernen, sie zu interpretieren, also die Bedeutung von Symbolen, Stricharten und Schraffuren zu deuten. Ist es ein Grundriss, dann dürfte es sich bei den dargestellten Rechtecken und Polygonen um Wände handeln. Repräsentiert diese Linie eine Achse oder eine Leitung? Die Bedeutung der Linien, Schraffuren und Symbole erschließt sich erst durch Kenntnis der Symbolik (Bild 2.1). Für eine Verarbeitung im Rechner ist diese Art der Beschreibung nicht besonders effizient.

Bei Modellen verhält es sich umgekehrt. Modellelemente sagen zuerst, was sie sind. Die Bedeutung ihrer Bestandteile ist wortwörtlich für jeden ablesbar, sie sind quasi selbstbeschreibend. Da man explizit weiß, um welche Art Modellelement es sich handelt, kann man beispielsweise eine zeichnerische Darstellungsform daraus ableiten. Also eine umgekehrte Vorgehensweise wie bei Zeichnungen, wo man aus der zeichnerischen Darstellung implizit die Bedeutung erkennen muss.

Diese ausdrückliche, explizite Beschreibungsweise von Modellen verstehen Computer besonders gut, da der Interpretationsbedarf entfällt. Aufgrund ihres rechnergerechten Formats sind Modelle für eine digitale Zusammenarbeit wie geschaffen. Digitale Werkzeuge, wie Computer, Sensoren und 3D-Drucker, können Modelle lesen oder mit Informationen anreichern. Ein algorithmisches Durchsuchen von intelligenten Modellstrukturen ist ebenso möglich wie die Auswertung nach unterschiedlichsten Kriterien.

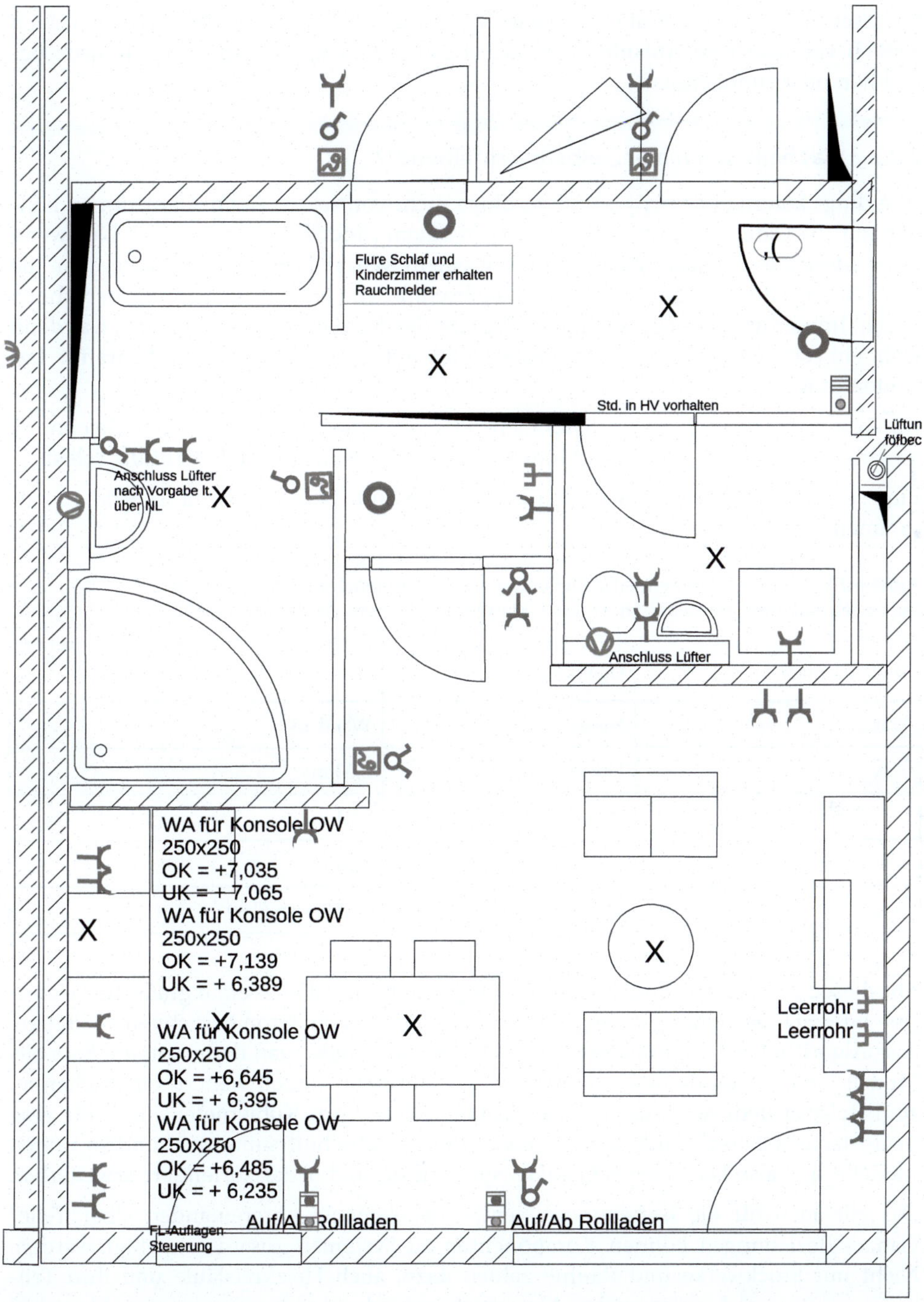

Bild 2.1 Jede Menge Symbolik, nur wer die Bedeutung von Schraffuren, Strichdicken, Linienarten und Symbolen kennt, kann Zeichnungen interpretieren und Kontexte verstehen. Vernetzung durch Verweise auf andere Informationen, zum Beispiel auf Produktinformationen, lassen sich in einer Zeichnung nicht rechnergerecht darstellen.

So lassen sich nicht nur grafische Darstellungen (2D, 3D) aus Modellen erzeugen, auch zeitlich veränderliche Abläufe (4D) oder Kosten (5D) lassen sich algorithmisch berechnen oder simulieren.

2.2.2 Was heißt denn hier „selbstbeschreibend"?

Allerdings kommen derartige Wunderdinge nicht von selbst. Auch Algorithmen können nur die Daten auswerten, die bereits in einem Modell vorhanden sind. Nur wenn es im Modell ein Objekt „Wand" gibt, mit einem Material „Stahlbeton", kann man die Bestellmenge Beton für den nächsten Bauabschnitt von einem Algorithmus berechnen lassen. Immerhin muss der Rechner sich nicht den Kopf darüber zerbrechen, was denn wohl ein schwarzes Rechteck, Strichstärke 0,5 mit einer strichlinierten Schraffur, bedeuten möge.

Im Gegensatz zu den Linien, Symbolen oder schraffierten Flächen einer Zeichnung beschreiben die Elemente eines Modells anhand der Namen ihre Bedeutung selbst.

Eine solche Beschreibung lässt sich tabellarisch zum Beispiel wie in Tabelle 2.1 zusammenfassen.

Tabelle 2.1 Selbstbeschreibende Darstellung eines Modellelements vom Typ Wand. Die Bedeutung der Eigenschaften ist durch Klartextbezeichnungen klar ersichtlich.

Modellelement	Eigenschaft	Wert
Wand	Name	Wand 23
	Länge	3,00 m
	Breite	0,24 m
	Höhe	2,24 m
	Material	Stahlbeton C 30

Mit diesen Angaben könnte man zum Beispiel schon mal eine erste grafische Grundriss- oder 3D-Darstellung erzeugen bzw. die Bestellmenge Beton berechnen. Will man, dass Algorithmen beispielsweise Kosten berechnen, muss man dafür sorgen, dass das Modell diese Daten dann auch enthält, und gibt dem Modell weitere Eigenschaften, zum Beispiel dem Material die Eigenschaft „Kosten pro Kubikmeter" oder für eine Baufortschrittsberechnung dem Element eine „Bauabschnittsnummer" und so weiter. Modelle sind also kein starres Gebilde, sondern sie sind bedarfsorientiert erweiterbar.

Das gilt auch für die Beziehungen der Modellelemente untereinander. Über Teile/Ganzes-Beziehungen können Komponenten zu Systemen zusammengefügt werden. Nicht nur Stockwerke und Räume zählen dazu, auch Heizkreisläufe und ihre Teilkomponenten und vieles mehr. Aber auch zeitliche Aggregationen, wie Montagereihenfolgen, Bauabschnitte und dergleichen, können durch Beziehungen zwischen Elementen intelligent beschrieben werden. Tabelle 2.2 zeigt prinzipiell, wie einfache Beziehungen zwischen Bauteilen und ihren Komponenten hergestellt werden können, indem eine entsprechende Elementeigenschaft, hier „Komponente von", auf das Elternelement verweist. Diese beispielhafte Möglichkeit der Modellierung von Komponenten und ihren Unterkomponenten soll lediglich das Prinzip darstellen. Im Abschnitt 2.4, Modellschema – Bauanleitung für Modelle, und im *Kapitel 4 Standards – „Spielregeln" der Zusammenarbeit*, Abschnitt IFC, werden komplexere, aber in der Funktionsweise prinzipiell gleichartige Formen der Beziehungen zwischen Modellelementen vorgestellt.

Tabelle 2.2 Prinzipbeispiel einer Teile/Ganzes-Beziehung. Eine Wand enthält eine Öffnung, diese Öffnung enthält ein Fenster. Die hierarchischen Beziehungen zwischen Wand, Öffnung und Fenster werden über Referenzierung der Bauteile hergestellt.

Modellelement	Eigenschaft	Wert	Bemerkung
Wand	Bezeichnung	Wand 23	
Wandöffnung	Bezeichnung Komponente von	Oeffnung 12 Wand 23	Öffnung „Oeffnung 12" befindet sich in Wand „Wand 23"
Fenster	Bezeichnung Komponente von	Fenster 33 Oeffnung 12	Fenster „Fenster 33" befindet sich in Wandöffnung „Oeffnung 12"

2.2.3 Semantische Modelle – transparent und intelligent

Modelle, in denen einzelne Bestandteile ihre Bedeutung und ihre Eigenschaften selbst beschreiben können, nennt man „semantische Modelle". Das Wort „Semantik" lässt sich salopp mit „Bedeutung" übersetzen, auch wenn sich in modelltheoretischer Hinsicht sicher noch viel Tiefschürfenderes darüber sagen ließe. Die Eigenschaft *selbstbeschreibend* bedeutet, dass Modellelemente und ihre Eigenschaften im Klartext lesbar beschrieben werden und nicht in irgendwelchen Codes verschlüsselt sind. Wird die Bedeutung und Anwendung aller Modellelemente dann noch allgemein zugänglich dokumentiert, ist die Anwendung für jedermann möglich. Wie ist ein Modellelement vom Typ Wand aufgebaut, entlang welcher Kanten werden Länge, Breite und Höhe ermittelt? Mit welchen anderen Modellelementen lässt es sich vernetzen? Genauere Auskunft darüber und weitere Details gibt die Dokumentation. Bild 2.2 zeigt einen Ausschnitt aus einer Modelldatei. Das semantische Modell ist in der Modellierungssprache IFC beschrieben. Die Elemente sind an englischsprachige Begriffe angelehnt und spiegeln die Bedeutung des jeweiligen Bauteils wider. Das Beispiel soll NICHT zum Erlernen dieser Modellierungssprache anregen, sondern zeigen, wie eine semantische Modellbeschreibung prinzipiell aussehen kann.

```
<IfcWallStandardCase id="ID613">
        <GlobalId>3JsbkFM69DNQCOMJOQ2URa</GlobalId>
        <Name>Kellerwand_A19.KS</Name>
</IfcWallStandardCase>
<IfcMaterial id="ID614"> <Name>012021010</Name> </IfcMaterial>
<IfcMaterialLayer id="ID615">
        <Material> <IfcMaterial xsi:nil="true" ref="ID614" /> </Material>
        <LayerThickness>10.</LayerThickness>
</IfcMaterialLayer>
<IfcMaterialLayerSet id="ID616">
        <MaterialLayers ex:cType="list">
                <IfcMaterialLayer ex:pos="0" xsi:nil="true" ref="ID615" />
        </MaterialLayers>
</IfcMaterialLayerSet>
<IfcMaterialLayerSetUsage id="ID617">
        <ForLayerSet> <IfcMaterialLayerSet xsi:nil="true" ref="ID616" /> </ForLayerSet>
</IfcMaterialLayerSetUsage>
<IfcRelAssociatesMaterial id="ID618">
        <GlobalId>2iSrOCmHDFZ8BGfj3_QxSV</GlobalId>
        <RelatedObjects ex:cType="set">
                <IfcWallStandardCase ex:pos="0" xsi:nil="true" ref="ID613" />
        </RelatedObjects>
        <RelatingMaterial>
                <IfcMaterialLayerSetUsage xsi:nil="true" ref="ID617" />
        </RelatingMaterial>
</IfcRelAssociatesMaterial>
```

Bild 2.2 Natürlich muss man das hier dargestellte IFCXML nicht entziffern können, um BIM machen zu können. Hier soll lediglich das Prinzip erläutert werden. Der Ausschnitt aus einem semantischen Modell, hier ein Ausschnitt aus einer IFC-Datei im XML-Format, zeigt eine Wand (*IFCWallStandardCase*). Auf das Material, aus dem die Wand besteht – in diesem Fall nur aus einer Schicht (IFCMaterialLayerSet) –, wird verwiesen (IFCMaterial ref=„i1722“). Diese Schicht ist 115 dick (<LayerThickness>115). An dieser Stelle taucht keine Längeneinheit auf. Einheiten für Längen, Flächen, Volumina, Zeit, Gewicht usw. werden übergeordnet in der IFC-Datei definiert und gelten dann implizit für alle folgenden Werte. Trotz des maschinenlesbaren Formats (XML) ist die Bedeutung anhand der Bezeichnungen auch für geübte menschliche Leser zu entschlüsseln. Es ist also kein Maschinencode, der nur von der Software eines bestimmten Herstellers gelesen werden kann, sondern für alle offengelegt ist.

2.2.4 Modelle brauchen keine Geometrie

In einem klassischen CAD beginnt alles mit der Geometrie. Man zeichnet vier Wände, dazwischen entsteht „automatisch“ ein Raum. In der Modellwelt kann man mit den Räumen beginnen, ohne dass es überhaupt eine grafische Entsprechung geben müsste. Sichtbar wird dann zwar zunächst erst einmal nichts, ein Algorithmus könnte aber schon mal berechnen, wie viel dieser Raum kosten würde, vorausgesetzt, man hat dem Raum schon mal Eigenschaften wie Fläche und Nutzungsart mitgegeben, zum Beispiel, weil man weiß, dass einmal ein Bürogebäude für 300 Mitarbeiter entstehen soll, die jeweils zu zweit oder zu viert einen Büroraum nutzen sollen.

Diesen „unsichtbaren“ Räumen kann man später bei Bedarf weitere nichtgrafische („alphanumerische“) Informationen hinzufügen, zum Beispiel, um Flächenfunktionen festzulegen. Im CAD brauchte man die Geometrie, und sei es nur ein Punkt oder eine Linie, gleich zu Anfang, denn erst dann konnte man weitere Eigenschaften „anheften". Beim modellbasierten Arbeiten kann man zunächst auch ganz ohne Geometrie beginnen. Das erscheint manchen zunächst ziemlich ungewöhnlich, da ohne visuelle Darstellung nichts Greifbares vorhanden zu sein scheint, dem man überhaupt Eigenschaften zuweisen könnte. Da möchte man in Abwandlung eines bekannten Zitats fast ausrufen: „Wer als Werkzeug nur ein CAD-System hat, sieht den Raum nur, wenn er vier Wände hat!" Tatsächlich ist es jedoch oft sehr einschränkend, wenn man sich schon frühzeitig auf geometrische Eigenschaften festlegen muss, nur um anschließend die eigentlich interessierenden Elemente damit zu verknüpfen, denn oft stehen zunächst andere planerische Entscheidungen im Mittelpunkt, die mit Geometrien noch gar nichts zu tun haben. Das modellbasierte Vorgehen bietet also auch hier Vorteile.

2.2.5 Kopfmodelle

Wenn Architekten und Ingenieure ein Gebäude entwerfen, haben sie selten am Anfang bereits Zeichnungen mit Schnitten und Ansichten vor ihrem geistigen Auge. Die Bilder, die sich im Kopf aufbauen, sind weder flach, noch bestehen sie aus Linien und schraffierten Rechtecken. Das Modell im Kopf gleicht oft mehr einem dreidimensionalen Funktionsmodell als einem Stapel Zeichnungen. Erst wenn diese geistigen Modellvorstellungen den Kopf verlassen müssen, etwa für den Gedankenaustausch mit anderen Ingenieuren und Architekten, werden sie zu Papier gebracht und damit erstmal flach, also zweidimensional. Aus dem komplexen mehrdimensionalen Gebilde im Kopf werden zweidimensionale Zeichnungen. Das Modell blieb im Kopf zurück, kommuniziert wurde über Zeichnungen. Der Empfänger musste – nach bestem Wissen und Gewissen – die flache Welt der Zeichnung wieder in ein eigenes gesamtheitliches Kopfmodell zurückverwandeln. Die Limitationen des Kommunikationsmediums „Zeichnung" und der damit verbundene Informationsverlust werden durch Modelle fundamental verringert. In der Kommunikation mit anderen Fachbereichen werden die Vorteile der modellbasierten Kommunikation besonders deutlich, denkt man etwa an die Komplexität heutiger Gebäude und deren Anforderungen.

Beispiel 2.1 Immer weniger Platz – Technik auf engstem Raum

Nach neueren Vorschriften dürfen TGA-Trassen in vielen Fällen nicht mehr über Verkehrsflächen, wie Fluchtwegen usw., verlegt werden. Als Folge rückt die TGA zwangsläufig in die Räume. Das kann eng werden. Komplexe enge Geometrien, immer größer werdende Querschnitte der technischen Einrichtungen und steigende Nachhaltigkeitsanforderungen stellen teilweise konträre Entwurfsziele und -einschränkungen dar, deren planerische Umsetzung zunehmend nur noch in 3D begreifbar sind. Bleiben die Modelle der einzelnen Fachplaner in getrennten Köpfen, sind spätere unliebsame Überraschungen vorprogrammiert. Getrennte Kopfmodelle reichen nicht mehr. Die einzelnen Modelle jeder Fachrichtung müssen regelmäßig koordiniert zusammengeführt werden. Nur dann lassen sich Probleme schon im Modell rechtzeitig erkennen und beheben.

Mit BIM bleiben Modelle weder in den Köpfen noch in den Rechnern einzelner Büros und Fachplaner. Mit geeigneten Modellformaten können sie zu einem konsistenten

Ganzen zusammengeführt werden. Das ermöglicht eine ganzheitliche Prüfung am Gesamtmodell. Fehler können so frühzeitig erkannt und beseitigt werden, bevor sie, schlimmstenfalls erst auf der Baustelle, zum Problem werden. Es leuchtet ein, dass die modellorientierte Arbeitsweise vielen Architekten und Ingenieuren daher sehr entgegenkommt und von vielen ohnehin intuitiv eingesetzt wird. Kein formatbedingter Interpretationsbedarf, keine systembedingten Missverständnisse. Denn was nicht explizit modelliert ist, existiert nicht. Das heißt im Umkehrschluss, man muss sich genaue Gedanken darüber machen, welche Informationen denn genau im Modell hinterlegt sein müssen.
Anders als Zeichnungen haben Modellelemente keine Stellvertreter-Symbole, z. B. für Steckdosen, Lampen, Fahrstuhlschächte. Sie haben entweder eine Geometrie oder auch nicht. Auch mag – je nach Anwendungsfall – die optische Darstellung in einem Modell äußerst mager ausfallen. Eventuell nur eine Achse, eine Box oder ein Zylinder, doch die Beschränkung auf das Wesentliche ist gewollt. Im Modell sind zu einem gegebenen Zeitpunkt lediglich alle für den aktuellen Anwendungsfall geforderten Informationen hinterlegt. Die Box „weiß", dass sie eine Steckdose repräsentiert, nicht-sichtbare Eigenschaften sind für die Aufgabenstellungen im Moment offenbar wichtiger. Bei Bedarf werden später Optik und/oder alphanumerische Informationen verfeinert. Dann werden Bauelemente beispielsweise gewerkweise präzisiert.

2.2.6 Vom Kopf in den Rechner (und zurück)

Ab wann verlassen diese ersten Gedankenmodelle den kreativen Kopf und werden in ein digitales Modell im Rechner umgesetzt? Wie müssen Modelle beschaffen sein, damit der Rechner sich als nützliches Hilfsmittel erweist? Ab wann lässt sich beispielsweise mit Funktionsflächen und Nutzungsvarianten „spielen", auch wenn die genaue Gebäudegeometrie noch gar nicht bekannt ist? Ob man bei teuren Stadtgrundstücken besser in die Höhe baut oder ob Aufs-Land-Ziehen und In-die-Breite-Bauen günstiger ist, will man schon vor einer Grundstückswahl abwägen können. Modelle, die diese Variantenspiele ermöglichen, dürfen nicht allzu aufwendig sein. Eine genaue geometrische Modellierung von Wänden und Räumen würde sicher zu übertriebenem Aufwand führen. Derartige „Zahlenspiele" finden heute daher meistens in Excel statt, denn die wesentlichen Anforderungen an das Gebäude, zum Beispiel Flächenfunktionen und Nutzungsarten, stehen bereits fest. Mit einem solchen ersten Raumbuch lässt sich so auch ohne genaue Gebäudegeometrie schon ein Kostenmodell entwickeln, das die Wahl eines passenden Grundstücks gut unterstützen kann.

Aber welches CAD-System könnte schon eine solche Excel-Tabelle einlesen und daraus ein paar entsprechende Räume generieren? Die Excel-Tabelle wird entweder bald ad acta gelegt oder sie führt als Raumbuch ein Parallelleben, das permanent mit dem digitalen Gebäudemodell abgeglichen werden muss – meistens bleibt es allerdings beim „müsste". Das Raumbuch in der Excel-Tabelle und der Gebäudeentwurf im Modell entwickeln sich getrennt weiter. Sie enthalten inhaltlich gleiche oder überlappende Informationen, so sollten Räume im Raumbuch und im Modell gleiche Raumnummern und gleiche Flächen haben und auch alle anderen Eigenschaften, die in beiden Formaten vorkommen, sollten die gleichen Werte haben. Datentechnisch sind beide jedoch leider nicht verknüpft und so laufen – formatbedingt – beide Informationsspeicher auseinander und müssen ggf. von Hand nachgepflegt werden. Wegen dieser entkoppelten Datenhaltung bewirken Änderungen in Excel keine Änderungen im Modell und umgekehrt werden flächenrelevante Änderungen im Modell auf Excel-Seite nicht automatisch nachgezogen. Wir haben hier den ersten verlustbehafteten Medienbruch im Projektablauf. Leider, wie wir sehen werden, nicht der letzte.

Das Beispiel zeigt ein grundsätzliches Problem: Auch im späteren Projektverlauf existieren Parallelwelten, die bisher entweder nur manuell oder gar nicht zusammengeführt werden. Man denke nur an Bauablaufplan und Montageaufwand, an Brandschutz und Durchbruchsplanung, Fluchtweganforderungen und Ausbaumaße. Die dort bestehenden Abhängigkeiten werden nicht in digitale Informationsflüsse umgesetzt. Die Ermittlung der Auswirkungen von Änderungen bleibt daher dem Zufall oder der Weitsicht des – meist überlasteten – Projektverantwortlichen überlassen. Gut, wenn sich die richtigen Algorithmen in ihren Kopfmodellen abspielen. Wenn nicht, wird das Desaster erst auf der Baustelle sichtbar. Benötigt wird also ein koordiniertes Zusammenführen aller relevanten Informationen in einem konsistenten Modell. Dieses muss durch ein projektweites Informationsmanagement erreicht werden.

2.2.7 Transparenz und Nachvollziehbarkeit – nicht gut für jedes Geschäftsmodell …

So positiv besetzt Begriffe wie „Transparenz“ und „Nachvollziehbarkeit“ auch sind, sie erscheinen nicht zwangsläufig allen Beteiligten als erstrebenswert. So bestehen beispielsweise Vorbehalte gegen die Weitergabe von Modellen. Es könnten durch rechnergerechte Formate Leistungen leichter überprüfbar werden. Dadurch könne Druck, zum Beispiel bei Angeboten oder bei der Abrechnung, aufgebaut werden, so die Bedenken. Ein weiterer Vorbehalt: intellektuelles Eigentum, das in Modellen steckt, könne leichter kopiert und unrechtmäßig wiederverwendet werden. Beide Einwände sind verständlich, beruhen jedoch teilweise auf Missverständnissen, oft obendrein auf unklar formulierten Anforderungen und Verantwortlichkeiten.

2.2.7.1 Goldgrube Intransparenz?

In der Tat stellt BIM das „Geschäftsmodell Nachtrag“ infrage. Gemeint ist die gängige Praxis, eine Ausschreibung durch ein offenkundig nicht kostendeckendes Minimalangebot zu gewinnen in der Gewissheit, später über absehbare Nachträge und Änderungen im Nachhinein dennoch ein wirtschaftlich positives Gesamtergebnis zu erzielen. BIM stellt diesem, auf Verschleierung und Intransparenz beruhenden Geschäftsmodell ein besseres, weil für alle Beteiligten letztlich wirtschaftlicheres Geschäftsmodell, entgegen. Es ist ein Geschäftsmodell, das auf Transparenz und den daraus erwachsenden technischen, wirtschaftlichen und organisatorischen Optimierungsmöglichkeiten beruht und nicht darauf, dass das Kind erst in den Brunnen fallen muss.

Auch das Urheberrechtsargument ist nicht neu, aber auch bei der Weitergabe von Zeichnungen sind entsprechende Rechte zu beachten. Die Lieferpflichten und Verwertungsrechte werden, sofern im Einzelfall Klärungsbedarf besteht, in entsprechenden Werkverträgen rechtlich geklärt. Allerdings schaffen Modelle potenziell ein Maß an Transparenz und Informationsdichte, das weit über die Möglichkeiten von Zeichnungen hinausgeht.

2.2.7.2 Transparent – aber nicht gläsern!

Dass Modelle per se ungleich mehr Informationen enthalten und damit umso schützenswerter seien, beruht auf einem weiteren Missverständnis: Nicht jedwede Modellinformation wird weitergegeben. Informationslieferungen geschehen auf Anforderung zu einem bestimmten Zweck, es gilt die Beschränkung auf das Geforderte. Das allerdings sollte vertraglich geregelt sein. Es geht um Nachvollziehbarkeit und gegenseitiges Vertrauen durch Transparenz, nicht um Durchleuchtung und den gläsernen Subunternehmer. Betriebsinterne vertrauliche Informationen, wie etwa Kalkulationsansätze oder Rabattinformationen, gehören nicht ins Modell, dazu besteht auch mit BIM kein Anlass. Ein Modell ist kein erratischer Block, den man nur ganz oder gar nicht weitergeben kann. Vor der Weitergabe werden nur die ausdrücklich beauftragten (und damit auch vergüteten) Informationen belassen, alle anderen werden entfernt, das war auch schon bei Zeichnungen so. Dieses „Model Washing" vor der Weitergabe ist Teil der BIM-Methodik, denn ein Zuviel ist ebenso unerwünscht wie ein Mangel an Informationen.

2.3 Modelle ermöglichen eine neue Art der Zusammenarbeit

Die explizite Semantik, d. h. die Fähigkeit von Modellen zur ausdrücklichen Darstellung aller Beziehungen und Eigenschaften, macht Modellinformationen einer Bearbeitung durch Algorithmen unter Nutzung von Computern zugänglich.

Dadurch ermöglichen Modelle neue, digital unterstützte **Arbeitsabläufe**.

- Durch Spezifikation des **Informationsbedarfs** können Informationslieferungen genau beschrieben werden.
- Koordinierte **Informationslieferketten** produzieren und liefern die geforderten Informationen.
- Informationslieferungen können anhand der Bedarfsspezifikation einer **Qualitätsprüfung** unterzogen werden.
- Werden bei der **rechnergestützten Qualitätssicherung** Fehler in den gelieferten Modellen erkannt, kann der Verbesserungsprozess der Informationen seitens der Lieferkette gezielt gesteuert werden.
- Durch die **gewerkeübergreifende Qualitätssicherung** kann die Gesamtkonsistenz aller Informationen vor Freigabe und Weiterbearbeitung an den nächsten Prozessschritt sichergestellt werden.
- Aufgrund der Lieferung von Informationen gemäß dem spezifizierten Informationsbedarf liegen alle Informationen für erforderliche **Modellanalysen, Berechnungen und Optimierungen** vor, zum Beispiel für modellbasierte Kostenberechnung, Berechnung und Optimierung des Wärmebedarfs, Fluchtweganalyse, Bauablaufplanung usw.
- Mit den Ergebnissen können wirtschaftliche und weitere **Entscheidungsprozesse** ermöglicht werden.

- Die Verwendung offener Modellstandards ermöglicht die **Einbindung fachlicher Kompetenzen** unabhängig davon, welches herstellerspezifische Software-Produkt zur Informationserstellung verwendet wird.

Semantische Modelle können nicht nur Antworten auf einfache oder komplexe Fragestellungen geben. „Wie viel kostet es?", „Wie viele Fenster sind im ersten Stockwerk?", „Wie viele Kubikmeter Beton brauche ich im ersten Bauabschnitt?" oder „Wie viel mehr kostet diese Konstruktionsvariante?" Diese Antworten lieferten Dreikant (Bild 2.3), Textmarker und Taschenrechner bisher ja ebenfalls, wenn auch mühevoller und fehlerbehaftet.

Mit intelligenten Modellen können diese Tätigkeiten in stark automatisierbare und damit kostengünstig wiederholbare Prozesse eingebunden werden. Dank der standardisierten Vorgehensweise steht hier ein mäßiger Aufwand einem hohen Nutzen gegenüber.

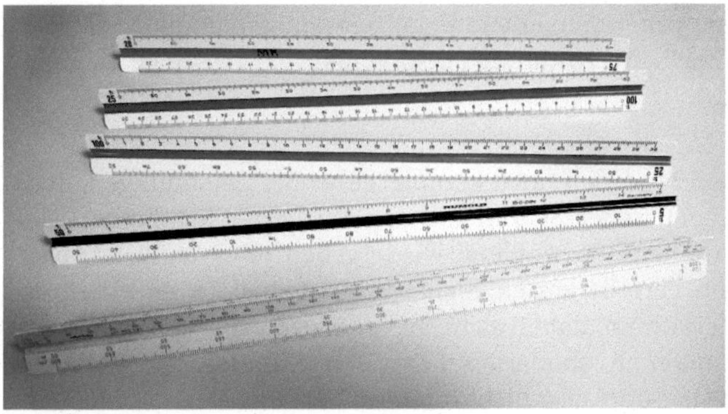

Bild 2.3 Dreikant und Textmarker sind wichtige Hilfsmittel bei der traditionellen planbasierten Arbeitsweise.

Ein Modell lässt sich automatisiert auf fachliche Ungereimtheiten oder Fehler prüfen. Zum Beispiel: Enthält es genau die Elemente und Eigenschaften, die für die Entscheidungsfindung, Prüfung oder Analyse gebraucht werden? Falls nein, wird die Modellverbesserung über definierte rechnerunterstützte Prozesse sichergestellt, die bis zum Erhalt der gewünschten Qualität nur einen geringen manuellen organisatorischen Aufwand verursachen.

Eben weil Elementtypen, -eigenschaften und -beziehungen in semantischen Modellen explizit beschrieben werden, kann man Modelle mit Regeln prüfen. So lassen sich Unstimmigkeiten algorithmisch aufdecken und vordefinierte Verbesserungsprozesse anstoßen. Ein Raum mit falscher Raum-Codierung, fehlender Nutzungsart oder ohne andere wichtige Eigenschaften, eine Tür ohne Raumzuordnung, ein Raum ohne Tür, im Modell lässt es sich algorithmisch finden und danach über definierte, nachvollziehbare Prozesse beheben. Sind diese Informationsdefizite behoben, können fachliche Prüfungen auf Basis von Modellinformationen beginnen. Auch hier ist Teilautomatisierung zu einem bestimmten Grad möglich, zum Beispiel bei der Kollisionserkennung und -behebung. In jedem Fall wird auch eine manuelle fachliche Prüfung durch rechnergestützte Freigabe- oder Verbesserungsprozesse und gezielte Informationsverteilungsprozesse stark erleichtert.

2.3.1 Ableitung von Dokumenten aus Modellen

Ein digitales Gebäudemodell beschreibt ein Gebäude in seiner Gesamtheit und so detailliert wie nötig. Nicht nur die Geometrie, sondern auch alle anderen Eigenschaften werden im Modell, soweit erforderlich, abgebildet. Aus den zur Verfügung stehenden Modellinformationen, also der dreidimensionalen Geometrie und den zusätzlichen nichtgeometrischen Eigenschaften, z. B. Materialien und Bauteiltypen, lassen sich zweidimensionale Darstellungen ableiten. So können etwa Schnitte (Grundrisse) oder Ansichten durch das Gebäudemodell oder Gebäudeteile berechnet werden.

Ein Grundriss ist allerdings kein einfacher geometrischer horizontaler Schnitt durch ein Gebäude. Öffnungen von Fenstern und Türen müssen unabhängig von der Lage des Schnittes im Grundriss auftauchen. Die Sturz- und Brüstungshöhen müssen ersichtlich sein.

Nimmt man noch die Regeln einer Zeichenverordnung hinzu, die bspw. Schraffuren für Materialarten vorgibt, kann eine Software aus dem zweidimensionalen Schnitt gültige Pläne oder Zeichnungen generieren, die in puncto Strichstärken und Schraffuren usw. einer vorgegebenen Zeichenverordnung entsprechen.

2.3.1.1 Planableitung

Bei Plänen ist die Ableitung aus Modellen noch komplexer als bei Zeichnungen, denn Pläne sind kein einfacher geometrischer Schnitt mit angereicherter Symbolik. Pläne sind oft Prinzipskizzen, die Systemzusammenhänge wiedergeben, etwa ein Elektroplan, der die Verbindungen zwischen Verteilerkasten, Sicherungen, Schaltern und Verbrauchern **prinzipiell** darstellt. Es kommt dabei nicht auf den genauen Verlegeort von Kabeln und anderen Installationen an, sondern auf die Darstellung der funktionalen Zusammenhänge. Steckdosen sind dort also nicht direkt in der Wand dargestellt, sondern mit einigem Abstand, die Leitungen verlaufen scheinbar auf dem Fußboden. Dieses aus einem geometrisch exakten Modell abzuleiten, ist also eine Herausforderung, oft ein halbautomatischer Vorgang. Wird allerdings allein auf Basis eines nicht mehr aktuellen Elektroplans vor Ort montiert, nachdem die ursprüngliche Wand im Modell entfernt wurde, landen die Steckdosen gerne mal in der rechtwinklig nächstliegenden Wand, ein Trugschluss, der nur anhand des aktuellen Modells oder eines aktualisierten Elektroplans hätte vermieden werden können. Hier können Automatismen zweifellos eine große Hilfe sein, da sie zwischen der 3D-Welt und der nach wie vor benötigten 2D-Welt vermitteln.

Dieser Automatismus bedeutet, dass der Entwurf nicht mehr primär an Zeichnungen stattfindet. Entworfen, geplant und analysiert wird nun im virtuellen digitalen Modell – die benötigten Zeichnungen und Pläne werden sekundär aus dem digitalen Modell abgeleitet. Führend ist also das Modell, nicht die Zeichnung. Ein Plan oder eine Zeichnung kann nach Modelländerung jederzeit ohne Aufwand aktualisiert werden.

2.3.1.2 Ableitung anderer Informationsträger aus dem Modell

Daraus ergibt sich ein Arbeitsablauf, der das Modell in den Mittelpunkt stellt. Was für Zeichnungen und Pläne gilt, lässt sich auf andere Dokumente ausdehnen. Sekundärinformationen wie Zeichnungen, aber auch nichtgeometrische Ableitungen wie Raumbücher, Mengenermittlungen, Stücklisten usw. werden nach anfänglicher Konfiguration

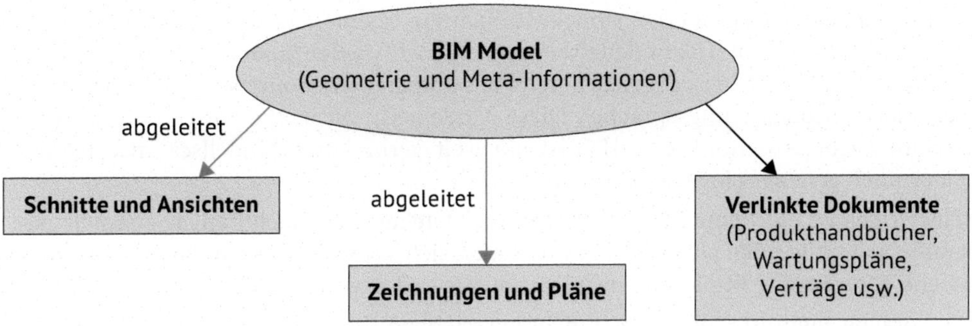

Bild 2.4 Pläne können aus Modellen abgeleitet werden, Dokumente lassen sich mit Modellelementen verlinken. Das Modell wird zum führenden Informationsträger.

einiger Ableitungsregeln anschließend automatisiert bereitstellt. Eine Fülle von Dokumenten und Versionen entsteht so quasi per Knopfdruck (Bild 2.4).

Die automatische Generierung von Sekundärdokumenten kann schnell unübersichtlich werden. Eine Ablagestruktur mit festen Benennungsregeln ist unerlässlich und kann nur mit einem soliden Dokumentenmanagement bewältigt werden (siehe *Kapitel 3 Informationsmanagement macht's möglich*).

2.3.2 Modelle vereinigen und zerteilen – Teil- und Fachmodelle

Semantische Modelle sind intelligente Strukturen, deren Elemente untereinander in Beziehungen stehen können. Das macht es möglich, diese Beziehungen zu trennen oder neu herzustellen. Ein bestehendes Modell, zum Beispiel eines Gebäudes, kann so in sinnvoll erscheinende Teile zerlegt werden. Zum Beispiel könnte man ein Gebäudemodell in Bauabschnitte zerlegen, sodass jeder Planer bzw. Bauunternehmer nur den für ihn relevanten Teil verarbeiten muss.

Das Umgekehrte ist genauso möglich: Modelle zu vereinigen, die unabhängig voneinander entstanden sind.

Teilmodelle

Weil sie als Teil eines übergeordneten Ganzen verstanden werden, nennt man diese herausgelösten oder zur späteren Zusammenführung erstellten Modelle Teilmodelle. Der Grund für die Unterteilung kann sehr unterschiedlich sein, in der Regel ist es eine bessere Handhabbarkeit, beispielsweise

- **geometrische Modellaufteilung** entsprechend der Bearbeitungsprozesse in der Planung (Aufteilung in Planungsabschnitte) oder in der Herstellung (Lose im Infrastrukturbau, Bauabschnitte/Gebäudeteile im Hochbau),
- Aufteilung nach **Sicherheitsaspekten**, zum Beispiel Tresorräume, Schließanlagen, sicherheitskritische technische Einrichtungen,
- **fachliche Aufteilung**, zum Beispiel nach Fachdisziplinen. Das Gesamtmodell wird dabei in Teilmodelle aufgeteilt, die jeweils nur die Elemente der Fachdisziplin enthalten, die dieses Modell entwickelt. Diese Art eines Teilmodells wird auch **Fachmodell**, Fachplanermodell oder Disziplinenmodell genannt.

Beim Zerteilen eines größeren Modells in mehrere Teilmodelle kann man sicher sein, dass die entstandenen Teilmodelle theoretisch auch wieder zusammengefügt werden könnten, denn sie haben ja vorher bereits zusammengepasst und sprechen sozusagen die gleiche „Modellierungssprache". Diese Modellierungssprache wird Modellschema genannt (siehe Abschnitt 2.4). IFC ist ein weit verbreitetes Modellschema, auf das später noch genauer eingegangen wird.

Schwieriger ist es, wenn Modelle getrennt entstehen und nachträglich erstmals zusammengefügt werden sollen. Dann muss man sich vorab Gedanken darüber machen, welche gemeinsame Modellierungssprache verwendet werden soll.

Die Sprache allein ist jedoch noch nicht ausreichend. Man denke an ein Buch, dessen Kapitel von unterschiedlichen Autoren getrennt verfasst werden. Selbst wenn die gleiche Sprache verwendet wird, sollte man sich vorab über Thema, Struktur und noch ein paar andere Kleinigkeiten einigen, damit nicht der eine einen Fotoband, der Zweite ein Lexikon und der Dritte ein Hörbuch entwickelt.

Auf Modelle übertragen heißt dies, wenn Fachplaner (Architekt, Tragwerks-, TGA-, Feuerschutz-, Küchen- und andere Planer) sicherstellen wollen, dass ihre Modelle am Ende zusammengefügt werden können, müssen sie sich auf formale und inhaltliche Grundsätze einigen (siehe Modellierungsregeln, Kapitel 4 Standards, Abschnitt Federationsstrategie).

Fachplanermodelle – Getrennt modellieren, gemeinsam entwerfen

In der Zeichnungswelt arbeitet man mit Zeichnungsebenen (Layer, Teilbilder). Im Projekt einigt man sich, wer auf welcher Zeichnungsebene seine Fachelemente ablegen darf. Entsprechende Zeichnungsvorlagen (z. B. *.DWT) geben Bezeichnungen und Ebenen vor. Verstöße lassen sich so leicht erkennen. In der Visualisierung kann man leicht unerwünschte Teilbereiche ausblenden. Bei Modellen steckt dieselbe Denkweise dahinter, wenn es um die Strukturierung von Modellinformationen geht.

Die folgenden Modelleigenschaften müssen mindestens festgelegt werden, damit Fachmodelle zusammen passen, um sie später als Einheit visualisieren oder analysieren zu können (Bild 2.5). Es handelt sich hierbei um projektspezifisch festgelegte Informationsanforderungen. Siehe auch AIA und Federationsstrategie im Kapitel 3 Informationsmanagement.

Einheitliche räumliche Strukturierung

- Festlegen der räumlichen Modellgliederung
- Einheitliche Stockwerksgliederung (bzw. Aufteilung in Lose)
- Einheitliche Untergliederung großer Projekte in Bauabschnitte oder Gebäudeteile
- Modellieren aller Bauteile geschossweise (also keine geschossübergreifenden Wände oder Stützen)

Bezeichnungen

- Namenskonventionen z. B. für
  - Modelldateien (Informationscontainer allgemein)
  - Geschosse und Räume
  - Bauteile
  - Materialien

Disziplinen und Modelle

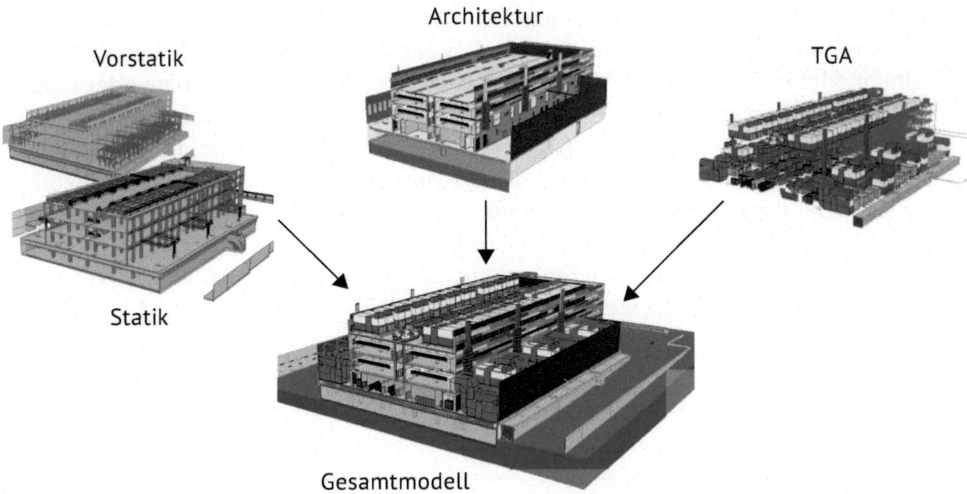

Bild 2.5 Fachplanermodelle beziehen sich auf das Referenzmodell (z. B. Architekturmodell) und modellieren ihre fachspezifischen Modellelemente auf dem Hintergrund und im Kontext des Referenzmodells. Fachmodelle sind voneinander getrennte (Teil-)Modelle. Nur wenn sie bestimmte gemeinsame Eigenschaften haben, lassen sich diese Teilmodelle zu einem Gesamtmodell zusammenfügen und auf disziplinenübergreifende Stimmigkeit untersuchen oder analysieren (Kollisionen, Kosten etc.)

Detaillierung

- Detaillierungsgrad je Modellelementtyp
- Detaillierungsgrade (siehe Abschnitt LOD/LOIN) in den einzelnen Leistungsphasen

Formale Eigenschaften

- Modellierungssprache (Modellschema)
- Dateiformate

Diese Liste erhebt keinen Anspruch auf Vollständigkeit, zeigt jedoch die wesentlichen Bereiche, die bei einer modellbasierten Zusammenarbeit beachtet werden müssen. Neben diesen strukturellen und formalen Eigenschaften kommen ggf. noch projektspezifische Modellanforderungen hinzu.

Wichtig ist die Erkenntnis, dass wir hier bisher noch nicht über die inhaltlichen Anforderungen an Modelle gesprochen haben, also, ob in einem Modell Angaben zu Materialien, Kosten, Heizanlagen oder Feuerschutz enthalten sein sollen, sondern lediglich, wie das Enthaltene gegliedert und benannt sein soll.

Im Kapitel 3 Informationsmanagement werden wir später sehen, wie man durch Informationsmanagementprozesse sicherstellt, dass die erstellten Modelle sowohl diesen strukturellen als auch den inhaltlichen Anforderungen gerecht werden.

Das Praxiskapitel wird zeigen, wie Modelle und andere Informationen (Zeichnungen, Dokumente usw.) dann tatsächlich auch erstellt und geliefert werden.

2.3.3 IFC-Modellelemente und Dokumente verknüpfen

Nicht alle Modellinformationen lassen sich sinnvoll visualisieren. Die überwiegende Anzahl von Informationen sind nichtgrafischer Natur. Dennoch sind sie logisch häufig mit einem oder mehreren Modellelementen verknüpft. So ist ein Lageplan oder Katasterauszug inhaltlich mit dem Terrainmodell der Liegenschaft oder dem IFC-Modellelement für das Grundstück (z. B. IFCSite) verbunden. Genauso ist die Bedienungs- oder Wartungsanleitung einer technischen Komponente mit dem entsprechenden Modellelement, das es repräsentiert, verknüpft. Diese inhaltlichen Verbindungen lassen sich auch im Modell abbilden. Dazu gibt es beispielsweise in IFC spezielle Verknüpfungselemente (IFCDocumentReference), mit denen Dokumente in einer Datei oder einer Datenbank referenziert werden können (Bild 2.6).

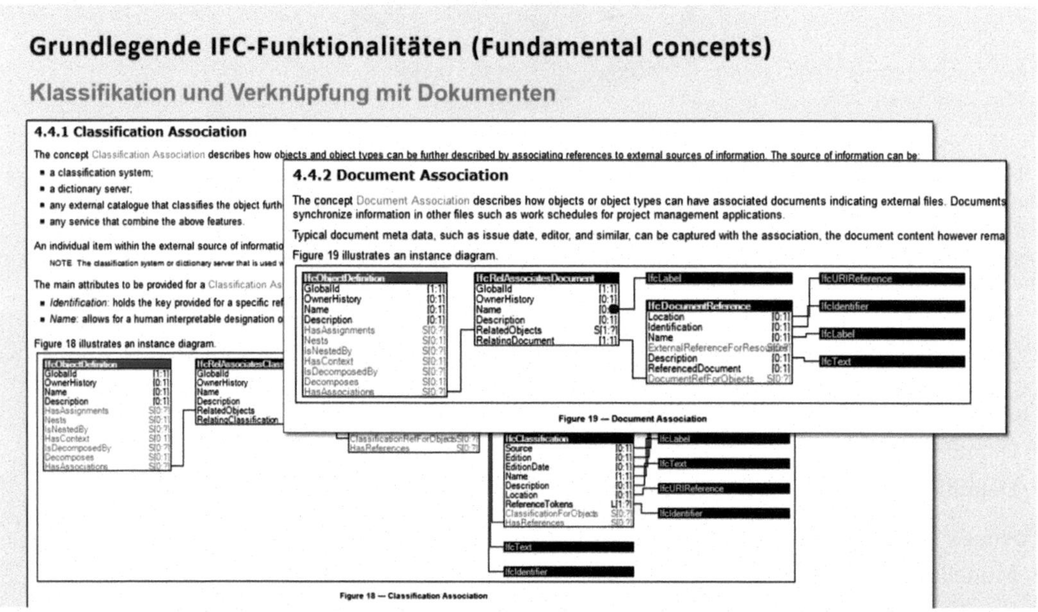

Bild 2.6 IFC-Dokumentation zur Verknüpfung von Modellelementen und externen Informationsinhalten. Dokumente können mit IFC-Modellelementen verknüpft (assoziiert) werden. IFC stellt dazu Verknüpfungselemente bereit. Die referenzierten Dokumente können sich im lokalen Dateibaum, in einer Datenbank oder im Internet (URI) befinden. BIM-Viewer können das visuelle Navigieren und Auffinden dieser dokument-, datenbank- oder web-basierten Zusatzinformationen unterstützen und die referenzierten Dokumente anzeigen. Quelle: IFC Online-Dokumentation

2.3.4 Grundprinzipien der Modellierung

Bisher haben wir schon einige prinzipielle Möglichkeiten der modellbasierten Arbeitsweise kennengelernt. Doch der Vorgang des Modellierens selbst ist noch nicht ganz klar geworden. Wie also soll man entscheiden, welches Modell das beste ist? Was gehört hinein, was nicht? Welche Strukturen sind geeignet, welche nicht?

Als einer der Pioniere der neuzeitlichen mathematisch fundierten Modelltheorie hat der deutsche Mathematiker und Philosoph Herbert Stachowiak (1921–2004) wesentliche Grundlagenarbeiten geleistet. In seiner Modelltheorie beschreibt er bereits in den 1970er-Jahren die drei wesentlichen Merkmale des Modellierens.

- **Pragmatismus** – Modelle sind immer für einen bestimmten Zweck gemacht. Sie sind so dicht an der Realität wie nötig, aber: SIE GLEICHEN NIEMALS EXAKT DER REALITÄT! Modelle spiegeln nur den Ausschnitt der Realität wider, der für den vorgesehenen Verwendungszweck oder Anwendungsfall sinnvoll erscheint. Deshalb werden bestimmte Eigenschaften bewusst weggelassen und gar nicht erst im Modell abgebildet. Kein „Je-realer-desto-besser" ist gefordert, sondern nur diejenigen Eigenschaften und Details sollen enthalten sein, die für die weitere Verwendung des Modells relevant sind.
  Diesen pragmatischen Modellierungsansatz finden wir später in BIM-Konzepten wieder. In der deutschen BIM-Richtlinie, VDI 2552 z. B. in Form von BIM-Zielen, Austausch-Informationsanforderungen (AIAs, siehe Kapitel 3 Informationsmanagement und Kapitel 5 BIM-Projektpraxis) und Detaillierungsgraden (LOD, LOI). Sie beschreiben die Informationen, die für einen bestimmten Anwendungsfall benötigt werden.
- **Abstraktion** – Eine Abstraktion fasst die Eigenschaften eines komplexeren Objekts so zusammen, dass es dadurch leichter zu beschreiben ist und die Lösung einer bestimmten Aufgabenstellung möglichst erleichtert wird. Oft ist diese zusammenfassende abstrakte Darstellung nur für bestimmte Aufgabenstellungen zu gebrauchen, für andere eventuell zu vereinfacht oder gar falsch.
  So bezeichnen wir einen Stapel Ziegelsteine mit Mörtel dazwischen als „Wand". Das Abstraktum „Wand" ist sehr viel leichter zu berechnen als jeder Ziegelstein einzeln. Für bestimmte Zwecke ist es eben unwesentlich, ob eine Wand aus Ziegelsteinen oder Beton besteht. Die „Wand" mit ihren zusammengefassten Eigenschaften für das Material (Elastizitätsmodul E) und die Querschnittgeometrie (Flächenträgheitsmoment I) reicht völlig aus, um normale Tragwerksberechnungen durchführen zu können, ohne jeden einzelnen Ziegel zu berücksichtigen.
  Eine Abstraktion hat ihre Grenzen dort, wo sie außerhalb des vorgesehenen Anwendungsfalls verwendet wird. Dann sind die Ergebnisse nicht verlässlich. Mit einer auf E und I reduzierten einfachen Wand lässt sich zwar das Tragwerk berechnen, für eine Erdbebenanalyse wäre sie aber nicht unbedingt geeignet.
- **Generalisierung oder Spezialisierung** – Wand ist nicht gleich Wand. Für die Tragwerksberechnung mögen E-Modul E und Flächenträgheitsmoment I noch ausreichen, egal ob die Wand aus Mauerwerk oder Beton besteht. Manchmal braucht man es jedoch genauer, etwa speziell eine Betonwand oder eine Mauerwerkswand. Beide sind eine „Wand" mit E und I, jedoch spezieller, nicht nur wegen des Materials. Vielleicht möchte man noch zusätzlich Eigenschaften des Herstellungsverfahrens abbilden. Die Spezialisierung der allgemeinen Wand mit E und I in eine Mauerwerks- und eine Betonwand macht es möglich.
  Über den Mechanismus der Spezialisierung lassen sich von grundlegenden Modellelementtypen, wie „Wand" mit zunächst nur allgemeinen Eigenschaften (E und I), Modellelemente mit spezielleren Eigenschaften entwickeln. Diese „abgeleiteten" Elementtypen erben alle Eigenschaften des zugrunde liegenden Elementtyps, bekommen jedoch ein paar Details dazu, die für einen bestimmten Verwendungszweck benötigt werden. So kann der Tragwerksplaner mit seiner abstrakten „Wand" rechnen

und der Schalungsplaner seine Betonwand betrachten. Beide schauen mit unterschiedlichen Brillen auf ein und dasselbe Objekt und sehen jeweils nur die Eigenschaften, die für sie interessant sind.

Mehr zu Spezialisierung und Vererbung von Eigenschaften im Abschnitt 2.4.3 über den objektorientierten Ansatz.

2.3.5 Wie beschreibt man Modelle?

Eine scheinbar paradoxe Frage, denn ein Modell ist ja an sich schon eine Beschreibung von etwas Gedachtem oder Realem. Wie also kann man etwas beschreiben, das etwas anderes beschreibt? Außerdem sind Modelle, wie wir bereits gehört haben, angeblich selbstbeschreibend. Trotzdem sind die Bausteine, die wir zur Beschreibung von Modellen nutzen können, nicht völlig beliebig. Um ein Buch zu schreiben, stehen 26 Buchstaben und ein paar Sonderzeichen zur Verfügung, mehr nicht. Auch die Buchstaben können nicht beliebig kombiniert werden, es müssen schon sinnvolle Worte dabei herauskommen. Selbst die Anordnung der Worte untereinander ist an Regeln gebunden, die man gemeinhin als Grammatik bezeichnet. Ähnliches gilt auch für Modelle und die Elemente, aus denen sie bestehen. Modellelemente sind die „Worte", aus denen ein Modell zusammengebaut wird. Auch die Anordnung dieser „Modellworte" gehorcht einer gewissen Grammatik.

Wie könnte ein solcher „Baukasten" aussehen, der die zur Verfügung stehenden Worte, sprich Modellelemente, und die Grammatik enthält, mit denen man Modelle zusammenbauen kann? Wer jemals mit Lego-Steinen hantiert hat, ist hier klar im Vorteil. Nicht alles passt mit allem zusammen, Verbindungen sind meistens rechtwinklig und folgen einer Richtung. Aber fangen wir einen Tick theoretischer an ...

Modelle werden für einen bestimmten Zweck gemacht, was in diesem Falle bedeutet, dass Modellelemente nur genau die Eigenschaften bekommen, die zweckdienlich sind. Das gelingt, indem Abstraktion und Spezialisierung geschickt eingesetzt werden. Allerdings: Was genau ist zweckdienlich? Das hängt wohl offenkundig vom Bestimmungszweck des Modells, seinem Anwendungsfall, ab. Was wir bräuchten, wäre eine Methodik, mit der man zweckdienliche Modelle und Modellelemente „herstellen" kann.

2.3.6 Wand oder nur ein Stapel Steine?

Statt mit den Eigenschaften Länge, Dicke, Höhe und Material könnte man eine Wand auch als Paket von Ziegelsteinen modellieren. Warum macht man es nicht? Denken wir an den pragmatischen Ansatz! Für die meisten Anwendungsfälle bringt dieser Detailreichtum nichts, sondern ist sogar hinderlich. Die Abstraktion in einen Bauteiltyp „Wand", mit Geometrie und Material, beschreibt mit ein paar Eigenschaften alles Wesentliche.

Später, wenn die reale Wand tatsächlich gebaut wird, müssen allerdings echte Steine bestellt werden. Ob die Steine groß oder klein sind, ist unbedeutend, solange sie die geforderten Eigenschaften haben, die der Wandberechnung zugrunde liegen.

Steinstapel oder Wand – beide Betrachtungsweisen sind mit dem objektorientierten Ansatz vereinbar. Es ist eine Frage des angestrebten Verwendungszwecks, wie man den

Typ (hier: „Wand") sinnvoll entwirft, damit die Elemente dieses Typs zweckmäßige Eigenschaften haben.

2.3.7 Modellierungsfreiheit mit Risiken

Man sollte meinen, es gebe nicht allzu viele Möglichkeiten, eine Wand eindeutig und erschöpfend zu beschreiben. Eine Wand ist doch mehr oder weniger ein Quader mit einer Länge, Breite, Höhe und ein paar weiteren Eigenschaften. Vielen reicht auch nur eine Achse mit ein paar Kennzahlen (E, I) und schon kann ein Tragwerksplaner eine Bemessung durchführen. Möchten auch ganz Spitzfindige diesem Gebilde möglicherweise noch ein paar Schichten, wie Putz und Wärmedämmung, verleihen. Nach gängigem Verständnis ist eine Wand jedoch ein recht einfach zu beschreibender Körper. So möchte man meinen. Doch weit gefehlt. Tatsächlich sind die Möglichkeiten, ein derart einfaches Ding zu modellieren, ungeahnt vielfältig. Auch wenn anschließend die Problematik am Beispiel der allseits vertrauten Wand beleuchtet wird, ist das Phänomen allgemeiner Natur. Und darin liegen mitunter die Gründe, warum sich auch in unserer wunderbaren Modell-Welt zwei Kommunikationspartner, die über dasselbe Modell reden, nicht immer verstehen.

Beispiel 2.2 **Drei Möglichkeiten, eine Wand zu modellieren**

„Eine Wand ist eine Wand ist …

… ein 21/2-D-Hochzugskörper („Der Zweieinhalb-D-Hochzugskörper")

CAD-Systeme, die ursprünglich für das Zeichnen von Grundrissen entwickelt wurden, hatten zunächst die dritte Dimension, nämlich die Höhe, nicht im Sinn. Was also tun, wenn plötzlich dreidimensionale Darstellungen gefordert sind? Man führt Ebenen ein, beispielsweise zur Begrenzung von Stockwerken. Zwischen diesen Stockwerksebenen werden die Grundriss-Polygone der Wände einfach hochgezogen, bis sie eine solche Schnittebene erreichen. Diese Art der Modellierung führt eleganterweise dazu, dass sich beim Ändern der Stockwerkshöhen alle Wände automatisch anpassen, die Wand selbst allerdings bleibt zweidimensional. Ihre Höhe wird bei Bedarf jedes Mal aus dem Abstand zwischen oberer und unterer Schnittebene errechnet. Nicht so recht dreidimensional, aber auch nicht mehr nur zweidimensional. Zweieinhalb-dimensional gewissermaßen.

… ein 3D-Volumenkörper

Schon allein um einen 3D-Volumenkörper zu beschreiben, hat die Mathematik ein ganzes Arsenal an Möglichkeiten parat. Mit Länge, Breite und Höhe ist es längst nicht erschöpft, schließlich soll eine Wand auch eine bestimmte Position in einem Gebäude bekommen und der Einfügepunkt muss im Koordinatensystem des Gebäudes verortet sein. Damit hätten wir also für die Wand einen Ursprungspunkt im Gesamtkoordinatensystem des Gebäudes, zum Beispiel eine Wandecke, und von dort eine lokale Koordinate jeweils in Richtung Wandlänge, -höhe und -breite. Hier fangen die Feinheiten schon an, kompliziert zu werden, denn in der Gedankenwelt der meisten Ingenieure und Architekten hat eine Wand eine Mittelachse bzw. Mittelfläche und der Ausgangspunkt von Länge, Breite und Höhe sollte auf dieser Mittelfläche liegen. All das scheinen Feinheiten zu sein, führen aber im Zuge des Modellierens zu Missverständnissen und Fehlern beim Datenaustausch. Nach dem Datenaustausch sitzt eine Wand dann schon mal ein paar Zentimeter neben dem Punkt, wo man sie eigentlich haben möchte. Und durch diese Lücke zieht es dann beim Wärmeschutznachweis ganz gewaltig …

… ein Paket von 3D-Volumenkörpern

Dass eine Wand aus mehreren Schichten besteht, die obendrein von unterschiedlichen Gewerken verbaut werden (Malerarbeiten, Putzarbeiten, Mauerwerksarbeiten), ist eine Selbstverständlichkeit. Doch wie modelliert man so etwas? Sind es vielleicht drei Volumenkörper: Mauerwerk, Wärmedämmung, Putz und Anstrich? Oder bleibt es bei einem einheitlichen Gesamtvolumen, das über Metainformationen Auskunft über Schichtenreihenfolgen, deren Materialien und Schichtdicken gibt? Wie weiß man im ersten Fall, dass die drei Volumenkörper zu ein und derselben Wand gehören? Sollen sie also als Ganzes verschoben, gelöscht oder mit einer Fensteröffnung versehen werden?

Die drei Beispiele sollen sensibilisieren. Sie sollen zeigen, dass es schon bei der Beschreibung einfacher geometrischer Körper und ihrer baupraktischen Ausprägung eine ganze Fülle an Möglichkeiten gibt. Es treten Fehlermöglichkeiten auf, die wir aus der 2D-Welt der Striche und Schraffuren nicht kennen. Die Herausforderung bei der modellbasierten Zusammenarbeit liegt darin, sich auf eine Modellierungssprache zu einigen, die beim Datenaustausch zu möglichst keinerlei Verlusten führt. Standards für den Datenaustausch sind hier das Mittel der Wahl. Bei Gebäudemodellen gibt es zum Beispiel die Industry Foundation Classes IFC (Kapitel 4 Standards). Aber auch Standards funktionieren nur dann, wenn Software-Anwendungen den Standard übereinstimmend interpretieren und implementieren.

Im Falle der Wand hat man sich bei IFC auf die letzten zwei Varianten im Beispiel von oben geeinigt. Obwohl die eine Beschreibungsweise ohne Weiteres in die andere Beschreibungsvariante überführbar wäre, führt gelegentlich auch das schon zu Problemen bei der Datenübertragung.

2.4 Modellschema – Bauanleitung für Modelle

Theoretisch könnte sich jeder seine eigene geschlossene Modellnamenswelt kreieren und seinen Modellelementen und Attributen beliebige Namen und Bedeutungen geben. In der Realität ist das auch häufig der Fall, denn die Software-Produkte unterschiedlicher Hersteller benutzen ganz offensichtlich intern ihre eigene Namensgebung und Systematik, sonst wäre der Datenaustausch zwischen den verschiedenen Anwendungen ja nicht so kompliziert. Auch wenn die Modellelemente fachlich eigentlich dieselben sind, werden sie software-intern so benannt, wie es den Software-Entwicklern sinnvoll erscheint. Bei mächtigen Software-Anwendungen können das eine ganze Menge unterschiedlicher Elementtypen inklusive ihrer dazugehörigen Eigenschaften sein.

Das Wissen über diese Modellstrukturen sollte nicht nur in den Köpfen von ein paar Entwicklern gespeichert sein. Irgendwo sollte schriftlich fixiert sein, welche Bestandteile für den Aufbau eines Modells zur Verfügung stehen. Zum Beispiel, welche Elementtypen es überhaupt gibt und welche Bauteileigenschaften diese abbilden. Software-Entwickler müssen beispielsweise bei der Weiterentwicklung ihrer Software wissen, welche Elementtypen bereits vorhanden und wie diese aufgebaut sind, etwa um detailliertere Bauteiltypen durch Spezialisierung eines bestehenden Typs abzuleiten.

Benötigt wird also eine Art Bauanleitung für alle Modellelemente, die alle Elemente und ihre Eigenschaften beschreibt.

In der Modellwelt nennt man so eine Bauanleitung ein „Schema". Es beschreibt

- verwendbare Elementtypen: Vorlagen, nach deren Muster man, zum Beispiel innerhalb einer Software-Anwendung, Modellelemente erzeugen kann, beispielsweise Modellelemente vom Typ „Wand", „Tür", „Fenster", „Solaranlage" usw.;
- Eigenschaften der vorhandenen Elementtypen, zum Beispiel „Dicke", „Material" usw.;
- Strukturen, mit denen man Beziehungen (Relationen) zwischen Objekten beschreiben kann, also beispielsweise zwischen verschiedenen Komponenten eines Systems, wie Leitungen und Pumpen von Heizkreissystemen, oder räumliche Bezüge etwa zwischen Stockwerken und den zugehörigen Räumen.

Ein Schema beschreibt also die Gesamtheit aller Möglichkeiten des Zusammenbaus von Modellelementen zu einem Gesamtmodell. Eine solche, sehr bekannte, Bauanleitung für Gebäudemodelle sind die Industry Foundation Classes IFC. Dieser internationale Standard IFC beschreibt ein Modellschema, mit dem man Modelle von Bauwerken erstellen kann. Ein Gebäudemodell ist IFC-konform, wenn es Elemente und Strukturen so verwendet, wie sie im IFC-Schema beschrieben sind.

Mithilfe von Software-Anwendungen lässt sich sehr einfach prüfen, ob ein Modell IFC-schemakonform ist. Nicht zulässige Elemente, Attribute oder Strukturen werden dabei sofort erkannt.

Die formalen Angaben eines Schemas für Modelle sind in etwa vergleichbar mit den Zeichnungsregeln der 2D-Welt. Dort wurden Stricharten und Stiftstärken der Bedeutung nach vorgegeben. Ein Modellschema schreibt dagegen die verwendbaren Modellelemente und deren Eigenschaften vor. Ebenfalls in Analogie zu einer Zeichenverordnung sagt ein Modellschema nichts darüber aus, ob eine Wand fachlich richtig oder falsch entworfen worden ist, etwa ob sie aus baustatischer Sicht zu dick oder zu dünn ist. Ein Schema beschreibt lediglich die formalen Möglichkeiten, also ob ein Element überhaupt eine Eigenschaft namens „Dicke" hat oder nicht. Die Tatsache, dass ein geliefertes Modell IFC-konform ist, sagt also noch nichts über seine fachliche Korrektheit. Schemakonformität ist lediglich die formale Voraussetzung dafür, dass es überhaupt Sinn macht, weiter fachlich mit diesem Modell zu arbeiten. Enthielte ein Modell beispielsweise ein unbekanntes Element oder Attribut, könnte man damit z. B. keine Kostenberechnung anstellen, denn dessen eventuell kostenrelevante Bedeutung wäre unbekannt.

2.4.1 Schubladen – oder die Krux mit der „Dominanten Dekomposition"

Das Bestreben, Dinge zu sortieren und zu kategorisieren, dient der besseren Handhabbarkeit und Übersichtlichkeit. Durch das Einsortieren in „Schubladen" kann Komplexität erheblich reduziert werden. Wie diese gedanklichen Schubladen beschriftet sind, also nach welchen Kriterien wir sortieren, hängt vom Standpunkt des Betrachters ab, also davon, welche Ziele er verfolgt.

Schauen Sie sich Bild 2.7 mal genauer an. Sie enthält einfache geometrische Figuren in verschiedenen Größen, Farben und Formen. Versuchen Sie vor Ihrem geistigen Auge, diese Objekte zu sortieren. Sollte man nach der Farbe sortieren? Nach der Form? Oder nach der Größe? Welche Sortierung ist die „richtige"?

Vor einer analogen Fragestellung steht man auch bei der Modellbildung.

Soll man ein Gebäude nach Stockwerken sortieren bzw. strukturieren und Stockwerke nach Räumen? Sollte man also eine Gebäude/Geschoss/Raum-Hierarchie aufbauen? Oder bestehen Gebäude in erster Linie aus Wänden, die über die ganze Gebäudehöhe von oben nach unten durchgehen? Die Stockwerke ergäben sich dann sekundär aus dem Abstand zwischen den Decken und die Räume entstünden aus den Zwischenräumen zwischen den Wänden.

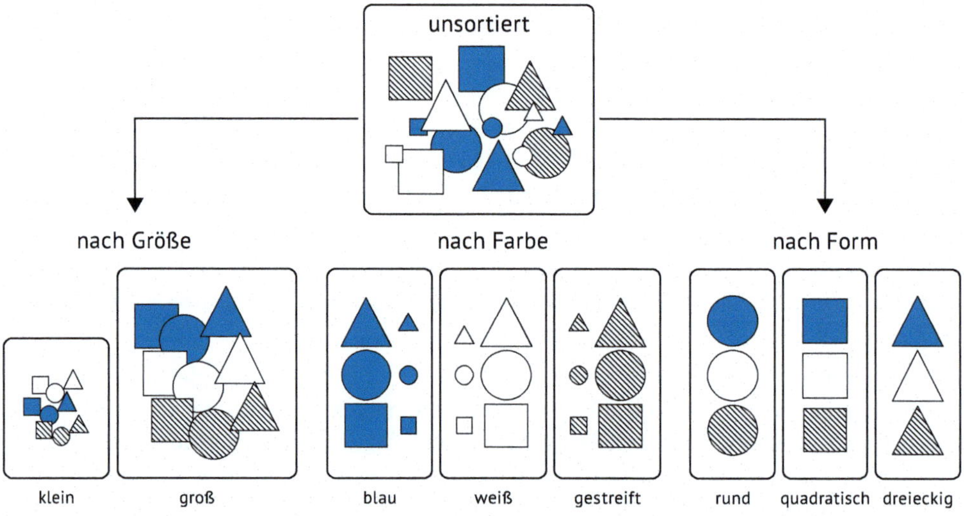

Bild 2.7 Welche Sortierung ist die „richtige"? In Analogie zu Klassenhierarchien lässt sich die gewählte Strukturierung nur durch den Verwendungszweck erklären. Für alle anderen Verwendungszwecke ist diese oft weniger zweckmäßig und wird daher als beherrschend (dominant) betrachtet.

Beispiel 2.3 **Modelle strukturieren**

Warum verknüpft man Modellelemente überhaupt zu größeren Strukturen und lässt sie nicht in einer langen Liste von Einzelobjekten? Letztlich möchte man reale Zusammenhänge abbilden können. Ein Betreiber möchte wissen, welche Räume nicht mehr beheizt werden, wenn ein bestimmter Kreislauf abgeschaltet wird. Ein Unternehmer möchte wissen, wie viele Türen für ein bestimmtes Stockwerk bestellt werden müssen, ein Kalkulator möchte wissen, welches Budget für den nächsten Bauabschnitt bereitgestellt werden muss, usw. All das kann sehr leicht über Modellstrukturen ausgedrückt und später algorithmisch, d. h. mit einfachen Software-Programmen, ausgewertet und geprüft werden.

Welche Art der Modellierung wäre aus Sicht der herstellenden Unternehmen sinnvoller, welche aus Sicht des Betreibers und welche aus der Sicht einiger weiterer Modellnutzer? Planer haben oft ihre Probleme mit den gängigen Raumbüchern bzw. einer Modellierung in Raum- und Geschossstrukturen, denn die wenigsten ihrer Bauteile lassen sich eindeutig einem Raum zuordnen.
Den Tragwerksplaner interessieren Stockwerke und Räume im Grunde nicht. Er hat vor allem die Sichtweise der durchgehenden Wände und Deckenplatten bei seinen Berechnungen im Auge. Er setzt dem Architekten gerne mal eine tragende Stütze mitten in den Raum. Für den Architekten dagegen sind Wände ein eher lästiges Übel, für ihn richtet sich der Blick vor allem auf die Nutzung und Funktionsweise der Gebäudebestandteile.

Fachdisziplinen wie Elektro, Heizung, Lüftung, Sanitär denken vorwiegend stockwerksübergreifend, denn ihre Elemente enden oder beginnen zwar in Räumen, durchdringen aber dazwischen das gesamte Gebäude ohne Rücksicht auf Strukturen wie Stockwerke oder Räume. Zwar enden Versorgungsleitungen oft in Räumen, zum Beispiel an Wasserhähnen, Lüftern usw. Das System dahinter durchzieht jedoch das ganze Gebäude bis ins Dach oder in den Keller. Da wären also Modellstrukturen sinnvoller, die Systeme und ihre Komponenten in einer Struktur abbilden könnten.

Je nachdem, welcher Fachrichtung man selber angehört, wird man also einer der Möglichkeiten, Elemente in einem Gebäude zu sortieren und zu organisieren, den Vorzug geben. Welche dieser unterschiedlichen Möglichkeiten der Strukturierung soll ein konkretes Modell haben? Egal, für welche Möglichkeit man sich entscheidet, die jeweils anderen Modellnutzer wären im Nachteil. Sie müssten für ihre Arbeit Kompromisse eingehen und diese den vorgegebenen Strukturen anpassen, indem sie zum Beispiel künstlich ein Bauteil einem Raum oder einem Geschoss zuordnen, obwohl es real diesen Bezug gar nicht gibt. Diese dominierende Art der Gliederung eines Modells, auch „Dekomposition" genannt, ist also für die meisten Modellnutzer mit Nachteilen verbunden. Sie wird daher auch als „Dominante Dekomposition" bezeichnet [4].

Jede Fachrichtung hätte eben ihre eigene dominante Dekomposition, d.h. Art und Weise, ihre Fachobjekte optimal zu untergliedern und zu gruppieren.

Wer hat also recht? Eigentlich die falsche Frage! Was zählt, ist doch laut den Grundprinzipien der Modellierung die Zweckmäßigkeit und Verwendbarkeit von Modellen. Denn Modelle werden bekanntlich für einen bestimmten Zweck erstellt. Kann ein Modell nur einen Zweck optimal abdecken, so ist es ein weniger gutes Modell und sollte verbessert werden, denn manche Modellnutzer können mit diesem Modell ihre Aufgaben nur schwer oder gar nicht erledigen. Werden Modelle verschiedener Fachbereiche und unterschiedlicher Modellstrukturen zu einem Gesamtmodell zusammengefügt, muss es möglich sein, die verschiedenen Sichtweisen und Strukturen aufeinander abzustimmen oder abzubilden. Welche Verzwicktheiten und Implikationen bei dieser Abbildung, dem Mapping, zu meistern sind, zeigt der Abschnitt 2.9 Modelldatenaustausch. Deshalb ist es wichtig, die erforderlichen Modelleigenschaften und -strukturen zu Beginn ausreichend genau festzulegen. Wie das geht, sehen wir im Kapitel 3 Informationsmanagement und im Kapitel 5 BIM-Projektpraxis.

Trotzdem wird es niemals eine einzelne Modellstruktur geben, die für alle Fachrichtungen und Anwendungsfälle passend ist. Wir werden sehen, dass dieses auch in den

BIM-Standards berücksichtigt wird, zum Beispiel beim Projekt-Informationsmodell PIM und dem Anlagen-Informationsmodell AIM der ISO 19650 im Kapitel 4 Standards und im Abschnitt 4.7.2 Model View Definitions MVD. Deren Modellstrukturen sind auf die spezifischen Bedürfnisse des Informationsmanagements zugeschnitten und stellen somit ihrerseits „Dominante Dekompositionen" dar mit der Konsequenz, für bestimmte Sichtweisen – in diesem Fall für bestimmte Lebenszyklusphasen – besonders gut, für andere weniger gut geeignet zu sein. Daher wird zu bestimmten Zeitpunkten das eine Modell weniger brauchbar und durch ein anderes, besser geeignetes ersetzt. Dies ist zum Beispiel am Ende der Bauphase der Fall, wo das PIM in das AIM überführt wird. Näheres hierzu im Kapitel 4 Standards und im Kapitel 5 BIM-Projektpraxis.

Aber auch Abhilfe zur Überwindung der Nachteile von „Dominanten Dekompositionen" ist in Sicht, wie wir im Abschnitt 2.6 über Ontologien erfahren werden.

Exkurs 2.1 **Das „Problem" mit den schnellen Rechnern ...**

Eine kleine Anekdote vorweg. Es war so etwa gegen Ende der 1960er-Jahre. Damals arbeitete man noch mit Großrechnern und hortete ständig Berge von Lochkarten, auf denen Programme in Form kleiner eingestanzter Löcher gespeichert waren. Computer wurden noch elektronische Datenverarbeitungsanlage EDV genannt und sie hatten bereits eine ganz ordentliche Leistungsfähigkeit erreicht, fast vergleichbar mit den ersten leistungsfähigeren Handys.

Und diese Leistungsfähigkeit führte paradoxerweise zu unerwarteten Problemen. Wegen dieser gestiegenen Leistungsfähigkeit konnten die Rechner damals immer mehr Lochkarten „fressen", was zu einem immensen Anwachsen dieser heute nahezu unbekannten Kartonblättchen mit Programmcode führte. Dies stellte das Bedienungspersonal der Rechenanlagen vor große Probleme. Ganz zu schweigen von dem Theater, wenn ein Lochkartenstapel mal ins Wanken geraten war und die Reihenfolge der Anweisungen durcheinandergewirbelt wurde.

Ein gewisser Edsger Dijkstra, holländischer Computerwissenschaftler, Schöpfer des Dijkstra-Algorithmus und Träger des angesehenen Turing Awards, drückte es damals auf einer Konferenz so aus: „als wir überhaupt noch keine Computer hatten, war auch das Programmieren noch kein Problem; als wir ein paar mickrige Computer hatten, wurde es zu einem mäßigen Problem, und nun, wo wir gigantische Computer haben, wird auch das Programmieren zu einem ebenso gigantischen Problem".

Was war passiert? Die Komplexität hatte ein Ausmaß erreicht, das mit bisherigen Methoden nicht mehr zu bändigen war. Es war Zeit, sich neue Strukturen auszudenken, um die gestiegene Komplexität des Programmierens wieder handhabbar zu machen. Die Geburtsstunde der objektorientierten Programmierung hatte geschlagen.

2.4.2 Mit „Objekten" Komplexität in den Griff bekommen

Mit der objektorientierten Denkweise greift man auf die grundlegenden Ordnungsprinzipien der Architektur zurück. Mit sogenannten Objekten lassen sich größere Dinge aus kleineren zusammensetzen. Eigenschaften gleichartiger Objekte werden unter einem Typ vereinigt. Objekte können untereinander in Beziehung stehen. In Eltern/Kind-Beziehungen bzw. Teile/Ganzes-Beziehungen (engl. part-of relations) können Objekte zu Gruppen und hierarchischen Strukturen zusammengefasst werden. Damit können reale Systeme mit ihren Komponenten digital abgebildet werden.

Objekte lassen sich mit den Eigenschaften versehen, die für eine Aufgabenstellung, zum Beispiel eine Berechnung, gebraucht werden. Alle Objekte vom Typ „Raum" erhalten etwa die Eigenschaft „Nutzungsart" und „Grundfläche". Objekte können sogar eigene Intelligenz bekommen. In „Methoden" genannten Programmsequenzen kann ein Objekt zum Beispiel selbstständig etwas berechnen. Ein Geschossobjekt könnte beispielsweise aus den Grundrisspolygonen der Räume selbstständig seine Geschossfläche berechnen. Mit dieser objektorientierten Logik wurde also nichts mehr hintereinander durchgerattert, wie im Lochkartenzeitalter, sondern zunächst schön übersichtlich in Objekte und Objektstrukturen modelliert und anschließend in Anwendungsfällen weiterverarbeitet.

2.4.3 Der objektorientierte Ansatz – Bauanleitung für Modellelemente

Modelle bestehen aus Objekten. In der Modellierung nennt man sie nicht „Objekte" – das klänge wohl zu informatisch abstrakt – sondern „Modellelemente". Für die Beschreibung und Erstellung digitaler Gebäudemodelle wird der objektorientierte (OO) Ansatz verfolgt, denn die semantischen und syntaktischen Möglichkeiten des OO-Ansatzes lassen sich sehr gut zur Beschreibung von Modellen verwenden.

Grund genug, sich kurz mit dem Thema OO vertraut zu machen.

2.4.3.1 Der Objekt-Typ – Bauanleitung für Objekte

Was die Ausstechform für ein Weihnachtsplätzchen, ist der Typ für ein Objekt. Diese Erklärung erscheint zunächst etwas banal für ein Fachbuch, trifft aber genau das Prinzip. Ein Typ ist wie eine „Bauanleitung", eine Objektvorlage, die noch mit konkreten Werten „ausgefüllt" werden muss. Sie enthält die Bezeichnungen aller Eigenschaften, die Objekte dieses Typs haben müssen, zum Beispiel, Eigenschaften wie Dicke, Breite, Höhe oder Material. In der Modellwelt nennt man solche Objektvorlagen „Typ" oder „Klasse", in der Modellwelt „Elementtyp". Über die genauen Werte, die diese Eigenschaften haben, sagen „Typ" bzw. „Klasse" nichts. Sie geben lediglich die wesentlichen Eigenschaften vor, sind aber selber keine Instanz, kein Individuum oder – in der objektorientierten Sprache – SIE SIND KEIN „OBJEKT". Sie sind lediglich die Vorlage, die Bauanleitung. Gemäß DIN EN 81346-1 [5] vereint eine Klasse gleiche Eigenschaften von Objekten. Um im Bild zu bleiben, sind Klassen bzw. Typen also die „Ausstechformen" für Objekte. Wie beim Plätzchenbacken entsteht im Moment des Ausstechens ein reales Objekt bzw. Modellelement. Erst in dem Moment, da das Modellelement zum Leben erweckt wird, können seinen Eigenschaften konkrete Werte zugewiesen werden. Bei der Wand (und beim Keks) sind dies die konkreten Werte für das Material, die Dicke, Länge, Höhe und so weiter. Ein echtes Wandobjekt – bzw. in Modellsprache ein Wandmodellelement – hat dann zum Beispiel eine Dicke von 24 cm und eine bestimmte Breite, Höhe sowie ein bestimmtes Material.

Der Typ „Wand“ beschreibt also, wie ein „Wandobjekt“ aufgebaut ist. Sprachlich sind Typ und Objekt schwer auseinander zu halten, da wir sowohl „Wand“ sagen, wenn wir den Typ „Wand“ meinen, als auch, wenn wir eine bestimmte Wand, ein Wandobjekt, meinen. Die präzise Unterscheidung ist jedoch fundamental und wichtig.

Beispiele und alternative Begriffe

Tabelle 2.3 fasst gleichbedeutende, alternativ verwendete Begriffe aus der objektorientierten Modellwelt zusammen und gibt Beispiele anhand des Objekttyps „Wand“.

Tabelle 2.3 Verschiedene Alternativbezeichnungen für dasselbe Phänomen: Nach einer Bauanleitung (Klasse „Wand“) werden individuelle Produkte, zum Beispiel Wände, erzeugt.

Ebene	Alternativbegriffe	Beispiel
Vorlage („Bauanleitung“)	(Objekt-)Typ / Klasse / (Modell-)Elementtyp / Produkttyp	Klasse „Wand“ • Nr. [Ganzzahl] • Dicke [Dezimalzahl]
Individuum	Instanz / Objekt / (Modell-)Element / Produkt	Wand • Nr. = 27 • Dicke = 24,0 cm

2.4.3.2 Das Objekt – Atom der Modellierung

Modellelemente sind die kleinste Einheit der Modellierung. Sie lassen sich nicht weiter in ihre Bestandteile zerlegen. Zwar haben Modellelemente Eigenschaften, etwa eine Nummer oder eine Dicke. Eine einzelne Eigenschaft eines Modellelementes, etwa seine Dicke, isoliert vom Element selbst weiterzugeben, macht jedoch keinen Sinn. Gäbe man nur die Information „Dicke = 24 cm“ an jemand anderen weiter, könnte dieser nur schwerlich etwas damit anfangen, denn diese Information ergibt nur im Kontext des Objekts bzw. Modellelements selbst einen Sinn. Nur wenn man weiß, dass die Dicke sich auf ein bestimmtes Wandelement bezieht, versteht man dessen Bedeutung. Modellelemente sind daher also die kleinsten unteilbaren Bausteine – quasi die Atome – eines Modells. Das ist zum Beispiel von Bedeutung bei der Frage der Protokollierung von Änderungen an einem Objekt im Zusammenhang mit der gemeinsamen fachübergreifenden Erstellung von Modelldaten.

2.4.3.3 Objekt-ID – Wie man Objekte eindeutig macht

Identifikatoren, kurz IDs, machen Objekte unterscheidbar. Der Sinn einer ID besteht darin, innerhalb des verwendeten Bereichs eine Eindeutigkeit zu gewährleisten. Innerhalb dieses Gültigkeitsbereichs darf nicht mehrmals dieselbe ID verwendet werden. IDs sind der Schlüssel zum Referenzmechanismus, mit dem Informationen verknüpft werden können, z. B. beziehen sich Modellelemente auf die mit ihnen verlinkten Dokumente, indem die ID des referenzierten Dokuments im Modellelement gespeichert wird. Durch Änderung einer ID werden die entsprechenden Links ungültig und zeigen ins Leere oder auf eine bereits existierende ID, die evtl. gar nicht gemeint war. Die ID einer Entität (z. B. Informationscontainer, Modellelement, Dokument) muss während der Lebensdauer daher unverändert bleiben. Jede Änderung der ID nach dem Erstellen eines Objekts macht dieses zu einem neuen Objekt, wodurch Verweise auf das alte Objekt ungültig werden.

Beispiel 2.4 **Objekte im Viewer anklicken**

Wenn man in einem Modell-Viewer auf ein Objekt, beispielsweise eine Wand, klickt, wird diese meistens farblich markiert und dadurch als ausgewählt dargestellt. Eventuell erscheint ein kleines Fenster mit den Eigenschaften der ausgewählten Wand. Zum Beispiel Schichtenaufbau, Materialien usw. Was ist nach dem Mausklick im Hintergrund passiert?

Nach dem Mausklick stellt der Modell-Viewer zunächst fest, welches Modellelement angeklickt wurde. Aus dem Klickpunkt ermittelt er die Nummer des angeklickten Objekts. Mit dieser Nummer geht es in die Modelldatenbank. Dort sind unter dieser Objekt-ID, dem Objekt-Identifikator, weitere Informationen zum angeklickten Modellelement abgelegt. Diese weiteren Elementeigenschaften werden daraufhin gelesen und in einem kleinen Fenster aufgelistet.

2.4.3.4 Gültigkeitsbereich von IDs

Anforderungen an die Eindeutigkeit von IDs hängen von deren Gültigkeitsbereich ab. Bei CDE-Lösungen müssen die ausgetauschten Informationen unter den Systemen, auf denen sie unterwegs sind, eindeutig identifiziert werden können.

Die Eindeutigkeit der Objekt-ID muss zumindest zwischen allen IDs innerhalb eines Projekts bestehen. Es wurden Algorithmen entwickelt, um programmatisch eindeutige IDs in einem Rechner zu erzeugen. Sogenannte UUIDs[7)] sorgen für eine weltweite Eindeutigkeit aller derart erzeugten IDs. Ohne diese Eindeutigkeit wäre ein Datenaustausch zwischen den Partnern in BIM-Projekten unmöglich. Identische Objekte würden nicht wiedererkannt, Änderungen wären nicht nachverfolgbar usw.

Jedes Modellelement eines BIM-Modells muss daher eine global eindeutige ID besitzen. Hierbei geht es nicht nur um die visualisierbaren (anklickbaren) Elementeigenschaften. Die Eindeutigkeitsforderung gilt für alle Objekte in einem Modell, also z. B. auch für nicht visualisierbare Objekte, wie Material, Kostengruppen, Nutzungsarten usw.

Nicht nur Modellelemente (Objekte) können IDs haben. Schon auf Typ-Ebene kann Eindeutigkeit geschaffen werden, indem man jedem Typ eine eindeutige ID gibt. Einen Typ „Wand" kann es ja theoretisch öfters geben, jedes Mal mit unterschiedlichen Eigenschaften. Bildet man diese IDs nach einer bestimmten Systematik (Ontologie), kann man damit Klassifikationssysteme bauen, die bestimmte Eigenschaften eindeutig codieren und unterscheidbar machen (siehe Abschnitt 2.12 Klassifikationssysteme). Auch alle anderen Informationsbausteine können IDs haben, so zum Beispiel Dokumente, Informationscontainer (siehe Kapitel 4 Standards), Pläne, Zeichnungen, Modellattribute.

---

7) Universally Unique IDentifier UUID, oft auch GUID (Globally Unique IDentifier), Spezifikation RFC 4122 der Internet Engineering Task Force (IETF)

2.4.3.5 Attribut (Eigenschaft, Merkmal, Property)

Das Merkmal eines Objektes, das diesem aufgrund seiner Typ-Definition fest zugeordnet ist, ist ein Attribut, auch Eigenschaft oder englisch „Property". Die Dicke ist z. B. eine Eigenschaft des Elementtyps „Wand". Einen Wert bekommt die Dicke erst bei der Instanziierung eines Objekts vom Typ „Wand". Ein Attribut hat einen Namen, etwa „Dicke", einen Datentyp (zum Beispiel Zahl oder Text) und ggf. eine Einheit (Meter, Sekunde, Gramm etc.).

Eine (merkwürdige) IFC-Besonderheit: Im IFC-Modell wird zwischen Attributen und Eigenschaften unterschieden. Attribute sind fest mit einem Objekttyp verbunden, während Eigenschaften (Properties) dem Objekt bei Bedarf hinzugefügt werden.

2.4.3.6 Teil oder Ganzes – Komponenten, Systeme, Aggregationen

Objekte können andere Objekte enthalten oder auf andere Objekte verweisen (referenzieren). Damit lassen sich unterschiedliche Beziehungen modellieren. In einer Teile/Ganzes-Beziehung enthält ein übergeordnetes Objekt die Komponenten, aus denen es sich zusammensetzt. Ein Stockwerksobjekt kann zum Beispiel Raumobjekte enthalten. Wird ein Stockwerksobjekt kopiert oder gelöscht, werden auch alle darin enthaltenen Objekte ebenfalls kopiert oder gelöscht.

Es gibt jedoch auch losere Aggregationen zwischen Objekten, bei denen die Kindobjekte nicht gelöscht werden, wenn das Elternobjekt gelöscht wird. Das Elternobjekt verweist dabei nur auf die Kindobjekte, enthält sie aber nicht. Enthält ein Konstruktionselement beispielsweise einen Verweis auf das ausführende Unternehmen (z. B. *IFCOrganization*-Objekt), so wird dieses Unternehmen natürlich nicht gelöscht, nur weil das Konstruktionselement gelöscht wurde. Hier liegt also keine Teile/Ganzes-Beziehung vor, sondern eine einfache Verweis-Beziehung. Auch eine Bedienungsanleitung für eine Pumpe sollte nicht gelöscht werden, nur weil man irgendeine der, möglicherweise vielen, ebenfalls verbauten Pumpen in einem Modell löscht. Hier gibt es nur eine Verlinkung von einem Modellelement „Pumpe" zu dem Dateiobjekt mit der Bedienungsanleitung.

2.4.3.7 Spezialisierung und Vererbung

Ein Objekt bzw. Modellelement kann zu Anfang ein ganz einfaches Ding mit nur wenigen Eigenschaften sein. Es hat eventuell nur die Eigenschaften „Dicke", „Länge" und „Höhe". Für eine Wand mit rechteckigem Grundriss reicht das aus. Wenn nicht, erfinden wir einfach einen neuen Objekttyp, z. B. die *PolygonWand*. Sie hat neben den drei Attributen „Dicke", „Länge" und „Höhe" der einfachen Wand möglicherweise noch eine Eigenschaft „Polygon", die den Verlauf der Wandmittelachse beschreibt. Hätte diese Polygonwand jetzt noch die Methode *„BerechneVolumen"*, könnte diese Wand anhand des Polygons und ihrer Dicke ihr Wandvolumen selber ermitteln.

Objekte können ihre Eigenschaften und Methoden an abgeleitete Klassen (Elementtypen) weiter „vererben" (Bild 2.8). Die *PolygonWand* erbt die Eigenschaften „Dicke" und „Höhe" von der einfachen Wand. Von der Methode *„BerechneVolumen"* der einfachen Wand übernimmt sie nur den Namen, ersetzt aber den Rechenalgorithmus durch eine komplexere Volumenberechnung. Genau das ist eine der Stärken des objektorientierten Prinzips.

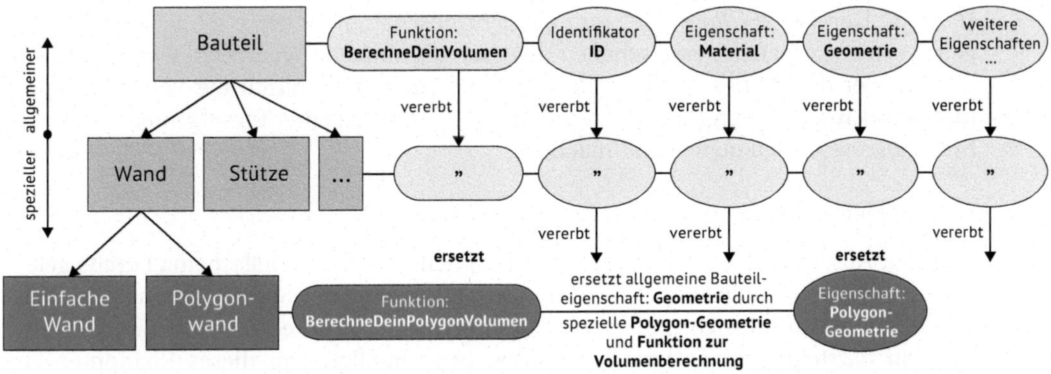

Bild 2.8 Der Ableitungsbaum zeigt, wie vom allgemeinen Typ „Bauteil" weitere Klassen (Bauteiltypen) abgeleitet werden, die speziellere Eigenschaften besitzen. Die Klasse PolygonWand erbt alle Eigenschaften der Klasse Einfache Wand und fügt weitere hinzu. Die Volumenberechnungsfunktion der einfachen Wand wird ersetzt, denn das Volumen einer polygonal abgestuften Wand mit ihren unterschiedlichen Höhen berechnet sich nicht einfach nur aus V = L × B × H, wie das der quaderförmigen einfachen Wand.

Durch diesen Vererbungsmechanismus können bei Bedarf immer speziellere Objekttypen entwickelt werden, ohne dass man immer wieder von null anfangen muss und dadurch parallele, größtenteils identische Konstrukte bekommt. Bestimmte Eigenschaften und Methoden werden einfach von allen in der Vererbungshierarchie darüber liegenden Objekttypen übernommen.

2.4.3.8 Verfeinerung nach Bedarf

Von einfachen Grundtypen lassen sich speziellere Typen ableiten. Sie erben die Eigenschaften des Grundtyps (ID) und fügen ihm weitere hinzu. Vom Grundtyp Auto leiten sich die spezielleren Typen wie Pkw, Lkw usw. ab. Analog leiten sich vom allgemeinen Typ „Bauelement" speziellere Typen wie Wände, Stützen, Decken usw. ab. Alle erben die Eigenschaft „ID" des Grundtyps. Weitere Eigenschaften wie Material, Dicke, Durchmesser machen es zu dem spezielleren Typ, den sie verkörpern.

Modellstandards wie IFC bilden diese Systematik durch Klassenhierarchien ab (Bild 2.9). Sie beginnt auf der allgemeinsten (generellsten) Ebene, beispielsweise mit dem Typ

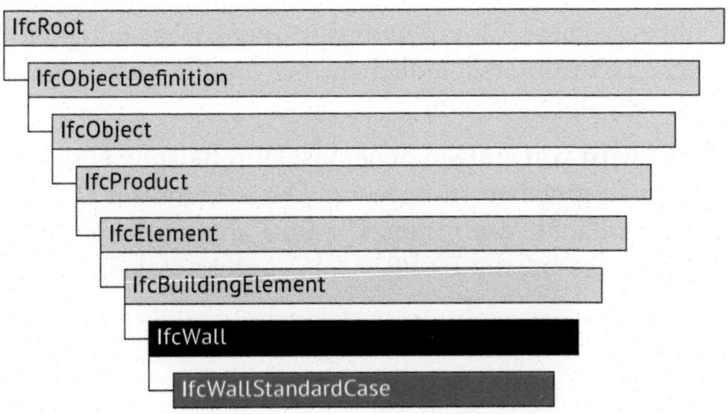

Bild 2.9 Die Spezialisierungsebenen in Klassenhierarchien können beachtliche Ausmaße annehmen. Bei einem normalen Wandelement in IFC sind es sieben Basisklassen, die dem Wandtyp *IFCWallStandardCase* ihre Eigenschaften vererben.

IFCRoot. Der Typ *IFCRoot* hat kaum mehr Eigenschaften als seine ID. Einige (bei IFC genau sieben) Spezialisierungsebenen tiefer hat die einfache Wand (*IFCWallStandardCase*) außer der ID des *IFCRoot*-Elements auf ihrem Weg durch die Vererbungshierarchie noch weitere Eigenschaften dazu geerbt, die es zu einer für allgemeine Zwecke brauchbar beschriebenen Wand machen.

2.4.3.9 Mehrfachvererbung

Wer den Abschnitt 2.4.1 über die Suche nach dem besten Modellschema bereits gelesen hat, dem mag aufgefallen sein, dass diese Hierarchie der Spezialisierung natürlich wieder ein bestimmtes Ordnungskriterium bevorzugt, somit eine Dominante Dekomposition darstellt, also andere Sichtweisen benachteiligt. Um dieses Phänomen zu mildern, hat der objektorientierte Ansatz eine Lösung, die Mehrfachvererbung, entwickelt, die das Problem mit der Dominanten Dekomposition zumindest in manchen Fällen lindern kann.

Ein Gebäude ist eben nicht nur eine technische Anlage mit Versorgungs- und Entsorgungssystemen, es ist auch ein Stück Architektur mit Funktionen, räumlichen Strukturen und ästhetischen Eigenschaften. Damit nicht genug. Es gibt viele, scheinbar unabhängige Interessenlagen und damit quer-schneidende Perspektiven, ein Bauwerk zu betrachten und damit zu modellieren:

- Investoren sehen ein Gebäude als Teil eines Immobilienportfolios mit Eigenschaften wie Investitionskosten, Renditen und Risiken.
- Ausführende Unternehmen interessiert dieses wiederum sehr wenig. Sie haben die Herstellung und die dazu erforderlichen Ressourcen, wie Menschen, Maschinen und Baubehelfe, auf dem Schirm.
- Betreiber interessieren alle technischen und kaufmännischen Aspekte der Bewirtschaftung.

Entwickeln wir also ein Bauwerks-„Monsterobjekt“, mit dem wir alle diese unterschiedlichen Aspekte abbilden können? Einmal abgesehen von Datenschutzkriterien – ein solches Objektmonster wäre auch wegen der Fülle seine Daten kaum handhabbar. Wäre es nicht zweckmäßig, wenn ein Elementtyp „Bauwerk“ jeweils nur die Eigenschaften zeigen würde, die der jeweilige Modellnutzer sehen möchte bzw. sehen darf?

Genau so funktioniert das Konzept der Mehrfachvererbung (Bild 2.10). Gehen wir den Vererbungsbaum nach oben, also vom speziellen Typ (Bauwerk) hoch in den allgemeineren (zum Beispiel Renditeobjekt), sehen wir nur die Eigenschaften eines Bauwerks, die dieses als ein Renditeobjekt einbringt. Diese (als Polymorphie oder Vielgestaltigkeit bezeichnete) Eigenschaft von Objekten, in unterschiedlichem Gewand daherzukommen, kann für die Zusammenarbeit sehr nützlich sein.

Das Konzept der Mehrfachvererbung wird von einigen Schemas, zum Beispiel einigen gängigen objektorientierten Programmiersprachen, unterstützt. Das Schema der Markup-Sprache XML unterstützt nur die einfache Vererbung. Die im Rahmen des STEP-Standards entwickelte Datenmodellierungssprache EXPRESS [6] unterstützt dagegen die Mehrfachvererbung.

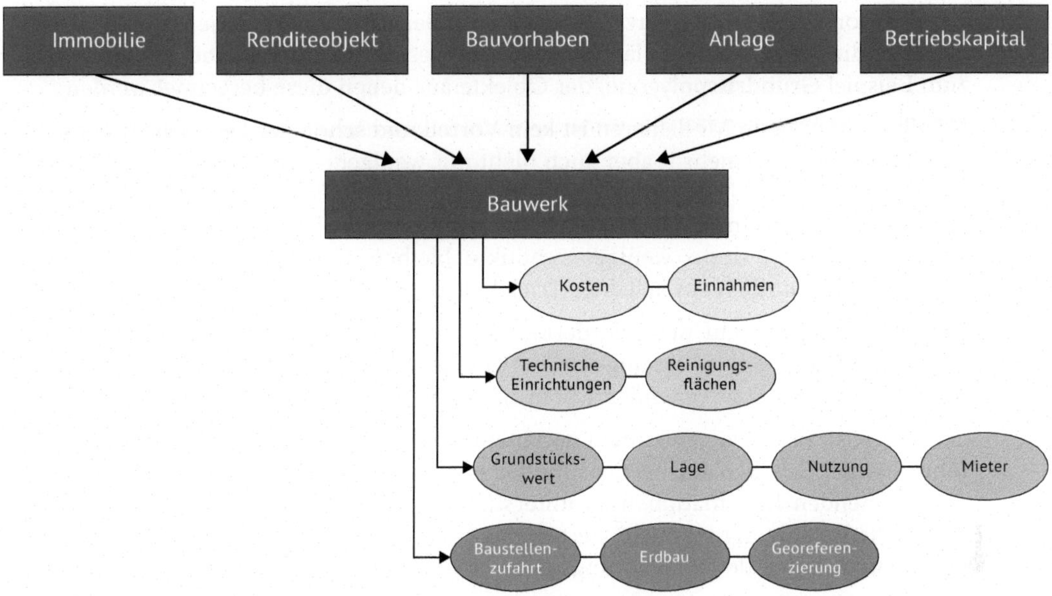

Bild 2.10 Ein Bauwerk kann aus Sicht unterschiedlicher Interessengruppen grundverschiedene Eigenschaften besitzen. So hat ein Bauwerk je nach Interessenlage ganz unterschiedliche Ausprägungen, die danach festgelegt werden, welche Fragestellungen beantwortet werden sollen. Sie werden in der jeweiligen Klasse, hier der Klasse „Bauwerk", von der Interessengruppe festgelegt. Soll eine Klasse für mehr als eine Interessengruppe brauchbar sein, muss sie die Eigenschaften, die für die beteiligten Interessengruppen von Bedeutung sind, in sich vereinigen. Nach dem Prinzip der Mehrfachvererbung erbt diese Klasse „Bauwerk" alle Eigenschaften aus den Einzelklassen und verfügt damit über die Summe aller dieser Eigenschaften. Wird diese Zusammenfassung von Eigenschaften übertrieben, kann dieses zu einer letztlich unbrauchbaren Komplexität führen.

Die Zusammenfassung von Eigenschaften, die für sehr viele Nutzer dieser Klasse von Belang sind, kann zu einer Komplexität führen, die die Verwendung einer Klasse sehr erschwert (Bild 2.10). Das Konzept der Detaillierungsgrade (siehe Level of Detail LOD bzw. Level of Information Need LOIN) hat das Ziel, unnötiger Komplexität entgegenzuwirken. Eine Klasse, ein Bauteil oder ein Modellelement soll nur genau die Eigenschaften enthalten, die für den vorgesehenen Anwendungsfall, also für die Beantwortung einer bestimmten Fragestellung, benötigt werden. Und mehr nicht!

2.5 Detaillierungsgrade – Wie genau soll's denn sein?

Was wir bisher über das Modellieren gehört haben, zeigte ja schon, dass die Geometrie nicht mehr, wie früher beim CAD, die führende Instanz ist, an die alle anderen Dinge irgendwie „angehängt" werden. In der Modellwelt ist die Geometrie nur eine von vielen Eigenschaften eines Modells. Der Zweck, für den ein Modell vorgesehen ist, bestimmt, welche Informationen wichtig sind. Es kann durchaus Modelle ohne Geometrieangaben geben.

Ein traditionelles Leistungsverzeichnis wäre ein Beispiel für ein geometriefreies Modell, da es nur die Volumina bzw. Flächen als Zahlenwerte enthält, nicht aber die Geometrie, zum Beispiel Grundrisspolygone, der Objekte aus denen diese berechnet werden.

Detailreichtum beim Modellieren ist kein Vorteil und schon gar kein Selbstzweck. Ein Bauteil ist mit nicht mehr – aber auch nicht mit weniger – Eigenschaften zu beschreiben als erforderlich. Je weniger Details bereits feststehen, desto größer bleibt der planerische Freiraum. Im Umkehrschluss: Je mehr Produkteigenschaften man beispielsweise vorschreibt, desto weniger Produkte bleiben über, die diese Eigenschaften abdecken. Bekanntlich ein beliebter Trick bei „produktneutralen" Ausschreibungen.

Eine Beschränkung auf die geforderten Details bewahrt dagegen vor falschen Entscheidungen und verhindert ungewollte Analysen, die eventuell nur deshalb angestellt werden, weil die entsprechenden Daten „ja schon mal da waren".

Die Frage ist also, wie genau man an einem bestimmten Punkt in der Planung, Ausführung oder des Gebäudebetriebs modellieren muss, um fällige Entscheidungen mit entsprechenden Informationen zu unterstützen („BIM bedeutet informiert entscheiden"). Die Befähigung zu qualifizierten Entscheidungen – genau das ist die Messlatte für die anzustrebende Detaillierungstiefe.

2.5.1 Analogien zur 2D-Welt

Wie detailliert eine Zeichnung war, das zeigte in der 2D-Welt der Maßstab. 1:10 oder 1:50 und jeder wusste, dass dies ein Werkplan, jenes eine Ausführungszeichnung und das eine Detailzeichnung ist. Bei dieser gewohnten Staffelung der Maßstäbe setzte zunächst auch die Diskussion um den Level of „irgendwas" an. Manche Stimmen sahen darin jedoch ein Verharren in nicht modellgerechten Strukturen.

Man begann zunächst rein geometriebasiert mit dem Level of Development (LOD), um dann mit dem Level of Geometry (LOG) und dem Level of Information (LOI) eine Trennung zwischen grafischer und nichtgrafischer Information vorzunehmen. Diese Trennung bringt jedoch nicht viel, solange der Zuwachs der Detailtiefen von LOD und LOI in gleichen Stufen aneinander gekoppelt ist. Ist es sinnvoll, schon detaillierte Raum- und Wandgeometrien zu modellieren, obwohl Nutzungsbereiche und Funktionsflächenplanung des Gebäudes an sich noch nicht entwickelt sind, nur weil man diese künstlich zu früh geschaffenen Elemente benötigt, um die eigentlich benötigten Informationen daran anzuhängen? Das war die Denkweise des CAD-Zeitalters: Alles hängt an der Geometrie.

Im Modellzeitalter nehmen wir Abschied von der These, die Geometrie sei der alleinige Kern des Pudels. Ein Modell kommt durchaus OHNE Geometrie aus. Ein Raumobjekt, z. B. *IFCSpace*, könnte beispielsweise bereits die Eigenschaft „Nutzungsart" haben (*IFC-Occupation*), ohne dass bereits eine genaue Grundrissfläche bestimmt wurde. Sollte man also die bisherige Sonderstellung der Geometrie nicht völlig abschaffen? Diese Frage wurde in den Standardisierungsgremien im In- und Ausland teils hitzig diskutiert und führte zu einer kurzen Phase des Level of X, wobei das „X" für Kosten, Nachhaltigkeit (Level of Sustainability), Dokumentationsgrad, Geometrie, Konstruktionsreife (Construction Readiness) usw. stehen konnte. Eine Diskussion mit schier unabsehbarem Ausgang, die eingestellt wurde, bevor sie Eingang in geltende Normenwerke fand …

Es ist vielleicht britischem Pragmatismus zu verdanken, dass diese Diskussion in eine brauchbare Lösung mündete, dem Level of Information Need LOIN. Er geht nun sinnvollerweise vom Bedarf (Need) aus und verfolgt damit wiederum den grundlegenden BIM-Imperativ „informiert entscheiden!" und nicht einfach, nach formalen Vorgaben Informationen zu erzeugen.

Dennoch ist die Beschreibung verschiedener Detaillierungsgrade nicht völlig sinnlos. Im Gegenteil! Wenn man die Angaben als ersten Ausgangspunkt begreift, um individuelle projektspezifische Informationsanforderungen zu entwickeln, sind Detaillierungsgrade äußerst nützlich.

2.5.2 Ausarbeitungsgrade (Level of Development LOD) – Analogie zu Planmaßstäben

In Analogie zu den Planmaßstäben konventioneller zeichenbasierter Arbeit wurden die Level of Development LOD, zu Deutsch „Ausarbeitungsgrade", entwickelt. Sie tragen der grundsätzlich nicht falschen Annahme Rechnung, dass auch die Detaillierungstiefe von Modellen im Laufe der Zeit zunimmt. So beinhaltet ein Übersichtplan in einem groben Maßstab (bspw. 1:200) Informationen, die mit einer gewissen Unschärfe verbunden sind; eine Detailzeichnung (bspw. 1:10) hingegen enthält alle zur Herstellung notwendigen Informationen mit höchster Zuverlässigkeit.

Die Analogie von Detaillierungstiefe und traditionellen Zeichnungsmaßstäben rief einige Strategen auf den Plan, doch gleich auch noch die gute alte deutsche HOAI [7] zu bemühen und die Beziehung zwischen Zeichnungsmaßstab und Leistungsphase (LPH) in die modellorientierte Welt hinüberzuretten. Dieses führte zur Entwicklung der Level of Development LOD mit einer möglichen Zuordnung der LPH.

In Analogie zu Zeichnungen wurden die folgenden Ausarbeitungsgrade (Level of Development LOD) entwickelt.

- LOD 100: Grundlagenermittlung (LPH 1) und Vorentwurfsplanung (LPH 2)
- LOD 200: Entwurfsplanung (LPH 3) und Genehmigungsplanung (LPH 4)
- LOD 300: Ausführungsplanung (LPH 5)
- LOD 400: Ausführung (LPH 8)
- LOD 500: Bestandserfassung / Aufmaß (LPH 9)

Gelegentlich wird auch ein LOD 600 genannt:

- LOD 600: Betrieb / Facility Management

2.5.2.1 Die traditionelle Trennung: Geometrie und der Rest LOD = LOG + LOI

Wie schon erwähnt, ist das Konzept der Ausarbeitungsgrade LOD der traditionellen 2D-Denkweise geschuldet. In der Modellwelt sind Geometrie und nichtgeometrische Informationen weitaus weniger aneinander gekoppelt als in der Zeichnungswelt. Die Trennung der LOD in einen geometrischen (LOG) und einen nichtgeometrischen (LOI) Anteil war daher ein erster richtiger Schritt. Die nach wie vor vorhandene Kopplung des Detaillierungsfortschritts, wie sie in den LOD/LOI-Tabellen (Tabelle 2.4) vorgenommen wird, ist jedoch nicht immer gegeben.

Level of Information LOI (nichtgeometrischer Informationsgrad)

Dieser Informationsanteil besteht aus Informationen, die nicht die Geometrie betreffen. Traditionell wird er auch als „alphanumerische" Information bezeichnet. Wie bereits erwähnt, entfällt darauf, was Umfang und Dynamik anbelangt, der weitaus größte Anteil an der Gesamtinformationsmenge eines Modells. Das verwundert nicht, denn anders als Zeichnungen sind Modelle in der Lage, unbegrenzt viele Informationen aufzunehmen. Allein aus Platzgründen wären Zeichnungen hier bald überfordert. Insbesondere ab der Werkplanung und erst recht bei der Modellübergabe an den Betrieb gewinnen nichtgeometrische Zusatzinformationen an Bedeutung. Das LOI-Konzept ist der Versuch, bis auf Attributebene eines jeden relevanten Modellelementtyps zu beschreiben, in welcher Phase welche Elementeigenschaften erforderlich sind. Ziel ist eine einheitliche und über das gesamte Projekt durchgängige Beschreibung der Objektdaten in Bezug auf Detaillierung und Attribute.

Level of Geometry LOG (geometrischer Detaillierungsgrad)

Was die Trennung von Geometrie und numerischen Daten anbelangt, so ist der geometrische Detaillierungsgrad LOG zunächst ein Ausweg. Durch die Aufspaltung in den Level of Geometry (LOG) und den Level of Information (LOI) können LOG und LOI zwar theoretisch unabhängig voneinander wachsen. Ein Bauteil mag dann einen LOG von 200 und einen LOI von 400 haben. Doch im Ergebnis ist es für die Beschreibung des Informationsbedarfs recht ungelenkig: Macht LOG 200 + LOI 400 = LOD 300 oder LOD 700?

Der Oberbegriff „Level of Development" scheint dann hier wohl kaum mehr Sinn zu machen, weswegen man sich auch in der internationalen Normungsdiskussion (ISO 19650) wieder von diesem Konstrukt verabschiedet hat.

LOD- und LOI-Tabellen

Tabelle 2.4 beschreibt Zwecke, Inhalte und Anwendungen der geometrischen und alphanumerischen Detaillierungsgrade. Ein Phasenbezug wurde hier bewusst nicht hergestellt, da bei BIM die Erstellung von Entscheidungsgrundlagen im Vordergrund steht, aus denen sekundär die Anforderungen an Informationen, wie zum Beispiel deren Detaillierungsgrad, folgt.

Tabelle 2.4 Level of Development LOD und jeweilige Detaillierungsstufen für Geometrie (Level of Geometry LOG) und alphanumerische Informationen (Level of Information LOI)

Detaillierungsgrad LOD 100	
Level of Geometry LOG	**Level of Information LOI**
Zweck	
• Vorplanung (konzeptionelle Planung) • Erste Visualisierung des Baukörpers • Energieabschätzung • Verschattung	• Dokumentation der Anforderungen des Bauherrn • Kostenschätzung

Tabelle 2.4 (Fortsetzung)

Inhalt	
• Grobe Symbolik, keine Details • Volumenkörper ggf. mit Platzhalterfunktion. Keine geometrischen Details, umgebende Box • Ungefähre Größen, Formen und Orientierungen, z. B. Etagen oder Räume	• Name, Objektart, weitere, wichtige Nutzeranforderungen, z. B. Raumtypen • Verknüpfung mit Kennwerten für Kostenschätzung
Anwendung	
• Flächenmanagement, Nutz-/Funktionsbereiche, Raumgruppen • Konzeptorientierte Kostenermittlungsmethoden (z. B. aufbauend auf Flächen je Geschoss, Wohneinheiten, Bettenanzahl im Krankenhaus etc.) • Erste grobe Terminplanung	
Beispiel	
Wand als homogener Volumenkörper, Leitung als Achse (Linie mit symbolischem Verlauf), statisches Element (Stab, Platte, Scheibe) als Mittelachse oder Mittelebene	

Detaillierungsgrad LOD 200	
Level of Geometry LOG	**Level of Information LOI**
Zweck wie 100 und zusätzlich:	
Koordination der Hauptgewerke	Kontrolle der Projektvorgaben und Nachvollziehen von Abweichungen
Inhalt wie 100 und zusätzlich:	
• Generische Bauteile (keine konkreten Produkte) • Baugruppen aus Bauelementen (Wände, Türen, Decken, Fassade, Räume, TGA, Tragwerk usw.) • Exakte Geometrien (Volumina), Verortung, Orientierung. Trassen, Schächte (horizontal + vertikal), TGA-Zentralen	• Informationen zur Kostenberechnung, z. B. nach DIN 276 oder anderen Klassifikationen • Eindeutige Bezeichnungen (AIA) • Attribuierung für Kostenberechnung oder Raumbucherstellung • Unterscheidung tragend/nichttragend, außen/innen • Tür-, Fenster-, Fassaden- und Brandschutzinformationen
Anwendung	
Entwurfsorientierte Kostenermittlungsmethoden, z. B. aufbauend auf Flächen, Rauminhalten und Eigenschaften der Modellelemente oder Typologien von ausgewählten Elementgruppen (Systemen), geraffte Terminabläufe von wesentlichen Elementen und Elementgruppen (Systemen). Statik modellbasiert	• Listen von Räumen und Baugruppen • Erstes (vorläufiges) modellbasiertes Raumbuch

Tabelle 2.4 (Fortsetzung)

Detaillierungsgrad LOD 300	
Level of Geometry LOG	**Level of Information LOI**
Zweck wie 200 und zusätzlich:	
• Ausführungsplanung bzw. Werkplanung • Vergabe der Gewerke • Exakte haustechnische Berechnungen und Simulationen • Statik, Tragwerk: Berechnung und Bemessung	• Ausschreibung • Vorgaben für die Ausführung
Inhalt wie 200 und zusätzlich:	
• Exakte Mengen, Abmessungen, Form, Lage und Orientierung vorhanden • Darstellung von Schichten, ggf. gewerkespezifischen Ausbaugeometrien • Trennung der Komponenten nach Gewerken z.B. TGA in HLS / Feuer / Elektro / ..., Tragwerk in Stahlbau / Mauerwerk / Beton / Holz / ... (jeweils eigenes Teilmodell → AIA, BAP)	• Herstellerunabhängige Produktinformationen • Angaben zu Standards und Zertifizierungen • Detaillierte Bauteile mit eindeutiger Bezeichnung, zusätzliche phasenbezogene Detaillierung, Gruppenzuordnung (System, Kostengruppe, Montagefolge, Gewerk etc.) • Anforderungen, z.B. Material, Produkt, Qualität, besondere Eigenschaften
Anwendung	
Erstellung von Ausführungsunterlagen und Werkstattzeichnungen (Montagezeichnungen). Ausführungsorientierte Kostenermittlungsmethoden. Detaillierte Terminabläufe von Elementen und Elementgruppen (Systemen). Geeignet für die Ermittlung der Mengen und das Aufstellen von Leistungsverzeichnissen	• Aktualisiertes modellbasiertes Raumbuch • Kostenberechnung • Listen von Räumen, Baugruppen und Bauteilen
Beispiel	
Wand mit Schichtenaufbau	Je Schicht Materialbezeichnung, Klassifikationscode etc.

Detaillierungsgrad LOD 400	
Level of Geometry LOG	**Level of Information LOI**
Zweck	
• Werk- und Montageplanung, Fertigung • Bauablaufsimulation • Mengenermittlung	Beschreibung aller Anforderungen für Bauüberwachung, -logistik und Abnahme

Tabelle 2.4 (Fortsetzung)

Inhalt wie 300 und zusätzlich:	
• Detaillierte Bauteile, endgültige Geometrie, tatsächlicher Platzbedarf • Präzise Mengen, Abmessungen, Formen, genaue Lage und Ortsbezug • Alle zur Herstellung notwendigen geometrischen Informationen	• Informationen zu den gewählten Produkten • Fertigungs-, Einbau- und Detail-Informationen (z. B. genaue Kosten, Mengen, Termine, Energieverbräuche, Reinigungskosten etc.) • Alle zur Herstellung notwendigen sonstigen Informationen, z. B. herstellerspezifische Produktinformationen, ggf. Montageanweisungen • Herstellerspezifische Produktinformationen • Informationen über Einheiten, Abmessungen, weitere Anforderungen, z. B. vorgesehene Materialien oder Produkte • Zertifikate, sämtliche Angaben zu Verfügbarkeit, Montage, Lieferbedingungen und Wartung
Anwendung	
• Auswertungen, z. B. Bestellmengen (Baustelle) • Simulationen, z. B. Baufortschritt, Montagereihenfolgen und -zustände • Basis für modellbasiertes Reporting, Fortschritt, Leistungsmeldung, Freigabemeldung	• Aktualisierung des Raumbuchs • Kostenfeststellung • Ermittlung des Zusatzbedarfs, z. B. zusätzlicher Personal-, Material-, Geräte- und Energiebedarf

Detaillierungsgrad LOD 500	
Level of Geometry LOG	**Level of Information LOI**
Zweck	
• Übergabe des Modells an den Betrieb (Handover) gemäß BAP • Repräsentation des realen Bauteils wie gebaut mit verknüpften Dokumenten • Informationen zur Bauüberwachung und Dokumentation	• Kostenfeststellung bzw. Abrechnung • Informationen zur Wartung und weiteren Nutzungen in der Betriebsphase • Effiziente Bewirtschaftung (Wartung, Nutzung usw.) • Modellbasierter Zugriff auf alle Bauwerksinformationen „wie gebaut", auch Begleitdokumente (Betriebsanleitung, Wartungshandbuch, Notfallplan usw.) • Übernahme in CAFM-System
Inhalt wie 400 und zusätzlich:	
Gebäudezustand wie gebaut zur Projektübergabe an Betreiber. Tatsächlich verbaute Geometrie und Verortung, durchgängige Bezeichnungen (AIA) gemäß Nutzung und Betrieb.	Weitere nichtgeometrische Informationen. Enthält auch Zusatzdokumente, z. B. Herstellerinformationen und Betriebsanleitungen, Zertifikate, Prüfberichte, Abnahmeunterlagen, Garantieinformationen. Objektinformationen, Beispiele: • Herstellerangaben zum Produkt (Produktbezeichnung, Artikel-, Modell- und Serien-

Tabelle 2.4 (Fortsetzung)

	nummer), Garantieinformationen: Garantiestartdatum, Garantiegeber, -dauer (Teile), Laufzeit • Kontaktdaten des für die Arbeitsleistung Zuständigen, Garantiedauer (Arbeit), Installationsdatum, Dauer von Gewährleistungen • Erwartete Laufzeit (typische Lebensdauer des Objekts) • Angaben zur Abmessung • Weitere wichtige Eigenschaften oder relevante Merkmale • Barcode, Strichcode oder RFID, sofern vorhanden
Anwendung	
Qualitätskontrolle durch Abgleich mit dem Ist-Zustand des Gebäudes (ggf. Stichproben) Überführung in CAFM-Systeme	ggf. CAFM-Connect bzw. COBie

Detaillierungsgrad LOD 600	
Level of Geometry LOG	**Level of Information LOI**
Zweck	
Lebenszyklus und Wartungsinformationen für den Betrieb. Herstellerinformationen zu technischen Einrichtungen.	
Inhalt wie 500, aber abzüglich:	
Informationen, die ausschließlich für die Herstellung von Bedeutung waren, sind zu entfernen (siehe Unterschied AIM und PIM).	Informationen, die ausschließlich für die Herstellung von Bedeutung waren, sind zu entfernen (siehe Unterschied AIM und PIM).
Anwendung	
Reinigungs- und andere betriebsrelevante Informationen Enthält nach Streichung nicht für den Betrieb erforderlicher Informationen weniger als LOD 500 (z. B. durch Entfernen von Schalplänen oder anderen nur für die Herstellung erforderlichen Details, die für den Betrieb nicht benötigt werden).	

2.5.2.2 Grenzen der 2D-Analogie

Die modellorientierte Arbeitsweise bringt, verglichen mit der Arbeitsweise mit zweidimensionalen Informationsträgern, wie Zeichnungen, Plänen, Schnitten und Ansichten, einige fundamentale Unterschiede mit sich.

- Modelle arbeiten mit realen Abmessungen und benötigen daher keinen Maßstab.
- Im Gegensatz zur Zeichnungswelt ist das Modell Träger sehr viel umfangreicherer Informationen als eine Zeichnung.

- Modelle enthalten zum weitaus größten Teil nichtgeometrische Daten, wie Kosten, Zeiten, Rechenergebnisse, Montagereihenfolgen, angehängte Produktdatenblätter usw.
- Geometrische und alphanumerische Detaillierung wachsen im Projektverlauf fast unabhängig voneinander.

Vom Groben ins Feine zu planen, das ist zunächst wirklich naheliegend. Was aber, wenn ein Betreiber, wie bei BIM gewünscht, schon früh hinzugezogen werden soll, um das spätere Gebäude schon vorab virtuell zu begehen und dabei Nutzungsaspekte zu untersuchen? Hier ist oft schon frühzeitig ein höherer Detailreichtum erforderlich. Mit Volumenklötzchen à la LOD 100 wird man wohl kaum einen realistischen Eindruck vermitteln können. Szenarien aus dem späteren Gebäudebetrieb kann der zukünftige Nutzer damit nicht durchspielen. Erfahrungen und Anforderungen der Betreiber können so nicht frühzeitig schon in die Planung eingebracht werden, da der Detailreichtum des Gebäudemodells, wie er zum Beispiel für diese Phase traditionell vorgesehen ist, nicht ausreicht. Will man also früher eine gewisse Planungstiefe erreichen, um Entscheidungen auf fundierter Basis treffen zu können, muss man zu einem früheren Projektzeitpunkt die Informationsbasis dafür schaffen. Das bedeutet, dass höhere Detaillierungsgrade erforderlich werden, und das ist selbstverständlich mit einer zusätzlichen Planungsleistung verbunden. Das sollte jedoch nicht zu der irrigen Annahme verleiten, BIM führe zu höheren Aufwänden. Mit BIM wird eine höhere Investition in vertiefte Planung zwar erst sinnvoll und kontrollierbar, BIM ist dabei jedoch nicht Verursacher, sondern ermöglicht diese Investition erst.

2.5.2.3 BIM-Definitionsgrade – Level of Information Need LOIN (ISO 19650-1, Abs. 11.2 und DIN EN 17412 [8])

In den Diskussionen bei der Entwicklung der ISO 19650 zeigte sich, dass die alleinige Trennung in geometrische und nichtgeometrische Anteile LOG und LOI nicht bedarfsgerecht war. Die in ISO 19650 vorgestellte Informationsbedarfstiefe geht von tatsächlichem Bedarf aus. Dies schließt den (LOD = LOG + LOI)-Ansatz nicht aus, sondern ausdrücklich mit ein.

Die Erkenntnis, dass der jeweilige Verwendungszweck und Anwendungsfall ausschlaggebend für den Informationsbedarf sei, ist plausibel, denn wie wir wissen, sind Modelle genau dafür gemacht. Dementsprechend taucht in ISO 19650-1 der Begriff **Level of Information Need** auf. Dort wird ausdrücklich darauf hingewiesen, dass der Sinn einer bedarfsorientierten Informationsdefinition auch darin besteht, ein Zuviel an Information zu verhindern.

In ISO 19650 wird außerdem darauf hingewiesen, dass dieser Informationsbedarf schon frühzeitig im Projekt bestimmt werden sollte. Der Bedarf soll sowohl auf Organisations- und Unternehmensebene (siehe Kapitel 4 Standards, OIR), auf Projektebene (siehe Kapitel 4 Standards, PIR) als auch auf Gebäudeebene (siehe Kapitel 4 Standards, AIR) festgelegt werden.

Die VDI-Richtlinie 2552 Blatt 11 enthält Vorlagen zu Detaillierungstiefen unterschiedlicher Projekttypen und Anwendungsfälle. Die dortigen Angaben können eine vertragliche Festlegung von Informationslieferungen stark vereinfachen.

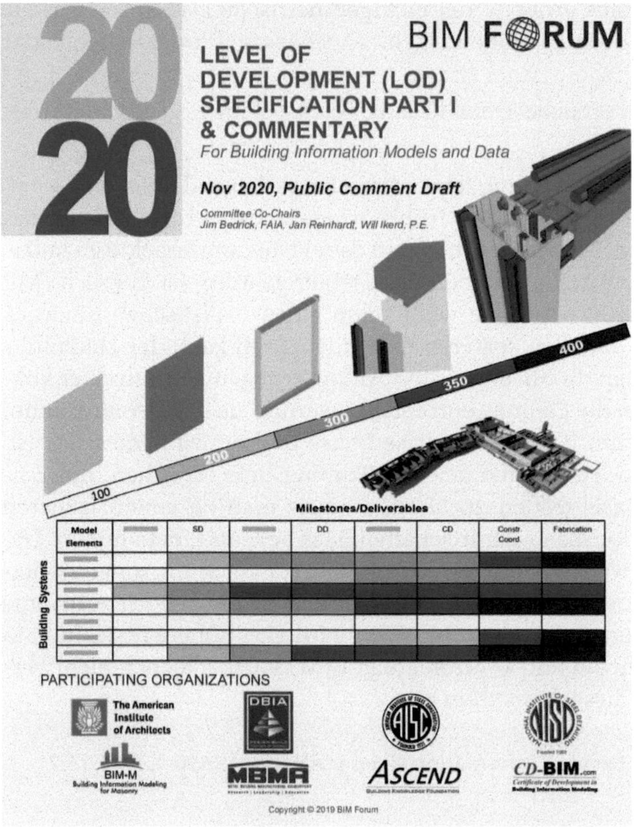

Bild 2.11 Das BIM Forum stellt unter https://bimforum.org/resources/ umfangreiche LOD-Spezifikationen und andere BIM-relevante Informationen für verschiedenste Bauteiltypen und Projekte bereit.

BIMForum.org – Weltweit umfangreichste LOD-Sammlung

BIM Forum ist das US-amerikanische Chapter von buildingSMART. Es ist die weltweit größte und aktuellste Zusammenstellung von LODs (Bild 2.11). BIM Forum gibt jährlich unter https://bimforum.org/resources/ eine überarbeitete Fassung von LOD-Spezifikationen für verschiedenste Modellelemente und Anwendungsfälle heraus. Bestens zu nutzen für die Beschreibung des eigenen Informationsbedarfs.

2.6 Ontologien – Wissen modellieren

Auch wenn's ähnlich klingt, mit Onkologie (Krebsforschung) haben Ontologien nichts zu tun. Im Gegenteil: Sie sind etwas sehr Alltägliches, etwas, mit dem wir schon von Kindesbeinen an aufwachsen, etwa wenn wir lernen, „ein Auto hat Räder", aber nicht alles, was Räder hat, ist automatisch ein Auto. Auch unser Roller hat Räder, auch unser Fahrrad. Und all diese Dinge sind Fortbewegungsmittel. Das klingt erst mal recht ähnlich zu den Generalisierungs- und Spezialisierungsbeziehungen, die wir im Abschnitt 2.4.3, der objektorientierte Ansatz, kennengelernt haben. Allerdings gehen Ontologien weit über diese hierarchische Ableitung von Beziehungen hinaus. Wie wir im Beispiel „Auto mit Rädern" gesehen haben, kann man mit Ontologien nicht nur weitere Spezialisierungs- oder Generalisierungsbeziehungen beschreiben (Fortbewegungsmittel: Auto, Roller, Fahrrad), sondern auch andere Beziehungen zwischen Begriffen herstellen. Ausgehend von einem Vokabular, also von Worten und ihrer Bedeutung, d. h. Begriffen, können Beziehungen zwischen diesen Begriffen hergestellt werden.

Mit den Mitteln der formalen Logik, also mathematisch fundierten Methoden, kann man anschließend die Beziehung zwischen diesen Begriffen analysieren und Schlussfolgerungen daraus ziehen. Diese Vorgehensweise nennt man Intelligenz. Diese Beziehungen enthalten Aussagen (Axiome), zum Beispiel „ein Auto hat Räder", „ein Flugzeug hat Räder", „ein Flugzeug hat Flügel". Mit diesen gegebenen Aussagen kann man jedes Objekt analysieren: „Hat es Flügel und Räder?" Ja: Schlussfolgerung: „Es ist ein Flugzeug." Nein: Weitere Analyse notwendig, zum Beispiel „Hat es vier oder mehr Räder?"

Man sieht: Diese Vorgehensweise ist uns von Anbeginn unseres bewussten Lebens vertraut. Nun wenden wir sie auf digitale Modelle an und beschreiben sie in intelligenter und analysierbarer Form.

Beispiel 2.5 **Wand mit äquivalenten Eigenschaften in unterschiedlichen Modellschemas**

Elementare Aussagen:

- Eine Wand hat eine Dicke.
- *IFCWall* ist eine Wand.
- *Revit_Wall* ist eine Wand.
- *IFCWall.width* ist eine Dicke.
- *Revit_Wall.Width* ist eine Dicke.

Schlussfolgerungen:

- *IFCWall.width* ist eine Wanddicke.
- *Revit_Wall.Width* ist eine Wanddicke.

Das Beispiel mag zunächst banal klingen, zeigt aber, dass man ähnlich wie beim Mapping durch diese Aussagen unterschiedliche Modellierungssprachen überbrücken kann, indem man die gemeinsamen Konzepte über elementare Aussagen „ist ein, hat ein" usw. beschreibt. Allerdings ist die Beschreibungsweise über Ontologien weitaus flexibler als ein starres tabellarisches Mapping. Insbesondere lässt sich durch Hinzufügen weiterer Aussagen die Intelligenz des Systems stetig ausbauen. Ein weiterer Vorteil liegt darin, dass man nicht ständig auf den guten Willen von Herstellern angewiesen ist, um einen bestimmten Standard mit bestimmten Vokabularen zu unterstützen, beispielsweise IFC oder andere. Es wäre übersichtlicher, die proprietären Benennungen, zum Beispiel von Elementen, Modellelementen oder Modellattributen zu belassen und über Aussagen wie die oben genannten die Beziehung zu allgemeineren Konzepten herzustellen.

Wie man sieht, funktioniert die Beschreibung von Aussagen (Aktionen) und die Auswertung hinsichtlich bestimmter Fragestellungen auf der Basis von Typen (Wand, *IFCWall*) und nicht nur mit ganz bestimmten Instanzen einer Wand also zum Beispiel einer fertig gebauten Wand mit bereits festgelegten Werten für Länge, Breite und Höhe.

Beispiel 2.6 **Wann ist ein Raum ein Raum?**

Elementare Aussagen:

- Ein Raum hat einen Eingang.
- Ein Eingang ist eine Wandöffnung von mindestens 2 m Höhe.

Schlussfolgerung:

Ein von Wänden umschlossenes Gebilde, das keinen Eingang hat, ist kein Raum.

Diese Schlussfolgerung klingt merkwürdig, ist nach formaler Logik jedoch korrekt.

Worum es bei der Untersuchung von Modellen hier jedoch eigentlich geht, ist das Auffinden von Räumen, bei denen schlicht und ergreifend der Eingang vergessen wurde. Ein Algorithmus würde hier also einen Widerspruch feststellen, wenn ein Objekt gefunden würde, dass als Typ Raum klassifiziert wurde, bei dem aber keine „Hat-einen-Eingang"-Beziehung gefunden wurde.

Man muss sich also angewöhnen, ein bisschen wie ein Computer zu denken, also eine „sture" formale Logik zu verfolgen, um mit Aussagen von recht einfacher Natur zu sehr hilfreichen und vom Rechner automatisiert ermittelbaren Ergebnissen zu kommen.

Erste vielversprechende Ansätze, um Fragestellungen wie in den obigen zwei Beispielen zu lösen, gibt es bereits. Die Arbeitsgruppen Linked Building Data Community und buildingSMART erarbeiten Ontologien für das Bauwesen, Die folgenden Arbeitsgruppen arbeiten derzeit aktiv an der Entwicklung von Ontologien.

- BOT – entwickelt die Building Topology Ontology [9]
- PRODUCT – entwickelt die Building Product Ontology [10]
- PSET – entwickelt die Building Element Property Ontology
- GEOM – entwickelt die Geometry Ontology [11]
- IFC-OWL – die IFCOWL Ontology [12]

2.6.1 OWL – Eine Eule für das World Wide Web

Betrachten wir all die vielen verteilten Informationen, die im World Wide Web WWW auf unzähligen vernetzten Rechnern verteilt liegen. Sie haben zwar oft eine ähnliche Bedeutung, liegen aber in unterschiedlichen Formaten, Schemas und Sprachen vor. Die Idee ist, Informationen so zu vernetzen, dass trotz unterschiedlicher formaler Ausprägungen die Bedeutung als Basis für eine Vernetzung von Informationen verwendet werden kann. Das ungefähr ist die Idee des „Semantic Web", das über Bedeutungen vernetzte weltweite Informationsgeflecht. Dazu bräuchte man ein Schema mit sprach-, schema- und strukturübergreifender Ausdruckskraft.

OWL ist ein solches Schema. Es ermöglicht, Modelle einfacher und dynamischer zu beschreiben und dabei die Einschränkungen von Speicherort, Struktur und Format zu überwinden. Neuere Entwicklungen nutzen unter anderem Methoden, deren Grundlagen auch der Erfinder des WWW, Tim Berners-Lee, entwickelt hat. Mit ihnen kann man Ontologien beschreiben. Das sind in etwa Bauanleitungen für Modellschemas. Mit ihnen kann man beschreiben, aus welchen Elementen ein Schema besteht und in welcher Beziehung die Elemente eines Schemas zueinander stehen. Ziemlich abstrakt, aber von durchaus praktischer Relevanz.

Wie kann man die Informationen, die dezentral auf Rechnern verteilt sind, auch finden geschweige denn verstehen und nutzen? Berners-Lee stellte sich dieser Aufgabe und erfand mit dem Hypertext Transfer Protocol (http) um 1990 das WWW. http kann bereits Beziehungen zwischen Informationen auf verschiedenen Rechnern herstellen, doch es vernetzt im Wesentlichen nur Dokumente (Webseiten) miteinander. Was Berners-Lee vorschwebte, war die Vernetzung von Informationen, also kleineren Partikeln als komplette Dokumente, eben ihrer Bestandteile. Das Linked-Data-Konzept vernetzt Informationen anhand ihrer Bedeutung, d.h. ihrer semantischen Eigenschaften. Die Web Ontology Language OWL ist ein Standard, mit dem man diese Vernetzungsbeziehungen ausdrücken kann. Aufmerksame haben bereits bemerkt: Es müsste eigentlich WOL heißen, aber dank britischem Humor hat man sich, auch zwecks leichterer Merkbarkeit, für das Akronym „Eule", englisch „Owl", entschieden.

Die Überwindung der Dominanten Dekomposition?

Bei aller objektorientierten Herangehensweise an das Modellieren, ein Problem haben alle Modelle, die auf einem festen Schema beruhen: die Dominante Dekomposition. Einmal in Form gegossen, bleiben sie eine geschlossene Welt von genau den Elementen, die das Modellschema aktuell zulässt. Nur per Update des Modellschemas lässt sich da etwas ändern. In einer sich schnell entwickelnden Welt erweist sich das als Fortschrittsbremse für die Anwendung von Modellen. Die Weiterentwicklung von IFC Version 2x3 auf Version 4[8] hat circa ein Jahrzehnt gedauert. In der Zwischenzeit sind neue Modellstandards für Geoinformationen, z.B. der Stadtmodellstandard cityGML und andere, entstanden oder weiterentwickelt worden. Durchaus relevant auch für BIM! Ist also ein neuer Gebäudemodellstandard schon veraltet, sobald er veröffentlicht wird? Dagegen lässt sich anführen, dass dieses Schicksal alle Standards teilen. Denn es ist nicht Sinn von Standards, die Zukunft zu beschreiben. Sie sollen „nur" den aktuellen Stand der Technik wiedergeben.

Die Herausforderung bleibt jedoch, Modelle flexibler erweitern zu können, ohne dazu proprietäre Ergänzungen außerhalb des Standards vornehmen zu müssen. Diese haben bekanntlich den Nachteil, dass nur derjenige, der sie kennt, diese auch anwenden kann – eine Bremse für die Zusammenarbeit und daher nicht besonders gut für BIM geeignet.

Was wäre also, wenn wir Beziehungen zwischen unterschiedlichen Modelltypen, ihren Elementen und Attributen anhand ihrer Bedeutung konfigurieren könnten? Also keine statischen Mapping-Regeln mehr, sondern dynamisch erweiterbare Aussagen à la Subjekt → Prädikat → Objekt. Diesen vielversprechenden Ansatz verfolgt OWL.

2.6.2 Linked Data – Referenzieren geht über Kopieren ...

Anders bei der OWL[9]. Sie setzt eine Metaebene höher an als Modellschemas. In erster Näherung ist OWL eine Sprache zur Beschreibung von Schemas, zum Beispiel von

8) Version 3 wurde übersprungen.

9) OWL – Quasi-Standard durch Spezifikation des World Wide Web Consortiums (W3C)

Modellschemas. Schemas beschreiben ein Objektmodell, indem sie Klassen und deren Beziehungen untereinander festlegen. Mit OWL lassen sich z. B. Klassen und ihre Eigenschaften und Beziehungen beschreiben. Diese können sich durch Verlinkung (Linked Data) an beliebiger Stelle im WWW befinden (Bild 2.12). Mit diesem Konzept kann man also neue Objektmodelle aus bereits bestehenden Informationen zusammenbauen. Also kein starres Schema mehr, sondern ein Baukasten für Schemas, die je nach Bedarf erstellt werden können, ganz nach dem Modellierungsprinzip des Pragmatismus: ein Modell für einen bestimmten Zweck. Der geschlossenen Objekt-Welt traditioneller Schemas steht also der Offene-Welt-Ansatz von OWL gegenüber.

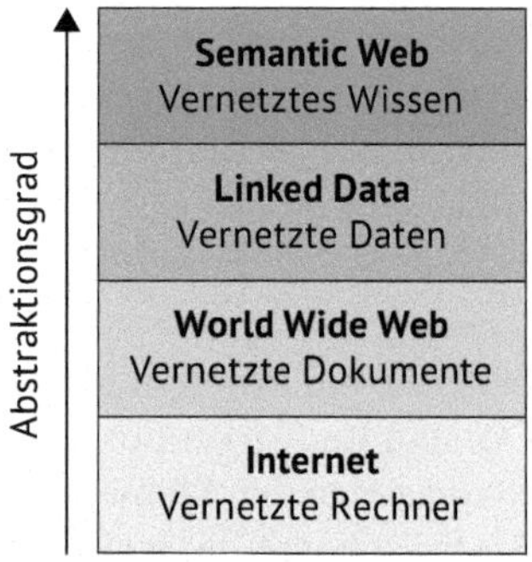

Bild 2.12 Das Internet vernetzt Rechner, das World Wide Web vernetzt Dokumente, wobei mit Linked Data Daten unabhängig von ihrer Speicherform (z. B. Dokument, Datenbank etc.) vernetzt werden können. Mit Semantic-Web-Technologien lassen sich Informationen anhand ihrer Bedeutung, unabhängig von ihrer Darstellungsform (z. B. Sprache, Notation etc.), miteinander verknüpfen.

Mit Linked Data lassen sich unterschiedliche Strukturen und Formate, in denen Informationen abgelegt sind, überbrücken. Ist die Abbildungsbeziehung (Mapping) erst einmal beschrieben, können Informationen, die sich in anderen Quellen befinden, durch Referenzierung oder Aggregation auf andere Strukturen und Formate abgebildet werden. Herkömmliche statische Modellkonzepte stoßen angesichts der Komplexität und des Umfangs aller Daten im gesamten Lebenszyklus da an Grenzen.

Das Konzept von Linked Data basiert auf OWL und dem Resource Description Framework RDF, einem W3C Standard. SPARQL ist eine Abfragesprache, die sowohl OWL als auch RDF versteht. Die etwas kryptische Abkürzung SPARQL steht für **S**PARQL **P**rotocol **A**nd **R**DF **Q**uery **L**anguage, enthält also in sich die Abkürzung selbst, in einer Art rekursiven Endlosschleife. Man kann mit ihr Linked-Data-Objekte und -Modelle durchsuchen, an welchem Ort sie sich auch befinden. So wird das WWW zur Datenbank und ist durch SPARQL einer Recherche zugänglich. Objektbibliotheken und Modelle können nun verknüpft werden, ohne ständig Formatwechsel durchführen zu müssen.

… Kopieren

Angenommen, es gäbe eine Modellierungssprache für Bauwerke und eine für Städte. Sie hätten beide ihr eigenes Schema mit den Bezeichnungen ihrer Klassen und deren Eigenschaften. Eine Modellierungssprache für Städte würde sicherlich eine Klasse enthalten, mit der Häuser modelliert werden können. Eine Modellierungssprache für Bauwerke enthielte neben Brücken, Tunneln und Fernsehtürmen auch eine Klasse zum Modellieren von Häusern. Ein digitaler Bauantrag für einen Wohnhausneubau würde in der Modellierungssprache für Bauwerke eingereicht. Nachdem das Wohnhaus erstellt wurde, muss das Stadtmodell aktualisiert werden.

Die Versuchung wäre groß, Wohnhauselemente aus digitalen Bauanträgen in Stadtmodell-Wohnhäuser zu übersetzen (siehe Abschnitt 2.9.4 Mapping – Wunsch und Wirklichkeit) und in das Stadtmodell zu kopieren. Es gäbe dann allerdings zwei Modelle vom selben Wohnhaus, einmal im Bauwerksmodellformat des Bauantrags und zum anderen im Format für Städtemodelle, also die gleiche Information in zwei unterschiedlichen Formaten. Im Falle einer Änderung auf einer Seite, also im Stadtmodell oder im Gebäudemodell, müsste ein aktiver Prozess den Abgleich sicherstellen, sonst liefen beide Versionen auseinander. Diese Situation ist nicht fiktiv: Die Modellierungssprache für Bauwerke heißt IFC, die für Städte cityGML. Beide enthalten ihren eigenen Typ zum Modellieren von Häusern, jedoch mit unterschiedlichen Benennungen und Eigenschaften.

Tatsächlich kopiert man also beispielsweise Bauwerksmodelle (IFC) in Stadtmodelle (cityGML), indem man die relevanten Elemente des IFC-Modells auf das cityGML-Schema abbildet, also IFC Elemente in cityGML Elemente übersetzt und diese in das Stadtmodell einfügt.

... Referenzieren

Anders mit Linked Data: Kein Mapping von Klassen aus einem Schema ins andere, kein Kopieren und Einfügen von Objekten von einem Modell ins andere, somit keine Redundanzen durch Erzeugung von Kopien. Die Information bleibt an ihrem Ort und wird über Web-Links vernetzt, also referenziert, nicht kopiert. Der Inhalt ist also immer aktuell. Bei Bedarf wird über netzweit gültige Identifikatoren, sogenannte Uniform Resource Identifiers (URI), beispielsweise Webadressen, zugegriffen.

Mit Linked Data lassen sich auch unterschiedliche Strukturen und Formate, in denen Informationen abgelegt sind, überbrücken. Ist die Abbildungsvorschrift (Mapping Rule), also die Vorschrift, wie die Abbildung zu erfolgen hat, erst einmal mit OWL beschrieben, können Informationen, die sich in anderen Quellen befinden, durch Anwendung der Abbildungsvorschrift auf andere Strukturen und Formate abgebildet werden. Herkömmliche statische Modellkonzepte stoßen angesichts der Komplexität und des Umfangs aller Daten im gesamten Lebenszyklus da an Grenzen. Linked Data belässt die Informationen dagegen wo sie sind und stellt lediglich die Abbildungsbeziehungen her.

Die Entwicklung von Linked Data im Kontext der Modellierung im Bauwesen – mit all ihren Teilaspekten, wie die Einbindung von Produktkatalogen, GIS-Informationen usw., hat gerade erst begonnen und verspricht zu einem Thema zu werden, das unsere heutige Sicht auf die modellbasierte Bereitstellung von Informationen nochmals deutlich bereichern dürfte. Erste Umsetzungen in den Niederlanden und in Großbritannien zeigen die Mächtigkeit des Linked-Data-Ansatzes. Erste Standards, wie ISO 21597 [13] (April 2020), berücksichtigen bereits Linked Data beim Datenaustausch im Bauwesen. Building Ontology Language BOL und IFCOWL sind erste vielversprechende Ansätze für Linked Data im Bauwesen.

Ist das schon der Sieg über die Dominante Dekomposition?

2.7 Informationsbedarf rechnergerecht beschreiben

Es war bereits häufiger die Rede davon, wie wichtig eine genaue Spezifikation der Anforderungen an die zu liefernden Informationen ist. Doch die bisherige Projektpraxis ist ernüchternd: Die Angabe von Informationsanforderungen erfolgt vorwiegend auf dem Papier oder in Form von Excel-Tabellen. Dort wird festgelegt, welches Modellschema zu verwenden ist und welche Modellinhalte zu einem bestimmten Zweck geliefert werden sollen. Ein nicht gerade rechnertauglicher Ansatz!

Benötigt wird eine Methode, die es ermöglicht, dass alle Projektteilnehmer an ihrem fachspezifischen Modell arbeiten. Wenn man so will, ist dieses jeweils ein Dominante Dekomposition. Dennoch sollen alle diese fachspezifischen Sichten zusammen passen und letztlich zu einem konsistenten Gesamtmodell zusammengefügt werden können. Kein leichtes Unterfangen, denn

- Tragwerksplaner betrachten in der Regel nicht den ganzen Volumenkörper, zum Beispiel eine Wand mit Dicke, Breite und Höhe, sondern sie idealisieren. Das heißt, sie reduzieren alle Informationen auf die für das Tragverhalten wesentlichen Eigenschaften. Was bleibt, ist die Mittellinie eines Balkens oder die Mittelfläche einer Wand.
- Für Kalkulatoren sind andere Eigenschaften wichtig, die genauen Proportionen sind ihnen egal, sie betrachten nur Mengen und Aufwände und „kleben ein Preisschild" als Ergebnis ihrer Berechnungen an jedes Bauteil.
- Die Liste ließe sich beliebig fortsetzen ...

Bei allen diesen unterschiedlichen Betrachtungsweisen bleibt es in seiner Gesamtheit jedoch EIN MODELL, das aus Teilmodellen besteht. Niemand kann dauerhaft sein privates „Kopfmodell" fortführen. Kompatibilität der Modelle ist die Grundlage der modellbasierten Zusammenarbeit. Nur so werden Inkompatibilitäten bereits im Gesamtmodell entdeckt und nicht erst auf der Baustelle.

Die Model View Definitions MVD sind eine Methodik, um spezifische Sichten auf ein Modellschema auszudrücken.

2.7.1 Model View Definitions MVD – Pragmatischer Blick auf Modelle

Laut ISO 29481-1 ist eine MVD eine „maschinen-interpretierbare Definition einer Informations-Austauschanforderung, die an eines oder an mehrere festgelegte Standard-Informations-Schemata gebunden ist." Sehr abstrakt! Alles klar? Für alle anderen daher hier noch ein paar Erläuterungen ...

Teil des Ganzen

Man braucht einen ziemlich großen Baukasten von Elementtypen, um ein ganzes Gebäude zu beschreiben. So hat beispielsweise der IFC-Standard mittlerweile einen Umfang von mehreren Tausend Elementtypen (Basistypen eingeschlossen). Dazu kommen die jeweiligen Attribute, Beschreibungen von Beziehungen der Elemente untereinander, Auswahllisten (zum Beispiel die Liste aller verwendbaren SI-Einheiten, Währungen etc.). Möglichst alle Gewerke und alle Anwendungsfälle während der gesamten Lebensdauer eines Gebäudes sollen berücksichtigt werden.

Diese Vollständigkeit ist zwar aus Sicht einer kompletten Gebäudebeschreibung wünschenswert, für die einzelnen Fachdisziplinen heißt dieses aber, dass der überwiegende Anteil des gesamten „Baukastens" IFC überflüssig ist und für die Bearbeitung geradezu ein Hindernis darstellt.

Mit der Absicht, aus dieser Vielfalt das herauszufiltern, was für die jeweiligen Fachbereiche von Belang ist, wurden sogenannte Sichten entwickelt. Eine Sicht enthält nur eine Untermenge des gesamten Schemas, ist also gleichsam ein verkleinerter Baukasten für einen bestimmten Anwendungsfall. Fachbereiche können mit diesem verkleinerten Baukasten ihre Fachmodelle erstellen. Jeder Fachbereich erzeugt so seine eigenen Fachmodelle, die in der Summe wieder alle Teilaspekte des gesamten Bauwerks enthalten.

Blick fürs Wesentliche

Mit Model View Definitions MVD können fachliche Teilmodelle formal beschrieben werden. Eine Model View Definition beschreibt die erlaubten bzw. geforderten IFC-Elemente einer Modelllieferung. Mit den Bordmitteln von IFC selbst kann nicht festgelegt werden, welche Informationsinhalte, also Objektinstanzen und Attributwerte, zwingend im Modell vorhanden sein müssen. Das IFC-Schema enthält alles, was erlaubt ist, beschreibt aber nicht, was bewusst ausgeschlossen wird oder unbedingt erforderlich ist.

Um von der rein beschreibenden Darstellung von Subschemas zu einer computer-auswertbaren Spezifikation zu kommen, wurde mvdXML entwickelt. Mit dieser XML-basierten Sprache lassen sich Untermengen des IFC-Schemas festlegen. Deren Gültigkeitsbereich kann auf Leistungsphasen und Austauschszenarien festgelegt werden, zum Beispiel auf die Koordination von zwei Fachmodellen zum Zwecke der Kollisionsermittlung während der Planungsphase. Mit mvdXML lassen sich aber auch qualitative Anforderungen an Modellinhalte definieren. Das ist sehr nützlich, um AIAs rechnergerecht zu beschreiben und Modelllieferungen auf inhaltliche Korrektheit zu prüfen, beispielsweise welche Klassen und Attribute für eine bestimmte – z. B. thermische oder statische – Berechnung vorhanden sein müssen. Für Attributwerte können gültige Wertebereiche festgelegt werden. Aufgrund seines computergerechten Formats können mvdXML-Spezifikationen zur automatisierten Prüfung von Modelllieferungen verwendet werden. mvdXML ist somit ein wichtiger Bestandteil in der Qualitätssicherung.

Werkzeuge zur Definition von Subschemas mit mvdXML und zur Prüfung von Modellen gegen eine mvdXML-Spezifikation wurden im Rahmen des EU-geförderten Projekts Mephisto prototypisch entwickelt sind jedoch leider nicht allgemein verfügbar.

MVD-Beispiele

Basierend auf dem IFC-Schema für Gebäudemodelle wurden in den buildingSMART-Arbeitsgruppen Model View Definitions entwickelt, die jeweils eine fachliche Sicht, zum Beispiel den Betrieb des fertigen Bauwerks aus Facility-Management-Sicht, definieren. So entstanden der Facility Management View, auch unter dem Namen COBie bekannt, der Daten für die Übergabe an den Gebäudebetrieb spezifiziert, der Coordination View, der die Kerndaten eines Gebäudes unter Aspekten der Koordination der Hauptgewerke Architektur und Tragwerk zusammenfasst, und spezielle Views für

Stahl- und Brückenbau, so zum Beispiel IFC Bridge Design to Construction Information Exchange, IFC4.1 Model View Definition [14].

Derartige Fachmodelle werden zunehmend Gegenstand von Standardisierungen. Dies geschieht unter anderem bereits in der VDI-Richtlinie 2552. Allein Blatt 3 (BIM – Modellbasierte Mengenermittlung zur Kostenplanung, Terminplanung, Vergabe und Abrechnung) beschäftigt sich mit einigen parallelen Fachmodellen zum Thema Kosten und Termine. Weitere Modellarten werden folgen, beispielsweise für Tragwerksmodelle und technische Betriebsmodelle, aber auch für Nebengewerke wie Schalungs- und Gerüstbau oder für die Schlitz- und Durchbruchsplanung.

Weiteres zu MVDs und Standardisierung im Kapitel 4 Standards.

Beschreibungssprache mvdXML – Einfaches Problem, komplizierte Lösung?

Es soll an dieser Stelle nicht verschwiegen werden, dass mit der Beschreibungssprache mvdXML zwar ein computerlesbares Format zur Beschreibung von Model View Definitions vorliegt, mvdXML hat aber bisher noch nicht den Durchbruch zu einer allgemeinen Anwendung geschafft und dies, obwohl der Bedarf für eine rechnergerechte Form der Darstellung von Informationsanforderungen sehr groß ist. Die automatisierte Prüfung von Informationslieferungen gegen eine rechnergerecht formulierte Beschreibung des Informationsbedarfs stellt eine Basisaktivität bei der modellbasierten Zusammenarbeit dar. Dennoch gibt es bisher kein Werkzeug, mit dem Informationen auf einfache Art festgelegt und im mvdXML-Format gespeichert werden können.

Eigentlich erscheint die Aufgabe einfach: Elementtypen aus dem IFC-Schema herausstreichen, die nicht erlaubt sind, Elementeigenschaften, die gefordert sind, hinzufügen, Elementstrukturen, die einzuhalten sind, markieren – fertig! Doch so einfach scheint die Sache nicht zu sein, sonst müssten wir nicht jahrzehntelang auf eine entsprechende Lösung warten.

Liegt es an der übermäßig hohen Komplexität von mvdXML, die der scheinbar einfachen Aufgabenstellung nicht gerecht wird? Liegt es an der Komplexität des IFC-Schemas, das schon für einfache Regeln komplexe Ausdrücke erfordert? Die Wahrheit liegt wohl irgendwo in der Mitte ...

Für die weitere Verbreitung von BIM wären allerdings leichter anwendbare Alternativen sehr wichtig. Wie diese aussehen könnten, zeigen die BIM-Profile und neuerdings auch die Information Delivery Specification IDS.

2.7.2 BIM-Profile – Modellsichten zweckmäßig beschreiben

Wieviel BIM-Fortschritt auf Verbandsebene erreicht werden kann, zeigt der Verband für die Digitalisierung im Immobilienbetrieb e. V. (CAFM-Ring) mit seinen BIM-Profilen. Mit ihnen wird ein „absprachefreier“ Austausch digitaler Daten zwischen Vertragspartnern anwenderspezifisch auf IFC-Basis möglich. Absprachefrei bedeutet, dass die Schnittstelle selbstbeschreibend ist. Also auch ohne eine vorherige Absprache zum Datenaustausch können Anforderungen an IFC-Daten veröffentlicht und von Projektteilnehmern gelesen werden. Entsprechende BIM-Profile liegen im IFCXML-Format vor (Bild 2.13) und können durch Modellbearbeitungs-Anwendungen automatisiert verarbeitet werden. Je nach Anwendungsfall können individuelle Profile erstellt werden.

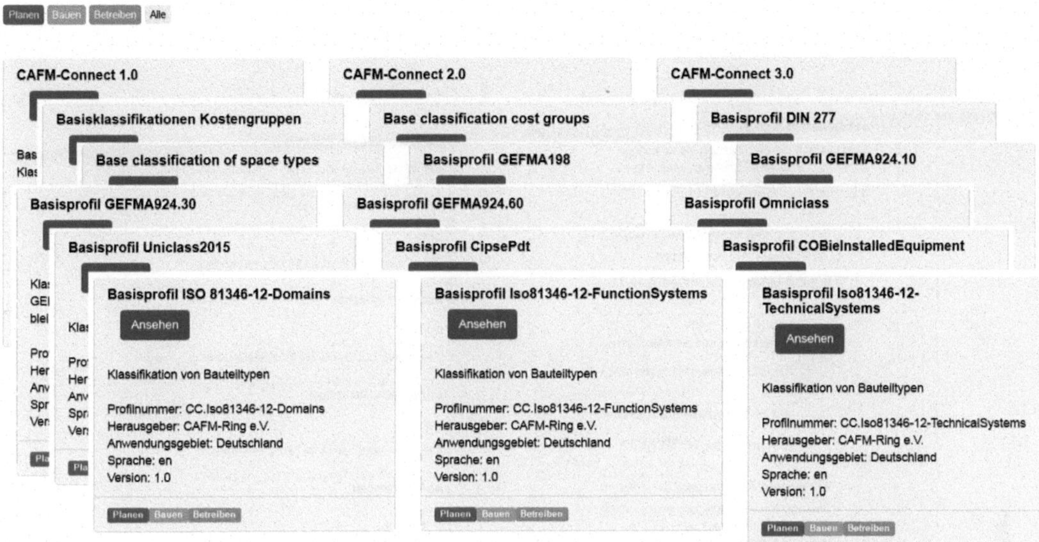

Bild 2.13 CAFM-Connect stellt BIM-Profile für unterschiedliche Anwendungsbereiche unter Verwendung verschiedener Klassifikationssysteme zum Download bereit. https://www.cafm-connect.org/bim-profile/

Elegante Beschreibung des Informationsbedarfs

Wie bereits beschrieben, bietet das Datenmodell von IFC Erweiterungsmöglichkeiten. Über Platzhalterelemente (sogenannte Proxy-Elemente) können dem Datenmodell weitere Elementtypen hinzugefügt werden. Die Eigenschaften von Elementen können über frei selbst erdachte PropertySets erweitert werden. Diese Erweiterungen führen allerdings zu proprietären Lösungen, liegen also außerhalb des Standards, da die neu hinzugefügten Element- und Eigenschaftsnamen ja ad hoc entwickelt wurden. Deshalb sind diese Erweiterungen der Allgemeinheit oder auch den Partnern innerhalb eines Projekts nur schwer zugänglich, denn sie entsprechen weder einem Standard noch sind sie in maschinenlesbarer Art und Weise dokumentiert.

Dieses Problem lösen die vom CAFM-Ring entwickelten BIM-Profile. Sie liefern anwendungsspezifische Anforderungsbeschreibungen (Bilder 2.13 und 2.14) auch dann, wenn IFC-Elemente und IFC-Merkmalssätze (Property Sets) im IFC-Schema nicht mehr in der ausreichenden Spezialisierung oder Detailtiefe vorhanden sind. Beispielsweise müssen für die Übergabe an den Betrieb Objektinformationen einheitlich klassifiziert und mit den vereinbarten Merkmalssätzen geliefert werden. In einem Bestandsgebäude mit der heute üblichen technischen Ausstattung ist diese Informationsqualität heute in der Regel noch nicht gegeben, daher ist die Methodik der BIM-Profile für die Übergabe der As-Built-Daten an den Betrieb von allergrößtem Interesse. Für die Übergabe und den Betriebsbeginn müssen technische Ausrüstungsgegenstände über Klassifikationen und Produktdaten genau beschrieben werden.

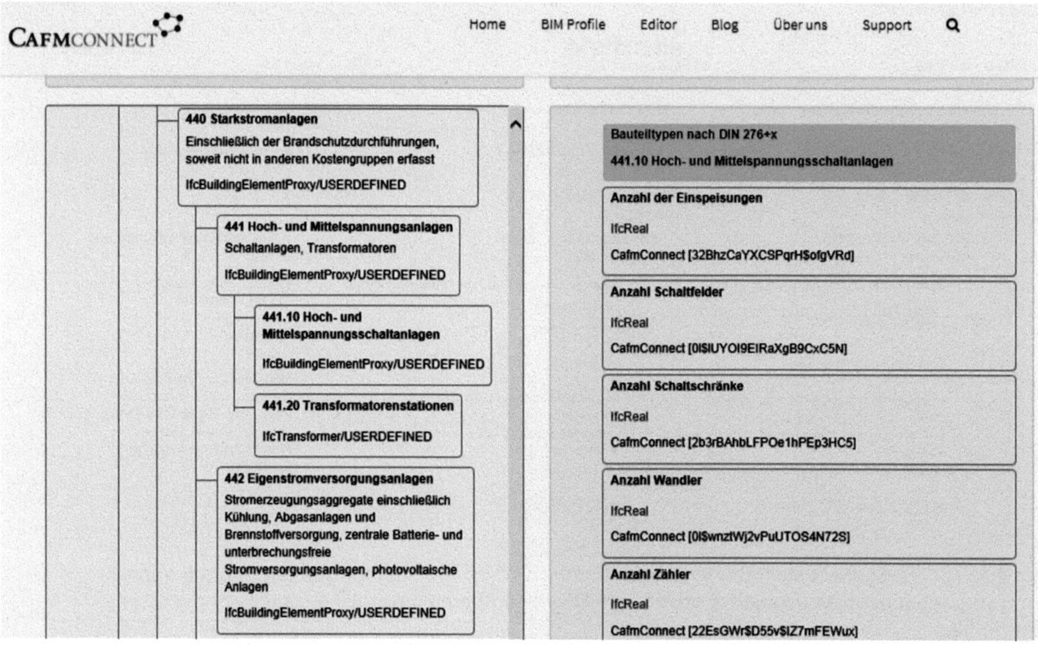

Bild 2.14 Die BIM-Profile von CAFM-Connect beschreiben die wesentlichen Bestandteile eines Modells, die für einen bestimmten Verwendungszweck vorhanden sein müssen. Damit lassen sich beispielsweise die zu liefernden Modelldaten beschreiben. Sie können als Vertragsgrundlage für Informationslieferungen dienen. https://www.cafm-connect.org/bim-profile/

Grenzen der objektorientierten Klassifizierungssysteme

Das bestehende IFC-Schema enthält keinerlei Mechanismen zur Definition von Informationsanforderungen. Logisch, denn genau dafür wurde ja mvdXML entwickelt. Mit IFC-Bordmitteln kann also nicht angegeben werden, welche Produktattribute für einen vorgegebenen Detaillierungsgrad (LOD) zu liefern sind. Auch enden die Spezialisierungsgrade der IFC-Elementtypen schon auf einer sehr generischen Ebene, sodass man durch Angabe der geforderten Elementtypen bereits den Informationsbedarf ausdrücken könnte. Dies ist nicht als Konstruktionsfehler von IFC zu werten, sondern eine bewusste Design-Entscheidung beim Entwurf der IFC-Typenstrukturen (siehe Abschnitt 2.4.3.7). Man wollte die Klassifikationshierarchie nicht noch komplexer gestalten und dadurch noch unübersichtlicher machen. Auf Codierungen basierende Klassifikationssysteme wie UniClass, die ersten Gruppen der DIN 276 oder die Nutzungsarten der DIN 277 können hier eine größere Detailtiefe erreichen, ohne sich in unübersichtlichen Ableitungshierarchien zu verlieren.

Wie aber drückt man in allgemein zugänglicher Form aus, dass bei der Datenübergabe ein ganz bestimmtes Klassifikationssystem verwendet werden muss und Modellelemente ganz bestimmte Elementattribute enthalten müssen?

PropertyTemplates – Vorlagen zur Veröffentlichung von Elementeigenschaften

BIM-Profile verwenden den – seit IFC-Version 2x4 vorhandenen – neuen Elementtyp *IFCPropertyTemplateDefinition*. Mit diesem neuen Typ lassen sich Vorlagen für neue individuelle Elementeigenschaften definieren, die im IFC-Schema nicht vorhanden sind. Man kann damit beschreiben, welche Attribute ein IFC-Objekt besitzen soll. Die Beschreibung enthält den Namen und Datentyp jedes geforderten Attributs, sowie dessen Maßeinheit – sofern vorhanden.

Werden in einem Projekt unterschiedliche Detaillierungstiefen für ein IFC-Element benötigt, beispielsweise für unterschiedliche Anwendungsfälle oder in unterschiedlichen Projektphasen, so lassen sich hierfür entsprechende Attributsätze definieren. Stellt man alle in einem Projekt notwendigen Attributsätze in einer IFCXML-Datei zusammen, so erhält man damit eine Grundlage für die Beschreibung von Informationsaustauschanforderungen IAA in einem Projekt. In dieser Weise lassen sich mit geringem Aufwand Projektbibliotheken anlegen. BIM-Profile können auf der CAFM-Connect-Webseite [15] direkt betrachtet oder von dort heruntergeladen werden. Der Export im PDF-Format zur Verwendung als Vertragsbeilage ist angedacht.

BIM-Profile sind quasi schema-erweiternd.

- Zunächst wird ein neuer Elementtyp mit dem IFC-Erweiterungsmechanismus für neue Elementtypen (*IFCBuildingElementProxy/userdefined*) hinzugefügt.
- Zur genauen Typdefinition wird zum Beispiel ein Klassifikationscode verwendet.
- Dem so definierten neuen Typ können dann über *IFCPropertySetTemplate*-Elemente eigene neue Attribute hinzugefügt werden.

Dabei ist die Wahl der Klassifikationssysteme frei. Entsprechende Klassifikationen, beispielsweise UniClass, DIN 276 oder 277, können in das Profil integriert und über *IFCClassificationReference* referenziert werden. Damit sind die BIM-Profile von CAFM-Connect ein vollständig offenes System, das zur Definition und Prüfung von Informationsanforderungen genutzt werden kann. Dies unterscheidet sie beispielsweise vom österreichischen Merkmalserver [16], der lediglich über funktionale Schnittstellen des Servers und die damit erforderliche Kenntnis der dortigen Funktionen und Datenstrukturen genutzt werden kann. BIM-Profile können dagegen von allen Anwendungen gelesen werden, die IFC verstehen.

Für eine Reihe von Anwendungsfällen hat CAFM-Connect diese in Form von BIM-Profilen auf seiner Webseite zur Verfügung gestellt. Bild 2.15 zeigt ein Beispiel unter Nutzung der *IFCRelAssociatesClassification*-Beziehung, welche die referenzierte Klassifikation mit dem *PropertySetTemplate* (untere Bildhälfte) verknüpft.

Wie erstellt man eigene BIM-Profile?

Will man eigene BIM-Profile erstellen, findet man auf der CAFM-Connect-Webseite eine Lösung. Der kostenlose CAFM-Connect Editor (https://www.cafm-connect.org/editor/) erlaubt die Erstellung eigener Profile und die Prüfung von Modelllieferungen gegen die Anforderungen eines BIM-Profils. Das Ergebnis ist eine IFC4-konforme Datenstruktur, die Klassifikationsebenen mit *IFCProxy*-Elementen (Typerweiterung) und optional auch mit dynamischen Attribut-Erweiterungen verknüpft.

```
<IfcRelAssociatesClassification id="i31785">
  <RelatingClassification>
    <IfcClassificationReference ref="i31783" />
  </RelatingClassification>
  <RelatedObjects>
    <IfcPropertySetTemplate ref="i31784" />
  </RelatedObjects>
</IfcRelAssociatesClassification>

<IfcClassificationReference id="i31783"
        Location="IfcBuildingElementProxy/USERDEFINED"
        Identification="441.10"
        Name="Hoch- und Mittelspannungsschaltanlagen" >
  <ReferencedSource>
    <IfcClassificationReference xsi:nil="true" ref="i31779" />
  </ReferencedSource>
</IfcClassificationReference>

<IfcPropertySetTemplate Name="441.10" id="i31784"
        Description="PropertySet Template for 'CAFMConnect.DE Hoch- und
Mittelspannungsschaltanlagen'"
        ApplicableEntity="IfcBuildingElementProxy/USERDEFINED">
  <HasPropertyTemplates>
    <IfcSimplePropertyTemplate id="i31786" Name="Anzahl der Einspeisungen" />
    <IfcSimplePropertyTemplate id="i31787" Name="Anzahl Schaltfelder" />
    <IfcSimplePropertyTemplate id="i31788" Name="Anzahl Schaltschränke" />
    <IfcSimplePropertyTemplate id="i31789" Name="Anzahl Wandler" />
    <IfcSimplePropertyTemplate id="i31790" Name="Anzahl Zähler" />
    <IfcSimplePropertyTemplate id="i31791" Name="Bauart" />
    <IfcSimplePropertyTemplate id="i31792" Name="Leistungsschalter" />
    <IfcSimplePropertyTemplate id="i31793" Name="Spannung" >
      <Enumerators>
        <EnumerationValues>
          <IfcLabel-wrapper id="i31794" pos="1">10000</IfcLabel-wrapper>
          <IfcLabel-wrapper id="i31795" pos="2">20000</IfcLabel-wrapper>
        </EnumerationValues>
      </Enumerators>
      <PrimaryUnit>
        <IfcSIUnit id="i4781" UnitType="electricvoltageunit" Name="volt" />
      </PrimaryUnit>
    </IfcSimplePropertyTemplate>
  </HasPropertyTemplates>
</IfcPropertySetTemplate>
```


Bild 2.15 Die Namen von geforderten Bauteileigenschaften können in Vorlagen (Templates) definiert werden. Ein *IFCPropertySetTemplate* fasst einen Satz von Eigenschaften zusammen (hier einfache Eigenschaften *IFCSimpleProperty*). *ApplicableEntity* bezeichnet den Bauteiltyp, der mit diesen Eigenschaften ausgestattet werden darf.

2.8 Modellqualität – und wie man sie ermittelt

Qualität ist kein Zustand, sondern ein Prozess. Qualitätssicherung ist ein Vorgang aus mehreren aufeinander aufbauenden Schritten, der nicht nur Modelle, sondern auch andere Informationen, wie Dokumente und Zeichnungen, umfasst. Der hierzu notwendige Qualitätssicherungsprozess ist ein wichtiger Workflow im BIM-Projekt. Er kann vorteilhaft und arbeitszeitsparend in einer Gemeinsamen Datenumgebung CDE umgesetzt werden. Mehr dazu in Abschnitt 4.8.1.1 Gemeinsame Datenumgebung CDE – Technische Lösungen und Arbeitsablauf und im Abschnitt 5.6.4 Qualitätssicherungsprozesse.

In diesem Abschnitt geht es zunächst darum, die Kriterien zur Modellqualität zu definieren und Prüfverfahren vorzustellen.

Es liegt auf der Hand, dass man ohne Qualitätskriterien auch die Qualität von Modellen nicht ermitteln kann. Welches sind die Kriterien für Modellqualität? Wie wir bereits wissen, dienen Modelle einem Zweck, später auch BIM-Ziel genannt, beispielsweise ist ihr Ziel die Kostenermittlung. Diese Ziele können nur erreicht werden, wenn bestimmte Informationen im Modell vorhanden sind. Hieraus resultiert ein entsprechender Informationsbedarf, der explizit zu spezifizieren ist. In dieser Spezifikation werden alle zu liefernden Modellelemente und ihre Eigenschaften aufgelistet. Diese Bedarfsliste bildet die Vorlage zur Prüfung der Modellqualität. Sie ermöglicht einen Vergleich von Soll- und real geliefertem Ist-Zustand.

2.8.1 Manuelle oder automatisierte Qualitätsprüfung

Ob Anspruch (= Informationsaustauschanforderungen IAA) und Wirklichkeit (= geliefertes Modell) zusammenpassen, zeigt das Ergebnis einer Modellprüfung. Die Prüfung kann überschlägig manuell, etwa durch Sichtung der Modelldaten in einem Viewer, geschehen, vorteilhafterweise jedoch automatisiert in einem Software-Tool, das Modelllieferungen gegen die Anforderungen prüfen kann. Voraussetzung hierfür ist, dass Anforderungen und Modelle in rechnergerechter Form vorliegen. Eine Liste von Anforderungen in einer PDF-Datei ist kaum geeignet, Excel-Tabellen sind zumindest theoretisch auch maschinenlesbar, doch weil der Inhalt kein standardisiertes Format besitzt, ebenfalls sehr unhandlich.

Doch was gilt es im eigenen konkreten Projekt zu prüfen? Zwei Ebenen sind zu unterscheiden: die formale Ebene und die inhaltlich-fachliche Ebene.

2.8.2 Formale Modellqualität

Die Prüfung der fachlichen Inhalte ist zwar letztlich der wichtigste Punkt der Qualitätssicherung. Das gelieferte Modell muss jedoch zunächst formale Kriterien, in erster Linie hinsichtlich des Formats, erfüllen. Hat man sich im Projekt z. B. auf IFC 2x3 als Modellformat geeinigt, müssen Modelle in anderen Formaten abgelehnt werden. Auch die inhaltliche Prüfung kann nur unter Verwendung von Modellen, die konform zum vereinbarten Modellschema sind, erfolgen. Soll z. B. in einem gelieferten IFC-Modell die Anzahl Fenster ermittelt werden, ist bei vereinbarter Verwendung von IFC nach Objekten vom Typ „*IFCWindow*" zu suchen. Im Modell nach dem Objekt „Fenster" zu suchen, wäre also sinnlos. Auch Stellvertreter-Elemente vom Typ *IFCProxy* mit der Eigenschaft „IchBinEinFenster" wären ungeeignet.

Ein Standard, mit dem man die geforderte Informationslieferung strukturell und inhaltlich beschreiben könnte, wäre hilfreich. Wir haben zwei Ansätze bereits kennengelernt: mvdXML und BIM-Profile. Beide zeigen die Methoden auf, mit denen man Informationsanforderungen spezifizieren kann, und geben Beispiele, die vordefinierten MVDs (Abschnitt 2.7.1 Model View Definitions) und BIM-Profile für bestimmte Anwendungsfälle (Abschnitt 2.7.2 BIM-Profile). Diese vorgegebenen Beispiele können als Vorlage für eigene projektspezifische Anforderungen dienen, die ggf. entsprechend zu erweitern ist.

2.8.3 Inhaltlich-fachliche Modellqualität

Zur Prüfung der fachlichen Korrektheit von Modellen ist zunächst sicherzustellen, dass die formalen Kriterien der Modellqualität eingehalten sind. Erst wenn der geforderte Informationsgehalt geliefert wurde, ist eine inhaltlich-fachliche Prüfung sinnvoll. Einige Beispiele für gängige Modellanalysen sollen das verdeutlichen.

Beispiel 2.7 **Gängige Qualitätsprüfungen für Modelle**

- Fluchtweg-Analyse:
  Im Gebäudemodell werden in Fluren und Treppenhäusern 3D-Volumenkörper platziert. Die Querschnitte dieser Volumenkörper entsprechen den Bauvorschriften für Fluchtwege und behindertengerechte Verkehrsflächen. Die entsprechenden Fluchtwegekörper können als Teilmodell in einer gesonderten Modelldatei gespeichert werden. Zum Nachweis der Fluchtwege wird eine Kollisionsprüfung zwischen Architekturmodell und Fluchtwegemodell durchgeführt. Dabei werden unterdimensionierte Fluchtwege sofort durch Kollisionen des Fluchtweg-Volumenkörpers mit hereinragenden Bauteilen (Türzargen, Schaltkästen etc.) erkannt. Durch regelmäßige Wiederholung werden Fehler, die sich möglicherweise im Planungsfortschritt einschleichen, schon während der Planung und nicht erst bei der Bauabnahme erkannt.
- Feuerschutzvorschriften:
  In einem Modell-Viewer werden alle Elemente nach ihren Brandschutzklassen herausgefiltert. Den Elementen werden je nach Brandschutzklasse leicht unterscheidbare Farben zugewiesen. Alle nicht relevanten Elemente werden ausgeblendet. Elemente mit abweichenden Brandschutzwerten stechen jetzt optisch hervor. Eine rote Tür in einer grünen Wand weist darauf hin, dass hier entgegen der Vorschrift keine homogenen Brandschutzwerte vorliegen, also die Tür etwa einen geringeren Feuerwiderstand als die umgebende Wand besitzt.
- Unzulässige Elemente (Sichtprüfung):
  Der IFC-Export gängiger Modellierungswerkzeuge ist häufig nicht zutreffend konfiguriert. Es treten dann häufig Elementeigenschaften auf, die nicht den Projekt-Konventionen entsprechen. Beispielsweise tragen Attributnamen Kürzel der Software-Hersteller oder andere fantasievolle Benennungen, obwohl anderslautende Attribute mit gleicher Bedeutung vereinbart wurden und verfügbar sind. Oft werden beispielsweise

komplexe Objekte, wie Heizanlagen oder Maschinen, zwar übermäßig detailreich als 3D-Elemente modelliert, der zutreffende Modellelementtyp für Heizanlagen oder Maschinen wird jedoch nicht verwendet, was deutlich wichtiger wäre. Beispielsweise wird bei IFC-Modellen statt eines *IFCBoilerType* (Heizkessel) ein *IFCBuildingElementProxy* verwendet. Das Proxy-Element (Proxy = engl. Stellvertreter) darf aber nur dann verwendet werden, wenn keine fachlich höherwertige Entsprechung in IFC vorhanden ist. Eigenkreationen dieser Art lassen sich leicht aufdecken.

- Erstellen von Raum-, Fenster-, Türlisten:
  Durch Übertragung von Teilmodellen in ein geeignetes BIM-Koordinationswerkzeug[10)] und anschließendes Filtern nach relevanten Elementen, zum Beispiel Räumen, Fenstern und Türen, können Listen erstellt und anschließend nach Excel exportiert werden. Dort können diese tabellarisch, z. B. als Raumliste, weiterverarbeitet werden.
- Kollisionsprüfung:
  Zur Koordination zweier oder mehrerer Fachdisziplinen werden zum Beispiel entsprechende Modelle der Tragwerksplanung und der TGA in ein Kollisionsprüfungstool eingelesen. Dort werden die geometrischen Verschneidungen untersucht und in einer Liste der ermittelten Kollisionen zusammengestellt. Die Liste hat vorzugsweise ein offenes Format (siehe Kapitel 4 Standards, Abschnitt 4.7.3 BIM Collaboration Format BCF) damit sie in anderen Anwendungen, zum Beispiel zur Fehlerbehebung, weiterbearbeitet werden kann.
- Modellbasiertes Leistungsverzeichnis:
  Damit Modellelemente mit Leistungspositionen assoziiert werden können, müssen alle relevanten Elemente entsprechende Attribute erhalten. Die notwendigen Attribute werden seitens der verwendeten Leistungsverzeichnis-Software festgelegt, beispielsweise LV-Positions-Nr., Gewerk, Los-Nr. etc. Anschließend werden z. B. in einem Modell-Viewer mit Editierfunktion die Attribute mit entsprechenden Werten versehen (z. B. Wandattribut „Gewerk" = Mauerwerksbau). Danach wird das attribuierte Modell in die Leistungsverzeichnis-Software übertragen. Diese sollte den Bezug zwischen Modellelementen und Leistungspositionen speichern, damit später Aktualisierungen oder Optimierungen vorgenommen werden können.

Beispiel 2.8 **Nur für Mutige: IFCXML-Datei im Editor öffnen und manuell korrigieren!**

Man würde wohl kaum auf die Idee kommen, eine rvt- oder eine DWG-Datei in einen Texteditor zu laden und zu ändern oder auch nur zu lesen. Man würde eine kryptische Sequenz aus Buchstaben, Zahlen und Zeichen ähnlich Bild 2.16 zu Gesicht bekommen. Bei offenen, textbasierten Formaten ist das dagegen ohne Weiteres möglich und keineswegs abwegig, wie folgendes Beispiel zeigt:

Wir wollen die herstellerspezifisch benannten Elementeigenschaften korrigieren, um beispielsweise die im Projekt vereinbarten Namenskonventionen einzuhalten, auch wenn sich das verwendete Software-Produkt „weigert", korrekte Namen zu exportieren. Zwei-

10) Zum Beispiel Solibri Modell Checker oder SimpleBIM

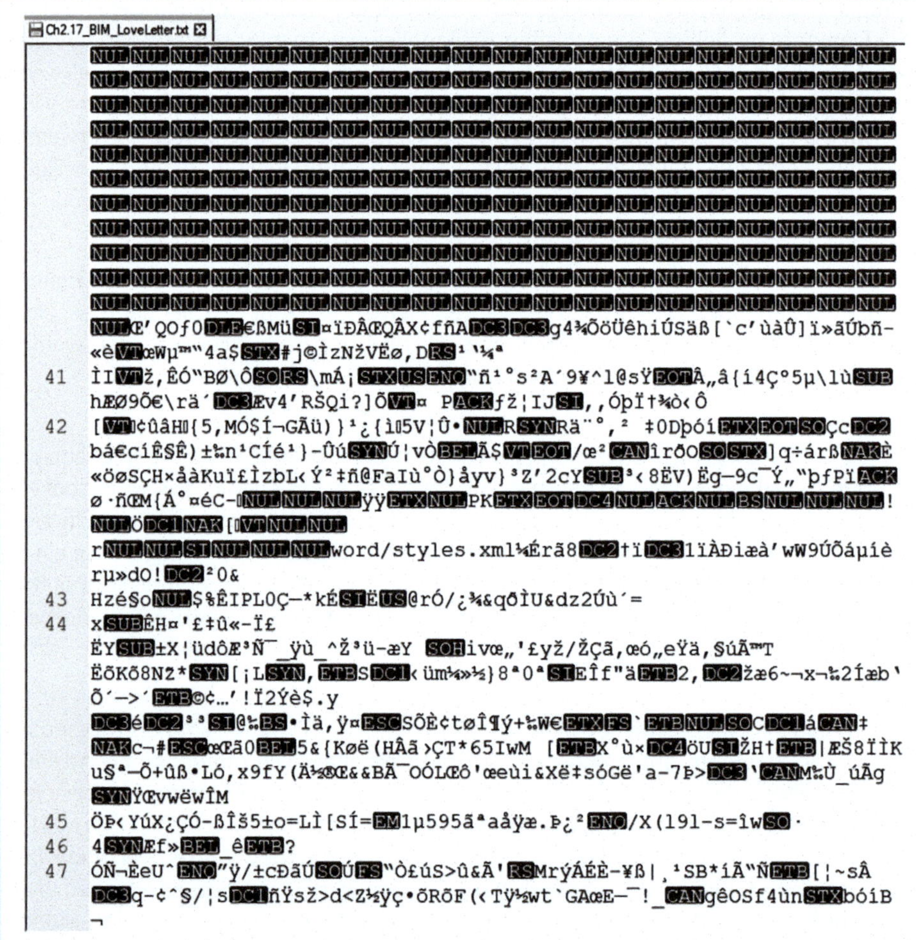

Bild 2.16 Eine Worddatei sieht im Editor so aus. Keine Chance, hier irgendetwas von Hand zu korrigieren. Im Gegensatz zu offenen Formaten können proprietäre Formate nur von der herstellereigenen Software gelesen werden.

fellos erscheint dies als ein Experiment für die Mutigen. Im Grunde zeigt es jedoch nur, dass wir es nicht gewohnt sind, die Hoheit über unsere Daten auszuüben. Das Risiko hingegen ist gering, denn bevor wir beginnen, legen wir uns selbstverständlich eine Sicherungskopie an.

Wir laden unser IFCXML-Modell in einen einfachen Texteditor (Bild 2.17) und ändern die nicht korrekten Eigenschaftsnamen. Wählen Sie für dieses Experiment eine kleinere IFCXML-Datei, um die Übersicht zu behalten.

Dann gehen Sie wie folgt vor:

1. Dateiendung von *.IFCxml in *.xml umbenennen. Verwenden Sie in diesem Fall nicht das IFC-Format mit der Endung *.IFC. Der Editor kann das XML-Format dann gleich erkennen. Besonders empfehlenswert: Notepad++ (https://notepad-plus-plus.org)

```
<!-- Elementeigenschaften (PropertySets) mit anwendungsspezifischen Namen
behindern den Datenaustausch zwischen verschiedenen Anwendungen -->
<IfcPropertySet id="ID118">
        <GlobalId>2GvG9I4fP45eivOruzbREm</GlobalId>
        <OwnerHistory>
                <IfcOwnerHistory xsi:nil="true" ref="ID19"/>
        </OwnerHistory>
        <Name>Pset_Revit_Dimensions</Name>
<!-- Für die Dimensionen einer Wand (Länge/Breite/Höhe) gibt es in IFC
Standardeigenschaften, sog. Common Property Sets -->
        <HasProperties ex:cType="set">
                <IfcPropertySingleValue ex:pos="0" xsi:nil="true" ref="ID101"/>
                <IfcPropertySingleValue ex:pos="1" xsi:nil="true" ref="ID102"/>
                <IfcPropertySingleValue ex:pos="2" xsi:nil="true" ref="ID103"/>
        </HasProperties>
</IfcPropertySet>
<IfcRelDefinesByProperties id="ID119">
        <GlobalId>1DaE90Sxn4rueaHwyE5WTh</GlobalId>
        <OwnerHistory>
                <IfcOwnerHistory xsi:nil="true" ref="ID19"/>
        </OwnerHistory>
        <RelatedObjects ex:cType="set">
                <IfcWallStandardCase ex:pos="0" xsi:nil="true" ref="ID83"/>
        </RelatedObjects>
        <RelatingPropertyDefinition>
                <IfcPropertySet xsi:nil="true" ref="ID118"/>
        </RelatingPropertyDefinition>
</IfcRelDefinesByProperties>
```

Bild 2.17 IFC-Formate sind Textformate. Der Kundige kann IFC-Dateien in einen Editor laden und von Hand korrigieren (hier IFCXML-Daten). Zum Beispiel können unerwünschte Benennungen manuell bereinigt werden. Hier steht ein herstellerspezifisches Prefix („Pset_Revit_“) unnötigerweise vor einem normalerweise standardisierten Attribut (Dimensions).

2. *.xml-Datei in den Texteditor laden. Dort werden die XML-Elemente farblich kenntlich gemacht, Unterstrukturen werden eingerückt dargestellt (Bild 2.17).
3. Missliebiges Element oder Attribut ändern. Zum Beispiel das Prefix „family“ oder „allplan“ suchen und den falsch benannten Eigenschaftsnamen durch den projektweit vereinbarten Eigenschaftsnamen ersetzen.
4. Datei wieder einlesen.
5. Bei Misserfolg Neustart bei 2.

Nicht von Misserfolgen abschrecken lassen! Allerdings sollten Sie sehr genau wissen, was Sie tun. Dass die Datei nicht mehr lesbar ist, wäre noch das geringste Übel, Sie haben das Original schließlich gesichert. Schlimm wird's, wenn sich Fehler einschleichen, die nicht sofort zutage treten. Jedoch sollten Sie sich auch nicht durch überängstliche Puritaner ins Bockshorn jagen lassen. Auch hier geht Probieren über Studieren. Durch einen gezielten Eingriff kann man sich manchmal ganz schön aus der Klemme helfen, etwa wenn durch explodierende Koordinaten einzelner Elemente keine vernünftige Darstellung mehr möglich ist. Wohl dem, der dann die explodierenden Werte durch realistische ersetzen kann. Anschließend Datei laden und das entsprechende Element nachbearbeiten. Nur Mut! Bei offenen Formaten hilft auch der Blick in die Dokumentation.

In einem BIM-Viewer kann man den Erfolg anschließend überprüfen (Bild 2.18).

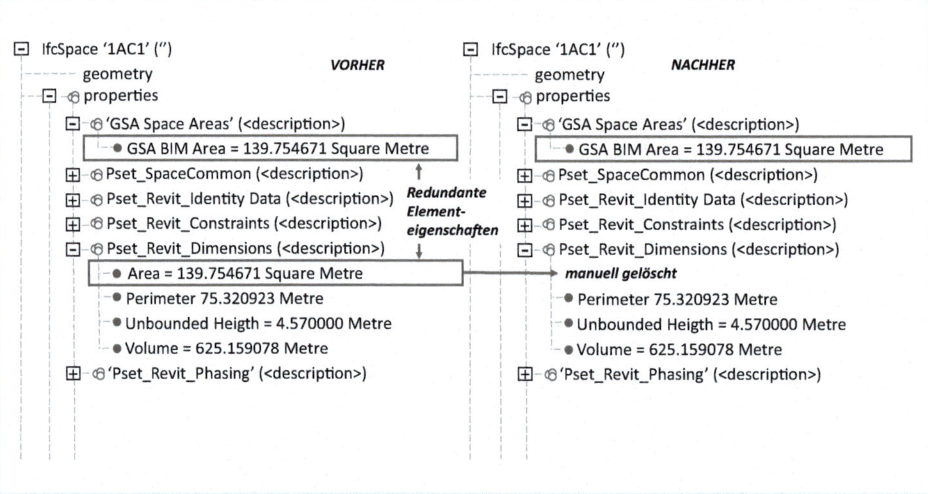

Bild 2.18 „GSA BIM Area" oder „Area", was gilt? Redundante Flächeninformationen konnten manuell beseitigt werden. In einem BIM-Viewer (hier der RDF-Viewer) kann der manuelle Editiererfolg überprüft werden.

2.9 Modelldatenaustausch – Verluste vorprogrammiert?

Der Austausch von Daten ist oft erschwert, weil die austauschenden Parteien zwar das Gleiche meinen, es jedoch unterschiedlich ausdrücken. Die zu leistende „Übersetzungsarbeit" ist dann oft verlustbehaftet. Der Modellierungsvorgang hat viele Freiheitsgrade und Variationsmöglichkeiten, die den Austausch von Modelldaten nicht gerade erleichtern.

2.9.1 Ziel: Grenzen verlustfrei überwinden

Im Zuge der Entwicklung der eigenen Software entwickeln Software-Hersteller ihre eigenen Datenstrukturen so, dass ihr Produkt optimal unterstützt wird. Beim Datenaustausch zwischen Produkten unterschiedlicher Hersteller müssen Datenformate übersetzt werden. Bei der Vielzahl existierender Produkte und Formate kann der Übersetzungsaufwand erheblich werden. Es liegt daher nahe, sich auf EIN Austauschformat zu einigen und den Übersetzungsaufwand dadurch zu minimieren. Die offenen Datenformate IFC und BCF haben hier Welten geöffnet und den systematischen Datenaustausch erst ermöglicht. Datenstandards sind daher sehr wichtig, doch trotz der Verwendung von Standards kann es zu Inkompatibilitäten kommen. Bei offenen Formaten hat man jedoch die Chance, Verluste zu vermeiden. Wegen der allgemeinen Zugänglichkeit der Datenstrukturen ist in den meisten Fällen eine Abbildung (Mapping) auf das Zielformat möglich. Bei geschlossenen Formaten ist das ausgeschlossen, da die herstellerspezifischen Strukturen nicht bekannt sind, wie das IFC hacking Beispiel 2.8 zeigt. Der Datenaustausch funktioniert hier nur zwischen Anwendungen des gleichen Herstellers – und manchmal noch nicht einmal dort.

2.9.2 Native Herstellerformate

Wir haben im Abschnitt 2.3.7 Modellierungsfreiheit mit Risiken am Beispiel des Modellelements „Wand" bereits gesehen, dass es oft mehrere Modellierungsvarianten gibt, die den Datenaustausch nicht unbedingt einfacher machen. Wenn also schon bei einer einfachen Wand der Datenaustausch einige Schwierigkeiten bereithalten kann, vor welchen Herausforderungen steht dann erst das gemeinsame Arbeiten an einem komplexen digitalen Gebäudemodell?

Neben den unterschiedlichen Arten, ein und dasselbe Objekt zu beschreiben, kommen noch die unterschiedlichen Dateiformate der Hersteller hinzu. Das bedeutet, selbst wenn alle Hersteller eine Wand auf die exakt selbe Weise beschreiben würden, wären dennoch die gespeicherten Daten unterschiedlich strukturiert und könnten von anderen Anwendungen voraussichtlich nicht gelesen werden. Die Datenstrukturen unterstützen die Funktionen der eigenen Software optimal. Sie haben das ursprüngliche (native) Format der jeweiligen Software und „gehören" quasi dem jeweiligen Software-Hersteller und werden daher auch „proprietäre Formate" genannt.

Wenn Nutzer dieser Software untereinander Daten austauschen, funktioniert das ohne Weiteres, solange sie alle die gleiche Software (und möglichst noch die gleiche Version dieser Software) verwenden. Datenstrukturen können sich von Version zu Version ändern. Wird das beim Datenaustausch nicht berücksichtigt und automatisch angepasst, zum Beispiel durch ein internes Mapping auf die neue Version, kommt es selbst beim Datenaustausch zwischen Produkten des gleichen Herstellers zu Verlusten oder gar Fehlern.

Generell ist die Zusammenarbeit mit proprietären Formaten kein Problem. Im Gegenteil: Die Hersteller haben das Ziel, die Anwender über Formate stark an sich zu binden, und sorgen dafür, dass die eigenen Anwendungen gut zusammenarbeiten. Das funktioniert prima, solange die Software alle Fachrichtungen, die über ein gemeinsames Modell zusammenarbeiten wollen, optimal unterstützt. Beispielsweise können eine TGA-Planung und die Tragwerksplanung parallel mit der Software des gleichen Herstellers durchgeführt werden.

Entgegen eventuell anderslautenden Darstellungen der Hersteller stößt jedoch auch die größte herstellereigene Software-Palette im Laufe eines Projekts – und erst recht während der gesamten Gebäudelebensdauer – an ihre Grenzen. Angesichts der unterschiedlichsten Fachrichtungen, Anbieter und Fragestellungen möchte man irgendwann Produkte anderer Hersteller einsetzen. An diesen Schnittstellen muss man sich auf ein Austauschformat einigen, denn ohne ausdrückliche Konventionen wie zwischen den Anwendungen desselben Herstellers geht der Austausch jetzt nicht mehr. Nur so kann man ein Projekt nach Open-BIM-Kriterien umsetzen (siehe Abschnitte 1.3 und 1.5.2).

Aber auch wenn nur ein Hersteller im Spiel ist, muss der Datenaustausch genau spezifiziert werden, wie das Kapitel 5 BIM-Projektpraxis im Abschnitt 5.6.5, Informationslieferhandbuch IDM erstellen, zeigen wird.

2.9.3 Datenabbildung mit Verlusten

Speichert eine Anwendung ihre Arbeitsergebnisse in einer Datei oder Datenbank, so sind die gespeicherten Datenstrukturen ziemlich dicht an die internen Datenstrukturen des verwendeten Software-Programms angelehnt. Sie enthalten ein natives Datenformat. Systeme anderer Hersteller können diese Strukturen daher nicht lesen. Nur wer die Datenstrukturen beider Systeme kennt, hat eine Chance, die eine Struktur in die andere zu überführen. Dieses Mapping (deutsch Abbildung) kann jedoch auch nur dann hundertprozentig erfolgreich sein, wenn sich die Modellschemas beider Datenstrukturen genügend ähneln. Kennt das Zielsystem keine Wand, kann diese dort auch nicht abgebildet werden, beim Mapping entstehen dann gravierende Verluste. Es kann dann eventuell versucht werden, im Zielsystem wenigstens die Geometrie abzubilden und vielleicht ein paar Eigenschaften herüberzuretten.

2.9.4 Mapping – Wunsch und Wirklichkeit

Findet der Austausch zwischen zwei Architekturprogrammen statt, so ist es recht wahrscheinlich, dass beide eine ähnliche Vorstellung davon haben, wie ein Wandobjekt oder eine räumliche Gebäudestruktur zu modellieren ist. Die Abbildung eines Objektmodells aus System A in das Objektmodell von System B ist jedoch selten so bilderbuchartig wie in Bild 2.19.

Schön wäre es natürlich, wenn man lediglich die Typbezeichnungen von einem System auf das andere übersetzen müsste, also beispielsweise die „Wand" von System A in *„IFCWall"* von System B und die Attributbezeichnung von „Länge" in „Length". Die Realität sieht allerdings deutlich anders aus. Nicht einmal zwei unterschiedliche Soft-

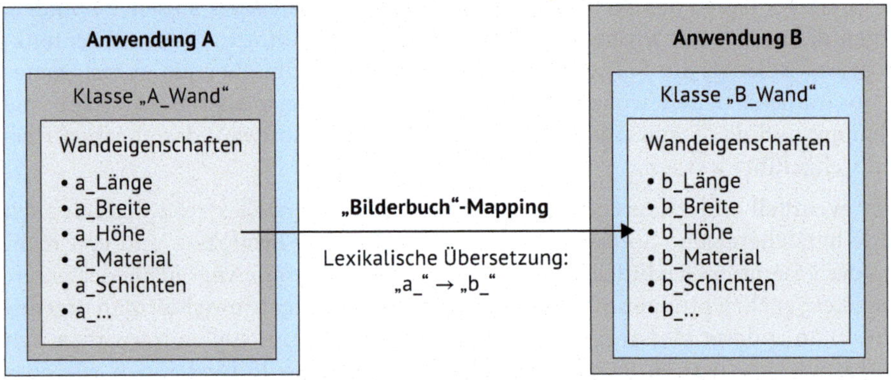

Bild 2.19 Ein ideales Mapping würde auf beiden Seiten dieselbe Objektstruktur vorfinden. Es wären lediglich die Bezeichnungen der Elementtypen und deren Eigenschaften zu übersetzen. Eine Idealsituation, die wahrscheinlich nicht einmal zwischen unterschiedlichen Anwendungen desselben Herstellers zu finden ist.

ware-Versionen ein und desselben Herstellers haben garantiert dieselben Bezeichnungen für ihre Objekttypen und deren Attribute. Zwar ist es wahrscheinlich, dass Hersteller dafür Sorge tragen, dass beim Einlesen einer alten Dateiversion eine Übersetzung in das neue Format durchgeführt wird. Praktiker wissen jedoch aus teilweise leidvoller Erfahrung, dass dies auch bei großen, namhaften, marktbeherrschenden Herstellern nicht immer durchgängig der Fall ist.

Dennoch liegt der Grund, sich für eine Closed-BIM-Lösung zu entscheiden, darin begründet, dass man potenziell wesentlich weniger bis gar keine Probleme beim Datenaustausch hat, wenn man vorwiegend die Anwendungen aus der Produktpalette desselben Herstellers nutzt.

Im Projektverlauf funktioniert das allerdings nicht immer. Manchmal muss man Herstellergrenzen überwinden, und dann kommt es darauf an, dass das Mapping in das Zielformat funktioniert. Offene Formate wie IFC sind dann das Mittel der Wahl, denn die nativen Formate des eigenen Systems können in den seltensten Fällen direkt im Zielsystem eingelesen werden. Wie sieht es also beim Übersetzen und dem dabei stattfindenden Mapping von dem Objektmodell des Herstellers A in das IFC-Format und anschließend vom IFC-Format in das Format des Herstellers B aus? Bild 2.20 zeigt, dass auf dem Wege von Anwendung A nach B zweimal die Notwendigkeit für ein Mapping und damit allerdings auch zweimal die Gelegenheit zu Datenverlusten auftritt.
Vorteilhafter wäre ein Szenario wie in Bild 2.19. Hier sind Quellsystem (Anwendung A) und Zielsystem (Anwendung B) prinzipiell gleich strukturiert, lediglich die Bezeichnungen sind unterschiedlich. Bei Mapping muss also nur der Name übersetzt werden. So etwas gibt es allerdings tatsächlich nur im Bilderbuch.

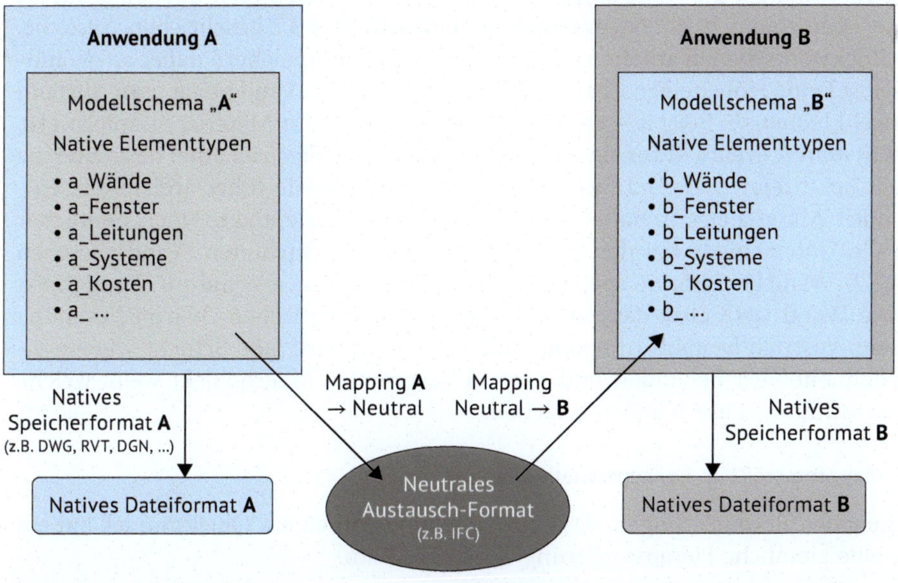

Bild 2.20 In der Realität ist das Mapping zwischen den Modellschemas zweier Anwendungen deutlich komplexer. Ein neutrales Zwischenformat kann den Aufwand reduzieren, wenn viele Anwendungen dieses neutrale Austauschformat unterstützen.

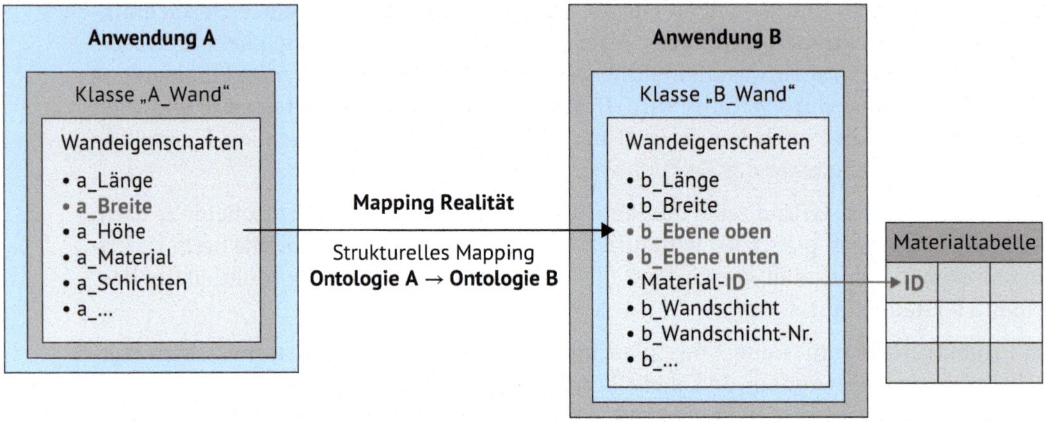

Bild 2.21 Die konzeptionellen Unterschiede der Objektmodelle in den Anwendungen A und B sind so erheblich, dass eine Abbildung teilweise nur für Sonderfälle möglich ist, beispielsweise kann die Angabe der Wandhöhe in A nur für einen bestimmten Abstand der oberen und unteren Ebene im System B zutreffen bzw. umgekehrt betrachtet kann der Abstand zwischen unterer und oberer Ebene nur in bestimmten Konstellationen genau den Wert a_Höhe ergeben.

Bild 2.21 kommt der Problematik schon deutlich näher. Nicht nur, dass Modellelemente und deren Attribute im Zielsystem (Anwendung B) andere Namen haben, nein, die Strukturen im Zielsystem können durchaus fundamental unterschiedlich sein. Während in Anwendung A der Parameter a_Höhe für die Höhe zuständig ist (Bild 2.19), wird in Anwendung B die Höhe einer Wand aus dem Abstand zweier Ebenen ermittelt (b_Ebene_oben minus b_Ebene_unten), wie in Abschnitt 2.3.7 beschrieben. Systeme, die mit Stockwerksebenen arbeiten, beispielsweise Allplan, speichern daher am Wandobjekt selbst keine Höheneigenschaft, sondern die Höhe der Wand hängt vom Abstand dieser zwei Ebenen ab. Beispiele dieser Art gibt es viele. Beim Material beispielsweise verweist System A eventuell auf ein Materialobjekt, das die Eigenschaften des Materials gebündelt beschreibt, während System B eine Materialtabelle führt, welche die entsprechenden Materialeigenschaften in tabellarischer Form enthält. Noch deutlicher können die Unterschiede bei der Modellierung einer geschichteten Wand aussehen (siehe 4.3.7). Manche Systeme speichern die Schichtung einer Wand im Wandobjekt selbst. Die Wand weiß also, dass sie aus Mauerwerk, Putzflächen, Wärmedämmung und einem Anstrich besteht. In einem anderen System wird jede Schicht wie ein eigenes Volumenobjekt behandelt und nur ein bestimmtes Makroobjekt weiß, welche Schichten am Ende diese Wand ausmachen.

2.9.4.1 Mapping stößt an konzeptionelle Grenzen

Diese einfachen Beispiele zeigen, dass die Abbildung von einem Objektmodell auf ein anderes eine ziemliche Herausforderung darstellen kann.

Die Verluste sind oft konzeptioneller Art, denn manche Abbildungen sind schlechterdings nicht möglich, weil das Zielsystem bestimmte Dinge gar nicht kennt. Ursachen können in fehlenden Modellierungsstrukturen, Elementtypen oder funktionalen Fähigkeiten des Zielschemas liegen.

Beispiel 2.9 **Mapping und Parametrik**

Ein Beispiel für eine solche Unmöglichkeit ist die Übertragung parametrisierter Objekte. Sie haben Eigenschaften, deren Werte algorithmisch beschrieben werden. Ein Algorithmus stellt dafür rechnerische Zusammenhänge zwischen anderen Eigenschaften des Objekts und/oder externen Parametern her. Durch eine Rechenvorschrift kann der Algorithmus daraus dann die gefragten Eigenschaftswerte errechnen.

Werden Modellelemente aus einem System mit parametrischen Fähigkeiten, beispielsweise Revit, in eine statische Modellstruktur, beispielsweise IFC, übertragen, stößt dies auf Schwierigkeiten. Regelbasierte Parametrik ist im Zielsystem IFC nicht vorgesehen, daher können auch die damit verbundenen Rechenregeln nicht an das Zielsystem weitergegeben werden.

Beispiel 2.10 **Parametrisierte Höhe von Fensterstürzen**

Die Höhe des Fenstersturzes berechnet sich zum Beispiel aus Stockwerkshöhe abzüglich Brüstungshöhe und Fensteröffnungshöhe. Die Stockwerkshöhe, Brüstungshöhe und Fensteröffnungshöhe sind dabei als Eingangsparameter vorgegeben, die Höhe des Fenstersturzes ergibt sich als berechneter Parameter.

Bild 2.22 zeigt eine Öffnung, deren Höhe in Abhängigkeit von der Sturz-, Brüstungs- und Geschosshöhe ermittelt wird. Die einfache algebraische Gleichung zur Ermittlung der Öffnungshöhe kann nicht nach IFC übertragen werden, weil das IFC-Objektmodell dies nicht vorsieht. Daher wird stattdessen lediglich die aktuelle zahlenmäßige Geschosshöhe nach IFC exportiert.

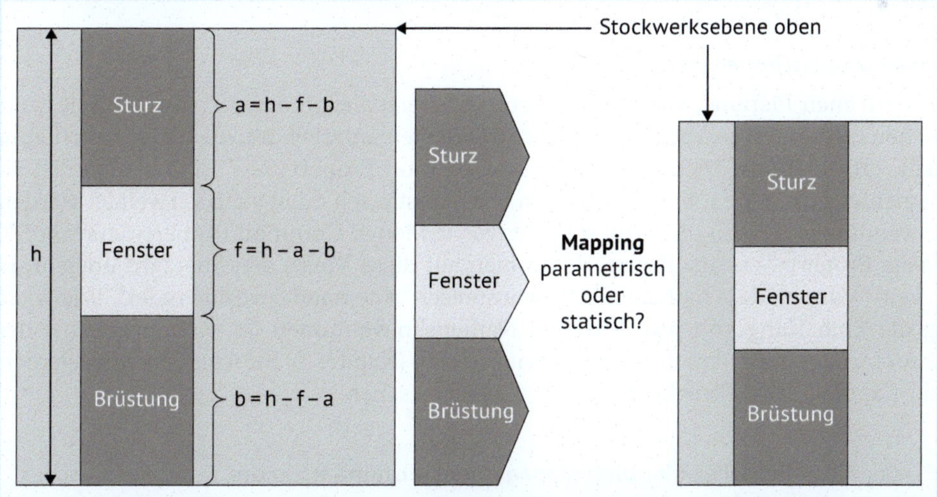

Bild 2.22 Falls das Zielsystem keine Parametrik unterstützt, können nur aktuelle statische Werte übertragen werden. Dies stellt jedoch in vielen Anwendungsfällen kein Problem dar, da in der Regel nur der aktuelle Zustand zu untersuchen ist.

2.9.4.2 Wo Mapping Sinn macht

Wer jetzt allerdings glaubt, die Übertragung von einem System auf ein anderes wäre schlechterdings sinnlos, weil es zu derartigen Verlusten kommt, liegt falsch. Führen wir uns wieder den Zweck vor Augen, den Modelle verfolgen. Wenn mein Modell aus System A nach IFC exportiert wird mit dem Ziel, eine Kollisionsberechnung durchzuführen, kommt es tatsächlich alleine auf die aktuellen Abmessungen meiner Modellelemente an. Parametrische Fähigkeiten wären hier nicht nur überflüssig, sie wären auch hinderlich, denn im Zielsystem soll ja lediglich der Ist-Zustand auf Kollisionen hin überprüft und keine parametrische Variantenstudie betrieben werden. Eine Veränderung des Modells, um beispielsweise Kollisionen gleich bei ihrer Feststellung zu beheben, ist nicht das Ziel. Damit relativieren sich auch die „Verluste" bei der Übertragung. Sie sind in keiner Weise hinderlich.

2.9.5 Mapping Management beim Datenexport

Die oft gescholtenen Software-Hersteller sind in den letzten Jahren immerhin dazu übergegangen, das Mapping ihrer internen Objektstrukturen auf externe Dateiformate konfigurierbar zu gestalten. In einem Mapping-Manager-Modul kann man dann oft die Mapping-Beziehungen festlegen. Von der einfachen Eins-zu-eins-„Bilderbuch"-Übersetzung wie in Bild 2.19 bis zu strukturellen Beziehungen (Bild 2.21) lässt sich einiges konfigurieren. Hat man sich beispielsweise in einem Projekt auf bestimmte Element- und Attributtypen geeinigt, ist der Mapping-Manager das richtige Werkzeug, um die erforderlichen Konventionen umzusetzen. Oft findet man in IFC-Exportdateien etwa das Kürzel des Herstellers als Prefix vor dem eigentlichen Attributnamen. Im Mapping-Manager kann man stattdessen den korrekten, im Projekt vereinbarten Namen eintragen.

Standardeigenschaften verwenden

In der frühen Planung, wenn noch nicht mit Herstellerprodukten, sondern mit generischen Elementen gearbeitet wird, reichen die Elementattribute, die IFC zur Verfügung stellt, oft noch aus. Diese sogenannten „Common PropertySets" sind standardisierte Elementeigenschaften. Sie sollten beim Datenaustausch denn auch verwendet werden. Anwendungen neigen oft dazu, statt der vorhandenen Common PropertySets von IFC eigene PropertySets anzulegen. Wenn man auf diese Weise den Standard umgeht, ist es kein Wunder, dass man beim Datenaustausch „aneinander vorbei redet". Wie wichtig die Einhaltung von projektweiten Namenskonventionen ist, werden wir bei den Anforderungen an den Informationsaustausch (Kapitel 3 Informationsmanagement und Kapitel 5 BIM-Projektpraxis) noch genauer sehen.

Exkurs 2.2 **Manuelles Mapping Management – Ultima Ratio des Datenaustausches**

Dass manuelles Editieren von Modelldateien prinzipiell möglich ist, haben wir im Beispiel für Mutige im Abschnitt Modellqualität gesehen. Auch wenn mich jetzt der eine oder andere für einen verrückten Software-Nerd hält, ermöglichen offene Formate die manuelle Anpassung, falls alle anderen Methoden, das gewünschte Mapping herzustellen, scheitern. Hartgesottene öffnen eine IFC-Datei in einem Texteditor und legen selbst Hand an. Das erfordert intime Kenntnis von IFC und ist nicht jedermanns Sache. Professioneller wäre ein kleines Programm, das die gewünschten Änderungen auf Knopfdruck erledigt.

Oft sind es nur geradezu lächerliche Kleinigkeiten, die einen Datenaustausch scheitern lassen. Der kurze Blick eines Experten in die exportierte IFC-Datei kann da manchmal Wunder wirken. Dann sind ungewöhnliche Zeichen oder falsch formatierte Koordinaten schnell korrigiert. Mir sind Projekte bekannt, in denen der extra für den Datenaustausch zuständige „Document Manager" erfolgreich zu diesem Mittel gegriffen hat. Natürlich setzt das entsprechende, tiefgreifende Kenntnisse der editierten Datenstrukturen voraus.

Häufig findet man durch Einblick in die exportierte Datei auch „nur" die Ursache des Problems und kann sie anschließend in der originären Software umgehen oder beheben.

Das Beispiel soll nicht zu waghalsigen Experimenten anstiften, sondern einmal mehr zeigen, dass man bei offenen Formaten nicht allein der Hilfsbereitschaft des Software-Herstellers ausgeliefert ist.

2.10 Modellpersistenz – Modelle speichern und weitergeben

Vor der Weitergabe von Daten an andere Systeme, zum Beispiel an eine andere Software oder eine Gemeinsame Datenumgebung, müssen Modelldaten in eine dauerhafte Speicherform gebracht werden. Üblicherweise ist diese Ablageform eine Datei oder eine Datenbank.

2.10.1 Modelle in Dateien und Datenbanken

Dateien sind auch heute noch die gängigste Variante, um Modelle zu speichern oder weiterzugeben. BIM-Software-Produkte haben ihre eigenen Datei-Formate. Sie sind jedoch mehr und mehr in der Lage, offene Modellformate zu ex- und zu importieren.

XML hat sich in vielen Bereichen als Standardformat für strukturierte Daten etabliert. Liegen Modelldaten im XML-Format vor – dieses ist zum Beispiel bei IFCXML, BCF, gbXML, LandXML der Fall –, können auch Modellabfragen mit Standardwerkzeugen durchgeführt werden. Bei XML-Daten ist es unerheblich, ob diese physisch in einer Datei oder Datenbank abgelegt sind, denn die XML-Modellstrukturen können mit derselben Abfragesprache untersucht werden. Für XML existiert eine Fülle herstellerunabhängiger Werkzeuge. Bei nativen Formaten ist man dagegen auf Werkzeuge des jeweiligen Herstellers festgelegt. Das folgende Beispiel zeigt an einem extremen Beispiel, wie weit die Möglichkeiten offener Modellformate gehen können.

Über die Datenstruktur, in der Modelle in Dateien oder Datenbanken abgelegt werden, entscheiden die jeweiligen Software-Entwickler. Bei der Entwicklung dieser Ablagestrukturen stehen eigene Optimierungskriterien im Vordergrund. Zum Beispiel ist das schnelle Wiedereinlesen aus einer Dateistruktur in die interne Objektstruktur ein wichtiges Kriterium. Die Ablagestruktur von Modellen im Speichermedium liegt meistens recht nah an dem internen, nativen Format. Beim Wiedereinlesen in die eigene Software treten daher keine Abbildungsverluste auf. Die optimale Weitergabe von eigenen

Daten an externe Systeme ist dagegen selten ein Kriterium beim Entwurf von Ablagestrukturen. Die Entwickler von CAD- und BIM-Programmen würden daher kaum auf die Idee kommen, ihre Modelle grundsätzlich nur in einem offenen standardisierten Dateiformat, wie beispielsweise dem IFC-Format, abzuspeichern. Denn das eigene native Speicherformat enthält in der Regel sehr viel mehr Informationen als es jedes andere Format leisten könnte. So geht beim Speichern nach IFC eine eventuell vorhandene Parametrik, also die algorithmische Berechnung von Modelleigenschaften, verloren. Man sieht also, dass selbst bei neutralen Austauschformaten, die ja den Sinn haben, Verluste zu minimieren, nicht alle technischen Möglichkeiten berücksichtigt werden. Es ist keinesfalls so, dass man dem Modelldatenformat IFC eine Parametrik nicht „beibringen“ könnte. Der Verwendungszweck, für den IFC entwickelt wurde, z. B. die Koordination von Modellen verschiedener Gewerke, verlangt bisher eine derartige Funktionalität jedoch nicht. Bei zukünftigen IFC Versionen kann jedoch durchaus anders entschieden werden.

2.10.2 Objekte flachgedrückt – Relationale Datenbanken für Modelle

Objekte kann man in Tabellenform ablegen. Für jede Klasse eine Tabelle, für jedes Objekt eine Zeile, für jedes Objektattribut eine Spalte. Hierarchische Beziehungen zwischen Objekten können über Kreuztabellen erfasst werden. Bei anderen Beziehungen wird es dann schon schwieriger, diese in Tabellenform zu pressen: Mengen, Netze, Verkettungen sind in Tabellenform nicht mehr so leicht auszudrücken.

Allerdings sind relationale Datenbankentechnologien extrem ausgereift. Sie sind zuverlässig, schnell und günstig. Die Abfrage von Daten ist international standardisiert. Die standardisierte Abfragesprache, Structured Query Language SQL, wird von allen Datenbankherstellern unterstützt. Der objektorientierte Ansatz kann jedoch mehr als der relationale Datenbankenansatz hergibt. Das liegt am unterschiedlichen Konzept von relationalen Datenbanken und objektorientierter Vorgehensweise. Diese Inkompatibilität beider Ansätze wird als objekt-relationale Unverträglichkeit[11)] bezeichnet. Objekte können beispielsweise ein Verhalten implementieren, zum Beispiel können sich zwei Wände verschneiden. Sie enthalten den Algorithmus, der das kann. Tabellenzeilen können das nicht. Zwei Objekte mit identischen Eigenschaften sind theoretisch identisch. Gäbe es mehrere identische Objekte, wären alle außer einem überflüssig. Die Identität eines Objekts resultiert also aus seinen Eigenschaften – oder anders ausgedrückt: Objekte erhalten ihre Identität aus ihrem Zustand. Objekte brauchen somit theoretisch nach reiner objektorientierter Lehre keinen Identifikator. In der realen Handhabung haben sich Objekt-Identifikatoren allerdings als sehr sinnvoll erwiesen. In relationalen Tabellen hat dagegen jede Zeile eine Nummer, den Schlüssel oder Identifikator. Und es gibt einige weitere fundamentale Unterschiede zwischen dem objektorientierten und dem relationalen Ansatz. Bei weiterentwickelten Konzepten erweist sich das manchmal als hinderlich für die Verwendung relationaler Datenbanktechnologien für objektorientierte Strukturen, um die es sich bei Modellen ja handelt. Das standardisierte Modellierungsformat IFC allerdings lässt sich problemlos in einer relationalen Datenbank abbilden, denn IFC-Objekte haben zum Beispiel einen weltweit

11) Englisch: object-relational impedance mismatch

eindeutigen Identifikator, aber kein Verhalten (Methoden), sondern nur Daten (Attribute). Darum lassen sich IFC-Objekte, zum Beispiel Modellelemente, leicht in relationalen Datenbanken abspeichern. Die Möglichkeiten der Objektorientierheit können damit allerdings nicht ausgeschöpft werden.

2.10.3 OO-Datenbanken – Modellelemente bleiben Objekte

In objektorientierten Datenbanken können Objekte eins zu eins ihrem Schema entsprechend mit allen Methoden, Zuständen, Identitäten, Vererbungsbeziehungen etc. abgelegt und durchsucht werden. Dennoch haben sich Objektdatenbanken bis heute kaum durchgesetzt.

Ähnlich sieht es mit den Abfragesprachen aus. Die Abfragen sind zwar deutlich kompakter als bei relationalen Abfragekonstrukten wie SQL, aber es gibt nur wenige Implementierungen von Abfragesprachen, etwa der Object Query Language OQL oder der Object Constraint Language OCL, obwohl beide als internationaler Standard verfügbar sind.

2.10.4 Linked Data – Das WWW ist die Datenbank

Wie bereits in 2.6.2 beschrieben, bleiben Informationen an ihrem Ort und werden über Web-Links vernetzt. Dabei werden auch Abbildungsvorschriften berücksichtigt. Die Datenquellen müssen also nicht das gleiche Format haben wie aufseiten des Datenkonsumenten. Durch das Mapping können unterschiedliche Ontologien miteinander vernetzt werden. Dadurch können Daten mit unterschiedlichen Strukturen integriert werden. Die Problematik der Dominanten Dekomposition, also die Vorherrschaft einer einzelnen Strukturierungsvariante bei der Modellierung, wird damit entscheidend verringert. Durch diese vernetzbare Semantik können verteilte Informationen wie in einer Datenbank genutzt werden, ohne dass sie zentral gespeichert werden müssen. Abfragesprachen zur Recherche über diese dezentral verteilten Daten wurden speziell hierfür entwickelt (bspw. SPARQL).

2.11 Modellabfragen – Korrekt modelliert, schnell gefunden …

Am besten wäre es, man könnte mit fachlichen Fragestellungen direkt an Modelle herantreten: „Wie viel Kubikmeter Beton muss ich für die Betonierarbeiten der nächsten Woche bestellen?“ oder „Sind die Vorschriften für Fluchtwege erfüllt?“ oder „Welche Bauabschnitte sind nicht im Zeitplan?“ So weit ist es leider noch nicht. Man benötigt spezialisierte Software-Werkzeuge, die diese Fragen in ein technisches Format bringen, mit dem man an das Wissen, das in Modellen steckt, herankommt.

Dazu wurden Abfragesprachen entwickelt. Da Modelle in einer bestimmten Sprache, dem Modellschema, verfasst sind, muss auch die Abfragesprache diese Modellsprache beherrschen. Hinzu kommt die technische Speicherform, in der das Modell abgelegt ist. Liegt es in einer Datei, in einer Datenbank oder gar verteilt im Web, z. B. über Linked Data verknüpft, vor? Die Modellinformationen an sich mögen inhaltlich identisch sein, die Mechanik der Abfrage weicht in den genannten Fällen jedoch syntaktisch stark voneinander ab.

Die Formulierung der Abfrage hängt von zwei Faktoren ab:

- der Speicherform, in der das Modell abgelegt wurde, ob also die Daten in einer oder mehreren Dateien oder in einer Datenbank gespeichert sind,
- der Informationsstruktur, also dem Modellschema, nach dem das Modell aufgebaut ist.

2.11.1 Abfrage strukturierter Daten

Modelle sind strukturierte Daten. Ihre Struktur wird durch ein Modellschema vorgegeben. Ähnlich einer Sprache legt das Schema fest, welche Worte verwendet werden können. Unter Worten sind in diesem Fall die Typbezeichnungen von Modellelementen und deren Attributnamen zu verstehen, also zum Beispiel der Typ Wand und seine Attribute Länge, Breite und Höhe. Eine Modellabfrage muss also so verfasst sein, dass sie das Modellschema berücksichtigt. Denn Modelle sind in einer bestimmten Sprache, dem Modellschema, verfasst, also muss auch die Abfragesprache diese Modellsprache beherrschen. Heißen Wandobjekte in einem Modellschema z. B. *IFCWall,* muss auch die Anfrage an ein Modell dieses Vokabular verwenden. Eine Suche nach „Wand" brächte also gar nichts. Das setzt sich fort auf Attributebene. Nur wenn man nach „Width" sucht, findet man die Dicke eines *IFCWall*-Elements.

Auch Beziehungen zwischen Objekten muss man kennen, damit die Suche erfolgreich sein kann. Stockwerke haben Räume, zumindest im IFC-Schema. Räume (*IFCSpace*) stehen zu Stockwerken (*IFCBuildingStorey*) also in einer hierarchischen Eltern/Kind-Beziehung. Diese Beziehung ist in einem Beziehungsobjekt modelliert (*IFCContainedInSpatialStructure*), in dem das Stockwerk und alle seine Kind-Objekte festgehalten sind. Sucht man nach den Räumen eines Stockwerks, muss man also bei IFC-Modellen zunächst nach dem *IFCContainedInSpatialStructure*-Objekt suchen, das als Eltern-Objekt das fragliche Stockwerk enthält, und kann dann alle Kind-Objekte vom Type *IFCSpace* auslesen.

Nicht alle Modellschemas sind so strukturiert. Manche haben diese Beziehungsobjekte nicht. Dann werden Räume z. B. durch eine geometrische Suche gefunden. Alle Wandobjekte, die zwischen der oberen und der unteren Stockwerksebene liegen, gehören demnach zum betrachteten Stockwerk.

2.11.2 Falsche Abfrageergebnisse durch Modellierungsfehler

Die folgenden gängigen Modellierungsfehler führen konsequenterweise zu fehlerhaften Abfrageergebnissen. Sie sind zum besseren Verständnis am Beispiel eines Wandobjekts beschrieben.

- Wand-Waisen: Die Abfrage nach Wandobjekten ergibt im Falle des Beziehungsobjekts so viele Räume wie Kind-Objekte, die auf Räume verweisen. Was, wenn ein Raumobjekt existiert, das nicht in dieser Kinderliste auftaucht? Richtig, es wird bei einer Suche nicht gefunden. Aus diesem Modellierungsfehler können also verschiedenste Folgefehler entstehen. Denn unter Umständen werden anschließend auch alle

Objekte, die in diesem Raum sind, ignoriert. Und somit alle Bestellungen, Kosten- und Energiebedarfsrechnungen: Alles falsch.

- Wand-Zombies: Der umgekehrte Fall ist genauso interessant. Ein Raumobjekt steht per Verweis auf die Raumobjekt-ID in der Kinderliste, der Raum selbst wurde aber gelöscht. Die Folgefehler dürften in diesem Fall zwar geringer sein, aber zumindest die Anzahl der Räume dürfte um die Anzahl dieser „Zombie"-Objekte von der Realität abweichen.
- Wand-Clones: Was, wenn dieselbe Raumobjekt-ID in der Kinderliste mehrfach auftaucht? Solche Clones sind in einer Visualisierung nicht zu erkennen, da sie numerisch exakt übereinander liegen. Bleiben sie unentdeckt, führen sie zu doppelt berechneten Kosten, Flächen, Energiebedarfen usw.

2.12 Klassifikationssysteme – Brücke zwischen Typ und Produkt

2.12.1 Was ist eine Klassifikation?

Klassifikationssysteme kategorisieren Bauteile nach bestimmten Merkmalen, zum Beispiel nach ihrem Bauteiltyp oder nach strukturellen Eigenschaften, wie der Zugehörigkeit von Komponenten zu einer Anlage oder einem System. Ihre hierarchischen Strukturen gehen dabei von einer meist allgemeinen obersten Begriffsebene in detaillierte Beschreibungen.

Hinsichtlich dieser Generalisierungs- bzw. Spezialisierungsebenen haben Klassifikationssysteme damit ähnliche Eigenschaften wie die Spezialisierungs- und Vererbungsstrukturen in den Klassenhierarchien objektorientierter Typsysteme aus Abschnitt 2.4.3. Dort haben Klassen Bezeichnungen, die ihrer Bedeutung möglichst gut entsprechen, etwa „Wand" oder *IFCWall*. Die davon abgeleiteten Klassen lassen ebenfalls an ihren Namen erkennen, von welchem Obertyp sie abgeleitet sind, zum Beispiel „Polygon-Wand", *„IFCWallStandardCase"* usw.

Klassifikationssysteme haben in der Regel keine derart „sprechenden" Bezeichnungen, weshalb der prinzipiell gleiche Aufbau nicht sofort erkennbar wird. Statt aus mehrstufigen Ableitungshierarchien bestehen sie aus mehrstufigen Zahlen- und Buchstabencodes. Zur Bedeutung dieser Codes kann in Tabellen ein menschenlesbarer Kurztext nachgeschlagen werden, quasi als Ersatz für die Klassennamen einer Typhierarchie.

Beispiel 2.11 **UniClass**

Das Klassifikationssystem UniClass hat einen bis zu fünfstufigen Code. Die Stufen reichen, analog zu einer Klassenhierarchie, ebenfalls vom Allgemeinen zum Speziellen und sind durch einen Unterstrich getrennt. Nicht immer werden alle diese Detaillierungsstufen genutzt. So haben Wände nur einen dreistufigen UniClass Code (EF_25_10). Schalungsbauteile (TE_10) gehen dagegen sehr viel tiefer ins Detail. Bei Wand- und Deckenschalungssystemen (TE_10_**10**) unterscheidet man drei Untergruppen (direkte Schalungselemente TE_10_10_**20**, Unterbau TE_10_10_**50** und Hohlkörper TE_10_10_**70**). Diese werden teilweise weiter spezialisiert, zum Beispiel die Ebene Unterbau in Stützbalken (TE_10_10_50_**85**).

Man erkennt das grundsätzlich gleiche Gliederungskonzept der Spezialisierung, jedoch in einer formal anderen Schreibweise bzw. Syntax.

Die Ableitungshierarchie eines Typsystems könnte man prinzipiell ebenfalls gleichartig codieren, also zum Beispiel *Bauteil_Wand_WandTragend_PolygonWand*.

Einen solchen Typbaum zeigt Bild 2.23.

Analogien und Unterschiede von Typ- und Klassifikationssystemen

Typsysteme sind für eine ganzheitliche und allgemein verwendbare Modellbeschreibung, also aller geometrischen und nichtgeometrischen Eigenschaften eines Gebäudes, entwickelt worden. Klassifikationssystems beschränken sich dagegen auf eine fachspezifische Strukturierung nach bestimmten Merkmalsarten (Bild 2.23).

Anders als Typsysteme unterscheiden Klassifikationssysteme nicht zwischen Klassen und deren Eigenschaften. Will man einer Klasse (Stufe) in einem Klassifikationssystem eine weitere Eigenschaft geben, fügt man auf einer vorhandenen Stufe einen weiteren Wert ein. Klassifikationssysteme sind auf diese Weise dynamisch leicht erweiterbar. Wollte man jedoch alle denkbaren Bauteileigenschaften, etwa von den Produkten aller Hersteller, auf diese Art in einem Klassifikationssystem unterbringen, so würde das dessen Rahmen zweifellos sprengen. Codierte Klassifikationssysteme sind kompakter

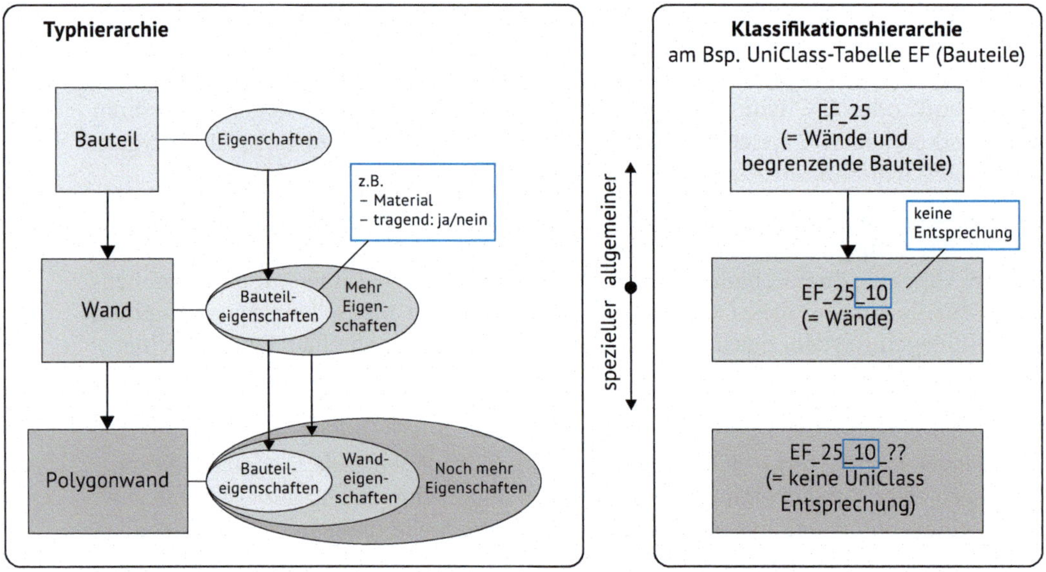

Bild 2.23 Typhierarchie am Beispiel eines fiktiven Typs „Wand". In den Klassen werden Bauteileigenschaften spezifiziert, etwa für „Wand" die Eigenschaft tragend (Ja/Nein), Material usw. Die Abbildung von Eigenschaften im Klassifikationssystem erfordert eine weitere Stufe, hier beispielhaft für die Wandeigenschaft tragend/nichttragend. Parallel dazu ist eine mögliche Klassifikationscodierung dargestellt. Sie zeigt die Analogie, aber auch die Grenzen beider Klassifizierungsstrukturen.

als Typsysteme. Sie haben nicht selten Zehntausende von Codes und sind trotzdem gut verwendbar.

Modellschemas sind in Software-Anwendungen meistens fest implementiert. Sie lassen sich also nicht so einfach um Eigenschaften oder Klassen erweitern, denn bestehende Software-Anwendungen wären dann nicht mehr kompatibel. Erst eine neue Software-Version könnte diese Erweiterungen dann berücksichtigen.

Objektstrukturen und Klassifikationssysteme

Einzelbauteile bilden Systeme bzw. Systeme bestehen aus Komponenten. In Typsystemen werden Beziehungen zwischen einem System und seinen Komponenten über Aggregationen (siehe Abschnitt 2.4.3.6) abgebildet. Hierdurch werden einzelne Bauelemente gruppiert oder zueinander in Beziehung gesetzt, also beispielsweise die Zugehörigkeit einer Pumpe zu einem Heizkreislauf beschrieben. Klassifikationsstrukturen können keine Teile/Ganzes-Beziehungen abbilden, sondern nur Klassen in Beziehung setzen, also zum Beispiel „Heizkreislauf_Heizkreislaufpumpe_Heizkreislaufpumpenstromversorgung". Bereits dieses Wortkonstrukt wirkt merkwürdig, weshalb die hier verwendeten natürlichsprachlichen Begriffe in realen Klassifikationssystemen als Codes ausgedrückt werden, etwa HK_HP45_EV03.

2.12.2 Fachspezifische Klassifikationssysteme sind „Dominante Dekompositionen"

Besonders im Maschinenbau, aber auch im Bauwesen, gibt es Tausende von Klassifikationssystemen, die jeweils für ein bestimmtes Anwendungsgebiet entwickelt wurden. Die Dominanz einer bestimmten Ordnungsstruktur (siehe Abschnitt 2.4.1 Dominante Dekomposition) ist hier zwangsläufig.

Beispiele:

- DIN 276 stellt Kostengruppen für die Kostenermittlung in unterschiedlichen Stufen, von einer ersten Abschätzung bis zu detaillierteren Kostenebenen, zusammen.
- DIN 277 strukturiert ein Gebäude nach verschiedenen Nutzungsarten, um daraus Flächen und Kubaturen zu ermitteln.
- Das Standardleistungsbuch StLB-Bau betrachtet dagegen Ausführungs- und Gewerkebereiche.
- Produkthersteller entwickeln für ihre Produkte und deren Teile oft ihrerseits eigene Klassifikationssysteme.

Darüber hinaus gibt es eine Fülle offener, standardisierter Klassifikationssysteme, zum Beispiel zur Klassifikation von Anlagen.

Klassifikationssysteme, die sich auf eine einzelne dominierende fachspezifische Ordnungsstruktur konzentrieren, sind folgerichtig für alle anderen Fachrichtungen weniger bis überhaupt nicht geeignet. Beispielsweise ist ein Klassifikationssystem für die Kostenermittlung im Gebäudebetrieb weniger von Nutzen.

2.13 Unerwünschte Vielfalt im Projekt

Die unterschiedlichen Fachdisziplinen in einem Projekt verwenden potenziell jeweils unterschiedliche Klassifikationssysteme. Dadurch kann ein und dasselbe Bauteil während seiner Lebensdauer mit vielen verschiedenen Klassifikationscodes aus den unterschiedlichen Fachdisziplinen belegt werden, um damit die jeweils wichtigen Bauteileigenschaften auszudrücken. So steht beim Übergang von der Ausführungs- in die Nutzungsphase ein Wechsel des Klassifikationssystems an.

Dadurch kommen in einem Modell nach und nach oft mehrere Klassifikationssysteme gleichzeitig oder nacheinander zum Einsatz. Der Informationsgehalt dieser Klassifikationscodes wäre dabei nicht allzu unterschiedlich. Sofern sie sich auf das gleiche Bauteil beziehen, würden sie bis zur Bauteilebene das Gleiche ausdrücken, wenn auch mit anderen Zahlen- und Buchstabenkombinationen. Erst ab der fachspezifischen Ebene, beispielsweise zu Kosten, Funktionen oder technischen Merkmalen, würden sie sich dann auch inhaltlich unterscheiden.

Diese Redundanzen würde man gerne vermeiden. Überdies wäre ein Klassifikationssystem vorteilhaft, das man in anderen Projektphasen oder anderen Fachdisziplinen teilweise wiederverwenden könnte.

Gibt es ein lebenszyklus-taugliches Klassifikationssystem?

Gesucht wäre also ein Klassifikationssystem, das keine einzelne derart dominierende fachspezifische Ordnungsstruktur aufweist und sich darum für den gesamten Gebäudelebenszyklus von der Planung über die Ausführung bis zum Betrieb nutzen ließe. Ein solches System müsste also die geschilderte Problematik der Dominanten Dekomposition überwinden.

Kann man durch Verwendung eines einheitlichen codierten Klassifikationssystems im Projekt eine gemeinsame Sprache erreichen?

Dazu müsst ein Klassifikationssystem jedoch alle Anforderungen der Fachrichtungen im gesamten Gebäudelebenszyklus abdecken. Alle Projektteilnehmer könnten sich dann an dieselben Klassifikationscodes, Nummerierungen usw. halten. Bestenfalls wäre sogar ein Projekt- und BIM-teamübergreifender Einsatz möglich. Standards für Klassifikationen und Referenzierungen wie beispielsweise ISO/IEC 81346 [17] beschreiben, wie derartige Klassifikationssysteme aufgebaut sein müssen. Im Kapitel 4 Standards wird mit UniClass ein entsprechendes Klassifikationssystem vorgestellt.

2.14 Zusammenspiel von Typ- und Klassifikationssystemen

Nehmen wir an, der „Digitale Zwilling“ eines zukünftigen Bauwerks wurde mit einem Typsystem wie IFC modelliert. Anschließend soll eine elementbezogene Kostenermittlung durchgeführt werden. Dazu würden alle relevanten Modellelemente zunächst mit einer neuen Eigenschaft, zum Beispiel mit der Bezeichnung „Kostengruppe“, ausgestattet, welche die Zugehörigkeit des Bauteils zu einer Kostengruppe ausdrückt. Danach könnten für alle Modellelemente die entsprechenden Werte für die Eigenschaft „Kostengruppe“ eingetragen werden. Würde man die Kostengruppen von DIN 276 verwenden, bekämen beispielsweise alle tragenden Außenwände den Code „331“ (DIN 276 3. Ebene). Anhand der Kostengruppe und weiterer Bauteileigenschaften, wie Fläche, Volumen usw., könnte nun bereits eine erste Kostenberechnung durchgeführt werden. Weitere Elementeigenschaften zur genaueren Kostenberechnung, wie beispielsweise zur Zuordnung zu Leistungspositionen oder Vergabeeinheiten, würden eventuell später eingefügt.

Würde durch eine spätere genauere Tragwerksberechnung die bisher tragende Außenwand in eine nichttragende Außenwand umgewandelt, müsste auch die Codierung der Kostengruppe entsprechend angepasst werden. Typsystem und Klassifikationssystem enthalten unabhängig voneinander identische Informationen in unterschiedlichen Formaten. Im Typsystem hat eine tragende Außenwand den Elementtyp „Wand“ mit der Eigenschaft „tragend (ja)“, während im Klassifikationssystem der Code „331“ dasselbe ausdrückt. Eine Änderung der Eigenschaft in „tragend (nein)“ hat keine automatische Änderung des Klassifikationscodes in „332 Nichttragende Außenwände“ zur Folge. Ein Klassifikationscode kann demnach fehlerbehaftet sein, die Übereinstimmung zwischen beiden Klassifizierungssystemen muss also ausdrücklich sichergestellt werden.

2.15 Was bringt uns die ganze Modellintelligenz?

Wir haben in diesem Kapitel die grundlegend neuen Ansätze und Möglichkeiten der modellorientierten Arbeitsweise kennengelernt. Lassen Sie uns ein kurzes Resümee ziehen. Was bringt das Arbeiten mit Modellen wirklich?

Ein paar Beispiele:

- **Ergänzen und Informationsbedarf decken:** Modelle können ergänzt werden, wenn mehr Informationen gebraucht werden. Bei zunehmender Planungstiefe erhält die Wand ein Material, einen U-Wert, eine Kostengruppe, Bauabschnitt, Montagereihenfolge usw. Dazu steht das ganze Arsenal objektorientierter Möglichkeiten zur Verfügung. Ergänzungen machen allerdings nur Sinn, wenn Anwendungen diese Ergänzungen auch verstehen und weiterverarbeiten können. Damit das der Fall ist, sind Vereinbarungen notwendig, damit Projektpartner die gleiche Sprache verwenden.
- **Elemente vernetzen**: Modellelemente sind intelligent, sie kennen ihre Beziehungen zu anderen Elementen im Modell. Ein Raum kennt sein Stockwerk, ein Rohr kennt seine Zu- und Abflüsse, Systeme kennen ihre Komponenten. Beziehungen können auch zu Dokumenten aufgebaut werden. Ein Bauteil oder eine technische Einrichtung kann so mit Bedienungsanleitungen, Wartungshandbüchern oder Zulassungen verknüpft werden. Diese sind dann beispielsweise über einen BIM-Viewer sehr einfach zugänglich.
- **Zusammenfügen und Validieren**: Komplexere Modelle werden aus Teilmodellen zusammengesetzt. Jede Fachdisziplin liefert ein Teilmodell, das nur die Aspekte dieser Fachdisziplin enthält. Wird Kontextinformation aus anderen Gewerken benötigt, kann das Teilmodell einer anderen Fachdisziplin hinterlegt werden. Ideal also für die Zusammenarbeit verschiedener Disziplinen oder Gewerke. Jeder arbeitet so lange am

eigenen Fachmodell, bis die Abstimmung mit anderen Fachmodellen notwendig ist. Dann werden die Teilmodelle kombiniert und Unstimmigkeiten erkannt und behoben. Koordinationsmodelle werden auf diese Weise regelmäßig erstellt und geprüft.

- Ebenso können Herstellerinformationen in das Modell eingefügt werden, sofern sie die vereinbarte Modellsprache sprechen, also mit demselben Modellschema arbeiten.
- **Teilen und Zusammenarbeiten**: Werden nur bestimmte Teile des Gesamtmodells benötigt, extrahiert man genau diese Informationen aus dem Gesamtmodell. Das kann nach fachlichen oder geometrischen Gesichtspunkten geschehen. So lassen sich Bauabschnitte und Fertigungslose ebenso aus einem Modell herauslösen wie fertiggestellte und noch zu erstellende Gebäudeteile. Ausschreibungsunterlagen lassen sich in geeigneter Weise ebenso erstellen wie Fertigungsinformationen für ausführende Unternehmen.
- **Regelbasierte Modellprüfung – Fehler systematisch aufspüren:** Mit Regeln kann man Qualitätskriterien beschreiben und mit diesen die Modellqualität eines gelieferten Fachmodells überprüfen. Modelle müssen beispielsweise die vertraglich festgelegten formalen Anforderungen hinsichtlich Schemakonformität und Detaillierungsgrad erfüllen. Das kann automatisiert überprüft werden. Es geht aber noch wesentlich mehr. So kann man über Regeln technische Anforderungen ausdrücken und damit beispielsweise Fluchtwegbreiten oder behindertengerechte Verkehrsflächen prüfen. Auch die Einhaltung allgemeiner technischer Bestimmungen lässt sich mit geeigneten Prüfregeln verifizieren.
- **Durch Modellanalyse bessere Lösungen finden:** Modellanalysen sind Fragestellungen an Modelle. Fragestellungen werden meistens in Form von Prüfregeln oder Anfragen an die Modelldaten formuliert. Welche technische Ausprägung diese Anfragen haben, hängt vom Format der Modelldaten ab. Liegen Modelldaten in offenen Formaten vor (z. B. IFCXML, gbXML, LandXML) können auch die Prüfregeln als Modellrecherchen in standardisierter Art und Weise formuliert werden. Bei nativen, d. h. herstellerspezifischen, Formaten ist man auf Werkzeuge des jeweiligen Herstellers angewiesen.
  Bekanntlich gibt es keine dummen Fragen, nur dumme Antworten. Das gilt auch für Modelle. Aufseiten des Fragestellers UND des Befragten ist ein bestimmtes Maß an Intelligenz gefordert. Oft ist ein befragtes Modell überfordert, wenn seine Inhalte nicht für eine bestimmte Analyse geeignet sind. Aber auch Fragestellungen können falsch sein, etwa wenn ein Modell einer Fragestellung unterzogen wird, für die es nicht vorgesehen ist. Beispielsweise wenn ein Architekturmodell einer Fluchtwegeanalyse unterzogen wird, obwohl es noch gar keine diesbezügliche Fachplanung gegeben hat. Die Ergebniserzeugung ist dann zwar technisch möglich, aber wertlos, da sie auf einer nicht dafür freigegebenen Datengrundlage beruht. Beispiele für gängige Modellanalysen siehe Beispiel 2.7 in Abschnitt 2.8.3.

Alle genannten Beispiele funktionieren allerdings nur dann, wenn Modellinhalte und Modellanwendungen präzise aufeinander abgestimmt sind. Deshalb ist es so wichtig, sich frühzeitig Klarheit über die Fragestellungen, die im Projektverlauf auftreten werden, zu verschaffen. Daraus sind entsprechende Informationsanforderungen abzuleiten (siehe Kapitel 4 Standards, Abschnitte zu AIA und VDI 2552 Blatt 10 und 11). Sie legen fest, welche Fragestellungen auf Modelle zukommen werden und welche Inhalte demzufolge in den entsprechenden Modellen vorhanden sein müssen.

Grundsatz: Nur wenn entsprechende Informationen im Modell vorhanden sind, können sie auch analysiert werden. Möchte man also eine Analyse (zu Kosten, Energie etc.) durchführen, muss man den daraus resultierenden Informationsbedarf ausdrücklich angeben und entsprechende Informationslieferungen sicherstellen. Auch der Umkehrschluss gilt: Nichtangeforderte Informationen, die eventuell zu einer unaufgeforderten Analyse „verleiten", sollten nicht im Modell vorhanden sein.

2.16 BIM-Werkzeuge für Modelle

In diesem Abschnitt soll ein kurzer Überblick über typische Anwendungen zur Modellbearbeitung, Visualisierung oder -Analyse gegeben werden. Es wird kein Anspruch auf Vollständigkeit erhoben, es sollen lediglich die gängigen Kategorien und ihre typischen Vertreter vorgestellt werden. Sofern vorhanden, wird auch auf frei verfügbare Anwendungen aufmerksam gemacht.

Eine Liste frei verfügbarer BIM-Software findet sich auch unter http://www.ifcwiki.org/index.php?title=Freeware und auf den Seiten von buildingSMART geordnet nach Kategorien (BIM-Viewer, Data Server, Construction Management usw.) unter https://technical.buildingsmart.org/resources/software-implementations/.

Inzwischen ist BIMSWARM, die IT-Plattform für die Digitalisierung des Bauwesens https://www.bimswarm.de/, online gegangen (Bild 2.24).

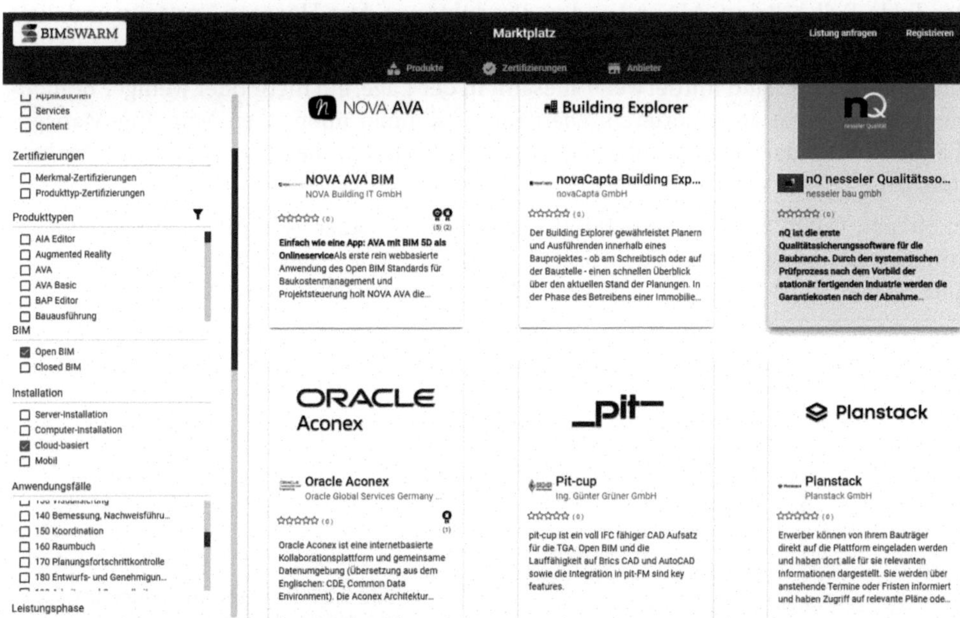

Bild 2.24 Der BIMSWARM Marktplatz enthält eine umfangreiche Palette an BIM-Software Produkten. Filterkriterien erlauben die Eingrenzung auf die gesuchten Produkteigenschaften. Sie wurden im Rahmen der BIMSWARM Zertifizierung überprüft.

2.16.1 BIMSWARM – IT-Plattform für die Digitalisierung des Bauwesens

BIMSWARM wurde von planen-bauen 4.0, Gesellschaft zur Digitalisierung des Planens, Bauens und Betreibens mbH, entwickelt und will als neutrale, marktübergreifende Plattform zur digitalen Transformation in der Baubranche beitragen. Damit soll die Grundlage für eine erfolgreiche Zusammenarbeit und effiziente BIM-Prozesse für die gesamte Wertschöpfungskette Planen-Bauen-Betreiben geschaffen werden. Insbesondere will BIMSWARM den Marktteilnehmern helfen, sich in der Vielfalt der Angebote, Datenformate und BIM-Anwendungsfälle strukturiert zu orientieren und optimale Entscheidungen zu treffen.

BIMSWARM bietet die Zertifizierung von BIM-Software, unterschieden nach Produktgruppen an. Eine hervorragende Recherchemöglichkeit bietet der BIMSWARM Marktplatz. Auf der Suche nach geeigneter BIM-Software kann man hier nach Produkteigenschaften filtern und hat die Sicherheit, dass diese Produkte im Rahmen einer BIMSWARM-Zertifizierung hinsichtlich der erforderlichen Eigenschaften für die betreffende Produktgruppe geprüft wurden.

2.16.2 Autorenwerkzeuge

Mit Autorenwerkzeugen können Modelle angelegt und bearbeitet werden. Die Nutzer dieser Werkzeuge werden daher folgerichtig „Modellautoren" genannt. Bekannte Autorenwerkzeuge sind die AutoDesk-Produkte der Revit-Reihe, die Nemetschek-Produkte (Allplan, Vectorworks, ArchiCAD, DDS), Bentley MicroStation, die Trimble-Produkte der Tekla-Reihe, BricsCAD und andere Produkte aus dem Hexagon Portfolio und viele andere mehr.

Diese Werkzeuge sind mittlerweile allesamt in der Lage, ein mehr oder weniger brauchbares IFC-Format zu generieren. Die meisten können über einen Mapping-Manager die Abbildung der eigenen internen Objektstruktur auf die exportierte IFC-Struktur steuern.

In einigen Fällen lässt sich das IFC-Exportmodul ersetzen (Plug-Ins). Das einmal erarbeitete Mapping lässt sich aus einigen Werkzeugen als Datei exportieren (Bild 2.25) und kann so anderen Projektpartnern zur Verfügung gestellt werden.

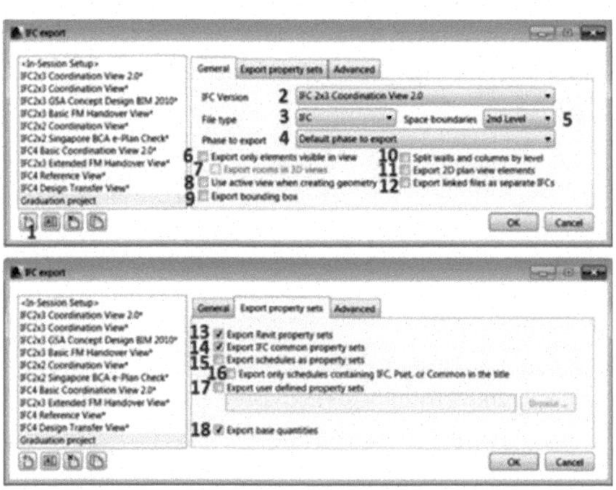

Bild 2.25 Der Exportmanager kann durch Mapping die ausgetauschten Element- und Eigenschaftsbezeichnungen gemäß den Informationsanforderungen im Projekt so anpassen, dass alle Projektpartner die gleiche Sprache sprechen.

Ein intuitives Erstellen von BIM-Modellen ähnlich Sketch-up, einer Software zum Erstellen von Modellen [18], verspricht BricsCAD. Anders als bei herkömmlichen Modellierern beginnt der Modellierungsprozess hier wieder mit dem Formen von Grundprimitiven (Linie, Fläche, Volumen). Die Klassifikation in Räume, Wände, Leitungen erfolgt später. Viele Architekten empfinden diese Arbeitsweise als natürlicher, denn sie werden dadurch nicht von Anfang an auf eine strenge Typisierung festgelegt. Das dahinterliegende Objektmodell ist sehr dynamisch. Das erleichtert die Abbildung auf Formate wie IFC.

Freier Download unter https://www.bricsys.com

2.16.3 Visualisierungswerkzeuge

2.16.3.1 KIT – IFC-Viewer

Das Institut für Automation und angewandte Informatik der Universität Karlsruhe (KIT) entwickelt seit Jahren einen hervorragenden, frei verfügbaren Viewer, der neben allen IFC-Formaten (IFC, IFCXML) ab Version IFC2x auch cityGML, gbXML anzeigt.

Freier Download unter https://www.iai.kit.edu/1302.php

2.16.3.2 RDF-Viewer

Aus einem Spin-off von TNO, dem niederländischen Äquivalent der deutschen Fraunhofer Institute, entstand die Firma RDF, die den wohl technologisch fortgeschrittensten Viewer herstellt. Dank seiner auf Semantic-Web-Technologien (RDF Resource Description Framework) beruhenden Implementierung lässt er sich äußert flexibel an neue Formate anpassen und ist einer der performantesten Viewer auf dem Markt. Die Desktop-Version inklusive Software-Code ist frei erhältlich. Die Module lassen jedoch auch in Web-Anwendungen integrieren. Einige namhafte CDE-Hersteller setzen sie als Viewer auf ihren Plattformen ein.

Der RDF-Viewer beherrscht unter anderem IFC (alle Formate, cityGML und Collada).

Freier Download unter http://rdf.bg/ifc-viewer.html

2.16.3.3 Solibri Model Viewer

Nach Ablauf der (Test-)Lizenz schaltet der Solibri Model Checker (siehe Abschnitt 2.16.4) in den reinen Viewer-Modus. Damit stehen dem Nutzer weiterhin die ausgereiften Visualisierungs- und Filterfunktionen zur Verfügung.

2.16.3.4 Open Design Alliance – Open IFC Viewer

Die Open Design Alliance, www.opendesign.com, hat sich einen Namen mit dem Entschlüsseln des DWG-Formats gemacht. Seit 1998 bietet ODA Toolkits für die DWG-Entwicklung an, mit denen DWG zum Austauschstandard für die CAD-Industrie wurde. AutoDesk hat dies anfangs mit gerichtlichen Schritten zu verhindern versucht. Als das misslang, begann ein Umdenkprozess. Heute bietet ODA Toolkits zum Lesen und Schreiben von AutoDesk Revit-Dateien an.

Die ODA-Philosophie, dass der Zugriff auf wichtige Daten nicht an einen einzelnen Anbieter gebunden sein sollte, führte zur Entwicklung dieser Toolkits. Diese bieten auch bei zukünftigen Versionen einen offenen Zugriff auf diese Daten.

Auch im BIM-Bereich werden Module und Anwendungen für 3D-Visualisierung und webbasierte Tools für die Zusammenarbeit und vieles mehr entwickelt. Jüngstes Produkt ist der freie IFC Viewer, der nach Aussage von ODA sämtliche IFC-Versionen von IFC 2x3 aufwärts unterstützt.

Freier Download unter https://openifcviewer.com/

2.16.3.5 BIMvision IFC Viewer

BIMvision ist ein Freeware IFC Viewer. Es erlaubt, die virtuellen CAD-Modelle von Revit, Archicad, BricsCAD BIM, Advance, DDS CAD, Tekla, Nemetschek Vectorworks, Bentley, Allplan und anderen zu sehen, ohne die kommerziellen Lizenzen dieser Systeme zu haben. BIMvision visualisiert BIM-Modelle, die in dem IFC-Format 2×3 erstellt wurden. Es hat viele eingebaute Funktionalitäten.

Freier Download unter https://bimvision.eu/de/

2.16.3.6 Tekla BIMsight

Weiterhin kostenfrei ist auch unter Trimble dieses mächtige Werkzeug zur Kollisionsprüfung. Auch als BIM-Viewer ist BIMsight sehr umfangreich (Bild 2.26). Die Kombination mehrerer Modelle in einer Viewer-Ansicht ist in verschiedenen Formaten (IFC, DWG, DGN, SKP usw.) möglich. Neben Filtern auf Attributebene beherrscht er auch Farbschemas und kann BCF-Dateien erzeugen und einlesen und damit in einen Fehlerbehebungsprozess eingebunden werden.

Download unter https://www.tekla.com/products/tekla-bimsight/download (jetzt eingebunden in Trimble Connect)

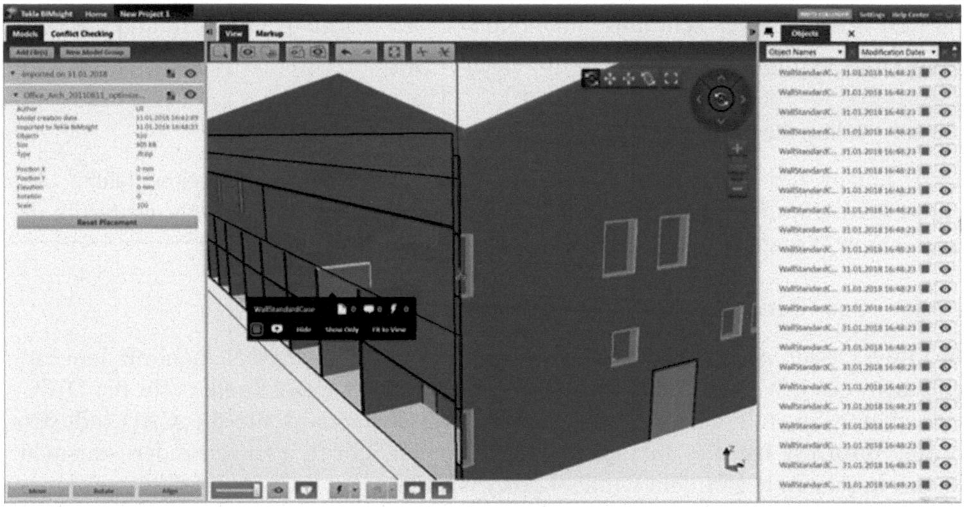

Bild 2.26 Tekla BIMSight ist ein frei verfügbares Werkzeug, das einige Formate anzeigen kann. Es verfügt über Funktionen zur Kollisionserkennung und kann Elemente nach Eigenschaften filtern.

2.16.4 Modellanalysewerkzeuge

SMC Solibri Model Checker (Nemetschek Group)

Der Klassiker unter den Modellanalyse-Tools. Die Software untersucht anhand von Prüfregeln IFC-Modelle hinsichtlich formaler Richtigkeit, Kollisionsfreiheit und logischer Konsistenz (Bild 2.27). Parametrisierte Regeln können aus Bibliotheken zusammengestellt werden. Sie decken so gut wie alle gängigen Fragestellungen von Kollisionen bis zu behindertengerechten Verkehrsflächen ab.

Die Fülle von Funktionen zur Filterung und Kombination von Modellinhalten ist beinahe zu mächtig. Wünschenswert wäre, die mächtige Funktionalität über (Web-) Schnittstellen in eigene Anwendungen einbinden zu können. Für den Austausch von BCF-Daten ist das auch bereits der Fall.

Download unter https://www.solibri.com/de/

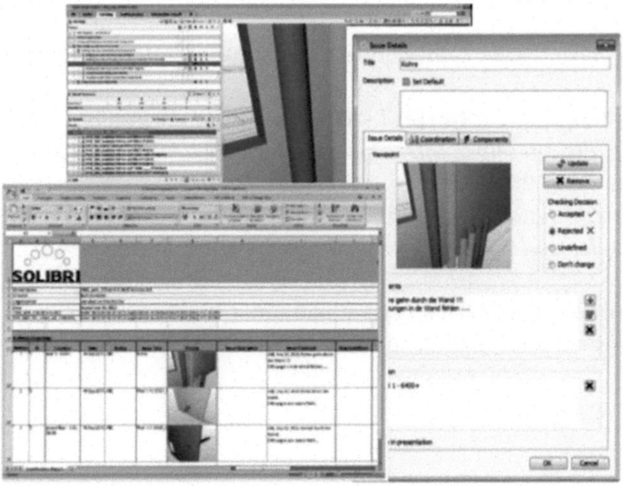

Bild 2.27 Der Solibri Model Checker ist der Klassiker unter den Modellanalyse-Werkzeugen. Er beherrscht die regelbasierte Modellprüfung wie wohl kein zweites Werkzeug dieser Art. Wegen des mächtigen Funktionsumfangs fällt die Bedienung oft nicht leicht.

Literatur

[4] D'Hondt, M.; D'Hondt, T. (2002) *The Tyranny of the Dominant Model Decomposition.* Vrije Universiteit Brussel, Belgium.

[5] DIN EN 81346 (2017) *Industrielle Systeme, Anlagen und Ausrüstungen und Industrieprodukte – Strukturierungsprinzipien und Referenzkennzeichnung – Teil 2: Klassifizierung von Objekten und Kennbuchstaben für Klassen.* Beuth, Berlin.

[6] ISO 10303 (2004) *Industrielle Automatisierungssysteme und Integration – Produktdatendarstellung und -austausch – Teil 11: Beschreibungsmethoden: Handbuch der Modellierungssprache EXPRESS.* Beuth, Berlin

[7] *Verordnung über die Honorare für Architekten- und Ingenieurleistungen (Honorarordnung für Architekten und Ingenieure – HOAI)* (2021) https://www.hoai.de/hoai/volltext/ [Zugriff 12.12.2021]

[8] DIN EN 17412 (2021) *Bauwerksinformationsmodellierung – Informationsbedarfstiefe – Teil 1: Konzepte und Grundsätze.* Beuth, Berlin.

[9] W3C (2021) *Building Topology Ontology Draft Community Group Report,* 28 June 2021. https://w3c-lbd-cg.github.io/bot/ [Zugriff am: 12.12.2021]

[10] W3C *(2021) Building Topology Ontology Draft Community Group.* https://w3c-lbd-cg.github.io/lbd/ [Zugriff am: 12.12.2021]

[11] W3C *(2021) COMMUNITY GROUP Linked Building Data (LBD) – Geometry.* https://w3c-lbd-cg.github.io/lbd/geometry.html [Zugriff am: 12.12.2021]

[12] buildingSMART international. IfcOWL IFC Web Ontology Language (OWL). https://technical.buildingsmart.org/standards/ifc/ifc-formats/ifcowl/ [Zugriff am: 12.12.2021]

[13] ISO 21597 (2020) *Information container for data drop – Exchange specification – Part 2: Dynamic semantics* (Feb. 2020). https://www.iso.org/standard/74390.html [Zugriff am: 12.12.2021]

[14] NIBS National Institute of Building Sciences (2016) *Industry Foundation Classes, IFC Bridge Design to Construction Information Exchange (U.S.), IFC4.1 Model View Definition.* http://docs.buildingsmartalliance.org/IFC4x2_Bridge [Zugriff am: 12.12.2021]

[15] CAFM Connect BIM-Profile. http://www.cafm-connect.org/bim-profile/ [Zugriff am 12.12.2021]

[16] Freebim Bauteilserver. Forschungsprojekt freeBIM (2021) *Building Information Modelling – „Wie können wir alle am selben (3D)-Datenmodell arbeiten?".* https://www.freebim.at/ [Zugriff am: 12.12.2021]

[17] ISO/IEC 81346 (2009) *Industrial systems, installations and equipment and industrial products – structuring principles and reference designations – Part 1: Basic rules.* Beuth, Berlin.

[18] *Trimble SketchUp. Kostenlose 3D-Modellierung.* Download unter https://www.sketchup.com/de/plans-and-pricing/sketchup-free [Zugriff am: 12.12.2021]

3

Informationsmanagement macht's möglich

3.1 Kurzübersicht – Worum geht's in diesem Kapitel?

Man könnte meinen, der Kern von BIM sei die Modellerstellung. Tatsache ist jedoch, dass BIM keinerlei Aussage dazu trifft, was ein gutes oder ein schlechtes Modell ausmacht. BIM gibt lediglich die Mittel an die Hand, um zu beschreiben, was man von einem Modell erwartet und auf welchem Wege man zu einem guten Modell kommt.

Gut ist ein Modell, wenn es seinen Zweck für eine bestimmte Aufgabe erfüllt. Welche Modelleigenschaften für welchen Verwendungszweck gefordert sind, das wissen die Modellnutzer am allerbesten. BIM verhilft ihnen dazu, diese zweckdienlichen Anforderungen zu formulieren und entsprechende Prozesse in Gang zu setzen, damit sie diese Modelle auch geliefert bekommen.

Auf den Punkt gebracht bedeutet BIM „informiert entscheiden" (Abschnitt 1.3.1). Wer Entscheidungen treffen muss, benötigt allerdings belastbare und qualitativ hochwertige Informationen. Das BIM-Informationsmanagement liefert Informationen in bedarfsgerechter Qualität in einem definierten Lieferprozess. Entscheider müssen sich logischerweise zunächst darüber klar werden, welche Entscheidungen sie treffen müssen. Das kann sowohl technische, organisatorische, ökonomische, rechtliche, architektonische als auch viele weitere Fragen beinhalten.

Welche Informationen wichtig sind, hängt also von den Problemstellungen der Beteiligten ab.

- Fachingenieure benötigen für ihre Fachplanungen und Berechnungen Basisinformationen, z. B. zum Bestand und zur Gebäudenutzung.
- Kalkulatoren benötigen für die Kostenberechnung und Budgetierung Mengen, Massen und Aufwandsannahmen.
- Betreiber benötigen für das Facility Management Informationen zu verbauten Materialien, technischen Einrichtungen und Komponenten sowie zur Flächennutzung.
- Die Bauleitung braucht für das Baustellenmanagement Informationen zum Ressourceneinsatz.

Die wenigen Beispiele zeigen bereits ansatzweise ein weites Spektrum des Informationsbedarfs. Betrachtet man den gesamten Lebenszyklus eines Bauwerks, kommt da eine ganze Menge an Informationsanforderungen zusammen. Mit dem BIM-Infor-

Building Information Modeling – Grundlagen, Standards, Praxis. Ulrich Hartmann

mationsmanagement lassen sich dieser Informationsbedarf systematisch ermitteln und die Informationslieferprozesse nachvollziehbar implementieren, damit die Informationsnutzer die für sie wichtigen Informationen in der vereinbarten Qualität erhalten.

3.1.1 Die BIM-Rennfahrer

Zwanzig Runden braucht ein Profi-Rennfahrer auf dem Hockenheimring bis zur persönlichen Bestzeit, zwei Runden brauchen Anfänger mit eingeblendeten Brems- und Ideallinienhinweisen. Mit entsprechender virtueller Unterstützung kann ein Ungeübter also schneller das Niveau eines Profis erreichen als durch selbstständiges mühsames Durchlaufen einer Lernkurve.

Und BIM? In einem Versuch ließen Tester Ingenieure mit jahrzehntelanger Erfahrung in konventionellen Projekten mit 2D-Zeichnungen und Plänen gegen ein unerfahrenes BIM-Team antreten. Die Ergebnisse waren überraschend. BIM-Team und erfahrene Ingenieure lagen ungefähr gleichauf, was die Anzahl der entdeckten Mängel und Ungereimtheiten anbelangte. Die einen auf Basis von Plänen und Zeichnungen, die anderen mit Modellen mit eingeblendeten Problemhinweisen.

Was sagt uns das? Nicht jeder hat nur hochkarätige, erfahrene Architekten und Ingenieure in seinem Projekt. Zeitdruck und Pannen im Projektalltag sind zudem oft erdrückend. Entsprechend ist oft die Qualität der Planungsunterlagen oder der Bauausführung. Dass man mit BIM ungefähr so gut sein kann wie ein erfahrenes Ingenieur- und Architektenteam, kann daher entscheidend für das gute Gelingen eines Projekts sein. Denn die „eingeblendeten" Hinweise und Vorgaben der BIM-Methodik sind die Leitplanken, die ein Projekt auf Kurs halten.

3.1.2 BIM fällt nicht vom Himmel

Schon das Erstellen aussagekräftiger BIM-Modelle war eine Herausforderung und natürlich gibt es auch beim prozessorientierten Zusammenarbeiten eine Lernkurve. Was ist der Grund dafür, dass es mit BIM-Informationsmanagement noch besser laufen könnte? Welches sind die Mehrwerte und die erzielbaren fachlichen Verbesserungen, die man durch BIM erzielen kann?

Der wesentliche Teil der BIM-Methodik dreht sich um die Verbesserung der Informationsaustauschprozesse, denn daran hapert's bei der traditionellen Vorgehensweise. Oft arbeitet man bestenfalls aneinander vorbei, wenn nicht gar gegeneinander. Ziemlich überraschend, denn die Digitalisierung hat uns ja eine Fülle von Kommunikationsmöglichkeiten beschert. Leider ist das in der Bauindustrie im Vergleich mit anderen Industriezweigen bisher nur sehr zaghaft genutzt worden, wie langfristige Statistiken [19] weltweit belegen. Das drückt die Produktivität.

Es sollte nicht verschwiegen werden, dass jedes Unternehmen, das auf BIM umsteigt, Investitionen in die Qualifizierung der Mitarbeiter, in das Erlernen neuer Standards, Methoden und Verfahren, in die Einführung neuer Software und neuer Technologien sowie in die Transformation bestehender Informationen und Verfahren tätigen muss. Investitionen und Vorlaufzeit für die schrittweise Einführung neuer Prozesse sollten als langfristiges Investment für alle zukünftigen Projekte betrachtet werden und sich nicht nur an einem einzelnen Projekt bemessen.

Da eine zunehmende Anzahl von Kunden die Verwendung von BIM in Verträgen vorschreibt, dürfte dies oft der Hauptgrund sein, eigene BIM-Fähigkeiten zu erwerben, um entsprechende Ausschreibungen und Projekte gewinnen und gewinnbringend durchführen zu können.

Weitere Treiber sind mittelfristige Vorteile bei der eigenen Prozess- und Qualitätsverbesserung, der Reduzierung von Nacharbeiten und der Steigerung der Effizienz innerhalb der eigenen Organisation.

Die Wirtschaftlichkeit des BIM-Einsatzes lässt sich auch daran ermessen, dass sich bei gefüllten Auftragsbüchern durch BIM deutlich mehr Aufträge abarbeiten lassen, und das bei gesteigerter Qualität und höherer Kundenzufriedenheit. Ein nicht zu verkennender wirtschaftlicher Grund für den Einstieg.

Hier setzt das BIM-Informationsmanagement an. Ausgehend vom Entscheidungsbedarf – dem „BIM-Ziel" – sorgt das Informationsmanagement dafür, dass notwendige Informationen geliefert werden und in geeigneter Form zur rechten Zeit bereitstehen. Dieses Kapitel konzentriert sich auf die kollaborativen Prozesse, in denen Informationen erzeugt, geprüft und verteilt werden. Dadurch werden produktionsmindernde Faktoren stark reduziert.

Wie hilft BIM, diese Prozesse aufzusetzen?

Die folgenden fünf „W"s schaffen eine erste Eingrenzung.

- **Wer** sind die *Akteure*, die fachspezifische Inhalte erstellen und liefern?
- **Was** sind die *Informationsinhalte*, die zur Entscheidungsunterstützung benötigt werden?
- **Wie** wird eine erforderliche *Informationsqualität* beschrieben?
- **Wann** müssen die Informationen im vereinbarten *Detaillierungsgrad* vorliegen?
- **Welcher** nachvollziehbare *Lieferweg* für Informationen ist einzuhalten und wie soll die Lieferung technisch erfolgen?

Diese Fragen lassen bereits die Verantwortung des Bauherrn bzw. Auftraggebers für die Qualität der gelieferten Informationen anklingen. Nur selten sind sich Bauherren und Betreiber heute darüber im Klaren, welche Informationsgrundlagen in der Planungs-, Bau- und Betriebsphase notwendig sind, um ihre ureigensten Geschäftsprozesse zu unterstützen. Genaue Anforderungen an den Informationsbedarf zu formulieren, fällt da naturgemäß schwer.

Wichtig ist, die richtigen Fragen zu stellen, um mögliche Lösungswege herauszufinden. Dazu ist ein offener Dialog zwischen Auftraggebern, d. h. Informationsnutzern, und Auftragnehmern, d. h. Informationserstellern, notwendig. Nur so lassen sich Informationsbedarf und Informationslieferprozess effizient aufeinander abstimmen.

3.1.3 Warum Informationsmanagement?

Die Motivation für die Implementierung von Standards für das Informationsmanagement mithilfe von Building Information Modeling (BIM) wird getrieben aus dem Bedarf der Baubranche, ihre Prozesse und Produktivität zu verbessern und auf die digitale Transformation hinzuarbeiten. Auch die Entwicklung entsprechender Standards ermöglicht einen einheitlichen Einsatz des BIM-Informationsmanagements auf nationaler und internationaler Ebene.

Eine Reihe von Untersuchungen (siehe Kapitel 1 BIM kompakt) belegt die gesteigerte Rentabilität verbesserter Prozesse und Standards, durch welche die Produktqualität verbessert, Projektrisiken verringert und die Einhaltung von Budgets und Terminen zuverlässiger wurden.

Ein engeres Verhältnis zum Kunden bzw. Kaufentscheider – wer immer dies in den Entscheidungs- und Lieferketten jeder einzelnen Phase auch genau sein mag – steht bisher noch nicht so sehr im Mittelpunkt der Liste von Vorteilen durch BIM. Auf anderen Gebieten der Digitalisierung hat der Aspekt „direkte Kundenschnittstelle" durch Überbrückung von Zwischenhändlern bereits eine erfolgsentscheidende Rolle eingenommen. Warum sollte dieser Digitalisierungseffekt im Bauwesen letztlich weniger einflussreich sein? Digitale Kommunikationsmechanismen machen eventuell auch in der Baubranche möglich, was in anderen Branchen schon gelungen ist.

3.2 BIM-Informationsmanagement – bedarfsgerecht liefern

Die Grundforderung nach fundierter Entscheidungsfindung auf der Basis qualitativ hochwertiger Informationen ist Ausgangspunkt und treibende Kraft des BIM-Informationsmanagements. Aus dem Verwendungszweck ergibt sich zwangsläufig Art und Umfang des Informationsbedarfs.

Das Informationsmanagement hat demnach folgende Fragen zu klären.

1. **Informationszweck (BIM-Ziel)**: Welche Entscheidungen, Berechnungen, Analysen und sonstigen Aktivitäten sollen unterstützt werden?
2. **Informationsbedarf**: Welche Informationen erfüllen diesen Informationszweck?
3. **Informationslieferkette**: Auf welchem Weg und von wem wird die Lieferung dieser Informationen verantwortlich organisiert und umgesetzt?
4. **Praktische Umsetzung**: In welcher organisatorischen und technischen Form und mit welchen Mitteln werden die Punkte 1. bis 3. realisiert?

Einige dieser Antworten können Standards geben oder zumindest dabei helfen, die richtigen Fragen zu stellen. Die folgenden Abschnitte zeigen, wie aus BIM-Zielen systematisch die Anforderungen an Informationslieferungen abgeleitet und so eine Informationslieferkette aufgebaut werden kann.

3.2.1 Wen betrifft BIM-Informationsmanagement?

Denken im Ganzen unter Nutzung digitaler Methoden und technischer Möglichkeiten der Zusammenarbeit bedeutet, dass nicht nur der rein physische Austausch von Informationen klappen muss. Erfolgreiche Kommunikation kommt nur dann zustande, wenn die ausgetauschten Informationseinheiten aufeinander abgestimmt sind. Daher sind alle Personen und Organisationen, die über den gesamten Lebenszyklus eines

Gebäudes oder Bauwerks Informationen – auch nur zeitweise – benötigen oder produzieren, in das BIM-Informationsmanagement einzubinden. Nationale und internationale BIM-Standards richten sich daher an alle Personen und Organisationen, die Informationen in diesem Kontext einbringen oder nutzen, unabhängig von der Form, in der diese Informationen vorliegen (z. B. Modelle, Tabellenkalkulationen, Zeichnungen, Zulassungen, Zertifikate, Raum- und Funktionsprogramme usw.).

Standards wie die ISO 19650-Reihe oder die VDI 2552 BIM-Richtlinie kennzeichnen den Stand der Technik. Ihre Anwendung ist daher rechtlich relevant. Technik schafft Möglichkeiten, Zusammenarbeit und effektive Teamarbeit stehen jedoch im Zentrum des BIM-Informationsmanagements (siehe auch Kapitel 5 BIM-Projektpraxis, Abschnitt Kulturwandel). Daher ist es wichtig, dass alle Akteure ihre Aktivitäten im Kontext des gesamten Projektteams verstehen.

3.2.2 BIM-Ziele definieren den Weg

Das Modellierungsprinzip „Pragmatismus" (Kapitel 2 Modelle) findet bei BIM seine Anwendung. Es sagt aus, dass Informationen immer nur für einen bestimmten Verwendungszweck erzeugt werden. Informationserstellung ist also nicht per se wünschenswert und sinnvoll. Das Erstellen unnötiger Informationen würde zu einem unnötigen Aufwand führen und gleichzeitig würde das Risiko von falschen Rückschlüssen und Entscheidungen aufgrund unaufgefordert gelieferter Informationen steigen.

Diese ausdrückliche Unterscheidung in wichtige – und daher zu liefernde – und unwichtige, also im Zweifel zu entfernende Informationen, trägt auch dazu bei, Datenverluste und Konvertierungsfehler (siehe Kapitel 2 Modelle, Abschnitt Mapping) zu verringern. Denn Daten, die nicht da sind, können weder falsch konvertiert noch falsch interpretiert werden.

Und noch einen Vorteil hat die Beschränkung auf das Wesentliche: Informationsbesteller müssen sich genaue Gedanken über ihre Ziele und den Verwendungszweck von Informationen machen, bevor sie Informationen anfordern.

Gängige BIM-Ziele, beispielsweise aus Sicht eines Betreibers, sind

- gängige Wartungsszenarien im Modell durchspielen zu können und damit zu gewährleisten, dass Einrichtungen für die Wartung leicht zugänglich sind (z. B. ohne Hebebühne, Gerüst etc.);
- durch frühzeitige Berücksichtigung in der Planung Reinigungskosten und andere Betriebskosten, etwa Energiekosten, einzusparen, z. B. durch protokollierte Energieverbrauchsprofile den Energieverbrauch optimieren zu können;
- durch den Einsatz von Sensorik Kosten im Gebäudebetrieb einzusparen, z. B. Reinigungen nur dann durchzuführen, wenn Räume tatsächlich genutzt wurden;
- präventive Schadenserkennung zu ermöglichen, z. B. Folgekosten durch Schadenseintritt zu vermeiden, weil Sensoren Unregelmäßigkeiten erkennen;
- eine reibungslose Aufnahme des Betriebs zu erreichen, weil eine vollständige Übergabe von Dokumentations- und Revisionsunterlagen in digitaler modellbasierter Form stattgefunden hat.

Aus speziellen Zielen, die sich vorwiegend auf Interessen von Unternehmen oder Organisationen beziehen, wie hier aus Betreibersicht, lassen sich weitere, allgemeinere Ziele ableiten, die sich mehr auf das Gebäude und seine digitale Entsprechung beziehen. Einige der oben genannten Betreiberziele münden also zum Beispiel in allgemeinere gebäudebezogene Ziele wie

- eine modellbasierte Koordination der Planung,
- eine Visualisierung der technischen Einrichtungen in einem ausreichenden Detaillierungsgrad.

Außer Betreibern gibt es bekanntlich noch eine Menge anderer Beteiligter mit eigenen spezifischen BIM-Zielen. Aus deren spezifischen Zielen gehen oft ähnliche allgemeinere Ziele hervor, wie aus den Zielen der anderen Beteiligten. Zum Beispiel verläuft die Bauausführung störungsfreier, wenn

- ein kollisionsfreies Planungsergebnis auf Modellbasis sichergestellt ist,
- eine verlustfreie Informationsverteilung in jeder Projektphase stattfindet,
- eine genaue modellbasierte Massen- und Mengenermittlung für die Kalkulation und für Bestell- und Abrechnungsprozesse vorliegt,
- Planungsänderungen durch entsprechend eingerichtete Workflows digital leicht nachvollziehbar sind,
- die Optimierung des Bauablaufs durch eine informationstechnisch voll unterstützte modellbasierte Bauüberwachung möglich ist, beispielsweise durch die Nutzung von digitalen Planungsdaten in der Ausführung.

Dadurch, dass die Ziele unterschiedlicher Fachdisziplinen im Endeffekt auf die Erstellung ähnlicher Informationstypen, beispielsweise digitaler Modelle mit Angaben zu Geometrie und Materialien, hinauslaufen, können die erstellten Informationen an verschiedenen Stellen wiederverwendet werden. Dies erhöht an sich schon die Produktivität und Effizienz der Informationserzeugung und ist die Grundlage für die gemeinsame Erstellung und Nutzung von Modellinformationen.

Das Kapitel 5 BIM-Projektpraxis geht auf diese konkrete praktische Umsetzung von BIM-Zielen im Projekt genauer ein. Hier, im *Kapitel 3 Informationsmanagement macht's möglich*, soll zunächst das prinzipielle Vorgehen, von der Ermittlung des Informationsbedarfs bis zur bedarfsgerechten Lieferung von Informationen, beleuchtet werden.

Beispiel 3.1 **BIM im Planungswettbewerb**

BIM kann schon beim Planungswettbewerb anfangen. Schon dort können frühzeitig BIM-Ziele vereinbart werden. Passende Informationsanforderungen in den Wettbewerbsunterlagen können den Entwurfsprozess qualitativ verbessern und eine objektivere Vergleichbarkeit der Entwürfe fördern, da alle Bewerber dieselben Formate verwenden.

Mögliche BIM-Ziele und entsprechende Informationsanforderungen für den Wettbewerb wären beispielsweise:

- Konformität mit dem Bebauungsplan: Das BIM-Modell muss dafür leicht überprüfbare Angaben enthalten, die im örtlichen Bebauungsplan festgelegt sind, etwa Dachneigungen, Bauabstände, Nettogeschossfläche NGF, Fensteranteil, Materialien usw.,

- Bewertung der Flächennutzung: Für jeden Raum sollte dazu eine Nutzungsart, z. B. nach DIN 277, als Modellattribut geliefert werden. Hieraus ließen sich ggf. Rückschlüsse auf die Ausnutzung von Grundstück und Funktionsflächen zwischen den Wettbewerbsbeiträgen ableiten,
- Frühzeitige Energieeffizienzbetrachtung: Mit entsprechender Attribuierung hinsichtlich der Nutzung, der Ausbildung des Gebäudekörpers (Verhältnis von Oberfläche zu Volumen, Fensteranteile etc.) und der Himmelsrichtung, können bereits erste energetische Studien angestellt und Wettbewerbsbeiträge qualitativ bewertet werden.

Diese Ziele lassen sich bereits mit sehr geringem Aufwand und nur sehr rudimentär ausgebildeten Modellen erreichen. Noch hat sich diese Vorgehensweise nicht auf breiter Front durchgesetzt. Sie führt jedoch bereits in einem sehr frühen Stadium zu einem nachvollziehbaren und zielorientierten Erstellen von Informationen.

Zuerst den Informationsbedarf klären

BIM-Ziele repräsentieren einen Verwendungszweck und die damit in Verbindung stehenden Entscheidungen. Es ist daher wichtig, den Kontext zu verstehen, in dem Entscheidungen getroffen und Ziele erreicht werden sollen.

Kontextabhängiger Informationsbedarf

Der Informationsbedarf kann aus unterschiedlichsten organisatorischen, wirtschaftlichen, zeitlichen, rechtlichen, technischen und vielen anderen Kontexten erwachsen. Drei Hauptkategorien des Informationsbedarfs lassen sich ausmachen:

- **Organisationen**, also zum Beispiel Unternehmen, Behörden oder Planungsbüros, benötigen Informationen zur Organisation ihrer Geschäftsabläufe, beispielsweise zur Beurteilung der Wirtschaftlichkeit und der Risiken von Aufträgen oder Marktentwicklungen.
  Hieraus resultiert ein **Organisations-Informationsbedarf OIR**.
- Die zu bauende oder bereits gebaute **Anlage,** das **Gebäude** oder die **Liegenschaft** muss digital repräsentiert werden, um
  - für die Planungsphase relevante Bestandsdaten abzubilden,
  - in der Bauphase den aktuellen Bauzustand als „Digitaler Zwilling" zu begleiten und schließlich
  - bei der Inbetriebnahme alle wesentlichen Gebäudeeigenschaften in einer für den Betrieb brauchbaren Form zugänglich zu machen.

  Hieraus resultiert ein **Anlagen-Informationsbedarf AIR**. Aus diesen werden später ausschreibungsfähige Informations-Anforderungen AIA abgeleitet.
- In **Projekten** muss die zeitliche Abfolge von Aktivitäten koordiniert werden. Für die technische, kaufmännische und rechtliche Koordination dieser Abläufe werden entsprechende Informationen benötigt. Planungs-, Genehmigungs-, Beauftragungs-, Herstellungs- und Nutzungsprozesse haben je nach Rahmenbedingungen unterschiedliche Informationsanforderungen, beispielsweise zur Erstellung von Bauanträgen, LVs (Leistungsverzeichnissen) oder für die Betriebsübergabe.
  Hieraus resultiert ein **Projekt-Informationsbedarf PIR**.

3.2.2.1 Organisations-Informationsbedarf (OIR[12)]) – Unternehmensprozesse unterstützen

Zur Unterstützung der Geschäftsprozesse der beteiligten Organisationen und zur Bewertung strategischer Unternehmensziele werden Informationen aus Modellen und anderen Informationsträgern benötigt. Informationen in diesen Informationsträgern werden angefordert, um Risiken besser einschätzen, Ressourcen besser planen oder Wirtschaftlichkeit besser beurteilen zu können. Mit den richtigen Informationen können Unternehmensstrategien insgesamt besser entwickelt und Entscheidungen daraufhin besser getroffen werden.

Beispielsweise

- leiten Gebäudebetreiber aus ihrer Nutzungs- und **Betriebsstrategie** einen entsprechenden Informationsbedarf ab. Mit diesen Informationen kann die Strategie besser beurteilt, optimiert und umgesetzt werden.
- benötigt das Baustellenmanagement Informationen zur Entwicklung seiner **Logistikstrategie**. Steht zum Beispiel ein Lagerplatz auf der Baustelle zur Verfügung oder erfordert eine Stadtbaustelle mit eingeschränktem Platzangebot eine Just-in-time-Lieferstrategie. Diesbezügliche Informationsanforderungen können sehr weitreichend sein und sich bis auf Bauteilabmessungen, Anfahrtswege und Montageabschnitte ausdehnen. Die Analyseergebnisse aus der Logistikstrategie können möglicherweise sogar Einfluss und Rückwirkungen auf die Ausprägung konstruktiver Elemente haben, beispielsweise, wenn ein beengter Baustellenzugang keine Anlieferung großformatiger Fertigteile zulässt.

Weitere typische Fragestellungen sind neben dem Personal-, Material- und Maschinenbedarf auch die benötigten Qualifikationen, Lieferzeiten, Abrufzeitpunkt von Krediten und die Budgetplanung. Erst mit den entsprechenden Informationen können qualifizierte Risikobewertungen sowie Kosten/Nutzen-Analysen vorgenommen werden.

Die betreffenden, aus der jeweiligen Unternehmenssicht formulierten Organisations-Informationsanforderungen (OIR) geben den Zweck an, für den die Informationen verwendet werden sollen. In diesem Abstraktionsgrad sind sie jedoch noch nicht zur Spezifikation konkreter Informationslieferungen geeignet. Die genauere Bedarfsermittlung muss sich daher auf einen konkreteren Ablauf im Projekt oder auf eine konkrete Anlagen- oder Gebäudeeigenschaft beziehen. Das genau geschieht durch „Übersetzung" der OIR in einen Anlagen-Informationsbedarf AIR oder einen Projekt-Informationsbedarf PIR.

Detailliertere Beispiele hierzu im Praxisteil.

3.2.2.2 Anlagen-Informationsbedarf (AIR[13)]) – Endzustand von Anfang an

Im vorigen Abschnitt haben wir gesehen, dass die Formulierung von OIR auf Strategieebene noch nicht konkret genug ist, um Informationslieferungen zu „bestellen".

Ein Betreiber von Liegenschaften hat konkrete Anforderungen an die zu liefernden Informationen, die aus der vorgesehenen Nutzung der Anlage erwachsen. Er hat schon

12) Englisch Organizational Information Requirements OIR. Die Abkürzung OIR wird auch in der deutschen DIN EN ISO 19650 verwendet.

13) Englisch Asset Information Requirements AIR. Die Abkürzung AIR wird auch in der deutschen DIN EN ISO 19650 verwendet.

von Beginn der Planung an das Ende – die Betriebsphase – im Blick. Der Informationsbedarf ist abhängig von den Anwendungsfällen, die in der Betriebsphase relevant sind. Viele Anwendungsfälle liegen auf der Hand und kehren bei allen Projekten in mehr oder weniger gleicher Form wieder.

Anlagen- bzw. Liegenschaftsinformationen sollen zum Beispiel die folgenden Aktivitäten des Betriebs unterstützen:

- Wartungsmanagement
- Energieoptimierung
- Reinigungsoptimierung
- Flächenmanagement
- Sensorikeinsatz
- Schlüsselmanagement
- Mietermanagement
- Portfoliomanagement
- Lebenszyklusmanagement / End-of-Life-Strategien / Rückbau

Der detaillierte Informationsbedarf für das Management von Liegenschaften ergibt sich aus den einzelnen Prozessschritten (Aktivitäten), die damit unterstützt werden sollen.

Aber nicht nur die Betriebssicht spielt eine Rolle bei der Frage, welche Eigenschaften einer Anlage im Modell abgebildet werden sollen. Schon am Anfang des Lebenszyklus kann die Erfassung wesentlicher Bestandselemente eine wichtige Planungsgrundlage sein. Zum Beispiel benötigen Planer Informationen zu Bestandsbauten und zur Lage der Anschlüsse (Strom, Wasser, Abwasser, Gas, Telekommunikation etc.), damit hinsichtlich Versorgungsanschlüssen, Abrissmaßnahmen, Gründungen, Erdbau und Baustellenplanung eine – der Realität entsprechende – Planungsgrundlage zur Verfügung steht.

Auch aus diesen anstehenden Entscheidungen am Beginn des Gebäudelebenszyklus ergibt sich bereits ein Anlagen-Informationsbedarf AIR, der sich noch nicht auf das zu erstellende Gebäude, sondern auf die Umgebung, in der es entstehen soll, bezieht.

Detailliertere Beispiele zum Anlagen-Informationsbedarf im Praxisteil.

3.2.2.3 Projekt-Informationsbedarf (PIR[14)]) – Projektdynamik abbilden

Auch für die dynamischen Anforderungen im Projektverlauf sind die Organisations-Informationsanforderungen bei Weitem nicht konkret genug, um Informationsbestellungen zu formulieren. In einem Planungs- oder Bauprojekt werden Angaben benötigt, die zwar nicht dem Gebäude an sich zugeordnet werden können, aber für die Organisation des Projektablaufs ebenfalls in einem Modell abgebildet werden sollten. Die Angaben werden also nicht vom Anlagen-Informationsbedarf abgedeckt und müssen sich gesondert auf die Bedürfnisse des Bauprojektmanagements beziehen. Beispielsweise möchte das Projektmanagement einen jeweils aktuellen Projektstrukturplan PSP

---

14) Englisch: Project Information Requirements PIR. Die Abkürzung PIR wird auch in der deutschen DIN EN ISO 19650 verwendet.

(auch: Work Breakdown Structure WBS) aus dem Modell ableiten können und fordert daher die Existenz bestimmter Eigenschaften im Modell.

Auch für die modellbasierte Bauablaufplanung ergeben sich Informationsanforderungen an die zu liefernden Modelle. Beispielsweise möchte ein Bauunternehmen seinen Personal- und Maschinenbedarf im Projektverlauf planen. Daraus lässt sich unter Umständen der schon etwas konkretere Informationsbedarf ableiten, dass im Modell Bauabschnitte oder Fertigungsreihenfolgen erkennbar sein sollten und dass die Bauteile mit Angaben ausgestattet werden sollten, aus denen sich die jeweiligen Fertigungszeiten zumindest ableiten lassen.

Projekt-Informationsanforderungen PIR spezifizieren diese benötigten Informationsinhalte für das modellbasierte Projektmanagement. So hängen beispielsweise auch die erforderlichen Ausbildungen bzw. Qualifikationen des eingesetzten Personals und die Wahl der Gerätschaften vom Konstruktionstyp (z. B. Stahl, Beton oder Mauerwerk) ab. Zeit- und Kostenaufwände lassen sich bei entsprechender Attribuierung aus Bauteiltyp und -dimensionen ableiten – beispielsweise, ob Gerüste oder Baukräne erforderlich werden.

Auch Baufachleute, die noch nicht über BIM-Wissen verfügen, können die fachlichen Informationsanforderungen darlegen, wenn ihnen das Prinzip von BIM-Zielen und BIM-Anwendungsfällen erst einmal klar ist. Die Beschreibung von BIM-Zielen, BIM-Anwendungsfällen und -Informationsanforderungen geschieht in der Sprache von Baufachleuten und nicht in der Sprache der Informatik.

Bei AIR wie auch bei PIR bewegen wir uns noch im Bereich der natürlichsprachlichen Formulierung der Anforderungen. Diese werden später in technische Formulierungen an die Modellierungswerkzeuge (Software) umgesetzt. Siehe Abschnitte Austausch-Informationsanforderungen AIA und Informationsaustauschanforderungen IAA.

Projekt-Informationsanforderungen PIR (für das Planungs- bzw. Bauprojekt) enthalten beispielsweise

- den beabsichtigten Zweck, für den die Informationen vom Kunden oder dem projektverantwortlichen AG verwendet werden,
- den voraussichtlichen Projektarbeitsplan,
- beabsichtigte Beschaffungswege,
- die Anzahl an Schlüsselentscheidungspunkten während des gesamten Projekts,
- Entscheidungen des Kunden oder des projektverantwortlichen AGs an Schlüsselentscheidungspunkten.

Für gängige BIM-Ziele und deren Anwendungsfälle in unterschiedlichen Projektkontexten bietet die BIM-Richtlinie VDI 2552 Blatt 11 Informationsaustauschanforderungen IAA (siehe Kapitel 4 Standards) einige gute Zusammenstellungen von Informationsbedarfen für unterschiedliche Fachdisziplinen, die als Vorlagen in eigenen Projekten dienen können.

Wie das folgende Beispiel zeigt, sind für die Ermittlung des Informationsbedarfs nicht nur der unmittelbare Anwendungsfall, sondern auch der Projektkontext, etwa die Projektphase, aber auch der Projekttyp und die technischen Möglichkeiten der Beteiligten zu berücksichtigen.

Technischer Informationsbedarf

Die Trennlinie zwischen baufachlicher Sprache und der „Informatikersprache“ erstreckt sich dort, wo Informationsanforderungen in informationstechnischen Formaten ausgedrückt werden müssen. Die Übertragung in technische Formate ist notwendig, weil die verwendeten Software-Anwendungen nur auf Basis digitalisierter Informationen zusammenarbeiten können. Eine Möglichkeit der technischen Beschreibung von Informationsbedarfen ist die Verwendung von Begriffen einer formalen Modellierungssprache, zum Beispiel IFC (siehe Kapitel 2 Modelle). Eine tiefgreifende Kenntnis dieser technischen BIM-Formate ist bei Fachanwendern nicht vorauszusetzen und darf keine Vorbedingung zur Anwendung von BIM sein. Umso wichtiger ist die Verwendung von Vertragsvorlagen und Standards, sowie die Beratung durch BIM-Experten. Nach einer anfänglichen Lernphase werden aber auch diese technischen Formate „ent-geheimnist“ und durch Wiederholungseffekte weitgehend zum Projektalltag werden.

Beispiel 3.2 **Modellbasierte Freihaltezonen in der Bauphase**

Zum späteren Einbau einer Großmaschine ist im Baukörper eine Montageöffnung offenzuhalten. Der Einbauweg wird im Modell durch einen entsprechend dimensionierten Probekörper stellvertretend dargestellt. Das hilft allen Beteiligten, den Montageweg frei zu halten, auch wenn die Planung weiter voranschreitet.

In frühen Planungsphasen ist der geometrische Detaillierungsgrad der Bauteile noch gering (siehe Modellierung Level of Detail LOD). Technische Einrichtungen werden lediglich durch einen groben quaderförmigen Umfassungskörper (Bounding Box) dargestellt. Im Verlauf der Planung erfolgt eine Steigerung der geometrischen Modellierungsgenauigkeit. Einige beim groben Volumenkörper vernachlässigte geometrische Details werden dann zunehmend berücksichtigt und in der Modellgeometrie erfasst. Unter Umständen stechen nun Details aus der Bounding Box heraus (Türklinken, Geländer, Kabeltrassen etc.).

Da alle Teilmodelle inklusive Probekörper regelmäßig einer Kollisionsprüfung unterzogen werden, treten die nun hinzugekommenen Details in Erscheinung. Der Montageweg kann dadurch gestört werden.

Werden aktuelle Bauzustände im „Digitalen Zwilling“ erfasst, können unerwünschte Wechselwirkungen auf der Baustelle sofort erkannt und vermieden werden. Eine Störung des Einbauwegs, zum Beispiel durch eine vorgezogene Ausführung anderer Baumaßnahmen, führt so unmittelbar zu Kollisionen mit dem stellvertretenden Probekörper.

Das obige Beispiel lässt sich auf viele Anwendungsfälle übertragen, in denen Bereiche im Modell markiert werden sollen. Beispielsweise können zulässige Durchbrüche, die vom Tragwerksplaner als solche freigegeben wurden, aber im aktuellen Gebäude nicht genutzt werden, durch derartige Volumenkörper dargestellt werden. Das kann zur besseren Übersicht in einem separaten Modell, z. B. „Modell Freihaltezonen“, geschehen. Die Freihaltekörper können mit entsprechenden Begleitdokumenten aus der Statik verlinkt werden. Als Bestandteil des Gebäudemodells steht es dem Betreiber jederzeit zur Verfügung und kann bei Umbaumaßnahmen unmittelbar verwendet werden.

3.3 BIM-Informationsmanagement mit ISO 19650 und VDI 2552

Die ISO 19650 ist der zentrale und wegweisende internationale BIM-Standard. Er wurde in Zusammenarbeit von CEN entwickelt und ist international gültig. Aufgrund internationaler Vereinbarungen wurde die ISO 19650 automatisch in das deutsche Normenwerk aufgenommen. Der vollständige Titel lautet **DIN** EN ISO 19650 „Organisation und Digitalisierung von Informationen zu Bauwerken und Ingenieurleistungen, einschließlich Bauwerksinformationsmodellierung (BIM) – Informationsmanagement mit BIM" [20].

Die hohe rechtliche Relevanz einer internationalen Fachnorm zum Thema BIM, wie die der ISO 19650, wird in der Öffentlichkeit häufig unterschätzt. Das Bewusstsein wird sich vermutlich erst dann ändern, wenn sich Unternehmen mit der Frage konfrontiert sehen, warum sie in prekären Projektverläufen denn nicht nach geltenden deutschen Standards vorgegangen seien.

Als übergeordneter internationaler Standard hat die ISO großen Einfluss auf die Ausprägung nationaler Standards. Diese dürfen die ISO 19650 zwar weiter präzisieren, jedoch in keinem Fall im Widerspruch zu ihr stehen. Die deutsche BIM-Richtlinie VDI 2552 vertieft deshalb die Konzepte der ISO weiter und berücksichtigt deutlicher die Gegebenheiten der deutschen Baubranche.

Bei der Entwicklung der deutschen BIM-Richtlinie VDI 2552 wurde und wird strikt darauf geachtet, dass Terminologie und Sinn in Einklang mit der ISO 19650 und weiteren relevanten Normen (siehe Kapitel 4 Standards) stehen. Falls erforderlich, werden entsprechende Anpassungen der VDI 2552 vorgenommen. So wurde das Blatt 7 „Prozesse" der VDI 2552, noch bevor die Endfassung der ISO 19650 gegen Ende 2018 vorlag, an die damals neuen Rollenbezeichnungen angepasst. Der bis dahin geltende Begriff „BIM-Manager" wurde beispielsweise kurzfristig zum „Informationsmanager", der „BIM-Koordinator" zum „Informationskoordinator". In der Endfassung der ISO wurde überraschenderweise auf Rollenbezeichnungen komplett verzichtet, in Blatt 7 erscheinen sie jedoch weiterhin. Das Verbleiben der Rollenbeschreibungen tut Blatt 7 jedoch keinen Abbruch, da es sich nunmehr um eine Präzisierung, nicht um einen Widerspruch handelt.

Die ISO 19650 spannt ein ganzes Ökosystem nationaler und internationaler Standards auf. Sie deckt BIM-Aspekte in einer beachtlichen Bandbreite ab. Es werden Informationsmanagement-Prozesse und technische Lösungen betrachtet. Die ISO umfasst alle Informationsarten, die im Gebäudekontext von Bedeutung sind, egal ob es sich dabei um einen Konstruktionsplan, ein Besprechungsprotokoll, ein Geometriemodell oder ein Zulassungszeugnis handelt. Die ISO 19650-Reihe ist ein internationaler Standard für bewährtes Vorgehen (Good Practice). Die Teile 1 und 2 wurden Ende 2018 veröffentlicht (die deutsche Fassung erschien 2019), Teil 3 erschien 2021, Teil 4 2022, Teil 5 erschien 2021. Insgesamt wird die ISO 19650 aus sechs Teilen (siehe Kapitel 4 Standards) bestehen.

3.3.1 Phasen des BIM-Informationsmanagements

3.3.1.1 Informations-Bereitstellungsphase (Lieferphase)

In ISO 19650 werden die Phasen der Planung, der Herstellung und der Inbetriebnahme zur **Informations-Bereitstellungsphase** zusammengefasst, denn in diesen drei Phasen werden Informationen erstellt und an den jeweiligen Informationsbesteller geliefert. Am Ende dieser Lieferphase werden diese Informationen zusammengestellt und an die dann folgende Betriebsphase übergeben. Die entsprechenden Teile der ISO 19650 und ihren Zusammenhang zu den übergeordneten Phasen zeigt Bild 3.1.

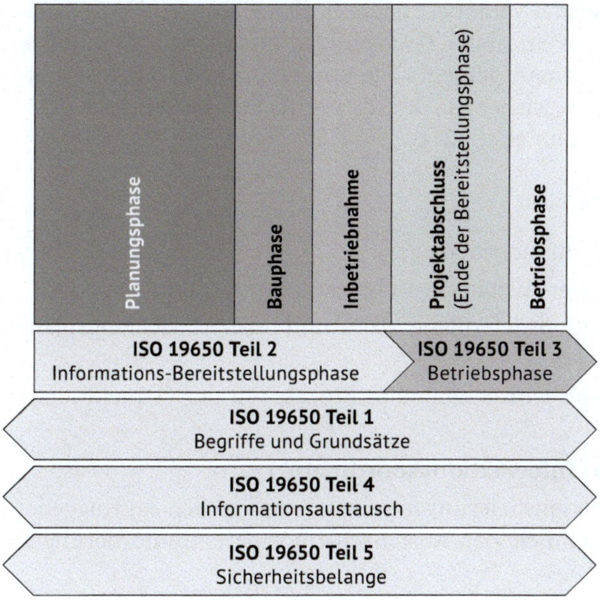

Bild 3.1 Die fünf Teile der ISO 19650 decken die übergeordneten Aspekte Gesamtkonzept, Sicherheit und Informationsaustausch, aber auch konkrete Bereiche des Informationsmanagements in bestimmten Phasen, zum Beispiel Aspekte der Betriebsphase, ab. Die Phasen, in denen Informationen geliefert werden, sind die Planungs-, Bau- und Inbetriebnahmephase. Diese werden in ISO 19650 zur Informations-Bereitstellungsphase zusammengefasst. Die besonderen Anforderungen an das Informationsmanagement in der Betriebsphase werden in ISO 19650 Teil 3 behandelt.

3.3.1.2 Übergabe an den Betrieb

Die an den Betrieb übergebenen Informationen müssen eine für die Betriebsphase geeignete Struktur haben. Daher werden die Informationen, die in den vorliegenden Phasen erstellt und gesammelt wurden, für die Betriebsphase besonders aufbereitet. Aus diesem Grund hat das Informationsmanagement für die Übergabe von Informationen von der Bauphase an die Betriebsphase eine besondere Bedeutung, denn die vor der Übergabe stattfindende Strukturierung stellt erst die Brauchbarkeit der Daten her und macht sie für die Anwendungsfälle im Betrieb nutzbar.

Die Trennung in Projekt-Informationsanforderungen PIR und anlagenbezogene Asset-Informationsanforderungen AIR erweist sich an dieser Schnittstelle als besonders nützlich.

Spezielle Aufmerksamkeit wird den Aktivitäten bei der Inbetriebnahme gewidmet, da schon hier die Verfügbarkeit von Informationen zu einer bestimmten Anlage oder eines Anlagenteils gefordert ist. Die Aktivitäten der Inbetriebnahme müssen auf einer informationstechnisch soliden Grundlage stattfinden, damit die Ergebnisse der Inbetriebnahme, wie Abnahmeprotokolle, Mängelbeseitigungen usw., in einem bedarfsgerechten, strukturierten Format an den Betrieb übergeben werden.

Jede einzelne Inbetriebnahme trägt damit zum Gesamtvolumen aller an den Betreiber übergebenen Informationen bei. Bei dieser Gelegenheit findet auch eine Qualitätssicherung dieser Informationen statt.

3.3.2 Wer organisiert BIM? – Rollen und Leistungsbilder

Die neuen Leistungen des Informationsmanagements verlangen neue Rollenbeschreibungen und Präzisierungen bestehender verantwortlicher Rollen. Bauherr, BIM-Manager sowie BIM-Koordinatoren in den einzelnen Teams bilden die wesentlichen Rollen und Leistungsbilder des Informationsmanagements. Sie werden in der VDI BIM-Richtlinie 2552, Blatt 7 „Prozesse" näher beschrieben. Die vertragsrechtliche Seite der BIM-Leistungsbilder beleuchten Kapellmann et al. [21].

3.3.2.1 Rollen auf Organisationsseite

Ein **BIM-Manager** (alternativ: Informationsmanager)

- unterstützt bei der Spezifikation der Austausch-Informationsanforderungen AIA;
- erstellt die projektweiten Informationslieferpläne MIDP und BIM-Abwicklungspläne BAP;
- verantwortet die Organisation und Umsetzung aller Prozesse in der Gemeinsamen Datenumgebung CDE.

Ein **BIM-Koordinator (alternativ: Informationskoordinator)**

- prüft vor Weitergabe von Informationslieferungen seines Teams an den Auftraggeber diese auf ihre Korrektheit hinsichtlich der Austausch-Informationsanforderungen AIA;
- überstellt Informationslieferungen in einem festgelegten Prozess in eine Gemeinsame Datenumgebung CDE und vollzieht damit die Lieferung an den Auftraggeber.

3.3.2.2 Rollen auf der Informationsproduktionsseite

- **Modellautoren** (z. B. Fachplaner), erstellen BIM-konforme Modelle, sodass sie den Austausch-Informationsanforderungen AIA entsprechen, und geben diese an ihren BIM-Koordinator zur internen Prüfung weiter.
- **Modellnutzer** verwenden Modelle für Analysen und Simulationen, ohne diese Modelle zu verändern. (Durch Modelländerungen, zum Beispiel Hinterlegen von Analyseergebnissen im Modell, würden sie zu Modellautoren.)

ISO 19650 verzichtet in ihrer endgültigen Fassung zwar auf die namentliche Benennung von Rollenbildern, beschreibt dafür jedoch Liefer- und Aufgabenteams mit verantwortlichen Managern und ordnet diesen Aktivitäten zu. Der hierin verfolgte Teamgedanke spiegelt den Projektalltag oft zutreffender wider.

3.3.2.3 Rollenanalogien

Neue Aufgabenfelder verlangen neue Kompetenzen. Ob dadurch neue Berufsbilder geschaffen werden oder ob bestehende Berufsbilder die neuen Kompetenzbereiche aufgreifen, bleibt abzuwarten. Dass beides passiert ist anzunehmen. Fest steht, Aufgaben und Kompetenzen im digitalen wie im physischen Raum sind oft komplementär, gelegentlich sogar analog und übertragbar. Eine Erweiterung ihres Kompetenzfeldes dürfte einigen Berufsgruppen daher nicht schwer fallen. Oft erscheint sie sogar naheliegend.

Analogie Architekt/BIM-Manager

In der physischen Welt ermittelt in der Regel der Architekt die Anforderungen im engen Dialog mit dem Bauherrn. In der digitalen Welt ermittelt der BIM-Manager die Informationsanforderungen im engen Dialog mit denjenigen Projektbeteiligten, die Informationen zur Unterstützung ihrer Prozesse und Entscheidungen benötigen. In der physischen wie in der digitalen Welt hängt es von der Projektphase ab, welche Projektbeteiligten dies sind.

In der Planungsphase sind der Architekt und die von ihm konsultierten Fachplaner damit beschäftigt, die Anforderungen des Bauherrn in eine Planung umzusetzen. Analog ermittelt der BIM-Manager den Informationsbedarf der beteiligten Architekten und Fachplaner und organisiert den Informationsaustausch innerhalb dieser Gruppe.

Bei komplexeren Aufgaben stellen sowohl die Bauherrenseite (Architekt) als auch die Auftragnehmerseite (Fachplaner) einen eigenen BIM-Manager. Die Auftraggeberseite erarbeitet dabei vorwiegend die Bedarfsbeschreibung (Lastenheft, LVs), während die Auftragnehmerseite die Realisierung der Informationslieferungen ausarbeitet. Die Beschreibung des Informationsbedarfs wird in BIM-Standards Austausch-Informationsanforderung AIA genannt (analog zu Lastenheft und LVs), die Beschreibung der Umsetzung der Informationslieferung ist der BIM-Abwicklungsplan BAP (Pflichtenheft).

Analogie Projektleiter/BIM-Koordinator

In herkömmlichen Projekten übernimmt der Projektleiter weitgehende Koordinationsaufgaben bei der Bauausführung. Informationslieferleistungen vollziehen sich in der Planung wie in der Ausführungsphase parallel zu den planerischen und baufachlichen Leistungen. Eine Weiterqualifikation zum BIM-Koordinator kann den Projektleiter in die Lage versetzen, auch BIM-Koordinationsaufgaben zu übernehmen.

3.3.2.4 Lieferteams

Bei BIM steht der Teamgedanke im Vordergrund. Das spiegelt sich auch in der Organisation wider. Wer ist für die einzelnen Aktivitäten verantwortlich und wie werden Arbeitsergebnisse an die jeweiligen Informationsbesteller und Akteure weitergegeben?

ISO 19650 Teil 2 definiert drei Arten von Akteuren sowie drei Arten von Teams (Bild 3.2).

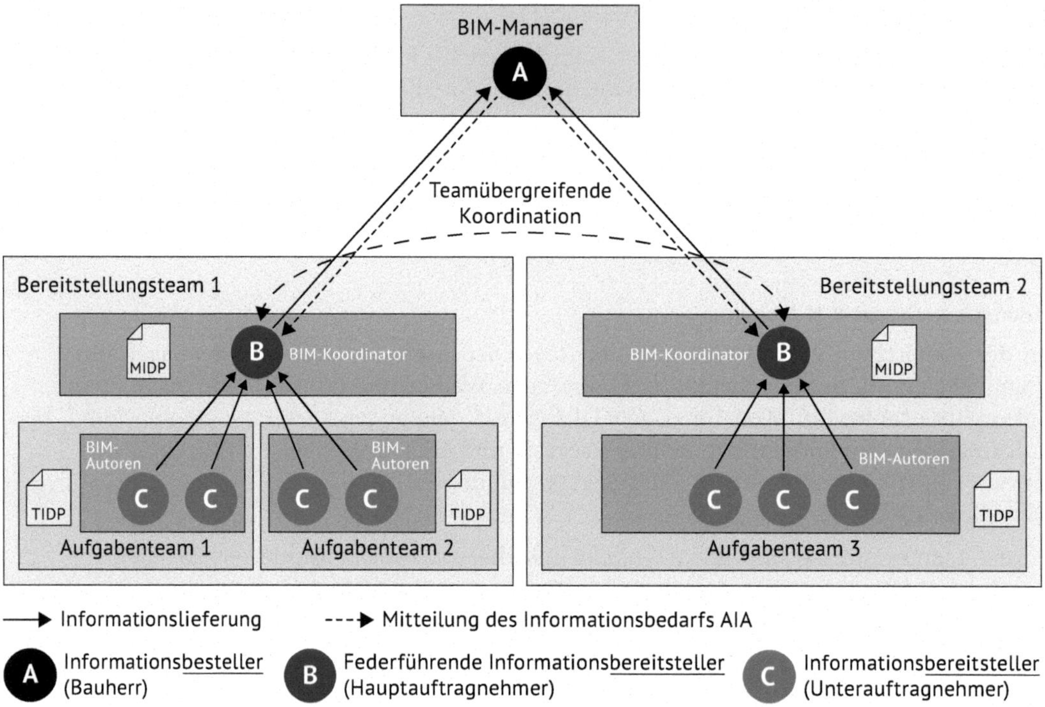

Bild 3.2 Koordination und Austausch im Projektteam nach ISO 19650 Teil 2: Informationsanforderungen werden vom Informationsbesteller (A, Bauherr, Bauherrnvertreter) definiert und in die Lieferkette gegeben. Bereitstellungs- und Aufgabenteams liefern Informationen über die Lieferkette gemäß diesen Informationsanforderungen an den Informationsbesteller A. Dazu koordinieren Bereitstellungsteams die gemeinsame Erstellung von Informationen untereinander. BIM-Koordinatoren setzen dies auf Ebene der Bereitstellungsteams um (z. B. Generalplaner, GU). In den Aufgabenteams (z. B. Planungsbüros) erstellen BIM-Autoren (C) die angeforderten Informationen und liefern diese gemäß Informationslieferplan TIDP an ihren Auftraggeber (B). Dieser liefert koordinierte Information gemäß Master-Informationslieferplan MIDP an den BIM-Manager des Bauherrn (A).

Akteure

Diese Projektteilnehmer stehen in einem Vertragsverhältnis zueinander, sind also Auftragnehmer oder Auftraggeber oder – im Falle von Unterbeauftragungen – beides.

- Auftraggeber (A, Informationsbesteller[15)]): die Organisation, die das Projekt oder den Gebäudebetrieb leitet. Bei einem Projekt ist dies in der Regel der Kunde, der möglicherweise gleichzeitig auch der Eigentümer des fertigen Anwesens ist.
- Hauptauftragnehmer (B, federführender Informationsbereitsteller[16)]): das Unternehmen, das für die Koordinierung des Informationsaustausches zwischen den Aufgabenteams oder zwischen einem Lieferteam und dem Auftraggeber verantwortlich ist.

15) deutsche Bezeichnung nach DIN EN ISO 19650-2 (Englisch: Appointing Party)
16) deutsche Bezeichnung nach DIN EN ISO 19650-2 (Englisch: Lead Appointed Party)

- (Unter-)Auftragnehmer (C, Informationsbereitsteller[17)]): jeder Projektteilnehmer, der Informationen generiert – zum Beispiel ein Auftragnehmer, ein Subunternehmer, ein Lieferant oder ein Fachplaner.

Teams

Diese Projektpartner erstellen und liefern vertragsgemäß Informationen an ihren Auftraggeber (Bild 3.2):

- Projektteam: Es umfasst alle am Projekt Beteiligten, unabhängig von Termin- oder Vertragsvereinbarungen.

Die organisatorisch führende Rolle im Projektteam hat Funktionen und Verantwortlichkeiten analog zu einem BIM-Manager. Der Auftraggeber (Bauherr) muss diese Rolle mit entsprechenden Weisungsbefugnissen ausstatten (siehe BAP), wenn sie wirksam sein soll.

- Lieferteam (Bereitstellungsteam[18)]): ein beauftragtes, federführendes Unternehmen, eine Person oder Gruppe und ihre zugehörigen Aufgabenteams – zum Beispiel ein Auftragnehmer, seine Subunternehmer und Informationslieferanten. Das Team liefert Informationen, wie sie in der Beauftragung in Form von Austausch-Informationsanforderungen AIA (dem „BIM-Lastenheft") beschrieben werden. AIA-Bestandteile können ggf. an unterbeauftragte Aufgabenteams weitergegeben werden. Im Zuge der Unterbeauftragung kann der Auftraggeber weitere Informationsanforderungen an den Unterauftragnehmer beauftragen, zum Beispiel zu Dokumentationspflichten oder zur verwendeten Gemeinsamen Datenumgebung CDE, so wie es dem Lieferteam sinnvoll erscheint.

Die organisatorisch führende Person im Lieferteam übernimmt die Funktionen eines BIM-Managers, soweit es organisatorische Aufgaben anbelangt, und die Funktionen eines BIM-Koordinators, soweit es sich um operative Funktionen (Koordination, Lieferung, Freigaben) handelt.

- Aufgabenteam: Ein Aufgabenteam kann zum Beispiel ein Ingenieur-, Architektur- oder Fachplanerbüro, eine Fachabteilung oder ein bauausführender Unternehmer sein. Es löst eine Aufgabe, zum Beispiel eine TGA-Planung, oder führt eine Bauleistung inklusive Informationslieferung aus. Arbeitsergebnisse werden an eine koordinierende Instanz, den federführenden Informationsbesteller, beispielsweise an den BIM-Koordinator eines Generalplaners oder eines größeren Ingenieurbüros, geliefert. Die erforderlichen Informationslieferungen des Teams sind im aufgabenbezogenen Informationsbereitstellungsplan TIDP verzeichnet.

Die organisatorisch führende Person im Aufgabenteam übernimmt die Funktionen eines BIM-Koordinators (Koordination, Lieferung, Fehlerverfolgung).

Nachweis der Kompetenzen und Kapazitäten von Informationslieferteams (ISO 19650-1 Kap. 8)

Lieferteams sollen in der Lage sein, ihren Informationslieferpflichten nachzukommen. Der Nachweis betrifft sowohl die Befähigungen als auch die Größenordnung der Leistungserbringung. Beides ist vor Auftragserteilung zu prüfen. Die Prüfung kann durch

17) deutsche Bezeichnung nach DIN EN ISO 19650-2 (Englisch: Appointed Party)
18) deutsche Bezeichnung nach DIN EN ISO 19650-2 (Englisch: Delivery Team)

den Auftraggeber, das Lieferteam selbst oder durch unabhängige Dritte geschehen. Der Kompetenznachweis betrifft die Erfahrung, Ausbildung und technische Ressourcen, um bestimmte Aktivitäten zur Erstellung der geforderten Informationen durchführen zu können. Der Kapazitätsnachweis betrifft den Nachweis, diese Aktivitäten in einem vorgegebenen Zeitrahmen durchführen zu können.

Dementsprechende Nachweise seitens der Lieferteams müssen nur dann projektweise neu erbracht werden, wenn die neuen Projektanforderungen hinsichtlich der Informationslieferungen signifikant abweichen.

Die Nachweise umfassen

- die Einhaltung der Anforderungen aus der ISO 19650 und der Informationsanforderungen des Projekts,
- die Fähigkeit, in kollaborativer Weise und durch Austausch von Informationscontainern zusammenzuarbeiten,
- den Zugang zu und die Erfahrung mit den vorgesehenen Informationstechnologien, die mit der Erfüllung von Informationsanforderungen verbunden sind oder die durch Lieferteams vorgeschlagen werden, und
- die personelle und technische Ausstattung, um die vorgesehenen Aufgaben zu erfüllen.

Die VDI-Richtlinie 2552 Blatt 8 und ihre Unterabschnitte gehen konkret auf die Umsetzung der konzeptionellen Vorgaben der ISO 19650-1 ein.

Nach der Mobilisierung sind alle Teams in der Lage, die im BIM-Abwicklungsplan vertraglich vereinbarten Informationslieferleistungen zu erbringen. Die Logistikketten zur Erstellung und Lieferungen von Informationen sind im Probebetrieb aufgebaut und getestet. Die kollaborative Informationserzeugung kann beginnen.

3.3.3 Lieferinhalt und Lieferprozess

Die Beschreibungen von Informationsinhalten (Liefergegenstand) und der Aktivitäten zur Informationserzeugung und Verteilung (Lieferprozess) lassen sich völlig unabhängig voneinander vornehmen.

Diese strikte Trennung von Informationsinhalt und -verteilung geschieht unter dem Gesichtspunkt, Arbeitsabläufe (Workflows) klar zu strukturieren. Unabhängig von der Qualität der Inhalte (siehe Kapitel 2 Modelle) lässt sich auch eine Prozessqualität darstellen. Sie sagt etwas darüber aus, wie alle Workflows in einem Projekt zusammenspielen und ob jeder einzelne Workflow festgelegte Aktivitäten nachvollziehbar, lückenlos und kontrolliert durchführt.

Abstrakt gesehen greift das Management von Informationen auf die folgenden drei Komponenten zurück:

- Informationscontainer: Sie enthalten die zu liefernden Informationen in einer Form, die Einzelheiten über die Inhalte nur so weit erkennen lässt, wie es für die Abarbeitung von Workflows notwendig ist (siehe Metadaten und Postpaketanalogie). Technisch gesehen sind Informationscontainer zum Beispiel Dateien, die Modelle, Dokumente oder komplexere Strukturen enthalten. Sie sind die „Pakete", die das Informationsmanagement betreut, siehe Abschnitt 3.3.3.1.

- Workflows: Sie bestehen aus Aktivitäten zur Lösung von Aufgaben. Die Aktivitäten werden von Rollen mit entsprechenden Kompetenzen und Vollmachten ausgeführt. Dazu werden Informationscontainer von Aktivität zu Aktivität weitergereicht. Genaueres im Abschnitt 3.3.3.2.
- Technische Umsetzung: Damit Workflows kontrolliert ablaufen können, braucht es technische Infrastrukturen, zum Beispiel eine Gemeinsame Datenumgebung CDE. Genaueres im Abschnitt 3.3.4.

Durch die Trennung von Lieferinhalten (Austausch-Informationsanforderungen AIA) und Lieferprozess (Lieferpläne MIDP und TIDP) können beide Bestandteile in einem BAP separat gegliedert und Verantwortlichkeiten für jeden Bereich getrennt festgelegt werden. Mehr dazu in Abschnitt 3.5.

3.3.3.1 Informationscontainer – Kleinste Austauscheinheit

Informationen müssen zwischen den Beteiligten ausgetauscht und in Ablagestrukturen, zum Beispiel in einem CDE, gespeichert werden. Ein Informationscontainer ist die kleinste Einheit, in der Informationen ausgetauscht und abgelegt werden.

Die einfachste Form eines Informationscontainers ist eine Datei mit einem Dokument oder einem Modell, beispielsweise einer PDF- oder IFC-Datei.

Was aber, wenn man – etwa für eine Aufforderung zur Angebotsabgabe – eine Excel-Datei mit einem Leistungsverzeichnis UND mehrere PDF-Dateien mit Details zu den einzelnen Leistungspositionen UND einen Plan im DWG-Format UND eine IFC-Datei mit einem Modellausschnitt als eine Einheit an Bieter verschicken möchte? Hier muss es eine Möglichkeit geben, zusammengehörige Dokumente zu gruppieren und als eine Einheit handhaben zu können.

Ein anderes Beispiel wären Pläne und Modelle, die man in einem konsistenten und freigegebenen Satz zur Ausführung auf die Baustelle schicken will. Man könnte alle in eine zip-Datei packen und per E-Mail verschicken. Das wäre ein erster Anfang der Strukturierung.

Als guter Modellersteller hat man jedoch die PDF-Dateien, welche Detailinformationen zu den Leistungen enthalten, mit Bauteilen im Modell verlinkt. Der Bieter kann das Modell in einem Viewer öffnen und an die Stelle navigieren, die für seine Bauleistung relevant ist. Genau an dieser Stelle im Modell findet er auch das verknüpfte PDF-Dokument, das seine Leistung genauer beschreibt, und kann zum Beispiel die Einbausituation unmittelbar einschätzen.

Enttäuschung kommt jedoch auf, nachdem er die zip-Datei auf seinem Rechner entpackt hat. Das Gebäudemodell wird zwar korrekt in seinem Viewer angezeigt, die verknüpften PDF-Dokumente erscheinen allerdings leider nicht. Sie liegen zwar auf der lokalen Festplatte unter den Dateipfad C:\Projekt_X\Angebot_Y\Dateiname_Z. Auf dem Rechner, auf dem die Verknüpfung von Bauteilen vorgenommen wurde, lagen die PDF-Dateien aber unter dem Dateipfad C:\Bieter_X\Dateiname_Z. Ein intelligenter Informationscontainer könnte ein Inhaltsverzeichnis haben, das die Verknüpfung von Modellbauteilen und angehängten Dokumenten unabhängig von Dateipfaden darstellt, sodass sie auch beim Empfänger noch gültig sind.

Es wurden daher Informationscontainer entwickelt, die intelligenter sind als zip-Dateien. In ISO 21597-1 „Information container for linked document delivery — Exchange specification" wird ein solcher intelligenter Container vorgestellt. Solche Container haben ein eigenes Inhaltsverzeichnis. Sie können entweder Dateien direkt einbetten oder per Internet-Referenz (URI) auf sie verweisen. Von außen betrachtet sind auch diese Container eine Datei. Sie können gespeichert, (um)benannt und verschickt werden. Die innere Struktur ist standardisiert und damit öffentlich zugänglich. Per Software können solche Container angelegt, befüllt und gelesen werden.

Diese Art von Containern muss man nicht „auspacken" oder entpacken, um an die Inhalte heranzukommen. Das interne Verzeichnis des Containers zeigt, wo die Inhalte liegen, lokal im Container selbst oder ggf. im Internet.

Bleibt noch die Frage, woran man erkennt, dass es sich um so einen intelligenten Container handelt. Eventuell an der Dateiendung? In dem Fall könnte man das Inhaltsverzeichnis lesen und wüsste, ob der Inhalt für die eigenen Zwecke relevant wäre. Sehr viel Aufwand, wenn man das mit jedem Informationscontainer machen wollte. Es gibt daher von außen erkennbare Informationen, sogenannte „Metainformationen" oder „Metadaten", die genug über den Inhalt verraten, ohne dass man ihn öffnen und seine Inhalte oder Inhaltsverzeichnisse lesen müsste.

Informationscontainer als digitales „Postpaket"

Der Vergleich von Metadaten und Postpaket passt auch für das Informationsmanagement recht gut. Bei einem Postpaket gehen wir davon aus, dass der Postbote das Paket nicht öffnet und seinen Inhalt nicht in Augenschein nimmt. Dass ein Paket seinen Weg vom Versender zum Empfänger findet, liegt an dem Paketaufkleber (Bild 3.3), der die

Bild 3.3 Für den Informationsmanagement-Prozess ist der Inhalt des Informationscontainers unerheblich. Seine Metadaten (analog Paketaufkleber) sind für die weitere Bearbeitung (Prozessabwicklung) notwendig und ausreichend. Unstrukturierte Metadaten, wie die bunten Etiketten auf diesem Paket, erlauben allerdings keinen strukturierten und automatisierten Versandprozess.

Namen, und die Anschriften von Absender und Empfänger enthält. Zusätzlich können noch Zusatzinformationen enthalten sein wie Gefahrenhinweise („Vorsicht Glas“) oder Versandinformationen wie „Expressversand“ oder „per Einschreiben“ sowie über den Inhalt, beispielsweise „Büchersendung“ oder „Wertpaket“. Alle diese Informationen sagen etwas über die Bedeutung des Pakets im Zusammenhang mit dem Liefervertrag zwischen Käufer und Verkäufer sowie zwischen Lieferant und Besteller aus. Der Inhalt des Paketes ist zwar für den Empfänger die Hauptsache, aber für den Lieferprozesses sind einzig und allein die Metadaten, wie sie auf dem Paketaufkleber stehen, von Bedeutung für die Ausführung. Sie allein ermöglichen die planmäßige Durchführung des Lieferprozesses.

Im BIM-Prozess heißen die Pakete „Informationscontainer“ und ihre Inhalte „Informationslieferung“. Diese Informationen können beliebig komplex sein. Die Komplexität der Information selber ist für den Lieferprozess nicht von Bedeutung. Zur Ausführung des Informationslieferprozesses greift man auch hier auf das bewährte Konzept der Metadaten zurück. Man „stopft“ also die zu liefernden Informationen in ein Paket, den Informationscontainer, und „klebt“ zur Unterstützung des Liefer- und Weiterverarbeitungsprozesses Metainformationen oben drauf. Diese Metainformationen beschreiben beispielsweise den Sinn und Zweck des Informationscontainers, seinen Absender, seine Version, den Freigabestatus und weitere Eigenschaften, die für den Arbeitsablauf von Bedeutung sind. Wie schon beim Postpaket gibt es auch hier einige zwingend notwendige Mindestinformationen und weitere von den projektspezifischen Lieferprozessen abhängige Zusatzinformationen. Zum Beispiel werden im Zuge des Planungsfortschrittes Modelle mit zunehmendem Detaillierungsgrad geliefert. Es wäre also eventuell von Interesse, diesen Detaillierungsgrad in den Metadaten anzugeben. In welcher Form das geschieht, bleibt den Auftraggebern dieser Informationslieferungen vorbehalten. Ein maschinenlesbares Format der Metadaten ermöglicht eine rechnergerechte automatisierte Verarbeitung (Bild 3.4). Ein Ziel, das beim Informationsaustausch zwischen Software-Anwendungen leider oft noch nicht erreicht ist.

Bild 3.4 Gut strukturierte Metadaten (Barcode) erlauben eine weitgehende Automatisierung des Versandprozesses.

Wohin mit den Metadaten?

Über Metadaten lassen sich die Inhalte des Containers kategorisieren. Ohne ihn öffnen und seinen Inhalt lesen zu müssen, weiß man anhand der Metadaten über die wesentlichen Eigenschaften des Inhalts Bescheid. Ein Öffnen wäre in manchen Fällen sogar unmöglich, beispielsweise wenn es sich um native Formate handelt, oder zumindest aufwendiger.

Der einfachste Weg Metadaten unterzubringen, funktioniert über Dateinamen (Bild 3.5). Die britische Fassung der ISO 19650 enthält einen Zusatz, der die Codierung von Metadaten in den Dateinamen regelt.

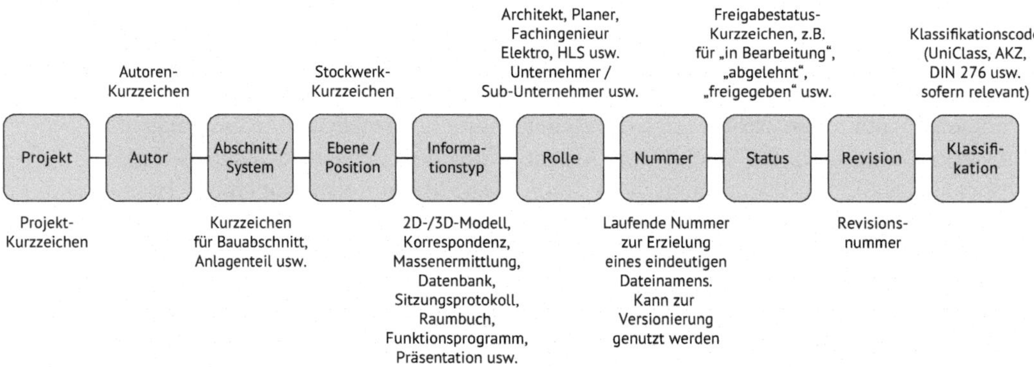

Bild 3.5 Codierung von Metadaten in den Dateinamen nach dem britischen nationalen Zusatz in BS EN ISO 19650

Eindeutige Benennung – Eindeutiger Identifikator

Eine geeignete Dateinamensregelung führt zu eindeutigen Dateinamen, d. h. selbst bei der Vielzahl von Dateien, also Dokumenten, Plänen, Modellen usw., ist durch die Benennungsregeln sichergestellt, dass derselbe Dateiname kein zweites Mal vorkommt. Ein Dateiname kann in diesem Fall als Identifikator (kurz ID) dienen, denn über diese ID lässt sich eine Datei immer eindeutig wiederfinden.

Man möchte meinen, es gäbe elegantere Wege, Metainformationen zu transportieren, doch der Weg über den Dateinamen hat zugegebenermaßen den nicht zu unterschätzenden Vorteil, dass dadurch Metadaten und Informationscontainer untrennbar miteinander verbunden sind.

Allerdings ist die Dateinamenslänge schon wegen der Übersichtlichkeit begrenzt. In einem CDE beschränkt man sich deshalb nicht darauf, sondern lässt weitere Metadaten zu. Diese werden dann separat in einer Datenbank gespeichert. Nur in der britischen Fassung der ISO 19650 ist eine Namensregelung vorgesehen, die eine eindeutige ID ergibt. Die deutsche Fassung der ISO schreibt zwar ebenfalls eine **eindeutige Container-ID** vor, lässt jedoch offen, wie diese gebildet werden sollte.

Weitere Metadaten nach ISO 19650-2

Bei Speicherung eines Informationscontainers in einem CDE schreibt ISO 19650 Teil 2 neben einer eindeutigen ID weitere Metadaten vor:

- **Status**: Bearbeitungsstatus wie „in Bearbeitung", „Geteilt", „Freigegeben" oder eine detaillierte Einteilung, die auch die Eignung berücksichtigt. Beispielsweise könnte es den Status „Freigegeben für Ausführung" oder „Freigegeben für Kostenermittlung" geben, um die weitere Verwendung einzuschränken auf bestimmte Anwendungsfälle. Selbstverständlich sind hier Abkürzungen und Codierungen üblich („FA", „FK").
- **Überarbeitungsstand**: Üblicherweise auch als Revisionscode oder Revisionsnummer bezeichnet. Eine meistens fortlaufende Nummer. Sie bezeichnet die Änderungen, zum Beispiel infolge Fehlerbehebungen, die an einem Modell, einem Plan oder einem anderen Informationscontainer vorgenommen wurde, ohne dass die inhaltlichen Änderungen eine komplett neue Version rechtfertigen würden.
- **Klassifikation:** In einer Gemeinsamen Datenumgebung CDE muss es möglich sein, dass dem Informationscontainer ein Klassifikationscode zugeordnet wird. Dieser soll den in ISO 12006-2 definierten Vorgaben entsprechen (siehe Kapitel 4 Standards). Die BIM-gerechten Klassifikationen UniClass (siehe Kapitel 4 Standards) und OmniClass sind der ISO 12006 konform, deutsche Klassifikationen, die ISO 12006 entsprechen, existieren derzeit noch nicht. Die Entwicklung eines solchen deutschen Klassifikationssystems ist im Umsetzungskonzept des Bundesministeriums für Verkehr und digitale Infrastruktur, BMVI, zum BIM-Stufenplan jedoch vorgesehen.

3.3.3.2 Workflow

Im Online Business Dictionary finden wir, dass ein Workflow „die Abfolge von Schritten (Aufgaben, Ereignissen, Interaktionen), die einen Arbeitsprozess umfassen, zwei oder mehr Personen betreffen und einen Wert für die Aktivitäten der Organisation schaffen oder hinzufügen", sei.

Das klingt erst mal hübsch allgemein und logisch. Die Teilschritte, in denen viele Beteiligte in der Wertschöpfungskette ihren Teil zur Wertsteigerung im Arbeitsprozess beitragen, sind letztlich erfolgsentscheidend. Die Wichtigkeit nahtloser digitaler Prozessketten, des Workflows, wird auch bei BIM heute noch nicht ganz vollständig erkannt. Viele glauben, bei BIM ginge es in erster Linie um das Erstellen von Modellen. Noch dominiert das „M" für „Modelling" im BIM-Akronym. Das Thema Informationsmanagement haben derzeit noch die wenigsten auf dem Schirm. Modellieren kann man auch im stillen Kämmerlein, zur Zusammenarbeit braucht's dagegen, wie oben erwähnt, mindestens zwei. Gerade die Zusammenarbeit, der Workflow, muss daher strukturiert und organisiert vonstattengehen.

Bearbeitungsstatus und Statuswechsel im Workflow

Für die Kennzeichnung von Freigabegraden der Informationscontainer sieht die ISO drei Basiszustände vor, die in Projekten weiter verfeinert werden können. Statusübergänge zwischen diesen Containerzuständen sollen nur nach einem Prüf- und Freigabeprozess vorgenommen werden. ISO 19650 skizziert folgende Informationscontainerzustände und den Ablauf von Statusübergängen:

- „In Bearbeitung“ (Work in Progress) – lokaler teaminterner Bearbeitungszustand
  - Statusübergang: Das liefernde Team übermittelt die zu liefernden Informationen nach eigener interner Prüfung hinsichtlich Erfüllung der Informationsanforderungen und Projektstandards an zuvor bestimmte relevante Teams. Durch Prüfung und Abnahme beim Empfänger werden die gelieferten Informationscontainer vom Empfänger in den Zustand „Gemeinsam“ versetzt.
- „Gemeinsam“ (Shared) (oft auch „Geteilt“) – vorläufiger Bearbeitungszustand, der anderen Teams oder dem Bauherrn nach Prüfung durch das liefernde Team zur Verfügung gestellt wird. Die gelieferten Informationscontainer werden den belieferten Teams zur Information und nicht zur Bearbeitung zur Verfügung gestellt, eventuell lokal vorgenommene Änderungen werden nicht zurückgeführt. Informationen im Zustand „Gemeinsam“ können bei der nächsten (turnusmäßigen) Informationslieferung erneut geändert werden. Informationen im Zustand „Geteilt“ sind daher als Zwischenergebnis zu betrachten.
  - Statusübergang: Die Prüfung von Informationscontainern erfolgt durch Bevollmächtigte hinsichtlich Erfüllung der Informationsanforderungen des Lieferplans. Nach erfolgreicher Prüfung der Informationsanforderungen erfolgt die fachliche Prüfung im empfangenden Team. Nach ebenfalls erfolgreichem Verlauf wird der Container in den Status „Veröffentlicht“ versetzt. Dazu ist ggf. die Freigabe durch den Bauherrn einzuholen (Bild 3.6 (BIM-Prüfung)). Fehlgeschlagene Prüfungen führen zum Rückfall in den Status „in Bearbeitung“.
- „Veröffentlicht“ (Published) (alternativ: Freigegeben) – ausgereifterer Informationsstand, der nach Prüfung und Freigabe für darauf aufbauende Arbeiten zur Verfügung gestellt wird. Informationen im Zustand „Veröffentlicht“ werden nicht mehr ohne Weiteres geändert, sondern nur durch einen definierten Änderungsprozess.
- „Archiviert“ (Archived) – Eingefrorener Projektzustand, der in keinem Falle geändert werden kann, auch nicht durch einen Änderungsprozess. Er dokumentiert ggf. auch alle Lieferungen (Geteilt, Veröffentlicht) und enthält Protokolle der Informationsmanagementaktivitäten (Audit Trail). Archivierte Zustände dienen der Dokumentation.

Im Falle einer Fehlererkennung im Zuge einer Prüfung kann ein Informationscontainer abgelehnt und in den Zustand „in Bearbeitung“ zurückgesetzt werden.

Als weitere Metadaten zur Kennzeichnung von weiteren Containereigenschaften nennt ISO 19650

- einen Revisionscode (z. B. nach IEC 82045-1) sowie
- weitere, initial vom Autor hinzugefügte, Metainformationen, die später nach Bedarf ergänzt werden.

Im Praxisteil findet sich ein detailliertes Beispiel, wie Bearbeitungszustand, Status und Revisionscode im Informationsaustausch zwischen den beteiligten Teams zusammenspielen und die Eindeutigkeit der Zuständigkeiten und Aktivitäten sicherstellt.

Hier soll zunächst das Prinzip erläutert werden. Das vereinfachte BPMN-Diagramm (Bild 3.6) stellt dar, wie das Aufgabenteam mit der Bearbeitung einer Aufgabe im Bearbeitungszustand „in Bearbeitung“ (Work in Progress WiP) beginnt. Der Koordinator des Aufgabenteams prüft das Arbeitsergebnis, beispielsweise ein TGA-Modell und

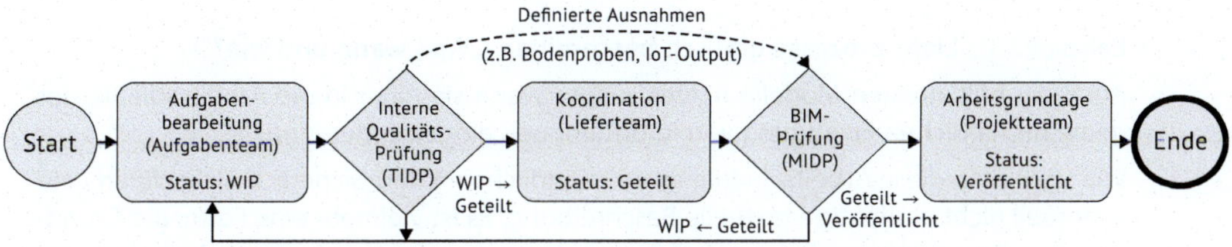

Bild 3.6 Bearbeitungsstatus und Statuswechsel. Von der Erstellung von Informationen durch das Aufgabenteam bis zur Veröffentlichung als Arbeitsgrundlage für das gesamte Projektteam sind Koordinations- und Qualitätssicherungsschritte zu durchlaufen. Ein Informationscontainer wechselt dabei seinen Bearbeitungsstatus (möglicherweise wiederholt) von „in Bearbeitung" („Work in Progress" WiP) über „Geteilt" zu „Veröffentlicht". Diese Statuswechsel geschehen infolge von Prüf- und Abnahmeprozessen. Nur besonders autorisierte Personen können eine Statusänderung herbeiführen. Sie sind im BIM-Ablaufplan BAP als solche verzeichnet.

begleitende Unterlagen, bevor es an das Lieferteam weitergegeben wird. Die interne Qualitätssicherung (Abschnitt 3.5.6 Kollaborative Informationserzeugung/Informationsprüfung) wird solange wiederholt, bis alle formalen Anforderungen aus dem TIDP erfüllt sind. Erst dann erfolgt die Lieferung an den Auftraggeber über ein CDE. Dadurch erreicht der Informationscontainer den Bearbeitungszustand „Geteilt".

Im Lieferteam des Auftraggebers laufen Informationslieferungen aus mehreren Aufgabenteams zusammen. Dort werden beispielsweise einzelne Fachmodelle zu Koordinationsmodellen zusammengeführt und in ihrer Gesamtheit auf Konsistenz, zum Beispiel Kollisionsfreiheit, untersucht. Erkannte Fehler werden an die jeweiligen Aufgabenteams zurückgemeldet. Hierzu wird vorteilhaft das BCF-Format (siehe Kapitel 2 Modelle, Abschnitt BIM Collaboration Format) eingesetzt. Die betroffenen fehlerhaften Informationscontainer fallen in den Bearbeitungszustand „in Bearbeitung" zurück.

Verlaufen die Konsistenzprüfungen im Lieferteam erfolgreich, werden die geprüften Informationscontainer an den Bauherrn zur Freigabe übermittelt. Die Container erhalten eventuell hierzu den Zwischenzustand „Geteilt mit Bauherrn". Bei Freigabeverweigerung infolge erkannter Fehler fallen die Container eventuell abermals in den Zustand „WiP" zurück. Bei erteilter Freigabe wird der Bearbeitungszustand „Veröffentlicht" gesetzt, der anzeigt, dass diese Container vom gesamten Projektteam als Arbeitsgrundlage verwendet werden dürfen. Die Informationsinhalte dieser Container (Modelle, Pläne, Dokumente) ändern sich ab jetzt ausschließlich durch einen kontrollierten Änderungsprozess, der nur in definierten Ausnahmefällen zulässig ist.

Dieser mehrstufige Prüf-, Freigabe- und Veröffentlichungsprozess gilt grundsätzlich für alle Informationslieferungen in der Informations-Bereitstellungsphase (Planung, Bauphase, Inbetriebnahme). Definierte Ausnahmen bestehen nur in Fällen, bei denen koordinierende Zwischenstufen entfallen (Bild 3.6, gestrichelte Linie). Beispielsweise werden Bodenproben, Videos aus Drohnenüberflügen oder fotografische Baufortschrittsdokumentationen ggf. direkt in den Zustand „Veröffentlicht" überführt und in dem CDE abgelegt oder im Falle von Probenentnahmen der Hinterlegungsort in dem CDE dokumentiert. Gleiches gilt für Echtzeit-Sensorikdaten in der Bauphase (Personalerfassung, Maschinenzustände, Sicherheits- und Zugangsdaten).

Beispiel 3.3 **Lieferprozesse grafisch beschreiben („Wer, wann und wie?")**

Auch die brillantesten Modelle nützen nichts, wenn sie nicht in die Arbeitsabläufe der gemeinschaftlichen Erzeugung von Informationen eingebunden sind.

Wie stellt man diese Arbeitsabläufe am verständlichsten dar? Sicherlich nicht durch eine eventuell nicht eindeutige textuelle Beschreibung. Es ist vielmehr eine Form, die Grundlage von Ausschreibungen und Verträgen sein kann, erforderlich. Zum Glück muss für BIM in dieser Hinsicht das Rad nicht neu erfunden werden. Es gibt bereits bewährte Darstellungsmöglichkeiten, die in anderen Branchen und Fachrichtungen bereits seit Langem mit Erfolg angewendet werden.

Die Beschreibung von Informationsaustauschvorgängen gelingt am besten über eine bildliche Darstellung in Form von Prozess- oder Interaktionsdiagrammen. Jedes Informationslieferhandbuch enthält daher mindestens ein Prozessdiagramm, in dem die Schnittstellen des Informationsaustauschs eindeutig gekennzeichnet sind, um sie konkreten Austauschanforderungen zuordnen zu können.

Die Modellierungssprache BPMN [22] ist inzwischen zu einem ISO-Standard für die Beschreibung von Prozessen geworden (Bild 3.7). BPMN ist eine grafische und intuitiv verständliche Beschreibungssprache. Sie wird genutzt, um BIM-Prozesse oder Teilprozesse übersichtlich darzustellen.

In der VDI-Richtlinie 2552 Blatt 7 „Prozesse" wird ebenfalls die Business Process Modelling and Notation BPMN zur einheitlichen Darstellung von BIM-Prozessen verwendet. BPMN wird auch in ISO 29481-1 „Bauwerksinformationsmodelle – Handbuch der Informationslieferungen – Teil 1: Methodik und Format" genutzt und ist daher im BIM-Umfeld etabliert. Dort werden Datenaustauschanforderungen (Exchange Requirements, abgekürzt ER) zur

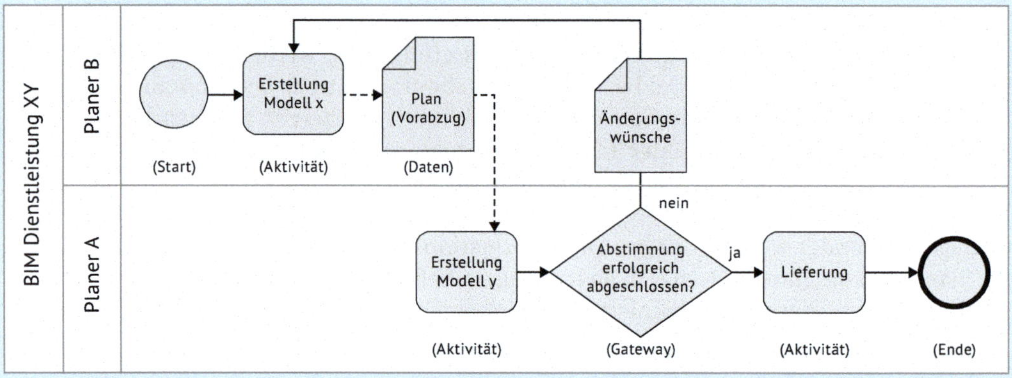

Bild 3.7 Beispiel einer einfachen Prozessdarstellung mit BPMN: Der (Swimming-)Pool „BIM Dienstleistung XY" enthält Schwimmbahnen (Swim Lanes) für jeden Akteur (Planer A und B). Jede Bahn zeigt die Aktivitäten und Entscheidungsweichen jedes Akteurs. Im gezeigten Prozessdiagramm erzeugt Planer B zunächst ein Modell und schickt dieses dem Planer A als Vorabzug zur Abstimmung zu. Solange Planer A noch Änderungswünsche an Planer B übermittelt, liefert B neue Vorabzüge an A. Ist dieser Zyklus abgeschlossen, kann das jetzt mit B abgestimmte Modell y von Planer A geliefert werden. Damit ist dieser Prozess abgeschlossen. Dieses Prozessdiagramm wurde mit PowerPoint erstellt, bei Bedarf stehen auch spezielle Anwendungen zur Verfügung, um BPMN-Diagramme zu entwickeln.

digitalen Beschreibung von auszutauschenden Informationen beschrieben (siehe Kapitel 4 Standards).

Informations-Austauschprozess

Die Darstellung von Prozessen zwischen den Beteiligten in einem Projekt ist wichtig, um anderen Projektbeteiligten Abläufe mitzuteilen. ISO 29481 „Handbuch der Informationslieferungen" gibt verschiedene Darstellungsarten an die Hand, mit denen die Schnittstellen zwischen den Projektbeteiligten dargestellt werden können. Welche Informationsinhalte über die Schnittstellen genau ausgetauscht werden, kann dann als Informations-Austausch-Anforderung an anderer Stelle genauer spezifiziert werden. Dadurch sind auch hier Prozessdarstellung und Informationsbeschreibung klar voneinander getrennt.

Zur Darstellung von Prozessabläufen wird eine standardisierte Symbolik verwendet. ISO 29481 nutzt ausgewählte Elemente der Business Process Modelling Notation BPMN (Bild 3.8).

Drei BPMN-Diagrammtypen sind für BIM-Projekte besonders nützlich. Sie werden in ISO 29481 vorgestellt.

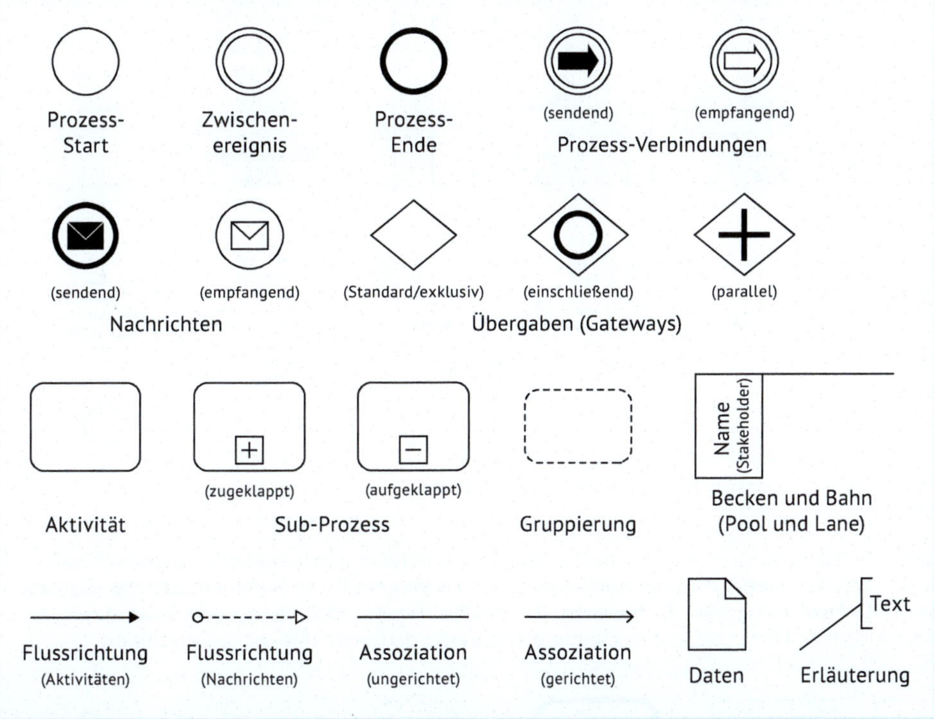

Bild 3.8 Symbolik zur Beschreibung von Prozessen mit der Business Process Modelling Notation BPMN

Prozessdiagramm

Der Sinn einer Prozess-Übersicht ist es, alle BIM-Lieferungen abzubilden. Die Anforderungen an die BIM-Lieferungen werden für jede Schnittstelle im Prozessdiagramm, an der ein Informationsaustausch stattfindet, in einer separaten Anforderungstabelle festgelegt.

Ein Prozessdiagramm (Bild 3.9)

- beschreibt die Abfolge von Aktivitäten in einem bestimmten Geschäftsprozess, beispielsweise in einem Informations-Austauschprozess,
- erklärt die Konfiguration der Aktivitäten, die einen Prozess ausmachen, die Beteiligten und die benötigten Informationen, sowohl auf der Seite des Informationsproduzenten als auch der des Informationsempfängers.

In ISO 29481 Teil 1 wird empfohlen, aber nicht vorgeschrieben, die Symbole der Business Process Modelling Notation BPMN für die Entwicklung von Prozessdiagrammen zu verwenden. Bild 3.8 zeigt einige häufig verwendete BPMN Symbole.

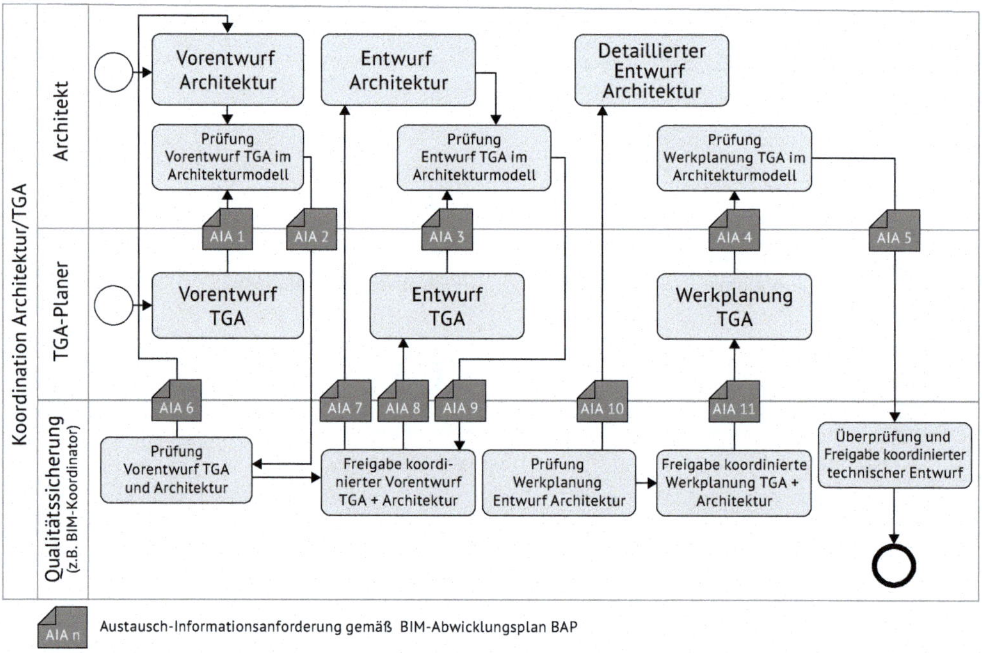

Bild 3.9 Prozessdiagramm mit Schwimmbahnen für Akteure und Informationsaustausch zwischen den Akteuren. Informationslieferungen sind nummeriert. Die Nummern beziehen sich auf den BIM-Abwicklungsplan. Dort werden die inhaltlichen Anforderungen an die jeweiligen Lieferungen in Form von Austausch-Informationsanforderungen (AIA) genau spezifiziert.

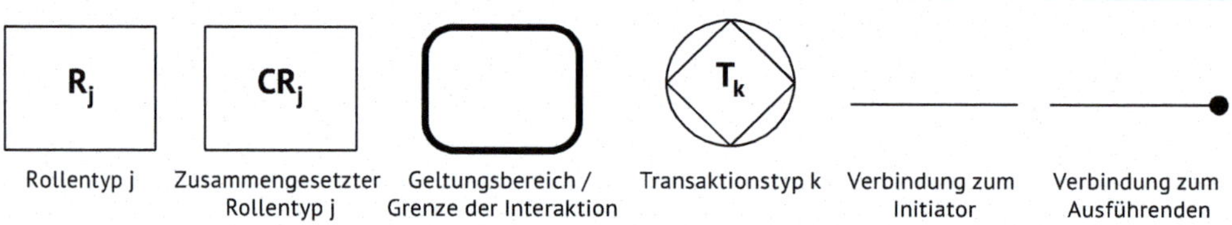

Bild 3.10 Symbolik zur Beschreibung von Transaktionen mit BPMN

Interaktionsdiagramm

Das Interaktionsdiagramm (Bild 3.11) konzentriert sich auf die Darstellung der Schnittstellen zwischen den Rollen und den Transaktionen, die über diese Schnittstelle stattfinden. Eine zeitliche Reihenfolge wird hier nicht dargestellt. Es geht allein darum, die Rollen und Transaktionen (Nachrichten) zwischen ihnen zu charakterisieren.

Alle Transaktionen im Interaktionsdiagramm haben eine eindeutige Identität (Code, Nummer) und einen eindeutigen Namen, z. B. T_2, über die sie auch in den Austauschanforderungen referenziert werden.

Trotz unterschiedlicher ausgetauschter Inhalte zwischen zwei Rollen ist der Verlauf des Transaktionsprozesses oft identisch. So verläuft der Informationsaustausch zwischen Architekt und Qualitätsmanagement bei Lieferung und Genehmigung eines Entwurfs in jeder Phase gleich, egal ob es sich um den Vorentwurf, die Genehmigungsplanung oder die Ausführungsplanung handelt. Sie unterscheiden sich lediglich durch den ausgetauschten Inhalt, z. B. zunehmende Detaillierungsgrade, nicht aber durch den Ablauf (Prozess).

Ein Interaktionsdiagramm ermöglicht es, die Prozesse eines ganzen Projekts auf einem einzigen Blatt Papier darzustellen. Anhand der Schnittstellen und der Informationsstruktur ist dann anschließend eine digitale Umsetzung des Informationsaustausches möglich. Welche der Schnittstellen in Projekt digital umgesetzt werden, entscheidet der Auftraggeber.

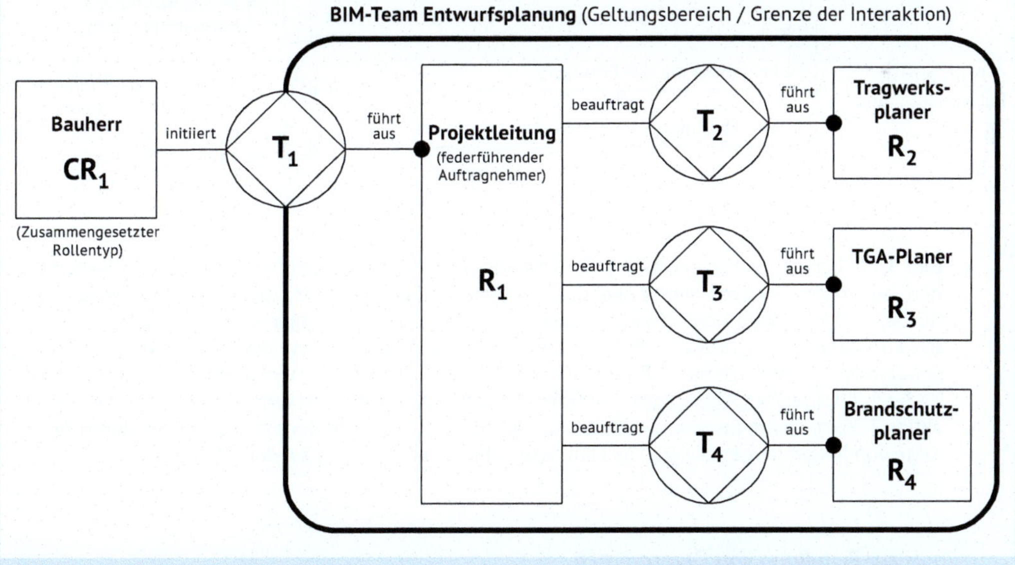

Bild 3.11 Beispiel-Interaktionsdiagramm. Der Bauherr (zusammengesetzte Rolle, z. B. aus Bauherr, Betreiber, Architekt) CR_1 initiiert durch Transaktion T_1 an die Projektleitung (Rolle R_1) weitere Unteraufträge an die Rollen R_2 bis R_4. In diesem Beispiel könnte die Transaktion T_1 die Übergabe der Austausch-Informationsanforderungen AIA an die Projektleitung sein. Die Projektleitung übergibt wiederum Informationslieferpläne (T_2, T_3, T_4) an die Planer (R_2, R_3, R_4). Ein BIM-Abwicklungsplan BAP enthält sowohl die Rollen und ihre Aufgaben als auch Informationslieferpläne (siehe Verantwortlichkeitsmatrix und Informationslieferpläne in Kapitel 4 Standards und in Kapitel 5 BIM-Projektpraxis).

Transaktionsdiagramm

Ähnlich wie beim Prozessdiagramm geht es hier um Darstellung der Austauschvorgänge an den Schnittstellen zwischen Kommunikationspartnern. Anders als beim Prozessdiagramm werden hier jedoch nicht die einzelnen Aktivitäten der Beteiligten dargestellt, sondern die Reihenfolge des Nachrichtenaustausches (Bild 3.12). Das Transaktionsdiagramm entspricht einem UML-Sequenzdiagramm.

Das Transaktionsdiagramm erinnert möglicherweise an ein um 90 Grad gedrehtes Prozessdiagramm. Anders als ein Prozessdiagramm lassen sich hier jedoch Verzweigungen und Entscheidungen nicht darstellen (M5/M6). Dafür bietet es eine sehr gute Übersicht in der Abfolge und Abhängigkeit von Aktivitäten.

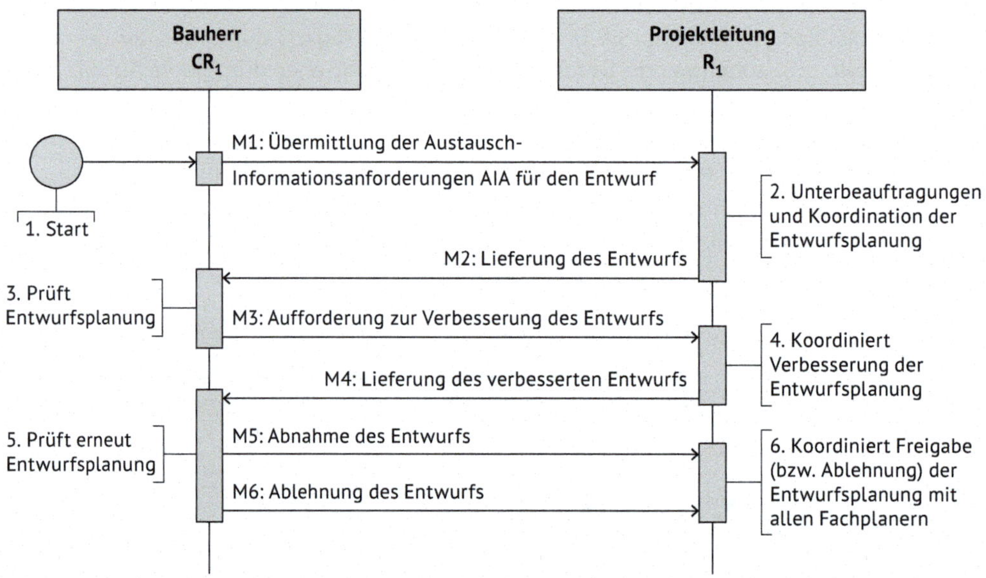

Bild 3.12 Transaktionsdiagramme bieten die Möglichkeit, die Zusammenarbeit von Projektpartnern aus einem weiteren Blickwinkel darzustellen. Das Beispiel-Transaktionsdiagramm zeigt die Abfolge der Aktivitäten zwischen zwei oder mehr Projektpartnern, hier am Beispiel der Lieferung des Entwurfs. Es wird bewusst nicht geschildert, aus welchen Inhalten der Entwurf genau besteht, sondern lediglich die zeitliche Abfolgen der Transaktionen (Informationsübertragungen) und die dadurch erfolgenden Aktivitäten. Die Transaktion M1 (Message 1) könnte zum Beispiel die Transaktion T_1 sein, die im Interaktionsdiagramm aus Bild 3.11 genauer hinsichtlich der weiteren Abfolge von Rollen dargestellt ist. Die Hinweise 1. bis 6. dienen lediglich der Erläuterung.

Tools zur Erstellung von Diagrammen

Will man nicht „von Hand“ eigene BPMN-Symbole erstellen und in Word oder PowerPoint zu BPMN-Diagrammen zusammenbauen, was in Einzelfällen sicher eine unkomplizierte pragmatische Lösung ist, kann man eines der inzwischen zahlreichen und ausgereiften Werkzeuge zur BPMN-Diagrammerstellung nutzen. Einige seien hier genannt.

- Cawemo Modeler – https://cawemo.com Online Tool. Gleichzeitiges paralleles Zusammenarbeiten möglich.
- Camunda Open Source Modeler – https://camunda.com Desktop Tool. Kostenloser Download.
- Drawio – https://diagrams.net – Browserbasiertes Tool. Integrierbar in DropBox, GoogleDrive, OneDrive und weitere Online-Dateiablagen. Gleichzeitiges paralleles Zusammenarbeiten möglich.

3.3.4 Technische Umsetzung

Als Infrastruktur für die Informationslieferung und Verteilung gibt ISO 19650 eine Gemeinsame Datenumgebung CDE vor. Sie bildet alle Informationsmanagementprozesse ab und ist für die Verwaltung der anfallenden Datenmengen und -strukturen zu verwenden. Die ISO nennt die zentralen Grundfunktionalitäten eines CDE. Sie sind als konzeptuelle Anhaltspunkte zu werten. Die Eigenschaften und Funktionen eines CDE werden in VDI 2552-5 und 3 sowie besonders in der DIN SPEC 91391 weiter präzisiert.

3.3.4.1 Projektweite Ressourcen – BIM-Objektbibliotheken

Ein virtuelles Gebäudemodell besteht immer aus einer Anzahl von Objekten, die das Gebäude und seine Bestandteile repräsentieren. Geometrische und alphanumerische Daten bilden die virtuelle Repräsentation dieser einzelnen Gebäudeelemente ab. Die Klassifizierung und Strukturierung von Informationen ist ein wichtiges Element bei der voranschreitenden Detaillierung eines virtuellen Modells während der Planung und Bauphase. In Objektdatenbanken können objektorientierte Informationen vorgehalten und referenziert werden. Es liegt daher im Sinne einer effizienten Verwendung von Daten nahe, Objektdaten nicht mehr in Modelle einzubetten, sondern Modelle mit der Intelligenz auszustatten, die entsprechenden Objektinformationen in externe Datenbanken zu referenzieren. Objektbibliotheken mit gemeinsamen Objekten und darin enthaltenen Datensätzen werden zunehmend in Projekten eingesetzt.

Die projektweite gemeinsame Objektbibliothek ist daher ein wichtiges Instrument der Qualitätssicherung. Sie gewährleistet die durchgängige Verwendung von Objekttypen und Klassifikationen im Projekt. Dies ist in einem BIM-Abwicklungsplan festzuhalten.

3.3.4.2 Gemeinsame Datenumgebung (Common Data Environment CDE) – Umgebung für gemeinsame Daten

Eine Gemeinsame Datenumgebung CDE ist das zentrale Instrument für das Informationsmanagement in einem BIM-Projekt. Es ist in der Bereitstellungsphase für Informationen, bei der Übergabe an die Betriebsphase, aber auch in der Betriebsphase von besonderer Bedeutung, um alle Projektteilnehmer in nachvollziehbarer Weise mit Informationen zu versorgen. Ein CDE setzt die in einem BAP spezifizierten Prozesse um und überwacht deren Einhaltung.

Der CDE-Einsatz ist für die Lieferphase von Informationen (Planungs-, Bau- und Inbetriebnahmephase) notwendig und wird in ISO 19650 als verpflichtend gekennzeich-

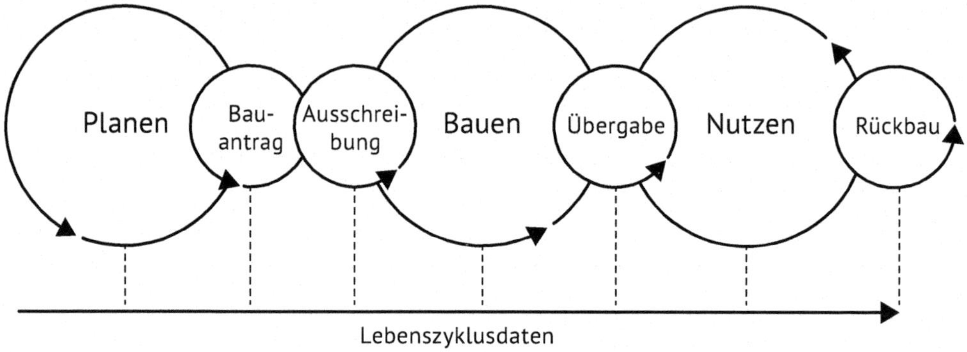

Bild 3.13 Gemeinsame Datenumgebungen CDE unterstützen die Datenhaltung im gesamten Gebäudelebenszyklus. CDE setzen die Konzepte des Informationsmanagements in BIM-Projekten um. Verluste innerhalb von Phasen und über Phasengrenzen hinweg können so vermieden werden. Informationslieferungen laufen hier entsprechend dem BIM-Abwicklungsplan BAP zusammen und werden zu den entsprechenden Informationsmodellen (PIM, AIM) zusammengefügt.

net. Er kann sich auch für die Nutzungs- und Betriebsphase als notwendig und hilfreich erweisen und so die Datenkonsistenz im gesamten Lebenszyklus unterstützen (Bild 3.13).

Die Übergabe von Informationen von der Herstellungsphase an die Betriebsphase (vom PIM zu AIM) sollte innerhalb eines CDE geschehen. Nicht an die Betriebsphase übergebene Informationen aus dem Projekt-Informations-Modell PIM sollten für spätere Fälle (Auseinandersetzungen, Lerneffekte) im CDE archiviert werden. Für den Zeitrahmen der Archivierung sollten Informationsanforderungen spezifiziert werden. Ein CDE stellt Datenbankfunktionalität zum Management von Informationscontainern und deren Metadaten, aber auch Funktionalität zur Informationsverteilung und Benachrichtigung der Teammitglieder bereit. Ein Protokollierungsmechanismus (Audit Trail) für das Informationsmanagement sollte zur Verfügung stehen, um Lieferprozesse auch später nachvollziehen zu können.

Als weitere Vorzüge des CDE-Einsatzes und Workflow-Managements werden genannt:

- Klarheit bezüglich der inhaltlichen Verantwortlichkeiten für Informationscontainer (z. B. Erlaubnis zur Änderung, Verwendung, Referenz),
- höhere Effizienz bei der Informationserzeugung durch Teilen von Informationen im Team und
- Nachvollziehbarkeit von Informationslieferungen in allen Projektphasen.

CDE sind damit ein essenzieller Bestandteil eines BIM-Projekts. Sie sind in der Lage, die Prozesse aus einem BIM-Abwicklungsplan zu implementieren und dadurch die Informationslieferketten in einem Projekt abzubilden.
Fortgeschrittene CDEs können darüber hinaus andere Anwendungen über Schnittstellen einbinden und so in Liefer-, Verteil- und Prüfprozesse integrieren. Sie bilden ein Ökosystem für BIM-Anwendungen.

Konkretere Angaben zu CDE-Funktionen, Workflow und Datenaustausch gibt das Kapitel 4 Standards, Abschnitt 4.9.4 DIN SPEC 91391.

3.3.5 Informationslieferleistungen als Standardleistungen?

Die gängigen, in Bauprojekten zu erbringenden, physischen Leistungen werden zwar in allgemein verfügbaren Standardwerken, wie der deutschen HOAI und der VOB, dem britischen RIBA Plan of Work oder in internationalen FIDIC[19)]-Verträgen beschrieben, der Zusammenhang von traditionellen physischen Bauleistungen und den damit zwingend verbundenen digitalen Informationslieferleistungen wird dabei jedoch bisher in den meisten Fällen nicht hergestellt. Zumindest ist dies in Deutschland derzeit nicht der Fall. Von der Britischen Architektenkammer, dem Royal Institute of British Architects RIBA, wurde die Notwendigkeit hingegen erkannt. Bereits 2013 wurde ein vollständig neuer digital Plan of Work speziell zur Spezifikation digitaler Informationslieferleistungen entwickelt. Er ersetzte den seit Jahrzehnten bewährten, traditionellen RIBA Plan of Work und trägt dem Anspruch Rechnung, digitale Informationslieferleistungen und normale physische Bauleistungen als Einheit in einem Gesamtleistungspaket zu betrachten. Der RIBA Plan of Work betont und fördert ausdrücklich die Verwendung digitaler Methoden, wie BIM. Die deutsche HOAI verharrt dagegen in einer Methodenneutralität und enthält keine BIM-spezifischen Leistungen. Die Chance zur Förderung der digitalen Transformation wird bisher leider nicht genutzt. Der RIBA Plan of Work schafft im Gegensatz dazu ausdrücklich die Grundlage zur Beauftragung und Abrechnung digitaler Leistungen.

3.4 Begriffe und Grundsätze im Informationsmanagement (ISO 19650 Teil 1)

3.4.1 AIM und PIM – Modelle für Projektdynamik und „As-Built"-Zustand

Die Antwort der ISO 19650 auf die verschiedenen bedarfsorientierten Perspektiven der unterschiedlichen Interessengruppen sind zwei unterschiedliche Basismodelle. Das Anlagen-Informations-Modell AIM spiegelt den Zustand des Gebäudes zu einem bestimmten Zeitpunkt wider. Sein Informationsgehalt hängt von der Projektphase ab. In der Planungsphase wird es oft als „As-Designed"-Modell bezeichnet, in der Bauphase als „As-Built"-Modell. Es beschreibt das Bauwerk in jeweils unterschiedlichen Detailtiefen.

Das Projekt-Informations-Modell PIM dagegen berücksichtigt die Dynamik des Planungs- bzw. Bauprojekts. Es enthält daher Informationen, die nicht den Baukörper an sich, sondern dessen Planung und Herstellung betreffen.

AIM und PIM bilden als eine strukturierte, kontextbezogene und vernetzte Informationsmenge die Summe aller Informationen zu einem bestimmten Zeitpunkt im Lebenszyklus ab. In ihnen enthalten sind Bauwerksmodelle, aber auch andere Informationsformate wie Dokumente, Spezifikationen und Unterlagen aller Art. Die Strukturen von AIM und PIM werden durch die im Projekt festgelegte Federationsstrategie vorgegeben (Abschnitt 3.5.6.1).

AIM und PIM können strukturierte und unstrukturierte Informationen enthalten. Beispiele für strukturierte Informationen sind geometrische Modelle, Zeitpläne und Da-

19) International Federation of Consulting Engineers

tenbanken. Beispiele für unstrukturierte Informationen sind Dokumentationen (Dokumente), Videoclips und Tonaufnahmen.

Aber auch physische Informationsquellen, wie Boden- und Produktproben oder Ersatzteile, sollten mit einem Informationsmanagementprozess verwaltet werden. Dafür ist eine Systematik mit geeigneten Querverweisen, wie beispielsweise Probennummern, im Projekt entsprechend festzulegen, damit auch diese Informationen in das Informationsmanagement integriert werden können.

Dazu später mehr, wenn es um die Dokumentation des Ist-Zustandes der Liegenschaft vor Baubeginn (Altbestand, Bodengutachten) oder des Ist-Zustandes des fertigen Bauwerks („As-Built" Model) geht.

Hinweis: Die Abschnitte der ISO, auf die sich die folgenden Abschnitte beziehen, sind für Leser, die das Buch als Nachschlagewerk verwenden, jeweils in der Abschnittsüberschrift vermerkt.

3.4.1.1 Anlagen-Informations-Modell AIM – Informationen für die Betriebs- und Nutzungsphase (ISO 19650-1, 5.6)

Das AIM ist die virtuelle Entsprechung des Baugegenstands, ein virtueller Zwilling des Bauwerks und der relevanten Teile seiner Umgebung. Es enthält diese Informationen in einem der Lebenszyklusphase entsprechenden Detaillierungsgrad.

Der angelsächsische Ausdruck Asset Information Modell AIM gibt den Zweck, wörtlich übersetzt als Anlagen-Informations-Modell, sehr gut wieder. Das AIM enthält alle Informationen, die in der Betriebsphase einer Anlage (Gebäude, Bauwerk, Liegenschaft, Infrastruktur) notwendig sind. Diese Angaben unterstützen den technischen Betrieb (Betreiber, Nutzer, Facility Management).

Begriffsklärung „Asset", Anlage, Vermögenswert oder einfach nur „Etwas"?

Bei der Übersetzung der ISO 19650 ins Deutsche zeigte sich die Schwierigkeit, einen deutschen Begriff für das englische Wort „Asset" zu finden. Auch im Englischen ein „Gummibegriff" mit vielen Bedeutungen, geriet er zur Herausforderung bei der Übersetzung. Die deutsche Variante „Anlage" oder gar „Gebäude" gefiel den Hochbauern, die Infrastrukturbauer hatten damit jedoch ein Problem. Sie hätten sich eventuell noch mit „Liegenschaft" anfreunden können, aber man konnte sich letztlich nicht auf ein gemeinsames deutsches Wort einigen. Ein Dilemma für den Übersetzer. So blieb es beim „Asset" – auch in der deutschen Fassung. Ich folge diesem Beispiel nicht und verwende vorwiegend den Begriff „Anlage", der den Vorteil besitzt, auch mit „A" zu beginnen und so der Abkürzung AIM im Deutschen wie im Englischen zur Gültigkeit verhilft, aber auch „Liegenschaft" oder „Gebäude", wo es sinnvoll erscheint und mehr Klarheit bringt. Der Asset-Begriff impliziert keine Größe oder Aggregation. Es kann sich also um ein gesamtes Bauwerk, aber auch nur um Teile davon, wie Einrichtungsgegenstände oder technische Anlagen, handeln. Der Detaillierungsgrad richtet sich nach der Zweckmäßigkeit (siehe Modellierungsprinzip Pragmatismus). Für den Facility Manager mag eine einzelne Pumpe Bestandteil seines Business-Prozesses (Wartung, Instandhaltung) sein. Für die Immobilienverwaltung ist allenfalls die gesamte Heizanlage von Belang (Betriebskosten).

Zu Beginn der Lieferphase, also in der frühen Planung, bildet das AIM die Umgebungssituation ab, auf der der Planungsgegenstand entstehen soll, z. B. Anschlüsse etc. In der frühen Planung muss das AIM die Bestandssituation der Liegenschaft, also beispielsweise Bestandsbauten, das Geländemodell, Katasterangaben, den Untergrund, Anschlusspunkte an die öffentliche Infrastruktur und ggf. Altlasten, beinhalten.

In der Planungsphase sind die Planer die primären Modellnutzer des AIM. Mit Fortschreiten des Planungsprozesses kommt die technische Beschreibung des Baukörpers selbst in ansteigender Detailtiefe hinzu. In dieser Phase dient das AIM der planerischen Entscheidungsfindung und der Koordination aller Planungsbeteiligten.

Am Ende der Planungsphase beschreibt das AIM das Soll für die Herstellungsphase. Es wird in diesem Zustand auch „As-Designed Model" oder „Entwurfsmodell" genannt. Dieses Modell beschreibt einen zu erreichenden Endzustand. Es ist in dieser Form für den Herstellungsprozess nicht allein geeignet.

Zur Entscheidungsunterstützung des Projektmanagements in der Bauphase wird das Projekt-Informations-Modell PIM (siehe folgender Abschnitt) entwickelt. Am Ende der Bauphase enthält das AIM den realen fertiggestellten Bauzustand. Viele Teile des PIM sind wiederum für den Betrieb nicht interessant. Durch eine genaue, zweckorientierte Trennung der Informationsinhalte von AIM und PIM kann das AIM direkt an die Betriebsphase übergeben werden.

Ab dann sind die Betreiber eines Gebäudes (Facility Management), aber auch die Immobilienwirtschaft (Portfoliomanagement und Asset Management) die primären Modellnutzer. Sie haben eigene Informationsanforderungen an das AIM.

Ist die Trennung zwischen PIM und AIM nicht konsequent eingehalten, müssen bei Übergabe des AIM an den Betrieb die überflüssigen Daten, z. B. zum Bauablauf oder zum Maschineneinsatz oder zu Baubehelfen (Gerüsten, Baustellzufahrten usw.), aus dem AIM gelöscht werden. Sie würden sonst die Handhabung des AIM in der Betriebsphase unnötig überfrachten.

Umgekehrt sind Informationen, die am Ende der Bauphase noch nicht im AIM abgelegt wurden, jetzt nicht mehr oder nur noch mit großem Aufwand zu beschaffen. Das ist immer dann der Fall, wenn man es versäumt hat, entsprechende Informationsanforderungen AIR zu stellen. Die Projektbeteiligten, die entsprechende Informationen hätten liefern können, sind dann in der Regel nicht mehr verfügbar. Welche technischen Einrichtungen innerhalb einer Wand verbaut wurden, ist dann oftmals nur noch mit Hammer und Meißel zu ermitteln. Das gilt im übertragenen Sinne für das gesamte Gebäude und seine Ausstattung. Was in der Planungsphase vermeintlich gespart wurde, muss der Betreiber jetzt oft nachzahlen.

Informationen werden nur dann geliefert und in das AIM integriert, wenn sie in entsprechenden Anforderungen AIR beschrieben werden und der Lieferprozess durch verantwortliche Personen sichergestellt wird.

3.4.1.2 Projekt-Informations-Modell PIM – Informationen im Planungs- und Bauprojekt (ISO 19650-1, 5.7)

Das PIM ist für das Planungsprojekt in der Planungsphase und das Bauprojekt in der Bauphase relevant.

Das Projekt-Informations-Modell PIM enthält Informationen, die für Entscheidungen im zeitlichen Verlauf der Planung, Herstellung oder Inbetriebnahme benötigt werden, also beispielsweise Entscheidungen hinsichtlich des Entwurfs, der technischen Planung, des Projektmanagements, zu Bestellprozessen von Baustoffen, zu Ressourceneinsatz und Baustellenlogistik.

Befindet sich ein Projekt in der Ausschreibungsphase, enthält das PIM Informationen zur Unterstützung von Leistungsbeschreibungen, Bieter- und Angebotsinformationen.

Die Bauphase ist im Lebenszyklus des Gesamtvorhabens der Teil mit der größten Dynamik. Während des Bauprojekts werden in kurzer Zeit die meisten Investitionen getätigt. Es werden solide Informationen benötigt, um beispielsweise sicherzustellen, dass Menschen, Material und Finanzierung, aber auch Genehmigungen, Abnahmen und Freigaben zur rechten Zeit vorhanden sind.

Das PIM steht nicht unabhängig vom AIM im Raum. Es greift auch auf Informationen des Anlagen-Informations-Modells zurück. Das AIM spiegelt den jeweiligen Planungsstand (As-Designed Model) oder den aktuellen Bauzustand (As-Built Model) wider. Das PIM nutzt diese Modellinformationen. So greifen Angaben zur Leistungsbeschreibung auf Modellinformationen im AIM zurück, denn eine modellbasierte Leistungsbeschreibung bezieht sich auf Modellelemente aus dem AIM und ihre relevanten geometrischen und nichtgeometrischen Eigenschaften für das jeweilige Gewerk.

In der Planungsphase bestehen Informationslieferungen aus den Planungs- und Analyseergebnissen der beteiligten Fachplaner, in der Bauphase wird mit zunehmendem Fertigstellungsgrad der Ist-Zustand des Gebäudes im AIM dokumentiert. Auch Subunternehmen aus der Bauphase sind daher Teil der Informationslieferkette. Anforderungen an die zu liefernden Informationen müssen daher in geeigneter Form an sie weitergegeben werden.

Informationen werden nur dann geliefert und in das PIM integriert, wenn sie in entsprechenden Anforderungen PIR beschrieben werden und der Lieferprozess durch verantwortliche Personen sichergestellt wird.

In der Bauphase wird der Soll-Zustand zum Ist-Zustand. Dieser wird im „As-Built Model", also im real gebauten „Digitalen Zwilling", dokumentiert. Das AIM enthält dann die Modellelemente mit ihren real im Bauwerk vorhandenen Eigenschaften, z. B. Seriennummern der technischen Geräte, Betriebsanleitungen usw. Modellelemente des AIM, die während des Herstellungsprozesses auch über das PIM zugänglich sind, werden beispielsweise im PIM als fertiggestellt und abgenommen gekennzeichnet und dokumentieren damit den Ist-Zustand. Dieser Statuswechsel kann beispielsweise für die Leistungsmeldung genutzt werden, wenn dies in organisatorischen Informationsanforderungen OIR so vorgesehen ist. Dadurch können in den betreffenden Organisationen beispielsweise Freigabeprozesse für Rechnungen angestoßen werden.

3.4.2 Modellbauer gesucht — Wer „befüllt" AIM und PIM? (ISO 19650-1, 5.1 und ISO 19650-2, 5.1)

Derzeit fehlt es noch an unterstützenden Normen oder Leistungs- bzw. Gebührenordnungen. Zwei polarisierte Sichten auf den Informationsbedarf können helfen, die Erfordernisse der beteiligten Interessengruppen hinsichtlich AIR und PIR zu differenzieren.

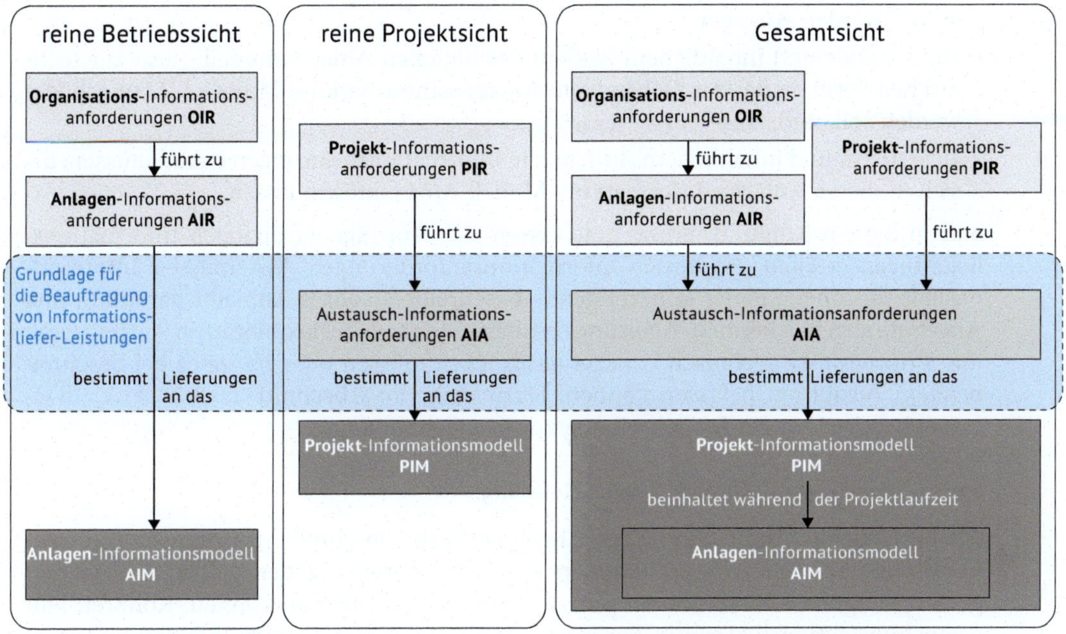

Bild 3.14 Die Ermittlung von Informationsanforderungen kann ausschließlich aus Sicht des Gebäudebetriebs oder ausschließlich aus Sicht der Projekterfordernisse geschehen. Der reinen Projektsicht fehlen die Grundlagen für die Ermittlung von Anforderungen aus Betriebssicht, während die reine Betriebssicht keine ausreichend klar umrissenen Informationsanforderungen zur Beauftragung von Informationslieferungen enthält. Erst die Kombination beider Sichten mündet in einen Bedarfsermittlungsprozess, an dessen Ende die Beauftragung betriebsgerechter Informationslieferungen innerhalb eines Projekts steht. Grafik in Anlehnung an ISO 19650 Teil 1 Bild 2, Hierarchie der Informationsanforderungen. Anmerkung: OIR, PIR und AIR sind die in der ISO 19650 gebräuchlichen Abkürzungen (siehe Abschnitt 5.3).

Erstens die alleinige Sicht der Anforderungen an Modellinformationen im Gebäudebetrieb und zweitens aus der Perspektive der Beauftragung von Informationslieferleistungen innerhalb eines Projekts (Bild 3.14).

Die Betreiberorganisation, die Informationen für den Betrieb eines Gebäudes benötigt, legt ihren Bedarf als Organisations-Informationsbedarf OIR dar. Dieser Bedarf ist zunächst aus Sicht der betrieblichen Prozesse formuliert, also zum Beispiel die Forderung, Reinigungsaufträge modellbasiert an Reinigungsfirmen vergeben zu können. Dieser als Wunsch formulierte Entscheidungsbedarf artikuliert jedoch noch keinen konkreten Informationslieferbedarf, aus dem sich ein Auftrag an einen Projektpartner ableiten ließe. Die Forderung muss auf Gebäudebestandteile und deren Eigenschaften bezogen werden. In puncto Reinigung ließe sich also die Forderung auf die zu reinigenden Objekte beziehen. Ein konkreter Anlagen-Informationsbedarf (ISO 19650-Abkürzung AIR) könnte also lauten, dass für jeden Raum die Nutzungsart, Nettoreinigungsfläche (abzüglich Möbeln etc.) und der Bodenbelag anzugeben sind. Mit OIR und AIR bewegen wir uns noch im Bereich natürlichsprachlicher Formulierungen. Für eine systematische Bearbeitung mit Software-Tools muss man noch einen Schritt weiter gehen, um eine nahtlose digitale Zusammenarbeit zu ermöglichen.

Benötigt werden Angaben

- zur Struktur und inhaltlichem Aufbau des digitalen Anlagenmodells, also zur technischen Form, in der das Gebäude im Anlagen-Informations-Modell AIM abgebildet werden soll, und
- zu Struktur und inhaltlichem Aufbau, die Informationslieferungen haben müssen, die sich in dieses Anlagen-Informations-Modell AIM einfügen lassen.

Nur in diesem Konkretisierungsgrad lassen sich Aufträge zu digitalen Informationslieferungen erteilen. Austausch-Informationsanforderungen AIA müssen Informationslieferleistungen daher konkret genug beschreiben, sodass Anbieter daraufhin ihre Angebote abgeben können. Allerdings besteht eine gewisse Flexibilität, ob Auftraggeber ihre Erfordernisse technisch konkret ausdrücken müssen oder ob sie es bei beschreibendem Ausführen belassen können. Dazu mehr im Abschnitt 3.5.3.2 „AIA „BIM-Lastenheft“ – Von der Be-Schreibung zur Aus-Schreibung“.

3.4.2.1 Top-Down — Ohne AIA keine Lieferung!

Als Basis für die Aufforderung zur Angebotsabgabe beschreiben Austausch-Informationsanforderungen AIA im Rahmen einer Ausschreibung den Informationsbedarf genau genug, dass Bieter darauf mit einem Angebot reagieren können. Konkret: Nur wenn Informationsbedarfe in Form von AIA beschrieben werden, können sie als zu erbringende Leistung ausgeschrieben und letztlich beauftragt werden. Unabhängig davon, ob Informationen über das fertiggestellte Gebäude in ein Anlagen-Informations-Modell AIM einfließen oder ob Projektformationen in ein PIM geliefert werden sollen, Lieferungen geschehen immer infolge einer Beauftragung und damit im Rahmen eines Projekts.

In der Planungsphase sind dieses Informationen zum Planungsprojekt oder zum Entwurf des Gebäudes (As-Designed Version des AIM), während der Bauphase zum tatsächlich gebauten Zustand des Bauprojekts (As-Built Version des AIM).

Wann wird der Informationsbedarf für die Betriebsphase gedeckt? Nur im Rahmen eines Projekts werden Informationen geliefert – schlicht und ergreifend, weil ansonsten niemand mehr da ist, der diese Informationen liefern könnte. Also müssen auch Informationen für die Betriebsphase als Projekt-Informationsbedarf formuliert werden und in Form von AIA ausgeschrieben und beauftragt werden.

Die rechte Säule (Gesamtsicht) von Bild 3.14 sagt genau das aus.

Beispielsweise müssen Bauunternehmen, die eine Heizanlage installiert haben, die Fertigstellung im PIM markieren und die Dokumente, die zur Heizanlage gehören (Handbücher, Betriebs- und Wartungsanleitungen), im AIM mit dem Modellelement der Heizanlage verknüpfen. Bei Inbetriebnahme kommen im PIM noch Dokumente zur Abnahme und ggf. Mängelbeseitigung hinzu.

In einem Planungs- oder Ausführungsprojekt werden daher aus dem Projekt-Informationsbedarf (ISO 19650 Abkürzung PIR) beauftragungsfähige AIA entwickelt (Bild 3.14, „reine Projektsicht“). Hierzu gehören auch die Informationsbedarfe der Betreiber, die sich aus dem Bedarf (OIR, AIR) einer zukünftigen Betreiberorganisation ergibt („reine Betriebssicht“). Dadurch werden Informationen für den Betrieb systematisch geliefert und der Betreiberorganisation stehen nach Projektabschluss die zur Betriebsaufnahme notwendigen Informationen zur Verfügung. Die Einzelsichten auf den Informationsbedarf, also entweder nur die reine Betreibersicht ohne eine Aussage darüber, wer die Informationen liefern soll (Bild 3.14, linke Säule), oder nur die Projektsicht mit ausschließlich den Belangen der Planung und Herstellung (mittlere Säule) führen nicht zum Ziel. Beide Einzelsichten sind zu einer Gesamtsicht zusammenzuführen (Bild 3.14, rechte Säule), damit der Informationsbedarf für den Betrieb eines Gebäudes oder einer Anlage bereits während des Planungs- und Bauprojekts gedeckt wird.

ISO 19650 Teil 2 beschreibt daher ausdrücklich die Aktivitäten während der Planungs-, Bau- und Inbetriebnahmephase, die den Informationsbedarf und die Informationslieferungen betreffen. Im Kapitel 4 Standards, Abschnitt ISO 19650 Teil 2 und im Kapitel 5 BIM-Projektpraxis werden wir auf Einzelheiten zur Bedarfsermittlung und Ausschreibung konkret eingehen.

An dieser Stelle soll die generelle Vorgehensweise von der Bedarfsermittlung bis zur Informationslieferung im Rahmen des BIM-Informationsmanagements vorgestellt werden.

3.4.2.2 Verhältnis von AIM und PIM

Damit beide Modellstrukturen, AIM und PIM, in produktiver Weise koexistieren können, sind folgende Grundprinzipien zur Bereitstellung von Informationen zu beachten (Bild 3.15).

- Punkt A: PIM- und AIM-Start – Eintritt in die Planungsphase. Das PIM für das Planungsprojekt wird angelegt. Das AIM bildet den aktuellen Zustand der Liegenschaft ab (Grundstück, Bestandsbauten).
- Punkt B: Übergabe der Planungsdaten an die Bauphase. Das PIM für das Bauprojekt wird angelegt. Das AIM gibt den Bauzustand wieder.
- Punkt C: Übergabe an den Betrieb und Ende des PIM. Das AIM enthält alle betriebsrelevanten Informationen.

Anmerkung

Unter Experten entflammt oft eine Diskussion darüber, wann genau das AIM an das PIM übergeben wird. Stichtag sollte der Projektbeginn sein, aber genau da liegt der Hase im Pfeffer: Die ISO 19650 hält sich bedeckt, was eine genaue Projektdefinition anbelangt. Ist bereits die erste Projektidee der Anfang oder die Erfassung des Bestands? Markiert der Beginn der Planung den Projektbeginn? Auch nach Betriebsbeginn sei zwar das Bauprojekt beendet, aber Betrieb und Wartung eines Gebäudes seien doch durchaus als Projekt zu werten. Hier helfen uns wieder die Grundprinzipien der Modellierung aus Abschnitt 2.3.4, speziell ein gesunder Pragmatismus. Ob AIM oder PIM, auch Informationsmodelle werden zu einem bestimmten Zweck gemacht, dem sie zu dienen haben und so lautet die Antwort zur Lebensdauer von AIM und PIM vergleichsweise lapidar: Den Projektbeginn bestimmt der Bauherr, die Informationserfordernisse bestimmen die Projektbeteiligten gemeinsam. Es ist Ziel einer guten Strukturierung von Informationen, die dynamischen Informationsanteile eines Projekts sauber vom Gebäudebeschrieb zu trennen. Mit dem Zweck vor Augen sollte die Aufgabenteilung zwischen AIM und PIM daher leicht fallen.

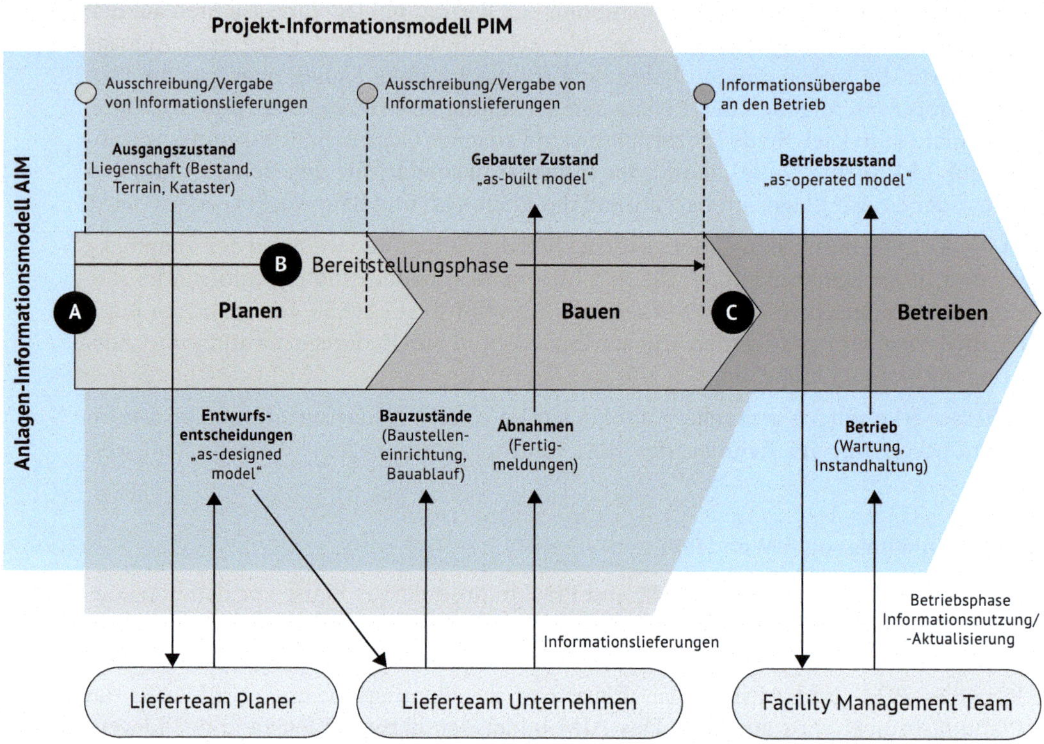

Bild 3.15 Das Anlagen-Informations-Modell AIM existiert über den ganzen Lebenszyklus, vom Bestandsmodell (A) über den Planungs- und Bauzustand (B) bis zum Gebäudebetrieb (C). In der Bereitstellungsphase werden Informationen im AIM und PIM abgelegt. PIM-Anteile für das Projektmanagement verlassen das Modell bei der Übergabe an den Betrieb (C) wieder.

3.4.3 PIM und AIM als optimierte Informationsmodelle

Im Kapitel 2 Modelle haben wir das Phänomen der Dominanten Dekomposition kennengelernt. Wie dort bereits bemerkt, sind die Informationsmodelle, die wir in den verschiedenen Phasen im Lebenszyklus eines Gebäudes erstellen, jeweils optimiert für die Informationsbedürfnisse der jeweiligen Phase und stellen somit Dominante Dekompositionen dar, soll heißen: Für manche Anwendungsfälle sind sie optimal geeignet, für andere weniger gut bis gar nicht.

Betrachten wir den – von der ISO 19650 als Bereitstellungsphase für Informationen bezeichneten – Projektzeitraum vom Beginn der Planung bis zum Ende der Bauausführung, so ist in diesem Zeitraum das Projekt-Informations-Modell PIM die vorherrschende, d.h. dominante Struktur. In der Planung muss das Informationsmodell PIM für die Zwecke der gemeinsamen Informationserstellung und der damit verbundenen Kooperation und Koordination besonders gut geeignet sein.

- Das **PIM in der Planungsphase** ist daher vorteilhafterweise in Gewerke bzw. Fachdisziplinen wie Architektur, Tragwerk, technische Gebäudeausstattung, Elektro, Brandschutz usw. zu gliedern. Der organisatorische Aufbau des Projekts und die damit einhergehenden Beauftragungen und Informationslieferungen lassen sich mit einer solchen Informationsmodellstruktur sehr gut abbilden. Das gilt jedoch vor allem für die Planungsphase. Schon in der sich anschließenden Ausführungsphase stellt sich die Sachlage wieder anders dar.

- Das **PIM in der Bauphase** erfordert für die Logistik- und Ablaufplanung deutlich andere Informationsmodellstrukturen. Die Bauphase orientiert sich eher an fertigungsrelevanten Ausführungsabschnitten, deren zeitlichen und technisch zwingenden und notwendigen Abfolgen, wie Montagereihenfolgen und Ressourceneinsatz, sowie logistischen und terminlichen Rahmenbedingungen. Dabei spielen die tätigen Unternehmen und ihre Verfügbarkeit sowie technisch-kaufmännische Anwendungsfälle, wie Abnahmen und Rechnungsfreigaben, eine Rolle.

Somit ist das PIM in der Bauphase realistischerweise anders strukturiert als das PIM in der Planungsphase.

Ein durchgängiges PIM von der Planung bis zur Fertigstellung lässt also auch hier schon wieder die Nachteile einer Dominanten Dekomposition erkennen. Dennoch geht die ISO 19650 von einem durchgängigen PIM in beiden Phasen aus, was in der Realität nicht so durchzuhalten sein dürfte. Zutreffend ist jedoch zumindest, dass es sich in beiden Fällen um Projektphasen handelt, in der ersteren um Planungsprojekte, in der zweiten um Ausführungsprojekte. Hier jedoch enden bereits viele Gemeinsamkeiten und damit auch die Einheitlichkeit des Projekt-Informations-Modells PIM. Eine Gemeinsamkeit ist jedoch grundlegend: der formale Aufbau der Informationslieferprozesse von der Formulierung der Informationsanforderungen AIA über die Beauftragung von Informationslieferleistungen bis zur Leistungserbringung durch Lieferung entsprechender Informationen. Deren Lieferung und Qualitätssicherung ist in beiden Phasen identisch, wenn sich auch Prozessbeteiligte und Lieferinhalte unterscheiden. Deshalb kann die praktische Umsetzung von Wiederverwendungseffekten profitieren (Methodik, Technik, Werkzeuge). Gänzlich andere Anforderungen an ein Informationsmodell stellt dann der Betrieb.

- **Das Gebäude-Informations-Modell AIM (Asset-Informationsmodell) in der Betriebsphase** stellt dann einzig und allein die Verwaltung und Aufrechterhaltung der Gebäudefunktionen in den Mittelpunkt. Die technischen Anlagen müssen gewartet und inspiziert werden. Die damit verbundenen kaufmännischen und technischen Vorgänge müssen in einem Informationsmodell gut abbildbar sein. Ein Gebäudeinformationsmodell für den Betrieb, das Asset-Informationsmodell, trägt dem Rechnung, indem es zum einen die räumliche Gebäudestruktur à la Gebäude/Geschoss/Raum abbildet, um etwa Nutzungsaspekte wie Vermietung und Verpachtung verarbeiten zu können. Zum Zweiten, indem es technische Systeme/Subsysteme/Komponenten abbilden kann, um Informationen zu Störungen, Wartungen und Instandhaltungen, aber auch zur Überwachung und Optimierung strukturiert abzulegen.

Wir haben es hier also mit drei Aspekten oder auch Dominanten Dekompositionen zu tun, dem PIM in der Planungsphase, dem PIM in der Bauausführungsphase und dem AIM für die Betriebsphase. Zwischen diesen drei Informationsmodellen bestehen Abhängigkeiten, denn das AIM erblickt das Licht der Welt bereits frühzeitig in der Projektphase der Planung und wird nach den Bedürfnissen des Betriebs kontinuierlich mit den geforderten Informationen befüllt, bis es letztlich am Ende der Projektphase der

Ausführung aus dem As-Built Model extrahiert und an den Betreiber übergeben wird. Nur dieses Extrakt interessiert den Betreiber, nicht jeder Lieferschein und jedes Baustellengerüst, das als Bestandteil des PIM in der Bauphase wichtig war.

3.5 Informationsmanagement in der Bereitstellungsphase (ISO 19650 Teil 2)

Die Informationsbereitstellungsphase der ISO 19650-2 umfasst die Projektphasen Planung, Herstellung und Inbetriebnahme (siehe Phasenübersicht in Bild 3.1). Der Informationsbedarf in diesen Phasen wird aus den BIM-Zielen abgeleitet und als Organisations-Informationsbedarf (ISO 19650 Abkürzung OIR), als Anlagen-Informationsbedarf AIR oder als Projekt-Informationsbedarf PIR angefordert (Bild 3.16). Informationslieferungen, die diesen Informationsbedarf decken, werden in einer festgelegten Ablagestruktur (siehe Abschnitt Federationsstrategie – Strategie für den projektweiten Informationsverbund) gespeichert. Lieferungen aufgrund von AIR landen im Anlagen-Informations-Modell AIM und projektbezogene Lieferungen im Projekt-Informations-Modell PIM. Auch Lieferungen, die sich aus OIR ergeben, landen im AIM oder PIM, denn ein „OIM"-Modell, in dem ausschließlich Informationen aus organisatorischer Sicht abgelegt werden, gibt es nicht. Wir werden sehen, warum das so ist.

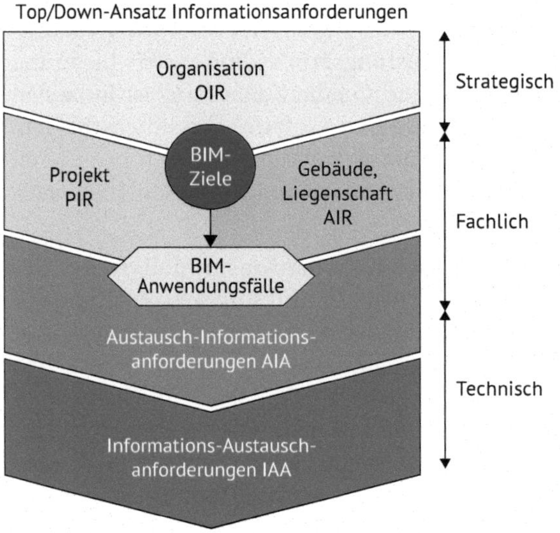

Bild 3.16 Der Weg von strategischen Zielen auf Organisationsebene OIR über BIM-Ziele und fachliche Anforderungen der BIM-Anwendungsfälle bis zu konkreten technischen Informations-Lieferanforderungen ist ein typischer Top-Down-Ansatz. Vom Allgemeinen ins Konkrete hilft er, Ziele in beauftragbare Lieferungen umzusetzen.

3.5.1 Aktivitäten der Bereitstellungsphase

ISO 19650 beschreibt die Informationsmanagement-Aktivitäten in der Informationsbereitstellungsphase, von der Ermittlung des Informationsbedarfs bis zur Bereitstellung des Informationsmodells, wie in Bild 3.17 dargestellt. Durch diese Abfolge von Aktivitäten wird für die Phasen Planen, Bauen und Inbetriebnahme der Informationsbedarf ermittelt und das kollaborative Liefern von Informationen organisiert und umgesetzt. Die erforderlichen Informationslieferungen werden in Informationsbereitstellungs-

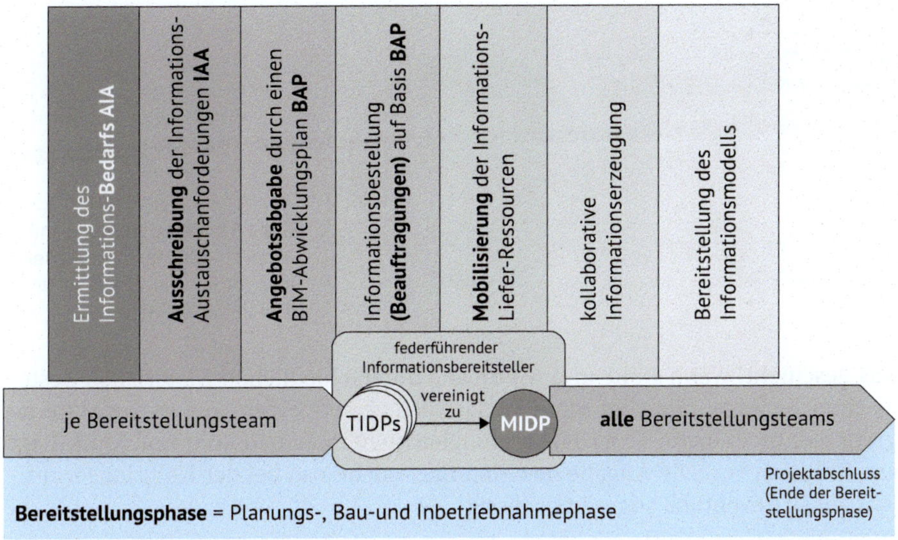

Bild 3.17 Die Informationsbereitstellungsphase beinhaltet formal wiederkehrende Aktivitäten beginnend mit der Bedarfsermittlung, über die Ausschreibung (AIA) und Vergabe von Informationslieferleistungen (BAP) und schließlich die Umsetzung der Lieferung. Die dazu erforderlichen Aktivitäten werden in Lieferplänen, sogenannten Informationsbereitstellungsplänen (Englisch: Information Delivery Plan IDP, MIDP oder TIDP) festgehalten. Die Informationslieferkette wird durch koordinierende Instanzen verantwortlich geleitet, so wie es im BAP vertraglich vereinbart wurde.

plänen (TIDP, MIDP) festgehalten. Diese sind Teil des BIM-Abwicklungsplans BAP und ein wesentlicher Bestandteil der Beauftragung.

Hinweis: Die Abschnitte der ISO, auf die sich die folgenden Abschnitte beziehen, sind für Leser, die das Buch als Nachschlagewerk verwenden, jeweils in der Abschnittsüberschrift vermerkt.

3.5.2 Ermittlung des Informationsbedarfs AIA (ISO 19650-1, 6.3 und ISO 19650-2, 5.1)

Nach Festlegung der BIM-Ziele und der damit verbundenen Informationsanforderungen (AIR und PIR) gilt es nun, Aktivitäten zu beschreiben, die durch entsprechende bedarfsgerechte Lieferungen das PIM und das AIM mit Informationen anreichern.

Nicht besonders überraschend, wenn für das BIM-Ziel „Kollisionsfreies Planungsergebnis", die Lieferung von Fachmodellen ein wichtiger Teil des Informationsbedarfs ist. Doch was genau muss ein Fachmodell beinhalten, damit eine Kollisionsermittlung bzw. Schlitz- und Durchbruchsplanung modellbasiert durchgeführt werden kann? Bauteilgeometrie und -material erscheinen schon auf den ersten Blick notwendig. Die Geometrie wird benötigt, um eine geometrische Überlappung von Bauteilen ermitteln zu können, damit erlaubte Überschneidungen, zum Beispiel von Muffe und Rohr (Bild 3.18), von unerlaubten Überschneidungen, zum Beispiel zwischen Rohr und Wand, unterschieden werden können. Na klar jagt niemand Rohr und Muffe durch eine Kollisionsprüfung, das Beispiel ist aber übertragbar auf andere Bauteile.

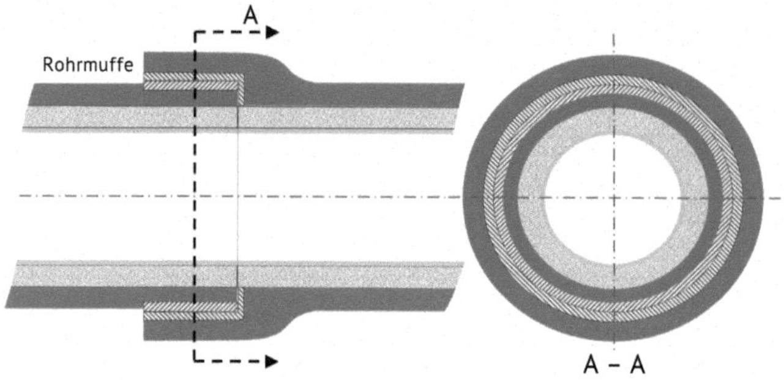

Bild 3.18 Verschneidung mit unterschiedlichen Materialien. Rohr und Muffe, Überlappung, aber keine Kollision.

Denn was geschieht, wenn Rohr und Muffe aus unterschiedlichen Materialien bestehen? Die einfache Regel „gleiches Material darf sich verschneiden, ungleiches Material nicht" greift hier nicht mehr. Trotz Materialungleichheit zwischen Rohr und Muffe liegt hier keine Kollision vor. Die Angabe des Materials reicht also bei der Kollisionsermittlung nicht aus, ist eventuell sogar überflüssig.

Was also deckt dann den Informationsbedarf? Baupraktiker vor! Hier liegt eure Aufgabe, dieses Problem gibt es nicht erst seit BIM! In diesem Fall ist es wohl der Bauteiltyp, der zwischen Kollision und Nichtkollision zu unterscheiden hilft. Richtige Typisierung der Modellelemente ist für diesen Anwendungsfall ein weiterer Informationsbedarf. Aber Vorsicht, auch hier steckt der Teufel im Detail, denn es gibt zig Möglichkeiten, den Bauteiltyp zu spezifizieren, zum Beispiel durch eine IFC-Klasse oder einen Typcode aus einem Klassifikationssystem, von denen es ebenfalls nicht wenige gibt.

Die Typisierung, zum Beispiel durch ein Anlagen-Klassifikationssystem, festzulegen, ist nicht nur eine baufachliche Aufgabe. Es ist zugleich ein Fall für den Modellierungsexperten, beispielsweise einen BIM-Manager, denn es entscheidet darüber, ob die einzelnen Fachmodelle nahtlos zusammenpassen, weil sie dasselbe Klassifikationssystem benutzen.

Modellierungsregeln im Projekt müssen hierüber Aussagen treffen, sonst funktioniert die modellbasierte Zusammenarbeit nicht. Im Praxiskapitel werden Informationsbedarfe dahingehend konkretisiert und mit Inhalt gefüllt.

Worauf beziehen sich Informationsanforderungen?

Die Beschreibung von Informationen ist im Allgemeinen subjektiv. Informationen gemäß der ISO 19650-Reihe können jedoch über vier Hauptkategorien beschrieben werden:

1. Inhalt (erforderliche Entitäten zusammen mit Geometrie und alphanumerischen Informationen), zum Beispiel eine Pumpe mit der Eigenschaft „Durchflussmengenbereich" oder ein Kostenlimit für das gesamte Projekt.
2. Funktion (Leistung und Aktivität der Informationen), zum Beispiel eine Brandstrategie oder ein elementarer Kostenplan.
3. Container (wie Informationen verpackt und kommuniziert werden), zum Beispiel ein Bericht oder eine Zeichnung.
4. Format (wie Informationen physisch oder digital transportiert werden), zum Beispiel PDF oder IFC.

Die Ebenen des Informationsbedarfs (z. B. Level of Information Need LOIN) sind ein Rahmen für die Definition von Informationen über diese vier Facetten hinweg. Sie werden in ISO 19560-1, Abschnitt 11.2, erwähnt. Dementsprechend sollten Informationen in den folgenden drei Unterabteilungen definiert werden:

1. Geometrische Informationen
2. Alphanumerische Informationen
3. Dokumentation

Wenn es generische oder branchenübliche Mittel zur Erfüllung einer Informationsanforderung gibt, wie z. B. eine topografische Vermessung, sollte darauf verwiesen werden. Die Notwendigkeit, jede dieser Facetten hinsichtlich ihrer Informationsanforderungen zu untersuchen, sollte kontextabhängig bestimmt werden.

Beispielsweise gibt ein Auftraggeber (Kunde) eine funktionale Brandstrategie an. Die Ausarbeitung der anderen Aspekte (Inhalt, Container und Format) bleiben dem Lieferteam überlassen. In einem anderen Fall spezifiziert der Kunde alle vier Facetten, indem er eine topografische Vermessung (Funktion) anfordert, die das Gebäude, den Parkplatz und die Zufahrtswege (Inhalt) zeigt, wobei diese als Zeichnung (Container) als PDF (Format) geliefert werden soll.

Die Informationsanforderungen sollten so weit wie möglich konsistent strukturiert sein, um Erstellung und Lieferung zu erleichtern und optimalerweise automatisierte Überprüfungen zu ermöglichen. Die Verwendung strukturierender Hilfsmittel wie Datenbanken und Tabellenkalkulationen kann dabei unterstützen.

Ein empfehlenswerter Ansatz ist, einen Beispielsatz von Informationsanforderungen (auf Organisations- und/oder Liegenschafts- und/oder Projektebene) festzulegen und diese dann je nach Anwendungsfall und/oder Auftrag anzupassen. Dies würde dann die Erstellung auftragsspezifischer Informationsanforderungen stark erleichtern und sicherstellen, dass keine Doppelarbeit und keine Lücken bei der Informationsbereitstellung auftreten.

3.5.3 Ausschreibung und Angebotsabgabe – AIA und BAP (ISO 19650-2, 5.2 und 5.3)

So wie bei physischen Bauleistungen ist auch die Lieferung von Informationen eine zu beauftragende Leistung. In Analogie zu den Leistungsbeschreibungen in traditionellen Bauaufträgen ist eine genaue Beschreibung des Informationsbedarfs die Grundlage für die Beauftragung von Informationslieferleistungen. Auch hier kann die Ausführung von Informationslieferleistungen an Unterauftragnehmer weitergegeben werden.

Für die Ausführung physischer Bauleistungen ist eine bestimmte Infrastruktur, beispielsweise zur Lieferung von Baustoffen, für den Einsatz qualifizierten Personals und das Vorhandensein technischer Hilfsmittel (Gerüste, Zufahrten, Aufzüge etc.) erforderlich.

In beiden Fällen, bei physischen Bauleistungen wie bei Informationslieferleistungen, entwickelt die Auftraggeberseite zunächst eine mehr oder weniger genaue Beschreibung des Bedarfs, also der zu erbringenden Leistung. Die Auftragnehmer- bzw. Bieterseite reagiert darauf mit einer mehr oder weniger genauen Beschreibung, wie sie diese Leistung zu erbringen gedenkt.

Nur eine möglichst genaue Bedarfsbeschreibung führt also zur gewünschten Genauigkeit bei der Ausführungsbeschreibung. Der Bauherr ist hierzu selten in der Lage. Deshalb schaltet er Berater, etwa Architekten, Objektplaner oder Generalunternehmer, ein, die in seinem Auftrag und Interesse handeln und mit den entsprechenden Vollmachten, zum Beispiel für die Bauauftragung von Leistungen, ausgestattet sind. Die genannten Rollen haben die Aufgabe, den Bauprozess zu planen und dessen Umsetzung zu organisieren und zu prüfen.

Dasselbe Vorgehen gilt auch für die Planung, Umsetzung und Prüfung von Informationslieferprozessen. So wie niemand vom Bauherrn selber erwartet, dass er die Bauleitung übernimmt, sollte auch niemand erwarten, dass dieser die Lieferung von Informationen plant, organisiert und prüft. Auch für die Informationslieferleistungen im Bauprozess wurden fachliche Rollen geschaffen, die diese Aufgaben übernehmen. Dem Informationsmanager (auch BIM-Manager) und dem Informationskoordinator (auch BIM-Koordinator) kommen hier Aufgaben zu, die denen des Architekten und des Projektleiters im physischen Bauprozess in etwa entsprechen. Es überrascht daher kaum, dass beide Rollen in kleineren Projekten von ein und derselben Person übernommen werden. Entscheidend ist auch hier, dass Rollen mit entsprechenden Vollmachten ausgestattet sind, um Informationslieferungen zu beauftragen, zu prüfen und Freigaben davon abhängig zu machen, da sonst eine Leistungserbringung in der Regel unterbleibt.

Die zuvor beschriebenen Informationsbedarfe (AIR, PIR, OIR) drücken den Bedarf in der Sprache der Interessengruppe aus, betonen also mehr den Grund des Bedarfs und den Anwendungsfall, in dem die Informationen benötigt werden.

AIA spezifizieren dagegen konkrete Informationslieferungen und müssen daher tiefer in organisatorische, wirtschaftliche und technische Details gehen. Sie spezifizieren die Anforderungen an zu liefernde Informationen, die während der Lieferphase (Planung, Herstellung) in das Projekt-Informations-Modell PIM eingestellt werden sollen. Sie stellen Anforderungen im Zuge der Beauftragung von Informationslieferungen seitens eines Auftraggebers dar. Die Anforderungen sollen die Informationsstandards sowie die Produktionsmethoden und -verfahren umfassen, die vom Lieferteam umzusetzen sind.

Anforderungen an den Auftragnehmer sind von diesem ggf. an seine Unterauftragnehmer weiterzugeben und bei Bedarf durch weitere Anforderungen zu ergänzen. AIA sind ein Vertragsdokument, in dem der Auftraggeber die für ihn relevanten Ziele und Anwendungen und die vom Auftragnehmer geforderten Leistungen und Daten beschreibt. Es werden insbesondere Zeitpunkte, Bereitstellungswege, Detailtiefen, Strukturen und Formate der Datenlieferung festgelegt.

3.5.3.1 Lieferkette und Vergabearten

Eine Informationslieferkette besteht je nach Vergabemodell aus einem oder mehreren Hauptauftragnehmern und deren Subunternehmen. Die Hauptauftragnehmer liefern Informationen gemäß Informationslieferbeauftragung an den Bauherrn. Im Falle von

Unterbeauftragungen entstehen weitere Informationsanforderungs- und Lieferbeziehungen, jeweils auf Basis der relevanten AIA. Diese Informationslieferketten können unterschiedliche Größe und Struktur haben – von einer Person, die alle notwendigen Funktionen ausführt, bis hin zu komplexen, mehrschichtigen Aufgabenteams.

Exkurs 3.1 **Formalist oder Team-Player – Welcher BIM-Typ kommt besser ans Ziel?**

Nur ein Betreiber, der seine Prozesse kennt und daraus Anforderungen an Informationslieferungen ableiten kann, darf einen entsprechenden Mehrwert aus BIM-Projekten erwarten. Natürlich können gewisse Kompetenzen durch Beauftragung von BIM-Beratern „eingekauft" werden. Es geht jedoch in den meisten Fällen nicht um spezielles BIM-Wissen, sondern um das Prozesswissen im eigenen Kerngeschäft. Berater können allerdings helfen, die richtigen Fragen zu stellen, und so Prozesswissen aus den Beteiligten „herauskitzeln" und in BIM-Anforderungen umsetzen. Bild 3.19 mag drei BIM-Typen und ihre Herangehensweise verdeutlichen.

- BIM-Typus A „Bitte ein BIM": Der Auftraggeber hat eine geringe BIM-Kompetenz und kann daher seine Anforderungen nicht genau genug an den Auftragnehmer kommunizieren. Die Kompetenzlücke wird in der Regel nicht vom Auftragnehmer ausgefüllt. Die Informationslieferungen werden daher voraussichtlich dünn ausfallen. Siehe Kapitel 5 BIM-Projektpraxis, Abschnitt 5.6.4 Qualitätssicherungsprozesse.

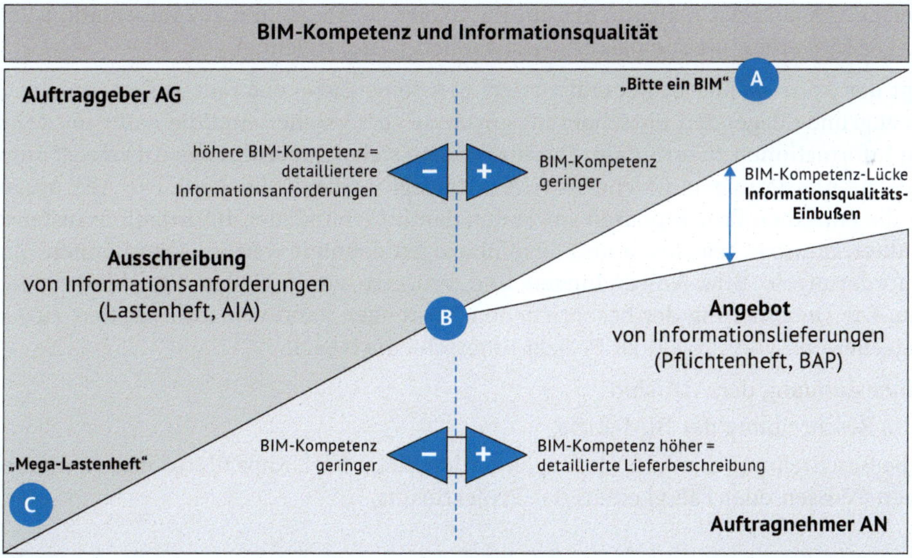

Bild 3.19 Eine fehlende BIM-Kompetenz auf Auftraggeberseite (A) wird in der Regel nicht vom Auftragnehmer gefüllt, sondern führt zu lückenhaften Ergebnissen. Man könnte es auf die Kurzformel „Shit in / shit out" bringen. So ist eine Beauftragung „nach BIM" seitens des Bauherrn eine eindeutig zu unspezifische Beschreibung der Informationsanforderungen. Aber auch die Festschreibung bis zum letzten Detail ist nicht anzustreben (C), da sie keinen Spielraum für dynamische Anpassungen lässt und eine Vertrauenskultur durch bürokratische Akribie zu ersetzen versucht. Eine ausgewogene Kompetenzverteilung zwischen AG und AN ist unerlässlich, um zu praktisch verwertbaren Ergebnissen zu gelangen.

- BIM-Typus B: Der Auftraggeber hat die grundlegenden BIM-Konzepte verstanden. Technisches Detailwissen hält er zu Recht nicht für übermäßig erforderlich, wenn auch in Einzelfällen für hilfreich. Er kann seine Prozesse und die sich daraus ergebenden Informationsbedarfe in der Sprache seiner Fachdomäne darstellen und neigt nicht zur Überspezifikation oder zu bürokratischen Formalismen. Die Umsetzungsvorschläge der Bieter kann er bewerten und auf Stimmigkeit prüfen. Er ist somit bestens für eine erfolgreiche Führung von BIM-Projekten gewappnet.
- BIM-Typus C „Mega-Lastenheft": Auftraggeber dieser Gattung zwängen BIM-Projekte häufig in ein bürokratisches Spezifikationskorsett. Aus Furcht vor Kontrollverlust werden Formalismen über Zweckbestimmtheit und Pragmatismus gestellt. Überspezifikation führt jedoch nachweislich nicht zu besseren Ergebnissen, teilweise sogar zum Gegenteil. Der Kommunikations- und Teamgedanke von BIM sollte hier wieder mehr in den Vordergrund gestellt werden. Nur durch eine verbesserte Projektkultur lassen sich die tatsächlich notwendigen Prozesse und Informationen ermitteln.

3.5.3.2 AIA „BIM-Lastenheft" – Von der Be-Schreibung zur Aus-Schreibung

Nachdem der Auftraggeber seine BIM-Ziele geklärt hat und der Informationsbedarf (OIR, AIR und PIR) ermittelt wurde, ist es an der Zeit, potenzielle Auftragnehmer zu finden, die den Informationsbedarf decken können. Austausch-Informationsanforderungen AIA sind das Instrument zum Einholen von Angeboten zur Informationslieferung. AIA werden oft auch als BIM-Lastenheft [23] bezeichnet.

Legt der Auftraggeber begleitend zu den AIA seine Ziele dar, fällt es Bietern leichter, die zugrunde liegenden Entscheidungsprozesse zu verstehen und die dafür notwendigen Informationen zu ermitteln. Daraus ergeben sich dann schlüssige Austausch-Informationsanforderungen, welche als AIA festgelegt werden (Bild 3.20). Die AIA müssen für die einzelnen Projektphasen sowie den damit verbundenen Informationsaustausch konkret, messbar, realistisch und terminbezogen definiert werden. Dies können BIM-Anforderungen, BIM-Anwendungen und Prozesse zur digitalen Projektabwicklung sein. Die Detaillierung der beschriebenen Leistungen kann von Auftraggeber zu Auftraggeber und von Projekt zu Projekt unterschiedlich sein.

Mindestumfang der AIA sind

- die Beschreibung der BIM-Ziele,
- die Beschreibung der Anforderungen an den Bieter bzgl. Kapazitäten und Kompetenzen (Wissen oder Fähigkeiten) des Projektteams,

Bild 3.20 Grundsätzliche Vorgehensweise bei der Entwicklung eines BIM-Abwicklungsplans BAP. Der Auftraggeber erstellt ein Lastenheft mit seinen Informationsanforderungen AIA und gibt es an potenzielle Auftragnehmer weiter. Diese reagieren darauf mit ihrem Angebot, einem vorläufigen BAP. Das Angebot erfolgreicher Bieter wird Vertragsbestandteil im „endgültigen" BAP.

- Anforderungen aus Betreibersicht,
- Aufgaben und verantwortliche Rollen (bei Beauftragung durch Personen konkretisiert).

Es können zusätzliche Anforderungen genannt werden, beispielsweise

- BIM-Anwendungen,
- Anforderungen an das 3D-Modell, z. B.
  - Modellmanagement (Anforderungen an den Modellierungsprozess), Modellstruktur,
  - Modellqualität,
  - zu verwendende Software (inkl. Versionsnummer)
    Anmerkung: Die Forderung nach Einsatz einer bestimmten Software oder eines Produkts kann problematisch sein, wenn der Auftraggeber nicht die dafür erforderlichen Lizenzen und Training zur Wahrung der Chancengleichheit bereitstellt. Dies kann vergaberechtliche Konsequenzen haben, schränkt die Teilnehmerzahl am Markt ein und fördert Monopolstellungen. Besonders kleine und mittelständische Unternehmen können so benachteiligt werden,
  - zu übergebendes Dateiformat,
- Datenübergabe
  - Dateiformate (Container-Formate, natives Dateiformat, .zip),
  - technischer Modellaustausch (CDE),
- Namenskonventionen für Informationscontainer,
- Datenübergabepunkte
  - Datenübergabezeitpunkte,
  - Übergabeumfang,
  - Anforderung an den Koordinationsprozess des Bieters,
- einzuhaltende Qualitätssicherungsprozesse,
- Referenzen des Bieters.

Durch die AIA des Auftraggebers (Bauherrn) wird die Lieferkette aufgefordert, ein Angebot für die Informationsbereitstellung abzugeben. Die Lieferkette (Unternehmen, Bieter) reagiert auf die (ausgeschriebenen) AIA des Auftraggebers mit einem „vorläufigen" BIM-Abwicklungsplan. Vorläufig deshalb, weil dieser – wie jedes Angebot – erst bei einer Beauftragung wirksam und damit „endgültig" wird (Bild 3.20).

Dieses zeigt die zentrale Rolle des Bauherrn bei der Spezifikation von Informationsanforderungen. Üblicherweise können Bauherren diese Rolle nicht alleine ausfüllen, sondern bedienen sich professioneller Hilfe. Je besser ein Bauherr sich über seine erfolgsentscheidende Position im Klaren ist, desto aufmerksamer kann er mit der Inanspruchnahme professioneller Beratung und Unterstützung umgehen. Die Stufen des Bauherrn-Engagements im Prozess der Anforderungsermittlung zeigt Bild 3.21.

Für die Erstellung des BIM-Lastenheftes gelten folgende Grundsätze:

- AIA präzisieren bestehende Vertragsgrundlagen und definieren entsprechende Mindestanforderungen,
- es verpflichtet die Auftragnehmer, bestimmte Elemente ihrer Werk-/Dienstleistung unter Verwendung von Modellen zu erbringen und bereitzustellen,

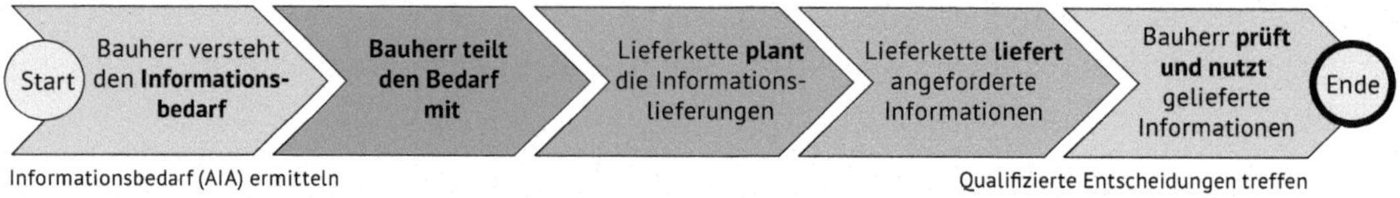

Bild 3.21 Der Bauherr kann nur dann qualifizierte Entscheidungen treffen, wenn er die Informationslieferprozesse entsprechend instruiert. Dazu muss er zunächst seinen eigenen Bedarf verstehen, dann diesen in geeigneter Weise mitteilen und eine Lieferkette etablieren, die diese Informationen in qualitätsgesicherter Form liefert.

- es erklärt Prozesse und Begrifflichkeiten und beschreibt die Verantwortlichkeiten und Zusammenarbeit für alle Beteiligten im Kontext BIM,
- es ist ein Vertragsdokument, welches Vorrang vor bestehenden Abkommen hat,
- es regelt in Bezug auf die Vertragsdokumente die Zusammenarbeit der Projektbeteiligten, den Umgang mit gemeinsamen Daten und die Verwendung digitaler Gebäudemodelle,
- es enthält Vorgaben in Ergänzung Auftragsformulierungen und Informationsanforderungen zu den allgemeinen Projektzielen des Auftraggebers (AG),
- es verpflichtet Auftragnehmer (AN), Aufgaben- und Lieferteams und alle übrigen Projektbeteiligten, die BIM-Methodik anzuwenden und umzusetzen,
- es regelt die Hauptverantwortung für die Erfüllung aller BIM-Anforderungen.

Die zentralen Verantwortlichkeiten des Auftragnehmers sind

1. Arbeiten in einem von offener Kommunikation geprägten Umfeld. Eine Zusammenarbeit des guten Willens, um die BIM-Prozesse zu unterstützen und die Projektanforderungen zu erfüllen;
2. Leiten und Unterstützen der BIM-Prozesse, vor allem durch die Erstellung eines BIM-Abwicklungsplans (BAP), sowie die Durchführung von regelmäßigen Projekt-Koordinationssitzungen;
3. Regelmäßiges Berichten der BIM-Fortschritte sowie Anzeigen von potenziellen Projektrisiken an den AG;
4. Regelmäßiger Austausch von Modellen und Modelldaten mit allen Fachplanern;
5. Abgabe von Modelldaten an den AG für die Qualitätskontrolle in vereinbarten Abständen;
6. Fördern und Unterstützen der regelmäßigen Koordinations- und Qualitätskontrolle der Fachplaner durch entsprechende Fachmodelle;
7. Gewährleistung der Modellerstellung auf Basis des Modellelement-Erstellungsplans unter Berücksichtigung aller definierten BIM-Anwendungen sowie unter Einhaltung der Modellierungsrichtlinien;
8. Arbeiten mit dem vorgegebenen CDE für die projektweite Kommunikation, für Freigabeprozesse, den Austausch sowie für die Ablage von Modellen, Plänen und Dokumenten;

9. Bereitstellung von Datenaufnahmen aus der Bauphase für die Baufortschrittsberichte sowie eines Ist-Zustandsmodells;
10. Bereitstellung aller Modelldaten an den Auftraggeber für die Inbetriebnahme und zur weiteren Verwendung für den Betrieb.

Sämtliche Informationslieferungen in einem Projekt erfolgen ausschließlich aufgrund einer entsprechenden Informationsbestellung, also einer Beauftragung durch einen Auftraggeber. Dieser schreibt seinen Informationsbedarf in Form von Austausch-Informationsanforderungen AIA aus. Der Informationsbedarf richtet sich nach dem Anlagen-Informationsbedarf AIR oder dem Projekt-Informationsbedarf PIR. Die jeweiligen Informationslieferungen decken dann den Informationsbedarf entsprechend. Je nach Informationsart werden sie im Projekt-Informations-Modell PIM oder im Anlagen-Informations-Modell AIM gespeichert.

Die Aufgabe der Informationsmodellierung besteht also darin, den Informationsbedarf von der Konzeptebene (OIM, PIM, AIM) auf konkrete Lieferungen gemäß AIA herunterzubrechen. Bild 3.22 zeigt die Akteure und grundsätzliche Vorgehensweise in einem Prozessdiagramm. In einem Zwischenschritt werden die Anforderungen in einen projektbezogenen und einen liegenschaftsbezogenen Teil aufgeteilt. Das macht Sinn, da hierdurch die dynamischen Informationen des Herstellungsprozesses von den langlebi-

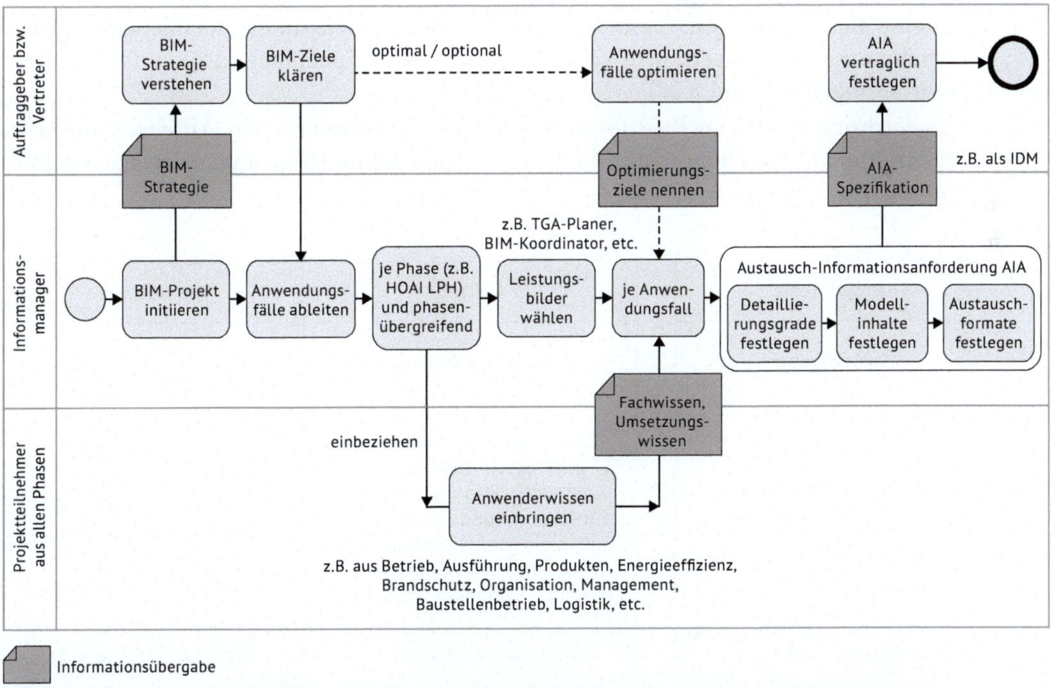

Bild 3.22 Allgemeines Vorgehen bei der Ermittlung von AIA. Der Informationsmanager unterstützt den Auftraggeber bei der Eingrenzung von BIM-Zielen und der Ableitung von Anwendungsfällen. Anschließend erfolgt die Konkretisierung erforderlicher Modellinhalte und Formate. Die sich daraus ergebenden Informationsanforderungen AIA werden in einem Dokument, zum Beispiel tabellarisch, festgehalten.

geren Informationen der Nutzung und des Betriebs separiert werden. Ob die Informationen dateibasiert gespeichert werden oder alle in einer großen Datenbank landen, ist für das Konzept unerheblich. Es spielt allerdings für die Implementierung eine große Rolle.

Das AIA-Konzept wurde in ISO 19650 eingeführt und VDI 2552 Blatt 10 weiter ausgeführt. Siehe auch Kapitel 4 Standards.

Die vorangegangenen Abschnitte haben gezeigt, welche Informationsarten es gibt, in welchem Zusammenhang sie stehen und mit welchen Mitteln man die Informationslieferung und -verteilung beschreiben kann und sollte. Diese Mittel können nun verwendet werden, um möglichen Lieferanten dieser Informationen seine Wünsche und Anforderungen zu verdeutlichen. Lieferanten können daraufhin ihr Angebot machen, in welchem sie ihr Leistungsangebot darlegen. Dieses Angebot als Reaktion auf die AIA des potenziellen Auftraggebers geschieht in Form eines vorvertraglichen (vor Auftragserteilung) und daher vorläufigen BAP.

Vorläufiger BAP – Angebot des potenziellen Informationslieferanten

In jedem BIM-Projekt gibt es einen Gesamtplan, den BIM-Abwicklungsplan BAP, der alle Informationslieferungen und den Lieferprozess beschreibt. Informationslieferungen müssen inhaltlich ausreichend präzise beschrieben werden. Die Reichweite von Informationsanforderungen erstreckt sich sowohl auf das gesamte Projekt als auch auf einzelne Beauftragungen. Dementsprechend kommt den unterschiedlichen Projektteilnehmern eine differenzierte Verantwortung für die Spezifikation der Informationsanforderungen zu (Bild 3.23).

- Lieferprozesse, die im BAP festgelegt werden, beschreiben den Arbeitsablauf, d.h. die Kette von Aktivitäten, mit denen diese Informationslieferungen erzeugt, verteilt und geprüft werden.

Projektweit	**Pro Auftrag**	**Pro Auftrag**
Auftraggeber	Auftraggeber	Möglicher Hauptauftragnehmer
Auftraggeber entwickelt projektweite Informationsanforderungen.	Auftraggeber entwickelt auftragsspezifische Austausch-Informationsanforderungen AIA und gibt sie in den Angebotsunterlagen an mögliche Hauptauftraggeber weiter.	Ein vorläufiger BIM-Abwicklungsplan (pre-BAP) wird entwickelt und vom Bieter zusammen mit anderen Angebotsunterlagen eingereicht.
ISO 19650-2 Abs. 5.1	ISO 19650-2 Abs. 5.2	ISO 19650-2 Abs. 5.2

Bild 3.23 AIA sind die Aufforderung an potenzielle Lieferteams, einen vorläufigen BIM-Ablaufplan BAP als Bestandteil ihres Angebots abzugeben und darin ihre Informationslieferung zu beschreiben. Der/die erfolgreiche(n) Bieter entwickeln nach Auftragserteilung den vorläufigen BAP gemeinsam mit dem Auftraggeber weiter. Die gemeinsame Weiterentwicklung sollte in der Beauftragung vertraglich vorgesehen sein.

- Im BAP werden konkrete Personen aufgeführt, die für die Organisation dieser Workflows verantwortlich sind.
- Im BAP wird die Bereitstellung eines Liefertools festgelegt, mit dem das beauftragte Lieferteam Projektinformationen verwaltet und austauscht.

Ein BAP ist kein einmaliges finales Dokument, sondern entwickelt sich von der Angebotsphase über die Beauftragung bis zur aktiven Informationslieferphase weiter.

- Mit einem **vorläufigen BAP** geben die potenziell beauftragten Unternehmen (Bieter) ihr Angebot zum Informationsmanagement in ihrem Aufgabenbereich ab. Im vorläufigen BAP erbringt ein potenzielles Lieferteam den Nachweis, dass es die Projektinformationen gemäß den ihm zur Verfügung gestellten Informationsanforderungen bewältigen kann.
- Der **endgültige** BAP ist nach Beauftragung vertraglicher Bestandteil der Informationslieferleistungen.
- Ein Informationslieferplan führt die Lieferleistungen für jedes Team getrennt auf.

Entwicklung eines BIM-Abwicklungsplans

Bei der Entwicklung des BAP (vor der Beauftragung) sieht sich ein potenziell federführender Auftragnehmer drei möglichen Szenarien gegenüber, denn ein Auftraggeber kann seine AIA mit drei grundsätzlichen Detaillierungsgraden ausstatten.

1. Der Auftraggeber stellt eine BAP-Vorlage zur Unterstützung der Angebotsabgabe und der Beauftragung bereit. ISO 19650-2 Abschnitt 5.1.6 gibt dazu Anhaltspunkte. Eine solche Vorlage könnte demnach beispielsweise Bestandsinformationen des Grundstücks oder benachbarter Liegenschaften enthalten. Des Weiteren sind Hinweise auf Informationsressourcen zu geben, die gemeinsam im Projekt genutzt werden sollen, wie zum Beispiel Vorlagen zur Struktur von Informationscontainern, Stilbibliotheken (Linienarten, Schraffuren etc.) oder Objektbibliotheken (Symbole, 3D-Objekte, Produktkataloge etc.).
2. Der Auftraggeber stellt keine BAP-Vorlage bereit, aber der Auftraggeber gibt die Inhalte (z.B. BIM-Ziele) und Kriterien an, die er für erforderlich hält. ISO 19650-2 Abschnitt 5.2.3 „Festlegung von Anforderungen an die Angebotsabgabe und Bewertungskriterien" nennt hier Kompetenzen der beteiligten Personen und Unternehmen sowie Funktionen, die das Lieferteam übernehmen soll, Vorschläge wie ein Mobilisierungsplan aussehen sollte, und Risikobewertungen durch das Lieferteam.
3. Der Auftraggeber macht keinerlei Angaben zum BAP. In diesem Fall muss der potenziell federführende Auftragnehmer mit einem (vorläufigen) BAP gemäß ISO 19650-2 Abschnitt 5.3.2 antworten.

Szenario 1 oder 2 ist zweifelsohne zu bevorzugen, denn nur dort hat der Auftraggeber die Möglichkeit, die Angebote der potenziellen Lieferteams zu beurteilen und zu vergleichen.

In Fällen, bei denen der Auftraggeber keinerlei AIA beisteuert, ist zu empfehlen, dass der potenziell federführende Auftragnehmer einen BAP entwickelt, der sinnvolle Annahmen hinsichtlich der AIA macht. Der Auftraggeber sollte in diesen Fällen darauf hingewiesen werden, dass das Projekt nicht der ISO 19650 entspricht und dass Maßnahmen ergriffen werden sollten, um eine solche Konformität zu herzustellen.

Vorläufiger BAP – Kerninhalte

ISO 19650-2 *empfiehlt* in Abschnitt 5.3.2 die Inhalte eines vorläufigen (vorvertraglichen) BAP des Lieferteams. Im Gegensatz dazu hat ISO 19650-2 Abschnitt 5.4.1 *Anweisungscharakter*, da dort der Soll-Inhalt eines BAP festgelegt wird. Die wesentlichen Komponenten der vorläufigen BAP sind in Bild 3.24 zusammengestellt.

ISO 19650-2, Abschnitt 5.3.2 gibt folgende Kernempfehlungen zum Informationsmanagement.

Ein BAP sollte

- Details der Personen angeben, die Informationsmanagementfunktionen übernehmen, und dadurch ausreichende Kompetenz sicherstellen, damit frühzeitig die Bereitstellung dieser Kompetenzen (z. B. durch Schulungen) eingeplant wird,
- eine Strategie zur Bereitstellung von Informationen vorgeben, die eine Vorgehensweise, wie AIA erfüllt werden sollen, beschreibt. Dabei soll der potenziell federführende Auftragnehmer jede einzelne AIA berücksichtigen und genau auf die darin geforderten Detaillierungsgrade, Akzeptanzkriterien und Liefertermine eingehen (ISO 19650-2, Abschnitt 5.2.1),
- Ziele und Vorgaben zur Erstellung kollaborativer Informationen enthalten,

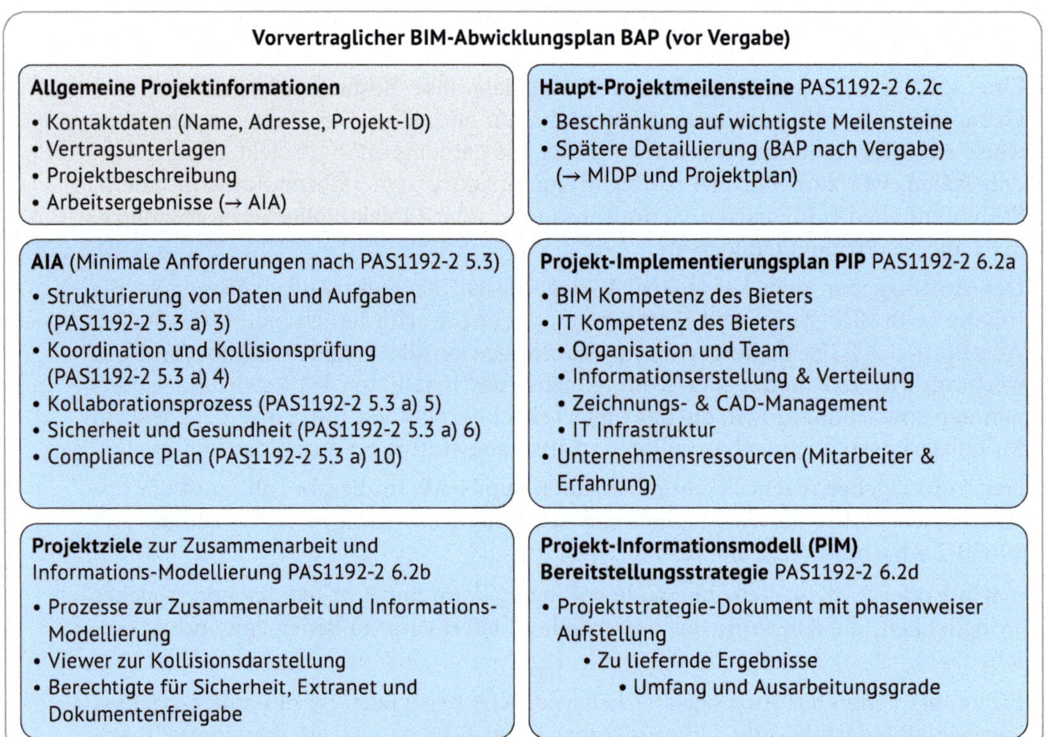

Bild 3.24 Übersicht über vorvertragliche BAP. Ein solcher enthält die Kerninhalte des BIM-Informationsmanagements und wird vom Bieter als Antwort auf die ausgeschriebenen Informationsanforderungen des Bauherrn erstellt.

- die Organisationsstruktur und Geschäftsbeziehungen des Lieferteams darstellen,
- die Aufteilung des Lieferteams in Aufgabenteams aufzeigen und dabei auch komplexere Organigramme, wie die Aufteilung in multidisziplinäre Teams, erläutern,
- die vorgeschlagene Federationsstrategie (Management der Ablagestruktur und Federationsstrategie), die vom Lieferteam verfolgt werden soll, beschreiben,
- die übergeordnete Verantwortungsmatrix des Lieferteams enthalten, welche eine verantwortliche Partei für erforderliche Informationslieferungen festlegt, beispielsweise das Kostenmodell und die mit diesem Element verbundenen Ergebnisse (Kostenschätzungen und Kostenpläne), sowie den verantwortliche Mengengutachter,
- mögliche Risiken in einem Risikoregister zusammenstellen. Hierin sind Risiken zu nennen, die zu Störungen und Verzögerungen in den Lieferplänen (MIDP, TIDP), der Lieferkette und der technischen Infrastruktur führen können,
- Raum für mögliche Ergänzungen bzw. Änderungen der Methoden und Verfahren für die Informationsproduktion des Projekts offen lassen. Das bietet dem Lieferteam die Möglichkeit, zusätzliche Methoden und Verfahren vorzuschlagen, die über die von der bestellenden Partei festgelegten Anforderungen hinausgehen, beispielsweise, wenn der Auftraggeber keine Methoden und Verfahren zur Bestandserfassung berücksichtigt hat,
- mögliche Ergänzungen bzw. Änderungen des Projektinformationsstandards vorschlagen (falls vorhanden). Dies könnten beispielsweise Raumreferenzsysteme sein,
- einen Plan der genutzten Software, Hardware und IT-Infrastruktur vorlegen, in dem auch die Versionen aufgeführt sind, die vom Lieferteam verwendet werden. Kompatibilität dieser Komponenten ist ein wichtiger Faktor für eine nahtlose Zusammenarbeit und Interaktion zwischen den Aufgabenteams, den Lieferteams und dem Auftraggeber und für eine umfassendere Interoperabilität.

3.5.3.3 Vergütung ausschreibungsbezogener BIM-Leistungen

Vorbereitung der Ausschreibung, Ausschreibung und Vergabe sind zu vergütende Leistungen; Entsprechendes gilt auch für Informationslieferleistungen. Wenn man die Reihenfolge der HOAI-Leistungsphasen als zeitlich vorgegebene Abfolge interpretiert, dann folgt daraus, dass alle vorgezogenen Leistungen als besondere Leistungen zu betrachten sind, da sie ja in der aktuellen Phase noch nicht anstehen.

Ein BAP ist keine Gebührentabelle, die dort beschriebenen Leistungen müssen also an anderer Stelle vertraglich festgehalten werden. Selbstverständlich steht es den Erstellern eines BAP frei, dort die Verbindung zur HOAI bzw. zu besonderen Leistungen außerhalb der HOAI zu vermerken.

Die Vorbereitung eines BIM-Lastenheftes und die Abstimmung des BAP wird von manch einem als Leistung betrachtet, die nicht durch die HOAI abgedeckt ist und mithin gesondert zu vergüten sei. Dagegen sehen andere darin die normale Vorbereitung und Durchführung einer Ausschreibung, in diesem Fall nicht von physischen, sondern von virtuellen Bauleistungen. Der Verein Beratender Ingenieure wie auch die Bundesarchitektenkammer e. V. haben ihre Ansichten hierzu in BIM-Leitfäden gefasst [23].

3.5.4 Informationsbestellung – Beauftragung auf Basis des BAP (ISO 19650-2, 5.4)

Die AIA waren Gegenstand der Ausschreibung und die vorläufigen BAPs der Bieter enthielten deren Angebote, wie sie das BIM-Informationsmanagement im Projekt umzusetzen gedenken.

Mit den erfolgreichen Bietern müssen nun die Details der Beauftragung ausgearbeitet werden. Das Adjektiv „vorläufig“ entfällt daher bei der Erstellung des – jetzt endgültigen, weil Gegenstand der Beauftragung – BIM-Abwicklungsplans. Die Entwicklung vom Lastenheft zum Pflichtenheft (BAP) zeigt Bild 3.25.

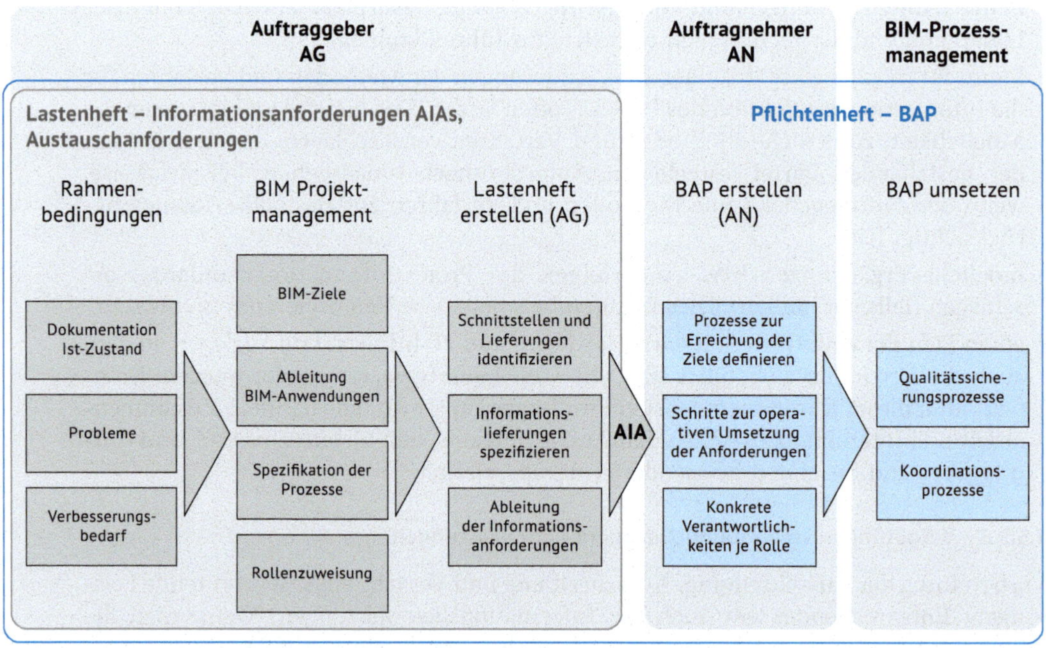

Bild 3.25 Weiterentwicklung der AIA bis zum Vertragsbestandteil. Der Auftraggeber spezifiziert die Anforderungen an Informationslieferungen (Lastenheft AIA), der potenzielle Auftragnehmer beschreibt in seinem Angebot (Pflichtenheft BAP), wie er diese Anforderungen inhaltlich, organisatorisch und technisch umsetzen will.

3.5.4.1 „Endgültiger“ BIM-Abwicklungsplan BAP

Die VDI BIM-Richtlinie befasst sich in Blatt 10 mit AIA und BAP. Auch in der Rahmenrichtlinie VDI 2552 Blatt 1 ist der BAP-Begriff knapp umrissen:

> *„Nach Vertragsschluss, wenn die Projektbeteiligten für die anstehende(n) Leistungsphase(n) feststehen, werden gemeinsam die konkreten Vorgehensweisen zur Informationserstellung besprochen, festgelegt und dokumentiert. Die Dokumentation der Details ist der BAP. Er ist ein multilaterales und projekt-spezifisches Dokument, das nach Absprache verändert werden kann. Werden die AIA gemäß*

den hier dargestellten Prinzipien und Grundsätzen entwickelt, lassen sich nachträgliche Änderungen vermeiden. Die Erstellung des BAP markiert den Übergang von der Datenbeschaffung zur Datenverwaltung, er regelt die operativen Details." (VDI 2552-1)

BAP – „Lebendes Dokument"

Jedes Lieferteam vereinbart einen eigenen BAP mit dem federführenden Auftragnehmer, den dieser vorzugsweise in enger Abstimmung mit dem Lieferteam entwickelt hat. Idealerweise haben die Lieferteams auch bei der Erstellung des vorläufigen BAP des federführenden AN bereits mitgewirkt. Eventuell haben sie dort bereits eigene Vorschläge oder Anforderungen eingebracht.

Ein BAP ist ein „lebendes Dokument", er lebt von der konstanten Aktualisierung. Änderungen am BAP sollten in einem vertraglich vereinbarten definierten und nachvollziehbaren Prozess vorgenommen werden, ohne jedoch zu hohe bürokratische Hürden aufzubauen.

Die rechtliche Relevanz des BAP als fester Vertragsbestandteil der Beauftragung erfordert allerdings, dass Änderungen rechtlich einwandfrei vorgenommen werden. Damit der BAP bei Bedarf im Projektverlauf rechtlich wasserdicht und doch möglichst unbürokratisch fortgeschrieben werden kann, ist es sinnvoll, ein separates Protokoll aufzusetzen, das die vereinbarten Änderungen aufnimmt. Diese Abtrennung vom gesamten BAP vereinfacht die vertraglichen Zusatzaufwände, die entstünden, wenn bei jeder BAP-Änderung der gesamte BAP von allen Vertragspartnern neu unterschrieben werden müsste. Allerdings sind bilaterale Regelungen, die Einflüsse auf die Arbeit anderer Projektteilnehmer entfalten könnten, unbedingt zu vermeiden.

Überarbeitung und Präzisierung des vorläufigen BAP

Nach Auftragserteilung an den federführenden AN wird der vorläufige BAP überprüft und bei Bedarf aktualisiert. Die Überprüfungen umfassen die Inhalte, den Informationsstandard des Projekts, die Methoden und Verfahren der Informationsproduktion und die vorgesehene Federationsstrategie.

Die vereinbarten Änderungen müssen anschließend im BAP berücksichtigt werden. Der BAP ist ein projektweit gültiges Dokument. Auch wenn die Änderungen zunächst nur vom BAP eines Lieferteams ausgehen, sind die Auswirkungen im gesamten Projekt zu berücksichtigen. Dies betrifft zum Beispiel die Federationsstrategie. Sie sollte an den vereinbarten Methoden und Verfahren der Informationsproduktion des Projekts ausgerichtet sein und nach Bedarf weiterentwickelt werden. Dabei ist auch eine mögliche Anpassung der detaillierten Verantwortlichkeitsmatrix und des Master-Informationslieferplans MIDP zu berücksichtigen.

BAP-Mindestumfang

In den AIA wurden bereits die grundsätzlichen Anforderungen zu verschiedenen Bereichen aufgelistet. Diese Bereiche werden im BAP konkretisiert und ggf. ergänzt (Bild 3.26).

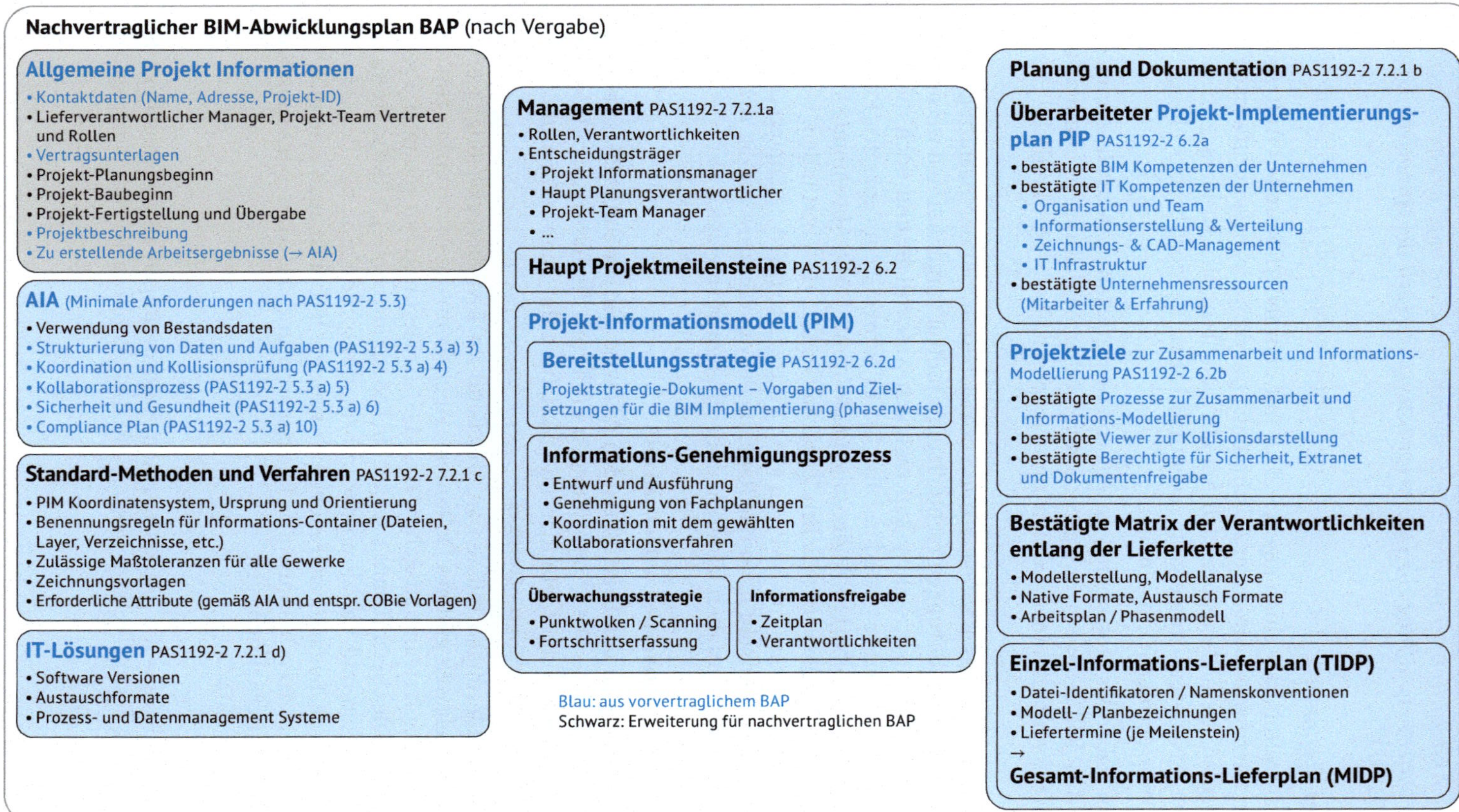

Bild 3.26 Übersicht der Kerninhalte eines BAP. Mit „nachvertraglich" ist hier „nach Vertragsabschluss" gemeint und das soll den Unterschied zum vorvertraglichen BAP verdeutlichen. Dieser BAP ist somit vertraglicher Bestandteil einer Beauftragung. Der vorvertragliche BAP aus dem Bieterangebot wird weiter verfeinert und ist Vertragsgrundlage für das Informationsmanagement im BIM-Projekt.

Der vertragliche BAP sollte nach eventuellen Aktualisierungen Folgendes festlegen oder bestätigen:

- die Festlegungen, die im vorläufigen BAP getroffen wurden,
- Terminänderungen aufgrund der verstrichenen Zeit zwischen Ausschreibung und Beauftragungen,
- geänderte vertragliche Rahmenbedingungen,
- geänderte Konstellationen bei Unterbeauftragungen, z. B. in den Aufgabenteams.

Der BAP ist Grundlage der Beauftragung zwischen den Vertragspartnern, also

- zwischen dem Auftraggeber AG und dem federführenden AN sowie
- zwischen dem federführenden AN und dem/den beauftragten Lieferteam(s).

Da der BAP ein vertraglich bindendes Beauftragungsdokument ist, muss er während der gesamten Projektdauer aktuell gehalten werden, beispielsweise, wenn weitere Auftragnehmer in das Projekt aufgenommen werden.

Mindestanforderung an BAP-Inhalte sind beispielsweise

- im Bereich Management
  - vorhandene Rollen, Verantwortlichkeiten, Zuständigkeiten und Kompetenzen,
  - wesentliche Projektmeilensteine in Abstimmung mit den BIM-Zielen,
  - zeitlicher Ablauf der Erstellung des PIM,
- im Bereich Planung und Dokumentation
  - Prozessbeschreibung zur gemeinschaftlichen Modellerstellung,
  - abgestimmte Verantwortlichkeitsmatrix (gesamte Lieferkette),
  - zeitlich (Reihenfolgen) und inhaltlich (Informationslieferungen) abgestimmte Informationslieferpläne (TIDP, MIDP). Siehe auch Beispiele im Praxiskapitel,
- im Bereich Modellerstellung
  - Festlegungen zu Koordinatensystemen,
  - Modellierungsrichtlinien zur Qualität der grafischen Informationen,
  - Namenskonventionen,
  - Projektvorlagen,
  - Objektbibliotheken,
- im Bereich Modellierungsanforderungen
  - Levels of Detail LOD in Bezug auf Projektphasen,
  - Definition aller Koordinatensysteme (Vermessungspunkte, Projektbasispunkt),
  - Attribuierungsanforderungen,
  - Level of Information bzw. Level of Information Need (LOIN) in Bezug auf Projektphasen,
  - spezifische, ausdrücklich im Modell enthaltene Informationen,
  - spezifisch ausgeschlossene Modellinformationen, sofern nicht ohnehin nur ausdrücklich geforderte Informationen geliefert werden.
- IT-Infrastruktur
  - zu verwendende Software mit Versionsnummern (siehe Anmerkung zur Vorgaben zu Software im Abschnitt AIA BIM-Lastenheft, „vorläufiger BAP – Kerninhalte“),
  - Datei-Austauschformate,
  - Prozess- und Datenmanagementsysteme.

Organisationsstrukturplan OSP und BIM-Abwicklungsplan BAP

In traditionellen Projekten strukturiert der Organisationsstrukturplan OSP (Englisch: Organizational breakdown structure OBS) Vorgänge und Verantwortlichkeiten. In BIM-Projekten werden Aktivitäten und Verantwortlichkeiten zur Erbringung von Informationslieferleistungen im BIM-Abwicklungsplan BAP festgehalten.

Zwischen Organisation und Prozessen gibt es Abhängigkeiten. Ein BAP umfasst sowohl die Beschreibung der Aufgabenstellungen einschließlich der damit verbundenen Informationslieferungen als auch die Verantwortlichkeiten für Prozesse, beispielsweise für die Erstellung und Lieferung von Informationen. OSP und BAP dürfen sich nicht widersprechen, sondern müssen sich ergänzen. Es ist daher durchaus möglich, dass Modellelemente auf Strukturen im OSP Bezug nehmen und dadurch eine Verbindung zwischen Organisation und Herstellungsprozessen (auch des realen Bauwerks) schaffen. Dieses kann jedoch nur dann funktionieren, wenn entsprechend Attribuierungen im Modell vorgenommen werden und Werkzeuge, beispielsweise für die Bauablaufplanung, diese Informationen auswerten können.

Konkrete Umsetzungen in Projekten sehen wir im Kapitel 5 BIM-Projektpraxis.

3.5.4.2 Informationsaustauschanforderungen IAA (nicht AIA!)

Während AIA (Austausch-Informationsanforderungen) im Zusammenhang mit der Ausschreibung von Informationslieferleistungen stehen, sind Informationsaustauschanforderungen IAA Bestandteil eines finalen BAP. Der Begriff stammt aus ISO 29481 [24] und bezeichnet dort die technisch detaillierte Beschreibung einer geforderten Informationslieferung.

Bei den IAA handelt es sich also nicht (nur) um ein ungewollt Verwirrung stiftendes Wortspiel durch „Schüttelverreimung" des AIA-Akronyms. Seine durchaus sinnstiftende Intention liegt in der Ausformulierung gängiger Informationsanforderungen. Während AIA den Bedarf des Informationsbestellers in allgemeinsprachlicher Art beschreiben können, liegt der Wert von IAA in einer technisch detaillierteren Definition der Informationslieferung. Während der Bauherr etwa äußert, dass er zur Berechnung der Kühllast den Wärmeausstoß für bestimmte Räume benötigt (AIA), würde in einer IAA festgehalten, dass für Modellelemente vom Typ *IFCSpace* (Raum) mit dem Attribut *IFCOccupancy* = „Serverraum" (Nutzungsart), die Wärmebelastung in einem Attribut *ThermalLoad* in kW/m^2 anzugeben ist.

Es bleibt dem Auftraggeber überlassen, ob er seinen Bedarf lediglich in allgemein gehaltenen Äußerungen formuliert und es bei einer Ausschreibung dem Bieter überlässt, seine Informationslieferungen genauer zu beschreiben, oder ob er hierzu selber IAA verfasst, die von vornherein eine präzisere technische Vorgabe darstellen (siehe Szenarien im Abschnitt zur Entwicklung eines BIM-Abwicklungsplans).

Aufgrund ihrer technischen Ausprägung, z. B. durch Benennung von IFC-Elementtypen und deren Attributen, können IAA direkt in Model View Definitions MVD übertragen werden. Damit ist neben der vertraglich wasserdichten Beschreibung des Informationsliefergegenstandes auch eine Prüfung der Vertragseinhaltung möglich, denn die gelieferten Informationen können als MVD automatisiert auf die vereinbarte Qualität geprüft werden.

Je nach Projektfortschritt lässt sich der erforderliche Detaillierungsgrad einer IAA steigern. Somit können IAA das Konzept der Levels of Detail (siehe Detaillierungsgrade) unterstützen. Die VDI-BIM-Richtlinie 2552 Blatt 11 stellt IAA für gängige Anwendungsfälle in einigen Unterblättern (11.1 bis 11.x) zusammen. Naturgemäß müssen sie an Projekterfordernisse angepasst werden, stellen aber eine solide, praxisgerechte Grundlage dar.

Der in ISO 29481 (Bauwerksinformationsmodelle – Handbuch der Informationslieferungen, siehe Kapitel 4 Standards) verfolgte Ansatz des Austauschbedarfs (Exchange Requirement ER) wird in ISO 19650 in Form der projektspezifisch zu definierenden Informationsbedarfstiefen (Level of Information Need LOIN) aufgegriffen. Dieser überlässt es vollständig dem Auftraggeber, seinen Informationsbedarf zu spezifizieren und gibt keinerlei Handreichungen in Form von Vorlagen oder Beispielen.

Mehr zu beiden Ansätzen und deren Umsetzung in VDI 2552, ISO 29481 und ISO 19650 im Kapitel 4 Standards.

Dokumente zur technischen Beschreibung des Informationsbedarfs

Die technisch einfachste Form der Spezifikation des Informationsbedarfs ist wohl eine schriftliche Fixierung in Form eines Textdokuments oder einer Excel-Tabelle. Diese Art der Darstellung ist allerdings ein nicht besonders rechnergerechtes Format. Abhängig von den Befähigungen und technischen Möglichkeiten der Projektteilnehmer sind daher auch technisch höherwertige rechnergerechte Formate zur Spezifikation des Informationsbedarfs, beispielsweise Model View Definitions MVD, Information Delivery Specification IDS, oder BIM-Profile, vorzuziehen. Sie wurden im Kapitel 2 Modelle, Abschnitt 2.7, bereits vorgestellt.

Die Erstellung dieser Formate zur Beschreibung des Informationsbedarfs, zum Beispiel MVDs, erfordert in der Tat eine tiefere Kenntnis der jeweiligen Notation. Vereinzelt unterstützen bereits Werkzeuge, wie der BIM-Profil Editor von CAFM-Connect, bei der Übersetzung von der fachlichen Bedarfsbeschreibung in ein technisches Format (MVD, BIM-Profile etc.), sodass der Fachexperte gar nicht mit den technischen Formaten hantieren muss, da sie durch das Werkzeug umgesetzt werden. Eine neue Entwicklung ist die Information Delivery Specification IDS, die derzeit in Arbeitsgruppen von buildingSMART International entwickelt wird. Sie verspricht durch geringere Komplexität eine breitere Anwendung, siehe Kapitel 4 Standards.

Qualität von Informationsanforderung und Informationslieferung

Informationen, die in einem Projekt ausgetauscht werden, sollen für alle relevanten Teilnehmer verständlich sein. Dazu müssen Vereinbarungen zu Folgendem getroffen werden:

- In welchem Format werden Informationen ausgetauscht?
- Welche Lieferformate (Dateiformate) sind zulässig?
- Wie werden Informationen strukturiert?
- Mit welchen Mitteln geschieht die Klassifizierung und Strukturierung?
- Wie ist die genaue Benennung von Metadaten, zum Beispiel bei Informationscontainern, oder der Eigenschaften von Konstruktionselementen?

Die vergleichsweise schleppende Produktivitätsentwicklung im Bauwesen liegt nicht zuletzt an hohen Transaktionskosten bei der Informationsweitergabe als Folge von Verlusten und Doppeleingaben. Sowohl die Prozessqualität bei der Informationslieferung als auch die Informationsqualität selbst gilt es, mithilfe des BIM-Informationsmanagements zu verbessern. Nur dann können Informationen nutzbringend ausgetauscht, integriert und verwendet werden.

Anders als bei traditionellen Projekten müssen bei BIM-Projekten Bedarf und Lieferung in einem kontinuierlichen Dialog aller Beteiligten abgestimmt werden. Es ist nicht davon auszugehen, dass in jedem Projekt die informationstechnischen Rahmenbedingungen gleich sind. Nicht nur die Aufgabenstellungen, sondern auch die Kompetenzen und technischen Möglichkeiten ändern sich fallweise. Ausgehend von einem roten Faden sind daher Informationsbedarf, -anforderungen, -lieferkette und praktische Umsetzung in jedem Projekt erneut zu analysieren und zu prüfen. Der BIM-Kompetenz der Auftraggeber kommt dabei entscheidende Bedeutung zu.

Informationslieferhandbuch

Die ISO 19650 macht keine Angaben zum formellen Aufbau eines BAP. Vom Word-Dokument bis zur Verwendung von Webseiten oder Software-Tools sind alle zweckdienlichen Mittel einsetzbar.

Die ISO 29481 „Bauwerks-Informations-Modelle – Informations-Lieferungs-Handbuch“ (siehe Kapitel 4 Standards) kann dagegen zum Aufbau eines BAP wertvolle Hinweise geben.

3.5.5 Mobilisierung – Die virtuelle Generalprobe (ISO 19650-2, 5.5)

Es wäre wohl, gelinde gesagt, nicht erfolgversprechend, würde man ein BIM-Projekt nach erfolgter Vergabe der Informationslieferungen gleich „am lebenden Objekt“ in die Tat umsetzen. Ein Probelauf, in dem alle geplanten Formate, Abläufe und technischen Einrichtungen getestet und, wenn nötig, angepasst werden, ist nur zu sinnvoll. Dies ist nicht nur der recht jugendlichen Natur der BIM-Methodik geschuldet. Auch der Einwand, man baue ja auch kein Krankenhaus erst mal im Maßstab 1:100 zur Probe, sticht hier nicht. Allein die Tatsache, dass die Kosten eines anfänglichen Probelaufs in keinem Verhältnis zu den Risiken stehen, wenn man ihn unterlassen würde, spricht für sich. Die Kostenvorteile des virtuellen Raums lassen keine Zweifel aufkommen.

3.5.5.1 Wer probt?

Während der Mobilisierung arbeiten die beauftragende Partei (zum Beispiel der Kunde), die federführende Partei (zum Beispiel der Auftragnehmer) und die beauftragte(n) Partei(en) (zum Beispiel die Subunternehmer) zusammen, um Schlüsselrollen und Verantwortlichkeiten sowie einen Plan für die Bereitstellung von Informationen zu vereinbaren (in Form des BIM-Ausführungsplans, des Master-Informationslieferplans MIDP und der Aufgabeninformationslieferpläne TIDP), in denen die Koordinierungs- und Liefermechanismen beschrieben sind (siehe ISO 19650-2, Abschnitte 5.4 und 5.5). Briefings und Schulungen stellen sicher, dass jeder ein vereinbartes Kompetenzniveau und ein Verständnis dafür hat, was erforderlich ist.

Diese Parteien legen dann den Informationsbedarf fest, der in jeder Projektphase sowie in den Genehmigungs- und Abnahmeverfahren erforderlich ist. Dies ermöglicht die Konfiguration und Implementierung geeigneter Informationsmanagementsysteme. Diese Informationssysteme müssen die Bedürfnisse der Menschen (des Projektteams und der Stakeholder), den Prozess der Informationsbereitstellung sowie die Auswahl und Verwendung geeigneter Technologien berücksichtigen.

3.5.5.2 Was wird geprobt?

Jedes Informationslieferteam (Bereitstellungsteam) stellt nach Auftragserteilung einen Plan, den sogenannten Team-Mobilisierungsplan, zusammen, in dem seine Aktivitäten bei der Mobilisierung verzeichnet sind. Die Erstellung des Mobilisierungsplans ist Teil der Beauftragung. Im Auftrag werden auch die Vergütungen für entstehende Mobilisierungskosten aufgeführt.

Der Mobilisierungsplan gibt an,

- welche Methoden und Verfahren zur Erstellung von Informationen im Projekt vom Team getestet werden,
- wer für die Durchführung der Test verantwortlich ist,
- wie die Testergebnisse dokumentiert werden und
- wie der Prozess zur Beseitigung erkannter Probleme aussieht.

Der federführende Auftragnehmer ist für die Aufstellung eines Gesamt-Mobilisierungsplans und dessen Durchführung verantwortlich.

Es ist sicherzustellen, dass die Verantwortlichkeiten für die Richtigkeit und Durchführbarkeit des Mobilisierungsplans vertraglich (durch Beauftragung) einwandfrei festgelegt sind. Dies schließt auch die Auswertung von Ergebnissen der Tests und die Bewertung daraus möglicherweise resultierender zusätzlicher Zeit und Kosten ein.

Zur Mobilisierung gehören ggf. auch Schulungen, Trainings und die Beschaffung von im Laufe der Mobilisierung als notwendig erachteter Hard- und Software oder die Inanspruchnahme entsprechender Dienstleistungen.

Soweit der Nachweis von Kompetenzen nicht sinnvollerweise schon vor Beauftragung zu erbringen war, ist dieser spätestens während der Mobilisierung zu erbringen.

3.5.5.3 Lieferkette aktivieren

Die Beschreibung von Lieferinhalten und Lieferprozessen ist Grundvoraussetzung für die Ausschreibung und Vergabe (Bestellung) von Informationslieferleistungen. Die in Abschnitt 3.3.2.4 beschriebenen Akteure und Teams sind es, die diese Inhalte produzieren und in einem vereinbarten Lieferprozess an den nächsthöheren Informationsbesteller ausliefern. Hierdurch erst werden Informationslieferketten realisiert.

Eine Lieferkette besteht aus den Teilnehmern, die Aktivitäten des Informationslieferprozesses durchführen. Deshalb kann die genaue Lieferkette erst dann etabliert werden, wenn die Prozessbeteiligten feststehen. Dieses ist erst nach der Vergabe der Fall, sobald Aufträge für Informationslieferleistungen an konkrete Personen oder Unternehmen erteilt wurden.

	Verantwortlichkeitsmatrix nach ISO 19650-2 Anhang A				
ID	Aufgabe	Informations-besteller	Dritte	Federführender Informations-bereitsteller	Informations-bereitsteller

Bild 3.27 In ISO 19650-2 vorgeschlagene Verantwortungsmatrix für Funktionen und Aktivitäten (Ausschnitt). In ihr werden die Aktivitäten mit verantwortlichen Personen in den Teams verbunden. Eine ausgefüllte Verantwortlichkeitsmatrix befindet sich im Kapitel 5 BIM-Projektpraxis.

Die Verantwortlichkeiten der einzelnen Personen und ihre Aufgaben in der Lieferkette werden in einer Verantwortlichkeitsmatrix (Bild 3.27) festgehalten. Lieferpläne halten Inhalte und Zeitpunkt von Informationslieferungen fest, die jedes Team zu erbringen hat. Durch Verbindung von Lieferungen im Lieferplan und Verantwortlichkeiten für Lieferaufgaben in der Verantwortlichkeitsmatrix ist die konkrete Lieferkette hinreichend beschrieben.

Verantwortlichkeitsmatrix und Lieferpläne (Informationsbereitstellungspläne) sind daher einer der Kernbestandteile eines BIM-Ablaufplans BAP.

Verantwortlichkeitsmatrix

Um die kooperative Zusammenarbeit zu verbessern und für alle Beteiligten transparent zu machen, schlägt ISO 1956 Teil 1 das Erstellen von Tabellen (Matrizen) zur Festlegung von Verantwortlichkeiten vor. Zwei Arten von Verantwortlichkeitsmatrizen werden nahegelegt.

1. Verantwortlichkeitsmatrix für Informationsmanagement-Aktivitäten: Sie ordnet projektbeteiligte Personen den Informationsmanagement-Funktionen bzw. -Aktivitäten zu.
   Hierzu wird eine Tabellenvorlage im Anhang zu ISO 19650 Teil 2 angegeben.
2. Verantwortlichkeitsmatrix für Informationslieferungen: Eine zweite Matrix verzeichnet die Verantwortlichkeiten für Informationslieferungen in den verschiedenen Projektphasen.

Verantwortlichkeitsmatrix für Informationsmanagement-Aktivitäten

Alle Aktivitäten in einem Informationsmanagementprozess sind innerhalb einer definierten Informationsmanagement-Funktion zu vollziehen. Der Auftraggeber oder sein Stellvertreter führen Informationsmanagement-Funktionen aus oder delegieren sie. Jeder federführende Auftragnehmer muss seine eigenen Informationsmanagement-Funktionen organisieren, im Falle von Einzelvergaben also jeweils der AN, der direkt an den Bauherrn liefert. In der Verantwortlichkeitsmatrix, wie in ISO 19650 Teil 2 vorgeschlagen, trägt die auftraggebende Partei jede Aktivität bezüglich Informationsmanagement-Funktionen sowohl aus dem eigenen Bereich als auch bei den weiteren Unterbeauftragten ein.

Verantwortlichkeitsmatrix für Informationslieferungen

Eine wohldefinierte Verantwortlichkeitsmatrix ist ein Kernbestandteil eines BIM-Ausführungsplans BAP. Der Detaillierungsgrad einer Verantwortlichkeitsmatrix nimmt im Projektverlauf zu, beispielsweise weil neue Unternehmen ins Projekt kommen. Aus einer High-Level-Verantwortlichkeitsmatrix zum Zeitpunkt der Ausschreibung wird eine detailliertere Verantwortlichkeitsmatrix bei der Beauftragung. Dadurch sind für den federführenden Auftraggeber und alle weiteren Mitglieder der Lieferkette die Verantwortlichkeiten für Informationslieferungen innerhalb der Lieferkette jederzeit nachvollziehbar.

3.5.5.4 Informationsbereitstellungspläne – Informationen nach Plan

Informationslieferungen werden in Informationsbereitstellungsplänen festgelegt. Jedes Team hat darüber hinaus einen eigenen aufgabenbezogenen Plan, der ausschließlich die Aktivitäten beschreibt, die zur Erfüllung der jeweiligen Teamaufgaben notwendig sind. Auf Projektebene enthält der Master-Informationsbereitstellungsplan MIDP die Lieferaktivitäten aller Teams.

Master-Informationsbereitstellungsplan MIDP

Der Master-Informationsbereitstellungsplan (Englisch: Master Delivery Information Plan) ist der primäre Plan für die Aufbereitung von Projektinformationen (aus Sicht des Informationslieferanten), die gemäß den Informationspflichten des Auftraggebers erforderlich sind.

ISO 19650 definiert den Master-Informationsbereitstellungsplan MIDP als Plan, der alle relevanten aufgabenbezogenen Informationsbereitstellungspläne enthält. Er listet die zu liefernden Informationen auf und legt fest, wann die Projektinformationen erstellt werden sollen, von wem und unter Verwendung welcher Protokolle und Verfahren für jede Phase des Projekts.

Der Hauptauftragnehmer bzw. im Falle von Einzelvergaben der Koordinator aller direkten Einzelauftragnehmer stellt aus den Einzelinformationslieferplänen einen Gesamtinformationslieferplan zusammen.

Dieser berücksichtigt

- die Verantwortlichkeiten aller Aufgabenteams entsprechend deren Verantwortlichkeitsmatrizen,
- Abhängigkeiten zwischen Informationen der Aufgabenteams, z. B. Modelle und BCF-Fehlerreports zur gemeinsamen Fehlerbehebung,
- Zeitdauer zur Prüfung und Lieferfreigabe durch den Auftragnehmer,
- Zeitdauer für Prüfung und Abnahme von Informationsmodellen durch den Auftraggeber.

Die darin getroffenen Festlegungen hinsichtlich Lieferdatum und Liefergegenständen (Informationscontainern) sind an jedes Aufgabenteam zu kommunizieren. Änderungen, die den MIDP betreffen können, sind von den Teams an ihre Auftraggeber zu kommunizieren.

Aufgabenbezogener Informationsbereitstellungsplan TIDP

ISO 19650 definiert den Aufgabenbezogenen Informationsbereitstellungsplan TIDP (Englisch: Task Information Delivery Plan) als Plan von Informationscontainern und Bereitstellungsterminen für ein bestimmtes Aufgabenteam.

Dieser Informationslieferplan ist auf die Aufgaben der einzelnen Teams ausgerichtet. Beispielsweise liefert jedes Planungsbüro Informationen entsprechend ihrer Teilaufgabe, z. B. ein TGA-Modell. Die Liefertermine und Inhalte werden in einem TIDP festgehalten.

Ein TIDP enthält

- die Informationsanforderungen des bzw. der Hauptauftragnehmer(s),
- die Verantwortlichkeitsmatrix für das einzelne Team,
- Informationsbedarfe des Hauptauftragnehmers,
- die Verfügbarkeit gemeinsam genutzter Ressourcen (Zusammenhang zwischen Aufgabenteams und Lieferteams), z. B. die gemeinsame Nutzung einer Objektbibliothek zwischen den verschiedenen Planungsgruppen (z. B. Aufgabenteams TGA, Tragwerk, Feuerschutz) eines Planungsbüros (Lieferteam),
- den Lieferablauf (Zeitrahmen für Erstellung, Lieferung, Prüfungen und Freigaben),
- Liefermeilensteine (z. B. Grobplanung, Detailplanung),
- die gelieferten Informationscontainer (Modelldateien, andere Dateien, z. B. Dokumente) und Konventionen zu
  - Metadaten wie
    - Name und Titel,
    - Versions- und Revisionskennzeichnung,
    - den Detaillierungsgrad LOIN,
  - und Prozessinformationen wie
    - die Abhängigkeiten zu anderen Containern (z. B. Modell/Dokument-Beziehungen),
    - die voraussichtliche Bearbeitungsdauer,
    - verantwortliche Personen.

Projektstrukturplan PSP und Informationsbereitstellungspläne (TIDP, MIDP)

In realen Projekten werden die zu erbringenden Leistungen natürlich nicht in einem riesigen Auftragsbuch erfasst, sondern beispielsweise nach Gewerken, Losen oder Bauabschnitten unterteilt. So auch bei Informationslieferungen.

Jedes Aufgabenteam verfolgt eine spezifische Aufgabe. Diese wird in einem Aufgabenbezogenen Informationsbereitstellungsplan (Englisch: Task Information Delivery Plan TIDP) festgehalten.

Das Informations-Bereitstellungsteam verantwortet und betreut mehrere Aufgaben, die von entsprechenden Aufgabenteams erarbeitet werden, und fasst die Aufgabenbezogenen Informationsbereitstellungspläne TIDP in einem Master-Informationsbereitstellungsplan MIDP zusammen.

Auch diese Strukturierung von Liefergegenständen ist nicht neu. Sie ist die direkte Entsprechung eines Projektstrukturplans PSP (Englisch: Work Breakdown Structure

WBS) im traditionellen Projektmanagement. In dieser Entsprechung wird deutlich, dass das BIM das Projektmanagement an vielen Schnittstellen unterstützt. Die Überwachung von Informationslieferplänen (TIDP, MIDP) ist eine Aufgabe des Projektmanagements in BIM-Projekten.

3.5.6 Kollaborative Informationserzeugung – Inhalte für PIM und AIM liefern (ISO 19650-2, 5.6)

Die kollaborative Erstellung von Informationen, beispielsweise TGA- oder Tragwerksplanungen, geschieht zunächst parallel und unabhängig voneinander in den einzelnen Planungsbüros. Die einzelnen Fachdisziplinen erarbeiten zunächst in ihrem eigenen Unternehmen bzw. Architektur- oder Ingenieurbüro Informationen entsprechend den in ihrem Lieferplan festgelegten Aufgaben.

3.5.6.1 Koordination der Fachdisziplinen

Eine Abstimmung der Lieferungen verschiedener Aufgabenteams findet an verschiedenen Stellen im BIM-Projekt statt. In der Planung beispielsweise bei der Modellkoordination. Dabei werden Modelllieferungen der Fachplaner zu einem Koordinationsmodell zusammengefasst und im Verbund auf Inkonsistenzen, zum Beispiel Kollisionen, geprüft.

Während der Bauphase sind die Informationslieferungen, welche die fertig installierten Bauelemente beschreiben, zu koordinieren, d. h. auf Stimmigkeit und Vollständigkeit hin zu überprüfen. Diese Dokumente werden für die Inbetriebnahmen von Anlagen und für die Betriebsübergabe benötigt. Sie durchlaufen daher, wie alle Informationslieferungen, einen definierten Prüf- und Abnahmeprozess.

Aufgabenteams erstellen, prüfen und liefern simultan

Im Kapitel 2 Modelle haben wir gesehen, dass semantische Modelle eine wesentlich verbesserte Zusammenarbeit zwischen den Projektteilnehmern als zum Beispiel Pläne und Zeichnungen, ermöglichen. Zusammenarbeiten bedeutet, eine festgelegte Reihenfolge von Aktivitäten (Workflows) zu absolvieren, um die Arbeitsergebnisse der einzelnen Aufgabenteams, beispielsweise Fachmodelle, die die jeweiligen Fachplanungsbüros erstellt haben, zu koordinieren.

Auch die modellbasierte Koordination von Montageprozessen der ausführenden Unternehmen auf der Baustelle im Rahmen der Bauablaufplanung ist eine Koordinationsaufgabe, die Aufgabenteams aus unterschiedlichen baubeteiligten Unternehmen betrifft.

Die kooperative Erzeugung von Informationen erfolgt in den Schritten Informationserstellung, Informationsprüfung und Informationslieferung. Nach Eingang der Ergebnisse einzelner Aufgabenteams kann auf Ebene des Informationsbereitstellungsteams, z. B. eines übergeordneten Ingenieurbüros, die Koordination der Einzelergebnisse und deren Zusammenfassung zu einem Ergebnistyp, zum Beispiel einer Gesamtplanung oder einem Meilenstein, erfolgen.

Federationsstrategie – Strategie für den projektweiten Informationsverbund

An der gemeinsamen Erstellung von Informationen arbeitet eine große Anzahl Informationsersteller mit. Sie alle sind eine – oft fachlich geprägte – Strukturierung ihrer Arbeitsergebnisse gewohnt (siehe Kapitel 2 Modelle, Abschnitt 2.4.1 „Dominante Dekomposition"). Diese jeweilige Strukturierung passt optimal auf die eigene Informationswelt, weniger optimal auf die Informationsstrukturen der anderen Beteiligten. Kern von BIM ist jedoch, dass letztlich alle Informationen zu einem stimmigen Ganzen zusammengefügt werden. Das gelingt jedoch nur, wenn die jeweiligen fachlich geprägten Strukturen so angepasst werden, dass sie einer gemeinsamen Ordnungsstruktur gehorchen. Genau dies ist der Sinn einer projektweiten Federationsstrategie. Man könnte sie also auch „Strategie für den projektweiten Informationsverbund" nennen.

Exkurs 3.2 **Föderation / Federation – Bündnis der Teile**

Eine ISO-Norm wie die ISO 19650 wird von einem internationalen Gremium in englischer Sprache entwickelt. Nach Verabschiedung dieser Version durch das Expertengremium in die Übersetzung in diverse Nationalsprachen lediglich ein formaler Akt. So zumindest die Wunschvorstellung. Das Wort „Asset" (siehe Abschnitt 3.4.1.1) hat sich schon als zu große Herausforderung erwiesen. Ähnlich ist es mit dem Wort „Federation". Auch dieses wurde eins zu eins in die deutsche Übersetzung übernommen, da man keine geeignetere deutschsprachige Alternative fand. Zugegeben hätte auch die wörtliche deutsche Übersetzung „Föderation" nicht viel gebracht. Leider verhindert das Fehlen eines zutreffenden deutschen Wortes die Wichtigkeit des „Föderationskonzepts" für die Zusammenarbeit und den Datenaustausch im BIM-Projekt. Vielleicht wäre es ja „Verbundstrategie" gewesen, so der Vorschlag vom Google-Übersetzer. In jedem Fall geht es dabei um das Zusammenfügen der gelieferten Informationen zu einem Gesamtpaket, das in der Summe dann ein Informationsmodell (AIM, PIM) ergibt.

Projektweite Verwaltungs- und Ablagestrukturen

Im Kapitel 2 Modelle haben wir gesehen, dass Modelle eine neue Art der Zusammenarbeit ermöglichen. Allerdings klappt das nur, wenn die Modellstrukturen projektweit zusammenpassen. Das gilt für die geometrisch-räumliche Strukturierung ebenso wie für die fachlich-inhaltliche.

Auf Basis von Informationscontainern gedacht, heißt dies, man muss sich in jedem Projekt Gedanken über die Strukturen von AIM und PIM machen. Wie werden Modelle, Pläne, Zeichnungen und andere Dokumente zu einem Anlagen- oder Projekt-Informations-Modell zusammengefügt?

Die Inhalte werden von verschiedenen Parteien geliefert und müssen alle in das Gesamtinformationsmodell eingefügt werden können. Fachplaner liefern Fachplanermodelle, die gemäß Format und inhaltlicher Struktur zusammenpassen. Mit diesen Modellen können Dokumente verknüpft sein, sie müssen so abgelegt werden, dass die Verknüpfung erhalten bleibt usw.

Eine Federationsstrategie legt daher projektweit beispielsweise fest,

- wie Informationscontainer **inhaltlich** mit Teilmodellen in Beziehung stehen (Fertigungsabschnitte, Lose etc.) und wie sie abgelegt werden,
- wie Informationscontainer mit Fachmodellen in Beziehung stehen (Architektur, TGA, Tragwerk etc.),
- wie abgeleitete Dokumente (Pläne, Stücklisten) in AIM- und PIM-Ablagestrukturen eingefügt werden,
- wie Dokumente mit oder ohne direkten Bezug zu anderen Informationsstrukturen abgelegt werden.

Die Strukturen vom Informationscontainer müssen so beschaffen sein, dass sie sich in die Federationsstruktur des Projekt einfügen lassen. Dieses ist eine wichtige Austausch-Informationsanforderung AIA.

Werkzeuge wie CDE-Lösungen helfen, diese Ordnungsstrategien umzusetzen, Automatismen gibt es dabei jedoch nicht. Das BIM-Informationsmanagement betrachtet zwar das Informationsmodell ganzheitlich etwa in der Form eines Anlagen-Informations-Modells AIM oder eines Projekt-Informations-Modells PIM, dieses Modell setzt sich jedoch aus vielen unterschiedlichen Einzelinformationen zusammen. Diese Einzelinformationen werden jeweils in Informationscontainern geliefert und abgelegt. In ihrer Gesamtheit bilden diese Informationscontainer das jeweilige AIM oder PIM. Da Informationscontainer Modelle, Teilmodelle, Dokumente, Pläne, Zeichnungen, Besprechungsnotizen, Aufträge, Verträge, Videoaufzeichnungen und beliebige weitere Informationstypen enthalten können, ist eine projektweit definierte Ablagestruktur für diese unterschiedlichen Informationsträger äußerst wichtig.

Die Federationsstrategie (Englisch: Federation Strategy) definiert Kriterien einer projektweit gültigen Organisationsstruktur für alle Informationen in der Bereitstellungsphase, etwa, um eine nach Fachdisziplinen aufgeteilte parallele Erstellung von Informationen zu ermöglichen. Sie kann nach funktionalen, räumlichen, geometrischen oder fertigungstechnischen Gesichtspunkten sowie Mischformen davon erfolgen. Sicherheitsrelevante Informationen (z. B. Gefängnisschließanlage und -zugänge) könnten in der föderalen Struktur separiert werden, um Sicherheitslücken weitgehend auszuschließen. Die föderale Struktur, d. h. die Zusammenfassung von Informationen zu Gruppen, erfolgt nach dem Prinzip der Zweckmäßigkeit und ist dementsprechend zu entwickeln. So ist es unter Umständen sinnvoll, Ordnungsstrukturen zu schaffen, die Informationen zum AIM von Informationen zum PIM trennen. Sollte eine Einteilung in Bauabschnitte vorgenommen werden, so könnte auch dies ein Ordnungskriterium zur Unterteilung von Informationen in unterschiedlichen Gruppen darstellen.

Gleichermaßen ist eine für die Betriebsphase geeignete Struktur zu entwickeln. Hier haben Aspekte des Betriebs, wie Bewirtschaftungszonen, das Flächenmanagement oder Wartungsprozesse, einen Einfluss auf sinnvolle und zweckmäßige Ausprägungen von Ordnungsstrukturen.

Das sich entwickelnde Projekt- bzw. Anlagen-Informations-Modell kann sehr komplex sein und potenziell sehr viele Informationscontainer enthalten. Die Festlegung einer Informationscontainer-Struktur versetzt die informationsliefernden Parteien in die

Lage, Informationen simultan und effizient innerhalb ihrer eigenen Informationscontainer zu erstellen. Durch die Federationsstrategie wird der Informationsaustausch erleichtert und das Risiko von Überschneidungen verringert.

Dabei werden die allgemeinen Regeln zur Trennung oder Kombination von Informationscontainern für bestimmte Zwecke, wie beispielsweise für die räumliche Koordination, die Informationsweitergabe oder auch Sicherheitsaspekte, angewandt. Auch die überschneidungsfreie Aktualisierung von Informationen bei der Lieferung neuer Informationscontainer wird dadurch unterstützt. Die föderierte Ablagestruktur für Informationscontainer gilt projektweit und für alle Informationstypen, auch und gerade dann, wenn mehrere CDE-Lösungen in einem Projekt vorhanden sind und untereinander Informationen austauschen müssen.

ISO 19650-1 Annex A zeigt ein Beispiel für eine föderierte Informationscontainer-Ablagestruktur und entsprechende Federationsstrategien.

Beziehung zwischen Metadaten und Ablagestruktur

Der Aufbau dieser föderalen Informationsablagestruktur ist eng an die Klassifizierung der Informationscontainer durch Metadaten gekoppelt. Ordnerstrukturen in einer föderalen Struktur können als Alternativdarstellung zu einer entsprechenden Metadatenstruktur betrachtet werden, wie Bild 3.28 zeigt. Eine Zuordnung zu Ordnungsstrukturen kann jedoch auch über spezifische Felder in den Metadaten, beispielsweise das Klassifikationsfeld (bzw. Anlagenkennzeichnungssystem AKS) oder andere spezielle Felder (Bereich/System), erfolgen.

Management der Ablagestruktur und Federationsstrategie

Der federführende Auftragnehmer legt die Ablagestruktur für Informationscontainer in Absprache mit den Lieferteams fest. Bauherr bzw. Auftraggeber können ebenfalls auf die Ablagestruktur Einfluss nehmen, sofern projektspezifische Interessen vorliegen. Dies sollte bei der Entwicklung der Verantwortlichkeitsmatrix berücksichtigt und im BIM-Abwicklungsplan BAP kommuniziert werden.

Die Einrichtung dieser Ablagestrukturen ist eine der ersten wichtigen Aktivitäten beim Einrichten eines Projekts innerhalb eines CDE. CDEs mit Ordnerstrukturen spiegeln unmittelbar die föderale Struktur, in der Informationscontainer abgelegt werden, wider. CDEs, die ein Klassifikationssystem benutzen, das Informationscontainern entsprechende Metadaten zuordnet, werden so konfiguriert, dass die Ordnerstruktur über Metadaten abgebildet werden kann. Wie zuvor beschrieben, besteht ein direktes Mapping zwischen Metadaten und Ordnerstruktur. Die Klassifikation durch Metadaten ist allerdings weitaus flexibler, denn Metadaten lassen sich auf unterschiedliche Hierarchien und nicht nur auf eine statische Ordnerstruktur abbilden. Bild 3.29 zeigt beispielhaft Metadaten, im Praxiskapitel, Abschnitt Gemeinsame Datenumgebungen CDE werden weitere gängige Metadaten genannt.

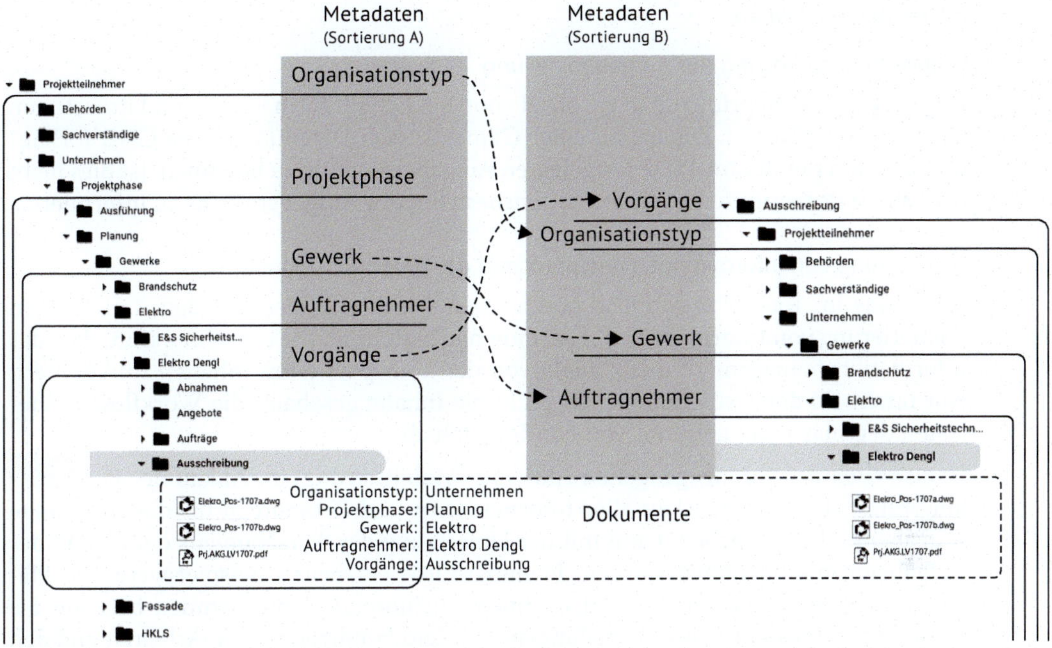

Bild 3.28 Ordnerstrukturen sind ***eine*** Möglichkeit, Metadaten darzustellen. Sie implizieren eine bestimmte, festgelegte Hierarchie (siehe auch „Dominante Dekomposition", Kapitel 2 Modelle), die oft inhaltlich gar nicht für alle Projektpartner gleichermaßen sinnvoll ist. Metadaten implizieren keine Priorisierung zwischen den einzelnen Attributen. Bei Bedarf lassen sich Hierarchien dynamisch je nach Anforderungen daraus generieren. So lassen sich mit den Metadaten zu den Dokumenten in der Tabelle (siehe Bild 3.29) sowohl die Ordnerstruktur nach Sortierung A (links) als auch die Ordnerstruktur nach Sortierung B (rechts) generieren. Dieser generische Ansatz hat den Vorteil, dass man je nach Fragestellung die gewünschte Ordnerstruktur aufbauen kann. In Dokumentenmanagementsystemen, z. B. innerhalb eines CDE, ist dies eine übliche Vorgehensweise. Gespeicherte Metadaten-Kombinationen ermöglichen das Hin- und Herschalten zwischen den generierten Ordnerstrukturen. Im hier gezeigten Beispiel geht es rechts (Sortierung B) darum, die Ausschreibungsunterlagen nach Bauunternehmen gruppiert anzuzeigen. Der Ordner „Elektro Dengl" enthält also nur Ausschreibungsunterlagen, während die linke Ordnerstruktur nach Projektphasen gruppiert ist und auch Dokumente anderer Vorgänge enthält, also außer Ausschreibungsunterlagen auch Abnahme-, Angebots- und Auftragsunterlagen.

Dateiname	Metadaten					
	Organisationstyp	Projektphase	Gewerk	Auftragnehmer	Vorgänge	Dokumenttyp
Elekro_Pos-1707a.dwg	Unternehmen	Ausführung	Elektro	Elektro Dengl	Ausschreibung	Zeichnung
Elekro_Pos-1707b.dwg	Unternehmen	Ausführung	Elektro	Elektro Dengl	Ausschreibung	Zeichnung
Prj.AKG.LV1707.pdf	Unternehmen	Ausführung	Elektro	Elektro Dengl	Ausschreibung	Ausschreibung

Bild 3.29 Tabelle mit beispielhaften Metadaten für Dokumente. Anhand der Metadaten können daraus je nach Fragestellung unterschiedliche Ordnerstrukturen generiert werden. Zwei beispielhafte Ordnerstrukturen zeigt Bild 3.28.

Informationserstellung

Grundlagen zur Lösung der Aufgabenstellung

Das Aufgabenteam prüft zunächst, ob alle notwendigen Informationen und Ressourcen wie beispielsweise der Zugang zu einer Gemeinsamen Datenumgebung CDE vorhanden sind, um mit der im TIDP festgelegten Aufgabenstellung zu beginnen. Ist dies nicht der Fall, ist der unmittelbare Informationsbesteller des Aufgabenteams zu informieren.

Generierung von Informationen entsprechend der Aufgabenstellung

Alles, was im Kapitel 2 Modelle beschrieben wurde, ist hier mit den drei Worten „Generierung von Informationen" zusammengefasst. Es wurde schon erwähnt, dass das Informationsmanagement unabhängig von den transportierten Inhalten funktioniert. Nur innerhalb der Aktivitäten wird ggf. in die Inhalte geschaut, die Workflows selber laufen dagegen strikt getrennt von den Inhalten ab.

Ist also nach der vorangegangenen Aktivität (Mobilisierung) im Ablauf der Bereitstellungsphase die Verfügbarkeit aller Informationen und Ressourcen für die zu lösende Aufgabenstellung gegeben, kann mit der Umsetzung der Aufgaben aus dem TIDP des Aufgabenteams begonnen werden. Planungsbüros erarbeiten beispielsweise die Planungen entsprechend ihrer Fachdisziplinen, ausführende Unternehmen bereiten die Planung der Baustelle sowie Bestellungen und Zeitplanungen für die Arbeiten und den Einsatz von Mitarbeitern und Maschinen vor. Die kaufmännische Planung der Finanzierung und Budgets kann auf Basis der Bauablaufplanung vorgenommen werden.

Informationsprüfung

Die Prüfung von Informationen findet auf unterschiedlichen inhaltlichen und organisatorischen Ebenen statt (Bild 3.30).

1. Interne Qualitätssicherung: Formal und inhaltlich auf Ebene des Aufgabenteams, bevor die Informationslieferung das Aufgabenteam verlässt und an das auftraggebende Lieferteam überstellt wird.
2. Qualitätsprüfung vor Bereitstellung des Informationsmodells: Auf Ebene des Lieferteams, nachdem die Konsistenz aller eingegangenen Lieferungen aus den Aufgabenteams sichergestellt wurde und bevor dieses koordinierte Gesamtergebnis an den Auftraggeber (Bauherrn) zur Freigabe überstellt wird. Siehe auch Abschnitt 3.5.7.1.

Interne Qualitätssicherung

Bevor die Aufgabenteams, etwa Fachplanerbüros, ihre in den Einzeldisziplinen erarbeiteten Modelle, Dokumente und Pläne weitergeben, findet eine interne Qualitätssicherung statt, die die inhaltliche Übereinstimmung mit den Anforderungen aus dem TIDP sicherstellt. Erkannte Fehler im eigenen Fachmodell werden dabei hausintern bereinigt. Diese Prüfung umfasst noch keinen Abgleich mit den Ergebnissen anderer Fachdisziplinen.

Einige Prüfungen dieser Informationslieferungen können bereits auf einem CDE vorgenommen werden. So ist die Einhaltung oder Überschreitung des Liefertermins in der Regel automatisch ersichtlich und kann durch Warnhinweise unterstützt werden. Auch der erwartete Umfang von Lieferungen, die aus mehreren Informationscontainern

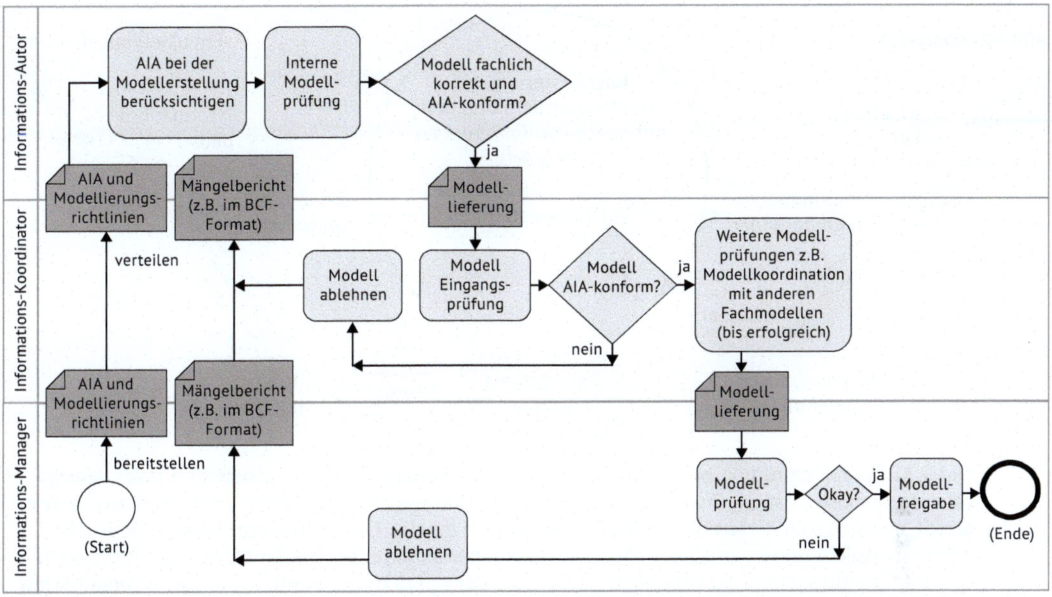

Bild 3.30 Schematischer Prüfablauf bei Modelllieferung. Das Modell wird gegen die Anforderungen AIA geprüft. Mängel werden im BCF-Format kommuniziert. Das Modell wird verbessert und erneut geliefert.

(Modellen, Plänen, Dokumenten) bestehen, kann durch Platzhalter kenntlich gemacht werden.

Automatische inhaltliche Prüfungen führt ein CDE in der Regel nicht durch. Denkbar wären allerdings automatische Prüfungen der Lieferungen gegen IAA, soweit diese in technisch automatisierbarer Form, wie zum Beispiel als Model View Definitions MVDs oder Information Delivery Specification IDS (siehe Kapitel 2 Modelle), vorliegen.

Der Empfänger der Informationslieferung stößt daher einen festgelegten und innerhalb des CDE konfigurierten Prüfablauf an (Bild 3.31). Dieser Prüfablauf kann die Delegation von Prüfaufgaben an Sachverständige oder verantwortliche Prüfer einschließen. Diese haben eigene Zugänge zum CDE und können ggf. Prüfwerkzeuge, die in das CDE eingebunden sind, oder externe Prüfwerkzeuge verwenden (siehe Kapitel 2 Modelle).

Je nach Informationslieferung und -kontext werden Inhalte, z. B. Modelle, nicht nur für sich, sondern auch im Zusammenhang mit anderen Informationsträgern, zum Beispiel anderen Fachmodellen, geprüft (siehe Beispiel 3.4). Die Prüfung gegen IAA kann noch am Einzelmodell erfolgen, die Prüfung auf Kollisionen mit Modellelementen anderer Fachmodelle erfordert logischerweise eben diese weiteren Fachmodelle. Zur Prüfung werden diese Informationseinheiten daher zusammengeführt, beispielsweise in einem Kollisionsprüf-Tool.

Ein Fehlschlagen der Prüfung führt zum Zurückfallen des Informationscontainers in den Bearbeitungs-Status **„in Bearbeitung“**.

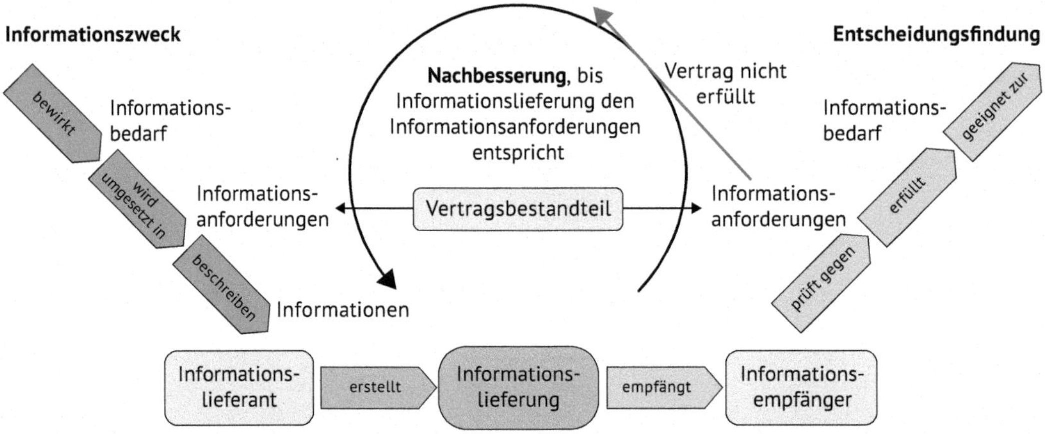

Bild 3.31 Qualitätsprüfung bei Lieferungseingang. Prinzipieller Ablauf des Bestellens und Lieferns von Informationen: Ist der Zweck, für welchen Informationen erzeugt werden sollen, erst einmal festgelegt, ergeben sich daraus die Anforderungen an die Inhalte. Die Informationslieferanten stellen Informationslieferungen entsprechend diesen Vorgaben zusammen. Der Empfänger prüft die erhaltene Informationslieferungen ebenfalls hinsichtlich der mit dem Lieferanten vertraglich vereinbarten Informationseigenschaften und weist diese ggf. zur Nachbesserung zurück.

Hinweis zum Lesen des Diagramms: links oben beginnen – Informationszweck bewirkt Informationsbedarf, Informationsbedarf wird umgesetzt in Informationsanforderungen, Informationsanforderungen beschreiben Informationen und so fort.

Prüfergebnisse

Ergebnis der Prüfung ist ein Prüfprotokoll mit Fehlerbeschreibungen in einer Form, wie sie im BAP festgelegt wurde. Für die Beschreibung von Fehlern in Modellen hat sich die Verwendung des BIM Collaboration Formats BCF bewährt (siehe Kapitel 4 Standards).

Das Erkennen und Beheben von Fehlern ist Bestandteil eines normalen Entwicklungsprozesses in der Planung und Ausführung von Bauvorhaben. In einem CDE kann der Ablauf der Fehlerbehebung sehr systematisch umgesetzt werden.

Nachdem Fehler von den Prüfverantwortlichen erkannt und dokumentiert wurden, werden die Prüfergebnisse, beispielsweise in Form von BCF-Datensätzen, durch einen Fehlerbehebungs-Workflow an die Informationsersteller der betroffenen Aufgabenteams übermittelt. Diese erhalten dadurch alle Angaben zur Behebung von Fehlern in nachvollziehbarer Form. So zum Beispiel die Fehlerposition im Modell, Hinweise in Textform und Element-IDs der betroffenen Modellelemente.

Manche CDEs können das BCF-Format direkt im BIM-Viewer anzeigen. Der BIM-Manager kann von dort den ursächlich betroffenen Informationserstellern Aufgaben zur Fehlerbehebung zuweisen. Im weiteren Verlauf des Fehlerbehebungs-Workflows innerhalb des CDE werden den verantwortlichen Modellautoren die Fehlerinformationen zugestellt. Nach Fehlerbehebung ergänzen diese die BCF-Information um Angaben zu vorgenommenen Verbesserungen. Der Workflow informiert anschließend den BIM-Manager über die vorgenommenen Aktualisierungen.

3.5.6.2 Ergebnis der kollaborativen Informationserzeugung (ISO 19650-2, 5.7)

Ziel der kollaborativen Informationserzeugung ist ein insgesamt konsistentes Gemeinschaftsergebnis mehrerer Teams zum Beispiel in der Planung, in der alle Fachmodelle zu einem fehlerfreien Ganzen zusammengefügt sind und als Grundlage für weitere Aktivitäten dienen können.

- Das gemeinschaftliche Ergebnis der Planungsphase ist ein konsistentes Ergebnis, das die BIM-Ziele Bauantrag, Ausschreibung, Werkplanung je nach Planungsfortschritt erreicht. Diese Ergebnisse sind, wie bei der traditionellen Vorgehensweise auch, die Voraussetzung für den Start in die nächste Phase. Im Gegensatz zum traditionellen Vorgehen liegen hier jedoch alle Ergebnisse digital und durch BIM-Ziele und daraus resultierende Informationsanforderungen in definierter Qualität vor.
- Während der Bauphase werden unter anderem die BIM-Ziele der modellbasierten Bauablaufsteuerung, des Änderungsmanagements, der Abnahme, Rechnungsfreigabe und Fortschrittskontrolle erreicht.
- Am Ende der Bauphase und Abschluss der Inbetriebnahme werden die BIM-Ziele der Baudokumentation erreicht, sodass alle Informationen für die Inbetriebnahme von Anlagen zur Verfügung stehen.
- Am Ende der Inbetriebnahme werden die BIM-Ziele der vollständigen Dokumentation des Ist-Zustandes erreicht, sodass mit Übergabe der digitalen Dokumentation auch die rechtliche Übergabe an den Betreiber erfolgen kann.

Alle hier genannten BIM-Ziele haben digitale Ergebnistypen (z. B. Werkplanung, Bauteilbeschreibungen, Wartungshandbücher, TGA-, Tragwerks-, Elektro-Modelle, Fluchtwegpläne etc.), die jeweils in einem nachvollziehbaren Prozess an den Informationsbesteller übergeben werden.

3.5.7 Bereitstellung des Informationsmodells – Lieferung an den Informationsbesteller

Was bisher sehr allgemein unter dem Oberbegriff „informiert entscheiden“ firmierte, wird jetzt konkret. Die Lieferung konsistenter modellbasierter Planungsergebnisse versetzt den Informationsbesteller, zum Beispiel den Bauherrn oder den Betreiber, in die Lage, auf fundierter Informationsgrundlage Energieanalysen, Ausschreibungen oder Beauftragungen durchzuführen. Dazu sind die Ergebnisse der Aufgabenteams zu koordinierten Gesamtergebnissen zusammenzuführen.

3.5.7.1 Ergebnisse der Aufgabenteams koordinieren

Mitglieder eines Aufgabenteams, beispielsweise eines Fachplanerbüros, erstellen Planungsunterlagen, beispielsweise Modelle und Pläne. Die Inhalte, zum Beispiel verwendete Modellelementtypen, Attributbezeichnungen und Planformate, entsprechen den IAA.

Vor Durchführung des Lieferprozesses prüft ein Verantwortlicher des Aufgabenteams den vertragsgemäßen Inhalt und das vertragsgemäße Format der zu liefernden Modelle, Pläne, Dokumente usw. Diese hausinterne Qualitätsprüfung kann bereits als erster Schritt des Lieferprozesses betrachtet werden.

Nach Bestehen der hausinternen Qualitätsprüfung erfolgt die physische Lieferung der Informationen an den Auftraggeber. ISO 19650 schreibt hierfür die Nutzung einer Gemeinsamen Datenumgebung (Common Data Environment CDE) vor. Diese ist im BAP festgelegt.

Der Liefergegenstand befindet sich informationstechnisch gesehen in einem Informationscontainer (Abschnitt 3.3.3.1). Der Containerinhalt wird durch seine Metadaten beschrieben. Welche Metadaten dies im Einzelnen sind, ist projektspezifisch und wurde im BAP beschrieben. Beim Hochladen auf das Projekt-CDE sind diese Metadaten anzugeben. Das CDE stellt hierzu die entsprechende Funktionalität bereit und stellt so die Angabe von Metadaten sicher. Die Informationslieferung befindet sich jetzt (je nach CDE-Lösung) im privaten Unternehmensbereich des Informationslieferanten (Informationsbereitstellers) innerhalb des CDE. Der Informationscontainer befindet sich jetzt im Bearbeitungs-Status **„in Bearbeitung“** (ISO 19650). Auf ihn kann von keinem anderen Aufgabenteam zugegriffen werden.

Um die Lieferung abzuschließen, muss sie nun innerhalb des CDE an den Auftraggeber übermittelt werden. Die Ausführung der Lieferung ist über das Lieferprotokoll des CDE jederzeit rechtssicher nachweisbar. Allerdings muss die inhaltliche Übereinstimmung der Lieferung mit den Festlegungen im BAP auf Empfängerseite noch geprüft werden. Diesen Übergang vom eigenen Unternehmensbereich auf dem CDE in den Bereich des Bestellers und Prüfers bezeichnet die ISO 19650 als Status-Übergang „Prüfen/Bewerten/Freigeben“. Nach Teilen der Informationslieferung mit dem Auftraggeber hat der Informationscontainer nun den Bearbeitungs-Status **„Geteilt“**.

Bei erfolgreicher Qualitätsprüfung können Arbeitsergebnisse weitergegeben werden, um beispielsweise Koordinationsmodelle zu bilden, die dann die fachübergreifende Stimmigkeit der Arbeitsergebnisse überprüfen. Beispielsweise werden hier TGA-Mo-

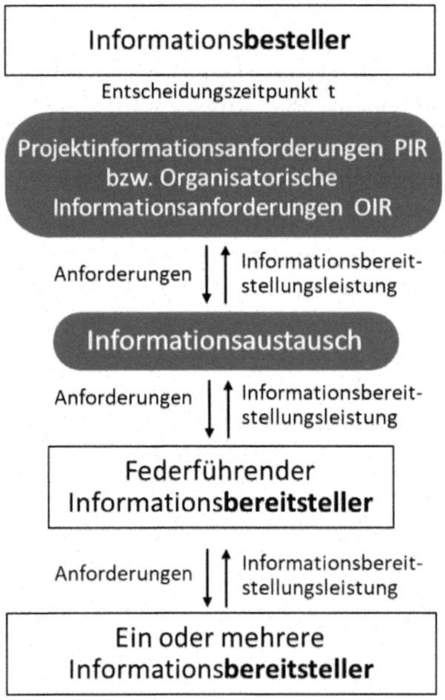

Bild 3.32 Prinzip einer Informationslieferkette zur Entscheidungsunterstützung auf Bauherrnseite. Informationsanforderungen werden vom Informationsbesteller an die Lieferkette kommuniziert. Nach Angebotsabgabe und Beauftragung liefern die Informationsbereitsteller die beauftragten Informationen gemäß Lieferplänen (TIDP, MIDP) an ihre jeweiligen Auftraggeber in der Lieferkette.

delle, Tragwerksmodelle und Modelle aus der Elektroplanung zusammengeführt, um Kollisionen zu erkennen bzw. eine Durchbruchsplanung durchzuführen.

Sind die Arbeitsergebnisse der einzelnen Aufgabenteam konsistent, d.h. aufeinander abgestimmt, beispielsweise nachdem Kollisionen erkannt und Durchbrüche geplant wurden, kann das Gesamtergebnis der Teams an den Informationsbesteller, also den Bauherrn als obersten Informationsbesteller in der Lieferkette, ausgeliefert werden (Abschnitt Bereitstellung des Informationsmodells).

Die Informationslieferkette zur Entscheidungsunterstützung auf Bauherrenseite zeigt Bild 3.32.

Qualitätsprüfung vor Bereitstellung des Informationsmodells

Auch bei Informations-Prüfprozessen ist eine klare Trennung zwischen fachlichem Informationsinhalt und formalem Informationsaufbau erkennbar. Die Qualitätsüberprüfung jeder Informationslieferung gegen die vereinbarten AIAs ist **vor** Durchführung einer fachlichen Bewertung durchzuführen. Die formale Informationsprüfung umfasst z.B. die Einhaltung von Benennungsregeln und das Vorhandensein der in AIA geforderten Modellelemente und deren Attribute.

Vor der Informationslieferung prüft jedes Team, dass die AIA der Beauftragung eingehalten wurden. Zu berücksichtigen ist die jeweilige Projektphase mit ihren unterschiedlichen LOD und LOI. Nach Lieferung der Informationen werden auf der Empfängerseite gleichartige formale Checks durchgeführt (Bild 3.31).

Die Überprüfung auf Einhaltung der formalen Informationsanforderungen (AIA) ersetzt natürlich keine Überprüfung der inhaltlichen Anforderungen, sondern ist Voraussetzung für eine weitere inhaltlich-fachliche Prüfung. Erst wenn gelieferte Einzelmodelle formal korrekt sind, macht es Sinn, mehrere Modelle im Verbund zu prüfen, also z.B. eine Kollisionsprüfung zwischen TGA- und Tragwerksmodell durchzuführen.

In einer Gemeinsamen Datenumgebung CDE laufen alle Prozesse und Daten zusammen. Sie ist daher der Ausgangspunkt für projektübergreifende Prüf- und Freigabeprozesse durch den BIM-Manager.

Beispiel 3.4 **Lieferungen der Aufgabenteams koordinieren: Modellkoordination – Getrennt arbeiten, vereint kollidieren!**

Die Aktivität „Koordination" (siehe Bild 3.6) durch den verantwortlichen Informationsmanager des Lieferteams soll an einem Beispiel verdeutlicht werden.

Im Lieferteam kommen die Informationslieferungen aus verschiedenen Aufgabenteams zusammen. Beispielsweise werden Teilmodelle oder Pläne von verschiedenen Fachplanern geliefert. Das Lieferteam hat die Aufgabe, eine konsistente, fehlerfreie Planung seinerseits an seinen Auftraggeber weiterzugeben. Daher werden die gelieferten Teilmodelle der Fachplaner im Lieferteam zusammengeführt und in einem Werkzeug zur Kollisionsermittlung überprüft.

Die ermittelten Kollisionen werden vorzugsweise im BCF-Format dokumentiert. Nach Ermittlung der Kollisionen wird gegebenenfalls eine bereits vorhandene Schlitz- und Durchbruchsplanung angepasst.

Kollisionen zwischen zwei oder mehreren Gewerken sollten in Koordinations-Meetings besprochen werden. Dabei hilft das direkte Navigieren zu Fehlerorten im Modell, beispielsweise auch online mit Desktop-Sharing-Werkzeugen, um ein gemeinsames Verständnis zu bekommen und Lösungen zu entwickeln. Dabei können die vereinbarten Verbesserungsmaßnahmen dokumentiert und als Aufgaben formuliert werden. Die Aufgaben können anschließend in einem nachvollziehbaren Workflow abgearbeitet werden.

Die Beschreibung dieser Maßnahmen kann vorteilhaft Seite an Seite mit der Fehlerdokumentation geschehen. Auch hier erweist sich das BCF-Format als vorteilhaft, da es sowohl Modellinformationen als auch alphanumerische Informationen wie Kommentare und Handlungsanweisungen enthalten kann. Die Koordinations-Workflows zum Zusammenführen von Teilmodellen, Initiieren von Prüfungen und darauf folgenden Workflows zur Fehlerbehebung gehören zum Standard-Repertoire eines CDE. Die Abarbeitung der vereinbarten Maßnahmen sollte daher ebenso über ein CDE erfolgen wie bereits die Lieferung der Fachmodelle. Die Konsistenzprüfung und die möglichen Rückfälle in den Zustand „in Bearbeitung" nach erneuter Fehlererkennung setzen sich bis zum Eintreten der Gesamtkonsistenz und Fehlerfreiheit fort. Erst dann kann eine Lieferung an den Bauherrn durch das Lieferteam erfolgen.

3.5.7.2 Informationen für Entscheidungen liefern

Das oder die beauftragte(n) Bereitstellungsteam(s) liefert den Liefergegenstand an den Auftraggeber. Dies geschieht in einem Lieferprozess. Bild 3.32 zeigt den prinzipiellen Aufbau einer Informationslieferkette. Zunächst werden Informationsanforderungen vom Informationsbesteller an die Lieferkette kommuniziert. Nach Angebotsabgabe und Beauftragung liefert die mehrstufige Informationslieferkette die beauftragten Informationen gemäß Lieferplänen (TIDP, MIDP).

- Der Informationsliefergegenstand wurde zuvor durch AIA und IAA beschrieben.
- Der Lieferprozess wurde in einem Aufgabenbezogenen Informationsbereitstellungsplan (Task Information Delivery Plan TIDP) festgelegt. Alle Aufgabenbezogenen Informationsbereitstellungspläne des Projekts wurden in einem Master-Informationsbereitstellungsplan (Master Information Delivery Plan MIDP) zusammengestellt.
- Der BIM-Abwicklungsplan BAP ist Vertragsgrundlage zwischen Auftraggeber (Informationsbesteller) und Auftragnehmer (Informationslieferant). Er enthält alle Angaben zum Lieferprozess und zu Lieferinhalten.

Lieferprozess an den Informationsbesteller

Nachdem auf der Ebene der Aufgabenteams konsistente Ergebnisse erzielt wurden, wird die Lieferung von Informationen an den Informationsbesteller (Bauherr, Bauherrnvertreter) auf Ebene des Bereitstellungsteams vorbereitet. Der federführende Informationsbereitsteller, beispielsweise ein Planungsbüro, ein Generalplaner, ein Generalunternehmen, stellt die Lieferungen der Aufgabenteams zu einer Informationslieferung zusammen, die im BAP festgehalten ist. Beispielsweise werden die Planungsergebnisse der Fachplaner zu einem ausschreibungsfähigen Gesamtergebnis zusammengestellt.

Der Informationsbesteller nimmt bei Eingang von Informationslieferungen Qualitätsprüfungen entsprechend den im BAP festgelegten Qualitätskriterien vor. Bei Beanstandungen fallen fehlerhafte Lieferungen in den Status „in Bearbeitung" zurück und werden in einem kontrollierten Fehlerbehebungsprozess verbessert und anschließend neu geliefert.

Der Bauherr oder Betreiber kann nun die gelieferten Informationen ihrem Bestimmungszweck entsprechend verwenden, etwa um Anschlussaktivitäten wie weitere Planungen (Leistungsverzeichnis erstellen), Analysen (Kosten, Energie) oder andere Entscheidungsprozesse durchzuführen.

Durch Lieferungen an markanten Projektphasenübergängen werden bestimmte Meilensteine erreicht, beispielsweise die Ausschreibung, Vergabe, Beginn der Bauphase, Inbetriebnahme oder Betriebsübergabe.

Qualitätssicherung im Lieferprozess zu Beginn und am Ende jeder Projektphase

Eine Projektphase kann erst abgeschlossen werden, wenn alle erforderlichen Informationen geliefert und die darauf basierenden Entscheidungen getroffen wurden. Der Auftraggeber prüft Informationslieferungen gegen Informationsanforderungen AIA und veranlasst ggf. Nachbesserungen. Dieser iterative Prozess ist von zentraler Bedeutung für Abnahme- und Freigabeprozesse. Daher müssen Qualitätskriterien, Prüf- und Freigabeprozesse dokumentiert und vertraglich vereinbart werden, bevor überhaupt ein Informationsaustausch erfolgt.

Koordinations- und Prüfprozesse sind schon innerhalb einer Projektphase regelmäßig durchzuführen. Bei Phasenübergängen tritt jedoch in der Regel ein Wechsel von Auftraggebern und/oder Auftragnehmern ein, sodass einer Qualitäts- und Brauchbarkeitsprüfung bei Übergabe an die nächsten Projektbeteiligten besondere Bedeutung zukommt. Auch bei zeitlichen Verzögerungen zwischen Projektphasen sollte die Validität der übergebenen Informationen erneut geprüft werden. Beispielsweise können Kostenansätze oder die Lieferbarkeit ausgewählter Produkte nicht mehr den Gegebenheiten entsprechen.

Beispiel 3.5 **Meilenstein Betriebsübergabe – Umzugskarton und Aktenordner war gestern oder etwa doch nicht?**

Bei der Inbetriebnahme jeder einzelnen Anlage eines Gebäudes prüfen Betreiber bzw. Bauherr und ggf. Sachverständige (z. B. TÜV, Dekra) die ordnungsgemäße Funktion und die vertragsgemäße Lieferung einer Anlage. Für diese Prüfvorgänge sind alle erforderlichen Informationen vorzuweisen, damit eine Abnahme stattfinden kann. Dazu gehören Betriebsanleitungen, Wartungshandbücher, Zulassungen, aber auch Modelle, Pläne und Zeichnungen. Ergebnisse der Inbetriebnahmen, also Prüfprotokolle und Beanstandungen, kommen nach Abschluss der Inbetriebnahmen hinzu.

Die Summe all dieser Informationen wird in einem kontrollierten Lieferprozess mit entsprechendem Freigabestatus (in Bearbeitung, Geteilt, Freigegeben) geprüft und in das Anlagen-Informations-Modell integriert. Nach Vollständigkeit aller Informationslieferungen, also wenn für die Gesamtheit aller Einrichtungen sämtliche Informationen geliefert, geprüft und freigegeben wurden, kann die Übergabe aller Informationen an den Bauherrn oder Betreiber erfolgen. Dies begleitet die physische Übergabe des Bauwerks und ist gleichermaßen eine Voraussetzung für den Rechtsübergang der Verantwortung von den ausführenden Unternehmen an den Bauherrn.

3.5.8 Gemeinsame Datenumgebungen CDE für BIM-Projekte (ISO 19650-2, 5.1.7)

Nach ISO 19650 muss der Informationsbesteller die Gemeinsame Datenumgebung CDE des Projekts bereitstellen (implementieren, konfigurieren und unterstützen), um den allgemeinen Anforderungen des Projekts gerecht zu werden, und damit die kollaborative Erzeugung von Informationen unterstützen.

Ein CDE ist in zweierlei Hinsicht die Zentrale zur Umsetzung der BIM-Informationsmanagements: 1. für das Dokumentenmanagement und 2. für das Prozessmanagement.

3.5.8.1 CDE-Dokumentenmanagement

Eine Gemeinsame Datenumgebung CDE setzt die projektspezifische Federationsstrategie (siehe Abschnitt Federationsstrategie) um. Sie liefert dazu die Ablagestrukturen zum Beispiel für AIM und PIM und die Klassifikationsmechanismen für Informationscontainer.

Ein CDE ermöglicht

- eindeutige Identifikation von Informationscontainern über IDs. Ob es sich hier um Codierungen im Dateinamen oder um Metadaten des Containers handelt, wird nicht weiter ausgeführt. Die britische Version der ISO enthält einen nationalen Annex, der sich auf die Codierung von Metadaten in den Dateinamen festlegt.
- Mindestattribute der Metadaten eines Informationscontainers:
  - Status (im Sinne von Eignung für eine Folgeaktivität, z. B. „zugelassen für Kollisionsprüfung"),
  - Überarbeitungsstand (Revisionscode),
  - Klassifikation (entsprechend ISO 12006-2, siehe Kapitel 4 Standards),
- das Management des Container-Bearbeitungsstatus (in Bearbeitung, Geteilt, Freigegeben, Veröffentlicht) und der Statusübergänge.

3.5.8.2 CDE-Prozessmanagement

Eine Gemeinsame Datenumgebung CDE setzt die Prozesse und Workflows, die im BAP festgelegt sind, um. Aktivitäten der Informationslieferung, die in TIDPs und MIDP spezifiziert wurden, werden im CDE konfiguriert und ausgeführt. Hierzu gehören Liefer-, Qualitätssicherungs-, Freigabe- und Informationsverteilungsprozesse.

Die ISO 19650 sieht in einem Common Data Environment primär eine Umgebung, in welcher CDE-Lösungen miteinander Daten austauschen können.

Die DIN SPEC 91391 „Gemeinsame Datenumgebungen (CDE) für BIM-Projekte"[25] führt die Funktionen und Einsatzgebiete eines CDE weiter aus, siehe Kapitel 4 Standards.

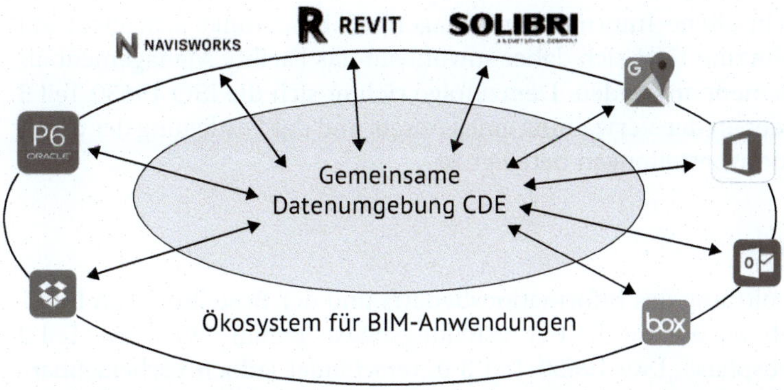

Bild 3.33 Über Schnittstellen (API) können BIM-Anwendungen in das Informationsmanagement eines CDE eingebunden werden. Ein CDE kann so eine Art Ökosystem für BIM-Anwendungen darstellen. Diese Anwendungen nutzen die Funktionalität und Infrastruktur (Workflows, Dokumentenmanagement, Kommunikation, Nachvollziehbarkeit) eines CDE.

Einige CDE sind in der Lage, Anwendungen über Schnittstellen anzubinden und so eine Integration in den Workflow eines Projekts zu schaffen (Bild 3.33). In diesem Ökosystem werden Informationen nicht mehr manuell über Dateien ausgetauscht, sondern unter Nutzung der Schnittstellen eines CDE. Die DIN SPEC 91391 Teil 2 [26] hat erste Konzepte für CDE-Schnittstellen vorgelegt. Diese werden zurzeit auf CEN/ISO-Ebene in einer Arbeitsgruppe (CEN Kennzeichnung der Arbeitsgruppe: TC 442 WG2+WG3 TG4) weiterentwickelt mit dem Ziel, offene Schnittstellen (Application Programming Interfaces APIs) von Gemeinsamen Datenumgebungen zu standardisieren.

Weitere Details zu CDE und deren Funktionsweise im Kapitel 4 Standards, Abschnitt DIN SPEC 91391.

3.6 Informationsmanagement in der Betriebsphase (ISO 19650 Teil 3)

Die Betriebsphase eines Gebäudes oder einer Liegenschaft schließt sich an die Übergabe von Informationen aus der Bauphase an. Dieses erfolgt spätestens im Zuge oder im Anschluss an die Inbetriebnahme. An dieser Phasengrenze wird der rechtliche Übergang von Verantwortlichkeiten, Rechten und Pflichten von ausführenden Unternehmen an den Betreiber oder Bauherren vollzogen.

3.6.1 Anwendungsbereich

Obwohl sich die verwalteten Vermögenswerte ähneln, gibt es unterschiedliche Ansätze zwischen den Disziplinen Asset Management und Facility Management. Dies spiegelt sich auch in eigenen Standards und Spezifikationen wider. Beide Disziplinen streben mit der Verwaltung von Vermögenswerten optimale Gesamtlebenskosten an. Ihre Aktivitäten erstrecken sich sowohl auf Infrastrukturobjekte als auch auf Gebäude. Sie decken physische, organisatorische und nutzerbezogene Anforderungen ab. Das in

ISO 19650 Teil 3 beschriebene Informationsmanagement beschränkt sich nicht auf eine bestimmte Disziplin und lässt sich daher sowohl auf das Facility Management als auch das Asset Management anwenden. Demzufolge richtet sich die ISO 19650 Teil 3 an den Personenkreis, der an der Verwaltung eines Assets und der Festlegung der damit verbundenen Informationsbestellungen beteiligt ist.

3.6.2 Geltungszeitraum

Die Zeitpunkte zur Ermittlung des Informationsbedarfs und der Bestellung von Informationen beziehen sich sowohl auf die Bereitstellungsphase gemäß ISO 19650 Teil 2 als auch auf die Betriebsphase. ISO 19650 Teil 3 unterscheidet jedoch vorhersehbare auslösende Ereignisse für die Anforderung von Informationen als auch unvorhersehbare Ereignisse, die in der Betriebsphase auftreten können.

Wiederkehrende Wartungsarbeiten oder Liegenschaftsüberprüfungen sind Beispiele für vorhersehbare Informationsanforderungen. Für diese vorhersehbaren Fälle kann der Informationsmanagementprozess nach ISO 19650 Teil 2 erfolgen. Ein Beispiel dafür sind Informationen zur Bewertung der Leistung eines Anlagenteils, zum Beispiel Ausfallwahrscheinlichkeiten, anhand vergleichbarer Beobachtungen (z. B. in anderen Liegenschaften). Das zweite Szenario umfasst auslösende Ereignisse, die unvorhersehbar sind und daher keine Informationsbestellungen im Voraus zulassen. Zum Beispiel

- Beobachtungen bei Inspektionen
- Reaktion auf einen Betriebsausfall
- Notfälle
- Änderung von Vorschriften.

Die Informationslieferkette unterscheidet sich von jener in Teil 2 der ISO 19650 dadurch, dass statt des Projektteams nun ein Asset-Management- und Betreiberteam tätig ist, was der Tatsache geschuldet ist, dass in der Betriebsphase kein Projektkontext mehr besteht, es sei denn im Zuge von Umbau- oder Sanierungsarbeiten. In diesen Fällen erfolgt ein erneuter Eintritt in eine Planungs- und Bauphase mit entsprechendem Informationsmanagement in der Bereitstellungsphase nach ISO 19650 Teil 2.

Beispiel 3.6 **Lieferteams der Bauunternehmen koordinieren: Inbetriebnahme – Wer hat die Unterlagen?**

Analog zur Lieferung von Fachmodellen durch die einzelnen Aufgabenteams an das Lieferteam bestehen Lieferaktivitäten der einzelnen ausführenden Fachunternehmen an ihre Auftraggeber, die diese Informationslieferungen verantwortlich koordinieren. Ist eine Anlage, beispielsweise eine Heiz- oder Klimatisierungsanlage physisch installiert, hat auch die Lieferung aller Informationen, die diese Anlage betreffen, zu erfolgen. Hierzu gehören Bedienungsanleitungen, Zertifikate, Wartungshandbücher, Modelle, Schaltpläne, Gefahrenhinweise usw. Informationen, die diese Komponenten und Anlagen betreffen. Sie sind von den jeweiligen ausführenden Unternehmen zu liefern.

Die Summe der einzelnen Informationslieferungen ist ebenfalls zu einem Gesamtpaket zu koordinieren. Dabei erfolgt, wie bei den Informationslieferungen in der Planungsphase, für jede Lieferung eine Qualitätsprüfung, die die Vollständigkeit und inhaltliche

Richtigkeit der gelieferten Informationen, die diese Anlage betreffen, untersucht und gegebenenfalls eine Nachbesserung über einen definierten CDE-Prozess in Gang setzt.

Die Summe dieser Teillieferungen je Anlage sowie die Prüfprotokolle aus den Inbetriebnahmen werden zu einem Gesamtpaket aus allen Informationslieferungen jeder einzelnen Anlage zusammengesetzt. Dieses Gesamtpaket wird dem Betreiber bzw. Bauherrn vom Lieferteam übergeben. Mit dieser Informationsübergabe ist im Sinne des Informationsmanagements der Meilenstein Betriebsübergabe erreicht.

Auch bauherrenseitig findet eine Überprüfung dieses Gesamtpakets hinsichtlich Vollständigkeit und Korrektheit statt. Bei Abnahme dieses Pakets durch den Bauherrn kann auch der rechtliche Übergang der Verantwortlichkeit von den ausführenden Unternehmen an den Bauherren erfolgen, sofern auch die physische Abnahme des Bauwerks erfolgreich war. Physische und informationstechnische Abnahme sind somit als gleichwertige Bestandteile der Gebäudeabnahme und des rechtlichen Betriebsübergangs zu betrachten.

Dass von der Informationslieferung auch finanzielle Freigaben abhängen sollten, versteht sich von selbst, da ansonsten nicht mit einer entsprechenden Ernsthaftigkeit zu rechnen ist.

3.6.3 Informationsbedarfsermittlung

Die Ermittlung von Informationsanforderungen beginnt wie auch schon in ISO 19650 Teil 2 auf der Organisationsebene. Von diesen Anforderungen OIR lassen sich andere spezifische **Asset**-Informationsanforderungen (AIR) ableiten, die dann in **Austausch**-Informationsanforderungen AIA umgesetzt werden. Diese und die für eine Beauftragung von Informationslieferungen notwendige weitere Umsetzung in Informationsaustauschanforderungen IAA berücksichtigen in besonderer Weise die Anforderungen des Betriebs und der dabei üblicherweise verwendeten Systeme und Informationsstrukturen.

Beispiel 3.7 **Aktivitäten mit Informationsbedarf**

ISO 19650 Teil 3 nennt Beispiele für Betriebsaktivitäten, die einen Informationsbedarf nach sich ziehen. Die ursächliche Gruppierung des Informationsbedarfs der Anlage nach technischen, betrieblichen oder strategischen Gesichtspunkten ist häufig nicht scharf zu ermitteln. Daher erfolgt keine entsprechende Gruppierung der Beispiele.

Beispiele nach ISO 19650 für Themenbereiche, aus denen Asset-Informationsanforderungen AIR entstehen können (Auszug):

- Kapital- und Lebenszykluskosten
- buchhalterische Verwaltung des Bestandes und der Anlagenteile
- Planung und Budgetierung
- Änderungsmanagement
- Umbau, Sanierung, Ersatz, Entsorgung, Recycling
- Ersatzteile
- Notfallpläne

- Luftreinheit, Hygiene
- Risikomanagement
- Sicherheit, Gesundheit und Umweltmanagement.

Beispiele für Aktivitäten, aus denen organisatorische Informationsanforderungen OIR entstehen können (Auszug):

- Kosten/Nutzen-Analyse von Verbesserungsmaßnahmen
- Ausfallkosten
- Lebenszykluskosten im Vergleich zu alternativen Kapitalanlagen
- Gewährleistungsfristen und -ansprüche
- End-of-Life-Analysen
- Bilanzierung von Einnahmen und Aufwendungen
- Risikoanalysen.

Beispiele für Anlagen-Informationsanforderungen:

- Betriebswirtschaftliche Informationsanforderungen
  - eindeutiger Anlagen-Identifikator, z. B. Anlagenkennzeichnungssystem AKS
  - Standort, z. B. räumlich (Liegenschaft, Geschoss, Raum, Bauabschnitt, Los oder System/Komponente) und/oder geografisch (z. B. GPS- oder Gauss-Krüger-Koordinaten)
  - Montageort (Schaltschrank, Trasse, Kanal)
  - Gewährleistungs- und Garantiezeiten
  - Qualifikationen, Zulassungen, Zertifikate
  - Gefahrenstoffe
- Technische Informationsanforderungen
  - Konstruktion und Materialien
  - Daten der Inbetriebnahme
  - Inbetriebnahmeprotokoll
  - Leistungskenn- und -grenzwerte
- Juristische Informationsanforderungen
  - Eigentumsrechte
  - Verpflichtungen, wie z. B. Wegerechte, Sicherheits-/Umweltschutzauflagen
  - Risiken
- Kaufmännische Informationsanforderungen
  - Ausführende Unternehmen und Lieferantendaten
  - Leistungskennzahlen
  - Zustands- und Leistungszielvorgaben oder -normen
  - Ersatzteile: Bezeichnungen, Mengen, Lagerorte.

3.6.4 Klassifikationssysteme für den Betrieb

Für den Gebäudebetrieb wurde eine Reihe von Klassifikationssystemen für Anlagen entwickelt. Diese Mittel zum Strukturieren und Klassifizieren von Informationen zu Anlagen sind in den Informationsanforderungen zu berücksichtigen. Des Weiteren ist die Informationstiefe zu spezifizieren. Auch die Nutzung von Informationen für spätere Bereitstellungsphasen, zum Beispiel bei Umbaumaßnahmen, sollte bereits frühzeitig bedacht werden.

3.6.5 Gemeinsame Datenumgebung CDE in der Betriebsphase

Ebenfalls sind in den AIA Festlegungen zur verwendeten Gemeinsamen Datenumgebung zu treffen. Zu den Anforderungen an ein CDE innerhalb der Betriebsphase gehören die eindeutige Identifikation von Informationscontainern, die Verwendung von Attributen eines Informationscontainers, die den Zustand, den Überarbeitungsstand und die Klassifikation von Anlagenteilen charakterisieren. Besonderer Wert wird hier auch auf einen kontrollierten Zugang auf Ebene der Informationscontainer gelegt.

Ein Informationsbesteller muss insbesondere auch berücksichtigen, dass Informationen aus einem Projekt-Informations-Modell PIM in das Anlagen-Informations-Modell AIM integriert werden können. Darüber hinaus sollten in der Betriebsphase Anforderungen, die aus der Berücksichtigung von Sicherheitsaspekten nach ISO 19650 Teil 5 erwachsen, berücksichtigt werden.

Fortlaufende Änderungen während des Betriebs am Gebäude bzw. der Liegenschaft führen zu besonderen Anforderungen hinsichtlich der Aktualität des Anlagen-Informations-Modells AIM. Dazu sind Prozesse zur Pflege des AIM festzulegen. Dies betrifft sowohl die Verantwortlichkeiten für die Pflege des „As-Built"-Modells als auch die Aktualität der Inhalte und die Frequenz dieser Aktualisierungsaktivitäten.

3.6.6 Beauftragung von Informationslieferleistungen im Betrieb

ISO 19650 Teil 3 skizziert die Aktivitäten zur Ausschreibung von Informationslieferleistungen im Betrieb, die Aufstellung eines BIM-Ausführungsplans, die Mobilisierung von Ressourcen und Informationstechnologie für die Umsetzung von Informationsmanagementprozessen im Betrieb sowie die Qualitätsprüfung von Informationslieferungen.

Ähnlich wie bei den Aggregationsstrukturen in der Bereitstellung, dem Föderationsmodell, ist auch in der Betriebsphase vom Informationsbesteller eine entsprechende Struktur für ein AIM zu spezifizieren, damit Informationslieferungen unabhängig davon, aus welcher Quelle sie stammen, in das bestehende Modell eingepflegt werden können.

3.7 Zukunft des Informationsmanagments

Die in der ISO 19650 dargelegten Konzepte und Methoden sind ein erster Schritt in Richtung der Erschließung digitaler Technologien für das gebaute und natürliche Umfeld. Was mit BIM auf Gebäudeebene begann, wird sukzessive auf die regionalen und nationalen Infrastrukturen und auch auf geografische, soziale sowie Umwelt- und Katastrophenschutzaspekte ausgedehnt. Für die Datenintegration auf diesen Ebenen weist die ISO 19650 bereits in die grundlegenden Richtungen. Die genaue Ausprägung eines BIM-Level 3 im britischen BIM-Stufenplan war bisher noch nicht klar umrissen. Gängige Auffassung war, dass statt der dateiorientierten Arbeitsweise des BIM-Level 2 eine integriertere Form der Informationsstrukturierung, etwa in Form von Modelldatenbanken, verfolgt werden sollte. Damit wäre ein federiertes Modell zum kontinuierlichen Faktum geworden, ohne dass es einer dateibasierten Zusammenführung von Modelldateien bedurft hätte. Das simultane gleichzeitige Arbeiten an ein und demselben federierten Modell wirft jedoch auch konzeptionelle Fragen auf, für die bisher keine praxisgerechten Lösungen aufgezeigt wurden. Darüber hinaus wird das Problem der Datenintegration weiter gefasst und geht über den Rahmen eines Einzelbauwerks weit hinaus. Ziel ist die Integration weiterer Datenquellen aus dem urbanen und regionalen Umfeld und der gebauten und natürlichen Umwelt insgesamt. Dieses Verständnis geht weit über das hinaus, was bisher unter BIM zu verstehen war. Von BIM-Level 3 ist folgerichtig nicht mehr übermässig viel zu hören. Statt dessen wird unter dem Stichwort „Digital Built Britain" ein ganzheitlicher Ansatz der digitalen Transformation in Großbritannien verfolgt. Smart Cities sind nur ein Baustein aus einer ganzen Palette von Visionen und Konzepten, an deren Umsetzung und Vervollständigung bereits mit Nachdruck gearbeitet wird. Bei allen wirtschaftlichen Zielen steht am Ende auch die Hoffnung, zunehmenden Umwelt- und Ressourcenproblemen durch digitale Methoden und Technologien entgegentreten zu können. Alle Datenquellen bzw. „Digitalen Zwillinge" – aus Verkehrssystemen, Grundstückskatastern, Schadstoffmessstationen, aber auch Daten aus kommunalen Einrichtungen – sollen sukzessive zu einem digitalen Cluster verbunden werden. Schnittstellen zwischen den Systemen und Sicherheitsbelange spielen dabei eine erfolgsentscheidende Rolle. Gilt es doch, verschiedenartigste Formate, Technologien und Sicherheitsaspekte unter einen Hut zu bringen. Daher sind ontologische Ansätze für das Informationsmanagement, konsistente Taxonomien, Protokolle und Prozesse für den Informationsaustausch von entscheidender Bedeutung (siehe Abschnitt Ontologien im Kapitel 2 Modelle).

Auch mit diesen zukünftigen Zielen im Auge wurde die ISO 19650 entwickelt.

3.8 Zusammenfassung der Schritte im Informationsmanagement

Die Tabellen in den Bildern 3.34 und 3.35 geben in einer auf das Wesentliche beschränkten Zusammenfassung einen Überblick über die Prozesse in ISO 19650 Teil 2. Detailaktivitäten wurden bewusst ausgelassen. Die Abschnittsnummern (5.x.y) vor den einzelnen Prozessschritten verweisen auf die entsprechenden Abschnitte der ISO 19650 Teil 2. Diese Abschnittsnummern der ISO finden sich als Referenz ebenfalls in Klammer hinter den Unterabschnitten von Abschnitt 3.6.

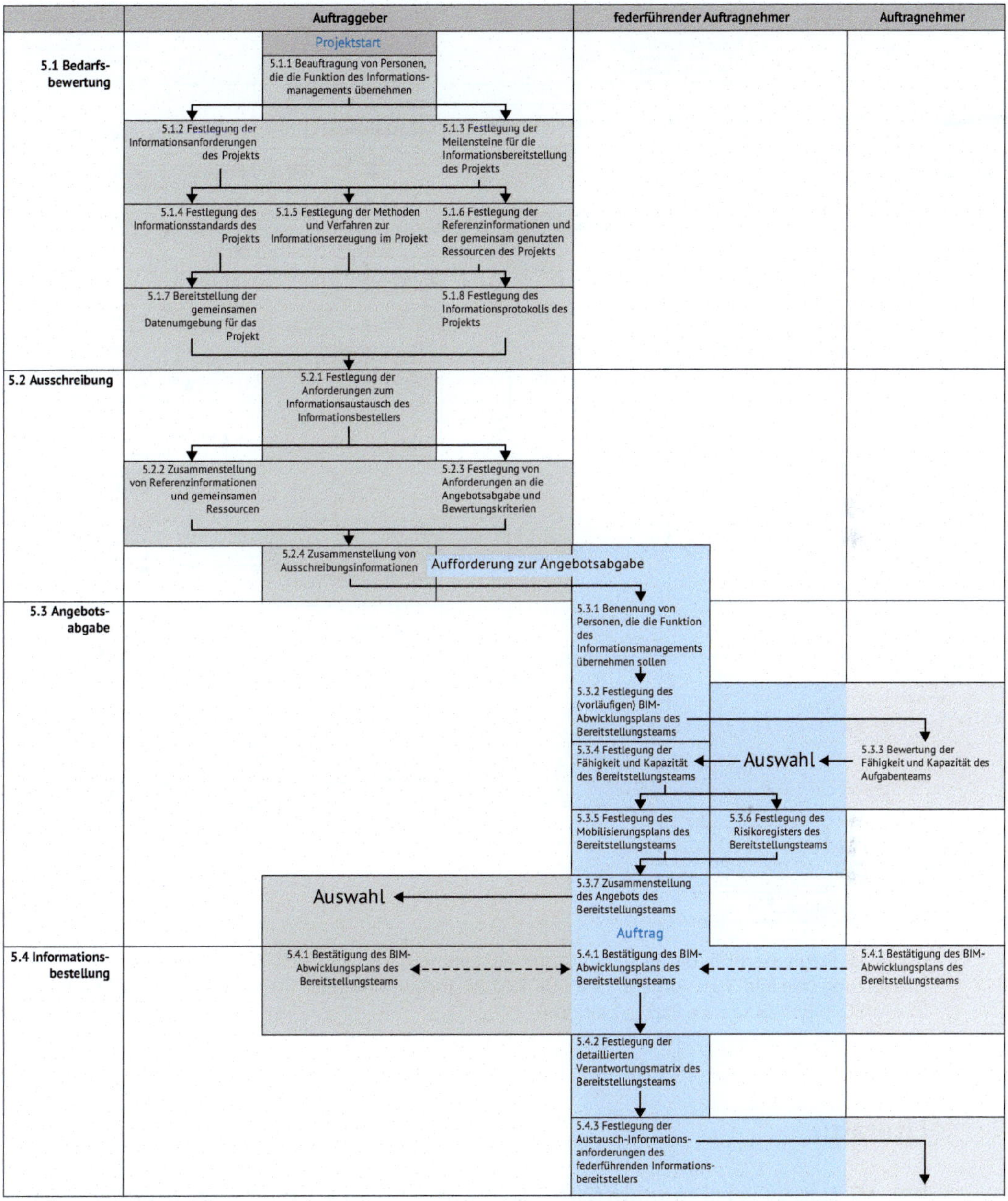

Bild 3.34 Prozessschritte der Informationsbereitstellung nach ISO 19650 Teil 2 Abschnitt 5. (Angelehnt an UK BIM Alliance – Information Management according to BS EN ISO 19650 Guidance Part 2, Edition 4)

Weiterer Verlauf siehe Bild 3.35.

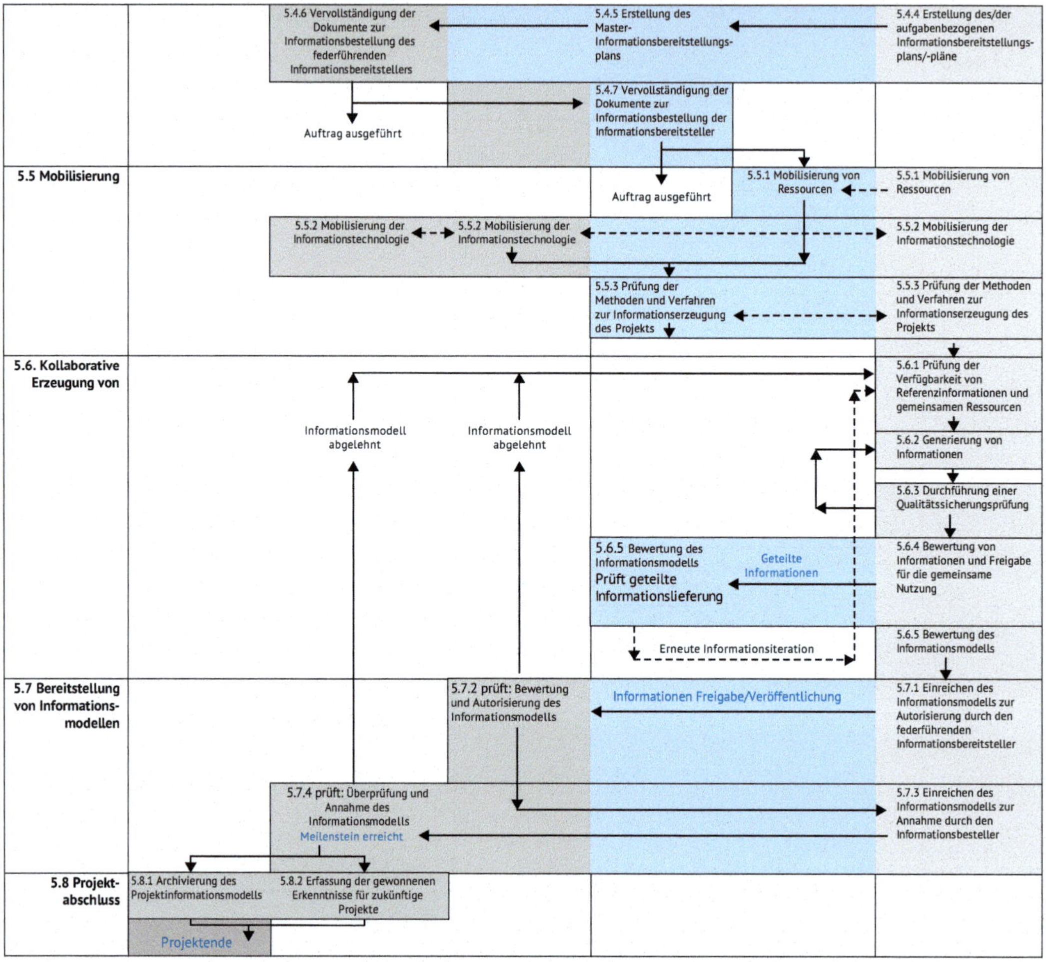

Bild 3.35 Prozessschritte der Informationsbereitstellung nach ISO 19650 Teil 2 Abschnitt 5. Fortsetzung von Bild 3.34. Angelehnt an UK BIM Alliance Information Management according to BS EN ISO 19650 Guidance Part 2, Edition 4

Literatur

[19] McKinsey Global Institute (2017) *Reinventing Construction. A route to higher productivity*. McKinsey & Company.

[20] DIN EN ISO 19650 (2018) *Organisation und Digitalisierung von Informationen zu Bauwerken und Ingenieurleistungen, einschließlich Bauwerksinformationsmodellierung (BIM) – Informationsmanagement mit BIM*. Berlin: Beuth. *Stand Juli 2022: 6 Teile geplant, davon bisher 4 veröffentlicht (1, 2, 3, 5, Teil 4 Entwurf).*

[21] Kapellmann Rechtsanwälte; Bodden, J. L.; Elixmann, R.; Eschenbruch, K. (Hrsg.) (2017) *BIM-Leistungsbilder. Objektplanung – BIM BAK Tragwerksplanung (Vers. 0),*

Technische Ausrüstung – BIM Projektsteuerung – BIM DVP. 2. Auflage. Kostenloser Download: www.kapellmann.de/de/publikationen/bim-leistungsbilder

[22] ISO/IEC 19510 (2013) *Information technology — Object Management Group Business Process Model and Notation*. Berlin: Beuth Verlag. www.iso.org/standard/62652.html

[23] Borowietz, M.; Braun, M.; Brossmann, A.; Düspohl, R.; Grohmann, M.; Oltmanns, H.-G.; Prokop, I. (2016) *BIM-Leitfaden für die Planerpraxis. Empfehlungen für planende und beratende Ingenieure*. Arbeitskreis BIM, AG BIM-Leitfaden, Verband Beratender Ingenieure VBI. http://www.vbi.de/fileadmin/redaktion/Dokumente/Infopool/Downloads/VBI_BIM-Leitfaden_0916-final.pdf [Zugriff am: 09.12.2021]

[24] DIN EN ISO 29481 (2018) *Bauwerksinformationsmodelle – Handbuch der Informationslieferungen*. Berlin: Beuth Verlag.

[25] DIN SPEC 91391 (2019) *Gemeinsame Datenumgebungen (CDE) für BIM-Projekte – Funktionen und offener Datenaustausch zwischen Plattformen unterschiedlicher Hersteller – Teil 1: Module und Funktionen einer Gemeinsamen Datenumgebung; mit digitalem Anhang*. Berlin: Beuth Verlag.

[26] DIN SPEC 91391 (2019) *Gemeinsame Datenumgebungen (CDE) für BIM-Projekte – Funktionen und offener Datenaustausch zwischen Plattformen unterschiedlicher Hersteller – Teil 2: Offener Datenaustausch mit Gemeinsamen Datenumgebungen*. Berlin: Beuth Verlag.

4

Standards – „Spielregeln“ der Zusammenarbeit

4.1 Kurzübersicht – Worum geht’s in diesem Kapitel?

Eine ganze Reihe von BIM-Standards hat sich in den letzten fünf bis zehn Jahren zu ausgereiften und etablierten Normen entwickelt. Ihre Praktikabilität und hohe Qualität hängen unter anderem damit zusammen, dass diese Standards von Mitgliedern der Bauindustrie selbst entwickelt wurden. Ausgehend von den Regierungsinitiativen in Großbritannien haben BIM-Standards ihre Erfolgsgeschichte auf internationaler Ebene fortgesetzt und so auch auf deutsche Standardisierungsbemühungen ausgestrahlt. Die Entwicklung von BIM-Standards ist nach wie vor in vollem Gange. Nachdem sich Standards zur grundlegenden BIM-Methodik nun bereits bewährt haben und zunehmend eingesetzt werden, schreitet die Entwicklung weiterführender Standards voran und fokussiert sich zunehmend darauf, wie fachliche Aspekte, zum Beispiel Kostenermittlung, Durchbruchsplanung, Brandschutz, Sicherheit usw., mit BIM abgebildet werden können. Wenn auch zögerlich und in zu geringem Umfang, ist auch Deutschland auf internationalem Parkett bei der BIM-Normung vertreten. Als einem der wenigen deutschen Aktivisten, die die BIM-Normung sowohl national als auch international vorantreiben, ist es mir ein Anliegen, dem Leser ein Verständnis der wichtigsten BIM-Standards zu geben.

In diesem Kapitel werden daher alle gängigen deutschen und internationalen BIM-Standards vorgestellt und teilweise mit Beispielen erläutert. Es wird unterschieden zwischen Standards, die sich auf die Ausprägung von Modellinhalten beziehen und Standards, die sich mit dem Management von Informationen befassen. ISO-Normen haben die Terminologie zum Thema BIM entscheidend geprägt. Die international etablierten BIM-Begriffe werden eingehend erläutert.

Internationale Normen sind als DIN EN ISO-Normen in das deutsche Normenwerk eingeflossen und bilden in vielen Fällen den normativen Rahmen. Deutsche BIM-Normen vertiefen und erweitern diesen zum Beispiel durch die VDI BIM-Richtlinie sowie einige DIN SPECs und werden auch in Zukunft weiter ausgebaut, wie die aktuelle DIN BIM Roadmap bereits perspektivisch erahnen lässt.

Bezugnehmend auf die bisherigen Kapitel zur Modellierung und zum Informationsmanagement zeigt dieses Kapitel die Zusammenhänge zwischen BIM-Grundlagen und den in Normen beschriebenen „Best Praktices“ auf. Das hier vermittelte Normenwissen schafft die Basis für die praktische Anwendung von BIM-Standards im Kapitel 5 BIM-Projektpraxis.

4.2 Vertragen Unikate keine Standards?

Ein Vorurteil gegenüber Standards und Standardisierung möchte ich hier gleich zu Anfang ausräumen: die Behauptung, Standardisierung im Bauwesen sei schwierig bis unmöglich, denn jedes Bauwerk sei einzigartig. Eine Standardisierung führe daher entweder zu uniformen Architekturen oder zur Versklavung der Bauschaffenden. Derartige Behauptungen sind ungefähr so intelligent wie die Behauptung, die Standardisierung von Telekommunikationstechnologien sei unmöglich, da jedes Telefongespräch und jede Internetkommunikation ja einzigartig und unnachahmlich sei. Auch liegt die Uniformität moderner Investorenarchitektur sicherlich nicht an BIM.

BIM-Standards beziehen sich nicht auf die Architektur oder Funktionalität von Bauwerken. BIM-Standards befassen sich mit dem Zusammenwirken der Beteiligten. Die Organisation der Zusammenarbeit muss nicht in jedem Projekt wieder neu erfunden werden, sobald entsprechende Standards vorhanden sind. In Verträgen kann auf Standards als solide Grundlage für die Zusammenarbeit verwiesen werden, zum Beispiel, indem man sich an standardisierte Abläufe für die Prüfung oder die Entwicklung von Informationsanforderungen hält. Es geht also nicht um eine Uniformität der Ergebnisse, zum Beispiel des fertigen Gebäudes, sondern um eine Standardisierung der Art und Weise, wie in Bauprojekten zusammengearbeitet wird, und das ist bekanntlich von Projekt zu Projekt nicht grundsätzlich verschieden, sondern im Gegenteil organisatorisch und hinsichtlich der Abfolge von Aktivitäten im Grunde immer wieder ziemlich ähnlich, das zeigen ja bereits die traditionellen Phasen- und Leistungsbeschreibungen, wie HOAI, RIBA Plan of Work und andere.

4.3 BIM-Standards – Rahmenbedingungen für Investitionen

Standards schaffen einheitliche Rahmenbedingungen für alle Marktteilnehmer. Weil sie den aktuellen Stand der Technik beschreiben, haben sie rechtliche Relevanz. Staatliche Initiativen, Richtlinien und Verordnungen können aufgrund der Marktposition öffentlicher Auftraggeber die Akzeptanz und Anwendungsbreite von Standards entscheidend beeinflussen.

Verlässliche Rahmenbedingungen führen zu wachsender Investitionsbereitschaft, da das Risiko sinkt, aufgrund wechselnder Rahmenbedingungen Investitionen zu tätigen, die sich am Markt nicht wieder einspielen lassen. Investitionen in die Qualifizierung der Mitarbeiter, in den Aufbau einer neuen Projektorganisation, in Hard- und Software verlangen Sicherheit und Perspektive. Große marktrelevante Auftraggeber verlangen zunehmend BIM, weil Standards ihnen Sicherheit durch definierte und kontrollierbare Praktiken verschafft. Auch Software-Hersteller brauchen Sicherheit, denn sie entwickeln nicht ins Blaue, sondern für einen einschätzbaren Markt. So hat die verpflichtende Einführung von BIM in den skandinavischen Ländern Anfang der 2000er-Jahre zur Gründung vieler Software-Häuser und der Entwicklung entsprechender BIM-Software geführt. Ähnliches gilt für die Bauunternehmen selbst, die ihre Prozesse nur dann auf BIM umstellen, wenn sie die Gewissheit haben, hier nicht auf eine Eintagsfliege zu setzen, sondern Investitionen zu tätigen, die sich mittel- und langfristig auszahlen.

Einheitliche Rahmenbedingungen durch Standards bieten der Baubranche Vorteile:

- Rationalisierungseffekte im Unternehmen durch eine Reduzierung der Inkompatibilitäten von Systemen und Software: Eine standardisierte Vorgehensweise sorgt beispielsweise dafür, dass Daten von Anfang an und bis zum Ende auf einheitliche Weise erfasst und kommuniziert werden. Dadurch entfallen Verluste und Kosten durch Konvertierungen und Medienbrüche.
- Erhöhung der Effizienz bei Prozessen durch eine Straffung der Infrastrukturen und Ökosysteme: Wenige, dafür aber kompatible Systemschnittstellen bedeuten weniger Informationsverluste oder geringeren Anpassungsbedarf.
- Produktiverer Einsatz des – meist raren – Fachpersonals: Weniger Zeit und Energie wird für unproduktive Aufgaben, wie die Suche nach Informationen oder die Anpassung von Schnittstellen, verschwendet.

Das heutige Baugeschehen ist verlustbehaftet und vergleichsweise wenig produktiv, vorhandene Technologien der Digitalisierung werden bisher zu wenig genutzt. Durch Branchenvergleiche über ein halbes Jahrhundert hinweg hat sich gezeigt, dass die Baubranche weltweit nicht aus sich selbst heraus Treiber für durchgreifende Innovationen ist. Standards können jedoch ein Hebel sein, um die Innovations- und Investitionsbereitschaft zu ermutigen und zu fördern.

4.4 BIM-Umsetzung weltweit

Der Stand der BIM-Umsetzung ist international sehr unterschiedlich:

- Europäische Union – Public Procurement Directive 2014: Aufforderung aller Mitgliedsländer, bei öffentlichen Projekten BIM anzuwenden. Keine EU-weite Strategie vorhanden.
- UK – 2011: Entwicklung einer nationalen BIM-Strategie, Frühjahr 2016: BIM <u>verpflichtend</u> für öffentliche Aufträge. Seit 2018: Fortführung der BIM-Strategie als nationale Digitalisierungsstrategie. Gründung des Centre for Digital Built Britain. Starke staatliche Förderung und strategische Zieldefinition.
- Frankreich – staatliches Förderprogramm Plan Transition Numérique dans le Bâtiment und öffentliche BIM-Plattform KROQI.
- Deutschland – bisher nicht bundesweit verpflichtend, stärkere Ansätze in einigen Bundesländern. Ansätze für eine zu entwickelnde BIM-Strategie und Umsetzungsvorschläge (Bund) durch Reformkommission. Großprojekte und BIM-Stufenplan, jedoch keine BIM-Strategie.

  VDI BIM-Richtlinie 2552 mit derzeit elf Teilen (Blättern), teilweise noch in der Entwicklung bzw. Gründruck[20].

20) Gründruck: Der Öffentlichkeit vorgestellter, auf grünem Papier gedruckter Normentwurf mit Einspruchsmöglichkeiten unter www.vdi.de/einspruchsportal

- Österreich – veröffentlichte 2016 nationalen BIM-Standard ÖNORM A 6241 (Teil 1 und 2), starker AutoDesk-Bezug.
- Skandinavien – BIM faktisch seit einigen Jahren umgesetzt.
- Niederlande – im weltweiten Vergleich sehr stark, privater Sektor treibt BIM voran, in Forschung und Normung führend.
- Singapur – BIM-Protokoll in Anlehnung an UK. BIM-Anwendung verpflichtend. Durch Regierungsbehörden und staatliche Auftraggeber getriebene BIM-Umsetzung.
- Australien und Neuseeland – Standards vorhanden (NATSPEC), BIM-Umsetzung beginnt.

4.5 Wer entwickelt Standards?

Es ist eine naheliegende und gute Praxis, dass diejenigen, die den Standard später nutzen und anwenden, auch an dessen Entwicklung beteiligt sind. Das geschieht entweder in nationalen oder internationalen Standardisierungsorganisationen oder durch Interessengruppen der Industrie, Wissenschaft oder anderer Organisationen.

Obwohl die Entwicklung von „echten“ Standards den nationalen und internationalen Standardisierungsorganisationen vorbehalten bleibt, können auch Interessenverbände beispielsweise der Industrie sogenannte De-facto-Standards entwickeln. buildingSMART oder OGC sind leuchtende Beispiel hierfür. Beide Organisationen entwickeln Industriestandards und haben bereits einige davon erfolgreich zum ISO-Standard weiterentwickelt. Bild 4.1 zeigt den frühen BIM-Start in einigen skandinavischen Ländern. Die Pionierarbeit führte zur Gründung vieler Software-Unternehmen, doch die weltweite Auswirkung blieb gering. Auch in den USA ist ein früher Start zu verzeichnen, trotzdem hat sich dort BIM bisher nicht in der Breite etabliert, auch wenn einzelne BIM-Protagonisten, zum Beispiel Katerra, überraschend schnell Milliardenumsätze

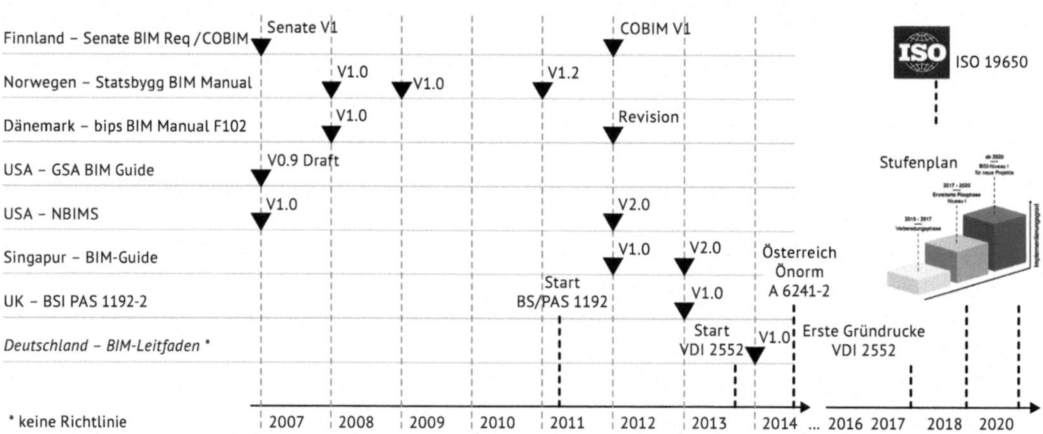

Bild 4.1 Die frühe Entwicklung von BIM-Standards in Skandinavien hatte nur wenig globalen Einfluss. Erst die britischen BIM-Initiativen lösten einen weltweiten Fortschritt bei der Entwicklung von BIM-Standards aus.

erzielen konnten. Erst die konsequente britische Vorgehensweise ab 2011 hatte weitreichende Auswirkungen, besonders in den Commonwealth-Ländern.

4.5.1 Nationale und internationale Standardisierungsorganisationen

Nationale und internationale Organisationen vertreten das öffentliche Interesse an der Gestaltung einheitlicher Rahmenbedingungen. Auf der Webseite (https://www.din.de/de/ueber-normen-und-standards/basiswissen) des Deutschen Instituts für Normung DIN liest sich das so:

> *„Damit der Markt die Normen akzeptiert, sind eine breite Beteiligung, Transparenz und Konsens Grundprinzipien bei DIN. Jeder kann einen Antrag auf Normung stellen. Alle an einem Thema interessierten Kreise erhalten die Möglichkeit, mitzuwirken und ihre Expertise einzubringen. Vor der Verabschiedung werden die Norm-Entwürfe öffentlich gemacht und zur Diskussion gestellt. Die beteiligten Experten müssen sich über die endgültigen Inhalte grundsätzlich einig sein. Spätestens alle fünf Jahre werden Normen auf den Stand der Technik hin überprüft."*

In internationalen Standardisierungsgremien vertritt DIN die deutschen Interessen, zum Beispiel in der Internationalen Standardisierungsorganisation ISO[21)] oder der Europäischen Standardisierungs-Organisation CEN[22)].

Aus der aktiven Teilnahme an diversen nationalen und internationalen Standardisierungsgremien sowie der Leitung von Arbeitsgruppen in CEN, DIN und VDI kann ich versichern: Die Entwicklung von Standards ist eine überaus spannende, oft kontroverse und herausfordernde Aufgabe, die neben fachlicher Expertise ein gewisses diplomatisches Geschick und Einfühlungsvermögen verlangt. Alle Teilnehmer eint in den meisten Fällen das Bestreben, ihr Fachgebiet voranzubringen. Nicht selten sind auch handfeste Lobby-Interessen im Spiel. Das hat auch seine positiven Seiten, denn Standards, die niemanden interessieren, würden keine Wirkung entfalten und wären ziemlich überflüssig.

Auf internationaler Ebene spielen geopolitische Interessen eine sehr große Rolle. Getreu dem Grundsatz von Werner von Siemens – „Wer den Standard macht, dem gehört der Markt" – treten chinesische Delegationen in den letzten Jahren zunehmend stark bei der ISO und anderen internationalen Normungsgremien in Erscheinung. Anders als Europa hat China die wirtschaftliche Bedeutung der Normungsaktivitäten klar erkannt und handelt folgerichtig und konsequent.

Treffen solche Gruppen mit gegensätzlichen Interessen aufeinander, dauert es einige Zeit, bis sich eine Gruppe zusammengerauft hat und ein gemeinsames Verständnis einschließlich Kompromisspositionen erarbeitet hat. Gelingt dies, kann am Ende ein guter, allgemein anwendbarer, Standard herauskommen.

Die Experten, die einen solchen Standard entwickeln, haben das Ziel, den aktuellen Stand der Technik so zu beschreiben, dass er für die Anwender nutzbringend anwendbar ist. Auch nationale Perspektiven spielen eine Rolle und müssen eingebracht werden.

---

21) International Organization for Standardization

22) CEN – Europäisches Komitee für Normung (franz.: Comité Européen de Normalisation; engl.: European Committee for Standardization)

Einige Länder, darunter auch Deutschland, engagieren sich leider zu wenig in der internationalen Normung. Das birgt die Gefahr, dass andere die internationalen Rahmenbedingungen zum Wohle ihrer nationalen Wirtschaft formen. Die deutsche Zurückhaltung bei BIM hat daher langfristige Auswirkungen auf einem globalen Markt. Die selbstverursachte Enthaltsamkeit führt dann gelegentlich zu der Haltung, man sei „überrollt“ worden. Eine aktive Mitgestaltung ist daher sehr wichtig.

4.5.2 Interessengruppen – „Industriestandards“

Die Interessengruppen mit kommerziellem oder wissenschaftlichem Hintergrund verfolgen aufgrund ihres Hintergrundes und ihres Praxiswissens oft sehr gezielte Interessen – das ist ihre Aufgabe. Vielfach sind Experten dieser Gruppen auch als Berater politischer Entscheidungsträger tätig.

Folgende Organisationen sind im BIM-Umfeld besonders aktiv.

- **buildingSMART** international – Eine internationale Organisation mit nationalen „Chapters“, z. B. buildingSMART Germany, deren Mitglieder sich zur Aufgabe gemacht haben, BIM, die Digitalisierung im Bauwesen insgesamt und die Entwicklung offener Standards voranzutreiben. Die Industry Foundation Classes IFC (Abschnitt 4.7.1) wurden maßgeblich von buildingSMART und den nationalen Chapters entwickelt und zum ISO-Standard weiterentwickelt. Andere Entwicklungen, wie bSDD, MVDxml oder BCF (siehe Abschnitt 4.7) blieben bisher reine Industriestandards von buildingSMART ohne Standardisierungambitionen.
- **Open Geospatial Consortium** (OGC) – Ein internationales Konsortium aus mehr als 500 Unternehmen, Regierungsbehörden, Forschungsorganisationen und Universitäten, das sich dafür einsetzt, Geoinformationen und -dienste auffindbar, zugänglich, interoperabel und wiederverwendbar zu machen. Die OGC-Community entwickelt lizenzfreie, öffentlich zugängliche, offene Geodatenstandards. Das von OGC entwickelte cityGML ist ein offenes Datenmodell für virtuelle 3D-Stadtmodelle. Es basiert auf der Geography Markup Language (GML), einem erweiterbaren internationalen Standard für den Austausch von Geoinformationen. GML und cityGML wurden zum ISO-Standard weiterentwickelt.
- **International Construction Information Society** (ICIS) – Eine in Deutschland wenig bekannte Vereinigung. Sie stellt ihren Mitgliedsorganisationen technische Dienstleistungen, wie Kosteninformationssysteme, Bauproduktinformationen, Baukostendaten, Baunormen, Klassifizierung der Konstruktionsinformationen (siehe Abschnitt 4.7.8, Klassifikationen) usw., bereit. ICIS beteiligt sich an der Entwicklung von Standards (siehe Abschnitt 4.7.6 ISO 12006) und hat sich auf die Bereitstellung von „Daten“ für die Bauindustrie auf der ganzen Welt spezialisiert.
- **World Wide Web Consortium** (W3C) – Eine internationale Organisation, die sich bisher der Weiterentwicklung von Web-Standards verschrieben hat und nun Ansätze des „Semantic Web“ (siehe Kapitel 2 Modelle, Abschnitt 2.6) auch auf das Bauwesen anwendet. Das W3C bietet entsprechenden Communities, wie der Linked Building Data Community Group, eine Plattform zur Verbreitung und Entwicklung ihrer Themen, wie zum Beispiel der Aspekte einer „Building Topology Ontology“ BOT.

4.5.3 Der britische BIM-Plan

Großbritannien gehört, neben Singapur, zu den weltweit wenigen Ländern, die einen strategischen Plan zur Einführung und Nutzung der Digitalisierung entwickelt haben. Die Fragestellung war durchaus pragmatisch: Warum machen wir das, was haben wir als Nation davon, welchen volkswirtschaftlichen und makroökonomischen Gewinn erwarten wir? Die Fragen wurden intensiv untersucht und einer Business-Case-Betrachtung unterzogen. Die Konsequenzen waren ebenso stringent wie pragmatisch.

Unter starker finanzieller Beteiligung des Staates und dort verpflichtender Einführung von BIM bei allen öffentlich finanzierten Bauten ist Großbritannien weltweit zu einem Vorreiter aufgestiegen. In Großbritannien hat sich eine lebendige BIM-Community entwickelt. Die UK BIM Alliance (https://www.ukbimalliance.org/), der Scottish Futures Trust (https://www.scottishfuturestrust.org.uk/) und die irische Construction IT Alliance CitA (https://www.cita.ie/) sind einige der Kristallisationspunkte. Sie erarbeiten und liefern Informationen zur Digitalisierung im Bauwesen in einem Umfang und einer Qualität, von der wir in Deutschland leider bisher nur träumen können. Darüber hinaus leisten sie wertvolle Lobbyarbeit und treiben das Thema BIM und Digitalisierung bei Entscheidungsträgern aus Wirtschaft und Politik voran. Aus historischen Gründen sind die Briten bis in den asiatischen Raum weltweit hervorragend vernetzt. Alle Länder des ehemaligen Commonwealth schauen auf die britischen Entwicklungen im BIM-Bereich. Trotz alles berechtigten Stolzes auf das Erreichte kommt Selbstzufriedenheit bei den Briten nicht auf. In lebhaften Diskussionsforen streiten die Briten darüber, wie es noch schneller und besser vorangehen könnte.

4.5.3.1 BIM-Strategie seit 2011

Wie man aus einer Not eine Tugend macht, zeigt die Vorgehensweise der britischen Regierung. Nach 2008 lag der britische Bausektor komplett am Boden. Im Vereinigten Königreich (UK) sind 2,9 Mio. Menschen im Bausektor beschäftigt, der mit 6,7 % zum Bruttoinlandsprodukt beiträgt. Die Regierung unter Beratung des Senior Construction Advisors Paul Morell stellte sich die Frage, wie sie den Sektor beleben und stützen könnte. So hat die britische Regierung seitdem viel Geld in den Sektor gepumpt und u. a. entschieden, die bekannten PAS-Standards[23)] zu entwickeln, die im Gegensatz zu vollen BSI-Standards[24)] kostenlos veröffentlicht werden können und somit einer breiten Öffentlichkeit unentgeltlich zur Verfügung stehen. Es ging vor allem darum, den Export britischer Planungs- und Bauleistungen zu stärken. Teil der britischen Strategie zur Wirtschaftsförderung war es, die Welt mit den frei verfügbaren PAS-Dokumenten quasi zu überschwemmen und dadurch weltweit an Einfluss zu gewinnen, was sich inzwischen bekanntlich als ziemlich erfolgreich erwiesen hat.

Die offizielle Initialzündung für BIM fand in Großbritannien 2011 statt. Unter Leitung des Cabinet Office wurde BIM von Anfang an zur Chefsache. Die Kernziele Wirtschaftsförderung, Umweltschutz und effiziente Verwendung von Steuergeldern standen im Vordergrund der BIM-Initiative. Anders als in Deutschland stellte die britische

---

23) PAS: Publicly Available Specification – standardähnlich, aber vereinfachtes Entwicklungsverfahren, analog DIN SPEC in Deutschland

24) BSI: British Standard Institute, analog DIN in Deutschland

Regierung erhebliche Mittel zur Entwicklung von BIM-Standards und öffentlich zugänglichen Internet-Portalen für die Erstellung von BIM-Abwicklungsplänen (BAP) und Austausch-Informationsanforderungen (AIA) zur Verfügung. Die National BIM Library ist eine öffentliche Bibliothek von BIM-Objekten, die Hersteller und Anwender nutzen können. Daher geht die BIM-Entwicklung in Großbritannien ungleich schneller voran als die in nennenswertem Umfang bisher nur von der Privatwirtschaft finanzierte Entwicklung in Deutschland.

4.5.3.2 Staatlich geförderte Normenentwicklung

Die 1192er-Normenreihe aus BS 1192 (British Standard) und PAS 1192 (Publicly Available Specification) hat wegweisenden Charakter (siehe Abschnitt 4.9.1).

Die Briten verfolgen einen strikt prozessorientierten Ansatz. Das bedeutet, alle Aspekte des Informationsmanagements werden unter dem Gesichtspunkt der Prozessintegration betrachtet. So liegt beispielsweise der Forderung nach Verwendung offener Modellstandards der prozessuale Gesichtspunkt einer nahtlosen, verlustfreien Zusammenarbeit in unternehmensübergreifenden Teams zugrunde.

Die britischen Normen gehen (top-down) von typischen Prozessabläufen aus und erklären die einzelnen Prozessbausteine und leiten daraus Notwendigkeiten für Informationen und die Organisation der Zusammenarbeit ab.

Die deutsche BIM-Richtlinie VDI 2552 geht dagegen bottom-up vor. Sie erklärt vor allem die einzelnen Bausteine, wie z. B. Prozesse, Datenmanagement, Klassifikationen und Informationsanforderungen. Der Gesamtprozess wird dadurch oft nicht ganz so deutlich.

4.5.3.3 Digital Plan of Work – Kammern und Verbände treiben BIM voran

Während die deutsche Honorarordnung in ihrem Phasenmodell eine Würdigung von BIM-Leistungen bislang für nicht notwendig erachtet, sieht das Royal Institute of British Architects RIBA, die britische Architektenkammer, diese Notwendigkeit in ihrem RIBA Plan of Work Ausgabe 2013 [27] durchaus. Bei dem RIBA Plan of Work handelt es sich um ein Leistungsphasenmodell, das acht Phasen umfasst. Es ist keine Honorarordnung wie die HOAI. Bereits 2013 wurde das bis dahin bestehende, jahrzehntealte und bewährte Leistungsphasen-Modell für BIM-Leistungen fit gemacht. Ausdrücklich werden dort BIM-Prozesse und Informationsaustauschanforderungen IAA und die damit verbundenen Leistungen, wie beispielsweise die Erstellung von BIM-Abwicklungsplänen (BAP) explizit genannt. Die britische Architektenkammer verweist wiederholt und nachdrücklich auf die Erschließung neuer Aufgabengebiete für ihre Mitglieder durch BIM und ist sehr aktiv an der Abstimmung mit anderen Interessengruppen und Verbänden, beispielsweise dem britischen Verband der Bauindustrie (Construction Industry Council CIC), beteiligt. Auch das CIC hat eigene Protokolle für die Umsetzung von BIM erarbeitet und seinen Mitgliedern zur Verfügung gestellt. Nicht zuletzt durch diese vereinten Initiativen und Maßnahmen hat BIM in der britischen Wirtschaft einen völlig anderen Stellenwert und Impetus erhalten, als das bisher bei uns der Fall war. Ganz zu schweigen von den gesetzgeberischen Rahmenbedingungen, die die britische Regierung im Kontext BIM seit 2011 geschaffen hat.

Informationen zum RIBA Plan of Work, neue Ausgabe 2020, sowie weitere Erläuterungen und Arbeitsunterlagen können unter www.architecture.com/knowledge-and-resources/resources-landing-page/riba-plan-of-work kostenfrei heruntergeladen werden.

4.5.3.4 BIM-Reifegrade – Wirtschaft fördern und fordern

Die britische Regierung hat ihre Erwartungen hinsichtlich der Fortentwicklung des Marktes bereits frühzeitig in Form vom BIM Maturity Levels (BIM-Reifegrade) formuliert. Darin sind strukturelle und prozessuale Kerngedanken festgehalten.

Dies hat auch Einfluss auf den deutschen Stufenplan gehabt, der inhaltlich sehr ähnliche Fähigkeiten und Kompetenzen aufzeigt. In Großbritannien blieb es nicht beim Plan, sondern daraus wurde ein nationaler Umsetzungsplan entwickelt (Bild 4.2).

- BIM-Level 0: Arbeiten „mit Papier und Bleistift", auch wenn es sich um digitales Papier handelt. CAD mit ausschließlich grafischen Primitiven, keine Objekte (Wand, Fenster etc.),
- BIM-Level 1: Erste Objekte im CAD, vorwiegend auf grafische Darstellung ausgerichtet (2D, 3D). Unstrukturierte Dateiablage (ohne Berücksichtigung inhaltlicher Metadaten),
- BIM-Level 2: Informationsanforderungen, Informationsmodelle (z. B. AIM) und Informationsmanagement, informationscontainerbasierter Informationsaustausch mit Metadaten,
- BIM-Level 3: Datenbankbasiert (informationsmodellbasierter Workflow), Vernetzung von Systemen durch ein ontologiebasiertes Schnittstellenkonzept.

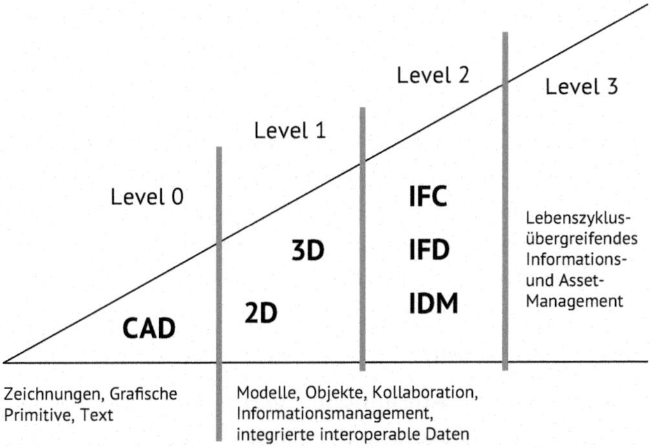

Bild 4.2 Entwicklung von BIM mit steigenden Reifegraden (Level). Vom Zeichenbrett mit Papier und Bleistift (Level 0) bis zum Informationsaustausch mit offenen Standards sieht der britische PAS-Standard 1192-2 die steigende BIM-Kompetenz in Großbritannien. Mit der Strategieentwicklung für Level 3 wurde unter dem Titel „Digital Built Britain" begonnen.

Die britische Wirtschaft erhielt angemessene Zeit, sich auf die anstehenden Veränderungen einzustellen. Klare Zeitvorgaben und Rahmenbedingungen schafften Investitionssicherheit. So wurden die Ziele für Level 2 der britischen Wirtschaft mit fünf Jahren Vorlaufzeit bekanntgegeben. Das Signal der britischen Regierung war unmissverständlich: Es ging um einen fundamentalen Neuanfang, für den große Veränderungen erforderlich waren. Insbesondere das alte Modell – Ausquetschen der Lieferkette durch Anziehen der Preisschraube – würde nicht mehr funktionieren.

Eine sehr beeindruckende Herangehensweise, geprägt von Weitsicht und umfänglichem Willen zur Veränderung, wie wir ihn in Deutschland leider immer noch vermissen.

4.5.3.5 Höhere BIM-Ziele in Großbritannien

Die verpflichtende Einführung von BIM in Großbritannien im Jahre 2016 war eine beachtliche Herausforderung für Unternehmen und öffentliche Hand. Eine Investition, die sich bereits auszahlt und die Grundlage für weitere Fortschritte bei der Digitalisierung der Bauindustrie als Schlüsselindustrie, aber auch anderer Bereiche von Industrie und Gesellschaft legt. Eine neue Regierungsinitiative hat den Horizont von BIM-Level 3 erweitert. Der Paradigmenwechsel geht auch mit einer neuen Namensgebung einher. Das „Centre for Digital Built Britain cdbb" (https://www.cdbb.cam.ac.uk/) treibt die Strategieentwicklung voran. Dieses digital gebaute Britannien schickt sich an, einen „National Digital Twin" zu entwickeln, der alle Informationsinseln durch Web-Technologien vernetzen will. Digitale Systeme für Verkehr, Energie, natürliche und gebaute Umwelt, Sicherheit, Stadtplanung und mehr sollen sukzessive integriert werden. Ziel ist eine ganzheitliche Systemsicht, die über eine projektzentrische Sicht von BIM hinaus geht.

In den Veröffentlichungen ab 2011 wurden immer wieder vier Ziele genannt:

- geringere Kosten (whole life costs)
- schnellere Realisierung (Idee bis Fertigstellung)
- Emissionsreduktion
- Stärkung der Exporte (Verringerung des Außenhandelsdefizits)

Die Verwendung eines Systems (Bauwerk, Stadt, Stoffkreislauf, Verkehr etc.) soll digital erschlossen und vereinigt werden, um aus dem Gesamtsystem bessere Informationsgrundlagen für Entscheidungen zu gewinnen. Wie viel Energie verbraucht oder erzeugt das System „Gebäude", das Wohnviertel, die Stadt? Wie kann man das Gesamtsystem optimieren? Anspruchsvolles Ziel ist es, dem ganzen Land und allen Bürgern die Vorzüge der Digitalisierung zu erschließen und dabei nicht den Pfad des gläsernen Bürgers, sondern den einer Zivilgesellschaft mit Eigentumsrechten an Informationen nach europäischem Vorbild zu beschreiten. Die Briten gehen dieses Ziel entschlossen an und können bereits auf umfangreiche BIM-Erfahrungen zurückgreifen.

4.5.4 BIM in Deutschland – Stufenweise voran

Der deutsche BIM-Stufenplan des Bundesministeriums für Verkehr und digitale Infrastruktur war der erste Aufschlag zur Digitalisierung der Bauwirtschaft. Er war eine Initiative zur Umsetzung des Zehn-Punkte-Plans der Reformkommission Großprojekte. Die Botschaft: „Ab 2020 sollen digitale Methoden wie BIM in der Breite genutzt werden, stellt euch darauf ein!" Zur Einbindung in einen gewohnten Kontext wurde ein Referenzprozess entwickelt (Bild 4.3), der den Bezug zu den Leistungsphasen der Honorarordnung für Architekten und Ingenieure (HOAI) herstellt. Auch Rechtsfragen zu Themen wie HOAI und Vergaberecht in Deutschland wurden bereits geklärt. Nach Bekanntgabe des Stufenplans wurden mit Pilotprojekten sehr gute erste Erfahrungen

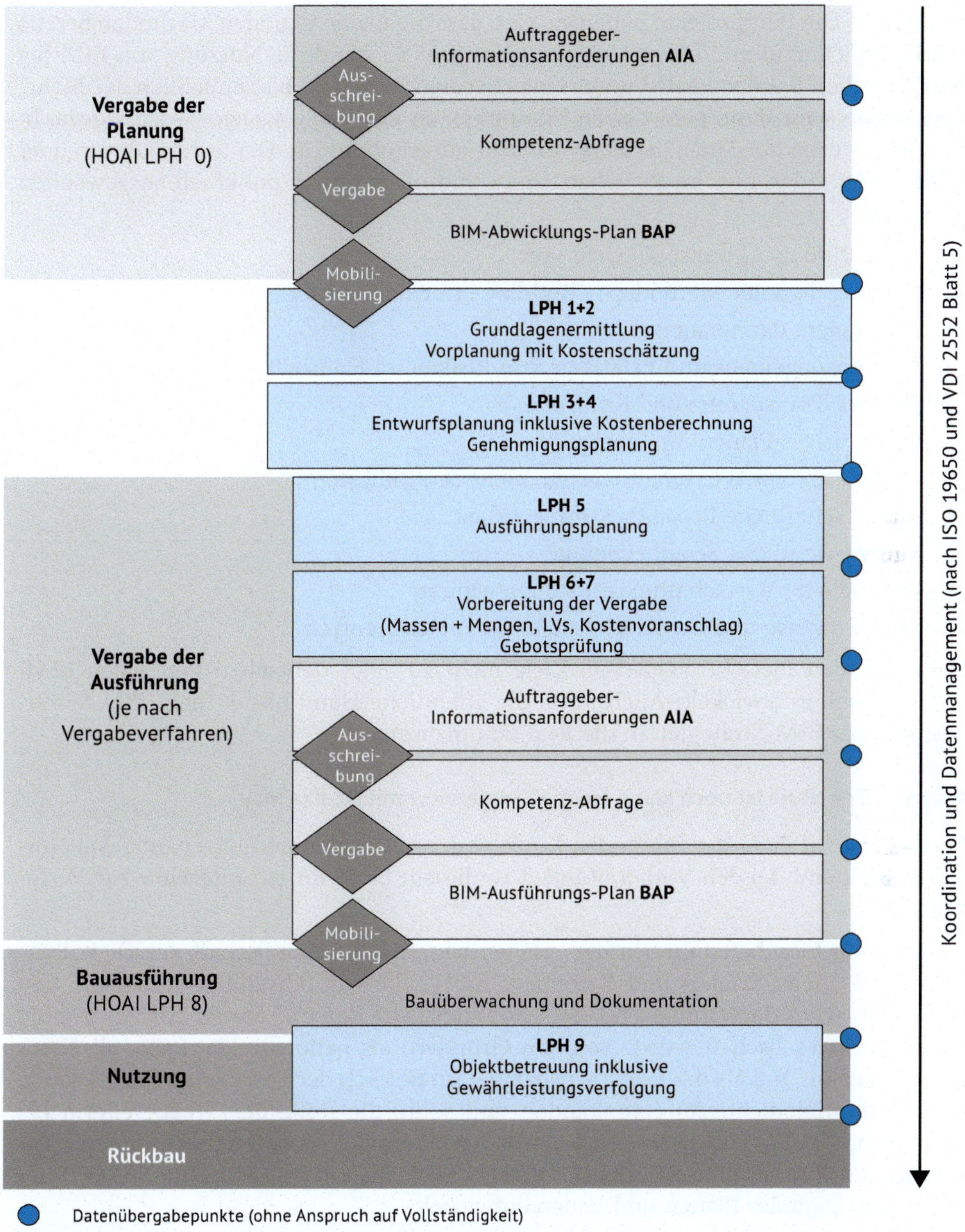

Bild 4.3 Schematische Darstellung des BIM-Referenzprozesses (planen-bauen 4.0 GmbH). Die Kreisdarstellung des Referenzprozesses im Stufenplan („Prozessrad") ist hier zur Übersichtlichkeit linear abgerollt wiedergegeben. Dargestellt sind der BIM-Referenzprozess und zugeordnete HOAI-Leistungsphasen (LPH). Da die HOAI methodenneutral angelegt ist, steht einer Anwendung der BIM-Methodik zumindest nichts im Wege, wenn auch eine explizite Förderung zielführender wäre. HOAI-Leistungen können zeitlich vorgezogen werden, etwa um eine höhere Planungstiefe zu erreichen. Dies ist im Referenzprozess allerdings nicht ausdrücklich dargestellt.

gesammelt. Die Pilotprojekte haben gezeigt, dass die neuen digitalen Methoden bereits praxistauglich sind und einen Mehrwert bringen. So stand die Nutzung von BIM bei der Deutschen Bahn zunächst unter Finanzierungsvorbehalt, bis schließlich der Mehrwert in den vom Bund geförderten Pilotprojekten der Bahn nachgewiesen wurde. In der Folge wurde der Finanzierungsvorbehalt aufgehoben. Die Deutsche Bahn wendet digitale Methoden nun im Regelbetrieb an und nicht nur in punktuell ausgewählten Projekten.

Der Zehn-Punkte-Aktionsplan sieht vor:

1. Nutzung digitaler Methoden – Building Information Modeling
2. Erst planen, dann bauen
3. Risikomanagement und Erfassung von Risiken im Haushalt
4. Stärkere Transparenz und Kontrolle
5. Kooperatives Planen im Team
6. Vergabe an den Wirtschaftlichsten, nicht den Billigsten
7. Partnerschaftliche Projektzusammenarbeit
8. Außergerichtliche Streitbeilegung
9. Verbindliche Wirtschaftlichkeitsuntersuchung
10. Klare Prozesse und Zuständigkeiten/Kompetenzzentren

Leider wurden diese strategischen Ziele nicht zu einer deutschen nationalen BIM-Strategie weiterentwickelt. Auch nutzt die öffentliche Hand bisher nicht ihre Marktposition, um BIM-Strategien in die Realität umzusetzen.

4.5.4.1 „Eine Stufe ist noch keine Treppe" – Interview mit Dr. Ilka May

Dr. Ilka May ist einer der führenden Köpfe in der nationalen und internationalen Normung. Sie stand bei den Vorbereitungen zu diesem Buch für ein Interview zur Verfügung.

Dr. May war Geschäftsführerin der „planen-bauen 4.0 – Gesellschaft zur Digitalisierung des Planens, Bauens und Betreibens mbH", die von führenden Verbänden und Institutionen aus der komplexen Wertschöpfungskette Bau im Februar 2015 gegründet wurde. Die Gesellschaft wurde von den Gründern als nationale Plattform, als Kompetenzzentrum und als der Gesprächspartner im Bereich der Forschung, Regelsetzung und Marktimplementierung verstanden und sollte die Rolle der Wegbereiterin bei Einführung von BIM übernehmen. Innerhalb von nur vier Monaten (!) wurde unter der Leitung des Bundesministeriums für Verkehr und Digitale Infrastruktur (BMVI) der Stufenplan Digitales Planen und Bauen entwickelt.

„Das war schon ein toller Erfolg", so Dr. Ilka May im Rückblick auf das Jahr 2015. „Unsere Idee war, dass der Stufenplan allen Beteiligten des Sektors eine gemeinsame Richtlinie des Handelns, der Investitionen und der Entwicklungen vorgeben sollte. Teilweise hat das auch funktioniert." Manche Dinge seien aber auch anders gekommen als gedacht.

Bis heute habe der Stufenplan nur eine Stufe und befasse sich lediglich mit den Phasen Planen und Bauen. Dabei definiere der Stufenplan selber BIM als eine Methodik, die sich mit dem gesamten Lebenszyklus eines Bauwerks befasst. May: „Für den Betrieb von Bauwerken und Anlagen, die Nutzung digitaler Daten zur Optimierung der Leistungsfähigkeit und der Nachhaltigkeit der bebauten Umwelt, zu „Feedback Loops" und Datenintegration oder zum Ausschöpfen des Potenzials von Digitalen Zwillingen eines Anlagenbestands gibt es keinen strategischen Stufenplan. Dementsprechend gibt es auch keine Entwicklungs- und Investitionsstrategie und keine gezielte Zusammenführung von Smart-City-Standards mit den digitalen Standards des Planen und Bauens, um nur einige Versäumnisse aufzuzeigen." Hier läge eine Gefahr, die größer sei als nur eine verpasste Chance, so Dr. May. „Die Umstellung auf BIM kostet Geld. Dies merken sowohl Auftraggeber als auch Bauherren, die sich u. a. plötzlich vor der Aufgabe sehen, eine Gemeinsame Datenumgebung, eine CDE, bereitzustellen. Dies merken aber auch die Architekten, Planer, Baufirmen und alle anderen Teilnehmer der Lieferkette, denn sie müssen in neue Lizenzen, Schulungen und Arbeitsweisen investieren. Wenn wir als Sektor die Digitalisierung nicht zu Ende denken und sie halbherzig einführen, werden wir Kosten generieren, anstatt Wert zu schaffen. Dann erreichen wir das Gegenteil dessen, was wir uns vorgenommen haben. So ist es beispielsweise nicht wertschöpfend, BIM nur an einigen Projekten einzuführen, das Gros des Portfolios aber weiterhin „traditionell" abzuwickeln. Die Frage ist nicht, „wie viele Projekte machen BIM?", sondern „wie viel BIM steckt in jedem Projekt?" Wenn die kooperative Arbeitsweise der neue Standard ist, warum dann nicht immer und an allen Projekten? Wenn die Idee von BIM ist, die richtige Menge und Detailtiefe von Informationen zu einem bestimmten Zeitpunkt zu generieren, warum dann nicht grundsätzlich, sondern nur an ausgewählten Projekten?"

Die von Dr. May aufgeworfenen Fragen wurden in Großbritannien längst beantwortet. Sie haben zu nachhaltigen, verlässlichen Rahmenbedingungen und entsprechenden Investitionen geführt. Nicht zuletzt darauf aufbauend wird die nächste Stufe der Digitalisierung mit dem staatlich geförderten Programm „Digital Built Britain" genauso konsequent in Angriff genommen. Damit zeigt Großbritannien erneut, wie unter staatlicher Lenkung gesamtwirtschaftliche Innovationen umgesetzt werden.

Die bisherigen deutschen Maßnahmen haben keinen regulatorischen Charakter, sondern wollen mit punktuellen Ansätzen Anreize schaffen. Bisher nutzt die öffentliche Hand als marktbeherrschender Auftraggeber seine Möglichkeiten nicht aus.

4.5.4.2 BIM Deutschland – Zentrum für die Digitalisierung des Bauwesens

Die gewünschte Fortsetzung des Stufenplans verlangt den intensivierten Einsatz digitaler Methoden in Deutschland. Dieser soll durch „BIM Deutschland – Zentrum für die Digitalisierung des Bauwesens" (https://bimdeutschland.de) verstärkt unterstützt werden. Was zunächst infolge des Stufenplans hauptsächlich im Infrastrukturbau begann, soll auf den Hochbau stärker ausgedehnt werden. Hierzu gab es 2017 einen Erlass, der für Hochbauprojekte des Bundes eine Prüfung hinsichtlich der Eignung digitaler Methoden und BIM vorsieht.

BIM Deutschland wurde vom Bundesministerium für Verkehr und Digitale Infrastruktur (BMVI) und vom Bundesministerium des Innern, für Bau und Heimat (BMI) initiiert. Mit der Umsetzung wurde ein Konsortium von 19 Partnern unter Führung der planen-bauen 4.0 GmbH (https://planen-bauen40.de) beauftragt, das von beiden Ministerien finanziert wird.

BIM für den Mittelstand

Ziel ist die Förderung der BIM-Anwendung bei deutschen Bauunternehmen und Planungsbüros. Auch kleine und mittelständische Unternehmen sollen in der Anwendung einer modellorientierten modellbasierten Arbeitsweise unterstützt werden. Es gilt, den BIM-Einsatz so konkret zu fassen, dass auch diese Unternehmen in der Lage sind, im Rahmen von Ausschreibungen auf Austausch-Informationsanforderungen AIA zu reagieren. Dazu müssen sie wissen, in welchen Detaillierungsgraden Modelle erstellt werden sollen und welches Bauteil welche Eigenschaften im Modell erhalten soll. Im Projekt BIM4INFRA wurden beispielhaft eine Reihe von Anwendungsfällen für verschiedene Leistungsphasen eines Projekts entwickelt und veröffentlicht. Sie lehnen sich an die HOAI-Phasen an.

DIN BIM Cloud (www.din-bim-cloud.de)

Die von BIM Deutschland entwickelte DIN BIM Cloud ist verfügbar und stellt ausschreibenden Stellen ein Werkzeug zur Verfügung, mit dem konkrete Informationsanforderungen formuliert werden können.

Die BIM Content-Bibliothek enthält Daten aus dem Standardleistungsbuch für das Bauwesen (StLB-Bau – Dynamische BauDaten) und aus der BIM-Klassifikation nach StLB-Bau (DIN SPEC 91400). Diese können konfiguriert und als AIA in eigene Ausschreibungen integriert werden. Zudem ist sie mit anderen externen Klassifikationen wie der DIN 276 (Kosten im Bauwesen) und die in der DIN EN ISO 16739 beschriebenen Industry Foundation Classes (IFC) verknüpft.

Die umfangreiche Bibiliothek enthält Bauteiltypen und ihre Merkmale. Ein grosser Fortschritt für die Datenintegration ist hierbei die Festlegung global gültiger IDs für jeden Bauteiltyp und jedes Bauteilmerkmal. Das schafft Eindeutigkeit über Anwendungsgrenzen hinweg. Die DIN BIM Cloud unterstützt den standardisierten Datenaustausch. Je nach Anwendungsfall lassen sich die Inhalte dabei einfach per Copy-and-Paste oder über den DBD-BIM-Konfigurator in beliebigen Anwendungssystemen verwenden. So können beispielweise Entwurfsverfasser und Kostenplaner Informationen standardisiert zwischen beliebigen Softwareanwendungen austauschen und verarbeiten. Sie stellt Informationen zu Bauteilgruppen und Bauteilen bereit und ist mit Software verschiedener Hersteller anwendbar.

Geplant sind weitere Muster-AIA, die auf Basis einer Leistungsphase und des Projekttyps konfiguriert werden können und dann etwa für eine Straßenbrücke in der Leistungsphase 3 die Informationsanforderungen enthalten.

BIM in der öffentlichen Verwaltung

Auch die Bauverwaltungen müssen in diese Richtung geschult werden, denn als Auftraggeber müssen sie nun AIA erstellen und entsprechende Informationslieferleistungen prüfen können. Dieser Weg soll in Deutschland weiter beschritten werden. Deutsche Behörden sind jedoch personell und IT-technisch derzeit nicht flächendeckend in der Lage, Bauanträge digital zu bearbeiten, obwohl die informationstechnischen Konzepte vorliegen (siehe Abschnitt „Der digitale Bauantrag"). Deutschland steht daher nach wie vor noch am Anfang der BIM-Einführung, auch, wenn die Zeitmarke von Schritt 1 des Stufenplans bereits erreicht ist.

Das angestrebte BIM-Portal könnte deutschen Behörden bei der BIM-Umsetzung helfen.

Der digitale Bauantrag

Im Rahmen des Online-Zugangsgesetzes besteht die Zielvorgabe, einen Großteil von Verwaltungsleistungen für den Bürger digital zugänglich zu machen. In Bund und Ländern werden bereits Portale entwickelt, mit denen Bürger Anträge an zuständige Behörden einreichen können. Der IT-Planungsrat hat bereits Datenformate (siehe Abschnitt XÖV) für den Bebauungsplan und einen digitalen Bauantrag entwickelt. Eine bundesweite Einführung bis 2022 wurde beschlossen. Auch die IT-Systeme der Behörden müssen das bis 2022 unterstützen. Damit werden Bauanträge in Zukunft erheblich einfacher zu bearbeiten sein. Ziel ist ein modellbasierter Bauantrag XBau. Damit kann auch die Effizienz in den Behörden erheblich gesteigert werden. Beim modellbasierten Bauantrag können Prüfregelsätze die Anforderungen an den jeweiligen Bauantrag größtenteils abbilden und eine Vorprüfung teilautomatisiert vornehmen. Dadurch können Prüfer digital unterstützt und Bearbeitungszeiten für Bauanträge erheblich verkürzt werden.

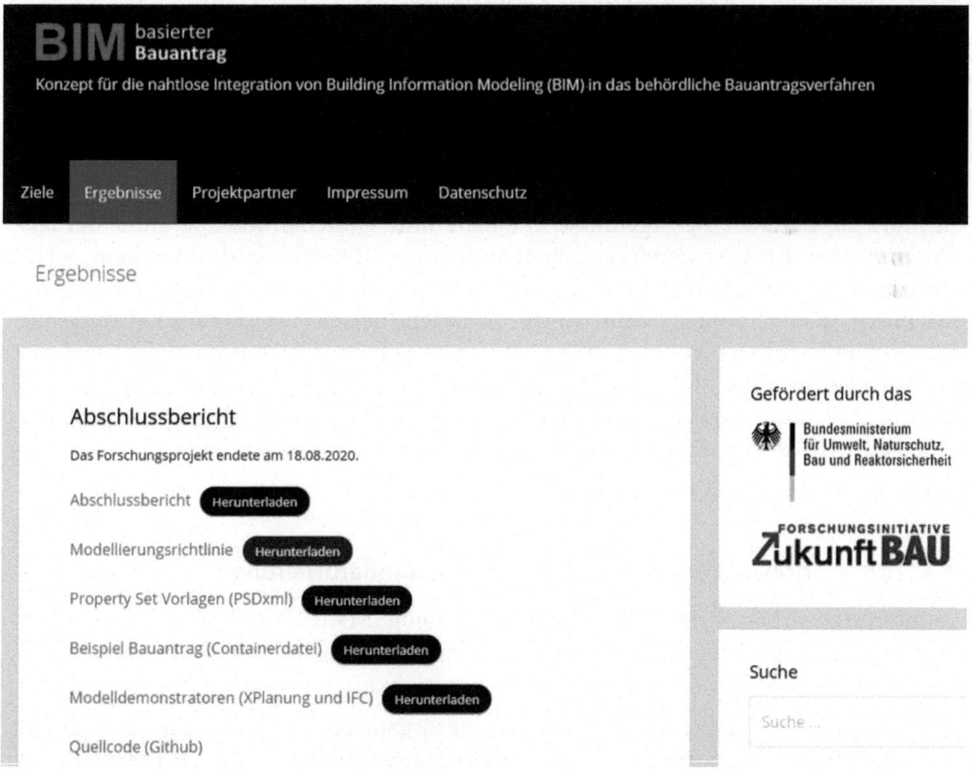

Bild 4.4 Auf der Webseite des Projekts BIM-basierter Bauantrag stehen Projektergebnisse zum Download zur Verfügung. Neben einer beispielhaften Modellierungsrichtlinie finden sich dort Vorlagen für die Eigenschaften von Modellelementen (Property-Set-Vorlagen) und ein digitaler Bauantrag (Beispiel).

Im Forschungsprojekt „BIM-basierter Bauantrag"[25] wurde die Nutzung von BIM-Modellen im Rahmen von bauordnungsrechtlichen Verwaltungsverfahren, insbesondere dem Bauantragsverfahren, analysiert. Zudem wird untersucht, welche Mehrwerte und Effizienzgewinne sich auf behördlicher Seite aus der Nutzung von BIM-Modellen ergeben können bzw. welche Hindernisse und zusätzlichen Anforderungen dem entgegenstehen. In Zusammenarbeit mit den relevanten Berufsverbänden der Bauantragsteller wurden Vorgaben zur zweckmäßigen Informationstiefe (3D-Geometrie, alphanumerische Daten etc.) aufgestellt und bzgl. des Erstellungsaufwands bewertet. Die betrachteten Austauschszenarien wurden auf Basis der ISO 29481 (siehe Kapitel 4 Standards, Abschnitt Informationslieferhandbuch) beschrieben und die zugehörigen Daten auf Basis von Model View Definitions MVD formal und prüfbar spezifiziert.

Das Projekt wurde im August 2020 abgeschlossen, die Ergebnisse stehen unter www.bimbauantrag.de zur Verfügung (Bild 4.4). Das Projekt BIM-Bauantrag wird im MBO2BIM-Projekt [28] weitergeführt. Ziel ist die Digitalisierung der Musterbauordnung (MBO) und deren Aufbereitung für BIM-basierte Prüfwerkzeuge. Die Ruhruniversität Bochum führt die entsprechenden Analysen und Vorbereitungen für eine digitale Prüfung durch [29].

4.5.4.3 Datenbank und Merkmalserver der BIM Allianz e.V.

Die BIM Allianz ist ein Verband der planenden und objektüberwachenden Architekten (gegründet 2019). In Arbeitskreisen wurde den Fragen nachgegangen, wann welche BIM-basierte Architektenleistung erbracht wird, ob diese im Sinne der HOAI eine „Grundleistung" oder eine „Besondere Leistung" darstellt und welche Merkmale und Modellelemente dafür erstellt und gepflegt werden müssen.

Seit März 2022 stehen die Ergebnisse in einem umfangreichen Katalog unter Berücksichtigung von BIM-Anwendungsfällen und Open-BIM-Standards in einem (nach Registrierung) frei zugänglichen Merkmalserver zur Verfügung. Positionspapiere zur BIM-Praxis stehen ebenfalls zum Download bereit, beispielsweise zum Leistungsbild BIM-Gesamtkoordination. Die Inhalte können projektspezifisch konfiguriert und heruntergeladen werden. Planer und Auftraggeber haben hier die Möglichkeit, gemeinsam BIM-Ziele und -Anwendungsfälle zu erarbeiten und vertragstypische AIA gemeinsam zu entwickeln und zur Vertragsgestaltung in einem BAP zu nutzen.

www.bim-allianz.de und https://datenbank.bim-allianz.de

4.5.5 Internationale Zusammenarbeit bei der Standardisierung

Die Interessenverbände der Wirtschaft, wie buildingSMART International oder OGC und W3C, sind aus ihren Ursprüngen heraus international aufgestellt und haben teilweise sehr unabhängige nationale Unterorganisationen.

Aber auch die öffentlich-rechtlichen Normungsorganisationen sind international eng vernetzt (Bild 4.5). Die europäische Normungsorganisation CEN und die internationale Normungsorganisation ISO arbeiten oft eng in gemeinsamen Ausschüssen zusammen.

---

25) Gefördert durch das Bundesministerium für Umwelt, Naturschutz, Bau und Reaktorsicherheit, Forschungsinitiative Zukunft Bau. www.bimbauantrag.de

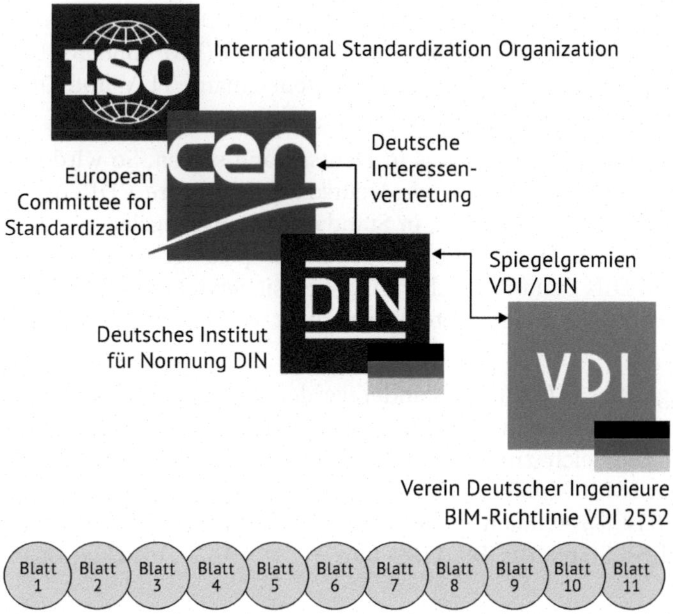

Bild 4.5 Gremien zur Entwicklung nationaler, europäischer und internationaler Normen. Delegierte aus den nationalen Standardisierungsorganisationen entwickeln gemeinsam ISO-Normen.

Diese technische Zusammenarbeit geschieht gemäß der sogenannten Wiener Vereinbarung[26]. Sie hat zum Ziel, durch geeignete Abstimmungsverfahren die gleichzeitige Anerkennung als internationale und als europäische Norm zu erreichen. Durch Zusammenlegung der Gremien wird eine Reduzierung des Arbeitsaufwandes erreicht, denn die Entwicklung von Normen ist sehr aufwendig, langwierig und kostspielig.

Im BIM-Bereich wurde 2018 die internationale BIM-Norm ISO 19650 [30] in gemeinsamen Ausschüssen[27] von ISO und CEN entwickelt. Abgesandte aus den nationalen Normungsorganisationen nahmen an den gemeinsamen Sitzungen der CEN teil, um nationale Interessen zu vertreten. Jedes Land darf eine bestimmte Anzahl Delegierte in die CEN/ISO-Arbeitsgruppen entsenden. Mitglieder der DIN-Arbeitsgruppen wirken als deutsche Delegierte in den ISO/CEN-Arbeitsgruppen mit. Deutschland schöpft derzeit allerdings sein Kontingent bei Weitem nicht aus. Das liegt unter anderem daran, dass das Thema Standardisierung komplett der Privatwirtschaft überlassen wird. Das können sich mittelständische Unternehmen zeitlich und finanziell nicht leisten, doch gerade sie hätten einen wertvollen Beitrag zur Normenentwicklung beizutragen. Die britischen Kollegen bekommen ihre Reisekosten dagegen von ihrer Normungsorganisation vergütet. Das geschäftstüchtige British Standards Institute BSI verfügt mit Trainings, Zertifizierungen und Zulassungsprüfungen über weitaus solidere Einnahmequellen als das deutsche DIN. Die British Standards Institution bsi entwickelte beispielsweise das Kitemark Certificate für BIM-Software. In einem tiefgreifenden Assessment-Prozess werden zum Beispiel Gemeinsame Datenumgebungen CDE auf Einhaltung von BIM-Standards wie der ISO 19650, der DIN SPEC 91391 und der Si-

26) Wiener Vereinbarung, 1991 zwischen CEN und ISO Executive Board

27) Workgroup 13: ISO/TC 059/SC 13/WG 13 “Implementation of collaborative working over the asset lifecycle” https://isotc.iso.org/livelink/livelink/open/tc59sc13wg13

cherheitskriterien von Data Centers und der Datenhaltung geprüft. Die Oracle Aconex CDE erhielt 2021 als weltweit erste CDE das bsi Kitemark Siegel (KM 755893). Ein wirtschaftlich tragfähiges Konstrukt – als würde man in Deutschland TÜV und DIN zu einer Organisation vereinen.

Leider ist das nicht das einzige Bein, das wir uns in Deutschland stellen. So wird die deutsche BIM-Richtlinie VDI 2552 zwar im Verein Deutscher Ingenieure VDI entwickelt, aber ausschließlich DIN darf Deutschland in Standardisierungsangelegenheiten auf internationaler Bühne vertreten. Daher gibt es sogenannte Spiegelgremien, die als Bindeglied zwischen VDI und DIN den inhaltlichen Abgleich sicherstellen sollen. Teilweise kann das durch Mitglieder wie den Autor überbrückt werden, die in beiden Organisationen tätig sind.

Aufgrund von Vereinbarungen der EU-Mitgliedsländer werden die europäischen CEN-Normen von den CEN-Mitgliedsstaaten in nationale Normen umgesetzt. Abweichende nationale Normen müssen zeitgleich zurückgezogen werden. Mit Inkrafttreten des internationalen BIM-Standards ISO 19650 im Jahr 2018 ist eine solche Situation eingetreten, denn die ISO 19650 ist ja zeitgleich als ISO/CEN-Standard entwickelt worden. Daher mussten die britischen Standards BS 1192 und PAS 1192-2 zurückgezogen werden.

Schaut man sich bereits in Kraft getretene europäische BIM-Normen an, zeigen sich die unterschiedlichen nationalen Sichtweisen. Während in Skandinavien auf offene Formate, beispielsweise IFC, gesetzt wird, ist in der österreichischen BIM-ÖNorm A 6241 der Bezug auf herstellerspezifische Formate wie DWG durchaus salonfähig. Eine Vorstellung, die in einer deutschen Richtlinie so nicht denkbar wäre.

Keine der nationalen Standardisierungs-Organisationen möchte allerdings auf ihre eigene Sichtweise verzichten. Daher bleibt auf ISO-Ebene manchmal nur ein kleinster gemeinsamer Nenner, um auf den nationalen Ebenen genügend Spielraum für eigene Detaillierungen zu lassen.

Eine weitere Möglichkeit zur nationalen Ausgestaltung sind nationale Anhänge zur ISO. Die ISO 19650 enthält dementsprechend im Anhang einige Erläuterungen und Auslegungen zu nationalen Besonderheiten. So haben die Briten einen nationalen Annex hinzugefügt, der speziell die Benennung von Informationscontainern regelt. Streng genommen könnte man dies als einen Widerspruch zum Ziel von Standardisierung werten, einen einheitlichen Wirtschaftsraum mit gleichen Rahmenbedingungen zu schaffen.

4.6 Welche Arten von BIM-Standards gibt es?

Grundsätzlich konzentrieren sich BIM-Standards auf zwei Themenbereiche:

- Standards für Modellinhalte (Abschnitt 4.7) und
- Standards für das Informationsmanagement (Abschnitt 4.8).

Daneben gibt es themenübergreifende BIM-Standards (Abschnitt 4.9), die beide Gebiete abdecken. Hierzu zählen Richtlinienreihen, wie die Britische BS/PAS 1192-Reihe (Abschnitt 4.9.1) oder die deutsche VDI 2552 BIM-Richtlinienreihe (Abschnitt 4.9.3).

4.6.1 Offene Standards

Ein Standard ist per se offen – sonst wäre es kein Standard. Wenn man im Bereich der Modellstandards von „Offenen Standards" spricht, meint man daher das Gegenteil von **herstellereigenen** („proprietären", d. h. im Besitz eines Herstellers befindlichen) Formaten. Da diese proprietären Formate nicht offengelegt sind, nämlich durch eine Standardisierung, sind sie eng an eine Hersteller-Software gekoppelt, denn diese Formate sind das „native", d. h. ureigenste, Format dieser Software. Die Kundenbindung an die Software des Herstellers basiert daher in diesem Fall zum Teil auf (legitimen) Geschäftsgeheimnissen, denn andere Hersteller können diese Formate nicht – oder nur mit Hindernissen – nutzen.

Auf der anderen Seite steckt in Daten eine Menge Arbeit und Wissen. Sie sind das höchste Gut eines Anwenders bzw. eines Unternehmens. Das Vertrauen in einen Software-Hersteller muss daher sehr groß sein, wenn man seinen größten Schatz in dessen Hände legt und ihm allein die Zugriffsmöglichkeit auf die eigenen Daten anvertraut.

Vertreter von Geschäftsmodellen, die auf der Kontrolle des Zugangs zu Informationen beruhen, fallen zumindest nicht als Förderer von offenen Modellstandards auf. Oft wird befürchtet, die Unterstützung offener Standards könnte eine Fluktuation der Kunden in Richtung eines Mitbewerbers bewirken.

Manche halten diese Einschätzung zwar für kurzsichtig, Protagonisten des offenen Ansatzes argumentieren jedoch, dass sich durch einen unbehinderten Informationsaustausch das Marktvolumen insgesamt vergrößern würde. Die Summe aller geschlossenen „Silo-Lösungen" sei demnach weitaus kleiner als das Marktpotenzial in einem offenen Umfeld, das auch bisher zurückhaltende potenzielle Anwender zur Teilnahme und damit zu Investitionen ermutigen könne.

Offene Standards sind gar nicht so selten wie man meinen möchte. Die innere Struktur und Codierung der folgenden Formate ist offengelegt und allgemein zugänglich.

HTML, PDF, DOCX, XLSX, PPTX, ODT, ODS, ODP, IFC, PNG, GIF, MP3, CSV und ZIP. Sie begegnen uns regelmäßig im Alltag, ohne dass uns bewusst ist, mit offenen, d. h. herstellerneutralen, Formaten zu arbeiten, auch wenn wir häufig bestimmte Hersteller mit ihnen verbinden.

Pragmatische Koexistenz

Es geht ohnehin nicht um ein Entweder-Oder. Offene und geschlossene, d. h. native, Formate haben beide ihre Berechtigung, jedes an seiner Stelle.

Offene Modellstandards öffnen die Projektteilnahme für alle, unabhängig vom eingesetzten Software-Produkt. Die Auswahl der Projektteilnehmer kann daher vorwiegend nach deren Qualifikation geschehen und nicht nach der Software, die ein Projektpartner einsetzt. Native Formate bieten dort Vorteile, wo eine Gruppe, zum Beispiel innerhalb eines Teams, mit den gleichen Werkzeugen eines Herstellers arbeitet. Offene Formate unterstützen daher sogar die Entscheidung, einem Software-Hersteller „treu" zu bleiben, denn über offene Formate kann man trotzdem mit anderen Projektteilnehmern zusammenarbeiten, selbst wenn sie andere Software-Produkte verwenden. Die Entscheidung Open-BIM oder Closed-BIM ist also eine pragmatische und keine dogmatische Entscheidung, wie wir später noch im Praxiskapitel sehen werden.

Im Zuge von BIM gewinnt das Denken über den eigenen Tellerrand hinaus an Bedeutung. Informationen müssen einen Zweck erfüllen. Sie müssen informierte Entscheidungen ermöglichen, auch über das eigene Fachgebiet und Projekt sowie die eigene Leistungsphase hinaus. Informationen müssen vom Empfänger verstanden werden, nicht nur vom Informationsersteller. Inzwischen haben das besonders diejenigen, denen die reibungslose Zusammenarbeit aller Anwender am Herzen liegt, verstanden. Software ist oft nur so viel wert wie ihre Fähigkeit, nahtlose Zusammenarbeit mit anderen Projektteilnehmern zu ermöglichen.

4.6.2 Standards für die Modellinhalte

Diese Standards haben den technisch verlustfreien Austausch von Informationen zwischen den Projektbeteiligten im Fokus. Hierbei werden die technischen Aspekte der Zusammenarbeit, wie Datenformate und Schnittstellen, in den Vordergrund gestellt. Standards für den Datenaustausch, beispielsweise für den Austausch von Modelldaten, bilden die technische Grundlage dafür, dass eine Zusammenarbeit überhaupt stattfinden kann. Ein späterer Modelldatenaustausch mit Projektpartnern muss schon bei der Modellerstellung in jedem einzelnen Team von vornherein berücksichtigt werden, wenn im Projektverlauf das regelmäßige Zusammenfügen von separat erstellten Teilmodellen der einzelnen Teams gelingen soll.

Modellierungsstandards sind eine Untergruppe von Datenaustauschstandards. Bei ihnen geht es um die Beschreibung von Modellen mit bestimmten fachlichen Inhalten. So kann man beispielsweise mit GAEB (Abschnitt 4.7.7) Ausschreibungen und Angebote digital modellieren, mit BCF Fehler beschreiben (Abschnitt 4.7.3) und mit BPMN (siehe Kapitel 3 Informationsmanagement, Abschnitt BPMN) Workflows darstellen. Alle drei genannten Standards besitzen keine Geometrieelemente, stellen aber gelegentlich – wie beispielsweise BPMN – Symbole (Notationen) zur grafischen Modellierung zur Verfügung. Die jeweiligen Modellierungsstandards liefern quasi einen Baukasten, mit dem man Modelle beschreiben kann. Diese Bauanleitungen für Modelle enthalten neben dem reinen Modellschema (siehe Kapitel 2 Modelle) oft auch „Best Practices", also empfohlene Vorgehensweisen, wie dieser Baukasten sinnvoll zu verwenden ist.

Der Standard für Gebäudemodelle, die ISO 16739 „Industry Foundation Classes IFC", ist ein bekannter Vertreter dieser Gattung.

4.6.3 Standards für das Informationsmanagement

Diese Standards kümmern sich um die Spezifikation von Workflows bei der Zusammenarbeit in BIM-Projekten.

Die DIN SPEC 91391-1 [31] definiert einen Workflow als

> *Abfolge von Aktivitäten zur Erreichung eines Ziels, das beispielsweise von einem Anwendungsfall (Use Case) vorgegeben wird,*

und merkt an, dass prozessbeteiligte Akteure oder Systeme diese Aktivitäten durchführen und dabei Informationen erstellen oder ändern. Nach Erreichen des Ziels liefert der Workflow das Ergebnis an die aufrufende Instanz, beispielsweise das Projektmanagement, zurück.

Workflows beschränken sich entweder auf Abläufe innerhalb eines Projekts oder blicken über Phasen- und Projektgrenzen hinaus auf die gesamte Zeitachse im Lebenszyklus eines Bauwerks. Es werden entweder bestimmte Aktivitäten, wie die Spezifikation von Informationsanforderungen oder Liefer- und Prüfaktivitäten beleuchtet oder auch ganzheitliche Betrachtungen eines phasenübergreifenden Informationsmanagements angestellt. Es geht hier also in erster Linie um die Organisation der Zusammenarbeit wie Ermittlung, Weitergabe und Einhaltung von Anforderungen, die Umsetzung von Workflows und die Festlegung von Verantwortlichkeiten und nicht um konkrete technische Umsetzungen, wie etwa Datenaustauschformate.

Die ISO 19650 „BIM-Informationsmanagement“ (siehe Abschnitt ISO 19650) betrachtet BIM beispielsweise aus diesem ganzheitlichen prozessualen Blickwinkel.

4.6.4 Ganzheitliche BIM-Standards

BIM kann unter prozessualen, technischen, Modellierungs- und weiteren Aspekten gesehen werden. Einige Standards lassen sich überwiegend einem dieser Aspekte zuordnen, aber natürlich gibt es auch bei Standards kein lupenreines Entweder-Oder. Auch wenn ein Thema, zum Beispiel bestimmte Aktivitäten eines Workflows, im Vordergrund steht, gibt es verbindende Schnittstellen zwischen vorwiegend prozessualen und vorwiegend modellierungsbezogenen Standards. Diese Verbindungspunkte befinden sich dort, wo entweder Modellierungsstandards auch prozessuale Elemente enthalten oder Workflow-Standards auf Modelleigenschaften oder -anforderungen verweisen. So hat der Modellierungsstandard IFC auch Elemente für Akteure, Aktivitäten und Prozesse, obwohl er eigentlich die Modellierung von Gebäuden zum Inhalt hat, und der Informationsmanagement-Standard ISO 19650 fordert die Kenntlichmachung von Inhalten durch Nutzung von Klassifikationssystemen, obwohl Inhalte vom Informationsmanagement eigentlich als Abstraktum behandelt werden. Es gilt also, nur so viel wie nötig vom jeweils anderen Themengebiet zu kennen, um die Schnittstellen richtig bedienen zu können, ohne sich jedoch die Komplexität der anderen Seite aufzubürden.

Durch diese expliziten, teilweise aber auch nur verdeckten Beziehungen zwischen BIM-Standards wird aus dem Bündel von Einzelstandards ein vernetztes konsistentes Normengerüst. Es erstreckt sich von der technisch-operativen Umsetzung über die Organisation von Betriebs- und Projektabläufen bis zur Unterstützung von Unternehmensstrategien.

Die VDI BIM-Richtlinie 2552 lässt sich dieser übergreifenden Kategorie zuordnen. Die Blätter der VDI 2552 decken das gesamte Spektrum vom prozessualen Ansatz bis zum Modellierungsansatz ab und schließen sogar noch weitere Aspekte, wie BIM-Ausbildung und -Qualifizierung mit ein.

4.7 Standards für Modellinhalte

Ein vernetzter Workflow und eine gemeinsame Erstellung von Informationen kann nur gelingen, wenn die Prozessteilnehmer die kommunizierten Inhalte gegenseitig verstehen und nutzen können. Diese gemeinsame Basis zu schaffen, ist der Sinn von Standards für Modellinformationen. Standardisierte Modellinhalte sind die Grundvoraussetzung dafür, dass die Prozesse des Informationsmanagements (Abschnitt Standards für das Informationsmanagement) überhaupt funktionieren können. Erst diese Basis ermöglicht den Datenaustausch und die Datenintegration von Modelldaten der unterschiedlichsten Projektteilnehmer mit deren unterschiedlichen Software-Werkzeugen.

Der wohl bekannteste offene Modellierungsstandard ist IFC, die Industry Foundation Classes. Er wird vorwiegend im Hochbau eingesetzt. Doch auch Stadt, Land und Infrastrukturen kommen bei der Modellierung nicht zu kurz, wie cityGML, LandXML, OKSTRA und andere Modellierungsstandards zeigen. Dazu kommen weitere, die sich der Klassifikation von Produkten, der Energiesimulation und der Ausschreibung, Vergabe und Abrechnung annehmen. Die wichtigsten werden wir anschließend näher kennenlernen.

4.7.1 Industry Foundation Classes IFC – ISO 16739

Die internationale Organisation buildingSMART begann in den 1990er-Jahren, ein Modellschema zu entwickeln, mit dem Bauwerke beschrieben werden können. Es wurde zunächst auf dem heute noch im Maschinenbau verwendeten „STandard for the Exchange of Product Modell Data", kurz STEP, aufgebaut. Schon der Name deutet an, dass es damals um den Datenaustausch zwischen Anwendungen, in erster Linie CAD-Anwendungen, ging. Dafür musste ein Produkt, im Falle der Bauindustrie also ein Bauwerk, in all seinen Einzelheiten und Funktionen softwareneutral beschrieben werden. Um spezifische Bedürfnisse bei der Modellierung besser berücksichtigen zu können, haben sich die Wege von Maschinenbau und Bauindustrie getrennt. Daraus sind die Industry Foundation Classes IFC hervorgegangen. Nach drei Jahrzehnten weltumspannender, in der Regel ehrenamtlicher und durch Mitgliedsbeiträge finanzierter Entwicklungsarbeit ist ein ausgereifter internationaler Standard entstanden.

Die Industry Foundation Classes IFC sind ein offenes und international standardisiertes Datenmodell zur Beschreibung von Bauwerken. Mit IFC ist ein softwareherstellerneutraler Austausch von digitalen Gebäudemodellen möglich. IFC bildet damit einen wichtigen Baustein bei der Umsetzung von Open-BIM. Die Struktur von IFC gliedert sich in fachspezifische und übergeordnete Elemente und erhebt den Anspruch, alle wesentlichen Disziplinen, die im Lebenszyklus eines Gebäudes eine Rolle spielen, abzudecken. Durch diese disziplinübergreifende Ausrichtung ist IFC ebenso auch ein Instrument zur Umsetzung des BIG-BIM-Gedankens (siehe little bim und BIG BIM).

Die Industry Foundation Classes liegen aktuell in der Version IFC4 auch als deutsche Norm DIN EN ISO 16739 vor [32]. IFC 4 wird, wie auch schon die Vorgängerversionen, bereits von vielen Software-Herstellern unterstützt. buildingSMART hat ein Zertifizierungsprogramm zur Prüfung der IFC-Konformität von Software entwickelt. Alle für den BIM-Datenaustausch relevanten Software-Produkte sind für die – bisher noch überwiegend verwendete – Version IFC 2x3 zertifiziert. IFC 4 bringt wesentliche Neuerungen (siehe Abschnitt 4.7.1.15) und komplexere Prüfungen. Aufgrund des hohen Auswandes für diese Prüfung steht eine IFC 4-Zertifizierung daher bei vielen Software-Produkten bis heute vielfach noch aus, obwohl diese IFC 4 bereits unterstützen.

4.7.1.1 IFC – eine lange Geschichte kurz erzählt …

Bereits in den 1970er-Jahren wurde auf Initiative des US-Verteidigungsministeriums und des Dachverbands der deutschen Automobilindustrie die Entwicklung durchgängiger Schnittstellen zwischen CAD-Anwendungen unterschiedlicher Hersteller vorangetrieben. Ziel war ein verlustfreier Austausch von Geometriedaten zwischen den Systemen. Hieraus entstand in den 1980er-Jahren ein umfangreiches Standardisierungsrahmenwerk, der STandard for the Exchange of Product model data STEP. Wie der Name schon impliziert, ging es um den Austausch von Produktdatenmodellen, also digitalen Produktmodellen. Der Ansatz einer standardisierten Beschreibung von Produkten aller Art, also von Automobilen über Schiffe, Bauten aller Art und Konsumgütern, war äußerst umfassend. Die damaligen technischen Komitees bei der ISO erarbeiteten eine Vielzahl von Teilnormen unter Beteiligung einer breiten Allianz verschiedenster Industriezweige. Auf ISO-Ebene kamen umfangreiche Standardisierungen zustande, die heute Grundlage in vielen Bereichen der digitalen modellbasierten Zusammenarbeit sind. Hierzu gehören die Entwicklung von Beschreibungssprachen für Modelle sowie grafische Notationen zur Beschreibung von Modellstrukturen und Beziehungen zwischen Modellelementen und die Entwicklung von Speicherformaten zur Ablage von Modellen in Dateien. Im Rahmen von STEP bildete man einzelne Arbeitspakete (Anwendungsprotokolle, englisch Application Protocol AP), um Produkte und Datenaustauschszenarien einzelner Industriezweige zu bündeln und unabhängig voneinander weiterzuentwickeln. So konnten die Besonderheiten der Objektmodelle für Bohrplattformen, Auto-, Flugzeug- und Schiffsmodelle gebündelt werden und dabei eine übergeordnete, gemeinsame und produktunabhängige Methodik und Infrastruktur für die Beschreibung von Ablage- und Speicherstrukturen genutzt werden.

4.7.1.2 International Alliance for Interoperability – Alleingang der Bauindustrie

Im Jahr 1997 wurde der Fortschritt bei der Standardisierung von Gebäudemodellen seitens vieler Teilnehmer aus der Bauindustrie als zu langsam erachtet. Zur damaligen Zeit war die Bauindustrie einer der Treiber zur Entwicklung der Digitalisierung im Bauwesen. Wie schön wäre es, könnte man dies auch heute noch konstatieren. Aufgrund der damaligen Dynamik und der als zu bürokratisch empfundenen Standardisierungsprozesse der ISO gründete man im Jahre 1995 unter maßgeblicher Beteiligung führender Software-Hersteller, Baufirmen und Ingenieurbüros die International Alliance for Interoperability IAI, heute unter dem Namen „buildingSMART“ bekannt. Dieser internationalen Organisation gehören derzeit 18 nationale Verbände (Chapter), wie beispielsweise buildingSMART Germany, und über 800 Organisationen, Einrichtungen und Firmen an. buildingSMART treibt seit 1997 auf internationaler Ebene die Weiterentwicklung und Standardisierung digitaler Gebäudemodelle und anderer Standards für eine digitale Zusammenarbeit im Bauwesen voran (Bild 4.6). Nach der Abkopplung von den Standardisierungen bei der ISO wurden das bereits innerhalb von STEP entwickelte Gebäudemodell und die darin entwickelten Klassen für Modellelemente zunächst relativ unverändert in die erste Version von IFC übernommen. Den Klassennamen aus STEP wurden lediglich die Buchstaben „IFC“ vorangestellt. Seit der ersten IFC-Version werden alle Revisionen, Weiterentwicklungen und Dokumentationen der Öffentlichkeit kostenlos und frei zugänglich auf den Webseiten von buildingSMART zur Verfügung gestellt (Bild 4.7). Dieses förderte die Akzeptanz und Umsetzung

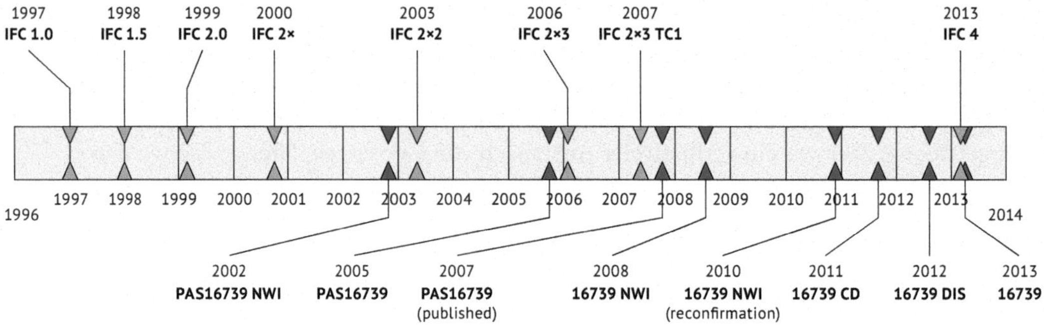

Bild 4.6 Zeitstrahl IFC-Versionsentwicklung. Quelle: buildingSMART

von IFC in Software-Produkten. Heute gibt es über 160 Implementierungen in Form von Software-Lösungen, die offiziell bekannt sind. Da nicht alle Software-Produkte, die IFC im- oder exportieren können, offiziell bei buildingSMART registriert sind, liegt die Zahl vorhandener Implementierungen höchstwahrscheinlich deutlich darüber. Die Industry Foundation Classes haben inzwischen ihren Weg zur ISO zurückgefunden und wurden als ISO-Standard 16739 im Jahre 2013 Bestandteil des internationalen ISO-Normenwerks. Die Offenheit, Unabhängigkeit und internationale Standardisierung von IFC bilden die Grundlage für einen chancengleichen und herstellerunabhängigen Datenaustausch. IFC ist damit bestens für die Verwendung in Vergabe- und Genehmigungsverfahren der öffentlichen Hand geeignet. Daher wird IFC bereits in einigen Ländern, so zum Beispiel einigen skandinavischen Ländern, Großbritannien, den Niederlanden, Singapur und den USA, als rechtsverbindliches Austauschformat vorgeschrieben. In weiteren Ländern wird dies in Erwägung gezogen.

4.7.1.3 Deutschsprachige IFC-Dokumentation

Die Dokumentation aller Elemente der IFC-Schemas ist mittlerweile in mehreren Sprachen verfügbar, so auch in Deutsch. Ein großer Sprung Richtung Akzeptanz, aber auch eine Herausforderung hinsichtlich transnationaler Kompatibilität und Verständigung.

Zu finden in der IFC Specifications Database unter [33] https://standards.buildingsmart.org/IFC/DEV/IFC4_2/FINAL/HTML/. Bild 4.7 zeigt die Dokumentation zum Wandelement *IFCWall.*

Die Übersetzung eines derart umfangreichen Fachvokabulars aus dem Englischen in nationale Sprachen ist keine leichte Aufgabe, denn acht IFC-Fachdomänen mit Hunderten von IFC-Entitäten (Klassen, Bauteilen), Hunderten Aufzählungstypen (*IFCProductTypeEnums*) und Tausenden Eigenschaften (*IFCProperties*) galt es zu übersetzen und auf fachliche Stimmigkeit zu prüfen.

Am Ende stand eine umfassende Qualitätskontrolle durch die fachlich zuständigen Fach- und Projektgruppen, um mit gesicherten deutschen Begriffen weiterarbeiten zu können.

Die Mitarbeit bei der Übersetzung ist sehr erwünscht, ob als Korrekturleser (Proof Reader) oder als Fachübersetzer. Interessenten können sich unter https://translations.buildingsmart.org/ registrieren und beteiligen.

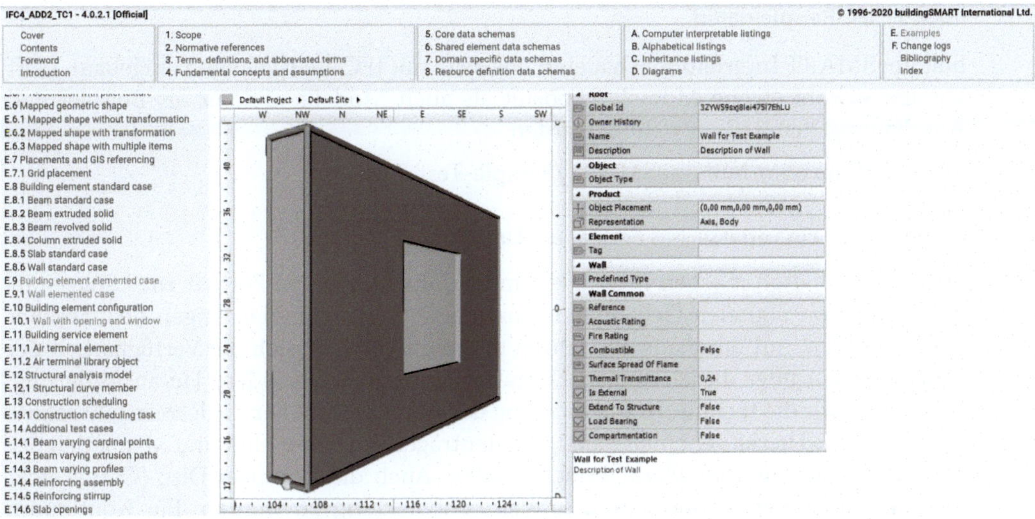

Bild 4.7 Die ausführliche IFC-Dokumentation steht online in mehreren Sprachen, auch in Deutsch, zur Verfügung. Anwendungsbeispiele (hier zu Wandöffnungen und Fenstern) geben Modellierungshinweise. Quelle: standards.buildingsmart.org

4.7.1.4 IFC-Dateiformate

IFC-Daten werden in den in Tabelle 4.1 aufgeführten Formaten ausgetauscht.

Tabelle 4.1 IFC-Dateiformate

Dateiendung	Format
*.IFC	Üblicherweise verwendetes Format bei IFC Export. STEP Physical File (SPF)-Struktur gemäß ISO10303-21. Entspricht der IFC-EXPRESS-Spezifikation.
*.IFCXML	XML Dokumentstruktur. Entweder direkt von der exportierenden Applikation generiert oder aus dem EXPRESS-Format (IFC) durch Konvertierung erzeugt. Entspricht der XML-Repräsentation des EXPRESS-Schemas und entsprechender Daten nach ISO 10303-28. Ein als .IFCXML-Datei gespeichertes IFC-Modell kann 300 bis 400 % größer sein als eine .IFC-Datei gleichen Inhalts.
*.IFCZIP	IFC-Daten nach Anwendung des PKzip 2.04 g Kompressionsalgorithmus (kompatibel mit Windows compressed folders, winzip, zlib, info-zip etc.). auf eine .IFC oder .IFCXML-Datei. Üblicherweise 60 bis 80 % kleiner als eine IFC-Datei, 90 bis 95 % kleiner als eine .IFCXML-Datei

4.7.1.5 IFC-Beispieldaten

buildingSMART International hat eine Webseite mit IFC-Beispieldaten aufgebaut. Dort können sowohl eigene Modelle gepostet als auch Modelle anderer als Beispiel und Anschauungsmaterial verwendet werden.

https://github.com/buildingSMART/Sample-Test-Files

4.7.1.6 IFC – Ein verlässliches Format zur Langzeitarchivierung

Drei Eigenschaften machen IFC zu einem überaus geeigneten Format zur Langzeitarchivierung von digitalen Gebäudeinformationen. Angesichts der langen Lebensdauer von Gebäuden, mit durchaus 100 Jahren und mehr, erweist sich die Verfügbarkeit der Gebäudedaten über diesen langen Zeitraum hinweg als besondere Herausforderung. Betrachten wir die technische Entwicklung der Datenträger über die letzten Jahrzehnte hinweg, so sind bereits ehemals gängige Datenträger wie Floppydisk und Magnetbänder nahezu vollständig vom Markt verschwunden. Auch die Compact Disc (CD) schickt sich an, Opfer der technologischen Weiterentwicklung zu werden. Ein Kontinuum bleibt jedoch über alle Technologiesprünge und Weiterentwicklungen hinweg erhalten. Das Textformat, die digitale Speicherform textbasierter Informationen, hat sich, egal auf welchem Speichermedium, über alle Betriebssysteme und herstellerspezifische Software-Anwendungen als durchgängig und kompatibel erwiesen. Dazu haben frühe Normungen von Zeichensätzen und deren digitale Abbildung (ASCII, Unicode) beigetragen. Alle Speicherformate von IFC, sowohl des physikalischen Speicherformats von STEP (STEP Physical File SPP 225, Dateiendung *.IFC) als auch die XML-Variante (Dateiendung IFCXML), sind Textformate und können somit auf allen Betriebssystemen sowie mobilen und stationären Rechnern erzeugt und gelesen werden. Bei binären Formaten ist diese Kontinuität über Hardware- und Software-Grenzen hinweg nicht gegeben. Speicherformate werden oft in kurzen zeitlichen Abständen durch technische oder herstellerbedingte Umstellungen verändert. Ältere Dateien sind daher einige Software-Versionen später oft nicht mehr lesbar. Als Konsequenz müssten daher die einstigen Software-Versionen mit archiviert werden, um später alte Dateiversionen noch lesen zu können.

Auch hier spielt der Open-BIM- und BIG-BIM-Gedanke also eine sehr starke Rolle. Nicht nur die rein technische Lesbarkeit des IFC-Formats als ein textbasiertes Format ist über einen sehr langen Zeitraum hinweg gegeben, auch die öffentlich publizierte Semantik, also die Bedeutung der Bezeichnungen von Klassen, Attributen und Beziehungen, trägt maßgeblich dazu bei, dass selbst sehr alte IFC-Dateien auch sehr viel später noch mit neuen Software-Versionen gelesen werden können bzw. mit Software-Konvertern leicht in aktuelle Versionen überführt werden können.

4.7.1.7 Genereller Aufbau der Industry Foundation Classes

Die Industry Foundation Classes beschreiben eine Vielzahl von Bauelementen, mit denen Gebäude im Hochbau digital modelliert werden können. Sie wurden für den fachübergreifenden Datenaustausch geschaffen und umfassen die Bereiche Bauwerkselemente, Baustelle, Organisation und Termine. Die Elemente weiterer Fachbereiche, wie Infrastruktur, Stahlbau und den Bereich der Geoinformationen GIS, kommen schrittweise hinzu (ab IFC 4.1 aufwärts).

Vervollständigungen und Erweiterungen durch jede weitere IFC-Version führen zu einem steigenden Umfang des IFC-Schemas. Die aktuelle Version IFC 4 umfasst 766 Entitäten (Klassen) und 391 einfache und komplexe Datentypen. Die immer noch häufig eingesetzte Vorgängerversion, IFC 2x3, umfasst 653 Klassen und 327 Typen. Ein steigender Umfang an Klassen und Typen bedeutet gleichzeitig auch einen Zuwachs an Komplexität und damit eine erschwerte Handhabbarkeit des ohnehin schon komplexen IFC-Datenmodells.

IFC erhebt den Anspruch, den gesamten Lebenszyklus eines Gebäudes von der Planung bis zum Abriss abbilden zu können. Das unterstützt zwar die ganzheitliche Denkweise von BIM, bedeutet aber gleichzeitig auch, dass für den einzelnen Fachanwender die überwiegende Anzahl aller Klassen und Typen für sein Fachgebiet nicht von Bedeutung ist, da er jeweils nur seinen spezifischen Anwendungsfall verfolgt. Für ein Terminmodell werden beispielsweise nur 51 Klassen und 27 Typen benötigt, mehr als 90 % des gesamten IFC-Datenmodells sind also für diesen Anwendungsfall unnötiger Ballast. Eine kleine Terminplanungsanwendung müsste jedoch, um eine IFC-Zertifizierung zu erhalten, auch mit den restlichen IFC-Elementen verlustfrei umgehen können. Diese haben zwar für Terminplanungszwecke keinerlei Relevanz, könnten aber theoretisch in einer IFC-Datei enthalten sein.

Um diese unnötige Komplexität zu vermeiden, wurde eine Methodik entwickelt, die eine fokussiertere Verwendung von IFC-Elementen ermöglicht. Durch Definition von Subschemas des IFC-Gesamtschemas wird es möglich, sich beim Austausch von fachlichen Sichten auf ein Modell genau auf die Strukturen zu beschränken, die für ein jeweiliges Fachmodell notwendig sind. Diese fachlichen Sichten müssen in ihren Teildatensätzen allerdings aus gültigen IFC-Datensätzen bestehen, damit sichergestellt ist, dass fachliche Teilmodelle bei Bedarf zu einem integralen Gesamtmodell zusammengefasst werden können. Diese Teilsichten auf das gesamte IFC-Schema werden **Model View Definitions MVD** genannt. Sie beschreiben erforderliche Inhalte von (Teil-) Modellen in offener und rechnergerechter Form. Daher eignen sich MVD beispielsweise dazu, Anforderungen an die zu liefernden Modellinhalte zu beschreiben und gelieferte Modelle auf Korrektheit und Vollständigkeit zu prüfen.

Das IFC-Schema ist in vier aufeinander aufbauende Schichten unterteilt (Bild 4.8). Dadurch werden eine größtmögliche Unabhängigkeit der Klassen voneinander und ein kleinstmöglicher Störeinfluss bei zukünftigen Erweiterungen erreicht. Dieser Aufbau erlaubt Schemaerweiterungen, ohne dass dazu Änderungen der übergeordneten Schichten notwendig werden, denn dieses würde automatisch Störungen in anderen Zweigen des Ableitungsbaums nach sich ziehen.
Die Schichten von IFC bieten auch die Möglichkeit der Wiederverwendung von allgemeinen Elementtypen wie Punkt, Datum usw. So werden beispielsweise geometrische Elemente, wie Punkt, Linie, Fläche oder Volumenkörper, in Fachelementen aus dem Tragwerksbereich (Wand, Stütze usw.), aber auch im Elektro- oder Infrastrukturbereich wiederverwendet. Eine Wand muss also beispielsweise ihre Koordinaten nicht selbst als xyz-Attribute definieren, sondern sie nutzt einfach die IFC-Punktobjekte dafür.

Die folgenden Abschnitte gehen detailliert auf die Architektur und Modellierungsmöglichkeiten der Industry Foundation Classes ein.

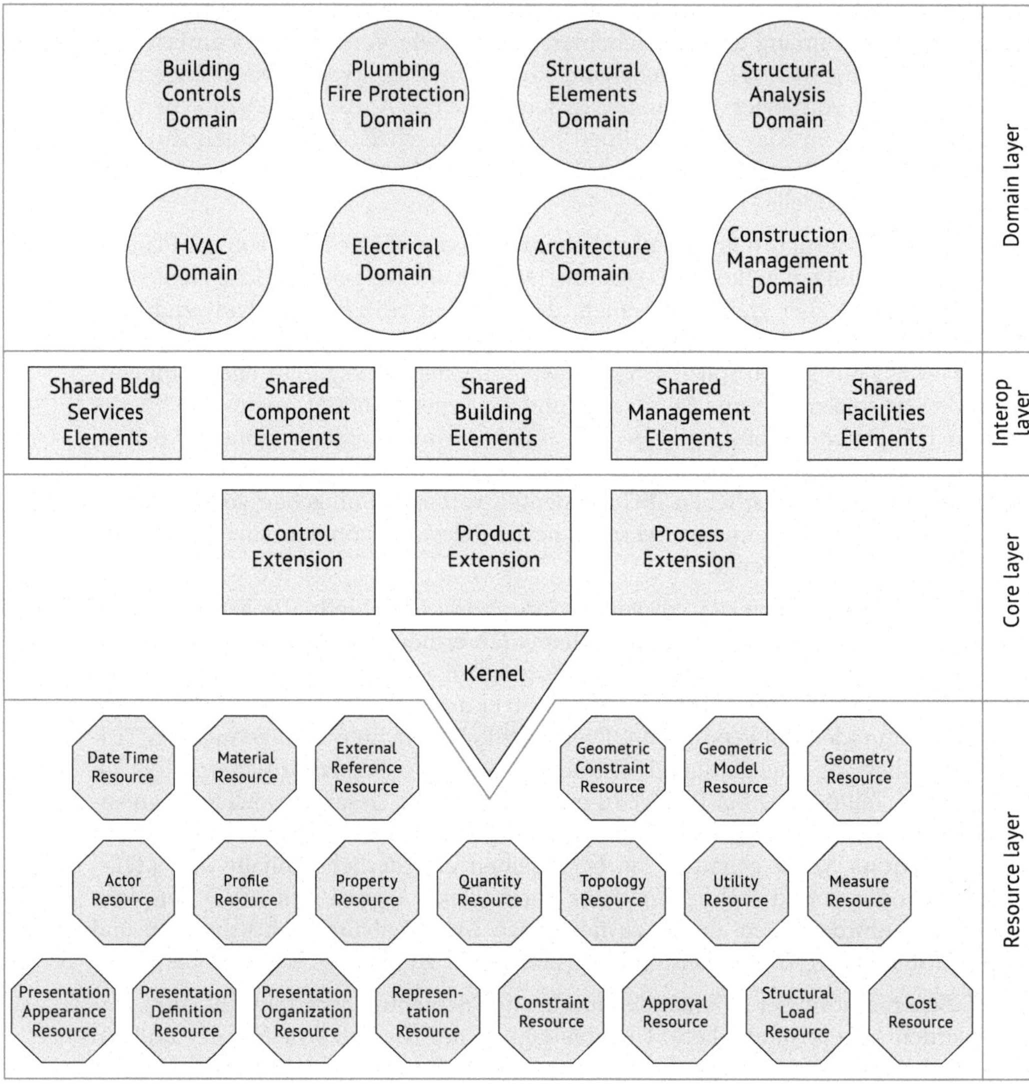

Bild 4.8 Schichtenkonzept der IFC-Architektur. Quelle: IFC-Dokumentation

4.7.1.8 IFC-Schichtenarchitektur

Die vier Ebenen der IFC-Schichtenarchitektur:

- **Core Layer** (mit den Modulen Kernel, Controls, Processes, Products): In dieser Ebene definierte Entitäten können von allen in der IFC-Ableitungshierarchie höherliegenden Entitäten referenziert und spezialisiert werden. Die Kernschicht liefert die Grundstruktur, die Grundbeziehungen und die gemeinsamen Konzepte für alle weiteren Spezialisierungen.

  Alle in der Kernschicht und darüber definierten Entitäten sind von *IFCRoot* abgeleitet und verfügen daher über die Attribute Identifikation, Name, Beschreibung und

Änderungshistorie. Das Kernel-Schema definiert den abstraktesten Teil des IFC-Schemas und erfasst allgemeine Konstrukte wie Objekt, Eigenschaft und Beziehung.

- **Interop Layer:** Es umfasst Gruppen von Entitäten, die häufig verwendet werden und keiner einzelnen Fachdisziplin zugeordnet werden können. Sie werden in verschiedenen Bereichen wie Gebäudekonstruktionen, Diensten, Komponenten und FM-Anwendungen genutzt. Zum Beispiel Balken, Stütze, Wand oder Tür.
- **Domain Layer:** Oberste Ebene des IFC-Modells. Es enthält Definitionen von Entitäten (z. B. Bauelemente) für fachspezifische Konzepte wie Architektur, Tragwerksplanung, FM und TGA.
- **Resource Layer:** Dort werden grundlegende Eigenschaften und Ressourcen beschrieben, die von anderen Ebenen verwendet werden, wie z. B. Geometrie, Material, Qualität, Messung, Datum und Zeit, Kosten, Akteure, Rollen.

Kernschicht (Core Layer)

Auf dieser Ebene werden abstrakte Basisklassen wie *IFCRoot, IFCObject, IFCProcess* und *IFCRelationship* definiert. Aus abstrakten Klassen können keine konkreten Objekte instanziiert, d. h. erzeugt, werden. Sie dienen lediglich als Basis für davon abgeleitete speziellere Klassen und geben diesen per Vererbung gemeinsame Eigenschaften mit. Auf der Ebene der Kernelemente erhalten alle später davon abgeleiteten spezialisierten Elemente ihre grundlegenden Eigenschaften.

Die Klassen der Kernschicht stellen den abstrakten Kern des IFC-Datenmodells dar. Sie werden in anderen Schichten, zum Beispiel im Shared und im Domain Layer, weiter spezialisiert und erhalten dadurch ihre fachspezifischen Eigenschaften.

Beispiel 4.1 **Zur Spezialisierung von Kernschicht-Klassen in anderen Schichten**

Die Kernschicht-Klasse *IFCRoot* verleiht als abstrakte Basisklasse allen später von ihr abgeleiteten Elementen das Attribut namens *GlobalId*, eine eindeutige Nummer für jedes Bauteil. Dieses Attribut (IFC-Typ *IFCGlobalUniqueId)* gibt per Vererbung jedem abgeleiteten Modellelement eine weltweit eindeutige Identität durch eine generierte, eindeutige aus 22 Buchstaben, Zahlen oder Sonderzeichen bestehenden Zeichenkette, durch die sich alle Modellelemente (Objekte, Instanzen) voneinander unterscheiden.

Auch die Kernschicht-Klasse *IFCProduct* wird in der Interop-Schicht (Modul Shared Building Elements) weiter spezialisiert zum Beispiel zu den Entitäten (Klassen) *IFCWall* und *IFCWallStandardCase,* die dadurch weitere wandspezifische Eigenschaften bekommen.

Drei Ableitungsstränge haben ihren Ursprung in der Kernschicht von IFC: Produkte, Prozesse und Steuerelemente.

- Der Schemabereich **Produkte** (Product Extensions) beschreibt herstellbare Objekte und deren physische und räumliche Eigenschaften, aber auch rein konzeptionelle Objekte mit geometrischer Repräsentation wie „Raum" (*IFCSpace*) oder räumliche strukturierenden Elemente, wie „Geschoss" (*IFCBuildingStorey*), „Gebäude" (*IFCBuilding*) oder „Liegenschaft" (*IFCSite*). An diese konzeptuellen Elemente können im weiteren Detaillierungsprozess weitere Informationen angehängt werden. Die auf dieser Ebene definierten Elementtypen für Gebäude, Stockwerk, Raum, Gebäudeelemente, Öffnungen (*IFCBuilding, IFCBuildingStorey, IFCSpace, IFCOpeningElement*) sowie für die Zuordnung von Materialien und Öffnungen (*IFCRelAssociatesMaterial* und *IFCRelVoidsElement*) enthalten nur wenige Eigenschaften und sind in erster Linie zur Strukturierung des Gebäudemodells geschaffen worden.

- Die **Prozesse**-Ebene beinhaltet Klassen zur Beschreibung von Elementen, die zur Beschreibung von Prozessen benötigt werden. Hierzu gehören beispielsweise der Typ *IFCActor* zur Beschreibung von Prozessteilnehmern und der Typ *IFCProcess* zur Beschreibung der Aktivitäten eines Prozessschrittes.
- Der Bereich der **Steuerelemente** (Control Extension) stellt Basisklassen für die später abgeleiteten Klassen für Kosten (*IFCCostItem*) und Aufträge (*IFCProjectOrder*) sowie für die Speicherung von Leistungsverläufen bzw. Performance-Profilen (*IFCPerformanceHistory*) bereit.

Gemeinsame Schicht (Interop Layer)

Elemente dieser Schicht werden von den Elementen der fachspezifischen Schicht (Domain Layer) gemeinsam verwendet, daher wird diese Schicht als gemeinsame Schicht bezeichnet. Sie enthält Klassen, die aus der Kernschicht abgeleitet sind und die Basis für eine Vielzahl stärker fachlich ausgeprägter Elemente sind, aber in der Fachdomänenschicht noch genauer spezialisiert werden. In dieser gemeinsamen Ebene werden wichtige Bauteilklassen wie Wand, Stütze, Balken, Platte, Fenster usw. definiert.

Fachdomänenschicht (Domain Layer)

Die Klassen dieser Ebene sind so spezialisiert, dass sie nur einer fachlichen Ebene zugeordnet werden können. Sie bilden mit ihren fachspezifischen Spezialisierungen das Ende des IFC-Klassenhierarchiebaumes. Die Elemente dieser Ebene gehören den Fachrichtungen Architektur, Gebäudesteuerung, Bauausführung, Elektrik, Heizungs-, Lüftungs- und Klimatechnik, Sanitärtechnik, Brandschutz sowie der Strukturmechanik von Strukturanalyse an.

Ressourcenschicht (Resource Layer)

Die auf dieser Ebene definierten Elementtypen werden von allen anderen Schichten verwendet und sind nicht als eigenständige Objekte instanziierbar. Sie enthalten keine eigene weltweit eindeutige Identifikation (*GlobalId*), denn sie sind nicht von dem obersten Element der Kernschicht, der Basisklasse *IFCRoot*, abgeleitet. Eine eigene Identität würde auch keinen Sinn machen, denn es handelt sich bei den Elementtypen dieser Ebene um geometrische Objekte wie Punkte, Kanten, Flächen und Volumenkörper, die nur im Kontext eines Bauelements einen Sinn ergeben. Ein Punkt (*IFCPoint*) hat in IFC also keine eigene ID. Das Gleiche gilt für Materialien, denn eine Materialobjektinstanz alleine ist ebenfalls ohne ein Bauelementobjekt im Rahmen von IFC nicht sinnstiftend. Des Weiteren bietet diese Ebene Elemente zur Beschreibung der Eigentümerschaft an Elementen und zur Kennzeichnung des Änderungsverlaufs, also der Objekthistorie.

4.7.1.9 Aggregationsbeziehungen zwischen IFC-Objekten

Ein wesentlicher Teil der Modellintelligenz in semantischen Modellen kommt durch die Beschreibung der Beziehungen von Modellelementen untereinander zustande.

Beziehungen zwischen Objekten sind in IFC-Modellen nicht als direkte Assoziationen umgesetzt, sondern durch dazwischengeschaltete Beziehungsobjekte. In IFC gibt es eine Fülle von Beziehungsobjekten. Sie alle sind von dem Typ *IFCRelationship* (Core Layer) abgeleitet. Sechs Basis-Beziehungstypen bilden die grundlegenden Beziehungsfunktionen im IFC-Datenmodell ab.

- Der Basistyp *IFCRelDecomposes* bildet seinem Namen entsprechend die Kompositionen, d.h. Teile/Ganzes-Beziehungen ab. Systemkomponenten können damit also zu übergeordneten Systemen zusammengefasst werden. In umgekehrter Navigationsrichtung gibt diese Beziehung also Aufschluss darüber, zu welchem System eine Einzelkomponente gehört.
- *IFCRelDefines* verknüpft eine Objektinstanz mit einem Satz von Eigenschaften, einer sogenannten Property-Set-Definition oder einer Typ-Definition.
- *IFCRelConnects* beschreibt die Verbindung von Elementen beispielsweise die Reihenfolge aneinander grenzender Wände, z.B. in einem Grundriss aber auch beim Bau in der Schalungsreihenfolge.
- *IFCRelAssociates* verknüpft externe Informationsquellen wie Klassifikationen, Bauteilbibliotheken oder Dokumente mit einem Objekt.
- *IFCRelDeclares* ordnet Objekte einem Projektkontext zu, beispielsweise Projektteilnehmer zu einem Projekt. So können je nach Kontext, beispielsweise Projektphasen, unterschiedliche Teilnehmer, aber auch unterschiedliche Eigenschaften einem Modell zugeordnet werden.

Beziehungen zwischen IFC-Objekten und ihren Eigenschaften

Wir haben die Mechanismen der Generalisierung und Spezialisierung von Objekten durch weitere Ableitung und Hinzufügung von Attributen bereits im Grundlagenteil kennengelernt. Diese Mechanismen werden im objektorientierten semantischen Datenmodell von IFC ausgiebig eingesetzt. Wie schon erwähnt, bildet der Elementtyp *IFCRoot* den Ausgangspunkt aller instanziierbaren Elemente von IFC, also aller Bauteile, die ein digitales Gebäudemodell physisch ausmachen. Die grundlegenden Bauelemente haben in IFC nahezu keine Eigenschaften. Detailliertere Objekteigenschaften werden ihnen über Relationsobjekte bei Bedarf erst zugewiesen. Der wachsende Detaillierungsgrad (siehe Kapitel 2 Modelle, Abschnitt Level of Detail) eines Elements erfolgt also nicht über eine weitere Spezialisierung in der Klassenhierarchie, sondern durch Zuweisung von weiteren Eigenschaften mittels Beziehungsobjekten. Aus objektorientierter Sicht zwar etwas ungewöhnlich, jedoch kann über diese Konstruktion eine phasen- oder fachspezifische Zuordnung von Elementeigenschaften je nach Bedarf erfolgen.

Auch Teile/Ganzes-Beziehungen können so parallel und unabhängig von anderen Aggregationsstrukturen erfolgen. Dadurch ist es beispielsweise möglich, dass ein Element gleichzeitig Bestandteil mehrerer übergeordneter Systeme ist. So kann ein Bauteil (z.B. ein Heizkörper) in einer Geschoss/Raum-Struktur einem Raum zugeordnet sein und gleichzeitig als Unterkomponente in einem Heizkreislauf Teil des Heizungssystems sein.

Auch wenn diese Art der Modellierung stark nach einer Objektifizierung klassischer relationaler Datenbankstrukturen aussieht, ist bei aller Umständlichkeit dieser Konstruktion das Potenzial einer flexiblen bedarfsorientierten Zuordnung nicht von der Hand zu weisen. Allerdings dürfte die in solchen Fällen übliche objektorientierte Variante, bei der ein Objekt auf seine Eigenschaften oder Eigenschaftslisten verweist, ebenso flexibel und aus Sicht der Software-Entwicklung und der menschlichen Nachvollziehbarkeit weitaus verständlicher sein. Möglicherweise ist dieser Teil von IFC der jahrzehntelangen historischen Entwicklung des Datenmodells zuzuschreiben.

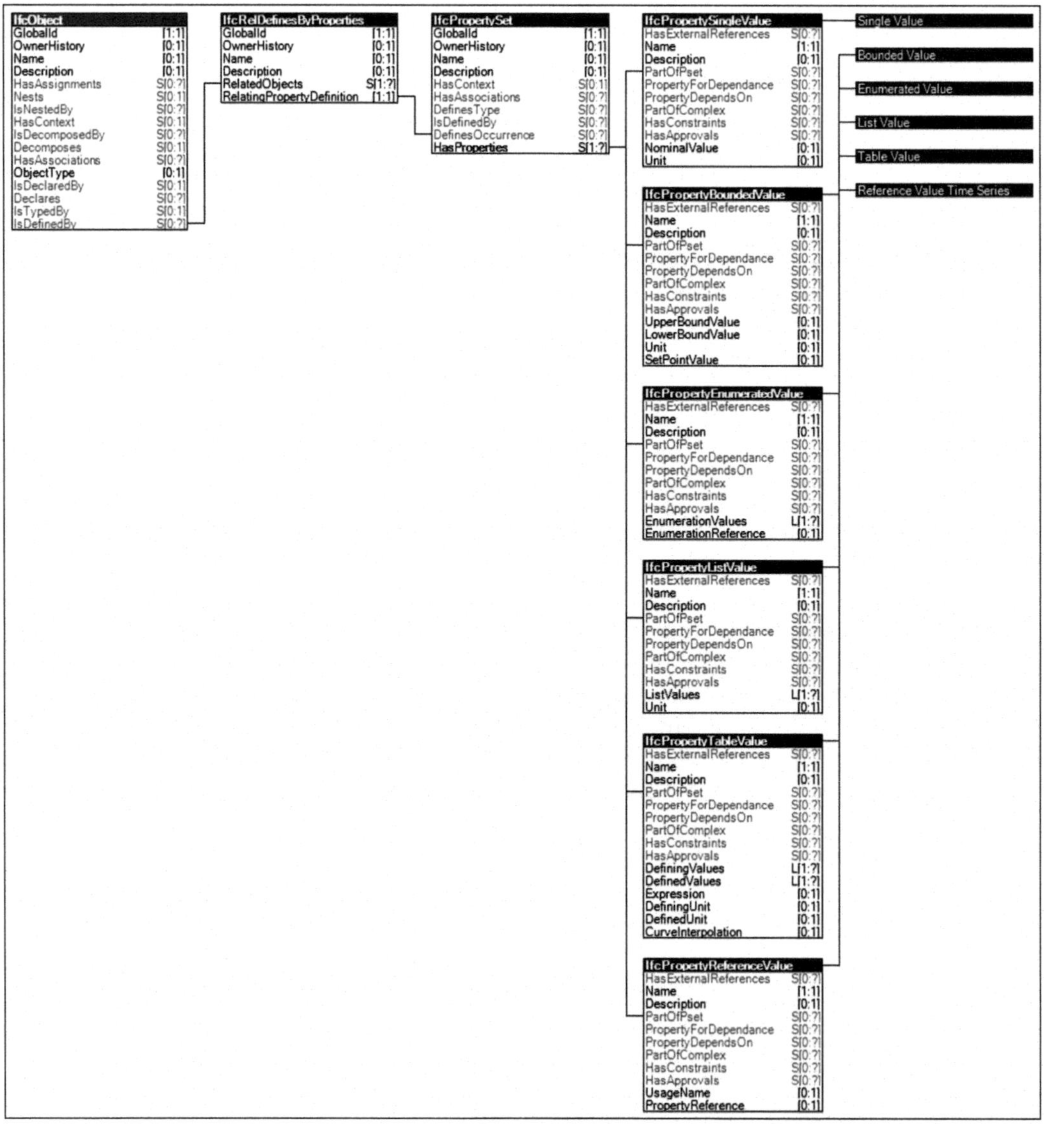

Bild 4.9 Bauteileigenschaften werden in der IFC-typischen Beschreibungsweise zu Gruppen (Property Sets) zusammengefasst. Z. B. fasst das Property Set *Pset_WallCommon* einige Basis-Eigenschaften von Wänden (*IFCWall, IFCWallStandardCase*) zusammen, z. B. Länge, Breite und Höhe, aber bewusst keine spezifischeren Produkteigenschaften. Quelle: IFC-Onlinedokumentation, standards.buildingsmart.org

Die Beschreibung von Beziehungen zwischen Objekten und ihren Eigenschaften *(IFC-PropertySet)* geschieht bei IFC über eine Verweis-Beziehung. In Bild 4.9 verknüpft ein *IFCRelDefinesByProperties*-Element das Objekt (*IFCObject*) mit seinen Eigenschaften (*IFCPropertySet*). Die Beziehung verbindet das Eigenschaftsobjekt mit dem Element. Das Objekt selbst kennt seine Eigenschaften nicht, sondern das Eigenschaftsobjekt kennt das Objekt (*RelatedObjects*), dem es Eigenschaften (*RelatingPropertyDefinition*) verleiht. Etwas ungewöhnlich, sollte man meinen. Zumindest geschieht in der objektorientierten Welt die Beziehungsbildung meistens anders herum: Das Objekt kennt (= besitzt) seine Eigenschaften, wird es gelöscht, werden automatisch auch seine Eigenschaften gelöscht. Nicht so bei IFC. Beim Löschen des Objekts bleiben die Eigenschaften als eigenständiges Objekt erhalten. Das erlaubt es, Objekten in unterschiedlichen Situationen unterschiedliche Eigenschaften zu verleihen, indem man einfach das Eigenschaftsobjekt austauscht.

Das ist sehr praktisch, wenn man zum Beispiel an unterschiedliche Detaillierungsgrade (LOD, LOI) in verschiedenen Projektphasen denkt. Das Objekt, beispielsweise ein Fenster, bleibt erhalten und damit auch seine eindeutige ID. Wird irgendwann im Projektverlauf ein konkretes Fenster eines Herstellers ausgewählt, bleiben das Objekt (und damit seine ID) erhalten, nur die Eigenschaften mit den Herstellerdaten werden ausgetauscht. Das ist wichtig, denn zum Beispiel die Wandöffnung, in die das Fenster eingebaut wird, verweist auf das Fenster, genauer: seine ID. Würde nach Auswahl des Herstellerfensters das bestehende Fensterobjekt durch ein neues ersetzt, bekäme es eine neue ID und alle Verweise auf die ID des alten Fensterobjekts würden ungültig. Die Wandöffnung wüsste nicht mehr, welches Fenster in ihr steckt. Die Art, wie in einem Objekt in IFC Eigenschaften verliehen werden, vermeidet dieses Problem.

Räumliche Objektbeziehungen

Zu den am häufigsten eingesetzten Objektbeziehungen zählen die räumlichen Beziehungen zwischen Liegenschaft (*IFCSite*), einem oder mehreren darauf positionierten Gebäuden, den Stockwerken innerhalb dieser Gebäude und den Räumen innerhalb der Stockwerke. Diese räumlichen Beziehungen werden von der Beziehungsklasse *IFCRelContainedInSpatialStructure* abgebildet. Sie kann alle Klassen, die wie die zuvor genannten von der Basisklasse *IFCSpatialStructureElement* abgeleitet sind, miteinander zu räumlichen Teile/Ganzes-Strukturen verknüpfen. Aus Sicht des IFC-Schemas wäre es kein formaler Verstoß, Gebäude als untergeordnete Teile eines Stockwerks miteinander zu verknüpfen. Inhaltlich ist diese räumliche Beziehung natürlich unsinnig. Es obliegt der Logik von Software-Programmen, die diese IFC-Strukturen aufbauen, eine inhaltlich vernünftige Verknüpfung zu generieren.

Raum-Bauteil-Beziehungen

Für die Mengenermittlung, aber auch für Berechnungen zur Energiesimulation und Energiebedarfsermittlung, die auf der Basis von Räumen erfolgt, ist die Kenntnis der an einen Raum angrenzenden Bauteile wichtig (Wände, Decken, Fenster). Diese kann mit der Beziehungsklasse *IFCRelSpaceBoundary* ermittelt werden. Die umgebenden Bauteile können damit einem Raum zugeordnet werden, des Weiteren kann über die Klasse *IFCConnectionBoundary* die Kontaktfläche zwischen Raum und Bauteil beschrieben werden. Beispielsweise ist eine Wand größer als die raumseitige Wandinnenfläche. Genau diese Fläche wird aber benötigt, um beispielsweise die Wärmeübergangsfläche oder die Putzfläche zu ermitteln.

Zuordnung von Materialien

Ohne eine Materialzuordnung zu einem Bauteil sind keine Mengenermittlung, Kostenermittlung, aber auch keinerlei energetische Simulation möglich. Eine Vielzahl von Bauteilen im Gebäudebereich besteht aus mehreren Materialschichten. Mit dem IFC-Datenmodell ist es möglich, die verschiedenen Schichten eines Bauteils abzubilden. Typischer Vertreter eines mehrschichtigen Bauteils ist die Wand. Sie ist in der Regel selten aus nur einem Material gefertigt. Mit der Beziehungsklasse *IFCRelAssociatesMaterial* werden Materialien mit einem Bauteil verknüpft. Diese Beziehung verweist auf so viele Materialdefinitionen, wie das entsprechende Bauteil Schichten enthält. Neben den Materialkennwerten und der Materialbezeichnung sind hier auch Angaben über die Materialdicke und die Reihenfolge des Materialaufbaus vorhanden. Im Falle einer Luftschicht als Bestandteil eines Wandaufbaus hat das Attribut *IsVentilated* den booleschen Wert „wahr".

4.7.1.10 Geometrische Repräsentationen in IFC

Mit IFC4 haben Freiformflächen Einzug in die geometrischen Darstellungsmöglichkeiten erhalten. Die sogenannten NURBS (Non-Uniform Rational B-Splines) lassen die Modellierung beliebiger geometrischer Formen zu. Damit werden die bisherigen Möglichkeiten von IFC deutlich erweitert. Bisher waren das CSG-Verfahren der Verschneidung von Grundkörpern durch boolesche Operationen sowie das Begrenzungsflächenmodell (Boundary Representation B-Rep) verfügbar. Auch konnten bisher Rotations- und Extrusionskörper durch Entlangführen von Querschnittsflächen anhand einer definierten Achse beschrieben werden. IFC bietet hierzu bereits in der Vorversion vielfältige Möglichkeiten zur Erzeugung derartiger Körper, auch mit interpolierten hintereinander angeordneten Querschnitten.

4.7.1.11 Koordinatensysteme in IFC

In IFC werden ineinander geschachtelte relative lokale Koordinatensysteme verwendet. Ein Geschoss kann so relativ zum Gebäudekoordinatensystem positioniert werden, die im Geschoss enthaltenen Räume können gleichermaßen relativ zum Stockwerksursprung angeordnet werden. Die entsprechende IFC-Klasse *IFCLocalPlacement* enthält dazu das optionale Attribut *PlacementRelTo*. So kann eine Liegenschaft (*IFCSite*) im lokalen Kataster positioniert werden. Alle weiteren räumlich repräsentierten Objekte beziehen sich dann auf das lokale Koordinatensystem des auf der Liegenschaft positionierten Gebäudes. Die Verwendung von relativen Koordinatensystemen eröffnet eine weitere Möglichkeit, nämlich die Verlegung von Elementvorlagen mit gleichen geometrischen und alphanumerischen Eigenschaften. Bei der Instanziierung von Objekten aus diesen Vorlagen wird lediglich die räumliche Verortung individuell generiert. Für die übrigen Eigenschaften verweist die erzeugte Elementinstanz über ein *IFCRepresentationMap*-Objekt auf die Elementvorlage mit den für alle Objektinstanzen gleichermaßen geltenden Grundeigenschaften und zur Charakterisierung der räumlichen

Positionierung auf die Transformationsvorschrift (z.B. *IFCCartesianTransformationOperator*) der jeweils individuellen Objektverlegung.

Die Verlegungstransformation kann mathematisch gesehen auch eine Skalierung der geometrischen Eigenschaften des Bauteils beinhalten. Dies ist jedoch problematisch, da erstens eine parametrische Behandlung von Bauteilen oft diskreter Natur ist, d.h. nur bestimmte Abstufungen erlaubt, und zweitens nicht kontinuierlich erfolgt, sondern nach gewissen Regeln funktioniert. Man denke nur an die Stützweite von Fachwerkträgern, bei der nach einer Verlängerung der Stützweite um einen gewissen Betrag ein neues Fachwerkfeld eingeführt wird und nicht einfach durch Streckung der bisherigen Konstruktion eine Verlängerung erfolgt.

4.7.1.12 Modelle und Dokumente verknüpfen

Das Konzept der Assoziierung von Dokumenten beschreibt, wie Objekten oder Objekttypen Dokumente in externen Dateien zugeordnet werden können (Bild 4.10). Auf Dokumente kann in ihrer Gesamtheit verwiesen werden, um beispielsweise Produktbroschüren, Datenblätter, Multimedia-Inhalte oder Preview-Bilder zu erfassen. Inhalte in Dokumenten können von jedem Objekt aus referenziert und zum Synchronisieren von Informationen in anderen Dateien wie Arbeitsplänen für Projektmanagementanwendungen verwendet werden.

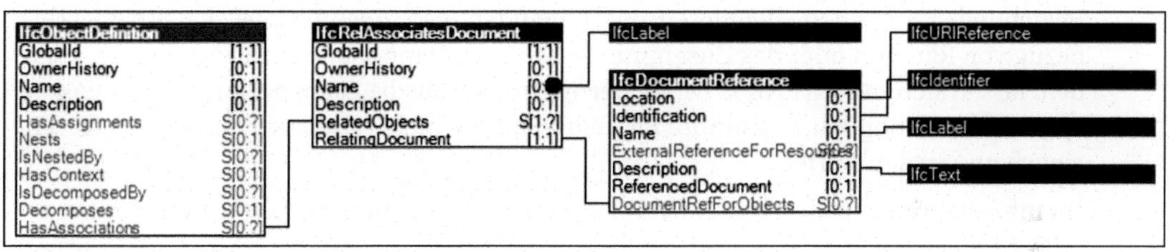

Bild 4.10 Externe Dateien mit Dokumenten können über die *IFCRelAssociatesDocument*-Beziehung mit Modellelementen verknüpft werden. Bei Modellaustausch mit Projektpartnern ist darauf zu achten, dass der Dateiverweis (lokales Verzeichnis/Server-Verzeichnis) noch gültig ist. Quelle: IFC-Onlinedokumentation, standards.buildingsmart.org

Typische Dokument-Metadaten wie Ausstellungsdatum, Verfasser und Ähnliches können in der Zuordnung erfasst werden. Der Dokumentinhalt verbleibt jedoch in den externen Dateien.

4.7.1.13 Erweiterbarkeit des IFC-Objektmodells

IFC ist ein Schema für ein geschlossenes Objektmodell (siehe Kapitel 2 Modelle). Dennoch würde es die Anwendbarkeit stark einschränken, wenn nicht im Einzelfall fehlende Elementtypen ergänzt werden könnten, beispielsweise wenn in einem Projekt bestimmte Bauteiltypen entwickelt werden, die keine Entsprechung im vorliegenden IFC-Standard haben. IFC bietet diese Erweiterungsmöglichkeiten sowohl auf Typ- als auch auf Attribut-Ebene.

Der Platzhaltertyp *IFCProxy* erlaubte die dynamische Definition neuer Objekttypen. Derart erzeugte Objekte bleiben jedoch auf einen engen Teilnehmerkreis (z.B. Projektteilnehmer) beschränkt und sind nicht Teil des Standards. Die Gefahr besteht, über den Weg von neuen Proxy-Objekten neue Objekttypen sogar dann zu erzeugen, wenn die Möglichkeit zur Nutzung vorhandener Elementtypen vorhanden wäre. Dies würde dem Sinn eines offenen Standards zuwiderlaufen. Dennoch sind Tendenzen zu beobachten, dass Erweiterungsmöglichkeiten genutzt werden, um softwarespezifische Strukturen anstelle von standardisierten vorhandenen Typen zu verwenden. Das gilt insbesondere auch für den IFC-Erweiterungsmechanismus für Elementeigenschaften, die Property-Set-Definitionen. Sie können auf den Webseiten von buildingSMART publiziert werden. Gebräuchliche Eigenschaftssätze werden dort als XML-Dateien außerhalb des IFC-Schemas bereitgestellt. Die Ansammlung derartiger Dateien wird allerdings zunehmend unübersichtlich, zumal hier projekt- und phasenspezifische Ausprägungen wünschenswert wären. Eine solche zentrale Möglichkeit bieten daher vorteilhafter Datenbanken wie das buildingSMART Data Dictionary bSDD oder der österreichische Merkmalserver.

4.7.1.14 IFC-Modellierungssprachen

Im Rahmen von STEP wurde mit EXPRESS eine eigene Sprache zur Beschreibung aller Bestandteile eines Modells entwickelt. Hierzu gehört die Beschreibung von Elementtypen (Klassen, STEP-Bezeichnung „Entitäten"), also beispielsweise Bauteiltypen wie Wänden, und deren Eigenschaften (Attributen, STEP-Bezeichnung „Properties") und Beziehungen zwischen Elementen untereinander, also zum Beispiel der Stockwerksbezug von Räumen oder das Zusammenfassen von Komponenten zu Systemen. Außerdem lassen sich mit EXPRESS Modellierungsregeln ausdrücken, beispielsweise, dass in eine Wandöffnung nur bestimmte Bauteiltypen, beispielsweise nur Fenster oder Türen, eingebaut werden dürfen.

Im informationstechnischen Umfeld hat sich seit ungefähr dem Jahr 2000 eine universelle Modellierungssprache mit umfassender Funktionalität, die eXtensible Markup Language XML, durchgesetzt. XML ist eine textbasierte Sprache zur Darstellung hierarchisch strukturierter Daten. Sie ist bestens geeignet, semantische Modellstrukturen wie die von IFC zu beschreiben. Aufgrund der Universalität von XML stehen unzählige Software-Tools zur Bearbeitung, Analyse und Transformation von XML-Strukturen zur Verfügung. Während die Entwicklung von EXPRESS als universelle Beschreibungssprache von semantischen Modellen seinerzeit weit überlegen war, blieb sie dennoch eine auf einen bestimmten Sektor beschränkte Beschreibungssprache, die sich nicht in der Breite durchsetzen konnte. Auch wenn EXPRESS in seinem Sprachumfang XML teilweise voraus ist, beispielsweise bei der Spezifikation inverser Referenzen oder der Beschreibung von Modellregeln, so hat sich dennoch XML als technischer Standard durchgesetzt. buildingSMART trägt dem seit 2001 Rechnung, indem das IFC-Schema auch in Form einer XML-Version zur Verfügung gestellt wird. Diese erwies sich allerdings zunächst als sehr sperrig und im Vergleich zur EXPRESS-Datei auch sehr voluminös. Dies liegt nur teilweise am sehr eloquenten XML-Format, das sehr verschwenderisch mit Textsymbolen umgeht. Auch die IFC-Struktur an sich mit ihren aus Kreuztabellen von Datenbanken herrührenden umständlichen relationalen Beziehungsbeschreibungen, beispielsweise zwischen Objekten und ihren Eigenschaften, trägt zur Aufblähung von XML-Strukturen bei. Dennoch ist XML weitaus besser verständlich und auch durch einen geübten menschlichen Leser interpretierbar, da es sich um menschenlesbare Worte und nicht wie bei STEP um Codes aus Zeilennummern handelt. Mittlerweile hat auch buildingSMART das IFCXML-Format weiterentwickelt.

Auch wenn die Dateigröße auf der Festplatte im Vergleich zur EXPRESS-Variante immer noch zwei- bis dreimal größer ist, so gilt es hier zu beachten, dass eine softwaretechnische Bearbeitung von XML weitaus besser mit Standardmethoden umsetzbar ist als das doch recht spezifische EXPRESS-Format. So lassen sich beispielsweise aus einem XML-Schema mit Generatoren automatisch C#- oder Java-Klassen generieren, die dann unmittelbar zum Einlesen von IFCXML-Modelldateien genutzt werden können.

Simple IFCXML

Die Version IFC4 stellt nun eine XML-Serialisierung zur Verfügung, die unter dem Namen Simple IFCXML firmiert. Im Bestreben, den Umgang mit IFC zu erleichtern, soll Simple XML Anwendern genau den Ausschnitt aus dem gesamten großen IFC-Schema zur Verfügung stellen, den sie für ihren Anwendungsfall benötigen. Dieser Ausschnitt soll jeweils über MVDs (Abschnitt 4.7.2) definiert werden – konzeptionell also der gleiche Ansatz wie bei den Design Transfer Views, nur dass hier der Fokus auf der Implementierung spezieller Anwendungsfälle durch Software-Applikationen liegt. Erstes veröffentlichtes Beispiel sind Produktkataloge (https://technical.buildingsmart.org/resources/software-implementations/). Hier ist das IFC-Schema auf geometrische Repräsentationen und Produkteigenschaften reduziert.

4.7.1.15 Was ist neu in IFC4 und IFC4.1?

Angesichts seines Erscheinens im Jahre 2013 ist IFC4 so richtig neu ja nun auch nicht mehr ...

Seit der Einführung sind schon ein paar Jahre verstrichen und nach dem Erscheinen von IFC 2x3 hatte es dafür beachtliche sieben Jahre gedauert. Unzählige Arbeitsgruppen haben international zum Gelingen von IFC4 beigetragen. In einigen Arbeitsgruppen von buildingSMART durfte ich selber mitwirken. Dann kam gleich der Sprung von Version 2 auf Version 4, da sollte sich schon einiges getan haben.

Das Wichtigste in Kürze:

- Stahl- und Holzbau: verbesserte Profildefinitionen, Anschlusspunkte an ausgezeichneten Profilpunkten, anisotrope Materialeigenschaften,
- Statik und Konstruktion: verbessertes Analysemodell, multiple Einfügepunkte (z. B. für Bewehrung und Befestigungen), verbesserte Typen für Gründungen,
- Mengenermittlung: Definition internationaler Basismengen (separates XML-Schema), Verlinkung von Konfigurationsdateien mit IFC,
- Neue Elemente für verschiedene Fachrichtungen (Architektur, Tragwerk, TGA, HLS): z. B. neue TGA-Elementtypen (*IFCBurner, IFCSolarDevice, IFCEngine, IFCElectricDistributionBoard, IFCUnitaryControlElement* und weitere), überarbeitete Anlagensysteme (z. B. neuer Typ *IFCDistributionSystem*), Verbesserung und Ergänzung der Anlagenanschlüsse,
- Neue IFC Elemente (z. B. *IFCPropertySetTemplate*) und verbesserte Anbindung an bSDD (Abschnitt 4.7.4). Dadurch bessere Einbindung von Produktdaten und leichterer Aufbau von Produktbibliotheken,

- Gebäudesimulation: Verbesserungen bei der Energie- und Nachhaltigkeitssimulation. Neue Elementtypen für 1st und 2nd-Level Rauminnenflächen (Space Boundaries), thermische Zonen (z. B. für Belüftung), Außenhalbraum als Raum definierbar (Luft, Erdreich, Wasser), Verschattungselemente,
- GIS-Koordinatensysteme und Koordinatentransformationen. BIM/GIS-Interoperabilität (ab IFC4.1, *IFCAlignment*-Element), siehe auch DIN ISO/TR 23262 GIS / BIM interoperability [34],
- 4D-Erweiterungen: verbesserte Bauablaufplanung (4D). Verknüpfte Aufgaben, Kalender, Zeitformat ISO 8601,
- 5D-Erweiterungen: überarbeitete Kostenelemente, Ressourcen. Verknüpfung Bauablaufpläne und BIM-Objekte. MS-Project-Funktionalität,
- Betriebsübergabe und Betrieb: Beschreibung von Katalogen und Eigenschaftsvorlagen (*PropertySetTemplate*), Verknüpfung von Eigenschaften mit dem buildingSMART Data Dictionary bSDD, Anpassung der FM Handover MVD / COBie von bisher IFC 2x3 auf IFC4. Individuelle Festlegung der benötigten FM-Handover-Objekte (insbesondere für die Wartung) möglich,
- Visualisierung: Beleuchtungs- und Schattierungselemente, Texturen und Multi-Texturen, Beleuchtung und Lichtverteilung, X3D-Standardunterstützung,
- Verbesserung der Dokumentation: Mehrsprachige Property-Set-Definition – German „de-DE“, French „fr-FR“, Japanese „ja-JP“, Korean „ko-KR“, Chinese „zh-CN“, mehrsprachige Quantity-Set-Definition – German „de-DE“, French „fr-FR“, Japanese „ja-JP“,
- Neues MVD-Konzept: Mit Design Transfer View und Reference View lassen sich aufgaben- und gewerkespezifische Schnittstellen besser unterstützen (siehe Abschnitt MVD),
- Neue Möglichkeiten der geometrischen Repräsentation, zum Beispiel Freiform-Geometrien (NURBS), Parametrik auf Geometrieebene,
- Gleichartige Elemente, zum Beispiel die Sparren eines Daches, lassen sich einmal durch Angabe von Material und Querschnitt definieren und anschließend wie eine Vorlage (Template) mehrfach verlegen. Folge: Gleichartige Elemente werden nicht wiederholt erzeugt und an unterschiedliche Stellen kopiert, sondern existieren nur einmal, lediglich die zusätzlichen Einfügepunkte werden definiert. Speicherplatzeinsparung und bessere Übersicht.
- Unterstützung neuer Workflows, beispielsweise zum Austausch von Ablaufplänen und Kostenmodellen,
- insgesamt deutlich verbesserte Dokumentation.

4.7.2 Model View Definitions MVD (Modellansichtsdefinitionen)

IFC ist eine riesige Sammlung von Definitionen, Beziehungen und Eigenschaften über Entitäten (Wände, Sensoren, Akteure, Möbel …). Die vollständige Umsetzung dieser umfangreichen Menge von Elementtypen und Attributen ist für einen Software-Entwickler oft nicht nur zu aufwendig, sondern angesichts des Anwendungsbereichs der jeweiligen Software auch unnötig. Domänenspezifische Software benötigt nur eine Teilmenge der IFC-Entitäten, -Eigenschaften und -Beziehungen.

Die Lösung: Modellansichtsdefinitionen MVD, die Definition einer Teilmenge des vollständigen IFC-Schemas mit optionalen Regeln in Form von Einschränkungen und Anforderungen. Dazu gibt es mvdXML, eine komplexe Auszeichnungssprache zur Beschreibung von MVDs.

Man stelle sich vor, es wäre möglich, aus einem umfangreichen sehr detaillierten Modell nur genau die Informationen zu extrahieren, die man für einen bestimmten Anwendungsfall benötigt. Man würde eine Beschreibung dessen, was extrahiert werden soll, als MVD erstellen und an eine Software übergeben, die dann die entsprechenden Modellelemente und den gewünschten Anteil an Attributen aus dem Modell herausziehen würde.

Zum Beispiel

- aus einem Architekturmodell alle für ein Raumbuch relevanten Objekte wie Stockwerke, Räume, Nutzungsfunktionen etc.
- aus einem TGA-Modell nur die Objekte, die in ein Raumbuch integriert werden sollen, usw.

Eine Raumbuch-Software könnte diese Extrakte zu einem Raumbuch zusammensetzen. Sie könnte anhand einer Raumbuch-MVD vorher prüfen, ob die gelieferten Teil-Extrakte aus TGA- und Architekturmodell inhaltlich korrekt sind, also weder unerlaubte Elemente enthalten noch erforderliche vermissen lassen.

Genau das sind die Einsatzgebiete für Model View Definitions MVD.

- Teilmengen aus dem kompletten IFC-Schema herauslösen,
- Qualitätsprüfungen durch Vergleich von Informationslieferungen mit einer MVD durchführen.

Das Konzept ist für sich genommen bestechend und schließt eine wichtige Lücke im modellbasierten Lieferprozess. Allein die Verfügbarkeit von Software-Lösungen, die dieses Konzept umsetzen, lässt zu wünschen übrig. Vielleicht liegt dies an der Mächtigkeit des MVD-Konzepts, deren Schattenseite eine hohe Komplexität und daher ein hoher Implementierungsaufwand ist. Auch die ausschließliche Bindung an IFC als Modellformat mag eine Ursache sein.

4.7.2.1 MVDs in der Informationslieferkette

MVDs können verwendet werden, um Austausch-Informationsanforderungen (AIA) eines Anwendungsfalls (Use Case) anzugeben. Genauer: MVDs können sogar Informationsaustauschanforderungen (siehe Kapitel 3 Informationsmanagement, IAA) beschreiben. Das heißt, in einer MVD können die genauen IFC-Typbezeichnungen und deren *IFCProperties* angegeben werden, die in einer Informationslieferung enthalten sein sollen. Es könnten auch zusätzliche Klassifizierungen (z. B. UniClass-Codes) und Eigenschaften (z. B. Bauteiltypen, die im IFC-Schema nicht vorgesehen sind) gefordert werden.

Zur Erinnerung: AIA gehen nicht unbedingt bis auf die unterste technische Ebene herunter, z. B. nennen sie nicht unbedingt IFC-Typen oder IFC-Attribute, sondern bleiben auf einer beschreibenden Ebene. IAAs gehen dagegen tiefer auf die technische Datenaustauschebene und spezifizieren die genauen IFC-Typen und IFC-Attribute.

4.7.2.2 Die wichtigsten Modellansichtsdefinitionen (MVD)

IFC 2x3 verfügt über einen festen Satz von MVD-Definitionen (Koordinationsansicht, FM-Übergabe usw.). Alle diese MVDs haben einen Zertifizierungsprozess bei buildingSMART durchlaufen. Bei Software, die zum Beispiel für den IFC 2x3 Coordination View (Import und/oder Export) zertifiziert ist, kann der Anwender sicher sein, dass diese die Inhalte dieser MVDs korrekt überträgt. BIM-Viewer nutzen IFC zum Beispiel nur lesend (Import), Modellierungswerkzeuge auch schreibend (Export).

MVDs werden von buildingSMART in einem teilweise aufwendigen internationalen Entwicklungsprozess mit der gesamten interessierten Öffentlichkeit entwickelt und veröffentlicht. Die MVD Database (https://technical.buildingsmart.org/standards/ifc/mvd/mvd-database/) verzeichnet alle verfügbaren zertifizierten MVDs. Dort erhält man ebenfalls die Spezifikation der jeweiligen MVD. Diese ist bei den IFC 2x3-basierten MVDs noch in Form von Excel-Tabellen beschrieben. Die IFC4-MVDs nutzen bereits mvdXML als Spezifikationssprache.

Coordination View CV 2.0 – Kleinster gemeinsamer Nenner

Die Modellkoordination und Kollisionserkennung sind einer der wichtigsten Arbeitsabläufe in der Planung. Die IFC 2x3-Koordinierungsansicht (Coordination View CV 2.0) unterstützt diesen Arbeitsablauf. CV 2.0 wurde weitgehend von Software-Anbietern entwickelt, die ihre Produkte zur buildingSMART-Zertifizierung eingereicht haben – und dadurch das Vertrauen des Marktes in die IFC-Kompatibilität ihrer Produkte manifestieren wollten.

Im Kapitel 2 Modelle haben wir das Koordinationsmodell kennengelernt. Es wird, seinem Namen entsprechend, zur Modellkoordination erstellt – in diesem Fall zwischen den Hauptgewerken Architektur, Tragwerksplanung und TGA. Allerdings enthalten die Fachmodelle der drei genannten Gewerke jeweils potenziell wesentlich mehr als für eine Koordination notwendig wäre. Welche Teile eines Architektur-, Tragwerks- oder TGA-Modells sollte eine BIM-Software also exportieren, um beispielsweise eine Kollisionsermittlung durchführen zu können? Dass hier die reine Geometrie nicht ausreichend ist, haben wir schon gesehen, denn eine Durchdringung von Betonstütze und Betondecke ist allenfalls eine Materialdopplung, eine Durchdringung von Stütze und Lüftungsrohr jedoch ein Fehler. Zumindest Elementtypangaben (Stütze, Rohr etc.) sind also wichtig.

Eine Reihe weiterer Anwendungsfälle wird ebenfalls vom Coordination View CV 2.0 abgedeckt, darunter Konsistenzprüfungen, Überprüfung von Bauvorschriften, Koordination von Öffnungen und eine engere Integration von architektonischem, mechanischem und Tragwerks-Design und der weiteren Detaillierung.

Basic FM Handover View

Die Nutzungsphase mit Facility Management FM, die Inbetriebnahme und die Übergabe an den Betrieb (engl.: Handover to Operation) haben ihre eigenen Anforderungen an die zu liefernden Modellinformationen. Dem trägt die FM Handover Model View Definition Rechnung.

Im Abschnitt „Standards für das Informationsmanagement" werden wir das Asset Information Model AIM eingehender kennenlernen. Ein AIM enthält neben Modelldaten auch Dokumente und andere Unterlagen, die im Betrieb wichtig sind. Der genaue Inhalt eines AIM hängt von den Anforderungen des Betreibers ab. Er ist projektweise zu definieren.

Der FM Handover umfasst die als wesentlich erachteten, grundsätzlichen Informationen, die von der Bauphase an den Betrieb übergeben werden sollten. Das geschieht beispielsweise, indem ein FM Handover View, also ein Modellausschnitt gemäß der FM Handover MVD, an ein CAFM-System übergeben wird.

Dieser Satz von FM-Handover-Modellinformationen lässt sich auch in Excel-Tabellen abbilden. Bis auf den grafischen Anteil sind die tabellarischen Informationen in Excel dem IFC-Gegenstück ebenbürtig. Das Excel-Format des FM Handover Views ist unter der Bezeichnung COBie bekannt. COBie unterstützt nicht nur die Zusammenstellung von Informationen, sondern auch den gesamten Prozess der Anforderungsermittlung und Erfassung. Das Excel-Format erweist sich hier als vorteilhaft, da eine Datenerfassung vor Ort, beispielsweise das Eintragen von Seriennummern eingebauter Geräte, leicht möglich ist. Mehr zu COBie in Abschnitt 4.9.2.

4.7.2.3 Das neue IFC4-MVD-Konzept

Um auf einige der genannten Forderungen nach mehr Dynamik und Anpassbarkeit an Anwendungsfälle einzugehen, wurde mit IFC4 ein neues MVD-Konzept vorgestellt. Es unterstützt zwei grundsätzliche Szenarien.

Reference Views RV – So viel Information muss sein

Der Reference View (Referenzansicht) ist ein schreibgeschütztes Modell als Hintergrundinformation für andere Disziplinen, z. B. eine Strukturansicht mit Wänden und Deckenplatten, in denen Rohre und Leitungen installiert werden können.

Es ist ein gängiger Anwendungsfall bei der modellbasierten Zusammenarbeit, dass anderen Projektpartnern Hintergrundinformationen mitgegeben werden. Dazu erhalten sie die Teile eines Modells, die sie für die Weiterentwicklung ihres eigenen Fachmodells brauchen. Beispielsweise braucht der TGA-Planer die Kanäle, Schächte, Schlitze und Trassen, in die er seine Lüftungselemente, Rohre, Befestigungen usw. verlegen kann. Das Architekturmodell liefert ihm diese Informationen. Es ist ein Reference View RV, der für den TGA-Planerkontext alle notwendigen Elemente enthält. Er hinterlegt diesen Teil des Architekturmodells als Referenz. Verändern darf er die hinterlegten RV-Elemente nicht. Falls Kanäle oder Trassen dort zu gering bemessen sind, muss er ggf. eine entsprechende Änderung beim Architekten anfordern[28], die er dann als entsprechend geändertes, neues Referenzmodell erhält.

Natürlich gibt es viele Kontexte in der Zusammenarbeit, bei denen ein Projektpartner Hintergrundinformationen von einem anderen Projektpartner benötigt. Dementsprechend wird es in Zukunft auch eine Reihe von Reference Views geben.

28) Zum Beispiel mit einer BCF-Nachricht (siehe Abschnitt 4.7.3)

Design Transfer Views DTV – Fachliche Zusammenarbeit

Ein Design Transfer View ist eine Entwurfsübertragungsansicht – ein Modell, das zwischen Modellautoren für weitere Entwurfsarbeiten übertragen werden soll. Anders als beim Reference View werden die Elemente eines DTV potenziell vom Empfänger verändert. Die Modellübertragung verläuft also zum Empfänger und nach der Bearbeitung wieder zurück an den Absender.

Zum Beispiel wird ein grundlegendes TGA-Modell mit einem ersten Layout von Rohren und Lüftungskanälen zur genauen Bemessung an einen Fachingenieur übertragen. Dieser nimmt nach seinen Berechnungen entsprechende Bemessungen im Modell vor. Das veränderte Modell schickt er als Arbeitsergebnis zurück an seinen Auftraggeber.

Ähnlich wie beim Reference View sind hier eine Fülle von Anwendungsfällen denkbar. Je nach Aufgabenstellung mit einem sehr spezifischen Inhalt des DTV.

Derzeit ist nur ein Design Transfer View offiziell von buildingSMART gelistet. Der DTV 1.1 enthält erweiterte geometrische und relationale Darstellungen räumlicher und physikalischer Komponenten, um die Übertragung von Modellinformationen von einem Werkzeug zu einem anderen zu ermöglichen. Entgegen seiner Deklaration ist er jedoch nicht für eine „Hin- und Rückübertragung", sondern für eine Übertragung von Daten in nur eine Richtung vorgesehen. Dies allerdings mit höherer Wiedergabetreue.

4.7.2.4 Weiterentwicklung des MVD-Konzepts in IFC4 und darüber hinaus

IFC ist bekanntlich eine umfangreiche Palette von Definitionen, Beziehungen und Eigenschaften. Sie definieren zum Beispiel eine Wand (*IFCWall*), aber auch Sensoren (*IFCSensor*) oder weniger bekannte Entitäten wie *IFCCondition,* die den Zustand eines Elements zu einem bestimmten Zeitpunkt angibt, oder *IFCMove,* eine Aktivität, die Personen und Gruppen innerhalb einer Organisation oder Organisationen zusammen mit den dazugehörigen Möbeln und Geräten von einem Ort zum anderen bewegt, oder *IFCPermit,* ein Dokument, in dem die Erlaubnis zur Durchführung von Aktionen an Orten und Artefakten aufgezeichnet ist (z. B. Baugenehmigung).

Diese umfangreichen Konstrukte sind für ein Software-Werkzeug oft zu viel und übersteigen dessen Einsatzgebiet. Daher ist es nicht sinnvoll, von Software-Anbietern die Implementierung des gesamten IFC-Schemas zu verlangen, da kein einzelnes Software-Tool alle von IFC definierten Datentypen benötigt.

Modellansichtsdefinitionen MVD wurden erstellt, um diese Situation zu lösen. Grundsätzlich sind sich alle Beteiligten einig, dass nur eine Auswahl von Entitäten aus der vollständigen IFC-Schemadefinition gebraucht wird. Im Laufe der Jahre gab es allerdings eine subtile Änderung in der MVD-Definition, der Begriff „Anwendungsfall" gewann an Bedeutung. So kann man heute bereits mehrere MVDs finden, die sich auf einen „standardisierten Datenaustausch für einen bestimmten Anwendungsfall" beziehen.

Heute gibt es drei Aspektebenen:

- Gesamtschema: Das vollständige IFC-Schema mit seinen Hunderten von Elementtypen und Eigenschaften,

- Teilschema MVD: Die Modellansichtsdefinition MVD als eine Teilmenge des vollständigen Schemas,
- Teil-MVD: Die anwendungsfallspezifischen Informationsanforderungen, die wiederum nur ein Ausschnitt einer MVD sind.

Bis IFC 2x3 waren MVDs sehr eng mit dem vollständigen Schema verbunden. Die IFC 2x3-MVDs definierten unterschiedliche „Konformitätsstufen" in der Software. Dies ist auch der Grund, warum die MVDs die Basis für die Software-Zertifizierung sind.

Mit der zunehmenden Notwendigkeit, das IFC-Schema zu erweitern und mit MVDs zu begleiten, verschwimmt der Zusammenhang zwischen MVDs als Software-Konformitätsstufen und MVDs als Instrument zur Formulierung von Anforderungen an den Informationsaustausch.

Derzeit gibt es in IFC4 zwei „offizielle" MVDs (Reference View und der Design Transfer View). Weitere sind in der Entwicklung (Precast View, Quantity Take-Off View, Energy Analysis View, Product Library View and Construction Operations Building Information Exchange COBie). Für diese MVDs ist eine entsprechende Anzahl aufwendiger Zertifizierungsverfahren notwendig.

Im Zuge der Erweiterung von IFC auf die Bereiche Straße, Schiene, Brücke, Tunnel, Landschaft usw. besteht das derzeitige Verfahren darin, auch für diese Erweiterungen verschiedene MVDs zu definieren. Alle diese Erweiterungen haben zwei oder drei zusätzliche MVDs zur Folge. Das führt zu weiteren aufwendigen Zertifizierungsverfahren. Die Anzahl der MVD-Zertifizierungsverfahren würde nach dieser Vorgehensweise schnell die Möglichkeiten von buildingSMART überschreiten.

Zukunftssichere MVDs

Damit MVDs zur Beschreibung des Informationsbedarfs bestimmter Anwendungsfälle geeignet sind, müssen sie dynamischer und flexibler werden. Es gibt unendlich viele denkbare Anwendungsfälle. Die dazu erforderlichen MVDs können nicht alle durch einen jahrelangen Zertifizierungsprozess bei buildingSMART gehen. Das würde sowohl buildingSMART überfordern als auch die Geduld der Anwender. Für diese Problematik gibt es noch nicht wirklich eine Lösung – nicht auf Konzeptebene und erst recht nicht in der Umsetzung als Software zur Prüfung von Informationslieferungen gegen die Vorgaben in einer MVD und auch nicht zur Extraktion von Elementen aus einem Modell, die inhaltlich einer bestimmten MVD entsprechen.

Modularisierung als mögliche Lösung

Um diese Probleme anzugehen, werden eine verstärkte Modularisierung des IFC-Schemas und eine Überprüfung der MVDs als Grundlage für die Zertifizierung angestrebt.

Wie jeder andere wichtige Standard muss IFC eine stabile, relativ konstant bleibende, Basis definieren. Dies ist der Sinn der „Interoperabilitätsschicht" (siehe Abschnitt Aufbau der Industry Foundation Classes). Darüber hinaus ermöglicht die Spezialisierungsstruktur von IFC dynamische Erweiterungen.

Eine stärkere Modularisierung des Schemas würde die Trennung von Verantwortlichkeiten für IFC-Entitäten verbessern und sogar separate Aktualisierungszyklen für Module mit Erweiterungen ermöglichen. Das würde Probleme mit der Wartbarkeit des Schemas erheblich verbessern.

Die Weiterentwicklung von IFC ist in vollem Gange und bezieht neue Anforderungen der Anwender und neueste Standards mit ein. Die vier genannten Problempunkte zeigen jedoch deren Verflechtung. Die Umstellung auf eine grafische Modellierungssprache wie UML als Hauptstruktur für die weitere Spezifikation der IFC öffnet neue Möglichkeiten für eine einfachere Überarbeitung in Richtung eines zukunftssicheren IFC. Es ist denkbar, dass zukünftig Klassifizierungen und Eigenschaften, zum Beispiel über bSDD oder sogar projekt- und benutzerspezifische Eigenschaften von außerhalb, in ein neues, dynamischeres IFC eingefügt werden können.

Maschinenlesbare Informationslieferspezifikation (Information Delivery Specification IDS)

Das Konzept der Modellansichtsdefinitionen (Model View Definitions MVD) wird allgemein als recht schwergewichtig und kompliziert angesehen. Die Entwicklung geht daher weiter in Richtung flexibler, leichtgewichtiger Konzepte. Die Entwicklung von IDS ist ein wichtiger Bestandteil der buildingSMART Roadmap (https://www.buildingsmart.org/about/technical-roadmap).

Eine Information Delivery Specification IDS ist ein computerinterpretierbares Dokument, das die Austauschanforderungen für einen modellbasierten Austausch definiert. Ein solches IDS-Dokument definiert, wie Objekte, Klassifikationen, Eigenschaften und sogar Werte und Einheiten geliefert und ausgetauscht werden müssen. Dies kann eine Kombination aus Industry Foundation Classes IFC, Domain Extensions und zusätzlichen Klassifizierungen und Eigenschaften sein (nationale oder unternehmensspezifische Vereinbarungen; entweder in bSDD oder anderswo gespeichert). IDS ist der Standard, mit dem Informationsbedarf zukünftig definiert werden soll. Es ermöglicht dem Anwender, dem Modellierer und den Software-Tools, die (automatisierte) Analysen durchführen, die Validierung der IFC. IDS ist eine Kernkomponente, die als Vertrag zur Bereitstellung der richtigen Informationen verwendet werden kann. Es bietet die Möglichkeit, lokalisierte und anwendungsfallspezifische Anforderungen für Projekte und ein Asset-Portfolio zu erstellen. IDS soll die Lösung für vorhersehbare und zuverlässige Datenaustausch-Workflows werden.

Eine IDS soll

- Anforderungen auf Instanzebene definieren können,
- in der Lage sein, auf bSDD-Konzepte, -Eigenschaften und -Domänen zu verlinken,
- in der Lage sein, Eigenschaften und spezifische Klassifikationen anzugeben,
- maschinenlesbar sein, um in Authoring-Tools geladen werden zu können, damit sowohl Benutzer als auch Software-Tools die Zuordnung interner Daten zur gewünschten Ausgabe generieren, validieren und korrigieren können,
- computerinterpretierbar sein, um eine automatische Validierung der IFC anhand der Anforderungen zu ermöglichen,
- auf branchenüblichen Technologien basieren, um IDS-Dokumente lesen und interpretieren zu können,
- erweiterbar sein.

Die Entwicklung dieses leichtgewichtigeren und besser in Software-Anwendungen umsetzbaren Konzepts würde die Spezifikation von Informationsanforderungen und die Qualitätssicherung von BIM-Lieferungen ein enormes Stück voranbringen, denn eine zum großen Teil automatisierte Qualitätssicherung kann die anstehenden großen Datenmengen mit vertretbarem Aufwand validieren. Hier werden wir in der Zukunft noch größere Fortschritte erleben.

4.7.3 BIM Collaboration Format BCF – Modellbasierter Nachrichtenaustausch

Was IFC erst nach Jahrzehnten geschafft hat, gelang BCF in wenigen Jahren: Allgemeine Akzeptanz und Verbreitung. Warum?

Die modellbasierte Arbeitsweise bringt große Vorteile, wirft aber auch neue Probleme auf. Wie kommuniziere ich beispielsweise einen Fehler im Modell an einen Projektbeteiligten, der diesen Fehler beheben soll?

4.7.3.1 Das BCF-Prinzip

Um jemanden in einer mir unbekannten Stadt zu besuchen, benötige ich kein komplettes Modell dieser Stadt. Was ich brauche, sind Straßenname und Hausnummer. Ein Taxifahrer kann mich mit diesen Angaben zum gewünschten Ziel bringen.

Es trifft sich gut, dass jedes Modellelement über eine „Hausnummer" verfügt. Die vielfach erwähnte und im Kapitel 2 Modelle näher erläuterte GUID, der global eindeutige Identifikator eines jeden Modellelements, ist diese „Hausnummer". Allerdings weiß ich dann immer noch nicht, ob das gewünschte Ziel vor, hinter, über oder unter mir liegt. Besser wäre zusätzlich zur Hausnummer noch ein Standort und eine Blickrichtung, sodass ich einen guten Blick auf die Problemstelle habe. Damit wären alle Möglichkeiten gegeben, meinem Gesprächspartner das Auffinden der kritischen Stelle im Modell so einfach wie möglich zu machen.

Möchte ich dem Ersteller eines Modells eine Fehlerposition im Modell näher erläutern, muss ich ihm also nicht ein ganzes Modell zuschicken; die Angabe der beteiligten Element-IDs reicht völlig aus.

4.7.3.2 Das kann BCF

Das BCF-Format verfügt über eben diese Möglichkeiten. Eine oder mehrere Kamerapositionen zeigen die zur Debatte stehenden Punkte im Modell. Dabei zeigt die erste Koordinate den Augpunkt (Koordinate des Betrachterauges im Modell) an und eine zweite die Blickrichtung. Da die IDs der beteiligten Elemente ebenfalls mitgeliefert werden, wäre es möglich, diese in der grafischen Darstellung, zum Beispiel in einem BIM-Viewer, farblich besonders hervorzuheben.

Darüber hinaus besteht die Möglichkeit, Begleitinformationen zum kommunizierten Ort im Modell im BCF-Format mitzugeben.

Das sind im Einzelnen:

- Kommentare
- Bearbeitername

- Statusinformationen
- Bilder in Form von Fotos oder Screenshots.

Dies gibt dem Empfänger alle Möglichkeiten, das Problem zu verstehen, das der Absender mitteilen wollte.

Damit jedoch nicht genug. Alle oben genannten Informationen lassen sich erweitern. So kann auch der Empfänger seinerseits Positionen, Kommentare und dergleichen anfügen, um zum Beispiel einen Vorschlag zur Behebung des Fehlers mitzuteilen und an den Absender zurückzuschicken. Dieser Workflow ermöglicht ein schnelles und einfaches gemeinsames Verständnis zum Fehler und zur Fehlerbehebung. BCF-Datensätze sind daher ein ideales Mittel für den Datenaustausch in einem Fehlerbehebungs-Workflow, der beispielsweise auf einer Gemeinsamen Datenumgebung CDE abläuft und den gesamten Fehlerbehebungsprozess kontrolliert.

Eine BCF-Arbeitsgruppe bei buildingSMART International hat BCF seit einigen Jahren zum heutigen BCF-Format, Version 2, weiterentwickelt. Die Entwicklung eines BCF-ISO-Standards wird angestrebt. In dieser Gruppe arbeiten einige Software-Hersteller zusammen. Aus dieser Gruppe hat sich die Arbeitsgruppe „open CDE API" für die Entwicklung offener Schnittstellen im BIM-Kontext insgesamt entwickelt.

Neben den kommerziellen Software-Produkten, die BCF unterstützen, gibt es Open-Source-Produkte, die BCF-Informationen (bcfzip) sowohl in einer eigenständigen Desktop-Applikation visualisieren können als auch per Plug-in in Anwendungen, zum Beispiel AutoDesk Revit, einbinden können. Eine dieser BCF-Anwendungen ist der kostenlose BCFier (bcfier.com).

4.7.3.3 BCF-Datenbank – BCF REST API

Aber auch bei der kollaborativen Fehlerbehebung steckt der Teufel im Detail. Werden beispielsweise BCF-Daten an zwei oder mehr Empfänger geschickt, gibt es ab diesem Zeitpunkt drei Kopien über die genau gleiche Information. Eine beim Absender, zwei weitere bei den Empfängern. Antworten beide Empfänger, nachdem sie jeweils ihre eigenen Kommentare und Kamerapositionen an den ursprünglichen Datensatz angefügt haben, gibt es von nun an also drei Varianten der gleichen BCF-Datei: Das ursprüngliche Original, das sich noch beim Empfänger befindet, und die zwei ergänzten Varianten bei den Empfängern. Es wäre nun also Aufgabe des ursprünglichen Absenders, die drei unterschiedlichen Inhalte zusammenzuführen und daraus wieder eine einzige BCF-Datei zu machen. Das ist nicht nur mühsam und fehleranfällig, sondern auch in keinster Weise rechnergerecht.

Aus diesem Grund gibt es neben dem BCF-Dateiformat noch das sogenannte BCF-API-Format. Dieses Format definiert eine Datenbankschnittstelle, mit der sowohl der Ersteller und ursprüngliche Absender als auch die Empfänger auf den identisch gleichen Datensatz zugreifen und diesen nach ihren Wünschen ergänzen können. Da nun alle am gleichen Datensatz und nicht an einer Kopie arbeiten, entstehen keine divergenten Versionen, sodass auch ein späteres Zusammenführen entfällt.

Diese Schnittstelle ist mit einem Webinterface ausgestattet und so über das Internet verfügbar. Hierbei wird das sogenannte REST-Protokoll verwendet, weshalb diese Schnittstelle häufig auch als BCF-REST-Schnittstelle bezeichnet wird. Diese Schnittstelle wird von einigen fortgeschrittenen CDEs und von einigen Anwendungen wie zum Beispiel Solibri Model Checker, BIMCollab und der Oracle Aconex CDE unterstützt.

4.7.3.4 BCF dateibasiert – bcfzip

Das dateibasierte BCF-Format (*.bcfzip) ist die Alternative zum Datenbankformat. Es wird von sehr vielen Anwendungen unterstützt. Dies sind alle gängigen CAD-Systeme und einige BIM-Viewer. Wegen der genannten Probleme mit dem Auseinanderlaufen verschiedener BCF-Datensätze wird das Dateiformat in der Regel nur als Einbahnstraße vom Absender zum Empfänger genutzt. Besser im Workflow zu nutzen sind daher BCF-Datensätze, die über eine Datenbankschnittstelle bearbeitet werden.

4.7.4 BIM-Babelfisch – buildingSMART Data Dictionary bSDD

Ein Problem bei der modellbasierten Zusammenarbeit ist die unterschiedliche Terminologie, die Anwendungen verwenden, um beispielsweise Attribute von Modellelementen zu bezeichnen. Mit dem Ergebnis, dass beim Zusammenführen von Modellen Mehrdeutigkeiten entstehen. Auch bei gleicher Bedeutung werden unterschiedliche Begriffe verwendet. Das liegt zum Teil an nationalen Sprachen, aber oft auch an einer fehlenden Möglichkeit, die Gleichheit von Bedeutungen an einer zentralen Stelle zu hinterlegen. Ein Babelfisch – wie aus dem Roman von Douglas Adams –, der einen Begriff anhand seiner Bedeutung von einer Terminologie in eine andere übersetzen kann, wäre hier sehr hilfreich. Für jedes Fachgebiet haben sich Terminologien und Klassifikationen entwickelt, jede für sich eine optimale Sprache. In der Zusammenarbeit zwischen den Disziplinen, Nationen, Phasen und Applikationen erweist sich diese Diversifikation jedoch als hinderlich. Selbst wenn man das Gleiche meint, verhindert eine unterschiedliche Bezeichnung oder Syntax das gegenseitige Verständnis. Der BIM-Babelfisch wäre eine Brücke für dieses gemeinsame Verständnis für unterschiedliche Begrifflichkeiten. Das buildingSMART Data Dictionary (bSDD) ist eine solche Hinterlegungsstelle für Begriffe und deren Bedeutung (http://bsdd.buildingsmart.org/).

Es wurde von buildingSMART International auf der Grundlage der DIN EN ISO 12006-3 entwickelt, um einheitliche Definitionen von Begriffen (z. B. für Merkmale) zu ermöglichen.

Im bSDD können Begriffe definiert und mit einem eindeutigen Identifikator versehen werden. Auf Basis des Identifikators können anschließend Verknüpfungen zu Klassifizierungssystemen, Standards oder Datenmodellen aufgebaut werden. Das bSDD ist somit eine Referenzierungsdatenbank und unterstützt die Interoperabilität im Bauwesen. In der bSDD-Datenbank existieren Verknüpfungen zu eingepflegten Klassifikationssystemen, wie OmniClass, RLOM und der ÖNORM A 6241-2. Ein wesentliches Manko des bSDD waren bislang die Qualität und die verfügbaren Methoden zur Qualitätssicherung des bereitgestellten Inhalts. Aktuell werden daher bei buildingSMART neue Konzepte zur Pflege und Qualitätssicherung des bSDD entwickelt.

4.7.4.1 Universelles Nachschlagewerk für Klassifikationen, Eigenschaften und Regeln

Die Planungsphase beginnt mit generischen Modellelementen, die wenige allgemeine Eigenschaften besitzen und noch keinerlei Bezug zu Herstellerprodukten haben. Am

Ende soll aus dem Modell jedoch ein reales Produkt bestehend aus realen Herstellerprodukten hervorgehen. Reale, von Herstellern produzierte Produkte, müssen schließlich irgendwann ausgewählt, bestellt und zu einem physischen Baukörper zusammengefügt werden. Ein Modellelement bleibt lange ein idealisiertes, generisches Objekt, nur beschrieben durch seine erforderlichen Eigenschaften. Spätestens vor der Bestellung muss jedoch eine Produktentscheidung getroffen werden. Die Eigenschaften des idealisierten Modellelements müssen mit Herstellerangaben abgeglichen werden. Produkte, die den Anforderungen am nächsten kommen, werden in das Modell übernommen, denn das Modell soll der physischen Realität entsprechen. Eine modellgerechte Entsprechung des Artikels oder Produkts muss also in das Modell eingepflegt werden.

Nur, in welchem Format und mit welchem Detaillierungsgrad?

Wie finden Anwender die Angebote der Hersteller und fügen sie in ihre Modelle ein?

Wo publizieren Hersteller ihre Produkte und machen sie aktuell verfügbar?

Wie frühzeitig und endgültig muss man sich für einen Hersteller entscheiden?

Wie kann man digitale Herstellerdaten vergleichen und qualifizierte Produktentscheidungen treffen?

Auf einige dieser Fragen weiß das bSDD buildingSMART-Daten-Wörterbuch (Data Dictionary) eine Antwort. Laut buildingSMART International ist es eine „Standardbibliothek mit allgemeinen Definitionen von BIM-Objekten und ihren Attributen".

Man stelle sich vor, alle Bauteiltypen hätten weltweit dieselben Bezeichnungen, ebenso wären ihren Eigenschaften weltweit gleich benannt und würden in ihrer Bedeutung auch überall gleich interpretiert. Alle Hersteller würden sich weltweit an diese Namensgebung halten. Mit einem Suchbegriff könnte man alle gleichartigen Herstellerprodukte finden und vergleichen. CAD-Systeme würden ebenfalls diese weltweit eindeutigen Namen verwenden – eine wahrhaft nahtlose herstellerübergreifende Modellierung wäre Wirklichkeit.

Eine ideale, aber leider utopische Vorstellung! Behelfen wir uns also mit einem Wörterbuch. Eine Tabelle oder Datenbank, eine Spalte für jede Nationalsprache. Jeder Modellelementtyp erhält eine Zeile der Tabelle, weitere Zeilen folgen für jede seiner Eigenschaften. Eine solche Tabelle würde die automatisierte Übersetzung jeder Elementeigenschaft eines Bauwerkselements von einer Sprache in eine andere erlauben. Jeder Zeile würde man zusätzlich eine eindeutige Nummer, eine ID, geben, dann könnte man sich auch sprachneutral unter Nennung dieser eindeutigen Nummern auf einen Bauelementtyp und seine Eigenschaften beziehen.

Ein weiterer Vorteil wäre dann erreicht: Hersteller könnten ihre Produktbeschreibungen mit den IDs einer weltweiten bSDD-Tabelle abgleichen. Ab sofort wäre eine weltweit eindeutige Suche nach Produkten mit bestimmten erforderlichen Eigenschaften möglich. Produktkataloge der Hersteller ließen sich dadurch vereinfachen und standardisieren. Ebenso wäre die Nutzung unterschiedlicher Klassifikationssysteme möglich, da sie aufeinander abgebildet werden könnten. Es ließe sich also eine bestimmte Klassifikations-Ebene mit den relevanten Elementen und Attributen der bSDD-Tabelle verbinden. Das wiederum würde die Möglichkeit eröffnen, unterschiedliche Klassifikationssysteme miteinander zu verbinden oder ineinander zu übersetzen. Ein großer Schritt vorwärts in der standardübergreifenden Zusammenarbeit.

bSDD ist offen und international und ermöglicht Architekten, Beratern, Eigentümern und Betreibern auf der einen Seite sowie Produktherstellern und Lieferanten auf der anderen Seite, Produktinformationen zu teilen und auszutauschen. Getreu dem Grundgedanken: Wenn alle dieselbe Sprache sprechen, wird der Informationserstellungsprozess effizienter.

Auf das bSDD kann unter http://bsdd.buildingsmart.org zugegriffen werden.

4.7.4.2 Vorteile und Anwendungsbereiche von bSDD

- Gemeinsam genutzte wiederverwendbare Objektbibliotheken. Dieses senkt die Kosten und verbessert die Qualität.
- Objekte und Eigenschaftsdefinitionen stehen weltweit für alle Software-Produkte zur Verfügung.
- Die automatische Regelprüfung verhindert Missverständnisse und Datenduplikate.
- Objekte können mit BIM-spezifischen Produkten verbunden werden.
- Eigenschaftssätze können für bestimmte Anforderungen erweitert werden.
- Klassifizierungen können hinzufügt oder überlagert werden.
- Eine Zuordnung zwischen Nutzern und Anwendungen wird ermöglicht.
- Die Überprüfung und Validierung von Daten kann automatisiert werden.

4.7.4.3 Funktionsweise des Data Dictionary

Allen Terminologien (Konzepten) wird vom Datenwörterbuch eine global eindeutige Kennung (GUID) zugewiesen, damit sie von Anwendungen sprachunabhängig identifiziert und wiederverwendet werden können. Ein Ziel des Datenwörterbuchs besteht darin, Duplikate aufzulösen, damit nicht mehrere Einträge mit derselben oder einer ähnlichen Bedeutung erstellt werden. Prozesse und Verfahren zur Erreichung der gemeinsamen Verwendung von Begriffen in mehreren Kontexten sind vorhanden und werden ständig weiterentwickelt, um denjenigen, die die bSDD verwenden, zu helfen, effizient nach ähnlichen Begriffen zu suchen, die sich bereits in der Bibliothek befinden.

Bild 4.11 zeigt, wie ein Thema (hier: „Tür") durch eine Reihe von Merkmalen in bSDD beschrieben werden kann. Die Beziehung zwischen einem Terminus (Konzept) und seiner Charakteristik kann auch in einem Kontext erfasst werden.
Wie bereits erwähnt, ist das Datenwörterbuch eine Datenbank mit Namen[29)] und keine Datenbank mit einzelnen Elementen. Das Datenwörterbuch definiert die Namen für Objekttypen und die Eigenschaften, die sie beschreiben. Es enthält keine Daten zu diesen Objekten, wie es bei einer Produktdatenbank der Fall wäre.

In einer Anwendung würde das Datenwörterbuch verwendet, um den Terminus „Tür" und seine Bedeutung einmalig durch eine Beschreibung und eine Reihe von Beziehungen zu Eigenschaften festzulegen. Um das Wörterbuch zu verwenden, kann ein Produkthersteller, der Informationen zu einer Tür bereitstellen oder verwenden möchte,

29) basierend auf International Framework for Dictionaries IFD

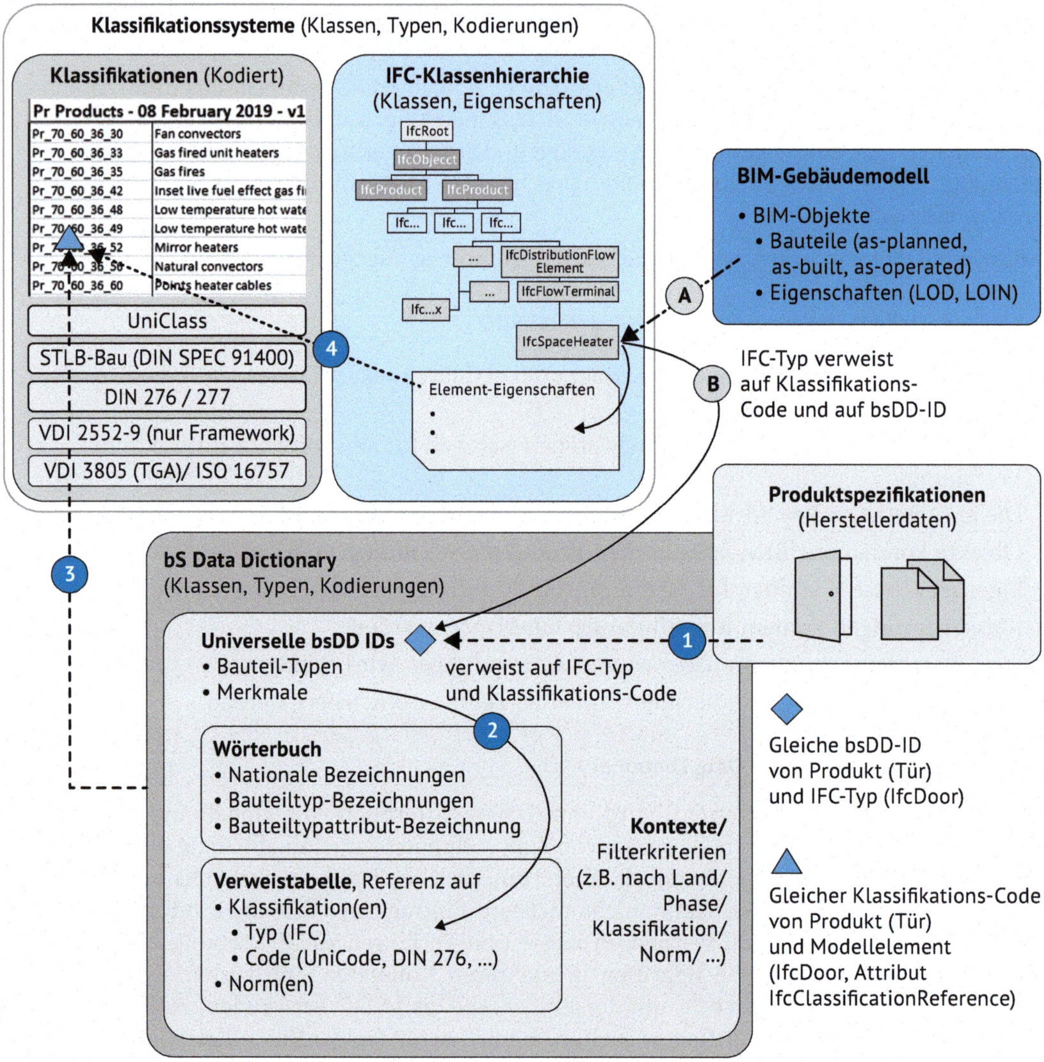

Bild 4.11 IFD ist ein universeller Mapping-Mechanismus, der in bSDD genutzt wird. Angelehnt an: Lars Bjørkhaug and Håvard Bell, IFD in a Nutshell, IFD Developers wiki.

auf die GUID für das Türset verweisen. Diese Referenz würde dem Benutzer Zugriff auf die im Datenwörterbuch definierten Eigenschaften von „Tür" gewähren. Wenn beide Parteien auf diesen Terminus verweisen (der Datenanbieter und der Benutzer), können sowohl die Anwendung als auch die Produktdatenbank Informationen zu allen Wörterbucheinträgen mit dem Terminus („Tür") lokalisieren und austauschen. Dabei können Kontexte genutzt werden, um Informationen zu filtern. Kontexte können zum Beispiel Klassifikationen oder nationale Sprachkontexte sein.

4.7.4.4 Data-Dictionary-Technologie

Der Kern des Data-Dictionary-Systems ist eine objektorientierte Datenbank, die in der EXPRESS-Datenmodellierungssprache geschrieben und auf dem EDM Server von EPM Technology gehostet wird.

Ein auf Webdiensten basierender Standardansatz wird verwendet, um unabhängig von der für die Datenbank ausgewählten Technologie auf eine Weise mit der Bibliothek zu kommunizieren, die für Anwendungsentwickler vorteilhaft ist. Eine Reihe von Software-Objekten und -Methoden, die die Objekte verwenden, mit denen Software-Informationen an und von der Datenbank übergeben werden können, wurden definiert. Diese Objekte und Methoden können aus einer Anwendung heraus verwendet werden. Die Anwendungsprogrammierschnittstelle (API) ist über ihren Zugriffspunkt eindeutig versioniert, sodass neuere Versionen der API parallel zur alten Version bereitgestellt werden können.

Es ist auch eine Offline-Option verfügbar, bei der sich die gesamte Bibliothek auf der lokalen Festplatte der Anwendung befindet. Auf die Daten kann über dieselben Objekte und Methoden wie für den Webdienst zugegriffen werden. Darüber hinaus kann die Anwendung online die neueste Version der Bibliothek herunterladen und dadurch so oft wie nötig auf den neuesten Stand gebracht werden.

Die Webdienst-API und die Offline-API ermöglichen jeder Anwendung den Zugriff auf die Bibliothek. Die API vereinfacht den Zugriff auf Objekte und Methoden erheblich. Die Webdienst-API befindet sich in der dritten Version und ist unter www.buildingsmart.com/standards/ifd verfügbar. Anwendungen, die die API, Eingabetools (Batch Input Manager und Propertylizer) und einen Browser (Browsalizer) verwenden, wurden entwickelt und sind auf der Data-Dictionary-Website verfügbar. Die Tools wurden mit dem .NET-Framework entwickelt. Ein .NET-Toolkit, das viele der allgemeinen Funktionen enthält, die für den Zugriff auf und die Implementierung von Abfragen in der Bibliothek erforderlich sind, ist ebenfalls verfügbar. Weitere Informationen und Zugriff auf die Tools findet man auf der Data-Dictionary-Website. Darüber hinaus haben Catenda, ein norwegischer CDE-Plattformanbieter, und die niederländische STABU Foundation (www.stabu.org), Tools entwickelt, die für ihre eigenen Zwecke auf die API zugreifen.

4.7.4.5 buildingSMART Data-Dictionary-API

Die Dokumentation der Programmierschnittstelle von bSDD ist unter http://bsdd.buildingsmart.org/docs/downloads.html zugänglich. Dort lassen sich auch versuchsweise Abfragen auf die bSDD-Datenbank absetzen, die entsprechenden Zugriffsrechte vorausgesetzt. Ein WADL-Dokument ist ebenfalls verfügbar (http://bsdd.buildingsmart.org/docs/), das die Ressourcen-API beschreibt.

Software-Entwickler können auf diesen Definitionen aufbauen, um bestimmte Objekte zu erstellen. Weitere Informationen zum Zusammenhang der bSDD- und IFC-Standards finden Sie in dem Richtliniendokument unter https://standards.buildingsmart.org/documents/BSDD_Policy_Document-June2019.pdf.

Wer eine offene IFC-Bibliothek veröffentlichen möchte oder seine Website mit bSDD bei buildingSMART verlinken möchte, sollte sich an contact@buildingsmart.org wenden.

4.7.4.6 Data-Dictionary-Projekte

Derzeit haben sowohl Norwegen als auch die Niederlande eine Terminologie im Datenwörterbuch erstellt. Die Niederländer leiten ein Projekt zur Harmonisierung der bestehenden Begriffe im niederländischen und norwegischen Kontext. Bei der Initiierung neuer Projekte besteht das Ziel darin, den verfügbaren Inhalt zu erweitern und gleichzeitig die bereits im Datenwörterbuch enthaltenen Begriffe so weit wie möglich zu verwenden, damit ein gemeinsames globales und mehrsprachiges Wörterbuch entsteht. Die Gruppenmitglieder haben vereinbart, dass alle in das Datenwörterbuch eingegebenen Begriffe von einer englischen Übersetzung begleitet werden müssen, um die Verbindung zu analogen Konzepten in anderen Sprachen zu erleichtern.

Die norwegische Inhaltsentwicklung konzentriert sich auf das, was zum Austausch von Produktinformationen zwischen Herstellern, Produktdatenanbietern und Anwendungen erforderlich ist. Bisher sind Produkttyp- und Eigenschaftsdaten für mehrere Domänen vorbereitet, an weiteren wird gearbeitet. Ein weiteres Projekt arbeitet daran, bsDD an die Baupraktiken in Nordamerika anzupassen und für eine Verwendung bereitzustellen.

Projekte zur Inhaltserweiterung konzentrieren sich auf:

- die Identifizierung von Bauprodukten und deren Eigenschaften,
- die Einführung einer umfassenden Bauontologie,
- die Entwicklung eines Wörterbuchs von Begriffen unter redaktioneller Kontrolle, die in Entwürfen und Spezifikationen verwendet werden,
- Anpassung von Begriffen, die in einem anderen Land entwickelt wurden.

Derzeit laufende Implementierungsprojekte konzentrieren sich auf:

- die Suche nach Produkten, die den Anforderungen des bSDD-Designmodells entsprechen,
- die Suche nach Referenzdaten,
- die Zuordnung von BIM-Objekten zu Kostendaten,
- die Zuordnung von BIM-Objekten zu Produktspezifikationen.

4.7.4.7 Next Generation bSDD

In Zukunft werden neue Anwendungsfälle entstehen, auf die sich bSDD vorbereitet. Das „Next Generation bSDD“ wird die Verwendung von Produktdatenvorlagen (Product Data Templates) ermöglichen. Neue Möglichkeiten, wie die Veröffentlichung der Daten als verknüpfte Datenontologien und die Verwendung von maschinenlesbaren bSDD-Inhalten und die Bereitstellung von Informationslieferungen, werden die Anwendbarkeit von bSDD als Online-Dienst verbessern. Dazu sind derzeit technische Änderungen in der Planung. Dies wird die Benutzerfreundlichkeit und den Zugang zu bSDD-Diensten verbessern. Inhalte des neuen bSDD können bereits online besichtigt werden unter https://search.bsdd.buildingsmart.org. Gibt man in das dortige Suchfeld beispielsweise

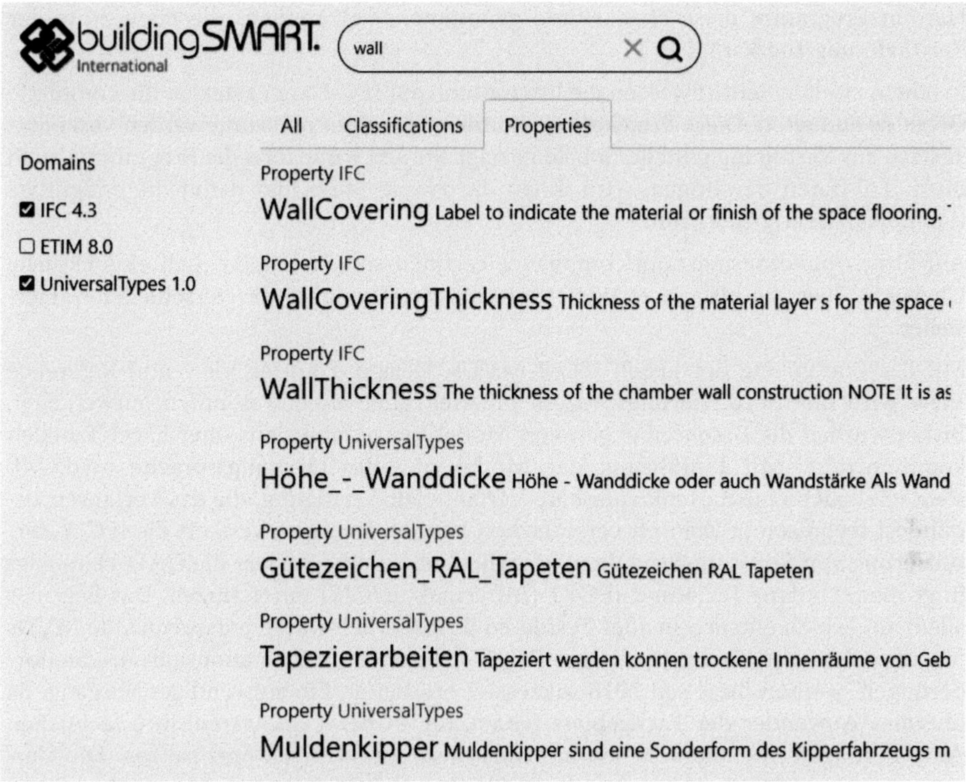

Bild 4.12 Inhalte der neuen bSDD-Datenbank können durch Suche auf der Seite search.bsdd.buildingsmart.org angezeigt werden. Dort sind bereits einige Klassifikationssysteme integriert worden. Mit Klassen (hier „Wall") sind oft Eigenschaften (Properties) verbunden, die ebenfalls angezeigt werden können.

„Wall" ein, so bekommt man die in der bSDD-Datenbank enthaltenen Inhalte angezeigt (Bild 4.12) und kann den Links folgend weitere Details anzeigen lassen.

Mehr zur nächsten bSDD-Generation und der technischen Roadmap von buildingSMART unter https://www.buildingsmart.org/users/services/buildingsmart-data-dictionary/

4.7.5 buildingSMART Software-Zertifizierung

Software-Hersteller können die IFC-Konformität ihrer Produkte bei buildingSMART zertifizieren lassen. Gegenstand des Zertifizierungsprozesses war bisher der IFC 2x3 Coordination View. Wie bereits beschrieben, enthält er nur die grundsätzlichsten Bauelemente (Wände, Decken, Öffnungen etc.).

Der Zertifizierungsprozess von buildingSMART International erfolgt in zwei Stufen.

In Stufe 1 wird mit über 300 Testdateien, in denen viele Sondersituationen modelliert sind, die in früheren Tests Probleme bereitet hatten, eine erste Testreihe durchlaufen.

Hat ein Programm diese erste Hürde genommen, bekommt es die erste Stufe der Zertifizierung zuerkannt.

In einem zweiten Schritt werden die Programme mit IFC-Daten getestet, die komplette Gebäude enthalten. Diese Projektdaten kommen aus der Praxis und werden von Beta-Testern zur Verfügung gestellt. Sobald gezeigt werden kann, dass die Programme auch diese IFC-Daten bewältigen, wird ihnen die zweite Stufe und damit die endgültige IFC-Zertifizierung zuerkannt.

Auf https://buildingsmart.org/compliance/certified-software findet sich eine aktuelle Übersicht über die bislang zertifizierten Software-Produkte der verschiedenen Hersteller.

Mit der Einführung der neuen IFC 4-MVDs, Design Transfer View und Reference View wird der Zertifizierungsprozess präziser, aber auch wesentlich aufwendiger. Bisher wurden die Beschreibungen von Model View Definitions über Excel-Tabellen kommuniziert. Mit Einführung der Model-View-Beschreibungssprache mvdXML steht jetzt auch eine maschinenlesbare Variante zur Verfügung, die das Verfahren zumindest technisch in Zukunft vereinfachen könnte. Dennoch verläuft die IFC 4-Zertifizierung von Software-Produkten zögerlich, obwohl besonders die CAD-Hersteller in großem Umfang IFC4 und IFC4.1 (Infrastruktur/GIS) unterstützen. Das liegt vor allem am Fehlen entsprechender Testdaten. Erforderlich wären entsprechende MVDs für alle relevanten Fachgebiete. In VDI 2552 Blatt 11 „Informationsaustauschanforderungen" werden diese seit 2018 sukzessive erarbeitet. Ein aufwendiger Vorgang, da überdies Anwender der Fachgebiete fehlen, die in der Lage wären, ihre fachlichen Anforderungen in entsprechende Informationsanforderungen umzusetzen. Die Umsetzung muss daher von den derzeit ohnehin raren BIM-Experten entsprechend moderiert werden.

Registrierte Implementationen von buildingSMART-Standards

Inzwischen wurden buildingSMART-Standards in einer ganzen Reihe von Software-Produkten implementiert. Die buildingSMART-Website https://technical.buildingsmart.org/resources/software-implementations/ listet diese Produkte und Standards (derzeit IFC 2x3, BCF XML und BCF API), die sie implementieren, auf.

4.7.6 ISO 12006 Bauwesen – Organisation von Daten zu Bauwerken

Die ISO 12006 hat derzeit zwei Teile, die sich mit der Strukturierung von Informationen im Bauwesen befassen. Einen Teil 1 gibt es bislang nicht. Teil 2 definiert die Grundlagen von Klassifikationssystemen. Die BIM-konformen Klassifikationen UniClass und OmniClass bauen darauf auf. Teil 3 ist auch als buildingSMART Data Dictionary oder International Framework for Dictionaries (IFD) bekannt. Er beschäftigt sich mit objektorientierten Informationen und deren Strukturierung im Bauwesen. Beide Teile sind wichtige Grundlagen für die Entwicklung der Datenintegration im Bauwesen und werden im Anschluss eingehend behandelt.

4.7.6.1 ISO 12006 Teil 2: Struktur für die Klassifizierung

Teil 2 dieses ISO-Standards beschreibt kein bestimmtes Klassifikationssystem, sondern definiert die Grundprinzipien für Klassifikationssysteme im Bauwesen. Er definiert den Umfang von Klassifikationen, das konzeptuelle Gesamtmodell und skizziert Klassifikationstabellen und Objektklassen.

Eines der übergeordneten Ziele zur Neuauflage der ISO 12006 war das Bestreben, den Übergang von der Klassifikation rein dokumentenorientierter Informationen zu mehr BIM- und Objektfokussierung zu vollziehen. Damit wurden eine engere Ausrichtung an Teil 3 des gleichen ISO-Standards vollzogen und eine bessere Kompatibilität mit den buildingSMART-Standards IFC und bSDD erreicht. Die Revision der ISO 12006 Teil 2 berücksichtigt außerdem

- den Systemgedanken unter Berücksichtigung der Komplexität von Bauvorhaben und die Unterstützung industrialisierter Herstellungsverfahren,
- die klare Unterscheidung zwischen Teile/Ganzes-Beziehungen (Systeme, Subsysteme) und Spezialisierungs-Beziehungen (Unterklassen),
- eine klare Spezifikation, wie Kombinationen von Teile/Ganzes-Beziehungen und Spezialisierungs-Beziehungen (Oberklasse/Unterklasse) mit einer eindeutigen Identifikation für Systeme und ihre Bestandteile ausgestattet werden können, um dem Bedarf nach strukturierter Information und der Koordination dieser Informationen Rechnung zu tragen.

> *„ISO 12006-2 definiert eine Struktur aus generischen Klassen, die von Interesse für das Erstellen und Verwalten von Bauwerken sind. Diese ist darauf ausgelegt, als Grundstein für die Entwicklung von detaillierten Klassifikationstabellen verwendet zu werden. Es wird davon ausgegangen, dass die Klassifikationstabellen, die diese Prinzipien einhalten, so ähnlich sind, dass sie gegenseitige Übersetzungen ermöglichen. ISO 12006-2 wurde in letzter Zeit bei der Entwicklung von Klassifikationssystemen wie der britischen UniClass, des schwedischen BSAB 96, des Nordamerikanischen OCCS und des dänischen DBK-Systems angewendet.*
>
> *ISO 12006-2 umfasst den gesamten Lebenszyklus an Bauleistungen, wurde aber nicht speziell für den Bedarf von Programmen der Informations- und Kommunikationstechnologie ausgelegt.“ [35]*

Grundkonzepte für Klassifikationen im Bauwesen

Im BIM-Kontext zeigen sich einige Probleme heutiger Klassifikationen im Bauwesen. Sie enthalten oft eine Mischung aus verschiedenen Konzepten, Bezeichnungen und Synonymen. Dies erschwert das Einbinden und Auffinden von Objekten und ist im kollaborativen BIM-Kontext kritisch.

Ein typisches Beispiel ist die Wand. Muss sie in die Klasse für tragende Wände oder in die Klasse für nichttragende Wände eingeordnet werden? Was ist zu tun, wenn sich das Tragverhalten von tragend zu nichttragend ändert? Müssen dann die Klasse und der Klassifikationscode geändert werden? Dies bleibt häufig Gegenstand individueller Interpretation und der eigenen Ausrichtung auf die dominante Charakteristik je nach Anwendungsfall oder Verwendungszweck.

Auch werden Stütze (Hochbau), Pfahl (Grundbau) und Pfosten unterschiedlichen Klassen zugeordnet – selbst wenn sie dieselben charakteristischen Eigenschaften haben. Oft spielen material- oder fachrichtungsspezifische Eigenschaften eine Rolle bei der Einordnung. Eine fallweise individuelle Klassifizierung birgt das Risiko von Missinterpretationen. Eine Zusammenführung von Modelldaten ist dadurch unmöglich.

Einige Grundprinzipien müssen daher befolgt werden, um eindeutige wohldefinierte Klassifikationstabellen zu erhalten.

Um das sicherzustellen wurden drei Standards in der ISO 12006-2 berücksichtigt.

- Die Prinzipien der Objektrelation der ISO 704:2009, Terminologiearbeit. Grundsätze und Methoden.
  Dabei wurden Synonyme, die alle das gleiche Grundkonzept verfolgen, berücksichtigt und der Zweck von Konzepten und Klassen aufgenommen. Es wird zwischen generischen, positiven und assoziativen Beziehungen unterschieden. Beziehungen zwischen Objekten, Konzepten, Merkmalen und charakteristischen Eigenschaften können dargestellt werden.
- Die Grundsätze der ISO 1087-1:2000, Terminology work. Vocabulary. Part 1: Theory and application.
  Die ISO beschreibt Ontologien und Relationen für Klassifikationen sowie Kriterien zur Unterteilung von Klassen (zum Beispiel in weiter spezialisierte Unterklassen).
- Die ISO 22274:2013, Systems to manage terminology, knowledge and content – Concept-related aspects for developing and internationalizing classification systems.
  Sie spezifiziert Regeln für die Erstellung von Klassifikationssystemen im Allgemeinen. Hierin werden fundamentale Entwicklungskriterien und Prinzipien der Terminologie von Klassifikationssystemen dargelegt. Außerdem werden Aspekte der Internationalisierung und Lokalisierung und der Anforderungen an internationalisierte Klassifikationen behandelt.

Diese drei Standards bilden das unterstützende Grundgerüst für die ISO 12006-2 und sind ebenso Grundlage für bSDD.

Klassifikationstabellen

Bisherige Klassifikationssysteme im Bauwesen sind in eine unterschiedliche Anzahl von Tabellen gegliedert. Sie beschreiben meistens Spezialisierungsbeziehungen zwischen Klassen und Konzepten. In vielen Klassifikationssystemen finden sich Tabellen für Elemente (generisch), Entwurfselemente (z. B. Zeichnungen und Modelle), Arbeitsabschnitte, Arbeitsergebnisse und Produktionsergebnisse (z. B. Berechnungen und Ausführungen) sowie Wartungsergebnisse (z. B. betriebliche Belange). Die Tabellen sind meistens in einem historischen Kontext entstanden und beziehen sich vorwiegend auf die Klassifizierung dokumentenbasierter Informationen.

ISO 12006-2 gruppiert Klassifikationstabellen in vier Domänen.

- Klassen zu Ressourcen
  - Konstruktionsinformationen – nach Inhalten
  - Bauprodukte – nach Funktion, Form, Material oder einer Kombination davon
  - Baumittel – nach Disziplin, Rolle oder einer Kombination davon

- Konstruktionshilfen – nach Funktion, Form, Material oder einer Kombination davon
- Klassen zu Prozessen
  - Management – nach Managementtätigkeit
  - Konstruktionsprozess – nach Bautätigkeit, Prozesslebenszyklus oder einer Kombination davon
- Klassen zu Ergebnissen (entsprechend einer Klassifikation auf Objektebene)
  - Baukomplex – nach Form oder Funktion oder Benutzeraktivität oder einer Kombination davon
  - Baukörper – nach Form, Funktion, Benutzeraktivität oder einer Kombination davon
  - Umbauter Raum – nach Form, Funktion, Benutzeraktivität oder einer beliebigen Kombination davon
  - Konstruktionselement – nach Funktion, Form, Position oder einer Kombination davon
  - Arbeitsergebnis – nach Arbeitsaktivität und verwendeten Ressourcen
- Klassen zu Eigenschaften nach Objekttyp (entspricht Klassifikation auf Typebene).

Abbildung auf BIM-gerechte Klassifikationen

Die Abbildung bestehender Klassifikationssysteme und Codes auf neue, BIM-gerechte Klassifikationssysteme kann je nach Ausgangssystem ein äußerst mühsamer Prozess sein, da aufgrund der oft recht unterschiedlichen Herangehensweisen eine Eins-zu-eins-Abbildung und damit ein automatisiertes Vorgehen in den wenigsten Fällen möglich sind. Ein manuelles Überarbeiten bleibt daher häufig nicht erspart. Mit dem buildingSMART Data Dictionary bSDD wurde der Versuch gestartet, durch einen zentralen Standard diese mühsamen Abbildungsvorgänge zumindest nur einmalig vollziehen zu müssen.

4.7.6.2 ISO 12006 Teil 3 – Struktur für den objektorientierten Informationsaustausch

Anfang der neunziger Jahre unternahmen einige ICIS-Mitglieder Bemühungen zur internationalen Standardisierung von Klassifikationen. Diese Aktivitäten führten zur Bildung des Standards ISO 12006-2, auf dem die Klassifizierungen UniClass (UK) und OmniClass (Nordamerika) basieren.

Die Beteiligten stellten jedoch später fest, dass die Klassifizierung an sich nicht ausreichend garantierte, dass Daten zuverlässig ausgetauscht werden können. Insbesondere für Dinge, die auf zwei oder mehr Arten klassifiziert werden können, führt dies zu Schwierigkeiten. Die Lösung dieses Problems führte zu einem Fokus auf die „Namen" der Dinge (Terminologie) und auf die Fähigkeit, diese Namen in Computern unabhängig von der Klassifizierung speichern und abrufen zu können.

Terminologiebibliotheken

Experten mit Erfahrung in der Entwicklung von Terminologiedatenbanken und der Entwicklung von Detailtiefen waren Teil der Arbeitsgruppe, die ISO 12006 Teil 3 entwickelte.

Die ISO 12006 „Bauwesen – Organisation von Daten zu Bauwerken, Teil 3: Struktur für den objektorientierten Informationsaustausch" ist, einfach formuliert, ein Standard für Terminologiebibliotheken oder Ontologien. Analysiert man die Fähigkeiten sprachlicher Wörterbücher, so scheinen Mechanismen für Synonyme, Antonyme und Verwendungshinweise geeignet, um zeitliche oder konzeptuelle Eigenschaften eines Produkts zu beschreiben. ISO 12006-3 [36] stellt dazu die objektorientierten Grundlagen zusammen: Sieben Grundtypen für Objekte und vier Typen zur Beschreibung von Beziehungen zwischen Objekten werden definiert.

Die dort definierten Objekttypen sind:

- Subject – Gegenstände oder Artefakte, z. B. Bauteile
- Activity – Aktivitäten, z. B. das Herstellen einer Wand
- Actor – Akteure, z. B. diejenigen, die eine Wand herstellen (Maurer)
- Unit – Maßeinheit, z. B. SI-Einheiten wie Meter, Gramm oder Sekunde und Multiplikatoren wie Kilo, Milli usw.
- MeasureWithUnit – eine mit der Maßeinheit bereits verknüpfte Größe, z. B. 100 €/m^2
- Property – Eigenschaft oder Attribut
- Value – Werte eines Attributs.

Sie beschreiben beispielsweise Bauteile oder Produkte.

Die Beziehungen (Relationen) zwischen Objekten sind

- Groups – erlauben das Gruppieren von Gegenständen (Subjects) ohne hierarchischen Zusammenhang,
- Specializes – ermöglicht die Beschreibung von Generalisierungs- und Spezialisierungsbeziehungen zwischen Objekten (siehe Kapitel 2 Modelle, Abschnitt 2.4.3),
- ActsUpon – lässt die Darstellung der Einwirkung von Akteuren auf Gegenstände zu. Z. B. wirkt der Akteur „Maurer" auf das Subjekt „Wand" ein, indem er die Aktivität „Mauern" ausführt,
- Composes – bildet Teile/Ganzes-Beziehungen, also die Bildung von Bauteilen aus Einzelkomponenten, ab.

Der ISO-Standard 12006 Teil 3 bietet die Grundlagen für die Entwicklung semantischer Wörterbücher, wie dem buildingSMART Data Dictionary.

4.7.7 GAEB – BIM-basierte Ausschreibung, Vergabe und Abrechnung

GAEB (www. GAEB.de) steht für den Gemeinsamen Ausschuss Elektronik im Bauwesen, der sich als Organisation die Standardisierung und Normierung von elektronischen Verfahren im Bauwesen und verwandten Branchen zur Aufgabe gemacht hat. Der GAEB unterstützt die Industrie dabei, herstellerübergreifende Strukturen zu schaffen, um Datenformate für einen Austausch zwischen unterschiedlichen Anwendungen zu ermöglichen.

GAEB hat eine jahrzehntelange Erfolgsgeschichte zu verzeichnen. Das Austauschformat hat daher eine ebenso lange Evolution durchlaufen. Schon seit den 1970er-Jahren sind die Beschreibungen von Bauleistungen des GAEB die Sprachregelung aller am Bau

Beteiligten. Seit 1996 stellt der GAEB diese – unter Herausgabe von DIN – mit StLB-Bau als dynamisches digitales Werkzeug zur Verfügung, das umfassende, anwenderfreundliche Möglichkeiten für ein fachgerechtes und wirtschaftliches Arbeiten bietet. Die Akzeptanz von StLB-Bau basiert auf der Neutralität und Unabhängigkeit der Mitarbeiter, die in den paritätisch besetzten Fachgremien des GAEB ihr Fachwissen einbringen und so die redaktionellen Inhalte von StLB-Bau erstellen und aktualisieren. Grundlage dieser Arbeit bilden die VOB und die gültigen DIN-Normen.

Seit 2013 ist GAEB XML 3.2 im Einsatz. GAEB DA XML soll dazu dienen, einen einheitlichen Standard für den Austausch von Bauinformationen zu vereinbaren und damit alle Anforderungen an elektronische Prozesse zur Ausschreibung, Vergabe und Abrechnung bei der Durchführung von Baumaßnahmen zu unterstützen.

Unter der Vielzahl von Neuerungen findet sich zum Beispiel die Umstellung der Elementdefinitionen von Deutsch auf Englisch, um das GAEB-Format auch über den deutschsprachigen Raum hinaus anwenden zu können. Ebenfalls können nun Elemente in einer Datei eindeutig identifiziert werden (ID), was insbesondere bei der Verknüpfung BIM-Modelldaten eine immer größere Bedeutung erlangt. Die Struktur ist als XML-Schema (XSD-Datei) veröffentlicht und wird von der GAEB-Standardisierungsstelle herausgegeben. Das Format ist so weit verbreitet, dass es in praktisch allen Bauprojekten eingesetzt wird. Öffentliche Auftraggeber setzen es oft zwingend voraus.

4.7.7.1 GAEB-Leistungsverzeichnis

Eine GAEB-Datei enthält ein Leistungsverzeichnis in einem offenen quasi-standardisierten Datenformat zum Speichern und Verteilen von LV-Informationen. Es handelt sich um einen De-facto-Industriestandard, der jedoch nie zum echten Standard entwickelt wurde. Rechnet man die jährliche Auftragssumme, die über GAEB kommuniziert wird, zusammen, so kommen einige Milliarden Euro zusammen.

Ein Leistungsverzeichnis beschreibt einen Arbeitsauftrag oder ein Projekt in Teilleistungen, oft mit genauer Strukturierung der Aufgaben. Das kann zum Beispiel die detaillierte Beschreibung eines neu zu erstellenden Rohbaus sein, es kann sich aber auch um die Ausschreibung eines fünfjährigen Gebäudereinigungsvertrags handeln oder auch nur um die Beschaffung von Büroarbeitsmitteln.

Allen gleich ist die Eigenschaft, dass ein übergeordneter Auftrag in Einzelteile zerlegt wird, die leicht zu kalkulieren und zu beschreiben sind. Außerdem können viele zusätzliche Informationen darin enthalten sein, wie etwa Hinweistexte, Bilder, Pläne oder besondere Vertragsbedingungen.

Das einheitliche und breit unterstützte GAEB-Datenformat erlaubt es allen am Bauprozess Beteiligten, Daten miteinander auszutauschen. Eine übliche Vorgehensweise zu Beginn eines neuen Projekts ist, dass ein Architekturbüro eine Ausschreibung erstellt und diese dann im GAEB-Format an interessierte Bauunternehmen verteilt. Diese Unternehmen können nun mit ihrer eigenen Kalkulationssoftware ein Angebot erstellen und das Ergebnis wieder an den Architekten zurücksenden. Moderne Ausschreibungssoftware ermöglicht es somit heute, mit geringem Aufwand große Projekte zu verwalten.

Besonders im Zusammenspiel mit BIM spielen heutige Systeme zur Ausschreibung, Vergabe und Abrechnung (AVA) ihre Stärken aus. Die Möglichkeit, Daten strukturiert auszutauschen und mit Gebäudemodellen zu verknüpfen, ermöglicht weitgehende Effizienzgewinne in der heutigen Bauindustrie.

4.7.7.2 GAEB und IFC verbinden

Offene Datenformate wie IFC und GAEB ermöglichen die Vernetzung und gemeinsame Nutzung von Modellinformationen aus unterschiedlichen Fachgebieten. So können Positionen in Leistungsverzeichnissen, die im GAEB-Format beschrieben sind, mit Bauteilinformationen in einem IFC-Modell verknüpft werden, um Leistungen automatisiert zu ermitteln. Die Einbindung von GAEB-Dateien mit Bauwerksmodellen geschieht durch Kostenelemente, die in den Prozess der Leistungserstellung eingebunden werden können. Dies geschieht über das Konzept der Katalog-Referenzen. Einzelne Positionen oder Teilpositionen in GAEB referenzieren Kostenelemente im Katalog und stellen eine Mengenzuordnung im Bauteil her, sodass Leistungen und Preise automatisch ermittelt werden können. Die Zuordnung und Verknüpfung kann dabei automatisiert anhand von IFC-Typen und Bauteileigenschaften durchgeführt werden. Eine automatisierte Erstellung von Leistungsverzeichnissen ist damit modellbasiert leicht möglich.

4.7.8 Klassifikationen

Eine Klassifikation ist eine Systematik, die Dinge in Klassen einteilt. Klassifikationssysteme wurden entwickelt, um eine standardisierte Grundlage zur Gliederung und Auswertbarkeit von Informationen (z.B. von Bauteilen, Prozessen, Ressourcen etc.) zu schaffen. Das Vorhandensein von digital auswertbaren Klassifikationssystemen hat die Einführung von BIM in den USA, Großbritannien und Norwegen maßgeblich unterstützt und beschleunigt.

Wir kennen typbasierte Klassifikationssysteme, wie beispielsweise IFC, in denen Objekttypen (Klassen) in weitere Untertypen spezialisiert werden können (siehe Kapitel 2 Modelle). Objekttypen können mit Merkmalen (Attributen) angereichert und dadurch detailreicher werden. Den typbasierten Klassifikationssystemen stehen kodifizierte Systematiken gegenüber (Bild 4.13). Diese können durch Bildung von Typen und weiteren Untertypen detailreicher werden. Da kodifizierte Systematiken jedoch nicht mit zusätzlichen Attributen angereichert werden können, wie typbasierte Systeme, bleibt deren Ausdrucksstärke auf die Typebene beschränkt. In der Verbindung beider Systeme liegt daher eine Möglichkeit, beide Vorteile zu nutzen, nämlich erstens die Kompaktheit der kodifizierten Systeme und zweitens die Ausdrucksstärke der attribuierbaren Typsysteme. Ein einzelnes Klassifikationssystem stellt immer eine Dominante Dekomposition (siehe Kapitel 2 Modelle) dar, da es ein einzelnes Ordnungskriterium in den Vordergrund stellen. Durch Kombinierbarkeit kann dies teilweise gemildert werden. Soll eine Systematik durchgängig über den gesamten Lebenszyklus einsetzbar sein, ist dies eine wichtige Voraussetzung. Auch Artikelnummern von Herstellerprodukten folgen in der Regel einer kodifizierten Systematik.

Es besteht häufig der Wunsch, im Planungsverlauf und bis zur Ausschreibung möglichst lange eine herstellerunabhängige Systematik zu verwenden, beispielsweise bei öffentlichen Ausschreibungen in Deutschland. Klassifikationen, die Herstellerdaten enthalten, wie beispielsweise ETIM und eCl@ss, sind daher in diesem Fall in den HOAI-Leistungsphasen 1 bis 5 nicht einsetzbar.

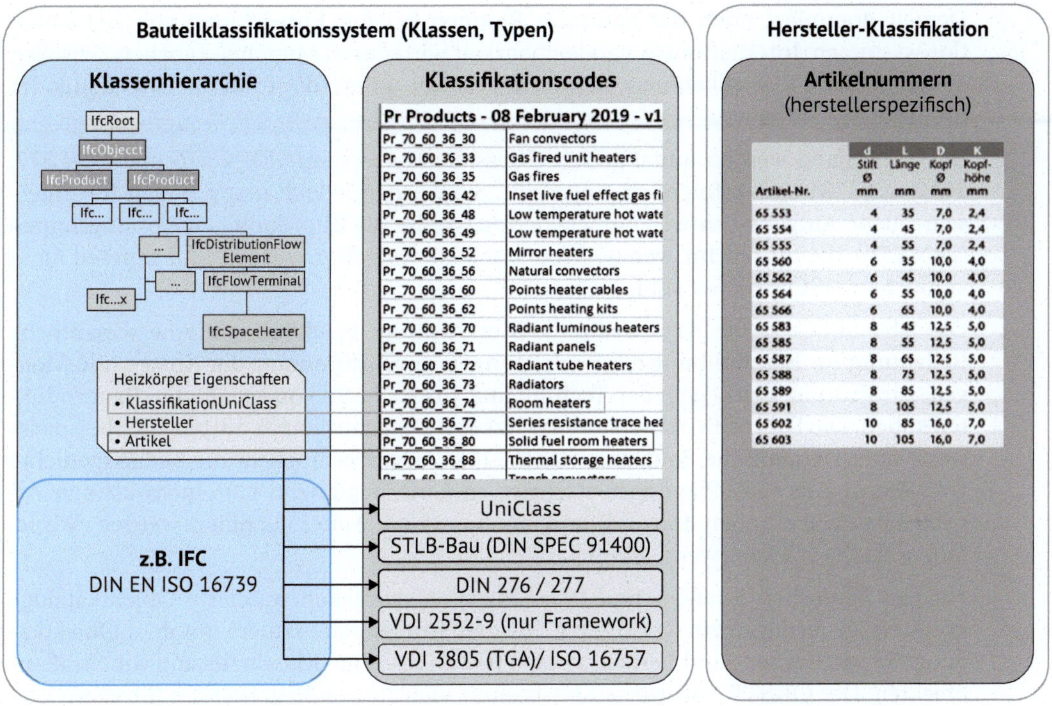

Bild 4.13 Typbasierte Klassifikationen können mit Attributen angereichert werden. In Kombination mit einem kodifizierten Klassifikationssystem kann ein Element weiter präzisiert werden. Dabei kann auch auf herstellerspezifische Codierungen (Artikelnummern) verwiesen werden.

Auf nationaler und internationaler Ebene existiert eine Vielzahl von Klassifikationssystemen. Eine wichtige Festlegung in einem BIM-Projekt sind daher die zu verwendenden Klassifikationen. Es ist zu vermeiden, dass unnötig viele unterschiedliche Klassifikationssysteme verwendet werden. Sonst ist ein systematischer Umgang mit Bauteilkategorien nicht mehr möglich, da dann unter Umständen sachlich identische Bauteile unterschiedlich codiert sind und bei einer Recherche, zum Beispiel bei der Mengenermittlung, nicht als Bauteile des gleichen Typs erkannt werden.

Um die Notwendigkeit zur Verwendung unterschiedlicher Codierungen für dasselbe Bauteil in unterschiedlichen Projektphasen zu beheben, wurden BIM-gerechte Klassifikationssysteme entwickelt, die idealerweise in allen Phasen des Gebäudelebenszyklus anwendbar sind.

Im Rahmen von BIM-Anwendungen haben OmniClass (USA) und UniClass (Großbritannien) eine gewisse Popularität erlangt. Sie basieren auf der ISO 12006-2, die als Rahmenwerk Vorschläge für den Aufbau von Klassifikationssystemen gibt, jedoch unabhängig von BIM entwickelt wurde.

Diese Klassifikationen umfassen hauptsächlich den Hochbau und ausgewählte Aspekte des Infrastrukturbaus. In Norwegen wurde mit dem Real Life Object Mapping (RLOM) eine Klassifikation für Bauwerkselemente entwickelt. Weitere bekannte Klassifikationssysteme sind SfB in Schweden und DBK in Dänemark.

Derzeit dominiert noch der nationale Rahmen bei der Entwicklung von Klassifikationssystemen. Internationale Vergleichbarkeit wird durch Mapping-Tabellen zwischen den nationalen Klassifikationssystemen angestrebt, sofern diese auf der Systematik der ISO 12006-2 aufbauen.

In Deutschland werden umfangreiche Klassifikationssysteme, DIN 276 und DIN 277, eCl@ss, ETIM usw. erfolgreich eingesetzt. Sie wurden jedoch ursprünglich für unterschiedliche Aufgaben entwickelt, wie beispielsweise die Zuordnung zu Kostengruppen (DIN 276), die oft nur für wenige Modellobjekte festgelegt wurden und generell nicht konform zu ISO 12006-2 sind.

Die DIN SPEC 91400 [41] beschreibt Merkmale im Hochbau, die eine wesentliche Bedeutung zur Beschreibung der Bauleistungen, zur Bestimmung der Kosten und Mengen, zur Prüfung der Regeln der Technik und zur Auswahl von geeigneten Bauprodukten haben. Die DIN SPEC 91400 unterstützt den Datenaustausch mittels IFC, beispielsweise über Dynamische BauDaten (DBD). Der Ansatz ermöglicht die bedarfsgerechte Detaillierung je nach Planungsfortschritt, so kann beginnend bei einem kleinen Attributsatz (Wand, innen: tragend) im Planungsverlauf weiter detailliert werden (Wand, innen: tragend, Mauerwerk, 24 cm).

Für den deutschen Straßen- und Wasserstraßenbau stehen etablierte Objektkataloge und Klassifizierungen zur Verfügung. Für den Straßenbau existiert mit dem Objektkatalog für das Straßen- und Verkehrswesen (OKSTRA) eine Klassifizierung von Straßenobjekten. Der OKSTRA wurde auf Basis einer Vielzahl von Regelwerken (Straßen- und Brückenbau, Vermessung, Entwässerung, Kostenermittlung) entwickelt.

Für den Wasserbau wurde ein eigener Objektkatalog gemäß Verwaltungsvorschrift der Wasserstraßen- und Schifffahrtsverwaltung des Bundes, WSV, aufgebaut. Diese Klassifikationen sind wesentlich für Kostenermittlungen und für die Verknüpfung von unterschiedlichen Informationssystemen.

Gebräuchliche Klassifikationen sind beispielsweise

- Klassifizierung von Raumtypen: DIN 277-2, ISO 81346-2 Tabelle 4
- Klassifizierung von Objekttypen: CAFM-Connect, OmniClass, UniClass, COBie u. v. m.
- Klassifizierung der Dokumentarten: GEFMA 198, GEFMA 924.60
- Klassifizierung der Gebäudetypen GEFMA 924.10
- Klassifizierung der Lebenszyklusphasen GEFMA 924.30
- Klassifizierung der Kostengruppen: DIN 276.

Durch Anbindung eines Klassifikationssystems an das internationale digitale BIM-Datenverzeichnis bSDD wird eine Verknüpfung mit konformen Objektkatalogen mit dem IFC-Datenmodell sowie anderen Standards möglich. Dies unterstützt die Bemühungen um eine internationale Harmonisierung und Konvertierbarkeit zwischen den existierenden Klassifikationssystemen.

Damit ein Klassifikationssystem in dieser Liga mitspielen kann, muss das dahinterstehende Datenmodell ISO 12006-2-konform aufgebaut sein.

Klassifikationen in Kombination mit IFC verwenden

IFC bieten über das Beziehungsobjekt *IFCRelAssociatesClassification* die Möglichkeit, Modellelementen einen oder mehrere Klassifikationscodes zuzuweisen.

4.7.8.1 Wie muss ein BIM-gerechtes Klassifikationssystem aussehen?

Gibt es ein Klassifikationssystem, das sich in allen Phasen des Gebäudelebenszyklus anwenden lässt? Das klingt zunächst unwahrscheinlich. Wünschenswert wäre die Eignung in verschiedenen Kontexten des gesamten Gebäudelebenszyklus. Solch ein Klassifikationssystem wäre besser geeignet für BIM-Anwendungen, denn es könnte durchgängig angewandt werden. Ein Klassifikationssystem, das sich auf die Eingruppierung von Objekten zur Kostenermittlung konzentriert, wie beispielsweise die DIN 276, kann zwar behelfsmäßig genutzt werden, ist für diese übergreifenden Aufgaben aber eigentlich weniger geeignet. Es ist zu speziell für das Aufgabengebiet Kostenermittlung entwickelt worden. Dinge, an die man keine Kosten heften kann, stehen deshalb nicht in den Kostengruppen der DIN 276.

Für die Klassifikation von Bauteileigenschaften in der Praxis verfolgen Anwender unterschiedliche Interessen, denn sie brauchen diese Informationen für ganz unterschiedliche Untersuchungen und Entscheidungen.

Daraus ergeben sich unterschiedliche IAA nach Anwendergruppen:

- Bauherren betrachten ein Fenster unter dem Aspekt der Funktionalität, Transparenz, Nachhaltigkeit, Farbe, Reflexion usw.
- Architekten haben Material, Fensterfläche, Einbauarten, Profiltypen, Energieeffizienzeigenschaften usw. im Visier.
- Ingenieure interessieren sich für die Transmissionsfläche, den Wärmedurchgangskoeffizienten, Wärmedämmeigenschaften, Brandschutz, Sicherheit, Schallschutz usw.
- Hersteller betrachten Produktionskosten, Produktionszeit, CE-Prüfsiegel, Material, Fenstertyp usw.
- Bauunternehmer benötigen Typ-Informationen (Klassifikation), Qualitätskennzeichnungen, Montageinformationen, Ausschreibungspreis usw.
- Für die Bewirtschaftung und Wartung sind Herstellername, Fabrikationsname, Wartungsintervalle, Zugänglichkeit und Wartungskosten von Belang.

Einige der genannten Eigenschaften sind durchgängig für fast alle Beteiligten von Interesse, spezifische Eigenschaften treten dagegen häufig nur in einer bestimmten Phase des Lebenszyklus auf. Folglich sind viele Eigenschaften nur für eine oder wenige Parteien während des gesamten Bauteil-Lebenszyklus von Interesse. Das Klassifizieren eines Bauteil-Untertyps unter Verwendung von zwei, drei oder vier Eigenschaften kann zwar nur einige Anwendungsfälle optimal unterstützen – das dann jedoch sehr präzise.

Studien zeigen, dass die meisten Klassifikationssysteme im Bauwesen von ihrem Einsatz für Berechnungs- und Spezifikationszwecke geprägt sind. Dieselben Klassifikationen werden in anderen Phasen nur sehr begrenzt wiederverwendet, da sie sehr stark auf einen bestimmten Kontext, zum Beispiel Kosten, zugeschnitten sind. Die durchgängige

Brauchbarkeit von Klassifikationen in verschiedenen Kontexten hängt von der konsequenten Formulierung von Informationsanforderungen ab, sofern das verwendete Klassifikationssystem überhaupt in anderen Phasen anwendbar ist. Beispiele zeigen, dass Bauunternehmen und Wartungsfirmen auf andere Klassifikationssysteme übergehen müssen, um die für ihre Zwecke notwendigen Anwendungen zu unterstützen. Diese Umcodierung ist mit einem erhöhten Aufwand verbunden.

Ein typischer Konflikt besteht darin, dass eine Klassifikation umso nützlicher für einen spezifischen Verwendungszweck ist, je detaillierter sie eine bestimmte Kombination von Eigenschaften beschreibt. Gerade wegen dieser spezifischen Kombination von Eigenschaften wird sie jedoch für andere Nutzer im Bauprozess umso weniger verwendbar.

Ein Objekt, zum Beispiel ein Fenster, kann ohne Weiteres weit über 200 Eigenschaften aufweisen. Welche Eigenschaften eines Objekts von Nutzern für besonders wichtig erachtet werden, hängt von der jeweiligen Interessenlage ab. Man sollte deshalb aber noch lange nicht auf die Idee kommen, einfach alle diese Eigenschaften in das Modell aufzunehmen! Diese Einschränkung ist den Grundprinzipien der Modellierung ebenso geschuldet wie dem BIM-Prinzip, nur so viele Informationen zu liefern, wie gefordert, nicht mehr und nicht weniger.

Es existiert eine Reihe nationaler Klassifikationssysteme für verschiedene Produktarten und Fachbereiche. Doch unterstützen die gegenwärtigen Klassifikationssysteme kollaborative BIM-Prozesse angesichts der vielen verschiedenen involvierten Fachbereiche optimal?

Sowohl der internationale Standard für Klassifikationen ISO 12006-2 als auch Blatt 9 der deutschen BIM-Richtlinie VDI 2552 wollen zur Klärung der BIM-spezifischen Anforderungen beitragen. Es sollen eine gemeinsame Sprache und Struktur für Informationen geschaffen werden, die sich auf produktspezifische Objekte in BIM-Modellen anwenden lässt.

Ein weltweiter Interessenverband von Organisationen, der sich darüber Gedanken gemacht hat, ist ICIS. Er entwickelt nationale Standardausschreibungs- und/oder Kosteninformationssysteme für die Bauindustrie und bringt seine Expertise bei der Standardisierung von Klassifikationssystemen regelmäßig ein. ICIS hat weltweite Untersuchungen zum Bedarf von Klassifikationen im BIM-Kontext durchgeführt.

Dabei sind die folgenden Kernpunkte deutlich geworden [37]:

1. Bei der Klassifizierung und Strukturierung von Informationen für einen kooperativen BIM-Prozess muss die gesamte Wertschöpfungskette einbezogen werden. Eine industrieübergreifende Lösung ist erforderlich.
2. Die Einbeziehung aller Informationsarten ist bei Erstellung und Datenaustausch unter Berücksichtigung aller beteiligten Disziplinen, auch Ausführung und Betrieb, notwendig.
3. Die Eindeutigkeit der Klassifizierung muss gegeben sein (Objektart, Spezialisierung; siehe Abschnitt 2.4.3.6 Teil oder Ganzes – Komponenten, Systeme, Aggregationen).
4. Die Strukturierbarkeit von Systemen und ihrer Informationen muss gewährleistet sein, z. B. um darzustellen, in welchem Kontext eine Klassifizierung gilt.

5. Die Klassifizierung traditioneller dokumentenbasierter als auch BIM-objektbasierter Informationen ist zu unterstützen. Erforderlich ist daher,
   a. Querbezüge zwischen grafischen und nichtgrafischen Informationen abzubilden,
   b. Dokumente mit Metadaten zu klassifizieren,
   c. Zeichnungen und Spezifikationen zu klassifizieren und mit Namenskonventionen zu belegen.
6. Die Bevorzugung weniger umfangreicher und stabilerer Klassifikationscodes. Andere Abbildungskonzepte werden oft als kompliziert und schwierig in der Anwendung eingestuft.
7. Die Möglichkeit einer vereinfachten Klassifizierung von Objekten, die durch die Verwendung klassifizierter Eigenschaften ergänzt wird.
8. Maschinenlesbare Codes, die in Software-Systemen implementiert werden können.

Beispiel 4.2 **BIMeta – Plattform zur Verwaltung von Klassen und Merkmalen für den offenen BIM-Datenaustausch**

Der Bundesindustrieverband Technische Gebäudeausrüstung e.V. BTGA hat eine standardgerechte Plattform auf die Beine gestellt, die seit Anfang 2021 über die Webseite BIMeta.de online verfügbar ist. Sie verknüpft Merkmalsdefinitionen aus verschiedenen Normen, Richtlinien und Standards in einem einheitlichen System und stellt sie der Baubranche zur Verfügung. Sie verspricht allen Baubeteiligten, vom Architekten über den Monteur bis zum Facility Manager, eine eindeutige und produktneutrale Merkmalsliste BIMeta. Diese Merkmalsliste umfasst zunächst die Fachgebiete Bauprodukte, Facility Management und technische Gebäudeausrüstung, ist aber für zukünftige Erweiterungen, beispielsweise um den Bereich Infrastruktur, offen.

Die Plattform verkörpert damit den Grundgedanken eines neutralen gewerkeübergreifenden Klassifikationssystems, das die vielen gewachsenen speziellen Klassifikationssysteme der einzelnen Gewerke harmonisiert und vernetzt. Damit erfüllt BIMeta die Grundprinzipien, die wir bereits im Abschnitt Klassifikationssysteme (Kapitel 2 Modelle) kennengelernt haben. So stellt die Plattform BIM-Vorlagen für alle relevanten Produktdaten bereit und verknüpft sie mit Regelwerken, Richtlinien und Normen sowie dem buildingSMART Data Dictionary bSDD. Die Vorlagen beschreiben die Klassifikation und Merkmale eines Bauteils, zum Beispiel für eine Brandschutzklappe. Planer, Hersteller und TGA-Betriebe können darauf zurückgreifen, um sich bereits in der Ausschreibung auf eine gemeinsame Sprache und Parameter zu einigen. Dazu werden BIM-Profile für Objekte bereitgestellt.

Damit ist die Verbindung von Merkmalen zwischen allen gängigen Klassifikationssystemen zur realen Möglichkeit geworden. Fachplaner, Hersteller und andere Baubeteiligte können so ihre Klassifikationssysteme weiterhin verwenden und trotzdem reibungslos miteinander kommunizieren, sofern ihr jeweiliges Klassifikationssystem in bSDD integriert ist.

Das eröffnet auch eine internationale Anschlussfähigkeit, da über bSDD beispielsweise Klassifikationssysteme von internationaler Bedeutung, wie die britische UniClass oder die amerikanische OmniClass angebunden sind, ohne dass es dazu zusätzlicher Aufwände seitens der Nutzer bedürfte.

Zielgruppe der Plattform sind Hersteller und Fachhandel sowie Fachplaner, Architekten und Fachbetriebe sowie die Hersteller von Software für die genannten Gruppen und Fachgebiete.

Ganz im Sinne der offenen Schnittstellenphilosophie nutzt BIMeta offene Datenformate wie IFC, aber auch Excel und native Formate, wie Graphisoft ArchiCAD oder AutoDesk Revit, für den Datenaustausch. Eine leistungsfähige Programmierschnittstelle API erlaubt die direkte Anbindung von Software-Anwendungen an die BIMeta-Datenbank.

4.7.8.2 UniClass 2015

Das britische UniClass-System ist ein Beispiel für ein vollständiges, BIM-konformes Klassifikationssystem. Es wurde mit dem Ziel entwickelt, für den gesamten Lebenszyklus nutzbar zu sein, indem es Aspekte unterschiedlicher fachlicher Sichten berücksichtigen kann. UniClass ist ein System in sich geschlossener, aber untereinander in Beziehung stehender Klassifikationen für das Bauwesen.

UniClass 2015 ist ein dynamisches (erweiterbares) Klassifikationssystem für die Bauindustrie[30]. Dieser britische Standard konzentriert sich ausschließlich auf die Klassifikation und standardisiert im Gegensatz zur DIN SPEC 91400 keine Produktmerkmale.

In UniClass 2015 (nach ISO 12006-2) werden auf einer funktionalen Achse Aktivitäten (Activities), nach Funktionen klassifizierte Räume (Spaces) und Elemente (Elements) klassifiziert (Bild 4.14). Zum Beispiel also die Aktivität „Zahnbehandlung" und ein Raum mit der Funktionalität Zahnarzt-Behandlungsraum. Elemente klassifizieren die

Table	Status and revision information
Co – Complexes	v1.7, Published August 2018
En – Entities	v1.11, Published January 2019
Ac – Activities	v1.8, Published October 2018
SL – Spaces/locations	v1.11, Published January 2019
EF – Elements/functions	v1.4, Published January 2019
Ss – Systems	v1.13, Published January 2019
Pr – Products	v1.13, Published January 2019
TE – Tools and Equipment	v1.5, Published August 2018
PM – Project management	v1.3, Published January 2019
Zz – CAD	v1.0, Published July 2015
FI – Form of information	Beta status – consultation ongoing
Ro – Roles	Beta status – consultation ongoing

Bild 4.14 Übersicht der verschiedenen UniClass-Tabellen zu unterschiedlichen Kategorien der Klassifizierung.

30) Kontaktstelle für Erweiterungswünsche: mailto:uniclass2015@theNBS.com

Hauptkomponenten einer Konstruktion, beispielsweise Wände, Decken oder Dächer. Die Einheiten (Entities), wie Gebäude, Brücken oder Tunnel, bilden auf der strukturellen Ebene die größte Klassifikationseinheit. Auf der nächstkleineren Granularitätsstufe beschreiben die schon erwähnten Klassifikationen für Elemente die Menge von Bauteilen, aus denen sich eine Bauwerkseinheit (Gebäude, Brücke, Tunnel) zusammensetzt. Die Ebene Systeme (Systems) stellt die Klassifikation für Komponenten bereit, aus denen sich die übergeordnete Ebene Elemente (Elements) zusammensetzt, beispielsweise Steine, Schalung, Verkleidung usw. Die unterste Ebene bildet die Klassifikation für Produkte (Products). Auch diese bleibt generisch und verzichtet auf die Definition von Merkmalen. Für eine Kostenermittlung müssten also anderweitig vereinbarte Merkmale herangezogen werden.

Beispiel 4.3 **Klassifizierung mit UniClass 2015**

Die UniClass Codes stehen untereinander in Beziehung und sind daher für unterschiedliche Phasen und Aspekte im Gebäudelebenszyklus verwendbar. Dies äußert sich bei UniClass beispielsweise darin, dass die ersten Stellen bei den Tabellen Complexes, Entities, Spaces/Locations und Activities den gleichen Code besitzen. So wird bei unterschiedlicher Betrachtungsweise der gemeinsame Kontext deutlich.

Beispiel Erziehungseinrichtungen als Komplex (Complex, Codierung: Co_), Einzelgebäude (Entity, Codierung: En_), Räumlichkeit (Spaces/Location, Codierung: SL_) und Aktivität (Activity, Codierung Ac_), gemeinsamer Anfangscode 25_10:

Co_*25_10*	**Educational complexes**
Co_***25_10***_32	Further education colleges
Co_***25_10***_41	Infant schools
Co_***25_10***_45	Kindergartens, nurseries and pre-schools
En_*25_10*	**Educational entities**
En_***25_10***_10	Pre-school educational buildings
En_***25_10***_20	Infant educational buildings
SL_*25_10*	**Educational spaces**
SL_***25_10***_04	Art classrooms
SL_***25_10***_05	Assembly halls
SL_***25_10***_08	Biology teaching laboratories
SL_***25_10***_13	Chemistry teaching laboratories
SL_***25_10***_14	Classrooms
SL_***25_10***_15	Common rooms
Ac_*25_10*	**Educational activities**
Ac_***25_10***_05	Assembling
Ac_***25_10***_15	Communal educational activities
Ac_***25_10***_26	Driving tuition
Ac_***25_10***_35	Group work
Ac_***25_10***_47	Lecturing

Die gleiche Codierungsstrategie findet sich auch bei den UniClass-Tabellen Elements/Functions (EF) und Systems (Ss).

4.7.8.3 Klassifikationen im Gebäudelebenszyklus

BIM erfordert unterschiedliche Ebenen der Objektdefinition und Spezifikation, in den frühen Entwurfsphasen mit generischen Objekten, in der Bauphase dann mit detailliert beschriebenen Produkten (Artikeln) der Hersteller.

Im Projektverlauf bleibt eine Tür oft nur noch bedingt eine Tür, nämlich dann, wenn das ursprüngliche generische Modellobjekt „Tür" nach Auswahl eines konkreten Artikels eines Herstellers komplett durch das Modellobjekt des Herstellers ersetzt wird. Mit dem ursprünglichen Objekt entfallen dann auch gleich alle Vernetzungen mit anderen Modellelementen, die das Objekt bisher hatte. Auch eine bisher evtl. vorhandene Parametrik, z. B. die automatische Anpassung von Verbindungsmitteln infolge Dimensionsänderungen des ursprünglichen Elements, ist dann plötzlich nicht mehr möglich. Dann ist wieder manuelles Nacharbeiten gefragt ...

Den Herstellern kommt eine nur schwere, fast unumkehrbare Verankerung ihrer Produkte im Modell natürlich nicht ganz ungelegen, weshalb sie diese Art der Modellierung geflissentlich durch kostenlose Plug-Ins und andere Hilfsmittel zu fördern wissen. Wünschenswert dagegen ist die Beibehaltung des ursprünglichen Elements, in das bei Auswahl eines Produkts die herstellerspezifischen Daten lediglich ergänzend eingefügt werden. IFC bietet mit der Art und Weise, wie Eigenschaften über Beziehungsobjekte mit Modellelementen verknüpft werden, jedenfalls alle Möglichkeiten dazu (siehe Abschnitt 4.7.1.9).

In jedem Fall nehmen die Informationsmenge und der Detaillierungsgrad im Projektverlauf zu. Sind anfangs noch wenige, möglicherweise vorläufige, Daten und Eigenschaften vorhanden, sind es am Ende unzählige Merkmale mit genau spezifizierten Werten. Außerdem kommen Dokumente wie Produktspezifikationen, Montageanleitungen, Datenblätter, Gefahrenhinweise, Zulassungen und Handbücher hinzu. Zum Teil sind diese mit dem Modellelement verlinkt, d. h. über eine Referenz auf eine Datei oder in eine Datenbank zugänglich.

Dieser generelle zeitliche Verlauf wirft fundamentale Fragen für jedes Klassifikationssystem im Bauwesen auf. BIM stellt durch seine lebenszyklusübergreifenden Konzepte besondere Anforderungen an die durchgängige Verwendbarkeit von Klassifizierungen. Auch hier begleitet uns das Phänomen der Dominanten Dekomposition aus dem Kapitel 2 Modelle.

Folgende praktische Fragen stellen sich:

- Ist es zielführend, ein und demselben Objekt unterschiedliche Klassifizierungscodes, je nach Untertyp und Spezialisierung zu geben und damit der wachsenden Anzahl von Objekteigenschaften im Planungsverlauf Rechnung zu tragen?
- Ist es vorteilhafter, ein Objekt beispielsweise allgemein als Tür zu klassifizieren und in den abgeleiteten Unterklassen die Eigenschaften hinzuzufügen, die von den Nutzern in jeder Phase des Lebenszyklus als vorrangig betrachtet werden?
- Muss ein Objekt je nach Änderung der Eigenschaften oder Änderung des Klassifikationscodes anders bezeichnet werden (Tür, Holztür, Brandschutztür usw.)?
- Sollten wir besser die Namen der Oberklassen für die Klassifizierung verwenden und darauf aufbauend eine Eigenschaft hinzufügen, die auf eine Unterklasse verweist?

Also keine komplexen Klassenhierarchien mit tiefen Spezialisierungsebenen wie bei IFC aufbauen?

- Oder ist eine Kombination aus dem bisher Genannten vorteilhafter?

Gründe für die stetige Änderung von Elementtypen, Namen und damit deren Klassifizierung sind beispielsweise

- die Entwicklung neuer Materialien,
- neue Arbeitsweisen,
- zeitspezifisches Architektur-Design und
- viele andere Einflussfaktoren.

Eine weitere Herausforderung ist das Abbilden nationaler Klassifikationscodes und Klassennamen mit unterschiedlichen Merkmalskombinationen auf andere nationale Klassifikationscodes und Klassennamen. Ohne klare Konzepte zur Klassendefinition und ein genaues Verständnis der Merkmalskombinationen und deren Charakteristik in Bezug auf die Objektklasse ist diese Aufgabe meistens nicht lösbar.

Abbildungen dieser Art sind für die Umsetzung eines weltweiten bSDD-Wörterbuchs für Produktdaten Aufgabe und Herausforderung zugleich. Die erwähnten Konzepte der internationalen Standards ISO 704, ISO 1087-1, ISO 22274 sowie ISO/IEC 81346-2 sind hierfür sehr wertvoll.

4.7.9 Level of Information Need LOIN – BIM-Definitionsgrade nach DIN EN 17412

EN 17412 Building Information Modeling – Level of Information Need – Concepts and principles ist ein europäischer Standard, der von der europäischen Normungsorganisation CEN entwickelt wurde und in das Normenwerk vieler europäischer bereits übernommen wurde. In Deutschland als DIN EN 17412 Building Information Modelling – BIM-Definitionsgrade – Konzepte und Definitionen.

Die bisherigen Detaillierungsgrade, Level of Detail LOD, gehören mit Einführung der DIN EN 17412 eigentlich der Vergangenheit an. LOD 100, LOD 200, LOD 300, LOD 400 und LOD 500 basierten auf der Denkweise von Zeichnungsmaßstäben und deren zunehmender Detailtiefe. Im Kapitel 2 Modelle, Abschnitt 2.5 Detaillierungsgrade, wurde bereits darauf eingegangen, dass diese Denkweise im modellbasierten Informationsmanagement nicht flexibel genug ist, um den Informationsbedarf für verschiedenste Anwendungsfälle differenziert genug zu beschreiben.

In ISO 19650 [20] wird daher der Begriff „Level of Information Need“ (Informationsbedarfstiefe) eingeführt. In Abschnitt 6.5.1 der ISO wird angemerkt, dass dafür keine Abkürzung und Nummer verwendet werden sollte. Also bitte die Abkürzung LOIN niemals zusammen mit einer Zahlenangabe verwenden, denn es gibt keinen LOIN 100, 200 oder 500! Es soll gar nicht erst der Eindruck entstehen, dass es vordefinierte schablonenhafte Gruppen von Informationen für bestimmte Zwecke gibt. Damit wird auch eine Zuweisung von bestimmten LOD x00 zu bestimmten HOAI-Leistungsphasen bewusst erschwert bis unmöglich gemacht. Die Botschaft lautet: „Denkt genau über euren Informationsbedarf nach und spezifiziert ihn aufgabenbezogen, anstatt gebetsmühlenartig Informationen anzufordern, weil's halt immer schon so war!“

Die BIM-Definitionsgrade der EN 17412-1 haben den Sinn, eine Beschreibung des realen, aufgabenbezogenen Bedarfs auf eine standardisierte Basis zu stellen. Sie präzisieren die Level of Information Need der ISO 19650 in puncto Informationsbedarfstiefe und erlauben eine genauere Differenzierung der Details gemäß dem Informationsbedarf spezifischer Anwendungsfälle.

Mit den BIM-Definitionsgraden lässt sich der Informationsbedarf für jedes Projekt zweckgerichtet genau definieren und kommunizieren. Dies ist ganz im Sinne einer zweckgerichteten Modellierung, also der Maßgabe, dass Informationen nicht ohne Grund erzeugt werden sollen, sondern nur in dem Umfang, der auch wirklich angefordert und damit als erforderlich deklariert wurde. Ein LOIN ermöglicht auch die Angabe des Zwecks und der Interessengruppe, für die das jeweilige LOIN erstellt wird. Das LOIN-Schema der EN 17412 gibt Strukturen und Inhalte an, mit der Informationen zu liefern sind. Es ist somit ein sehr gutes Hilfsmittel, um Austausch-Informationsanforderungen AIA zu beschreiben.

Aufbau eines LOIN

Zunächst bestehen diese LOIN-Angaben aus einem allgemeinen Teil. Er enthält den Identifikator, d. h. die ID eines bestimmten LOIN, seine Bezeichnung, eine textuelle Definition sowie eine erläuternde Beschreibung. Dann folgen die drei Unterabschnitte zur Geometrie, Information und Dokumentation.

Geometrische Informationen LOG

Hier taucht der gute alte LOG „Level of Geometry" (siehe Kapitel 2 Modelle) dann also doch wieder auf. Er spezifiziert die geometrische Detaillierung, Dimensionalität, räumliche Verortung, das Aussehen und ein eventuell vorhandenes parametrisches Verhalten.

Die Geometriebeschreibung LOG besteht aus:

- Detail: In welcher Art geometrische Details beschrieben werden, von symbolisch über vereinfacht bis hin zu detailliert;
- Dimensionalität: Es werden punktförmige (1D), flächige (2D) oder räumliche (3D) Informationen gegeben, auch der Fall einer Nulldimensionalität ist vorgesehen;
- Ort: Hier wird angegeben, wie die Spezifikation des Orts erfolgt, etwa absolut, d. h. in vorgegebenen Koordinaten, oder relativ, d. h. in einem Koordinatensystem, das seinen Ursprung in einem anderen Koordinatensystem hat;
- Aussehen: Hier reicht die Bandbreite von einer symbolischen über eine vereinfachte bis zu einer realistischen Darstellungsweise;
- Parametrisches Verhalten: Dies kann sowohl vollständig, d. h. in Form von formelhaft angegebener Berechnung von Geometrien, als auch teilweise, d. h. als durch einzelne Parameter berechnete geometrische Eigenschaften, bis zur skalar vorgegebenen festen Geometrie reichen.

Alphanumerische Information LOI

LOI beschreiben den nichtgeometrischen Informationsgehalt. Auch dieser Level of Information LOI ist bereits ein alter Bekannter aus dem Kapitel 2 Modelle, hier allerdings, wie schon beim LOG, ebenfalls ohne eine statische Einteilung 100, 200, 300 usw.

Der alphanumerische Informationsanteil eines LOIN besteht aus

- Identifizierung: Natürlich muss auch für die LOI-Anteile eine eindeutige ID und eine eindeutige Bezeichnung die eindeutige Wiedererkennung ermöglichen.
- Informationsgehalt: Hier handelt es sich um eine Aufzählung von Eigenschaften, die alphanumerischer Natur sind und in einer Informationslieferung enthalten sein müssen.

Dokumentationstiefe DOC

Sie beschreibt, in welcher Art (Typ, Format) und welchem Umfang dokumentenbasierte Informationen bereitgestellt werden sollen. In diesem Abschnitt eines LOIN wird der erforderlichen Dokumentation, d. h. der im modellbasierten Kontext vermeintlich nicht mehr als notwendig erachteten Informationen in Form von Dokumenten, Excel-Tabellen, Handbüchern, Bedienungsanleitungen, Baubeschreibungen usw., Rechnung getragen. Die EN 17412 gibt ein Schema an die Hand, nach dem erforderliche Dokumentationen und Dokumente eindeutig beschrieben werden.

- Identifikation der Dokumentation: Hier geht es um die allgemeine Kategorie von notwendigen Dokumentationen, also einer Beschreibung des Einsatzgebietes, beispielsweise welche Prozesse, Entscheidungen, Freigaben mit der dann folgenden Liste von Dokumenten unterstützt werden sollen.
- Identifizierung von Dokumenten: Hier folgt nun die Liste der Dokumente, die der oben genannten Kategorie entsprechen, also eine listenhafte Aufzählung eindeutig identifizierter Dokumente. Diese Identifikation kann beispielsweise durch eine eindeutige Namensgebung oder andere Arten der Codierung erfolgen.
- Format von Dokumenten und der Dokumentation: Hier sind die allgemein üblichen Kürzel, die bereits aus Dateiendungen bekannt sind, zu verwenden, beispielsweise IFC, SPF, XML, JSON, PDF, DWG, DOCX usw.

EN 17412 gibt zahlreiche Beispiele für diese unterschiedlichen Detaillierungsstrukturen an die Hand. Mit dieser Strukturierung können der Zweck von Informationslieferungen, Meilensteine und Objektaufteilungen flexibler berücksichtigt werden.

Mit der Entwicklung von LOIN sind die bestehenden Kataloge, die LOD von verschiedensten Bauteilen beschreiben, jedoch nicht wertlos geworden. Zwar sind die Nummerierungen 100, 200 usw. nicht mehr anwendbar, die Beschreibung selber, also der geometrische und alphanumerische Informationsumfang, lässt sich jedoch für die Beschreibung von LOIN nutzen. Die LOD-Beschreibungen könnten also als möglicher Input für LOINs herangezogen werden.

Teil 2 und 3 der EN 17412 sind in der Entwicklung und haben unter anderem die Entwicklung eines maschinenlesbaren Formats für LOIN zum Ziel. Mit der Maschinenlesbarkeit wäre ein Punkt erreicht, ab dem man einen Austausch von Anforderungen zwischen Software-Anwendungen durchführen kann. Informationslieferungen könnten dann automatisiert auf korrekte Detailangaben überprüft werden, und das für jedes Projekt individuell und nicht pauschal wie mit den LOD-Abstufungen.

4.7.10 Product Data Templates PDTs – Vorlagen für Bauteileigenschaften

Ein PDT ist eine Produktdatenvorlage, also eine Liste mit vorgegebenen Parametern, anhand derer Hersteller ihre Produktinformationen eingeben können. Mit Eintragung der Werte und Daten für jeden Parameter in der Vorlage wird daraus ein Produktdatenblatt, ein Product Data Sheet PDS, das mit Herstellerinformationen, also Werten (Zahlen, Text etc.) ausgefüllt wurde. Es geht damit von einer Vorlage in ein fertiges Dokument über. Jedes PDT enthält Standardparameter, aber auch Parameter, die für dieses bestimmte Produkt spezifisch sind, weshalb für jeden Produkttyp eine Produktdatenvorlage PDT erforderlich ist.

Zum Beispiel würde eine Tür andere Parameter als eine Toilette erfordern, um die Funktionalität zu skizzieren, aber beide würden grundlegende Parameter wie Marke, Hersteller, Beschreibung usw. enthalten.

4.7.10.1 PDTs – Struktur, Inhalt und Zugriff auf Produktinformationen

PDTs liefern Informationen auf klare, aber auch (und vor allem) einheitliche Weise. Dies behebt zwei bestehende Probleme mit Konstruktionsdaten:

1. Konventionen für Struktur und Inhalt: PDTs verwenden eine einheitliche Namenskonvention. Das folgende Beispiel zeigt, warum dies so wichtig ist. Angenommen, eine typische Wohnimmobilie enthält 3000 Komponenten, und Sie haben jeden Hersteller dieser Komponenten gebeten, Ihnen die Daten zur Länge des Produkts bereitzustellen. Als Antworten käme wahrscheinlich eine Vielzahl von Begriffen zurück. Einige Hersteller bezeichnen die Länge möglicherweise einfach als „Länge", andere als „Produktlänge", „Nennlänge" oder sogar „Gesamtlänge". Es liegt dann in der Verantwortung des Informationsbestellers, jede Antwort zu sortieren und sie für die Ablage in einem Informationssystem an eigene Datenbeschreibungskonventionen anzupassen. Dies für über 100 Felder mit Produktdaten für jede dieser 3000 Komponenten zu tun, würde mit Sicherheit in einen Vollzeitjob ausarten. Eine ziemlich unproduktive Angelegenheit, wenn man es nicht frank und frei als Arbeitszeitverschwendung bezeichnen will. Extrapoliert man dies zu einem Gebäude in der Größenordnung eines Krankenhauses, wird die Quantifizierung dieses Verlustes an produktiver Arbeitszeit fast unmöglich.
   Durch eine einheitliche Strukturierung und Benennung von Daten würde dieses Problem behoben.
2. Zugriff auf Informationen: Hersteller speichern ihre Produktdaten auf verschiedene Weise, zum Beispiel als Kataloge, PDFs, in Dateien und Ordnern und an verschiedensten Orten wie Webseiten, Papier oder in der Cloud bei digitalen BIM-Objektdatenanbietern. PDTs ermöglichen eine Neuausrichtung und Neustrukturierung dieser Informationen. Die Kaufentscheidung für ein Auto ist ein guter Vergleich, der das Problem gut darstellt. Wohl niemand würde ein Auto kaufen, ohne die Angaben zu Kraftstoffverbrauch, Energieeffizienz und Garantiezeiten, Motorleistung usw. vergleichen zu können. Im Bauwesen wird dies jedoch weitgehend hingenommen. Architekten und Planer müssen Entscheidungen oft ohne ausreichende Informationen über die geplanten Produkte treffen. Sie verfügen einfach nicht über die erforderlichen Daten, um die Produkte der Hersteller zu vergleichen.

PDTs tragen zur Verbesserung der Konstruktionseffizienz bei. In der produzierenden Industrie werden PDTs längst verwendet, das bestätigen auch Erfahrungen der Industrie [38]. Die Verfügbarkeit von Produktdatenblättern ist in vielen Bereichen eine Voraussetzung, um überhaupt in die engere Produktauswahl zu kommen.

4.7.10.2 PDTs – Chance für Produkthersteller

Produktdatenvorlagen (Product Data Templates, PDTs) sind eine einfache Möglichkeit, mit der Produkthersteller BIM-fähig werden können. Heute ist es für Hersteller wichtiger denn je, strukturierte Daten bereitzustellen, damit diese in allen Phasen des gesamten Projektlebenszyklus von den beteiligten Baubeteiligten verwendet werden können. Und das kann jeder sein, vom Architekten, der diese Daten in einer Ausschreibung verwendet, über das Bauunternehmen, das Produkte bestellt und installiert, bis hin zum Facility Manager, der diese Daten zur Wartung des Produkts verwendet, und vielen weiteren Beteiligten.

4.7.10.3 Wie verwenden Hersteller PDTs?

Hersteller laden das für ihr Produkt passende PDT herunter und vervollständigen es, indem sie ihre Produktinformationen eingeben und dadurch ein Produktdatenblatt erstellen. Im Zuge der britischen BIM-Implementierung wurde das NBS BIM-Toolkit erstellt. Es stellt Vorlagen bereit, die der ideale Ausgangspunkt für Hersteller sind, die konsistent strukturierte Produktinformationen bereitstellen möchten. Durch die Verwendung der NBS-Produktdatenvorlagen PDTs werden Informationen für Kunden

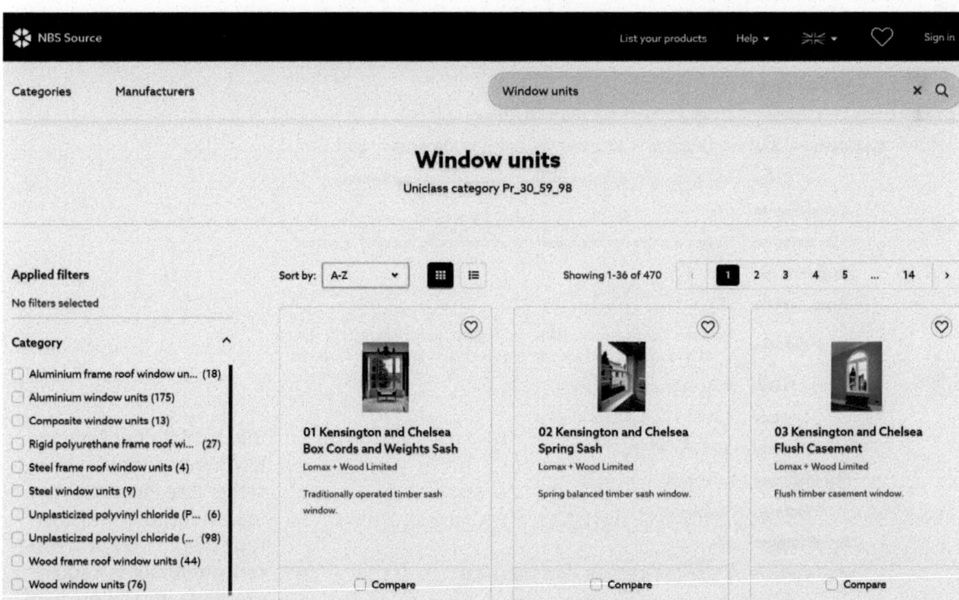

Bild 4.15 Im RIBA productselector können Hersteller ihre Produktdatenblätter verfügbar machen. Über die Suchmöglichkeiten der Datenbank können Produkteigenschaften gezielt gesucht werden. https://www.ribaproductselector.com/Caws.aspx

attraktiv, da sie im Standardformat vorliegen und daher leicht in Software-Werkzeugen verwendet werden können. Hersteller können bei Bedarf beim Ausfüllen des Produktdatenblatts weitere Eigenschaften hinzufügen, z. B. Produktlebenszyklus- und Betriebsleistungseigenschaften.

Um sicherzustellen, dass ihre Produktdatenblätter leicht gefunden werden, können Hersteller ihre fertigen Produktdatenblätter in die öffentlich verfügbare externe RIBA-Produktbibliothek (ribaproductselector.com) hochladen, damit potenzielle Kunden sie einfach finden und verwenden können. Durch Platzieren von Produktdatenblättern auf der externen ribaproductselector-Plattform werden Produktdatenblätter einer breiten professionellen Öffentlichkeit präsentiert, die nach Produkten anhand von Anforderungen ihrer Projekte sucht (Bild 4.15).

4.7.10.4 Offene Produktdatenbank des NBS BIM-Toolkit

Unter der BIM-Ägide der britischen Regierung wurde auch im Bereich der Produktdaten einiges vorangetrieben. In jahrelangen Branchenkonsultationen wurden mit dem von der britischen Regierung finanzierten BIM Toolkit über 5.700 standardisierte PDTs bereitgestellt, die auf den NBS Webseiten frei erhältlich sind. Sie wurden entwickelt, um die Überwachung von Verträgen anhand der BIM Level 2-Anforderungen zu ermöglichen.

Im BIM-Toolkit können Hersteller sich registrieren und ihre Produkte in standardisierter Form, entsprechend den für ihre Produkte passenden PDTs, eintragen. Ihre Pro-

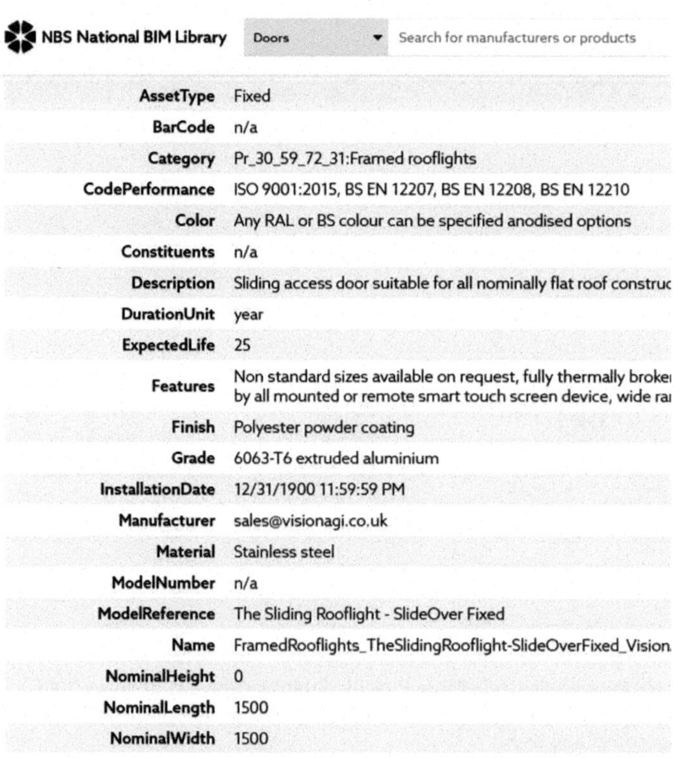

Bild 4.16 In der National BIM Library können Hersteller ihre Produktdaten in standardisierter Form registrieren und präsentieren. Interessenten suchen Produkte und laden standardisierte Produktdatenblätter in verschiedenen Formaten in ihre Software-Werkzeuge (IFC, Revit).

dukte werden dann in der NBS-Datenbank gelistet. In der öffentlich zugänglichen Produktdatenbank National BIM Library (https://www.nationalbimlibrary.com/) können Interessenten nach Produkten suchen und Produktdaten in verschiedenen Formaten herunterladen (Bild 4.16).

4.7.10.5 Geschäftsmodell „Kundennähe"

Die Integration der Produktdaten geschieht zunächst in neutraler generischer Form in der Planungsphase, Produktentscheidungen werden später getroffen, denn zunächst müssen die Produktanforderungen geklärt werden. Die Klärung der Anforderungen ist Aufgabe der Planung. Die Einbeziehung herstellerspezifischer Produktdaten in den BIM-Prozess ist von zentraler wirtschaftlicher Bedeutung. Eine standardisierte Form der Produktdatenbeschreibung würde eine Integration in BIM-Prozesse erheblich erleichtern. Das genau ist das Ziel von Product Data Templates PDTs.

Dazu ist die Frage zu beantworten, wie – ausgehend von einem generischen IFC-Objekt mit den grundlegendsten Parametern – weitere Produktdaten mithilfe von Datenvorlagen (Data Templates) ersetzt oder ergänzt werden, sodass diese in den Entscheidungs-, Bestell- und Produktionsprozess eingespeist werden können.

Der Anwendungsfall der Produktauswahl, Bestellung, Produktion und Lieferung, also die Beschaffung als zusammenhängender Entscheidungs- und Umsetzungsprozess (engl.: Procurement), ist ein starker Treiber für BIM-gerechtes Informationsmanagement. Nicht zuletzt, weil über diese Prozesse die gesamten Bauinvestitionen (Capital Expenditure CAPEX) mit Ausnahme der Dienstleistungen getätigt werden.

Die Verbindung zwischen generischem Design und einem realen System oder Produkt ermöglicht, dass Informationen aus der Datenvorlage (ISO 23386 [39] / ISO 23387 [40]) eingespeist werden können. Prozesse für den Austausch von Produktinformationen von der Bestellung bis zum Einbau und Betrieb können damit weitgehend automatisiert werden.

Dies schafft Vorteile für Entscheider und Hersteller gleichermaßen mit der Möglichkeit, neue Geschäftsmodelle zu entwickeln und bestehende zu verbessern:

1. bessere Vergleichbarkeit gleichartiger Artikel unterschiedlicher Hersteller,
2. fundiertere Kosten- und Leistungsvergleiche,
3. Förderung des Wettbewerbs,
4. Einsetzbarkeit der Produktinformationen von der Bestellung bis zum Betrieb von Gebäuden,
5. Verschlankung der Betriebsabläufe,
6. Erschließung von Nutzungsinformationen, zum Beispiel weil Hersteller viel besser wissen, wo ihre Produkte und Systeme installiert sind, also Informationen erhalten, über die sie heute nicht verfügen (Rückverfolgbarkeit, Kreislaufwirtschaft etc.).

Geschäftsmodelle mit direktem Kontakt zum Endkunden sind in der Bauindustrie noch weitgehend unbekannt. Produktentscheidungen werden in der Regel auf Ebenen der ausführenden Unternehmen getroffen. Hier ist noch viel Raum für disruptive Geschäftsideen. Diese deuten sich jedoch mit innovativen Ideen, wie metabuild, Propster oder Doozer, bereits an. Dort wird der Endkunde bereits in sehr frühen Phasen einbezogen und die Schnittstelle für Dienstleistungen wird frühzeitig besetzt.

4.7.10.6 CEN – PDTs für die Zukunft

Derzeit gibt es eine Reihe von britischen und CEN-Initiativen mit dem Ziel, PDTs weiter zu verbessern und auf eine breitere standardisierte Basis zu stellen. Dies ist das Ziel einer CEN-Arbeitsgruppe „Construction Objects Data View“.

IFC4.COD.1 Construction Objects Data View

Der Zweck einer Modellansichtsdefinition für Konstruktionsobjekte (Construction Objects) besteht darin, die syntaktischen Merkmale einer generischen Struktur für den Transport von Daten über Bauobjekte zu definieren.

Der Standard berücksichtigt

- IFC (EN ISO 16739-1: 2018) als Modellierungssprache,
- die Methodologie zur Handhabung von Eigenschaften in miteinander verbundenen Wörterbüchern der prEN ISO 23386 [39],
- das Konzept der Datenblattvorlagen für Konstruktionsobjekte von prEN ISO 23387 [40].

Die Anwendung dieser Norm ermöglicht es Interessengruppen in der Bauindustrie, ihre Informationen über Bauobjekte (z. B. Produktdaten) in einem maschineninterpretierbaren Format zu strukturieren, zu steuern, zu aktualisieren, zu warten und zu transportieren.

Darüber hinaus können Stakeholder ihre Software-Technologien optimal nutzen, um Datenreplikationen zu vermeiden, Zeit zu sparen und sowohl Qualität als auch Transparenz zu verbessern. Das Szenario, für das dieser Standard gilt, betrifft Hersteller, Planer, Konstrukteure, Facility und Immobilien-Manager.

Der syntaktische Ansatz betrachtet als primäres Ziel die Fähigkeit, die in der internationalen Norm EN ISO 16739-1:2018 angegebenen Spezifikationen wiederzuverwenden. Dieses spezifische Ziel wird durch die Bereitstellung der Modellansichtsdefinition Konstruktionsobjektdatenansicht (COD) erreicht, die zusammen mit den anderen bereits ausgegebenen MVD zur Verfügung gestellt wird.

Software-Häuser und Entwickler von Software-Anwendungen können diese Norm verwenden, um Schnittstellen zum Importieren und Exportieren von Konstruktionsobjekten gemäß der offiziellen Norm EN ISO 16739-1:2018 zu implementieren.

COD-MVD-Konzept

Der intelligente Transport von Produktdaten erfordert ein klares und gemeinsames Verständnis zum Format, mit dem Produktdaten spezifiziert werden. Produktdaten können auf verschiedene Arten übertragen werden, zum Beispiel über eine direkte Datenbankverbindung, über Webservices oder als Übertragung von Dateien. In allen Fällen benötigen Absender und Empfänger der Produktdaten einen Grundstandard zur Implementierung der Datenübertragung.

Üblicherweise wird zum Transportieren des Datenmodells einer Konstruktion, wie eines Gebäudes oder einer Brücke, eine IFC-Datei erstellt. Dieses Modell enthält die geometrischen und alphanumerischen Informationen des gesamten Gebäudes und zudem auch Informationen zu den Produkten, die zur Realisierung des Gebäudes verwendet werden sollen. Mit der „IFC-Sprache“ können die Informationen dieser „integrierten“ Produkte angemessen abgebildet werden.

Zum Speichern von Produktdaten in einer IFC-Datei werden nur einige Teile des vorhandenen IFC-Sprachumfangs zum Ausdrücken von Produktdaten benötigt. Diese Teilmenge der IFC-Strukturen zum Speichern und Transportieren von Produktdaten ist in der Model View Definition (MVD) für Konstruktionsobjekte beschrieben, mit denen Konstruktionsobjektdaten (Construction Object Data COD) in einer IFC-Datei gespeichert werden können. Konstruktionsobjektdaten enthalten drei Arten von Daten:

- alphanumerische Informationen (Listen)
- Informationen in Dokumenten (Dateien)
- geometrische Informationen (visuelle Darstellung).

Die Dokumentation des Construction Object Data View wird der Öffentlichkeit derzeit unter https://buildingsmart.github.io/ProductData/ vorgestellt. Bild 4.17 erläutert Konzept und Entwicklungsschritte. Sie beschreibt die Hauptphasen der Erstellung von Konstruktionsobjekten von den Anforderungen, die als Objekte in einem Entwurfsmodell ausgedrückt werden, bis zur Registrierung als Produkte in einem As-Built-Modell.

Notwendig ist eine Standardisierung der Merkmalssätze von Objekten, beispielsweise Produkten. In der DIN SPEC 91400 [41] ist ein solcher Ansatz bereits umgesetzt und auch bSDD verfolgt das gleiche Ziel auf internationaler Ebene.

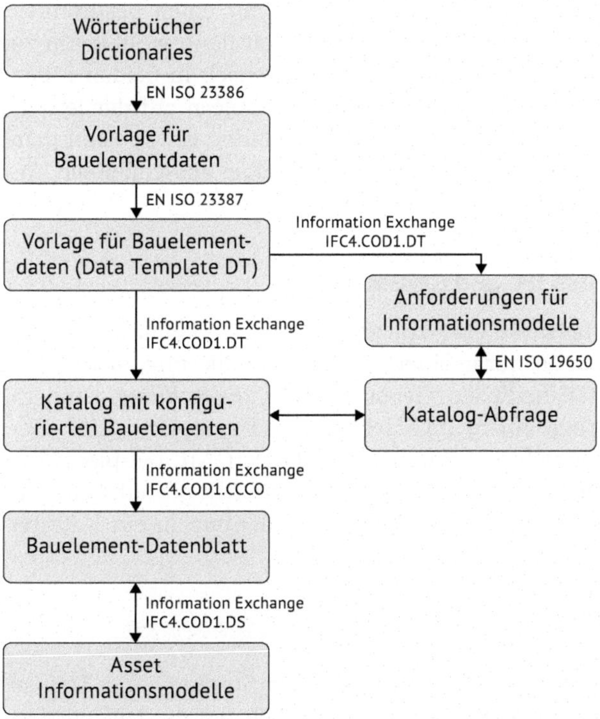

Bild 4.17 Ablauf bei der Erstellung von Produktdatenblättern. Basierend auf Wörterbüchern (Dictionaries) werden Vorlagen (Data Templates) erstellt. Fertige Produktdatenblätter entstehen, indem Hersteller ihre Produktkonfiguration in Vorlagen eintragen. Aus den dadurch entstehenden Produktkatalogen (Catalogue of configured construction objects) werden konkrete Produkte mit den Eigenschaften real verbauter Objekte in das digitale Gebäudemodell (Asset Information Model AIM) übernommen. Damit bildet das AIM den realen Bauzustand ab. In Katalogen kann in standardisierter Weise nach Produkten mit bestimmten Eigenschaften gesucht werden.
Quelle: buildingSMART

4.7.11 cityGML (City Geography Markup Language)

Anwendungen wie Google Maps und Navigationssysteme machen deutlich, dass Modellierung weit über den Gebäudekontext hinausgeht und auch den städtischen und regionalen Bereich umfasst. cityGML (City Geography Markup Language) ist ein neues GIS-Format, das in Deutschland entwickelt wurde und 2008 zum OGC-Standard avanciert ist.

Im Infrastrukturbereich gibt es seit IFC4.1 erste Modellelementtypen, die den Verkehrswegebau abdecken. cityGML ist da schon weiter. So kann man mit cityGML ganze Städte inklusive Infrastrukturen über oder unter der Erde sehr gut beschreiben. Zwar sind die Gebäudeelemente von cityGML bei Weitem nicht so ausdrucksmächtig wie die von IFC, schließlich ist IFC an sich ein ganzer Gebäudemodellstandard, aber auch im cityGML-Standard gibt es Gebäude.

cityGML ist ein Geoinformationsstandard GIS, der auf dem übergeordneten Geoinformationsstandard GML aufbaut. Er ermöglicht die Modellierung eines digitalen Geländemodells, von Infrastrukturen (Straßen, Bahnlinien, Wasserwege, Leitungen ober- und unterirdisch, Tunnel, Brücken usw.), Vegetation und allen städtischen Einrichtungen. Unterschiedliche Detaillierungsgrade LOD werden unterstützt. Topologische Beziehungen, wie Flächenzugehörigkeiten (Stadtteil, Gemeinde usw.) lassen sich beschreiben. Für unterschiedliche Anwendungsgebiete wurde Teilschemas (ähnlich MVDs) entwickelt.

Sollte man nicht eigentlich IFC und cityGML in einen großen Topf werfen und einen allumfassenden Superstandard daraus machen? Also quasi die Umkehr der bereits kennengelernten Modellierungsprinzipien: Nicht EIN Modell für einen bestimmten Zweck, sondern EIN Allzweckmodell? Das wäre an Komplexität dann wohl kaum zu überbieten. Einen Anwendungsfall gibt es ebenso wenig. Da es sich in beiden Fällen um offene Formate handelt, ist ein Mapping jedoch möglich, sofern auf der jeweils anderen Seite ein entsprechendes Konzept (Elementtyp) vorhanden ist. So kann man bereits IFC-Gebäude in cityGML-Gebäude überführen und dabei ausschließlich das übertragen, was im Stadtmodell wichtig ist.

4.7.12 Gemeinsamkeiten zwischen IFC und cityGML

Zwischen den Modellen besteht teilweise eine konzeptionelle Überlappung. So enthalten Stadtmodelle natürlich Gebäude, nur in einer anderen Detaillierung, Syntax und Semantik. Soll heißen: In cityGML heißt ein Gebäude nicht *IFCBuilding*, sondern *bldg*:Building. Ein Mapping zwischen einem IFC-Gebäude und einem cityGML-Gebäude ist zwar möglich, kann aber nicht vollständig sein, da cityGML beispielsweise keine Geschosse kennt. Dennoch ist die Übertragung IFC→cityGML oft nützlich, beispielsweise, wenn IFC-Gebäudedaten aus einem digitalen Bauantrag in ein Kataster (cityGML) übertragen werden sollen.

4.7.13 LandXML

Der ebenfalls auf GML aufbauende offene Standard, der für Straßen- und Tiefbau (Trassen, Tunnel etc.) sowie Vermessung (Geodäsie) entwickelt wurde, konzentriert sich, wie GML, mehr auf die Abbildung von kartenähnlichen Strukturen (Punkte, Linien, Flächen) und verleiht diesen Grundprimitiven über Zusatzattribute eine jeweilige Bedeutung (Straße, Grundstückfläche etc.). Über Querschnitte von Trassenverläufen lassen sich 3D-Geometrien abbilden.

4.8 Standards für das Informationsmanagement

Das BIM-Informationsmanagement ist eine der Hauptsäulen der BIM-Methodik. In allen Projektphasen steuert das Informationsmanagement die Aktivitäten der Lieferkette zur Informationserzeugung, -lieferung und -qualitätssicherung durch die beteiligten Teams. Im Gegensatz zu den Standards für Modellinformationen äußern sich Standards für das Informationsmanagement nicht zur Gestaltung der Inhalte, beispielsweise welche Modellierungssprachen eingesetzt oder welche Struktur diese Inhalte besitzen sollten. Das Informationsmanagement steuert gegebenenfalls jedoch auch die Prozesse, in denen Entscheidungen über Form und Inhalt von Informationen getroffen werden.

BIM-Standards sehen den Einsatz von Gemeinsamen Datenumgebungen CDE vor, um das BIM-Informationsmanagement in Projekten umzusetzen.

Austausch-Informationsanforderungen AIA, Liefer- und Prüfprozesse werden in einem projektweiten Plan, dem BIM-Abwicklungsplan BAP, zusammengefasst. Der BAP ist ein wichtiges Vertragsdokument, das für alle Projektbeteiligten bindend ist.

4.8.1 ISO 19650 – Informationsmanagement mit BIM

Die ISO 19650 legt das Gewicht auf eine Verbesserung der Zusammenarbeit durch ein durchgängig strukturiertes, digital unterstütztes Informationsmanagement. Sie koordiniert alle Beteiligten und gibt ihnen ein klares Bild über Informationsanforderungen und Lieferpflichten.

- Das Anforderungsmanagement stellt sicher, dass Informationen in der geforderten Qualität erzeugt werden.
- Der Lieferprozess erfolgt geplant. Informationen zur Unterstützung von Entscheidungen werden geliefert, solange die Lieferverantwortlichen noch verfügbar sind.
- Das Qualitätsmanagement bindet die Verantwortlichen in Prozesse zur Prüfung, Freigabe und Verteilung von Informationen ein.
- Die Freigabe und Verteilung von Informationen an die Informationsempfänger erfolgt stufenweise (Bild 4.18). Auf jeder Stufe werden Prüfungen vorgenommen und, sofern erforderlich, Fehler iterativ mit den Beteiligten behoben.

Durch die Nachvollziehbarkeit der Workflows, der zu erledigenden Aufgaben, die erwartete Qualität der Arbeitsergebnisse und des Lieferprozesses liegen kosten-, zeit- und qualitätsrelevante Informationen genau dann vor, wenn sie für Entscheidungen benötigt werden. Durch qualifiziertere Entscheidungen sinken Projektrisiken zugunsten von Qualität und Produktivität.

ISO 19650 besteht aus fünf Teilen:

Teil 1: Begriffe und Grundsätze

Teil 2: Planungs-, Bau- und Inbetriebnahmephase

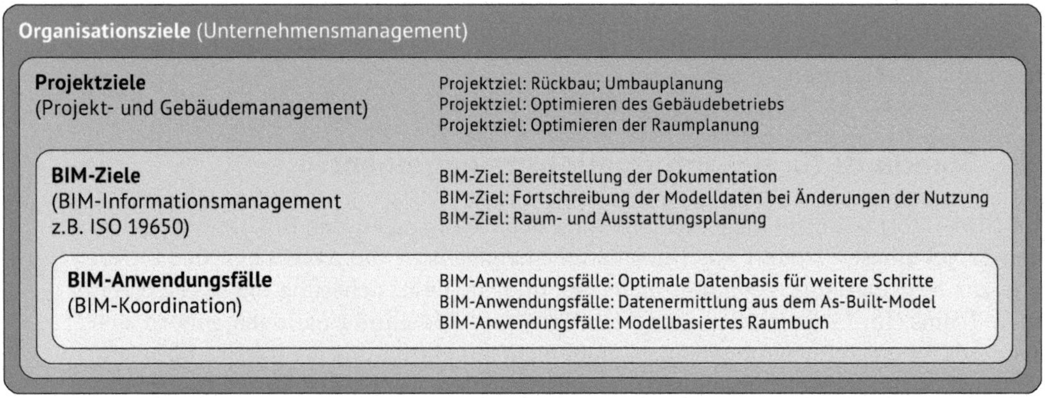

Bild 4.18 Aus Projektzielen lassen sich BIM-Ziele ableiten. BIM-Ziele sind durch BIM-Anwendungsfälle zu erfüllen. Anwendungsfälle haben ihren jeweiligen Informationsbedarf. Das Bild zeigt Beispiele für Ziele und Anwendungsfälle. (Bild angelehnt an ISO 19650-2 Bild 1)

Teil 3: Betriebsphase der Assets

Teil 4 (Stand 2022 Entwurf): Information exchange (deutscher Titel: „Informationsaustausch")

Teil 5: Spezifikation für Sicherheitsbelange von BIM, der digitalisierten Bauwerke und des smarten Asset-Managements

Teil 6 (noch nicht begonnen): Health and Safety – wird den Arbeitsschutz am Bau im BIM-Kontext beinhalten.

Hier wird insbesondere auf Teil 2 der ISO tiefer eingegangen. Die wesentlichen Begriffe und Konzepte aus Teil 1 und 2 werden zunächst erläutert.

4.8.1.1 ISO 19650 Teil 1 – Begriffe, Grundsätze und Konzepte

Gliederung und Reihenfolge in diesem Abschnitt orientieren sich nicht immer an der Aufteilung in der ISO, sondern sind im Sinne eines besseren Verständnisses aufeinander aufbauend dargestellt. Beispielsweise werden Erklärungen zum gleichen Sachverhalt, die in der ISO auf verschiedene Abschnitte verteilt sind, hier zusammenhängend beschrieben, um ein besseres Gesamtbild zu ermöglichen.

Die Abschnitte der ISO, auf die sich die folgenden Abschnitte beziehen, sind für Leser, die das Buch als Nachschlagewerk verwenden, jeweils in der Abschnittsüberschrift vermerkt.

Organisations-, Projekt- und BIM-Ziele [ISO 19650-1, Abschnitt 0.1]

Das Einbringen von Anforderungen an zu liefernde Informationen wird in ISO 19650 auf eine breite Basis gestellt, die bei Bedarf über den Rahmen eines einzelnen Projekts oder Gebäudes hinausgehen kann, denn auch übergeordnete Anforderungen, sogenannte Organisations-Informationsanforderungen (OIR), sollen Berücksichtigung finden.

Informationsbesteller können neben dem Bauherrn auch Organisationen mit entsprechenden strategischen oder regulativen Zielen sein. Die Entscheidung darüber, welche Informationen erforderlich sind, um damit die eigenen Entscheidungsprozesse zu füttern, obliegt dem jeweiligen Informationsbesteller. Nur wenn Informationsanforderungen genau genug gestellt werden, kann das Informationsmanagement in BIM-Projekten vernünftige Resultate bringen.

Gleichgültig, welche Ebene ihre Informationsanforderungen stellt, letztlich müssen in entsprechenden BIM-Anwendungsfällen die dafür erforderlichen Informationen erarbeitet werden. BIM-Ziele sind Zwischenziele, um Projektziele zu erreichen. Projektziele sind Zwischenziele, um die Ziele der beteiligten Organisationen zu erreichen. BIM-Anwendungsfälle liefern die Informationen zum Erreichen von BIM-Zielen. Divergierende Ziele oder Zielkonflikte deckt man besser so früh wie möglich auf. Auch dazu trägt das BIM-Informationsmanagement bei. Diese geschachtelte Hierarchie von Zielen zeigt (Bild 4.19).

Durch optimale Organisation der Informationserstellungs- und -lieferprozesse erreicht das Informationsmanagement nicht nur eine bessere Informationsqualität. Dadurch wird in vielen Fällen erstmals sichergestellt, dass Informationen überhaupt geliefert werden. Mit schlecht strukturierten Prozessen kann jedoch auch das Informationsmanagement keine durchgreifenden Verbesserungen und Produktivitätssteigerungen erreichen.

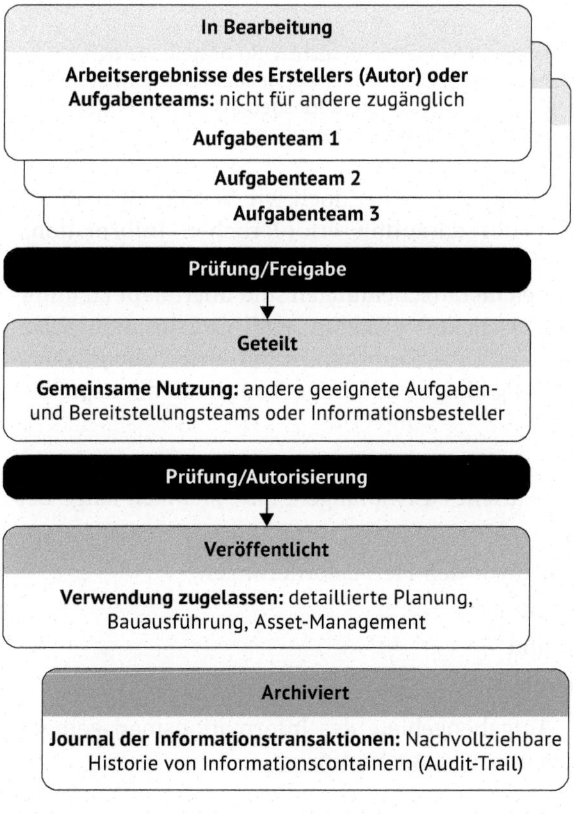

Bild 4.19 Innerhalb eines CDE haben Informationscontainer einen Status, der die Verfügbarkeit in den BIM-Teams charakterisiert. Die Ausweitung der Sichtbarkeit und Verfügbarkeit eines Informationscontainers erfolgt stufenweise vom Status „In Bearbeitung" über „Geteilt" zu „Veröffentlicht" nach jeweiliger Prüfung und Freigabe. Aus Projektzielen lassen sich BIM-Ziele ableiten. BIM-Ziele sind durch BIM-Anwendungsfälle zu erfüllen. Anwendungsfälle haben ihren jeweiligen Informationsbedarf. Das Bild zeigt Beispiele für Ziele und Anwendungsfälle. (Bild angelehnt an ISO 19650-2 Bild 1)

Planung und Produktion funktionieren nur dann effizient, wenn sie mit einer anforderungsgerechten Informationslogistik Hand in Hand gehen. Nur dann können Informationsanforderungen aus nachgelagerten Phasen, etwa aus dem Betrieb, an frühere Phasen kommuniziert werden, aber auch Erfahrungen aus Herstellung und Betrieb sollten zurück in die Planung fließen.

Konsequenterweise beginnt in der ISO 19650 das BIM-Informationsmanagement bei der Spezifikation der Informationsanforderungen. Die ISO 19650 „Informationsmanagement mit BIM" beschreibt Methodik und praktische Umsetzung der Informationserzeugung und -lieferung. Getreu dem Grundsatz „Starte mit dem Ende im Sinn" müssen Betreiber bereits frühzeitig ihren Informationsbedarf anmelden (Bild 4.20). Dann können Informationen, die in der Betriebsphase benötigt werden, bereits in der Planungs-, Bau- und Inbetriebnahmephase erstellt und geliefert werden.

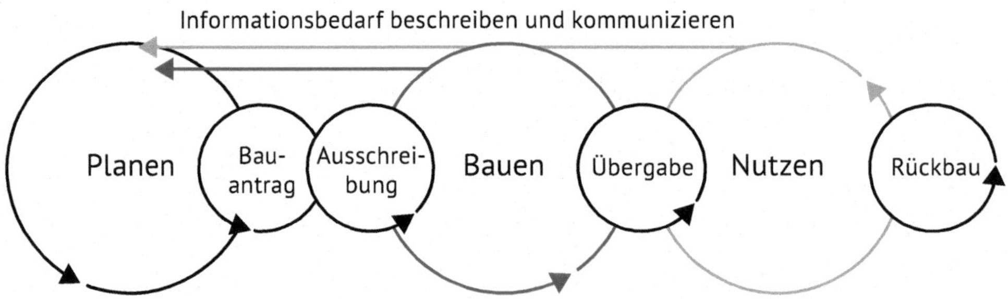

Bild 4.20 „Starte mit dem Ende im Sinn". Nur wenn Informationen rechtzeitig bestellt werden, sind sie zum richtigen Zeitpunkt verfügbar. Entscheidend für die Qualität der gelieferten Informationen ist die qualifizierte und nachvollziehbare Beschreibung des Informationsbedarfs. BIM-Informationsmanagement beginnt bei der Spezifikation der Informationsanforderungen.

Von hinten nach vorne zu denken, ist die eine Sache, doch wie beschreibt man den Informationsbedarf und die Struktur der daraufhin erforderlichen Informationslieferungen und wie legt man die gelieferten Informationen so ab, dass sie wiederauffindbar und redundanzfrei sind? Und welche Entscheidungen sind überhaupt zu unterstützen? Entscheidungen in Betrieb, Projektabwicklung und Organisationsablauf benötigen unterschiedliche Strukturen. Soll die Kommunikation über Lebenszyklusphasen hinweg erfolgen, sind zwangsläufig einige zukünftige Kommunikationspartner noch gar nicht bekannt.

Man stelle sich ein Telefongespräch vor, bei dem der Angerufene erst Monate bis Jahre später den Hörer abnimmt, um die Nachricht zu empfangen. Eine ziemlich lange Leitung!

Das Informationsmanagement steht also vor den Herausforderungen,

- den Informationsbedarf zu spezifizieren,
- Informationslieferungen zu planen und
- Informationslieferungen zu realisieren.

Diese drei Herausforderungen bzw. Aufgabengebiete des Informationsmanagements betrachtet ISO 19650 aus den folgenden vier Perspektiven:

- aus Sicht des **Eigentümers** einer Liegenschaft oder Anlage: Er legt die bestimmungsgemäße Verwendung seines Eigentums fest und stellt sie später dementsprechend im Betrieb sicher. Seine strategischen Entscheidungen muss das Informationsmanagement unterstützen. Informationslieferungen sollen beispielsweise dazu dienen, Business Pläne zu erstellen, Betriebskosten zu ermitteln oder Portfolioanalysen durchzuführen.
- aus Sicht des **Immobiliennutzers**: Er will seine Anforderungen nach betrieblichen Nutzungsaspekten formulieren, damit die fertige Immobilie am Ende die richtigen Qualitäten, Funktionen und Kapazitäten besitzt. Informationslieferungen sollen beispielsweise dazu dienen, Projekt- und Objektbeschreibungen, sowie Produktdokumentationen zu erstellen. Es muss sichergestellt werden, dass Anlagen-Informations-Modell AIM und Projekt-Informations-Modell PIM die erforderlichen Informationen enthalten, damit beispielsweise in der Entwurfsphase die richtigen Entwurfsentscheidungen getroffen werden können.
- aus Sicht der **Projektabwicklung und Anlagenverwaltung** (Asset Management): Diese stellen organisatorische Anforderungen der Ausführung, wie die Planung des Ressourceneinsatzes und die Überwachung der Arbeiten, in den Vordergrund.
- aus Sicht der **gesellschaftlichen Perspektive**: Sie stellt öffentliche Anliegen während der Gesamtlebensdauer des Bauobjekts in den Fokus. Bebauungspläne, Baugenehmigungen und andere administrative, aber auch politische, z. B. umweltpolitische Entscheidungen, bedürfen einer dezidierten Unterstützung durch qualifizierte Informationslieferungen.

Diese vier und ggf. weitere Interessengruppen erstellen die erforderlichen Informationen normalerweise nicht selbst. Sie beauftragen in der Regel Dritte, z. B. Architekten oder Generalplaner, mit der Erstellung. Damit diese die richtigen Informationen erstellen, muss der Informationsbesteller seinen Informationsbedarf konkretisieren. Als Ausgangspunkte für die Ermittlung eines Informationsbedarfs nennt ISO 19650 beispielhaft (Auszug mit eigenen Ergänzungen):

- Erstellung eines Anlagenkatalogs, der alle räumlichen Strukturen abbildet, aber auch Systeme und deren Komponenten enthält, z. B. um Wartungs- und Inspektionsarbeiten zu unterstützen oder Gesundheits- und Sicherheitsaspekte abzudecken,
- Risikomanagement zur Überprüfung von Betriebsrisiken, Risiken während der Bauphase und Risikofolgenabschätzung. Ggf. will der Auftraggeber dieser Informationslieferungen diese an seine Versicherung weitergeben oder einer Aufsichtsbehörde mitteilen. Hieraus ergeben sich bereits Anforderungen an Inhalt und Format der Lieferung,
- Simulation und Vorhersage von Verbrauchsdaten (Energie, Wasser) und Umweltbelastungen (CO_2, Abwasser, Abfall) und der sich daraus ergebenden Kosten,
- Wartungs-, Reparatur-, Instandhaltungskosten,
- Lebensdauer, Austauschkosten, Referenzobjekte in vergleichbaren Einsatzbedingungen, Recycling,
- Nutzungsänderungen und Umbau,
- Außerbetriebnahme und Entsorgungskosten.

Der Informationsbedarf des Informationsbestellers ist ausschlaggebend für die Lieferbeauftragung. Der Bedarf kann entweder detailliert durch genaue Beschreibung der zu liefernden Inhalte ausgedrückt werden oder durch Angabe des Zwecks, für den die zu liefernden Informationen verwendet werden sollen. Der Informationslieferant muss dann selbst die erforderlichen inhaltlichen Details der Informationslieferungen konkretisieren.

BIM-Teamgeist

Im Kern der BIM-Methodik steht die koordinierte Zusammenarbeit der Teams. Die deutsche BIM-Richtlinie VDI 2552 beschreibt im Blatt 7 „Prozesse" die bekannten BIM-Rollen, wie den BIM-Manager, den BIM-Koordinator und den BIM-Autor, sowie die mit den Rollen verbundenen Aufgaben und Verantwortlichkeiten.

Die aktuelle Fassung der ISO 19650 verfolgt nicht mehr wortwörtlich den rollenbasierten Ansatz im Informationsmanagement. Stattdessen bezieht sie sich auf Informationsmanagementfunktionen, deren Aspekte derjenigen Person oder Organisation zugeordnet werden, die am besten geeignet ist, sie zu erfüllen. Mit dem Rollenbegriff war es in der öffentlichen Diskussion häufig zu der Befürchtung gekommen, es müssten nun für jede BIM-Rolle neue Stellen geschaffen werden. Der Funktionsbegriff lässt dagegen die Abbildung auf betriebliche Strukturen offen.

Alle Aktivitäten innerhalb von Informationsmanagementprozessen werden durch eine „Informationsmanagementfunktion" umgesetzt.

Die Tatsache, dass ISO 19650 Teamstrukturen in den Vordergrund stellt und auf Rollenbezeichnungen verzichtet, ist kein Widerspruch zur VDI 2552, denn die Aktivitäten, beispielsweise Prüfungen oder Freigaben, werden auch in den jeweiligen Teams von entsprechenden Personen ausgefüllt. Dabei gehen BIM-Aufgaben entweder in bestehenden Rollen, zum Beispiel dem Projektleiter, auf oder es werden bei größeren Projekten dezidierte Rollen etabliert.

Anmerkung: Informationsmanagementfunktionen sollten keine baufachlichen Aufgaben einbeziehen. Die Informationsmanagementfunktionen sollten mit vertraglich festgelegten Weisungsbefugnissen seitens des Bauherrn ausgestattet sein, damit sie eine entsprechende Wirkung entfalten können. Die Trennung der Funktionen in Fachlichkeit und Informationsverarbeitung ist unbedingt zu beachten. Das schließt nicht aus, dass bei kleineren, weniger komplexen Anlagen oder Projekten Informationsmanagementfunktionen neben anderen Funktionen wie Asset Management, Projektmanagement, Planungsteamleitung oder Bauleitung übernommen werden können. Auch sollten Funktionen und Verantwortlichkeiten nicht mit Berufsbezeichnungen verwechselt werden.

Bei komplexen Asset-Management- oder Projektaktivitäten ist es empfehlenswert, eine bestimmte Funktion für das Informationsprozessmanagement einzurichten, die sich auf die Förderung der Teamarbeit und Zusammenarbeit konzentriert und damit für die effiziente Umsetzung der Informationsmanagementprozesse sorgt.

Zwischen den Teams der Informationslieferkette besteht ein Auftraggeber/Auftragnehmer-Verhältnis. Die vertraglichen Leistungen werden im BIM-Abwicklungsplan BAP festgelegt.

Aufgabenteams und Lieferteams [ISO 19650-2, Abschnitt 0.5]

In der Planungsphase erstellen Aufgabenteams (siehe Bild 4.21) die Pläne, Zeichnungen und Modelle mit Eigenschaften, wie sie in ihren AIA festgelegt wurden. In einer von Einzelvergaben geprägten Projektstruktur, wie sie beispielsweise in Deutschland vorherrscht, entspricht ein beauftragtes Planungsbüro oder Bauunternehmen zum Beispiel einem Aufgabenteam.

Jedes Aufgabenteam liefert seine Ergebnisse gemäß seinem Aufgabenbezogenen Informationsbereitstellungsplan (engl.: Task Information Delivery Plan TIDP) an den BIM-Koordinator seines Lieferteams (Bild 4.21 (C) → (B)). Dieser erhält Lieferungen aus verschiedenen Aufgabenteams und erstellt daraus eine konsistente Lieferung an den Bauherrn ((A) Informationsbesteller).

Die Informationslieferketten in der Bauphase haben prinzipiell dieselbe Struktur wie die der Planungsphasen. Hier liefern die ausführenden Unternehmen jedoch Informationen zu den von ihnen ausgeführten Bauteilen. Diese Einzellieferungen werden von einem BIM-Koordinator zu einem Informationspaket zusammengestellt, das beispielsweise die Informationen zu einer Anlage umfasst. Bei der Inbetriebnahme sind diese Informationen Grundlage für die Prüfungen der Anlage oder Teilen davon. Die

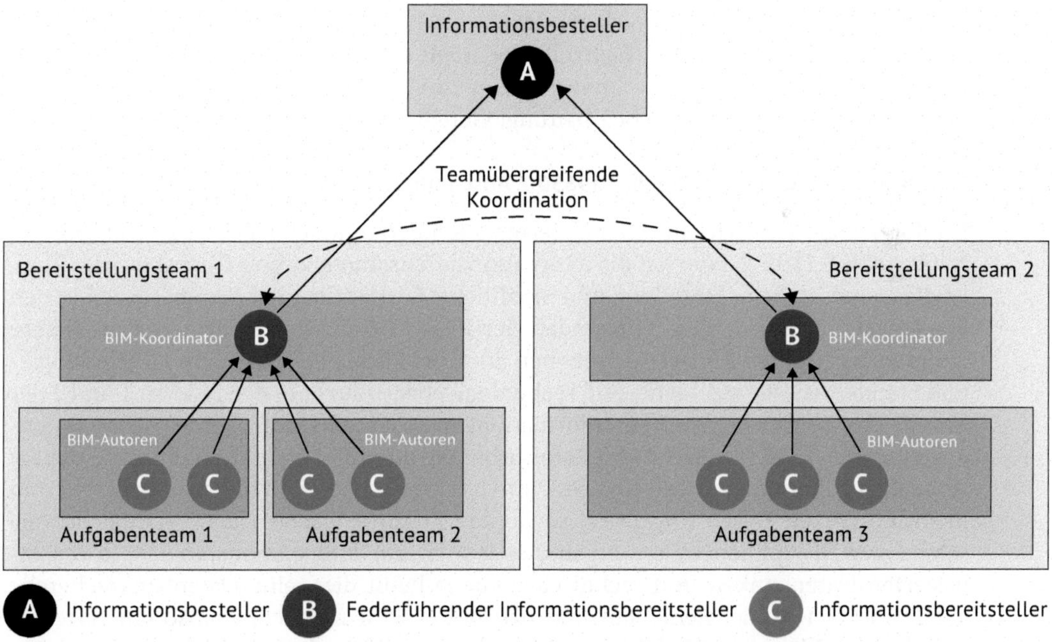

Bild 4.21 Teams und Lieferkette. ISO-Teams bilden Lieferketten. BIM-Rollen, hier nach VDI 2552 Blatt 7, werden in der ISO nicht verwendet. Die allgemein bekannten BIM-Rollen werden hier jedoch mit den Teams der ISO in Verbindung gesetzt. Informationsbereitsteller und federführender Informationsbereitsteller bilden die Informationslieferkette zum Informationsbesteller. BIM-Autoren erstellen die Information und liefern sie an den BIM-Koordinator des Informationsbereitstellungsteams. Nach erfolgreicher Prüfung wird die Information an den Informationsbesteller, z. B. den Bauherrn, ausgeliefert. (Darstellung angelehnt an ISO 19650-2 Bild 2 „Schnittstellen zwischen Organisationseinheiten und Teams zum Zwecke des Informationsmanagements" und BIM-Rollen nach VDI 2552-7).

Summe all dieser Pakete bildet schließlich die Gesamtinformation des digitalen Gebäudemodells (Asset Information Modell AIM), das an den Bauherrn übergeben wird.

Dieses Team koordiniert die Arbeitsergebnisse der einzelnen Aufgabenteams und fügt sie zu einem qualitätsgesicherten Gesamtpaket zusammen, wie im projektweiten BAP festgelegt. Das Team ist beispielsweise ein Unternehmen, das mit der Gesamtplanung oder Bauausführung beauftragt oder aber vom Bauherrn mit der Projektleitung betraut wurde.

Je nach Aufgabenstellung und Phase ist das Arbeitsergebnis beispielsweise

- ein kollisionsfreies Planungsergebnis, in dem alle Fachmodelle aufeinander abgestimmt sind,
- ein Planungsmodell, das eine Mengen- und Massenermittlung ermöglicht und damit Grundlage einer Kostenermittlung sein kann,
- ein Modell, das in der Bauphase eine modellbasierte Bauablaufplanung ermöglicht,
- sämtliche Informationen für die Inbetriebnahme, für die alle Bauelemente im Modell mit entsprechenden Unterlagen verknüpft sind, sodass eine Prüfung und Abnahme der technischen Einrichtungen möglich ist.

Das Lieferteam liefert das geprüfte, koordinierte Ergebnis zur Freigabe an den obersten Informationsbesteller, den Bauherrn. Nach erteilter Freigabe sind die bestellten Informationen damit über die Lieferkette ans Ziel gelangt. Die Gemeinsame Datenumgebung CDE gewährleistet die Nachvollziehbarkeit des Lieferprozesses und unterstützt die Qualitätssicherung durch Kennzeichnung des Freigabefortschritts eines Informationscontainers (z. B. Status in Bearbeitung, Geteilt, Freigegeben oder Archiviert).

BIM-Reifegrade der ISO 19650 [ISO 19650-2 Abschnitt 4.2]

Die ISO 19650 entwirft ein differenzierteres Reifegradmodell (Bild 4.22) als zuvor die britische PAS 1192-2. Hier hat die internationale Zusammenarbeit Gutes bewirkt. Zwar ist die grundsätzliche Einteilung und inhaltliche Ausrichtung der Kompetenzen in den Stadien identisch mit den Reifegraden der PAS 1192-2, aber es gelingt eine klarere Differenzierung der Umsetzungsebenen in Geschäfts-, Informations-, Technologie- und Standardisierungsschicht. Auf Technologieebene taucht in den Stadien 1 und 2 der Begriff des containerbasierten Informationsmanagements auf. Gemeinsame Datenumgebungen CDE in diesem Stadium arbeiten mit Informationscontainern, die im Anschluss näher erläutert werden. Stadium 3 führt das Arbeiten mit strukturierten und unstrukturierten Daten (Big Data) sowie das Zusammensetzen der Teilmodelle verschiedener Disziplinen weiter, ergänzt es jedoch um Informationsmodelle in objektbasierten Datenbanken. Auf technischer Ebene heißt dies, eine Datenbankrecherche auf Ebene von Modellelementen und Attributen wird möglich, ebenso ein verteiltes Arbeiten mit kleineren Modellfragmenten als in den bisherigen Teilmodellen einzelner Fachdisziplinen. Man könnte also per Datenbankabfrage „alle Fenster im 3. OG“ herausfiltern und an eine Ausschreibungssoftware weitergeben. ISO 19650 sagt jedoch ausdrücklich, dass entsprechende Informationsmanagementstandards erst noch entwickelt werden müssen.

Die bisherige Zusammenarbeit vollzieht sich also durch das Erstellen und den Austausch von Informationscontainern.

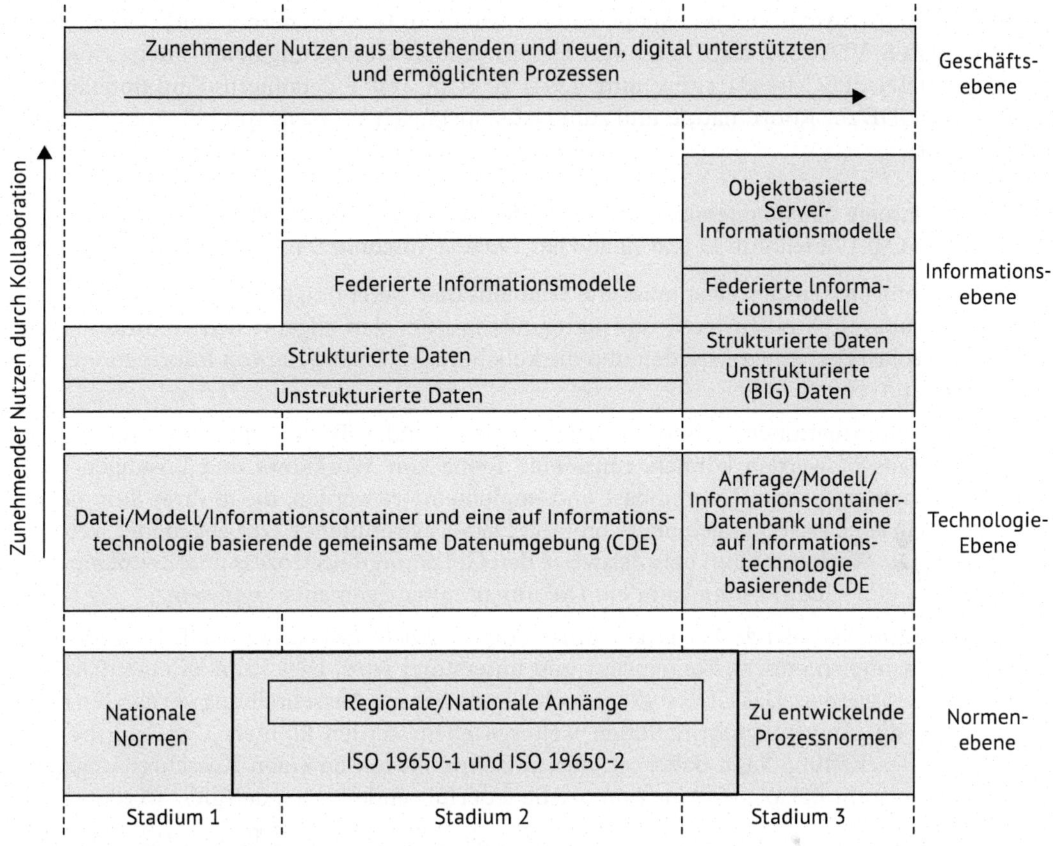

Bild 4.22 Entwicklungsgrade des Informationsmanagements. Quelle: DIN EN ISO 19650-1 Bild 1

Zusammenarbeit auf Basis von Informationscontainern [ISO 19650-1 Kap. 9 und Abschnitt 3.3.12]

Im BIM-Reifegrad 2 geschieht der Datenaustausch mittels Informationscontainern. Das sind im einfachsten Fall Dateien, die ein Dokument (Word, Excel, PDF), ein Modell oder eine Zeichnung enthalten. Es kann sich aber auch um komplexere Dateien mit einer eigenen inneren Struktur handeln.

ISO 19650 lässt sich nicht näher über den genauen inneren Aufbau oder die Struktur von Informationscontainern aus. Dies entspricht dem Grundsatz, das Informationsmanagement von den fachlich-inhaltlichen Informationen zu trennen.

Die ISO nennt lediglich grundlegende Prinzipien (Auszug):

- Der Austausch von Informationscontainern geschieht über ein CDE.
- Container enthalten Informationen, die den Informationsanforderungen entsprechen.
- Aspekte des Urheberrechts, der Datensicherheit und Datenhoheit sind zu beachten.

VDI 2552 (Abschnitt 4.9.3) nennt weitere Details zu Datensicherheit und Datenhoheit in Blatt 5. VDI 2552 Blatt 7 erläutert die prozessuale Umsetzung beim Datenaustausch und DIN SPEC 91391 (Abschnitt 4.9.4) zeigt in Teil 1 detaillierte Funktionalitäten eines CDE zur Koordination und zum Datenaustausch auf Basis von Informationscontainern.

Gemeinsame Datenumgebung CDE – Technische Lösungen und Arbeitsablauf [ISO 19650-1 Abschnitte 11 und 12 und ISO 19650-2 Abschnitt 5.1.7]

Der Informationsbesteller muss die Gemeinsame Datenumgebung bereitstellen (implementieren, konfigurieren und unterstützen), um den allgemeinen Anforderungen des Projekts gerecht zu werden und die kollaborative Erzeugung von Informationen zu unterstützen.

Bevor Informationen zwischen der auftragserteilenden Partei und ihren Lieferteams ausgetauscht werden können, muss eine Reihe von Workflows und Lösungen zum Informationsaustausch vereinbart und implementiert werden, die in ihrer Summe als Gemeinsame Datenumgebung (Common Data Environment CDE) abgebildet werden. Ein CDE-Workflow kann beispielsweise den Genehmigungsprozess und Zeitpläne enthalten, eine CDE-Lösung kann ein Dokumentenmanagementsystem sein.

Die auftragserteilende Partei ist dafür verantwortlich, dass dieses CDE im gesamten Projekt implementiert, konfiguriert und unterstützt wird. Dies kann an einen Dritten delegiert werden. Das CDE sollte jedoch bereits bei der Ausschreibung vorhanden sein, damit die Angebotsinformationen weitergegeben werden können. Die Aufgabe der CDE-Beschaffung kann daher zu diesem Zeitpunkt mit an einen Ausschreibungsteilnehmer, zum Beispiel an eine potenzielle federführende Partei, delegiert werden.

Bei der Implementierung des CDE muss Folgendes sichergestellt sein (ISO 19650-2 Abschnitt 5.1.7):

- Jeder Informationscontainer muss eine **eindeutige ID**, basierend auf einer vereinbarten und dokumentierten Konvention, besitzen. Sie soll aus durch Trennzeichen getrennten Feldern bestehen.
- Jedem Feld soll ein Wert aus einem vereinbarten und dokumentierten **Kodifizierungsstandard** zugewiesen werden. Beispiel: Die CDE-Lösung hilft Benutzern, Informationen wie Schriftverkehr oder Modelldateien schnell zu finden, indem sie nach bestimmten Kodifizierungen sucht.
- Jedem Informationscontainer müssen die Attribute **Status** (Eignung), **Revision** (Überarbeitungsstand) und **Klassifikation** zugewiesen werden. Der Revisionscode im Sinne der ISO lässt offen, wie die oft üblichen Versionsnummern angegeben werden sollen und wie sich Version und Revision zueinander verhalten. In der Praxis kann dies durch eine zweistufige Codierung gelöst werden, zum Beispiel nach dem Schema vv.rr, wobei vv für die Version und rr für die Revision steht. Die Codierung 01.02 stünde somit für Version 1, Revision 2. Eine einstufige Revisionsangabe nach ISO 19650 entspräche also nach deutschem Verständnis einer Versionsangabe.

  Hinweis: Mit der CDE-Lösung können zusätzliche Daten in Informationscontainern definiert werden, die über die eindeutige ID des Informationscontainers hinausgehen, damit das Projektteam den Verwendungszweck und die Aktualität von Informationen besser verdeutlichen kann. Siehe dazu Kapitel 5 BIM-Projektpraxis, Abschnitt 5.5 Lieferinhalte festlegen, Klassifikation von Informationscontainern.

Für weitere Hinweise zu Informationscontainern und deren Metadaten innerhalb eines CDE siehe Abschnitt DIN SPEC 91391 in diesem Kapitel.

Achtung Verwechslungsgefahr! Status (Eignung) und Freigabestatus

In der englischen Fassung der ISO 19650 wird der im folgenden Abschnitt beschriebene Freigabestatus als „state" und das hier genannte Status-Attribut eines Informationscontainers als „status" bezeichnet. Die deutsche Übersetzung von status und von state ist in beiden Fällen „Status". Das führt oft zu Verwechslungen. Das Status-Attribut eines Informationscontainers dient dazu, den Verwendungszweck klarzumachen. Ein Container mit einem Modell oder einem Plan wird beispielsweise „zur Freigabe", „zur Kommentierung" usw. geliefert. Der Grund der Lieferung führt auf der Empfängerseite zu entsprechenden Aktivitäten.

Der im nächsten Abschnitt genannte Freigabestatus zeigt dagegen an, ob die enthaltenen Informationen bereits sehr verlässlich sind, sodass darauf aufgebaut werden kann, oder ob sie lediglich einen Zwischenzustand darstellen, der rein informell zwischen den Gewerken ausgetauscht wurde.

- Die Möglichkeit für Informationscontainer, zwischen Zuständen zu wechseln, und die Aufzeichnung (Zugriffsprotokoll, Audit-Trail) des Benutzernamens und des Datums, an dem die Überarbeitungen von Informationscontainern zwischen den einzelnen Zuständen wechseln.
- Hinweis: Der CDE-Workflow kann einen detaillierten Prüfpfad für den Inhalt, den Status und die Revisionsaktivität jedes Informationscontainers führen. Dies kann auch Klarheit darüber schaffen, für was und wann eine Freigabe erforderlich ist, bevor ein Zustandsübergang stattfinden kann.
- Kontrollierter Zugriff auf Informationscontainerebene.

Beispiel: Die CDE-Lösung und der Workflow können eine Konfiguration ermöglichen, die den Zugriff auf Informationscontainer einschränkt, die keinen ausreichenden Reifegrad erreicht haben oder für bestimmte Organisationen oder Einzelpersonen zu sensibel sind, um Zugriff auf sie zu erlauben.
Es wird nachdrücklich empfohlen, dass das Projekt-CDE vor der Ausschreibung angelegt wird, damit Informationen mit den an der Ausschreibung teilnehmenden Organisationen auf sichere Weise ausgetauscht werden können.

Der Informationsbesteller kann einen Dritten mit dem Hosting, der Verwaltung oder der Unterstützung der Gemeinsamen Datenumgebung des Projekts betrauen. Es wird empfohlen, dies als separate Bestellung vor Beginn der eigentlichen Informationsbestellung durchzuführen. Oder der Informationsbesteller kann zu einem späteren Zeitpunkt einen Informationsbereitsteller mit der Übernahme von Hosting, Verwaltung oder Unterstützung der Gemeinsamen Datenumgebung des Projekts betrauen. In beiden Fällen sollte der Informationsbesteller ein Pflichtenheft mit funktionalen und nichtfunktionalen Festlegungen vorgeben.

Freigabestatus von Informationscontainern und Statusübergänge [ISO 19650-1 Abschnitt 12.1]

Im Verlauf der Freigabe einer Informationslieferung wechseln Informationscontainer ihren Status, der den Grad der Verfügbarkeit für andere Team-Mitglieder und deren Aktivitäten kennzeichnet. Die ISO spezifiziert die folgenden Freigabestatus (hier als Plural gemeint) und Statusübergänge. Bild 4.23 zeigt die Informationslieferkette und den Verlauf von Statusänderungen nach Lieferung, Prüfung und Freigabe.

Freigabestatus „in Bearbeitung" [ISO 19650-1 12.2]

Dieser Status kennzeichnet Informationen, die vom Aufgabenteam aktuell entwickelt werden. Informationscontainer dürfen für kein anderes Aufgabenteam sichtbar oder zugreifbar sein.

Anmerkung: Besonders dann wichtig, wenn die CDE-Lösung über ein gemeinsam genutztes System, z. B. einen gemeinsam genutzten Server oder ein Web-Portal, implementiert wird.

Statusübergang von „Prüfen" zu „Bewerten" zu „Freigeben"

Hierzu erfolgt vor Lieferung an den Empfänger eine Überprüfung, ob der Informationscontainer konform mit vereinbarten Standards, Methoden und Verfahren zur Informationsproduktion ist, so wie es im Informationsbereitstellungsplan (TIDP) festgelegt wurde.

Anmerkung: Das Prüfen, Bewerten und Freigeben sollte vom ursprünglichen Aufgabenteam durchgeführt werden.

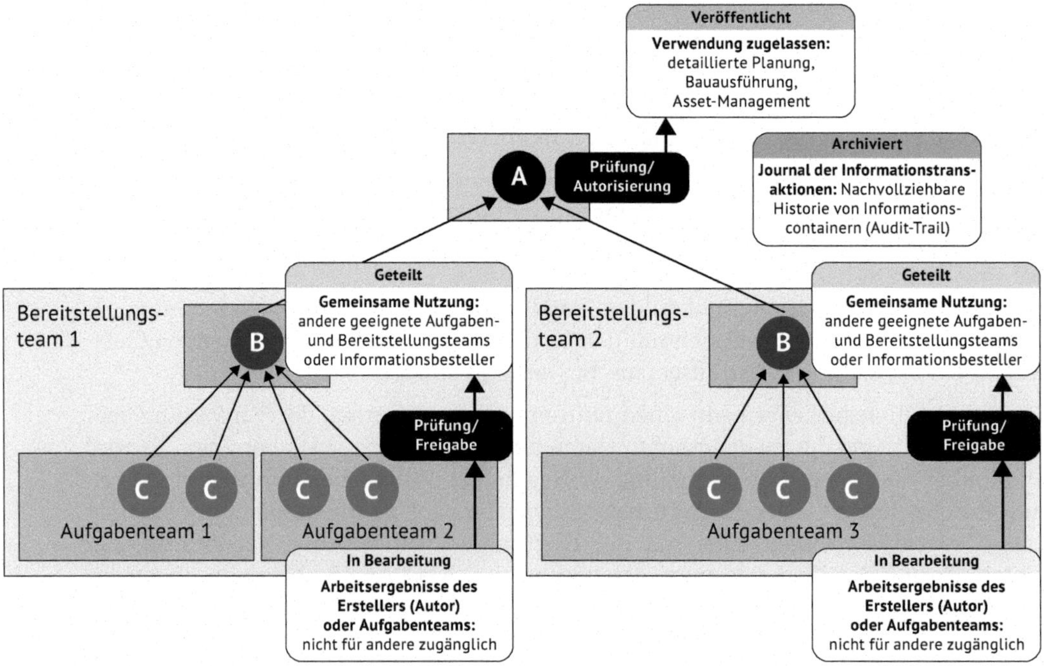

Bild 4.23 Die Freigabe von Informationen erfolgt auf den Ebenen der Lieferkette.

Freigabestatus „geteilt" [ISO 19650-1 12.4]

Dieser ermöglicht die konstruktive, kollaborative Entwicklung innerhalb eines Bereitstellungsteams. Informationen in diesem Status dienen dem Abgleich und der Überprüfung von Informationen zwischen den Aufgabenteams und zwischen allen relevanten Informationsbereitstellern, einschließlich anderer Bereitstellungsteams. Diese Informationscontainer sind für andere Teams sichtbar und zugänglich, aber nicht bearbeitbar.

Informationscontainer werden in den Status „in Bearbeitung" zurückgesetzt, falls Informationen geändert und erneut geliefert werden müssen (Fehlerbehebung, Verbesserung, Änderung).

Anmerkung: Im Status „geteilt" sind auch Informationscontainer, die für die gemeinsame Nutzung mit dem Informationsbesteller freigegeben und bereit für die Autorisierung (Auftraggeber-Freigabestatus) sind.

Statusübergang „Überprüfung/Autorisierung"

Dazu werden die betreffenden Informationscontainer hinsichtlich relevanter Informationsanforderungen zu Anwendungsfällen wie Koordination und auf Vollständigkeit und Genauigkeit geprüft.

Nach erfolgreicher Prüfung wird der Status „Veröffentlicht" gesetzt, andernfalls auf den Status „in Bearbeitung" zurückgesetzt.

Freigabestatus „Veröffentlicht" [ISO 19650-1 12.6]

Er wird für Informationen verwendet, die zur Verwendung freigegeben wurden, z. B. beim Bau eines neuen Projekts oder beim Betrieb einer Anlage.

Er trennt Informationen, die möglicherweise noch geändert werden („in Bearbeitung" oder „geteilt"), von Informationen, auf die man sich verlassen darf, z. B. für die nächste Phase der Projektabwicklung.

Das Projekt-Informations-Modell PIM am Ende eines Projekts wie auch das Asset-Informations-Modell AIM während des Betriebs enthält ausschließlich Informationen im Status „Veröffentlicht" (oder im Archivstatus).

Freigabestatus „archiviert"

In diesem Status sind Aufzeichnungen aller während des Informationsmanagementprozesses freigegebenen und veröffentlichten Informationscontainer. Audit-Trails geben Aufschluss über deren Entwicklung im Projektverlauf.

Beispiel: Ein Informationscontainer, der sich zuvor im Status „Veröffentlicht" befand, enthält Informationen, die zuvor für detailliertere Konstruktionsarbeiten, für den Bau oder für die Anlagenverwaltung verwendet worden sein könnten.

In einem CDE können die unterschiedlichen Zustände (Status „in Bearbeitung", „Geteilt", „Veröffentlicht", „Archiviert") auf verschiedene Weise technisch implementiert werden. Siehe dazu Abschnitt DIN SPEC 91391, Lieferprinzip.

Beispiel 4.4 Freigabestatus und gängige Eignungscodes (BS EN ISO 19650)

Die britische Version der ISO 19650 unterscheidet sich inhaltlich lediglich durch den nationalen Anhang von der deutschen Version. In Anhang NA 4.2 werden Beispiele für Eignungscodes (engl. Status Codes) je nach Freigabestatus gegeben. Die Tabelle in Bild 4.24 ist sinngemäß ins Deutsche übersetzt. Sie sollte je nach Projekterfordernissen angepasst und in den Projektinformationsstandard, der im BAP festgelegt wird, übernommen werden.

Eignungscode	Beschreibung der Eignung	Anwendung (Revision)
Freigabestatus "In Bearbeitung"		
S0	Initialer Status	vorläufige Revision und Version
Freigabestatus "Geteilt"		
S1	zur Koordination	vorläufige Revision
S2	zur Information	vorläufige Revision
S3	zu Review und Kommentierung	vorläufige Revision
S4	zu Phasenabnahme	vorläufige Revision
S5	zurückgezogener Informationscontainer	–
S6	autorisiert für das PIM	vorläufige Revision
S7	autorisiert für das AIM	vorläufige Revision
Freigabestatus "Veröffentlicht" gemäß Vertrag (BAP)		
A1, A2 ...An	autorisiert und freigegeben	gemäß Beauftragung
B1, B2...Bn	Teilfreigabe (mit Kommentaren)	vorläufige Revision
Freigabestatus "Veröffentlicht" für die Übernahme in das AIM		
CR	Dokumentation des gebauten Zustands	gemäß Beauftragung

Bild 4.24 Eignungscodes nach BS EN ISO 19650-2 britischer nationaler Anhang.

Beispiel 4.5 Informationscontainer-ID gemäß BS EN ISO 19650 Teil 2, britischer nationaler Anhang

Eine vom Tragwerksplaner ABC für das Projekt NEUP (ein mehrstöckiges Gebäude) erstellte Spezifikation des Stahltragwerks hätte die eindeutige ID:

NEUP-ABC-XX-ZZ-SP-S-0001

Die eindeutige ID zeigt, dass der Informationscontainer die laufende Nummer 0001 hat, von der Rolle Structural engineer (S) erstellt wurde, eine Spezifikation (SP) ist, die für alle Ebenen (ZZ) relevant ist. Er bezieht sich nicht auf ein bestimmtes Volumen oder System (daher XX), es wurde von ABC (dem Urheber) produziert und ist für das Projekt NEUP erstellt worden.

Das Lesen der Beschreibung von hinten nach vorne ist hilfreich, um den Inhalt des Informationscontainers zu verstehen.

Die britische Ausgabe der ISO 19650 enthält detaillierte Hinweise zur Codierung von Metadaten in den Dateinamen (Bild 4.25).

- Project Code (2 bis 6 Zeichen)
- Originator Code (2 bis 6 Zeichen)
- Volume/System (2 Zeichen, XX und ZZ vordefiniert)
- Level/Location (2 Zeichen, XX und ZZ vordefiniert)
- Typ (2 Zeichen, AF-animation file (of model), BQ-Bill of Quantities, M2-2D model, M3-3D model und weitere vordefiniert)
- Role (1 oder 2 Zeichen, A, B, C, D + weitere vordefiniert)
- Laufende Nummer (4 bis 6 Zeichen)

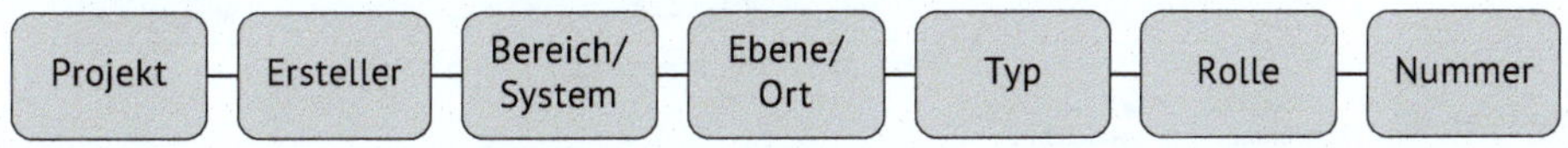

Bild 4.25 Aufbau eines Identifikators für Informationscontainer nach BS EN ISO 19650-2, britischer nationaler Anhang. Zwar für geübte Menschen lesbar, für die maschinelle Verarbeitung aber ungeeignet. (Deutsche Übersetzung vom Autor)

Beispiel 4.6 **NEUP-ABC-XX-ZZ-SP-S-0001**

Die resultierende Zeichenkette für den Dateinamen soll als eindeutiger Identifikator für die Datei dienen. Als Vorteil gegenüber anderen Methoden zur Generierung eines eindeutigen Identifikators wird die Lesbarkeit durch Menschen genannt.

Identifikatoren auf diese Weise zu generieren, hält jedoch informationstechnischen Anforderungen an Identifikatoren und deren Eindeutigkeit nicht stand. Problematisch ist auch die Tatsache, dass der Identifikator sich durch Änderungen des Projektbezugs oder der Rolle ändern würde, auch wenn mit dieser rein organisatorischen Änderung keinerlei inhaltliche Modifikation verbunden wäre.

Diese Art der Identifikation ist daher durchaus umstritten, bietet jedoch zweifellos den Vorteil einer direkten physischen Verschmelzung von Inhalt und Metadaten in einem Datenobjekt (Datei) im Rechner.

Mehrere technische CDE-Lösungen in einem Projekt [ISO 19650-1 Kap. 11]

Laut ISO „sollte eine gemeinsame Datenumgebungs-(CDE-)Lösung und ein gemeinsamer Arbeitsablauf implementiert werden, um denjenigen den Zugriff auf die Informationen zu ermöglichen, die dies in ihrer Funktion wahrnehmen müssen. Die Lösung kann auf verschiedene Weise und mit unterschiedlichen Technologien implementiert werden" [42]. Das bildet die Projektrealität ab, bei der selten nur ein einziges CDE im Spiel ist. Entlang der Zeitachse, von der Planung bis zum Betrieb, ist ein Wechsel üblich und wahrscheinlich, aber auch in der Lieferkette können zum Beispiel Fachplaner eine andere CDE-Lösung verwenden als beispielsweise der Bauherr oder der Generalunternehmer. Die ISO unterscheidet daher zwischen einer CDE-Lösung, als dem CDE-

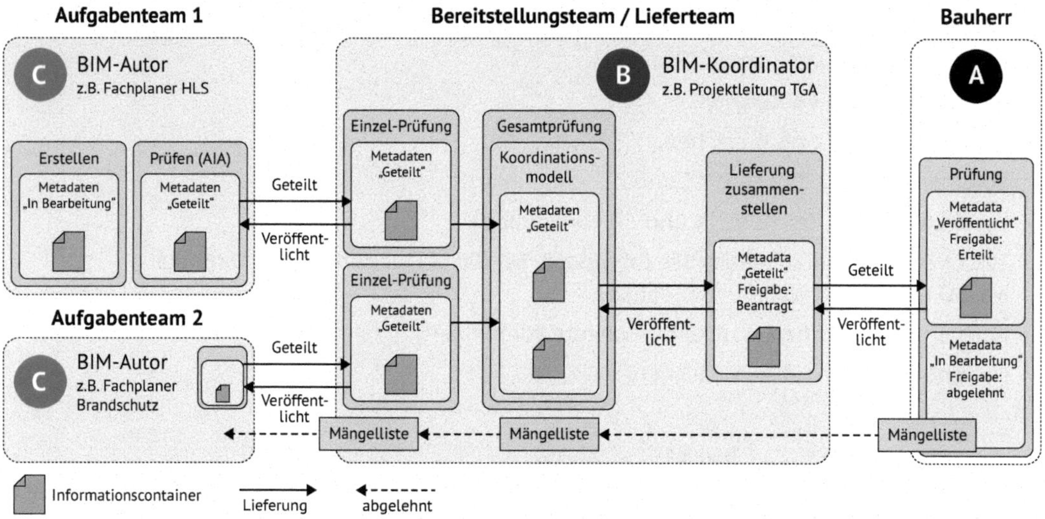

Bild 4.26 Der Arbeitsablauf (CDE-Workflow) erstreckt sich über die BIM-Teams und den Bauherrn. Informationscontainer durchlaufen entsprechende Statusänderungen („In Bearbeitung", „Geteilt", „Veröffentlicht"). Die Teams können unterschiedliche CDE-Lösungen verwenden. Der ungestörte Informationsaustausch durch alle CDE-Lösungen hindurch muss dabei gewährleistet sein. Neben einer projektweit gültigen Container-ID ist auch eine durchgängige Federationsstrategie notwendig für die Konsistenz der Daten im gesamten CDE-Workflow. Die dargestellten Teams sowie der Bauherr können mit unterschiedlichen CDE-Lösungen arbeiten, dennoch muss der nahtlose Workflow gewährleistet sein.

Produkt eines Herstellers, und dem CDE-Workflow, als dem durchgängigen Arbeitsablauf, der ungeachtet der involvierten CDE-Lösungen nahtlos ablaufen soll (Bild 4.26). Neben den generellen Projektvereinbarungen zur Datenkonsistenz (Projekt-ID, Container-IDs, Nutzer, Federationsstrategie etc.), die vom BIM-Projektmanagement sicherzustellen sind, ist auch die Fähigkeit der Schnittstellen zwischen den CDE-Lösungen, Informationen anforderungsgerecht auszutauschen, von entscheidender Bedeutung. Entsprechende Bestrebungen, solche Schnittstellen zu standardisieren, sind bei CEN/ISO und buildingSMART International und dem Stichwort „Open CDE API"[31] im Gange.

Festlegung der Federationsstrategie und des Strukturschemas für Informationscontainer [ISO 19650-1 Abschnitt 10.4]

Die Federationsstrategie ist eine der wichtigsten Säulen der Datenintegration bei der gemeinsamen Erstellung von Informationen in einem BIM-Projekt. Leider wurde in der deutschen Übersetzung der ISO 19650 für den englischen Begriff „Federation Strategy" der deutsche Term „Federationsstrategie" gewählt, welcher die Bedeutung nicht unmittelbar erschließt. Das engl. „Federation" hat üblicherweise die deutsche Entsprechung „Föderation", die gleichwohl in diesem Zusammenhang nicht wesentlich mehr zur Aussagekraft beträgt. „Verbundstrategie" wäre möglicherweise eine treffendere

31) CEN TC 442 WG2 und WG3 TG4 „open CDE API" und buildingSMART int Workgroup „open CDE API". (API: Application Programming Interface, dt. Anwendungs-Programmierschnittstelle)

Übersetzung gewesen, die zum Verständnis des dahinterstehenden Konzepts vielleicht mehr beigetragen hätte, denn „Verbund" impliziert das Zusammenfügen von Teilen, die nicht erst durch den Akt des Zusammenfügens „passend gemacht" werden müssen, sondern qua vorheriger Vereinbarung bereits so gestaltet sind, dass ein Zusammenfügen ohne ein nachträgliches „Passendmachen" möglich ist. Und genau darum geht es bei der Verbundstrategie namens „Federationsstrategie". Der Leser möge dies im Hinterkopf behalten, auch wenn ich mich im Folgenden an den von der ISO vorgegebenen Begriff halte.

Die Informationslieferungen vieler Teams müssen in jeder Phase zu einem konsistenten Gesamtergebnis zusammengefügt werden (Bild 4.27). Die Arbeitsergebnisse der Fachdisziplinen dürfen sich nicht überschneiden. Das gilt sowohl räumlich bei der Modellgeometrie und den Modellelementen, die nicht als Duplikate in verschiedenen Fachmodellen auftauchen dürfen, als auch inhaltlich, indem zum Beispiel zur gleichen Thematik divergierende Unterlagen geliefert werden. Eine Ordnungsstruktur kann dies verhindern. Durch sie wird eine Überlappung von Arbeitsbereichen gezielt verhindert. Ein paralleles Zusammenarbeiten wird dadurch erst konsistent. Nach ISO 19650-1 ist in BIM-Projekten eine sogenannte Federationsstrategie zu entwickeln, mit der diese Ordnungsstruktur festgelegt wird. Die gelieferten Informationscontainer müssen sich in diese Ordnungsstruktur einfügen. Die ISO gibt im Anhang Beispiele für Federationsstrategien aus dem Tunnelbau und dem Hochbau und geeignete Ablagestrukturen für Informationscontainer.

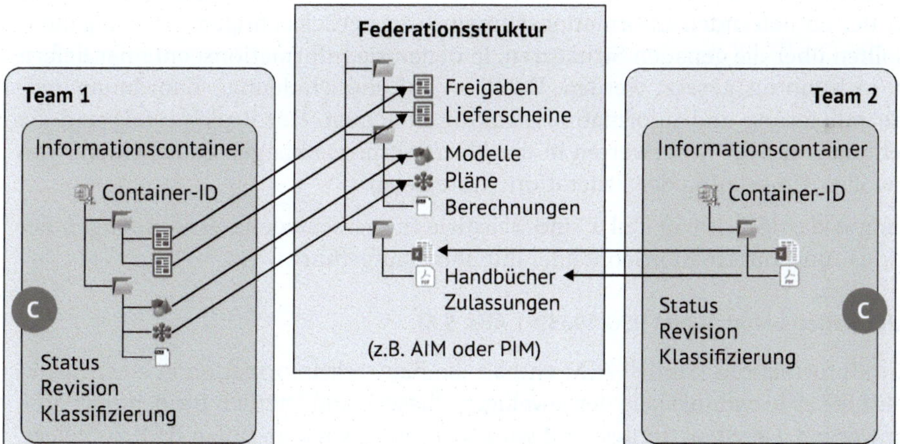

Bild 4.27 Die Struktur der Informationslieferungen muss der Federationsstruktur des Projekts entsprechen. AIM oder PIM haben eine festgelegte Ablagestruktur für die Informationen nach bestimmten Kriterien (z. B. Inhalt, Bedeutung, Format). Diese (virtuelle) Ordnerstruktur kann z. B. durch Metadaten abgebildet werden.

Zweckmäßige Struktur für die Datenintegration aller Informationslieferungen

Der Zweck der Federationsstrategie und der Informationscontainerstruktur ist es, die Erzeugung von Informationen durch separate Aufgabenteams entsprechend dem Informationsbedarf zu planen. Die einzelnen Informationslieferungen der Teams in Form von Informationscontainern müssen mit den Ablagestrukturen für das AIM (Asset Information Model) und das PIM (Projekt-Informations-Modell) zusammenpassen (Bild 4.27).

Nicht nur die Modellstrukturen der Fachmodelle müssen so strukturiert sein (Geschossaufteilung, Aggregationen), dass sie zu einem Gesamtmodell zusammengefügt werden können. Auch alle übrigen Informationstypen (Zeichnungen, Pläne, Dokumente, Handbücher, Sitzungsnotizen, MIDP, TIDP usw.) müssen so vernetzt und abgelegt sein, dass es allen Projektmitgliedern möglich ist, ihre Informationslieferungen dort einzufügen und bei Bedarf wiederzufinden. Dies gilt insbesondere auch in Hinblick auf die Weitergabe von Informationen an Folgephasen. Das Planungsergebnis muss in einer nachvollziehbaren Federationsstruktur an die Ausführungsphase weitergegeben werden, sodass es dort mit dem Projekt-Informations-Modell sinnvoll koordiniert werden kann. Das informationstechnische Ergebnis der Bauphase (Stichwort „Digitaler Zwilling") muss in einer geeigneten Struktur (AIM) an die Inbetriebnahme und den Betrieb übergeben werden. In der Federationsstrategie werden derartige Strukturen projektweit verbindlich festgelegt. Sie sollte erklären, wie das Informationsmodell in einen oder mehrere Sätze von Informationscontainern aufgeteilt werden soll. Die Zuordnung kann durch Betrachtung des Informationsmodells aus verschiedenen Sichtweisen, wie z. B. funktional, räumlich oder geometrisch, erfolgen. Die Federationsstrategie sollte in der Detailplanung zu einem oder mehreren Informationscontainer-Strukturschemen weiterentwickelt werden, um die Zusammenhänge zwischen den Informationscontainern näher zu erläutern. Dies ist bei der Struktur der zu liefernden Informationscontainer zu berücksichtigen. Die Aufgabenteams sollten über die genauen Strukturen, in denen sie Informationscontainer liefern müssen, in Kenntnis gesetzt werden. Dabei ist auf eine eindeutige Zuordnung zwischen Teamlieferung und Informationsstruktur zu achten. Der Projekterfolg und die Erschließung von BIM-Mehrwerten in der Nutzungsphase hängen entscheidend von der sinnvollen Umsetzung der Federationsstrategie ab.

In Anhang A der ISO 19650 Teil 1 sind Beispiele für verschiedene Anwendungen der Federations- und Informationscontaineraufteilung aufgeführt.

Asset-Informations-Modell AIM [ISO 19650-1 Abs. 5.6]

Das Asset-Informations-Modell AIM enthält die Bauwerksinformation in einer Struktur, die für die Anwendungsfälle der jeweiligen Phase – und letztlich für den Betrieb – benötigt werden. Die Struktur des AIM wird im BIM-Abwicklungsplan BAP festgelegt. Das AIM enthält nicht ausschließlich modellbasierte Informationen, sondern es ist ein Informationsmodell, das neben diversen Fachmodellen auch Pläne, Zeichnungen und Dokumente aller Art enthalten kann.

Das AIM wird mit voranschreitender Planung zunehmend detaillierter, enthält im Bauzustand den aktuellen Bauzustand („As-Built Model") und wird schließlich an den Betreiber übergeben. In diesem Zustand enthält das AIM alle für den Betrieb relevanten Informationen. Informationen der Bauphase, zum Beispiel Bauablaufpläne, werden daher ausdrücklich weggelassen.

Für die Anwendungsfälle des Facility Management sind Ort und Lage sowie Eigenschaften der Bauwerkselemente wichtig. Im Hochbau werden Position und Einbauort durch

Liegenschaft, Gebäude, Geschoss und Raum angegeben, während bei Infrastrukturbauten Lose, Bauabschnitte und Geo-Koordinaten eine Rolle spielen.

Zahlreiche produktunabhängige Klassifikationssysteme, aber auch Herstellerinformationen wie Artikelnummern, Produktdatenblätter und Wartungshandbücher geben Bauteiltyp und individuelle Eigenschaften, wie zum Beispiel Seriennummern von Bauelementen, an.

Sofern diese Angaben vom Betreiber in den AIA genannt wurden, können Qualitätsmanagementprozesse deren Lieferung sicherstellen.

Damit können die Anwendungsfälle des Betriebs, wie Wartung, Reinigung und Nutzerverwaltung, optimal unterstützt werden. Auch hier gilt wie bei allen Informationslieferungen in anderen Phasen: Informationen kommen nicht von selbst, sie müssen mit AIA ausdrücklich angefordert werden.

Projekt-Informations-Modell PIM [ISO 19650-1 Abs. 5.7]

Das Projekt-Informations-Modell enthält alle während der Bauphase notwendigen Informationen. Beispielsweise Angaben zur Projektgeometrie, zum Standort der Ausrüstung, zu den Leistungsanforderungen während der Planung, zur Bauweise, zur Zeitplanung, zur Kostenberechnung und zu den installierten Systemen, Komponenten und Ausrüstungen, einschließlich der Wartungsanforderungen, während der Bauausführung.

Informationsanforderungen für PIM und AIM [ISO 19650-1 Abs. 5.2 OIR, 5.3 AIR und 5.4 PIR]

ISO 19650 unterscheidet drei grundsätzliche Bereiche, aus denen Informationsanforderungen erwachsen: Organisationen (OIR), Projekte (PIR) und Gebäudebetrieb (AIR) (Bild 4.28).

Asset-Informationsanforderungen (AIR)

Das AIM soll alle Informationen enthalten, die im Betrieb der Anlage benötigt werden. Daher müssen betriebswirtschaftliche, kaufmännische und technische Aspekte bei der Erstellung von Informationen in Form von Informationsanforderungen festgelegt werden. Diese Anforderungen werden als Asset-Informationsanforderungen (AIR) bezeichnet. AIR entspricht der englischen Abkürzung für Asset Information Requirements.

Projekt-Informationsanforderungen (PIR)

Zur Steuerung des Projektablaufs werden ebenfalls Informationen benötigt, etwa um Bauablaufpläne zu erstellen oder Sicherheitsaspekte zu berücksichtigen. Die diesbezüglichen Anforderungen werden als Projekt-Informationsanforderungen (PIR) bezeichnet. PIR entspricht der englischen Abkürzung für Project Information Requirement.

Organisatorische Informationsanforderungen (OIR)

Projektbeteiligte Unternehmen und Organisationen haben eigene strategische Ziele, aus denen Informationsanforderungen erwachsen. Zum Beispiel für die strategische Geschäftstätigkeit, das strategische Asset Management, die Portfolioplanung, regula-

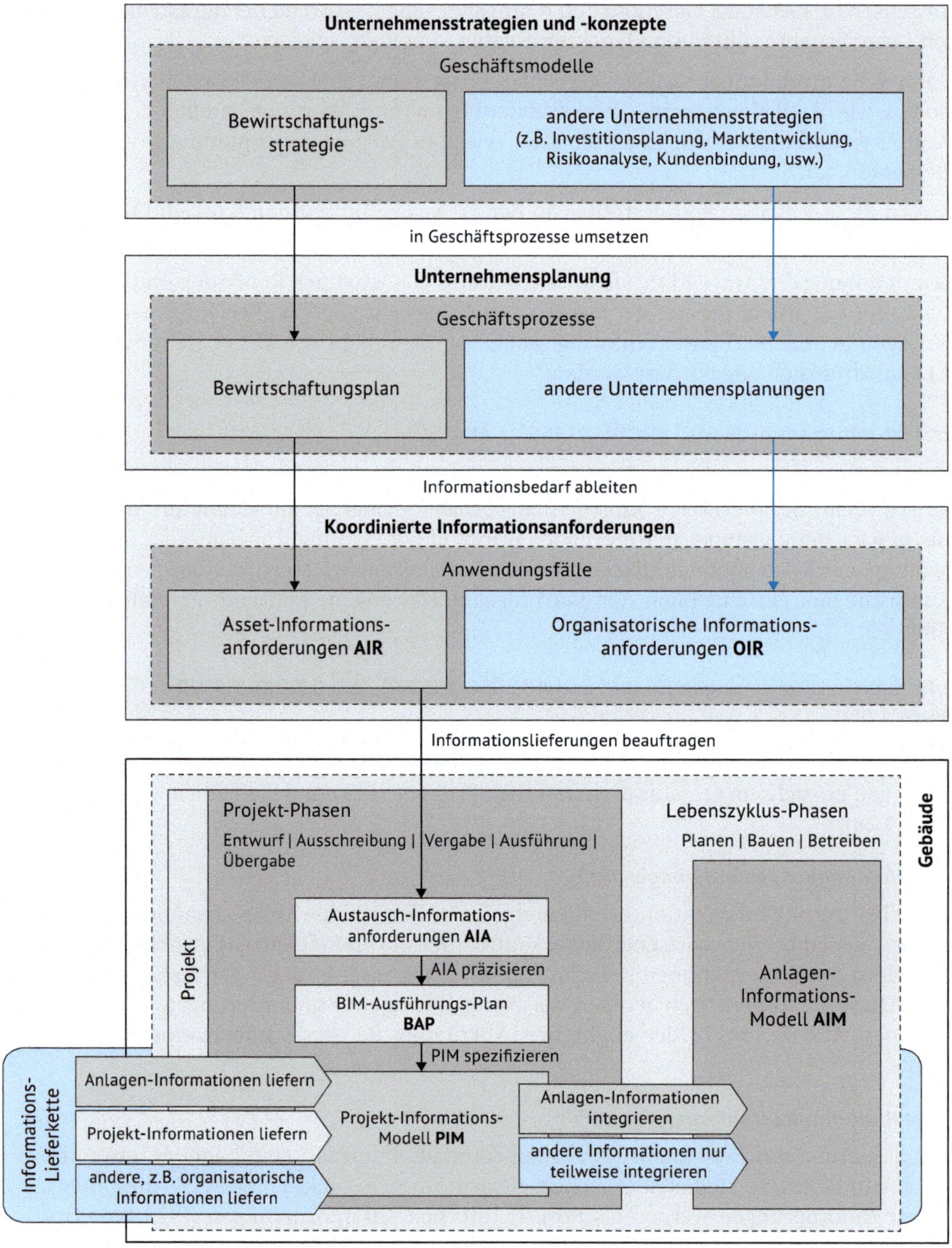

Bild 4.28 Konkrete Informationsanforderungen im Projekt entspringen den Strategie- und Konzeptebenen der beteiligten Unternehmen. Strategische Geschäftsmodelle werden durch operative Geschäftsprozesse in die Realität umgesetzt. Mit konkreten Daten werden Geschäftsprozesse zu Anwendungsfällen. Diese konkreten Daten müssen als Informationsanforderungen formuliert werden, damit entsprechende Informationslieferungen beauftragt werden können. Je nach Anwendungsfall werden diese Lieferungen in den entsprechenden Modellen (PIM, AIM) abgelegt.

torische Aufgaben oder die Strategieentwicklung und -umsetzung. Die diesbezüglichen Anforderungen werden organisatorische Informationsanforderungen (OIR) genannt. OIR entspricht der englischen Abkürzung für Organizational Information Requirement. Die Informationslieferungen, die aus OIR abgeleitet werden, führen zu Informationslieferungen, die in das AIM oder das PIM integriert werden – je nachdem, ob es sich um die Anforderungen eines Betreibers oder eines baubeteiligten Unternehmens handelt.

Austausch-Informationsanforderungen AIA [ISO 19650-1 Abs. 5.5 EIR]

Dieses Wortungetüm der ISO 19650 ist von zentraler Bedeutung. Es sagt mit drei Buchstaben: „Wer Informationen anfordert, muss genau sagen, was er braucht".

Die Lieferung von Informationen erfolgt ausschließlich auf Bestellung, unaufgeforderte Informationslieferungen sind zu vermeiden, denn sie führen potenziell zu falschen Schlussfolgerungen und Fehlentscheidungen. Das Prinzip der Lieferung von Informationen ausschließlich aufgrund eines Ziels setzt den aufgeklärten und kompetenten Informationsbesteller voraus. Erfahrungen aus Hunderten von Projekten zeigen, dass dies derzeit eine der Hauptursachen für eine oft schwache Ausschöpfung der Mehrwerte von BIM ist.

Kosten, Zeit, Qualität und Risiken, das sind die vier wichtigsten Parameter für den Projekterfolg. Zwischen diesen Faktoren bestehen komplexe Abhängigkeiten, die nur auf einer soliden Informationsgrundlage beeinflusst werden können. Das effiziente Management von Informationen nimmt daher eine Schlüsselposition bei der Produktivitätssteigerung ein. Nur wer diese Erfolgsfaktoren gezielt beeinflussen kann und die damit verbundenen Entscheidungsprozesse genau kennt, ist in der Lage, daraus auch BIM-Ziele und Anforderungen an Informationslieferungen abzuleiten. Die Ausarbeitung von Informationsanforderungen ist daher ein zentraler Arbeitsschritt am Anfang eines BIM-Projekts.

AIA müssen für jede Informationsbestellung bzw. -lieferung erstellt werden. AIA sind die Leistungsbeschreibung einer Informationslieferung und daher Vertragsgrundlage zwischen Auftraggeber und Auftragnehmer.

Anmerkung zur Abkürzung AIA: Die ISO verwendet als Abkürzung für Austausch-Informationsanforderungen nicht die in Deutschland bereits etablierte Abkürzung AIA, sondern die Abkürzung des englischen Begriffes Exchange Information Requirement EIR. Die VDI BIM-Richtlinie 2552 verwendet dagegen die Abkürzung AIA.

BIM-Abwicklungsplan BAP [ISO 19650-2]

Der BAP ist das zentrale Dokument in BIM-Projekten und Vertragsbestandteil bei der Beauftragung von BIM-Leistungen. Der BAP enthält sämtliche Vereinbarungen zu Informationsanforderungen AIA, Lieferprozessen, Lieferwegen, Verantwortlichkeiten und eingesetzten Gemeinsamen Datenumgebungen CDE.

Hierdurch wird sichergestellt, dass

- alle Informationslieferungen strukturell und inhaltlich aufeinander abgestimmt sind, beispielsweise durch Nutzung einheitlicher Austauschformate und Modellierungsregeln,

- die Prozesse des Informationsmanagements klar geregelt sind und Lieferzeitpunkte, Lieferwege, Prüf- und Verteilprozesse von verantwortlichen Personen auf einem CDE umgesetzt werden.

Der BAP ist ein „lebendes Dokument". Im Projektverlauf müssen Kommunikations- und Informationsmanagementprozesse gegebenenfalls an neue Erfordernisse angepasst werden können, beispielsweise wenn Projektpartner hinzukommen oder Abläufe sich ändern. Auf einer professionellen Gemeinsamen Datenumgebung ist dies jederzeit ohne Störung im Betriebsablauf oder Informationsverluste möglich.
Abweichend von der sonstigen Vorgehensweise verwendet die ISO in der deutschen Fassung NICHT die englische Abkürzung BEP (BIM Execution Plan).

Planung von Informationslieferungen [ISO 19650-1 Abs. 10 „Informationsbereitstellungsplanung"]

ISO 19650-1 nennt die jeweilige Auftragnehmerseite in der Informationslieferkette als Verantwortliche für die Planung von Informationslieferungen. Beginnend beim – durch den Bauherrn beauftragten – Hauptauftragnehmer und weiter zu seinen Subunternehmern und ggf. deren Subunternehmern setzt sich diese Verantwortlichkeit in der Lieferkette fort.

Informationslieferpläne sollten beinhalten:

- wie die Asset-Informationsanforderungen AIR durch AIA umgesetzt werden sollen,
- Informationslieferzeitpunkte (Datum, Phasenbezug oder Meilensteine),
- wie die Information bereitgestellt wird,
- wie Lieferungen mit anderen Informationslieferungen koordiniert werden,
- Verantwortlichkeiten für Lieferungen (Personen),
- Informationsempfänger.

Die genannten Angaben sind bereits im Rahmen eines Angebots zu liefern. Weitere Präzisierungen sind ggf. nach Beauftragung und im Zuge des Projektstarts (Mobilisierung) zu treffen, und zwar noch vor Beginn jeder fachbezogenen Aktivität wie Bau- oder Planungsmaßnahmen.

Informationslieferpläne halten die entsprechenden Angaben für jede Einzellieferung fest. Jeder Informationscontainer sollte einen direkten Bezug zu einer oder mehreren AIA haben. Das Erfolgen relevanter Informationslieferungen entsprechend den Anforderungen sollte eines der Kriterien für den Projektabschluss sein. Lieferpläne sind bei Anforderungsänderungen oder relevanten Änderungen in Lieferteams zu aktualisieren.

Untergliederung und Zusammenfassung von Informationen und Informationscontainern [ISO 19650-1 Abs. 10.4]

Informationen werden von unterschiedlichen Teams parallel oder zeitversetzt erstellt. Diese Teilinformationen werden später aufgabenspezifisch zu größeren Informationseinheiten zusammengefasst. In welcher Weise und zu welchem Zweck Informationen unterteilt oder zusammengefasst werden, ist daher Teil der Informationsplanung. Je nach Phase kommt daher eine räumliche, geometrische oder funktionale Strukturierung infrage.

Eine entsprechende Strategie sollte daher die Aufteilung von Informationen auf Informationscontainer und das Verhältnis der von den einzelnen (Planungs-)Teams zu liefernden Container zueinander verdeutlichen. Diese Aufteilungsstrategie ist allen Teilnehmern bekanntzumachen.

Anmerkung: Eine übliche Aufteilung in der Planung ist die Unterteilung in semantische Modelle der jeweiligen Fachplanungsdisziplinen. Bei entsprechender Größenordnung können diese weiter geometrisch unterteilt werden (Lose, Bauabschnitte). Container können anderen Teams zur Information übergeben werden, um zum Beispiel Kontextinformationen bereitzustellen, zum Beispiel in Form eines IFC4-Reference View.

Management der gemeinschaftlichen Erstellung von Informationen [ISO 19650-1 Kap. 11]

BIM nach ISO 19650 beinhaltet den CDE-Einsatz, um Teilmodelle von verschiedenen Lieferteams zusammenzustellen und Informationssicherheits- und -qualitätsanforderungen einzubeziehen. Für den Einsatz eines CDE zur Koordination von Gewerken nennt ISO 19650 Beispiele wie das Erkennen von Elementdopplungen oder fachlicher Fehler, die mithilfe der föderativen Zusammenstellung von Teilmodellen erkannt werden können.

Anmerkung: Föderation (bzw. gemäß ISO 19650 Federation) von Modellen ist die Zusammenstellung eines Gesamtmodells aus Teilmodellen. Im Falle der Koordination von Teildisziplinen, z. B. zur Kollisionserkennung, wird dieses in deutschen Richtlinien als Koordinationsmodell bezeichnet.

Die ISO gibt als (relativ selbstverständlichen) Modellierungshinweis, dass vor der Auswahl von Produkten generische Informationen verwendet werden sollten, die dann später durch spezifischere Informationen ersetzt werden sollten. Diese generelle Forderung wird im folgenden Abschnitt näher erläutert.

Umfang des Informationsbedarfs (Level of Information Need)

Die notwendige Informationstiefe wird durch ihren Verwendungszweck bestimmt (siehe auch Modellierungsprinzipien). Die ISO nennt die Aufteilung von Informationen anhand sich ergänzender geometrischer und alphanumerischer Informationen und die durchgängige Anwendung von Metriken zur Bestimmung von Qualität, Umfang und Granularität auf alle Informationsanforderungen (OIR, PIR, AIR und AIA). Der Informationsgehalt sollte so niedrig gehalten werden wie zur Erfüllung der gegebenen Aufgabe möglich. Ein über das Minimum hinausgehender Informationsgehalt sollte als überflüssig erachtet werden. Auf die Vermeidung überflüssiger Informationen wurde bereits mehrfach hingewiesen. Relevanz und Detailgehalt (Granularität) stehen nicht zwangsläufig in proportionalem Verhältnis. Die Bedeutung der Granularität alphanumerischer Informationen ist dem geometrischen Granularitätsgrad zumindest ebenbürtig.

Informationsqualität

Die recht knappen Äußerungen der ISO beziehen sich auf die Forderung nach der Verständlichkeit der auf einem CDE verwalteten Informationen durch alle Teilnehmer. Dieses soll durch Vereinbarungen hinsichtlich

- Informationsformaten,

- Lieferformaten,
- Struktur des Informationsmodells,
- Maßnahmen zur Strukturierung und Klassifikation und
- Attributnamen für Metadaten (z. B. Merkmalen von Bauelementen)

erreicht werden. Die Klassifikation von Objekten sollte auf Grundlage von ISO 12006-2 geschehen. Näheres führt VDI 2552-9 „Klassifikationen" aus. Der Austausch von Objekten sollte im Einklang mit ISO 12006-3 sein.

Die automatisierte Prüfung von Informationen wird ausdrücklich vorgeschlagen.

4.8.1.2 ISO 19650 Teil 2 – Lieferphase der Assets

In diesem Abschnitt werden die Aussagen von Teil 2 der ISO 19650 wiedergegeben und erläutert. Wie schon im Abschnitt zu Teil 1 ist der Bezug zu den Kapiteln der ISO im Abschnittstitel in eckigen Klammern vermerkt. Die Reihenfolge in diesem Abschnitt folgt der ISO. Soweit dies didaktisch sinnvoll erscheint, sind jedoch auch Zusammenfassungen und anderweitige Abfolgen gewählt worden. Abbildungen, die Grafiken der ISO nachempfunden sind, enthalten einen entsprechenden Hinweis auf die Bildnummer in der ISO.

Für welche Projekte gilt die ISO 19650-2?

Die Festlegungen der ISO 19650 sind so generell, dass sie auf alle Projekttypen und -größenordnungen sowie für alle Unternehmensgrößen unabhängig von der Vergabeart angewandt werden können. Die oft zu hörende Einschränkung, sie sei nur auf Hochbauprojekte anwendbar, sticht also nicht. Im Gegenteil: Das in der ISO entworfene Konzept für das Informationsmanagement ist so strikt von fachlichen Aspekten getrennt, dass es sogar auch auf völlig andere Branchen übertragbar wäre.

Das Informationsmanagement ist für alle Projektphasen und jede Beauftragung vorzusehen. Die Informationsmanagementprozesse werden in ISO 19650-2 dargestellt und nachfolgend zusammengefasst.

Anforderungsmanagement

Ausgangspunkt jedes BIM-Projekts ist die genaue Ermittlung des Informationsbedarfs. Nur wenn dies hinreichend genau geschieht, sind qualifizierte Informationslieferungen zu erwarten. Bleibt dies aus, werden AIA beispielsweise nur schablonenhaft aus Vor-

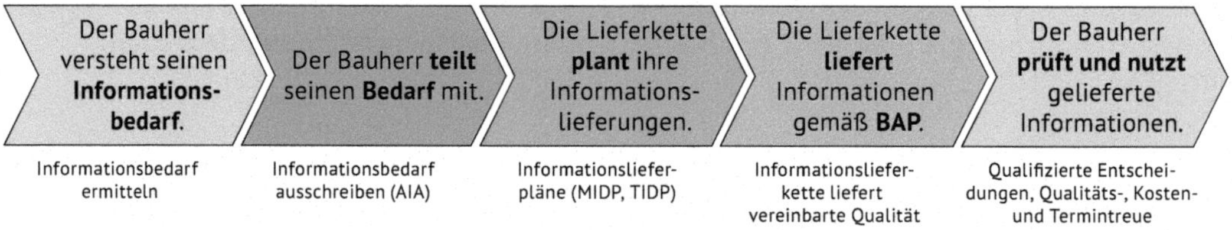

Bild 4.29 Dem Bauherrn kommt eine wesentliche Verantwortung für den Erfolg eines BIM-Projekts zu. Nur wenn er seine Anforderungen erschöpfend darlegt, können Informationslieferungen gut genug sein, um qualifizierte Entscheidungen zu unterstützen.

projekten übernommen, dann kommt kein konkreter Mehrwert für das aktuelle Projekt zustande. Denn nur, wenn die Gegebenheiten des konkreten Projekts bei den Informationsanforderungen berücksichtigt werden, können qualifizierte Entscheidungen, Analysen und Berechnungen als Ergebnis herauskommen. Der Beauftragung der Ermittlung von Informationsanforderungen kommt entscheidende Bedeutung zu. Der Bauherr – oder jeder in seinem Interesse Handelnde – muss in der Lage sein, den Informationsbedarf zu spezifizieren und in prüffähige, beauftragbare Informationslieferanforderungen umzusetzen (Bild 4.29).

Bewertung des Informationsbedarfs

ISO 19650 skizziert folgende Punkte, die bei der Festlegung der Informationsanforderungen für ein Projekt in Betracht gezogen werden müssen:

- Projektumfang,
- Verwendungszweck der Informationen (beim Informationsbesteller),
- Arbeitsplan des Projekts,
- das Beschaffungsverfahren (z.B. Vergabeverfahren und Art der Unterbeauftragungen),
- die wichtigsten Entscheidungspunkte (z.B. Anzahl, Umfang, Meilensteine),
- wichtige Entscheidungspunkte des Informationsbestellers,
- Fragen, auf die Informationsbesteller Antworten für sachkundige Entscheidungen benötigen.

Die skizzierten Punkte haben einen der „Flughöhe" der ISO entsprechenden Abstraktionsgrad.

Die VDI-Richtlinie 2552 geht in Blatt 10 „AIA und BAP" und in Blatt 11 „Informationsaustauschanforderungen IAA" weitaus konkreter auf dieses Thema ein (siehe Abschnitt VDI 2552).

Projektmeilensteine

Der Informationsbesteller muss Projektmeilensteine im Projektarbeitsplan festlegen und dabei berücksichtigen:

- seine wichtigen Entscheidungspunkte nach
  - Art und Inhalt der dabei zu übermittelnden Informationen,
  - Bereitstellungsterminen,
- seine eigenen Verpflichtungen zur Bereitstellung von Informationen.

Projekt-Informationsstandard

Der Informationsbesteller legt die Standards für

- den Informationsaustausch im Projekt,
- die Mittel zur Strukturierung und Klassifizierung von Informationen,
- die Methode zur Spezifikation der Informationsbedarfstiefe (siehe Detaillierungsgrade),
- die Verwendung von Informationen für die Betriebsphase

fest.

Methoden und Verfahren zur Informationserzeugung

Der Informationsbesteller legt fest, welche Methoden und Verfahren von seiner Organisation gefordert werden, um Informationen zu erzeugen. Zum Beispiel, um

- Bestandsdaten zu erfassen,
- neu erstellte Informationen zu erstellen, zu überprüfen und zu genehmigen,
- die Sicherheit und Verbreitung von Informationen zu gewährleisten,
- Informationen an ihn selbst zu liefern.

Gemeinsam genutzte Projektressourcen

Der Informationsbesteller muss festlegen, welche Informationen im Projekt zur gemeinsamen Nutzung zur Verfügung stehen sollen.

Diese sind beispielsweise

- Informationen zur Liegenschaft, wie Anschlüsse, Infrastruktur, Lagepläne, angrenzende Anwohner,
- Vorlagen für Informationslieferungen (Dokumentvorlagen, Zeichnungs- und Modellvorlagen),
- Stil- oder Objektbibliotheken (Symbole, 3D- oder BIM-Objekte).

Informationsprotokoll des Projekts

Der Informationsbesteller muss das Informationsprotokoll des Projekts einschließlich aller damit verbundenen Lizenzvereinbarungen festlegen.

Dabei muss der Informationsbesteller in Betracht ziehen:

- spezifische Verpflichtungen, die die Verwaltung oder Erzeugung von Informationen einschließlich der Nutzung der Gemeinsamen Datenumgebung des Projekts betreffen,
- alle Gewährleistungen oder Haftungen bezüglich des Projekt-Informations-Modells,
- bestehende und neu entstehende Rechte in Zusammenhang mit geistigem Eigentum,
- die Verwendung vorhandener Liegenschaftsinformationen,
- die Nutzung von gemeinsam genutzten Ressourcen,
- die Verwendung von Informationen während des Projekts,
- die spätere Weiterverwendung von Informationen.

Qualitätsmanagement

Informationen in definierter Qualität zu liefern, ist einer der Hauptgründe, warum in BIM-Projekten Risiken sinken und die Produktivität steigt. Das BIM-Qualitätsmanagement bezieht sich nur indirekt auf fachliche Inhalte. BIM bedeutet nicht automatisch bessere Architektur oder bessere Gebäudeeigenschaften. Allerdings kommt es auf die Qualität der Informationen an, damit fachliche Aktivitäten zu besseren Ergebnissen führen.

Die Energieeffizienz eines Gebäudes kann nur zutreffend berechnet und optimiert werden, wenn gelieferte Informationen die relevanten Informationen auch enthalten. Gleiches gilt für die Kostenermittlung, die Bauablaufplanung und alle weiteren fachlichen Maßnahmen.

Die Notwendigkeit, den eigenen Informationsbedarf zu ermitteln und ausdrücklich in Beauftragungen umzusetzen, wirkt sich äußerst günstig auf fachliche Belange aus.

Informationslieferungen können nur so gut sein wie die Anforderungen AIA, die an sie gestellt wurden. Die Qualität und Aussagekraft der Anforderungen in BIM-Projekten ist daher die entscheidende Grundlage für eine systematische Qualitätsprüfung.

Jedes Team hat seine eigenen AIA und damit Qualitätskriterien. Qualitätsprüfprozesse in einer Gemeinsamen Datenumgebung unterstützen das Erkennen und Auflösen von Qualitätsmängeln. Dies geschieht sowohl vor der Lieferung durch den eigenen BIM-Koordinator als auch nach Eingang der Lieferung beim Informationsempfänger.

Liefermanagement

Unterschiedliche Fachgebiete dürfen nicht isoliert aneinander vorbei arbeiten, sondern sollen gemeinsam und koordiniert Informationen erstellen. Deshalb müssen die Lieferungen von Informationen koordiniert erfolgen. Die gelieferten Arbeitsergebnisse in der Planung, der Herstellung oder der Inbetriebnahme müssen am Ende ein konsistentes Gesamtergebnis bilden. Nachdem zuvor das Anforderungsmanagement dafür gesorgt hat, dass die inhaltlichen Anforderungen AIA spezifiziert wurden, stellt das Liefermanagement sicher, dass Informationen auf dem vereinbarten Weg geliefert, geprüft und verteilt werden. Die damit verbundenen Arbeitsabläufe (Workflows) werden in einer Gemeinsamen Datenumgebung technisch umgesetzt. ISO 19650-2 beschreibt den CDE-Workflow mit ihren Aktivitäten und Verantwortlichkeiten für die jeweiligen Projektphasen. Eine Verantwortlichkeitsmatrix hält Aufgaben und verantwortliche Personen fest. Informationslieferpläne listen die verantwortlichen Personen, deren Lieferungen und Lieferzeitpunkte auf. Jedes Team, beispielsweise jedes Planungsbüro oder bauausführende Unternehmen, erhält einen Lieferplan, in dem seine Informationslieferungen zusammengestellt sind. Diese Teams bilden eine Informationslieferkette.

Die Lieferung von Informationen, beispielsweise Plänen oder Modellen, an ein CDE ist der erste Schritt in der Informationslieferkette. Zunächst wird in der Gemeinsamen Datenumgebung CDE die korrekte Klassifikation der gelieferten Informationseinheiten gewährleistet. Diese Klassifikation charakterisiert, um welche Information es sich handelt, also beispielsweise den Autor, das Format (2D-/3D-Zeichnung, Modell), die Version usw. Diese begleitenden Informationen werden auch Metadaten genannt. Sie können im Datennamen codiert sein oder separat geliefert werden. Der weitere Lieferprozess orientiert sich an diesen Metadaten, beispielsweise, welche Qualitätssicherungsaktivitäten bis zur endgültigen Freigabe zu durchlaufen sind.

ISO 19650 beschreibt diesen abgestuften Prozess der Prüfung und Freigabe. Jede Informationslieferung durchläuft im CDE einen Prüfprozess, der sicherstellt, dass die Qualität der Informationen den AIA entspricht. Erst dann wird die gelieferte Information in das Gesamtmodell, das Asset-Informations-Modell AIM, integriert.

Informationsmanagementprozesse in der Lieferphase [ISO 19650-2 Kap. 5]

In der (Informations-)Lieferphase werden Informationen an das PIM geliefert (siehe Abschnitt 4.8.1.1, Projekt-Informations-Modell PIM). Den gesamten Prozess von der Spezifikation des Informationsbedarfs bis zur Informationslieferung gliedert die ISO in folgende Schritte:

Informationsbedarfsermittlung [ISO 19650-2 Abs. 5.1]

Nach Benennung verantwortlicher Personen mit Informationsmanagementfunktionen (Rolle, z. B. BIM-Manager) ermitteln diese den Informationsbedarf und beurteilen Umsetzungsmöglichkeiten. Diese beauftragten Personen sind entweder Mitglied der Auftraggeberorganisation (Bauherr, voraussichtlicher Hauptauftragnehmer) oder werden von diesem beauftragt, die BIM-Strategie im Projekt umzusetzen. Sie sind mit den entsprechenden Entscheidungsbefugnissen auszustatten.

Beispielsweise

- ermitteln sie die Projekt-Informationsanforderungen (PIR) in Hinblick auf die Unterstützung von Projektentscheidungen (z. B. Anträge und Genehmigungen, Projektphasen, Vergabeverfahren),
- definieren sie Projektmeilensteine für Informationslieferungen (z. B. Ausschreibung, Werkplanung, Betriebsübergabe),
- spezifizieren sie den Projekt-Informationsstandard (z. B. Art und Zeitpunkte des Informationsaustausches zwischen den Teams bzw. zwischen Auftraggeber und Auftragnehmer hinsichtlich Struktur und Klassifikation von Informationen sowie Detaillierungsgraden,
- legen sie projektweit zur Verfügung stehende Ressourcen (Lizenzen, Objektbibliotheken, Dokument- und Modellvorlagen, Bestandsinformationen) fest,
- wählen und konfigurieren sie die im Projekt eingesetzte Gemeinsame Datenumgebung CDE,
- legen sie das Verfahren fest, mit dem Informationen ausgetauscht werden (z. B. CDE, Urheber- und Nutzungsrechte, Haftung, gemeinsam genutzte Ressourcen).

Aufforderung zur Angebotsabgabe (für Informationslieferungen) [ISO 19650-2 Abs. 5.2]

Eine Ausschreibung von Leistungen erfordert auch bei Informationslieferleistungen eine Spezifikation der Anforderungen. Im Informationsmanagement sind folgende Anforderungen vom Auftraggeber festzulegen:

- OIR, AIR und PIR (siehe ISO 19650 Teil 1, Abschnitt 4.9.1.1.9)
- Informationsbedarfstiefe (ISO 19650 Teil 1, Abschnitt 11.2)
- Qualitäts- und Abnahmekriterien.

Durch sollten Zeitbedarf und Aufwand für die Bieter ersichtlich werden. Unterstützendes Material, wie Beispielunterlagen und Referenzinformationen sollten – vorzugsweise über ein CDE – verfügbar gemacht werden.

Die erwarteten Angebotsinformationen sollten für Bieter ausreichend deutlich dargestellt werden. Zum Beispiel

- erwartete Inhalte im vorläufigen BIM-Abwicklungsplan,
- Befähigungsnachweise des Bieters,
- Umsetzungs- und Mobilisierungsplanung,
- Risiken.

Die Angebotsunterlagen sollten unter anderem die AIA des Auftraggebers, zu erreichende Meilensteine, Projektstandards und Informationslieferverfahren (z. B. CDE) enthalten.

Angebotsabgabe (für Informationslieferungen) [ISO 19650-2 Abs. 5.3]

Verantwortliche Personen mit Informationsmanagementfunktion sind in der Auftragnehmerorganisation zu benennen oder diese Funktion ist an Dritte zu vergeben.

Der Bieter entwickelt im Rahmen seines Angebots einen vorläufigen BIM-Ablaufplan. Dieser enthält

- Angaben zu Personen, die für Informationsmanagementfunktionen vorgesehen sind,
- Befähigungsnachweise,
- Angaben zur Ressourcenverfügbarkeit,
- die Umsetzungsstrategie für die in der Ausschreibung genannten Informationsanforderungen,
- die Organisationsstruktur des Informationslieferteams (evtl. Sub-Teams),
- die Strukturierungsstrategie, z.B. die Aufteilung in Fachmodelle oder Bauabschnitte,
- eine High-Level-Verantwortlichkeitsmatrix mit Verantwortlichkeiten für Modellelemente und Hauptinformationslieferungen,
- einen Plan zur Umsetzung bei Projektbeginn (Mobilisierung, siehe ISO 19650 Abs. 5.3.5),
- ein Risikoregister zu den Risiken aller im Angebot enthaltenen Angaben (z.B. hinsichtlich AIA, Meilensteinen, Ressourcen).

Angebotsunterlagen für das Informationsliefermanagement

Die Unterlagen zur Angebotsabgabe bestehen somit aus

- dem vorläufigen BIM-Ablaufplan,
- der Zusammenfassung von Kompetenzen und Kapazitäten des Bieters,
- dem Mobilisierungsplan,
- dem Risikoregister.

Auftragsdokumente [ISO 19650-2 Abs. 5.4.6 und 5.4.7]

Bei der Beauftragung übergibt der Auftraggeber dem Auftragnehmer folgende Dokumente:

- AIA,
- Spezifikation des Projektinformationsstandards,
- Spezifikation des Projektinformationsprotokolls,
- (endgültigen, abgestimmten) BAP für das entsprechende Lieferteam,
- für Hauptauftragnehmer den MIDP,
- für das entsprechende Lieferteam oder für Unterauftragnehmer bzw. Lieferteams den relevanten Teil des MIDP bzw. einen TIDP.

Eine Informationslieferkette besteht immer aus denselben Elementen:

- Spezifikation der Anforderungen (AIA) – „Was wird benötigt?"
- Erstellen eines Informationslieferplans (BAP, MIDP, TIDP) – „Wie und wann wird geliefert?"

- Ausführung der Informationslieferung,
- Qualitätssicherung der Lieferung gegen die Anforderungen und ggf. Adaption der Anforderungen oder Behebung von Fehlern.

Dieser grundsätzliche Ablauf in der Informationslieferkette ist bei jeder Beauftragung einzuhalten. Die Lieferkette kann zentral organisiert sein (Generalunternehmer, Generalplaner) oder in Einzelvergaben unterteilt sein. Im ersten Fall erfolgt die Übergabe von Informationsanforderungen an eine Einzelpartei, im letzteren Fall an jeden einzelnen Auftragnehmer. Dies entspricht einer Einzelvergabe bzw. -beauftragung, der in Deutschland häufigsten Vergabeform. Hinter jeder dieser Beauftragungen steht ein Informationslieferteam mit entsprechenden Informationsanforderungen AIA und Informationslieferplänen (BAP, MIDP). Zur Koordination der Informationslieferungen aus den einzelnen Lieferteams muss der Auftraggeber entweder die MIDPs in einem föderierten Master-Information Delivery Plan koordinieren oder eine andere Organisation mit der Koordination beauftragen.

Informationsbestellung (Beauftragung von Informationslieferungen) [ISO 19650-2 Abs. 5.4]

Die Beauftragung von Informationslieferleistungen entsprechend der Angebotsabgabe des Bieters umfasst

- die Bestätigung des (bisher vorläufigen) BIM-Ablaufplans durch den Auftragnehmer (Personen, Lieferstrategie, Verantwortlichkeitsmatrix, IT-Infrastruktur und ggf. Verbesserungen),
- Umsetzung einer detaillierten Verantwortlichkeitsmatrix, insbesondere genaue Angaben zu den erstellten Informationen, Zeitplan und Partnern des Informationsaustausches und Team-Verantwortlichkeiten für die einzelnen Aufgaben,
- bindende Vereinbarung aller AIA mit jedem Auftragnehmer,
- bindende Festlegung des aufgabenbezogenen Informationslieferplans TIDP,
- Festlegung des Master-Informationslieferplans (engl.: Master Information Delivery Plan MIDP).

Projektaktivierung (Mobilisierung) [ISO 19650-2 Abs. 5.5]

Vor Projektstart müssen die Verfügbarkeit der genutzten Ressourcen, Informationstechnologie und -infrastruktur sowie die vereinbarten Verfahren und Abläufe der Informationserstellung und Lieferung überprüft und getestet werden. Falls notwendig, werden Kenntnislücken durch Trainingsmaßnahmen behoben.

Dies sind insbesondere

- der Informationsaustausch zwischen den Aufgabenteams
- die Lieferung von Informationen von den Lieferteams an ihren Auftraggeber,
- die eingesetzte Informationstechnologie (wie z. B. das bzw. die dabei eingesetzte(n) CDE und die eingesetzte Software, ggf. die Beschaffung geeigneter Software (durch denjenigen, der die Informationsanforderungen gestellt hat), sowie
- die Methoden der Informationserstellung (z. B. die Kompatibilität der gelieferten Datenformate und Inhalte, Open-/Closed-BIM).

Gemeinschaftliche Informationserstellung [ISO 19650-2 Abs. 5.6]

Jedes Aufgabenteam erstellt in seinem lokalen Unternehmenskontext (Planungsbüro, Planungsabteilung usw.) Informationen (Fachmodelle, Planungsunterlagen usw.) gemäß den Aufgaben, die im TIDP festgehalten sind. Ein Zuviel an Informationen ist dabei ebenso zu vermeiden wie ein Informationsdefizit.

Über die Projekt-CDE muss eine räumliche und inhaltliche Koordination stattfinden (z. B. Kollisionserkennung und Behebung). Falls Probleme auftreten, die die Lieferteams nicht untereinander lösen können, muss die Lösungsfindung auf Ebene des Hauptauftragnehmers herbeigeführt werden, indem die Teams den Handlungsbedarf dieser Ebene aktiv mitteilen.

Qualitätssicherungsmaßnahmen vor Lieferung von Informationen durch das Aufgabenteam

Die informationserstellenden Autoren innerhalb eines Aufgabenteams liefern ihre Ergebnisse zunächst an einen internen Koordinator, der Qualitätsprüfungen entsprechend den im TIDP festgehaltenen Informationsanforderungen vornimmt und entsprechend dem Prüfergebnis die Informationscontainer entweder an das CDE ausliefert oder eine interne Fehlerbehebung anstößt.

Die Prüfungen beziehen sich auf die Korrektheit im Sinne der Austausch-Informationsanforderungen AIA und nicht auf die fachliche Qualität des Inhalts. Diese Prüfungen ersetzen daher keinen inhaltlich-fachlichen Prüf- und Freigabeprozess, sondern gehen der fachlichen Prüfung voraus. Schlägt die Prüfung der Lieferung gegen die AIA bereits fehl, ist jede weitere inhaltliche Prüfung zu unterlassen. Die Informationsprüfung gegen die AIA kann ggf. auch innerhalb eines CDE, teilweise sogar automatisiert, ablaufen. Die Prüfergebnisse sind zu protokollieren.

Informationsprüfung und Freigabe zur Verteilung an andere Teams

Bevor Informationen über das CDE an andere weitergegeben werden, müssen die Inhalte der zu übergebenden Informationscontainer hinsichtlich AIA, LOIN und erforderlichen Informationen zur Koordination mit anderen Aufgabenteams überprüft werden. Nach erfolgreicher Prüfung kann ein Informationscontainer zur Verwendung für einen bestimmten Zweck (Eignung bzw. Anwendungsfall, z. B. zur Kostenermittlung, Bauausführung usw.) freigegeben werden. Der Containerstatus ist dann mit dem Freigabestatus „Gemeinsam“ bzw. „Geteilt“ zu versehen.

Überprüfung von Informationsmodellen vor Lieferung an den Auftraggeber

Die Lieferungen der Aufgabenteams werden zu dem Ergebnistyp gemäß dem MIDP verarbeitet, bevor dieses an den Auftraggeber ausgeliefert wird. Hierbei kann es sich bspw. um Planauszüge aus einem Gesamtmodell handeln, denn auch in BIM-Projekten ist der Auftraggeber nicht ausschließlich an Modelllieferungen interessiert. Die Lieferungen an den Auftraggeber werden vor Auslieferung einer Überprüfung hinsichtlich der im MIDP genannten Anforderungen unterzogen. Im genannten Beispiel könnte also eine Prüfung von 2D-Plänen anstehen. Die Verbesserung innerhalb der Modelle durch die Informationsautoren wird bis zu einem erfolgreichen Prüfergebnis wiederholt. Erst dann wird die Lieferung an den Auftraggeber ausgeführt.

Bereitstellung von Informationsmodellen [ISO 19650-2 Abs. 5.7]

Modelllieferungen nehmen den in Abschnitt 4.8.1.1, BIM-Teamgeist bereits beschriebenen Weg vom Autor und seinem Aufgabenteam zu dem federführenden Informationsbesteller, zum Beispiel dem Teilprojektleiter seiner Fachdisziplin, und weiter zur endgültigen Freigabe durch den Bauherrn. Bei jedem Schritt in der Lieferkette wird sowohl vom Absender als auch bei Eingang vom Informationsbesteller eine Qualitätsprüfung durchgeführt.

Diese berücksichtigt

- die im Master-Informationsbereitstellungsplan aufgeführten Informationsbereitstellungsleistungen,
- die Austausch-Informationsanforderungen des Informationsbestellers,
- die Austausch-Informationsanforderungen des federführenden Informationsbereitstellers (Anm: zwischen den Unterauftragnehmern in der Lieferkette),
- die Annahmekriterien für jede Informationsanforderung und
- den Grad der Informationsbedarfstiefe für jede Informationsanforderung.

Wird dieser Prozess erfolgreich durchlaufen, muss der federführende Informationsbereitsteller das Informationsmodell genehmigen und jedes Aufgabenteam anweisen, seine Informationen zur Annahme durch den Informationsbesteller (Bauherr) in der Gemeinsamen Datenumgebung des Projekts und entsprechend durch Metadaten gekennzeichnet vorzulegen.
Der Informationsbesteller (Bauherr) untersucht die Informationslieferungen nach Übereinstimmung mit

- den im Master-Informationsbereitstellungsplan MIDP aufgeführten Informationsbereitstellungsleistungen,
- den Austausch-Informationsanforderungen des federführenden Informationsbereitstellers,
- den Annahmekriterien für jede Informationsanforderung und
- dem Grad der Informationsbedarfstiefe.

Eine durch den Bauherrn erfolgte Freigabe der Informationslieferungen muss in dem CDE durch Setzen des entsprechenden Status („Freigegeben für ...") gekennzeichnet werden.

Projektabschluss [ISO 19650-2 Abs. 5.8]

Bei Projektabschluss wird das AIM so vorbereitet, dass es zur Übergabe an den Betrieb alle notwendigen Informationen enthält. Das PIM sollte für spätere Maßnahmen archiviert werden.

Dabei ist zu berücksichtigen,

- welche Informationscontainer als Teil des Asset-Informations-Modells AIM benötigt werden,
- welche zukünftigen Zugangsanforderungen an die Informationen bestehen, z. B. in einem CDE,
- welche „Lessons Learned"-Informationen kommuniziert beziehungsweise dokumentiert werden sollten.

Verantwortlichkeitsmatrix – Verantwortlichkeiten von Teams und Personen

Die Zuordnung von Informationsmanagementfunktionen und Aufgaben des Projekt- oder Anlageninformationsmanagements sollte im Zuge der Planung des Informationslieferprozesses tabellarisch und angemessen detailliert festgehalten werden. DIN EN ISO 19650-2 enthält in Anhang A eine Vorlage einer Verantwortlichkeitsmatrix für das Informationsmanagement, die von Auftraggebern für eine Zuordnung von Aufgaben zu Funktionen in der Informationslieferkette verwendet werden kann. Damit kann jede Aktivität (Aufgabe) dem Informationsbesteller, dem federführenden Informationsbereitsteller, einem Informationsbereitsteller oder einem Dritten zugeordnet werden. Die Zuordnung zur Aufgabe kann als „verantwortlich (responsible)", „beratend (consulted)", „informiert (informed)" oder „haftbar (accountable)" eingestuft werden. Dabei werden die international üblichen Abkürzungen benutzt (R – Responsible, A – Accountable, C – Consulted, I – Informed) (Bild 4.30). Die Verantwortlichkeitsmatrix ist durch den Informationsbereitsteller zu erstellen und hält fest,

- welche Informationen produziert werden sollen,
- wann und mit wem Informationen ausgetauscht werden und
- welches Aufgabenteam für ihre Erzeugung verantwortlich ist.

Beispiel einer Verantwortlichkeitsmatrix siehe Kapitel 5 BIM-Projektpraxis.

Tabelle A.1 — Vorlage einer Verantwortlichkeitsmatrix für das Informationsmanagement

ID	**Legende**[N1)] R Verantwortlich für die Durchführung einer Aufgabe A Verantwortlich für den Abschluss einer Aufgabe C Konsultiert während der Durchführung einer Aufgabe I Informiert nach Abschluss einer Aufgabe Aufgabe	**Informationsbesteller**	**Dritte**	**Federführender Informationsbereitsteller**	**Informationsbereitsteller**
5.1.1	Beauftragung von Personen, die die Funktion des Informationsmanagements übernehmen				
5.1.2	Festlegung der Informationsanforderungen des Projekts				
5.1.3	Festlegung der Meilensteine für die Informationsbereitstellung des Projekts				
5.1.4	Festlegung des Informationsstandards des Projekts				

Bild 4.30 Verantwortlichkeitsmatrix. Ausschnitt der Vorlage aus ISO 19650-2 Anhang A.

4.8.2 DIN EN ISO 29481 Bauwerksinformationsmodelle – Handbuch der Informationslieferungen (Information Delivery Manual IDM)

Ein Modell im stillen Kämmerlein nützt noch niemandem etwas, schließlich wurde IFC für den Datenaustausch entwickelt. Der Modellstandard IFC ist quasi der Enabler für die modellbasierte Zusammenarbeit. Er schafft die konzeptionellen und technischen Voraussetzungen für eine Verteilbarkeit von Modelldaten. Diese allgemein zugängliche offene Beschreibung von Gebäudedaten allein reicht jedoch für eine Zusammenarbeit noch nicht aus. Die Zusammenarbeit selbst muss organisiert werden und auch dazu gibt es einen Standard. Der Datenaustausch erfolgt zweckgebunden. Dieser Zweck drückt sich in einem Anwendungsfall, Neudeutsch Use Case, aus. Gebraucht wird daher eine Beschreibung der notwendigen Menge an Daten, die für den anstehenden Zweck, das BIM-Ziel, ausgetauscht werden müssen. Diese Anforderungen an den Informationsaustausch beschreiben die erforderlichen Inhalte, die zwischen den Beteiligten ausgetauscht werden müssen.

Was fehlt, ist noch die Beschreibung, auf welchem Wege und mit welchem Ablauf die erforderlichen Daten ihr Ziel erreichen. Der internationale Standard **Information Delivery Manual IDM** hat als DIN EN ISO 29481 „Bauwerksinformationsmodelle – Handbuch der Informationslieferungen" auch Einzug in das deutsche Normenwerk gehalten [43], [44]. Mit dem IDM lassen sich Prozesse und Austauschanforderungen in BIM-Projekten einheitlich darstellen und mit den Projektpartnern teilen. In der deutschen BIM-Richtlinie VDI 2552 kümmert sich die Arbeitsgruppe von Blatt 11 um die Formulierung von Austauschanforderungen.

Die ISO 29481 ist ein für BIM sehr relevanter internationaler Standard, der dazu beitragen will, den vollen Nutzen aus BIM zu ziehen. Durch die darin beschriebene Bauwerksinformationsmodellierung sollen die Prozesse der Bauplanung, der Baukonstruktion und des Bauwerksbetriebs erleichtert und eine verlässliche Entscheidungsgrundlage bereitgestellt werden.

Bild 4.31 zeigt den Stellenwert vom IDMs bei der Umsetzung des Informationsbedarfs aus Regularien, Gesetzen, Organisationen, Projekten und dem Betrieb. Die in IDMs

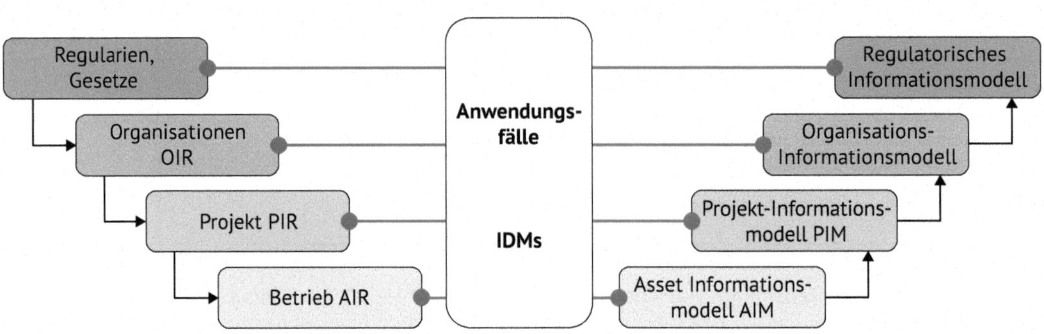

Bild 4.31 Ein Informationslieferhandbuch IDM ist das Bindeglied zwischen Informationsanforderungen und Informationslieferungen an die Informationsmodelle AIM und PIM. Als Teil eines BIM-Abwicklungsplans BAP führt ein IDM die Anwendungsfälle (Use Cases) aus, die mit ihren Resultaten die Informationsaustauschanforderungen und damit die geforderten Informationslieferleistungen erfüllen.

spezifizierten Anwendungsfälle führen zu Informationslieferungen an die Informationsmodelle AIM und PIM. Die organisatorischen und regulatorischen Informationsmodelle sind dabei konzeptueller Natur, werden also in der Praxis nicht wirklich datentechnisch angelegt.

Teil 1 beschreibt eine Methodik zur Erstellung eines integrierten Referenzdokuments, des Informationslieferhandbuchs[32)]. Dieses beschreibt die erforderlichen Prozesse und Daten, um eine gebaute Anlage entwickeln oder verwalten zu können. Die ISO spezifiziert Methodik und Format zur Beschreibung der dafür zu vollziehenden Prozesse und erläutert, wie die für ihre Ausführung in die Rückführung von Ergebnissen erforderlichen Informationen identifiziert und beschrieben werden. Sie gibt BIM-Anwendern damit eine Basis für das verlässliche Teilen und den Austausch von Informationen.

- Die erläuterte Methodik gibt an, wie Informationen für Geschäftsprozesse während der Bauphase spezifiziert und mit diesen verbunden werden und
- wie Informationsprozesse im Gebäudelebenszyklus beschrieben und aufgezeichnet werden.

Teil 2 konzentriert sich auf das Management und die Koordination der Beteiligten im Herstellungsprozess. Erfolgreiche Koordination bedingt wohlstrukturierte, eindeutige, deutliche und zeitnahe Kommunikation. Es werden die auszuführenden Koordinationsprozesse und die notwendigen Informationen zu ihrer Ausführung beschrieben. Das vorgestellte Interaktions-Framework (dt.: Interaktionsstruktur) ermöglicht eine standardisierte Interaktion von Bauprozessen auf lokaler, nationaler und Projektebene. Durch diese standardisierten Beschreibungsmöglichkeiten wird ein verlässliches Versenden und Empfangen von Informationen im Kontext von Koordinationsaktivitäten erreicht.

Wesentliche Grundlage für die Entwicklung von ISO 29481 Teil 2 war der bereits im Jahre 2003 entwickelte niederländische VISI-Standard. Er wurde daher nach Erscheinen der ISO 29481-2 zurückgezogen.

4.8.2.1 Wer liefert was? – Ein Handbuch der Informationslieferungen

Die DIN EN ISO 29481 ist eine Normenreihe aus zwei Teilen zur Beschreibung von Informationslieferungen in BIM-Projekten. Der Einsatz von BIM soll qualitativ hochwertige Informationen zum richtigen Zeitpunkt liefern. Nur wenn alle Projektteilnehmer sich über die Informationsanforderungen und deren Zweck im Klaren sind, kann der Austausch belastbarer Informationen sichergestellt werden und können Entscheidungsprozesse optimal unterstützt werden. Heute allerdings werden Informationen zwischen Teams immer noch auf unterschiedlichsten Wegen und mit unterschiedlichsten Inhalten ausgetauscht, obwohl ein gemeinsames Ergebnis das Ziel ist.

Als man Pläne und Zeichnungen noch ausgeplottet oder ausgedruckt hat, machte das Ursprungsformat tatsächlich keinen Unterschied, denn ausgetauscht wurde ja im gleichen allgemein akzeptierten Format: Papier. Heute jedoch möchten wir mit den gelieferten Informationen verbinden, weiterarbeiten, sie analysieren oder fortschreiben, ohne die Striche und Erläuterungen auf dem Papier erneut eingeben zu müssen. Tat-

32) ISO-Begriff: Handbuch der Informationslieferungen oder Information-Prozess-Spezifikation

Bild 4.32 Papierbasierter Informationsfluss. Informationen gelangen auf verschiedenen Nebenwegen zum Empfänger. Ein konsistentes Informationsmanagement ist nicht gewährleistet. (Grafik: Weinberger)

sächlich steckt aber in den DWGs, PDFs, Word-Dokumenten oder Excel-Tabellen, die heute auf digitalem Wege geteilt werden, noch der Geist einer papierbasierten Kommunikation (Bild 4.32). Derartige Prozesse und Formate können die Mehrwerte von BIM nicht erschließen.

Informationen BIM-gerecht austauschen [44]

Welche Informationen sind wirklich erforderlich, um ein bestimmtes Ziel zu erreichen und fundierte Entscheidungen zu treffen? In welcher Struktur, welchem Format, Detaillierungsgrad und in welcher Reihenfolge müssen sie geliefert werden?

Wer ist für die Lieferung verantwortlich? Wer prüft die erforderliche Datenqualität?

Nützlich also wäre ein Plan, ein Informationslieferhandbuch, das genau diesen Informationsaustausch in einem Projekt festlegt. Es sollte die erforderlichen Informationsinhalte genau genug beschreiben, damit anschließend die dazu notwendigen Arbeitsschritte zur Erstellung eben dieser Informationen festgelegt sind. Da Einzelinformationen letztlich zu einem Gesamtgebilde zusammengefügt werden müssen, muss ein solches Handbuch auch die Prozesse der Zusammenarbeit genau genug darstellen, damit ein reibungsloser und verlustfreier Informationsaustausch zwischen den Beteiligten gewährleistet ist.

Genau das ist das Ziel der ISO 29481 „IDM". Sie beschreibt die Erstellung eines solchen Informationslieferhandbuchs.

Keep it simple

Überbordende Formularschlachten nützen niemandem. Die Beschreibung des Informationsaustausches muss unaufwendig und für alle Beteiligten nutzbar sein. Die Beschreibung der zu liefernden Informationen in einem Informationslieferhandbuch kann in Form einer einfachen Excel-Tabelle geschehen. Nach Räumen gegliedert (Raum-

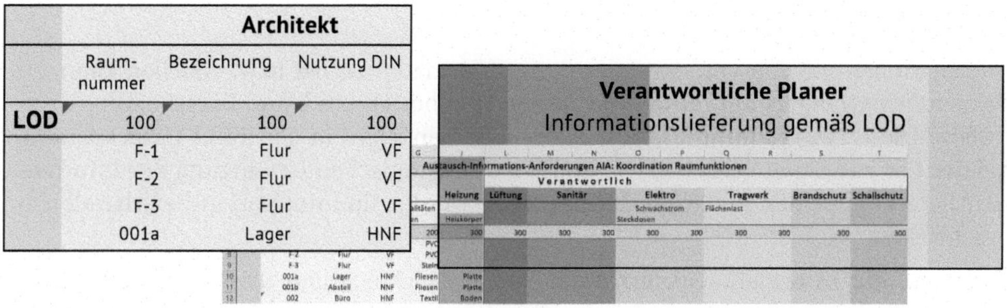

Bild 4.33 Raumbuch auf Excel-Basis. Häufig genutztes Format zur gemeinsamen Nutzung in der Planung.

buch) gibt der Architekt die Struktur und Bezeichnungen (Raumnummer, Nutzungsart) vor (Bild 4.33). Die beteiligten Planer füllen ihre entsprechenden Spalten auf, sobald der jeweile Detaillierungsgrad LOD erforderlich ist. Die Tabelle ist somit ein gutes Werkzeug zur Koordination von Informationslieferungen. Sie kann bei Bedarf jederzeit an neue Erfordernisse angepasst werden. In einer entsprechenden Umgebung kann sogar die Historie der Informationslieferungen nachverfolgt werden.

Der Lieferprozess ist in diesem Fall ebenfalls so simpel, dass sich ein Prozessdiagramm hier schon fast erübrigt. Es sollte aber dennoch festgehalten werden, wie dieser Prozess aussieht:

1. Der Architekt legt die Excel-Tabelle mit der vorgestellten Struktur an (siehe Bild 4.33) und legt sie für alle zugänglich ab (Ort, Dateiname). Der Architekt kann ggf. Ergänzungen (neue Tabellenzeilen oder Spalten) vornehmen, die Informationslieferungen seitens der Planer nach sich ziehen.
2. Planer befüllen für jeden Raum die ihnen zugewiesenen Spalten gemäß der skizzenhaften Liefertabelle Tabelle 4.2. Selbstverständlich enthält eine solche Tabelle auch genaue Angaben über die zu liefernden Elementtypen (hier weggelassen).

Damit sind für diesen Anwendungsfall Lieferinhalt und Lieferprozess hinreichend beschrieben. Mit ein paar Formalitäten (siehe Abschnitt Aufbau eines Informationslieferhandbuchs) ist dieses bereits ein erstes kleines Informationslieferhandbuch.

Tabelle 4.2 Vorbereitungstabelle für einen Informationslieferplan (TIDP, MIDP) mit Angaben zu den Detaillierungsgraden für die Lieferteams zu einzelnen Lieferzeitpunkten

Lieferdatum	Tragwerk	Heizung	Sanitär	Elektro	...
dd.mm.jj	LOD 100				
...		LOD 100			
...		LOD 300			
			LOD 300		
				LOD 300	LOD ...

Anwenderkreis

Informationen müssen von dem, der diese Informationen hat bzw. erstellen kann, zu demjenigen gelangen, der diese Informationen benötigt, um bspw. Entscheidungen zu treffen. Diese zwei Kommunikationsendpunkte benötigen in der Regel Unterstützung bei der Formulierung ihres Bedarfs und bei der technischen Umsetzung der Informationslieferung. Beides, Bedarf und Umsetzung, werden im Informationslieferhandbuch beschrieben.

Personen, die Informationslieferhandbücher entwickeln, sind die Bindeglieder zwischen Informationsnutzern und Informationslieferanten, bspw. indem sie baufachliches Wissen in Informationsanforderungen umsetzen. Informationslieferhandbücher sollten zwischen Vertragspartnern, also Auftraggebern und Auftragnehmern, vereinbart werden. In der Umsetzung helfen sie Projektmanagern bei der Organisation von Geschäftsprozessen und der Sicherstellung des Informationsaustausches und BIM-Managern bei der Umsetzung von Informationsaustauschanforderungen.

Die ISO 29481 bildet einen Baustein des Interoperabilitätskonzepts von buildingSMART, das neben IDM aus dem buildingSMART Data Dictionary (bSDD) und den Industry Foundation Classes (IFC) besteht. Die ISO 29481 ergänzt die modellorientierte Sicht von IFC durch eine prozessorientierte Sichtweise und unterstützt damit gängige Abläufe des modellorientierten kollaborativen Arbeitens.

4.8.2.2 IDM-Basisstruktur

Ein Informationslieferhandbuch soll detaillierte Anforderungen enthalten, welche Informationen zur erfolgreichen Ausführung eines Prozesses erforderlich sind. Dabei werden sowohl die **Austauschanforderungen** von Nutzerseite als auch die **technische Umsetzung** betrachtet. Das Handbuch sollte festlegen, wer für die Erstellung dieser Daten verantwortlich ist, wer sie nutzt und welcher Nutzen daraus erzielt werden soll. Darüber hinaus können Software-Lösungen festgelegt werden, um diese Informationen zu lesen, zu verändern oder anzureichern. Zu diesem Zweck werden die **Interaktionen, Transaktionen und Prozess-Landkarten** zusammen mit den Austauschanforderungen dokumentiert (Bild 4.34).

Die ISO 29481 gibt damit umfassende Hilfsmittel und Konzepte zur Umsetzung von Austausch-Informationsanforderungen AIA und zur Erstellung von Teilen eines BIM-Abwicklungsplans an die Hand.

Mit ISO 29481 kann der Informationsaustausch für bestimmte Aufgaben, z. B. Freigabe- oder Fehlerbehebungsprozesse, Raumbucherstellung und vieles mehr, in einem Projekt standardisiert werden. Die ausgetauschten Datenstrukturen sollten allgemein nutzbare, offene Datenstandards verwenden. ISO 29481 macht dazu allerdings keine Vorgaben. Die vorgestellten Konzepte sind allgemeingültig und daher an kein bestimmtes Austauschformat gebunden.

4.8.2.3 Informationslieferhandbuch – Bedienungsanleitung fürs BIM-Projekt

ISO 29481 ist ein Standard, der dabei hilft, Prozesse und Methoden zur Erzeugung und Lieferung von Informationen in BIM-Projekten zu beschreiben. Das Ergebnis dieser Beschreibung ist ein Informationslieferhandbuch. Ein Informationslieferhandbuch be-

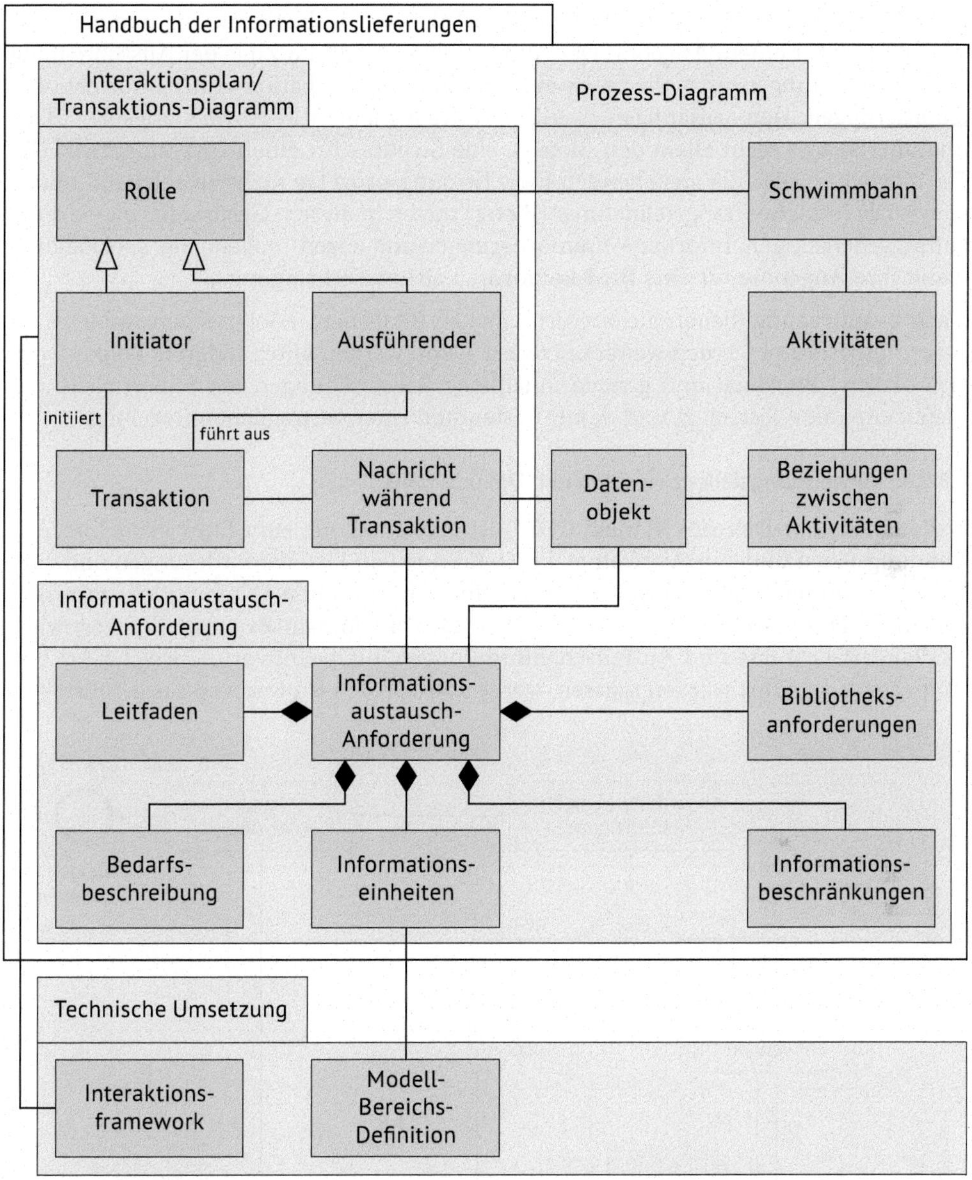

Bild 4.34 IDM-Basisstruktur

schreibt in einem Projekt die Anforderungen an Informationslieferungen. Tatsächlich geht es in einem IDM ja nicht nur ums Liefern von Informationen, sondern auch um die Beschreibung, wie es zu einer Lieferung kommt, also um den Prozess, der die gewünschten Inhalte erzeugt und liefert.

Wie wir später sehen werden, eignen sich IDMs in der digitalen Baupraxis hervorragend als Bestandteil eines BIM-Abwicklungsplans BAP. Die in IDMs festgelegten Informationsanforderungen werden damit Teil einer BIM-Leistungsbeschreibung in einer Ausschreibung oder einem Angebot. Der Auftraggeber erstellt im Zuge der Ausschreibung von BIM-Leistungen sinnvollerweise ein Gerüst zur Spezifikation seiner Informationsanforderungen, den vorläufigen, weil vorvertraglichen, BIM-Abwicklungsplan BAP, und überlässt es nicht allein den Bietern, eine Struktur für einen BAP zu entwickeln, der möglicherweise die anstehenden Entscheidungsprozesse nicht ausreichend unterstützt. Die Ausschreibungsteilnehmer (Bieter) tragen in diesem Gerüst ein, wie sie diese auftraggeberseitigen Informationsanforderungen umsetzen wollen. Sie spezifizieren damit ihre Angebote für eine BIM-konforme Leistungserbringung.

Nach Beauftragung dienen die vorvertraglichen BAPs dem erfolgreichen Anbieter als Ausgangsbasis und werden weiter präzisiert. Dann werden unter anderem konkret verantwortliche Personen und genaue inhaltliche Beschreibungen der Lieferungen und Lieferzeitpunkte festgelegt und damit Bestandteil einer vertraglichen Regelung.

4.8.2.4 Anwendungsfallentwicklung mit IDM und MVD

Das Information Delivery Manual (IDM) ist eine Methode zum Entwickeln von Anwendungsfällen und zum Verwalten der Definition von Datenanforderungen und zum Zuordnen dieser Datenanforderungen zu einem bestimmten Datenmodell, zum Beispiel IFC. IDM konzentriert sich auf Wissen, das von Domain-Experten definiert wird. Es definiert Prozesse und Austauschanforderungen, die beantworten, welche Art von Aufgaben ausgeführt werden müssen, wer verantwortlich ist, wann sie ausgeführt wer-

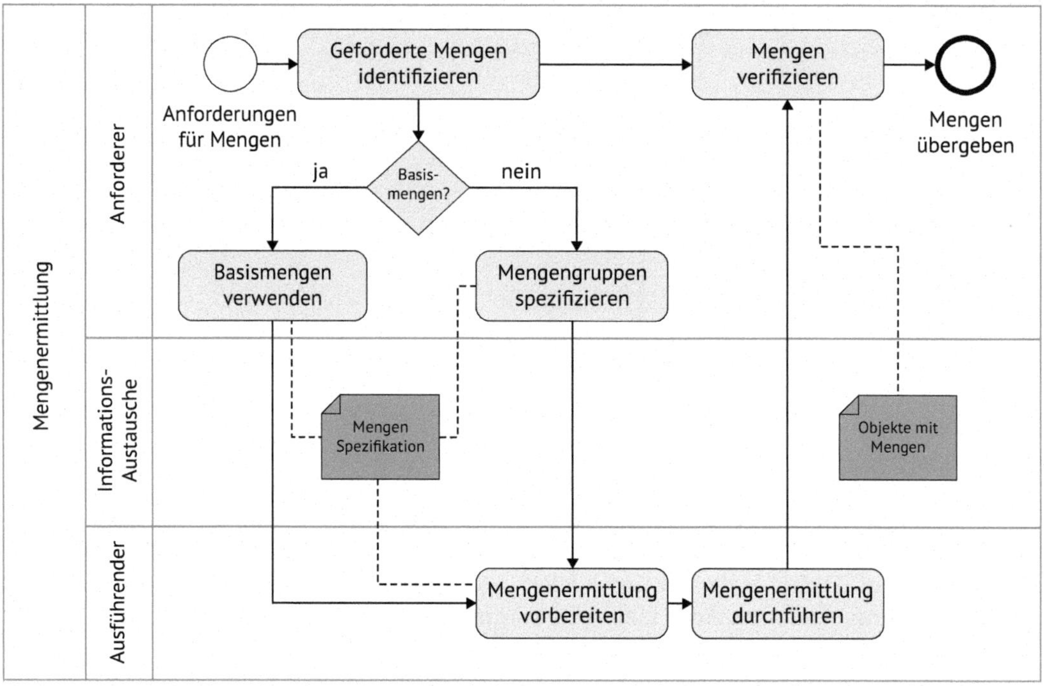

Bild 4.35 Erstellung eines Informationslieferhandbuchs am Beispiel einer Massen- und Mengenermittlung (Übersicht)

den müssen (Reihenfolge, Abhängigkeiten) und welche Daten ausgetauscht werden müssen (sogenannte Austauschanforderungen, engl. Exchange Requirements).

Bild 4.35 zeigt den generellen Ablauf der Erstellung eines IDM für eine Massen- und Mengenermittlung.

Die Model View Definition (MVD) wird verwendet, um Austauschanforderungen in Datenstrukturen zu übersetzen, die für die Implementierung verwendet werden. Für die IFC-Datenstruktur bedeutet dies, sich auf ein Teilschema der gesamten IFC-Spezifikation zu einigen und zusätzliche Einschränkungen zu definieren, die von Tool-Anbietern implementiert und später möglicherweise von buildingSMART zertifiziert werden. Dies reduziert nicht nur den Aufwand für die Software-Implementierung, sondern kann auch für eine automatisierte Qualitätssicherung im IFC-basierten Datenaustausch verwendet werden.

4.8.2.5 IDMs als Standard in Projekten

Damit nicht jeder seine eigene Art, wie Informationshandbücher zu schreiben sind, erfinden muss, liefert die ISO 29481 einen Werkzeugkasten, um die Anforderungen an die Informationslieferungen standardisiert, also für alle gleich verständlich und präzise, ausdrücken zu können. **Dazu bedarf es ausdrücklich keiner detaillierten Kenntnisse von BIM oder IFC.**

4.8.2.6 Vorlagen für Informationslieferhandbücher (IDMs)

Ein IDM ist das Bindeglied zwischen baufachlichen Anwendern und informationstechnischen Experten. Ein IDM muss die fachlich geprägten Informationsaspekte so verständlich darstellen, dass ein Informationsexperte diese in informationstechnische Anforderungen umsetzen kann.

IDMs müssen nicht in jedem Projekt neu erfunden werden. Nachdem eine solche Beschreibung einmal „gelungen“ ist, kann man sich später auf eine IDM-Vorlage beziehen und sowohl der Baufachmann als auch die Informationsfachfrau wissen, um welchen Informationsaustausch es geht.

In einigen Ländern, beispielsweise in den Niederlanden, werden IDMs schon erfolgreich in der Praxis eingesetzt. Dort wurden bereits Vorlagen für Informationshandbücher entwickelt, die bestimmte Standardfälle abdecken. Sie dienen für bestimmte Projekttypen und Informationsaustauschsituationen als Ausgangsbasis. Ausgehend davon können Informationshandbücher mit geringem Aufwand an ein Projekt angepasst werden. Die International User Group (iug) von buildingSMART hat eine ganze Reihe von IDM-Beispielen auf ihrer IDM-Database-Webseite [45] zur Verfügung gestellt. Auch wenn die dortigen Datenaustauschanforderungen noch der Vorgängerversion [43] der heutigen ISO 29481:2016 entsprechen, sind sie durchaus verwendbar.

Darüber hinaus macht es durchaus Sinn, sich eigene IDM-Vorlagen für gängige Projekttypen zu erarbeiten, um sie als internen Standard anschließend im Unternehmen immer wieder zu verwenden.

IDMs können in den Leistungsumfang von HOAI-Leistungen einbezogen werden. Den Phasenbezug zwischen IDM, ISO 12006-2 und HOAI-Phasen zeigt Bild 4.36.

	Phasen nach			
	buildingSMART Information Delivery Manual IDM		ISO 12006-2	HOAI
Entwurf	Lebenszyklus vorgelagerte Phasen			
	Aufnahme	Portfolio-Anforderungen	Einführung / Beschaffung	LP1: Grundlagenermittlung
	Aufgabenstellung	Bedarfskonzeption	Machbarkeit	
		Bestimmung der Machbarkeit	Bedarfsstudie / Programmvorbereitung	
		Tatsächliche Machbarkeit		
	Bauvorbereitungsphasen			
	Entwurf	Entwurfsplanung umreißen	Schematisches Design / Kosten	LP2: Vorplanung
		Vollständige Entwurfsplanung		LP3: Entwurfsplanung
		Abgestimmter Entwurf (und Beschaffung)		LP4: Genehmigungsplanung
Beschaffung	Bauphasen			
	Produktion	Information zur Produktion	Detaillierter Entwurf / Kosten	LP5: Ausführungsplanung
		Bau	Ausführungsinformationen und Massenermittlung	LP6: Vorbereitung der Vergabe
			Ausschreibung	LP7: Mitwirkung bei der Vergabe
Ausführung			Ausführungsvorbereitung	LP8: Objektüberwachung – Bauüberwachung und Dokumentation
			Baustellenvorbereitung	
			Abschluß	
Betrieb	Nachgelagerte Phasen			
	Instandhaltung	Betrieb und Instandhaltung		LP9: Objektbetreuung
	Abbruch	Entsorgung	Feedback / Lessons Learned	

Bild 4.36 Bezug zwischen IDMs und Leistungsphasen am Beispiel HOAI, buildingSMART International und ISO 12006-2 und überschlägig anzusetzende Detaillierungsgrade LOD (nach buildingSMART International IUG (International User Group)).

4.8.2.7 Aufbau eines Informationslieferhandbuchs (IDMs)

Die Kommunikationspartner eines Datenaustausches müssen sich grundsätzlich über zwei Bereiche verständigen:

- Datenaustauschanforderungen: Form und Inhalte des Datenaustausches, Beschreibung der ausgetauschten Daten
- Datenaustauschprozess: Ablauf und Beteiligte des Austauschvorgangs

Ein Informationslieferhandbuch ist die Ausdrucksform dieser Verständigung.

Es muss folgende Fragen beantworten:

- Zu welchem Zweck werden die geforderten BIM-Modelle bzw. IFC-Dateien ausgetauscht?
- Sind die Anforderungen an die Informationslieferungen verständlich beschrieben?
- Welcher Ablauf (Geschäftsprozess) wird dadurch unterstützt?
- Zwischen welchen Projektteilnehmern werden die Informationen ausgetauscht?
- Welche IFC-Teilbereiche (z. B. MVDs) muss eine IFC-konforme Fach-Software für spezifische Anwendungsfälle im Projekt unterstützen?

- Wie wird sichergestellt, dass Informationen dann vorhanden sind, wenn sie benötigt werden?
- Wie kann die Qualität der ausgetauschten Informationen sichergestellt werden?

Die folgenden Bausteine dienen dazu, diese Fragen in strukturierter und allgemeinverständlicher Weise zu beantworten.

IDM-Struktur

Ein IDM besteht standardmäßig aus den drei Abschnitten Kopfdaten, Datenaustauschanforderungen und Informationseinheiten. Natürlich ist das nicht in Stein gemeißelt. Wenn die Beteiligten mehr wollen, sollen sie es entsprechend ergänzen. Die ISO 29481 sieht bestimmte Komponenten vor, die helfen, ein IDM zu strukturieren.

Jede IDM-Komponente muss mit einer kurzen, klaren Beschreibung ihres Inhalts, des Anwendungsfalls, Ziels und Anwendungsbereichs, den diese Komponente abdecken soll, oder der Angabe, zu welchem Thema oder welcher betrieblichen Anforderung die Information ausgetauscht werden muss, beginnen.

Kopfdaten jeder IDM-Komponente

Jede IDM-Komponente (Prozessdiagramm, Interaktions-/Transaktionsdiagramm oder Datenaustauschanforderung) muss Kopfdaten und eine Übersicht wie im Folgenden beschrieben enthalten. Jede IDM-Komponente muss mindestens die folgenden administrativen Angaben enthalten:

- eindeutiger Name oder Titel,
- Namenskonventionen (siehe hierzu auch ISO 19650 und VDI 2552)
  - Jede IDM-Komponente muss einen Namen haben.
  - Der Name muss einer projektweit bindenden Namenskonvention entsprechen.
- eindeutiges Zuordnungsmerkmal (Identifikator),
- die durch die Komponente unterstützte Projektphase,
- Zweck bzw. Anwendungsfall des IDMs,
- Änderungsprotokoll, Datum der Erstellung, Änderungen mit Datum und Autor,
- weitere Angaben nach den Bedürfnissen der Austauschpartner, wie zum Beispiel Lieferfrequenz und Gültigkeitszeitraum.

Datenaustauschanforderungen (Exchange Requirements) – Liste der Anforderungen

Austauschanforderungen beschreiben die geforderten Informationen in einer nichttechnischen, für die Beteiligten (Architekten, Ingenieure, Konstrukteure, etc.) verständlichen Sprache. Sie enthalten die folgenden Angaben, üblicherweise in Tabellenform.

Wie jeder anderen IDM-Komponente sind auch einer Datenaustauschanforderung erläuternde Metainformationen als Kopfdaten vorangestellt. Neben der üblichen Titel- und Identifikationsinformation ist bei der Datenaustauschanforderung auch der Zweck des Austausches und beschreibender Text sehr ratsam. Auf technischer Seite werden diese Informationen möglicherweise benötigt, um eine Model View Definition zu entwickeln, die genau die hier verbal beschriebenen Informationseinheiten im erforderlichen Detaillierungsgrad enthält.

Die in einer Transaktion ausgetauschten Daten können Dokumentenlieferungen, Modelllieferungen oder jede andere Informationsform enthalten. Die Lieferung besteht aus einem oder mehreren Teilen, den Informationseinheiten.

Informationseinheiten

Die Einheiten der zu übertragenden Informationen werden in einer Aufzählung, zum Beispiel in Tabellenform (wie in Tabelle 4.3), beschrieben. So können beispielsweise alle Elementtypen eines IFC-Modells inklusive der erforderlichen Attribute und ihrem zulässigen Wertebereich aufgelistet werden. Dasselbe kann man natürlich auch für proprietäre Datenformate tun. Besteht im Falle von IFC-Daten eine Model View Definition, die die erforderlichen IFC-Typen einer Lieferung möglicherweise mitsamt Detaillierungsgraden und Gültigkeitsbereichen von Attributwerten enthält, dann ist man fein heraus und kann statt einer langen Liste von Elementtypen und ihren Eigenschaften auf diese MVD verweisen.

Wie man sieht, ist die Beschreibung der Informationseinheiten sehr flexibel, damit allen Eventualitäten Rechnung getragen werden kann.

Die ISO 29481 nennt einige Beispiele. Tabelle 4.4 zeigt einen möglichen Tabellenaufbau für die Spezifikation der Anforderungen für Elementtypen.

Beispiel aus ISO 29481-1:2016: Notwendige Informationen für ein 3D-Modell (vereinfacht).

Einschränkungen und Bedingungen

Die bloße Aufzählung der Informationseinheiten auf Typebene, wie im Beispiel in Tabelle 4.4 reicht oft nicht aus. Die gelieferten Inhalte unterliegen oft Regeln oder Formatvorgaben, die auf Typbasis allein nicht beschreibbar sind. Entweder man nimmt diese als weitere Tabellenspalte auf (z.B. Datentyp) oder spezifiziert diese in einem gesonderten Abschnitt. Zu berücksichtigen sind beispielsweise

- Angaben zu erforderlichen Datentypen, wie z.B. Text, Ganzzahl, 2D-Grafik, 3D-Modell etc.
- Regeln und Einschränkungen, wie z.B. Mindest- bzw. Maximalgrößen, nicht zu verwendende IFC-Elemente, Wertebereiche etc.
- zu verwendende Klassifikationssysteme (DIN 276, UniClass etc.)
- zu verwendende Typ- bzw. Bauteilbibliotheken

4.8.3 Die BIM-Dreifaltigkeit: IFC, IDM und bSDD

Zwischen den Konzepten von IFC, IDM und bSDD besteht eine sehr enge Beziehung (Bild 4.37). Der offene internationale IFC-Standard definiert ein Austauschformat für Informationen zu einem Gebäude und seiner Umgebung. Ziel des Information Delivery Manual (IDM) und den, in IDMs genutzten, Model View Definitions (MVD) ist es, genau anzugeben, welche Informationen in jedem Austauschszenario ausge-

Tabelle 4.3 Tabellarische Aufstellung der Informationseinheiten

Elementtyp	Definition / Beschreibung	Erläuterung und Beispiel	Pflicht-angabe ja / nein
Art der Repräsentation			
Eigenschaft bzw. Merkmalsbezeichnung			

Tabelle 4.4 Informationseinheiten nach Beispiel ISO 29481

Einrichtung	Etwas, das z. B. entworfen, gebaut, eingebaut wurde, um eine spezifische Funktion zu erfüllen, die einen Nutzen oder eine Dienstleistung erbringt	Transporteinrichtungen; Bildungseinrichtungen; eine neue Forschungseinrichtung	Pflicht
3D-Modell	Dreidimensionaler Umfassungskörper	Kleinster Umfassungs- oder Hüllkörper ist ein in der Geometrie verwendeter Begriff. Der Körper hat parallel zu den Achsen eines Koordinatensystems ausgerichtete Flächen.	
Identifizierung	Ein kurzer Name, der zu Verweisungszwecken verwendet wird		ja
Beschreibung	Optionale Beschreibung, um informative Kommentare auszutauschen		nein
Länge	Länge des Umfassungskörpers	Gemessene Länge, z. B. in mm	
Breite	Breite des Umfassungskörpers	Gemessene Breite, z. B. in mm	
Höhe	Höhe des Umfassungskörpers	Gemessene Höhe, z. B. in mm	
Lage	Lage des Umfassungskörpers im Koordinatensystem	Koordinatenursprung des Umfassungskörpers in den Koordinaten des Bezugssystems (z. B. Gauss-Krüger, GPS etc.)	

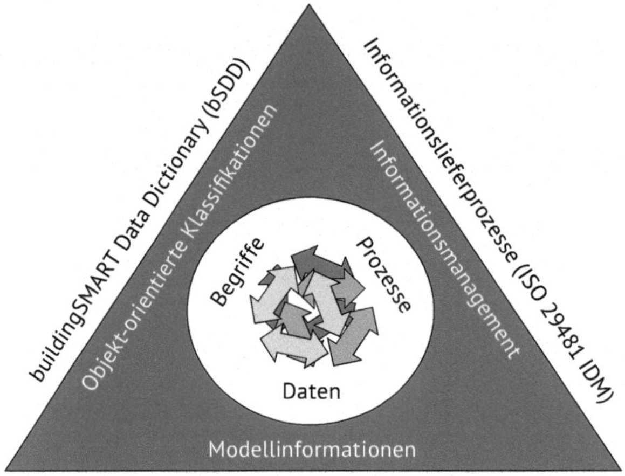

Bild 4.37 Das „goldene" building-SMART-Dreieck. buildingSMART Data Dictionary (bSDD), Industry Foundation Classes (IFC) und die Informationslieferprozesse (Informationslieferhandbuch IDM) bilden ein in sich konsistentes Konzept, wie Modelldaten (IFC) durch definierte Prozesse (IDM) erstellt und mit Objekteigenschaften (bSDD) generisch angereichert werden können.

tauscht werden sollen und wie sie mit dem IFC-Modell in Beziehung gesetzt werden sollen. Beispielsweise muss ein Architekt, der ein Gebäude entwirft, sicherstellen, dass er vom Statiker Informationen darüber erhält, welche Wände und Säulen tragfähig sind und welche nicht. Gleichzeitig muss der Statiker die Funktion der einzelnen Räume im Gebäude kennen, um die richtigen Lastannahmen für die Strukturberechnung treffen zu können. IDM und MVD erläutern das Austauschszenario einerseits im Klartext zur besseren Lesbarkeit sowie auf computer-interpretierbare Weise, um die Implementierung automatischer Überprüfungen und Validierungen in Computeranwendungen zu ermöglichen. So kann ein Ingenieur anhand der im IDM / MVD festgelegten Anforderungen einen Schnelltest am Rechner durchführen, um zu überprüfen, ob der Architekt genügend Informationen gesendet hat, bevor er mit der Arbeit beginnt.

Um die Informationen in einem Austauschprozess wie oben beschrieben automatisch zu überprüfen, müssen sie oft detaillierter sein als der im IFC-Modell verfügbare allgemeine Detaillierungsgrad. Wenn ein Architekt beispielsweise Informationen über die Art der Materialien in den Balken und Sparren bereitstellen möchte, erfolgt dies in IFC mithilfe einer einfachen Textzeichenfolge, zum Beispiel „Beton" oder „Holz". Selbst wenn alle Wörter richtig geschrieben sind, gibt es keine Garantie dafür, dass die empfangende Anwendung genau versteht, was diese Textzeichenfolge bedeutet. Kommt zudem eine andere Sprache, ein anderer Dialekt oder ein anderer Wortgebrauch hinzu, kann eine zuverlässige Überprüfung nicht garantiert werden. Diese Art von Informationsverlusten infolge mangelnder Erkennbarkeit sollte nicht auftreten, denn sie unterminiert die nahtlose Weiterverarbeitung bei den Projektpartnern. Im Kapitel 2 Modelle haben wir gesehen, dass die Inhalte semantischer Modelle im Prinzip selbstbeschreibend sind. Semantic-Web-Technologien legen beispielsweise Beschreibungen der verwendeten Semantik zugrunde, an die sich alle halten müssen. Nur dann kann sie automatisch interpretiert werden. Das buildingSMART Data Dictionary bietet, basierend auf dem International Framework for Dictionaries (IFD) (ISO 12006-3), zusammen mit der aktuellen Version des IFC4 ein Mittel, um diese semantische Erweiterbarkeit zu ermöglichen, und ergänzt damit den bewusst limitierten Detaillierungsgrad von IFC. Auf diese Weise können alle in einem IFC-Austauschformat enthaltenen Informationen mit einer global eindeutigen ID (GUID) versehen werden. Der Architekt kann dann die Materialien in jeder von bSDD unterstützten Klassifikation eingeben, während der Empfänger die Daten in derselben oder einer anderen von bSDD unterstützten Klassifikation anzeigen kann. Was für die Übersetzung von Klassifikationen von einem Klassifikationssystem in ein anderes gilt, lässt sich auch auf natürlichsprachliche Terme anwenden. So kann bSDD auch für eine Sprachübersetzung angewandt werden. Grundlage für dieses übergreifende semantische Verständnis ist die in bSDD hinterlegte GUID. Sie ist die Grundlage für eine rechnergerechte Verarbeitung.

Mit IFC-Modellen, deren inhaltliche Ausprägung auf Basis eines Informationslieferhandbuchs entwickelt wurde, kann also die weitere Entwicklung der Detaillierungsgrade (LOD) eines Modells im Projektverlauf unter Zuhilfenahme der Detaildaten aus dem buildingSMART Data Dictionary bis hin zur Produktauswahl erfolgen.

4.9 Themenübergreifende BIM-Standards

4.9.1 Die Britische BS/PAS 1192 BIM-Standard-Reihe

Wie bereits erwähnt, haben die Briten eine Vorreiterrolle bei der Umsetzung von BIM eingenommen. Die britischen BIM-Standards fanden weltweit Beachtung, ihre Wirkung strahlt unter anderem über die ISO 19650 bis in die nationalen BIM-Standards hinein. Auch zukünftig sind hier Impulse aus Großbritannien zu erwarten. Die wichtige 1192er-Reihe der britischen BIM-Standards soll hier kurz vorgestellt werden.

4.9.1.1 BS 1192:2007+A1:2015 – Collaborative production of architectural, engineering and construction information – Code of practice

Dieser britische Standard (BS) ist stark in die ISO 19650 Teil 1 und 2 eingeflossen und wurde bei Veröffentlichung der ISO daher als nationaler Standard zurückgezogen, so wie es europäischem Normungsrecht entspricht.

Mit dem BS 1192 stellt erstmals ein BIM-Standard die prozessualen Aspekte der gemeinschaftlichen Erstellung von Informationen in den Vordergrund.

4.9.1.2 PAS 1192-2:2013 – Specification for information management for the capital/delivery phase of construction projects using building information modelling

Dieser britische PAS-Standard ist stark in die ISO 19650 Teil 1 und 2 eingeflossen und wurde bei Veröffentlichung der ISO daher als nationaler Standard zurückgezogen, so wie es europäischem Normungsrecht entspricht. Publicly Available Standards (PAS) entsprechen einer deutschen DIN SPEC. Gemäß europäischen Normungskonventionen werden sie nach einem vereinfachten Normungsverfahren erstellt und können nach einer bestimmten Laufzeit in eine Vollnorm (DIN, BS) umgewandelt werden.

Die PAS 1192 definiert den Informationsmanagement-Prozess mit Informationsanforderungen. Sie befasst sich mit der Bauphase (CAPEX[33)]), spezifiziert die Anforderungen für BIM-Level 2 und legt den Rahmen, die Rollen und Verantwortlichkeiten für das kollaborative BIM-Arbeiten fest. PAS 1192-2 baut auf dem bestehenden Standard BS 1192 auf und erweitert den Umfang eines Common Data Environment (CDE). Zwei Dokumente stehen im Kern des BIM-Prozesses. Der BIM-Abwicklungsplan BAP (BIM Execution Plan BEP) legt fest, wie Informationen modelliert und administriert werden, legt Detaillierungsgrade und Verantwortlichkeiten fest. Austausch-Informationsanforderungen AIA (Exchange Information Requirements EIR) werden an die Lieferkette weitergegeben, um einen kompatiblen Informationslieferprozess sicherzustellen.

4.9.1.3 PAS 1192-3 – Specification for information management for the operational phase of assets using building information modelling

Teil 3 der 1192er-Reihe verfolgt einen Lebenszyklusansatz unter Einbeziehung der Betriebsphase. Er befasst sich mit der operativen (OPEX[34)]) Phase, die sich auf die Nutzung und Pflege des Asset Information Model für das Facility Management konzentriert. Die erforderliche Qualität der Informationslieferungen für Wartung und Betrieb wird durch Asset-Informationsanforderungen (Asset Information Requirements) spezifiziert, damit die Betriebsprozesse im physischen Gebäude optimale Informationsgrundlagen erhalten. Dazu werden ebenfalls Anforderungen auf Organisationebene gestellt (Organizational Information Requirements OIR), um sicherzustellen, dass diese in der Lage sind, die notwendigen Kommunikationsmittel und Infrastrukturen bereitzustellen.

4.9.1.4 BS 1192-4 – Collaborative production of information. Fulfilling employer's information exchange requirements using COBie – Code of practice

Teil 4 behandelt Standardformate für den Datenaustausch zwischen Bauherren und Zulieferern, technisch eher ein Code of Practice als ein Spezifikationsstandard, der „Best Practice" für die Implementierung von COBie dokumentiert.

Mit dem offenen Standard „Construction to Operations Building Information Exchange (COBie)" hat die britische Regierung ein Standard-Übertragungsformat zwischen Bauherren und Zulieferern gewählt. Wenn auch selbst in Großbritannien nicht ganz unumstritten, soll dieses Format der Informationsübertragung von Gebäude- und Einrichtungsdaten jeder Disziplin und Funktion sowie aller beteiligten Organisationen dienen.

COBie wurde zunächst im Rahmen des United States Army Corps of Engineers USACE[35)], das Leistungen aus dem Bereich des Bauingenieurwesens ausführt, entwickelt. Später wurde eine britische Variante entwickelt, die unter anderem UniClass statt OmniClass verwendet. Die Formalisierung des Prozesses der Übergabe von technischen Gebäudedaten an den Betrieb war hier besonders wichtig und führte immer

---

33) CAPital EXpenditure = Investitionsphase

34) Operational EXpenditure = Betriebskostenphase

35) bestehend aus 34.600 Zivilisten und 650 Soldaten

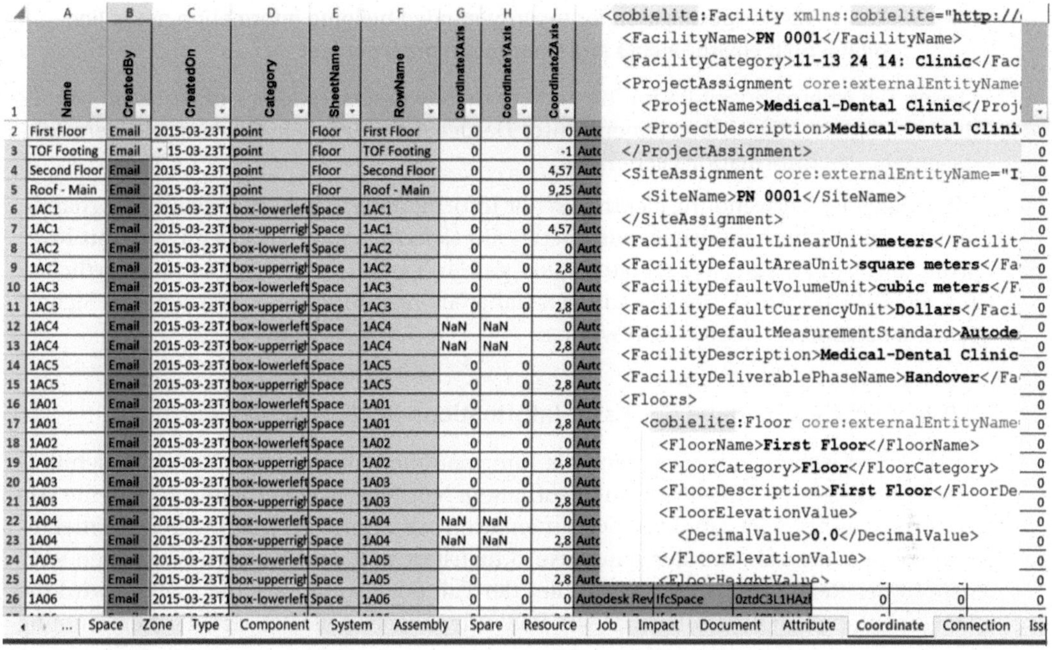

Bild 4.38 Gebäudedaten für die Übergabe an den Betrieb. Der COBie-Standard wird in PAS 1192-2 angewendet. Er überträgt Informationen (Einbauort, Klassifikation, Dokumente) zu Anlagen und eingebauten Objekten vom ausführenden Unternehmen an den Betreiber.

wieder zu Störungen bei der Betriebsaufnahme und Wartung, weil Informationen zur technischen Gebäudeausstattung schlicht nicht verfügbar waren. Bill East, der „Erfinder" von COBie, ging zunächst mit dem zielorientierten Pragmatismus eines amerikanischen Ingenieurs an die Sache heran und entwickelte einen festen Satz von Excel-Tabellen, in denen alle relevanten baulichen Bestandteile eingetragen wurden (Bild 4.38). Alle Anlagen und deren Komponenten, Betriebshandbücher, Klassifikationen (z. B. UniClass, OmniClass etc.), Seriennummern und andere Produktdaten der Hersteller, Gebäude/Geschoss/Raum-Strukturen, aber auch verantwortliche Personen und deren Rollen.

Wer jetzt beim Wort „Excel-Tabelle" die Nase gerümpft hat, Vorsicht! Spätestens, wenn man erfährt, dass man diese Excel-Tabellen eins zu eins in IFC-Daten überführen kann, ahnen die meisten, dass hier etwas mehr Gehirnschmalz eingeflossen ist, als zunächst angenommen.

COBie ist formal als eine Model View Definition von IFC, der FM-10-Handover-MVD definiert worden.

In Deutschland haben wir mit CAFM-Connect ein sicherlich flexibleres und intelligenteres Format für die Übergabe an den Betrieb.

4.9.1.5 PAS 1192-5 – Specification for security-minded building information modelling, digital built environments and smart asset management

Dieser Teil ist eine Spezifikation für sicherheitsbewusstes Building Information Modeling und Smart Asset Management unter Berücksichtigung von Risiken und dem Management der Informationssicherheit.

Mit steigender Verwendung elektronischer Informationen sind sensible Liegenschaften zunehmend Sicherheitsrisiken ausgesetzt. Ein sicherheitsbewusster Umgang mit Konstruktions- und Liegenschaftsdaten muss gewährleistet werden. Die Verantwortlichen für die BIM-Implementierung müssen daher in Best-Practice-Verfahren des Sicherheitsmanagements eingewiesen werden.

4.9.2 COBie – Übergabe des Asset-Informations-Modells an den Betrieb

In einem typischen Bauprojekt sind die Informationen über das Gebäude in Zeichnungen, Stücklisten und Spezifikationen enthalten. Normalerweise arbeiten eine Reihe von Bauprofis zusammen, um diese Dokumentation zusammenzustellen. Die Dokumentation sollte dann während der Bauphase aktualisiert und dem Kunden übergeben werden. In der Realität ist dies nicht immer der Fall oder, wenn dies der Fall ist, wird die Dokumentation in einem Format wie PDF oder Papier geliefert, das die Verwendung für den Kunden sehr schwierig macht.

Die Übergabe einer neuen oder neu renovierten Einrichtung ist für die Verantwortlichen für den Betrieb, die Wartung und die Verwaltung dieser Einrichtung der Anfang ihrer Arbeiten. Der Facility Manager entpackt zunächst Kartons mit Papierdokumenten und gibt Asset-Informationen und Wartungspläne erneut in sein CAFM-System ein. Heute leider noch alltäglich sind Paletten mit Kartons mit Betriebs- und Wartungshandbüchern und -zeichnungen aus Papier (Bild 4.39).

Facility Manager wissen, dass die Erfassung dieser papierbasierten Informationen oft jahrelange Anstrengungen erfordert, um Hunderte von Seiten mit Dokumenten zu scannen, zu überprüfen und zu transkribieren, die Transkriptionen zu validieren und Daten manuell einzugeben.

Bild 4.39 Die Realität der Übergabe von Gebäudeinformationen an den Betrieb ist auch heute noch papierbasiert. Treten Fragen auf, hilft nur eine gute Spürnase weiter, um die Stecknadel im Heuhaufen zu finden.

Die Kosten dieser manuellen Dateneingabe sind erheblich, von der Qualität und Wiederauffindbarkeit ganz zu schweigen. Ein PDF ist zwar digital gespeichert, deswegen aber noch keineswegs den Vorzügen eines digitalen Informationsmanagements zugänglich. Selbst wenn ein CAFM-System verwendet wird, müssen Mechaniker in diesen Kartons und Ordnern nach Informationen suchen, um viele ihrer Aufgaben zu erledigen. Im Laufe der Zeit werden solche Dokumente verschoben oder gehen verloren, was die Kosten für die Durchführung von Betriebs- und Wartungsaktivitäten erhöht und möglicherweise die Ausfallzeit unternehmenskritischer Einrichtungen erhöht.

Eine Studie [46] aus dem Jahr 2011 prognostizierte, dass 8 % des jährlichen Wartungsbudgets eingespart werden könnten, wenn den Technikern vor Beginn komplexer Arbeitsaufträge offene elektronische Informationen zur Verfügung stünden. Solche Einsparungen könnten Personenjahren zusätzlicher Arbeit entsprechen, die sinnvoller genutzt oder eingespart werden könnten.

Construction Operations Building Information Exchange (COBie) ist ein nichtproprietäres Datenformat für die Veröffentlichung einer Teilmenge von Gebäudeinformationsmodellen, die sich auf die Bereitstellung von Asset-Daten (im Gegensatz zu geometrischen Informationen) konzentrieren. Im Juni 2011 veröffentlichte die britische Regierung ihre Strategie der Arbeitsgruppe Building Information Modeling (BIM). In diesem Bericht wurde die Absicht der Regierung angekündigt, bis 2016 ein kollaboratives 3D-BIM, bei welchem alle Projekt- und Asset-Informationen, Dokumentationen und Daten digital vorliegen, für ihre Projekte zu verlangen. Die im Bericht aufgeführten Software- und Datenanforderungen hierfür sind das COBie-Format. Seit Januar 2019 schreibt der britische nationale Anhang der ISO 19650 Teil 2 vor, dass der nichtgeometrische Informationsaustausch in offenen Datenformaten im COBie-Format strukturiert werden muss.

4.9.2.1 Räume und Systeme

COBie ist eine leistungsbasierte Spezifikation für die Bereitstellung von Informationen zu gebauten Anlagen. In COBie sind zwei Arten von Vermögenswerten (engl. Assets) enthalten: Ausrüstung und Räume. Während Herstellerdaten für installierte Produkte und Geräte möglicherweise eines Tages direkt verfügbar sind, hilft COBie dem Projektteam, digitale Vorlagen bereitzustellen, die während des Entwurfs und der Konstruktion genehmigt wurden, und liefert mit geringem oder keinem zusätzlichen Aufwand ein konsolidiertes elektronisches Betriebs- und Wartungshandbuch. COBie-Daten können dann wieder direkt in Asset-Management-Software (z. B. CAFM-Systeme) importiert werden. Die PDF-, Zeichnungs- und Gebäudeinformationsmodelldateien, die COBie beiliegen, sind so organisiert, dass auf sie über sichere Serververzeichnisse zugegriffen werden kann, die bereits in der Facility-Management-IT-Umgebung vorhanden sind.

Die technischen Details von COBie mögen komplex erscheinen. COBie-Dateien sind jedoch nicht für Endnutzer gedacht. COBie ermöglicht den System-zu-System-Austausch von Raum- und Geräteinformationen ohne Benutzereingriff.

Um COBie so effektiv wie möglich nutzen zu können, sind COBie-Daten in verschiedenen Formaten verfügbar. Der Austausch zwischen Software-Systemen während des Entwurfsprozesses kann das STEP Physical File Format (ISO 10303 Teil 21), entspricht der COBie Model View Definition MVD, verwenden. Wenn Benutzer COBie-Daten direkt anzeigen möchten, können sie Excel-Tabellen verwenden.

Der Austausch kleiner COBie-Daten über einzelne Assets ist eine weitere Art von Austausch, die von COBie unterstützt wird. Beispielsweise muss eine gesamte Datei nicht einfach ausgetauscht werden, um das Installationsdatum und die Seriennummer eines bestimmten Geräts zu aktualisieren.

Die Dokumentation der COBie Model View Definition ist online verfügbar unter http://docs.buildingsmartalliance.org/MVD_COBIE/

4.9.2.2 COBie-Anwendung

Wie in jedem anderen Teil eines Konstruktions- oder Bauvertrags hängt die Qualität des erhaltenen Produkts von der Fähigkeit des Konstrukteurs oder Auftragnehmers ab, die Spezifikation zu erfüllen. Vor COBie war es kaum erforderlich, die Qualität der bereitgestellten Daten klar zu definieren, da das Volumen der bereitgestellten Papierdokumente mehr als eine flüchtige Überprüfung der Bauübergabedokumente effektiv unmöglich machte. Da COBie die Möglichkeit bietet, die Qualität elektronischer Übergabedokumente automatisch zu überprüfen, werden schlaue Eigentümer genau überlegen, was sie in ihre COBie-Anforderungen aufnehmen sollten.

Es gibt drei Arten von Entscheidungen, die Eigentümer treffen sollten, um sicherzustellen, dass sie die benötigten Informationen über COBie erhalten. Die erste besteht darin, die Klassifikationen anzugeben, die zum Organisieren vorhandener Asset-Daten verwendet werden soll. Die zweite Entscheidung, die Eigentümer treffen sollten, besteht darin, die über COBie bereitgestellten geplanten Informationen nur auf die Vermögenswerte zu beschränken, die tatsächlich gewartet oder verwaltet werden. Drittens kann der Eigentümer die spezifischen Informationen identifizieren, die für jeden dieser Vermögenswerte geliefert werden sollen.

Aus Sicht des Auftragnehmers sind COBie-Daten lediglich eine Möglichkeit, Konstruktionsunterlagen zu erstellen, sodass Informationen nicht wiederholt kopiert und neu organisiert werden müssen. Die Entwicklung von COBie-Daten für den Auftragnehmer sollte bei korrekter Durchführung auch die Notwendigkeit von nachträglicher manueller Geräteerfassung beseitigen. Richtig zusammengestellte und organisierte COBie-Daten erstellen automatisch Betriebs- und Wartungshandbücher.

Während Facility Manager bei neuen Einrichtungen von COBie profitieren, äußern sie häufig Bedenken hinsichtlich der COBie-Datenerfassung in ihrem vorhandenen Gebäudeinventar. Eine Studie aus dem Jahr 2009 hat jedoch gezeigt, dass COBie-Datenerhebungen im Bauzustand problemlos durchgeführt werden können.

4.9.2.3 Vertraglich vereinbarter Informationsaustausch

Wie bei allen Vertragslieferungen erfordern Informationslieferungen Spezifikationen, die die Qualität definieren, anhand derer diese Liefergegenstände geprüft werden müssen. Die von buildingSMART erstellten „Informationsaustausch"-Standards sind speziell als vertragliche Standards konzipiert. Der erste dieser Standards, der COBie (Construction Operations Building Information Exchange), gibt die Mindestinformationen an, die zum Austausch von Informationen über verwaltete Assets während der Laufzeit eines Projekts erforderlich sind. Es gibt eine Vielzahl von Beispiel-COBie-Dateien, Prüfwerkzeugen, kommerzieller Software und Informationsvideos für diejenigen, die weitere Informationen zu COBie benötigen.

4.9.2.4 Standards und Praktiken

Der grundlegende COBie-Standard verlangt, dass Typ und Standort aller geplanten oder gekennzeichneten Geräte angegeben werden. Enthalten sind die Anforderungen an Markenbezeichnung, Modell- und Seriennummer, Typenschild/Etikett, Installationsdatum und Garantie sowie geplante Wartungsanforderungen. Diese Mindestanforderung spiegelt die derzeitige Praxis dahingehend wider, dass solche Informationen derzeit in praktisch allen bestehenden Bauaufträgen erforderlich sind. Diese Mindestspezifikation ist nicht auf einen speziellen Projekttyp, Eigentümer oder produktspezifische Eigenschaften beschränkt.

4.9.2.5 COBie-Leitfaden und Beispiele

Der COBie-Leitfaden ist das Ergebnis jahrelanger Bemühungen, die Verwendung von COBie in realen Projekten zu entwickeln und zu testen. Verfügbar unter https://portal.nibs.org/files/wl/?id=GvMvniYRQOUN77pPyhtx2QXVqOgNmpie (Sprache Englisch).

Beispieldateien zu COBie-Projekten in verschiedenen Formaten und unterschiedlichen Gebäudetypen finden sich unter https://www.wbdg.org/bim/cobie/common-bim-files

4.9.2.6 Die Daten in einer COBie-Datei

Die Angaben in einer COBie-Datei werden teils manuell, teils maschinell eingetragen. Sie werden im Projektverlauf ergänzt und vervollständigt und daher in der Regel von verschiedenen Personengruppen vorgenommen. COBie-Dateien dienen zur Übertragung der Gebäudeangaben in ein Zielsystem, zum Beispiel ein CAFM-System. Das Format als Tabellenkalkulationsblatt dient der leichteren Handhabung und stellt nicht das finale Ablageformat dar. Ein COBie-Dataset kann zum Informationsaustausch zwischen zwei Software-Produkten verwendet werden.

Eine COBie-Datei ist keineswegs ein vollständiges Gebäudemodell, sondern enthält strukturierte Inhalte aller Mitglieder des Konstruktionsteams und vieler Informationsmodelle.

Die Tabelle enthält auch Arbeitsblätter wie das Arbeitsblatt „Job“, mit denen bestimmte Aufgaben für das Facility Management zugewiesen werden können.

4.9.2.7 Aufbau der COBie Excel-Tabellen

COBie-Informationen decken die in Bild 4.40 dargestellten Informationsbereiche ab.

- COBie-Bedienungsanleitung (Introduction)
  Allgemeine Angaben zur Version und zum Zweck der Datei und der einzugebenden Informationen auf den folgenden Tabellenseiten.
- Kontakt (Contact)
  E-Mail, Adresse, Telefonnummer, Rolle und andere Angaben zu den Projektbeteiligten. Das Arbeitsblatt „Kontakt“ listet Kontaktdetails, Unternehmensinformationen

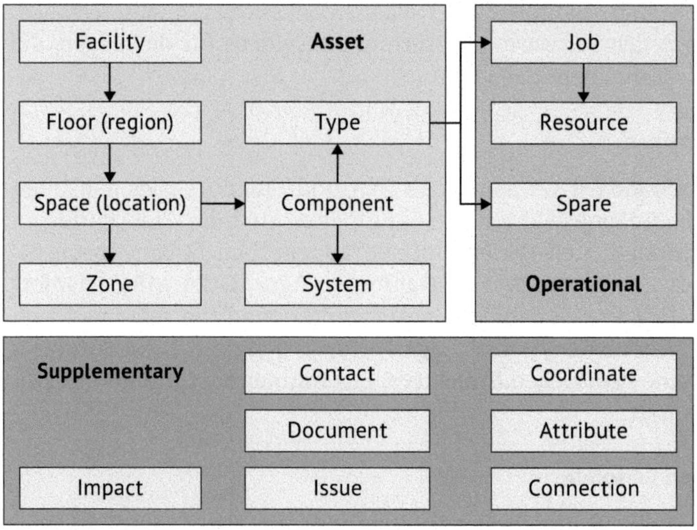

Bild 4.40 Informationsbereiche im COBie-Informationsmodell

und Unternehmensrollen auf. Üblicherweise eine breite Palette von Kontakten, von den Entwurfsplanern über das Bauteam bis hin zu den Herstellern und Lieferanten der Systeme und Produkte.

- Einrichtung (Facility)
  Angaben zum Vorhaben, wie Projektname und zu den verwendeten Einheiten (m, m^2, m^3, € usw.), sowie zur Projektphase. Eine COBie-Datei sollte auch nur eine einzige Einrichtung enthalten. Wenn also mehrere Gebäude vorhanden sind, gibt es mehrere COBie-Dateien.
- Geschoss (Floor)
  Bezeichnung, Höhenkote usw. für jedes Stockwerk
- Raum (Space)
  Raumcode, -Typ, Kategorie (Klassifikation, z. B. nach Nutzungsart), Stockwerksbezug
- Zone
  Zonenbezeichnung und Raumzuordnung, Kategorie
- Typen
  Das Typenblatt listet alle Komponenten auf, die dieselben grundlegenden Eigenschaften aufweisen. Dies sind Informationen, die normalerweise aus der Spezifikation extrahiert werden und die Produkttypen im Gebäude, ihre Referenz- und Kontaktinformationen für den Hersteller auflisten, z. B. Typbezeichnung (Fenstertyp A, B, C, Pumpe xy), E-Mail des Herstellers, IFC-Typ, Garantieangaben, Länge, Breite, Höhe. Jede Instanz dieser Typobjekte wird dann im Arbeitsblatt „Komponente" detailliert beschrieben.
- Komponente (Component)
  Bezeichnung, Installationsdatum, IFC-Typ, Kategorie (Klassifikation). Jede einzelne Komponente wird zeilenweise auf dem Komponentenblatt erfasst.

- System
  Fasst die Komponenten aus dem Informationsbereich Komponente (Component) zu Systemen zusammen.
- Bestandteile (Assembly)
  Bestandteile von Typen, Komponenten und anderen, z B. Baugruppen
- Ersatzteile (Spare)
  Ersatzteile, Typ, Lieferant
- Ressource
  Erforderliche Materialien, Werkzeuge und Schulungen
- Job
  Sicherheits- und andere Arbeitspläne
- Einflussfaktoren (Impact)
  Wirtschaftliche, ökologische und soziale Auswirkungen in verschiedenen Phasen des Lebenszyklus
- Dokumente (Document)
  Dokumentreferenzen, Bezeichnung, Dokumentart, Freigabe (Person, Status), Dateiname, Ordnername
- Attribute
  Frei definierbare Eigenschaften (Name, Wert), die Einträge (z. B. Typen oder Komponenten) auf anderen Tabellenseiten beschreiben. Hier werden die Eigenschaften für jedes der Typobjekte detailliert beschrieben. Ein Beispiel hierfür wären die Farbe und das Material des Gegenstands, sowie alle Standards, denen es entspricht.
- Koordinate (Coordinate)
  x-, y-, z-Koordinate, die sich auf Einträge (z. B. Räume) auf anderen Tabellenseiten beziehen. Koordinatendaten werden automatisch von der Software, die die COBie-Datei erstellt, eingetragen.
- Bezug (Connection)
  Logischer Bezug zwischen Komponenten
- Mangel (Issue)
  Bei der Übergabe noch bestehende Mängel. Bezeichnung, Risikoeinstufung, Verantwortlicher usw.
- Auswahllisten (PickLists)
  Listen, die in anderen Tabellenseiten verwendet werden können, um die Einträge fehlerfreier und bequemer vornehmen zu können.

4.9.2.8 COBie-Excel-Datei

Eine COBie-Excel-Datei (Bild 4.41) besteht aus zwanzig Tabellen, die anschließend kurz erläutert werden. Die Spalten in den einzelnen Tabellen sind farbcodiert, um zu signalisieren, ob es sich um einen Pflichteintrag, eine Referenz auf eine andere Eintragung in der gleichen Excel-Datei oder auf eine externe Referenz, z. B. auf eine Datei wie ein Produktdatenblatt oder ein Wartungshandbuch, handelt.

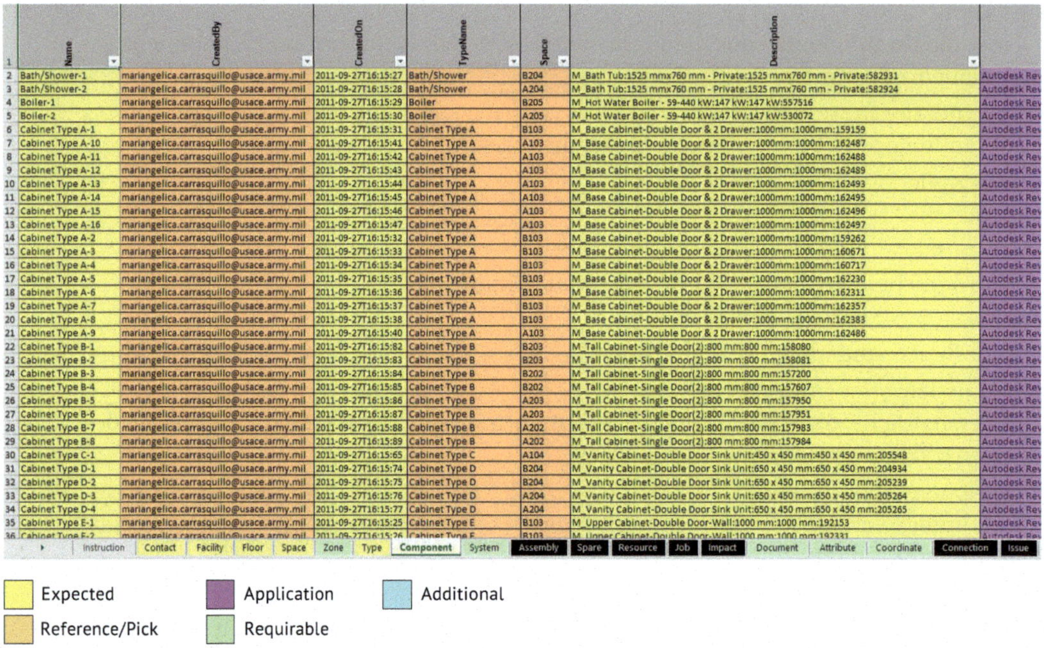

Bild 4.41 COBie-Datei mit 20 Tabellenseiten. Eine Farbcodierung zeigt die Eingabequelle, zum Beispiel durch eine Anwendung (Application), eine Auswahlliste (Pick) oder eine externe Dateireferenz (Reference) und die Notwendigkeit (Pflicht [Expected], Zusatzinfo [Additional], bei Bedarf [Requirable]) an.

4.9.3 VDI 2552 BIM-Richtlinie – Übersicht

Die deutsche BIM-Richtlinie VDI 2552, Building Information Modeling, hat derzeit elf Teile, „Blätter" genannt. Einige sind bereits in der endgültigen Fassung (Weißdruck) erschienen, andere wurden der Öffentlichkeit zur Beurteilung vorgestellt (Gründruck), weitere befinden sich in der Entwicklung. Sie tragen folgende Titel:

Blatt 1: Grundlagen

Blatt 2: Begriffe

Blatt 3: BIM – Modellbasierte Mengenermittlung zur Kostenplanung, Terminplanung, Vergabe und Abrechnung

Blatt 4: Anforderungen an den Datenaustausch

Blatt 5: Datenmanagement

Blatt 6: BIM – Betrieb

Blatt 7: Prozesse

Blatt 8: Qualifikationen

8.1 Basiskenntnisse

8.2 Erweiterte Kenntnisse

Blatt 9: Klassifikationen

Blatt 10: Auftraggeber-Informationsanforderungen (AIA) und BIM-Abwicklungspläne (BAP)

Blatt 11: Informationsaustauschanforderungen IAA

11.1 Übersicht

11.2 Schlitz- und Durchbruchsplanung

11.3 Schalungs- und Gerüsttechnik

11.4 Ökobilanzierung

11.5 Aufzugstechnik

11.6 Brandschutz

11.7 Türplanung

11.8 Fabrikplanung

4.9.3.1 Nationale BIM-Erfordernisse

Internationale Normen können recht abstrakt und allgemein gehalten sein. Sie spiegeln oft den größtmöglichen gemeinsamen Nenner zwischen den unterschiedlichen nationalen Interessen wider. Für die nationale BIM-Normung gibt also jede Menge Raum für Präzisierungen, die natürlich nicht im Widerspruch mit der ISO 19650 stehen dürfen. Dem trägt die deutsche BIM-Richtlinie VDI 2552 Rechnung und berücksichtigt gleichzeitig die deutschen Gegebenheiten. 2016 wurde die VDI-Richtlinie 2552 ins Leben gerufen. Für die BIM-Standardisierung hat der VDI bisher elf Arbeitsgruppen gebildet, die die unterschiedlichsten Aspekte von BIM abdecken werden. Einige sind der Öffentlichkeit inzwischen als sogenannter Gründruck vorgestellt worden und können durch Eingaben beim VDI im Rahmen des Einspruchsverfahrens noch mitgestaltet werden. Die Eingaben werden von den betroffenen Arbeitsgruppen bearbeitet und erneut anschließend als Gründruck erneut vorgestellt. Liegen keine weiteren Eingaben vor, erscheint dieser Teil der Richtlinie in seiner endgültigen Fassung.

4.9.3.2 Unterschiede zwischen ISO 19650 und der VDI-Richtlinie 2552

Die ISO 19650 hat ihren Ursprung in der exzellenten britischen BIM-Standardreihe BS und PAS 1192. Diese, sowohl als britischer Standard BS als auch in Form einer öffentlich verfügbaren Spezifikation (PAS Publicly Available Specification) erschienene Richtlinienreihe verfolgt eine strikt geschäftsprozessorientierte Vorgehensweise. Das bedeutet, alle BIM-Aktivitäten werden an ihrem Nutzen für die Erfüllung von Geschäftsprozessen im Baugeschehen gemessen. BIM als Methodik ist folglich so zu gestalten, dass sie sich in den Kontext dieser baulichen Prozesse einfügt und diese unterstützt. Als Ausprägung dieser prozessorientierten Denkweise spezifiziert die ISO konsequenterweise Lieferketten für die Bereitstellung von Informationen und beschreibt die darin zu erfüllenden Aktivitäten. Sie stellen die jeweils zu verfolgenden Workflows im Projektverlauf und im gesamten Lebenszyklus eines Bauwerks dar. BIM-Prozesse sind – als bauspezifische Ausprägung allgemeiner Geschäftsprozesse – in die übergeordneten Standards des Organisationsmanagements und des Asset- und Projektmanagements, eingebettet. Dadurch kann auch das Instrumentarium der allgemeiner gefassten Standards ISO 9001, ISO 55000 und ISO 21500 auf das Informationsmanagement von BIM angewandt werden. Als Folge kann die ISO 19650 Teil 1 und 2 ein schlüssiges prozessuales Narrativ von der Planung über die Bauphase bis zur Betriebsübergabe aufspannen und die sich ergebenden Notwendigkeiten aus Sicht des Informationsmanagements klar ableiten. Die prozessuale Sichtweise wird in ISO 19650 Teil 3 auch auf die Nutzungsphase bezogen und in Teil 5 schließlich auf Sicherheitsaspekte ausgedehnt.

Die deutsche VDI-Richtlinie 2552 verfolgt dagegen keine prozessorientierte Vorgehensweise, sondern richtet sich punktuell an spezifischen Aspekten bei der Umsetzung von BIM aus. Die prozessorientierte Vorgehensweise ist daher nur ein Aspekt unter vielen (VDI 2552 Blatt 7) und kein roter Faden, an dem sich alle weiteren Aspekte ausrichten. Während die ISO 19650 die Anforderungen an Modelle, Dokumente und andere Informationslieferungen an den Erfordernissen der Zielerreichung von Geschäftsprozessen ausrichtet, ist dieses strategische Vorgehen in der VDI-Richtlinie nicht zentraler Maßstab und Orientierungspunkt. Die VDI 2552 steht somit weder im Widerspruch zur ISO 19650 noch ist sie weniger gehaltvoll. In weiten Teilen präzisiert sie die ISO 19650 oder ergänzt diese, wo der abstrakte Blickwinkel der ISO weiteren Interpretationsbedarf aufwirft.

4.9.3.3 Gibt es Widersprüche zwischen ISO 19650 und VDI 2552

Nationale Normung darf nicht im Widerspruch zur ISO 19650 stehen. Die Briten waren früh dran mit ihrer PAS 1192-Normenreihe, sie trifft nun das Schicksal des Vorreiters. Müssen also auch Teile der VDI-Richtlinienreihe 2552 im Zuge des Erscheinens der ISO zurückgenommen oder überarbeitet werden? Manchmal belohnt die Geschichte eben doch denjenigen, der etwas später antritt. Sicher werden aber einige schon erschienene Blätter überarbeitet werden müssen. Der Umfang wird allerdings sehr überschaubar bleiben, denn bei der Entwicklung der VDI 2552 wurde in enger Abstimmung mit den ISO-Gremien stets darauf geachtet, keine Widersprüche zur ISO 19650 zu erzeugen. Dies war oft eine Herausforderung, da die ISO 19650 noch bis kurz vor ihrer Verabschiedung im August 2018 fundamentale Veränderungen in Struktur und Benennungen erfahren hat. So wurde beispielsweise der gute alte BIM-Manager durch Informationsmanager ersetzt und überhaupt heißen Rollen jetzt Funktionen. Der vorgeschriebene Einsatz von Gemeinsamen Datenumgebungen (Common Data Environment CDE) wurde von Lieferungen in eine einzige zentrale Informationsquelle auf Statusübergänge von Informationscontainern in möglicherweise sogar mehreren CDEs umgestellt und damit der Grundsatz einer „Single Source of Truth" aufgeweicht. Das alles kann in den bereits erarbeiteten VDI-2552-Blättern nicht von heute auf morgen nachgezogen werden. Denn man darf nicht vergessen, dass die Mitarbeit in den deutschen Normungsgremien ehrenamtlich stattfindet und überwiegend von Unternehmen finanziert wird. Wie viele andere Experten kann auch ich auf inzwischen wohl Hunderte in BIM-Standardisierung investierte Stunden und Dienstreisen und mein Unternehmen auf stattliche Reisekostenbeträge zurückblicken. Dieses starke privatwirtschaftliche Engagement ist äußerst sinnvoll investiert, zumal das britische Vorbild eines starken regierungsseitigen Engagements bei der BIM-Regulierung und -Förderung in Deutschland leider ausbleibt und die Privatwirtschaft daher die treibende Kraft ist, um BIM voranzubringen.

4.9.3.4 VDI 2552 – Stand der Technik im Building Information Modeling (11 Blätter)

Normen und Standards beschreiben den Stand der Technik und laufen damit der galoppierenden Entwicklung immer ein Stück weit hinterher. Immerhin sind wir in Deutschland mit VDI 2552 auf einem guten Wege. Die in Teilen schon als Gründruck der Öffentlichkeit vorgestellte VDI-Richtlinie 2552 beschreibt den Stand der Technik für das Building Information Modeling in Deutschland. Nach etwaigen Korrekturen und Ablauf der Einspruchsfrist gibt es dann einen weiteren BIM-Standard für Deutschland. Als Arbeitsgruppenmitglied durfte ich, mit freundlicher Unterstützung meines Arbeitgebers, an fünf der elf Fachkapitel („Blätter" genannt) der VDI 2552 mitwirken: Blatt 5 „Datenmanagement" beschreibt die Konzepte, Strukturen und möglichen technischen Umsetzungen der Zusammenarbeit über einen gemeinsamen zentralen Datenbestand. Kern der technischen Umsetzung ist die Gemeinsame Datenumgebung, in englischen Standards als Common Data Environment CDE bezeichnet. Bei Blatt 6 geht es um die Betreibersicht auf BIM. VDI 2552 Blatt 7 beschreibt Prozesse zur Umsetzung von BIM. Projektteilnehmer sollen in die Lage versetzt werden, folgende Fragen zu beantworten und systematisch zu beschreiben:

- Anwendungsfall: Welches Ziel verfolgt ein Prozess?
- Rollen und Funktionen: Welche Teilnehmer gibt es? Welche Verantwortlichkeiten haben sie?
- Informationsanforderungen: Welche inhaltlichen Anforderungen an die ausgetauschten Informationen gibt es?
- Informationslieferhandbuch: Wie kann ich diese Prozesskomponenten formal beschreiben, sodass sie für alle Teilnehmer eindeutig und verständlich sind?

Blatt 10 behandelt BAP und AIA und die bereits zahlreichen Unterblätter von Blatt 11 behandeln fachspezifische IAA von der Schalung über den Brandschutz bis zu Aufzugsanlagen.

Zunächst folgt eine kurze Übersicht über alle bisher entstandenen oder noch in Entstehung befindlichen Blätter der deutschen BIM-Richtlinie VDI 2552. Details zu den Konzepten der VDI 2552 finden sich dann in den Abschnitten, die die Umsetzung von BIM in den einzelnen Projektphasen behandeln.

Eine Liste der aktuell verfügbaren Blätter der Richtlinienreihe ist im Internet abrufbar unter www.vdi.de/2552.

Blatt 1: Die Rahmenrichtlinie (Juli 2020)

VDI 2552 Blatt 1 richtet sich insbesondere an Bauherren, Planungsbeteiligte, Bau-Akteure sowie Beteiligte an Betrieb und Instandhaltung. Sie stellt Best-Practice-Erfahrungen zum Thema Building Information Modeling vor und gibt einen Überblick über den Gesamtumfang der VDI 2552. Die Vorgaben der übergeordneten ISO 19650 wurden in allen Blättern der VDI 2552 einbezogen und bedarfsweise detailliert. Dabei wurden spezifische deutsche Gegebenheiten berücksichtigt.

Blatt 1 führt in die BIM-Methodik ein, nennt Grundsätze und Voraussetzungen für den BIM-Einsatz und den positiven Einfluss auf Projektrisiken. Rollen und Verantwortlichkeiten werden an Organigrammen von kleinen, mittleren und großen Projekten schematisch erläutert. Dabei wird auch der Einsatz einer Gemeinsamen Datenumgebung

CDE erklärt. Die diesbezüglichen Grundpositionen der ISO 19650 werden erläutert und vertieft. Dabei wird insbesondere auf die Unterstützung von Koordinations- und Planungsaktivitäten seitens einer CDE eingegangen. Das prinzipielle Vorgehen bei der Informationsbeschaffung von Beschreibung der Anforderungen AIA, über Anwendungsfälle bis zum BIM-Abwicklungsplan BAP wird vorgestellt.

Im Zuge dessen wird auf die Begriffe Model View Definition (MVD), Informationslieferplan (Master Information Delivery Plan MIDP) und auf die Funktionsweise von Informationslieferketten eingegangen. Hierzu werden die Grundzüge der ISO 29481-1, die im Blatt 4 der VDI-Richtlinie weiter vertieft werden, kurz geschildert.

Aufbau und Strukturierungsmöglichkeiten von Datenmodellen werden kurz erläutert und am Beispiel der objektorientierten Modellierung auf Bauwerksmodelle angewandt. Die Bedeutung von Klassifizierungen im Rahmen von Datenmodellen wird betont und auf die Vertiefung des Themas Klassifikationen im Blatt 9 der Richtlinie hingewiesen.

Einige grundsätzliche Beispiele für Modellierungsregeln für Bauwerksmodelle werden gegeben. Der Begriff der Detaillierungstiefen (LOIN, LOD, LOI) wird als Modelldetaillierungsgrad eingeführt, über die Begrifflichkeit der ISO 19650 hinausgehend wird der Begriff Modellfertigstellungsgrad eingeführt, der mit Meilensteinen der Datenübergabe und den Leistungsphasen der deutschen HOAI in Zusammenhang gesetzt wird. Auf die Bedeutung der Qualitätssicherung von Modellen wird hingewiesen. Dies wird in Blatt 4 der Richtlinie weiter vertieft.

Der Anhang bietet Hinweise zur BIM-Einführung im Unternehmen, zur Zusammenarbeit in einer Gemeinsamen Datenumgebung, analog zur ISO 19650 und zur DIN SPEC 91391. Dabei wird beschrieben, wie Codes im Dateinamen dazu genutzt werden können, um bspw. den Bearbeitungsstand des Dateiinhaltes (Statuscodes „In Bearbeitung", „Geteilt" usw.) zu kennzeichnen. Die Vorgehensweise entspricht dem britischen nationalen Anhang zur BS EN ISO 19650, ohne jedoch gleichermaßen konsequent auf alle Projektbelange einzugehen.

Auf die Problematik der Codierung von Metadaten wurde im Beispiel für eine Informationscontainer-ID gemäß BS EN ISO 19650-Teil 2, britischer nationaler Anhang, siehe Bild 4.25, im Abschnitt 4.8 bereits hingewiesen. Leider werden auch in der VDI 2552-1 die Nachteile nicht aufgezeigt.

Blatt 2: Begriffe (Juni 2018)

Blatt 2 ist eine Art Glossar für die gesamte Richtlinienreihe VDI 2552. Es erläutert und regelt Begriffe und Definitionen bei der Anwendung der BIM-Methodik zwischen den an Planung, Bau und Betrieb von Bauwerken Beteiligten einheitlich, damit alle Fachleute gleichlautende Benennungen verwenden. Für alle Blätter der VDI 2552 ist Blatt 2 die Referenz und stellt eine durchgängige Terminologie bereit.

Da die gesamte Richtlinienreihe zu Teilen noch in Bearbeitung bzw. im Entwurfsstadium ist, ist auch das Blatt 2 stetig in Nacharbeitung befindlich. Es werden daher Aktualisierungen in Form weiterer Entwurfsausgaben von Blatt 2 zu erwarten sein. Grundbegriffe der BIM-Welt wie BIG BIM, little bim, Closed- und Open-BIM werden ebenso erläutert wie IFC, BAP und BCF.

Blatt 3: Modellbasierte Mengenermittlung zur Kostenplanung, Terminplanung, Vergabe und Abrechnung (Mai 2018)

Blatt 3 ist eines der ersten veröffentlichten Blätter der Richtlinienreihe. Das frühe Erscheinen tut den behandelten Inhalten und deren BIM-Relevanz keinen Abbruch, auch wenn die ISO 17412 [47] (LOIN) zu diesem Zeitpunkt noch in einem frühen Entwicklungsstadium war. Daher werden in Blatt 3 Fertigstellungsgrade definiert, die möglicherweise noch mit ISO 17412 abzugleichen sind, der Sachverhalt als solcher wird sich dadurch jedoch nicht ändern.

In Blatt 3 werden weder Datenformate noch Lieferprozesse beschrieben, sondern ausschließlich die inhaltlich-fachliche Verknüpfung von Bauwerksmodellen mit Ressourcen und Zeitplänen betrachtet. Blatt 3 stellt hierzu eine Methodik zur Reduzierung von Qualitäts-, Kosten- und Terminrisiken von Bauprojekten vor.

Die Richtlinie beschreibt die Anwendung von Bauwerksinformationsmodellen zum Abgleich von Leistungsmengen und Controlling-Strukturen in den Bereichen „Kostenplanung", „Terminplanung", „Ausschreibung und Vergabe" sowie „Ausführung und Abrechnung" unter Berücksichtigung der Projektphasen von der Entwicklung bis zur Fertigstellung.

Zielgruppe sind alle am Bau Beteiligten, die Prozesse zu den genannten Anwendungen mithilfe von gemeinsam genutzten Daten gestalten wollen, sowie deren Zulieferer, auch im Bereich der Informationstechnologie.

Ein Schwerpunkt liegt auf der Ableitung aus Bauwerksinformationsmodellen und der Darstellung von belastbaren Daten zur Ermittlung von Soll- und Ist-Werten bei der Berechnung von Aufwänden und erbrachten Leistungen. Ein Grundsatz ist hierbei die Bereitstellung der Daten in einem maschinenlesbaren Format, so wie sie für die jeweilige Aufgabe benötigt werden.

Die beschriebene Mengenermittlung basiert entweder auf dem explizit modellierten Bauteiltyp und dem damit verbundenen Mengentyp (z. B. Typ „Wand" mit Dicke und Flächengeometrie) oder durch implizit vorhandene Bauteile, wie Anschlüsse, Leibungen etc., deren Geometrien sich sekundär aus dem Modell ableiten lassen, beispielsweise die Sturzhöhe aus der Geschosshöhe minus Brüstungs- und Fensterhöhe, siehe dazu auch Parametrikbeispiel im Kapitel 2 Modelle. Dies bildet die Basis zur Entwicklung von Datenmodellen für die Termin- und Kostenplanung. Die Abgrenzung dieser Datenmodelle von den Datenmodellen für die Geometrie wird in Blatt 5 der VDI 2552 näher erläutert.

Ausgehend von den Informationsanforderungen für die unterschiedlichen Ziele einer Kostenermittlung (Kostenrahmen, -schätzung, -berechnung, -anschlag und -feststellung) bzw. einer Terminplanung werden unterschiedliche Detaillierungsgrade (Fertigstellungsgrad Kostenplan FGK bzw. Fertigstellungsgrad Terminplan FGT) entwickelt. Die Verfahren zur Mengenermittlung für die Kostenermittlung sowie für die Mengenermittlung zur Terminplanung werden vorgestellt und beispielhaft mit DIN 276-Kostengruppen dargestellt.

Die Mengenermittlung zur Ausschreibung und Vergabe von Teilleistungen und die Mengenermittlung zur Ausführung und Abrechnung auf Grundlage eines Datenmodells wird skizziert und die Bedeutung einer vertraglichen Grundlage für die Anwendung dieses Verfahrens im Projekt (innerhalb des BAP) wird betont.

Blatt 3 beschreibt ausführlich die Anwendung von Bauwerksinformationsmodellen im Kosten-Controlling und stellt eine Beispielrechnung mit Bezug zu DIN 276 und DIN 277 vor.

Für die analoge Vorgehensweise beim Termin-Controlling mit Bauwerksinformationsmodellen wird kurz auf die planungsorientierte und ausführungsorientierte Terminplanung eingegangen.

Blatt 4: Anforderungen an den Datenaustausch (Mai 2020)

Das Blatt behandelt die Datenaustauschprozesse im Rahmen der BIM-gestützten Abwicklung von Bauvorhaben. Es bedient sich folgerichtig des Instrumentariums der DIN EN ISO 29481-1 [43]. Die Bestandteile eines Informationslieferhandbuchs werden genannt und die logische Kette der Ermittlung von Informationsanforderungen und der Spezifikation von Informationslieferungen durch AIA und Anwendungsfälle wird beschrieben. Beispiele für Anwendungsfälle werden skizziert (siehe auch Kapitel 5 BIM-Projektpraxis, Abschnitt 5.3.4 Typische Anwendungsfälle). Die Systematik der Level of Development LOD wird anhand des seinerzeitigen Standes der Normung erläutert. Die genannte Kopplung von geometrischen und alphanumerischen Detaillierungsgraden darf angesichts der ISO 17412 [47] als überarbeitungswürdig betrachtet werden. Die grundsätzlichen Modellarten aus fachlicher, koordinativer und Lebenszyklussicht werden erläutert.

Blatt 4 geht auf inhaltliche Modellanforderungen näher ein und nennt zunächst allgemeingültige Modellinhalte, wie Koordinatensystem, globale Objektidentifikatoren und Klassifikationen sowie Projektstrukturplanschlüssel und räumliche Gliederungen von Fachmodellen, um anschließend genauer auf Modellierungsrichtlinien einzugehen, wie zum Beispiel Kollisionsfreiheit und Vermeidung von Dopplungen.

Genaueres hierzu siehe auch Kapitel 5 BIM-Projektpraxis, Abschnitt 5.3.4.5 Phasenspezifische BIM-Anwendungsfälle, Anwendungsfälle für die Planungsphase, Modellierungsregeln für Modellinhalte.

Die Bedeutung einer regelmäßigen Qualitätsprüfung von Teilmodellen an Datenübergabepunkten wird erläutert.

Blatt 4 nennt gängige offene Datenformate für den modellbasierten Datenaustausch (IFC, BCF, MVD) sowie cityGML, Container für Leistungsverzeichnisse (DIN SPEC 91350, [48]), Green Building eXtensible Markup Language (gbXML), den Objektkatalog Straße (OKSTRA) und die VDI 3805/DIN ISO 16757-1 [49] für den Austausch von Daten der technischen Gebäudeausrüstung (TGA).

Der Anhang von Blatt 4 widmet sich den Leistungsphasen der HOAI und einer Zuordnung von Detaillierungsgraden in den entsprechenden Phasen. Dazu werden mehrseitige beispielhafte LOD-Leistungsphasenzuordnungen gemäß HOAI tabellarisch zusammengestellt.

Für die Informationsmodelle, Asset Informationsmodell (AIM) und Projekt Informationsmodell (PIM), der ISO 19650 findet sich in VDI 2552 Blatt 4 keine Entsprechung.

Auch die Strukturierung von Informationsmodellen gemäß einer Federationsstrategie im Sinne der DIN EN ISO 19650-2 wird nicht aufgegriffen.

Blatt 5: Datenmanagement (Dezember 2018)

Die Richtlinie definiert Vorgehensweisen zur Strukturierung, Zusammenführung, Verteilung, Verwaltung und Archivierung von digitalen Informationen im Rahmen der integralen modellbasierten Projektabwicklung (Building Information Modeling). Hierzu gehören auch die technischen und organisatorischen Anforderungen zur Umsetzung einer Gemeinsamen Datenumgebung (Common Data Environment CDE), die Strukturierung von BIM-Daten, die kooperative Bearbeitung, die technische Umsetzung und Aspekte der Datenhoheit, des Datenschutzes und des rechtssicheren Zugriffs.

Blatt 5 arbeitet die Unterschiede zwischen reinen gemeinsam genutzten Dateiablagen, Dokumentenmanagementsystemen und modellbasierten Projektplattformen deutlich heraus und macht so die Eignung bzw. Nichteignung der entsprechenden Systeme für BIM-Projekte und deren Kernprozesse deutlich. Als wesentliche Kernprozesse der kollaborativen Zusammenarbeit schildert Blatt 5 die Koordination von Modellen und deren Qualitätssicherung im Rahmen von spezifischen Workflows.

Während echte Gemeinsame Datenumgebungen (modellbasierte Projektplattformen) diese Workflows vollumfänglich umsetzen können, erfordern Systeme, die lediglich Teilaspekte umsetzen, manuelle Eingriffe.

Blatt 5 erläutert die Funktionen einer Gemeinsamen Datenumgebung, wie Workflows als Verkettung von Projektmanagement- und Wertschöpfungsprozessen, die Strukturierung, Verknüpfung und Filterung von Daten mithilfe von Metadaten und eindeutigen Identifikatoren. Die Unterstützung der gemeinsamen Erstellung von Informationen durch Versionierung und durch Zugriffsrechte für geschützte Arbeitsbereiche wird ebenso behandelt wie Aspekte der Datenhaltung, Archivierung und Datenintegrität.

Die kooperative Bearbeitung im Rahmen von BIM-Projekten wird mit den Aktivitäten der Lieferung, Koordination, Qualitätssicherung, Dokumentation und Archivierung erläutert. Beispielhafte BPMN-Prozessdiagramme erläutern die Aktivitäten zwischen den Projektteilnehmern anschaulich in grafischer Form.

Blatt 6: BIM – Betrieb

Die Richtlinie beschreibt eingehend die Informationsanforderungen, die sich aus einer Immobilienportfolio-Strategie ergeben. Hierbei werden Nutzungsziele, Hauptprozesse, das Datenmanagement, Datenkataloge und IT-Werkzeuge berücksichtigt. Sie wendet die ISO 19650 Termini OIR, AIR und PIR auf die praktischen Erfordernisse des Betriebs an. Es werden die unterschiedlichen Sichtweisen und Strategien des Eigentümers und Nutzers in der Nutzung- und Betriebs- sowie in der Planungs- und Bauphase dargestellt.

Der Fokus vierer wesentlicher Akteure, die die Eigentümerschaft für Grundstücke und Gebäude übernehmen, wird unterschieden:

- Projektentwickler
- institutioneller Investor

- Corporate Real Estate Management CREM
- Public Real Estate Management PREM.

Nutzungsziele für die Betriebsplanung und in der Betriebsphase werden beispielhaft angegeben und deren modellbasierte Umsetzung im Datenmanagement beleuchtet.

Die Richtlinie versetzt damit Projektteilnehmer in der Bereitstellungsphase (Planung, Ausführung) in die Lage, betriebsrelevante Informationen unter Einsatz einer gemeinsamen Daten Umgebung (CDE), auftragsgemäß zu liefern und dabei BIM-gerechte Datenstrukturen (AIM, PIM) zu verwenden. Sie berücksichtigt dabei sowohl die BIM-Anwendung bei Bestandsbauten als auch bei Neubauprojekten.

Betriebsrelevante Anwendungsfälle werden aufgezählt, der Einsatz von Informationsmodellen zur Lieferung und Ablage von Informationstypen aller Art, wie Bauwerksmodellen, Plänen, Fotos, Listen, Handbüchern, Prüfprotokollen usw. wird dargestellt. Ganz im Sinne der ISO 19650-3 wird auch auf ereignisorientierte Daten im Betriebsablauf eingegangen.

Blatt 6 bietet damit ein umfassendes Bild des BIM-Einsatzes sowohl im Hinblick auf den gesamten Gebäudelebenszyklus, als auch für die fachliche Ableitung von Anforderungen aus Sicht der Betreiberprozesse.

Blatt 7: Prozesse (Juni 2020)

Ein reibungsloser Arbeitsablauf und Informationsfluss zwischen den Beteiligten ist ein zentraler Bestandteil der BIM-Methodik. Prozesse realisieren die Abläufe des BIM-Informationsmanagements. Die Befähigung, Arbeitsabläufe, Wechselwirkungen und Interaktionen zwischen den Projektbeteiligten darstellen zu können, ist daher von entscheidender Bedeutung für einen nachvollziehbaren Projektablauf. Die VDI-Richtlinie 2552 Blatt 7 legt keine konkreten Fachprozesse fest, sondern erläutert grafische Notationen zur Darstellung von Prozessen, Akteuren und Interaktionen. Typische BIM-Rollen werden beschrieben und deren Aktivitäten in gängigen BIM-Workflows beispielhaft erläutert.

Wie alle Blätter der VDI-2552-Reihe steht auch Blatt 7 im Kontext der ISO 19650. Anders als die VDI-Richtlinienreihe 2552 verfolgt die ISO 19650 jedoch durchgängig einen prozessorientierten Ansatz. Die für jede Projektphase typischen Makro-Prozessabläufe findet man im Gegensatz zur ISO 19650 in der VDI 2552-7 daher nicht wieder.

Blatt 7 bezieht sich ausdrücklich auf DIN EN ISO 29481, deren Methodik der Prozessbeschreibung hier vertieft und beispielhaft angewendet wird. Analog zur ISO 29481 werden die Instrumente und Werkzeuge zur Beschreibung von Prozessen, Interaktionen und Transaktionen dargestellt. Die Notation zur Beschreibung von Prozessen sowie zur Darstellung der dabei auftretenden Interaktionen zwischen den Akteuren wird erläutert. Mit diesem Instrumentarium werden Beispieldiagramme mit typischen Abläufen, etwa zur Qualitätssicherung von Modellen im Zuge des Lieferprozesses, wiedergegeben.

Blatt 7 erläutert gängige BIM-Rollenbilder, gibt praxisnahe Beispiele zu deren Aufgaben im Projekt und setzt diese in Beziehung zu HOAI-Leistungsphasen. Die ISO spezifiziert keine konkreten Rollenbeschreibungen, sondern richtet ihr Augenmerk auf allgemeine

Funktionen in Informationsmanagementprozessen. Die VDI 2552-7 verbindet Funktion und Verantwortlichkeit im Rollenbild und stellt so den notwendigen Praxisbezug her, denn auch die Informationslieferketten der ISO brauchen Personen, die für konkrete Funktionen in der Praxis Verantwortung übernehmen.

Prozessbeschreibung

Nicht in jedem BIM-Projekt steht zu Beginn zwangsläufig der Entwurf einer komplett neuen Prozess-Landkarte an. Ein BIM-Manager sollte jedoch in der Lage sein, vorgegebene Prozess-Landkarten zu interpretieren und gegebenenfalls eigene Prozess-Landkarten zu entwickeln oder bestehende anzupassen. Als grafische Beschreibungssprache hat sich hierfür BPMN (Business Process Modelling and Notation[36)]) bewährt und durchgesetzt. BPMN bietet umfassende grafische Möglichkeiten zur Darstellung in Form verschiedenster Diagramme. Zur Darstellung der im Bauwesen relevanten Abläufe werden in Blatt 7 das Prozess-, das Interaktions- und das Transaktionsdiagramm empfohlen und anhand von Beispielen erläutert. Diese Diagramme ermöglichen eine einfache und anschauliche Darstellung der Informationsliefer- und Qualitätssicherungsprozesse.

Projektweise wiederkehrende Abläufe können als Prozessbausteine entwickelt und in weiteren Projekten wiederverwendet werden.

Prozess-Landkarten und weitere Diagramme sind ein zentraler Bestandteil eines Informationslieferhandbuchs nach ISO 29481. Das Blatt 7 Prozesse kann für diesen Punkt wichtige Hilfestellung geben. Anhang B von Blatt 7 erläutert die Qualitätssicherung aus Sicht von Informationsmanager, -koordinator und -autor.

BIM-Rollen und Leistungsbilder

Wie bei allen Blättern der VDI 2552 steht auch Blatt 7 grundsätzlich im Kontext der ISO 19650. Die ISO 19650 enthält sich jedoch einer Definition von Rollenbildern und stellt den Team-Gedanken bei der Informationslieferung innerhalb einer Lieferkette in den Vordergrund.

Die VDI 2552-7 ergänzt daher die im deutschen Sprachgebrauch üblichen Bezeichnungen und liefert entsprechende Definitionen zu den gängigen Rollenbildern:

Informationsmanager (BIM-Manager)

- erfasst die Auftraggeber-Informationsanforderungen (AIA),
- definiert BIM-Ziele und -Anwendungen,
- stimmt die Aufgaben und Prozesse mit den Beteiligten, insbesondere auf operativer Ebene mit dem Informationskoordinator, ab,
- verantwortet organisatorische Aufgaben, sowie die Definition, Umsetzung, Einhaltung und Dokumentation der BIM-Prozesse,
- berücksichtigt den gesamten Lebenszyklus eines Bauwerks,
- ist Ansprechpartner des Auftraggebers in allen digitalen Belangen,
- zeichnet verantwortlich für das Common Data Environment CDE.

---

36) Siehe Kapitel 3 Informationsmanagement – Beispiel 3.3: Lieferprozesse grafisch beschreiben

Informationskoordinator (BIM-Koordinator)

- koordiniert die Arbeitsergebnisse seines Teams (Aufgabenteam bzw. Lieferteam),
- ist verantwortlich für die operative Umsetzung der BIM-Ziele,
- definiert und koordiniert Aufgaben und Zuständigkeiten auf Grundlage der BIM-Prozesse und BIM-Anwendungen des TIDP (siehe Abschnitt 4.8.1.1 BIM-Teamgeist) seines Teams,
- sichert die vertraglich im BAP vereinbarte Qualität der Informationslieferungen und den fehlerfreien Datenaustausch,
- koordiniert die Informationsautoren bei der Erarbeitung des Datenmodells,
- leitet Freigaben durch den BIM-Manager in projektspezifischen Intervallen ein,
- koordiniert auf Ebene eines Aufgabenteams die Informationslieferungen, die von den BIM-Autoren seines Teams erstellt werden und prüft sie vor Weiterleitung an den BIM-Koordinator des Lieferteams (Bild 4.21 von (C) nach (B)),
- koordiniert auf Ebene des Lieferteams die Lieferungen der Aufgabenteams und bereitet sie vor Weiterleitung an den Informationsbesteller (z. B. den Bauherrn) auf, z. B. durch Erstellung von Unterlagen für Freigaben. (Bild 4.21 von (B) nach (A)).

Informationsautor (BIM-Autor)

- erstellt und bearbeitet die beauftragte Informationslieferung über den gesamten Lebenszyklus eines Bauwerks in Abstimmung mit dem BIM-Koordinator seines Aufgabenteams,
- verwendet ein Autorensystem, z. B. ein CAD- oder Modellierungswerkzeug bzw. eine Office-Applikation zur Erstellung von Dokumenten,
- ergänzt Informationen in Modellen oder Dokumenten, entsprechend der im BAP vertraglich vereinbarten Informations-Qualität gemäß den AIA,
- berücksichtigt BIM-Standards im Rahmen der BIM-Prozesse seiner Fachdisziplin,
- besitzt die Datenhoheit über die von ihm erstellten Fach- und Teilmodelle.

Informationsnutzer (BIM-Nutzer)

- nutzt das Datenmodell ausschließlich zur Informationsgewinnung,
- beispielsweise für Analysen, Simulationen und Berechnungen,
- zur Erstellung von Auszügen (z. B. Ableitung von Plänen, Listen etc.),
- fügt dem Bauwerks-Informations-Modell keine Daten oder Informationen hinzu.

Den in Blatt 7 festgelegten BIM-typischen Rollenbildern werden im Blatt 8 der VDI 2552 die erforderlichen Qualifikationen zugeordnet und eingehend beschrieben.

Informationslieferungen und Anforderungen an den Informationsaustausch

Blatt 7 zeigt beispielhaft eine Informationslieferung zwischen zwei Rollen als Teil einer größeren Informationsstruktur und verweist ansonsten auf DIN EN ISO 29481-2 („Handbuch der Informationslieferungen", siehe Kapitel 4 Standards). Die Bedeutung der kontinuierlichen Fortschreibung von Informationslieferungen und -anforderungen im Projektverlauf wird betont. Die hierfür zentralen Dokumente AIA und BAP sind daher als dynamisch anpassbar zu betrachten.

Blatt 8: Building Information Modeling – Qualifikationen – Basiskenntnisse (Jan. 2019)

Die Richtlinie Blatt 8 ist in Unterblätter unterteilt. Blatt 8.1 definiert die Grundlagen für die Aus-, Fort- und Weiterbildung von BIM-Basiskenntnissen. Beschrieben werden:

- Kompetenzen, Qualifikationen und Lehrinhalte sowie
- Rahmenbedingungen für den Ablauf von Aus-, Fort- und Weiterbildungen.

Blatt 8.1 richtet sich an alle Partner der Wertschöpfungskette Planen, Bauen, Betreiben und Managen, um vergleichbare Kompetenzen zu haben sowie Aus-, Fort- und Weiterbildungsinhalte konzipieren, organisieren und durchführen zu können.
Blatt 8.2 – Building Information Modeling – Qualifikationen – Vertiefende Kenntnisse (Entwurf 06/2021) – definiert, aufbauend auf den Vorgaben der VDI 2552 Blatt 8.1, die Grundlagen für die Aus-, Fort- und Weiterbildung von vertieften BIM-Kenntnissen, also dem Wissensanteil einer Kompetenz.

VDI 2552 Blatt 8.3 – Building Information Modeling; Qualifikationen; Fertigkeiten – wird als Folgeblatt die Anforderungen an praktischen Fertigkeiten in der BIM-Anwendung beschreiben. Damit werden die Kompetenzanforderungen von Blatt 8 insgesamt vervollständigt.

Blatt 9: Klassifikationen (Entwurf August 2020)

Bei Planung, Bau und Betrieb von Bauwerken mithilfe der BIM-Methode arbeiten die beteiligten Parteien kollaborativ auf Basis von digitalen Gebäudedatenmodellen zusammen. Dabei werden die Modelle ganz oder teilweise zwischen den Beteiligten ausgetauscht. Die Strukturierung der Gebäude Datenmodell auf Basis von projektweit einheitlichen Klassifikationen ermöglicht es, die enthaltenen Informationen automatisiert auszulösen und gleichartig zu verwenden.

In dieser Richtlinie wird die Methodik der Klassifikation der Gebäudedatenmodelle beschrieben. Im Anhang der Richtlinien wird eine beispielhafte Bauteiltypenliste zu finden sein.

Blatt 10: Auftraggeber-Informationsanforderungen (AIA) und BIM-Abwicklungspläne (BAP) (Februar 2021)

Bei der Beauftragung und Angebotsabgabe für BIM-Projekte haben sich AIA und BAP etabliert, zum heutigen Stand jedoch noch in sehr uneinheitlichen und unabgestimmten Varianten. Dies führt zu großer Verunsicherung und birgt erhebliche Risiken, dass hier entweder maßlos über das Ziel hinausgeschossen wird oder die Vereinbarungen zu allgemein und unverbindlich ausfallen, sodass Rechtsstreitigkeiten vorhersehbar sind. Dieses Blatt der VDI 2552 soll der Praxis Hinweise und Ratschläge, eventuell auch in Form von Checklisten, an die Hand geben, um zu praktikablen Lösungen zu finden, die an die projektspezifischen Bedingungen angepasst sind, dem Auftraggeber Sicherheit gewähren und den Auftragnehmer nicht überfordern und damit den Kreis der potenziellen Bieter unnötig einschränken.

Blatt 11: Informationsaustauschanforderungen IAA (September 2020)

Blatt 11 der BIM-Richtlinie ist in Unterblätter unterteilt, die jeweils IAAs einer speziellen Fachrichtung behandeln.

In der Praxis des Informationsaustausches von BIM-Daten hat sich gezeigt, dass Schwierigkeiten häufig dann auftreten, wenn der Informationsbedarf (sogenannte Exchange Requirements) nicht hinreichend beschrieben wird. Heutige Spezifikationen sind zu allgemein gehalten und zu wenig auf den spezifischen Austauschzweck fokussiert. Beispiele sind: spezifische Anforderungen für nachfolgende Auswertungen, spezifischer Input für nachfolgende Gewerke, spezifischer Input für Simulationen usw. Dieses Blatt der VDI 2552 soll auf der Grundlage existierender BIM-Datenaustauschstandards praktikable Methoden zur Definition von ERs adaptieren oder entwickeln, die auch softwaretechnisch umsetzbar sind und eine Basis für technische Zertifikate liefern. Eventuell kann dies auch Ausgangspunkt für eine in Zukunft wachsende Sammlung von konkreten Lösungen für typische Bauwerke und Projektarten werden. Es ist geplant, dass hier verschiedene „Unterblätter" erarbeitet werden mit dem Fokus auf unterschiedlichen Anwendungsfällen.

Schlitz- und Durchbruchsplanung

Als Unterblatt zu Blatt 11 – Informationsaustauschanforderungen wird in Blatt 11.2 der Richtlinienreihe die Schlitz- und Durchbruchsplanung auf Basis von BIM erarbeitet. Ziel war es, den Durchbruchsprozess sowohl vom Ablauf als auch von der technischen Ausprägung zu beschreiben und in einem Informationslieferhandbuch (IDM, Information Delivery Manual) darzustellen. Dieser gibt einen Grundstandard zum Austausch, zur Abstimmung und zur Freigabe von Durchbrüchen im BIM-Prozess wieder und definiert die entsprechenden Zuständigkeiten. Die konkrete inhaltliche Tiefe und die Zeiträume einer Durchbruchsplanung wurden nicht definiert, da diese projektspezifisch sehr unterschiedlich sein können.

Schalungs- und Gerüsttechnik

Das Fachplanermodell Schalungs- und Gerüsttechnik (und Betonbauweise) wurde nach dem Grundsatz eines transparenten Daten- und Informationstransfers im Rahmen von BIM zwischen den Projektbeteiligten in den verschiedenen Phasen eines Bauprojekts bezogen auf die sach- und fachgerechte Anwendung von Schalungs- und Gerüstsystemen entwickelt. Es entspricht sowohl dem Status eines IDM als auch dem Status der Modellansichtsdefinition (MVD, Model View Definition). Das Fachmodell würdigt sowohl die Unikatfertigung im Bauwesen als auch die Tatsache, dass durch die gegenwärtige Arbeitsteilung in Bauprojektorganisationen die Schalungs- und Gerüstlieferanten sowie die Schalungs- und Gerüstplaner zum Kern der Bauprojektbeteiligten gehören.

Ökobilanzierung

Die Ökobilanzierung von Gebäuden stellt eine wichtige Bewertungsmethode für die ökologische Qualität eines Gebäudes und dessen Einfluss auf Klima und Umwelt dar. Für eine erfolgreiche Anwendung als planungsbegleitendes Tool bedarf die Ökobilanz einer Vielzahl an Informationslieferungen zwischen unterschiedlichen Prozessbeteiligten. Die Schnittstellen müssen vollumfänglich und eindeutig definiert werden, dazu zählen Rollen und Verantwortlichkeiten, Aufgabenpakete sowie die objektspezifische Parametrisierung der relevanten Informationsbedarfe über den gesamten Gebäudelebenszyklus. Ziel dieses Unterblatts ist es, die Informationsaustauschanforderungen zur Umsetzung der Ökobilanzierung als BIM-Anwendungsfall ganzheitlich zu beschreiben.

Aufzugstechnik

Für die Planung und den Einbau von Aufzügen in Gebäuden stehen unterschiedliche Varianten zur Verfügung. Diese betreffen im Besonderen Ausführungen mit und ohne Maschinenraum, sowie unterschiedliche Kabinengrößen, wenn Geschwindigkeiten und Antriebssystem unterschiedliche Schacht- und Durchbruchsabmessungen erfordern. Von großer Relevanz für den qualitativen, ökonomischen und terminlichen Erfolg ist eine sach- und fachgerechte Planung, Konstruktion und die frühzeitige Berücksichtigung des späteren geplanten Einsatzes (z. B. Seniorenheim, Shopping-Center usw.)

Weiterhin ist es für den späteren Betrieb wichtig, von Anfang an die fördertechnischen Anforderungen eines Gebäudes zu planen und umzusetzen.

Um alle notwendigen Randbedingungen und Parameter in einem System zu erfassen und zu integrieren, wurden Software-Planungswerkzeuge entwickelt, die im BIM-Prozess verarbeitet werden können.

Brandschutz

Das Gremium arbeitet seit Ende 2020. Mit einem Entwurf ist frühestens 2022 zu rechnen.

4.9.4 DIN SPEC 91391 „Gemeinsame Datenumgebungen (CDE) für BIM-Projekte – Funktionen und offener Datenaustausch zwischen Plattformen unterschiedlicher Hersteller"

Dass Online-Filesharing (Google Drive, DropBox etc.) keine Gemeinsame Datenumgebung ersetzen kann, dürfte sich nicht erst seit Einführung der ISO 19650 herumgesprochen haben. Wie das Informationsmanagement à la BIM mit einem CDE genau unterstützt wird, war bisher vielen jedoch nicht so bekannt.

Was genau ist eine Gemeinsame Datenumgebung (CDE), welche Funktionen hat sie, welche BIM-Konzepte setzt sie um? In der Baubranche herrscht derzeit kein einheitliches Verständnis über Inhalte und Details einer solchen Datenumgebung. Grund genug, das Projekt DIN SPEC 91391 „Gemeinsame Datenumgebungen für BIM-Projekte" zu initiieren. Am Projekt waren außer den Initiatoren Oracle Deutschland und der planen-bauen 4.0 GmbH auch die Allplan GmbH, die eTASK Immobilien Software GmbH, die Fact GmbH, der Gesamtverband der Deutschen Versicherungswirtschaft e. V., die thinkproject! GmbH und TNO Research beteiligt.

Die DIN SPEC 91391 beschreibt erstmals Anforderungen sowohl an die Funktionen eines CDE als auch an den offenen Datenaustausch zwischen Plattformen verschiedener Hersteller. Sie gibt grundlegende Definitionen zu Begriffen des Informationsmanagements wie zum Workflow als einer „Abfolge von Aktivitäten zur Erreichung eines

Ziels, das beispielsweise von einem Anwendungsfall (Use Case) vorgegeben wird" [31], und erläutert weiter, dass prozessbeteiligte Akteure oder Systeme diese Aktivitäten durchführen und dabei Informationen erstellen oder ändern. Nach Erreichen des Ziels liefere der Workflow das Ergebnis an die aufrufende Instanz, beispielsweise das Projektmanagement, zurück.

Die DIN SPEC 91391 steht zum kostenlosen Download unter www.Beuth.de/go/din-spec-91391 zur Verfügung.

4.9.4.1 Gemeinsame Datenumgebung CDE

Mit einer Gemeinsamen Datenumgebung wird das Informationsmanagement in BIM-Projekten realisiert. Internationale BIM-Standards wie die ISO 19650 und die deutsche BIM-Richtlinie VDI 2552 sehen den Einsatz von Gemeinsamen Datenumgebungen (Common Data Environments CDE) bindend vor. In der DIN SPEC 91391 wird die genaue Funktionsweise einer CDE detailliert erläutert.

Ein CDE ist modular aufgebaut.

- Das Dokumentenmanagement innerhalb einer CDE stellt die Redundanzfreiheit, Wiederauffindbarkeit und Zugänglichkeit von Informationen für alle Projektteilnehmer sicher. Dabei bleibt die Datenhoheit über die eigenen Informationen gewahrt. Namenskonventionen und andere Metadaten lassen sich hier konfigurieren, damit alle Projektteilnehmer ihre Informationen einheitlich kategorisieren und wieder auffinden.
- Das Workflow-Management bietet sowohl Vorlagen für alle üblichen Kommunikations- und Arbeitsabläufe als auch individuell anpassbare Workflows oder Projektkommunikation mit spezifischen Eigenschaften. Wiederkehrende Prüfabläufe, wie Abnahmen und Freigaben, und der Informationsaustausch zwischen Projektbeteiligten, wie Informationsanfragen und Arbeitsaufträge, können so auf der Plattform nachvollziehbar und wiederverwendbar umgesetzt werden.
- Hochentwickelte CDE bieten darüber hinaus spezielle BIM-Module an. Sie enthalten spezifische Funktionalität für das Arbeiten mit Modellen, wie BIM-Viewer und einen modellbasierten Datenaustausch.
- Offene BIM-Formate, wie IFC für Modelle und BCF für die gemeinschaftliche Abarbeitung von Fehlern, erlauben die uneingeschränkte, herstellerunabhängige Einbindung vieler Anwendungen, wie CAD-Software und Prüfwerkzeuge.

4.9.4.2 DIN SPEC 91391 Teil 1 „Module und Funktionen einer Gemeinsamen Datenumgebung"

Im ersten Teil der DIN SPEC 91391 [25] werden die grundlegenden Funktionen, Module (Bild 4.42) und Konzepte einer Gemeinsamen Datenumgebung definiert und die Aufgaben eines CDE beschrieben. So erfolgt die Lieferung von Informationen in sogenannten Informationscontainern. Diese werden mit Metainformationen beschrieben, damit sie in der Gemeinsamen Datenumgebung systematisch weiterverarbeitet werden können. BIM-Anwendungsfälle, zum Beispiel aus einem BIM-Ablaufplan BAP, werden in Arbeitsschritte eines CDE-Anwendungsfalls umgesetzt und im Workflow-Management-Modul des CDE ausgeführt.

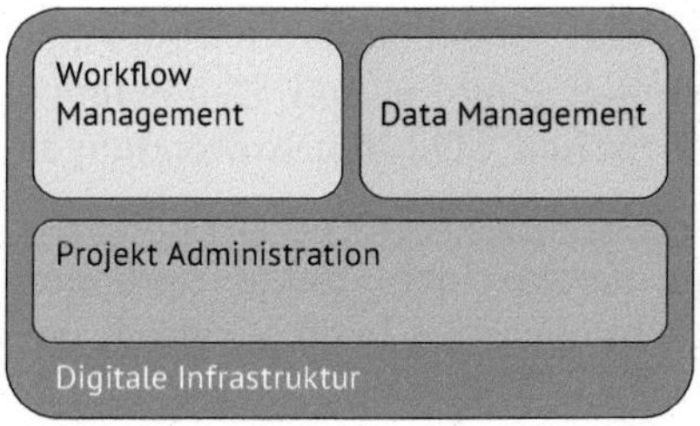

Bild 4.42 Module einer Gemeinsamen Datenumgebung

Mindestkriterien und Zusatzfunktionalität

Die DIN SPEC 91391 [25] gibt den Mindestumfang sowie mögliche Zusatzfunktionalitäten eines CDE an.

Eine Gemeinsame Datenumgebung nach DIN SPEC 91391 muss unter anderem folgende Kriterien erfüllen.

- Informationen müssen im Hoheitsgebiet des Urhebers (Informationsautors) bleiben und dürfen nur durch explizite Weitergabe in einem definierten Lieferprozess in die Hände der jeweiligen Projektteilnehmer gelangen (Lieferprinzip).
- Kriterien zu Leistungsfähigkeit und IT-Sicherheit der digitalen Infrastruktur.
- Informationslieferungen (z. B. nach einem BIM-Abwicklungsplan BAP) müssen in einem CDE ausgeführt und kontrolliert werden können.
- Wichtigste CDE-Workflows für die Zusammenarbeit in BIM-Projekten sind zu unterstützen.
- Nachvollziehbarkeit aller CDE-Aktivitäten und Workflows, aktuelle Bearbeitungszustände sind jederzeit erkennbar. Zusammenfassung der Projektsituation in Management-Zusammenfassungen (Dashboards).
- Koordination der Fachgewerke wird unterstützt durch
  - Überlagern und Weitergabe von Fachmodellen an Prüfverantwortliche,
  - Kommunikation von Problemen durch Nutzung des BIM Collaboration Formats BCF,
  - Prüf- und Fehlerbehebungs-Workflows, schnelle Zuordnung, Kommunikation und Behebung von Fehlern,
  - spezielle Workflows zur Prüfung, Fehlerbehebung und Qualitätssicherung,
  - Unterstützung von BCF im integrierten BIM-Viewer.
- Leistungsfähige BIM-Viewer ermöglichen
  - die Orientierung und Prüfung im Modell, das Anlegen von Schnitten, Ein- und Ausblenden von Elementen,
  - die Verlinkung von Modellelementen mit Dokumenten, z. B. Wartungsplänen und Produktspezifikationen,
  - die Anzeige alphanumerischer Modellinformationen, z. B. Modellattribute,
  - die baumartige Darstellung von Modellstrukturen (Geschoss/Raum, Elementtypen),
  - die Anzeige nichtgrafischer Modellinformationen (Attribute, Fehlerstatus, Kommentare),
  - die Unterstützung offener Formate, Visualisierung von IFC-Modellen und BCF-Informationen.

- Integration von Autorenwerkzeugen (z.B. Revit) und modellbasierten Prüfwerkzeugen (z.B. Solibri Model Checker, Navisworks) über Plug-Ins und Web-Schnittstellen, dadurch direkter Informationsaustausch zwischen CDE und Anwendungen ohne manuellen Dateitransfer.

Ein digitaler Anhang (Excel-Tabelle, Bild 4.43) stellt die einzelnen Funktionsgruppen übersichtlich tabellarisch dar. Das hilft bei Ausschreibungen und beim Vergleich unterschiedlicher CDE-Lösungen.

	DIN SPEC 91391		CDE-Funktionen			
	Abschnitt 5.4.2 CDE-Anwendungsfall Koordination		Funktionen für die Koordination Informationsaustausch Projektkommunikation und -Kollaboration Strukturieren von Informationen Prüf- und Freigabeprozesse für Modelle und Dokumente			
	Containerbasierter Informationsaustausch		Liefern, Filtern und Bereitstellen von Informationen			
	Informations-Bereitstellung	CDE-Funktion	Beschreibung	Hinweise	Pflicht	Optional
1		Upload	Dateiübergabe an die CDE unter Eingabe von Metadaten		P	
2		Massenupload (Bulk Upload)	Übergabe von Dateipaketen und teilautomatische Zuweisung von Metadaten		P	
3		Datenaustausch-Schnittstelle	manueller Datenaustausch über Nutzeroberfläche, browserbasiert		P	
4			programmatischer Datenaustausch über API-Schnittstelle	siehe auch DIN SPEC 91391-2	P	
5		Download	Einzeldatei von CDE auf lokalen Rechner laden		P	
6		Massendownload (Bulk Download)	Dateipaket auf lokalen Rechner		P	
7		Dateigröße	Ablage von Informationscontainern beliebiger (sinnvoller) Größe auf der CDE	z.B. Ablage von Plänen beliebiger Größe	P	
8		Dokumentenablage	Speichern von BIM-Fachmodellen in der zentralen Projektdokumentenablage zusammen mit Plänen, Dokumenten und anderen Projektinformationen		P	
	Lieferung	Funktion	Beschreibung	Hinweise	Pflicht	Optional
9	Metadaten	Projektspezifische Klassifizierung	Klassifizierung jedes Informationscontainers mit Metadaten bei Upload. Metadaten können projektspezifisch festgelegt werden (Projektkonfiguration).	Festlegen von Metadatenkategorien, um zulässige Wertebereiche und Codierungen für unterschiedliche Containertypen (Plan, Dokument, Fachmodell, etc.) im Projekt festzulegen. z.B. vertagliche, technische oder organisatorische Bedeutung. Gemäß AIA und BAP	P	

Bild 4.43 DIN SPEC 91391 Teil 1 enthält als digitalen Anhang eine Excel-Tabelle als Checkliste für Ausschreibungen und den Anbietervergleich. Dort sind über 200 optionale und verpflichtende CDE-Funktionen nach Modulen geordnet aufgelistet.

Federationsstrategie und Metadaten

In einem CDE wird die durch die Federationsstrategie vorgegebene Ordnungsstruktur durch Klassifikation der Informationscontainer durch Metadaten umgesetzt, zum Beispiel indem eine Informationslieferung nach Disziplin (Architektur, Tragwerk usw.), fachlichem Inhalt (Vorplanung, Entwurf usw.) und Format (2D-Plan, Modell usw.) kategorisiert wird.

In der föderierten Ordnungsstruktur lassen sich Informationen über ihre Metadaten leicht wieder auffinden. Ebenfalls basierend auf dieser Ordnungsstruktur lassen sich Informationen zu unterschiedlichen Kontexten leicht zusammenstellen, indem Metadaten nach bestimmten Kriterien als Filter zusammengestellt werden. Das Ergebnis der Filterung sind beispielsweise alle Informationen, die für den Betreiber eines Gebäudes von Belang sind. Eine solche Zusammenstellung ist ein Informationsmodell für den

Gebäudebetrieb, in der ISO als Asset[37)]-Informations-Modell (AIM) bezeichnet. Während des Bauprojekts sind andere Informationen interessant als für den Betrieb. Für diese Phase werden die Informationen in einem Projekt-Informations-Modell (PIM) zusammengefasst. Beide Informationsmodelle (AIM und PIM) enthalten nicht nur modellbasierte Informationen, sondern umfassen alle Formate, wie Zeichnungen und Dokumente aller Art.

Die Effizienz der Federationsstrategie und der darin entwickelten Ordnungsstruktur steht und fällt mit der Ausdrucksstärke der Metadaten, die an einen Informationscontainer „geheftet" werden. Es ist daher dringend geboten, vor Projektbeginn sinnvolle Metadaten zu spezifizieren und diese im Abschnitt „Federationsstrategie" des BIM-Abwicklungsplans festzuhalten. Für unterschiedliche Phasen und Kontexte können durchaus unterschiedliche Sätze von Metadaten sinnvoll sein.

Informationscontainer

Ein Informationscontainer ist die kleinste Informationseinheit, mit der Daten an ein CDE geliefert werden. Inhalte eines Informationscontainers können Modelle, Dokumente, Zeichnungen, Pläne, Tonaufzeichnungen, Videos und oder eine Kombination davon sein.

Der Informationscontainer enthält außerdem Metadaten. Sie beschreiben den Inhalt, Status oder andere projektrelevante Eigenschaften der im Informationscontainer enthaltenen Daten und ermöglichen einen strukturierten Zugriff darauf. Durch Metadaten lassen sich Informationscontainer einfacher erfassen, speichern, organisieren, auffinden und nutzen. Metadaten können im Dateinamen codiert (Namenskonvention) oder als Zusatzinformationen mit dem Informationscontainer assoziiert werden. Beispielsweise beschreibt die Dokumentart (z. B. Protokoll, Plan, Bericht, Aktenvermerk usw.) die inhaltliche Bedeutung eines Dokuments. Anhand der Metadaten lassen sich Informationen leicht auffinden, ohne den Containerinhalt zu untersuchen.

Ein Informationscontainer wird in einem CDE als Ganzes verwaltet. Er ist die kleinste Ablageeinheit für eine Datei oder ein Modell und logisches Konstrukt zur Datei- oder Modellverwaltung innerhalb des CDE. Jedes Informationsmanagement in oder mit einem CDE erfolgt auf Basis von Informationscontainern.

Eine Gemeinsame Datenumgebung im Sinne der DIN SPEC 91391 stellt keine Funktionalität zur Handhabung der Inhalte des Containers zur Verfügung. Dies geschieht durch Applikationen, welche auf dem CDE aufsetzen. Gleichwohl sollte ein CDE für BIM-Workflows bestimmte Inhalte darstellen können, z. B. IFC-Dateien, BCF-Fehlerreports oder PDF-Dokumente.

Austausch von Informationen im Projekt

DIN SPEC 91391 führt den Ablauf des Informationsaustausches zwischen Projektpartnern und Aspekte der Datenhoheit und Datensicherheit weiter aus.

---

37) ISO 19650 benutzt durchgehend den englischen Begriff „Asset" im Sinne eines „baulichen Vermögensgegenstandes".

Neben den grundsätzlichen Zuständen eines Informationscontainers nach DIN EN ISO 19650 (siehe 3.3.3.1) wird in der Praxis innerhalb der einzelnen Zustände eine weitere Ausdifferenzierung von Zuständen von Informationscontainern erforderlich. Dies erklärt sich auch aus wechselnden Verantwortlichkeiten innerhalb der Zustände. Die Datenhoheit kann innerhalb eines Teams, das einen Container im Zustand „Work in Progress" zwischen unterschiedlichen Bearbeitern austauscht, je nach Prozessschritt wechseln.

Es empfiehlt sich daher, eine Verantwortlichkeitsmatrix über die einzelnen Prozessschritte zur Ab- oder Bearbeitung eines Informationscontainers innerhalb einer Phase anzulegen. Sie hält Verpflichtungen und Zuständigkeiten zur Erledigung von Aufgaben oder Informationsbereitstellungen im Projekt fest und ist wichtiger Bestandteil eines BAP. Eine solche RACI-Matrix[38] ist als Beispiel im Anhang der DIN EN ISO 19650-2 aufgeführt.

Unternehmensübergreifender Datenaustausch im Projekt

Durch das Teilen nach dem Lieferprinzip können einmal übermittelte Informationen nicht mehr entzogen werden. Informationsempfänger erhalten so die Sicherheit, dass einmal geteilte Informationen verfügbar bleiben. Das ineffiziente Anlegen von lokalen Sicherheitskopien kann dadurch entfallen. Das Teilen durch gemeinsamen Ordnerzugriff schließt dagegen die Möglichkeit des Zugriffsentzugs ein und ist als Mechanismus der Informationsbereitstellung weniger vorteilhaft.

Ein Projekt ist in Bereiche eingeteilt, z. B. Unternehmensbereiche, auf die jeweils nur berechtigte Nutzer Zugriff haben. Projektpartner, beispielsweise einzelne Unternehmen, behalten so die Hoheit und Kontrolle über ihre eigenen internen Daten. Je nach teilnehmendem Unternehmen und dessen Aufgabenstellung können auch die Verantwortlichkeiten hinsichtlich Datenlieferungen und Lieferprozessen unterschiedlich sein. Informationslieferungen (Transaktionen) zwischen Unternehmensbereichen, beispielsweise in Erfüllung einer vertraglich vereinbarten Lieferverpflichtung (BAP/AIA), erfolgen über definierte Prozesse. Hierdurch werden Daten von einem Unternehmensbereich zu einem anderen transferiert und verbleiben ab dann in Kontrolle des Empfängers. Somit ist sowohl auf Liefer- als auch auf Empfängerseite die Datenhoheit im jeweils eigenen Unternehmensbereich sichergestellt. Subunternehmer liefern ihre Daten in gleicher Weise wie alle anderen Projektpartner in den Datenbereich des Unternehmens, in dessen Auftrag sie handeln. Ihre Rechte können jedoch auf diesen Informationslieferprozess und den lesenden Zugriff auf für sie relevante Informationen beschränkt sein.

Bild 4.44 stellt die verschiedenen Partnerunternehmen P in einem Projekt (z. B. Auftraggeber/Projektsteuerer/Planer/Generalunternehmer/Unterauftragnehmer) dar. Jeder Projektpartner P1, P2 usw. bzw. dessen Subunternehmer, besitzt einen persönlichen Zugriffsbereich in dem CDE (Kreissegment). Jede dieser Domänen befindet sich unter der alleinigen Kontrolle des jeweiligen Unternehmens. Eine Informationslieferung er-

38) RACI — Attribute eines Bearbeiters: Responsible – verantwortlich, Accountable – zuständig, Consultative – beratend, Informative – informativ

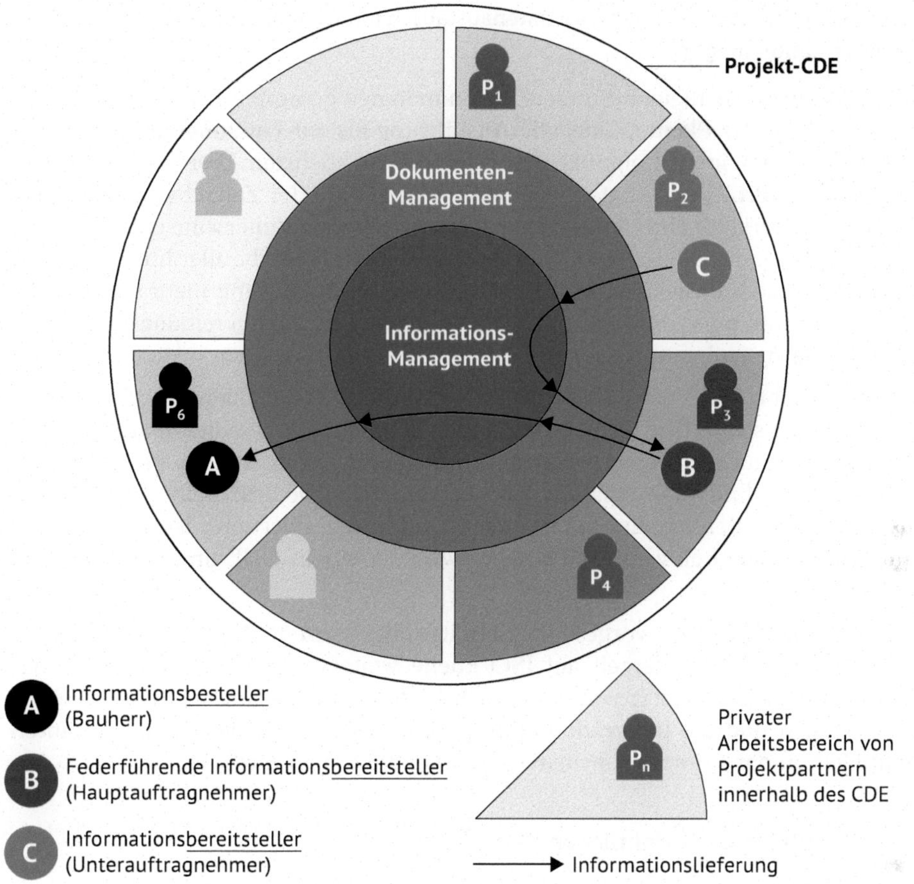

Bild 4.44 Informationslieferungen und Lieferanten in einem BIM-Projekt. Das Lieferprinzip nach DIN SPEC 91391 stellt sicher, dass einmal ausgelieferte Informationen nachträglich nicht mehr entzogen werden können. Bei der Zusammenarbeit über freigegebene Ordner kann es dagegen zu Benachteiligungen kommen, wenn zum Beispiel bei Unstimmigkeiten Zugriffsrechte im Projektverlauf entzogen werden.

folgt zunächst in diesen Bereich. Anschließend können Informationscontainer an einen oder mehrere Projektpartner geliefert werden.

Die Sichtbarkeit von Informationen kann somit kontrolliert erfolgen:

- privat, d.h. nur innerhalb der eigenen Organisation verfügbar,
- geteilt, an ausgewählte Projektpartnern zugestellt,
- projektweit verfügbar, allen Projektpartnern zugestellt.

Ein Automatismus für die Sichtbarkeit von Informationen existiert nicht. Neu hinzukommende Projektpartner müssen daher explizit mit Informationen versorgt werden. Aktualisierungen müssen explizit sichtbar gemacht werden.

4.9.4.3 DIN SPEC 91391 Teil 2 „Offener Datenaustausch mit Gemeinsamen Datenumgebungen"[39)]

Ein CDE kommt selten allein, besonders, wenn man den gesamten Lebenszyklus eines Bauvorhabens von der Planung über die Ausführung bis zur Nutzung betrachtet. Bei BIM stehen die Daten im Mittelpunkt, denn sie sind von höchstem Wert für Bauherren, Betreiber und die Projektbeteiligten insgesamt. Das gilt auf der Zeitachse genauso wie innerhalb der Lieferkette einer Phase. Informations-Silos sind unerwünscht. Interoperabilität heißt daher die Devise. Bei CDEs als zentraler Drehscheibe aller Informationen und Abläufe in einem Projekt ist das besonders wichtig. Auch wenn mehr als ein CDE zum Einsatz kommt, muss die Verfügbarkeit der Daten durch einen reibungslosen Austausch gewährleistet sein.

Deshalb beschreibt Teil 2 der DIN SPEC 91391 ein Schnittstellenkonzept für den offenen Datenaustausch in BIM-Projekten, bei denen die Projektbeteiligten unterschiedliche Plattformen nutzen. Es werden Anforderungen an Schnittstellen, Protokoll und Datenstrukturen definiert. Sogenannte API-Anwendungsfälle beschreiben den Datenaustausch über den Bereich eines einzelnen CDE hinweg. Hierunter ist entweder die Kommunikation zwischen zwei CDEs oder zwischen einem CDE und einer Anwendung zu verstehen.

Das in Teil 2 der DIN SPEC vorgestellte Schnittstellenkonzept stößt international auf großes Interesse. Es wird derzeit auf ISO-Ebene weiterverfolgt. Ein internationaler Standard zur Interoperabilität von CDEs würde deren Bedeutung in BIM-Projekten Rechnung tragen und die Integration eines ganzen Ökosystems von BIM-relevanten Anwendungen in das Informationsmanagement deutlich vorantreiben.

4.9.5 XÖV – BIM in der öffentlichen Verwaltung

XML-basierte Datenformate der öffentlichen Verwaltung (XÖV) werden aufgrund einer bundesländerübergreifenden Initiative entwickelt. Dadurch soll eine lückenlose und medienbruchfreie elektronische Kommunikation zwischen den Behörden von Bund, Ländern und Kommunen entwickelt werden. Der dazu ins Leben gerufene IT-Planungsrat setzt diese politischen Vorgaben um. Die Koordinierungsstelle für IT-Standards (www.xoev.de) KoSIT hat die Aufgabe, die Entwicklung und den Betrieb von IT-Standards für den Datenaustausch in der öffentlichen Verwaltung zu koordinieren.

4.9.5.1 XPlanung und XBau

Als XÖV-konforme Standards wurden XBau und XPlanung entwickelt. Das Handbuch zur Entwicklung XÖV-konformer Standards des IT-Planungsrates fasst die Konzepte zusammen. Damit sind bundesweit einheitliche Datenformate für ein digitales Bauantragsverfahren verfügbar. Planungen erfolgen zukünftig verstärkt unter Nutzung des Building Information Modeling. Digitale Bauwerksmodelle können somit für den Bauantrag genutzt werden. Die Prüfung von Bauanträgen kann aufgrund der dreidimensionalen Darstellung und der Semantik der Modelle teilautomatisiert werden. Nachrichten und Ausnahmeanträge können betreffende Modellelemente referenzieren.

---

39) Kostenfreier Download unter https://www.beuth.de/de/technische-regel/din-spec-91391-2/302483177

XBau bietet die Möglichkeit, Modelldaten als Anlage im neutralen IFC-Format zu übermitteln. Bisher sind jedoch noch keine Anforderungen an die Modelle bezüglich der Inhalte, des Detaillierungsgrades oder der Struktur formuliert. Dies soll unter Berücksichtigung der in der Bauantragsphase üblichen Planungstiefe erfolgen. Geeignete Prüfregelsätze zur Unterstützung einer behördlichen Prüfung werden noch entwickelt. Einen guten Überblick gibt die Handreichung [50] der Leitstelle XPlanung/XBau des Landesbetriebs Geoinformation und Vermessung der Stadt Hamburg. Darüber hinaus richtet sich der Leitfaden XPlanung [51] in erster Linie an die Entscheidungsebene von Bürgermeistern, Beigeordneten oder Dezernenten und gibt einen Überblick über die Datenstandards zur strategischen Entscheidungsunterstützung.

Die XLeitstelle ist als zentrale Geschäfts- und Koordinierungsstelle für die kontinuierliche Pflege und Weiterentwicklung der Standards XBau und XPlanung zuständig.

Die Webseite www.xleitstelle.de gibt einen jeweils aktuellen Überblick über den Stand und enthält weiterführenden Links und Informationen.

4.9.5.2 BIM-basierter Bauantrag

Im Rahmen der Forschungsinitiative ZukunftBau des Bundesministeriums für Umwelt, Naturschutz, Bau und Reaktorsicherheit wird ein Konzept für die nahtlose Integration von Building Information Modeling in das behördliche Bauantragsverfahren entwickelt. Der Abschlussbericht und weitere Projektergebnisse stehen unter http://www.bimbauantrag.de/ zur Verfügung.

Literatur

[27] Sinclair, D. (ed.) (2013) *RIBA Plan of Work 2013.* RIBA Publishing, London.

[28] *Digitalisierung der Musterbauordnung – Aufbereitung der MBO für BIM-basierte Prüfwerkzeuge.* Gefördert durch das Deutsche Institut für Bautechnik. Laufzeit Okt. 2020–Sept. 2022. https://mbo2bim.de

[29] Ruhr-Universität Bochum, Drahtler Architekten (März 2022) *Bericht zur ersten BIM-basierten Baugenehmigung in Nordrhein-Westfalen.* https://www.inf.bi.ruhr-uni-bochum.de/iib/forschung/projekte/BIM_Baugenehmigung.html.de

[30] DIN EN ISO 19650 (2018) *Organisation und Digitalisierung von Informationen zu Bauwerken und Ingenieurleistungen, einschließlich Bauwerksinformationsmodellierung (BIM) – Informationsmanagement mit BIM – Teil 1: Begriffe und Grundsätze.* Berlin: Beuth Verlag.

[31] DIN SPEC 91391 (2019) *Gemeinsame Datenumgebungen (CDE) für BIM-Projekte – Funktionen und offener Datenaustausch zwischen Plattformen unterschiedlicher Hersteller – Teil 1: Module und Funktionen einer Gemeinsamen Datenumgebung; mit digitalem Anhang.* Berlin: Beuth Verlag.

[32] DIN EN ISO 16739 (2017) *Industry Foundation Classes (IFC) für den Datenaustausch in der Bauindustrie und im Anlagenmanagement.* Berlin: Beuth Verlag.

[33] buildingSMART International (2021) *IFC Specifications Database – Liste aller IFC-Versionen. London: buildingSMART International.* https://technical.buildingsmart.org/standards/ifc/ifc-schema-specifications/ [Zugriff am 09.12.2021]

[34] DIN ISO/TR (Technical Report) 23262 (2022) *GIS (Geospatial)/BIM-Interoperability*. Berlin: Beuth Verlag.

[35] Lund Institute of Technology, Ekholm, A. (2005) *ISO 12006-2 and IFC – Prerequisites for Coordination of Standards for Classification and Interoperability,* Lund University, Lund, Sweden. http://www.itcon.org/2005/19/ [Zugriff am: 09.12.2021]

[36] DIN EN ISO 12006 (2017) *Bauwesen – Organisation von Daten zu Bauwerken – Teil 3: Struktur für den objektorientierten Informationsaustausch*. Berlin: Beuth Verlag.

[37] International Construction Information Society ICIS (2017) *Classification, Identification, and BIM*. Zürich: ICIS, ICIS-report_Classification_Identification-_and_BIM_final_2017-10.pdf oder https://www.icis.org/publications/papers [Zugriff am: 09.12.2021]

[38] UK BIM Alliance (2020) *A Fresh Way forward for Product Data. Themenpapier zum Thema PDT. Zusammenstellung der Probleme, Ziele und Initiativen hinsichtlich Produktdaten und Product Data Templates*. UK BIM Alliance, United Kingdom. https://www.ukbimalliance.org/a-fresh-way-forward-for-product-data [Zugriff am: 09.12.2021]

[39] DIN EN ISO 23386 (2020) *Bauwerksinformationsmodellierung und andere digitale Prozesse im Bauwesen – Methodik zur Beschreibung, Erstellung und Pflege von Merkmalen in miteinander verbundenen Datenkatalogen*. Berlin: Beuth.

[40] ISO 23387 (2020) *Bauwerksinformationsmodellierung (BIM) – Datenvorlagen für Bauobjekte während des Lebenszyklus eines baulichen Vermögensgegenstandes – Konzepte und Grundsätze*. Berlin: Beuth Verlag.

[41] DIN SPEC 91400 (2017) *Teil 2: Building Information Modeling (BIM) – Klassifikation nach StLB-Bau*. Berlin: Beuth Verlag.

[42] DIN EN ISO 19650-1, (2019) *Organisation und Digitalisierung von Informationen zu Bauwerken und Ingenieurleistungen, einschließlich Bauwerksinformationsmodellierung (BIM) – Informationsmanagement mit BIM – Teil 1: Begriffe und Grundsätze (ISO 19650-1:2018)*. Berlin: Beuth Verlag.

[43] DIN EN ISO 29481 (2018) *Bauwerksinformationsmodelle – Handbuch der Informationslieferungen – Teil 1: Methodik und Format (ISO 29481-1:2018)*. Berlin: Beuth Verlag. [*Englischer Titel: Building information models – Information delivery manual – Part 1: Methodology and format*].

[44] DIN EN ISO 29481 (2018) *Bauwerksinformationsmodelle – Handbuch der Informationslieferungen – Teil 2: Interaktionsstruktur (ISO 29481-2:2017)*. Berlin: Beuth Verlag. [*Englischer Titel: Building information models – Information delivery manual – Part 2: Interaction framework*].

[45] buildingSMART International (2021) *IDM Database*. https://technical.buildingsmart.org/standards/information-delivery-manual/idm-database/ [Zugriff am: 09.12.2021]

[46] COBie Case Study & Survey Results (2011) *NIBS Annual Conference*. https://portal.nibs.org/files/wl/?id=DmfIEna7Re8ADNkcwCKv235A79ahOR44 [Zugriff am: 07.12.2021]

[47] DIN EN 17412-1 (2021) *Building Information Modelling – BIM-Definitionsgrade – Teil 1: Konzepte und Definitionen.*

[48] DIN SPEC 91350 (Nov. 2016) *Verlinkter BIM-Datenaustausch von Bauwerksmodellen und Leistungsverzeichnissen*, Beuth, Berlin.

[49] VDI 3805 Blatt 1:2011-10 (2011) *Produktdatenaustausch in der Technischen Gebäudeausrüstung – Grundlagen* (Product data exchange in the Building Services; Fundamentals).

[50] Leitstelle XPlanung / XBau – Landesbetrieb Geoinformation und Vermessung (2020) *Handreichung XPlanung Xbau*, 2. Auflage. Hamburg: Leitstelle XPlanung / XBau, 2020. https://xleitstelle.de/downloads/Handreichung_XPlanung-XBau_2_Auflage.pdf

[51] Leitstelle XPlanung / XBau – Landesbetrieb Geoinformation und Vermessung (2020) *Leitfaden XPlanung*. Hamburg: Leitstelle XPlanung / XBau, 2020. https://www.xleitstelle.de/downloads/XPlanung_Leitfaden_1.pdf [Zugriff am: 07.12.2021]

5

BIM-Projektpraxis – EINFACH machen!

5.1 Kurzübersicht – Worum geht's in diesem Kapitel?

Die vorangegangenen Kapitel haben die Eigenschaften und Möglichkeiten von Modellen und das Management der gemeinsamen Erstellung von Informationen gezeigt. In Kapitel 4 Standards wurden anerkannte Regeln der Technik für Modelle und für das Informationsmanagement beschrieben. Nun ist es Zeit, diese Kenntnisse anzuwenden und in der Praxis einzusetzen. Die folgenden Abschnitte gehen zunächst auf die wirtschaftlich begründete Motivation und die Hintergründe ein, die den Einsatz von BIM nicht nur äußerst vielversprechend erscheinen lassen. Die Zeit der Versprechungen ist lange vorbei, der BIM-Einsatz muss heute nicht mehr gerechtfertigt und begründet werden, allerdings erschließen sich auch bei BIM die Mehrwerte nicht von ganz alleine, man muss es schon richtig anstellen, damit im Projektalltag Versprechen auch eingelöst werden. Dazu gehört zuallererst die Erkenntnis, warum man es macht und was man erreichen will. BIM nur „einfach so" zu machen, weil man es heute eben so macht, nutzt nicht die Möglichkeiten und ist eher ein Weg in die modellbasierte Katastrophe.

Wir wollen BIM richtig machen und den wirtschaftlichen, ökologischen und ökonomischen Nutzen erschließen. In den nächsten Abschnitten sehen wir, wie BIM erfolgreich im Projekt eingesetzt werden kann. Die praktische Umsetzung des gemeinsamen Erstellens und Nutzens von Informationen im Projekt wird beschrieben und mit einer Vielzahl von Anwendungsfällen hinterlegt. Dabei wird auf die einzelnen Projekt- und Lebenszyklusphasen eines Bauvorhabens eingegangen, der Einsatz von BIM-Standards beschrieben und auch hier mit vielen Beispielen hinterlegt.

Sind Sie am Ende der BIM-Projektprofi?

Ratsam ist auch hier: Nicht mit der Tür ins Haus fallen! Kluges, schrittweises Vorgehen bei der Umsetzung verspricht den größten dauerhaften Erfolg. Dieses Kapitel ist kein Patentrezept für ein optimales BIM-Projekt. Es gibt die Zutaten an die Hand, BIM in der jeweiligen Projektphase einzusetzen. Es geht nicht um ganz oder gar nicht, sondern um die Erkenntnis, was wichtig und was im jeweiligen Projekt machbar ist. Nicht mehr, aber auch nicht weniger kann dieses Kapitel dem Praktiker an die Hand geben.

Building Information Modeling – Grundlagen, Standards, Praxis. Ulrich Hartmann

5.2 Geschäftsmodell BIM?

BIM macht nur Sinn, wenn sich tragfähige Geschäftsmodelle auf wirtschaftlich solider Basis darauf aufbauen lassen. Das gilt für alle Teilnehmer: Auftraggeber wie Auftragnehmer, für Verbraucher, Bauherren, Steuerzahler und Produktanbieter. Die grundlegende Wirtschaftlichkeitsbetrachtung zum Mehrwert von BIM ist recht naheliegend: Mal angenommen, Sie haben ein Auto, ABER: Hersteller unbekannt, Bedienungsanleitung, Wartungshandbuch Fehlanzeige! Da dürften Betrieb und Wartung in Probleme laufen …

Im Konsumgüterbereich undenkbar, im Bauwesen oft noch alltäglich. Und das, obwohl die Lebensdauer von Gebäuden weitaus größer ist als die eines Autos. Damit steigt die Wahrscheinlichkeit einer Umnutzung, eines Umbaus und des Anpassungsbedarfs an neue Vorschriften oder Marktsituationen.

Derzeit klafft eine Lücke zwischen der Produktivität und Produktqualität im Bauwesen und der des übrigen produzierenden Gewerbes. Der Mix aus eingeschliffenen Verhaltensmustern, wachsenden Vorschriftenbergen und geringer Digitalisierungsaffinität schafft eine Pattsituation sich gegenseitig lähmender Schutzbehauptungen (Bild 5.1). Die Bauwirtschaft liegt in Sachen Digitalisierung im weltweiten Branchenvergleich [52] auf den hintersten Plätzen. Warum sind denn andere Industriezweige so viel besser? Der Schiffbau zum Beispiel. Buchen Sie Ihre Kreuzfahrt schon, wenn der Luxusliner noch „auf dem Reißbrett" steht. Im Schiffbau bleibt der Return of Investment, der Beginn der Renditephase, nicht dem Zufall überlassen. Und im Bauwesen? Die Umzugsfirma schon buchen, während noch gebaut wird? Wohl eher ein Weg in die Obdachlosigkeit …

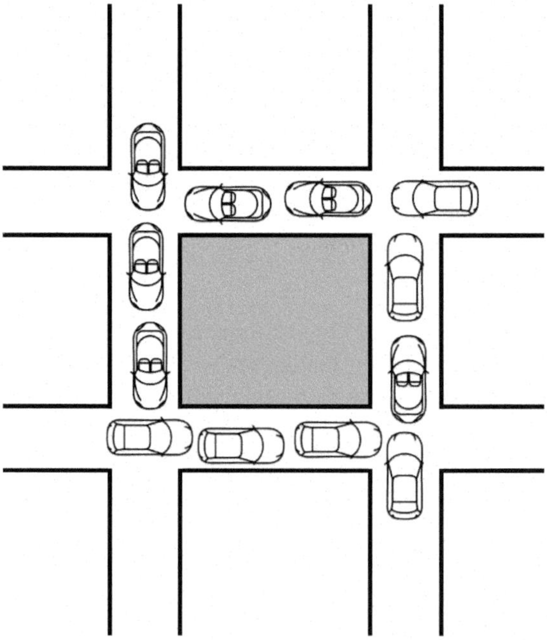

Bild 5.1 Vermeintlich zum eigenen Vorteil zu handeln ist oft zu klein gedacht. Im Bauwesen tritt das nicht gleich so offen zutage, spätestens aber wenn sich die Folgen zeigen. Wenn jeder, wie im Bild, auf seinem Vorfahrtsrecht beharrt, kommt am Ende die schlechteste Lösung für alle heraus. Auf BIM übertragen heißt das: Während einige ihr Heil noch im „Geschäftsmodell Intransparenz" suchen oder gar zu beweisen versuchen, dass BIM nicht funktioniert, entwickeln sich auf der anderen Seite bereits neue Unternehmen, die mit Transparenz und Kundennähe so richtig Geld verdienen.
Der informationstechnischen Durchgängigkeit bis in die Lieferketten kommt dabei eine erfolgsentscheidende Bedeutung zu.

5.2.1 Bessere Entscheidungsgrundlagen, mehr Aufwand?

Vor der Rendite steht die Investition. Ohne Vorleistung ist keine Rendite zu erwarten. Frage ist erstens, wer die Vorleistung erbringt, und zweitens, wer am Ertrag partizipiert. Diejenigen, die zur Erbringung von BIM-Leistungen aufgefordert werden, tendieren zu einer höheren Einschätzung des Aufwands, aber bekanntlich „gehört Klappern zum Handwerk". Auf der anderen Seite erwarten Auftraggeber dagegen oft eine vergütungsfreie Erbringung von BIM-Leistungen, ebenfalls aus verständlichen Gründen.

Das modellbasierte Arbeiten ist nicht zwingend ein zeitlicher Mehraufwand gegenüber der Erstellung *und Fortführung* von 2D-Plänen. Auch betriebsintern bringt das modellbasierte Arbeiten mehr Effizienz. Know-how-Träger, die diese Leistungen erbringen können, dürfen selbstverständlich eine entsprechende Vergütung erwarten. Mit anderen Worten, zahlt der Auftraggeber für ein Modell, bekommt er ein Modell, ansonsten nur die üblichen Pläne und Zeichnungen.

Zur Bewertung von Aufwand und Ertrag muss der Gesamtprozess verglichen werden.

- Interne Optimierungen: Bereits die internen Mehrwerte von BIM können zu einer positiven Bilanz durch eine verbesserte Produktivität und Qualität führen. Zum Beispiel, wenn man bei Änderungen nur „auf den Knopf drücken" muss, um aktuelle Zeichnungen zu generieren und Prüf- und Freigabeabläufe zu durchlaufen. Auch wenn gemäß (fehlender) Beauftragung keine Modelle geliefert werden sollen und lediglich 2D-Pläne das Planungsbüro verlassen, kann das interne modellbasierte Arbeiten Einsparungen bewirken, selbst wenn der Modellersteller dieses nur für interne Zwecke tut und in den Folgephasen nicht mehr die weiteren Mehrwerte abschöpfen kann, die Modelle ermöglichen würden. Eines ist jedoch sicher: Von Ihren 2D-Plänen wissen Sie, dass sie stimmig sind, da sie aus *einem* konsistenten Modell generiert werden. So entfällt der Aufwand für die Einarbeitung von Änderungen in jede einzelne Zeichnung und jeden einzelnen Plan. Gegenüber dem Auftraggeber gilt, was vertraglich vereinbart wurde: Detaillierte Modellinformationen werden geliefert, wenn sie bestellt und somit vergütet werden.
- Externe Zusammenarbeit: Wie viel ist eine Planung wert, wenn wichtige Kontextinformationen fehlen? Sind Versorgungsanschlüsse oder Bestandsbauten als Modellinformationen verfügbar? Böse Überraschungen auf der Baustelle bleiben so dann meistens erspart. Kann der Betreiber Nutzungsszenarien im Modell durchspielen? Kostenfallen bei Betrieb und Wartung können so aufgedeckt werden. Sofern sich diese Mehrwerte in Planungsaufträge verwandeln lassen, wiegt dieses alle Male den Ausfall von Änderungen und Nachträgen auf.

5.2.1.1 Ersatz für das „Geschäftsmodell Nachtrag"

Änderungen aufgrund von lückenhafter Planung sollten mit BIM, dank besserer Planung und transparenter Entscheidungsprozesse, eigentlich nicht mehr vorkommen. Doch dass Transparenz und Nachvollziehbarkeit nicht mit jedem Geschäftsmodell kompatibel sind, wurde bereits im Einführungskapitel und im Kapitel 2 Modelle erwähnt. Die lange praktizierte Kette aus lückenhafter Planung und lukrativen Nachträgen hält sich hartnäckig. Noch sehen Unternehmer in unvorhergesehenen Änderungen eher einen wirtschaftlichen Gewinn als einen vermeidbaren Fehler und eine Belastung der

Kundenbeziehung. Noch sind sich Bauherren nicht über ihre Einflussmöglichkeiten im Klaren, die sie mit BIM nutzen könnten.

Doch es wäre unrealistisch zu glauben, mit BIM gäbe es kein Restrisiko. Auch mit BIM wird es Fehler, Änderungen und Nachträge geben, allerdings in einem deutlich geringeren Umfang und zu einem deutlich geringeren Preis. Auch späte Entscheidungen des Bauherrn können Änderungen verursachen. Doch dank einer besseren Transparenz lassen sich die Ursachen und Auswirkungen von Änderungen besser einschätzen und auf der Basis fundierter Informationen solidere Entscheidungen treffen. Ein „Finger Pointing" kann so im Ansatz vermieden werden.

Oft entwickelt sich eine Änderung aus einer unscheinbaren Informationsanfrage vom ausführenden Unternehmen. Wird dadurch eine Planungslücke aufgedeckt, kann sich daraus schnell eine Änderung entwickeln, die konsequenterweise alle Freigabeprozesse durchlaufen muss, bevor sie dann zurück an die Baustelle in Form von aktualisierten Plänen und Modellen weitergegeben wird. Änderungen während der Bauphase geschehen naturgemäß immer unter Zeitdruck. Hier ist ein definierter Änderungs-, Freigabe- und Informationsverteilungsprozess mit einer Gemeinsamen Datenumgebung äußerst hilfreich. Die Verzweigung in einzelne abhängige Planungsprozesse, der Fortschritt von Freigaben sowie die Kommunikation der aktualisierten Pläne und Modelle mit der Baustelle ist dadurch zu jeder Zeit transparent und für den BIM-Manager und andere Beteiligte nachvollziehbar.

5.2.1.2 Informationsanfragen (Request for Information RFI)

Auch bei noch so guter modellbasierter Planung können auf der Baustelle Unklarheiten auftreten, die nur in Rücksprache mit den Planern gelöst werden können. Hat ein Bauleiter oder Bauunternehmer die Möglichkeit, seinen Arbeitsbereich von allen Seiten in einem Modell zu betrachten, beispielsweise über einen Internet-Browser, kann er so manch eine Unklarheit direkt und ohne Rückfragen beseitigen. Gelingt das nicht, kann er möglicherweise aus dem Modell-Viewer heraus eine Anfrage an den oder die betreffenden Planer richten. Auch die Antwort wird er dann auf diesem Wege erhalten, zum Beispiel über eine BCF-Datei mit entsprechenden Hinweisen, die er im Viewer wieder nachvollziehen kann. Die meisten Gemeinsamen Datenumgebungen beinhalten daher einen hochwertigen Modell-Viewer mit der Möglichkeit, eine entsprechende Informationsanfrage zu erstellen.

5.2.2 Pseudo-BIM – Mehr Arbeit, weniger Sinn

BIM ist in aller Munde, also „bestellt" es der Bauherr. Doch „Gott sei Dank", weiß er oft nicht genau, was er von BIM erwarten kann. Ein 3D-Modell sollte wohl reichen, denken viele. Kostet natürlich extra, ist ja Mehraufwand! Und in der HOAI steht ja auch nichts darüber, denn sie ist ja bewusst methodenneutral. BIM also eine Sonderleistung?

Die Lösung für den, der am Ende und auf die Schnelle ein bisschen BIM haben möchte: Pseudo-BIM. Man sucht vor der Übergabe an den Bauherrn geschwind die wichtigsten Zeichnungen zusammen. Mit etwas Geschick lässt sich daraus für ein paar Euro ein hübsches 3D-Modell machen. Da sind zwar außer der Geometrie nicht allzu viele Informationen drin, aber schön sieht er dann doch aus, dieser Digitale Zwilling, und der Bauherr freut sich, wenn er so durch sein virtuelles Gebäude streifen kann ...

Am Ende steht also häufig nur ein 3D-Modell, mit dem in der Bau- oder Betriebsphase allerdings nicht viel anzufangen ist. Diese bewusst etwas zugespitzte Schilderung soll keineswegs überheblich wirken, denn vielen Beteiligten fehlt schlicht die Idee, welche Informationen sinnvoll wären, welchen Nutzen man aus ihnen ziehen könnte und wie man an diese Informationen herankommt, d. h. wie man sie „bestellt".

Denn

- woher soll ein Bauherr wissen, dass er mit Pseudo-BIM nicht verhindern kann, dass die Kosten aus dem Ruder laufen, dass ein 3D-Geometriemodell nicht die Informationen enthalten wird, die er für den Betrieb später brauchen wird, usw.?
- woher soll ein Planer, Projektsteuerer, Bauunternehmer, Handwerker wissen, dass er mit Pseudo-BIM keine besseren Leistungen auf fundierter Informationsgrundlage anbieten kann?
- woher soll ein Unternehmer wissen, dass er mit Pseudo-BIM keine verlässlichen Informationen für die Koordination der Roh- und Ausbaugewerke bekommt?

Welche Vorteile bringt BIM für das jeweilige Geschäftsmodell? Warum sollte man BIM sonst machen? Von manchen Vorteilen ahnt mancher ja noch gar nicht, dass es sie gibt. Wie soll ein Bauherr oder Unternehmer sicherstellen, dass sich diese Vorteile am Ende auch einstellen? Denn Investitionen machen ja nur dann Sinn, wenn sie sich am Ende auszahlen.

Pseudo-BIM kostet zusätzliches Geld, bringt jedoch an keiner Stelle der BIM-Prozesskette einen fundierten Mehrwert.

Deshalb von vornherein wirklich modellbasiert starten!

5.2.3 Erwiesen erfolgreich – Feldstudien und Informationsquellen

Nationale und internationale Studien zeigen den Mehrwert eines systematischen Informationsmanagements bezogen auf die Faktoren Kosten, Zeit, Qualität und Risiken in Bauprojekten. Die deutsche BIC-Studie (BIC 2014) [53] errechnete 20,8 Millarden jährliche fehlerbedingte Kosten in 2019 nicht nur durch in Schieflage geratene Großprojekte, sondern auch im „ganz normalen" Projektalltag. Das Institut für Bauforschung e. V. IFB zeigt in einer Analyse der Bauschäden und der Bauschadenkosten [54] entsprechende Problembereiche und Ursachen auf. Die vbw-Studie „Digitales Planen und Bauen Schwerpunkt BIM" [55], eine Auskopplung aus der vbw-Studie Neue Wertschöpfung durch Digitalisierung, zeigt auf, wie die Digitalisierung aktuell und in naher Zukunft das Planen und Bauen beeinflusst und welche Chancen sich für Unternehmen daraus ergeben.

Die GEFMA-Richtlinie 460 [56] „Wirtschaftlichkeit von CAFM-Systemen" weist im Mittel eine maximale Einsparung von fast 40 % durch Einführung traditioneller CAFM-Systeme aus. Minimal seien Einsparungen von 16 % zu erwarten. Durch BIM sind weitere Einsparungen zu erwarten, da sich Aufwände durch Datenerfassung verringern und die Effizienz durch automatisierten Datenimport und Einsatz bei Ausschreibungen und Umnutzungsmaßnahmen gesteigert wird. Die Erstellung der Dokumentation für

Energieausweise, die Aufgabenmeldung und -bearbeitung und die Leistungsverrechnung bei der Instandhaltung werden als Felder genannt, in denen die deutlichsten Einsparungen zu erzielen sind. Anhang A der GEFMA ermöglicht die Ermittlung des internen Aufwands und der externen Kosten von der Evaluierungs- bis zur Betriebsphase. Anhand der dort im Anhang B beschriebenen 15 CAFM-Funktionsbereiche mit beispielhaften Nutzeffekten und mit möglichen Einsparungen lassen sich konkrete in Euro zu beziffernde Erwartungen für das eigene Unternehmen festlegen.

Auf staatlicher Ebene haben die Briten erheblichen Aufwand zur Verifizierung des BIM-Nutzens betrieben. Bevor die britische Regierung 2011 den Startschuss zur Umsetzung einer BIM-Strategie mit dem Ziel des effizienten Einsatzes von Steuergeldern, des Umweltschutzes (CO_2-Ausstoß, Bauabfälle) und der Wirtschaftsförderung gab, wurden umfangreiche Untersuchungen angestellt. Einige davon können hier nachgelesen werden (in englischer Sprache): https://bimportal.scottishfuturestrust.org.uk/page/bim-case-studies

Alle Studien zeigen Potenziale, die durch reale Projekte in der Praxis inzwischen belegt sind und deren Chancen sich für die Teilnehmer in reale Wertschöpfung umgewandelt haben.

5.2.3.1 Pilotprojekte

Zwar gibt es in Deutschland noch keine nationale BIM-Strategie, wie etwa in Großbritannien, der BIM-Stufenplan hat aber zumindest einige Willenserklärungen parat. Außerdem sind staatlich geförderte Pilotprojekte ins Leben gerufen worden, die ganz ordentliche Mehrwerte aufgezeigt haben. Projektberichte und Ergebnisse des BIM4-

Bild 5.2 Die Downloadseite von BIM4Infra hält viele wertvolle Informationen bereit. Sie geben Einblick in die BIM-Anwendung bei Projekten im Infrastrukturbereich sowie allgemeine Informationen zur BIM-Anwendung.

Infra-Projekts sind auf https://bim4infra.de/downloads/ (Bild 5.2) öffentlich zugänglich. Der Fördergeber ist das Bundesverkehrsministerium, daher handelt sich hier um Infrastrukturprojekte. Dennoch können sich die Erkenntnisse für deutsche Verhältnisse durchaus sehen lassen und geben einen ersten Einblick in die Vorgehensweisen und die möglicherweise auftretenden Probleme.

5.2.3.2 buildingSMART Use Case Management (UCM)

buildingSMART International hat unter maßgeblicher Federführung von buildingSMART Switzerland auf der Webseite https://ucm.buildingsmart.org/ eine umfangreiche Sammlung von Anwendungsfällen (Use Cases) zusammengestellt (Bild 5.3). Sie beschreiben aktuelle Best Practices und folgen dem Open-BIM-Gedanken. Es werden

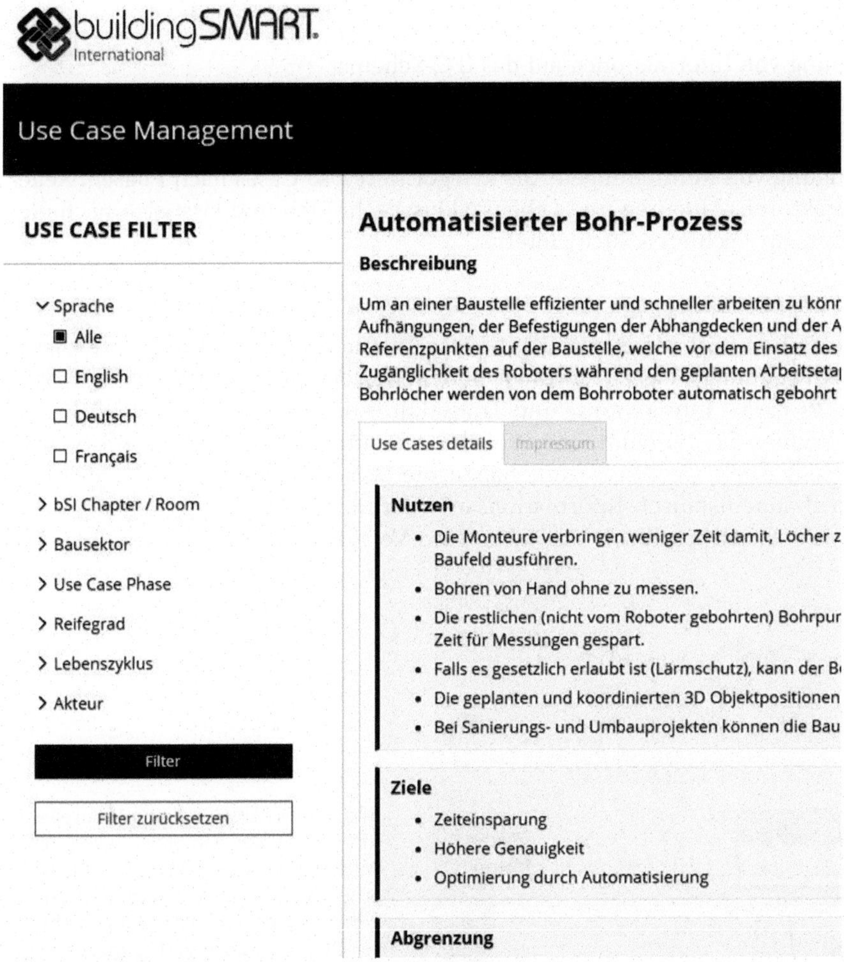

Bild 5.3 Die Zusammenstellung von Use Cases auf der UCM.Buildingsmart.org-Webseite bietet eine breite Palette von Anwendungsfällen mit einer strukturierten knappen Beschreibung.

BIM-Ziele beschrieben und Austauschanforderungen (Exchange Requirements analog IAA) zur Übernahme in ein Informationslieferhandbuch aufgelistet.

Ein Use Case definiert (nach UCM-Seite) [57]

- wer
- welche Information
- zu welchem Zeitpunkt
- in welchen Formaten
- in welchem Detaillierungsgrad

zur Verfügung stellt.

Resultate sind einsetzbar für

- ein gemeinsames Verständnis
- durchgängige Prozesse
- AIA und BAP
- die Abbildung von Informationen auf das IFC-Schema
- die Erstellung von MVDs.

Die UCM-Webseite enthält Use Cases von A wie „Automatisierter Bohrprozess" bis V wie „Vorfertigung von Rohrleitungen". Sie kategorisiert Use Cases nach Phasen, Reifegraden, Bausektoren, Akteuren und Lebenszyklusabschnitten und lässt sich nach diesen Kategorien zur leichteren Suche filtern.

Informationslieferhandbuch online

Für registrierte Benutzer bietet die UCM-Webseite die Möglichkeit, eigene Projekte anzulegen, Anwendungsfälle zuzuordnen und Beschreibungen in Form von Dokumenten und Prozess-, Interaktions- und Transaktionsdiagrammen hochzuladen. Auf diese Weise können alle für ein Informationslieferhandbuch notwendigen Informationen zusammengestellt werden. Damit haben die Projektteilnehmer einen direkten Online-Zugriff auf Austausch-Informationsanforderungen AIA. Änderungen an diesem Informationslieferhandbuch sind über eine Versionierung nachvollziehbar. Die

Bild 5.4 Die UCM-Training-Webseite führt schrittweise in die Nutzung der Plattform für eigene Projekte ein. Anschließend ist die Nutzung für eigene Projekte leicht möglich. Damit steht ein Online-Tool zur Verfügung, das allen Projektbeteiligten jederzeit Klarheit über ihre jeweiligen Informationsanforderungen und Lieferprozesse verschafft.

Plattform kann somit als Basis für einen „lebendigen“ BIM-Abwicklungsplan BAP genutzt werden.

Das Ganze kann man vorher in einer Online-Schulung erkunden und ausprobieren (Bild 5.4), bevor man anschließend das Use Case Management Tool der UCM-Kollaborations-Plattform für eigene Projekte nutzt.

5.2.3.3 BIM-Pionier Deutsche Bahn

Die Deutsche Bahn hat sich in den letzten Jahren zum Treiber und Pionier der BIM-Anwendung bei Infrastrukturprojekten und bei Planung und Bau von Bahnstationen entwickelt. Zur Unterstützung der Ausschreibung und Vergabe von BIM-Leistungen werden auf der SUS-Infoplattform Mustervorlagen für Leistungsbeschreibungen und BIM-Abwicklungspläne publiziert [58].

5.2.3.4 Deutsche Einheit Fernstraßenplanungs- und -bau GmbH (DEGES)

Die vielfältigen Infrastrukturprojekte der DEGES werden seit 2014 nach der BIM-Methodik umgesetzt. Auf der Webseite findet man Muster-AIA und -BAPs sowie LOD-Konzepte und Modellierungsrichtlinien [59].

5.2.3.5 VBI-BIM-Leitfaden

Der Verband Beratender Ingenieure VBI hat einen BIM-Leitfaden (Bild 5.5) erstellt, der die Methodik aus der Sicht der Praxis sehr anschaulich und kompakt zusammenfasst und den Planern praktische Hinweise für die Umstellung ihres Büros auf die digitale Planungsmethode BIM vermittelt. Mit dem vorliegenden Leitfaden will der VBI sowohl den planenden und beratenden Ingenieuren als auch den Auftraggebern eine Handreichung zur praktischen Anwendung von BIM geben.

Der VBI-BIM-Leitfaden und weitere VBI-Publikationen sind unter https://www.vbi.de/service/download kostenlos verfügbar.

Bild 5.5 Der VBI-BIM-Leitfaden ist eine kompakte Beschreibung der wesentlichen Aktivitäten der BIM-Methodik aus Planersicht.

5.2.3.6 BIM-Institut der Bergischen Universität Wuppertal BUW

Seit Langem befasst sich das BIM-Institut der Universität Wuppertal (BUW) in Forschung, Lehre und aktiver Teilnahme bei der Standardisierung mit der BIM-Methodik. Auf der Webseite des BIM Instituts sind wertvolle Ergebnisse aus und für die Praxis zusammengestellt und für die Öffentlichkeit zugänglich.

BIM-Anwendungsfälle der BUW

Die BIM-Anwendungen der BUW enthalten detaillierte Angaben zu BIM-Zielen, fachlichen Prozessabläufen, inklusive Prozessdiagrammen und Informationsaustauschanforderungen IAA (dort als Merkmale bezeichnet). Auf der BUW Download-Webseite https://biminstitut.uni-wuppertal.de/de/forschung/download-bereich/bim-anwendungen.html finden sich zum Beispiel Unterlagen zu folgenden Themen:

- Angebotskalkulation,
- Außenanlagenpflege,
- BIM-Anwendungsfall „Modellbasierte Kollaboration, Qualitätsprüfung der Geometrie" (Kollisionsprüfung),
- BIM-Anwendungsfall „Modellbasierte Kollaboration, Qualitätsprüfung der Projektstruktur und Kommunikation aus Sicht des BIM Gesamtkoordinators,
- BIM-Anwendungsfall „Modellbasierte Qualitätsprüfung der fach- und projektspezifischen Anforderungen und Kommunikation je Fach- und ggf. Teilmodell aus Sicht des BIM Gesamtkoordinators in der Planungsphase",
- BIM-Anwendungsfall „BIM-Anwendungen: Modellbasierte Qualitätsprüfung der Geometrie (LoG und Kollisionsprüfung) und Kommunikation je Fach- und ggf. Teilmodell aus Sicht des BIM Gesamtkoordinators in der Planungsphase",
- BIM-Anwendungsfall „Modellbasierte Qualitätsprüfung der Informationsanforderung je Fach- und ggf. Teilmodell aus Sicht des BIM Gesamtkoordinators in der Planungsphase",
- BIM-Anwendungsfall: „Erstellung einer BIM-basierten VR-Visualisierung für die virtuelle Begehung Kommunikation und Entscheidungsfindung",
- Erstellung eines BIM-basierten Bestandsmodells,
- Gebäudeperformance,
- Inspektionsmanagement,
- Reinigungsmanagement,
- Sachverständigen-Prüfung,
- Anwendungsfall-Bericht: Terminplanung aus Sicht bauausführender Unternehmen in der Angebots- und Realisierungsphase,
- Wartungsmanagement.

Diese praxisgerechten Vorlagen und weitere können unmittelbar als AIA für die Ausschreibung von Informationslieferungen verwendet werden (Bild 5.6).

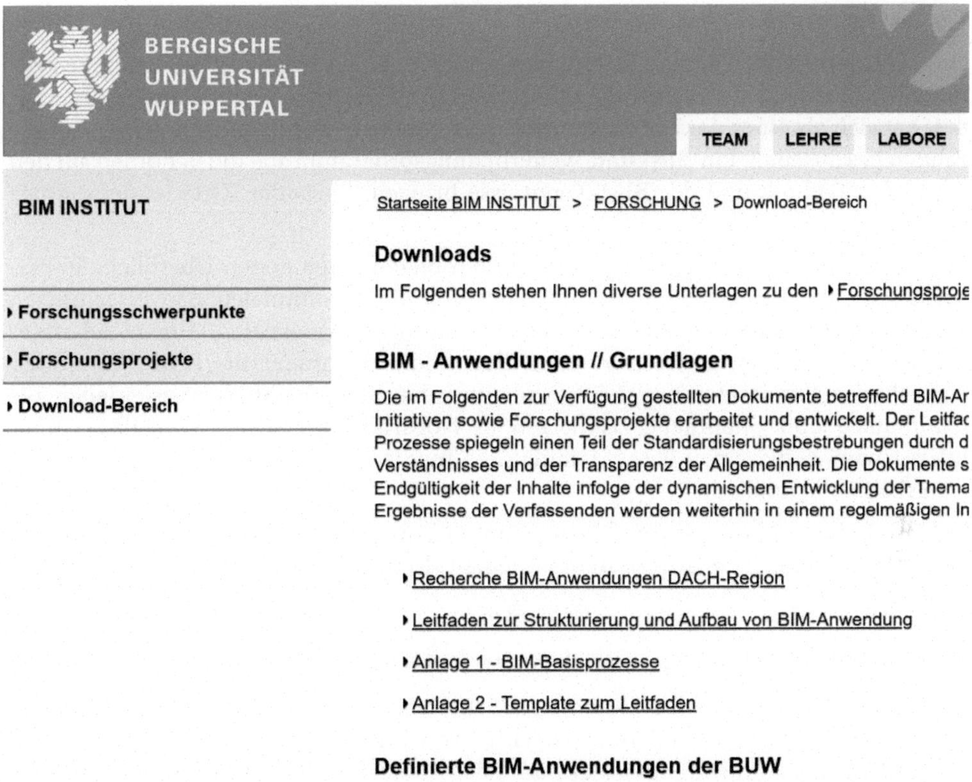

Bild 5.6 Die Downloadseite des BIM-Instituts der Universität Wuppertal hält viele praxisrelevante Informationen bereit, die in BIM-Projekten nutzbringend Verwendung finden können. Austausch-Informationsanforderungen AIA und andere BAP-relevante Dokumente lassen sich direkt in eigenen Projekten verwenden.

BIM-Modellierungsrichtlinien der BUW

Für die konkrete Modellierungsarbeit stehen beispielhafte Modellierungsrichtlinien zur Verfügung. Auch diese sind als Bestandteil für die Ausschreibung und Lieferung von Informationen in BIM-Projekten sowie eines BAP bestens geeignet.

- Modellierungsrichtlinie – Modellierungsgrundlagen
- Modellierungsrichtlinie – Anlage 1: Unterlagen zur Projektorganisation
- Modellierungsrichtlinie – Anlage 2: Bezeichnungsvorschläge
- Modellierungsrichtlinie – Anlage 3: Anforderungskatalog Architektur
- Modellierungsrichtlinie – Glossar

Weitere BIM-relevante Informationen, beispielsweise die „Handlungsempfehlung – Bestandserfassung mittels Laserscan“, „BIM-Prozesse-Stoffkreislauf“, „BIM-Prozesse-Arbeitsplanung“ und „BIM-Prozesse-Arbeitsschutz“ finden sich auf der BUW-Download-Webseite.

Digitales Bauen in Nordrhein-Westfalen

Das Ministerium für Heimat, Kommunales, Bau und Gleichstellung des Landes Nordrhein-Westfalen, zuständig für die Einführung von BIM in den Baubehörden des Landes, hat sich als eines der ersten Bundesländer bereits in der Bauordnung BIM auf die Fahnen geschrieben. Ein Aus- und Weiterbildungsprogramm soll die Behörden auf den Stand der Technik und der BIM-Kenntnisse bringen. Eines der Ziele ist der digitale Bauantrag.

Einige Leitfaden und Informationsbroschüren bieten einen ersten Überblick. So beispielsweise die BIM-Handlungsempfehlung für die kommunalen Bauverwaltungen und die kommunale Gebäudewirtschaft in Nordrhein-Westfalen, Download unter https://www.mhkbg.nrw/sites/default/files/media/document/file/BIM_Handlungsempfehlung_barrierefrei%20WEB_2.pdf und der BIM-Qualifizierungsleitfaden für kommunale und öffentliche Bauherren in Nordrhein-Westfalen, Download unter https://www.mhkbg.nrw/sites/default/files/media/document/file/BIM_Qualifizierungsleitfaden_final.pdf.

Weitere Bundesländer werden folgen. Wünschenswert wäre, wie so oft, eine bundeseinheitliche Herangehensweise an das Thema BIM und die Umsetzung in den Landesbehörden.

RealFM-Leitfaden „BIM-Methodik aus Betreiber- und Nutzersicht"

Der RealFM-Leitfaden „BIM-Methodik aus Betreiber- und Nutzersicht" richtet sich an Nutzer sowie Betreiber und Bewirtschafter von Immobilien, unabhängig davon, ob diese als Bauherr, Projektentwickler oder Real-Estate-Gesellschaft agieren und welche Facility Services sie erbringen. Der Leitfaden ist das Ergebnis der Tätigkeit des Arbeitskreises BIM des RealFM e. V. und im Austausch mit Experten aus Gremien und Organisationen, wie GEFMA e. V., CAFM-Ring e. V., dem verbandsübergreifenden AK BIM, buildingSMART e. V. oder VDI entstanden.

Er gibt praxisnahe Informationen und Handlungsempfehlungen für ein zukunftsfähiges, planungs- und baubegleitendes Facility Management. Basierend darauf haben die Autoren einen groben Ablauf des BIM-Prozesses entworfen, der das FM organisch in die verschiedenen Leistungsphasen integriert. Neben Begriffsdefinitionen gibt es prozessuales Basiswissen, Hintergründe und Tipps zur BIM-Methodik. Anforderungen des FM an den BIM-Prozess, aber auch rechtliche Fragestellungen und Konsequenzen werden behandelt. Eine Checkliste, die sofort in der Praxis einsetzbar ist, unterstützt alle Projektbeteiligten im Sinne eines effizienten, nachhaltigen Datenmanagements dabei, verbindliche und spezifische Vereinbarungen für den Informationsaustausch zu treffen.

Der RealFM-Leitfaden (Neuerscheinung 2020) und weitere Publikationen sind unter www.realfm.de erhältlich.

5.2.4 Produktivität – Erst denken, dann BIMvestieren!

Kosten, Zeit, Qualität und Risiken sind die vier wichtigsten Faktoren für den Projekterfolg. Zwischen diesen Faktoren bestehen komplexe Abhängigkeiten, die nur auf einer soliden Informationsgrundlage beeinflusst werden können. Effizientes Management von Informationen nimmt daher eine Schlüsselposition bei der Produktivitätssteigerung ein.

Erfolgreiches BIM setzt bei der Unternehmensstrategie an und nicht beim Kauf von Software oder anderen Werkzeugen und Hilfsmitteln. Das heißt für die Umsetzung von BIM im Unternehmen:

- Zuerst Mehrwerte und Ziele definieren und erst dann mit der BIM-Einführung beginnen, nur dann stehen Investitionen auf sicherem Fundament.
- Chancen und Risiken vom BIM berücksichtigen, nur dann kann die operative Umsetzung erfolgreich sein.
- Auch mit BIM sollten Maßnahmen nur aus einem wirtschaftlich nachvollziehbaren Grund erfolgen. Noch mehr Bürokratie und Formalismus bremst, statt die Produktivität zu verbessern.
- Investitionen in Software und Formalismen sollten zuallererst auf ihren Nutzen hin untersucht werden. Oft reichen für einige Abläufe zunächst freie Werkzeuge, zumindest für die erste Konzeptphase (siehe Kapitel 2 Modelle, Abschnitt 2.16 BIM-Werkzeuge für Modelle).

Im Bauwesen liegt in der Koordination der bedarfsgerechten Erzeugung und Lieferung von Informationen eine besondere Herausforderung. Das gilt ganz besonders angesichts der Vielzahl Projektbeteiligter, der besonderen Produktionsformen und der langen Lebensdauer von Bauwerken. Informationen stehen oft nicht dann zur Verfügung, wenn sie für Entscheidungen gebraucht werden. Das führt zur Fortpflanzung von Problemen aus der Planung über die Ausführung bis in den Betrieb. Informationsanfragen, Änderungen, Nacharbeiten und Rechtsstreite senken erheblich die Produktivität. Ebenso lassen sich innovative Potenziale, wie etwa durch individuelle Vorfertigung und eine optimal aufeinander abgestimmte Planung, Produktion, Logistik und Montage, nicht annähernd ausschöpfen. Smart-Building-Konzepte und der Einsatz von IoT (Internet of Things) kommen nicht zum Zuge, wenn sie als bloßes „Add-on“ betrachtet und nicht bereits aus der Planung heraus gedacht werden.

In den nachfolgenden Beispielen werden wir sehen, wie Probleme auf der Baustelle vermieden und die Mehrwerte verteilt und genutzt werden. Die Entscheidung für BIM findet dabei aus rein wirtschaftlichen Erwägungen statt. Wer die Mehrwerte nicht darstellen und erzielen kann, dem kann die Methode daher nicht empfohlen werden. Für alle anderen gilt: Die Erfolgsfaktoren Kosten, Zeit, Qualität und Risiken in den Griff zu bekommen heißt, wirtschaftlich erfolgreicher zu sein. Wie das geht, wird aus Sicht des Auftraggebers, Auftragnehmers, Fachplaners, Bauunternehmers, Investors, Betreibers unter Berücksichtigung der verschiedenen Lebenszyklusphasen eines Bauwerks beleuchtet.

5.2.4.1 Wer profitiert von standardisierten BIM-Prozessen?

Natürlich ist BIM nur dann wirtschaftlich sinnvoll, wenn die Vorteile von der überwiegenden Anzahl der Marktteilnehmer genutzt werden können. Die folgenden Beispiele stehen stellvertretend für weitere Interessengruppen.

- **Eigentümer und öffentliche Verwaltungen** haben eine bessere Kontrolle über ihre eigenen Daten und bekommen durch standardisierte Formate mehr Flexibilität für die Auswahl ihrer Software-Werkzeuge. Das führt zu besserer Einschätzbarkeit von Kosten, Zeitaufwänden und zu standardisierten Ergebnissen bei der Dokumentation von Bauleistungen. Darüber hinaus gewährleistet die Nachhaltigkeit von Open-BIM-

Formaten auch über längere Zeiträume hinweg eine Verwendbarkeit von Daten, beispielsweise nach längerer Archivierungszeit.

- **Architekten, Ingenieure und Planer** können Daten aus ihrem Informationspool leichter wiederverwenden, da standardisierte Daten die zwangsweise Verwendung bestimmter Software-Werkzeuge beseitigen. Dadurch kann diese Gruppe von BIM-Autoren ihre Werkzeuge optimal und kostengünstig einsetzen und dadurch ihre Arbeitseffizienz erhöhen und Trainingsaufwände minimieren. Darüber hinaus wird die Zusammenarbeit zwischen den Fachplanern erheblich vereinfacht.
- **Facility Manager, Wartungsunternehmen und Betreiber** können den Betrieb einer neuen Anlage schneller aufnehmen und durch den besseren Zugang zu statischen und gegebenenfalls auch dynamischen Informationen präzisere Entscheidungen für den Gebäudebetrieb treffen.
- **Ausführende Unternehmen und Handwerker** können sich auf qualitativ hochwertige Informationen bei der Planung und Ausführung ihrer Leistungen verlassen und müssen dadurch weniger Leerlaufzeiten, Störungen und Materialüberschüsse in Kauf nehmen.
- **Produkthersteller und Montageunternehmen** haben einen besseren Marktzugang und effizientere Vertriebswege entlang der gesamten Wertschöpfungskette.
- **Software-Hersteller** profitieren von standardisierten Prozessen, da kleinere und mittlere Unternehmen sich auf die Kernkompetenzen ihres spezifischen Produkts und Marktes konzentrieren können. Dadurch wird das gesamte Lösungs-Ökosystem gestärkt und Marktchancen können auch in Nischenbereichen besser genutzt werden.
- **Ausbilder** können vorteilhaft standard-basierte Ausbildungsgänge anbieten und müssen sich nicht mit proprietären Speziallösungen beschäftigen.
- Die **Gesellschaft** profitiert von einer besseren gebauten Umgebung beispielsweise in Form von Smart Buildings, Smart Cities und smarten Infrastrukturen.

5.2.4.2 MacLeamy in klingender Münze

Im Kapitel 1 BIM kompakt am Anfang des Buches wurde das bekannte MacLeamy-Diagramm erläutert. Es zeigt den sinkenden Entscheidungsspielraum und steigende Folgeaufwände für Entscheidungen, je weiter ein Projekt voranschreitet. Die Überlegungen von Patrick MacLeamy kann man in klingender Münze nachrechnen. Wann und wie lohnen sich Investitionen in BIM und wo zahlen sie sich aus? Bild 5.7 zeigt deutlich den Unterschied. Auf HOAI-Leistungsphasen bezogen, ergeben sich in Vorplanung und Entwurf folgerichtig höhere Aufwände beim Einsatz von BIM. Dem stehen schon ab der Vergabe und noch stärker während der Ausführung geringere Aufwände gegenüber. Es überrascht kaum, dass aufgrund der höheren Termintreue in BIM-Projekten mit einem deutlich früheren Beginn der Renditephase zu rechnen ist. Die frühere Inbetriebnahme führt zwangsläufig zu einem früheren Mittelrückfluss. Häufig unbeachtet, jedoch zusammen mit dem Zeitfaktor äußerst wirkungsvoll, ist die Tatsache, dass aufgrund der besseren Planung ein Gebäude mit geringeren Betriebskosten entsteht. Die hier durch BIM erzielten langfristigen Einsparungen akkumulieren sich über die bekanntermaßen lange Lebensdauer von Gebäuden zu einem beachtlichen Posten. Nimmt man die aufgrund der vorliegenden digitalen Gebäudedokumentation weitaus

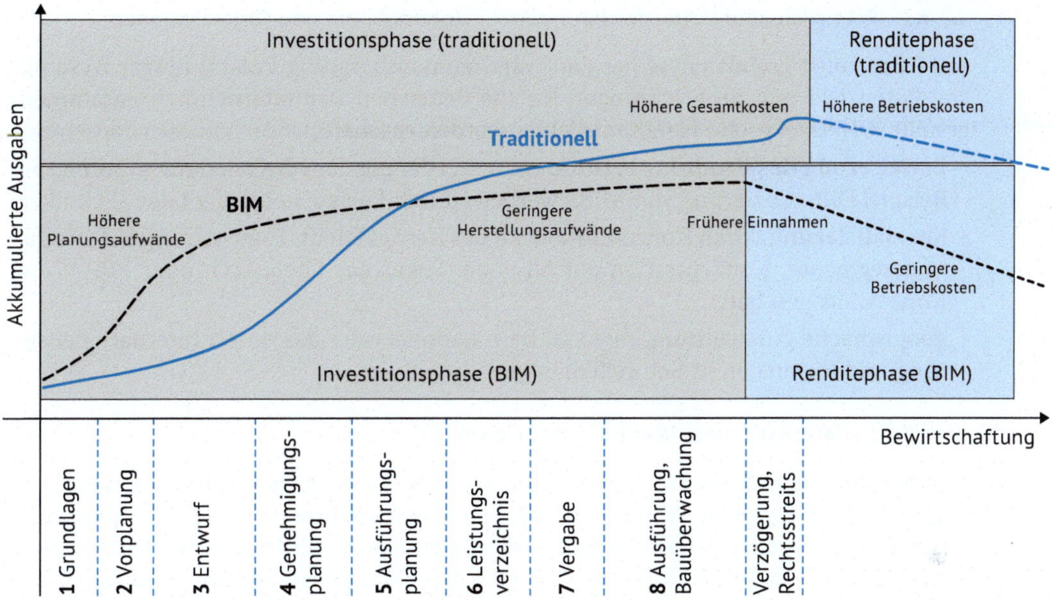

Bild 5.7 Vergleich des Kapitaleinsatzes mit BIM und nach traditioneller Vorgehensweise

besser abschätzbaren Aufwände für Umbaumaßnahmen hinzu, ergibt sich durch den BIM-Einsatz sowohl während der Bauphase als auch ab dem Nutzungsbeginn eine kontinuierlich bessere Produktivität durch den insgesamt rentableren Kapitaleinsatz. Diese theoretischen Überlegungen haben sich in der Praxis signifikant bestätigt.

Natürlich sind die Schritte Richtung BIM so individuell wie die Unternehmen und Projekte, in denen BIM zum Einsatz kommt. Schablonenhaftes Vorgehen führt nicht zum Erfolg. Allerdings gibt es Wiederholungseffekte durch BIM, die es in jedem Projekt aufs Neue zu beachten gilt.

- Höhere Planungsaufwände ergeben höhere Ausgaben für die Planung. Allerdings entwickelt sich die größere Detailtiefe nicht nach dem Gießkannenprinzip, sondern durch gezielte Informationsanforderungen AIA.
- Aufgrund der höheren Planungsqualität kommt es im Herstellungsprozess zu deutlich weniger Störungen. Das spart Geld und Zeit und senkt die Risiken.
- Die Zeitersparnis bewirkt einen früheren Betriebsbeginn und damit früheren Mittelrückfluss. Das spart Kapitalkosten durch kürzere Vorfinanzierungszeiten.
- Da der Informationsbedarf der Betriebsphase schon in der Planung detailliert genug berücksichtigt wurde, erfolgt der Einstieg in den Betrieb nahtloser und ohne die sonst übliche, oft monatelange, Suche nach relevanten Informationen und Dokumentationen.
- Geringere Betriebskosten sind zu erwarten, da potenzielle Kostentreiber in der Planung bereits aufgedeckt und beseitigt wurden.

5.2.4.3 Potenziale und Herausforderungen für Unternehmen und Organisationen

Auf Basis einer Trendanalyse hat die Unternehmensberatung Roland Berger wesentliche Potenziale und Stoßrichtungen für die deutschen Bauunternehmen zusammengestellt [60]. Drei große Handlungsfelder werden gesehen:

- **Erweiterung des Produktportfolios** bzw. Vertiefung der vertikalen Integration, zum Beispiel Differenzierung von Mitbewerbern durch Einsatz neuer digitaler Techniken,
- **Spezialisierung** durch Konzentration auf das Kerngeschäft, Fokussierung auf Wachstumssegmente, Konzentration auf Nischen, Fokus auf GreenTech oder PPP[40)] und Konzessionsgeschäft,
- **geografische Ausweitung**, regional bzw. national oder gar durch Internationalisierung und Expansion in Schwellenländer.

Vorteile des internationalen Wettbewerbs nutzen [61]

Der Bundesverband der Deutschen Industrie e. V. (BDI) sieht in der Einbindung in europäische oder globale Wertschöpfungsketten einen zentralen Faktor für Produktivitätsgewinne. Deutsche Unternehmen, insbesondere kleine und mittelständische Unternehmen, KMU, könnten stark von den globalen Technologieführern profitieren. Der Außenhandel müsse gefördert werden, um diese Potenziale voll auszuschöpfen. Für die Bundesregierung sei es daher unumgänglich, sich für Handelspartnerschaften einzusetzen und stabile Rahmenbedingungen für alle Beteiligten zu schaffen. Fast jeder vierte Arbeitsplatz in Deutschland hänge direkt oder indirekt vom Export ab. Investitions- und Handelsabkommen erlaubten es uns, die hohen deutschen Qualitätsstandards weltweit zu exportieren. So könnten wir unsere Produktivität steigern und gleichzeitig zu einem Technologietransfer in andere Länder beitragen. Außenhandel sei eine Win-Win-Situation. Soweit der BDI.

Planung, Herstellung und Betrieb werden durch BIM globaler. Zulieferketten werden sich ändern. In Asien und im Nahen Osten wird BIM bereits heute intensiv eingesetzt. Industrielle Bauproduktion nach BIM-Manier wird dort bestens einstudiert und optimiert. Hersteller und Planer sind immer besser aufeinander abgestimmt.

Eines der bekanntesten und größten Architektur- und Planungsbüros, Gerkan, Marg und Partner (GMP), plant ein chinesisches Hochhaus nach dem anderen und ganze Städte in China. Die Architekturplanung erfolgt in Hamburg, die Werkplanung in China. Das läuft wie geschmiert. Abends das neue Architekturmodell auf den Server stellen, am nächsten Morgen trudeln bereits die ersten Werkpläne und Detailzeichnungen aus China ein. Der Datensee schafft neue Geschäftsmodelle. Daten sind das neue Öl, das die Wirtschaft jetzt und in Zukunft weiter antreibt. (Bild 5.8).

Mit BIM ist der Austausch komplexer Daten rund um den Globus keine große Herausforderung mehr. Es gewinnt, wer mitzumachen in der Lage ist und im Sinne einer nahtlosen teamübergreifenden Zusammenarbeit die beste Lösung anbieten kann. Auch die hochqualifizierten Dienstleistungen aus Deutschland und Europa sollten hier eine angemessene Position einnehmen.

40) PPP Private Public Partnership

Bild 5.8 Daten sind das neue Öl. Data Lakes enthalten wertvolle Daten, sie lassen sich jedoch nur mit Informationstechnologien erschließen. Intelligente Digitalisierungsstrategien sind gefragt, wenn Unternehmen Informationen zur Produktivitätssteigerung nutzen wollen.

Digitalisierung im Bausektor – Strategie gefragt!

Die Digitalisierung wird auch im Bauwesen eine grundsätzliche Umorientierung der Wertschöpfungsstrategie erfordern. Während die klassische ökonomische Lehre davon ausgeht, dass die Erwirtschaftung von Renditen an das eingesetzte Kapital gekoppelt ist, zeigen Unternehmen, die ihre Digitalisierungsstrategie erfolgreich umgesetzt haben, dass Kunden die größten Gewinner sind, während die Unternehmensgewinne nach Steuern (EBIT) prozentual deutlich fallen. Was macht diese Unternehmen dennoch erfolgreicher als ihre klassisch aufgestellten Mitbewerber? Dank ihrer Digitalisierungsstrategie können sie im „Data Lake" (zu Deutsch: Datensee) ihrer Kunden fischen. Daten verhelfen ihnen dazu, neue Dienstleistungen anzubieten. Diese schaffen neue Werte für Kunden und heben den Stellenwert des Unternehmens oft weit über den seiner Mitbewerber. Die Kundenbeziehung wird direkter und präziser, denn auf Basis der Daten, die aus der Kundeninteraktion entstehen, können individuelle Mehrwerte für den Kunden entwickelt werden. Die bisherigen Zwischenhändler in den Bereichen Beratung, Distribution oder Koordination entfallen dabei in der Regel oder sind auf Nischenangebote reduziert. Die Allgemeingültigkeit dieser Entwicklungen kann daran gemessen werden, dass diese Abläufe in so verschiedenen Branchen wie der Landwirtschaft (John Deere), Reisedienstleistungen, Ersatz von Hardware-Investitionen durch Cloudlösungen (Amazon Cloud Services, Microsoft, Google, Oracle), Medienvertrieb (Amazon, Netflix, Spotify), Versicherungsdienstleistungen, Individualmobilität (Uber, iDrive, ...) und vielen anderen Branchen auf prinzipiell gleiche Weise funktioniert [62].

Herausforderung: Digitale Integration (nach [63])

Wenn Bauunternehmen den digitalen Wandel durchlaufen, besteht die Herausforderung darin, eine Reihe von Systemen, Software, Hardware und Anwendungen unternehmensweit zu integrieren und die Interoperabilität zwischen neuen und bestehenden Systemen sicherzustellen. Interoperabilität ist ein entscheidendes Mittel zur Steigerung der Effizienz von Workflows und zur Verbesserung der Zusammenarbeit von Projektteams, da sie eine Duplizierung von Daten verhindert, den Datenfluss reibungsloser ablaufen lässt und verschiedenen Systemen ermöglicht, miteinander zu kommunizieren.

Führende Bauunternehmen konzentrieren sich im Rahmen ihrer Kernstrategie auf die digitale Technologie. Dabei bauen sie ihre Geschäftsabläufe zunehmend über ein Netzwerk von Plattformen, Tools und Geräten auf. Diese bilden zusammen ein digitales Ökosystem. Es geht um die Verbesserung der Zusammenarbeit, Mobilität, Predictive Analytics (vorausschauende Analyse) und Kontrolle über die Betriebsaktivitäten, sowie um die Erweiterung der digitalen Ökosysteme, in denen Unternehmen tätig sind. Es ist ein stetig steigendes Datenvolumen über den gesamten Projektlebenszyklus hinweg zu erfassen, um die Bauzeit zu verkürzen und die Qualität und Sicherheit zu verbessern.

Gleichzeitig beteiligen sich Bauherren und Betreiber zunehmend daran, die Bauunternehmen – und damit auch deren Subunternehmer – bei der Auswahl von Technologien zu beeinflussen, indem sie Richtlinien für Projekte, die Fertigstellung und Arbeitsabläufe festlegen sowie Standards einführen, die von ihren Partnern in der Lieferkette einzuhalten sind. Die Bauherren verlangen, dass Projekte eine Gemeinsame Datenumgebung (Common Data Environment CDE) verwenden, damit zu jedem Zeitpunkt der Laufzeit einer Anlage eine digitale Aufzeichnung vorhanden ist, die kontinuierlich fortgeschrieben wird.

Gleichzeitig führen Regierungen Vorschriften ein, die Bauunternehmen dazu anhalten, weitere digitale Veränderungen vorzunehmen. Die britische Standard PAS 1192 (siehe Kapitel 4 Standards) ist beispielsweise darauf ausgelegt, die Implementierung von BIM im gesamten Bausektor zu fördern. Demzufolge müssen Unternehmen ein kollaboratives Informationsmanagement umsetzen.

Während die Vorzüge einer Beschleunigung der Digitalisierung klar sind, führt die Vielfalt an Unternehmern und Plattformen über die Wertschöpfungskette hinweg dazu, dass Daten auf unterschiedlichste Weise erhoben werden. Das erhöht die Menge an Informationen, die gehandhabt werden, und bringt Risiken mit sich, die mit der Verflechtung der Systeme und mangelhafter Integration einhergehen. Diese Herausforderungen können zu Hindernissen werden und zu erhöhten Kosten führen. Heterogene Prozesse und Systeme – in denen Daten für verschiedene Teile eines Prozesses auf separaten Plattformen erfasst werden – führen dazu, dass Prozesse nie komplett an nur einer Stelle, sondern verteilt an verschiedenen Orten ausgeführt werden. Das erhöht den Bedarf an Ressourcen und Arbeitskräften und verringert die Wettbewerbsfähigkeit in einer Branche, deren Erträge bereits am Schwinden sind.

Ausarbeitung einer Strategie

Um die digitalen Fähigkeiten zu steigern, muss zuerst die ausdrückliche Unternehmensentscheidung getroffen werden, die digitale Transformation in Angriff zu nehmen.

Danach wird eine klare Strategie festgelegt, mit der diese Transformation durchgeführt werden soll. Unternehmen müssen ermitteln, warum Technologie wichtig ist, welche Vorteile sie sich von ihr erwarten und wie sich diese auf ihre Geschäftstätigkeiten auswirkt. Digitale Integration erfordert mehr als nur die Implementierung von Software-Plattformen oder die Einführung von Cloud-Computing. Es bedeutet, insgesamt auf Technologie umzustellen, das Internet der Dinge (IoT), Drohnen, Sensoren, Augmented Reality und Data Science zu nutzen. Diese und andere Innovationen definieren Produktionsprozesse neu, verbessern die Durchführung von Projekten, den Betrieb und die Verwaltung von Anlagen und steigern die Produktivität.

Verständnis des Ökosystems und der Architektur

Nicht jede Technologie liefert den gleichen unternehmerischen Mehrwert. Ein klarer Blick auf interne Systeme – die hinter der Firewall eines Unternehmens operieren – und wie sie derzeit funktionieren, wird dazu beitragen, festzustellen, was funktioniert und was nicht, wie Systeme miteinander verbunden sind, wie der Informationsfluss funktioniert und was rationalisiert werden muss. Unternehmen führen neue Technologien oft nach und nach im Laufe der Zeit ein. Das kann eine Reaktion auf Strategieänderungen oder die Notwendigkeit sein, wettbewerbsfähig zu bleiben, oder infolge von Fusionen und Akquisitionen passieren. Das macht das Ökosystem jedoch komplexer und heterogener.

Offene API und Dateiformate

Mithilfe von offenen Programmier-Schnitstellen (APIs)[41] kann ein Unternehmen sein eigenes digitales Ökosystem ausbauen und die Integration von Informationstechnologien beschleunigen. Das vermeidet Ineffizienzen, die entstehen, wenn individuelle Probleme mit individuellen Einzellösungen (geschlossene Lösungen, Point Solutions) gelöst werden, anstatt mit vorhandenen Systemen zu kommunizieren, die diese Funktionalität bereits über Programmierschnittstellen zur Verfügung stellen.

In Anbetracht des Aufstiegs von IoT-Technologien, künstlicher Intelligenz (AI) und mobiler Geräte (wie Drohnen) sind geschlossene Lösungen nicht mehr vorteilhaft. Der Informationsfluss muss bidirektional sein, damit neue Erkenntnisse gewonnen und verschiedene Datensätze kombiniert werden können. Das Gleiche gilt für Dateiformate. Die Effektivität von BIM zum Beispiel ist auf offene, interoperable Formate wie IFC (Industry Foundation Classes) und BCF (BIM Collaboration Format) angewiesen, welche reibungslosere Workflows und die Kommunikation von Projektteams ermöglichen – unabhängig von der Software, die sie benutzen.

Interoperabilität und Benutzerfreundlichkeit

Um den Übergang zur digitalen Technologie zu erleichtern, sollten neue Lösungen mit dem bestehenden digitalen Ökosystem kompatibel und einfach einzurichten sein. Der Erwerb einer Hardware oder Software, die zwar den gewünschten Nutzen bringt, aber nicht mit dem bestehenden Ökosystem vereinbar ist, verringert den Ertrag und erhöht den Bedarf an Ressourcen. Hochkomplexe Lösungen können zudem die Akzeptanz

41) API Application Programming Interface. Programmierschnittstelle von Anwendungen, die von anderen Anwendungen genutzt werden kann, um Funktionalität zu nutzen.

hemmen. Die Benutzererfahrung muss konsistent und intuitiv sein für alle, die die Technologie einsetzen, einschließlich der Subunternehmer.

Mit einem benutzerfreundlichen System können Mitarbeiter ihre Arbeit einfacher und effektiver erledigen. Das beschleunigt die Implementierung der Informationstechnologie, und Unternehmen können schneller Nutzen aus ihrer Investition ziehen.

Integrationsservice und Support

Software und Hardware sollten nicht nur zweckdienlich und mit vorhandenen Werkzeugen im Ökosystem kompatibel sein, sie sollten auch von einem Anbieter erworben werden, der ein strategischer Partner werden kann, der das Unternehmen und seine Anwender nicht nur während der Integrationsphase unterstützt, sondern auch bei den nächsten Schritten Hilfestellung bieten kann, um die digitale Transformation zu beschleunigen. Der Anbieter sollte außerdem eine Vision für die Zukunft haben und in der Lage sein, Kunden durch die nächsten Phasen der Neuerungen zu führen. Bei der Wahl eines Anbieters ist es wichtig, langfristig zu denken und einen Anbieter auszuwählen, der eine Erfolgsbilanz nachweisen kann und Glaubwürdigkeit bei der Implementierung, solide Supportsysteme sowie weltweite Unterstützung bietet.

Investition in einen Data Lake

Ein Data Lake (wörtlich: Datensee) ist ein Datenspeicher, der Rohdaten speichert, bis sie gebraucht werden. In Anbetracht der Unmengen an Informationen, die in der Bauindustrie in einem Ökosystem erfasst werden, ist ein Data Lake ein wichtiger Bestandteil einer großangelegten Datenstrategie. Er ermöglicht es, Unternehmensinformationen auf einheitliche Weise zu sammeln und zu speichern, unabhängig von der Datenquelle und davon, ob die Rohdaten strukturiert oder unstrukturiert sind. Ein Data Lake ist außerdem flexibel genug, um Fachleuten neue Einblicke zu ermöglichen. Ein Data Lake ist normalerweise einfach zu entwerfen und einzusetzen und ermöglicht es einem Unternehmen, die Kontrolle über seine Daten zu übernehmen, auch wenn die Anforderungen an Analytik und Prozessberichte erst noch bestimmt werden müssen.

Herausforderung: Rationalisierung und Standardisierung (nach [63])

Die Implementierung von Standards bringt der Bauindustrie viele Vorteile – sei es bei Prozessen, beim Datenmanagement oder bei der Methodologie. Eine Standardisierung der Systeme und der Software minimiert nicht nur die Kosten, sie senkt auch den Bedarf an speziellem Fachwissen, um die verschiedenen Tools zu unterstützen, sie konsolidiert die Verwaltung von Anbietern, reduziert die Inkompatibilität und strafft die Infrastruktur und das Ökosystem. Allerdings stellt sich angesichts der Tatsache, dass sich Standardisierung am besten für die Massenproduktion eignet, die Frage, wie sie in einer Branche angewendet werden kann, in der es Variationen gibt und in der jedes Projekt einmalig ist.

Standards in der Bauindustrie beruhen auf der Notwendigkeit, die Sicherheit und Qualität zu verbessern, die Effizienz bei der Verteilung von Ressourcen, Finanzmitteln und Zeit zu erhöhen, Daten zu harmonisieren und Risiken zu kontrollieren. Obwohl Standardisierung oft im Mittelpunkt steht, geht es um mehr als nur um die Einführung der geeigneten Verfahren. Unternehmen sollten mit der Rationalisierung und Vereinfachung der Software und Tools beginnen. Davon ausgehend kann die Einführung einfacher und einfach zu implementierender Prozesse eine tiefergehende Transformation fördern.

Manche Unternehmen erwerben Software und Plattformen für ihre Geschäftstätigkeit im Büro oder auf der Baustelle. Andere übernehmen „historisch gewachsene" Systeme (sog. Legacy-Systeme) durch Akquisitionen und Fusionen oder Umstrukturierungsmaßnahmen. Wie auch immer sie sie erworben haben, die meisten großen Unternehmen haben Hunderte von Systemen in Betrieb. Die Rationalisierung dieser Systeme beseitigt Duplikat-Technologien, die wertvolle Zeit und Ressourcen verbrauchen. Alte und redundante Systeme zu reduzieren und sich auf solche zu konzentrieren, die den größten Wert liefern, steigert die Effizienz und Produktivität, senkt die Kosten und schafft zugleich eine Grundlage für die Standardisierung. Die Standardisierung sorgt dafür, dass Daten von Anfang an und bis zum Ende auf einheitliche Weise erfasst werden.

Standardisierung verringert für alle Beteiligten den Aufwand, der notwendig ist, um Arbeiten zu planen und auszuführen, und ermöglicht die Entwicklung eines einheitlichen Vorgehens, mit dem Projektteams ihre Prozesse nachvollziehen und die Informationsqualität verbessern können.

Prüfung und Rationalisierung

Ein wesentlicher Schritt im Rationalisierungsprozess ist es, zu erkennen, welche Systeme im Unternehmen und in der weiteren Wertschöpfungskette für die Fertigstellung und den Betrieb genutzt werden, und warum diese Systeme ausgewählt wurden. Dieser Prozess deckt oft auf, dass viele Systeme für die gleichen Funktionen und Prozesse verwendet werden.

Standardisierung über den Lebenszyklus des Projekts

Unabhängig von der Art des Projekts ist es wichtig, für einen transparenten Informationsfluss, eine gute Datenerfassungsstruktur und einen klaren Überblick über Betriebsprozesse zu sorgen. Eine lückenlose Kenntnis des Ökosystems ist entscheidend, um mit externen Projektbeteiligten über die gesamte Laufzeit des Projekts hinweg zusammenzuarbeiten. Um die Standardisierung und Qualität von Daten anzugehen, sollte ein vollständiger Datenmanagementplan entworfen werden. Er umfasst Prozesse, Anleitungen, Richtlinien, Standards und Tools, die die Datenverwaltung in einem Unternehmen und unter den Projektbeteiligten regeln. Unternehmen sollten sich auf drei Hauptbereiche konzentrieren, die im Folgenden beschrieben werden.

Prozessreview

Zentrale Prozesse, unter anderem das Projektmanagement, sollten geprüft und beurteilt werden. Bei der Entwicklung von Technologien neigen Unternehmen dazu, eine flexible Methodologie anzuwenden – ein Prozess, bei dem Teams sich darauf konzentrieren können, innerhalb von zeitbegrenzten Durchläufen (festgesetzten Zeiträumen, die jeder Aktivität zugeteilt sind) Lösungen zu finden. Dieser Ansatz führt dazu, dass die Projektentwicklung und Änderungen klarer und effizienter sind. Funktionsübergreifende Teams, die eine flexible Methodologie anwenden, sind berechtigt, Prozesse und Lösungen zu definieren, zu entwickeln und zu testen. Diese Autonomie ermöglicht es ihnen, Änderungen schneller durchzuführen als traditionelle Teams. Der Aufbau verschiedener Prozesse benötigt nicht immer gleich viel Zeit und die gleichen Ressourcen. Die einfachsten Prozesse zuerst zu prüfen und zu entwickeln, stellt daher mehr Zeit und Ressourcen für komplexere Prozesse zur Verfügung.

Datenerfassung und Harmonisierung

Wenn Metadaten konsistent erfasst werden, können Daten einfacher verwaltet, verifiziert und eingesetzt werden. Metadaten liefern die zugrunde liegende Information und Beschreibung der Daten.

Zum Beispiel beim Fotografieren werden (Meta-)Informationen wie Zeit, Datum, Dateigröße und Ort zusammen mit dem Foto gespeichert. Datenharmonisierung beinhaltet die Einführung klarer, zielorientierter Protokolle sowie einen Ansatz zur Datenqualität, der sowohl maschinelle als auch menschliche Bearbeitung nutzt. Durch die Festlegung von Parametern kann die Datenharmonisierung den Wert und Nutzen von Geschäftsdaten in den Bereichen Analytik, Benchmarking und Reporting-Visualisierung erhöhen.

Interne Innovationsgruppe

Durch die Einrichtung einer internen Innovationsgruppe oder eines Center of Excellence (CoE) kann die digitale Strategie eines Unternehmens fokussiert werden. Ein CoE kann die digitale Transformation unterstützen, indem es bewährte Praktiken und Branchenforschung bietet, um die Geschäftsziele zu erreichen. Ein Team, das normalerweise aus Mitarbeitern aus verschiedenen Fachdisziplinen besteht, kann sicherstellen, dass die ausgewählte Technologie zweckdienlich, mit dem bestehenden Ökosystem vereinbar und flexibel genug ist, um zukünftigen Anforderungen gewachsen zu sein.

5.2.5 Kulturwandel, mehr als ein Schlagwort?

In der Welt des Bauens prallen oft Charaktere und gegensätzliche Interessen aufeinander. Die wenigsten Stakeholder sind von Anfang an dabei oder bleiben bis zum Projektende. Bis zum Nutzungsende des Gebäudes bleibt oft nicht einmal der Bauherr selbst. Wer soll also den Gesamterfolg des Projekts über die gesamte Laufzeit hinweg im Auge haben? Ein ganzheitlicher Blick wäre jedoch sehr sinnvoll, denn allzu häufig entpuppen sich kurzfristige Entscheidungen als Kostenfalle und damit als kurzsichtig. Fehlende Entscheidungen oder Entscheidungen auf der Grundlage eines lückenhaften oder veralteten Datenmaterials führen oft zu Kostenexplosionen, Terminüberschreitungen und Mängeln. Böse Zungen behaupten, Bauprojekten sei am besten mit den Methoden des Katastrophenmanagements beizukommen. In Zeiten der Digitalisierung, in denen Gebäude intelligent werden und durch virtuelle Modelle, Robotik und IoT[42)]-Technologien neue Wertschöpfungsketten entstehen, sollten Entscheidungsprozesse intelligenter gestaltet werden. Phasenübergreifendes Denken stößt bisher schon aufgrund des Wechsels der Beteiligten an Grenzen und muss daher so organisiert

42) IoT – Internet of Things

Bild 5.9 Die alleinige Fokussierung auf den eigenen Wirkungsbereich erweist sich auf Dauer als weniger erfolgversprechend. Das „Gleichnis der langen Löffel" zeigt, dass die Beteiligten – im übertragenen Sinne – „vor vollen Töpfen verhungern" können, wenn es ihnen nicht gelingt, vernünftig zu kooperieren. Abhilfe zeigt Bild 5.10.

Bild 5.10 Anders als in Bild 5.9 haben diese Beteiligten die Erkenntnis gewonnen, dass eine auf gegenseitige Zuarbeit ausgerichtete Arbeitsweise erfolgversprechender für alle ist. Verluste bleiben hier aus.

sein, dass ein Wechsel der Beteiligten nicht gleichzeitig zum Verlust von Informationen und von Wissen über bereits getroffene Entscheidungen führt.

Wie kann man schrittweise einen Wandel herbeiführen, im Unternehmen, im Projekt und bei jeden einzelnen Beteiligten? Nur an die eigenen Belange zu denken, kann sich negativ auf die eigene Produktivität auswirken, wie Bild 5.9 zeigt. Die kooperative Denkweise verspricht oft einen höheren Nutzen für alle Beteiligten, wie Bild 5.10 deutlich macht.

5.2.5.1 Chaos Digitalis – Warum das Miteinander koordiniert werden muss

Ein Miteinander à la BIM soll mehr Produktivität erschließen und sich letztlich für die Beteiligten in Heller und Pfennig auszahlen. Die gängige Praxis im Baubereich sieht vielfach noch anders aus. Wir arbeiten zwar heute über digitale Medien zusammen. So wurden aus Papierbriefen per Post digitale E-Mails und auch aus papierbasierten Zeichnungen sind digitale Striche und Schraffuren (z. B. im PDF-Format) geworden. Alles digital, doch die Abläufe sind prinzipiell wie früher und auch ihre Schwachpunkte sind geblieben.

Aus analogem haptischen Chaos wurde allenfalls digitales Chaos (Bild 5.11). Die Tatsache, dass wir etwas auf Computern speichern und durch Netzwerke schicken können, bedeutet noch lange nicht, dass wir gut zusammenarbeiten können. Wer prüft, wer sortiert, wer muss eingebunden werden, wer hat die Gesamtverantwortung? Wo sind die aktuell freigegebenen Daten und in welchem Bearbeitungszustand? Wenn Antworten fehlen, bleiben Risiken, die Zeit und Geld kosten und die Produktivität senken. Das verschlingt oft Unsummen an Geld – in Einzelprojekten und auch volkswirtschaftlich betrachtet. Der Hebel zur Verbesserung liegt im Informationsmanagement. Darum steht BIM zu einem sehr großen Teil für die Organisation von Informationsflüssen und Arbeitsabläufen. Die drei Buchstaben werden daher oft auch als Building Information **Management** gedeutet.

Der Informationsfluss selbst muss also organisiert werden. Die rein fachlichen Rollen in Bild 5.11 sind dafür in aller Regel nicht ausgebildet. Das Planen, Bauen und Betreiben ist komplex genug, da kann man sich selten auch noch mit dem reinen Management von Informationen herumschlagen. Daher bedarf es neuer Rollen für das Informations-

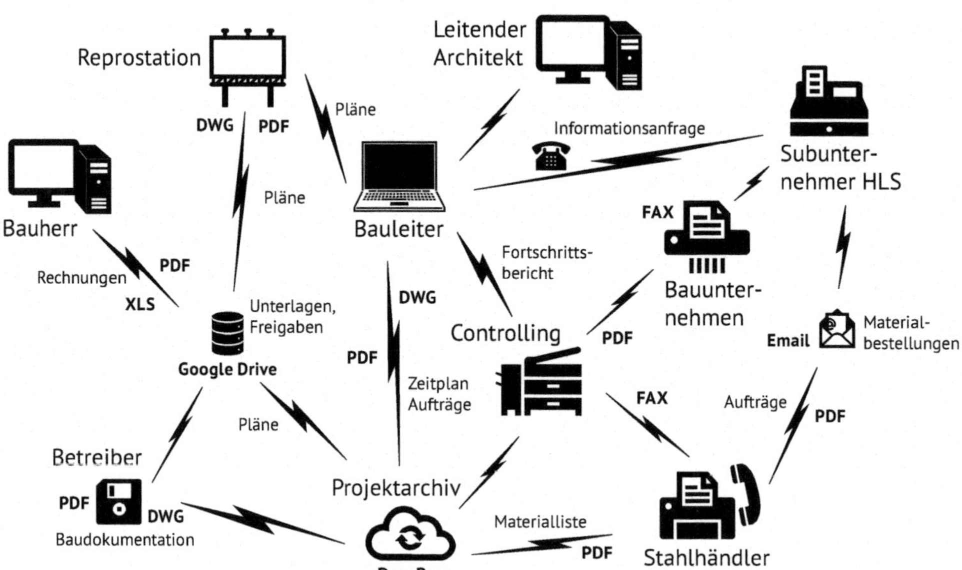

Bild 5.11 Eine von Gartner Dataquest im August 2001 durchgeführte Marktanalyse zeigt, dass in der AEC-Welt (Architecture, Engineering, Construction) die Zusammenarbeit zwischen Architekten, Bauherren, Gebäudebetreibern, Gebäudemanagern, Bauprofis, Bauunternehmern und Statikern sowie Materiallieferanten in sehr viele unterschiedliche Kooperationsparteien fragmentiert ist, die vielen unterschiedlichen Organisationen angehören. Das Bild zeigt ein typisches Kollaborationsszenario für ein AEC-Projekt. Praktisch jede Person im Diagramm gehört einer separaten externen Organisation an. Die verlustfreie Umsetzung kollaborativer Praktiken zwischen den zahlreichen Organisationen ist von entscheidender Bedeutung, findet jedoch über die unterschiedlichsten Kommunikationswege statt. Dies erschwert die Koordination und verursacht Informationsverluste.

management. Das bedeutet nicht, dass für jeden Planer gleich noch ein Informationsmanager eingestellt werden muss. Bestehende Leistungsbilder können ergänzt werden, klassische Rollen und neue BIM-Rollen können von einer Person übernommen werden, sofern es die Projektgröße zulässt. Großprojekte haben eigens ihre Dokumenten- und Informationsmanager, bei kleineren übernimmt dies möglicherweise der Projektleiter.

5.2.5.2 Risikokollektiv oder digitale Erfolgsgemeinschaft?

Was hat ein Fachplaner oder ein Bauunternehmer davon, wenn ein Gebäude drei Monate früher fertig wird? Der Bauherr oder Betreiber kann satte drei Monatsmieten mehr einfahren – ja und? Wie bringt ein Bauherr einen Unternehmer oder einen Planer dazu, früher fertig zu werden – termingerecht, kostentreu und in der vereinbarten Qualität? Als Hauptnutznießer sollte der Bauherr das größte Interesse daran haben. Sicherlich kein Motivationsfaktor ist es, Risiken einfach auf Projektpartner abzuwälzen und Mehrwerte selbst einzustreichen, und das ist auch nicht die Idee von BIM. Eine Beteiligung aller sowohl am Erfolg als auch an den Risiken, ist dagegen wesentlich wirksamer. Das zeigen erfolgreiche BIM-Projekte mit Erfolgsbeteiligung. Vertragliche Ausformungen dieser Art der Zusammenarbeit existieren und wurden erfolgreich angewendet.[43] Die Reformkommission Bau von Großprojekten schlägt hier Anreizmechanismen für eine effektive partnerschaftliche Zusammenarbeit vor. Die Zulässigkeit von Bonus-Malus-Regelungen und die Nutzung von Zielpreissystemen sollte ausdrücklich rechtlich geregelt werden [64].

Restrisiken bleiben jedoch auch mit BIM. Hier sollte über Projektkostenversicherungen nachgedacht werden. Unterm Strich bleibt die Erkenntnis: Nur wer das digitale Denken im Ganzen verinnerlicht hat, kann Mehrwerte erzielen und Restrisiken minimieren.

Außergerichtliche Streitbeilegung

Bei allem Kulturwandel sind Reibereien auch bei BIM-Projekten nicht ausgeschlossen. Die Reformkommission Großprojekte macht auch hier Vorschläge, die leider von der öffentlichen Hand noch nicht umgesetzt wurden:

„Der Bauherr sollte bei Großprojekten in den Verträgen mit den Projektbeteiligten einen internen und einen externen Konfliktlösungsmechanismus verankern. Dazu sollte die öffentliche Hand rechtliche Hemmnisse für die Durchführung externer Streitbelegungsverfahren beseitigen und Verfahrensordnungen für Mediation und Adjudikation zur Verfügung zu stellen, aus denen öffentliche Bauherren die jeweils geeigneten Instrumente auswählen können."

Auch private Bauherren können daraus Nutzen ziehen und in ihren Verträgen entsprechende Festlegungen treffen [64].

5.2.5.3 Gehört Sparsamkeit bestraft?

Wenn es an der falschen Stelle geschieht, schon. Häufig werden in Planung und Ausführung die Preise gedrückt auf Kosten der Qualität. Die „Strafe" folgt dann erst während der ungleich längeren Betriebsphase. BIM wurde geschaffen, um hier Mehr-

43) Vertragsklauseln für BIM: https://www.aknw.de/fileadmin/user_upload/AKNW-Broschueren/Broschuere_BIM_final.pdf

werte an der richtigen Stelle zu liefern, und nicht, um aus den vielen Betrieben, die in der Planungs- und Bauphase tätig sind, durch falsch verstandene Transparenz das Letzte herauszuquetschen.

Interessanterweise ist die HOAI ursprünglich mit der Intention entstanden, die gelegentlich zu großzügig anwachsenden Honorare zu deckeln. Inzwischen freut man sich oft, wenn das HOAI-Niveau überhaupt noch erreicht wird. Der Frage nach der Zusatzvergütung für BIM-Leistungen scheint oft im Widerspruch zu den versprochenen Effizienzgewinnen durch den BIM-Einsatz zu stehen. Effizienzgewinne ergeben sich nur dann, wenn zuvor an der richtigen Stelle investiert wird. Dieses ist eine der Kernaussagen des MacLeamy-Diagramms (Kapitel 1 BIM kompakt). Ziel ist natürlich die Effizienzsteigerung im Gesamtprojekt. Viele erfolgreiche BIM-Anwender beschränken sich auf die internen Effizienzgewinne des modellbasierten Arbeitens und geben höherwertige Arbeitsergebnisse – wie Modelle – nur dann an ihre Auftraggeber weiter, wenn es die Beauftragung vorsieht.

Honorarordnungen fördern nicht unbedingt das Sparen, besonders dann, wenn Vergütungen mit den Ausgaben wachsen. Ein sparsamer Umgang mit dem Geld des Bauherrn würde sich als wirtschaftlicher Nachteil für Auftragnehmer erweisen. Ist BIM also in dieser Hinsicht kontraproduktiv aufgrund divergierender Optimierungsziele? Das schafft Konfliktpotenzial. Juristen verdienen an Konflikten. Auch ihr Honorar wird nach der Schadenssumme bemessen. Auch das fördert nicht das Miteinander. Da BIM das Konfliktpotenzial zu reduzieren versucht, sehen manche Juristen ihr traditionelles Geschäftsfeld in Gefahr. Doch neue Aufgaben im BIM-Bereich, wie Moderation und Konfliktvermeidung durch BIM-gerechte Verträge und Versicherungen, stehen an. Auch in den Gremien des VDI 2552 zeigen sich mehr und mehr Juristen. Das ist erfreulich, denn es zeigt: BIM ist nicht allein Technik, BIM ist im Kern der Bauwirtschaft angekommen. Nachweisbare BIM-Kompetenz wird zunehmend zur Eintrittskarte für die Projektteilnahme.

5.2.6 Wie fange ich an? Oder: Es ist noch kein Meister vom Himmel gefallen ...

Während die Briten eine nationale Digitalisierungsstrategie entwickelt haben und die nationale und internationale Wettbewerbsfähigkeit ihrer Bauindustrie durch Regeln und Anreize vorantreiben, setzt man in Deutschland auf Erlasse [65] und Bauverordnungen, um BIM in der Breite voranzutreiben. Die Unterstützung des Mittelstands und der großen Zahl kleinerer und mittelgroßer Unternehmen bei der Umsetzung von BIM ist ein wichtiger Faktor. Bund und Länder trauen sich zwar langsam, aber zunehmend, als größter Auftraggeber ihre Marktmacht einzusetzen. Das Land Nordrhein-Westfalen [66] prescht hier voran und versetzt mit einem Ausbildungsprogramm seine Baubehörden in die Lage, BIM umzusetzen. Bauanträge digital zu übermitteln, ist ein Etappenziel, weitere werden folgen. Das zumindest klingt nach Strategie. Eine Kettenreaktion wird (hoffentlich) nicht ausbleiben. Allerdings brauchen wir auch nicht für jedes Bundesland eine eigene BIM-Strategie. Der damit verbundene Zusatzaufwand bei der Umsetzung würde es Unternehmen erschweren. Jedenfalls ist BIM im Markt angekommen und innovative Bauunternehmen suchen nicht mehr nach Gründen für BIM, sie setzen BIM bereits zu ihrem Vorteil ein, auch wenn der Bauherr noch nichts von BIM gehört hat ...

5.2.6.1 BIM-Gedankenaustausch – Nationale und internationale Anwendergruppen

Mittlerweile haben sich in Deutschland, Österreich und der Schweiz BIM-Regionalgruppen zusammengefunden, die sich zum regelmäßigen Austausch treffen. Hier finden Anwender Informationen und Gleichgesinnte. Veranstaltungen findet man unter https://www.buildingsmart.de/regionalgruppen. Auch die Seite bim-events.de bietet Hinweise zu Treffen, Konferenzen, Seminaren und Experten. Speziell an weibliche BIM-Anwender richtet sich die Seite https://womeninbim.org/, derzeit allerdings ohne deutsche Ansprechpartnerin.

5.2.6.2 BIM vom Generalunternehmer bis zum Fliesenleger

Immer wieder taucht die – meist rhetorisch gemeinte – Frage auf, ob denn mit BIM „jeder Fliesenleger" seine Angaben in ein Modell einpflegen müsse. Anders als von manchem Fragesteller erwartet, lautet die Antwort: „Ja selbstverständlich!"

Dass die BIM-Anwendung keine großartige Investition nach sich ziehen muss und alle Projektteilnehmer einbeziehen soll und muss, zeigt beispielhaft Folgendes:

Beispiel 5.1 **Informationslieferungen Fliesenleger**

Ein Fliesenleger wurde für die Ausführung der Fliesenlegearbeiten in Sanitärbereichen beauftragt. Welche Angaben werden von ihm benötigt, um die später absehbaren **Anwendungsfälle, Reparatur und Nachbestellungen**, durchführen zu können?

Die recht naheliegenden Angaben, die für diese Anwendungsfälle benötigt werden, sind:

- Fliesenhersteller und Artikelnummern der Fliesen,
- Verbrauchsmaterialien (Kleber, Mörtel, Verfugung),
- Lagerort und Umfang von Ersatzmaterialien.[44)]

Dieses Beispiel ist bewusst banal gewählt. Tatsache ist jedoch, dass in den meisten Bauvorhaben nicht einmal diese banalen Informationen zur Verfügung stehen. Die zweite Tatsache ist, dass zur Lieferung dieser Informationen keine großartige Technik eingesetzt werden muss. Es ist vollkommen ausreichend, wenn ein Verantwortlicher für die Erstellung des As-Built-Modells eine Excel-Tabelle an den Fliesenleger übermittelt, die ungefähr folgendermaßen aussieht:

Austausch-Informationsanforderungen AIA für das Gewerk Fliesenlegearbeiten:

- Name des beauftragten Unternehmens (hier Fliesenleger),
- Auftragsnummer,
- Datum,
- Ort der Auftragsdurchführung,
- Raumnummern,
- Art der Arbeiten,
- verwendete Materialien,

44) Hinterlegung von Ersatzmaterialien, Bestandteil der Beauftragung des Fliesenlegers. Erfordert Übergabe dieser Materialien und Informationen darüber (Menge, Lagerort etc.) an den Betreiber. Teil der Informationsanforderungen an den Fliesenleger (AIA, BAP)

- Produktspezifikation,
- Artikelnummer, evtl. Chargennummer,
- übergebene Ersatzmaterialien, übergeben an, Datum, Menge, Lagerort.

Damit hätten wir die Austausch-Informationsanforderungen AIA für das Gewerk Fliesenlegearbeiten bereits zusammen. Kein Hexenwerk! Für den Betreiber eines Gebäudes genug Informationen, um gängige Prozesse abwickeln zu können.

Allerdings muss die Informationslieferung zu einem Zeitpunkt geschehen, an dem der Fliesenleger noch greifbar ist und noch selbst diese Informationen zur Verfügung hat. Vermutlich wird er sie anfangs noch nicht von sich aus liefern, sondern durch den verantwortlichen Informationskoordinator auf der Baustelle dazu angeleitet werden. Genau diese vom Fliesenleger zu erbringende Excel-Tabelle wird im BIM-Modell, z. B. im Modell-Viewer eines CDE, mit den entsprechenden Räumen verknüpft und ist ab sofort Bestandteil des As-Built-Modells. Das war die vertragsgemäße BIM-Lieferung entsprechend einer AIA. Die leere Excel-Tabelle mit den oben genannten Spalten drückte dabei die Austausch-*Informationsanforderung* AIA seitens des Bauherrn aus. Die Lieferung der *ausgefüllten* Excel-Tabelle entspricht einem vereinbarten Informationslieferprozess wie im BIM-Abwicklungsplan BAP vereinbart. Keine teure Software, kein großartiger Schulungsbedarf, nur klare und nachvollziehbare Abläufe. So einfach kann BIM sein!

Wer allerdings das Pferd von hinten aufzäumen will und einen Fliesenleger zwingen will, großartige Software zu kaufen, um großartige BIM-Prozesse abzubilden, hat von vornherein geringe Erfolgsaussichten, denn auch hier gilt: KEEP IT SIMPLE!

Das Schöne an diesem Beispiel ist, dass es bereits alles grundsätzlich Notwendige zeigt. Alle anderen Anwendungsfälle, die wir später noch genauer betrachten werden, laufen nach dem gleichen Schema ab: Versorge den Informationspflichtigen mit dem, was er braucht, um diese Information zu liefern, und kontrolliere den termingerechten Lieferprozess. Natürlich muss dieser Vorgang in einem BIM-Abwicklungsplan BAP festgehalten und vertraglich vereinbart worden sein, von selbst läuft auch hier nichts. Vertragsstrafen allerdings reichen oft nicht. Manch einer zahlt lieber und hat seine Ruhe ... Hier muss aktiv und rechtzeitig sichergestellt werden, dass die Lieferung erfolgt und deren Inhalt qualitätsgesichert wird.

Scheuen Sie sich nicht, diese einfachen Excel-Tabellenvorlagen selber anzufertigen und im BAP zu verankern. Alles, was es hierzu braucht, ist ein bisschen Sach- und vor allem gesunder Menschenverstand.

Die BIM-Ziele und Anwendungsfälle im Abschnitt 5.3.4 sind in dieser Weise zu interpretieren:

Nicht so kompliziert machen, dass es unübersichtlich wird, sondern so einfach halten, dass es nützlich bleibt.

Mit anderen Worten: BIM einfach machen!

5.2.6.3 Integration von Unternehmen, Handwerkern und allen anderen Bauschaffenden

„Abgerechnet wird anhand des As-Built-Modells". Man glaubt gar nicht, wie schnell diese Vertragsklausel dazu führt, dass Daten des aktuellen Bauzustandes in das virtuelle Gebäudemodell eingepflegt werden. Allerdings muss es im Projekt dann auch jemanden geben, der die Übereinstimmung von gebauter Realität und den Informationen in einem As-Built-Modell sicherstellt.

Man muss in der Tat kein Raketenspezialist sein, um seine vollbrachte Arbeit in das Modell einzupflegen. Wichtig ist zu wissen, was, wann und wie. Es ist die Aufgabe des Informationsmanagers, allen mitzuteilen, wie das geht. Im Falle des Fliesenlegers dürfte es wohl damit getan sein, dass er in einem geeigneten Viewer seine Wand- oder Fußbodenbeläge anklickt, die entsprechenden Produktspezifikationen (Kleber, Fliesen, Fugenmörtel etc.) in vorbereiteten Eingabefeldern an die ausgewählten Elemente anhängt und anschließend den Status seiner Arbeiten als „abnahmebereit" kennzeichnet.

In den folgenden Abschnitten sehen wir im Einzelnen, welche Schritte notwendig sind, damit alle Projektbeteiligten wissen, was zu liefern ist und wie das praktisch geschehen soll.

Der gläserne Unternehmer – Keiner will 100 % Transparenz

Wo ist Transparenz nützlich, wo sind Unternehmensinterna zu schützen? Wem gehören Arbeitsergebnisse, zum Beispiel Modelle, wer darf sie weiterverwenden und zu welchem Zweck? Wie werden Urheberrechte geschützt?

BIM propagiert eine vertrauensvolle Zusammenarbeit sowie die gemeinsame Problemlösung und Entscheidungsfindung. Will die Projektlenkung eine möglichst frühzeitige Nutzung der Gemeinsamen Datenumgebung CDE erreichen, so ist eine sensible Einbindung aller Beteiligten erfolgsentscheidend. Gibt es keine privaten Bereiche innerhalb einer Gemeinsamen Datenumgebung, so werden die meisten Beteiligten erst dann Informationen bereitstellen, wenn sie absolut sicher sind, dass diese nicht frühzeitig zerpflückt und analysiert oder im Nachhinein im Rahmen eines „Schwarzer-Peter"-Spiels gegen sie verwendet werden. Andernfalls entwickeln sich Nebenwege außerhalb einer Kollaborationsplattform, die fehlerträchtig, zeitraubend und sicherheitskritisch sind, wie die bisherige Arbeitsweise per E-Mail, FTP-Servern und DropBoxen. Die entstehenden Sicherheitslücken sind unkontrollierbar und spielen sich außerhalb des Einwirkungsbereiches der Projektlenkung ab. 100 % gläserne Unternehmer können daher auch nicht im Interesse des Bauherrn sein. Absolute Kontrollierbarkeit führt in diesem Falle nicht zu besseren Ergebnissen.

Mit BIM vereinbaren die Projektbeteiligten die Schnittstellen und Inhalte der zu liefernden Informationen. Betriebsinterne Informationen sind hier nicht gefragt. Transparenz soll nicht gegen, sondern im Sinne des BIM-Teams eingesetzt werden. Gute Zusammenarbeit basierend auf Vertrauen und rechtlich nachvollziehbaren Regelungen führt allemal zu besseren Ergebnissen als Misstrauen und Rechtsstreitigkeiten. Auf klare Vereinbarungen und Rahmenbedingungen kommt es daher an. BIM fördert eine vertrauensvolle Zusammenarbeit, allerdings sind klare, rechtlich fundierte Rahmenbedingungen die Voraussetzung. BIM-Anforderungen und -leistungen müssen klar definiert sein, beispielsweise durch BIM-Abwicklungspläne und Austausch-Informationsanforderungen (siehe Abschnitt 5.5).

Motivation ist alles ...

Unser Gehirn funktioniert mit Belohnungen. Nur wenn BIM Spaß macht, bleibt etwas hängen. Spaß kann sich durchaus in klingender Münze auswirken. Wirtschaftlicher Erfolg ist letztlich ausschlaggebend und Antrieb, aber in der Regel nicht der alleinige Motor und „enabling factor". Durststrecken gibt's immer, lassen Sie sich dadurch die Begeisterung nicht nehmen. Führen Sie ein Team oder wollen Sie ein Teil davon sein, bedenken Sie eines: Starke Teams verbindet eine gemeinsame Vision. Das setzt ungeahnte Kräfte frei. Mit Parolen ist es allerdings nicht getan, wenn es echt sein soll. Nur wenn Sie selbst überzeugt sind von den Mehrwerten, können Sie auch Ihr Team und Ihr Unternehmen überzeugen.

Suchen Sie Mitarbeiter? BIM-Projekte sind magnetisch, sie ziehen die Motivierten und Qualifizierten an.

Jedoch: Aller Anfang ist ...
... mit ein paar Empfehlungen besser zu meistern:

- Anfangsprobelauf mit einem kleinen Projekt, das bereits abgeschlossen ist, einplanen.
- Als erstes Projekt kein zu kompliziertes auswählen.
- Ein ideales Übungsprojekt enthält Aufrisse, Schnitte und Stücklisten, die einfacher mithilfe von BIM generiert werden können.
- Spielraum für die Lernkurve lassen, Fehler erwarten und als Erfahrung nutzen.
- Es braucht ca. drei Projekte, um zu wissen, wo's lang geht ...
- Nicht entmutigen lassen bei Anfangsschwierigkeiten (Bild 5.12), es geht wieder aufwärts!

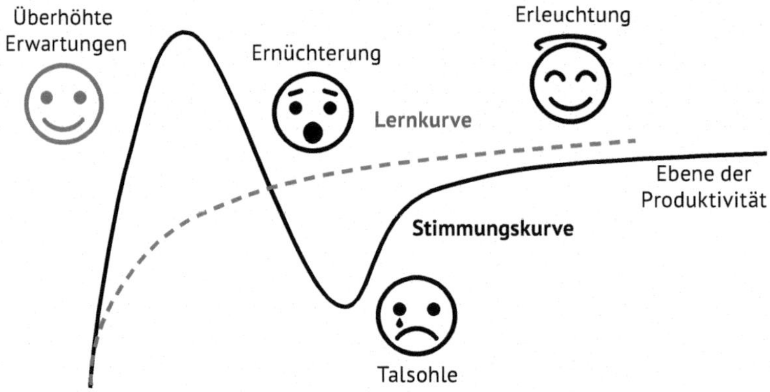

Bild 5.12 Auch bei BIM gibt es eine Lernkurve. Durststrecken lassen sich nicht vermeiden, bevor am Ende der Erfolg steht. Wie immer, gibt es auch hier mindestens zwei Deutungsmöglichkeiten. Das Tal der Tränen, manchmal eine vorübergehende Begleiterscheinung einer dennoch insgesamt positiven Tendenz. Die Lernkurve steigt, auch und gerade, wenn man aus Fehlern manchmal lernen musste. Der Erfahrungsschatz, den man sich nur persönlich oder als Unternehmen erarbeiten kann, ist ein nicht zu unterschätzender Teil des Erfolgs. So sollte man sich lieber an der gestrichelten Lernkurve orientieren, auch wenn manchmal die emotionale Kurve Oberhand zu gewinnen scheint.

Häufige Hindernisse bei BIM-Projekten

Auch da muss man durch, aber immerhin ist es gut zu wissen, welche Hindernisse zu erwarten sind:

- unzureichendes Wissen und Verständnis für BIM,
- nicht vollständig gelesene und verstandene BIM-Vertragsgrundlagen und -Vorgaben,
- beschränkter Wettbewerb durch zu hohe softwarespezifische Anforderungen,
- zu Beginn in Verträgen fehlende Beschreibung von BIM-Leistungen,
- fehlendes Erwartungsmanagement: die Erwartungen an das Team und die Werkzeuge werden zu hoch gesetzt,
- unzureichende (zu hohe oder zu geringe) Einschätzung Arbeitsaufwands,
- falscher Einsatz der technischen Möglichkeiten,
- mangelnde Bewertung oder Nutzung von Informationen,
- Hinauszögern und häufiges Ändern von wichtigen Entscheidungen und Zielsetzungen. Folge: Das Datenmodell muss erneut aufgebaut werden,
- mangelnde Arbeitsdisziplin. Alle notwendigen Informationen müssen von Beginn an strukturiert eingearbeitet werden, sonst ist keine strukturierte Auswertung des Informationsmodells möglich,
- Unterschätzung der Aufwandsvorverlagerung,
- Einschränkung der Durchgängigkeit und Vorteile von BIM durch Fragmentierung der Informationslieferkette infolge zu starker Teilbeauftragung.

Zertifizierungsprogramme für Einzelpersonen und Unternehmen

Bevor man in die Praxis startet oder bevor man die nächste BIM-Stufe erklimmt, können Ausbildungsprogramme helfen. buildingSMART startete Ende 2017 ein Zertifizierungsprogramm zur Beurteilung der Open-BIM-Kompetenz von Schulungsanbietern und anderen Professionals. buildingSMART will jedoch nicht selbst als Trainingsanbieter auftreten, sondern Anbieter und Schulungen durch sein globales Netzwerk unterstützen und eine Online-Zertifizierungsplattform sowie Schulungsmaterial zur Verfügung stellen. Dazu werden standardisierte Trainingsmaterialien mit weltweit anerkannten Qualifikations- und Qualitätskriterien über einen schnellen und sicheren Online-Test- und -Qualifikationsprozess verfügbar gemacht. Das Programm richtet sich an Einzelpersonen zur kenntnisbasierten Qualifizierung und an Organisationen zur anwendungsbezogenen Qualifizierung. Sollten Sie sich also für derartige Schulungen interessieren, fragen Sie den Schulungsanbieter Ihrer Wahl nach seiner Qualifikation und entsprechenden Zertifizierungen.

5.2.6.4 Das Ziel bestimmt den Weg – Welche Informationen werden benötigt?

Die Aktivitäten der einzelnen Phasen und die damit verbundenen Entscheidungen bestimmen den Informationsbedarf. Das ist auch mit BIM nichts Neues.

Bild 5.13 zeigt gängige Planungs-, Ausführungs- und Nutzungsaktivitäten entlang der Zeitachse und der währenddessen durchlaufenen Phasen. Diese Aktivitäten benötigen Informationen, damit sie durchgeführt werden können, sind aber auch mögliche Informationslieferanten für weitere Aktivitäten. Daraus ergibt sich der jeweilige Bedarf für Informationserstellung und -lieferung. Was wird modelliert, d. h. welche Informa-

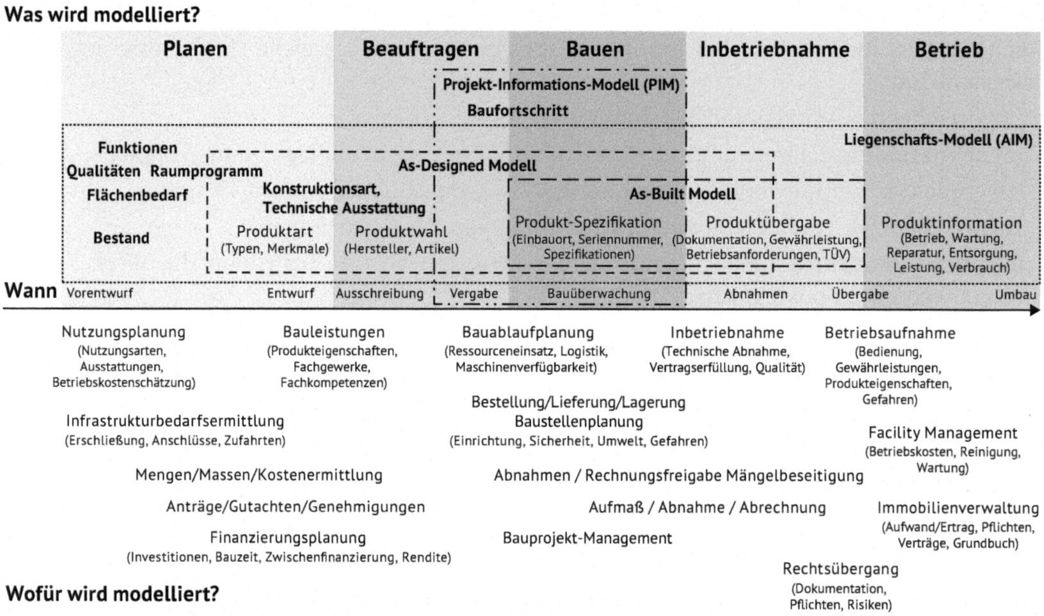

Bild 5.13 Informationen können nur dann geliefert werden, wenn die verantwortlichen Informationslieferanten noch im Projekt sind. Der Informationsbesteller muss seinen Bedarf daher rechtzeitig darstellen und beauftragen. Die Aufnahme des Gebäudebetriebs liegt am Projektende. Informationslieferungen für die Inbetriebnahme und den Betrieb sind daher schon für die Planungs- und Bauphase zu beauftragen, damit sie zunächst im Entwurfsmodell (As-Designed Model) hinterlegt werden, dann nach Installation realer Bauteile im As-Built-Modell ergänzt werden, um am Ende in das Asset-Informationsmodel AIM übernommen zu werden. Erforderliche Informationen müssen in den voranliegenden Phasen erstellt werden, damit sie in Folgephasen zur Verfügung stehen.

tionen sind zu liefern? Wofür, d. h. zu welchem Zweck, werden diese Information erstellt? Je nach Phase und Projekttyp sind die Verwendungszwecke unterschiedlich. Ein Infrastrukturprojekt hat zwangsläufig einen anderen konkreten Informationsbedarf als der Hochbau. Die gelieferten Informationen landen im PIM und im AIM, das den entworfenen Soll-Zustand (As-Designed) oder den real verbauten Ist-Zustand (As-Built) wiederspiegelt. Mehr zum Erstellen, Liefern und Nutzen von Informationen im Abschnitt 5.3 – Gemeinsames Erstellen und Nutzen von Informationen.

5.2.6.5 Open-, Closed-, BIG oder little-BIM?

Bereits in den frühen 2000er-Jahren haben sich polarisierende Begriffe herausgebildet, deren Extrempunkte die Bandbreite der Möglichkeiten veranschaulichen. Es ist der Gegensatz zwischen einem ganz geschlossenen und einem ganz offenen Datenaustausch (open/closed) und zwischen der Arbeitsweise in einzelnen Domänen oder einer domänenübergreifenden Zusammenarbeit (little/BIG).

Open-BIM oder Closed-BIM?

Im Einstiegskapitel „BIM kompakt" haben wir die Begriffe Open-BIM und Closed-BIM bereits kurz angerissen.

Was bedeutet „open"? Ist man schon Open-BIM, wenn man IFC exportieren und importieren kann? Klar geht es um den Datenaustausch zwischen den Projektteilnehmern, aber nicht das Generieren bestimmter Formate und Dateien macht den Unterschied zwischen „geschlossen" (closed) und „offen" (open) in Bezug auf die Kommunikationsfähigkeit aus. Die Inhalte müssen „mundgerecht" geliefert werden, damit sie von den Partnern verstanden werden (siehe Bild 5.9, Gleichnis der langen Löffel), sonst nützen die intelligentesten Inhalte nichts. Das Liefern der formal und inhaltlich richtigen Informationen ist also entscheidend für Open-BIM. Nur wenn sich die Kommunikationspartner gegenseitig mit den erforderlichen Informationen versorgen, kann das gemeinsame oder übergeordnete Projektziel bzw. BIM-Ziel erreicht werden. Offene Formate sind zwar eine erste technische Voraussetzung dafür, dass eine Kommunikation formal gelingt. Denn nur, wenn Kommunikationspartner die Informationen in ihre Anwendung einlesen können, können sie anschließend auch weiterverarbeitet werden. Der Austausch von Informationen macht jedoch erst dann Sinn, wenn auch die entsprechend vereinbarten Inhalte vorhanden sind. Nur weil man die Buchstaben des gleichen Alphabets verwendet, sind die Worte der Nachricht insgesamt noch nicht automatisch verständlich. Das Ziel von Open-BIM ist die erfolgreiche Kommunikation unabhängig von der verwendeten Software (Bild 5.14).

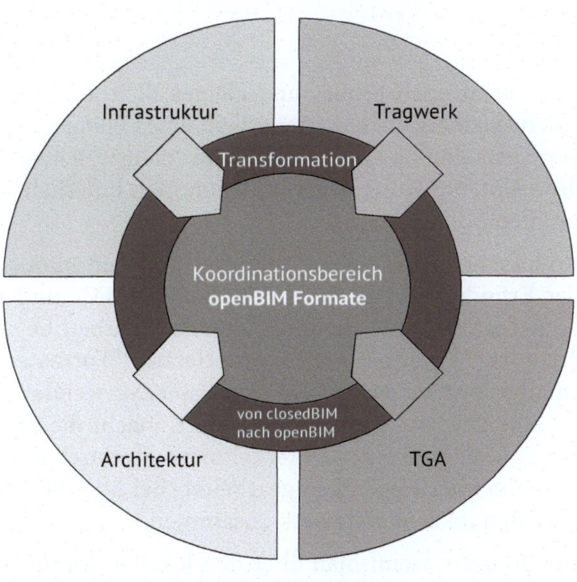

Bild 5.14 Bürointern herstellereigene native Formate zu verwenden, ist kein Widerspruch zu BIM. Offene Formate sind kein Selbstzweck, sondern dienen der Verständigung über interne Grenzen hinaus. Es gilt, gezielt Informationen auszutauschen. Wer jedoch ungefiltert „einfach alles" zu übertragen versucht, wird schnell zum Lager derer gehören, die offene Formate für „lückenhaft" halten. Denn das Wesentliche vom Unwesentlichen zu unterscheiden, verlangt allenthalben die Kenntnis und die Fähigkeiten, eine Auswahl des Wesentlichen auch umsetzen zu können. Offene Formate sind dafür entwickelt worden, die Zusammenarbeit zu verbessern, und können das dazu Notwendige übertragen. Wer hier Lücken sieht, sollte sich fragen, ob er wirklich das Wesentliche im Auge hat.

Voraussetzungen für eine erfolgreiche Kommunikation

Mangelnde Kommunikation führt allgemein in Projekten zu mangelnder Koordination. Damit Kommunikation überhaupt funktionieren kann, sind grundsätzliche Bedingungen zu erfüllen.

1. Der Informationsaustausch muss **technisch möglich** sein. Beim Closed-BIM-Ansatz kommuniziert man mit dem herstellereigenen Format und bleibt innerhalb der

von einem Hersteller angebotenen Software-Palette. Beim Open-BIM-Ansatz verwendet man **offene Formate** und ist daher nicht auf die Lösungspalette eines Herstellers beschränkt. Auch die Auswahl der Projektpartner ist nicht durch Vorgabe und Kenntnis spezifischer Software-Produkte eingeschränkt.

2. Egal welches Austauschformat gewählt wird, Modellierungsregeln müssen eingehalten werden können, damit die vereinbarten, zu liefernden Informationen fachlich kompatibel sind. Beispielsweise muss ein Attribut, das die Dicke einer Wand beschreibt, auf Empfänger- und Absenderseite in der gleichen Weise ausgedrückt werden. Sie darf zum Beispiel nicht auf der Absenderseite als „Width“ bezeichnet werden, wenn der Empfänger die gleiche Wandeigenschaft als „Dicke“ bezeichnet. Auch darf die Dicke auf Absenderseite nicht in Millimeter angegeben werden, wenn der Empfänger sie in Zentimetern erwartet. Eine Software muss also nicht nur offene Formate verwenden, sondern auch in der Lage sein, diese inhaltlich-fachlich in vereinbarter Weise einzusetzen.

Das alles erscheint zunächst banal und fast selbstverständlich, in der Praxis erlebt man jedoch, dass eine Kommunikation an genau diesen banalen Dingen scheitert oder zeitraubende manuelle Eingriffe erfordert. Eine Anwendung darf sich also nur dann Open-BIM-Anwendung nennen, wenn sie kommunikationsfähig im genannten Sinne ist.

Little bim und BIG BIM

Nach Open- und Closed-BIM jetzt also auch noch großes und kleines BIM. Native, herstellerspezifische Formate haben unzweifelhaft Vorteile. Innerhalb eines Planungsbüros so lange wie möglich mit nativen Formaten zu arbeiten, ist daher nahezu selbstverständlich, denn hier ist eine nahtlose Unterstützung gegeben, wenn man innerhalb ein und derselben Fachdisziplin zusammenarbeitet.

Diese Art der Zusammenarbeit sei ein bisschen so wie das Computing vor dem Internet-Zeitalter, sagt Finith Jernigan, der Erfinder der Wortkreationen „BIG BIM“ und „little bim“ [67]. Jernigan nennt diese Art „little BIM“, denn die Zusammenarbeit beschränkt sich auf eine einzige Fachdisziplin. Es werden native, proprietäre[45)] Formate eines einzelnen Herstellers oder allgemeine Formate wie E-Mail oder Papier verwendet. Auch wenn die Wortwahl „little“ hier eine gewisse Wertung impliziert, macht dieser Ansatz bei der internen Zusammenarbeit innerhalb eines Unternehmens oft durchaus Sinn. Nicht umsonst wird bürointern heute überwiegend so gearbeitet. Bei little bim, so Jernigan, arbeite man wie in einem guten lokalen Netzwerk zusammen.

Allerdings hat diese Arbeitsweise ihre Grenzen, wenn man über den lokalen Kontext hinaustritt. Dazu muss man gar nicht mal das eigene Büro verlassen, verstrichene Zeit und technischer Fortschritt reichen oft schon aus. So kann es bei der Langzeitarchivierung von Projektunterlagen bereits durchaus Sinn machen, auch bürointern auf offene Formate zurückzugreifen, will man nicht nach Jahren überrascht feststellen, dass

45) Natives Dateiformat – Dateiformat, dessen Urheberrechte beim Hersteller liegen und dessen interne Strukturen daher in der Regel nur diesem Hersteller bekannt sind. Die Begriffe „proprietäres“ und „natives Dateiformat“ werden häufig synonym verwendet. „Nativ“ bezieht sich auf das von einer Software bevorzugte Dateiformat, da es dessen innere Strukturen am besten abbildet und daher ohne Konvertierung wieder in die Software eingelesen werden kann.

die aktuelle Version des Herstellers nur nach einem kostenpflichtigen Update in der Lage ist, das „verjährte" eigene Format noch zu lesen.

Für die übergreifende Zusammenarbeit im Projekt macht eine kombinierte „Closed-BIM + little bim"-Arbeitsweise allerdings selten Sinn. Hier kommt es darauf an, dass die Ergebnisse aller Disziplinen zusammenpassen. Ein disziplinenübergreifender Ansatz, mit Werkzeugen diverser Hersteller, also „BIG BIM", und offenen Formaten, also „Open-BIM", ist hier der allein zielführende Weg. BIG BIM sei wie ein Rechner, der komplett ins Internet integriert und zur Web-Anwendung geworden sei, so Finith Jernigan.

Little oder BIG, Open- oder Closed-BIM ist daher keine Schwarz/Weiß- bzw. Entweder/Oder-Entscheidung. Mischformen sind möglich, praktikabel und üblich. Während man im Projekt insgesamt mit Open-BIM arbeitet, können die beteiligten Unternehmen intern durchaus mit Closed-BIM-Methoden arbeiten. Lediglich die Lieferung nach außen geschieht dabei mit offenen Formaten über den Horizont der eigenen „little bim"-Fachdisziplin hinaus.

Eine Fachdisziplin wird jedoch in den seltensten Fällen von sich aus Informationen liefern, die primär für andere Disziplinen und deren Entscheidungsprozesse wichtig sind. Daher ist das Anforderungsmanagement wichtig. Durch präzise formulierte AIA wird der jeweiligen Fachdisziplin mitgeteilt, welche Informationen über ihren eigenen Horizont hinaus auch noch wichtig sind und in welchem offenen Format diese zu liefern sind.

Maßstab bleibt der Projekterfolg, nicht das Austauschformat

Die Diskussion über die Nutzung offener oder geschlossener Formate wird oft dogmatisch und praxisfern geführt. Ein wenig mehr Pragmatik täte hier oft ganz gut. Digitales Denken im Ganzen lautet das Motto. Schließlich geht es in erster Linie um das Erreichen der Projektziele. Auch *Open* oder *Closed* ist daher als Mittel zum Zweck zu betrachten. Die Projektpartner müssen untereinander Daten austauschen können. Benutzen alle die Software ein und desselben Herstellers, sind native, d. h. Closed-BIM-Formate, oft komfortabler. Sind unterschiedliche Software-Hersteller beteiligt, ist Open-BIM das Mittel der Wahl. Je breiter die Fachbereiche gefächert sind, umso unwahrscheinlicher wird es, dass ein einziger Software-Hersteller alle Anforderungen mit seiner Produktpalette erfüllen kann. Kommt bei einem Generalplaner alles aus einer Hand, ist der Einsatz eines einzigen Software-Herstellers wahrscheinlicher. Sind dagegen viele eigenständige Planer beteiligt, steigt die Wahrscheinlichkeit, dass der Datenaustausch über Open-BIM-Formate der gemeinsame Nenner sein wird.

Man sollte sich jedoch keinen Illusionen hingeben: Verluste oder mangelnde Unterstützung beim Datenaustausch kann es auch zwischen den Produkten eines einzigen Herstellers geben. Unterschiedliche Versionen desselben Software-Produkts oder unterschiedliche Fachanwendungen des gleichen Herstellers können ebenso zu Verlusten im Datenaustausch führen.

Die Unterscheidung zwischen offenen und codierten (nativen, proprietären) Speicherformaten ist daher zunächst wertneutral zu betrachten und beschreibt ein rein technisches Detail. Ein paar Dinge sind allerdings überlegenswert.

- Die Auswahl von Projektbeteiligten sollte nach deren Fähigkeiten und nicht nach der Software getroffen werden, die sie einsetzen. Eine Beschränkung auf ein geschlossenes Datenformat eines einzelnen Herstellers kann diese Entscheidungsfreiheit deutlich einschränken.
- Open-BIM ist mittelstandsfreundlich. Gerade die kleineren Büros können sich nicht gleichzeitig mehrere Systeme unterschiedlicher Software-Hersteller leisten. Mit Open-BIM-Formaten können sie dennoch an allen Projekten teilnehmen.
- Modelldaten sind ein äußerst wertvolles Arbeitsergebnis, das unter Einsatz von Know-how und in teils langwierigen Arbeitsschritten erzielt wurde. Es repräsentiert die Kernkompetenzen einer Person oder eines Unternehmens. Nur über Werkzeuge Dritter Zugang zu diesen wertvollen Informationen zu haben, ist ein kritischer, wenn auch alltäglicher Zustand. Bildhaft in etwa so, als müsste ich einen Dritten bitten, mir Geld aus meinem Portemonnaie zu nehmen, weil ich selber keinen direkten Zugriff darauf habe.
- Diese kritische Abhängigkeit wird zum Beispiel immer dann unmittelbar deutlich, wenn Hersteller kostenpflichtige Upgrades bei allen Projektpartnern erzwingen, weil ein Versionswechsel im Dateiformat mit älteren Versionen nicht mehr kompatibel ist.
  Bei Textformaten ist diese Monopolstellung undenkbar. Das selbst Geschriebene kann jedermann von Word nach Open Office und von Apple nach Android kopieren und es bleibt auch auf dem neuen System immerhin lesbar, auch wenn auch hier Verluste, zum Beispiel bei der Formatierung hinzunehmen sind. Bei Modellen und Zeichnungen ist das bisher anders. Das könnte eine starke Einschränkung bedeuten. Zum Beispiel, wenn ich nach Jahren meine eigenen archivierten Daten nicht mehr lesen kann, weil die damalige Software-Version nicht mehr zur Verfügung steht oder auf der aktuellen Hardware nicht mehr funktioniert.
- Software, so umfassend sie sein mag, ist nie allumfassend. Die vielen im Bauprozess arbeitenden Fachrichtungen erzeugen Daten je nach ihren jeweiligen Teilaufgaben. Die Teilergebnisse einzelner Fachrichtungen müssen irgendwann einmal zu einem Gesamtergebnis zusammengebracht werden. Beispielsweise zur Kostenberechnung, für den Gebäudebetrieb oder für eine Energieanalyse. Es gibt kein Programm, das alles kann, keinen Hersteller, der auf allen Fachgebieten Lösungen liefern kann. Ein Ziel von BIM ist es, dass gemeinsam erarbeitete Daten in späteren Phasen weiter genutzt werden können. Es geht also oft darum, Einzelbausteine zusammenzuführen und später mit neuen Fragestellungen weiterzubearbeiten. Es ist sehr unwahrscheinlich, dass ein einzelner Software-Hersteller den gewünschten Funktionsumfang anbieten kann, zumal die spätere Nutzung der Daten möglicherweise noch gar nicht feststeht. Daher ist es umso wichtiger, dass Datenformate offen sind, damit sie unabhängig weiter genutzt werden können.

Diese Überlegungen zeigen, dass die Entscheidung zwischen geschlossenen oder offenen Formaten in erster Linie eine Frage der geplanten Zusammenarbeit innerhalb einer Phase und der weiteren Nutzung der Daten in Folgephasen ist.
Die Entscheidung zwischen Open-BIM und Closed-BIM hängt davon ab, wie groß die Bandbreite und die erforderliche Überlappung in der Zusammenarbeit zwischen den Projektmitgliedern ist. Die Forderung nach Open-BIM wird daher in erster Linie der-

jenige stellen müssen, dessen Aufgabe die Zusammenführung von Einzelergebnissen und Prüfung des Gesamtkontextes ist. Denn an dieser inhaltlichen Koordination der einzelnen Teilergebnisse scheitert heute oft die Erstellung eines konsistenten Gesamtergebnisses. Der Rückgriff auf Closed-BIM-Lösungen ist nicht immer möglich, denn dass alle Projektaufgaben mit den Werkzeugen des gleichen Herstellers gelöst werden können, ist zwar nicht völlig ausgeschlossen, jedoch in der Realität recht unwahrscheinlich. In großen Projekten wird daher in der Regel durch Einsatz eines Document Managers sichergestellt, dass Kompatibilitätsprobleme erkannt und gelöst werden. Das kann schon mal dazu führen, dass Probleme, die selbst bei Open-BIM-Schnittstellen auftreten können, mit eigens programmierten kleinen Software-Lösungen beseitigt werden. Denn auch das ist ein Vorteil von offenen Formaten: Sie sind einer weiteren Bearbeitung durch eigene Aktivitäten zugänglich.

5.2.7 Wie kommt BIM ins Projekt?

Auch hier gilt: BIM kommt nicht von selbst ins Projekt. BIM wird von Menschen gemacht. Vielleicht sind Sie es ja, die/der BIM umsetzen und vorantreiben will. Wie das am erfolgversprechendsten gehen kann, wollen wir jetzt beleuchten.

Dass die Projektorganisation hier eine Hauptrolle spielt, dürfte niemanden überraschen. Wir betrachten hier die BIM-spezifische Umsetzung. Tools, Plattformen und andere Hilfsmittel sind eben dieses: Hilfsmittel. Im Vordergrund stehen eine konsistente Strategie und taktische Überlegungen, um diese Strategie „auf die Straße zu bringen".

5.2.7.1 BIM-Umsetzung: Strategie und Taktik

Sie spielen Schach oder Mensch-ärger-dich-nicht? Dann haben Sie vielleicht eine Strategie. Sie gehen mit allen Figuren raus oder sie sind vorsichtig und behalten erst ein paar Figuren hinten und lassen die Stoßtruppen erst einmal eine Bresche schlagen, bevor sie dann von hinten nachsetzen. Wie gut können Sie Ihre Mitspieler einschätzen? Welche Strategie verfolgen diese? An welche Regeln halten sich die Partner? Gibt es einen unparteiischen Schiedsrichter?

Und dann der Spielverlauf. Hier erweist sich, ob die Strategie Wirkung zeigt. Die einzelnen Spielzüge sind Teil einer Taktik. Hier nachgeben, dort vorstoßen. Jede Operation ist wohlüberlegt. Erfahrung zählt, denn es gibt Unwägbarkeiten. Können Sie die Strategie verbessern? Dazu brauchen Sie die Rückmeldung von Erfolgen und Problemen vor Ort.

Sind die Spieler online, das Spielbrett digital? Oder sitzen sie klassisch zusammen an einem Tisch? Das Spiel bleibt das gleiche, doch neue Medien bieten neue Möglichkeiten, auch wenn nicht alle gemeinsam an einem Ort sind. Können Sie sie nutzen oder spielen Sie nicht mit?

Vier Schritte zum Erfolg

Dass man einen Plan macht, bevor man loslegt, ist sicherlich nichts Neues. Wie man den Plan umsetzt und wann man das Ziel erreicht hat, sind weitere erfolgsentscheidende Fragen. Schauen Sie in den folgenden vier Bereichen sowohl auf die Unternehmensebene mit entsprechenden strategischen Überlegungen als auch auf die taktisch operative Ebene mit ihrer umsetzungsorientierten Ausrichtung.

1. Planung – Warum wollen wir BIM?

BIM macht man nicht einfach mal so, weil es gerade angesagt ist. Nur wenn klare Geschäfts- und Unternehmensziele damit verbunden sind, kann es ein Erfolg werden. Und der muss messbar sein. Ziele mit messbaren Resultaten verbinden und in Einklang bringen heißt, das Machbare mit dem Wünschenswerten zu verbinden. Welche Potenziale bietet der aktuelle Kundenkreis und welche Möglichkeiten gibt es darüber hinaus? Erst wenn das geklärt ist, lohnt es sich, über eine Umsetzung im Unternehmen nachzudenken. Welche Ressourcen sind vorhanden, worauf kann ich aufbauen? Welche nahen, mittelfristigen und langfristigen Ziele kann und will ich erreichen? Welche Risiken will ich eingehen und wie kann ich diese minimieren? Die ersten Bausteine einer Strategie zeigen den Weg zum nächsten Ziel. Um das zu erreichen, gilt es zu fördern, anzuleiten und zu kommunizieren.

2. Realisierung und Anwendung

Wie erreiche ich den nächsten Meilenstein? Welche Unterstützung brauchen die Mitarbeiter bei der Umsetzung? Was muss das Unternehmen tun, um sicherzustellen, dass die beteiligten Organisationsteile über die notwendigen Fähigkeiten und Prozesse verfügen, um den nächsten Meilenstein zu erreichen? Wollen Sie den Wandel herbeiführen, dann müssen Sie im besten Sinne führen, ermutigen, integrieren, einbeziehen, schulen und trainieren (lassen).

3. Technologie

Fangen Sie niemals bei der Technologie an. Sie ist Mittel zum Zweck, nicht mehr. Kaufen Sie niemals zuerst die Software, ohne vorher die Punkte 1 und 2 detailliert ausgearbeitet zu haben. Die Bereitstellung und umsichtige Einführung verschiedener interoperabler Anwendungen in allen beteiligten Teams sind der Schlüssel zum Erfolg. Gewinnen Sie diejenigen, die mit neuer Technologie arbeiten werden. Sie sollten am besten in der Lage sein, Nutzen und Möglichkeiten zu beurteilen. Falls nicht, gehen Sie noch mal zurück zu Punkt 2.

4. Erfolgskontrolle

Hatte Ihre Strategie Erfolg? Hat Ihr Team die Meilensteine erreicht? Nur wer unter Punkt 1 definiert hat, was eigentlich ein Erfolg ist, kann ihn jetzt auch messen. Schneller, besser, günstiger? Wenn das Ihre Kriterien sind, haben Sie jetzt eine zuverlässige Grundlage für die Messung und Berichterstattung des Fortschritts und der Zielerreichung. Und Ihnen fallen sicher noch weitere Kriterien ein. Und noch eins: BIM ist Teamarbeit. Geteilter Erfolg ist doppelter Erfolg, geteilte Schwierigkeiten sind nur noch halbe Schwierigkeiten …

Wie kann ich den Erfolg messen?

Mögliche Messkriterien sind Kosten und Zeit, Produktivität und Effizienz. Haben sich die Kommunikation und der Informationsaustausch zwischen den Beteiligten verbessert, wie kann ich das messen? In einer Gemeinsamen Datenumgebung CDE ist dieses beispielsweise sehr einfach, da ich hier die gesamte Kommunikation im Blick habe und sehe, wo es gut läuft und wo nicht. Das zu beurteilen, steuernd einzugreifen, ist eine Aufgabe des BIM-Managers. Werden Probleme schnell gelöst oder kommt es immer wieder zu Zeitüberschreitungen und Rückfragen? Über das Prozessmanagement eines CDE ist dies sofort zu erkennen. Entsprechende Maßnahmen können unmittelbar eingeleitet werden, zum Beispiel, indem man auf die Beteiligten zugeht, Ursachen ermittelt und Lösungen gemeinsam findet. Mit den Fakten aus dem Projektmanagement bleibt ein derartiges Gespräch nicht auf dem Niveau von Behauptungen und Anschuldigungen, sondern kann mit objektivem Zahlenmaterial hinterlegt werden. So kann man einen Vergleich zwischen gut laufender Kommunikation und schleppender Kommunikation unmittelbar aufzeigen. Mit derartigem Zahlenmaterial in der Hand erübrigt sich dann auch meistens eine Eskalation des Problems, da den Beteiligten die Schlüssigkeit des vorliegenden Materials unmittelbar einleuchtet. Sollte dies dennoch nicht der Fall sein, bleibt der Weg zur Lösungsfindung auf höherer Ebene offen und ist ungleich erfolgversprechender, als es bisher der Fall war. Ursache und Wirkung von Behinderungen können objektiv nachvollziehbar belegt werden.

Umsetzungsplan – Es gibt nichts Gutes, außer man tut es!

Aus den Empfehlungen in diesem Kapitel lassen sich Pläne zur Umsetzung sowohl auf strategischer als auch auf operativer Ebene ableiten. Natürlich gibt es kurzfristig erreichbare, mittelfristige und langfristige Ziele. Umsetzungspläne müssen dem Rechnung tragen, will man nicht mit der Tür ins Haus fallen und durch überzogene Ziele das Ganze ins Wanken bringen. Passen Sie Ihre Pläne nach den Vorschlägen, die hier genannt werden, entsprechend den Möglichkeiten an Ihr Unternehmen an.

Checkliste: Strategie und Taktik

Planung – Ziele definieren und Teilschritte einplanen

Strategieebene: Fördern und Fordern – Zeitrahmen für die BIM-Einführung

Wer: Unternehmensleitung, BIM-Team

Unterteilen Sie den übergeordneten langfristigen Plan (Drei-, Fünfjahresplan) in kürzere Zyklen. Entwickeln Sie eine Roadmap, in der Sie Pilotprojekte, Schulungsprogramme, Bürostandards, Vertragsformulierungen und Leistungsziele definieren, initiieren und parallel entwickeln.

- Die Roadmap soll Meilensteine für größere Teilziele festlegen.
- In kleineren Aktionsplänen mit drei bis sechs Monaten Laufzeit legen Sie kurzfristigere Teilziele fest.
- Aktionspläne sollen klar beschrieben sein und offen im Unternehmen kommuniziert werden.
- Verdichten Sie den Zeitplan durch parallele Initiativen und Maßnahmen.
- Achten Sie darauf, dass sich Ziele und Maßnahmen der Aktionspläne gegenseitig ergänzen.

- Lassen Sie Rückmeldungen aus Pilotprojekten in eine ganzheitliche Roadmap einfließen und passen Sie die Roadmap ggf. an.
- Stellen Sie Erfahrungen in Form von Best Practices bzw. als „Bewährte Praxis"-Handbuch zu Verfügung (z. B. Modellierungsrichtlinien, Ablauf Koordinations-Meeting etc.).

Operative Maßnahme: Fokus erweitern – Mehr BIM-Projekte, weitere Leistungs- bzw. Lebenszyklusphasen

Wer: Teamführung, Projektleitung, BIM-Team

- Es soll deutlich werden, dass eine Verbesserung der Projektleistung nicht lediglich durch Vermeidung von Schwachpunkten, Störeinflüssen und Risiken in traditionellen Projekten eintritt. Dazu müssen Pilotprojekte einen klaren Fokus haben und BIM-Ziele detailliert genug festgelegt werden. Reiflich überlegte messbare Leistungskriterien und Ziele müssen die signifikanten Verbesserungen gegenüber traditionellen Projekten deutlich machen.
- Die Führung des BIM-Teams und die strategische Ebene im Unternehmen muss den Wert von BIM verinnerlicht haben. Nur dann kann sie klare Anforderungen definieren und Unterstützung der internen Teams bereitstellen, um kurzfristige und langfristige strategische Ziele in einer publizierten Art und Weise zu erreichen.

Operative Maßnahme: Unterstützung der Umsetzung, Planung messbarer und erreichbarer Ziele

Wer: BIM-Team, BIM-Management

Sammeln Sie Rückmeldungen aus Pilotprojekten. Was lief gut, was lief schlecht, wo traten die Schwierigkeiten auf, wie konnten sie behoben werden? Lassen Sie diese Messergebnisse an zentraler Stelle im Unternehmen zusammenlaufen und entwickeln Sie Best Practices. Stellen Sie aufgetretene Risiken strukturiert zusammen, um Lerneffekte für andere Projekte verfügbar zu machen. Die Ergebnisse sollten im Unternehmen verfügbar gemacht werden. Stellen Sie den Erfahrungsaustausch zwischen den BIM-Teams in Ihrem Unternehmen sicher.

Operative Maßnahme: Anleiten – Entwickeln Sie interne BIM-Leitlinien für die Planung und zur Umsetzung von Prozessen. Kommunizieren Sie diese in den Projektteams

Wer: BIM-Management, BIM-Team

Der geplante Informationsaustausch muss verstanden und dokumentiert werden, Verantwortlichkeiten und Informationslieferungen sowohl auf Empfänger- als auch auf Absenderseite müssen spezifiziert werden, es müssen Verantwortlichkeiten und Aufgaben festgelegt werden können. Technische Rahmenbedingungen, wie Austauschformate, sind für den Datenaustausch wichtiger Inhalte von zentraler Bedeutung, geeignete Software-Anwendungen sind festzulegen. Der Ablauf und die Prozesse des Datenaustausches, beispielsweise über eine Gemeinsame Datenumgebung, sind festzulegen und zu verstehen.

Operative Maßnahme: Erfolge teilen – Tu Gutes und sprich darüber

Wer: BIM-Management

Es hat sich als vorteilhaft erwiesen, BIM-Champions zu etablieren und erfolgreiche Projektteams und Projekte in internen Publikationen herauszustellen sowie in E-Mails und sonstigen betriebsinternen Kommunikationsmedien darzustellen. Ansprechpartner für ähnliche Projekte im Unternehmen sollten bekannt gemacht werden.

Fazit: Mehrwerte für die Planung

- erreichbare „Quick Wins" herausstellen und als Teilschritte in einem kontinuierlichen Prozess kennzeichnen,
- deutlich machen, dass es nicht nur um weniger Projektausfälle, sondern in erster Linie um bessere Projektausführung geht,
- Zielvorgaben und reale Projekterfahrungen in Feedback-Schleifen überprüfen und anpassen,
- nicht auf den allumfassenden detaillierten BIM-Einführungsplan warten, sondern mit kleinen Schritten beginnen und schrittweise ausweiten,
- durch absehbare und überprüfbare Teilschritte Risiken bei der BIM-Einführung minimieren und spekulative Investitionen in BIM weitgehend vermeiden.

Einführung – BIM in bestehenden Projekten vertiefen, Kompetenzen und Fähigkeiten ausweiten, neue Projekttypen erschließen

Strategieebene: Führen

- Die Geschäftsführungsebene muss sich klar für Innovationen aussprechen und sichtbare Unterstützung bieten.
- Die oberste Führungsebene muss vom Mehrwert von BIM für die gesamte Organisation überzeugt sein, klare wertschöpfende Geschäftsstrategien artikulieren und aktiv die Umsetzung unterstützen, um die unternehmensweiten Ziele in allen Lebenszyklusphasen zu erreichen. Konsultieren Sie Experten zur Detaillierung von Entscheidungen und Vorgehensweisen.
- Starten Sie Initiativen zur Entwicklung von Humankapital und BIM-Befähigung.

Strategieebene: Ermutigen

- Schaffen Sie Anreize und Programme zur Unterstützung der Umsetzung von BIM.
- Auftraggeber können die Umsetzung von BIM stimulieren, indem sie BIM-Befähigungen in der Informationslieferkette fördern und fordern, beispielsweise indem sie frühzeitig virtuelle Begehungen verlangen oder den Baufortschritt in einem As-Built-Modell in engen Zyklen fortschreiben.
- Experten können reale Situationen durchspielen und die realitätsnahe Zusammenarbeit zwischen mehreren Disziplinen trainieren. Durch die Schulung von Realsituationen gewinnen die Verantwortlichen vor Ort mehr Vertrauen in ihre Fähigkeiten bei der Bewältigung von Herausforderungen im Projektalltag.

Operative Maßnahme: Integration – BIM-Integrations-Workshops

Wer: BIM-Management, relevante Projektbeteiligte (Unternehmen, Fachplaner)

- Bringen Sie alle Projektbeteiligten an einen Tisch. Integrations-Meetings machen sich bezahlt, wenn Planer, Unternehmer und Auftraggeber oder deren Vertreter ein persönliches Arbeitsverhältnis aufbauen. Konflikte schaukeln sich gar nicht erst auf, wenn Verantwortlichkeiten, Ansprechpartner und Kommunikationswege von vornherein klar sind.
- Fokus-Workshops können teamübergreifende Zusammenarbeit und erforderliche BIM-Arbeitsweisen im Projektverlauf klarmachen und die BIM-konforme Zusammenarbeit in der jeweils aktuellen Projektphase (Planung, Vergabe, Beauftragung, Errichtung, Inbetriebnahme etc.) teamübergreifend einstudieren.

Operative Maßnahme: Programme zur Umsetzung, Integration und Zusammenarbeit mit BIM

Wer: BIM-Management, BIM-Team

Ziel ist der zügige Aufbau von BIM-Kompetenz in allen Informations- und Produktionslieferketten durch ein praxisorientiertes Training. Es sollte idealerweise Bauherren, Planer, Projektsteuerung, Bauunternehmen und Betreiber (soweit schon bekannt) mit einschließen.

Operative Maßnahme: Mitnehmen – Setzen Sie erfahrene Professionals mit BIM-geschulten Mitarbeitern an eine gemeinsame Aufgabe

Wer: BIM-Management, BIM-Team

So schaffen Sie ein gemeinsames ganzheitliches Verständnis, um Bedenken und Widerstände zu zerstreuen und BIM-Wissen an erfahrene Mitarbeiter in Alltagssituationen weiterzugeben. Andererseits können erfahrene Mitarbeiter mit langjähriger Entwurfs-, Bauleitungs- oder Projektleitungspraxis und weniger erfahrene, aber BIM-geschulte Mitarbeiter gegenseitig an der Weiterentwicklung teilhaben.

Operative Maßnahme: Weiterentwicklung gestalten – Übergang zu einer ganzheitlichen projektweiten Umsetzung von BIM bis zur Übergabe an den Betrieb

- Eine BIM-konforme Projektkultur kann sich nur dann entwickeln, wenn alle Projektbeteiligten involviert sind. Sind einzelne Interessengruppen ausgeschlossen, besteht die Gefahr des Rückfalls in alte Verhaltensmuster und des „Finger Pointing". Durch fehlende Kommunikation kumulieren sich Probleme und erschweren sich Lösungen.
- Workshops sollen Planer, Ingenieure, Unternehmer, Bauherren und Rechtsberater über innovative ganzheitliche Projektmanagementmethoden, wie das Integrated Project Delivery (IPD), informieren.
- Erkunden und erarbeiten Sie gemeinsam Konzepte wie den „Best for project"-Gedanken und die kollektive Risiko/Gewinn-Gemeinschaft. Schaffen Sie ein gemeinsames Verständnis darüber, wie diese Konzepte Verträge und Geschäftsbeziehungen beeinflussen können.

Operative Maßnahme: Wartungs- und Betreiberteams einbeziehen

Das Management der Bewirtschaftung und des Gebäudebetriebs braucht Input von denjenigen, die das Bauobjekt nutzen und warten. Werben Sie schon frühzeitig in der Planungs- und Entwurfsphase um Input von diesen erst spät im Lebenszyklus involvierten Projektbeteiligten.

Fazit: Potenziale und Mehrwerte in der Einführungsphase

- Gefordert sind sichtbare und schlüssige Führungsaussagen, um Verbesserung einzuleiten.
- Ziel ist es, möglichst viele Phasen im gesamten Projektlebenszyklus mit BIM umzusetzen und Potenziale zu heben.
- Die nächste Projektleitungsgeneration muss aktiv unter Nutzung und Auffrischung der bestehenden erfahrenen Experten- und Managementebene entwickelt werden.
- Ängste und Widerstände müssen reduziert werden, da sie den Verbesserungs- und Fortschrittsprozess hemmen.
- Setzen Sie BIM-Potenziale in allen Phasen der Planung, Errichtung und des Betriebs von Gebäuden wie auch in Infrastrukturprojekten um.

Technologie – Nutzen neuer und bewährter Werkzeuge

Strategieebene: Integrieren Sie BIM-konforme Prozesse in die tägliche Praxis und Projektarbeit

- Nutzen Sie die bestehenden Fähigkeiten und das Wissen Ihrer Mitarbeiter bei der Einführung von BIM, wenn sie täglich Arbeitsleben (Überstunden), Abläufe und Projektergebnisse verbessern wollen. Ihre Mitarbeiter wissen häufig am besten, wo es hakt in der täglichen Zusammenarbeit, und können ihre Erfahrungen in Form von Verbesserungsvorschlägen einbringen.
- Vermeiden Sie eine halbherzige Umsetzung und Nutzung der Technologien, in die Sie investiert haben. Potenziale werden sonst nicht voll ausgeschöpft, das bremst den Ertrag und führt zu Frustrationen.

Strategieebene: Schrittweise Vertiefung – Nutzen Sie ausgereifte und umfassendere BIM-Anwendungen, um weitere Vorteile auszuschöpfen

- Die meisten Anwender nutzen BIM zunächst auf einfache Art und Weise zur Visualisierung (Renderings, virtuelle Begehungen) und zur Dokumentation.
- Fortgeschrittene BIM-Anwender nutzen die BIM-basierte Zusammenarbeit, Bauablauf- und Montagebesprechungen, Kostenschätzung und Energiesimulation. Hieraus ergeben sich weitere Wertschöpfungen und innovative Anwendungen.
- Die interdisziplinäre Entwurfsoptimierung, die BIM-basierte Vorfertigung und die automatisierte Produktion bieten weitere Wertschöpfungspotenziale.

Operative Maßnahme: Öffnen Sie direkte Kommunikationskanäle zu Software-Herstellern

Ebenso wichtig wie das gemeinsame BIM-Verständnis aller Projektbeteiligten, wie Architekten, Ingenieure und beteiligte Unternehmen, ist die Kommunikation mit Software-Herstellern. Nur durch einen Rückfluss von Informationen hinsichtlich bestehender Defizite und Schwierigkeiten lassen sich Software-Produkte verbessern. Fehlt diese Kundennähe, sollten Sie über einen Wechsel des Herstellers nachdenken, denn die erforderlichen Workarounds in der täglichen Arbeit kosten unterm Strich mehr Geld als die Einarbeitung in eine neue Software.

Fazit: Potenziale durch Technologie

- Umsetzung ergebnisorientierter Prozesse der Zusammenarbeit,
- Effizienzsteigerung, zum Beispiel durch Generieren von Plänen aus Modellen,
- messbare Anhebung der Prozessqualität, zum Beispiel stets aktuelle Pläne durch Generieren auf Knopfdruck,
- volle Nutzung der BIM-Investitionen, wenn BIM-relevante Möglichkeiten der Software voll ausgenutzt werden.

Messbare Zielerreichung – Maßnahmen und überprüfbare Wirkungen zur Unterstützung wohlinformierter Entscheidungen

Strategieebene: Durch Erfolgskriterien Entscheidungsgrundlagen schaffen

- Konzentrieren Sie sich auf Ergebnisse mit der höchsten Relevanz für Ihr Unternehmen. Ein genaues Reporting der Einzelschritte bis zur Zielerreichung und klar definierte Kriterien sind erfolgsentscheidend.

Beispielkriterien für die Projektkommunikation:

- prozentualer Anteil der Fachbereiche, die BIM-konform zusammen arbeiten,
- prozentualer Anteil von BIM-unterstützten Meetings,
- Zufriedenheit hinsichtlich Informationsanfragen und Trends bei der Problembehebung (Anzahl, Dauer),
- Bearbeitungszeiten und Verzögerungen bei Genehmigungsbehörden,
- Gesamtdauer und Qualität im Vergleich mit entsprechenden traditionellen Projekten.

Operative Maßnahme: Erfahrungs- und Wissensaustausch

Laden Sie Bauherren ein, mit Planern und Unternehmern zusammenzuarbeiten. Teilen Sie BIM-Erfahrungen in Präsentationen und Gesprächen mit Bauherren.

Operative Maßnahme: Fortschritt – Bleiben Sie am Ball

- Behalten Sie den Fokus auf BIM-Potenzialen, erschließen Sie weitere Vorteile in Ihrem aktuellen und in naheliegenden Geschäftsfeldern.
- Vertiefen Sie durch BIM die Zusammenarbeit mit Behörden und Geschäftspartnern.

5.2.7.2 Fazit: Potenziale heben, Konkurrenzfähigkeit steigern

- Nutzen Sie die BIM-Technologie, um Ihre Konkurrenzfähigkeit auszubauen. Zum Beispiel, um die steigende Nachfrage nach bezahlbarem, schnell verfügbarem, sicherem und qualitativ hochwertigem Wohnraum und Infrastrukturen zu decken.

- Präsentieren Sie beispielhafte Projekte, um der jungen Generation von Bauschaffenden attraktive Arbeitsplätze anbieten zu können. Neue Technologien in der Bauindustrie bieten interessante und herausfordernde Berufsperspektiven und treiben damit die Wettbewerbsfähigkeit und Innovation eines ganzen Industriezweiges voran.

5.2.7.3 BIM und CDE (Common Data Environment)

Modellorientierte Arbeitsweise

Modelle können komplexe Gebäudeinformationen besser darstellen und zugänglich machen, als dies bisher über zweidimensionale Darstellungen möglich war. Zeichnungen und andere Dokumente sind jedoch auch weiterhin erforderlich. Sie werden allerdings teilweise aus Modellen generiert (Schnitte, Ansichten) und bleiben damit auch bei Modelländerungen stets aktuell. Begleitinformationen (Handbücher, Wartungsinformationen) können mit Modellelementen verlinkt werden. So wird der Bezug zwischen Modellelement (z. B. Heizkessel) und Begleitdokument (z. B. Betriebsanleitung) unmittelbar ersichtlich und jederzeit auffindbar.

Fachübergreifende Arbeitsprozesse

Ein Modell entsteht durch die Zusammenarbeit vieler Fachrichtungen (Bauherren, Planer, Gutachter etc.). Die verschiedenen Projektteilnehmer tragen in unterschiedlichen Projektphasen ihre fachlichen Teilmodelle und Begleitinformationen in unterschiedlichen Detaillierungsgraden bei. Damit diese Teillieferungen im Projektverlauf die erforderlichen Informationen enthalten, muss der Informationsbedarf vorab aufgabenbezogen festgelegt und Verantwortlichkeiten müssen bestimmt werden. Dazu müssen Informationslieferprozesse definiert und koordiniert werden. Sie stellen darüber hinaus sicher, dass die gelieferten Teilmodelle und Begleitdokumente fristgerecht und nachvollziehbar vorliegen.

Zentrale Umgebung für Daten und Prozesse

Das CDE ist der zentrale Ort für die Lieferung und Speicherung dieser Daten. Es bildet alle Prozesse zur Lieferung, Prüfung, Informationsbereitstellung und Fehlerbehebung ab. Das CDE gibt zu jeder Zeit für alle Beteiligten den aktuellen Projektstand sowie den Status laufender und beendeter Prozesse (Fehlerbehebungen, Freigaben, Informationsanfragen etc.) wieder. Es erlaubt den zeitlich und räumlich uneingeschränkten Zugriff. Die Sichtbarkeit von Informationen hängt von den Nutzerrollen und den ihnen zugeordneten Zugriffsrechten ab, die in dem CDE konfiguriert wurden. Projektverantwortliche erhalten die zur Erfüllung ihrer Koordinationsaufgaben erforderlichen aggregierten Projektinformationen (Reports) und können über Prozesse des CDE steuernd eingreifen. Team-Mitglieder sind über ihre Aufgaben und Lieferpflichten stets informiert und können jederzeit auf den für sie relevanten Informationsbestand zugreifen.

Umsetzung der BIM-Methodik im CDE

Ein CDE setzt somit die wesentlichen Aspekte der BIM-Methodik in Form einer gemeinsamen zentralen Datenumgebung, Dokumenten- und Prozessmanagementplattform um. Es bietet phasenabhängig unterschiedliche Prozessunterstützung bei der Planung, Herstellung und dem Betrieb von Gebäuden. Als Cloud-Lösungen wird es höchsten Sicherheitsanforderungen bei der unternehmensübergreifenden Zusammenarbeit gerecht.

Projektübergreifendes CDE / CDE-übergreifendes Projekt?

Die Annahme eines projekt- und unternehmensweit einzigen CDE ist angesichts der Vielzahl Projektbeteiligter und der Lebensdauer von Bauobjekten unrealistisch. Der gezielte Datenaustausch zwischen CDEs unterschiedlicher Hersteller sowie die nahtlose Anbindung von Applikationen, bspw. zur Übergabe von Daten an den Betrieb, ist daher für einen unternehmensübergreifenden Projektablauf unerlässlich. CDEs bieten die – für eine Systemintegration erforderlichen – programmatischen Schnittstellen (APIs) zur Abdeckung gängiger Anwendungen und Austauschszenarien.

Die DIN SPEC 91391 greift diese Problematik erstmalig auf, siehe Kapitel 4 Standards.

5.3 Gemeinsames Erstellen und Nutzen von Informationen

In den Kapiteln 2 Modelle, 3 Informationsmanagement und 4 Standardisierung wurden die Grundlagen der BIM-Methodik dargestellt. In diesem Kapitel wenden wir sie in praxisrelevanten Projektsituationen und organisatorischen Zusammenhängen an. Es geht darum, den BIM-Imperativ „BIM = informiert entscheiden“ in die Praxis umzusetzen.

Das Ziel ist es, den Empfänger von Informationen in die Lage zu versetzen, die richtigen Entscheidungen zu treffen. Dazu müssen Informationen richtig bestellt und die Informationslieferungen richtig organisiert werden. Diese Lieferungen sind vertraglich bindend zu vereinbaren.

Bild 5.15 zeigt die unterschiedlichen Informationsanforderungs- und -lieferbeziehungen in einem Projekt. In den folgenden Abschnitten werden wir jede dieser Lieferbeziehungen sowohl aus der Sicht der Informationsbestellers als auch aus der Sicht des Informationslieferanten beleuchten.

5.3.1 Rahmenbedingungen für Informationsanforderungen

5.3.1.1 Definiertes Vorgehen schafft Sicherheit

Die Beauftragung von BIM-Leistungen wird erleichtert, wenn Standards die zu liefernden Informationen definieren. Lieferketten und Prozessschritte, Verantwortlichkeiten, Detaillierungsgrade etc., können dann mit geringem Aufwand unter Bezugnahme auf einen Standard beschrieben und in Projekten gefordert werden. Gelieferte Arbeitsergebnisse können gegen diese getroffenen Übereinkünfte geprüft werden, und das nicht nur am Ende, sondern jederzeit im Projektverlauf. Wenn sich jeder Projektteilnehmer auf sachdienliche Informationslieferungen verlassen kann, weil eine übergeordnete Instanz dafür sorgt, dass die Qualitätsprüfung Teil des Prozesses ist, entsteht mehr

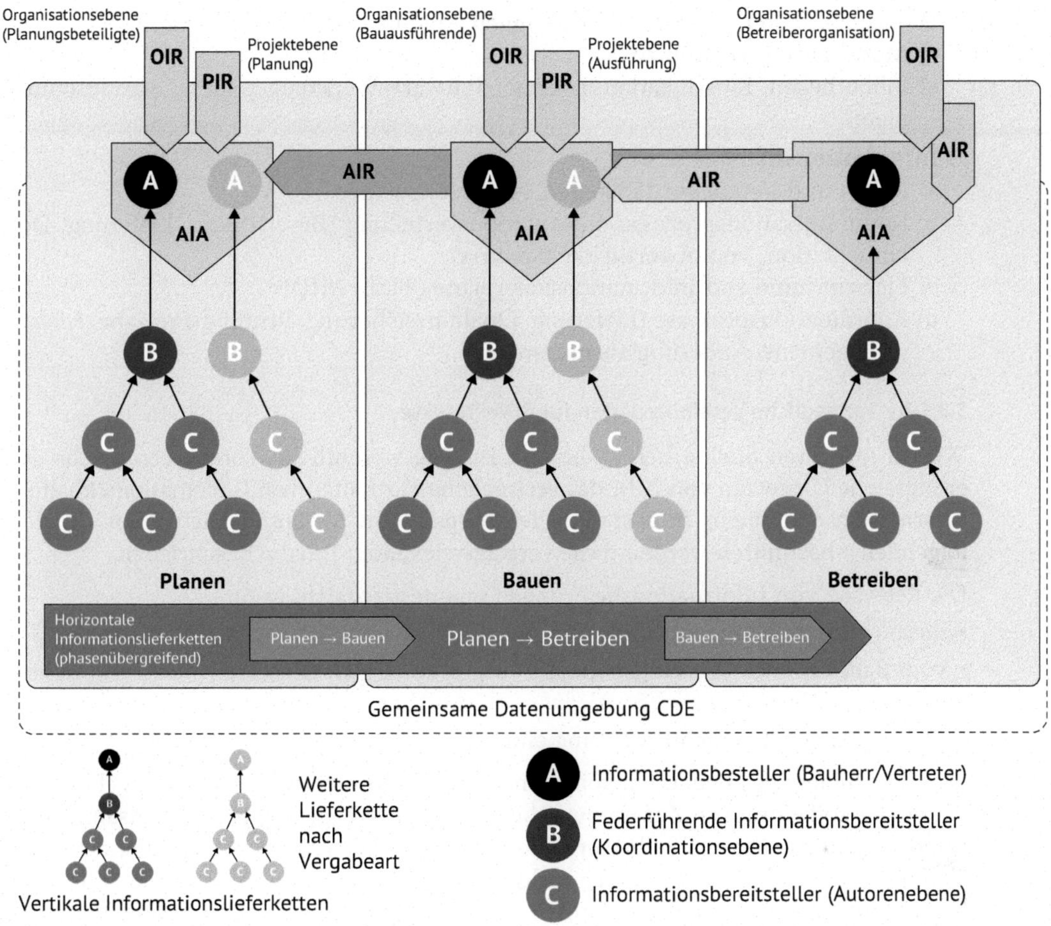

Bild 5.15 Die Grafik zeigt Informationslieferbeziehungen zwischen Teilnehmern in einem BIM-Projekt. Informationsbesteller stellen Anforderungen an Informationen, Informationsersteller liefern diese Informationen entsprechend den Anforderungen. Bestellung und Nutzung der Informationen können innerhalb einer Phase, aber auch phasenübergreifend erfolgen. Dann sind größere zeitliche Abstände zu überbrücken, denn die Austauschpartner arbeiten dann nicht notwendigerweise zur gleichen Zeit im Projekt. Umso wichtiger ist ein definiertes Informationsmanagement, das die Verteilung von Anforderungen und die Verteilung von Ergebnissen in allen Fällen sicherstellt.

Vertrauen. Das kann dazu führen, dass Doppelaufwände und divergierende Planungsstände vermieden werden.

BIM-Ziele spiegeln die Mehrwerte des Bauherrn wieder, die mit einem BIM-Projekt erreicht werden sollen.

Welche Aspekte sind bei der Beschreibung dieser Ziele zu berücksichtigen?

1. **Fachlich-inhaltliche** Projektziele
   a) fachliche Grundlagen, Rahmenbedingungen
   b) erforderliche Unterlagen, anstehende Aufgaben

   c) Austausch-Informationsanforderungen AIA und Detaillierungsgrade
   d) Modellierungsrichtlinien
   e) Bibliotheken, Klassifikationssysteme, Software-Werkzeuge, Tools, Austauschformate

2. **Informationsmanagement**
   a) Rollen und Verantwortlichkeiten, Ansprechpartner
   b) Kommunikationsprozesse, Informationsverteilung (Beschaffung, Lieferung, Dokumentation, Verantwortlichkeitsmatrix)
   c) Liefertermine und Informationslieferpläne (TIDP, MIDP)
   d) Koordinationsprozesse (Lieferung, Qualitätssicherung, Prüfung/Freigabe, Fehlermanagement, Änderungsmanagement)

5.3.1.2 Vertragliche Vereinbarungen für BIM-Projekte

Wie an mehreren Stellen bereits betont, ist eine wesentliche Voraussetzung für das erfolgreiche Umsetzen von BIM das vertragliche Festhalten von Informationsinhalten, Informationsqualitäten, Informationslieferwegen und Verantwortlichkeiten. In den folgenden Abschnitten werden diese vertragsrelevanten Inhalte beschrieben.

Die Relevanz von Informationslieferungen manifestiert sich, wenn

- diese vertraglich bindend sind,
- vom Bauherrn mit Weisungsbefugnis ausgestattete Personen die Umsetzung sicherstellen,
- Konsequenzen bei Nichtbeachtung eintreten.

Dies soll keineswegs bedeuten, von vornherein auf Konfrontationskurs zu gehen. Der Sinn einer kollaborativen Zusammenarbeit à la BIM ist ja gerade ein gemeinsames Verständnis und Teamgeist. Selbstverständlich sollen daher kooperatives Handeln und Teamgeist den Ton angeben. Wer reale Bauprojekte kennt, weiß: Bei aller Euphorie kann gelegentlich ein konsequentes Vorgehen notwendig werden. Solide Vertragsgrundlagen sind dann erfolgsentscheidend.

Vertragsrelevante BIM-Dokumente sind

- die **Austausch-Informationsanforderungen AIA**, mit denen ein Auftraggeber die von ihm geforderten Informationen in einer nicht technischen Art und Weise beschreibt und in Form einer Ausschreibung an potenzielle Bieter übergibt,
- das Angebot des Bieters als Reaktion auf diese AIA, welches die genauen Lieferinhalte und Lieferprozesse enthält, auch als **vorläufiger BAP** bezeichnet,
- **BIM-Abwicklungsplan BAP**, eine koordinierte Zusammenstellung aller Informationsanforderungen AIA und Leistungsbeschreibungen aller Bieter in einem Master-Informationsbereitstellungsplan **MIDP**, eine **Verantwortlichkeitsmatrix**, die alle für die Leistungserbringung verantwortlichen Projektteilnehmer namentlich auflistet und ihnen dezidierte Aufgaben zuweist.
- Die Beauftragung jedes einzelnen Unterauftragnehmers enthält die für ihn relevanten AIA sowie die für sein Aufgabenteam relevanten Informationslieferleistungen zusammengefasst in einem **TIDP**. Zu jeder Beauftragung gehören Austausch-Informationsanforderungen AIA und ein aufgabenbezogener Informationsbereitstellungsplan TIDP.

Die genannten Dokumente nehmen Bezug auf das übergeordnete Projekthandbuch und sind somit in das gesamte Vertragswerk des Projekts eingebettet.

Um auf Veränderungen im Projekt flexibel reagieren zu können, sollte in gewissem Umfang eine Flexibilität für Anpassungen im Vertragswerk enthalten sein. Eine Überspezifikation ist in den seltensten Fällen das probate Mittel, im Vertrag sollte hier das Verfahren einer im Konsens stattfindenden Anpassung enthalten sein.

5.3.1.3 Rechtliche Rahmenbedingungen und BIM-Werkvertrag

Die Festschreibung digitaler Leistungen ist im Kontext von Bauleistungen bisher ungewohnt. Manch einer fürchtet um seine gewohnten Freiheiten in der Berufsausübung. Vertreter der alten Schule hat man gar schon von „sozialistischen Einheitsprozessen“, die die Freiheit von Werkverträgen beschneiden würde, lamentieren hören. Juristen teilen diese Rechtsauffassung allerdings nicht. Werkverträge bieten alle Möglichkeiten und Freiräume, Vorgehensweisen und Werkzeuge bei der Leistungserbringung vertraglich festzulegen. Wer bestimmte Werkzeuge fordert, wird allerdings auch die Mittel dafür bereitzustellen haben. Bereits existierende und in der Entwicklung befindliche Standards und Verordnungen tragen dazu bei, weitere Rechtssicherheit herzustellen. Damit gelingt auch die praktische Umsetzung der BIM-Projektführungsaufgaben deutlich reibungsloser. Mehr dazu in den Abschnitten 5.9 Projektprobelauf – Mobilisierung und 5.10 BIM-Projekt erfolgreich durchführen.

Eine Prise Realismus: Die Einhaltung dieser Regeln kann in der Projektrealität nur durchgesetzt werden, wenn entsprechend autorisierte Rollen im Auftrag des Bauherrn eingesetzt werden. Diese müssen die Umsetzung der vertraglich vereinbarten Informationsprozesse und -lieferungen durch geeignete Maßnahmen einfordern können. Ist dies nicht der Fall, werden es die Beteiligten ggf. auf Vertragsstrafen ankommen lassen, die dann oft als geringeres Übel angesehen werden. Wer ausschließlich auf den guten Willen der Beteiligten setzt, dürfte dagegen enttäuscht werden.

5.3.1.4 Warum der Bauherr über den BIM-Erfolg entscheidet

„Starte mit dem Ende im Sinn“ oder doch nur „Bitte ein BIM!“ (Bild 3.19) – so weit reicht die Spannweite, mit der Bauherren ihre Erwartung an BIM formulieren. Die Ursache von Problemen bei der Ausführung, wie Änderungen, Nachträge und Verzögerungen, ist dem Bauherrn oft nicht bewusst, kosten aber sein Geld und haben Einfluss auf seinen Terminplan. Tatsächlich ist es schwierig, den Nutzen von BIM schon vorne in der Planung zu sichern, da er oft erst am Ende der Wertschöpfungskette in der Nutzung erkennbar wird (Bild 5.16).

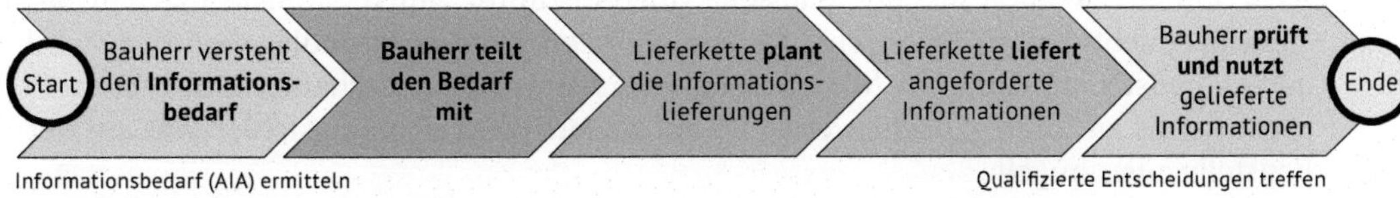

Bild 5.16 Der Bauherr muss seinen Informationsbedarf zu Beginn kommunizieren, damit die Lieferkette Informationen überhaupt erstellen und liefern kann. Nur so kann der Bauherr, das ausführende Unternehmen oder am Ende der Betreiber auf qualifizierter Informationsgrundlage Entscheidungen treffen.

Dafür ist es zwingend erforderlich, über Phasengrenzen hinweg zu denken. Das gilt für den gesamten Gebäudelebenszyklus. Grenzen müssen aktiv überwunden werden, denn der Gebäudenutzer ist oft nicht der Bauherr, der Eigentümer in der Regel nicht der Bauunternehmer, der Bauunternehmer selten der Planer und der Planer meistens nicht der Projektentwickler. Diese Entkopplung macht die Ermittlung von Informationsanforderungen zu einer herausfordernden und zugleich erfolgsentscheidenden Aufgabe. Die Delegation der Verantwortung an einen Generalunternehmer verlagert lediglich das Problem, die Auswirkungen bleiben. Verluste entstehen durch mangelnde Abstimmung der Erwartungen und Ziele zwischen den Beteiligten. Deshalb sollten der Bauherr, das ausführende Unternehmen oder am Ende der Betreiber auf Anwendung der BIM-Methode bestehen.

Auch durch die penibelsten vertraglichen Regelungen wird BIM im Projekt sicherlich nicht per Dekret eingeführt. Projektpartner müssen „abgeholt" und teilweise auch angeleitet werden. Das klappt jedoch nur, wenn alle wichtigen Beteiligten darin ein tragfähiges Geschäftsmodell sehen. Beispielsweise kann durch erhöhte Produktivität ein größeres Auftragsvolumen gestemmt werden und können damit höhere Einnahmen erzielt werden. Auch bei vollen Auftragsbüchern ist somit eine Steigerung der Ertragslage durch BIM durchaus möglich. Das könnte eine Motivation sein, sich für die BIM-Methodik zu entscheiden.

Das Geschäftsmodell „Liefer-mir-BIM-aber-ich-zahl-dir-nichts-dafür" (und teile auch nicht den gemeinsam erzielten Mehrwert unter den Beteiligten auf) ist sicherlich kein tragfähiges Geschäftsmodell, das motivierend auf den gemeinschaftlichen Einsatz der BIM-Methodik wirkt. Daher ist es auch umso bedauerlicher, dass Vertragsgrundlagen wie beispielsweise die HOAI BIM-Leistungen nicht in ihre Rahmenwerke aufnehmen.

Darüber hinaus bedarf es „Führung". Ob mit oder ohne BIM, Projekterfolg ist immer auch eine Sache der aktiven Koordination und des pro-aktiven Erkennens und Ausräumens von kritischen Situationen.

Clever Bauen – ein Geschäftsmodell

Der besonders kostensparenden und qualitätssteigernden Produktionsweise in der industriellen Fertigung steht im Baubereich bisher die manuelle Einzelfertigung auf der Baustelle gegenüber. Der Vorfertigungsgrad im Baubereich ist nicht annähernd ausgeschöpft. Es geht um technische Komponenten. Nicht gemeint ist hier eine ästhetisch unbefriedigende Baukastenarchitektur, doch der maximale Modularisierungsgrad sollte nicht schon beim Ziegelstein erreicht sein.

Vorfertigung kann allerdings ziemlich riskant sein, wenn die Planung auf dem Papier nicht mit der Realität auf der Baustelle übereinstimmt. Auch Modelle machen das zunächst nicht besser. Erst wenn sie zur digitalen Planungsgrundlage werden, wird daraus Baustellenrealität. In Modellen können Bauwerkseigenschaften und Montageprozesse bis zu Ende gedacht werden. Kein Bedarf mehr, Planungsfehler erst auf der Baustelle auszubügeln.

Ein höherer Aufwand in der Planung erspart aber nicht nur spätere Mängelbeseitigungen und Nacharbeiten auf der Baustelle. Die drastisch sinkende Zahl von Informationsanfragen und nachträglichen Änderungen allein führt schon zu einer deutlich gesteigerten Kosten- und Termintreue.

Dieser Reifegrad kann allerdings nur mit einem durchgängigen Informationsmanagement erreicht werden. Angesichts der Kleinteiligkeit der Unternehmen im Bausektor eine besondere Herausforderung an Koordination und Kommunikation.

Digitale Kommunikationsmittel und Software-Werkzeuge zur Koordination stehen zwar seit Längerem zur Verfügung, für deren systematischen Einsatz fehlte bisher jedoch eine durchgängige Methodik, die den Gesamtprozess des Planens, Bauens und Betreibens im Auge hat.

BIM-Standards schaffen nun mehr und mehr die verlässlichen Rahmenbedingungen für den Einsatz von BIM in Bauprojekten.

5.3.1.5 Informationen richtig modellieren und effizient managen

Die BIM-Methodik unterscheidet Informations**modellierung** und Informations**management**. Informationsmodellierung hat ausschließlich die Beschaffenheit der Inhalte, zum Beispiel Modell-, Plan- oder Dokumentinhalte, im Fokus. Das Informationsmanagement bezieht sich dagegen allein auf den gemeinsamen Erstellungsprozess zur Erzeugung dieser Inhalte. Durch diese scharfe Trennung lassen sich beide Aspekte unabhängig voneinander beschreiben. Die Anforderungen an das Modellieren von fachlichen Inhalten lassen sich also separat vom Erstellungs- und Lieferprozess beschreiben. Das hat den Vorteil, dass sich Teilprozessschritte, wie das Erstellen oder Prüfen von Informationen, sehr gut von der Organisation dieser Aktivitäten trennen lassen.

Es gilt, richtig zu modellieren und durch ein effizientes Informationsmanagement alle Beteiligten in die Prozesse der Informationserstellung und -verteilung einzubinden. Standards schildern bewährte Methoden. Ihre Anwendung hat den Vorteil, dass das Rad nicht jedes Mal neu erfunden werden muss. Dennoch gibt es BIM nicht komplett aus dem Regal. Trotz aller Standards und bewährten Vorgehensweisen ist eigenes Gehirnschmalz zu investieren, um die individuellen Gegebenheiten des jeweiligen Projekts und der Projektbeteiligten zu berücksichtigen.

Einige Praxisbeispiele werden in den folgenden Abschnitten das Vorgehen sowohl aus der Sicht des Informations**bestellers** als auch aus der Sicht des Informations**erstellers** beleuchten. Die verschiedenen Praxisbeispiele sollen einen möglichst breiten Überblick über die verschiedenen fachlichen, phasenbezogenen und unternehmerischen Sichten auf BIM in der Praxis liefern. Die Beispiele zeigen, dass je nach Lebenszyklusphase und Fachrichtung sehr spezifische Anforderungen an Informationen gestellt werden. Es gibt jedoch grundsätzliche, generelle Anforderungen an die Modellierung und das Informationsmanagement, die übergreifend für eine ganze Reihe von Projektsituationen zutreffend sind.

In BIM-Anwendungsfällen werden die Aktivitäten durchlaufen, die zum Erreichen von BIM-Zielen beitragen. Aus dem Informationsbedarf dieser Aktivitäten leiten sich Austausch-Informationsanforderungen ab.

5.3.2 Mit Anwendungsfällen BIM-Ziele erreichen

Unter anderem im öffentlich geförderten Projekt BIM4Infra (https://bim4infra.de/) wurden gängige Anwendungsfälle zusammengetragen, in Projektphasen gegliedert und den Leistungsphasen der HOAI zuordnet (Tabelle in Bild 5.17). Anwendungsfälle (AwF) können durchaus in mehreren Phasen relevant sein. Ebenso kann ein Anwendungsfall in der einen Phase ausgeführt, seine Ergebnisse jedoch erst in einer späteren Phase genutzt werden. Zum Beispiel, wenn Betriebsanleitungen und Produktspezifikationen während der Ausführung an ein CDE geliefert werden, diese Dokumentation jedoch erst in der Betriebsphase genutzt wird. Eine Beschreibung von Anwendungsfällen benötigt daher eine gewisse Anpassungsfähigkeit an die Gegebenheiten der jeweiligen Projektsituation.

Der phasenübergreifende Charakter von Ergebniserzeugung und Ergebnisnutzung macht auch die Wichtigkeit eines durchgängigen Informationsmanagements deutlich. Ergebnisse, die nicht mehr auffindbar sind, haben keinerlei Nutzwert. Eine systematische und sichere Ablagestruktur und Zugriffstechnologie ist daher entscheidend. Dem tragen die ISO 19650 durch die Spezifikation von Metadaten für Informationscontainer und die sogenannte Federationsstrategie Rechnung (siehe Kapitel 4 Standards).

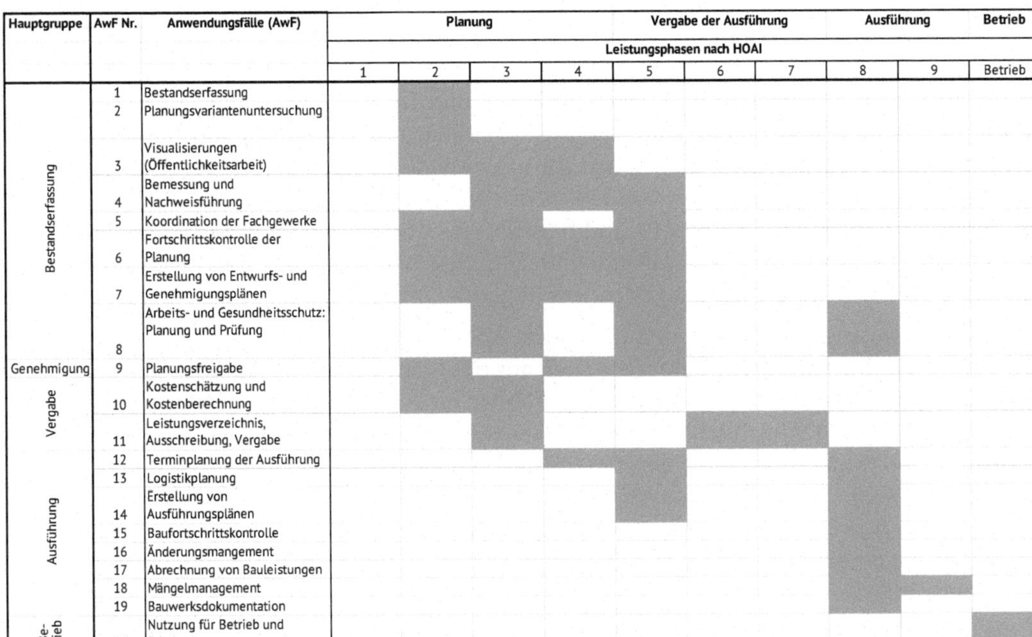

Bild 5.17 Gängige Anwendungsfälle im Projektverlauf und Zuordnung zu HOAI-Leistungsphasen. [68]

5.3.2.1 Begriffsklärung „Anwendungsfall"

Die Ansichten, was genau ein Anwendungsfall sei, gehen in der Literatur und auch der Normung teilweise etwas auseinander. Deswegen sei hier eine Definition gegeben, die zwar nicht mit allen in der öffentlichen Diskussion zu findenden Definitionen übereinstimmen dürfte, aber die Interpretation der hier beschriebenen Anwendungsfälle und ihre praktische Umsetzung erleichtern soll.

Die hier verwendete Anwendungsfall-Definition geht von einer Kausalkette aus, die bei den BIM-Zielen beginnt und bei den Informationsaustauschanforderungen endet. Die Kette aus Projektziel, BIM-Zielen, Anwendungsfällen, Austauschanforderungen (AIA und IAA) und Informationslieferungen baut logisch aufeinander auf.

Unter einem Anwendungsfall verstehen wir

> *eine Abfolge von Aktivitäten zur Erstellung von Informationen, die zum Erreichen eines BIM-Ziels nötig sind.*

BIM-Ziele können Entscheidungen im weitesten Sinne, etwa Berechnungen – also technische Entscheidungen – oder Kostenermittlungen – also kaufmännische Entscheidungen – oder Meilensteine sein. Die Unterscheidung zwischen Anwendungsfall und Prozess ist nicht allgemeingültig zu klären. Hier gehen die Auffassungen oft weit auseinander. Sind Prozesse Teil eines Anwendungsfalls oder umgekehrt? In diese Diskussion wollen wir hier nicht einsteigen. Bei der Erstellung von Projektunterlagen wie BAP, AIA und anderen ist vor allem eine durchgängig einheitliche Begriffsverwendung wichtig. Hier gehen wir vom oben vorgestellten Verständnis eines Anwendungsfalls aus. Es steht jedem frei, die hier vorgestellten Anwendungsfälle weiter zu unterteilen und zu benennen, sofern das projektspezifisch sinnvoll erscheint.

Ein Anwendungsfall besteht demnach aus Aktivitäten, die nacheinander durchlaufen werden und die Erstellung von geforderten Informationen zum Ergebnis haben. Die Informationen, die in einem Anwendungsfall erzeugt werden, beispielsweise Fachmodelle, Planauszüge, Bauantragsunterlagen, Excel-Tabellen mit Stücklisten oder Kostenaufstellungen, werden mit bestimmten technischen Mitteln und Werkzeugen erstellt. Diese Mittel sind, sofern für deren Erstellung zwingend notwendig, Teil der Beschreibung eines Anwendungsfalls. Auch läuft ein Anwendungsfall nicht im „luftleeren Raum" ab, sondern benötigt selber Input-Daten als Ausgangsbasis für die Durchführung seiner Aktivitäten.

Im Sinne der Definition ist beispielsweise eine „Visualisierung" streng genommen kein Anwendungsfall, da sie keine direkte Informationslieferung zum Ergebnis hat. Die Visualisierung erfordert vielmehr die Zulieferung von Informationen, beispielsweise Modellen, damit sie überhaupt stattfinden kann. Eine Visualisierung ist daher in erster Linie ein „Mittel zum Zweck", also eine Aktivität innerhalb eines Anwendungsfalls.

In Abschnitt 5.3.4 wird daher zwischen phasenübergreifenden und phasenspezifischen Anwendungsfällen unterschieden. Phasenübergreifende Anwendungsfälle kann man als Vorlagen auffassen, die in verschiedenen Phasen wiederverwendet werden können, jeweils mit den dort relevanten Daten.

Beispiel 5.2 Wiederverwendung von Anwendungsfällen

Allgemeine, phasenneutrale Anwendungsfälle können, sofern sie neutral genug formuliert sind, mit entsprechenden Informationen „befüllt" werden, um dann eine spezifische phasenbezogene Nutzung zu ermöglichen. Beispielsweise wird im phasenbezogenen Anwendungsfall „Virtuelle Begehung" der phasenübergreifende Anwendungsfall „Visualisierung" durchlaufen. Erst der phasenbezogene fachliche Kontext macht aus der Anwendungsfallvorlage „Visualisierung" einen phasenbezogenen Anwendungsfall, in welchem relevante Modelle mit den jeweils fachlichen Inhalten visualisiert werden. Das Ergebnis des phasenbezogenen Anwendungsfalls sind zum Beispiel Kommentare der Teilnehmer einer virtuellen Begehung, die Probleme und Schwachstellen bei der späteren Nutzung bereits im virtuellen Modell erkannt haben. Diese Kommentare sind Ergebnisdaten des Anwendungsfalls und werden als Informationen, zum Beispiel im BCF-Format, in einen Verbesserungsprozess, zum Beispiel in einem CDE, weiterverarbeitet. Das führt ggf. zu einem erneuten Durchlaufen des Anwendungsfalls „virtuelle Begehung", in dem der verbesserte Entwurf nochmals geprüft wird. In einer AIA wird entweder vom Informationsbesteller bereits festgelegt, mit welchen technischen Mitteln diese Begehung durchgeführt werden soll, oder dieser überlässt es den Bietern, entsprechende Umsetzungsvorschläge in ihr Angebot aufzunehmen.

Der technische Anwendungsfall „Visualisierung" kann im fachlichen Anwendungsfall „Simulation von Wartungsszenarien" wiederverwendet werden. Dort allerdings nicht mit einem Architekturmodell, wie bei der virtuellen Begehung, sondern dann mit einem TGA-Modell und ggf. Brandschutzmodell[46], das Revisionsklappen, -schächte und dergleichen darstellt.

5.3.2.2 Anwendungsfälle haben Informationsanforderungen

Die im obigen Beispiel erwähnten Revisionsklappen und -schächte enthält ein Modell nur dann, wenn dieser Detaillierungsgrad in den AIA gefordert wurde. Der Anwendungsfall „Simulation von Wartungsszenarien" funktioniert also nur dann, wenn richtig bestellt wurde. In den IAA des Bieters sollten sich daher entsprechende Bauteiltypen wiederfinden, wenn in den AIA beispielsweise vom BIM-Ziel einer „Modellbasierten Optimierung des Wartungsaufwandes" die Rede ist. Die Kausalkette vom BIM-Ziel zur konkreten Informationslieferung kann also recht allgemein formuliert beginnen, denn der Bauherr ist kein BIM-Spezialist. Von den fachkundigen Informationslieferanten ist jedoch zu erwarten, dass sie diese Zielformulierung des Bauherrn in konkrete technische Entitäten umsetzen.

5.3.2.3 Informationsanforderungen aus Zielen ableiten

Ganz gleichgültig, um welche Dienstleistung oder welches Produkt es sich auch immer handelt, der Nutzung geht immer eine Lieferung voraus, der Lieferung immer eine Bestellung – und bestellt wird in aller Regel immer mit dem Ziel, aus dem Produkt oder der Dienstleistung einen erwarteten Nutzen zu ziehen.

---

46) In der Regel gibt es kein eigenes Brandschutzmodell, sondern ergänzende Brandschutzattribuierung von Bauteilen in anderen Modellen, z. B. Architekturmodell (Türen, Wände etc.).

Diese recht allgemeingültige Kausalkette besteht auch in BIM-Projekten. Sie startet beim BIM-Ziel und verläuft bis zur beauftragungsfähigen Informations-Austauschanforderung und sieht wie folgt aus.

1. Das **BIM-Ziel** ist der Grund und Auslöser für die Erstellung von Informationen, die dem Bauherrn ermöglichen, durch faktenbasierte Entscheidungen einen Mehrwert zu erzielen.
2. In einem **Anwendungsfall** werden diese Informationen durch bestimmte Aktivitäten erstellt.
3. Diese **Aktivitäten** zur Erstellung von Informationen haben gegebenenfalls ihren eigenen Informationsbedarf und erfordern möglicherweise technische Rahmenbedingungen, Hilfsmittel oder Werkzeuge.
4. Ein **Informationsmanagement** ist erforderlich, das die Aktivitäten der Anwendungsfälle organisiert. Es sorgt dafür, dass
   a) in den Aktivitäten des Anwendungsfalls auf die erforderlichen Daten zurückgegriffen werden kann,
   b) die erzeugten Ergebnisse an die richtige Stelle geliefert werden.

In einer Austausch-Informationsanforderung AIA werden die obigen Punkte 1 bis 4 konsistent beschrieben. Die Antwort auf eine AIA muss also die Fragen beantworten, welche Daten in den Anwendungsfall eingehen, welche Ergebnisdaten zu liefern sind und welche Prozesse unterstützt werden.

Mit AIA legen Informationsbesteller ihre Informationsbedürfnisse aus ihrer jeweiligen fachlichen Sicht dar. Eine Beschreibung von AIA ist ohne informationstechnische Terminologie, allein mit der Fachsprache des jeweiligen Fachgebiets, möglich. Beispielsweise müssen hier keine IFC-Elementtypen oder IFC-Attributnamen genannt werden, der Auftraggeber könnte aber beispielsweise fordern, dass jedes Bauteil im Modell mit einer Kostengruppe nach DIN 276 verknüpft ist oder jedes Raumelement eine Nutzungseigenschaft enthält.

Diese Trennung zwischen Fachlichkeit und „BIM-Terminologie“ geschieht bewusst, denn es ist nicht davon auszugehen, dass jeder Informationsbesteller ein BIM-Spezialist ist. Die Übersetzung der AIA in genaue technische Spezifikationen der Informationslieferungen wird erst späteren Schritten vorgenommen. Dann werden aus den AIA die sogenannten Informationsaustauschanforderungen IAA abgeleitet. Sie enthalten genaue Angaben zu Daten und technischen Formaten, wie beispielsweise geforderte IFC-Attribute von Bauteilen, die der Auftragnehmer liefern soll.

5.3.2.4 Allgemeine BIM-Ziele und daraus abgeleitete OIR, AIR, PIR

Im Kapitel 4 Standards wurde bereits ausführlich über die verschiedenen Interessengruppen berichtet, die aufgrund ihrer BIM-Ziele eigene Informationsanforderungen stellen. Dies sind zum einen Organisationen und Unternehmen, mit ihren organisationsbedingten Informationsanforderungen, zum anderen Projektbeteiligte und zum Dritten die Betreiber (Bild 5.18).

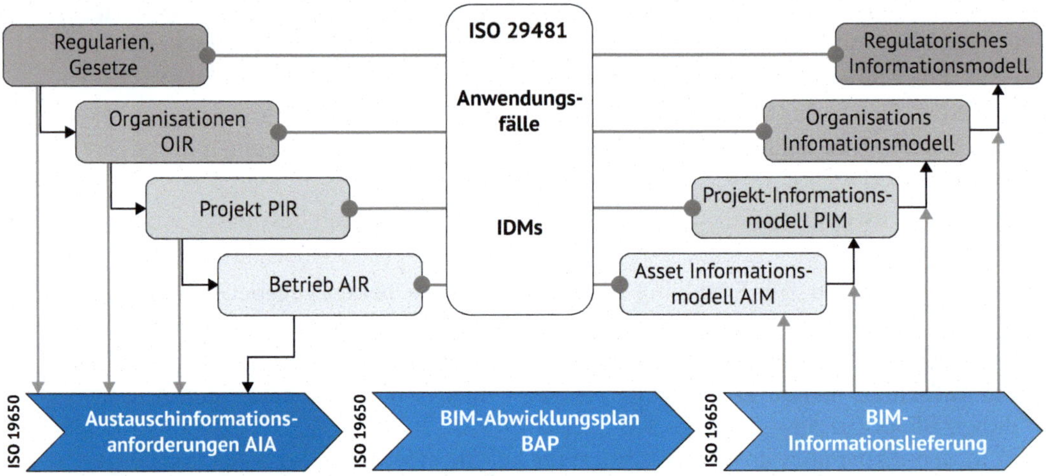

Bild 5.18 Informationsanforderungen ergeben sich aus Regularien bzw. Vorschriften, Organisatorischen Anforderungen, Anforderungen der Betriebsphase (AIR) und Anforderungen aus der Projektphase (PIR). Daraus sind beauftragbare Austausch-Informationsanforderungen (AIA) und Informationsaustauschanforderungen (IAA) abzuleiten. Die sich daraus ergebenden prozessualen und inhaltlichen Anforderungen sind vorteilhafterweise in einem Informationslieferhandbuch (IDM) zusammenzufassen.

Organisatorischer Informationsbedarf (Organizational Information Requirements) OIR

Im Kapitel 4 Standards haben wir bereits kennengelernt, dass auch allgemeinere strategisch ausgerichtete Ziele von Organisationen und Unternehmen einen Informationsbedarf verursachen. Dieser **organisatorische Informationsbedarf (OIR)**[47] stammt beispielsweise aus übergeordneten BIM-Zielen.

Unternehmen und Organisationen geht es darum, Mehrwerte zu erzielen wie beispielsweise

- eine bessere Planung des Ressourceneinsatzes eines Unternehmens über alle seine Projekte hinweg,
- eine Verbesserung des Kundendialogs und der Kundenbindung,
- die Schaffung von soliden Informationsgrundlagen für eine exakte, koordinierte und möglichst fehlerfreie Planung,
- mehr unternehmensseitige Kontrolle und Einfluss auf die Erfolgsfaktoren Qualität, Kosten und Termine,
- die frühzeitige Unterstützung von Entwurfs- und Funktionalitätsentscheidungen durch Simulationen und Analysen,
- eine höhere Gesamteffektivität der Projekte durch bessere Abschätzung der Tragweite von Entscheidungen,
- die Ausschöpfung von Optimierungsmöglichkeiten für die technischen und funktionalen Eigenschaften des Planungsgegenstands mittels digitaler Modelle,

47) Organizational Information Requirement OIR nach DIN EN ISO 19650

- die Nutzung von Optimierungsmöglichkeiten für die technische und wirtschaftliche Umsetzung des digitalen Prozessmanagements,
- eine bessere Beherrschung der Komplexität von Bauvorhaben durch eine deutlich verbesserte Integration aller Projektbeteiligten,
- die bessere Abstimmung interner Prozesse im eigenen Unternahmen,
- der Zugang zu aktuellen Daten durch Schaffung einer zentralen Informationsquelle („Single Source of Truth").

Selbstverständlich sind dies lediglich einige gängige Beispiele ohne Anspruch auf Vollständigkeit. Im Einzelfall dürfte jedes Unternehmen seine Prioritäten individuell setzen. Wie aus diesen recht allgemeinen, strategischen Zielen am Ende konkrete Bestellungen von Informationen werden, sollen im Anschluss ein paar Beispiele zeigen. Die OIR müssen in Form von Austausch-Informationsanforderungen ausgedrückt werden, damit sie in einer Ausschreibung berücksichtigt und Teil einer Informationslieferung werden können.

Liegenschafts-Informationsanforderungen (Asset Information Requirements) AIR

Eine herausragende Interessengruppe bilden die Betreiber, weshalb deren Informationsanforderungen durch ein eigenes Informationsmodell, das Asset Information Modell AIM, berücksichtigt werden. Welche Informationsanforderungen ein Betreiber hat, geht aus seinen Liegenschafts-Informationsanforderungen hervor. Die deutsche Fassung der ISO 19650 hat den Begriff Asset-Informations-Modell AIM übernommen. Dementsprechend werden die Informationsanforderungen (engl.: Information Requirements) für das AIM durch entsprechende Asset Information Requirements AIR angegeben.

Welche Informationen üblicherweise für den Betrieb benötigt werden, wurde bereits in Kapitel 3 Informationsmanagement und in Kapitel 4 Standards behandelt. Natürlich müssen auch die AIR in Form von Austausch-Informationsanforderungen ausgedrückt werden, damit sie in einer Ausschreibung berücksichtigt und Teil einer Informationslieferung werden können. Die Beschreibung der BIM-Anwendungsfälle im Abschnitt 5.3.4, wird dazu weitere konkrete Hinweise geben.

Projekt-Informationsbedarf (Project Information Requirements) PIR

Auch das Management und die Durchführung eines Planungs- und Bauprojekts hat einen eigenen Informationsbedarf, der auf die Informationsversorgung des Planungs- und Herstellungsprozesses ausgerichtet ist. Wie im Kapitel 4 Standards bereits ausführlich beschrieben, sieht die ISO 19650 hierfür ein separates Informationsmodell, das Projekt-Informations-Modell PIM, vor. Die Informationen über den baulichen Gegenstand selber (AIM) werden dadurch nicht mit den Informationen für die Projektorganisation vermischt, sondern bleiben sauber getrennt.

Natürlich muss auch der Projekt-Informationsbedarf PIR[48] (Project Information Requirements) in Form von Austausch-Informationsanforderungen ausgedrückt werden, damit er von den Projektbeteiligten berücksichtigt werden kann.

---

48) Die deutsche Fassung der ISO 19650 hat die Abkürzung PIR übernommen.

Die Trennung von PIR und AIR wird im Blatt 11 der VDI-Richtlinie 2552 dadurch berücksichtigt, dass beispielsweise Informationsanforderungen des Gerüstbaus als ein Bestandteil des Projekt-Informations-Modells einzustufen sind, während die Informationsanforderungen für Aufzüge oder den Brandschutz in Blatt 11 der VDI-Richtlinie ganz klar dem Asset-Informations-Modell zuzurechnen sind.

Geliefert wie bestellt

Es sei nochmals betont, dass es sich bei der Anforderung und Lieferung von Informationen um Bauleistungen handelt. Die Bestellung einer Leistung, etwa einer Informationslieferleistung, schließt nach allgemeinem Verständnis eine leistungsgerechte Vergütung ein. Wird also beispielsweise irrtümlich davon ausgegangen, ein virtuell begehbares Modell werde auch ohne ausdrückliche Bestellung geliefert, müsste im Umkehrschluss gefolgert werden, dass ein solches virtuelles Modell beim Belieferten nur geringen wirtschaftlichen Nutzen stiftet, da er sonst zweifellos bereit wäre, diesen seinen Nutzen im Gegenzug auch zu vergüten.

Womit wir wieder bei einem der Grundprinzipien von BIM wären: Geliefert wird nur, was bestellt wurde, und bestellt wird nur, was einen Nutzen hat. Diesen Nutzen von der Planung über die Ausführung bis zum Betrieb zu kommunizieren und entsprechende Informationen zu transportieren, bleibt eine Herausforderung, denn letztlich muss am Ende dieser langen Lieferkette der Nutzen verstanden werden.

Einige Beispiele mögen dabei helfen.

Beispiel 5.3 **Immobilienentwickler**

Die Realisierung von Immobilienprojekten ist ein komplexer Prozess. Die Aufgabe von Immobilienentwicklern ist es, diesen Prozess professionell zu gestalten, um Wertschöpfung und Wertvermehrung der geplanten Liegenschaft positiv zu beeinflussen. Im Auftrag eines Bauherrn suchen Immobilienentwickler nach geeigneten Grundstücken für ein Immobilienprojekt oder nach markttauglichen (Um-)Nutzungsideen für eine bestehende Liegenschaft. Zu Beginn eines Projekts untersuchen sie das Potenzial eines Standortes und erarbeiten Machbarkeitsstudien für verschiedene Nutzungsvarianten. Sie initiieren rechtzeitig den Kontakt mit den kommunalen Raumplanungs- und Baubehörden, um die Umsetzung eines Immobilienprojekts abzuklären. Für Bauherren erstellen sie Wirtschaftlichkeitsstudien.

Die Projektentwicklung hat unterschiedliche Ausprägungen, ihre Beteiligung am Projekt ist von unterschiedlicher Dauer. Der Ausstieg aus einem Projekt kann zu unterschiedlichen Zeitpunkten erfolgen und ist abhängig vom Geschäftsmodell des Projektentwicklers. Nicht immer steht dabei der gesamte Gebäudelebenszyklus – und damit eine Entscheidung zur Anwendung von BIM – im Fokus.

Der Ausstieg kann schon durch Wiederverkauf eines Grundstücks und Mitnahme von Wertschöpfungsgewinnen erfolgen. Hier macht BIM selbstverständlich wenig Sinn. Auch wenn der Ausstieg und Weiterverkauf nach Erstellung eines Nutzungs- oder gar Finanzierungskonzepts erfolgt, ist ein BIM-Einsatz für den Projektentwickler nicht wirtschaftlich, da dies den Erlös nicht positiv beeinflusst. Es sei denn, der Kunde verlangt ausdrücklich BIM-basiertes Vorgehen, etwa in Form eines Bestandsmodells.

Bleibt ein Projektentwickler jedoch zur Baudurchführung im Projekt und sind Vermietung und Vermarktung der Immobilie gesichert, wäre mit der nun folgenden Planungsphase der Einstieg von BIM gekommen. Ein Projektentwickler könnte dann die langfristigen Faktoren Qualität, Kosten und Termine im Auge behalten und diese quasi stellvertretend für den späteren Bauherrn oder Betreiber verfolgen. Er würde dadurch die wirtschaftlichen Mehrwerte von BIM – geringeren Kapitaleinsatz und frühere Renditephase – selber nutzen können. Kann er darüber hinaus den Nutzen von BIM an seinen Kunden weitergeben, zum Beispiel, indem ein mit BIM-Informationen ausgestattetes Bauwerk einen höheren Marktwert erzielt, könnte er sozusagen zweifach am Mehrwert von BIM partizipieren.

In der Realität überlässt jedoch selbst ein Projektentwickler, der bis zur Betriebsübergabe im Boot bleibt, dem bauausführenden Generalunternehmer die Wahl der Methodik. Dieser wird ohnehin nach der funktionalen Ausschreibung von Grund auf neu planen und BIM allenfalls bei seinen Unterauftragnehmern nutzen.

Diese unterschiedlichen Beteiligungsvarianten zeigen eine differenzierte Bewertung des BIM-Einsatzes. Wieder zeigt sich, dass derzeit nicht generell von einem Marktdruck Richtung BIM vonseiten des Bauherrn bzw. Betreibers ausgegangen werden kann. Wertschöpfungsgewinne durch BIM zu realisieren, bleibt daher gegenwärtig der Cleverness einzelner Marktteilnehmer überlassen. Zunehmend kommen jedoch nachweisbare Gebäudeeigenschaften, wie energetische Qualität und einschätzbare Nutzungskosten, ins Visier. Derartige Informationen dürften künftig an Bedeutung gewinnen und bei Bestandsgebäuden nicht so einfach nachträglich zu beschaffen sein.

Beispiel 5.4 **Bauherr = Betreiber**

Gewissermaßen als Gegenentwurf zum kurzfristigen Interesse mancher Projektentwickler steht das langfristige Interesse eines Bauherrn, der das geplante Gebäude selbst nutzt. Hier stehen Wert- und Funktionserhalt einer Immobilie im Vordergrund, spekulative Renditeüberlegungen sind dagegen nachrangig bis belanglos.

Da der Bauherr ggf. schon ab der Grundstückssuche oder Auswahl der Liegenschaft dabei ist, kann er seinen Informationsbedarf optimal einbringen. Voraussetzung ist allerdings, dass er seine Ziele kennt und seine Anwendungsfälle deutlich machen kann.

Eine Flughafengesellschaft wird andere konkrete Anwendungsfälle haben als ein Krankenhausbetreiber. Auch werden die Anforderungen an Funktionalität, Wirtschaftlichkeit und Sicherheit anders ausfallen. Dennoch werden sich ähnliche Anwendungsfälle ergeben, wenn auch in unterschiedlicher Ausprägung.

So wird ein Krankenhausbetreiber seine funktionalen Abläufe anhand der medizinischen Notwendigkeiten ausrichten, ein Flughafenbetreiber am reibungslosen Ablauf des Passagierverkehrs. Beide werden hierzu jedoch die Lieferung eines begehbaren virtuellen Modells fordern, das in der Lage ist, die wesentlichen Abläufe zu testen und, wenn nötig, nachzubessern.

Die Aktualität eines virtuellen Gebäudemodells gewinnt an Bedeutung, wenn Evakuierungs- und Notfallpläne ins Spiel kommen. Feuerwehrlaufpläne lassen sich anhand eines aktuellen Gebäudemodells mit sehr viel weniger Aufwand auf dem neuesten Stand halten als auf der Basis von veralteten Plänen und Hörensagen. Endgültig zum Wirtschaftsfaktor wird BIM aber dann, wenn Wartungskosten sich halbieren, weil aktuelle Informationen eine zeitraubende Nachforschung vor Ort überflüssig machen oder bereits in der Planung kostspielige Wartungssituationen aufgedeckt wurden, weil zum Beispiel der Austausch defekter großformatiger Bauteile mangels anderweitigem Zugang einen teuren Lkw-Kran notwendig gemacht hätte.

In all diesen Fällen steht dahinter das BIM-Ziel (der Mehrwert) „Optimierung des technischen Betriebs".

5.3.3 Austausch-Informationsanforderungen AIA richtig spezifizieren

5.3.3.1 Wer erstellt AIA?

ISO 19650-2 Abschnitt 5.4.3 legt die Hauptverantwortung für die Ausformulierung der AIA in die Hände des oder der federführenden Auftragnehmer[49)], in der Sprache der ISO als federführender Informationsbereitsteller bezeichnet. Der federführende Informationsbereitsteller muss Austausch-Informationsanforderungen für jeden Informationsbereitsteller (Subunternehmer) festlegen. Es ist also selten der Bauherr selber, den diese Aufgabe in der Regel ohnehin überfordern würde, sondern das (oder die) beauftragte(n) Unternehmen seines Vertrauens.

Der federführende Informationsbereitsteller koordiniert also die Erstellung der AIA innerhalb seiner Lieferkette. Er berücksichtigt dabei BIM-Ziele des Bauherrn und anderer Beteiligter (OIR, AIR) nach Maßgabe des Bauherrn, beispielsweise BIM-Ziele des Betreibers (siehe Asset Information Requirements AIR). Der federführende Informationsbereitsteller fügt ggf. eigene Anforderungen, z. B. Anforderungen zur Erreichung von Projektzielen (PIR Projekt-Informationsanforderungen) hinzu. Er gibt diese Anforderungen an die Informationslieferkette weiter. Die Teams in der Lieferkette können sowohl unterbeauftragte Unternehmen als auch Teams im eigenen Hause sein. Die Qualität in Beschreibung und Weitergabe von AIA sollte in beiden Fällen gleich sein, wie auch ISO 19650-2 Abschnitt 5.4.3 empfiehlt. Auch die Qualität der Lösungsvorschläge (vorläufiger BAP), die von den Teams als Reaktion auf die AIA zurückkommen, sollte sowohl hausintern wie auch zwischen Auftragnehmer und Auftraggeber von gleicher Qualität sein.

Zu jeder Beauftragung, intern oder extern, gehört eine AIA. Aus einer AIA resultieren die späteren Informationslieferungen. Für jedes Aufgabenteam wird ein genauer Informationslieferplan, der aufgabenbezogene Informationsbereitstellungsplan (Task Information Delivery Plan) TIDP, erstellt. Er spezifiziert genau die Informationslieferungen, die dieses Team zu erfüllen hat.

5.3.3.2 Was ist in AIA enthalten?

AIA beschreiben die Informationsanforderungen des Auftraggebers an die Informationslieferungen des Auftragnehmers. Informationslieferungen sollen den Auftraggeber

49) Je nach Vergabeart ein oder mehrere federführende Auftragnehmer (GU etc.).

HOAI	Phasenbezug (HOAI) für Level of Detail (LOG und LOI) ausgewählter Modellarten																							
	Umgebung		Bestand		Architektur		Tragwerk		Sanitär		Elektro		Lüftung		Heizen / Kühlen		Brandbe-kämpfung		Küche		Wartung / Revision		Information + Kommu-nikations-Technologie IKT	
	LOG	LOI	LOG	LOI	LOG	LOI	LOG	LOI	LOG	LOI	LOG	LOI	LOG	LOI	LOG	LOI	LOG	LOI	LOG	LOI	LOG	LOI	LOG	LOI
LP1: Grundlagenermittlung																								
LP2: Vorplanung																								
LP3: Entwurfsplanung LP4: Genehmigungsplanung	100	100	100	100			100	200	100	200			100	200	100	200			100	200				
LP5: Ausführungsplanung					300	300	200	300	200	300	100	300	200	300	200	300	100	300	200	300			100	300
LP6: Vorbereitung der Vergabe LP7: Mitwirkung bei der Vergabe					400	400	300	400	300	400	200	300	300	400	300	400	200	300	300	400	300	400	200	300
LP8: Objektüberwachung – Bauüberwachung und Dokumentation					400	400	400	400	400	400	300	400	400	400	400	400	300	400	400	400	400	400	300	400
LP9: Objektbetreuung																								

Bild 5.19 Level of Detail für ausgewählte Modellarten bezogen auf HOAI-Phasen. Die Angaben sind als Anhaltspunkte zu werten. Werden Austausch-Informationsanforderungen AIA und Informationsaustauschanforderungen IAA genauer beschrieben, so haben diese in jedem Fall höhere Priorität. Eine genauere bedarfsgerechte Anforderungsbeschreibung kann beispielsweise nach der Verfahrensweise der LOIN (siehe Kapitel 4 Standards) geschehen.

in die Lage versetzen, seine BIM-Ziele zu erreichen, sodass er mit den gelieferten Informationen seine BIM-Anwendungsfälle umsetzen kann.

Analog zu anderen Bauleistungen, zum Beispiel den Leistungsverzeichnissen einer Ausschreibung, müssen Ausschreibungen für Informationslieferleistungen den Bietern ermöglichen, ihren Aufwand für die Informationserstellung, -verwaltung und -lieferung angemessen kalkulieren zu können. Das ist bei der Strukturierung und Forderung von Detailtiefen in AIA zu berücksichtigen. Die Tabelle in Bild 5.19 gibt Anhaltspunkte für sinnvolle Detaillierungsgrade in den verschiedenen HOAI-Phasen.

Blatt 10 der BIM-Richtlinienreihe VDI 2552 befasst sich ausführlich mit der Erstellung von Austausch-Informationsanforderungen (AIA) und BIM-Abwicklungsplänen (BAP) aus der Sicht von Bauherren, Planungs- und Baubeteiligten sowie Betreibern und Instandhaltungsunternehmen.

Auftragnehmer müssen ebenfalls mit der Methodik vertraut sein, um die Qualität von AIAs bewerten zu können.

Wie bereits ausführlich im Kapitel 4 Standards dargelegt, sollten AIA aus organisatorischen Anforderungen (OIR) sowie aus den Anforderungen des Projekts (PIR) und der Liegenschaft (AIR) abgeleitet werden.

Prinzipien der AIA-Erstellung

Die Spezifikation von AIA muss hinreichend detailliert sein, um potenziellen Auftragnehmern den Aufwand der Daten- und Informationserstellung im Rahmen einer Angebotserstellung ausreichend genau kalkulieren zu können.

Die VDI-Richtlinie 2552 stellt dazu einige Prinzipien für die Erstellung von AIA zusammen. Fundamentale Prinzipien bei der Erstellung von AIA sind:

- AIA müssen eine Beschreibung der Qualität von Informationen, also zum Beispiel Informationsumfang, Detailtiefe, Struktur, Format und Aktualität, enthalten, jedoch nicht die Methode zur Erstellung von Informationen.
- AIA können ergänzende Vorgaben zu weiteren Informationslieferprozessen enthalten.
- AIA sind als Teil einer Vergabe oder Angebotsaufforderung projektbezogen.
- AIA sind jeweils für jede Beauftragung zu spezifizieren.
- Besonders im Falle von Einzelvergaben hat der Auftraggeber die Verantwortung, alle AIA zu einem stimmigen Gesamtpaket zusammenzustellen.
- Der Auftraggeber muss eventuell vorhandene OIR berücksichtigen.
- AIA dürfen nicht im Widerspruch zu geltenden Unterlagen stehen, auch die Dopplung von Informationen ist zu vermeiden.
- AIA dürfen keine Vergabestrategie bevorzugen oder benachteiligen.

Über den Anwendungsfall hinausdenken

Bei der Erstellung von AIA macht es vielfach Sinn, über die tagesaktuelle Projektsituation hinaus zu denken. Zum Beispiel, indem ein Projektentwickler bereits BIM-Informationen anlegt, mit dem Argument, damit zum Projekterfolg seines Kunden beizutragen. Kann er ein valides Bestandsmodell vorweisen, wird ein kompetenter Kunde darin bereits eine gute Grundlage für die weitere Planung erkennen.

Natürlich hängt der Bedarf, langfristig zu denken, vom Investitions- und finanziellen Anlagehorizont des Kunden ab. Dieser Mehrwert erschließt sich nur demjenigen, der den kommerziellen Wert nachhaltiger Planung und effizienten Informationsmanagements richtig einschätzen kann. Bei einem wachsenden Kreis von Investoren ist das bereits heute der Fall, man denke nur an zukünftig wachsende Nachhaltigkeits- und Umweltanforderungen. Ein Gebäude ohne ausreichende Dokumentation dürfte sich als schwer anpassungsfähig an steigende Erfordernisse erweisen und einem zunehmenden Wertverfall ausgesetzt sein.

5.3.3.3 AIA-Struktur (Mustervorlage in Anlehnung an VDI 2552-10)

Die folgende Struktur kann als Vorlage für eigene AIA verwendet werden. Sie wird auch in den folgenden Beispielen genutzt und besteht für jede einzelne AIA aus folgenden Punkten.

1. Übersicht / Einführung
   Erläuterung der AIA-Beschreibung und Verpflichtungserklärung, diese auch bei Weitergabe an Subunternehmer beizubehalten.
   Kurzbeschreibung der Erwartungen und Ziele des Auftragnehmers, die mit der Umsetzung der AIA verbunden sind.
   Hinweise auf weitere vertraglich relevante Unterlagen.
2. Rahmenbedingungen
   Projektspezifische Besonderheiten und ausdrücklich erwähnenswerte Richtlinien, Standards und örtliche Vorschriften.

3. Projektterminologie
   Soweit für die Kommunikation der Projektbeteiligten förderlich, kann eine schriftliche Klärung der im Projekt wichtigen Begriffe sinnvoll sein. Dieses sollte jedoch nicht die gängigen Begrifflichkeiten litaneiartig wiederholen, sondern lediglich besondere Schlüsselbegriffe erläutern, sofern vorhanden.
4. Projektspezifische Besonderheiten
   Zusammenstellung besonderer Projektumstände bei der Umsetzung von BIM-Zielen. Verweise auf allgemeine Vertragsbedingungen und Hinweise auf besonders zu berücksichtigende Vorgaben aus dem Projekthandbuch, die für die Umsetzung von BIM relevant sind, zum Beispiel besondere Befugnisse für die Prüfung und Freigabe und verantwortliche Rollen und Personen, sowie der allgemeine Terminrahmen.
5. Hauptteil: Umsetzungsanforderungen
   a) BIM-Ziele und BIM-Anwendungsfälle
   b) Rollen, Organisation, Eignung
   c) Prozesse
   d) Technologie
   e) Daten und Informationen
   f) Methodik.

AIA müssen so gestaltet sein, dass ein potenzieller Informationslieferant in seinem Angebot mit technischen Lieferbeschreibungen, den Informationsaustauschanforderungen IAA und prozessualen Beschreibungen der Informationserstellung und -lieferung reagieren kann.

Zahlreiche nationale und internationale BIM-Standards unterstützen Auftraggeber bei der Spezifikation von Anforderungen und Auftragnehmer bei der gemeinsamen Erstellung und Lieferung von Informationen. Einen Überblick gibt Bild 5.20.

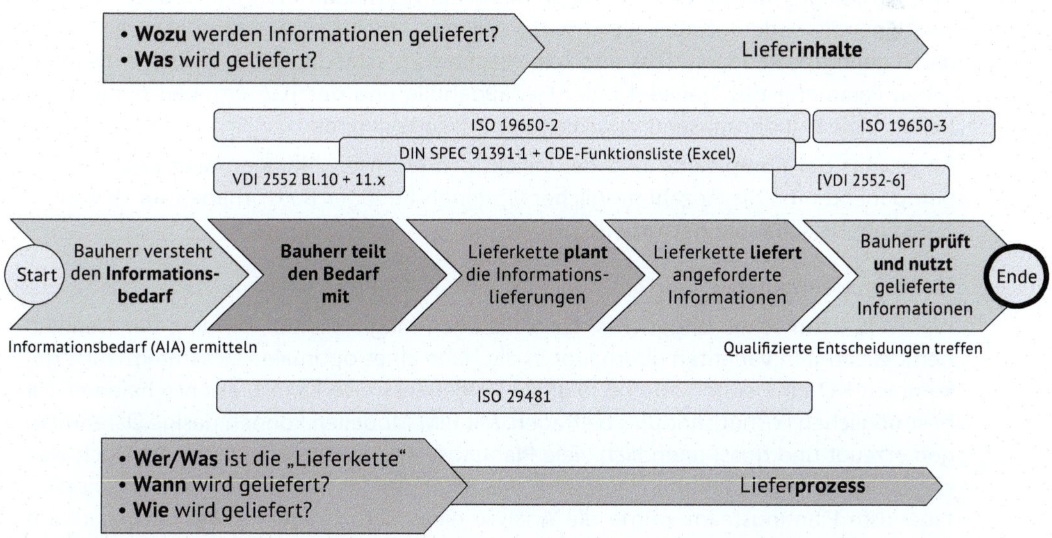

Bild 5.20 BIM-Normen unterstützen bei der Formulierung von Anforderungen und bei der Erstellung von Informationslieferungen.

5.3.4 Typische Anwendungsfälle

Wir erinnern uns an den BIM-Imperativ „Starte mit dem Ende im Sinn“ und beginnen folgerichtig die Beschreibung der BIM-Ziele und der sich daraus ergebenden Anwendungsfälle vom Ende her, also mit den Anforderungen aus der Betriebsphase.

Wie erwähnt, produzieren Anwendungsfälle nur dann die gewünschten Ergebnisse, wenn sie ihrerseits auch die notwendigen Eingangsdaten bekommen. Von der Betriebsphase schauen wir daher auf der Zeitachse zurück Richtung Ausführungs- und Planungsphase, um mögliche Datenquellen zu identifizieren.

So verstehen wir besser, warum Anwendungsfälle in der Bauphase die Basis für die erfolgreiche Umsetzung weiterer Anwendungsfälle in der Betriebsphase sind.

Wir gehen die Kausalkette rückwärts und erkennen, wie die geforderten Information aus einer Vorphase Anwendung finden, warum sie gebraucht werden und in welcher Qualität sie geliefert werden müssen.

Ein außergewöhnliches, aber typisches Beispiel soll die Verkettung von Anwendungsfällen aufzeigen.

Beispiel 5.5 **BIM-Welten mit Künstlicher Intelligenz (KI) erschließen**

Zuerst digital, dann real zu bauen ist eine der Devisen von BIM. Im Planungsprozess eröffnet sich ein gigantischer Lösungsraum mit theoretisch beliebig vielen Varianten. Welche dieser Varianten kommen den Zielen des Bauherrn am nächsten?

Der klassische Entwurfs- und Planungsprozess entwickelt in der Regel nur einige wenige Planungsvarianten. Doch schon hier fällt die Auswahl einer scheinbar optimalen Lösung nicht leicht, denn zu vielfältig sind die oft gegenläufigen Optimierungskriterien.

Sollen z. B. durch mehr Wärmeschutz die Baukosten zwar erhöht und dafür aber die Betriebskosten gesenkt werden? Die Verstärkung der Wärmedämmung um z. B. 10 cm spart zwar Energie, bedeutet aber gleichzeitig teilweise erhebliche Nutzflächenverluste und damit geringere Renditen. Dies sind keine leichten Entscheidungen und alleine die möglichen Parameter des Tragwerks, der Gebäudehülle und der TGA ergeben gemeinsam bereits viele Hunderttausend verschiedene Gebäudevarianten.

Angesichts der Komplexität und der vielfältigen Wechselwirkungen aller Bauteile und Komponenten ist die Anzahl möglicher Optionen heutiger Bauvorhaben für den Menschen unüberschaubar geworden.

Nadel im Heuhaufen

Wer weiß denn schon angesichts der vielfältigen Möglichkeiten, ob eine der wenigen berücksichtigten Varianten überhaupt in die Nähe eines optimalen Gesamtentwurfs gekommen ist? Eine systematische, digitale Vorgehensweise kann hier entscheidend zur bestmöglichen Lösungsfindung beitragen. Mit BIM-Modellen können riesige Datenmengen erzeugt und quasi unendlich viele Planungsvarianten generiert werden. Doch welche dieser Varianten kommt den Zielen des Bauherrn am nächsten? Selbst das hervorragendste Planungsteam würde die Analyse eines derart gigantischen Lösungsraums überfordern.

Verfahren der Künstlichen Intelligenz KI sind dagegen in der Lage, aus vielen Milliarden von Planungsvarianten eine schnelle und intelligente Vorauswahl durch eine algorithmische Bewertung zu treffen. Diese erfolgt auf einer soliden, zum Teil durch BIM-Methoden erstellten Datengrundlage und macht die dynamischen Wechselbeziehungen zwischen den Bauherrenzielen, dem individuellen Standort, Konstruktionssystemen, Gebäudenutzung, TGA und vielen weiteren Parametern transparent. Auf diesem Wege lässt sich das optimale Baukostenniveau identifizieren und somit den wirtschaftlichen Zielen der Bauherren erstmals datenbasiert Rechnung tragen.

Anbieter wie das junge Berliner Unternehmen Metabuild, siehe Bilder 5.21 und 5.22, erbringen Leistungen für bereits heute bewusst nachhaltige Bestandshalter und Leistungsträger der Projektentwicklung.

BIM goes KI

Auch der Einstieg in diese KI-gestützte Form der Planungsoptimierung folgt der klassischen Vorgehensweise von BIM, wie wir sie in vorangegangenen Abschnitten kennengelernt haben.

Schritte:

- Der Bauherr definiert zunächst seine BIM-Ziele, in diesem Falle die Optimierungskriterien.
- Der BIM-Anwendungsfall besteht aus
  - der Generierung einer Vielzahl von Modellen mit bestimmten Einflussfaktoren, die algorithmisch von Modell zu Modell variiert werden,
  - der Analyse dieser generierten Modelle zur Gewinnung von Informationen (Austausch-Informationsanforderungen AIA) für den nachfolgenden Entscheidungsprozess (Auffinden von ganzheitlich optimalen Planungsvarianten),
  - der KI-gestützten Bewertung und ggf. Ausweitung oder Konzentration des Lösungsraums.

Simulationsfähige Modelle aus dem generativen Design

Erste analysefähige Simulationsmodelle müssen nicht hochgradig komplex sein. Im Gegenteil: Wie wir gesehen haben, dienen derlei Modelle je nach Planungsphase spezifischen Zwecken, die den jeweils notwendigen Detaillierungsgrad vorgeben.

Die ersten 3D-Simulationsmodelle erlauben hier eine frühe Bewertung bereits mit minimalem anfänglichem Aufwand.

In einem generativen Modellierungsprozess werden z. B. zunächst Hunderte simplifizierter architektonischer Probeentwürfe mit dem Fokus auf maximaler Flächeneffizienz (Maximierung der Wohn- bzw. Nutzungsfläche) sowie maximierter Nachhaltigkeits- und Komfortparameter als 3D-BEM (Building Energy Models) generiert. Hierbei können bereits ein Mix aus Nutzen und Wohnen berücksichtigt sowie die entsprechenden Grundrisse automatisch erzeugt werden.

Der systematischen Vorgehensweise der BIM-Methodik folgend, werden die Informationsanforderungen (AIA) zur Analyse und Bewertung der nun in die engere Auswahl kommenden Varianten herangezogen (Bild 5.21).

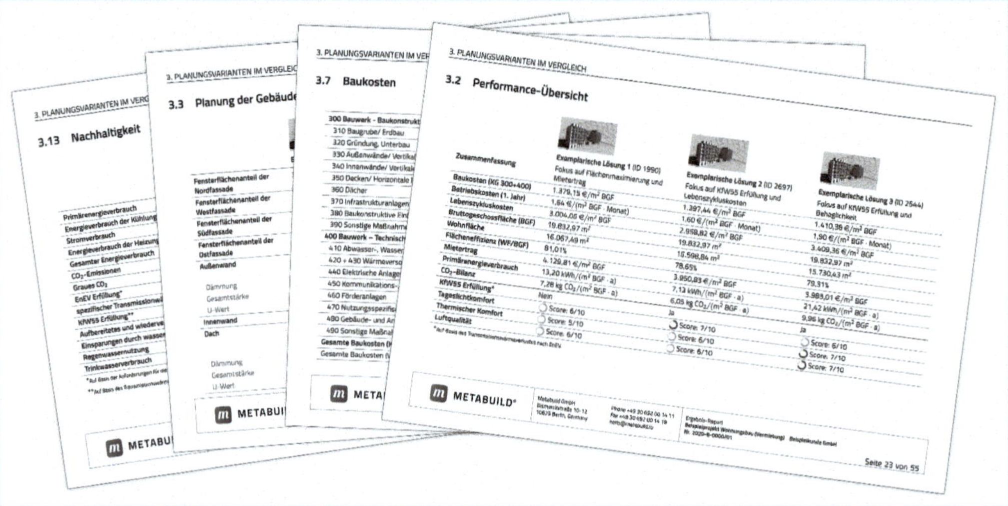

Bild 5.21 Beispiel Analysemodelle mit dem Optimierungsziel Baukosten. KI-Algorithmen decken auf, wie sich Einsparungen auf der Kostenseite auf andere Optimierungsziele auswirken.

Für jede automatisch generierte Planungsvariante werden die Bau-, Betriebs- und Lebenszykluskosten sowie die Komfort- und Nachhaltigkeitsparameter datenanalytisch ermittelt. Bild: Metabuild

Modelle für die Optimierung und Darstellung der Ergebnisse

Im zweiten Schritt werden Digitale Zwillinge mit den wichtigen Parametern für eine Optimierungsanalyse angereichert und so ergebnisbezogen die Detaillierungsgrade der Modelle erhöht. Dazu gehören sowohl die Zielsetzung des Bauherrn als auch äußere Parameter, wie die individuelle Lage mit ihren Verschattungen, Witterungseinflüssen, verfügbaren Energieträgern etc.

Für jeden ausgewählten Architekturentwurf werden anschließend automatisch mehrere tausend dynamische Ganzjahressimulationen mit hoher Auflösung und hohem Detaillierungsgrad durchgeführt.

Auf der Grundlage von Bau-, Betriebs- und Lebenszykluskosten wird hierbei eine Vielzahl intelligent ausgewählter Optionen für Tragwerk, Gebäudehülle, Systeme und erneuerbare Energien datenanalytisch ausgewertet und nach KPIs (Key Performance Indicators) sortiert.

Strebt der Bauherr z. B. maximale energetische Nachhaltigkeit unter optimalen Kostengesichtspunkten für Bau und Betrieb an, so ermittelt die KI automatisch die Informationen (AIA) zu Gebäudevarianten mit genau diesen Qualitäten.

Einen Ausschnitt aus dem multidimensionalen Lösungsraum zeigt Bild 5.22. Jeder Punkt im Diagramm beschreibt eine umfassend datenanalytisch ausgewertete Gebäudevariante. Eine einzelne zweidimensionale Darstellung kann naturgemäß nicht alle Optimierungskriterien dieses n-dimensionalen Raumes gleichzeitig darstellen.

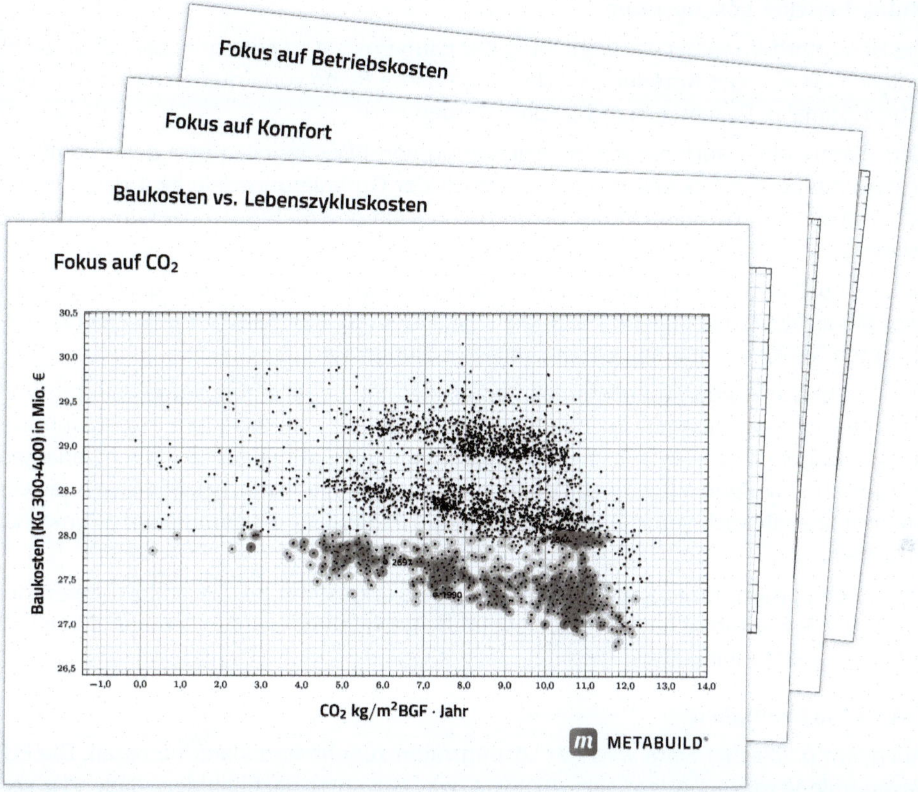

Bild 5.22 Mit BEMs (Building Energy Models) und dynamischen Ganzjahressimulationen werden Milliarden von Sanierungsoptionen und -varianten datenanalytisch untersucht, ganzheitlich nach KPIs ausgewertet und technisch-wirtschaftlich ausgereizt. Hinter jedem Punkt in den oben gezeigten Auswertungsdiagrammen steckt ein generiertes BIM-Modell. Dazu wurden vorgegebene Optimierungskriterien untersucht. Das Ergebnis wird für jedes einzelne Modell im Diagramm eingetragen. Hier sind die Baukosten gegen den CO_2-Ausstoß aufgetragen. Aber auch scheinbar unscharfe Kriterien wie „Komfort" lassen sich bewerten und in Beziehung zu anderen Zielen setzen.

Über 90 % der Qualitätseigenschaften von Ausstattung und Materialien und der Gesamtkosten eines Bauprojekts werden in den frühesten Entwicklungsphasen festgelegt. Das MacLeamy-Diagramm aus Kapitel 1 zeigte ja bereits, dass eine Einflussnahme auf Kosten umso wirkungsvoller ist, je früher sie stattfindet. Die frühen Planungsphasen haben damit klar das höchste Wirkungspotenzial zur Erreichung der Bauherrenziele. Beim Auffinden der bestmöglichen Lösung unter Abwägung vieler Kriterien liefert das Zusammenspiel von KI-Methoden und BIM entsprechend relevante wirtschaftlich Mehrwerte.

Neben dem Bereich Neubau lassen sich mit der beschriebenen Technologie mit naturgemäßen Einschränkungen auch Sanierungen automatisch planen sowie Portfolios beliebiger Größe automatisch auf Sanierungspotenziale analysieren.

Multikriterieller Lösungsraum

Die Herausforderung bei der Erreichung der Bauherrenziele liegt darin, dass dafür nicht lediglich ein einziges Kriterium, sondern eine ganze Reihe von Kriterien zu einem möglichst optimalen Gesamtzustand geführt werden muss.

Der Charme einer automatischen Generierung von BIM-Modellen und der algorithmischen Prüfung der Modellqualität hinsichtlich der Optimierungsziele liegt dabei in der automatisierten Erschließung des Lösungsraums mit den Methoden der Künstlichen Intelligenz.

Was manuell auch mit einem noch so professionell aufgestellten Planungsteam jenseits aller Möglichkeiten liegt, wird durch die Digitalisierung aller Teilschritte zu einer zielgerichteten Navigation im multidimensionalen Lösungsraum.

Die Ergebnisse werden multikriteriell gemäß den Bauherrenzielen sowie äußeren und inneren Wechselwirkungen zueinander ermittelt und bis zum technisch machbaren Optimum ausgereizt. Die entsprechend unterschiedlicher Optima ausgewählten Varianten werden anschließend automatisch grafisch auf mehreren entsprechenden Charts jeweils im optimalen Bereich verortet und markiert, wie in Bild 5.22 als nummerierte Punkte zu erkennen.

Die durch KI-Algorithmen auf die Bauherrenziele abgestimmten Gesamtqualitäten der optimalen Varianten lassen sich auf diese Weise transparent und bequem mit den vorab definierten BIM-Zielen abgleichen.

Faktor Nachhaltigkeit

Auch von politischer Seite wird der Lösungsraum zunehmend klarer umrissen. Die EU-Taxonomie-Verordnung legt seit 2020 fest, was wir unter nachhaltigem Bauen zu verstehen haben. Die politischen Optimierungsziele im Bereich Energie und Umwelt liegen somit für jeden nachvollziehbar auf der Hand. Künftig wird der Wert eines Gebäudes mehr denn je durch Nachhaltigkeitsgesichtspunkte bestimmt. Erste Länder beschränken bereits die Vermietung oder den Verkauf von Immobilien, die diese Optimierungsziele verfehlen. Nachhaltigkeit wird somit zu einem immer stärkeren Wettbewerbsfaktor, den zukünftige Investments zu berücksichtigen haben werden.

BIM und KI in der Praxis

Wie bekommen Bauherren nun konkret mithilfe von KI eine Planung, die die Erfolgskriterien für ihre Baumaßnahme optimal umsetzt?

Fest steht: Auch bei noch so viel Künstlicher Intelligenz müssen Bauherren wissen, was sie wollen. Erst dann können KI-Methoden aufzeigen, was am jeweiligen Standort möglich ist. Unternehmen wie Metabuild zeigen, wie KI von der Forschung in die Planungsrealität heute kommt.

Die Vorgehensweise ist BIM in Reinkultur, ganz nach dem bekannten BIM-Sprichwort „Starte mit dem Ende im Sinn". Warten auf den genialen Architektenentwurf war gestern. Systematisch algorithmisch in den Planungsprozess einsteigen heißt heute, die Ziele des Bauherrn als mathematisch exakte Maßgabe im Endergebnis der Planung transparent abzubilden.

Möglich machen dies Algorithmen, die intelligent multiple Parameter an den Gebäudemodellen ändern und deren tatsächliche Auswirkungen und Performance-KPIs automatisch durch dynamische Ganzjahressimulationen überprüfen. So entsteht binnen weniger Tage ein Universum von Möglichkeiten. Den bevorzugten Ort in diesem Universum aufzufinden, ist Sache von Metabuild in Zusammenarbeit mit beratenden Architekten und Fachplanern, die als Technologiepartner die Ergebnisse für den Bauherren auswerten und konkretisieren.

Was hat Vorrang: Baukosten oder Betriebskosten, Wärmedämmung oder Energiekosten? Die Kriterien bestimmt der Bauherr. KI-unterstützte Planungsprozesse auf Basis von BIM versorgen Bauherren wie Planer anschließend mit Schlüsseldaten für datengetriebene und damit fundierte Entscheidungen. Im Neubau wie im Bestand.

5.3.4.1 Anwendungsfälle und Projektphasenbezug

Das Beispiel BIM goes KI zeigt die enge Verzahnung von Kriterien der Nutzung und Flexibilität und Variantenanalyse bei der Planung. Eine strenge Bindung von BIM-Leistungen an Phasen und eine sequenzielle Abarbeitung wären hier nicht zielführend. Auch wenn BIM das Denken über den Tellerrand enger Phasengrenzen hinaus anstrebt und fördert, bleiben Phasen dennoch weiterhin mit dem Projektfortschritt und den jeweils zu bewältigenden Aufgaben verbunden. Niemand stellt das unsinnige Ansinnen, Phasen etwa ganz beseitigen zu wollen. Sie haben nach wie vor den Sinn, Aufgabengebiete und Ergebnistypen zu definieren.

Es existiert eine Reihe von Phaseneinteilungen, die entweder bestimmte Leistungen beschreiben, wie die deutsche HOAI, oder Lebenszyklusphasen wie die ISO 22263 [69]. Die Einteilung nach ISO 22263 findet auch im BIM-Standard ISO 29481, Informationslieferhandbuch (siehe Kapitel 4 Standards) Anwendung. Informationsaustauschanforderungen sind häufig nur für spezifische Projektphasen relevant. Um Konsistenz sicherzustellen, sollten Lebenszyklusphasen immer auf einer gemeinsamen Grundlage definiert werden. Die maßgebliche Norm für die Identifizierung von Lebenszyklusphasen ist ISO 22263, welche die in der Tabelle in Bild 5.23 genannten Phasen vorschlägt.

Die Gruppierung der Anwendungsfälle in thematisch zusammenhängende Anwendungsfallbereiche in dieser Tabelle ist eine übergeordnete Zusammenfassung der HOAI-Leistungsphasen und der Lebenszyklusphasen des Informationslieferhandbuches der ISO 29481 bzw. ISO 22263. Die Anwendungsfälle im Abschnitt 5.3.4 sind thematisch nach den Anwendungsfallbereichen in einem BIM-Projekt oder im Gebäudelebenszyklus entsprechend Bild 5.23 gruppiert. Werden Anwendungsfall-Vorlagen in unterschiedlichen Kontexten mit jeweils anderen Randbedingungen (Platzhaltern) eingesetzt, so werden sie dort entsprechend ihrer kontextspezifischen Ausprägung beschrieben.

	Anwendungsfallbereiche	Phasenmodelle in BIM-Standards und HOAI			
		ISO 19650-2	HOAI- Leistungsphasen	Lebenszyklusphasen nach ISO 22263	
		Lebenszyklus-vorgelagerte Phasen			
Entwurf	BIM-Planung der Planung	Bedarfsbewertung (OIR, PIR, AIR), Ausschreibung (AIA), Angebotsabgabe (vor BAP), Informationsbestellung (BAP, AIA), Mobilisierung			
	Bedarfsermittlung	kollaborative Informationserzeugung	LP1: Grundlagenermittlung	Aufgabenstellung	Portfolio-Anforderungen
	Bedarfskonzept				Bedarfskonzeption
	Machbarkeitsprüfung				Bestimmung der Machbarkeit
	Machbarkeitsentscheidung				Tatsächliche Machbarkeit
			Bauvorbereitungsphasen		
	Entwurfsoptionen		LP2: Vorplanung	Entwurf	Entwurfsplanung umreißen
	Entwurfsplanung		LP3: Entwurfsplanung		Vollständige Entwurfsplanung
	Entwurfsentscheidung		LP4: Genehmigungsplanung		Abgestimmter Entwurf (und Beschaffung)
			Bauphasen		
Beschaffung	Ausführungsplanung Vergabe		LP5: Ausführungsplanung	Produktion	Information zur Produktion
			LP6: Vorbereitung der Vergabe		
			LP7: Mitwirkung bei der Vergabe		
Ausführung	Bauausführung		LP8: Objektüberwachung – Bauüberwachung und Dokumentation		Bau
	Inbetriebnahme	Bereitstellung des Informationsmodells Projektabschluss (Ende der Bereitstellungsphase)			
	Übergabe an den Betrieb				
		Nachgelagerte Phasen			
Betrieb	Betrieb	ISO 19650-3	LP9: Objektbetreuung	Instandhaltung	Betrieb und Instandhaltung
	Abbruch			Abbruch	Entsorgung

Bild 5.23 HOAI-Leistungsphasen, Lebenszyklusphasen der ISO 29481 und die im Abschnitt „Typische Anwendungsfälle" verwendeten Anwendungsfallbereiche.

> Beispiel 5.6 **Virtuelle Begehung**
>
> Der Anwendungsfall „Virtuelle Begehung" taucht sowohl in der Planungsphase als auch in der Bauphase auf. Einmal mit dem BIM-Ziel, eine Entwurfskonsistenz aus Nutzersicht zu erreichen, im anderen Fall, um Probleme während der Ausführung durch Sichtung des 3D-Modells und der darin enthaltenen technischen Details zu klären und damit das BIM-Ziel der Koordination der Ausführung zu erreichen. Zwei BIM-Ziele, zwei unterschiedliche Kontexte, ein technisch gleicher Anwendungsfall, jedoch mit unterschiedlichen Parametern ausgeführt.

BIM will Phasengrenzen überwinden

Das Anliegen von BIM ist unter anderem die Überwindung von strikten Phasengrenzen[50)], um den Horizont von Informationserstellung und Informationsverwendung nicht durch herstellungs- oder abrechnungstechnische Belange zu unterbrechen und durch diese Trennung Informationsverluste zu provozieren.

Was bedeutet das für die Einteilung und Zuordnung von Anwendungsfällen zu Phasen? Einige Anwendungsfälle lassen sich nur schwer einer einzelnen Phase zuordnen, da der Zweck der Phase unter Umständen nicht mit dem Zweck des Anwendungsfalls übereinstimmt. Das Beispiel Visualisierung zeigt, dass ein Anwendungsfall in mehreren Phasen, jeweils mit unterschiedlichen Inhalten, von Nutzen sein kann und eine Zuord-

50) Wahlspruch „Beginne mit dem Ende im Sinn" siehe u. a. Kapitel 3 Informationsmanagement

nung zu einer einzigen Phase dem Wirkungsbereich und der gewünschten Entscheidungsunterstützung nicht gerecht würde. Dementsprechend werden im Abschnitt der typischen Anwendungsfälle beispielsweise die Visualisierung, die Risikoanalyse (Sicherheit und Schutz der Gesundheit) und die Massen- und Mengenermittlung mehrfach zu finden sein, und zwar in den jeweiligen Phasen mit den dort jeweils unterschiedlichen Inhalten.

Anwendungsfallbereiche der ISO und der HOAI

Bild 5.23 zeigt den Zusammenhang zwischen HOAI-Leistungsphasen, Lebenszyklusphasen der ISO 29481 [70] und den hier verwendeten Anwendungsfallbereichen.

Die vorgestellte Einteilung in Anwendungsfallbereiche soll eine präzisere Zuordnung von Anwendungsfällen zu BIM-Zielen erlauben und gliedert sich wie folgt.

Lebenszyklus-vorgelagerte Phasen

- BIM-Planung der Planung – Erstellung BIM-relevanter Dokumente zur Spezifikation des Informationsbedarfs, wie AIA. Vorbereitung, Ausschreibung und Beauftragung von Informationslieferleistungen. Mitwirkung bei der Erstellung des BAP und untergeordneter Unterlagen (Verantwortlichkeitsmatrix, Risikoregister, TIDP, MIDP);
- Bedarfsermittlung – Anwendungsfälle, die der Ermittlung betrieblicher Anforderungen des Auftraggebers dienen;
- Bedarfskonzept – Anwendungsfälle, die zur Auffindung möglicher Lösungen des ermittelten Bedarfs beitragen;
- Machbarkeitsprüfung – Anwendungsfälle, die eine Bewertung und Priorisierung der möglichen Lösungen des Bedarfskonzepts unterstützen;
- Machbarkeitsentscheidung – Anwendungsfälle, die Informationen für eine qualifizierte Entscheidung für die priorisierte Lösung bereitstellen.

Bauvorbereitungsphasen

- Entwurfsoptionen – verbliebene Freiheitsgrade nach der Machbarkeitsentscheidung nutzen, um konzeptionelle Grundlagen für den detaillierten Entwurf zu schaffen;
- Entwurfsplanung – Erstellung aller für den Gesamtentwurf notwendigen Informationen;
- Entwurfsentscheidung – Anwendungsfälle, die Informationen für eine qualifizierte Entscheidung über den vorgestellten Gesamtentwurf bereitstellen.

Bauphasen

- Ausführungsplanung – Informationen zur Vorbereitung der Bauphase zusammenstellen;
- Vergabe – Modellbasierte Ausschreibung, Vergabe und Beauftragung physischer Bauleistungen. Darin enthalten ist die Erstellung BIM-relevanter Dokumente zur Spezifikation des Informationsbedarfs während der Bauphase, wie AIA. Vorbereitung, Ausschreibung und Beauftragung von Informationslieferleistungen im Verbund mit den physischen Bauleistungen. Mitwirkung bei der Erstellung des BAP für die

Bauphase und untergeordneter Unterlagen (Verantwortlichkeitsmatrix, Risikoregister, TIDP, MIDP), sofern dies nicht bereits Bestandteil der BIM-Planung der Planung war;

- Bauausführung – Anwendungsfälle durchführen, die Informationen zur Unterstützung der Bauleistungen und deren Vorplanung oder Abrechnung bereitstellen;
- Inbetriebnahme – Zusammenstellen modellbasierter Informationen zur Prüfung, Abnahme oder Mängelbeseitigung installierter Bauteile oder Anlagen;
- Übergabe an den Betrieb – Zusammenstellung aller Informationen für einen rechtssicheren Übergang der Verantwortung an den Betreiber/Eigentümer;
- Betrieb – Verwendung der nach Maßgabe der Informationsanforderungen (AIR) erhaltenen Informationen im Facility Management, Portfolio Management im Asset Management.

Informationsverluste auch in BIM-Projekten nicht ausgeschlossen

Bei manchen Anwendungsfällen führt auch in BIM-Projekten die Trennung in Phasen zu Informationsverlusten. So ist eine Trennung zwischen Planung und Ausführung mit der Übergabe von Planungsinformationen an die ausführenden Unternehmen verbunden. Nur eine strikte Spezifikation der Informationsanforderungen und Lieferinhalte kann gewährleisten, dass die Ausführungsseite vernünftige Planungsinformationen erhält. Wie wir wissen, ist dies häufig (noch) nicht der Fall. Eine Einheit von Planungs- und Bauphase, die Verwendung eines durchgängigen Datenmodells und einer durchgängigen technischen Basis wirkt dem verlustbehafteten Phasenübergang entgegen.

Regularien können Informationsverluste bewirken

Ausführende Unternehmen können es aus diversen Gründen als vorteilhaft betrachten, bereits in der Planung Produktkonstellationen auszuwählen, beispielsweise weil sie Vorteile bei der Montage bieten oder weil diese sich in vorangegangenen Bauvorhaben bewährt haben. Durch eine vorab festgelegte, bewusst eingeschränkte Produktpalette könnte oft ein sehr viel höherer Vorfertigungsgrad erreicht werden. Wie wir wissen, sprechen unter anderem auch Vergaberichtlinien, wie sie beispielsweise in Deutschland bei der öffentlichen Vergabe verpflichtend sind, dagegen. So kann in der Planung kein vorgefertigtes TGA-Modul entwickelt werden, das nur ein ausführendes Unternehmen fertigen und liefern kann, da eine herstellerneutrale Ausschreibung dies verbietet. Hier soll nicht der Sinn oder Unsinn von Vergaberichtlinien diskutiert werden, sondern lediglich auf Ursachen und Wirkungen bestimmter Vorgehensweisen hinsichtlich der Produktivität des Gesamtprozesses hingewiesen werden.

CAFM-Systeme als Einbahnstraße

Am Ende der Herstellungsphase und der Übergabe an die CAFM-Systeme des Betriebs kommt es auch in BIM-Projekten zu Informationsverlusten aufgrund der Transformation in andere Datenmodelle, die vom Betreiber gewünscht werden. Dies ist bedingt durch den Wechsel der technischen Plattform für das Informationsmanagement. Informationsverluste werden beispielsweise dann deutlich, wenn es um die Aktualität des Gebäudemodells geht. Das Datenmodell, das der Betreiber verwendet, ist auf die Bedürfnisse des Facility Managements, des Asset Managements oder des Property Managements (Unterschiede siehe Abschnitt 5.3.4.5) zugeschnitten. Änderungen im Gebäudemodell, beispielsweise durch den Austausch von Anlagenteilen oder durch Umbaumaßnahmen, werden oft nur sehr lückenhaft in das Gebäudemodell, das im Betrieb verwendet wird, eingepflegt. Dies geschieht nicht nur durch Unterlassung, sondern ist auch darin begründet, dass das im Betrieb verwendete Modell bestimmte Informationen nicht enthält, die der Betreiber für unnötig erachtet. So sind möglicherweise Angaben zu tragenden und nichttragenden Bauteilen und zu Bewehrungsgraden von Stahlbetonbauteilen nicht im Gebäudemodell des Betreibers enthalten. Werden im Zuge von Umbaumaßnahmen Durchbrüche in Unterzügen oder anderen tragenden Bauteilen notwendig, sind daher zunächst aufwendige Untersuchungen zur Tragfähigkeit des jeweiligen Bauteils, in dem ein Durchbruch vorgenommen werden soll, notwendig. Diese Informationslücken werden durch Phasenübergänge und die damit verbundenen, vorsätzlichen oder unbeabsichtigten Verringerungen des Informationsgehaltes verursacht.

5.3.4.2 Tabelle typischer Anwendungsfälle

Ausgewählte Anwendungsfälle werden nachfolgend eingehend erläutert. Daraus ergibt sich ein Grundverständnis, wie Anwendungsfälle beschrieben werden, zu welchem Zweck sie durchlaufen werden, welche Ergebnisse sie erzeugen sollen und wer für die Durchführung und Lieferung verantwortlich ist.

Zur besseren Übersicht werden die Anwendungsfälle neben der nachfolgenden Beschreibung auch tabellarisch zusammengestellt. Die Tabelle typischer Anwendungsfälle ist in den Bereich Austausch-Informationsanforderungen AIA und den Bereich Informationslieferhandbuch (IDM) gegliedert. Sie steht dem Leser für eigene Zwecke, beispielsweise für die Ausschreibung von Informationslieferungen (AIA), zur Verfügung. Zu beachten ist, dass die Beschreibung der hier aufgeführten Anwendungsfälle auf das Informationsmanagement ausgerichtet ist und nicht auf die fachlichen Aktivitäten, die hierdurch vom Informationsmanagement unterstützt werden. Hier geht es um die Ermittlung und Beschreibung des Informationsbedarfs und nicht um eine Beschrei-

Download: Anwendungsfälle in eigenen Projekten nutzen

Als Begleitmaterial zum Buch steht auf der E&S-Webseite (www.ernst-und-sohn.de) die Tabelle typischer Anwendungsfälle im Excel-Format **zum Download bereit.**

Die tabellarischen Beispiele von Lieferplänen, AIA und IAA sollen aber die Leser nicht zu der Annahme verleiten, man wolle ihn im Zeitalter des modellbasierten Arbeitens auf das Niveau von Excel-Tabellen zurück katapultieren. Die Beispiele in Tabellenform sollen lediglich zeigen, auf welche Daten es im Informationsmanagement ankommt und wie sie prinzipiell strukturiert sein sollten. Manch einer mag auf die downloadbaren Excel-Tabellen zurückgreifen und sie zunächst als Ausgangspunkt nehmen, um vor Projektstart die richtigen Weichen zu stellen und die grundsätzlichen Verfahrensweisen darzustellen. Software-Werkzeuge, die für das Informationsmanagement in BIM-Projekten eingesetzt werden, sollten aber ebenfalls in der Lage sein, derartige Strukturen anzulegen und für das Informationsmanagement einzusetzen.

bung fachlicher Aktivitäten. Es wird also beispielsweise nicht beschrieben, wie Reinigungsflächen genau zu ermitteln sind, sondern welche Modellinformationen nötig sind, um den Informationsbesteller in die Lage zu versetzen, die Reinigungsflächen nach seiner Verfahrensweise zu ermitteln.

Die Aufstellung und Beschreibung der wichtigsten Anwendungsfälle ist gruppiert nach den Phasen, in denen sie durchlaufen werden und Ergebnisse produzieren. Dabei werden die Anwendungsfälle nach Spalte „Anwendungsfallbereiche" der Tabelle in Bild 5.23, in der gängige Phasenmodelle (ISO, HOAI) zusammengestellt sind, verwendet. Werden Anwendungsfall-Ergebnisse nicht in derselben Phase verwendet, in der sie produziert wurden, so ist dies in der Beschreibung dieser Anwendungsfälle gesondert vermerkt. Zu jedem Anwendungsfall werden die notwendigen Rahmenbedingungen, also zum Beispiel erforderliche Informationen, die Voraussetzung für die Durchführung eines Anwendungsfalls sind, aufgeführt. Anwendungsfälle mit breiter gestreuter Anwendbarkeit und phasenübergeifend wiederverwendbare Anwendungsfälle werden – soweit sinnvoll – in jeder Phase gesondert aufgeführt, dabei werden phasenspezifische Unterschiede hervorgehoben.

Zwei Tabellenbereiche sind zu unterscheiden:

- Der Tabellenbereich Austausch-Informationsanforderungen AIA spezifiziert die Anforderungsseite. Er stellt die Sicht eines Auftraggebers dar und kann für die Ausschreibung von Informationsleistungen verwendet werden. In den Abschnitten 5.3.4.4 und 5.3.4.5 finden sich die wichtigsten AIA aus der Tabelle typischer Anwendungsfälle in zusammengestellter Textform.
- Der Tabellenbereich Informationslieferhandbuch (IDM) beschreibt die Perspektive des Informationsbereitstellers und zeigt die konkreten technischen Lieferinhalte. Diese können beispielsweise in Angeboten oder zur Entwicklung von MVDs verwendet werden. In der Tabelle typischer Anwendungsfälle sind diese technischen Angaben einer IAA ebenfalls beispielhaft, ohne Anspruch auf Vollständigkeit, für den jeweiligen Anwendungsfall aufgeführt. Eine Wiedergabe in Textform würde den Rahmen dieses Buches sprengen und bleibt der downloadbaren Excel-Tabelle vorbehalten.

Somit bietet die Tabelle der typischen Anwendungsfälle eine Gesamtsicht sowohl für den Besteller als auch für den Lieferanten von Informationen. Durch die Zusammenfassung in einer einzigen Tabelle ergibt sich ein geschlossenes Bild zum Erwartungshorizont wie auch zur Motivation von Bestellung und Lieferung. Dies soll zur Klärung der jeweiligen Position und zur Transparenz bei der Ausführung von Informationslieferleistungen beitragen.
Hinweis: Es ist zu beachten, dass Anwendungsfälle in einigen Fällen aufeinander aufbauen. So schließt sich an einen Anwendungsfall, der die Erstellung einer bestimmten Modellart zum Ergebnis hat, immer auch der Anwendungsfall der Koordination und Qualitätsprüfung mehrerer Modelle aus verschiedenen Fachdisziplinen an. Diese zeitliche und inhaltliche Abhängigkeit wird ersichtlich, wenn man sich die Input-Daten, also die in den Anwendungsfall hineingehenden Daten, betrachtet.

Natürlich ist dies oft nur für den fortgeschrittenen Betrachter ersichtlich. Aus diesem Grunde wird die Beschreibung von Anwendungsfällen durch eine Beschreibung der Prozesse, mit denen Informationen weitergegeben werden, ergänzt. Hier wird deutlich, dass sich die verschiedenen Darstellungsarten, wie etwa Prozessdiagramme in einem

Informationslieferhandbuch (IDM) und beschreibender Text, durchaus sehr sinnvoll ergänzen. In ihrer Gesamtheit liefern sie ein recht vollständiges Bild einer Informations-Austausch-Anforderung. Es werden daher einige dieser Anwendungsfälle in einem Prozessdiagramm beispielhaft dargestellt.

Tabellenbereich Austausch-Informationsanforderungen AIA

Bild 5.24 zeigt den Tabellenkopf für AIA der Tabelle typischer Anwendungsfälle. Die Spalten A bis J der Exceltabelle enthalten die folgenden Angaben:

a) BIM-Ziele: Kurze Bezeichnung des BIM-Ziels ohne weitere Erläuterung. Der Grund für das BIM-Ziel ergibt sich aus der Spalte „Entscheidungsunterstützung".

b) Anwendungsfallbezeichnung: Name des Anwendungsfalls.

c) Beschreibung: Kurze Beschreibung zu Sinn und Zweck dieses Anwendungsfalls und der Aktivitäten, die auszuführen sind.

d) Liefererergebnis (Informationslieferung): Die Details der Resultate des Anwendungsfalls und der damit verbundenen Informationslieferung werden beschrieben. Nach der hier verwendeten Definition hat das Durchlaufen der Aktivitäten eines Anwendungsfalls ein „handfestes" Ergebnis, in unserem Fall die Erstellung von Informationen. Diese Informationen haben eine technische Form, in der Regel eine oder mehrere Dateien, ein oder mehrere Modellelemente, Modellattribute und dergleichen. Sie haben darüber hinaus ein bestimmtes Format, zum Beispiel eine Excel-Datei, eine IFC-Datei oder einen Fehlerreport im BCF.

e) Lieferzeitpunkt (Anwendungsfallbereich): Geliefert wird, wenn diejenigen, die zur Erstellung der geforderten Information befähigt sind, noch greifbar sind, und nicht erst, wenn die Informationen gebraucht werden, denn dann könnte es zu spät sein. Daher wird in dieser Spalte der Erstellungs- und Lieferzeitpunkt so genau wie möglich beschrieben, mindestens, in welcher Phase des Baugeschehens dies passieren muss.

f) Informationsersteller (geliefert von): Mindestens genauso wichtig wie der Lieferzeitpunkt ist der Ersteller der geforderten Information. Sollte es sich um eine Gruppe von Herstellern handeln, so ist hier ebenfalls der für die Koordination von Lieferungen verantwortliche Koordinator zu nennen, denn dieser stellt letztlich das Ergebnis der einzelnen Teil-Anwendungsfälle zu einem Gesamtergebnis zusammen und liefert dieses an den Informationsbesteller.

g) Verwendungsbereich (Ergebnis genutzt in Anwendungsfallbereich): Phasen und Aktivitäten, in denen die Ergebnisse verwendet werden, um die dortigen Entscheidungen bzw. Aktivitäten zu ermöglichen bzw. zu unterstützen.

	Austausch-Informationsanforderungen AIA								
BIM-Ziele (Zweck des Anwendungsfalls)	**Anwendungsfall-bezeichnung**	**Beschreibung**	**Liefererergebnis** (Informations-lieferung)	**Lieferzeitpunkt** (Anwendungs-fallbereich)	**Informations-ersteller** (geliefert von)	**Verwendungs-bereich** (Ergebnis genutzt in) (Anwendungsfallbereich)	**Entscheidungs-unterstützung (Beispiele)** (genutzt für)	**Informations-besteller** (geliefert an)	**Prozess** (Ablauf-beispiel)

Bild 5.24 Spalten im Tabellenbereich AIA der Excel-Tabelle „Typische Anwendungsfälle"

h) Entscheidungsunterstützung (Beispiele / genutzt für): Hier wird beispielhaft die Entscheidung, Berechnung oder Analyse genannt, die durch diese Informationslieferung des Anwendungsfalls ermöglicht bzw. unterstützt wird.

i) Informationsbesteller (geliefert an): Auftraggeber und Empfänger des Anwendungsfallergebnisses.

j) Prozess: Kurze Übersicht über den Ablauf, entweder durch Nennung der einzelnen Aktivitäten in einem Workflow oder durch Hinweis auf ein Prozessdiagramm.

Tabellenbereich Informationslieferhandbuch (IDM)

Die bisher genannten Spalten betrafen die Beschreibung der Austausch-Informationsanforderungen AIA. Sie sind für den Ausschreibenden von Informationsleistungen von Bedeutung und werden im Rahmen der Ausschreibung an potenzielle Bieter ausgegeben. Die Bieter antworten mit einer genauen Beschreibung der technischen Details ihrer Informationslieferungen. Bild 5.25 zeigt den Bereich IDM der Tabelle typischer Anwendungsfälle. Die Spalten K bis N der Exceltabelle enthalten die folgenden Angaben:

Informationslieferhandbuch (IDM) / Technische Realisierung			
Inhalte der Lieferung IAA bzw. MVD (Beispiele)	Werkzeuge	benötigter Input / andere Voraussetzungen	Verantwortlichkeit / Ersteller

Bild 5.25 Spalten im Tabellenbereich IDM der Excel-Tabelle „Typische Anwendungsfälle"

k) Inhalte der Lieferung IAA bzw. MVD (Beispiele): Informationslieferinhalte in Form von Informationsaustauschanforderungen IAA beispielsweise unter Verweis auf bereits existierende MVD und/oder unter Angabe zu Detaillierungsgraden (LOD, LOIN).

l) Werkzeuge: Werkzeuge bzw. technische Hilfsmittel, die zur Erstellung von Informationslieferungen eingesetzt werden sollen.

m) benötigter Input / andere Voraussetzungen: Bedingungen, die erfüllt sein müssen, damit die genannten Informationen erstellt werden können.

n) Verantwortlichkeit / Ersteller: Zu benennende verantwortliche Personen oder Organisationen, die für die Lieferungen verantwortlich sind. Die Eintragungen müssen der Verantwortlichkeitsmatrix entsprechen.

5.3.4.3 Vorlagen – Anwendungsfälle wiederverwenden

Bei der Erstellung von BIM-Ausschreibungen und -Angeboten lässt sich sehr viel Zeit sparen, wenn man auf wiederverwendbare Bausteine zurückgreifen kann. Eine umfangreiche Zusammenstellung typischer Anwendungsfälle kann einen Grundstock für eigene BIM-Aktivitäten, sowohl aus Auftraggeber- als auch aus Auftragnehmerperspektive bilden. In diesem Kapitel werden typische Anwendungsfälle vorgestellt. Sie können als Quelle für die praktische Anwendung dienen. Beispielsweise können sie in AIA oder einem vorläufigen BAP verwendet werden.

Selbstverständlich hängen AIA und die daraus resultierenden Informationslieferungen vom Bauwerkstyp, den zu erbringenden physischen Bauleistungen und auch von den beteiligten Projektpartnern ab. Deshalb lassen sich die Informationsanforderungen nicht generell in einer allgemeingültigen Vorlage formulieren. Im Rahmen dieses Buches kann daher lediglich ein Überblick zum Sinn und Zweck sowie zu den prinzipiellen Anforderungen gegeben werden. Die Übertragung und Anwendung auf unterschiedliche Projektarten, wie Tunnel-, Hoch-, Industrie-, Infrastrukturbau usw., muss zwangsläufig den Projektteilnehmern überlassen bleiben. Auch die genannten Projektarten sind im Einzelfall weiter zu unterteilen. So ist der Hochbau möglicherweise Hotelbau, Krankenhausbau, Flughafenbau usw. mit jeweils ganz spezifischen Informationsanforderungen. An dieser Stelle sollen daher Vorlagen bereitgestellt werden, die als Start und Ausgangsbasis für eigene projektspezifische AIA verwendet werden können.

Dieselben BIM-Anwendungsfälle können in verschiedenen Kontexten und Phasen durchlaufen werden, um bestimmte BIM-Ziele zu erreichen. Anwendungsfälle sind oft wiederverwendbar, wie das Beispiel Wiederverwendung von Anwendungsfällen in Abschnitt 5.3.2.1 zeigt. So kann der Anwendungsfall „Virtuelle Begehung" während der Planungsphase im Kontext Kollisionskontrolle, aber auch während der Bauphase zur Klärung von Montagefragen und während der Betriebsphase zur Prüfung von Wartungs- und Inspektionsvorgängen eingesetzt werden. Die prinzipielle Abfolge von Aktivitäten bleibt gleich, der Anwendungsfall wird lediglich mit phasenweise unterschiedlichen BIM-Zielen und daher mit fachlich unterschiedlichen Modellinhalten durchlaufen. Auch die beteiligten Nutzer und die Verantwortlichen für die Bereitstellung der Daten und etwaiger Werkzeuge unterscheiden sich. Dennoch kann dieselbe Anwendungsfall-Vorlage wiederverwendet werden, es sei denn, man möchte bewusst genauer differenzieren und gibt jeder dieser Vorlagen eine eigene Bezeichnung, etwa „Virtuelle Montagesimulation", „Virtuelle Inspektion" usw.

Gelingt es, einen Anwendungsfall möglichst abstrakt und wiederverwendbar zu beschreiben, können die unterschiedlichen Beteiligten und die unterschiedlichen Inhalte als Platzhalter genannt werden. Platzhalter für Projektbeteiligte können beispielsweise Rollenbezeichnungen sein, für fachliche Inhalte können Fachmodellbezeichnungen, wie TGA-Modell, Architekturmodell etc., stellvertretend genannt werden. Mit diesen Vorlagen können später konkrete Anwendungsfälle beschrieben werden, indem man die Platzhalter mit entsprechenden konkreten Angaben füllt. Es erweist sich als sehr hilfreich, wenn man die Platzhalterstrategie konsequent „durchzieht" und auch Transaktionen und Interaktionen entsprechend benennt. Auch Prozessdiagramme (siehe Kapitel 3 Informationsmanagement) bleiben so übersichtlich und wiederverwendbar. Das reduziert den Arbeitsaufwand erheblich, da projektspezifische Anpassungen sich auf wenige zentrale Stellen, beispielsweise die Verantwortlichkeitsmatrix und Informationslieferpläne (TIDP, MIDP), konzentrieren.

Diese Vorgehensweise wird in den nachfolgenden Beschreibungen der Anwendungsfälle angewendet. Das Wer, Wann und Wie ist also bei der grundsätzlichen Beschreibung des Anwendungsfalls zunächst oft nicht so wichtig, denn verantwortliche Personen, Lieferzeitpunkte und technische Mittel müssen erst in den Informationslieferplänen (TIDP, MIDP), der Verantwortlichkeitsmatrix und dem BIM-Abwicklungsplan näher konkretisiert werden. Aufgrund der angestrebten Wiederverwendbarkeit der Anwendungsfallvorlagen enthält die nachfolgende Liste der typischen Anwendungsfälle in vielen Fällen keinen Phasenbezug, z. B. zu HOAI-Phasen, da dieser das Bewusstsein für eine phasenübergreifende An- und Wiederverwendbarkeit einschränken würde. Selbstverständlich gibt es aber eine Fülle von Anwendungsfällen mit eindeutigem Phasenbezug, wie typischerweise die Erstellung von Fachmodellen in der Planungsphase, die Lieferung von As-Built-Informationen in der Bauphase oder die Übergabe der Gebäudedokumentation an den Betreiber.

5.3.4.4 Phasenübergreifende Anwendungsfälle

Warum gibt es unterschiedliche Phasenmodelle? Der Lebenszyklus eines Gebäudes und die darin enthaltenen Lebensabschnitte sollten doch im Grunde eindeutig sein? Im Abschnitt Modellierung haben wir den Begriff der Dominanten Dekomposition kennengelernt. Er sagt aus, dass auch die Bildung von Modellen eine bestimmte Strukturierung bevorzugt. Das geschieht, weil Modelle für einen bestimmten Zweck geschaffen werden und die Modellstruktur sich nach diesem vorherrschenden Zweck ausrichtet. Für die vier hier vorgestellten Strukturen für Lebenszyklusphasen dominieren jeweils unterschiedliche Perspektiven. Hinter der Phasenaufteilung in der deutschen Honorarordnung für Architekten und Ingenieure HOAI steckt der Zweck, schlüssige Leistungspakete zu beschreiben, die Gegenstand einer Beauftragung und Vergütung sind. Die Phasen der ISO 19650-2 richten sich daran aus, wie Informationslieferungen beschrieben, beauftragt und geliefert werden können und wie diese Lieferung an den Informationsbesteller weitergegeben wird.

Die ISO 29481-1 legt fest, dass eine Projektphase durch eine Lebenszyklusphase identifiziert werden muss. Sie strebt also keine direkte Ausrichtung an zu erbringenden Leistungen an, sondern orientiert sich an der Fortentwicklung des Gebäudes. Die Ausschreibung und die Vergabe von ausführbaren Leistungen sind daher im Phasenmodell der ISO 22263 nicht zu finden. Noch deutlicher unterscheidet sich die ISO 19650 von den zuvor genannten Phasenmodellen. Sie betrachtet alle Entwicklungen ausschließlich unter dem Blickwinkel der Erstellung und Lieferung von Informationen. Selbstverständlich orientiert sich auch die Lieferung von Informationen an der real fortschreitenden Entwicklung in einem Projekt. Dem trägt auch die ISO 29481 Rechnung, indem sie eine Verschneidung der Lebenszyklusphasen aus ISO 22263 mit den lokal üblichen Prozessprotokollen, beispielsweise der deutschen HOAI oder dem britischen RIBA Plan of Work, nahelegt.

Anwendungsfälle zur Visualisierung

Ein BIM-Modell kann für verschiedene Visualisierungszwecke verwendet werden. Der jeweilige Verwendungszweck der Visualisierung entscheidet über die Inhalte, die erforderlich sind. In allen Fällen soll eine Visualisierung zur schnelleren und besseren Entscheidungsfindung beitragen. Dargestellt wird logischerweise in erster Linie die Geometrie eines Gebäudes, je nach Anwendungsfall variieren aber Detaillierungsgrad, Planungstiefe oder Interaktionsmöglichkeiten. Die Geometrie kann jedoch auch als Basis zur Darstellung nichtgrafischer Information genutzt werden, beispielsweise um Bauteile je nach Brandschutzklasse einzufärben oder Fertigstellungsgrade farbig darzustellen. Zum Anwendungsbereich der Visualisierung gehört nicht nur die Darstellung des Modells selbst, sondern auch abgeleiteter Visualisierungen, wie Grundrisse, Ansichten, perspektivische Darstellungen oder Fassadenzeichnungen. Hier spielt die Wiederverwendung von Visualisierungsanwendungsfällen eine große Rolle, da die Weiterentwicklung des Modells im Projektverlauf ein erneutes Erzeugen abgeleiteter Visualisierungen notwendig macht. Die Verwendung von BIM-Modellen führt hier zu großen Zeiteinsparungen gegenüber der traditionellen Entwurfsarbeit. Der Informationsgehalt eines BIM-Modells bietet auch für die Visualisierung umfangreiche Möglichkeiten, da auch nichtvisuelle Parameter Einfluss auf die Visualisierung haben können, zum Beispiel durch Einfärbung von Bauteilen abhängig von Bauteileigenschaften (Color Coding). Dieses wird aus den im Folgenden beschriebenen verschiedenen Anwendungsfällen der Visualisierung deutlich. Als Instrument der Kommunikation kann die Visualisierung von Modellen zur Kommunikation zwischen Architekt und Bauherrn, zwischen Bauherrn und Nutzern oder zwischen ausführen Unternehmen und Planer genutzt werden und zur Verringerung von Änderungen und Verzögerungen beitragen.

Bei der Fülle der Möglichkeiten zur Modellvisualisierung besteht das Hauptproblem in der Beschränkung auf das Wesentliche. Auch bei Visualisierungen gilt der Grundsatz, Modellinhalte so auszuwählen, dass der Zweck erfüllt wird. Dies sollte man im Auge behalten, wenn man das Modell und die Visualisierung mit Informationen bestückt. Ein Zuviel an Informationen lenkt oft ab und führt zu unerwünschten Ergebnissen.

Im Folgenden werden einige typische Anwendungsfälle, in denen Visualisierungen sehr gut unterstützend eingesetzt werden können, beispielhaft skizziert.

Visualisierungen im Betrieb

Anwendungsfall Virtuelle Inspektion

Zweck des Anwendungsfalls: Durchspielen von Wartungsszenarien und Zugänglichkeit von Anlagenteilen

Beteiligte: zuständige Fachplaner, Nutzer, Facility Manager

Beschreibung: Während der **Planung** wird im virtuellen Modell die Zugänglichkeit (Wartungsöffnungen, Revisionsschächte, -klappen etc.) überprüft. Die Vollständigkeit und Qualität der zu einer Inspektion erforderlichen Informationen wird festgelegt (TIDP). Dies ist während der Inbetriebnahme zu überprüfen.
Während der **Bauausführung** kann durch eine virtuelle Inspektion (ggf. mit Augmented-Reality-Werkzeugen) ein Soll/Ist-Vergleich auf der Baustelle durchgeführt werden.
Während des **Betriebs** werden das virtuelle Modell und das AIM zur Planung und Dokumentation der Inspektion genutzt.

Anwendungsfall Wartung

Zweck des Anwendungsfalls: Unterstützung der Wartung durch Bereitstellung und Aktualisierung wartungsrelevanter Informationen im visualisierten Modell

Beteiligte: Wartungsunternehmen, Facility Management

Beschreibung: Das AIM enthält alle für die Wartung einer Anlage erforderlichen Informationen. Informationen aus Wartungsvorgängen fließen in das AIM zurück. Visualisierungen können beim visuellen Auffinden von Anlagen helfen und ggf. Zusatzinformationen einblenden (Soll-Werte, Ist-Werte, Protokoll, Betriebshandbücher).

Anwendungsfall Visualisierungen zum Zwecke des Verkaufs und der Vermietung

Zweck des Anwendungsfalls: Modellbasiertes Exposé

Beteiligte: Eigentümer, Architekt

Beschreibung: Realitätsnahe und verkaufsfördernde Präsentationen eines Gebäudes sollen einen Eindruck des fertiggestellten Zustandes vermitteln. Je nach Zielrichtung erlauben sie dem potenziellen Käufer die Wahl verschiedener Innenausstattungen. Fortschrittliche Geschäftsmodelle aus dem Handwerksbereich ermöglichen bereits virtuelle Beratungsbegehungen. Die virtuelle Beratung (online) und Wahl von Sanitärausstattungen findet bereits mit entsprechend qualifizierten Handwerksbetrieben statt, die oft auch die Ausführung übernehmen, zum Beispiel myster, doozer, propster, sehr guten Beispielen für den Aufbau von Kundenbindungen unter Nutzung der Digitalisierung. Das begehbare Modell muss hierzu auch die Zonierung in abgeschlossene Eigentumsbereiche enthalten, um so dem jeweiligen potenziellen Käufer oder Ausstatter gezielt Zugang zu Modellbereichen zu gewähren.

Beteiligte bei dieser Form der Visualisierung sind der Berater und potenzielle Auftragnehmer, der Nutzer und gegebenenfalls der Bauherr.

Visualisierungen in der Ausführung

Anwendungsfall Visualisierung in der Bau- und Montagephase

Zweck des Anwendungsfalls: Gemeinsame Bewertung/Verbesserung des Entwurfs

Beteiligte: relevante Planer, relevante ausführende Unternehmen

Beschreibung: Zweck dieses Anwendungsfalls ist die Bewertung des Entwurfs hinsichtlich der Ausführung. Hier spielt die Zugänglichkeit auch im Zusammenspiel mit anderen Gewerken eine wesentliche Rolle. So können Kollisionen zeitlicher oder räumlicher Art zwischen den unterschiedlichen bauausführenden Unternehmen im Voraus erkannt und durch koordinierende Zeitplanung beseitigt werden.

Anwendungsfall Visualisierungen in der Beschaffung

Die Produktauswahl und der Variantenvergleich während und nach der Entwurfsphase bieten eine Fülle von Anwendungsfällen. Hersteller von Online-Katalogen bieten oft Visualierungswerkzeuge für ihre Katalogelemente zum Download. Ziel ist hier die Unterstützung des Entscheidungsprozesses im Sinne des Herstellers. Herstellereigene Plug-ins für alle gängigen Modellierungswerkzeug machen das Einfügen von Bauteilen und Produkten des Herstellers leicht. Einmal eingefügt, „überbügeln" die Herstellerdaten oft die bereits vorhandenen generischen Modellelemente, was zu Datenverlusten führen kann.

Mit den Produktdatenvorlagen (Product Data Templates PDT) nach ISO 23386 und ISO 23387 (siehe Kapitel 4 Standards) wird eventuell auch hier eine neutralere Grundlage für die Anwendungsfälle der Visualisierung in der Beschaffung entstehen. Die Visualisierung der zu beschaffenden Produkte beschränkt sich daher heute noch weitgehend auf das Produkt selbst und beachtet nicht den Kontext eines Modells. Auch ist der grafische und nichtgrafische Detaillierungsgrad eines herstellerspezifischen Modellelements oft entweder zu umfangreich oder zu wenig spezifisch und eignet sich daher nicht unbedingt für den anvisierten Anwendungsfall.

Visualisierungen im Entwurf

Anwendungsfall Visualisierung in der Vorplanung

Zweck des Anwendungsfalls: Abstimmung von Informationen für die frühe Entwurfsphase (Bedarfskonzept, Machbarkeitsprüfung, Machbarkeitsentscheidungen)

Beteiligte: Projektentwickler bzw. Architekt (Erstellung), Bauherr (nur informativ oder zur Freigabe)

Beschreibung: Nicht immer sind aufwendige Tools erforderlich, um zur Entscheidungsfindung beizutragen. Schon ein einfaches Klötzchenmodell, das die ungefähren Abmessungen des geplanten Gebäudes widerspiegelt, kann auf einfache Art in Google Maps hochgeladen und an der in Betracht kommenden Örtlichkeit visualisiert werden. Stehen mehrere Grundstücksvarianten zur Disposition, kann mit diesen einfachen Visualisierungsmöglichkeiten ein Vergleich in einem quasi realen Umgebungskontext durchgeführt werden. Derartige Klötzchenmodelle können einen ersten Eindruck zur Lage und Umgebung des geplanten Gebäudes vermitteln. Dadurch kann bereits in der Vorplanung auf einfache Art eine Entscheidungsfindung unterstützt werden.

Anwendungsfall Visualisierung im Geländemodell

Zweck des Anwendungsfalls: Beurteilung der Eignung des Grundstücks und der Umgebung

Beteiligte: Architekt, Bauherr

Beschreibung: Soll das geplante Bauwerk im vorgesehenen Gelände dargestellt werden, so ist ein Geländemodell mit ausreichender Aussagekraft die Eingangsvoraussetzung für den Anwendungsfall. Häufig wird dieser Anwendungsfall gefordert, wenn die Einbeziehung der Öffentlichkeit ein Teil der Vorplanung ist. Hier soll die Auswirkung des Gebäudes auf die Nachbargebäude und die Umwelt nachvollziehbar sein. Dabei kann es sich um Beschattungssimulationen, um Einflüsse auf Grundwasserströmungen, Spiegelungen durch Fassadenelemente oder Windkanaleffekte handeln.

Ergebnisse solcher Simulationen können in eine Visualisierung einfließen. Gegebenenfalls sind im Kontext der bestehenden Umgebung Katasterinformationen sowie die Grenzen zu Nachbargrundstücken hier ebenfalls zu berücksichtigen.

Eine genaue Geopositionierung des Gebäudes ist Grundvoraussetzung für eine korrekte Anzeige des Gebäudes in Bezug auf eine Kartierung.

Die Georeferenzierung von dezidierten Gebäudeteilen oder Bestandselementen ist ein eigenständiger Anwendungsfall und wird gesondert beschrieben.

Anwendungsfall Visualisierung aus Nutzungsperspektive (virtuelle Begehung)

Zweck des Anwendungsfalls: Simulation von Nutzeraktivitäten im virtuellen Modell zur Optimierung während der Planungsphase

Beteiligte: Nutzer, Bauherr, Architekt, ggf. Fachplaner (Labor, Küche, Arbeitsplätze)

Beschreibung: In diesem Anwendungsfall geht es beispielsweise darum, Alternativlösungen zu vergleichen und zu bewerten bzw. Entwurfs- oder Montageszenarien zu vergleichen und zu optimieren, oder Visualisierungen als Kommunikationsinstrument einzusetzen

- zwischen den Planern,
- zwischen Planern und Ausführenden,
- zwischen Nutzern und Planer.

Zum Beispiel werden geometrische Kollisionen dargestellt (Zugänge/Krankenhausbett, Lkw-Fahrwege/Ladebereich etc.) und anschließend Lösungsvorschläge im Rahmen einer virtuellen Begehung eingearbeitet. Im Rahmen der Ausführung wird die Visualisierung zur Darstellung des Baufortschritts, z. B. von der Bauleitung, genutzt.
Dieser Anwendungsfall gehört zu den grundsätzlich in allen Phasen als Werkzeug anwendbaren Aktivitäten und ist damit ein querschneidender Anwendungsfall, der sich nur durch die jeweils visualisierten Inhalte unterscheidet.

Ob ein Gebäude den Bedürfnissen seiner Nutzer gerecht werden kann, lässt sich sehr effektiv durch interaktive Visualisierungen feststellen, bei denen Nutzer geplante Aktivitäten im Modell durchspielen. In diesem Zusammenhang können beispielsweise interaktive Möglichkeiten wie das Messen im Modell und das Transparentmachen oder Ausblenden von Modellelementen hilfreich sein. Alternativstudien können hier zum Finden der optimalen Lösung beitragen. Auch hier gilt: Der Modellgehalt sollte nicht nach dem Motto „je mehr, desto besser", sondern nach dem Zweck des Anwendungsfalls ausgewählt werden.

Anwendungsfall Visualisierung des Raum- und Funktionsprogramms

Zweck des Anwendungsfalls: Simulation und Beurteilung der Gebäudefunktionen

Beteiligte: Bauherr, Architekt

Beschreibung:

- Darstellung der Raumplatzierung im Gebäudemodell,
- Erkennen der Entfernungen und Beziehungen zwischen Räumen und unterschiedlichen Funktionsbereichen,
- Veranschaulichung verschiedener Raumtypen beispielsweise durch unterschiedliche farbliche Darstellung oder Filterung,
- Überprüfung der Entwurfslösungen mit den Vorgaben aus der Anforderungsermittlung.

Anwendungsfall Optische Kollisionserkennung und -beseitigung

Zweck des Anwendungsfalls: Koordination der technischen Fachplanungen

Beteiligte: BIM-Koordinator, Fachplaner (z. B. Tragwerk/TGA)

Beschreibung:

- Visualisierung von geometrischen Kollisionen,
- interdisziplinäre Erarbeitung von Lösungen zur Behebung aufgetretener Kollisionen,

- Vergleich von Lösungsvarianten,
- Dokumentation von Kollisionen. Fehlerreports können bspw. im BCF-Format direkt im Viewer erstellt werden,
- Start von Workflows zur Beseitigung von Kollisionen. Dabei bildet die Dokumentation der Kollision das Begleitmaterial für die Behebung.

Anwendungsfall Unterstützende Visualisierung für Berechnungen

Zweck des Anwendungsfalls: Plausibilisierung, Planung von Montagevorgängen

Beteiligte: Bauleitung, ausführende Unternehmen, Planer

Beschreibung:

- Visualisierung von Massen und Mengen, beispielsweise zur Überprüfung von Bestelllisten, z. B. durch Anklicken und Aufsummieren von Volumenkörpern im nächsten Bauabschnitt zur Ermittlung der anstehenden Bestellmenge für Beton,
- Überprüfung von Abmessungen, Positionen oder Orientierungen von Bauteilen, beispielsweise um Montageszenarien durchzuspielen,
- Visualisierung des Baufortschritts und Ermittlung des Fertigstellungsgrades. Dabei kann eine Visualisierung durch Überlagerung des Solls mit dem aktuellen Bauzustand schnell zur Auffindung von Problemzonen beitragen und so das Ressourcenmanagement unterstützen.

Phasenbezug des Anwendungsfalls: Auch dieser Anwendungsfall kann grundsätzlich schon in der Planung, der Qualitätssicherung, aber auch auf der Baustelle eingesetzt werden. Auch im Betrieb, beispielsweise bei der Renovierung und der Umbauplanung, wird er erfolgreich eingesetzt. Werden beispielsweise im Rahmen einer Nutzungsänderung Durchbrüche in Unterzügen oder tragenden Bauteilen notwendig, so lassen sich Lösungsvarianten und damit einhergehende unterschiedliche Aufwände gut im visualisierten Modell vergleichen.

Anwendungsfall Innenarchitektonische Visualisierung

Zweck des Anwendungsfalls: Simulation von Innenausstattungsszenarien

Beteiligte: Innenarchitekt, Bauherr

Beschreibung: Möbel, Farben, Oberflächenbeschaffenheit und Beleuchtung sollten wirklich nur dann ein Bestandteil der Visualisierung sein, wenn der Anwendungsfall dies erfordert. So würde beispielsweise im Zusammenhang mit der Kollisionsermittlung die Darstellung genauer Oberflächentexturen eher vom eigentlichen Sachverhalt ablenken. Geht es dagegen um die Einschätzung der Raumatmosphäre, so sind die genannten Elemente unabdingbar und daher als notwendiger Bestandteil einer Modelllieferung in den AIA zu fordern.

Anwendungsfälle zum Risikoschutz

Das Erkennen, Beurteilen und weitgehende Vermeiden von Risiken zieht sich durch alle Lebenszyklusphasen eines Gebäudes. In diesem Abschnitt sollen die verschiedenen Aspekte des Risikoschutzes beleuchtet werden.

Mein besonderer Dank gilt Herrn Dr. Mingyi Wang vom Gesamtverband der Deutschen Versicherungswirtschaft e.V. (GDV), der einen erheblichen Teil zu diesem Abschnitt beigetragen hat und auf dessen Expertise ich in diesem Abschnitt zurückgreifen durfte. Herr Dr. Wang hat aktiv an einigen Blättern der deutschen BIM-Richtlinie VDI 2552 mitgewirkt und leitet derzeit die von ihm initiierte Arbeitsgruppe VDI 2552 Blatt 11.6, Brandschutz. Bei der Entwicklung der DIN SPEC 91391, Gemeinsame Datenumgebungen für BIM-Projekte, brachte Herr Dr. Wang die Belange der Versicherungswirtschaft als Experte für den Risikoschutz ein.

Es liegt in der Natur der Sache, dass Versicherer ein Bauvorhaben vorwiegend unter dem Aspekt der Risiken betrachten. Risiken, die bei der Planung zu berücksichtigen sind, sowie Risiken während der Ausführung und des Betriebs eines Gebäudes stehen im Mittelpunkt der Betrachtungen.

Die nachfolgend aufgeführten Anwendungsfälle des systematischen Risikomanagements sind deshalb phasenübergreifende querschneidende Anwendungsfälle, weil sie ein Bauvorhaben und Bauwerk und dessen Risiken ganzheitlich über den gesamten Lebenszyklus hinweg betrachten.

Anmerkung: Hinweise und Empfehlungen zum Risikomanagement seitens der Versicherungswirtschaft, erarbeitet und fortgeschrieben durch GDV-Experten, sind beim VdS Verlag und auch zum Download unter https://shop.vds.de/ erhältlich.

Zum Risikomanagement greifen die Versicherer auf ihre langjährigen Schadenserfahrungen und aktuellen Erkenntnisse zurück, die nicht zuletzt

- in Schadenstatistiken abgebildet sind,
- aus Einzelschäden abgeleitet werden und
- auf wissenschaftlichen Untersuchungen basieren.

Demgemäß werden Baudaten und Bauwerksinformationen für die **Risikobewertung** frühzeitig benötigt, um Bauvorhaben und Bauwerke sowie deren Nutzung risiko- und bedarfsgerecht abzusichern. Dabei wird der zunehmenden Digitalisierung von Bauprozessen bei der Gestaltung der Versicherungen Rechnung getragen. An dieser Stelle kann die BIM-Methodik entscheidend zum rechtzeitigen und systematischen Informationsaustausch zwischen dem Versicherer und dem Versicherungsnehmer beitragen.

In der Baupraxis stehen vielfach die Baugenehmigung und der Termindruck im Fokus. Dabei wird oft die Chance zur rechtzeitigen Abstimmung mit dem Versicherer und damit zur Optimierung des Risikomanagements vertan. Die frühzeitige Abstimmung mit dem Versicherer wird dennoch durchaus bereits praktiziert, wenn z.B. die Dienstleistung der Versicherer zur Neubauberatung vom Versicherungsnehmer in Anspruch genommen wird. Diese umsichtige Vorgehensweise ist erfahrungsgemäß deshalb sinnvoll, weil dadurch eine technisch und wirtschaftlich insgesamt optimale Lösung ermöglicht wird, etwa durch eine ganzheitliche Abwägung der Bau- und Betriebskosten auch unter Risikogesichtspunkten.

Im Abschnitt der typischen Anwendungsfälle werden mehrfach Anwendungsfälle zum Risikoschutz beschrieben. Sie sind inhaltlich auf den Kontext der jeweiligen Phase, in der sie durchgeführt werden, bezogen. Die scheinbare Wiederholung spiegelt den phasenübergreifenden Bedarf von Informationen zum Risikoschutz sowohl beim Entwurf als auch in der Planung sowie in der Beschaffung, der Ausführung und dem Betrieb wider. In den geschilderten Anwendungsfällen werden typische Einflussgrößen für Sachrisiken angeführt, die mit dem Bauvorhaben selbst, der Bauausführungszeit sowie mit dem Gebäudebetrieb verbunden sind. Wirtschaftliche Risiken, etwa der Ausfall von Krediten oder der Ausfall von Leistungserbringern, sind dagegen hier nicht Gegenstand der Anwendungsfälle.

Die aufgeführten Informationsinhalte basieren u. a. auf einer ersten Erhebung der Versicherungswirtschaft zu Sachrisiken. Damit sind die typischen Informationen für die Risikobewertung genannt, die projekt- und/oder bauwerksspezifisch im Einzelfall ggf. noch durch weitere Informationen über die risikorelevanten Besonderheiten zu ergänzen sind, etwa beim Bau eines Verkehrstunnels ggf. mit besonderen geologischen Verhältnissen im Baugrund. Zu beachten ist allerdings zudem, dass die Einflussgrößen für Sachrisiken mit der fortlaufenden Entwicklung der Technologie und deren Anwendung ebenfalls einem ständigen Wandel unterliegen. Demgemäß sollten die Risiken im Sinne des Risikomanagements wiederkehrend überprüft werden, wofür ebenfalls fundierte Daten und Informationen benötigt werden.

Wie bei den übrigen phasenspezifischen Anwendungsfällen werden auch im Abschnitt zum **Risikoschutz** die Phasen absichtlich in zeitlich umgekehrter Reihenfolge aufgeführt, getreu dem BIM-Motto „Starte mit dem Ende im Sinn". Damit soll die logische Verkettung der Anforderungen vom Ende her (Betrieb) in die jeweils davor liegende Phase verdeutlicht werden. Die Vorgehensweise wird auch als Reverse-Lifecycle-Ansatz bezeichnet. Dahinter steht der Gedanke, dass optimaler Betrieb nur durch optimale Herstellungsprozesse entsteht und eine optimale Herstellung nur durch eine optimale Planung gewährleistet wird.

Risikoschutz im Betrieb

Anwendungsfall Risikoschutz im Bestand

Zweck des Anwendungsfalls: Anforderung und Zusammenstellung zu Risiken bei Nutzung eines Gebäudes und dem Betrieb von Anlagen

Anwendungsfallbereich: Inbetriebnahme, Übergabe an den Betrieb, Betrieb

Beteiligte: Fachplaner, Bauherr, ausführende Unternehmen, Versicherer

Beschreibung: Anforderung und Zusammenstellung zu Risiken bei Nutzung eines Gebäudes und dem Betrieb von Anlagen, z. B. Betreiben einer Tischlerei mit Späneabsaugung, Funkenlöschanlage, Perimeterschutz gegen Diebstahl, Absperreinrichtungen gegen Schäden durch Leitungswasser. Diese Angaben sind Bestandteil eines Asset Information Model AIM und wurden teilweise bereits in der Entwurfsphase in diesem Modell hinterlegt (siehe Anwendungsfälle zum Risikoschutz in der Entwurfsphase und Baudaten). Nicht alle Angaben des As-Built-Modells sind für die Zusammenstellung zu Risiken im Betrieb von Bedeutung. Nicht-relevante Informationen müssen vor Übergabe an den Betrieb aus dem Informationsmodell entfernt werden. Übrig bleibt das Asset-Informationsmodell gemäß den AIA für den Risikoschutz, das an den Versicherer übergeben wird. Die folgenden Bauwerksinformationen beschreiben die risikorelevanten Informationen des fertigen Gebäudes in der Betriebsphase.

Bauwerksinformationen

Welche Informationen zum erstellten Bauwerk werden benötigt und wie werden sie geliefert? Aufschluss darüber gibt der folgende Abschnitt. Den Informationslieferprozess beschreibt der sich daran anschließende Abschnitt.

Allgemeine Austausch-Informationsanforderungen zum Risikoschutz in der Betriebsphase

Für den Anwendungsfall Risikoschutz im Bestand sind folgende Dokumentarten von Belang.

- Technische Dokumente
  - Information über die verwendeten Grundlagen der Planung und Ausführung,
  - Empfehlungen der Versicherer zur Schadenverhütung, z. B. GDV-Publikationen zur Schadenverhütung (kostenfrei verfügbar). Hat der Versicherer mit dem Versicherungsnehmer im Zuge des Risikoschutzes weiterführende Technische Regeln vereinbart, muss der Versicherungsnehmer diese Information an seine Auftragnehmer für die Planung, Bauausführung und Installation sowie Instandhaltung weitergeben.
  - Leistungserklärung von Herstellern für die verwendeten Produkte und Systeme einschließlich der zugehörigen Übereinstimmungsnachweise (über die Qualitätssicherung bei der Produktion) und Datenblätter.
- Verfahrenstechnische Dokumente:
  - alle abgestimmten Änderungen der Planung und Ausführung,
  - Protokolle aller Abnahmen (Teil- und Schlussabnahme),
  - Dokumentation der ggf. erforderlichen Mängelbeseitigung,
  - Hinweise der Hersteller/Errichter für den Betrieb und die Instandhaltung (Betriebs- und Wartungsanleitung).

Die genannten Dokumente beschreiben funktionale und technische Details des geplanten oder ausgeführten Bauwerks. Diese Informationen sind in den gängigen Fachplanungsmodellen wie Architekturmodell, TGA-Modell, Brandschutzmodell usw. in einem ausreichenden Detaillierungsgrad enthalten. Durch Entwicklung einer entsprechenden Model View Definition (MVD) bzw. einer Information Delivery Specification (IDS) wäre es möglich, diese Informationen automatisiert aus den entsprechenden Fachmodellen zu extrahieren und in ein neues Teilmodell zur Risikobewertung zu überführen. Mit entsprechenden Werkzeugen können bestehende modellbasierte Informationen genutzt werden. Modellbasierte Bauwerksdaten zur Risikoermittlung enthält Tabelle 5.1.

Hinweis zur Informationslieferung: Voraussetzung für ein sicheres Auffinden dieser in Tabelle 5.1 aufgeführten Informationen ist die Einigung auf eine zu verwendende Klassifikation. In der Antwort des Bieters auf diese AIA wird eine Lösung für diese Klassifikationsfrage erwartet. Möglich wären eine Zuordnung von *IFCPropertySets* zu den entsprechenden Informationstypen (Tabellenspalte 1), die Verwendung eines durchgängigen Klassifikationssystems wie UniClass oder ein zu entwickelndes BIM-Profil nach der Methode von CAFM-Connect. Das Letztere wäre dem Sinn nach eine Modellansichtsdefinition (MVD).

Tabelle 5.1 Modellbasierte Bauwerksdaten zur Risikoermittlung

Informationstypen (modellbasiert)	Beschreibung
Nutzungsarten	Betriebs-/Nutzungsart (z. B. Wohnen, Gewerbe, Industrie)
Baukörper	Bauwerksabmessungen (Breite, Länge und Höhe einschließlich der Geschossigkeit)[51]
Unterkellerung	Anzahl der Kellergeschosse mit der Angabe über Voll- oder Teilunterkellerung (Anteil) und deren Nutzung z. B. Tiefgarage
Volumen	Bruttorauminhalt (Kubatur)
Nutzungseinheiten	Anzahl der Nutzungseinheiten sowie ihre jeweilige Fläche
Gebäudeteile	Nebengebäude, z. B. Garagen, Schuppen
Brandschutz	Brandschutzkonzept bzw. -nachweis für die Baugenehmigung
	Abschnittsbildungen und deren Fläche, z. B. Bildung von Komplexen, Brandabschnitten (BA), Brandbekämpfungsabschnitten (BBA) und feuerbeständige Abtrennungen
Baustoffe und Bauteile	Baustoffe und Klassifizierung ihrer Eigenschaften, u. a. Brennbarkeit, Rauchentwicklung und brennendes Abtropfen, Wasserbeständigkeit, Hagelwiderstandsfähigkeit
Form des Bauwerks	Bauarten (Aufbau der Bauteile) einschließlich der ggf. notwendigen Abschlüsse für Öffnungen (z. B. Tür/Tor, Fenster/Verglasung, Durchbrüche, Durchführung von Leitungen (TGA, HKLS, IKT) und Klassifizierung ihrer Eigenschaften, z. B. Feuerwiderstandsfähigkeit von Bauteilen (Dach, Ausführung der Bedachung [hart/weich], Außenwände, Trennwände, Geschossdecken, Tragwerk und Dachtragwerk), mechanische Widerstandsfähigkeit, u. a. gegen Wind-, Schnee-/Eislast, Hagel, u. a. Dachform, Überflutung und Stoßbeanspruchungen sowie Einbruch
Dachausbau	Ausbaustatus des Dachgeschosses
	Ausführung der Dachrinnen und deren Material (insbesondere Kupfer)
TGA, HKLS, IKT	Technische Gebäudeausrüstungen mit bereichsübergreifenden Verbindungen einschließlich der ggf. notwendigen Schutzmaßnahmen (z. B. für Aufzüge, Anlagen, Einrichtungen und Leitungen für Elektrizität, z. B. Ladestation für E-Fahrzeuge, Klima, Kommunikation, Lüftung und sonstige betriebsnotwendige Medien)
Energieerzeugung	Energieerzeugungsanlagen, z. B. Photovoltaikanlagen

51) Die Ausdehnung eines Bauwerks bestimmt u. a., ob und wie weit die örtliche Feuerwehr im Brandfall zur Menschenrettung und Brandbekämpfung ins Bauwerk eindringen kann bzw. soll, und somit auch das mögliche Schadenausmaß im Brandfall.

Tabelle 5.1 (Fortsetzung)

Informationstypen (modellbasiert)	Beschreibung
Wärmeerzeugung	Installierte Heizungssysteme (Art der Anlage und Energieträger, z. B. Blockheizkraftwerk, Erdgas, Erdöl, Erdwärmepumpe mit der Flächenbohrung oder Tiefenbohrung, Elektro, Fernwärme, Fußbodenheizung, Luftwärmepumpe, Pellets, Solarthermie mit Wasserspeicher)
Wasserver- und -entsorgung	Art und Ausführung der Anlagen und Leitungen für Trink-, Brauch- und Abwasser einschließlich Löschwasser sowie ihre Einspeise- und Entnahmestellen inkl. ihrer Leistungsdaten und Leitungswasserschutzkonzept
Blitzschutz	Maßnahmen zum Blitz- und Überspannungsschutz (innere und äußere Blitzschutzanlagen)
Brandbekämpfung	Brandbekämpfungsanlagen (Art, Schutzbereich und Löschmedien, Auslöseart sowie Bemessungsgrundlage) einschließlich Sauerstoffreduktionsanlagen
Brandmeldung	Brandmeldeanlagen (Brandkennungsgrößen, Schutzbereich Alarmweitergabe sowie Bemessungsgrundlage), ggf. mit Feuerwehrschlüsselkasten
Abzüge	Rauch- und Wärmeabzugsanlagen (Lage, Anordnung und Bemessung)
Notstrom	Notstromversorgung für sicherheitstechnische Anlagen
Sonderanlagen	Nutzungsspezifische technische Anlagen, z. B. für Bühnentechnik, Großküchen, medizinisch-technische Einrichtungen
Überflutung	Maßnahmen zur Überflutungsvorsorge in der Fläche (Kommune) und am Objekt (Bauherr), z. B. ursächlich durch Hochwasser, Starkregenereignis oder Rückstau
Einbruch	Mechanische und technische Maßnahmen zum Einbruchschutz (z. B. Widerstandsgrad von Fenstern und Türen, Videoüberwachung (CCTV), Einbruchmeldeanlagen, Perimeterschutz, Einzäunung)
Sonderausführungen	Hochwertige Ausführung und Installation, etwa hochwertige Fassadenbekleidung, Einrichtungen mit hohem Kunstwert (Kunst am Bau)

Informationslieferprozess von Bauwerksinformationen für den Risikoschutz

Die Übergabe von Informationen von der Ausführungsphase an die Betriebsphase erfolgt gebündelt in einem koordinierten Akt der Datenübergabe. Mit der Übergabe ist auch ein rechtlicher Übergang der Verantwortung an den Bauherrn bzw. Betreiber verbunden. Durch entsprechende Informationsanforderungen wurde sichergestellt, dass alle risikorelevanten Daten im übergebenen Asset Information Model AIM vorhanden sind.

Lieferverantwortung

Verantwortlich für Informationslieferungen zur Risikobewertung an das Versicherungsunternehmen ist der Versicherungsnehmer (Bauherr).

Lieferkette
Die ausführenden Unternehmen waren während der Bauphase für die Lieferung von Baudaten verantwortlich. Welche Informationen risikorelevant sind, ist der Tabelle 5.1, Unterlagen zu Baudaten, zu entnehmen. Der Bauherr muss in Abstimmung mit dem Versicherer die erforderlichen Informationen im BAP festlegen. Die Kommunikationspartner sind in der Verantwortlichkeitsmatrix und im Aufgabenbezogenen Informationslieferplan (TIDP) einzutragen.

Lieferzeitpunkte
Der finale Lieferzeitpunkt für Informationen zum Risikoschutz ist die Übergabe an den Betrieb. Wichtig ist jedoch auch die Lieferung der risikorelevanten Informationen während der Planung und Bauzeit. Es ist daher auf eine entsprechende Qualitätssicherung beim Informationsmanagement zu achten.

Hinweis zur Informationslieferung (BAP): Der Lieferzeitpunkt ist im TIDP einzutragen. Bei der Mobilisierung bzw. vor Projektstart sind den oben genannten Lieferterminen konkrete Datumsangaben hinzuzufügen.

Lieferablauf
In einer Gemeinsamen Datenumgebung CDE wird das gesamte Übergabepaket zusammengestellt. Die Übergabe an den Betrieb muss auch die angegebenen Baudaten beinhalten. Dies ist vom Empfänger entsprechend zu prüfen.

Risikoschutz bei der Beschaffung

Anwendungsfall Risikoschutz – Produktwahl

Zweck des Anwendungsfalls: Wahl von Baustoffen und Bauarten unter Berücksichtigung des Risikoschutzes

Anwendungsfallbereich: Entwurfsentscheidung, Ausführungsplanung, Vergabe

Beteiligte: Fachplaner, Bauherr, Versicherer

Beschreibung: Wahl von Baustoffen und Bauarten mit ganzheitlicher Berücksichtigung ihrer Auswirkungen für das Bauwerk, dessen Nutzungen und den Rückbau (ggf. Entsorgung bestimmter Baustoffe als Sondermüll) einschließlich der Schadenverhütung.

Risikoschutz in der Entwurfsphase

Anwendungsfall Risikoschutz – Standortwahl

Zweck des Anwendungsfalls: Berücksichtigung des Risikomanagements bei der Standortwahl

Anwendungsfallbereich: Bedarfskonzept, Machbarkeitsprüfung, Machbarkeitsentscheidung

Beteiligte: Projektentwickler bzw. Architekt (Erstellung), Bauherr (informativ oder zur Freigabe)

Beschreibung: Mit der BIM-Anwendung kann die umsichtige Planung verstärkt ermöglicht werden. Bereits bei der Standortwahl ist eine Berücksichtigung der Risiken vorteilhaft. Sind einfache Geländemodelle verfügbar, können diese in diesem Anwendungsfall genutzt werden.

Die Wahl eines besser geeigneten Standortes im Sinne des Risikomanagements trägt zur Minimierung von Gefährdungen des betreffenden Bauwerks und deren Nutzungen durch Gefahrenquellen aus der Umgebung, etwa Überflutung, bei.

Anmerkung: Bei Industrie- und Gewerbebetrieben können die Gefährdungen aus der Nutzung und Umgebung mithilfe des jeweiligen Versicherers individuell identifiziert und bewertet werden. Bei Wohngebäuden können die standortspezifischen Gefährdungen aus der Umgebung und die damit verbundenen Risiken mithilfe des „Naturgefahren-Check", geordnet nach Postleitzahlen, eingeschätzt werden: https://www.dieversicherer.de/versicherer/haus-garten/naturgefahren-check.

Eine standortgenaue Bewertung aller relevanten Natur- und Umweltgefahren in Form eines übersichtlichen Risikoreports bietet z. B. VdS Schadenverhütung an: https://vds.de/naturgefahren/vds-geo-fachdienste/vds-georiskreport

Anwendungsfall Risikoschutz – Brandbekämpfung

Zweck des Anwendungsfalls: Berücksichtigung der Brandbekämpfung im Entwurf

Anwendungsfallbereich: Entwurfsplanung

Beteiligte: Brandschutzplaner, andere Fachplaner (TGA, Elektro, Tragwerk), federführender Informationsbereitsteller, Versicherer

Beschreibung: Bemessung von Feuerlöschanlagen, um die Belange des Personen- und Sachwertschutzes zu kombinieren, was nach der Errichtung des Bauwerks nur begrenzt möglich und häufig mit erheblichen Mehrkosten verbunden ist.

Anwendungsfall Risikoschutz – Brandabschnitte und Komplexe

Zweck des Anwendungsfalls: Schadensminimierung

Anwendungsfallbereich: Entwurfsplanung

Beteiligte: Brandschutzplaner, andere Fachplaner (TGA, Elektro, Tragwerkwerk), federführender Informationsbereitsteller, Versicherer

Beschreibung: Zuschnitt der Abschnittsbildungen sowohl unter Berücksichtigung der Nutzung als auch der Schadensminimierung (z. B. Anordnung und Flächengröße von Brandabschnitt und Komplex), was auch Niederschlag in der versicherungstechnischen Kalkulation findet.

Baudaten – Allgemeine Austausch-Informationsanforderungen zum Risikoschutz in der Entwurfsphase

Baudaten beschreiben das Bauvorhaben, sind also Bestandteil eines Informationsmodells der Entwurfsphase. Sie werden für die Umsetzung der Anwendungsfälle zum Risikoschutz in der Entwurfsphase gefordert.

Die Dokumente nach Tabelle 5.2 enthalten Informationen, die das Bauvorhaben in seinem Gesamtkontext beschreiben. Sie sind in der Regel nicht in maschinenlesbarem Format vorhanden. Dies wäre teilweise der Fall, wenn beispielsweise die im Kapitel 4

Standards genannten Formate für den digitalen Bauantrag (z. B. XPlanung und XBau) verwendet würden. Bevor die maschinenlesbare Baubeschreibung verfügbar ist, müssen die entsprechenden Dokumente geliefert und manuell vom Empfänger ausgewertet werden.

Der Informationsbedarf im Anwendungsfall Risikoschutz umfasst typischerweise behördliche Dokumente, wie

- Bau- und Betriebsgenehmigungen mit den darin enthaltenen Auflagen,
- öffentlich-rechtliche Nachweise für die verwendeten Produkte und Systeme einschließlich der ggf. erforderlichen Einbau- und Betriebsanleitungen, z. B. bauaufsichtliche Zulassung/Bauartgenehmigung für Feuerschutzabschlüsse und Eignungsnachweis für Öltankanlagen,
- Übereinstimmungserklärung des ausführenden Unternehmens, sofern diese nach gesetzlichen Vorgaben erforderlich ist.

In Tabelle 5.2 sind die wichtigsten Informationstypen zu Baudaten zusammengefasst.

Tabelle 5.2 Unterlagen zu Baudaten

Informationstyp	Beschreibung	Dokumentenlieferung
Standortbeschreibung	Standort und Lage des Objektes einschließlich der Topografie und ggf. kompletten Anschrift inklusive Geopositionierung (Geo-Codes)	Baubeschreibung
Standortbezogene Einwirkungen	Mögliche Einwirkungen aus der Umgebung bzw. standortbezogen (u. a. Georisiken, Hochwasser, Starkregen, Sturm, Schneelast, Hagel), insbesondere wenn eine komplette Angabe der Anschrift ggf. nicht möglich ist	Baubeschreibung
Bauwerksart	Art des Bauwerks (z. B. Hoch- oder Tiefbau, Infrastrukturbau)	Baubeschreibung
Maßnahme	Art der Baumaßnahmen (Neubau, Umbau, Instandsetzung (Baureparaturen) / Sanierung, Abbruch)	Bauantrag
Altlasten	Kampfmittelerkundung und -freigabe	Bestandsmodell
Auflagen	Auflagen zum Denkmalschutz	Baugenehmigung
Gefahrenübergang	Festlegungen über die Gefahrübergänge, die u. a. im Bauvertrag bei öffentlichen Ausschreibungen verankert sind	Ausschreibung / Bauvertrag
Baubeschreibung	Zusammenfassende Baubeschreibung	
Baubeteiligte	die Baubeteiligten (ggf. einschließlich Lieferanten und Subunternehmer) und ihre projektbezogenen Aufgaben und Verantwortung	

Tabelle 5.2 (Fortsetzung)

Informationstyp	Beschreibung	Dokumentenlieferung
Gutachten	Bautechnische Untersuchungen und Verfahren, z. B. • Baugrunduntersuchung, gutachterliche Empfehlung für die Gründung • Bau- und Montageverfahren • Abbruchkonzept, sofern zutreffend • Mögliche Auswirkungen auf Nachbarbebauungen, insbesondere bei Lückenbau im städtischen Bereich, mit Konzept und Maßnahmen zur ggf. notwendigen Absicherung, etwa Unterfangungen, Rückverankerungen, zur Beweissicherung und zum Monitoring	Technisches Gutachten
Änderungen	Veränderungen der Planung und Ausführung während der Bauphase	Änderungsfreigabe
Baustelle	Baustelleneinrichtungen	BE-Plan
Baubetrieb	Maßnahmen für den sicheren Baubetrieb, z. B.: • Maßnahmen zum Schutz der Baustelle vor Gefahren aus der Umgebung, z. B. Hochwasser, Starkregen, Sturm, Erdsenkung, Hangrutsch, Schiffsanprall • Konzept und Plan für den Fall einer Realisierung der umgebungsbedingten Gefahren (Notfallmanagement und -plan, Business Continuity Plan BCP)	Sicherheitsprotokoll
Ablauf	• Terminplan/Bauablaufplan • Baukostenaufteilung nach DIN 276, ggf. in Anlehnung an DIN 276 für Bauten, die nicht dem Hochbau zugeordnet werden können, etwa Tiefbau • Bezugsfertigkeit	Baufortschrittsdokumentation
Baugenehmigung	• Baugenehmigung und enthaltene Auflagen • Übereinstimmungserklärung der ausführenden Unternehmen	Baugenehmigung
Leistungserklärungen der Hersteller	• Technische Zulassungen für die verwendeten Produkte und Systeme • Abnahmen (Teil- und Schlussabnahme)	Zulassungen

Informationslieferprozess der Baudaten für den Risikoschutz

Lieferverantwortung

Verantwortlich für Informationslieferungen zur Risikobewertung an das Versicherungsunternehmen ist der Versicherungsnehmer (Bauherr, Betreiber). Dieser erstellt die Informationen nur zum geringen Teil selbst, sondern reicht den oben spezifizierten Informationsbedarf zur Risikobewertung ganz oder teilweise an eine geeignete Lieferkette weiter. Ein Beauftragter des Versicherungsnehmers, zum Beispiel der BIM-Koordinator oder Entwurfsverfasser (Architekt), stellt die Rückläufe aus unterschiedlichen Lieferketten zusammen, sodass ein koordiniertes Informationspaket entsteht, das alle geforderten Informationen zur Risikobewertung enthält. Dieses übergibt er dem Bauherrn (bzw. Betreiber), der es an den Versicherer weitergibt.

Hinweis zur Informationslieferung: Die Kommunikationspartner der Lieferkette sind in der Verantwortlichkeitsmatrix und im Aufgabenbezogenen Informationslieferplan (TIDP) einzutragen.

Lieferkette

Die jeweiligen Informationslieferanten ergeben sich aus den geforderten AIA (siehe Tabelle 5.2). So dürften Bauwerksinformationen zu Nutzungsarten, zum Baukörper, zu Nutzungseinheiten und zu Gebäudeteilen aus dem Architekturmodell hervorgehen. Angaben zu Fragestellungen der Fachplanungen sind in den entsprechenden Fachmodellen zu finden, z. B. Brandschutzeinrichtungen in TGA-Modellen, Dämmstoffe und Fenster/Verglasungen in Außenwänden im Modell des Fassadenplaners.

Höchstwahrscheinlich wurden diese Modelle nicht von vornherein für die Ermittlung von Risiken erstellt. Sie enthalten unter Umständen sogar Informationen, die weit über den Bedarf des Risikoschutzes hinausgehen. Der für diesen Anwendungsfall nicht notwendige und daher überflüssige Informationsgehalt sollte vor der Lieferung an den Versicherer herausgefiltert werden, getreu dem BIM-Prinzip, nur genau so viele Informationen zu liefern wie gefordert und nicht geforderte Informationslieferungen zu unterlassen.

Aufteilung der Lieferkette

Ein denkbarer Weg wäre, den Informationslieferanten die Lieferung eines extrahierten Teilmodells, das nur die geforderten Modellelemente enthält, aufzuerlegen. So würde man Untermodelle von TGA, Architektur und Baukonstruktionen bekommen, die exakt den Informationsbedarf decken und keinen Overhead enthalten.

Bei der Weitergabe der AIA zum Risikoschutz müsste die Lieferkette deshalb aufgefordert werden, entsprechende Informationsaustauschanforderungen IAA zu formulieren. Derartige Risikoschutz-Teilmodelle (möglicherweise als MVD oder IDS) könnten dann sinnvollerweise mit Metadaten als solche klassifiziert werden, zum Beispiel, indem man beim Hochladen auf eine Gemeinsame Datenumgebung eine Kategorie „Risikoschutz“ anbietet.

Lieferzeitpunkte

Erforderliche Lieferzeitpunkte für Informationen zum Risikoschutz sind die

- Fertigstellung der Entwurfsplanung,
- Fertigstellung der Genehmigungsplanung,
- Erteilung der Baugenehmigung,
- Fortschreibung der Planung (Änderungen der Teilplanungen während der Bauphase),
- Abstimmung der Ausführungsplanung tangierter Fachdisziplinen,
- Abstimmung der Ausführung benachbarter Gewerke,
- Übergabe für die Nutzung.

Hinweis zur Informationslieferung (BAP-relevant): Die Lieferzeitpunkte sind im Aufgabenbezogenen Informationslieferplan (TIDP) einzutragen. Bei der Mobilisierung bzw. vor Projektstart sind den oben genannten Lieferzeitpunkten konkrete Terminangaben hinzuzufügen.

Lieferablauf

Bild 5.26 zeigt den prinzipiellen Lieferablauf. Beim Informationscontainer-basierten Datenaustausch mit einem CDE geschieht dies vorteilhafterweise dadurch, dass alle gemäß AIA geforderten Informationen zu einem Paket zusammengefasst werden. Im Diagramm der Bild 5.26 wird er als RS-Container (RS für Risikoschutz) bezeichnet. Der RS-Container wird abschließend an den Informationsnutzer, in diesem Falle den Versicherer, geliefert. Pakete, wie der für den Risikoschutz zusammengestellte RS-Container, können gegebenenfalls im Falle einer Neubewertung mit geringem Aufwand aktualisiert werden, falls sich die darin enthaltenen Informationen geändert haben. Diese Änderungen können ggf. erfolgen, wenn der Versicherungsnehmer aufgrund der Risikobewertungen und versicherungstechnischen Kalkulationen des Versicherers

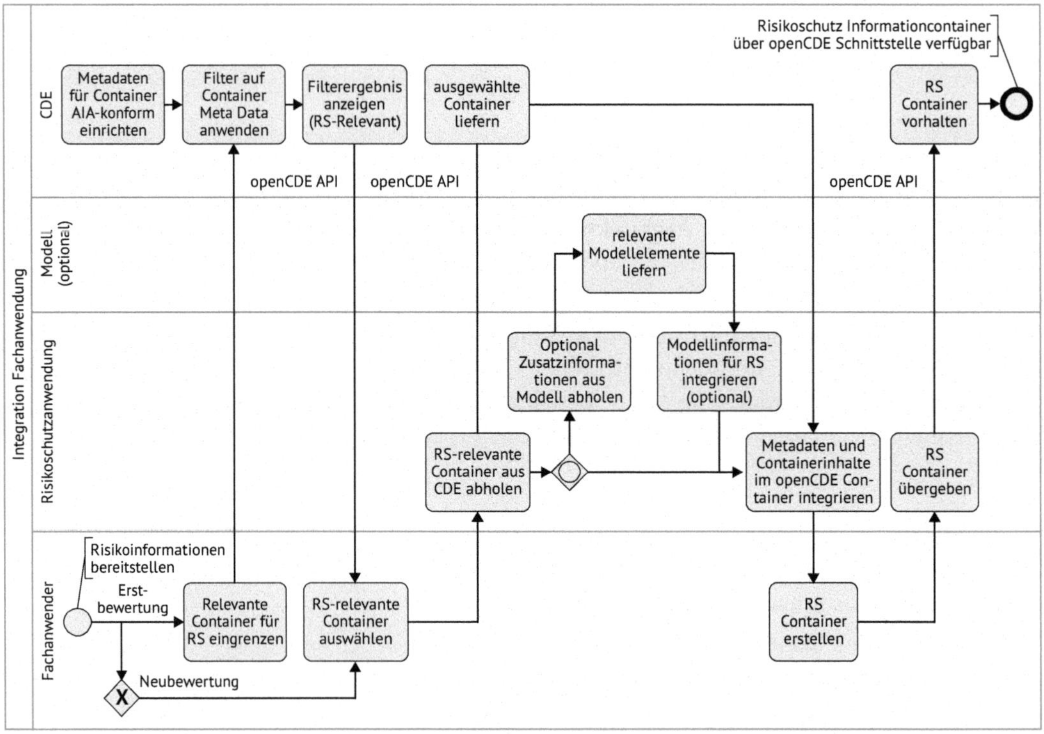

Bild 5.26 Grundsätzlicher Lieferablauf von Informationen zur Risikobewertung. Anhand der AIA grenzt ein Fachexperte (BIM-Koordinator) relevante Informationen für den Risikoschutz (im Diagramm mit RS abgekürzt) ein. Zum Auffinden der diesbezüglich relevanten Informationscontainer nutzt er bei der Suche in einem Dokumentenmanagementsystem (z. B. in einem CDE) die für das Projekt festgelegten Dokumentkategorien (Metadaten) als Filter. Die herausgefilterten Dokumente (optional auch Modelle) stellt er einer Risikoschutzanwendung zur Verfügung.

seine Planungen im Sinne des Risikomanagements anpasst. Die verbesserten Planungen werden dann in einem aktualisierten Informationspaket „Risikoschutz" erneut zur Abstimmung an den Versicherer gesendet. Der RS-Container kann dann anhand der Kategorisierung innerhalb der CDE automatisch aktualisiert werden, ohne dass ein manueller Filterprozess erneut durchlaufen werden müsste. Zu den im BAP genannten Lieferzeitpunkten können RS-Container dann einfacher erstellt werden. Nicht jedes CDE bietet jedoch diese Paketierungsfunktionalität ähnlich einer zip-Datei mit Aktualisierungsmöglichkeit.

Beispiel 5.7 **Vorfertigung von Rohrleitungen**

Die Vorfertigung von Einbauteilen ist ein phasenübergreifender Anwendungsfall, da er Montagewissen der Bauphase in die Planung einbringt. Im TGA-Bereich ist die Vorfertigung von Lüftungskanälen und Befestigungen bereits üblich, bei Rohrleitungen wird das noch weitestgehend für wenig erfolgversprechend gehalten.

Normalerweise hat ein Planer andere Dinge zu tun, als sich um einzelne Verbindungsmuffen und T-Stücke zu kümmern. Für ihn steht die Auslegung des Leitungsnetzes im Vordergrund. Ein Leitungsstrang von 30 Metern ist im Plan keine Seltenheit, die Ausführungsdetails entscheidet bisher der Monteur auf der Baustelle. Dass dies nicht nur anders geht, sondern auch deutliche Mehrwerte verspricht, zeigen erste Projekte. Allerdings fallen diese nicht so einfach in den Schoß. Nur wenn Planer und Monteure miteinander reden und Realität und Plan zusammenbringen, wird ein Schuh draus. Der Planer muss sich auf die Montagewirklichkeit einlassen und der Monteur muss seine Lösungsoptionen in die Planung einbringen. Auch mit BIM wird es Toleranzen auf der realen Baustelle geben. Für die Einplanung von Schiebemuffen darf sich der Planer nicht zu fein sein. Im Gegenzug muss der Monteur mit der Lokalisation der vorgefertigten Stränge vor Ort klarkommen. Eine Systematik, die Codierung am Rohrstrang und Verortung im Gebäude zusammenbringt, muss praktikabel und fehlerfrei sein. Eine größere Nachbearbeitung auf der Baustelle würde den Erfolg zunichtemachen. Verortungscodes müssen von vornherein im Planungswerkzeug eingepflegt werden und als Labels auf die vorgefertigten Stränge etikettiert werden.

Bei ersten Projekten zeigt sich eine Zeitersparnis durch Vorfertigung von Strängen und Befestigungen von unglaublichen 30 % und eine äußerst geringe Fehlerquote. Alle Projektbeteiligten ziehen ein sehr positives Resümee des Projektverlaufs. Durch den bereits in der Planung berechneten Zuschnitt ergibt sich überdies eine Materialeinsparung.

5.3.4.5 Phasenspezifische Anwendungsfälle

Anwendungsfälle für die Betriebsphase

Das Aufstellen von Informationslieferketten und die Benennung verantwortlicher Personen zur Umsetzung und Überwachung grundlegender Funktionen sind die Basis für weitere darauf aufbauende BIM-Workflows. Diese unterstützen das Zusammenstellen der Einzellieferungen, bestehend aus Fachmodellen, Dokumenten, Plänen, Zeichnungen und allen weiteren erforderlichen Informationsträgern, zu einem konsistenten Gesamtpaket. Dieses Paket enthält, nach entsprechender Qualitätssicherung, alle Informationen zum Erreichen des vorgesehenen BIM-Ziels. Anwendungsfälle bündeln alle BIM-Workflows, die an der Erstellung der erforderlichen Informationen beteiligt sind.

Bevor einige typische Anwendungsfälle der Betriebsphase beschrieben werden, wollen wir einen Blick auf die Informationsanforderungen der Betriebsphase werfen.

Hier sei schon auf die Möglichkeit hingewiesen, Anwendungsfälle der Betriebsphase bereits in der Planungsphase durchzuspielen. Dazu mehr im entsprechenden Abschnitt „Anwendungsfälle der Betriebsphase bereits in der Planungsphase durchspielen".

Allgemeine Informationsanforderungen

ISO 19650 Teil 3 Betriebsphase der Assets

Wie schon im Teil 2 der ISO 19650 wird auch in Teil 3 zunächst der Informationsbedarf bestimmt und anschließend der Lieferprozess spezifiziert. Die Ausschreibung von Informationslieferleistungen mündet auch in der Betriebsphase in der Zusammenstellung eines BIM-Ausführungsplans[52)]. Dieser BAP für die Betriebsphase enthält analog zu Teil 2 den Master-Informationsbereitstellungsplan MIDP, eine Verantwortlichkeitsmatrix sowie ein Risikoregister. Alle Informationslieferungen beziehen sich hier jedoch folgerichtig auf das bereits bestehende Gebäude, aus dem Englischen übernommen wurde auch in der deutschen Fassung der Begriff „Asset" für die Liegenschaft bzw. das Gebäude.

Ein wesentlicher Unterschied zu ISO 19650 Teil 1 und 2 besteht in der ursächlichen Auslösung von Informationslieferleistungen. In ISO Teil 3 bezieht sich der Informationsmanagementprozess entweder auf auslösende Ereignisse, die vorhergesehen und im Voraus geplant wurden, oder aber auf auslösende Ereignisse, die nicht im Voraus geplant wurden oder sich nicht voraussehen lassen.

Dementsprechend unterscheiden sich diese beiden Arten von auslösenden Ereignissen darin, wie Vorbereitungsaktivitäten zur Ermittlung des Informationsbedarfs und zur Beauftragung von Informationslieferungen umgesetzt werden können.

Vorhersehbare Ereignisse sind beispielsweise wiederkehrende Wartungsaufgaben, strategische Überprüfungen der Liegenschaft und gewöhnliche, intervallweise oder auf Abruf stattfindende Inspektionen und Reparaturen.

Bei vorhersehbaren und planbaren Ereignissen diese Art wird empfohlen, den federführenden Informationsbereitsteller deutlich vor Eintritt eines dieser auslösenden Ereignisse zu bestimmen und zu beauftragen.

Nicht berechenbare oder unvorhersehbare Ereignisse machen es entweder unmöglich oder erzeugen einen unangemessenen Aufwand, wollte man für sie quasi auf Verdacht Informationsbestellungen spezifizieren. Bei solchen Ereignissen, wie unerwarteten Ausfällen, Unfällen oder Naturkatastrophen, finden daher die Spezifikation des Informationsbedarfs und die Informationsbestellung in den überwiegenden Fällen erst nach Eintreten des auslösenden Ereignisses statt.

52) in Teil 1 und 2 der ISO als BIM-Abwicklungsplan bezeichnet

Vorhersehbare, geplante Anwendungsfälle

Ereignisse, die vorhersehbar sind, können durch planbare Anwendungsfälle abgearbeitet werden.

Die ISO 19650 Teil 3 nennt im Anhang Beispiele für auslösende Ereignisse. Die dort genannten Situationen sind eng mit Anwendungsfällen verbunden:

- Inspektion einer Liegenschaft oder einer Anlage
- Instandhaltungsarbeiten, geplant oder reaktiv
- kleinere Arbeiten, wie Reparaturen, Austausch von Komponenten usw.
- Leistungsbewertung von Anlagenteilen und Beurteilung von Ausfallwahrscheinlichkeiten der Komponenten
- Ersatz von Anlagenteilen
- Außerbetriebnahme, Rückbau oder Stilllegung
- Notfallplanung
- Risikobeurteilung
- wirtschaftliche Bewertung eines Assets
- Änderung von Vorschriften
- Änderung von Betriebsparametern oder Betriebsbedingungen
- Eigentümerwechsel
- Betreiberwechsel
- Instandhalterwechsel.

Woher stammen Informationen für Anwendungsfälle der Betriebsphase?

Anwendungsfälle liefern nicht nur Informationen, sie haben eventuell auch ihren eigenen Informationsbedarf. So kann ein Notfallplan überhaupt nur dann entwickelt werden, wenn ein Gebäudeplan mit gewissen Grundinformationen vorliegt. Der Ersatz von Anlagenteilen kann nur dann geplant werden, wenn Informationen zur Art und Lebensdauer von Anlagenteilen vorhanden sind.

Woher kommen diese Ausgangsinformationen, auf denen die Anwendungsfälle im Betrieb aufbauen können?

Die Informationen, die im Betrieb benötigt werden, werden auch heute oft noch in der Betriebsphase selbst ermittelt bzw. erst bei Bedarf zusammengesucht. Dies stellt den unproduktivsten und aufwendigsten Fall der Informationsbeschaffung und gleichzeitig auch den heute noch gängigen Normalfall dar.

BIM kann den Aufwand zur Informationsbeschaffung erheblich senken und die Qualität der gelieferten Informationen erheblich steigern. Voraussetzung ist eine rechtzeitig und ebenfalls qualitativ sachdienliche Anforderung von Informationen.

Informationsanforderungen sehen jeweils unterschiedlich aus, denn die Hauptbereiche des Betriebs, das Facility Management FM, das Property Management PM und das Asset Management AM, haben jeweils unterschiedliche Ziele, Geschäftsmodelle und damit Anwendungsfälle und somit auch unterschiedliche Informationsbedarfe.

Entsprechend dem unterschiedlichen Informationsbedarf gibt es also unter Umständen nicht die eine große Informationslieferung an die Betriebsphase, sondern spezifische

Informationslieferungen, die dem jeweiligen eigenen Bedarf von FM, AM und PM gerecht werden.

Wer ist verantwortlich für diese Lieferungen? Natürlich muss es eine koordinierende Instanz geben, die den BIM-Abwicklungsplan erstellt und darin auch die Informationslieferungen in einem Master-Informationsbereitstellungsplan MIDP festgehalten hat.

Im Anwendungsfall „Übergabe an den Betrieb“ (siehe Abschnitt Typische Anwendungsfälle der Bauphase) sehen wir, wie der entsprechende Informationsbedarf spezifiziert wird und wie die daraus resultierenden Informationslieferungen an die Betriebsphase übergeben werden.

Qualitätsmanagement in der Betriebsphase

In der Planungsphase unterliegt die Qualität der BIM-Informationslieferungen strengen Abnahmeprozessen. Im Rahmen des BIM-Informationsmanagements werden Qualitätssicherungsprozesse aufgesetzt, die die Qualität aller Informationslieferungen nach definierten Kriterien untersuchen. Erkannte Defizite werden in spezifizierten Prozessen behoben. Das Verfahren wird in einem BIM-Abwicklungsplan vertraglich fixiert. Informationsqualität ist in BIM-Projekten kein „Kann“, sondern ein vertraglich bindendes Liefer-Soll.

In der Betriebsphase driften Baudokumentation (As-Built, AIM) und Realität vom ersten Betriebstag an auseinander. Die As-Built-Dokumentation wird mit jedem Bauteilaustausch, jeder Reparatur, jedem kleineren Umbau mehr und mehr obsolet.

Dem kann nur mit klaren Informationslieferprozessen entgegengewirkt werden. Natürlich ist das nicht leicht, denn es entspricht nicht den gegenwärtigen Gewohnheiten. Nur wenn Lieferinhalte und Lieferprozesse genauso strikt und eindeutig beauftragt werden wie in der Informationsbereitstellungsphase (Planungs- und Bauphase, ISO 19650-3), kann die Kontinuität des Asset Information Model AIM und auch des As-Built-Modells gewährleistet werden. Nur ein stets aktuelles AIM kann eine dauerhaft zuverlässige Informationsgrundlage für die Bewirtschaftung sein.

Facility Management, Property Management und Asset Management

Seit geraumer Zeit haben sich die Begriffe Facility Management FM, Property Management PM und Asset Management AM etabliert. Ihre Leistungsbilder haben sich differenziert, befinden sich aber aufgrund von Markteinflüssen und Kundenanforderungen in einem stetigen Wandel. Die wichtige Unterscheidung der Aufgaben und damit Informationsanforderungen dieser Teildisziplinen geht im deutschen Sprachraum oft noch unter dem Kürzel „FM“ unter. Die Begriffe sollen hier daher kurz skizziert und ihre spezifischen Anwendungsfälle dargestellt werden.

Die drei Disziplinen FM, PM und AM verfolgen unterschiedliche Geschäftsmodelle und haben demzufolge ihre eigenen Informationsanforderungen. Natürlich laufen dabei die Datenbestände in kurzer Zeit auseinander, sofern sie nicht in einer strukturierten und organisierten Art und Weise synchron gehalten werden. Auch dieser Austausch während der Betriebsphase sollte idealerweise in Form von Informationsanforderungen und Lieferpflichten beschrieben werden und gegebenenfalls auch während des Betriebs auf eine vertragliche Basis gestellt werden, wie es ISO 19650-3 nahelegt.

Seit circa 2014 nehmen sich die sogenannten PropTech-Unternehmen der Digitalisierung des Immobilienmanagements an. Unter PropTech, Property Technology, und RE Tech, Real Estate Technology versteht man die digitale Transformation der Immobilienbranche und die in diesem Geschäftsfeld tätigen innovativen Unternehmen (häufig Start-ups). Das Geschäftsmodell der PropTechs ist die Optimierung immobilienwirtschaftlicher Produkte und Dienstleistungen durch Einsatz neuester Informations- und Kommunikationstechnologien, um Geschäftsprozesse oder Geschäftsmodelle effizienter zu machen. Zielgruppen sind sowohl Unternehmen (B2B) als auch Endverbraucher (B2C).

Immobilienverwaltung (Property Management PM)

Die Immobilienverwaltung PM gehört zusammen mit dem Facility Management FM zum operativen Objektmanagement. Es ist also nicht strategisch auf die Investment- oder Portfolioebene ausgerichtet wie die Vermögensverwaltung (Asset Management AM), sondern immer auf die konkrete Objektebene.

Als Definition im wissenschaftlichen Sinne kann das Property Management in erster Linie als anlageorientiertes operatives Management von Immobilien im finanziellen Interesse eines Investors betrachtet werden. Es betrifft im Wesentlichen die Bewirtschaftungsphase, darüber hinaus aber auch deren Schnittstellen zur Konzeptions- und Beschaffungs- beziehungsweise Verwertungsphase einer Immobilieninvestition. Das Ziel des Property Managements besteht darin, eine vorgegebene Objektstrategie effizient umzusetzen, wobei der Schwerpunkt auf der renditeoptimierenden Bewirtschaftung im Interesse des Investors liegt.

Das Aufgaben- und Leistungsspektrum lässt sich gemäß Property-Management-Definition in die Bereiche Planung, Steuerung sowie Controlling, Reporting und Risikomanagement untergliedern.

Aus diesen Aufgabenfeldern leiten sich auch die Anwendungsfälle und damit die Informationsanforderungen (siehe Organisations-Informationsanforderungen (OIR), Kapitel 4 Standards) ab.

Die kaufmännische Verwaltung der Liegenschaft erfordert einen engen Austausch mit FM und AM. Dementsprechend sind die Informationslieferprozesse zu gestalten und in AIA und Informationsbereitstellungsprozesse (siehe ISO 19650-3) umzusetzen.

Vermögensverwaltung (Asset Management AM)

Das Asset Management verfolgt die strategische Ausrichtung des Immobilieninvestments. Im Fokus des AM stehen der Investitionsaspekt (Asset) und die unternehmerische Perspektive einer Immobilie sowie die Vermietung und Vermarktung eines Immobilienbestandes. Die Daten werden häufig vom Property Management geliefert. Durch das Definieren von Organisations-Informationsanforderungen (OIR) nimmt das Asset Management direkt oder indirekt über das Property Management Einfluss auf Informationsanforderungen.

Liegenschaftsverwaltung, Gebäudemanagement (Facility Management)

Das FM hat die Verwaltung und Bewirtschaftung von Gebäuden mit deren technischen Anlagen und Einrichtungen (engl.: Facilities) zur Aufgabe. Von den Aufgabenstellungen, dem rechtssicheren Betrieb von Anlagen und Gebäuden, der Kontrolle der Betriebs- und Bewirtschaftungskosten, sowie der Flexibilisierung von Fixkosten und der Sicherstellung der technische Verfügbarkeit der Anlagen leiten sich die Informationsanforderungen des FM ab.

Auch der langfristige Werterhalt von Gebäuden und Anlagen oder gar eine Steigerung steht je nach Interessenlage und Zielen im Fokus (siehe Beispiele im Abschnitt 5.3.2.4 Allgemeine BIM-Ziele und daraus abgeleitete OIR, AIR, PIR).

Die Informationsanforderungen sind sehr direkt auf das physische Gebäude ausgerichtet. Informationen zu technischen Einrichtungen und die modellbasierte Unterstützung von Reinigungs-, Wartungs- und Inspektionsprozessen stehen ebenso auf der Anforderungsliste wie alle Informationen zur Gewährleistung eines sicheren Betriebs. Als Asset Information Requirements AIR gehen sie in den BIM-Abwicklungsplan BAP ein und kommen als Informationslieferungen bei der Betriebsübergabe am Ende der Bauphase zum Vorschein. Das dadurch anforderungsgemäß bestückte Asset Information Model AIM ist nach allgemeinem Verständnis die Arbeitsgrundlage für alle FM-Aktivitäten. Die Erläuterungen im Abschnitt Allgemeine Informationsanforderungen lassen allerdings eine Differenzierung in unterschiedliche Asset-Informations-Modelle für FM, AM und PM sinnvoll erscheinen. Diese Trennung wird derzeit jedoch noch nicht konsequent verfolgt.

Technischer Betrieb (Facility Management FM)

Anwendungsfall: Modellbasierte Wartung und Inspektion

Dies ist ein wichtiger Anwendungsfall im Betrieb. Er dient der Werterhaltung und der Gewährleistung eines einwandfreien Betriebs.

Beteiligte: Betreiber, Wartungsunternehmen verschiedener technischer Fachrichtungen

Beschreibung: Die Inspektion ist eine regelmäßig wiederkehrende Untersuchung der Anlagen, die Wartung gegebenenfalls eine Reaktion auf eine Störung. In beiden Fällen benötigt man Informationen zur betreffenden Anlage, die inspiziert bzw. repariert werden soll. Regelmäßige Inspektionen und unvorhergesehene Schadensereignisse werden auf Basis des Asset-Informations-Modells organisiert und bearbeitet. Aufgrund digital vorliegender Informationen zum Gebäude können Maßnahmen einfacher und kostengünstiger beurteilt, geplant, beauftragt und abgerechnet werden.

Informationslieferungen im Betrieb dienen dazu, das AIM aktuell zu halten. Dazu gehören Informationen zum Bauteilaustausch, Wartungsprotokolle, Schadensprotokolle, ggf. Betriebsdaten (Verbrauchsdaten, Nutzungsfrequenzen etc.) als Grundlage zur Performance-Optimierung.

Beispiel 5.8 **Status quo: „Aktenordner"-Ansatz**

Schlecht wäre es, wenn man bei einer Störungsmeldung zunächst ein Untersuchungsteam oder einen Techniker an Ort und Stelle schicken müsste, um herauszufinden, welche Anlage betroffen sein könnte und welche Ersatzteile gegebenenfalls zu beschaffen wären. All das kann man vorher wissen, sofern entsprechende Informationen im Modell und in beigefügten Dokumenten ersichtlich sind. Der Ausfall eines Heizkreislaufs könnte beispielsweise elektrische oder elektromechanische Ursachen haben, der Ausfall einer Pumpe oder das Ansprechen einer Sicherung könnten Gründe sein. Gut zu wissen, welches Pumpenmodell verbaut wurde, an welcher Stelle der Sicherungskasten zu finden ist, wann die letzte Inspektion vorgenommen wurde oder die letzte Störungsmeldung in diesem Bereich aufgetreten ist. Dass eine Eingrenzung des Problems, ohne vorab auch nur einen Mitarbeiter in Bewegung gesetzt zu haben, deutlich günstiger ist, als den Prozess mit einer Vor-Ort-Analyse beginnen zu müssen, dürfte einleuchten. Tatsache ist jedoch, dass die Dokumentation des Bauwerks und der installierten Bauteile auch heute noch vorwiegend in Ordnern und Schnellheftern dunkler Kellerregale ihr Dasein fristet. Auch das digitale Äquivalent, die gute alte Festplatte, ist nicht wesentlich übersichtlicher beim Unterfangen, an die gewünschten Dokumente heranzukommen.

Mag dieses Beispiel auch eine sehr vereinfachte Darstellung sein, sie veranschaulicht dennoch das Grundprinzip und lässt sich leicht auf komplexere Probleme und Anlagen übertragen. Bleibt die Frage: Welche Informationen benötige ich und in welcher Form, um diesen Anwendungsfall zu ermöglichen, und wer ist in der Lage, diese Informationen zu liefern? Bei der Übergabe des Gebäudes an den Betreiber ist eine parallele Übergabe von 30 Umzugskartons mit jeweils 20 Aktenordnern eine bis heute praktizierte Art der Informationslieferung. 600 Aktenordner bilden dann die Ausgangsbasis für den Anwendungsfall Inspektion oder Wartung in der Betriebsphase.

Einen Hausmeister zunächst an Ort und Stelle zu schicken, ist dann in der Regel der Beginn des Anwendungsfalls Wartung. Der nächste Schritt im Workflow dürfte der Gang in den Kellerraum sein, um nun die Aktivität „ich suche den richtigen Ordner mit der Beschreibung einer Pumpe, die vor ca. fünf Jahren im Nebengebäude 3 im Heizkreislauf B verbaut wurde“, zu starten.

Natürlich werde ich mir, angesichts der Aussichtslosigkeit dieses Unterfangens, diese Aktivität lieber ersparen und stattdessen im Rahmen eines Wartungsvertrags für die Heizanlage das ganze Problem an den Heizungsbauer delegieren. Der Anwendungsfall „Schauen Sie doch mal nach, was da los ist“ aktiviert den Heizungsinstallateur, der den Schaden, der vermutlich an einer Pumpe im Heizkreislauf B gelegen hat, gerne behebt und im Zuge dessen noch ein paar andere Probleme an einem Überlaufventil beseitigt und in Rechnung stellt. Dort finden wir dann auch die Anfahrt für die Störungsuntersuchung und für Montagearbeiten, diverse Prüfungen, Ersatzteile, diverse Kleinteile sowie Arbeitszeiten von Meister und Gesellen. Eine ganz normale Sache also. Derartige Ausgaben werden vom Mietzins des Betreibers abgedeckt, Zusatzausgaben können steuerlich geltend gemacht werden, wo liegt also das Problem?

Wir wollen dem Heizungsbauer weder seine Arbeit wegnehmen noch ihm Böses unterstellen, doch schauen wir auf die Alternativen.

Beispiel 5.9 **BIM-Ansatz**

Betreiber 2 hat ein aussagekräftiges Informationsmodell vom Gebäude, das er betreibt. Hier laufen Wartung und Inspektion anders ab. Auf eine Störungsmeldung folgt der Blick in ein CAFM-System. Der einfachste Weg, dort die Problemzone zu finden, läuft über ein

3D-Modell. Dazu wird das Nebengebäude in einem Viewer dargestellt. Die ursprüngliche Fehlermeldung kam von einem Bewohner, der einen Heizungsausfall in seiner Wohnung meldete. Wir navigieren im BIM-Viewer zu der Wohneinheit. Ein Klick auf den Heizkörper in der betreffenden Wohnung zeigt die Zugehörigkeit des Heizkörpers zu einem Heizkreislauf. Teil dieses Kreislaufes ist eine Pumpe im Kellerraum des Nebengebäudes. Ein Klick auf die Pumpe öffnet eine Liste von relevanten Dokumenten. Sie zeigt alle Dokumente, die den Heizkreislauf und seine Komponenten – wie die Pumpe – betreffen. Dort sehen wir ein Wartungshandbuch und öffnen es. Die Pumpe hatte bereits vor zwei Jahren eine Störung. Die letzte Inspektion fand vor einem halben Jahr statt und zeigte keine Auffälligkeiten.

Wir gehen in das Dokumentenmanagementsystem und suchen nach Pumpen des gleichen Herstellers mit ähnlichen Leistungsdaten. Dort finden wir, dass in anderen Liegenschaften ähnliche Pumpen verbaut wurden. Dort hat es in den letzten Jahren acht Pumpenausfälle gegeben. Bei der überwiegenden Anzahl der Ausfälle lagen ähnliche Ursachen vor. Wir kontaktieren den Hersteller, den wir den Unterlagen entnehmen. Wir möchten wissen, ob es eine Lösung für dieses Problem gibt, ohne einen kompletten Austausch der Pumpe vornehmen zu müssen.

Es stellt sich heraus, dass es einen Fehler an der elektrischen Pumpensteuerung der Hochleistungspumpe gibt, der mit einem Austauschbausatz behoben werden kann. Die Unterlagen zeigen das Unternehmen, das die Heizanlage eingebaut hat. Wir kontaktieren das für uns häufig tätige Heizungsbauunternehmen und bitten um Prüfung der Pumpensteuerung und gegebenenfalls den Austausch der entsprechenden elektronischen Baugruppe. Dazu übermitteln wir die genauen Angaben zur Pumpe, zum Hersteller sowie zur auszutauschenden Baugruppe.

Kosten? Na und? – Einfach weiterreichen!

Das Beispiel macht einiges deutlich. Im Vergleich der beiden Beispiele beobachten wir im zweiten Beispiel (5.9)

- deutlich weniger Anfahrtskosten,
- nur sehr geringe Kosten für die Identifizierung des Fehlers,
- deutlich weniger Reparaturkosten, da nicht die komplette Pumpe, sondern lediglich eine Baugruppe ausgetauscht wurde,
- deutlich weniger Zeitaufwand und somit
- insgesamt geringere Gesamtkosten.

Einige Eigentümer werden hier entgegnen, dass sie weder ein CAFM-System nutzen noch sich die Mühe machen würden, den Fehler vorab einzugrenzen, um dann mit spezifischeren Angaben in die Beauftragung der Reparatur zu gehen.

Die Frage, wer ein Interesse daran hat, Wartungs- und Betriebskosten zu sparen, hängt immer auch davon ab, wer die Kosten dafür zu tragen hat. Ist der Eigentümer gleichzeitig der Betreiber, liegt die Interessenlage auf der Hand. Auch eine Marktlage, bei der den Anbietern Immobilien zu fast jedem Preis förmlich aus der Hand gerissen werden, dürfte kein Ansporn zu wirtschaftlicherem Handeln sein. Je spekulativer die Ausrichtung des jeweiligen Marktteilnehmers ist, desto weniger besteht der Wille zum nachhaltigen Handeln. Umgekehrt werden Eigentümer, die den langfristigen Erhalt des Wertes einer Immobilie in den Vordergrund stellen, etwaige Anfangsinvestitionen in die Bereitstellung solider Gebäudeinformationen rechtfertigen können. So wie sich die Investition in einen verbesserten Wärmeschutz langfristig durch geringere Energiekosten auszahlt, so wird auch eine verbesserte Informationsbasis zu einer Verringerung der Fixkosten bei Wartung, Betrieb und Umbau führen. Auch eine Investition in verbesserten Wärmeschutz enthält Unwägbarkeiten wie beispielsweise die zukünftige Entwicklung der Energiekosten oder das konkrete Verhalten der Nutzer bei Heizung und Lüftung. Einsparungen durch jeden in Wärmedämmung investierten Euro können daher nicht in Heller und Pfennig über die nächsten 100 Jahre Gebäudenutzung sicher kalkuliert werden. Kaum jemand würde jedoch heute bezweifeln, dass energieeffizientes Bauen in der Gesamtbilanz zu einem positiven wirtschaftlichen Ergebnis führt. Dennoch ist es nicht im Interesse eines kurzfristigen Investors, durch Investitionen in die Grundsubstanz des Gebäudes langfristige Mehrwerte zu erzielen. Regularien wie die Wärmeschutzverordnung und das Gebäudeenergiegesetz machen energiesparendes Verhalten zur Pflicht und entziehen damit kurzfristigem Denken und Handeln die Grundlage.

Investitionen in eine solide Informationsgrundlage sind analog zum Wärmeschutz als Investitionen in die Grundsubstanz eines Gebäudes zu werten. Auch ohne Regularien machen sie für den Eigentümer und Betreiber mit langfristigem Horizont wirtschaftlich Sinn. Die öffentliche Hand ist ein solcher langfristig ausgerichteter Immobilienbetreiber und -besitzer. Folgerichtig entstehen daher mehr und mehr Verordnungen und Richtlinien, die eine solche Informationsgrundlage unabhängig von kurzfristigen wirtschaftlichen Betrachtungen einfordern.

Für die langfristig ausgerichteten privaten oder öffentlichen Eigentümer und Betreiber erhebt sich daher die Frage, woher Informationen, die zur Durchführung wichtiger Anwendungsfälle notwendig sind, kommen sollen.

Anwendungsfall: Vergabe von Leistungen der Betriebsphase

Zweck des Anwendungsfalls: Modellbasierte Zusammenstellung von Ausschreibungsinformationen für Leistungen, die in der Betriebsphase erbracht werden sollen

Beteiligte: Architekt, Betreiber (Ausschreibender), Dienstleister bzw. ausführende Unternehmen, die zur Angebotsabgabe aufgefordert werden

Beschreibung: Die frühzeitige Ausschreibung und die Beauftragung von Gebäudereinigungsunternehmen benötigen Angaben zu Reinigungsflächen und Oberflächenbeschaffenheit, Nutzungsarten, Möblierung usw. Dazu wird eine Attribuierung von Räumen, Fensterflächen, Sanitärbereichen usw. benötigt (Bild 5.27).

Das Architekturmodell muss entsprechende Angaben z. B. zu Reinigungsflächen und Qualitäten, deren Reinigungsanforderungen sowie zu Ausschlussflächen (Möblierung) enthalten. Dies ist in den AIA für das Architekturmodell festzuhalten. Werden konkrete Produkteigenschaften der Reinigungsflächen (Fußböden, Fenster etc.) erst während der Bauphase festgelegt (Bemusterung, Produktentscheidung), so sind die geforderten Informationen unmittelbar nach Beauftragung bzw. Einbau zu liefern. Das AIM muss dann während der Bauphase die Eignung zur Ausschreibung der genannten Reinigungs- bzw. anderer Leistungen aufweisen.

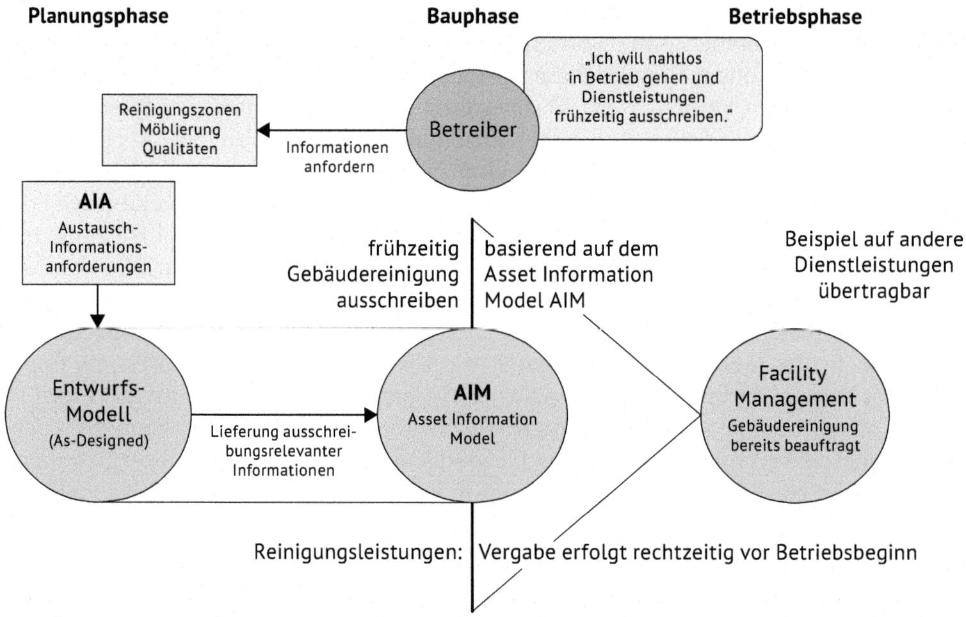

Bild 5.27 Es macht Sinn, Dienstleistungen der Betriebsphase, z. B. die Gebäudereinigung, schon frühzeitig auszuschreiben. Gelingen kann das jedoch nur, wenn die entsprechenden Informationen für die Leistungsbeschreibung rechtzeitig und vollständig vorhanden sind. Dazu muss der Betreiber den Planer und die ausführenden Unternehmen mit der Lieferung entsprechender Informationen beauftragen. Entsprechende AIA sind das Mittel dazu.

Das Beispiel der Gebäudereinigung lässt sich auf weitere Bereiche übertragen, bei denen eine frühzeitige Ausschreibung sinnvoll ist. Hier kann ein modellbasiertes Informationsmanagement die notwendigen Informationen bereitstellen. Neben den üblichen Wartungsverträgen für Heizung, Lüftung und Klimatechnik sowie Aufzügen und Gebäudesicherheit gehören hierzu auch der Garten- und Landschaftsbau und Dienstleister für die IT-Infrastruktur und den Arbeitsschutz.

Anwendungsfall: Anlagendokumentation für den Betrieb

Zweck des Anwendungsfalls: Zuverlässige Informationen für den Betrieb im Asset Information Modell AIM ablegen

Beteiligte: Betreiber, Eigentümer

Beschreibung: Anlagen und Anlagenteile werden im Modell klassifiziert (z. B. durch Anlagenkennziffern AKZ) und mit den geforderten Informationen verknüpft (Objekteigenschaften, Dokumente, Pläne). Bei entsprechend beauftragten AIA wird das Asset-Informations-Modell im Zuge der physischen Leistungserbringung gleichzeitig auch mit den zutreffenden Klassifikationen, Seriennummern und Dokumenten der verbauten Elemente versehen.

Optimal für die Klassifizierung der Anlagenteile wäre die Verwendung eines BIM-Klassifikationssystems (z. B. UniClass), das die durchgängige Verwendung einer Klassifikation über alle Projekt- und Lebenszyklusphasen hinweg ermöglicht. Dadurch würde eine Neuklassifikation nach Betriebsaspekten (AKZ) erleichtert, möglicherweise sogar überflüssig. Die Realität heute erfordert eine Neuklassifikation aller betriebsrelevanten Elemente mit einem FM-üblichen Anlagenklassifikationssystem. Dieser Aufwand kann durch die frühzeitige projektweite Beauftragung eines geeigneten durchgängigen Klassifikationssystems vermieden werden.

Der Anwendungsfall stellt für jeden Anlagenteil die relevanten Informationen zusammen und verknüpft sie mit den jeweiligen Modellelementen (Assets). Geforderte Informationen sind beispielsweise

- Modellelement- bzw. Bauteileigenschaften
  - Elementtyp (Rohr, Leitung, Pumpe, Schalter, Schließanlage etc.),
  - Hersteller, Modell, Artikelnummer,
  - Ort (Raum, Koordinate), Lage (oben, unten, Decke, Boden etc.),
  - System/Komponente (Pumpe/Heizkreislauf, Heizkreislauf/Heizanlage etc.).
- Bauteildokumentation
  - Fachplanermodell (TGA-Modell, Architekturmodell etc.),
  - Produktspezifikation, Bedienungsanleitung, Wartungshandbuch, Produktzulassung,
  - Pläne (Leitungsplan, Elektroplan etc.).
- Operative Unterlagen (sofern bei Inbetriebnahme schon gefordert, sonst erst nach Betriebsübergabe)
  - Mängelberichte, Störungsmeldungen,
  - Abnahmeprotokoll (Inbetriebnahme), Prüfbericht (Inspektionen).

Immobilienverwaltung (Property Management PM)

Anwendungsfall Planung im Property Management

Zweck des Anwendungsfalls: Zuverlässige Datengrundlage des Ist-Zustandes

Beteiligte: Property Manager, Eigentümer

Beschreibung: Die Planung im Bereich des Property Managements umfasst die Bestandsaufnahme sowie die Analyse und Überwachung der vom Property Manager betreuten Immobilien. Wurde durch BIM-Einsatz eine solide Gebäudedokumentation erstellt und an den Betreiber übergeben (siehe Anwendungsfälle der Ausführung As-Built-Dokumentation, Inbetriebnahme und Übergabe an den Betrieb), kann der Aufwand für Analyse und Überwachung deutlich reduziert und die Qualität der Datengrundlage erheblich verbessert werden.

Für das kaufmännische Management einer Immobilie sind Informationen, die die Planung, Steuerung sowie das Controlling, Reporting und Risikomanagement betreffen, von Bedeutung und in den AIA zu verankern. Je nach Nutzung einer Immobilie gehören hierzu alle Informationen zu Aufwand (Wartung, Fixkosten) und Ertrag (Vermietung, Verpachtung).

Dementsprechend als AIA interessant sind daher beispielsweise

- Mietflächen (Ertragsflächen, Nutzerinformationen),
- Betriebskosten für technische Einrichtungen,
- Betriebskosten für Dienstleistungen.

Im Modell lassen sich diese mit entsprechenden Gebäudeflächen (Zonierung) verknüpfen und sind so einer kaufmännischen Analyse zugänglich.

Anwendungsfall: Erreichen der Objektziele

Zweck des Anwendungsfalls: Zuverlässige Datengrundlage zur Zielerreichung

Beteiligte: Property Manager, Eigentümer

Beschreibung: Eine qualitativ hochwertige Datengrundlage durch BIM kann Auskunft darüber geben, ob und in welcher Weise die vom Asset Management vorgegebenen Objektziele erreicht werden. So kann der Property Manager beispielsweise seine Zielvorgaben fundierter und schneller einschätzen. Das Informationsmodell für PM muss daher die relevanten Informationen enthalten, um daraus die zentralen Schlüsselfaktoren ableiten zu können.

Dieses sind beispielsweise

- der Objektzustand (Lage, Baujahr, Renovierungsbedarf etc.),
- Vermietungs- oder Leerstandsquoten,
- Mieterqualität und -fluktuation,
- Instandhaltungsaufwand,
- Effizienz der Bewirtschaftung.

Genau diese gilt es in Informationsanforderungen umzusetzen. Der Bauherr übergibt die für das PM erforderlichen Informationen in Form eines Informationsmodells (analog zum AIM für das FM). Bei Betriebsbeginn liegen in der Regel noch keine zahlenmäßigen Werte für die oben genannten Informationen vor. Wichtig ist hier die Übergabe von Modellinformationen, die das PM in die Lage versetzen, zukünftig solche Informationen abzurufen, also beispielsweise Mietflächen im Modell kenntlich zu machen, selbst wenn mit diesen Flächen aktuell noch kein Mietvertrag verknüpft ist. Bei Eintritt einer Vermietung sollte der Mietvertrag bzw. der erzielte Mietpreis Gegenstand einer Informationslieferung an das Informationsmodell sein.

Anwendungsfall: Portfolioplanung

Zweck des Anwendungsfalls: Zuverlässige Datengrundlage für die Planung

Beteiligte: Property Manager, Eigentümer

Beschreibung: Planung im Property Management umfasst auch dic Erfassung und Verarbeitung von markt- oder objektrelevanten Informationen, um daraus Handlungsempfehlungen auf der Ebene des einzelnen Objekts abzuleiten. Die Quantifizierung von Wertsteigerungen und kostenreduzierenden Maßnahmen ist ein wesentliches Element der Planung. Ebenso wichtig sind die Budgetplanung für das einzelne Objekt sowie operative Cash-Flow-Prognosen auf Sicht von einem oder mehreren Jahren.

Eine realitätsnahe Planung kann nur mit fundierten Objektinformationen erfolgen. Daher ist im Betrieb das Einpflegen aktueller Zustände und Änderungen des Objekts sicherzustellen. Hierzu sind Informationsanforderungen AIA an den Betrieb zu formulieren und der Lieferprozess zu implementieren. Der Informationsrückfluss vom Betrieb in das Informationsmodell ist heute noch eher die Ausnahme, da fälschlich ein höherer Aufwand als der erzielbare Nutzen angenommen wird. Macht man sich klar, welche Informationen für die Planung im PM wirklich benötigt werden, erschließt sich ein realistisches Bild. Die wesentlichen Informationsanforderungen wurden in vorherigen Anwendungsfällen bereits genannt und sind überschaubar. Die Etablierung der Lieferkette stellt die größere Herausforderung dar.

Der Bauherr übergibt die für das PM erforderlichen Informationen in Form eines Informationsmodells (analog zum AIM für das FM).

Anwendungsfall Umsetzung der Objektziele

Zweck des Anwendungsfalls: Umsetzung der Ziele aus dem Asset Management

Beteiligte: Property Manager, Eigentümer

Beschreibung: Das Property Management kann seine Steuerungs- und Organisationsaufgaben im Rahmen der vorgegebenen Zielstellungen des Asset Managements auf Objektebene nur optimal umsetzen, wenn aktuelle und zuverlässige Objektinformationen vorliegen. So können beispielsweise operative Dienstleister mit BIM besser in die Vergabe von Aufträgen im Rahmen der Wartung und Instandhaltung eingebunden werden.

Aber auch die Analyse von Einnahmen und Ausgaben sowie die Identifizierung und Nutzung von Potenzialen zur Effizienzsteigerung bis zur Unterstützung von Vermietungen und Verkäufen und die Vorbereitung von Due-Diligence-Prozessen gewinnt mit BIM eine neue Qualität und Effizienz. Auch die Modernisierung sowie die Koordination von Miet- und Objektbuchhaltung zählen zum Aufgabenbereich des Property Managements.

Der Bauherr übergibt die für das PM erforderlichen Informationen in Form eines Informationsmodells (analog zum AIM für das FM).

Anwendungsfall Controlling und Reporting

Zweck des Anwendungsfalls: Portfolio-Controlling und -Reporting

Beteiligte: Property Manager, Bauherr

Beschreibung: Der Property Manager ist für die Einhaltung der für die einzelnen Immobilienobjekte vorgegebenen Budgets verantwortlich. Damit in engem Zusammenhang stehen das Monitoring, die Analyse und die Bewertung von Mietern sowie von Dienstleistern im Hinblick auf eventuelle Abweichungen von den jeweils vertraglich vereinbarten Leistungen beziehungsweise Kosten. Werden Abweichungen festgestellt, so muss der Property Manager geeignete Anpassungsmaßnahmen einleiten. Zudem ist er dafür zuständig, Reportings für das Asset Management zu erstellen, die die Entwicklungen auf Objektebene dokumentieren. Nicht zuletzt obliegen dem Property Management auch die Risikoüberwachung und das operative Risikomanagement.

Modellelemente der Anlagen bzw. Gebäudeflächen müssen im Modell so klassifiziert sein, dass entsprechende Risikoeinschätzungen und Betriebsparameter (Verbräuche, Kosten, End-of-Life Evaluierung) möglich sind.

Anwendungsfälle für die Ausführungsphase

Anwendungsfall Vermeidung von Verzögerungen auf der Baustelle

Zweck des Anwendungsfalls: Zugänglichkeit von Ausführungsinformationen für ausführende Unternehmen, Vermeidung von Informationsanfragen und Behinderungsmeldungen, Klärung von Fragen bei der Ausführung

Beteiligte: Ausführendes Unternehmen, Planer, federführender Auftraggeber

Beschreibung: Ähnlich wie schon beim Anwendungsfall Visualisierung zur Unterstützung der Ausführung können auch Fragen bei der Ausführung bestens in 3D-Modellen geklärt werden. In ebenen 2D-Plänen können Fragen der Verlegung und räumlichen Orientierung, beispielsweise ob ein Rohr oder eine Leitung oberhalb oder unterhalb eines anderen Bauteils verlegt werden soll, oft nicht geklärt werden, sondern bedürfen der Interpretation. Dies führt oft zu zeitraubenden Rückfragen oder zu Fehlinterpretationen und den damit verbundenen falschen Ausführungen. Durch eine unmittelbare Anschauung im Dreidimensionalen können sowohl Zeitverluste durch Rückfragen als auch spätere Mängel durch falsche Ausführung vermieden werden. Voraussetzung dafür ist die Verfügbarkeit der Visualisierung beispielsweise auf mobilen Endgeräten, sodass bei Fragen direkt auf der Baustelle darauf zurückgegriffen werden kann.

Ausführende Unternehmen sollten während der Ausführung auf der Baustelle bzw. bei der Vorfertigung Zugang zu den für sie relevanten Modellinformationen haben. Sie sollten beispielsweise in einem Modell-Viewer genaue Ausführungsdetails betrachten können und so im Dreidimensionalen Klarheit über Montagefragen erhalten.

Es gilt daher, in entsprechenden AIA die Fachplaner zu entsprechender Lieferung von „Werk- und Montagemodellen" zu veranlassen. Sie sollten nur die jeweils für bestimmte Ausführungsarbeiten gefilterten Modellelemente enthalten.

Beispiel 5.10 **Mit IoT Ausschalungszeiten optimieren**

Die Schalung eines betonierten Bauteils darf erst nach ausreichender Erhärtung des Betons entfernt (ausgeschalt) werden. Erst wenn eine bestimmte Festigkeit erreicht ist, kann das Betonbauteil die Lasten eigenständig abtragen. Gängige Ausschalfristen gelten als Richtwert für die notwendige Zeitspanne zwischen Betonieren und Entfernen der Schalung. Das DBV-Merkblatt „Betonschalungen und Ausschalfristen" liefert Anhaltswerte für Ausschalfristen in Tagen für Balken und Platten (bis 6 Meter Spannweite und bei max. 70 % Lastausnutzung).

Faktoren, die den Zeitpunkt des Ausschalens beeinflussen, sind außerdem

- Betonbauteilumfang,
- Betonqualität (Betonmischung, Verdichtung, Nachbehandlung),
- Witterung (Lufttemperatur, relative Luftfeuchtigkeit).

Die Festigkeitsentwicklung eines Betonbauteils, welche der Ausschalfrist als maßgebendes Kriterium zugrunde liegt, hängt also nicht nur von betontechnologischen Einflussgrößen (z. B. Zementart und Wasserzementwert) ab, sondern auch von bauteilspezifischen Faktoren (z. B. der Bauteildicke und der Wärmedämmung) und den

Witterungseinflüssen. Die tatsächliche Festigkeitsentwicklung im Bauteil wird daher, etwa aufgrund abweichender Temperatur- und Feuchtebedingungen, von dem im Betonwerk nachgewiesenen Erhärtungsverlauf unter den Bedingungen bei Normlagerung mehr oder weniger abweichen. Aus diesen Gründen ist es je nach Bauaufgabe angezeigt, die Ausschalfristen für die einzelnen Bauteile durch einen Fachmann festlegen zu lassen. Dieser Fachmann erhält nun Hilfe vom Digitalen Zwilling.

Mit IoT teure Schalung einsparen

Der physische Zwilling, das neu betonierte Bauteil, liefert über IoT-Sensoren genaue Angaben zu seinem Befinden. Dazu werden IoT-Sensoren in der Schalung verlegt und einbetoniert. Sie liefern kontinuierlich Informationen zur Verdichtung und zum Temperatur- und Feuchtigkeitsverlauf. Die gesammelten Daten werden algorithmisch verarbeitet und aufbereitet, sodass der Erhärtungszustand des Betons nach der Reifeindexmethode dargestellt werden kann. Dies führt zu einem effizienten, qualitativ verbesserten Bauprozess. Die IoT-Lösung unterstützt die Qualitätskontrolle und liefert Fortschrittsinformationen für den Beton. Das hilft Projektmanagern, datenbasierte Entscheidungen zu treffen. Es zeigt sich, dass die Wirkung von Maßnahmen gegen zu große Kälteeinwirkung, Austrocknung oder Überhitzung damit sehr gut überwacht und gesteuert werden kann. Im BIM-Modell lassen sich Bauteilzustände und -verläufe visualisieren und Folgeaktivitäten planen. Die bisherigen pauschalen Ausschalfristen nach Erfahrungswerten können durch IoT-Messung präzise beurteilt werden. Durch das Verfahren lassen sich Schalzeiten erheblich verkürzen. Das bedeutet zum Teil erhebliche Einsparungen, da ggf. Schalungssätze früher wieder zur Verfügung stehen und das Vorhalten teurer Schalungen reduziert werden kann.

Die Nutzung von IoT-Geräten ändert natürlich nichts an den Verantwortlichkeiten des Herstellungsprozesses. Verantwortlich für die Ausschalung bleiben der verantwortliche Bauleiter und das ausführende Unternehmen. Die Entscheidung über den Ausschalzeitpunkt kann jetzt jedoch auf einer definierten Datengrundlage geschehen. Je nach Datenlage können Optimierungsmaßnahmen, wie Heizung, Kühlung, Benetzung oder Abdeckung der Konstruktion, ergriffen werden. Dieser Logik folgen die Datenanalyse und die Lieferung der Analyseergebnisse und die Umsetzung der Schlussfolgerungen.

Anwendungsfall As-Built-Dokumentation

Zweck des Anwendungsfalls: Lieferung der „Wie gebaut“-Informationen zu jedem Bauelement

Beteiligte: Ausführendes Bauunternehmen, federführender Bauunternehmer (Hauptauftragnehmer)

Beschreibung: Erstellen und Aktualisieren des Asset-Informations-Modells AIM während der Bauausführung.

Mit Beauftragung für physische Bauleistungen geht auch die Beauftragung von Informationslieferleistungen einher. Grundlage dieser Beauftragung sind die im BAP festgelegten AIA für jedes einzelne bauausführende Unternehmen. Auf dieser Grundlage werden Modellinformationen, Dokumente (Produktdatenblätter, Wartungsplan, Betriebsanleitung) und Pläne (Elektro, Feuerstätte, HLS usw.) geliefert.

Der ausführende Unternehmer erstellt die Informationen, wie sie in den für ihn zuständigen TIDPs festgelegt sind. Dort ist ebenfalls der Lieferweg (i. d. R. CDE) festgelegt. Wie bei allen Informationslieferungen wird auch hier in einem Qualitätssicherungsprozess die Vollständigkeit und Korrektheit der gelieferten Informationen sichergestellt.

Zu liefernde Inhalte (gemäß IAA bzw. MVD oder IDS) sind beispielsweise

- Modellinformationen im festgelegten LOD/LOI/LOIN,
- Zulassungen, Betriebsanleitungen, Wartungshandbücher und
- weitere für den Betrieb und die Wartung relevante Dokumente.

Beispiele für mögliche MVD: COBie, BIM-Profile CAFM-Connect. Modellinformationen im festgelegten LOD/LOI/LOIN.

Ablauf: Nach Installation von Bauelementen, Anlagen und Anlagenteilen ergänzt das ausführende Unternehmen die Platzhalter im As-Designed-Modell (Entwurfs- bzw. Ausführungsmodell), indem es entsprechende Daten einträgt oder verlinkt, wie sie in den AIA gefordert werden. In der Summe aller Informationslieferungen der ausführenden Unternehmen entsteht dadurch das As-Built-Modell („Wie gebaut“-Modell). Es gibt den aktuellen realen Bauzustand wieder.
Dass Informationslieferungen – bei entsprechender Gestaltung der Eingabemittel – nicht schwierig und aufwendig für das ausführende Unternehmen sein müssen, zeigt das Beispiel Informationslieferungen Fliesenleger im Abschnitt 5.2.6.2.

Anwendungsfall Modellbasierte Abnahme und Rechnungsfreigabe

Zweck des Anwendungsfalls: Sicherstellung der Gesamtkonsistenz des As-Built-Informationsmodells für Abnahme und Rechnungsfreigabe

Beteiligte: Bauherr, ausführende Unternehmen, Hauptauftragnehmer

Beschreibung: Die vorausgehende konsequente Ausführung des Anwendungsfalls As-Built-Dokumentation erlaubt die Abnahme und Rechnungsfreigabe auf Basis eines mit der physischen Realität abgestimmten As-Built-Modells. Abnahmezeitpunkte wurden gemäß dem Baufortschritt in TIDP und BAP festgelegt, sodass ggf. vor Schließung des Baukörpers die abzunehmenden Teile noch zugänglich und sichtbar sind (z. B. Bewehrungsabnahme vor Betonierung, Elektroabnahme vor Schließung der Trassen und Schächte).

Anwendungsfall Bauablaufplanung/Bauablaufsimulation (4D)

Zweck des Anwendungsfalls: Aktuelle modellbasierte Bauablaufplanung

Beteiligte: Fachplaner (Werkplanung), federführender Bauunternehmer, Projektleitung

Beschreibung: Bauabläufe unterliegen Unwägbarkeiten durch Ausfälle und Änderungen. Die Folgen dieser geänderten Situationen müssen zeitnah in geänderte Abläufe umgesetzt werden. Die Ableitung von Bauablaufplanungen aus einem Modell trägt dem Rechnung. Das ermöglicht die Synchronisation mit gängigen Projektablauf-Werkzeugen (z. B. MS Project, Primavera etc.). Eine Anbindung an diese Werkzeuge ermöglicht den Import bestehender Zeitplanungen in das Modell und Export bzw. Update der Planung aus dem Modell heraus in das Zeitplanungswerkzeug hinein.

Dazu müssen Modelle die entsprechenden Informationen enthalten, um integrierte Werkzeuge mit ablaufrelevanten Informationen versorgen und ggf. den Rücklauf dieser Informationen in das Modell aufnehmen zu können. Dazu müssen frühzeitig entsprechende AIA spezifiziert werden.

Anwendungsfall Modellbasiertes Aufmaß

Zweck des Anwendungsfalls: Nachvollziehbare Leistungsmeldung

Beteiligte: Leistungserbringer (ausführendes Unternehmen), Auftraggeber, Bauüberwacher

Beschreibung: Von einer modellbasierten Informationsgrundlage kann auch bei heute errichteten Bauwerken nicht ausgegangen werden. Selbst wenn das der Fall ist, zeigt die Praxis, dass Veränderungen, die während des Gebäudebetriebs vorgenommen werden, nicht oder nur teilweise dokumentiert sind und nicht in die Informationsbasis zurückfließen. Somit bildet die Erfassung von Bauwerken eine essenzielle Grundlage für das Bauen im Bestand. Das Bauaufmaß, das heißt die Erfassung der sichtbaren (messbaren) Oberflächen, ist eine zentrale Vorarbeit für die Planung im Bestand. Die Grundlage stellen dabei geodätische Vermessungsmethoden dar, die auf der Erfassung von sichtbaren Einzelpunkten (Handaufmaß, Tachymetrie) sowie auf flächenhaft erfassenden Verfahren (photogrammetrische Verfahren, Laserscanning) beruhen.

Neubau: Durch Abnahme und Qualitätssicherungsprozesse wird die Übereinstimmung zwischen Modell und gebauter Realität sichergestellt. Ist diese gewährleistet, kann die Massen- und Mengenermittlung im As-Built-Modell erfolgen. Alle Folgeprozesse, die auf ermittelten Massen und Mengen aufbauen, können dadurch unterstützt werden. Dieses sind beispielsweise die Endabrechnung anhand real verbrauchter Mengen, Bestellprozesse (nächster Betonierabschnitt) oder die Ressourcen-Einsatzplanung.

Im Bestand: Ziel der Erfassung der Gebäudegeometrie ist eine nachträgliche Digitalisierung als BIM-Modell, welches Ausgangspunkt für die weitere Planung ist. Durch Kenntnis der strukturellen Zusammenhänge und den Einsatz ergänzender diagnostischer Verfahren sowie der Auswertung von Befunden vor Ort können Bauteile und konstruktive Zusammenhänge rekonstruiert und im Modell abgebildet werden. Erfolgt im Zuge der Renovierung eine weitgehende Entfernung der technischen Einrichtung bis auf die Grundsubstanz des Gebäudes, erleichtert dies die Umsetzung in ein Gebäudemodell, das hauptsächlich die tragende Struktur abbildet. Daraus können Tragwerks- und Architekturmodell unmittelbar abgeleitet und für die Planung eingesetzt werden.

Anwendungsfall Inbetriebnahme

Zweck des Anwendungsfalls: Inbetriebnahme von Anlagen oder Anlagenteilen

Beteiligte: Bauherr, Betreiber, Sachverständige, ausführende Unternehmen

Beschreibung: Die Inbetriebnahme erfordert die Verfügbarkeit aller Informationen über die zur Abnahme anstehende Anlage. Das ausführende Unternehmen hat diese in den AIA festgelegten Informationen (Zulassungen, Handbücher, Systemanbindungen, Modellinformationen, Pläne) bereits in einem koordinierten Prozess geliefert. Die in diesen Lieferprozess eingebettete Qualitätssicherung hat bereits die Vollständigkeit und Korrektheit der für die abnahmebereite Anlage relevanten Daten sichergestellt.

Bei Inbetriebnahme einer Anlage liegen demnach alle diesbezüglichen Informationen vor. Sie können nun für die Abnahme/Inbetriebnahme anlagenspezifisch aus dem Projekt-CDE abgerufen werden. Die Unterlagen werden zum Zeitpunkt der Inbetriebnahme erneut auf Vollständigkeit überprüft. Ist dies der Fall, können die Prüfungen der Anlage im Zuge der Inbetriebnahme durchgeführt werden. Es wird ein Inbetriebnahmeprotokoll erstellt. Dieses wird, als letzte noch ausstehende Informationslieferung vor der Übergabe an den Betrieb, auf das CDE hochgeladen. Damit hat der Ersteller der Anlage seine Informationslieferpflichten entsprechend den AIA erfüllt.

Folgeprozesse: Im Zuge der Abnahme erkannte Mängel werden in einem koordinierten Behebungsprozess beseitigt. Auch hier sind offene Formate vorteilhaft einsetzbar.

Anwendungsfall Übergabe an den Betrieb

Zweck des Anwendungsfalls: Unterstützung der Prozesse der Betriebsphase (FM)

Beteiligte: Eigentümer, federführender Informationsbereitsteller (Hauptauftragnehmer, GU)

Beschreibung: Die ausführenden Unternehmen haben während der Ausführung die gemäß den AIA für sie geltenden Informationen geliefert. Die Lieferungen wurden qualitätsgesichert. Sie bilden den Lieferanteil des jeweiligen Unternehmens am gesamten Asset-Informations-Modell AIM. Die Gesamtheit der gelieferten As-Built-Informationen aller ausführenden Unternehmen bildet das As-Built-Modell. Es sind jedoch nicht alle Bestandteile eines As-Built-Modells für den Betrieb von Interesse, zum Beispiel nicht die Lastannahmen und Ergebnisse der Tragwerksberechnung oder nicht ausgeführte Entwurfsvarianten usw. Nur die aufgrund des Asset-Informationsbedarfs AIR (Asset Information Requirements) und der daraus abgeleiteten AIA gelieferten Informationen wandern in das Asset-Informations-Modell AIM. Das AIM wird in der „Sprache“ des Betreibers bestellt, wie im Gleichnis der langen Löffel in Bild 5.10 beschrieben. Das kann hier beispielsweise bedeuten, dass das AIM als COBie-Datei im Excel-Format geliefert wird.

Das AIM ist also ein, um nicht-betriebsrelevante Informationen bereinigtes, As-Built-Modell. Andererseits werden dem AIM auch Informationen hinzugefügt, die nicht im As-Built-Modell vorhanden sind. So werden etwa Baugenehmigungen, Gutachten oder Versicherungspolicen hinzugefügt, sofern diese für den Betreiber wichtig sind. Alle diese Informationen bilden das Asset-Informations-Modell AIM, das der Betreiber in seinen AIA spezifiziert hat. Diese werden für die Übergabe zu einem Gesamtpaket in einem vereinbarten Format zusammengestellt und an den Betreiber bzw. Bauherrn übergeben, beispielsweise in einem Format, das von der Betreibersoftware (CAFM-System) unterstützt wird.

Ein heute leider noch gängiges Übergabeformat ist der Umzugskarton mit Aktenordnern oder seine digitale Entsprechung, die Festplatte, mit einer Fülle von PDF-Dateien in diversen Ordnern (Bild 5.28). BIM-gemäß ist dagegen die Übergabe eines digitalen Anlagenregisters an ein FM-Datenbanksystem, das eine digitale Weiterverarbeitung ermöglicht, beispielsweise das Generieren eines Raumbuchs, Schlüsselverzeichnisses,

Bild 5.28 Klassische Gebäudedokumentation. Meterweise Ordner und Rollen mit Plänen und Zeichnungen. Da kann die Suche nach Informationen schon mal etwas dauern. Nachvollziehbarkeit und Verfügbarkeit von Informationen sieht freilich anders aus.

Wartungsplans und dergleichen. Ein vernünftig gestaltetes AIM enthält alle diese Angaben. Es wäre geradezu grotesk, diese digitalen Inhalte wieder in ein Papierformat zu verwandeln, ganz gleich, ob dieses in physischen Aktenordnern oder digitalen Ordnern abgelegt wird.

Die gängige Praxis erfordert derzeit noch eine Neuklassifikation aller betriebsrelevanten Elemente mit einem FM-üblichen Anlagenklassifikationssystem. Dieser Aufwand kann durch die frühzeitige projektweite Beauftragung eines geeigneten Klassifikationssystems vermieden werden (Modellierungsrichtlinien). Vorteilhaft für die Klassifizierung der Anlagenteile und deren Dokumentation wäre im AIM die Verwendung eines BIM-Klassifikationssystems (z. B. UniClass). Es würde die Durchgängigkeit über alle Phasen ermöglichen. Dadurch würde eine spätere Neuklassifikation nach Betriebsaspekten im CAFM-System erleichtert, oft sogar überflüssig.

Auch eine bSDD-Referenzierung würde ein Mapping auf andere Klassifizierungssysteme erleichtern.

Anwendungsfälle für die Planungsphase

Das Informationsmanagement in der Planungsphase ist darauf ausgerichtet, Informationsanforderungen zu ermitteln, beauftragbare Informationslieferleistungen zu spezifizieren und auszuschreiben, den BIM-Abwicklungsplan BAP zu erstellen, die gemeinsame Erstellung von Informationen zu organisieren und das BIM-Projekt informationstechnisch operativ umzusetzen.

Dieses schrittweise Vorgehen besteht kurz zusammengefasst aus den Schritten

- Spezifikation der Anforderungen von Informationslieferleistungen in Form von AIA,
- Ausschreibung der durch AIA spezifizierten Informationslieferleistungen,
- Antwort der Bieter auf die Ausschreibung von AIA mit einem vorläufigen BAP, ggf. im Zuge des Angebots für physische Bauleistungen,
- Beauftragung und Festschreibung der beauftragten Leistungen in einem BAP,
- Mobilisation als Testlauf zur Beseitigung von Schwachstellen im BAP und
- operative Umsetzung des BAP im laufenden Projekt.

Mit der Spezifikation von Austausch-Informationsanforderungen AIA beginnt ein Prozess, der am Ende zur Bestellung, d.h. Beauftragung von Informationslieferleistungen, führt.

Merke: Für jede Beauftragung (und ggf. für jede Unterbeauftragung) **muss eine AIA vorliegen!** Der Prozess der Informationsbestellung beginnt bei der zweckbestimmten Sicht des Bestellers, seinen BIM-Zielen, deren Erreichen einen Mehrwert für den Informationsbesteller (Bauherr, Betreiber, Auftraggeber) darstellt. AIA beschreiben die dazu erforderlichen Anwendungsfälle aus der Sicht des Informationsbestellers. Die im BAP und in den AIA genannten Anwendungsfälle werden von Fachexperten durchlaufen, um die geforderten Ergebnisse zu erzeugen. Informationen müssen entsprechend den AIA gestaltet sein, damit der Informationsempfänger sie in seinem Kontext nutzen kann.

Neben den spezifischen Informationsanforderungen, die in AIA enthalten sind, gibt es allgemeine Informationsanforderungen, die für alle Anwendungsfälle und Informationslieferungen gelten.

Allgemeine Informationsanforderungen

Häufig sehen die Beteiligten keinen wirtschaftlichen Vorteil und keine Verpflichtung darin, korrekte, umfassende und verständliche Informationen an den Nächsten in der Informationslieferkette weiterzugeben. Das bestmögliche Projektergebnis als gemeinsames Ziel wird auch durch BIM nicht von selbst und durch reinen Enthusiasmus erreicht. Qualitativ hochwertige Informationslieferungen, ggf. mit Zusatzaufwänden für ein intelligentes BIM-Modell, erfolgen nur durch entsprechend eindeutige Spezifikation und Beauftragung.

Im Rahmen des BIM-Informationsmanagements werden Qualitätssicherungsprozesse aufgesetzt, die die Qualität aller Informationslieferungen nach definierten Kriterien prüfen. Informationsqualität ist in BIM-Projekten kein „Kann", sondern ein vertraglich bindendes Liefer-Soll. Erkannte Defizite werden in festgelegten Prozessen bereinigt. Das Verfahren wird in einem BIM-Abwicklungsplan vertraglich fixiert.

Einige Anforderungen an Informationen gelten übergreifend für bestimmte Kategorien von Informationslieferungen. Hierzu zählen Modellierungsregeln, die Verwendung von Metadaten für Informationscontainer und die projektweite Ablagestrategie (Federationsstrategie).

Regeln, die bei der Erstellung von Informationsmodellen einzuhalten sind, gelten für alle Projektteilnehmer, die Information erstellen. Dabei handelt es sich nicht nur um Regeln für digitale semantische Gebäudemodelle, wie etwa Inhalte von IFC-Modellen. Es geht um Informationsmodelle insgesamt, die neben semantischen Modellen (wie z.B. IFC-Modellen) auch andere Medientypen, wie Dokumente, Zeichnungen, Pläne, Besprechungsprotokolle, Ablaufpläne usw. enthalten. Wie müssen beispielsweise Medientypen gruppiert und kategorisiert werden, damit ihre Bedeutung im Gesamtkontext klar erkennbar ist? Wo werden etwa Dokumente, die mit Modellelementen verknüpft sind, gekennzeichnet und abgelegt, damit sie als verlinkte Dokumente erkennbar sind?

Modellierungsregeln müssen diese unterschiedlichen Aspekte der Informationsmodellierung berücksichtigen. Der Zweck von Modellierungsregeln ist in allen Fällen, dass die Teillieferungen der einzelnen Beteiligten am Ende nahtlos, nachvollziehbar und widerspruchsfrei zu einem gesamten Informationsmodell zusammengefügt werden können.

Diese Regeln betreffen zum einen die Modellstrukturen und zum anderen Meta-Informationen und inhaltliche Vereinbarungen, wie Benennungen von Modellelementen, Eigenschaften und Dateien, sowie die Nutzung von Klassifikationssystemen. Nur wenn alle Modellautoren sich an diese Regeln halten, kann das verteilte Arbeiten mit Teilinformationen und deren späteres Zusammenfügen funktionieren. Nicht nur Inkonsistenzen und Redundanzen, zum Beispiel Dopplungen von Attributen, Bauteilen oder ID-Kollisionen, werden dadurch vermieden. Auch das Fehlen von Informationen kann leichter aufgedeckt werden.

Modellierungsregeln für Modellinhalte

Modellierungsregeln sind Regeln, die Modellautoren einhalten müssen, damit die von ihnen erzeugten Teilmodelle mit denen anderer Autoren zusammengefügt werden können. Eine beispielhafte Modellierungsrichtlinie wurde im Rahmen des Forschungsprojekts für den digitalen BIM-basierten Bauantrag entwickelt und steht auf der Webseite bim-bauantrag.blogs.ruhr-uni-bochum.de zur Verfügung [71].

Gängige Modellierungsregeln sind beispielsweise

- Einhaltung einer geschossweisen Modellierung, d.h. Tragwerkselemente wie Wände oder Stützen werden an Stockwerksgrenzen geteilt, auch wenn diese, beispielsweise in statischer Hinsicht, geschossübergreifend wirksam sind. Diese Trennung kommt sowohl der Architektursicht als auch der Fertigungssicht entgegen, ist aber in diesem Sinne eine Dominante Dekomposition (siehe Kapitel 2 Modelle), die beispielsweise für die Tragwerksplanung nicht unbedingt sinnstiftend ist.
- Für jedes Regelgeschoss ist im Modell ein Geschoss anzulegen, beispielsweise von Unterkante Rohdecke (UKRD) bis Oberkante fertiger Fußboden (OKFF) oder bis Oberkante Rohdecke (OKRD).
- Tragende Bauteile auf der Oberkante Rohdecke (OKRD) zu platzieren.
- Vermeidung von Bauteilgruppen. Eventuell vorübergehend erstellte Bauteilgruppen müssen vor Informationslieferung wieder aufgelöst werden. Dies dient einer besseren und einheitlichen Filterung nach Elementtypen, um zum Beispiel eine Massenermittlung oder Filterungen nach Elementtypen durchzuführen.
- Beachtung der Konsistenz von Modellelement-IDs. Soll beispielsweise ein Modellelement geändert werden, so ist dies nicht durch Löschen und Neuerzeugen zu realisieren, sondern indem die geometrischen oder sonstigen Eigenschaften des existierenden Modellelements modifiziert werden. Andernfalls würde mit einem neu erzeugten Modellelement auch eine neue ID erzeugt und alle Bezüge (Referenzen, Links) auf die bestehende ID würden damit verloren gehen. Dies kann zwar im ursprünglichen Autorensystem problemlos sein, in anderen Systemen, die möglicherweise Bezüge auf eine bereits bestehende Modellelement-ID verwenden, kann dies jedoch zu Inkonsistenzen führen, etwa weil referenzierte Elemente nicht mehr gefunden werden.

- Modellierung mehrschichtiger Wände als ein Wandelement mit mehreren Schichten und nicht als mehrere Einzelwandelemente, die über ein Makroelement zu einer Wand zusammengefasst werden. Ggf. ist entweder die eine oder die andere Lösung projektweit durchzuhalten, da es ansonsten zu Problemen beispielsweise bei der Massenermittlung kommt.
- Einführung und Einhaltung einer projektweit durchgängigen Materialklassifikation und Materialbenennung.
- Aufteilung in Teilmodelle erfolgt nach Fachdisziplinen, beispielsweise in ein Architekturmodell, ein TGA-Modell, ein Tragwerksmodell usw. Ein Zerschneiden dieser Modelle sollte erst dann in Betracht gezogen werden, wenn es aufgrund der Größe und Komplexität zu Schwierigkeiten bei der Handhabung, beispielsweise durch zu geringe Computerleistung, kommt.
- Festlegung von Rasterlinien (Gebäuderaster, Ausbauraster, Fassadenraster) vor Modellierungsbeginn in einem Referenzmodell und Übermittlung an die Modellautoren. Das Referenzmodell ist an einem zentralen Ort, vorzugsweise in dem Projekt-CDE, allen Beteiligten zugänglich zu machen.
- Vorgeben eines gemeinsam von allen Teilmodellen zu nutzenden Koordinaten-Nullpunkts. Dieses geschieht über ein Referenzmodell, das diesen Nullpunkt als Element enthält. Statt eines 0,0,0-Punkts wird oft ein Probewürfel der Kantenlänge 1 im Nullpunkt abgelegt (Diagonale von 0,0,0 bis 1,1,1). Aus numerischen Gründen soll der gemeinsame Nullpunkt möglichst dicht an den Modellen liegen. Der Nullpunkt ist wichtig für die Georeferenzierung. Ihm wird die eingemessene Geokoordinate im ortsüblichen Koordinatensystem zugewiesen (z. B. mit einem *IfcPropertySet*). Das Referenzmodell ist an einem zentralen Ort, vorzugsweise in dem Projekt-CDE, allen Beteiligten zugänglich zu machen.
- Festlegung von Katasterinformationen bzw. Geo-Referenzierung des Standorts, die Nordrichtung und die Gebäude- und Grundstückskoordinaten bzw. Katasterinformationen, wie Flurstück usw., in einem Referenzmodell vor Beginn der Modellierung. Das Referenzmodell ist an einem zentralen Ort, vorzugsweise in dem Projekt-CDE, allen Beteiligten zugänglich zu machen. Die physischen Entsprechungen auf dem realen Grundstück (Einmesspunkte) sind im Modell zu vermerken. Ein Vermessungspunkt ist durch ein Referenzkreuz im realen Grundstück zu markieren. Eine gute Gepflogenheit ist es, den Projektbasispunkt an der Achse A1 zu platzieren.
- Vermeidung einer unerwünschten Detailtiefe. Vorgaben des Level of Detail / Level of Development sind einzuhalten. Sinnvollerweise bezieht man sich dabei auf vorhandene LOD-(quasi-)Standards, wie LOD-Spezifikationen von BIM Forum (Bild 5.29).

Für die jeweiligen IFC-Typen sind ggf. die einzelnen benötigten Eigenschaften in Form von Attributen (*IfcProperty*) zu nennen. Zeitsparender ist die Verwendung von LOD-Definitionen zum Beispiel aus dem BIM Forum. Unter https://bimforum.org/resource/%ef%bf%bc%ef%bf%bclevel-of-development-specification/ findet man die aktuelle Ausgabe der LOD-Spezifikation als PDF- und Excel-Version mit LOD-Beschreibungen für alle gängigen Bauteile. Die Definitionen berücksichtigen in erster Linie die Modellelementgeometrie, wobei drei der häufigsten Anwendungsfälle berücksichtigt wurden: Mengenermittlung, 3D-Koordination sowie 3D-Steuerung und -Planung. Die Entwick-

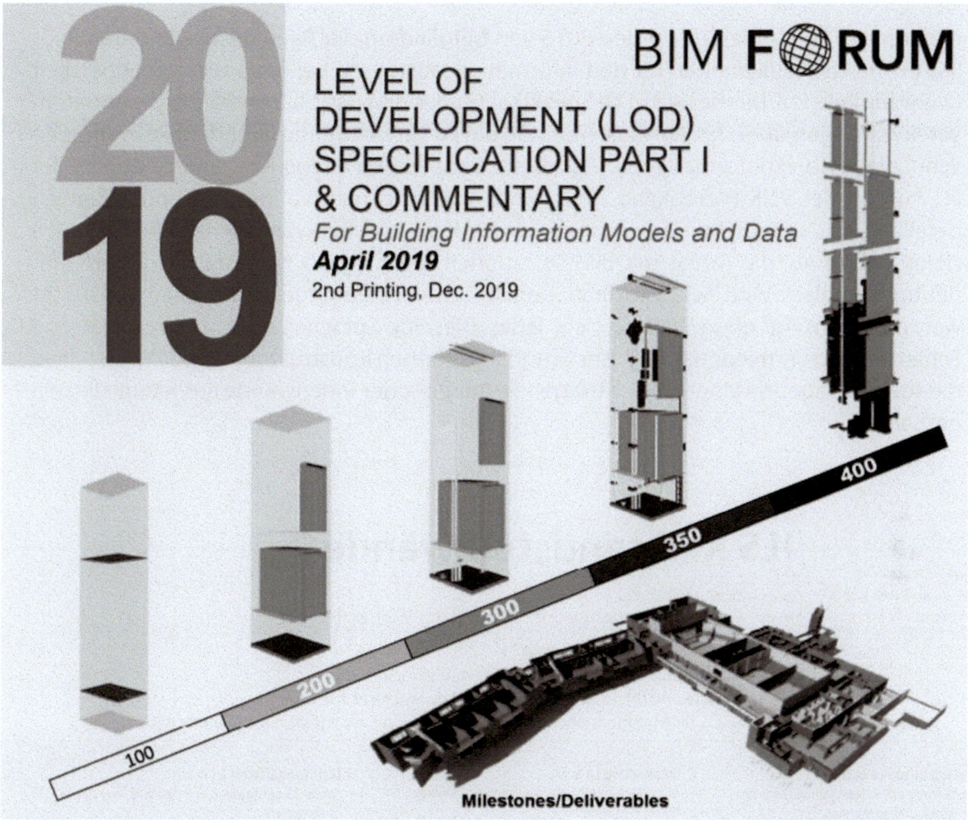

Bild 5.29 Jedes Jahr aktualisiert werden die LOD-Spezifikationen von BIM Forum. Die kostenlos verfügbare PDF-Datei „Level of Development (LOD) Specification Part I" enthält alle wichtigen Bauteile und ihre LOD-Beschreibungen.

ler von BIM Forum sind der Ansicht, dass auch andere Anwendungsfälle bei diesem Ansatz vollständig genug unterstützt werden.

Im deutschen Sprachraum gibt es bisher nichts Vergleichbares mit diesem Umfang. Will man eigene LOD-Definitionen erstellen, so halte man sich an die grundsätzlichen Definitionen der einzelnen LOD-Stufen (Kapitel 2 Modelle, Abschnitt Detaillierungsgrade, Tabelle 2.4).

Beispiel 5.11 **ILS Kalkzandsteenwanden – Austausch-Informationsanforderungen und Modellierungsregeln für Kalksandsteinwände, entwickelt von niederländischen Kalksandsteinherstellern**

Informationslieferungsspezifikation ILS ist der niederländische Ausdruck für Austausch-Informationsanforderungen AIA. Die niederländische Organisation BIM Loket (www.BIMLoket.nl) ist eine unabhängige gemeinnützige Stiftung zur Förderung von BIM. Hauptakteure sind große öffentliche Kunden, Branchenverbände und die Zentralregierung. Unter anderem wurden 2016 von Mitgliedern der Bauindustrie und BuildingSMART Basisspezifikationen für den Informationsaustausch bei Bauprojekten entwickelt (www.bimloket.nl/bimbasisils). Die Spezifikation des BIM Basic ILS enthält unter anderem Vereinbarungen über das Austauschformat, die zu verwendende Grundstruktur und den Schutz von Objektinformationen. Auf dieser Basis haben einige Kalksandsteinhersteller im Auftrag der VNK (Vereniging Nederlands Kalkzandsteenplatform) für ihren Bereich detailliertere Austauschanforderungen ILS für Kalksandsteinwände entwickelt. Die ILS zielen darauf ab, die Arbeit mit BIM so rationell wie möglich zu gestalten, indem eindeutig festgelegt wird, wie Informationen strukturiert, bereitgestellt und ausgetauscht werden sollen. Auf diese Weise spricht jeder „dieselbe Sprache", die Effizienz steigt und Fehler werden vermieden. Auf dieser Grundlage können Konstrukteure Modelle erstellen, die sowohl tragende als auch nichttragende Außen- oder Innenwände aus Sandkalkstein enthalten.

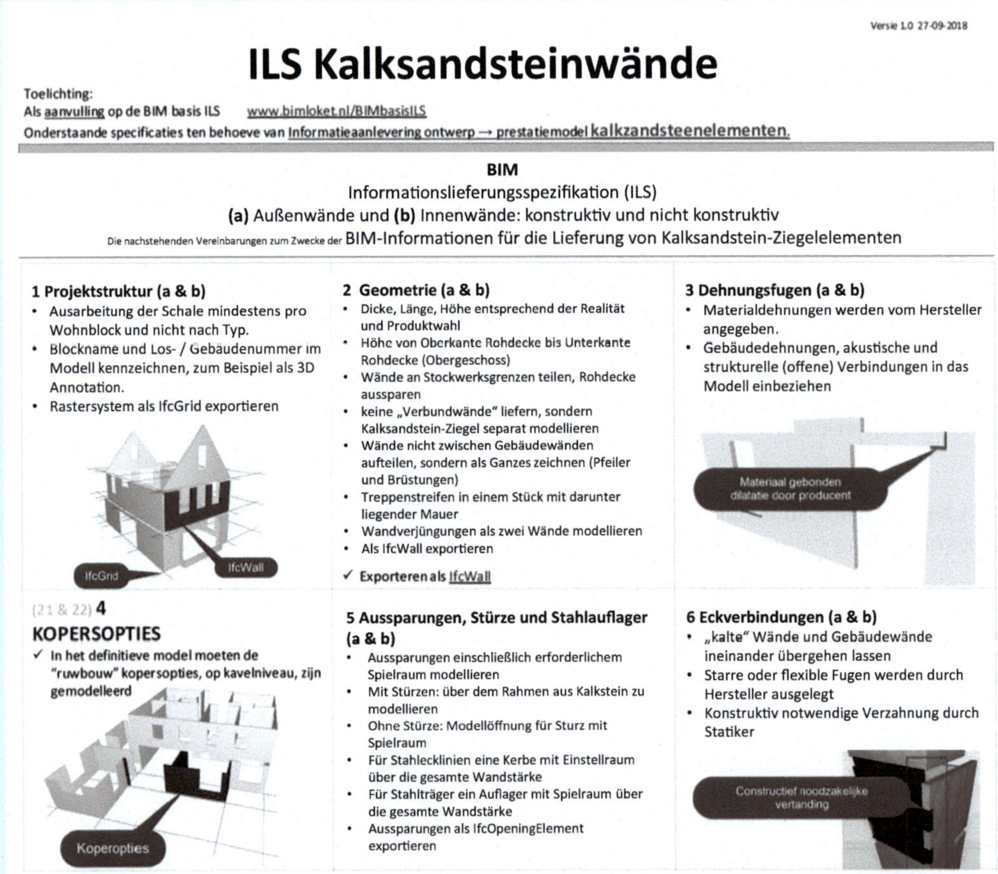

Bild 5.30 ILS-Poster (Ausschnitt) für Kalksandsteinwände enthält die zehn wichtigsten Modellierungsregeln und Austausch-Informationsanforderungen für den Austausch von BIM-Daten mit der technischen Abteilung der Lieferanten von Kalksandsteinziegeln https://www.bimloket.nl/p/891/4-Use-case-kalkzandsteen

Das Poster (Bild 5.30) enthält in Bild und Text die zehn wichtigsten Kriterien für den Austausch von BIM-Daten mit der technischen Abteilung der Lieferanten von Kalksandsteinziegeln. Die Kriterien wurden so formuliert, dass sie für die gesamte Branche gelten. IFC-Modelle sollen automatisch eingelesen werden, damit der Engineering-Prozess so reibungslos wie möglich abläuft. Dabei unterscheidet die ILS jeweils in Außenwände und Innenwände, konstruktiv und nicht konstruktiv (Auswahl teilweise übersetzt aus dem Niederländischen ohne Gewähr):

Modellierungsregeln für Metainformationen

Daten, die selber keine inhaltlichen Informationen darstellen, sondern lediglich einige Eigenschaften von Inhalten beschreiben, werden Metadaten genannt. Auch für die Modellierung dieser Informationen muss es projektweite Vereinbarungen in Form von Modellierungsregeln geben.

Beim dateibasierten Austausch von Informationen werden Informationscontainer ausgetauscht. Jeder Informationscontainer wird von Metadaten begleitet, der die Art und Bedeutung des Containerinhalts beschreibt. Diese werden evtl. schon beim Erzeugen des Informationscontainers, spätestens aber beim Liefern an den Informationsempfänger, gesetzt. Beispielsweise spezifizieren Metadaten, dass ein Container ein Architekturmodell enthält, das Modellformat IFC ist und sich das Modell im Status „in Bearbeitung“ befindet.

Die Modellierungsregeln des Projekts enthalten daher eine Liste von Metadaten mit deren Attributen und möglichen Werten für diese Attribute. Das Projekt-CDE stellt die Einhaltung dieser Regeln für Metadaten sicher und nutzt beispielsweise Metadaten für die Suche und das Auffinden von Informationen.

Widerstreit der Metadaten

Einer der Gründe, warum die britische BS EN ISO 19650 einen Anhang zur Codierung von Metadaten in den Dateinamen vorschlägt, liegt darin, den Dateiinhalt und zugehörige Metadaten in einer unteilbaren Ressource, der Datei, zusammenzuhalten. Die Alternative wäre zum Beispiel, Metadaten irgendwo separat zu halten und auf die zugehörige Datei zu verweisen. Diese Trennung würde jedoch einen zusätzlichen Verwaltungsaufwand und insbesondere auch eine Fehlerquelle darstellen. Zugegebenermaßen ist die Codierung von Metadaten in den Dateinamen äußerst problematisch, sehr begrenzt und kann nicht die Anforderungen an Metadaten, wie Eindeutigkeit, Sicherheit und Erweiterbarkeit, erfüllen.

Auch die britischen Experten sind sich größtenteils einig, dass der Weg über die Codierung im Dateinamen aus pragmatischen Gründen der leichten Machbarkeit beschritten wurde. Es sollte jedoch, wenn möglich, eine bessere technische Umsetzungsmöglichkeit herangezogen werden.

Infrage kämen etwa die Verwendung von Eigenschaftsfeldern in einer PDF-Datei oder die Verwendung von Informationscontainern nach dem ISO-Standard 21597 „Information Container for linked document delivery“. Beides wäre maschinenlesbar, hat sich jedoch bisher nicht in der Praxis durchgesetzt.

Jedoch selbst wenn es gelänge, die manuelle Verwaltung von Metadaten zu überwinden, bliebe ein grundsätzliches Problem bestehen. Die Redundanz und ggf. Widersprüchlichkeit zwischen den Metadaten einer Datei und Metadaten im Dateiinhalt. Drei Beispiele:

1. Planstempel – Nehmen wir an, Sie laden eine DWG-Datei, also eine Zeichnung oder einen Plan, auf eine Gemeinsame Datenumgebung CDE hoch. Bei der Übergabe der Datei an das CDE müssen Sie Angaben zur Datei, sogenannte Metadaten, machen. Metadaten sind beispielsweise Angaben zum Projekt, zum Autor, zur Version, zum Gewerk oder zum Freigabestatus usw. (siehe Abschnitt 5.5.4 und Abschnitt Gemeinsame Datenumgebung im Kapitel 3 Informationsmanagement). Aber auch der Planstempel enthält diese Angaben in codierter Form.

   Wie werden beide Angaben synchron gehalten? Kann die CDE den Planstempel lesen und die Metadaten der hochgeladenen Datei damit initialisieren? Oder kann umgekehrt das CDE den Planstempel entsprechend korrigieren? Während die Metadaten die maschinelle Verarbeitung in der digitalen Welt ermöglichen, gehört der Planstempel zur Papierwelt und ist damit einer digitalen Verarbeitung nicht zugänglich. Dennoch müssen beide Welten in Einklang gebracht werden, wenn man nicht sehenden Auges eine Fehlerquelle verursachen will. Das Auslesen des Planstempels wäre zumindest eine mögliche Methode der Synchronisation. Was aber, wenn sich im Verlaufe der Prüfung und Freigabe Metadaten, wie zum Beispiel der Freigabestatus, ändern und somit auch die Metadaten aktualisiert werden müssten, beispielsweise der Freigabestatus von „zur Prüfung“ auf „freigegeben zur Ausführung“. Wer ist berechtigt, die Metadaten im Planstempel entsprechend zu ändern? Das darf nur der Urheber. Wenn man hierzu jedoch den Plan erst in einem Autorensystem editieren muss, kann das zu einem langwierigen Prozess werden, wie wir ihn heute in der Regel ja auch noch vorfinden. Soll man daher auf den Planstempel verzichten oder soll aus dem Planstempel heraus nur auf Metadaten verwiesen werden? Ein Verweis auf Metadaten wäre möglich, wenn sie Teil des Dateinamens sind, zum Beispiel durch die Angabe „siehe Abschnitt xy im Dateinamen“. Eine Codierung von Metadaten in den Dateinamen hat jedoch starke Nachteile, wie sie im Kapitel 4 Standards (siehe Beispiel für eine Informationscontainer-ID gemäß BS EN ISO 19650 Teil 2) beschrieben wurden.

   Ein Verweis auf den Metadatenabschnitt im Dateinamen ist ebenso problematisch, wenn man wieder die Papierwelt betritt, denn auch eine ausgedruckte Zeichnung in Papierform muss einen korrekten Planstempel enthalten. Dem Papier sieht man allerdings seinen Ursprung als PDF-Datei nicht an und schon gar nicht den Dateinamen dieser ursprünglichen PDF-Datei.

   Da hier also offenbar Redundanzen zwischen den zwei Welten bestehen, muss ein Verfahren im Projekt etabliert werden, das beide Welten synchron hält oder zumindest ermöglicht, zu erkennen, ob es sich um die angenommene Version einer Zeichnung handelt oder nicht. Ansätze, dies zu erreichen, sind die Einbettung eines QR-Codes in den Planstempel, sodass mithilfe einer App jederzeit festgestellt werden kann, ob es sich bei der vorliegenden Zeichnung um die aktuelle Version handelt. Im Zuge dessen können auch andere Metadaten oder sogar die Historie einer Zeichnung, eines Plans oder anderer Dokumente angezeigt und geprüft werden.

Wie dieses Dilemma zeigt, ist es äußerst wichtig, einen entsprechenden Prozess zur Prüfung und zum Konsistenthalten von Metadaten zu etablieren.

2. Raumstempel – Ähnlich verhält es sich mit dem Raumstempel. Er enthält Metadaten zum Raum, wie beispielsweise die Nutzungsart, Ausstattungsmerkmale, Reinigungsflächen usw. Der Raumstempel in einer Zeichnung sollte exakt dieselben Informationen wiedergeben wie das Raumbuch, das beispielsweise als Excel-Datei erstellt wird und eine wichtige Grundlage in der Zusammenarbeit zwischen Fachplanern und Architekt darstellt. Ein manueller Abgleich zwischen Zeichnung und Excel-Tabelle ist äußerst ineffektiv und fehleranfällig. Ein Abgleich über kleine Skriptprogramme, zum Beispiel VBA, ist dagegen unaufwendig und effektiv. Raumbücher können gegebenenfalls auch aus Modellen generiert, aktualisiert und bei der Erstellung von Zeichnungen genutzt werden. Mit einer eindeutig führenden Instanz, aus der die Raumbuchinformationen in andere Informationsformate übertragen werden, ist eine Informationskonsistenz immer gegeben. Dabei ist es gleichgültig, ob diese führende Instanz die Excel-Tabelle oder das Modell ist, solange die Abhängigkeiten im Informationslieferprozess stets beachtet werden.
3. Modellstempel – Man braucht nicht zu glauben, dass das zuvor genannte Dilemma zwischen Metadaten innerhalb eines Informationsträgers und den Metadaten, die huckepack an die Datei geheftet werden, vor der Modellwelt haltmacht. Auch Modelle enthalten Metadaten, wie Projekt, Autor, Erstellungsdatum usw., und auch Modelle werden in Dateiform geliefert. Auch diese Dateien werden mit Metadaten klassifiziert. Somit hat man auch hier zwei Orte, an denen Metadaten hinterlegt sind, einmal an die Datei geheftet und zum anderen im Inhalt dieser Datei, zum Beispiel innerhalb eines IFC-Modells. Wie kann man diesem Problem beikommen? Auch hier helfen nur konsequente Informationsanforderungen, die genau beschreiben, welche Metadaten in einem Modell vorhanden sind, welches Format sie haben und durch welche Prozesse Redundanzen abgeglichen werden. Generell sollte man sich aber darauf verständigen, Redundanzen zu vermeiden und die Metadaten so aufzuteilen, dass eine Information nur an einem einzigen Ort abgelegt wird, zum Beispiel, indem man auf bestimmte Metadaten innerhalb der Datei verzichtet und sie komplett in den Metadaten des Informationscontainers abbildet.

Den hier geschilderten Redundanzproblemen kann man nur mit konsequenten Modellierungsregeln und konsequenten Informationsaustausch-Workflows beikommen. Hierzu gehört konsequenterweise auch ein Fehlerbehebungs-Workflow zur Korrektur fehlerhafter Metadaten.

Anwendungsfälle in der modellbasierten Fachplanung

Eines der ersten BIM-Ziele in der Planung ist die Abstimmung des Architekturmodells mit dem Tragwerksmodell. Alle weiteren Fachplaner arbeiten mit dem Architekturmodell als Referenzmodell für ihre eigenen Planungen. Eine frühe Abstimmung des Tragwerksmodells mit dem Architekturmodell ist daher für die weiteren Planungsaktivitäten von Bedeutung.

Alle Hauptgewerke erstellen ihre Fachplanermodelle. Der Tragwerksplaner arbeitet mit einem idealisierten Modell. Aus Trägern und Stützen des Architekturmodells werden Linien mit idealisierten Materialeigenschaften (E-Modul) und Querschnitten (Flächenträgheitsmoment), entsprechend werden aus Wänden und Decken Mittelflächen. Die Dimensionen dieser Bauteile interessieren in diesem idealisierten Modell, dem Tragwerksmodell, zunächst nicht. Sie sind Resultat der Bemessung, die der statischen Berechnung folgt. Getreu den Modellierungsprinzipien der Generalisierung und des Pragmatismus (Kapitel 2 Modelle, Abschnitt 2.3.4 Grundprinzipien der Modellierung) werden aus dem Architekturmodell nur die für eine Berechnung notwendigen Eigenschaften ins Tragwerksmodell übernommen.

Die Ausprägung des Tragwerks, wie sie im Architekturmodell zunächst angenommen wurde, ist vom Tragwerksplaner zu durch Berechnungen zu prüfen und ggf. neu zu bemessen. Die dadurch geänderte neue Dimensionierung der Bauteile ist anschließend ins Architekturmodell zu übernehmen.

Im Rahmen der technischen Möglichkeiten bestehen Spielräume bei der Dimensionierung der Bauteile. Diese können zum Auffinden der bestmöglichen architektonischen Lösung genutzt werden. Dazu stimmen sich Architekt und Tragwerksplaner in einem koordinierten Prozess ab. Dieser Abstimmungsprozess ist Aufgabe des Informationsmanagements und muss, wie alle anderen Koordinationsprozesse auch, im BAP spezifiziert werden.

Die Fachplanungen der Technischen Gebäudeausstattung TGA sind häufig in Unterfachrichtungen aufgeteilt, in denen spezifische Kompetenzen eingebracht werden. Dadurch werden oft auch eigene Modelle von den jeweiligen Unterfachrichtungen entwickelt. So sind einige – wie Heizung, Lüftung, Energietechnik, Elektro usw. – oft als eigenständige Fachplanermodelle ausgeprägt, während andere – wie Brandschutz, Sicherheitstechnik und Aufzugstechnik – sich (noch) lediglich ergänzend in Modelle anderer Fachplaner einbringen, wie das Beispiel Integration des Brandschutzplaners in das BIM-Projekt zeigt.

Wir werden im Folgenden die Anwendungsfälle der Architektur und der Tragwerksplanung genauer beleuchten. Andere Hauptgewerke, wie etwa die TGA, sollen hier nur gestreift werden, beispielsweise bei der Schlitz- und Durchbruchsplanung. Es kommt an dieser Stelle nicht auf die Vollständigkeit bei der Aufzählung der Anwendungsfälle an, das würde ohnehin den Rahmen deutlich sprengen, sondern auf ein Gesamtverständnis, das durch die eingehende Beschreibung ausgewählter typischer Anwendungsfälle geschaffen wird. Der Leser wird daraus die Übertragung auf seine eigenen fachlichen Kontexte leicht ableiten können.

Anwendungsfälle der Betriebsphase bereits in der Planungsphase durchspielen

Das Durchspielen von Anwendungsfällen des Betriebs bereits in der Planung ist die Umsetzung des Wahlspruchs „Starte mit dem Ende im Sinn!" in die BIM-Praxis. Leider steht die Einbindung des Betreibers in die Planung heute noch ganz am Anfang. Der Abgleich von Betreiberkonzepten mit dem Entwurf und die Verbesserung des Entwurfs im Sinne eines optimalen Betriebs ist ein außerordentlich gewinnbringender Anwendungsfall. Dieser Makro-Anwendungsfall ist natürlich in detaillierte Anwendungsfälle zu untergliedern. Das übergeordnete BIM-Ziel ist die Optimierung des Gebäudebetriebs. Welche konkreteren Anwendungsfälle für konkrete Optimierungen ins Auge gefasst werden, muss anhand der jeweiligen Optimierungsziele festgelegt werden.

Welche Anwendungsfälle der Betriebsphase lassen sich nutzbringend bereits in der Planungsphase durchspielen?

Einige Beispiele:

- Nutzungsoptimierung – Durch Nutzungssimulation lassen sich unproduktive Zeiten reduzieren. Das gilt in Zeiten des Home-Office für Flex-Office-Konzepte für Arbeitsplätze genauso wie für die optimale Nutzung von Besprechungsräumen in einer Büroinfrastruktur.
- IT-Infrastruktur – Die optimale Verfügbarkeit von Serverkapazitäten und Kommunikationsnetzen kann anhand der Nutzerprofile abgeschätzt und bedarfsgerecht optimiert werden.
- Wartungsmanagement – Durch effiziente Vorbereitung bereits in der Planung lässt sich der Aufwand für Wartung und Instandhaltung deutlich besser einschätzen und gezielt optimieren. Anhand modellbasierter Begehungen lassen sich Wartungsszenarien durchspielen (Zugänglichkeit, Revisionsschächte etc.).
- Gewährleistungsmanagement – Bei der modellbasierten Inbetriebnahme sollten Informationen zur Gewährleistung in das Informationsmodell übernommen werden. Entsprechende Informationslieferungen sind in den AIA der ausführenden Unternehmen zu spezifizieren. Durch Beachtung der Gewährleistungsfristen und entsprechend frühzeitig angesetzte Inspektionen lassen sich erhebliche Einsparungspotenziale erschließen.
- Anlagenverfügbarkeit – Durch automatische Verfolgung von Wartungsfristen lassen sich Anlagenausfälle vermeiden.
- Modellbasierte Umzugsplanung – Ausfallzeiten und Speditionskosten lassen sich durch gezielte effiziente Planung reduzieren.

Die Beispiele erheben keinen Anspruch auf Vollständigkeit. Sie zeigen jedoch, dass eine frühzeitige Kenntnis der Planung und ggf. Einflussnahme durch den Betreiber die Betriebskosten und die Qualität der Anlage erheblich verbessern kann. Die Grundlage für eine qualifizierte Analyse können nur Modelle liefern. Voraussetzung ist die Anforderung entsprechender Modellinformation in Form von AIA durch den Betreiber. Es gilt daher, den Betreiber frühzeitig „ins Boot" zu holen. Häufig stößt das derzeit noch auf wenig Gegenliebe seitens der Betreiber. Unverständlich angesichts der Mehrwerte, die dadurch verspielt werden.

Anwendungsfälle der Architektur

Anwendungsfall Architekturwettbewerb

Zweck des Anwendungsfalls: BIM-konforme Wettbewerbsausschreibung

Beteiligte: Ausschreibende Organisation, Bieter

Beschreibung: Die BIM-konforme Wettbewerbsausschreibung hat eine ästhetisch befriedigende und dem baulichen Kontext angemessene Darstellung des Entwurfs unter Anwendung der BIM-Methodik zum Ziel. Mit einer BIM-konformen Ausschreibung eines Architektur-Wettbewerbs unterstreicht der Ausschreibende frühzeitig seinen Willen, diese Methodik durchgängig einzusetzen. Die geforderte Detailtiefe ist hier gering, beispielsweise wird nur die äußere Hülle dargestellt – das Innenleben, also

Wände, Räume usw., werden bewusst detailarm gehalten. Die Positionierungsgenauigkeit im vorgesehenen Grundstück muss allerdings hohen Ansprüchen genügen. Das Gleiche gilt für die visuelle Darstellung von Oberflächen und Materialien. Hier kommt es auf die Erzielung einer größtmöglichen Wirkung mit geringstmöglichem Aufwand an.

Auch die Wiederverwendbarkeit der Modelle zum Beispiel durch die Verwendung offener Formate ist hier nicht primär – es sei denn, sie wird von der ausschreibenden Partei ausdrücklich gewünscht.

Durch die BIM-konformen Modellierungsvorgaben in den Ausschreibungsunterlagen, zum Beispiel zu einheitlichen Bezeichnungen für Funktionsflächen und Qualitäten, ist eine konsistente Vergleichbarkeit zwischen den Wettbewerbsunterlagen möglich. Die Ausschreibung kann so bereits einen inhaltlichen Fokus durch die Vorgabe technischer Informationsanforderungen manifestieren.

Bieter reichen Modelle mit den in den AIA der Wettbewerbsunterlagen geforderten Attribuierungen ein. Die Jury kann Einreichungen anhand einheitlicher Informationsformate (Benennung der wesentlichen Eigenschaften) objektiver und mit geringerem Aufwand vergleichen.

Anwendungsfall Erstellung des Architekturmodells

Zweck des Anwendungsfalls: Ergebnisse der Grundlagenermittlung in ein Modell umsetzen

Beteiligte: Architekt

Beschreibung: Die Leistungen der Objektplanung umfassen als Grundleistungen die Klärung der Aufgabenstellung, die Erfassung der Örtlichkeit, die Ermittlung der insgesamt zu erwartenden Planungs- und Ausführungsleistungen und das Aufzeigen von Entscheidungshilfen. Diese Aktivitäten sind zusammenzufassen, zu erläutern und zu dokumentieren.

Ein erstes skizzenhaftes Architekturmodell ist bestens geeignet, diese Ergebnisse wiederzugeben und Entscheidungen zu unterstützen. Welche Modellinhalte in einem solchen ersten Modell dargestellt werden, hängt naturgemäß von vielen Faktoren, wie Projekttyp, Umgebung, Regularien, Bauherr und anderen, ab. Die Bandbreite der wesentlichen Informationen zur Entscheidungsfindung ist daher an dieser Stelle nicht in allgemeiner Form zu definieren. Dass möglicherweise nicht ein einzelnes Modell allein diese Entscheidungsgrundlagen bereitstellt, zeigt der generative Ansatz, der in Abschnitt 5.3.4, Beispiel 5.5, BIM goes KI vorgestellt wurde. Dort werden Zielwerte für Schlüsselindikatoren eines Bauvorhabens vorgegeben und zur algorithmischen Generierung von Modellen verwendet. Die generierten Modelle werden in einem Optimierungsalgorithmus zur Entscheidungsfindung aufbereitet.

Dies entspricht der prinzipiellen Vorgehensweise, bei der Anforderungen und Wünsche des Bauherrn mit den faktischen Rahmenbedingungen (Grundstück, Regularien) und Limitationen (Kosten, Zeit) in Einklang gebracht werden müssen. Auch ein manuell erstelltes Modell muss diese Abwägung und Entscheidungsfindung ermöglichen, zum Beispiel hinsichtlich der optimalen Grundstückswahl, der Ausstattungsqualität oder der Ausprägung des Baukörpers, etwa ob im Hochbau besser mehr Geschosse eingeplant oder vorteilhafter in die Fläche gebaut werden soll, und zur optimalen Anbindung, Erschließung und Infrastruktur der Liegenschaft.

Ein solches Modell legt den Grundstein für eine modellgestützte Arbeitsweise schon von Beginn an. Der Architekt erarbeitet gemeinsam mit dem Bauherrn die wesentlichen Anforderungen (Schlüsselindikatoren) und stellt die Rahmenbedingungen in einem Informationsmodell zusammen (Dokumente, Modelle etc.). Das Informationsmodell ermöglicht dem Bauherrn die Abwägung von Entwurfsentscheidungen und die Priorisierung von Kriterien sowie deren Auswirkung auf die wesentlichen Schlüsselindikatoren.

Im weiteren Projektverlauf wird dieses Architekturmodell fortgeführt und detailliert. Es bildet das Referenzmodell für andere Fachplanungen.

Anwendungsfall Raum- und Funktionsprogramm

Zweck des Anwendungsfalls: Modellbasiertes Raumbuch

Beteiligte: Architekt (Ersteller), Fachplaner

Beschreibung: Das Raum- und Funktionsprogramm setzt die Anforderungen des Bauherrn in einen Entwurf um. Das Raumbuch ist ein zentrales Dokument für die Zusammenarbeit zwischen Architekt und Fachplanern und liegt oft im Excel-Format vor. Nicht alle Fachplaner arbeiten vorwiegend raumorientiert wie der Architekt. Für TGA und Tragwerk ist die raum- und geschossübergreifende Systembetrachtung ebenso wesentlich. Für diese Gewerke stellt das traditionelle Raumbuch einen Kompromiss dar (siehe „Dominante Dekomposition" Kapitel 2 Modelle).

Ein modellbasiertes Raumbuch kann sowohl die raumbasierte als auch die systemorientierte Betrachtungsweise ermöglichen. Bei der modellbasierten Arbeitsweise wird logischerweise nicht mehr in einer Excel-Tabelle, sondern im Modell, gearbeitet. Das traditionelle Raumbuch kann jedoch aus dem Modell als der führenden Informationsquelle generiert werden. Ein künstlich hergestellter Raumbezug, wie die Zuordnung von stockwerks- oder raumübergreifenden Bauteilen (Leitungen, Kanälen, Trassen, Türen, Brandschutzklappen), kann bei der modellbasierten Arbeitsweise entfallen, denn Informationen („Raumstempel") und Bauteile sind faktisch mit den Raumelementen im Modell verknüpft. Aus einem entsprechend attribuierten Modell können daher sowohl ein traditionelles Raumbuch als auch ein „Systembuch" generiert werden, das Bauteile enthält, die keinen natürlichen Raumbezug haben. Beide Darstellungsweisen unterstützen den jeweils planerisch wesentlichen Aspekt und sind inhaltlich über das Modell miteinander verknüpft. Änderungen auf Raumbuchseite bleiben demnach auf Systemseite nicht unentdeckt und Änderungen auf Systemseite führen zu Auswirkungen auf der raumorientierten Seite. Ein geschicktes Modellieren von Probekörpern deckt beispielsweise freischwebende Installationen nach einer Wandverschiebung auf. Dies erfordert allerdings die Implementierung entsprechender Modellierungsregeln und Prüfprozesse.

Anwendungsfall Massen- und Mengenermittlung

Zweck des Anwendungsfalls: Modellbasierte Berechnungsgrundlagen

Beteiligte: Fachplaner, Architekt, Planungskoordinator, Kalkulator

Beschreibung: Modelle sollen die Ermittlung von leistungs- und kostenrelevanten Gebäudebestandteilen ermöglichen. Sie sind dementsprechend zu attribuieren. Die Fähigkeit zur Ermittlung von Mengen (z. B. Fußbodenflächen, Betonvolumen) oder Stückzahlen (Anzahl der Fenster, Türen und anderer Bauteile) erfordert die Spezifikation von Materialarten und Bauteiltypen oder Artikeln. Mittels AIA werden alle Planungsbeteiligten zur Lieferung dieser Informationen in ihren jeweiligen Fachplanermodellen beauftragt.

Projektweit einheitliche Informationsinhalte (z. B. Attributnamen) bilden die Grundlage dafür, entsprechende Auswertungen vornehmen zu können. Dann können Bestellprozesse modellbasierte Aufträge erstellen bzw. Lieferungen überprüfen, Prozesse der Kostenschätzung bzw. genaueren Kostenermittlung können Berechnungen auf Basis der ermittelten Mengen durchführen.

Hinreichend durchdachte Attribuierung der Modellelemente ermöglicht die Erstellung von Filtern, z. B. hinsichtlich Vergabeeinheiten (Gewerke, LV-Positionen) oder Bauabschnitten und Losen.

Anwendungsfälle der Tragwerksplanung

Der Einsatz von Modellen hat zu einer Veränderung von traditionellen Abläufen geführt. Vereinfachte Verfahren, die früher zur Vermeidung eines überhöhten Aufwandes eingesetzt wurden, sind teilweise obsolet geworden. Hierzu zählen die überschlägige Berechnung von Kosten und auch grobe Vorberechnungen. Nach wie vor ist der Architektenentwurf Ausgangspunkt für viele weitere fachplanerische Aktivitäten. Beginnt der Architektenentwurf jedoch frühzeitig mit einem digitalen (semantischen) Gebäudemodell, erleichtert dies die Folgeaktivitäten erheblich. Das kommt auch der Koordination zwischen Architekturmodell und Tragwerksmodell zugute. Dazu sind entsprechende Informationslieferprozesse und -inhalte zu spezifizieren.

Informationslieferprozesse

Zur Beschreibung von Lieferprozessen gehört, neben der Spezifikation der Inhalte (IAA), die Klärung der Verantwortlichkeiten und des zeitlichen Ablaufs der Aktivitäten im Lieferprozess. Dies wird anschließend mit Bezug auf die Tragwerksplanung beschrieben.

Lieferverantwortung

Die BIM-Autoren des Aufgabenteams Tragwerksplanung tragen die Verantwortung für die Einhaltung der Modellierungsregeln und die Erstellung der in den AIA geforderten Inhalte im Tragwerksmodell. Der BIM-Koordinator prüft dieses vor Weiterleitung von Modellen an das übergeordnete Bereitstellungsteam. Er ist für die Beseitigung von Fehlern verantwortlich.

Fehlermeldungen können auch vom übergeordneten Bereitstellungsteam kommen, beispielsweise aus einem auf dieser Ebene durchgeführten Anwendungsfall oder durch Fehlermeldungen aus Koordinationsmeetings.[53] Auch für die Weiterleitung und Ab-

53) Vorteilhafterweise im offenen Austauschformat BCF – BIM Collaboration Format (siehe Kapitel 2 Modelle und Kapitel 4 Standards).

arbeitung dieser Fehlermeldungen an die ihm zugeordneten BIM-Autoren seines Aufgabenteams trägt der BIM-Koordinator die Verantwortung.

Der BIM-Koordinator des Aufgabenteams verantwortet ebenso die erneute Lieferung des verbesserten Tragwerksmodells an das übergeordnete Bereitstellungsteam.

Das Aufgabenteam Architektur verantwortet die Lieferung der benötigten Inhalte. Es nimmt seinerseits Bauteiländerungen des Tragwerksplaners entgegen und arbeitet sie in das Architekturmodell ein. Wesentliche Änderungen am Architekturmodell kommuniziert das Aufgabenteam Architektur an den zuständigen BIM-Koordinator seines übergeordneten Bereitstellungsteams. Dieser informiert die anderen Aufgabenteams, die seinem Bereitstellungsteam zugeordnet sind, sowie die BIM-Koordinatoren der anderen Bereitstellungsteams. Zum Aufbau von Informationslieferketten siehe Kapitel 3 Informationsmanagement.

Lieferzeitpunkte

Das Architekturmodell mit den vereinbarten Informationsinhalten wird zu folgenden Zeitpunkten bzw. Ereignissen an den Tragwerksplaner geliefert:

- bei Beginn der Entwurfsplanung,
- bei tragwerksrelevanten Änderungen in Architekturmodell.

Das Tragwerksmodell wird an den Architekten geliefert

- während der Entwurfsplanung in Anschluss an die Tragwerksberechnung,
- nach erneuter Tragwerksberechnung im Anschluss an den Erhalt tragwerksrelevanter Änderungen im Architekturmodell.

Lieferablauf

Die Transaktion von Informationen, in diesem Fall Tragwerks- und Architekturmodelle und BCF-Hinweise, und die Durchführung fachlicher Aktivitäten erfolgen in nachvollziehbarer Weise unter Nutzung einer Gemeinsamen Datenumgebung CDE in folgenden Schritten:

1. Lieferung des Architekturmodells an das Aufgabenteam Tragwerksplanung über die zu verwendende Projekt-CDE
2. Importieren des Architekturmodells als Referenzmodell in die Tragwerks-Software
3. Idealisierung der relevanten Teile des Architekturmodells zu einem Tragwerksmodell
4. Statische Berechnung und Bemessung[54] durch das Aufgabenteam „Tragwerksplanung“

54) Schnittstellen zu gängigen Modellierungsanwendungen (Autorenwerkzeuge), wie Autodesk Revit Architecture und Revit Structures oder Tekla Structures ermöglichen die Übergabe von Modellen inklusive statischer Angaben und Lastfälle an externe Berechnungswerkzeuge zur statischen Berechnung und Bemessung. Je nach Tragwerksarten werden dort für Stahlbeton beispielsweise Bewehrungspläne erstellt bzw. Verbindungsmittel im Stahl- bzw. Holzbau gewählt und bemessen. Die Ergebnisse laufen in das Tragwerksmodell zurück.

5. Annotierung (z. B. unter Nutzung des BCF-Formats) oder direkte Anpassung der geänderten Bauteilabmessungen im importierten Architekturmodell durch das Aufgabenteam Tragwerksplanung
6. Lieferung des annotierten Architekturmodells an das Aufgabenteam Architektur (über CDE)
7. Import des von der Tragwerksplanung modifizierten Architekturmodells in die Architekturplanungs-Software
8. Auffinden von Änderungen durch Vergleich des ursprünglichen Modells mit dem importierten Modell oder Auswertung der Annotationen
9. Übernahme der geänderten Bauteileigenschaften in das Architekturmodell unter Beibehaltung der jeweiligen Bauteil-ID
10. Kommunikation der Änderungen im Architekturmodell an alle betroffenen Aufgabenteams. Dies geschieht durch den Gesamtkoordinator Planung innerhalb eines CDE.

Ist dieser modellbasierte Informationsaustausch etabliert, vereinfacht dies die kollaborative Erstellung und Verbesserung von Informationen, wie Modellen, aber auch Plänen und Dokumenten, erheblich. Hier zeigt sich der Fortschritt gegenüber traditionellen Methoden, die ohne Unterstützung eines Informationsmanagements allein auf den kommunikativen Fähigkeiten aller Beteiligten beruhen. Mit BIM lässt sich dagegen ein standardisiertes koordiniertes Vorgehen verankern.

IAA für die Tragwerksplanung

Informationsaustauschanforderungen IAA sind technische Beschreibungen von erforderlichen Lieferinhalten. Sie leiten sich aus den Austausch-Informationsanforderungen AIA ab (siehe Kapitel 3 Informationsmanagement). Sie können übersichtlich tabellarisch in einer Modell/Element-Matrix festgehalten werden (Tabelle 5.3). Die IAA werden hier in Form der angeforderten IFC-Modellelement-Typen spezifiziert.

Modell/Element-Matrix

Das Tragwerksmodell beinhaltet Modellelemente mit den in Tabelle 5.3 aufgeführten Typbezeichnungen. Sie werden vorteilhaft im offenen Modellformat IFC geliefert, aber auch andere Modellformate sind möglich und gängig, beispielsweise Revit, sofern sie im Projekt vereinbart sind.

Anwendungsfall Generative Erstellung des Tragwerkmodells

Zweck des Anwendungsfalls: Erstellung des Tragwerkmodells

Beteiligte: Architekt, Tragwerksplaner

Beschreibung: Das Architekturmodell, oft auch als Gebäudemodell bezeichnet, ist Referenzmodell für alle anderen Fachplanungen. Das Tragwerksmodell kann in der Regel generativ und weitgehend automatisiert aus einem Architekturmodell erzeugt werden, sofern das Architekturmodell entsprechend ausgeprägt ist. Modellierungsregeln tragen dazu bei, dass diese Grundlage für eine Zusammenarbeit gegeben ist.

Tabelle 5.3 Beispiel einer Modell/Element-Matrix mit den IAA für ein Tragwerksmodell

Modell/Element-Matrix für die Tragwerksplanung (Beispiel ausgewählte Elemente)	
Bauteil-Bezeichnung	**IFC-Modellelement-Typ**
Balken	*IFCBeam*
Bauteil / Bauelement – beliebig	*IFCBuildingElementProxy*
Befestigungsmittel	*IFCFastener*
Bewehrungsmatte	*IFCReinforcingMesh*
Bewehrungsstab	*IFCReinforcingBar*
Decke	*IFCSlab*
Fundament	*IFCFooting*
Mechanisches Befestigungsmittel	*IFCMechanicalFastener*
Pfeiler/Tiefgründung	*IFCPile*
Platte	*IFCPlate*
Rampe	*IFCRamp*
Rampenlauf	*IFCRampFlight*
Spannglied	*IFCTendon*
Spanngliedanker	*IFCTendonAnchor*
Stab/Stabträger	*IFCMember*
Stütze	*IFCColumn*
Treppe	*IFCStair*
Treppenlauf	*IFCStairFlight*
Wand	*IFCWallStandardCase / IFCWall*
Zusammengesetztes Element[55)]	*IFCElementAssembly*
Zusatzgerät/Einbauteil	*IFCDiscreteAccessory*

Ein Tragwerksmodell unterscheidet sich vom Architekturmodell dadurch, dass Wände, Stützen und Decken durch Linien bzw. Flächen idealisiert werden. Der geneigte Leser wird sich an die Modellierungsprinzipien der Generalisierung und des Pragmatismus aus dem Kapitel 2 Modelle erinnern. Bei der programmatischen Erstellung des Tragwerksmodells aus einem Architekturmodell werden die entsprechenden lastabtragenden Volumenkörper (Wände, Stützen, Decken) auf ihre Mittellinien bzw. Mittelflächen reduziert. Auch das Tragverhalten wird durch Lager, Gelenke und Federelemente

55) Gemäß Modellierungsregeln vor Export und Weitergabe ggf. in Einzelelemente aufzulösen.

idealisiert. Durch diese Idealisierungen wird aus einem Architekturmodell ein Tragwerksmodell, das für Tragwerksberechnungen geeignet ist.

Im Anschluss an eine statische Berechnung erfolgt die Bemessung, d. h. die Festlegung von Wandstärken, Trägerprofilen, Bewehrungsstärken, Verbindungsmitteln usw.

Anwendungsfall Bemessungen und Nachweise (Tragwerk)

Zweck des Anwendungsfalls: Modellunterstützte Berechnungen

Beteiligte: Tragwerksplaner

Beschreibung: Bevor eine Berechnung stattfinden kann, müssen die Annahmen über Lasten, die das Bauwerk zu tragen hat, getroffen werden. Informationen über die zu erwartende Nutzung müssen dem Tragwerksplaner in einer Form geliefert werden, aus der er Rückschlüsse auf die anzusetzenden Lasten ziehen kann. Wind- und Schneelasten ergeben sich aus dem Standort, andere Lasten – wie Verkehrslasten – ergeben sich aus der Gebäudenutzung. Hinzu kommen bewegliche Lasten, Sonderlasten, Erddruck sowie relevante Angaben zur Lasteinleitung in den Untergrund, wie Bodenverhältnisse und Nachbarbebauung.

Die grundsätzliche Konstruktionsart steht meistens schon von Architekturseite fest oder ist immanent. Eine Brücke dürfte aus Stahl und Stahlbeton konstruiert werden, seltener aus Holz. Die Materialwahl spielt grundsätzlich jedoch erst später für die Bemessung, d. h. für die Festlegung der Dicken und Querschnitte, eine Rolle.

Dem Architekten obliegt die Bereitstellung von Modellinformationen, die den jeweiligen Fachplaner in die Lage versetzt, Berechnungen durchzuführen und die erforderlichen Nachweise zu erbringen, zum Beispiel den Nachweis der Tragsicherheit, sowie für Energieeffizienz, TGA, den Brandschutz und andere.

Informationslieferungen IAA vom Architektur- an das Tragwerksmodell

Als Input für den Tragwerksplaner muss das Architekturmodell ggf. begleitende Dokumente enthalten, die Folgendes beinhalten, damit Lasten und Tragverhalten daraus abgeleitet werden können. Dieses kann als Modell/Element-Matrix für den Modellaustausch von der Architektur- zur Tragwerksplanung aufgefasst werden und sollte als solche im BAP vermerkt werden. Eine Modell/Element-Matrix für den Modellaustausch von der Architektur zur Tragwerksplanung enthält also beispielsweise die in der Tabelle 5.4 genannten Modellelement-Typen.

Begleitdokumente

Bei der Berechnung von Tragwerken werden neben Modellinformationen auch andere Informationsformate zur Dokumentation von Entscheidungen bei der Tragwerksberechnung, Bemessung und konstruktiven Ausprägung erstellt. Nach wie vor ist zur Dokumentation einer statischen Berechnung ein Textdokument erforderlich. Es wird noch eine Weile dauern, bis dies im Zuge eines Bauantrags allein durch Einreichung eines Modells geschieht.

Derzeit erfordern organisatorische und juristische Rahmenbedingungen, wie beispielsweise Genehmigungsverfahren, eine entsprechende textuelle Dokumentation.

Tabelle 5.4 Beispiel für Informationsaustauschanforderungen IAA der Tragwerksplanung an ein Architekturmodell zur Ableitung von Lastannahmen. Ein Architekturmodell, das an die Tragwerksplanung zum Zwecke der Berechnung und Bemessung des Tragwerks übermittelt wird, muss also die genannten Modellinformationen enthalten.

Tragwerk-Modell/Element-Matrix für die Lastenermittlung (Beispiel ausgewählte Elemente)	
Bauteil-Bezeichnung	**IFC-Modellelement-Typ**
• Bodenbeschaffenheit, falls kein gesondertes Bestandsmodell mit Terrain vorliegt	IFCSite mit IFCMaterial (Bodenkennwerte als Pset_MaterialCommon und Pset_MaterialMechanical)
• Nutzungsarten der Räume	*IFCSpace*/IFCOccupancy
• Verkehrsflächen	IFCZone / IFCOccupancy
• geografischer Standort und Höhe über Meeresspiegel	IFCSite mit entsprechendem PropertySet
• bewegliche Lasten	IFCStructuralLoad bzw. IFCStructuralLoad-SingleDisplacementDistortion
• Erddruck, ggf. aus Bodenbeschaffenheit zu ermitteln	IFCStructuralLoadStatic
• Sonderlasten	IFCStructuralLoad

Auch für spätere Umplanungen und Nutzungsänderungen, mit möglichen Modifikationen an der Konstruktion und am Tragwerk, sind diese begleitenden Informationen in Dokumentform von eminenter Bedeutung. Eine strukturierte Ablage und Vernetzung dieser Informationen und der damit verbundenen Dokumente und Modellelemente sind Teil des Informationsmanagements in der Planungsphase.

Statische Dokumente lassen sich mit Modellelementen verlinken. Diese verlinkten Dokumente müssen entsprechend der Ablagestrategie (siehe Federationsstrategie) des Projekts mit Metadaten klassifiziert und somit nachvollziehbar und wiederauffindbar abgelegt werden. In einer CDE-Lösung, in der sowohl Modelle als auch Dokumente in einem Informationsregister abgelegt sind, können modell- und dokumentenbasierte Daten langfristig wiederauffindbar abgelegt werden.

Zu diesen Informationstypen zählen Textdokumente, Berechnungen, Zeichnungen, Fotos, Herstellerunterlagen oder Verweise auf Normen. Diese Informationsträger stammen in der Regel aus unterschiedlichsten Quellen und sind technisch und inhaltlich oft eingeschränkt miteinander kompatibel. Das Informationsmanagement muss gewährleisten, dass diese Daten in einheitlichen digitalen Strukturen zusammengestellt werden. Ein entsprechend konfiguriertes Klassifikationssystem ermöglicht die strukturierte Ablage und das Kenntlichmachen von Beziehungen zwischen Informationen untereinander. In einer CDE-Lösung werden Metadaten für Informationscontainer so konfiguriert, dass diese Dokumente beim Hochladen in das Dokumentenmanagementsystem der Gemeinsamen Datenumgebung CDE entsprechend klassifiziert werden können und so jederzeit wiederauffindbar sind.

Tragwerk Modell/Element-Matrix

Die Modell/Element-Matrix repräsentiert Informationsaustauschanforderungen IAA. Sie listet die zu verwendenden Modellelementtypen und deren Attribute auf. Die AIA enthalten diese technischen Details der Modell/Element-Matrix in der Regel nicht. Es ist die Aufgabe eines potenziellen Auftragnehmers, IAAs zu spezifizieren und bei einer erfolgreichen Beauftragung als Bestandteil des BAP einzubringen.

Seltener geht bereits eine AIA bis in die Detailtiefe einer Modell/Element-Matrix. Das könnte dann Sinn machen, wenn man bereits bei der Ausschreibung von Informationslieferleistungen alle Beteiligten auf konkrete, zum Beispiel Open-BIM-Formate, festlegen will und bei der späteren Ausarbeitung des BAP von vornherein auf einer solchen datentechnischen Grundlage aufsetzen möchte.

Anwendungsfall Rücklauf Tragwerk-/Architekturmodell

Zweck des Anwendungsfalls: Konsistenz zwischen Tragwerks- und Architekturmodell. Einbringen der Bemessungsentscheidungen in das Architekturmodell

Beteiligte: Tragwerksplaner, Architekt

Beschreibung: Aufgrund der Tragwerksbemessung können sich andere Abmessungen tragender Bauteile – wie Stützendicken oder Wandstärken – ergeben, als vom Architekten im Architekturmodell zunächst angenommen.

Änderungen, die sich am Tragwerk, beispielsweise durch Vermessungen oder Tragwerksänderungen ergeben, müssen rückwirkend im Architekturmodell berücksichtigt werden. Aufgrund der ID, die ein jedes Bauelement besitzt, können Änderungen an Elementen im Tragwerksmodell leicht in das Architekturmodell übernommen werden.

Hier zeigt sich der Vorteil von Open-BIM-Formaten. Grundlage des Erkennens von identischen Objekten auf beiden Seiten eines Modellaustausches ist hier eine einheitliche ID-Systematik. Aber auch weitere Eigenschaften von Bauelementen, wie beispielsweise eine Wanddicke, kann nur dann vom Tragwerksmodell in ein Architekturmodell übernommen werden, wenn der Parameter für Wanddicke auf beiden Seiten identisch benannt wurde. Hierfür sorgen unter anderem die in Abschnitt 5.3.4.5 genannten Modellierungsregeln für Modellinhalte. Voraussetzung dafür ist selbstverständlich, dass die austauschenden Systeme in der Lage sind, offene Modellierungsformate zu verwenden und Attributnamen entsprechend der projektweiten Modellierung gegebenenfalls anzupassen.

Nur durch diesen offenen Ansatz können Referenzobjekte aus dem Architekturmodell in Berechnungsobjekte im Tragwerksmodell umgewandelt und Änderungen auf kontrollierte Art und Weise in das jeweils andere Modell übertragen werden.

Informationsbereitstellung: Die zu liefernde Leistung der Tragwerksplanung ist ein fertig bemessenes Tragwerksmodell inklusive aller Nachweise. Das Ergebnis wird, gegebenenfalls wiederholt, in einem Koordinationsprozess mit anderen Fachplanermodellen, beispielsweise der TGA, abgestimmt. Diese Abstimmung erfolgt mit den einzelnen Lieferteams (Bereitstellungsteams) der anderen Fachdisziplinen, bis ein vorgegebener Anwendungsfall fehlerfrei durchlaufen wurde. Ein wichtiger Anwendungsfall ist in diesem Zusammenhang das Erstellen eines kollisionsfreien Gesamtmodells. Dieses kollisionsfreie Gesamtmodell wird in der Regel durch eine geplante, gewerkeübergreifende Schlitz- und Durchbruchsplanung erzielt. Eine Kollisionsermittlung und eine anschließende rein reaktive Beseitigung von Kollisionen durch Anlegen von Öffnungen, Schlitzen und Durchbrüchen entspricht selbstverständlich nicht einer geordneten planerischen Vorgehensweise. Der Anwendungsfall Kollisionsermittlung und -beseitigung ist daher begleitend und zur Absicherung gegen unentdeckte Überschneidungen von Bauteilen zu sehen. Im Verlauf der Schlitz- und Durchbruchsplanung kann es durchaus zu tragwerksrelevanten Änderungen kommen.

Nachdem auf Ebene der Bereitstellungsteams ein konsistentes gewerkeübergreifendes Gesamtmodell (Summe aller relevanten Fachplanermodelle) erarbeitet wurde, kann das Teilmodell der Tragwerksplanung vom Bereitsteller zur Freigabe an den Gesamtkoordinator des Bauherrn übermittelt werden.

Das Tragwerksmodell mit einer der Bemessung entsprechenden Volumenausprägung der Bauteile muss beispielsweise für die folgenden, sich anschließenden Anwendungsfälle geeignet sein:

- Schlitz- und Durchbruchsplanung,
- Massenermittlung,
- Montageplanung, zum Beispiel Schalplanung, Gerüstplanung,
- Erstellung von Positionsplänen für die Bewehrung,
- Bemessung von konstruktiven Elementen (Verbindungsmittel, Auflager, Aussteifungen).

Das kann nur gelingen, wenn die vereinbarten Austauschformate, Benennungen der Elementeigenschaften und die Modellierungsregeln eingehalten werden.

Um Fehlerquellen zu minimieren, sollte das Tragwerk immer dem Architekturmodell folgen.

Anwendungsfall Koordination der modellbasierten Fachplanungen

Zweck des Anwendungsfalls: Koordinierte Fachplanung

Beteiligte: Fachplaner der zu koordinierenden Fachrichtungen, BIM-Koordinator

Beschreibung: Aufgabenteams liefern Informationen aus ihren jeweiligen Fachrichtungen: Fachplanermodelle, Pläne, Dokumente usw. Jedes Team erstellt diese Informationen zunächst intern und auf Basis seiner AIA. Die einzelnen Fachinformationen aus allen Teams, zum Beispiel TGA-, Tragwerks- und Brandschutzmodelle müssen am Ende zusammenpassen, d. h. sie müssen inhaltlich widerspruchsfrei sein. Welche Fachmodelle zu einem sogenannten Koordinationsmodell zusammengefügt werden, um sie in ihrer Gesamtheit auf Widersprüche zu prüfen, hängt von der Fragestellung ab. Nach Beendigung der gefundenen Inkonsistenzen und Widersprüche spricht man von einem koordinierten Planungsergebnis.

Das BIM-Ziel eines koordinierten Planungsergebnisses erreicht man, indem der Anwendungsfall „Koordination der Gewerke“ bzw. „Koordination der Fachmodelle“ mit den entsprechenden Eingabedaten durchlaufen wird. Der Anwendungsfall „Koordination von Tragwerk und TGA“ benötigt als Input die Fachplanermodelle aus der Tragwerks- und der TGA-Planung. Bei Bedarf kommen weitere Modelle hinzu, zum Beispiel aus dem Brandschutz oder der Elektroplanung. Eine Koordinationsaufgabe

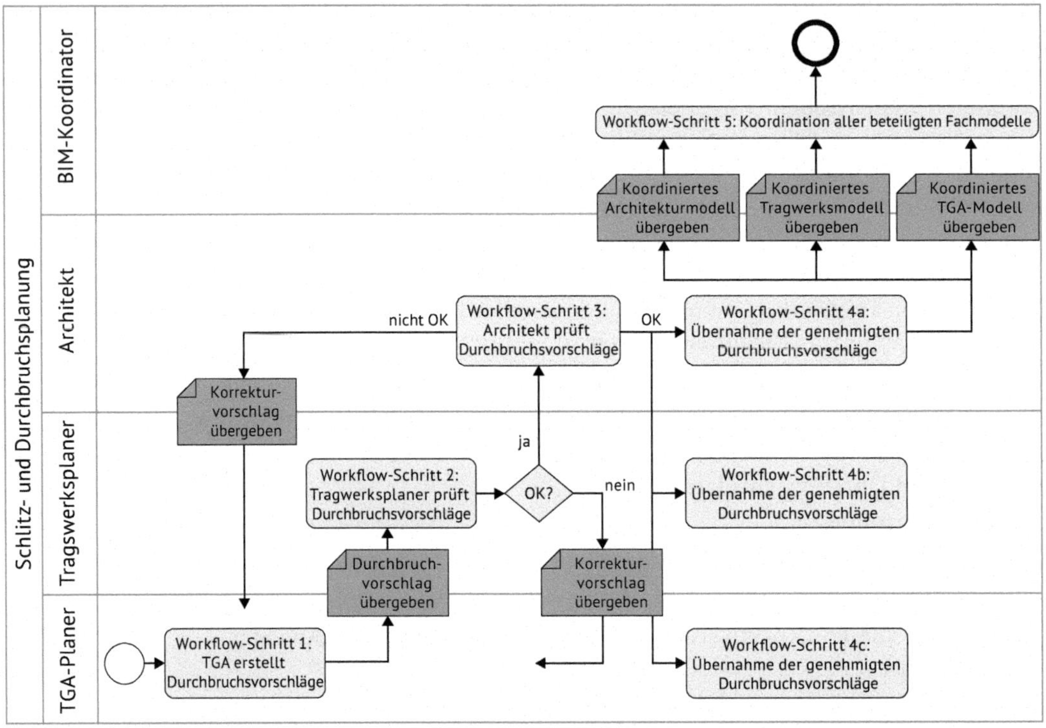

Bild 5.31 Schwimmbahn-Diagramm/Prozessdiagramm nach ISO 29481. Vereinfachte Darstellung des Prozessablaufs einer kollaborativen Erstellung von Informationen. Das Diagramm zeigt den koordinierten Workflow einer Schlitz- und Durchbruchsplanung zwischen Architekt, Tragwerks- und TGA-Planer.

Quelle: Leitfaden für die Schlitz- und Durchbruchsplanung auf Basis von IFC (jetzt Bestandteil von VDI 2552 Blatt 11.2)

ist auch die Schlitz- und Durchbruchsplanung. Den grundsätzlichen Ablauf zeigt Bild 5.31.

Durch die Zusammenführung der zu koordinierenden Fachmodelle in einem Koordinationsmodell können anschließend modellübergreifende Konsistenzprüfungen vorgenommen werden, so beispielsweise die Durchführung einer Kollisionsprüfung, die Durchbruchsplanung oder gewerkeübergreifende modellbasierte Bauablaufplanung. Dabei ist auch das Erkennen und Beseitigen von Duplikaten Teil der Qualitätssicherung.

Anmerkung: Kollisionsprüfung und Durchbruchsplanung werden häufig wie Synonyme behandelt. Die Durchbruchsplanung geht jedoch planerisch gezielt vor und „wartet" nicht erst darauf, dass Kollisionen entstehen. Die Kollisionsprüfung dagegen ist ein Qualitätssicherungsschritt, der – bei aller Sorgfalt immer noch mögliche – geometrische Überschneidungen aufdeckt. Mehrere Varianten der Kollisionsprüfung unter Zuhilfenahme von Probekörpern, um Montageflächen oder Fluchtwege einer automatisierten Kontrolle zugänglich zu machen, wurden bereits genannt.

Die Koordinationsaufgabe besteht in der Summe daraus, mehr als nur Kollisionen zwischen Bauteilen zu erkennen bzw. von vornherein ausreichend dimensionierte Trassen, Schlitze und Durchbrüche zu planen. Der Anwendungsfall „Koordination der modellbasierten Fachplanungen" ist somit als „wiederverwendbarer" Makro-Anwendungsfall für spezifischere Anwendungsfälle zu sehen. Es geht nicht nur um die Vermeidung von Mängeln, wie Bauteilkollisionen. Koordination heißt insgesamt, unter Abwägung unterschiedlicher Kriterien optimale Lösungen zu finden. Koordination der modellbasierten Fachplanungen sollte auch heißen, gemeinsame Planungsbesprechungen durchzuführen, bei denen die zu koordinierenden Fachplaner Lösungen, zum Beispiel in gemeinsamen Modellbegehungen, zusammen entwickeln. Das BIM-Informationsmanagement, beispielsweise innerhalb einer Gemeinsamen Datenumgebung CDE, führt Fachplanermodelle zusammen, zum Beispiel für eine Durchbruchsplanung. Externe Werkzeuge zur Kollisionserkennung können eingebunden werden, um das Gesamtmodell (Koordinationsmodell) zu analysieren und Probleme zu erkennen. In echten Datenumgebungen können Aufgaben direkt mit Modellelementen verknüpft und Arbeitsabläufe angestoßen werden. Hierdurch wird die Behebung von erkannten Fehlern und deren Beseitigung nachvollziehbar sichergestellt. Der Einsatz offener Formate ermöglicht die Einbindung einer breiten Palette von externen Werkzeugen für die verschiedensten Arten der Konsistenzprüfung, denn es geht ja nicht nur um geometrische Konsistenz, sondern um alle anderen Faktoren, die den Projekterfolg beeinträchtigen könnten.

Für den Datenaustausch zwischen einem CDE und externen Anwendungen stehen beispielsweise das BIM Collaboration Format BCF und IFC zur Verfügung. Erkannte Probleme werden in einem koordinierten Behebungsprozess beseitigt. Dadurch wird die gemeinsame Erstellung von Informationen zu einem nachvollziehbaren produktiven Prozess, der schnell konvergiert und potenzielle Probleme auf der Baustelle schon in der Planung behebt. Präzision und Qualität in der Planung ermöglicht überdies einen höheren Vorfertigungsgrad in der Ausführung und damit eine gesteigerte Produktivität.

Beispiel 5.12 **Integration des Brandschutzplaners in das BIM-Projekt**

Derzeit steht selbst in BIM-Projekten der Brandschutzplaner an der Seitenlinie und arbeitet, trotz einer möglicherweise schon projektweit modellbasierten Arbeitsweise, immer noch traditionell auf Basis von Plänen als primäres Arbeits- und Austauschformat.

Das muss und sollte nicht sein. Natürlich werden Brandschutzpläne weiterhin benötigt. Sie verschaffen Behörden oder Prüfsachverständigen in einer sehr konzentrierten Form einen schnellen Überblick über die brandschutztechnische Konzeption eines Gebäudes. Ein Modell mit seiner realitätsnahen Darstellungsweise kann diese Übersichtlichkeit nicht leisten. Pläne sind und bleiben daher weiterhin ein unverzichtbares Kommunikationsinstrument.

Die Integration des Brandschutzes in den BIM-Planungsprozess bietet jedoch entscheidende Vorteile für viele beteiligte Gewerke und Fachplaner. Der eindeutige Bauteilbezug von Brandschutzanforderungen bei einer modellbasierten Arbeitsweise hilft Missverständnisse vermeiden, die bei der traditionellen allein planbasierten Arbeitsweise, zum Beispiel aufgrund von missverständlicher Symbolik (Türstempel, Schraffuren, Farbcodierung), auftreten können.

Für eine Integration des Brandschutzes in die modellbasierte Arbeitsweise eines BIM-Projekts sollten daher beim Projektstart die Austausch-Informationsanforderungen AIA hinsichtlich des Brandschutzes für jedes relevante Fachplanermodell festgelegt werden. Dadurch werden dem Brandschutzplaner die von ihm zu erbringenden Informationslieferungen im gesamten BIM-Prozess dargelegt.

Der Fachplaner Brandschutz hat zwar kein eigenes Teilmodell, er muss jedoch – wie in der planbasierten Arbeitsweise auch – seine Fachkenntnisse in die Planung einbringen, indem er alle relevanten Bauteile hinsichtlich ihrer brandschutztechnischen Erfordernisse überprüft, Attribuierungen vornimmt und entsprechende Maßnahmen einfordert. Die erforderlichen Attribuierungen sind Bestandteile der AIA-Spezifikation für den Brandschutz und Basis für die genaueren Informationsaustauschanforderungen IAA.

Dieser Ablauf von der Übergabe relevanter Modelle, wie etwa dem Architektur-, dem TGA-, dem Tragwerksmodell und weiterer Modelle an den Fachplaner Brandschutz zur weiteren Bearbeitung unter dem Aspekt des Brandschutzes unterscheidet sich nicht grundsätzlich von der modellbasierten Zusammenarbeit aller Fachplaner untereinander. Der einzige Unterschied besteht darin, dass der Fachplaner Brandschutz kein eigenes Modell entwickelt, sondern seine Angaben in die bestehenden Modelle anderer Fachplaner einfügt und gegebenenfalls in einem iterativen Prozess Anpassungen einfordert und entsprechende Modellaktualisierungen erhält, die er dann gegebenenfalls wieder überprüft und letztlich freigibt.

Ableitung von Brandschutzplänen

Derart vom Fachplaner Brandschutz angereicherte Brandschutzinformationen in allen Modellen anderer Fachplaner ermöglichen anschließend eine automatisierte Erstellung von Brandschutzplänen, aber auch anderen Dokumenten, wie etwa Listen von Brandschutzelementen. Hierin liegt der große Vorteil einer Integration des Brandschutzplaners in die gesamte BIM-Projektpraxis.

Anwendungsfall: Ausschreibung von Ausführungsleistungen

Zweck des Anwendungsfalls: Modellbasierte Ausschreibung. Konsistenz von Planung und Ausschreibung

Beteiligte: Bauherr, Fachplaner, Kalkulation/Controlling, Bieter

Beschreibung: Die Ableitung von Ausschreibungsunterlagen, z. B. Leistungsverzeichnissen und darin enthaltenen LV-Positionen aus Modellen, kann automatisiert erfolgen. Dazu sind die Bauelemente im Modell entsprechend zu attribuieren (AIA), um Leistungen kenntlich zu machen. Die Aktualisierung der Ausschreibungsunterlagen nach Änderungen kann dann jederzeit durch erneute generative Erstellung aus dem Modell erfolgen. Dieses kann auch zur Unterstützung der Kostenermittlung herangezogen werden. Bieter erhalten so Ausschreibungsunterlagen, die der aktuellen Planung entsprechen. Hier hat sich im deutschen Sprachraum der Einsatz von GAEB (siehe Kapitel 4 Standards) bewährt.

Auszuführende Leistungen werden durch dreidimensionale Darstellungen ergänzt und verdeutlicht. Eine rein textuelle Beschreibung der auszuführenden Leistungen im Rahmen einer Ausschreibung kann zu falschen Annahmen und damit zu fehlerhaften Angeboten führen. Durch Modellvisualisierung kann der Gesamtzusammenhang der einzelnen auszuführenden Leistungen besser von den Bietern verstanden werden. Der Bietende kann so seine zu erbringende Leistung zuverlässiger kalkulieren und gegebenenfalls Verbesserungsvorschläge unterbreiten. Bietern sollte dafür ein einfacher Zugang zu Modell-Viewern ermöglicht werden, um den Bereich ihrer Ausführungsleistung im Modell beurteilen zu können.

Anwendungsfall: Modellunterstützte Produktwahl

Zweck des Anwendungsfalls: Durchgängige Produktklassifikation und -detaillierung

Beteiligte: Planer, Konstrukteure

Beschreibung: Der Einsatz einheitlicher BIM-konformer Klassifikationssysteme für Produkte, wie Bauteile und technische Elemente, ist äußerst vorteilhaft für die Verarbeitung von Produktinformationen über den gesamten Lebenszyklus hinweg. Dies erleichtert die Berücksichtigung unterschiedlicher Teilaspekte, wie Funktion, Systemzugehörigkeit, Nachhaltigkeit, Nutzungsart, Betriebsprozess usw.

Ein intelligentes Klassifikationssystem könnte die Produktwahl auch bei der Parametrisierung unterstützen. Selbst bei diskreten Produktdimensionen wäre somit ein kontinuierlicher Abgleich zwischen Soll- und Ist-Parameter möglich (siehe Beispiel 5.13 Parametrik und modellbasierte Produktauswahl). Eine parametrisierte Modellierung wäre dadurch bis in Produktkataloge der Hersteller hinein denkbar. Der Abgleich kann sowohl geometrische als auch alphanumerische Produktinformationen betreffen. Beide könnten ins Modell übernommen oder besser durch Referenzierung mit einem Produktkatalog verknüpft werden. Die neue Implementierung des buildingSMART Data Dictionary bSDD könnte als intelligenter Katalog auch für derartige parametrisierte Produktauswahlmechanismen genutzt werden.

Derzeit bleibt es noch überwiegend bei statischen Produktkatalogen der Hersteller. bSDD und kommerzielle Produkte oder Dienstleister wie BIMObjects oder ProMaterial bieten Lösungen zur Integration unterschiedlicher statischer Hersteller-Produktinformationen an. Hier wird die Entwicklung weiter in Richtung allgemeiner Schnittstellen zu Produktkatalogen gehen.

Beispiel 5.13 **Parametrik und modellbasierte Produktauswahl**

Wie im Abschnitt 2.12 Klassifikationssysteme bereits beschrieben, beschränken sich generische Klassenhierarchien, wie bspw. IFC, auf mittlere bis geringe Detaillierungsgrade. Mit entsprechenden codebasierten Klassifikationssystemen können Produkte sehr viel genauer beschrieben werden. Man erreicht damit oft den Genauigkeitsbereich einer einfachen Produktbeschreibung, ohne bereits das Produkt eines bestimmten Herstellers ausdrücklich zu nennen. Hersteller können in ihrer Produktbeschreibung auf Klassifikationscodes passender Klassifikationssysteme, die ihr Produkt genau genug charakterisieren, verweisen.

Die BIM-gerechte Beschreibung von Produkten steht angesichts langlebiger Datenmodelle vor der Herausforderung, allen beteiligten Modellnutzern die richtige Informationsmenge zu bieten. Dies ist angesichts der in den verschiedenen Phasen, von der Planung bis zum Abriss, beteiligten Interessengruppen und deren Blickwinkel auf bestimmte

Produkteigenschaften eine äußerst schwierige Aufgabe. Ein gängiges Einsatzgebiet von Klassifikationssystemen sind die Ausschreibung von Bauleistungen und die Kostenermittlung. Eine rationelle Verarbeitung von Produktdaten wird erschwert, weil Herstellerdaten in der Regel gleichartige Eigenschaften nicht mit gleichen Attributnamen kennzeichnen. Das gilt schon innerhalb einer nationalen Sprache und vervielfältigt sich dann auch noch über die verschiedenen Sprachen hinweg.

Produkthersteller haben in der Regel ihre eigenen Codierungen für Produkte, Einzelteile und Artikel entwickelt. Wenn Hersteller bzw. Bauunternehmen in BIM-Projekten gemäß ihrer Informationslieferpflichten auch die Produkt-Dokumentation liefern müssen, gehört zur Produktdokumentation des ausgeführten Bauteils auch der im Projekt vereinbarte Klassifizierungscode. Eine Übernahme von herstellerspezifischen Codierungen in das Modell ist nicht wünschenswert, da diese nicht durchgängig für alle Bauteile verwendet werden können.

Neben den Klassifikations- und Typinformationen werden auch Identifikationsinformationen des konkreten verbauten Einzelobjektes, beispielsweise Seriennummern, im betreffenden Modellelement hinterlegt. Unterschiedliche Versionen oder Varianten desselben Produkts können verbaut werden oder im Zuge einer Störungsbeseitigung nachträglich ersetzt werden. Klassifikationssysteme und Komponentenstrukturen eines Gebäudemodells müssen diesem Informationsbedarf durch die richtige Balance zwischen Element-Attribuierung und ausgewähltem Klassifikationssystem Rechnung tragen.

Im Kapitel 2 Modelle wurde ein einfaches Parametrisierungsbeispiel vorgestellt (Geschosshöhe, Fenstersturz- und Brüstungshöhe). Die Regeln der Parametrik sind häufig weitaus komplexer als ein solcher rein linearer Zusammenhang.

Zum Beispiel bei der Abhängigkeit zwischen der Spannweite eines Fachwerkträgers und der Anzahl seiner Felder. Überschreitet die Stützweite einen Grenzwert, kommt ein neues Feld hinzu. Die Änderungen erfolgen hier also in diskreten Schritten.

Das Beispiel lässt sich auf die Abhängigkeiten zwischen den Komponenten eines Produktsystems erweitern. Das hat Auswirkungen auf die Anforderungen an Produktkataloge der Hersteller. Können sich abhängige Bauteile „selbstständig" aus dem Produktkatalog des Herstellers passend aktualisieren? Bei der parametrisierten Dimensionierung von Rohren bzw. Lüftungskanälen werden Standardrohre bzw. Lüftungskanäle in der Regel nicht in beliebigen Durchmessern geliefert, sondern lediglich in abgestuften Querschnitten. Wird der Rohrdurchmesser durch Parametrik berechnet, müssten auch abhängige Bauteile, wie Rohrverbindungen und Befestigungselemente, diesen Sprüngen folgen. Das bedeutet, das System der Parameter muss intelligent ineinandergreifen. Das kann nur erfolgen, wenn Abhängigkeiten und Modellierungsmöglichkeiten der verknüpften Bauteile gewissen Standards folgen, die eine algorithmische Erfassung der Zusammenhänge erlauben. Das ist derzeit noch nicht erreichbar, erste Schritte sind mit bSDD und Product Data Templates (siehe Kapitel 4 Standards) jedoch gemacht.

Wunsch und Wirklichkeit

Modellierungswerkzeuge wie Revit können parametrische Abhängigkeiten zwischen Bauteilen zwar mühelos abbilden, heutige Produktkataloge jedoch nicht. Bisherige Produktkataloge sind nicht so intelligent. Man kann sie nicht programmatisch fragen, was denn die nächstgrößere oder nächstkleinere tatsächlich produzierte Größe wäre. Vorerst muss man diese Abhängigkeiten von Hand nach-modellieren und bei der Produktwahl nachprüfen, welche Rohrschellen zum neuen Rohrdurchmesser passen.

Anwendungsfall: Öffentlichkeitsarbeit

Zweck des Anwendungsfalls: Bürgerbeteiligung

Beteiligte: Stadtplaner, Planungsbehörden, Bürger

Beschreibung: Noch nicht allerorten gehört dieser Anwendungsfall zum Standardrepertoire, leidvolle und kostspielige Erfahrungen aus der Vergangenheit haben das gezeigt. Auch das Projekt auf dem Bucheinband (der neue Hauptbahnhof Stuttgart) kann als lebhafter Beweis dienen.

Nicht nur für Projekte der öffentlichen Hand, sondern auch für größere Projekte privater Auftraggeber ist die Einbeziehung der Öffentlichkeit eine wichtige Maßnahme, um spätere Risiken aufgrund schlechter Akzeptanz und Widerständen in der Öffentlichkeit von Beginn an zu vermeiden. Beispielsweise hat das von der EU geförderte Projekt U_CODE[56] hierzu Konzepte und Beispielimplementierungen entwickelt. Bereits einfache Modelle können für das Bewusstsein der Öffentlichkeit und die Einbeziehung der Bevölkerung in den Planungsprozess schon in frühen Planungsphasen förderlich sein. Eine hohe Detailtiefe der Modelle ist hier oft von geringerer Bedeutung als die glaubwürdige Ausgestaltung des Interaktionsprozesses zwischen den Planern, der Öffentlichkeit und dem privaten oder öffentlichen Bauherrn.

Im Projekt U_CODE (Urban Collective Design Environment, Bild 5.32) bildet eine Gemeinsame Datenumgebung die Basis für eine Beteiligungsplattform zwischen Bürgern, Stadtplanern, Architekten und Bauherren. Sie war quasi die Drehscheibe zwischen den Äußerungen der Öffentlichkeit etwa über Soziale Medien, wie Facebook, dem U_CODE-Mediator und den Entscheidungsträgern. Die Informationsanforderun-

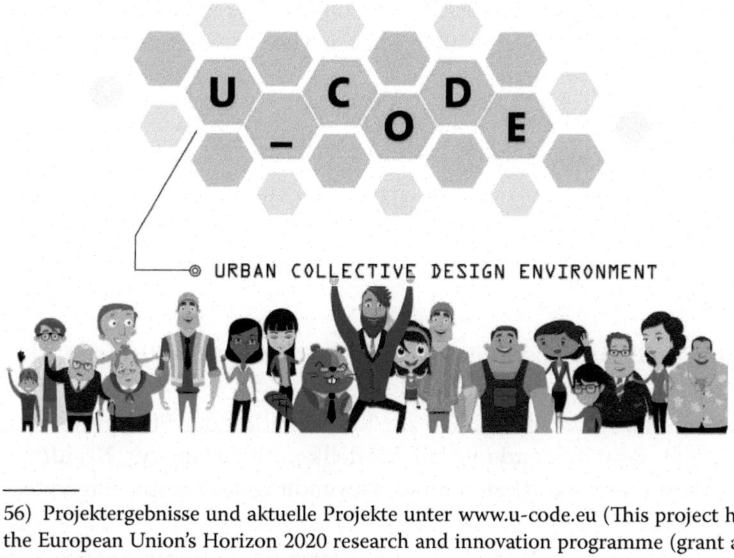

Bild 5.32 Bürgerbeteiligung mit BIM. Das U_CODE Projekt hat prototypische Lösungen entwickelt, damit die Öffentlichkeit qualifiziert in die Stadtentwicklung eingebunden werden kann.

56) Projektergebnisse und aktuelle Projekte unter www.u-code.eu (This project has received funding from the European Union's Horizon 2020 research and innovation programme (grant agreement no.: 688873, project duration: 02/2016 – 07/2019).

gen an BIM-Modelle und Begleitinformationen, wie Dokumente und Pläne, waren so gestaltet, dass die Informationslieferungen sowohl die klassischen Formen der Öffentlichkeitsarbeit, wie öffentliche Präsentationen, Flyer und dergleichen, aber auch High-End-Lösungen wie Augmented Reality und 3D-Brillen, Miniatur-3D-Drucke der vorgeschlagenen Lösungen oder im Internet zugängliche visualisierte Stadtmodelle unterstützen konnten.

Die Antworten der Bürger wurden gegebenenfalls gebündelt und redaktionell aufbereitet, sodass sie in einem geeigneten Format, beispielsweise über BCF an die Fachplaner und ihre Planungswerkzeuge weitergegeben werden konnten.

5.4 BIM-Projekt Vorbereitung

Wir haben in den vergangenen Kapiteln alle wichtigen Konzepte, Methoden und Standards kennengelernt, nun wenden wir sie an. Der Weg der Vorbereitung bis zur Beauftragung verläuft in den folgenden Schritten.

5.4.1 BIM-Ziele definieren

Die Vorbereitung des Projekts beginnt mit der Klärung folgender Fragen unter Berücksichtigung des gesamten Lebenszyklus, also aller Phasen von der Planung über der Ausführung bis zum Betrieb und Rückbau.

Was will der Bauherr mit BIM erreichen?

Welche Stakeholder sind zu berücksichtigen? Hier können bereits die typischen Anwendungsfälle aus Abschnitt 5.3.4 ins Auge gefasst werden.

5.4.2 BIM-Ziele dokumentieren

Die Vorbereitung des Projekts beginnt mit der Klärung folgender Fragen unter Berücksichtigung des gesamten Lebenszyklus, also aller Phasen von der Planung über der Ausführung bis zum Betrieb und Rückbau.

Was will der Bauherr mit BIM erreichen?

Welche Stakeholder sind zu berücksichtigen?

Hier können ebenfalls die typischen Anwendungsfälle aus Abschnitt 5.3.4 ins Auge gefasst werden.

5.4.3 AIA spezifizieren

Die typischen Anwendungsfälle aus Abschnitt 5.3.4 können zur Spezifikation von AIA genutzt werden. Bedenken Sie zunächst die Planungsphase:

- Achten Sie besonders auf die Anwendungsfälle zur Koordination der Planungsbeteiligten untereinander, z. B. den Anwendungsfall Modellkoordination, zur Beauftragung von BIM in der Bauphase. Spezifizieren Sie Anwendungsfälle unter folgenden Gesichtspunkten:
- Welche Informationen benötigt die Ausführungsphase von der Planungsphase?

- Welche Planungsbeteiligten liefern diese Informationen und an wen in der Bauphase sind sie zu liefen?
- Welche Informationen müssen die Baubeteiligten liefern, damit eine Koordination untereinander stattfinden kann? Hier sind bspw. Informationslieferungen zum Baufortschritt zu beauftragen, indem entsprechende AIA an Bieter ausgegeben werden.
- Welche Informationen über den As-Built-Zustand sind vom ausführenden Unternehmen zu liefern? Entsprechende AIA zur Baudokumentation sind zu spezifizieren.

Natürlich sind nicht alle Unternehmen von Anfang an im Projekt. Die ausführenden Unternehmen werden ja in der Regel erst nach der Planung beauftragt. Machen Sie sich Gedanken darüber, wie der Informationslieferprozess zwischen Unternehmen ablaufen soll, die nicht zur gleichen Zeit im Projekt sind. Hier ist die Nutzung einer Gemeinsamen Datenumgebung CDE bereits frühzeitig zu planen.

5.4.4 CDE ausschreiben

Bereits bei der Ausschreibung und Versendung der Ausschreibungsunterlagen an die Bieter ist es sinnvoll, ein CDE einzusetzen. Unterstützung der CDE-Ausschreibung bietet die DIN SPEC 91391, siehe Abschnitt 5.5.2

5.4.5 BIM-Leistungen ausschreiben

Die Ausschreibung von physischen Ausführungsleistungen und Informationslieferleistungen erfolgt nicht separat, sondern bildet ein Paket. Schließlich müssen beide Leistungen Hand in Hand gehen. Die Ausschreibungsunterlagen enthalten also neben den Beschreibungen über die zu erbringenden Planungs- oder Bauausführungsleistungen auch die damit verbundenen AIA. Für eine einheitliche Struktur der Angebote kann es vorteilhaft sein, dass den Ausschreibungsunterlagen ein vorstrukturiertes Informationslieferhandbuch (Abschnitt 5.7.3) beigefügt wird, an das sich der Bieter halten soll.

5.4.6 Angebote der Bieter erhalten und bewerten

Die Bieter reagieren auf die ausgeschriebenen AIA mit der Zusendung eines vorläufigen BAP, der ihren Teilbereich der Leistungserbringung umfasst und Lieferleistungen in einem TIDP auflistet.

5.4.7 Endgültigen BAP erstellen

Mit der Endgültigkeit des BAP ist es so eine Sache, denn es werden im Projektverlauf weitere Unternehmen hinzu kommen. Planen Sie den genauen Prozessablauf, wie diese hinzukommenden Unternehmen in den BAP aufgenommen werden und wie der BAP daraufhin aktualisiert wird.

Zu beachten: die Erstellung des BAP ist ein Abstimmungsprozess zwischen allen Projektpartnern. Je besser die Möglichkeiten und Bedürfnisse der Beteiligten berücksichtigt werden, umso weniger Probleme werden bei der Mobilisierung oder gar im laufenden Projekt auftreten.

Wichtige Schritte bei der Erstellung des BAP sind

- die Koordination der TIDPs der einzelnen Bieter und in einem MIDP. Dabei wird die Dauer der Einzelaufgaben in den TIDPs zu einem Lieferplan mit Anfangs- und Enddatum aller Aufgaben im MIDP umgerechnet. Die Abhängigkeiten zwischen Aufgaben ist zu berücksichtigen.
- das Festlegen der Projektinformationsstrategie. Es wird die projektweise gültige Federationsstrategie und die Metadatenstruktur für Informationscontainer festgelegt. Die einzuhaltenden Kommunikations- und Lieferprozesse unter Verwendung eines CDE wird festgelegt.

Im BAP werden projektspezifische Organisations- und Kommunikationsstrukturen festgelegt, um das Informationsmanagement nach der BIM-Methodik für alle Projektteilnehmer transparent und nachvollziehbar durchführen zu können. Dazu werden die erforderlichen Aktivitäten und technischen Schnittstellen strukturiert dargestellt.

Der BAP wird bei Projektbeginn nach Vergabe der Informationslieferleistungen, oft nach erfolgter Ausschreibung, vom federführenden Informationsbereitsteller, beispielsweise einem federführenden Generalunternehmen, Generalplaner oder dem leitenden Objektplaner, erstellt. Dabei sind die Belange der Auftragnehmer zu berücksichtigen.

Der BAP trifft organisatorische, fachlich inhaltliche und technische Festlegungen, die für alle Projektteilnehmer bindend sind.

- Fachlich-inhaltliche Festlegungen
  - Modellierungsrichtlinien
  - Modellaufteilungen und Modellstrukturen
  - Ablagestrukturen
  - Metadaten-Datenstruktur für Informationscontainer.
- Prozessuale und technische Festlegungen
  - zu nutzende Software-Anwendungen inklusive Versionsnummern
  - Gemeinsame Datenumgebungen CDE.
- Organisatorische Festlegungen
  - verantwortliche Personen bzw. Organisationen und Ansprechpartner
  - Rollen der verantwortlichen Personen
  - Informationsbereitstellungspläne
  - Risikoregister.

5.5 Lieferinhalte festlegen

Es besteht die Notwendigkeit, die Art und den Umfang von Informationslieferungen zu spezifizieren

- seitens des Informationsbestellers in AIA,
- seitens der Informationslieferanten in Rahmen ihrer Angebote als Reaktion auf die AIA der Ausschreibungen,
- in einem BAP.

Dabei sind die folgenden Aspekte zu berücksichtigen.

5.5.1 Detaillierungsgrade von Modellen und abgeleiteten Dokumenten

Die aus traditionellen Projekten bekannte Kopplung zwischen der Detailtiefe von Zeichnungen und dem zeitlichen Voranschreiten in Projektphasen ist oft auch in BIM-Projekten erwünscht, da sie eine gewohnte Vorgehensweise, zum Beispiel nach HOAI-Phasen impliziert. Allerdings ist das Credo von BIM unter anderem eine Auflösung strikter Phasengrenzen. Eine höhere Planungstiefe und damit ein Detaillierungsgrad soll ja gerade zu einem früheren Erkenntnisgewinn und einer Befähigung zu qualifizierteren Entscheidungen führen. Insofern ist eine generelle Kopplung zwischen Projektphasen und Detaillierungsgraden im Einzelfall kritisch zu beleuchten. Tabelle 5.5 mit gängigen Detaillierungsgraden soll daher nur als Anhaltspunkt dienen. Der inhaltliche Umfang von LODs wurde im Kapitel 4 Standards erläutert.

Tabelle 5.5 Anhaltspunkte für LOD in einzelnen Projektphasen sind mit Vorsicht zu genießen. Der starre Phasenbezug des Detaillierungsgrades soll mit BIM ja gerade zugunsten einer zweckgerichteten Erstellung von Informationen überwunden werden.

Leistungsphase	Fertigstellungsgrad
Grundlagenermittlung	LOD 100
Vorplanung	LOD 100
Entwurfsplanung	LOD 200
Genehmigungsplanung	LOD 200
Ausführungsplanung	LOD 300

Im Einzelfall bindend sind dagegen die in den Anwendungsfällen und den daraus resultierenden Austausch-Informationsanforderungen AIA genannten Detaillierungsgrade bzw. die dort genannten genauen Angaben über Modellinhalte, wie beispielsweise Modellattribuierung und zu liefernde Modellelementtypen.

Pläne, Grundrisse, Schnitte, Ansichten und Listen, wie Tür-, Fenster- und Raumlisten, sind aus 3D-Modellen abzuleiten. Ableitungen aus dem Modell können logischerweise nicht gehaltvoller sein als das Modell selbst, weshalb die genannten Detaillierungsgrade der abgeleiteten Pläne und Zeichnungen eins zu eins mit den Angaben der zugrunde liegenden Modelle korrelieren.

Im Kapitel 2 Modelle wurde bereits genauer auf den Vorgang der Ableitung von 2D-Plänen sowie Listen eingegangen. In einem BAP sind konkrete Festlegungen zum Informationsgehalt dieser abgeleiteten Informationen zu treffen. Zu nennen wären hier Beschriftungen, Achsen und Bemaßungen sowie die Einhaltung von Zeichenverordnungen und das Layout von Planstempeln. Auch das einzuhaltende Lieferformat ist in den AIA anzugeben. Im Falle von abgeleiteten 2D-Plänen kommen hier beispielsweise das PDF-Format und das DWG-Format in Betracht.

Zu beachten ist auch die folgende Arbeitsweise: Auf Ebene der Fachplaner wird wegen der Vorteile bei der Koordination modellbasiert gearbeitet, der Bauherr bzw. Betreiber wünscht jedoch lediglich 2D-Formate. Vor der Informationslieferung an den Bauherrn findet also eine Planableitung aus dem Modell statt. Auf Basis der gelieferten Pläne und Zeichnungen finden dann Freigaben durch den Bauherrn statt. Der Bauherr kommuniziert Änderungen und Fehler über Anmerkungen und Kommentare in Zeichnungen. Im Rücklauf an die Planer müssen diese wieder manuell in die entsprechenden Modelle eingepflegt werden, denn anders als beim Weg vom Modell zu Plänen gibt es hierfür keinen Automatismus. Das lässt sich nicht völlig vermeiden, zeigt aber, dass es vorteilhaft ist, den Bauherrn frühzeitig in die modellbasierte Arbeitsweise einzubinden.

5.5.2 Festlegung der Strukturierung von Informationen im BIM-Projekt

Während der gesamten Projektlaufzeit und auch nach der Übergabe an die Betriebsphase werden Informationen erstellt, geprüft und verteilt. Wie im Kapitel 4 Standards dargestellt, werden in BIM-Projekten alle Informationen, gleich welcher Art, in sogenannten Informationscontainern aufbewahrt. Eine Datei, gleich welchen Inhalts, wird durch Hinzufügen von Metadaten zum Informationscontainer. Dieser kann etwa in einem CDE anhand seiner Metadaten verwaltet und bearbeitet werden. Metadaten klassifizieren also einen Informationscontainer. Die Art dieser Klassifikation hängt von den Anforderungen des Projekts und seiner Teilnehmer ab.

Einen Minimalumfang an Metadaten eines Informationscontainers beschreibt die ISO 19650. Ein Informationscontainer hat demnach

- eine eindeutige ID,
- einen Eignungscode,
- einen Revisionscode,
- einen Freigabestatus sowie
- eine Klassifizierung nach einem projektweit vereinbarten Klassifikationssystem.

Beispiel 5.14 **Statuscodes – treibende Kraft im CDE-Workflow**

Der Statuscode ist ein Merkmal aus dem Minimalumfang für Metadaten nach ISO 19650. Bild 5.33 und der in Tabelle 5.6 geschilderte Ablauf illustrieren, wie der Statuscode die Entwicklung eines Informationscontainers im Rahmen eines CDE-Workflows kennzeichnet. Bild 5.33 bezieht sich auf Phase 3 des britischen Leistungsverzeichnisses für digitale Leistungen im Bauablauf, dem RIBA Plan of Work. Sie zeigt,

- wie die ISO 1906-2 Abschnitte sich in der Realität auf Informationscontainer anwenden lassen,
- wie Informationskanäle die Zustände „in Bearbeitung" (WIP) und „Geteilt" (Shared) mehrfach durchlaufen, bevor sie in den Zustand „Veröffentlicht" kommen,
- wie der Statuscode den Empfängern mitteilt, welche Aktion notwendig ist,
- wie das Aufgabenteam seine Informationen in einem geometrischen Modell, das mit anderen geometrischen Modellen koordiniert wird, anlegen kann,
- wie anschließend die koordinierte Information aus dem nativen Format exportiert wird und als Plan zur Kommentierung vorliegt,

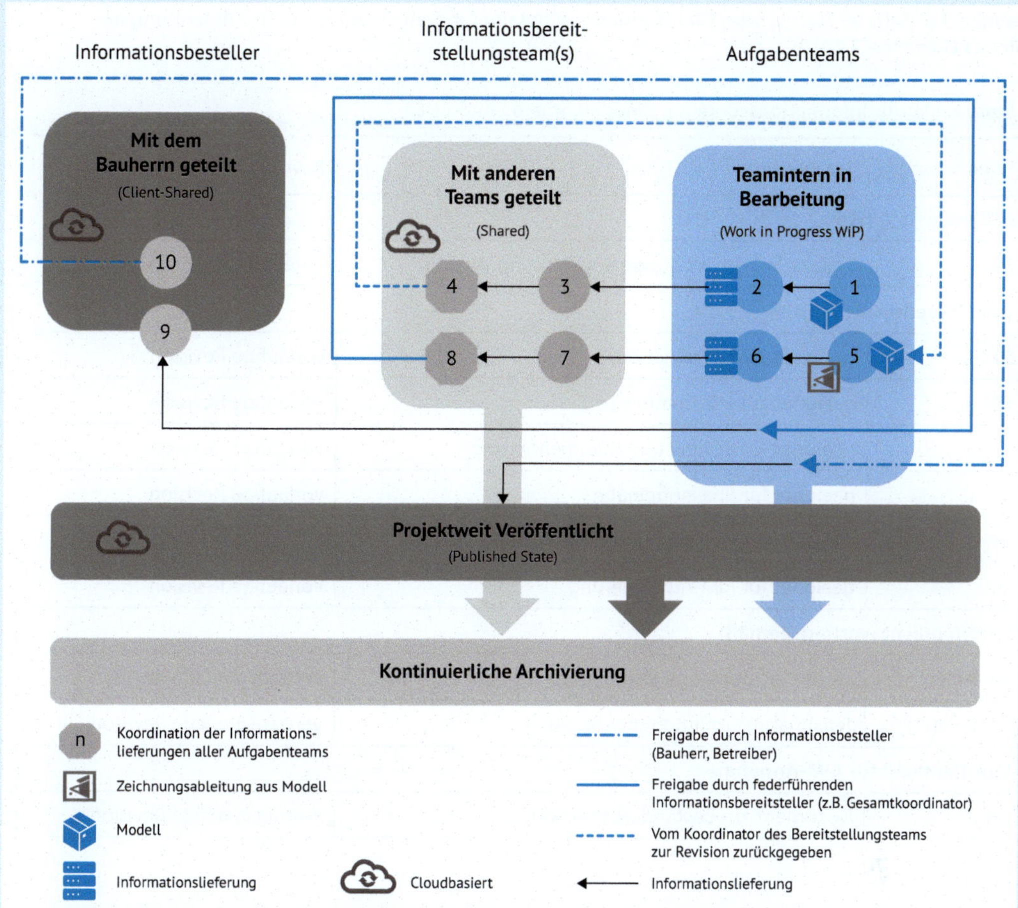

Bild 5.33 Wiederholte Statusübergänge während des gemeinsamen Erstellens von Informationen. In Anlehnung an UK ISO Guidance-2 2019 und in Übereinstimmung mit Abschnitt 5.6 und 5.7 der ISO 19650-2

- wie nach Eingang von Kommentaren die native Information im Status „in Bearbeitung" aktualisiert werden muss, bevor der Plan erneut exportiert wird,
- wie die Autorisierung und Abnahme des erneut verschickten Plans geschehen muss, bevor daraus Informationen im Status „Veröffentlicht" werden.

Zur Vereinfachung zeigt Bild 5.33 die Entwicklung eines Plans ausgehend von einem nativen geometrischen Modell zur Autorisierung und Freigabe. In der Realität müssen alle Informationscontainer den Informationsaustausch, wie er in den Informationsaustauschanforderungen definiert ist, in einem ähnlichen Prozess durchlaufen.

Tabelle 5.7 beschreibt die einzelnen Schritte einer voranschreitenden Prüfung und Freigabe eines Modells und eines daraus abgeleiteten Plans innerhalb einer CDE und die Interaktionen zwischen den Projektteilnehmern. Dabei werden die Abkürzungen und Codes von Tabelle 5.6 verwendet.

Tabelle 5.6 Beispiel Statuscodes für Informationscontainer innerhalb eines CDE (in Anlehnung an UK ISO Guidance-2 2019)

Statuscodes für Informationscontainer einer innerhalb eines CDE		
Code	**Beschreibung**	**Revision**
In Bearbeitung (WIP)		
S0	initialer Status: vorläufige Revision und Version	geteilt (nicht vertraglich)
Geteilt (außervertraglich)		
S1	geeignet für Koordination	vorläufige Revision
S2	geeignet zur Information	vorläufige Revision
S3	geeignet für Review und Kommentierung	vorläufige Revision
S4	geeignet für Phasenfreigabe	vorläufige Revision
S5	zurückgezogen (nicht länger verwendet)	
S6	geeignet für PIM-Autorisierung	vorläufige Revision
Veröffentlicht (vertragsgemäß)		
A1, An etc.	autorisiert und angenommen	vertragsgemäße Revision
B1, Bn etc.	Teilabnahme (mit Kommentaren)	vertragsgemäße Revision
Veröffentlicht für AIM-Annahme		
CR	Dokument zur Bestandsaufzeichnung	vertragsgemäße Revision

Tabelle 5.7 Beispiel einer iterativen Fortentwicklung eines Informationscontainers gemäß ISO 19650 [72]

Schritt	Details	Bearbeitungs-zustand	Revision	Status	ISO-Abschnitt
0	Zusammenstellung und Überprüfung aller notwendigen Informationen für den Start	in Bearbeitung	–	–	5.6.1
1	Weiterführung der Informationsproduktion unter Nutzung anderer referenzierter Quellen zu Koordinationszwecken	in Bearbeitung	–	–	5.6.2
2	Durchlaufen einiger Iterationen des Geometriemodells durch den BIM-Autor im Status in Bearbeitung. Diese werden in einer lokalen CDE-Lösung gespeichert mit dem Metadaten-Status S0. Das Geometriemodell wird einer Qualitätsprüfung innerhalb des Aufgabenteams unterzogen, um den Container (nicht seinen Inhalt) gegen den Projekt-Informationsstandard zu überprüfen.	in Bearbeitung	P01.05	S0	5.6.3

Tabelle 5.7 (Fortsetzung)

Schritt	Details	Bearbeitungs-zustand	Revision	Status	ISO-Abschnitt
3	Der Inhalt des Modells wird innerhalb des Aufgabenteams einer finalen Prüfung unterzogen. Dem Modell (in seinem nativen oder einem offenen Format) wird der Status S1 zugeteilt. Dieser ist ausschließlich für die Koordination geeignet. Anschließend wird es im Zustand „Geteilt" weitergegeben.	geteilt	P01	S1	5.6.4
4	Das Modell wird über die CDE-Lösung, die durch den federführenden Auftragnehmer gemanagt wird, geteilt. Das Lieferteam überprüft das Modell zusammen mit anderen Informationscontainern, um die kontinuierliche Koordination der Informationen aller Elemente des Informationsmodells zu erreichen.	geteilt	P01	S1	5.6.5
5	Im Anschluss an den Review aktualisiert das erstellende Aufgabenteam das Modell im Status „in Bearbeitung" basierend auf den Rückmeldungen vom Lieferteam nach dessen Koordinations-Review.	in Bearbeitung	P02.01	S0	5.6.2
Der Plan wird aus dem Modell exportiert. Revisions- und Statusspalte beziehen sich nun auf die Metadaten des Plans und nicht des Modells. Das Geometriemodell wird jedoch weiterhin im Zuge des Zustandes „in Bearbeitung" aktualisiert.					
6	Der Plan wird in einer lokalen CDE-Lösung mit den Metadaten-Bearbeitungszustand S0 und Revision P01.01 so lange abgelegt, bis er die Qualitätsüberprüfungen im Aufgabenteam erfolgreich durchlaufen hat.	in Bearbeitung	P01.01	S0	5.6.3
7	Die Planinhalte durchlaufen eine finale Vollständigkeits- und Kohärenzüberprüfung durch den Manager des Aufgabenteams. Dem Plan wird der Status S3, „geeignet für Review und Kommentierung", zugewiesen. Da der Plan nicht für Koordinationszwecke, sondern zur Kommentierung weitergegeben wird, wird er direkt an den federführenden Auftragnehmer weitergegeben.	geteilt	P01	S3	5.6.4
8	Der Plan wird zusammen mit anderen Begleitinformationen durch den federführenden Auftragnehmer überprüft, um seine Übereinstimmung mit den Projektanforderungen sicherzustellen. Der federführende Auftragnehmer fügt Kommentare hinzu und instruiert das Aufgabenteam zu Aktualisierungen und zum Stellen des Freigabeantrags.	geteilt	P01	S3	5.6.5

Tabelle 5.7 (Fortsetzung)

Schritt	Details	Bearbeitungs-zustand	Revision	Status	ISO-Abschnitt
9	Im Anschluss an die Überprüfung aktualisiert das erstellende Aufgabenteam das Geometriemodell im Status „in Bearbeitung" basierend auf den Kommentaren zum Plan seitens des federführenden Auftragnehmers. Es erfolgt ein erneuter Export des Plans.	in Bearbeitung	P02.01	S0	5.6.2
10	Den Metadaten des Plans wird der Status S0 zugewiesen. Er wird mit den Revisions-Metadaten P02.01 so lange in einer lokalen CDE-Lösung abgelegt, bis er die Qualitätsprüfungen innerhalb des Aufgabenteams passiert.	in Bearbeitung	P02.01	S0	5.6.3
11	Die Inhalte des Plans gehen durch eine finale Vollständigkeits- und Kohärenzüberprüfung durch das Aufgabenteam. Dem Plan wird der Status S6 zugewiesen, geeignet für die Autorisierung. Der Plan wird direkt an den federführenden Auftragnehmer weitergegeben.	geteilt	P02	S6	5.6.4 5.7.1
12	Der federführende Auftragnehmer überprüft den Plan und andere Begleitinformationen des Informationsmodells gegen die Anforderungen aus der Beauftragung. Der federführende Auftragnehmer ist zufrieden und autorisiert das Aufgabenteam, beim Auftraggeber eine Freigabe zu beantragen. Um Zeit zu sparen, kann der federführende Auftragnehmer vom Aufgabenteam die Erlaubnis erhalten, dies vertretungsweise selbst direkt beim Auftragnehmer zu beantragen. Dies kann so lange durchgeführt werden, wie eine Erlaubnis erteilt wurde und das CDE den Prozess protokolliert und managt. Dies kann den Schritt 13 überflüssig machen, ebenso wie den Status S4 in Schritt 14.	geteilt	P02	S6	5.7.2
13	Im Anschluss an die Autorisierung erfordert der Plan keine physische Aktualisierung mehr. Damit ist kein weiterer Arbeitsschritt im Zustand „in Bearbeitung" erforderlich. Der Plan wird erneut verschickt im Status S4 mit der Bemerkung, dass der Plan die Anforderungen der Phase erfüllt und vom Aufgabenteam die Annahme durch den Auftraggeber beantragt wird. Falls die physische Zeichnung die Status-Metadaten als physischen Aufdruck auf dem Plan enthält (Planstempel), wäre eine weitere Maßnahme im Zustand in Bearbeitung erforderlich, um diese Inhalte des Plans im Planstempel zu ändern.	geteilt (mit Bauherr)	P02	S4	5.7.3

Tabelle 5.7 (Fortsetzung)

Schritt	Details	Bearbeitungs-zustand	Revision	Status	ISO-Abschnitt
14	Der Auftraggeber überprüft den Plan zusammen mit anderen Begleitinformationen als Teil des Informationsmodells hinsichtlich der Anforderungen in der Beauftragung. Der Auftraggeber ist zufrieden und bestätigt, dass die Informationen den Anforderungen der Phase entsprechen. Das Aufgabenteam wird dazu berechtigt, den Informationscontainer zu veröffentlichen.	geteilt (mit Bauherr)	P02	S4	5.7.4
15	Im Anschluss an die Annahme durch den Auftraggeber ändert das erstellende Aufgabenteam die vorläufige Revision des Geometriemodells in eine vertragliche Revision (im Bearbeitungszustand „in Bearbeitung").	in Bearbeitung	P03.01	S0	5.6.2
16	Der Zeichnung wird der Metadaten-Status S0 zugewiesen. Sie wird in einer lokalen CDE-Lösung mit der Metadaten-Revision P03.01 so lange abgelegt, bis die Qualitätsprüfung innerhalb des Aufgabenteams die Korrektheit der Versionsänderung auf Revision vertraglich bestätigt.	in Bearbeitung	P03.01	S0	5.6.3
17	Die Inhalte des Plans durchlaufen eine finale Vollständigkeits- und Stimmigkeitsüberprüfung durch den Manager des Aufgabenteams. Der Plan wird anschließend freigegeben und die Revision aktualisiert, um die vertragliche Übereinstimmung zu kennzeichnen (C01). Dem Plan wird der Status A3 zugewiesen, um zu kennzeichnen, dass er autorisiert und freigegeben wurde und nun für die Verwendung in Phase 3 geeignet ist sowie in dem CDE für die Verwendung durch das Projektteam veröffentlicht wurde. Der Auftraggeber führt in der Regel sowohl ein Protokoll hierüber als auch über alle anderen Informationen, die die Vollendung des Projekt-Informations-Modells kennzeichnen.	veröffentlicht	C01	A3	5.7.4

5.5.3 Festlegung der Federationsstrategie

Die Summe aller Informationslieferungen der Teams muss zu jedem Zeitpunkt einen konsistenten Satz von Informationen bilden. Die Arbeitsergebnisse der Fachdisziplinen dürfen sich nicht überschneiden oder gar widersprechen, etwa wenn identische Elemente in mehreren Fachmodellen vorkommen. Das gilt sowohl für die Modellelemente, die nicht als Duplikate in verschiedenen Fachmodellen gleichzeitig auftauchen dürfen, als auch inhaltlich für nichtgeometrische Modelleigenschaften und verlinkte Informationen. Zum Beispiel dürfen zur gleichen Thematik keine divergierenden Unterlagen geliefert werden. Eine durchdachte Ablagestruktur kann sowohl Vollständigkeit als auch Widerspruchsfreiheit unterstützen und eine Überlappung von Arbeitsbereichen vermeiden. Ein paralleles Zusammenarbeiten wird dadurch erst konsistent. Nach ISO 19650-1 ist in BIM-Projekten eine sogenannte *Federationsstrategie* zu entwickeln, mit der diese Ordnungsstruktur festgelegt wird. Die gelieferten Informationscontainer müssen sich in diese Systematik einfügen. Die ISO gibt im Anhang Beispiele für mögliche Federationsstrategien aus dem Tunnelbau und dem Hochbau und zeigt geeignete Ablagestrukturen auf. In einem CDE wird diese Ordnungsstruktur durch Klassifikation der Informationscontainer mit Metadaten umgesetzt, zum Beispiel, indem eine Informationslieferung nach Disziplinen (Architektur, Tragwerk usw.), fachlichen Inhalten (Vorplanung, Entwurf usw.) und Formaten (2D-Plan, Modell usw.) klassifiziert wird.

In einer föderierten Ordnungsstruktur lassen sich Informationen über ihre Metadaten leicht wieder auffinden. Ebenfalls basierend auf dieser Systematik lassen sich Informationen zu unterschiedlichen Kontexten leicht zusammenstellen, indem Metadaten nach bestimmten Kriterien als Filter gewählt werden. Vorteilhafterweise lassen sich häufig wiederkehrende Suchabfragen in einem CDE speichern, um in der Dokumentenablage schnell die interessierenden Dokumente zu finden. Das Ergebnis der Filterung sind beispielsweise alle Informationen, die für den Betreiber eines Gebäudes von Belang sind.

Die Effizienz der Federationsstrategie und der darin entwickelten Ordnungsstruktur steht und fällt mit der Ausdrucksstärke der Metadaten, die an einen Informationscontainer „geheftet" werden. Es ist daher dringend geboten, vor Projektbeginn sinnvolle Metadaten zu spezifizieren und diese im Abschnitt „Federationsstrategie" des BIM-Abwicklungsplans festzuhalten. Für unterschiedliche Phasen und Kontexte können durchaus unterschiedliche Sätze von Metadaten sinnvoll sein.

5.5.4 Festlegung der Klassifikation von Informationscontainern

Die Klassifikation von Informationen in einem Projekt bezieht sich zum einen auf Informationscontainer als Ganzes und zum anderen auf bestimmte Inhalte darin. Die Klassifikation von Informationscontainern als Ganzes trifft beispielsweise Aussagen darüber, ob der Container eine Produktspezifikation, einen Vertrag, ein Modell oder ein Besprechungsprotokoll enthält, wer der Ersteller dieser Informationen ist und zu welchem Zweck diese Informationen erstellt wurden. Sie ist quasi das Etikett oder der Paketaufkleber eines Informationscontainers, anhand dessen sowohl die Ablageverwaltung als auch das Workflow-Management in einem CDE durchgeführt werden kann. Für diese zusätzlichen Klassifikationsmöglichkeiten sind individuelle, oft vom federführenden Unternehmer vorgegebene Kategorien üblich. Sie ergänzen bei Bedarf die Minimalanforderungen der ISO 19650.

So weit zum Container als Ganzes. Aber auch bei seinem Innenleben geht die Klassifizierung weiter. Enthält ein Informationscontainer beispielsweise ein Modell mit technischen Einrichtungen, Bauteilen oder Funktionsbereichen, so können auch diese einzelnen Modellelemente einen Klassifikationscode enthalten. Modellelemente für Anlagenteile und Bauelemente können beispielsweise mit einem Bauteiltyp oder einer

Nutzungsart nach UniClass, VDI 3806 oder einer Anlagenkennzahl AKZ klassifiziert werden.

Ein Informationscontainer wird bei seiner Erstellung oder spätestens beim Hochladen in eine Gemeinsame Datenumgebung klassifiziert oder, anders ausgedrückt, mit Metadaten versehen. Bei einer Klassifizierung für einen Informationscontainer sollte berücksichtigt werden, dass das gewählte Klassifikationssystem auch in weiteren Phasen, also beispielsweise nicht ausschließlich in der Planungsphase, verwendet werden kann. Eine nachträgliche Änderung bestehender Metadaten eines Containers kann später problematisch sein, besonders wenn man bedenkt, dass die Um-Klassifizierung einmal an Projektteilnehmer verteilter Container oft nicht mehr möglich ist. Spätere Änderungen der Metadaten sollten daher zumindest auf Erweiterungen beschränkt bleiben und nicht etwa zum nachträglichen Entfernen bestimmter Teile von Metadaten führen.

Übliche Metadaten beim Hochladen eines Informationscontainers auf ein CDE sind der bereits erwähnte Minimalumfang ISO 19650

- automatisch generierte Dokumentennummer bzw. eindeutige Container-ID,
- Eignungscode (z. B. zur Koordination, Freigabe oder Ausführung),
- Revisionscode (inkrementierbarer Code, z. B. Ganzzahl oder laufender Buchstabe A…Z),
- Freigabestatus, beispielsweise „in Bearbeitung", „Freigegeben", „Freigegeben mit Kommentaren", „Geteilt", „Veröffentlicht", „Vorabzug zur Information", „zur Prüfung", „abgelehnt" (ISO 19650),
- Titel des Containers (Freitext),

und zusätzlich zum Minimalumfang beispielsweise

- der Containertyp (z. B. 2D-Zeichnung, 3D-Modell oder Dokument),
- die Projektphase (z. B. HOAI-Phase oder Lebenszyklusphase nach ISO 22263),
- die Fachdisziplin oder Rolle des Erstellers (z. B. Bauherr, BIM-, Projektsteuerung, Architektur, Fachplaner Elektro usw., Sachverständiger Brandschutz, Generalunternehmer),
- der BIM-spezifische Inhalt (z. B. Fachplanermodell TGA, Koordinationsmodell TGA/Tragwerk),
- die Zuordnung zu einem BIM-Prozess (z. B. Raum- und Funktionsmodell LOD 100, As-Built-Modell LOD 500),
- der BIM-Ergebnistyp (z. B. Ausführungsplanung, energetische Simulation, Raum- und Funktionsmodell, Energienachweis, Entwurfsplanung, Ausführungsplanung, Instandhaltungsinformationen),
- der fachliche Inhalt (z. B. Außenanlagen, Bestandsdaten, Aufzüge, Beschilderung, Fertigteile, Baugruppen, Beleuchtung, Brandmeldeanlagen, Brandschutz, Dach, Durchbrüche, IKT, Lüftung, Möblierung, Rohbau, Sanitär, Stahlbau, Starkstrom, Schwachstrom, Schließsystem, Treppen, Türen),
- die Darstellungsart (z. B. Schnitt, Details oder Ansicht),
- die Planart bzw. Modellart (z. B. Bewehrung, Lageplan, Schaltplan).

Für alle diese Metadaten werden in der Regel Kürzel verwendet. Das ermöglicht die Einbettung von Metadaten in den Dateinamen. Der nationale Anhang der britischen Version der ISO 19650 sieht diese Möglichkeit ausdrücklich vor.

Die direkte Verschweißung von Metadaten und dem Container ist sicherlich ein praxisnaher Vorteil, stößt aber bei vielen Metadaten an ihre Grenzen. Siehe dazu auch das Beispiel für eine Informationscontainer-ID gemäß ISO 19650 Teil 2 im Kapitel 4 Standards.

Checkliste Informationsmanagement mit Informationscontainern

Informationscontainer sind das Medium zum Informationsaustausch zwischen Anwendern und deren Anwendungen in einem Projekt. Es ist daher von eminenter Wichtigkeit, dass Klarheit über die Struktur und Kennzeichnung von Informationscontainern herrscht.

Die folgende Checkliste nennt die zu beachtenden Punkte und Aktivitäten.

Der Bezug zu Abschnitten der DIN EN ISO 19650-2 ist jeweils in Klammern angegeben.

1. Wurden durch die Auftraggeberseite zusätzlich zu den Standardstatuscodes (in Bearbeitung, Geteilt, Freigegeben, Archiviert) projektspezifische Erweiterungen im Informationsstandard des Projekts festgelegt (5.1.4)? Wurden diese Erweiterungen überprüft und gegebenenfalls verbessert sowie mit den Vertragspartnern abgestimmt, um alle Lieferanforderungen aller federführenden Auftragnehmer zu erfüllen (5.3.2, 5.4.1)?
2. Analog wie unter 1. für die Versions- und Revisionscodierung
3. Wurde ein zu verwendendes Klassifikationssystem im Informationsstandard des Projekts durch den federführenden Auftraggeber festgelegt (5.1.4) und ist dieses mit den Vertragspartnern abgestimmt worden, um alle Lieferanforderungen der federführenden Auftragnehmer zu erfüllen (5.3.2, 5.4.1)?
4. Ist eine Kodifizierung für die eindeutige ID von Informationscontainern im Informationsstandard des Projekts (5.1.4) durch den federführenden Auftraggeber festgelegt und mit allen Beteiligten abgestimmt worden (5.3.2, 5.4.1)?
5. Ist festgelegt worden, wie der Standard zur Kodifizierung von Informationscontainer-IDs auch bei Export und Lieferung an andere Projektteilnehmer seine Gültigkeit behält? Es muss sichergestellt sein, dass abgeleitete Informationscontainer neu erstellt werden, sobald der führende Informationscontainer geändert wurde. Beispielsweise müssen nach einer Modelländerung abgeleitete 2D-Zeichnungen neu erstellt werden. Dabei muss die ID erhalten bleiben, der Revisionscode muss inkrementiert werden.
6. Wurden mit allen Applikationen, zwischen denen ein Informationscontaineraustausch stattfindet, die interne Datenstruktur und die zu verwendende Benennung und Codierung ihrer Merkmale abgestimmt (5.1.5, 5.5.2)?
7. Wurde die Tragfähigkeit von Sicherheitsmaßnahmen der beteiligten Software-Lösungen überprüft, um sicherzustellen, dass Zugriffsrechte auf Organisationsebene und auch für jede beteiligte Person individuell gesetzt werden können (5.1.5, 5.3.2, 5.5.2)?
8. Sind die Abläufe auch beim Austausch von Informationscontainern überprüft worden, bei denen ein Workflow zwischen Anwendungen stattfindet, die im Wirkungsbereich unterschiedlicher Organisationen liegen? Sind aufgetretene Informationsverluste gegebenenfalls ausgeschlossen und behoben worden (5.5.2)?

9. Sind alle beteiligten Anwendungen in der Lage, die Metadaten eines Informationscontainers an andere Anwendungen weiterzuleiten?
10. Herrscht Übereinkunft darüber, wie und ob Informationscontainer manuell oder automatisiert weitergeleitet und übertragen werden?
11. Ist ein eindeutiger Workflow implementiert dokumentiert worden, der darstellt, wie jeder Informationscontainertyp entwickelt, geprüft, freigegeben, verteilt und archiviert wird (gemeinsame Ressourcen nach 5.5.2)?
12. Sind im Projekt klare Dokumentationen, Standardmethoden und Verfahren für die Zuordnung von Metadaten zu Informationscontainern vorhanden und den Projektpartnern zur Verfügung gestellt worden (5.5.3)?
13. Ist mit allen Beteiligten abgestimmt worden, welche Teile (Tabellen, Gruppen) des zu verwendenden Klassifikationssystems welchen Informationen bzw. Informationscontainern zugeordnet werden?
14. Ist die Bedeutung von Statuscodes, ihr Einsatz und gegebenenfalls Verwendungseinschränkungen mit allen Beteiligten abgestimmt worden?
15. Besteht zwischen allen Beteiligten eine Vereinbarung darüber, wie neue projektspezifische Codierungen erzeugt, vereinbart und dokumentiert werden?
16. Besteht Klarheit zwischen allen Beteiligten darüber, wie in den jeweiligen Anwendungen Metadaten zugeordnet werden?

Diese Checkliste ist gut zur Abstimmung in frühen Projekt-Meetings, beispielsweise im Rahmen der Projektmobilisierung (5.9.1) geeignet.

5.5.5 Festlegung der Klassifikation von Modellelementen

Die Klassifikation von Informationscontainer-Inhalten, beispielsweise die Klassifikation von Bauteilen innerhalb eines Modells, ist für das Informationsmanagement in einer Gemeinsamen Datenumgebung CDE nicht relevant, da sie in die Containerinhalte nicht hineinschaut. Für die fachliche Bearbeitung sind Klassifikationen dagegen sehr wichtig. Auch hier spielt die durchgängige Bearbeitbarkeit über verschiedene Phasen hinweg eine große Rolle. Entsprechende BIM-konforme Klassifikationssysteme wurden in Kapitel 3 Informationsmanagement und Kapitel 4 Standards bereits vorgestellt. Zu den international bekanntesten gehören UniClass und OmniClass sowie die deutsche VDI 3806.

Sie alle haben die Eigenschaft, über alle Phasen – also nicht nur in der Planungsphase oder nur in der Betriebsphase – anwendbar zu sein. Das macht sie zu Klassifikationen, die im BIM-Kontext vorteilhaft anwendbar sind. Eine spätere Umklassifikation oder eine Doppelklassifizierung mit entsprechenden Zusatzaufwänden kann hier weitgehend vermieden werden.

Entscheidungen über die Klassifikation von Informationscontainern sowie über die Klassifikation von Bauelementen in einem Fachmodell sind möglichst schon in den AIA, spätestens jedoch im BAP in den Abschnitten zum Dokumentenmanagement und zu den Modellierungsregeln verbindlich festzulegen. Ein entsprechendes Qualitätssicherungskonzept, das die Einhaltung dieser Festlegungen sicherstellt, gehört ebenfalls dazu.

5.5.6 Verwendung von Software-Anwendungen

BIM-Projekte verhalten sich software-neutral, wenn sie nach dem open BIM Konzept arbeiten. Bei der Entscheidung für eine closed BIM Vorgehensweise ist jedoch die Benennung der zu verwendenden Software-Produkte von wesentlicher Bedeutung. Die Verwendung offener Formate zielt ja ausdrücklich auf eine Offenheit und Neutralität hinsichtlich der Wahl zu verwendender Software-Produkte ab. Die Liste nativer Software-Produkte kann dagegen nur projektspezifisch angegeben werden. Hier sei lediglich auf die Notwendigkeit hingewiesen, diese Entscheidungen auch im BAP festzuhalten.

Eine Tabelle der zu verwendenden Software-Produkte im BAP muss auch konkrete Versionsangaben und notwendige Lizenzen enthalten. Sie muss darüber hinaus den Verwendungsbereich, die Fachdisziplinen, die Projektphase, die Versionen von etwaigen Zusatzkomponenten sowie das verwendete Austauschformat benennen.

5.6 Lieferprozesse festlegen

Lieferprozesse sind Kern der Zusammenarbeit in BIM-Projekten. Sie sind im BAP, bspw. auch unter Referenzierung entsprechender Spezifikationen in Standards, festzulegen. Die technische Umsetzung der Liefervorgänge in einer Gemeinsamen Datenumgebung ist zu beschreiben, beispielsweise unter Bezugnahme auf die DIN SPEC 91391.

5.6.1 Beschreibung wesentlicher Prozesse und Abläufe

Kommunikationsprozesse in Projekten sind oft standardisierte Abläufe mit E-Mail-ähnlichem Charakter. Ihr Aufbau ist meistens formularbasiert, jedoch im Gegensatz zur E-Mail konfigurierbar. Daher werden sie oft nicht als „echte" Workflows eingestuft, was sie streng genommen jedoch sind.

Die DIN SPEC 91391 beschreibt die wesentlichen Kommunikationsprozesse in BIM-Projekten, wie

- eine einfache Zusendung von Daten (Transmittal TR), z. B. zur Freigabe, zur Ausführung, zur Information, zum Review, zur Ausschreibung usw.,
- die Meldung (Verzögerung, Behinderung) als Hinweise auf kritische Ereignisse/Zustände,
- die Informationsanfrage (Request for Information RFI) zur Klärung von Fragen,
- den Freigabeantrag (Drawing Approval Request DAR),
- die Lieferung (Submittal SUB) z. B. gemäß Vertrag,
- die Anweisung/Aufgabe (TASK) zur Bearbeitung eines Auftrags,
- den Brief (Letter LTR),
- die Anfrage (Antwort verpflichtend),
- die Mitteilung (Antwort optional),
- die Aufforderung (Entscheidung, Prüfung, Abnahme) und
- die Informationslieferung, eine Übersendung von Informationscontainern an einen Projektbeteiligten in dem CDE.

Informationslieferprozesse sind deutlicher als „echte“ Workflows erkennbar, da sie eine Abfolge von Aktivitäten beinhalten, deren Zweck die Bearbeitung eines „Werkstücks“ (Modell, Plan, Dokument etc.) ist. In diese Kategorie fällt zum Beispiel die Koordination von Modellen der verschiedenen Fachdisziplinen.

Die Konfiguration und Ausführung von Kommunikationsprozessen und Workflows für das Informationsmanagement gehört zum Standardumfang einer Gemeinsamen Datenumgebung.

5.6.2 Informationslieferprozesse

Jeder Beteiligte in einem BIM-Projekt muss sich über die Abläufe bei der Lieferung von Informationen im Klaren sein. Dazu ist es notwendig, die grundsätzlichen Abläufe und die technische Umsetzung zu verstehen.

Eine Gemeinsame Datenumgebung CDE setzt das Informationsmanagement in BIM-Projekten um.

Die Informationslieferung an ein CDE besteht aus den Teilprozessen

- Übermittlung an ein CDE, im Zuge dessen
- Zuweisung der korrekten Metadaten, anschließend
- Einleitung der festgelegten Qualitätssicherungsabläufe, nach erfolgreichem Verlauf der Qualitätssicherung
- die Genehmigung durch den federführenden BIM-Koordinator, danach
- Weiterleitung zur Freigabe durch den Bauherren,
- nach erfolgter Freigabe Verteilung der freigegebenen Informationslieferung an die zu informierenden Teams.

Dieser hier und allgemein in Tabelle 5.7 konkreter beschriebene Ablauf ist im Einzelnen für die beteiligten Projektpartner im BAP zu beschreiben. Dieses geschieht in den Informationslieferplänen der Aufgabenteams (TIDPs) und dem für das Gesamtprojekt geltenden Masterplan MIDP, die nachfolgend beschrieben werden.

5.6.3 Informationslieferpläne

5.6.3.1 TIDP – Aufgabenbezogener Informationsbereitstellungsplan

In einem aufgabenbezogenen Informationsbereitstellungsplan, kurz TIDP, nach dem englischen Begriff Task Information Delivery Plan, wird tabellarisch festgehalten, für welche Aufgaben ein Team verantwortlich ist. Jedes sogenannte Aufgabenteam muss einen solchen Plan mit den Informationslieferungen seines Aufgabenbereichs erstellen (siehe Kapitel 4 Standards, ISO 19650-1, Abschnitt BIM-Teamgeist).

Der TIDP enthält eine Liste der Informationen, die vom Aufgabenteam erstellt und geliefert werden müssen. Die ISO gibt folgende **Mindestinformationen** für jede Informationslieferung vor:

- Titel und Name der Aufgabe bzw. des Informationscontainers
- Vorgänger oder Abhängigkeiten
- Detaillierungsgrad LOD / LOIN (Informationsbedarfstiefe)

- geschätzter Zeitbedarf für die Erstellung
- verantwortlicher Autor
- Meilenstein der Bereitstellung.

Informationen werden bei Lieferung grundsätzlich immer in Informationscontainer verpackt (siehe Abschnitt 5.5.4). ISO 19650 nennt an anderer Stelle, dass jeder Informationscontainer einen eindeutigen Identifikator haben muss. Daher gilt diese Anforderung für den Informationsbereitstellungsplan sozusagen implizit:

- eindeutiger Identifikator des Informationscontainers.

Über den eindeutigen Identifikator lässt sich der Informationscontainer referenzieren, beispielsweise im Master-Informationsbereitstellungsplan MIDP, bei der Lieferung an Projektpartner in einem CDE, in Koordinations-Workflows oder in Qualitätssicherungsreports.
Das Aufgabenteam muss darüber hinaus weitere Dinge berücksichtigen, die für die Umsetzung der Aufgabe erforderlich sind. Hierzu gehören selbstverständlich die Informationsanforderungen AIA (Nr.), die an das Team gestellt wurden, Verantwortlichkeiten (Person) und der erforderliche bzw. zur Verfügung stehende Zeitrahmen (Lieferdatum, Meilensteine etc.).

TIDP-Erstellungsprozess

ISO 19650 macht keinerlei Vorgaben zum Format eines TIDP und gibt keinerlei Vorlagen heraus. Ein TIDP muss keinen Dokumentencharakter haben, er kann genauso gut eine Excel-Tabelle sein oder in einem Projektmanagement-Tool oder einem anderen digitalen Werkzeug umgesetzt sein.

Ein TIDP wird nicht mit einem Schlag vom federführenden Informationsbereitsteller erstellt und dem Aufgabenteam über den Zaun geworfen, sondern entsteht in einem kooperativen Abstimmungsprozess. Ein webbasiertes Werkzeug kann diese gemeinschaftliche Erstellung eines TIDP gut unterstützen.

Sowohl ein tabellarischer Ansatz zur Auflistung von Informationscontainern in einem Lieferplan als auch ein prozessorientierter Ansatz, zum Beispiel in einem Gantt-Diagramm oder Balkenplan, sind denkbar.

Der tabellarische Ansatz hält in einer Spalte die Abhängigkeit zu anderen Informationscontainern fest, die zunächst geliefert werden müssen, damit das Aufgabenteam die geforderte eigene Informationserstellung beginnen kann. In einem Gantt-Diagramm lassen sich diese Abhängigkeiten naturgemäß besser in einem Zeitplan darstellen, der darüber hinaus auch die jeweiligen Liefertermine grafisch kenntlich macht.

Wir haben die Begriffe *Federationsstrategie* und *Informationscontainer* bereits im Kapitel 4 Standards eingehend kennengelernt. Bei der Erstellung von TIDPs und der Festlegung der Liefereinheiten, namentlich der Informationscontainer, ist es daher von besonderer Wichtigkeit, sich den Sinn dieser Strukturen noch einmal zu verdeutlichen.

Nach ISO 19650-1 ist eine *Federation* ein aus separaten Informationscontainern zusammengesetztes Informationsmodell und ein *Informationscontainer* eine Zusammenstellung von Informationen, *„die innerhalb einer Datei, eines Systems oder einer Anwendungsspeicherhierarchie abrufbar sind“.*

Soll heißen: ein Informationscontainer kann sowohl eine Datei, eine gepackte Datei mit einer internen Ordnerstruktur, ein Verzeichnis oder Unterverzeichnis oder ein Teil einer Datei – zum Beispiel ein Kapitel, Abschnitt oder Symbol – sein.

Mit dieser breit gefächerten Aussage stehen wir zunächst ziemlich ratlos da. Daher hier zwei Ansätze für eine praktisch verwertbare Vorgehensweise.

1. Dateibasierter TIDP

Die meisten Nutzer von Computersystemen sind den Umgang mit Dateien gewohnt. Eine Zeichnung befindet sich in einer Datei, eine Besprechungsnotiz, ein Kalkulationsblatt und ein Modell ebenso. In einem dateibasierten TIDP ist ein Informationscontainer eine Datei. Beispiele für diesen Ansatz zeigt die Tabelle in Bild 5.34.

Dieser Ansatz erscheint zunächst schlüssig und leicht handhabbar, am Anfang einer Planungsphase ist jedoch noch nicht ohne Weiteres ersichtlich, ob eine Informationslieferung aus genau einer Zeichnung oder aus einem ganzen Satz von Zeichnungen bestehen wird. Demzufolge kann die Dateiliste in diesem anfänglichen TIDP von der späteren Wirklichkeit erheblich abweichen. Auch das erscheint zunächst leicht handhabbar und durch ein späteres Aktualisieren des TIDP lösbar. Bei genauerer Betrachtung sehen wir jedoch, dass der eindeutige Identifikator, der für jeden Informationscontainer festgelegt wurde, nicht mehr ausreicht, sobald eine Informationslieferung statt aus einer einzigen Datei nun plötzlich aus mehreren Dateien besteht. Was ist dann mit dem ursprünglichen Identifikator des Informationscontainers? Augenscheinlich wird er ungültig und muss zurückgezogen, aktualisiert und durch einen neuen Identifikator für jede der neuen Dateien ersetzt werden.

Da die Vernetzung von Informationen in Computersystemen ganz wesentlich auf der Referenzierung von Identifikatoren beruht, zieht eine nachträgliche Veränderung von Identifikatoren einen nicht zu unterschätzenden Aufwand nach sich. In einem Projekt mit Hunderten bis Tausenden von Informationscontainern kann sich dies leicht zu einem großen Problem aufschaukeln.

Im nationalen Anhang der britischen Version der ISO 19650 haben wir eine Vorgehensweise zur manuellen Erstellung von Identifikatoren vorgestellt. Ein solcher manuell

Aufgabenbezogener Informationsbereitstellungsplan TIDP

Projekt:

Beispielteam			**Aufgabenteam:**	Tragwerksplanung												
Beispielunternehmen			**Unternehmen/Organisation:**	Maier Ingenierbau												
Kopfzeile	**Nr.**	**Titel**	**Dateiname**	**Identifikator**	**Abhängigkeiten bzw. Vorgänger**	**Typ**	**Detaillierungsgrad**	**Format**	**Zeitbedarf** (geschätzt Tage)	**Autor**	**Anmerkung**	**Meilensteine / Bereitstellungszeitpunkte**				
Erläuterung	Eindeutige Nr. der Aufgabe*	Titel der Aufgabe	Dateiname des Informations-containers	eindeutiger Identifikator des Informationscontainers. Generiert oder nach UK Annex	Informationslieferung zu der eine Abhängigkeit besteht. Verspätung kann Verzögerungen im eigenen Ablauf verursachen. Risikorelevant		Informationsbedarfstiefe (LOD / LOIN)		Geschätzter Zeitbedarf für die Erstellung	Verantwortlicher Informationsersteller		Beispielstatus	Beispielstatus	Beispielstatus	Beispielstatus	Beispielstatus
												zur Information	Koordination	Review und Kommentierung	autorisiert für PIM	autorisiert für AIM
Beispieleintrag	TW-1	Fundamentpläne	Fundamentplan A	QPeTrHJRM0ScbcXssXFntQ	Architektenplan Liegenschaft	Zeichnung	100	PDF	15	Tragwerksplaner	Bauelementtypen sind anzugeben	01.01.2021	01.02.2021	01.03.2021		
Beispieleintrag	TW-2	Fundamentpläne				Zeichnung	300	PDF	15	Tragwerksplaner	Bauelementtypen sind anzugeben				01.04.2021	01.08.2021
Beispieleintrag	TW-3	Fundamentpläne	Fundamentplan B	HC101-SSI-11-SL-DR-X-0002	Architektenplan Liegenschaft	Zeichnung	100	PDF	15	Tragwerksplaner	Bauelementtypen sind anzugeben					

Legende	
Mindestanforderung nach ISO 19650	Identifikator nach RFC 7515 Standard generiert
Zusätzlich zur ISO Mindestanforderung	Identifikator nach UK National Annex zu BS EN ISO 19650

Bild 5.34 TIDP als Liste von Dateilieferungen. Jede Datei besitzt eine eigene ID. Ändert sich die Anzahl zu liefernder Dateien, zieht dies Änderungen im TIDP und in der Folge auch im Master-Informationsbereitstellungsplan (siehe Abschnitt MIDP) nach sich.

generierter Identifikator ist mit äußerster Vorsicht zu genießen und entspricht in den meisten Fällen nicht den Eindeutigkeitsanforderungen, die in Datenbanken an derartige Datenstrukturen gestellt werden.

Datei zum Download unter www.ernst-und-sohn.de/bim
Excel-Tabelle: TIDP.Dateibasiert.xlsx

2. Aktivitätsbasierter TIDP

Wie ist also dem Problem beizukommen, dass die Anzahl von Einzeldateien zum Zeitpunkt der Entstehung eines TIDP oft nicht absehbar ist und potenziell zu einer Kettenreaktion von Aktualisierungen führt? Eine mögliche Abhilfe wäre die Verwendung von gepackten Dateien. Die gepackte Datei (analog ZIP-Datei) könnte in sich beliebig viele Dateien aufbewahren und nach außen eine einzige, immer gleichbleibende ID aufweisen. Änderungen im Inneren der gepackten Datei hätten dann keinen Einfluss auf den Referenzierungsmechanismus. Ansätze in dieser Richtung gibt es bereits.

Der noch recht junge Standard ISO 21597-1 „Information container for linked data delivery – Exchange specification – Part 1: Container" [73] zielt in diese Richtung. Dort wird eine interne Containerstruktur beschrieben, die aus beliebig vielen Dokumenten zusammengesetzt sein kann. Die Dokumente jedweden Typs können miteinander vernetzt sein (z. B. Modell und seine abgeleiteten Pläne und Produktdatenblätter). Auch externe Ressourcen können referenziert werden. Der Begriff „Informationscontainer" der ISO 19650 umfasst ja genau diese Option einer internen Strukturierung. Allerdings verlagert sich das Problem einer bedarfsgerechten Beschreibung von Inhalten durch Metadaten dadurch in das Innere des Containers.

Der aktivitätsbasierte TIDP-Ansatz beschreibt die Aktivitäten, die zu Informationslieferungen führen, ohne genaue Angaben über deren Repräsentation in Form von Einzeldateien zu machen. Die Einzeldateien werden in einem übergeordneten Informationscontainer, zum Beispiel nach ISO 21597 „versteckt". Dieser Sammelcontainer

Aufgabenbezogener Informationsbereitstellungsplan TIDP

Beispielteam — Aufgabenteam: Tragwerksplanung
Beispielunternehmen — Unternehmen/Organisation: Maier Ingenierbau

	Nr.	Titel	Dateiname	Identifikator	Abhängigkeiten bzw. Vorgänger	Typ	Detail-lierungs-grad	Zeitbedarf (geschätzt Tage)	Autor	Anmerkung	Meilensteine / Bereitstellungszeitpunkte				
Erläuterung	Eindeutige Nr. der Aufgabe*	Titel der Aufgabe	Dateiname des Informations-containers	eindeutiger Identifikator des Informationscontainers. Generiert oder nach UK Annex	Informationslieferung zu der eine Abhängigkeit besteht. Verspätung kann Verzögerungen im eigenen Ablauf verursachen. Risikorelevant		Informations-bedarfstiefe (LOD / LOIN)	Geschätzter Zeitbedarf für die Erstellung	Verantwortlicher Informations-ersteller		Beispiel-status	Beispiel-status	Beispiel-status	Beispiel-status	Beispiel-status
											zur Information	Koordination	Review und Kommentierung	autorisiert für PIM	autorisiert für AIM
Beispieleintrag	TW-1	Fundamentpläne	Fundamentpläne	QPeTrHJRM0ScbcXssXFntQ	Architektenplan Liegenschaft	Container	100	15	Tragwerksplaner	Bauelementtypen sind anzugeben	01.01.2021	01.02.2021	01.03.2021		
Beispieleintrag	TW-2	Fundamentpläne	Fundamentpläne			Container	300	15	Tragwerksplaner	Modell und abgeleitete Detailzeichnungen				01.04.2021	01.08.2021
Beispieleintrag	TW-3	Fundamentpläne	Fundamentpläne	HC101-SSI-11-SL-DR-X-0002	Architektenplan Liegenschaft	Container	100	15	Tragwerksplaner	Bauelementtypen sind anzugeben					

Legende	
Mindestanforderung nach ISO 19650	Identifikator nach RFC 7515 Standard generiert
Zusätzlich zur ISO Mindestanforderung	Identifikator nach UK National Annex zu BS EN ISO 19650

Bild 5.35 TIDP als Liste von Aktivitäten, die Informationslieferungen zur Folge haben. Ein Sammel-Informationscontainer verpackt Einzeldateien, die sich erst später aus den Aktivitäten ergeben und hier nicht einzeln aufgelistet werden müssen. Sie verstecken sich im Inneren des Containers, dessen Identifikator sich nicht ändert. So kann bspw. mit einem völlig leeren Container als Platzhalter gestartet werden, mit dem bereits alle Lieferprozesse durchgespielt werden könnten.

besitzt eine ID, die unabhängig von der Menge an Einzeldateien, die er enthält, unverändert bleibt. Lediglich die Versionsnummer würde anzeigen, dass eine Veränderung eingetreten ist. Ein Beispiel für diesen Ansatz zeigt die Tabelle in Bild 5.35.

Datei zum Download unter www.ernst-und-sohn.de/bim
Excel-Tabelle: TIDP.aktivitätsbasiert.xlsx

Dieser Ansatz ist flexibel und zieht keine Änderungen nach sich, sollten sich der Umfang und die Granularität der Informationslieferung ändern.

Die Bedeutung der Spalten in einem TIDP sieht wie folgt aus:

- Spalte *Abhängigkeiten*
  Im dateiorientierten TIDP-Beispiel ist nicht ersichtlich, wann die Information, von der das Aufgabenteam abhängig ist (Architekturplan Liegenschaft in Tabellenspalte Abhängigkeiten bzw. Vorgänger), eintreffen wird. Im Beispiel des aktivitätsbasierten TIDP ist dies dagegen grafisch gut ersichtlich. Es zeigt darüber hinaus, dass hier eine fünfzehntägige Zeitspanne zur Begutachtung eingeräumt wird, bevor der Fundamentplan weitergegeben wird.
- Spalte *Detaillierungsgrad*
  Ein TIDP kann sich an dieser Stelle auf eine gängige LOD-Spezifikation, beispielsweise des BIM Forums (siehe Kapitel 4 Standards), beziehen. Es können jedoch eigene, im Projekt vereinbarte Formen genutzt werden, hier zum Beispiel eine Maßstabsangabe und die Forderung nach einer Typangabe verwendeter Pfahlgründungen. Diese stammen vermutlich aus einem AIA. Deutlich besser wäre es an dieser Stelle, sich auf entsprechende AIA zu beziehen.
- Spalte *Bearbeitungszeit*
  Die Dauer einer Aktivität ist insbesondere dann von Bedeutung, wenn nachfolgende Aktivitäten darauf aufbauen. Bei Verzögerungen oder auch bei schneller als erwartet beendeten Aktivitäten kann daher der Ablaufplan entsprechend nachjustiert werden.
- Spalte *Autor*
  Hierbei ist nicht unbedingt eine physische Person zu benennen, sondern der verantwortliche Ansprechpartner in Form einer Organisation, eines Unternehmens oder einer Rolle. Natürlich kann hier auch eine konkrete Namensangabe gemacht werden, bei personellen Veränderungen ist dies jedoch schnell veraltet.
  Besser wäre hier ein Verweis auf die entsprechende Zeile oder Funktionsbezeichnung in der Verantwortlichkeitsmatrix. Ein verantwortlicher Ansprechpartner für die Lieferung des Architekturplans der Liegenschaft ist in der Tabelle in Bild 5.35 nicht ersichtlich. Dieser könnte ggf. in einer weiteren Spalte eingefügt werden.
- Spalte *Meilensteine*
  Meilensteine werden bei der Beauftragung eines Aufgabenteams in den entsprechenden AIA benannt. Möglicherweise fügt das Aufgabenteam eigene Meilensteine hinzu. Meilensteine sind in der Regel mit signifikanten Abgabeterminen verbunden.

Vertragliche Relevanz für die Beauftragung

ISO 19650-2 Abschnitt 5.4.7 verlangt die Einfügung der relevanten TIDPs in die Beauftragung. Somit hat der aufgabenbezogene Informationsbereitstellungsplan vertragliche Relevanz und verpflichtet die Vertragspartner zur Lieferung der geforderten Information. Aktualisierungen eines Lieferplans nach der Beauftragung stellen demzufolge eine Vertragsänderung dar. Diese sollte daher im Konsens und in einer vorher vereinbarten Änderungsprozedur durchgeführt werden, sodass der Vertrag weiterhin seine Gültigkeit behält und neue Angaben eine rechtlich einwandfreie Wirksamkeit entfalten können.

Beispiel 5.15 **Manuell erzeugter Identifikator nach BS EN ISO 19650 (nat. Anhang)**

Aus beiden Ansätzen (dateibasierter oder aktivitätsbasierter TIDP) wird ein Dilemma ersichtlich. Die von Menschen generierte ID oder der von Menschen generierte Name eines Informationscontainers ist für die Weiterverarbeitung in einem Rechnersystem oder einer Datenbank nicht besonders geeignet. ISO 19650 lässt den Algorithmus oder das Verfahren, mit dem ein Identifikator eines Informationscontainers generiert wird, völlig offen. Wie erwähnt, enthält die britische Fassung der ISO 19650, die BS EN ISO 19650, einen nationalen Anhang, in dem ein Verfahren beschrieben wird, mit dem Projektteilnehmer Identifikatoren für Informationscontainer erstellen können. Derart erstellte Identifikatoren sind so aufgebaut, dass sie von Menschen gut interpretiert werden können, indem sie Eigenschaften wie Projektname, Rolle Informationstyp und Version in lesbarer Form abkürzen bzw. codieren (Bild 5.36).[57)]

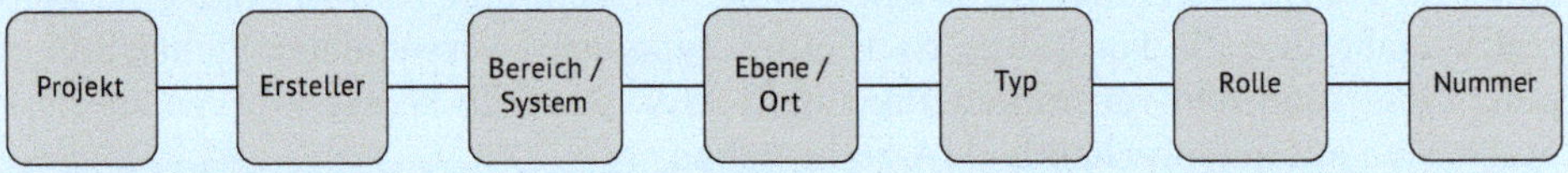

Bild 5.36 Aufbau eines Identifikators für Informationscontainer nach dem britischen nationalen Anhang zur BS EN ISO 19650. Eine entsprechende Liste von möglichen Werten für jeden Abschnitt oder für den Aufbau eines Projektkürzels wird dort ebenfalls angegeben (siehe Kapitel 4 Standards).

Obwohl Identifikatoren, die nach diesem Verfahren erzeugt werden, in der Projektpraxis funktionieren, ist ein solcher Algorithmus mit Vorsicht zu genießen, da er aus rein mathematischer Sicht eine hohe Wahrscheinlichkeit hat, kollidierende Identifikatoren und damit eine fehlende Eindeutigkeit, zu verursachen.

Dieser sicherlich sehr pragmatische und auf den ersten Blick schlüssig erscheinende Ansatz ist auch in Großbritannien umstritten. Hier werden Metadaten in einer Datenstruktur versteckt, die für diese Zwecke nicht vorgesehen ist. Sinnvoller wäre es, diese Metadaten auch wirklich als solche zu behandeln und separat aufzuführen.

In einem Software-Werkzeug, in dem ein TIDP angelegt und verwaltet werden kann, wäre es dagegen ein Leichtes, eindeutige Identifikatoren automatisch zu generieren[58)] und deren Konsistenz sicherzustellen.

---

57) Siehe auch Beispiel für eine Informationscontainer-ID gemäß BS EN ISO 19650 Teil 2, britischer nationaler Anhang.

58) Eindeutige IDs selbst generieren, z. B. auf https://www.guidgenerator.com/

5.6.3.2 MIDP – Master-Informationsbereitstellungsplan

Der zentrale Gedanke hinter einem MIDP ist es, genau zu definieren, welche Informationslieferungen vom Informationsbereitstellungs-Team erwartet werden.

Der federführende Informationsbereitsteller hat nach ISO 19650-2 Abschnitt 5.4.5 dafür zu sorgen, dass alle aufgabenbezogenen Informationslieferpläne in einem Masterplan, dem MIDP, konsistent zusammengefasst werden.

Dabei sind zu beachten:

- die Verantwortlichkeitsmatrix,
- Abhängigkeiten zwischen Vorlaufaktivitäten und zwischen den Aufgaben der Teams,
- die Dauer von Reviews und Prüfungen.

Der federführende Informationsbereitsteller hat daraufhin

- alle terminlichen Abhängigkeiten aufeinander abzustimmen, sodass die Abfolge der Aktivitäten in den jeweils relevanten TIDPs zeitlich und aufgrund ihrer inhaltlichen Fähigkeiten berücksichtigt werden,
- Änderungen, die sich ergeben, an alle Aufgabenteams zu kommunizieren,
- den Auftraggeber über Risiken, beispielsweise Verzögerungen und Ausfallrisiken, zu informieren.

Die folgenden Maßnahmen müssen nach Zusammenstellung aller TIDPs vom federführenden Informationsbereitsteller getroffen werden (ISO 19650-2 Abschnitt 5.4.5):

1. Fixierung von Informationslieferungen und Terminen
   Der abschließende MIDP muss von allen Projektteilnehmern verstanden und im Konsens verabschiedet werden. Nur durch solch eine ausdrückliche Zustimmung der Projektpartner kann der federführende Auftragnehmer seine eigenen vertraglichen Verpflichtungen erfüllen.
2. Rückmeldungen zu TIDPs
   Jedes Projekt weist eine eigene Dynamik auf, daher sind Änderungen an der Tagesordnung. Diese Änderungen können sich auf einige wenige Zusatzinformationen, aber auch auf größere Aktivitäten beziehen. Änderungen im Wirkungsbereich des Hauptauftragnehmers haben meistens unmittelbare Auswirkungen auf Unterbeauftragungen. Daher sollte in diesen Situationen überprüft werden, ob TIDPs von diesen Änderungen betroffen sind. In diesem Fall muss ein gemeinsamer Überprüfungs- und Aktualisierungsprozess erfolgen. Diese Änderungen müssen anschließend wieder in einen ebenfalls aktualisierten MIDP einfließen.
3. Risikomanagement
   Das in Abschnitt 5.3.6 der ISO 19650-2 verlangte Risikoregister muss vom federführenden Auftragnehmer angelegt und gepflegt werden. Es muss alle Risiken aufführen, die zu Verzögerungen von Informationslieferungen und Meilensteinen führen.

   Unrealistische Bearbeitungszeiten und Abgabetermine sowie fehlende Eingangsinformationen, um eigene Arbeiten zu beginnen, sind Risiken, die berücksichtigt und vermerkt werden sollten. Damit wird auch ein projektweites Bewusstsein zu Abhängigkeiten und Risiken geschaffen.

MIDP-Format

Wie bereits beim TIDP, lässt sich die ISO 19650 auch beim MIDP über kein spezielles Format aus. Es ist Aufgabe des federführenden Informationsbereitstellers, dieses festzulegen. Hier gilt das Gleiche wie bereits beim TIDP genannt. Auch der MIDP ist nicht zwangsläufig ein physisches Dokument, sondern kann die unterschiedlichsten Formen annehmen und auch digital, beispielsweise für alle Projektmitglieder ersichtlich, auf einer Webseite zur Verfügung gestellt werden. Bei der gemeinsamen Abstimmung eines MIDP kann eine gemeinsame Bearbeitungsmöglichkeit zum Beispiel in einem Online-Werkzeug Sinn machen und eine große Arbeitserleichterung darstellen, da dann das wiederholte Zusammenfassen von geänderten TIDPs entfällt. Auch hier wurde die Welt nicht neu erfunden, entsprechende Projektmanagement-Werkzeuge haben diese Funktionalität bereits. Sie müssen lediglich auf die Terminologie und die Prozesswelt der BIM-Methodik angepasst werden.

Vertragliche Relevanz für die Beauftragung

Der Master-Informationsbereitstellungsplan MIDP ist ein wesentlicher Vertragsbestandteil bei der Beauftragung des federführenden Auftragnehmers (ISO 19650-2 Abschnitt 5.4.6). Er fixiert damit die vertragliche Verpflichtung zur Lieferung der geforderten Gesamtinformation. Der federführende Auftragnehmer ist sowohl für die Gesamtheit der Informationen verantwortlich, die an den Bauherrn übergeben werden, als auch für das Informationsmanagement im Wirkungsbereich seiner Unterbeauftragungen, beispielsweise zur Koordination und Qualitätssicherung. Jede Änderung am MIDP ist somit als vertragliche Änderung zu werten und entsprechend zwischen den Vertragspartnern abzustimmen.

5.6.4 Qualitätssicherungsprozesse

Die Sicherstellung der Qualität der Fachplanungen liegt im Verantwortungsbereich des jeweiligen Aufgabenteams. Im Rahmen der Beschreibung der Lieferkette wurde bereits der grundsätzliche Prozess der Lieferung und der sich daran anschließenden Qualitätssicherung beschrieben. Ein wichtiger Anwendungsfall in dem Zusammenhang ist die Koordination der Fachmodelle. Die fachübergreifende Prüfung von Modellen ist von zentraler Bedeutung, daher ist der Anwendungsfall Modellkoordination einer der wichtigsten Anwendungsfälle der modellbasierten Planung. Die prozessuale und inhaltliche Beschreibung der Anwendungsfälle ist ein wichtiger Bestandteil eines BAP. Dazu zählen auch die Nennung von Qualitätskriterien und die Vorgehensweise zur Sicherstellung der Qualität.

Im Anwendungsfall Modellkoordination sind Fachmodelle in regelmäßigen Abständen zur Überprüfung der Modellkonsistenz und Aufdeckung von geometrischen Kollisionen zusammenzuführen und in einem Kollisionsprüfungswerkzeug zu überprüfen. Welche Disziplinen und ihre entsprechenden Fachmodelle zusammengeführt werden müssen, hängt vom Projekttyp, Bauobjekt und der Projektphase ab. Im BAP aufzunehmen sind wichtige Kollisionstypen, sofern nicht bereits auf vorhandene Vorschriften und Standards verwiesen werden kann.

Gängige Kollisionsprüfungen sind beispielsweise

- die Kollision zwischen Tragwerkselementen, wie Unterzug oder Stütze, mit TGA-Elementen, wie Lüftungskanälen oder auch Brandbekämpfungsanlagen. Hierbei ist auch zu berücksichtigen, dass Bauteile mit Wärmeschutzmaterial oder Brandschutzbeschichtungen versehen sein können, sodass eine Kollision bereits dann eintritt, wenn ein zweites Bauteil im Bereich der Beschichtung schneidet,
- die Kollision mit Probekörpern, die Fluchtgänge, Montageflächen oder andere freizuhaltende Zonen repräsentieren. In diesem Zusammenhang stehen auch freizuhaltende Zonen für die Barrierefreiheit,
- die einwandfreie Funktion, wie das unbehinderte Öffnen von Fenstern, Türen, Revisionsklappen und dergleichen,
- der Verschnitt von Beleuchtungskörpern mit Trennwänden oder abgehängten Decken, der kurioserweise im alltäglichen Baugeschehen immer wieder vorkommt,
- Gleiches gilt insbesondere auch für Brandschutzanlagen wie Sprinkler und deren entsprechende Zuführung.

Bei allen Beispielen gilt das Offensichtliche: Nur was modelliert ist, kann auch geprüft werden. Daher sind die entsprechenden Bauteile, die für eine solche Prüfung zu modellieren sind, auch ausdrücklich in den Informationsaustauschanforderungen des entsprechenden Anwendungsfalls zu benennen. Nur dann wird bei Qualitätsprüfung nach Lieferung eines Modells ein Fehlen dieser Bauteile bemerkt und – unter Verweis auf die vertragliche Relevanz des in einem Informationsbereitstellungsplan festgehaltenen Lieferumfangs – auch eingefordert werden.

Eine Modellprüfung umfasst beispielsweise

- die Einhaltung formaler Eigenschaften, wie Benennungsregeln von Informationscontainern und Dateien,
- die Einhaltung von Formaten,
- die korrekte Zusammensetzung von Metadaten, zum Beispiel beim Hochladen in ein CDE,
- die Vollständigkeit gemäß Lieferplan bzw. Modellansichtsdefinition MVD,
- der Ausschluss unerwünschter oder nicht geforderter Elemente, die nicht im Informationslieferplan angegeben sind bzw. die nicht in der vereinbarten MVD enthalten sind,
- die Einhaltung der Modellierungsregeln insgesamt, also Modellstruktur, -aufteilung, Koordinatensysteme, Nullpunkt,
- die inhaltlich-fachliche Aufteilung, wie Räume, Zonen, Bauabschnitte und deren Attribute,
- die Anwendung von Klassifikationen, beispielsweise Attribuierung nach DIN 276 / DIN 277 oder anderen Klassifikationen wie UniClass, gemäß Projektvereinbarung.

Es hat sich bewährt, zunächst die Prüfung auf Einhaltung der Modellstrukturen und Integrationsfähigkeit (Federationsstrategie) der gelieferten Teilmodelle zu prüfen. Anschließend sollte die Einhaltung der Modellierungsrichtlinien untersucht werden. Erst wenn diese Prüfung mit Erfolg durchlaufen wurde, macht die Prüfung auf die gelieferten Inhalte Sinn, in welcher die Einhaltung der Austausch-Informationsanforderungen untersucht wird. Abschließend bleibt die Prüfung der geometrischen Anforderungen, beispielsweise auf Mindestabstände und Kollisionen, vorzunehmen.

Erst wenn damit die erforderliche Qualität sichergestellt ist, können die Informationen den Anwendungsfällen zur Erreichung von BIM-Zielen zugeführt werden. Mit qualitätsgesicherten Modellen und Dokumenten können dann die Kostenberechnung, der Bauablaufplan, die energetische Analyse und sonstige Entscheidungsprozesse qualifiziert und fundiert unterstützt werden.

5.6.5 Informationslieferhandbuch IDM erstellen

Zur Auffrischung des im Kapitel 4 Standards ausführlich behandelten Themas Informationslieferhandbuch IDM [74] seien hier nochmals kurz die Bestandteile eines IDM, die sich in einen BAP einfügen, genannt: Es sind Anwendungsfälle, Prozessdefinitionen und Austausch-Informationsanforderungen AIA.

Die Entwicklung eines IDM verdeutlicht schematisch Bild 5.18 auf Seite 426. Durch die Anwendung der BIM-Methodik in einem Projekt wird Auftraggebern das Verfolgen von BIM-Zielen ermöglicht, um die damit verbundenen Mehrwerte zu erzielen.

Die Entwicklung eines Handbuchs der Informationslieferungen geht von **BIM-Zielen** und den dafür notwendigen **BIM-Anwendungsfällen** aus, die als **AIA** festgelegt werden. Die Anwendungsfälle beschreiben zum Einsatz kommende Prozesse zur Umsetzung der BIM-Methode im Projekt. Aus den Anwendungsfällen ergeben sich prozessuale und inhaltliche Anforderungen. Die inhaltlichen **Informationsaustauschanforderungen IAA** können als Modellansichtsdefinitionen MVD ausgedrückt werden.

5.6.5.1 Anwendungsfälle

Der Anwendungsfall ist ein Ausgangspunkt für die Entwicklung eines IDM. Aus ihm leiten sich die Anforderungen an den Informationsaustausch ab.

In einem IDM soll der Anwendungsfall Folgendes beschreiben:

- Was sind die geschäftlichen bzw. fachlichen Anforderungen an den Informationsaustausch?
- Wer kann diese Anforderungen beschreiben?
- Wer sind die Stakeholder/Interessengruppen und welche Rollen und Interessen haben diese?
- Wie kann der Informationsaustausch vorbereitet und abgewickelt werden?
- Wie werden evtl. bestehende Vereinbarungen, Vertragsbedingungen, Standards usw. in den Informationsaustausch eingebunden?

5.6.5.2 Prozessdefinitionen

Im IDM gibt es drei Arten von Diagrammen (siehe Kapitel 3 Informationsmanagement), die je nach den Anforderungen des Anwendungsfalls und der Prozessdokumentation einzeln oder parallel verwendet werden können:

- Das **Transaktionsdiagramm** definiert den Informationsaustausch und die zugehörigen Ergebnisse (Dokumente usw.). Es beschreibt die gesamte Kommunikation während des gesamten Prozesses.
- Das **Interaktionsdiagramm** ist eine Darstellung der Rollen und Verantwortlichkeiten aller am Prozess beteiligten Akteure. Es gibt einen klaren Überblick über alle möglichen Interaktionen, die während des Prozesses auftreten können.
- Das **Prozessdiagramm** beschreibt die Aktivitäten, die zum Informationsaustausch führen.

5.6.5.3 Austausch-Informationsanforderungen AIA

Die Austausch-Informationsanforderungen AIA definieren die Informationen, die zur Unterstützung des Anwendungsfalls ausgetauscht werden sollen.

- Die Anforderungen werden bewusst in nichttechnischen Begriffen dargestellt, sofern der Informationsbesteller keine technischen Details vorgeben möchte.
- Sie schaffen ein klares Verständnis der Informationsbedürfnisse und Austauschanforderungen der einzelnen Akteure im Prozess.
- Sie können verwendet werden, um eine technische Spezifikation der Anforderungen in maschinenlesbarer Form zu erstellen.

Diese drei Elemente Anwendungsfälle, Prozessdefinitionen und AIA bilden die grundlegenden Elemente zur Beschreibung von Informationsbedarf und Informationslieferkette in einem IDM. Mit einem IDM können Lieferprozesse in einem BAP gut strukturiert und in einem anerkannten standardisierten Format dargestellt werden.

5.6.6 Ausschreibung und Auswahl der Gemeinsamen Datenumgebung

Die im Kapitel 4 Standards bereits eingehend vorgestellte DIN SPEC 91391 „Gemeinsame Datenumgebungen CDE für BIM-Projekte“ enthält eine Excel-Tabelle mit CDE-Funktionslisten als digitalem Anhang[59)].

Dort sind alle gängigen CDE-Funktionen nach Kategorien aufgeführt. Funktionen zu Kommunikationsprozessen und Workflows zeigt Bild 5.37.

Welche optionalen und pflichtgemäßen Eigenschaften beispielsweise ein BIM-Viewer innerhalb eines CDE haben sollte, zeigt der entsprechende Abschnitt zur Visualisierung ab Zeile 98 der Excel-Tabelle (Bild 5.38).

Die Exceltabelle kann für eigene CDE-Ausschreibungen genutzt werden. Sie enthält optionale und verpflichtende CDE-Funktionen. Für eine Ausschreibung können Zeilen, die für die Ausschreibung nicht relevant sind entfernt bzw. weiter Inhalte eingefügt werden. Bieter können in einer hinzugefügten Tabellenspalte beschreiben, ob und wie sie die jeweilige Funktion unterstützen.

59) Kostenlos auf www.beuth.de. Achtung, schwer zu erkennen: Erst nach Durchlaufen des Bestellprozesses enthält die Download-E-Mail einen Link zur Excel-Tabelle „CDE_Funktionen.xlsx“.

	Projektkommunikation und -Kollaboration					
	Kommunikationsprozesse	CDE-Funktion	Beschreibung	Hinweise	Pflicht	Optional
42		Formularbasierte Kommunikation	Formulare		✓	
43		Nutzerdefinierte Formulare	Anzahl möglicher Eingabefelder richtet gemäß im Projekt konfigurierten Metadaten	Einträge nach Projektbedarf		✓
44		private Felder im Formular				✓
45		Anhänge	Anhängen von Informationscontainern an Formular (z.B. Mail)		✓	
46		Datenvolumen	Größe und Anzahl von Anhängen unbegrenzt (soweit vernünftig)		✓	
47		Optimierung des Datenvolumens	Anhänge werden durch die Plattform automatisch durch Weblinks ersetzt, um die Mailgröße gering zu halten		✓	
48		Weiterleitung	Nachricht mit Anhang wird an vordefinierte Empfänger oder Gruppen weitergeleitet	Bei der Weiterleitung kann zwischen unterschiedlichen Weiterleitungsformen unterschieden, z.B. ausschließlich die Nachricht wird weiter geleitet, der Anhang kann nur in der sicheren Umgebung der Plattform geöffnet werden.	✓	
	Workflows	CDE-Funktion	Beschreibung	Hinweise	Pflicht	Optional
49		Individuelle Workflows erstellen	Eine Abfolge von Aktivitäten kann entsprechend der Projektanforderungen konfiguriert und ausgeführt werden		✓	
50		Bearbeitungs- und Freigabestatus	Basis-Bearbeitungsstatus "In Bearbeitung, geteilt, veröffentlicht, archiviert" nach PAS 1192-2 bzw. ISO 19650 . Prüf- und Freigabestatus für BIM-Fachmodelle, Pläne, Dokumente	siehe DIN SPEC 91391-1 Abschnitt 4.5.2.5 Bearbeitungsstatus	✓	
51		projektspezifischer Bearbeitungs- und Freigabestatus	Freigabestatus für bestimmte Verwendungszwecke ("freigegeben für …") z.B. freigegeben für Aufführung"		✓	
52	Wiederverwendung	Workflow-Vorlagen teilen	Workflows im Unternehmen, projektweit oder in anderen Projekten wiederverwenden.	Projektweite Standard Workflows, z.B. gemäß BAP	✓	
53	Folgeprozesse	Aktualisierung	Automatische Aktualisierung von Lieferlisten bei der Abgabe von Informationscontainern.		✓	
54		Weiterleitung	Individuelle Weiterleitung von Datencontainern an einzelne Projektteilnehmer oder Teilnehmergruppen zur Prüfung oder weiteren Bearbeitung.		✓	
55		Notifikationen	Benachrichtigung der Projektteilnehmer über den Eingang (Upload bzw. Weiterleitung) von Datencontainern.		✓	
56		Verteiler	Verteilung von BIM-Fachmodellen an Teilnehmer, Rollen sowie		✓	

Bild 5.37 Welche Kommunikationsprozesse und Workflows muss eine Gemeinsame Datenumgebung CDE unterstützen? Der Abschnitt Projektkommunikation und -kollaboration der Excel-Tabelle zu CDE-Funktionen der DIN SPEC 91391 listet die entsprechenden Funktionen auf und liefert jeweils eine Kurzbeschreibung. Zeilen aus der frei verfügbaren Excel-Tabelle „CDE_Funktionen.xlsx" können in ein BAP übernommen werden, um die geforderten Eigenschaften eines CDE im BAP festzulegen.

	Anwendungsfall Modell-Visualisierung		Interaktive, graphische Darstellung von Modellen, Teilmodellen, nichtgrafischen und verlinkten Informationen Unterstützung des Qualitätssicherungs- und Fehlerbehebungsprozesses.			
	Anzeigen von Modelldaten		Darstellen grafischer und nicht-grafischer Informationen			
	grafische 3D-Modelldaten	CDE-Funktion	Beschreibung	Hinweise	Pflicht	Option
98	Teilmodelle	kombiniert anzeigen	Visuelle Kombination von Teilmodellen aus unterschiedlichen Modelldateien (engl.: Federated View)		✓	
99	Modellelemente	Transparente Darstellung einstellen / Farbschema anwenden	ausgewählten Elementen wird eine transparente Darstellung zugewiesen bzw. allen selektierten Elementen eine Farbe zuweisen	vorherige Auswahl der Elemente durch Filter, manuell im Topologiebaum oder im 3D-Modell		✓
100		Isolieren/Ausblenden	alle nicht ausgewählten Elemente ausblenden bzw, alle ausgewählten Modellelemente ausblenden	vorherige Auswahl der Elemente durch Filter, manuell im Topologiebaum oder im 3D-Modell	✓	
	nicht-grafische Modelldaten	CDE-Funktion	Beschreibung	Hinweise	Pflicht	Optional
101	Topologien	Räumliche Modellstruktur	z.B. Hierarchiebaum: Liegenschaft/Gebäude/Geschoss/Raum/Objekt	Gebäudestruktur, räumliche Gliederung	✓	
102		Modellelement-Typen und Instanzen	Elementtyp/Objekte des Typs	z.B. Typ:Wand/alle Objekte vom Typ Wand	✓	
103	Elementeigenschaften	Attributnamen und Werte	Liste der Attributnamen und Attributewerte eines Modellements	z.B. IFC PropertySets	✓	
104	Metadaten	Typinformation	Detailangaben zum Modellelementtyp	z.B. IfcWallStandardCase	✓	
105		Klassifikationszuordnung	Klassifikationscode eines Elements	z.B. DIN 276 Gruppe, OmniClass/UniClass Code, etc.		✓
106		Dokumentreferenzen	Liste der mit dem Element verlinkten Dokumente	z.B. Produktdatenblätter	✓	
107		Workflows / Kommunikationsabläufe	Liste der Kommunikationsabläufe in denen das Element verwendet wird	z.B. Mail, Fehlerbehebung, Qualitätssicherung		✓
	Nutzer-Interaktion mit Modellen		Auswählen, Navigieren, Anreichern			
	Modellelemente auswählen	CDE-Funktion	Beschreibung	Hinweise	Pflicht	Optional
108		3D-Element, manuelle Auswahl	Auswahl eines oder mehrerer Modellelemente im 3D-Modell	durch Anklicken im 3D-Modell. Anschliessend automatische assoziative Nachselektion im Topologie-Darstellung (z.B. räumliche Gliederung)	✓	
109		Hierarchieknoten bzw. Strukturelement, manuelle	Auswahl eines oder mehrerer Modellelemente in einer Topologiedarstellung, z.B. durch Auswahl eines Knotens ("alle	z.B. durch Anklicken in räumlicher Gliederung. Anschliessend automatische assoziative	✓	

Bild 5.38 Funktionen eines BIM-Viewers innerhalb eines CDE listet der Abschnitt „Modellvisualisierung" in der Excel-Tabelle der DIN SPEC 91391 auf und liefert eine Kurzbeschreibung.

5.7 BIM-Projektorganisation

5.7.1 Vergabearten und Projektorganisation

Die Einzelvergabe ist das in Deutschland vorherrschende Vergabeverfahren. Aber auch die Vergabe an einen Generalunternehmer bzw. Generalplaner ist häufig anzutreffen. Dem Vergabeverfahren entsprechend stellt sich die BIM-Projektorganisation auf. Sind viele einzelne Vertragsparteien zu koordinieren, erfordert dies eine andere Lenkungsstruktur als bei der Vergabe an ein einzelnes Unternehmen. Es ist in jedem Falle sicherzustellen, dass auf Auftragnehmerseite jeweils ein BIM-Ansprechpartner in den Fachbereichen (Fachplaner, ausführende Unternehmen) vorhanden ist bzw. nominiert wird. Ein Generalplaner bzw. Generalunternehmer bündelt diese Rollen zwar innerhalb seines Unternehmens, diese Bündelung sollte jedoch nicht dazu führen, dass eine BIM-gerechte Rollenverteilung innerhalb der Organisation des Generalunternehmers ausbleibt. Vielmehr ist sowohl im Falle der Einzelvergaben als auch bei der Vergabe an einen Generalisten dafür zu sorgen, dass entsprechende Ansprechpartner sowohl für das BIM-Informationsmanagement als auch für inhaltlich-fachliche Fragen bezüglich BIM in einem BIM-Abwicklungsplan festgehalten werden. Die Abteilungen innerhalb einer Organisation oder eines Unternehmens sind in dieser Hinsicht gleichzusetzen mit Einzelunternehmen oder einzelnen Planern.

Informationslieferkette

Je nach Vergabemodell ist es der Generalplaner oder der Objektplaner, der die beauftragten Teilmodelle der jeweiligen Disziplin verantwortlich koordiniert, indem er zum Beispiel eine disziplinübergreifende Qualitätssicherung durchführt. Er ist **federführender Informationsbereitsteller** im Sinne der ISO 19650 und fordert Fachmodelle von den Aufgabenteams in seinem Verantwortungsbereich an. Seine Organisation bildet ein **Informationsbereitstellungsteam**, das im Falle eines Generalplaners das federführende ist. Der **Informationskoordinator** eines Bereitstellungsteams fungiert als primärer Ansprechpartner für alle Mitglieder der Informationslieferkette. Des Weiteren koordiniert und organisiert er fachübergreifend die BIM-basierte Projektabwicklung auf der Seite der Auftragnehmer auch mit den Informationskoordinatoren benachbarter Bereitstellungsteams gemäß den in den AIA beschriebenen Anforderungen.

Im Falle von Einzelvergaben können parallele fachliche Lieferketten existieren (z. B. Tragwerk und TGA), die jeweils ein eigenes Informationsbereitstellungsteam besitzen, das die geforderten Informationen eines einzelnen Fachbereichs (z. B. Tragwerk oder TGA) verantwortet und an ein übergeordnetes federführendes Informationsbereitstellungsteam liefert. Der dort angesiedelte **BIM-Gesamtkoordinator** bündelt die Informationslieferungen der untergeordneten Informationsbereitstellungsteams.

5.7.2 Verantwortlichkeitsmatrix

Auch bei bestem Teamgeist müssen Verantwortlichkeiten für alle wichtigen Aufgaben festgelegt und für alle Teilnehmer transparent sein. Eine Verantwortlichkeitsmatrix hält Verpflichtungen und Zuständigkeiten zur Erledigung von Aufgaben oder Informationsbereitstellungen im Projekt fest und ist ein wichtiger Bestandteil des BAP. ISO 19650-2 enthält im Anhang eine tabellarische Vorlage für eine Verantwortlichkeitsmatrix, die den jeweiligen Projektbedürfnissen angepasst werden kann.

Ein Beispiel einer Verantwortlichkeitsmatrix zeigt die Tabelle in Bild 5.39.

Der grundsätzliche Aufbau einer Informationslieferkette wurde in Kapitel 3 Informationsmanagement und Kapitel 4 Standards schon detailliert erläutert.

Im folgenden Beispiel bildet ein Generalplaner die Ebene des federführenden Informationsbereitstellers ab.

Beispiel 5.16 **Verantwortlichkeitsmatrix**

Bild 5.39 zeigt die Verantwortlichkeit für die Erstellung von zwei TIDPs und eines MIDP. Zur besseren Übersichtlichkeit haben die Informationslieferketten in diesem jeweils nur einen Unterauftragnehmer. Diesem Beispiel liegen zwei Informationslieferketten zugrunde: Projektleitung → Bereitstellungsteam 1 → Aufgabenteam A und Projektleitung → Bereitstellungsteam 2 → Aufgabenteam B. In realen Projekten sind einem Bereitstellungsteam mehrere Aufgabenteams untergeordnet.

Verantwortlichkeitsmatrix nach ISO 19650-2 Anhang A								
	ID	**Aufgabe**	Bauherr	Bereitstellungs-team 1	Bereitstellungs-team 2	Aufgaben-team A	Aufgaben-team B	weitere Spalten je Verantwort-lichkeit...
Erläuterung	Eindeutiger Identifikator der Aufgabe	Beschreibung der Aktivität oder Aufgabe	Infor-mations-besteller	Federführender Informations-bereitsteller (ISO 19650-2)	Federführender Informations-bereitsteller (ISO 19650-2)	Informations-bereitsteller (ISO 19650-2)	Informations-bereitsteller (ISO 19650-2)	weitere Spalten für weitere Verantwortliche Teams oder Einzelpersonen
Beispiel-aufgabe aus ISO 19650-2	5.4.4.1	Erstellung des/der aufgabenbe-zogenen Infor-mationsbereit-stellungsplans/-pläne **TIDP**	-	I, C informativ, Mitwirkung	-	R, A Erstellung, Freigabe	-	-
Beispiel-aufgabe aus ISO 19650-2	5.4.4.2	Erstellung des/der aufgabenbe-zogenen Infor-mationsbereit-stellungsplans/-pläne **TIDP**	-	-	I, C informativ, Mitwirkung	-	R, A Erstellung, Freigabe	-
Beispiel-aufgabe aus ISO 19650-2	5.4.5	Erstellung des/Master-Informa-tionsbereit-stellungsplans **MIDP**	Projekt-leitung	R, A Erstellung, Freigabe	I informativ	C Mitwirkung	-	-

Bild 5.39 Verantwortlichkeitsmatrix nach DIN EN ISO 19650 mit Beispielaufgaben und Art der Einbindung nach RACI

RACI-Matrix und deutsche Anwendungspraxis

Die Art und der Umfang der Verantwortung bei Projektaktivitäten werden häufig nach der sogenannten RACI-Matrix eingestuft (Bild 5.40). Die RACI-Systematik wird auch in Bild 5.39 verwendet und daher hier zunächst erläutert.

RACI Definitionen				
Abkürzung	**engl.**	Bedeutung	deutsch	
R	Responsible	ist verantwortlich für die Durchführung	Erstellung	
A	Accountable	ist verantwortlich im rechtlichen oder kaufmännischen Sinne	Freigabe	(nach Überprüfung)
C	Consulted	wird beratend bei der Erfüllung der Aufgabe hinzugezogen	Mitwirkung	(konsultativ)
I	Informed	wird über die Aufgabe informiert	informativ	(unidirektional)

Bild 5.40 Die RACI-Matrix ist eine gängige Klassifikation zur Beschreibung von Verantwortlichkeiten. Die Tabelle gibt ebenfalls eine deutsche Auslegung an.

Bei Art und Umfang der Verantwortlichkeit wird unterschieden in Organisation, Erstellung, Mitwirkung, Überprüfung und Freigabe. International üblich ist auch eine Kategorisierung gemäß der sogenannten RACI-Matrix nach Bild 5.40. Die Abbildung enthält neben dem internationalen Sprachgebrauch auch die deutschen Begriffe. Beides wird in der Verantwortlichkeitsmatrix zur besseren Veranschaulichung parallel verwendet.

So ist der Ersteller im fachlichen Sinne verantwortlich (*responsible*), die überprüfende bzw. freigebende Person im rechtlichen Sinne verantwortlich (*accountable*), das Mitwirken in Form einer Konsultation entspreche dem RACI-Begriff *consulted* und dem Begriff *informed* bei einer bidirektionalen Einbindung rein informative Art.

Tabelle 5.8 schildert den Aufbau und das Zustandekommen der Tabelle in Bild 5.39.

Tabelle 5.8 Interpretation der Eintragungen von Bild 5.39

5.4.4.1	Aufgabenteam A ist Unterauftragnehmer von Bereitstellungsteam 1. Daher fordert das Bereitstellungsteam 1 bei jedem seiner Aufgabenteams (in diesem Fall existiert nur Aufgabenteam A) die Erstellung eines TIDP an. Das Aufgabenteam A ist verantwortlich (RACI: A) für die operative Ausführung und rechtlich (RACI: R) verantwortlich für die Aufgabe. Es informiert (RACI: I) und konsultiert (RACI: C) das Bereitstellungsteam 1 bei und nach der Erstellung ihrer TIDPs.
5.4.4.2	Aufgabenteam B ist Unterauftragnehmer von Bereitstellungsteam 2. Die vorige Zeile wird daher sinngemäß auf Bereitstellungsteam 2 und Aufgabenteam B angewandt.
5.4.5	Die Projektleitung (stellvertretend für den Bauherrn) bestellt den MIDP bei Bereitstellungsteam 1, welches operativ (RACI: A) und rechtlich (RACI: R) für die Aufgabe verantwortlich ist. Bereitstellungsteam 2 wird informiert (RACI: I), das Aufgabenteam wird beratend eingebunden (RACI: C).

5.7.3 Koordinationsmeetings

Koordinationsmeetings sind ein unverzichtbarer Bestandteil bei der Umsetzung des Informationsmanagements in einem BIM-Projekt. Dabei werden nicht nur konkrete Probleme und Aufgaben besprochen, sie unterstreichen auch den Teamgedanken von BIM. Das Motto des digitalen Denkens im Ganzen muss in diesen Meetings überzeugend „herübergebracht“ und sofort in die Tat umgesetzt werden.

Fachplaner aller Art, beispielsweise Tragwerksplaner, Haustechniker, Bauphysiker, Brandschutzexperten, Energieplaner und andere arbeiten eng verzahnt zusammen und ergänzen das Datenmodell um weitere Informationen. Planungsschritte, die bislang völlig getrennt voneinander erfolgten, sind dadurch eng miteinander verzahnt. Diese kollaborative Arbeitsweise verlangt ein präzises und wirkungsvolles Informationsmanagement.

In Deutschland wird die Bauwerksplanung üblicherweise in einem Team von eigenständigen Planungspartnern durchgeführt. Die dabei auftretenden Schnittstellen und notwendigen Kommunikationsprozesse werden durch ein übergeordnetes Projektmanagement gesteuert und in der Objektplanung zusammengeführt und koordiniert. Die Vielzahl dieser Schnittstellen erschwert ein einheitliches BIM-Verständnis im Projekt. Alle Beteiligten müssen daher zunächst technologisch und in ihrer Arbeitsweise auf einen gemeinsamen Nenner gebracht werden. Nicht zuletzt hier erweist sich der Wert regelmäßiger Koordinationsmeetings.

Selten wird heute ein Planungs- oder Bauunternehmen seine Informationsdienstleistungen den Beteiligten aus eigenem Antrieb anbieten. In der Regel begnügt man sich mit den Planungs- und Ausführungsunterlagen, die man üblicherweise bekommt, und das ist oft nicht allzu viel. Neuplanungen auf der Baustelle und Ad-hoc-Lösungen sind die Folge und drücken auf Produktivität und Qualität. Erst wenn der Bauherr erkannt hat, dass eine reibungslose Bauausführung auch in seinem Interesse ist, wird er bzw. sein BIM-Manager dafür Sorge tragen, dass sich Planer und ausführende Unternehmen gegenseitig mit zuverlässigen Informationen versorgen. Auch werden ausführende Unternehmen nicht von allein alle für den Betrieb erforderlichen Informationen liefern. Auch das geschieht nur bei entsprechender Beauftragung und Sicherstellung der Informationslieferungen durch einen mit entsprechenden Befugnissen ausgestatteten BIM-Manager.

Die in den vorangehenden Abschnitten genannten AIA fixieren zwar schriftlich die erforderlichen und zu liefernden Informationen, eine Fixierung bis ins allerletzte Detail ist aber weder möglich noch wünschenswert. Es sollte möglich sein, Lücken auch nachträglich zu schließen. Dazu ist Vertrauen notwendig, eine Kultur des „Finger Pointing“ ist nicht zielführend. Man erinnere sich an das Gleichnis der langen Löffel (Abschnitt 5.2.5). Koordinationsmeetings sind eine Umsetzung dieses Kulturwandels.

Wie bei allen Meetings sollten einige Regeln beachtet werden.

- Jedes Koordinationsmeeting hat einen verantwortlichen Leiter, in der Regel ist das der hauptverantwortliche BIM-Manager.
- Der Meeting-Leiter stimmt Termine ab und lädt rechtzeitig und verbindlich zum Meeting ein. Vorteilhaft sind regelmäßige wiederkehrende Kalendereinträge.
- Jedes Koordinationsmeeting hat eine schriftlich fixierte Agenda. Sie wird rechtzeitig kommuniziert.
- Verhinderte Teilnehmer bestimmen einen Vertreter mit hinreichenden Entscheidungskompetenzen.
- Eine Vergütung der Teilnahme fördert den Teilnahmewillen und unterstreicht die Ernsthaftigkeit der Veranstaltung.

- Verpflichtende Koordinationsmeetings sind im BAP vertraglich festzuhalten.
- Dank der technischen Möglichkeiten sind Online-Meetings mit entsprechenden Screen-Sharing-Möglichkeiten in Erwägung zu ziehen.
- Ein Protokoll fasst die wesentlichen Entscheidungen zusammen und enthält eine Aufgabenliste mit Terminen und Verantwortlichkeiten.

Kick-off-Meeting

In der Abfolge der regelmäßigen BIM-Koordinationsmeetings stellt das erste Zusammentreffen ein besonderes Ereignis dar. Hier gilt es, den Grundstein für eine positive Gruppendynamik und ein gemeinsames Verständnis zu legen. Der verantwortliche Gesamtkoordinator des Projekts, die Projektleitung oder der verantwortliche BIM-Manager lädt verbindlich zu diesem ersten Treffen ein.

In einem Kick-off-Meeting am Beginn der Planungsphase soll allen Projektteilnehmern ein gemeinsames Verständnis für die modellbasierte Planung vermittelt werden. BIM-Kick-off-Meetings vor Beginn der Bauphase sind derzeit noch ungewöhnlicher als Kick-offs vor Beginn der Planungsphase, deswegen jedoch nicht minder hilfreich.

Ziel beim ersten Zusammentreffen ist in beiden Fällen die Prüfung eines gemeinsamen Kenntnisstandes der BIM-Methodik. Gegebenenfalls sind daraufhin Schulungsmaßnahmen zu initiieren. Die Notwendigkeit von BIM-Trainings sollte jedoch keine Grundvoraussetzung sein, um beim ersten Zusammentreffen das Anliegen und die grundsätzliche Vorgehensweise zu verstehen. Dazu gehören in erster Linie die BIM-spezifische Art und Weise der Kommunikation und Kollaboration. Technische Details, wie Software, Schnittstellen und Plattformen, sollten einem weiteren Meeting vorbehalten bleiben. Bei diesem ersten Meeting sollten die Anforderungen an Informationslieferungen auf die konkrete projektspezifische Situation abgebildet werden, sodass von vornherein ein konkretes Bild der Zusammenarbeit und des Informationsmanagements entsteht. Besonderes Gewicht ist auf die Bedeutung einer modellbasierten Zusammenarbeit zu legen. In der Planung ist die modellbasierte Zusammenarbeit relativ naheliegend, aber auch in der Bauphase ist ein grundsätzliches Verständnis darüber sehr wichtig, denn ausführende Unternehmen sollen sich über die Bedeutung der modellbasierten Abbildung des Bauzustandes im Klaren sein. Dies gilt sowohl zum eigenen Nutzen während der Ausführung, während der Ausführungsfragen in einem ausreichend genauen Modell geklärt werden können, als auch für die Lieferung von Informationen, die in der Betriebsphase benötigt werden. Bei allen abstrakten Hintergründen der BIM-Methodik sind hier der praktische Nutzen und die praktische Vorgehensweise in den Vordergrund zu stellen.

Dies geschieht am einfachsten, indem Auftraggeber-Informationsanforderungen für konkrete Projektsituation erläutert werden. Das Zusammenspiel aller Beteiligten erfordert das Verfassen eines BIM-Abwicklungsplans. Sinn und Zweck dieses zentralen Projektdokuments wird im Kick-off-Meeting dargelegt. Nutzen und Pflichten, die aus dem BAP entstehen, sollten am Ende des Meetings von allen Beteiligten klar verstanden worden sein.

Vorbereitung auf das Mobilisierungsmeeting

Dass der Projektstart mit BIM für alle Beteiligten keinen Sprung ins kalte Wasser bedeuten wird, muss mit der Vorstellung der Testphase verdeutlicht werden. Diese auch Mobilisierung genannte Vorphase gibt allen Beteiligten die Chance, Probleme zu erkennen und zu beheben, sowie eigene kleinere Defizite auszugleichen.

Erst im zweiten Teil eines solchen Vorbereitungstreffens sollten dann technische Einzelheiten, wie die Zusammenarbeit über eine Gemeinsamen Datenumgebung oder die einzusetzenden Software-Werkzeuge und Formate, erklärt und festgelegt werden.

Am Ende des BIM Kick-offs sollten alle Beteiligten auf das dann als Nächstes anstehende gemeinsame Treffen zur Projektmobilisation vorbereitet sein.

Für General- bzw. Objektplaner und für die Fachplaner ist das BIM-Kick-off eine Pflichtveranstaltung. Dies sollte vertraglich festgehalten werden, um die Wichtigkeit für das Gelingen des Projekts zu unterstreichen.

Kick-offs zu Beginn einer Bauphase lassen sich nicht so zentral gestalten, da nicht alle beteiligten ausführenden Unternehmen von Anfang an feststehen oder beteiligt sind. Es sollte daher einen Vorgehensplan für hinzukommende ausführende Betriebe geben. Dies gilt unabhängig davon, ob ein Generalunternehmer von Anfang an dabei ist oder durch Einzelvergaben vorgegangen wird. In beiden Fällen sind Subunternehmer über ihren Anteil bei der Lieferung von Informationen zu informieren. Dass dies keine Raketenwissenschaft ist, wurde im Abschnitt 5.2.6.2 bereits dargelegt, es geht um eine mundgerechte Aufbereitung der technischen Umgebung, die die Beteiligten nicht vor unlösbare technische, finanzielle oder intellektuelle Probleme stellt. Gemeint ist hier beispielsweise eine Webseite, die ausschließlich die Perspektive eines einzelnen ausführenden Unternehmens darstellt und die jeweils zutreffenden Angaben zu den ausgeführten Leistungen abfragt, wie beispielsweise Produktdatenblätter oder Wartungshandbücher.

Auch dies ist Aufgabe des initialen Workshops, den Beteiligten klarzumachen, dass hier nichts Irrationales und Übermenschliches verlangt wird.

Dass eine Schlussabrechnung auch von den Informationslieferleistungen abhängig ist, sollte – falls notwendig – beim einen oder anderen Beteiligten für den eventuell erforderlichen Motivationsschub sorgen.

5.7.4 Qualitätssicherungsreport

Verantwortlich für die Qualität von Informationen, deren Prüfung und gegebenenfalls Verbesserung ist der jeweils Verantwortliche in der Lieferkette. Beginnend beim Aufgabenteam erfolgt eine interne Prüfung vor Weiterleitung an das übergeordnete Bereitstellungsteam (Lieferteam), beispielsweise den Generalplaner (Bild 5.41). Die BIM-Qualitätsüberwachung im übergeordneten Bereitstellungsteam wirkt an der Qualitätssicherung mit, die rechtliche Verantwortlichkeit liegt beim jeweils Projektverantwortlichen, der Projektsteuerung und der Qualitätsüberwachung im Gesamtprojekt.

Das Ergebnis einer Qualitätsprüfung ist nachvollziehbar schriftlich festzuhalten. Schriftlich bedeutet hier keineswegs die Papierform noch ist hier ein digitales Papieräquivalent, wie beispielsweise PDF, zwangsläufig zu verwenden. Papieräquivalente

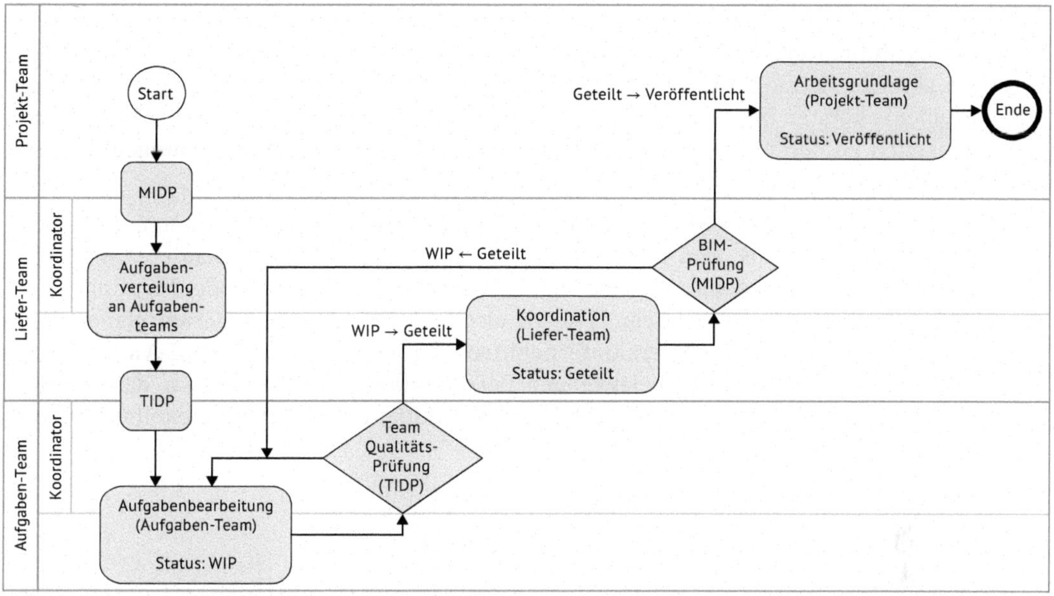

Bild 5.41 Als weitere Verfeinerung von Abschnitt 3.3.3.2 „Bearbeitungsstatus und Statuswechsel im Workflow" zeigt das BPMN-Diagramm die Akteure der Teams in den einzelnen Schwimmbahnen, die Prüf- und Freigabe-Aktivitäten durchführen.

Formate entziehen sich der digitalen Weiterverarbeitung und Integration infolge Anwendungen. Ein vorteilhaft zu verwendendes digitales Format ist das BIM Collaboration Format BCF (siehe Kapitel 4 Standards, Abschnitt 4.7.3). Es wird empfohlen, die Verwendung dieses Formats im BAP festzulegen.

5.7.5 Projektberichte

Sowohl in der Planung als auch in der Bauausführung sind Projektstände zu dokumentieren. Dazu finden in regelmäßigen Abständen Besprechungen statt, die im BAP festgehalten werden. Die Ergebnisse und Aufgaben einer Besprechung werden in einem Protokoll festgehalten und an einer zentralen, im BAP festgelegten, Stelle in einem CDE abgelegt. Auch hierfür wird in der Federationsstrategie eine Ablageposition definiert und in den Metadaten für Informationscontainer ein Attributwert vorgesehen, um Besprechungsprotokolle nachvollziehbar im Dokumentenmanagementsystem ablegen zu können. In der Planung gilt es, den Planungsfortschritt zu überwachen und zu bewerten, um gegebenenfalls steuernd eingreifen zu können. In der Ausführung sind in regelmäßigen Abständen von der Bauleitung Baustandsberichte zu liefern. Abnahmen, Leistungsmeldungen und daraufhin erteilte Rechnungsfreigaben sind modellbasiert zu verfassen. Das bedeutet, dass in den beteiligten Fachmodellen entsprechende Attribute anzulegen sind, beispielsweise für den Fortschritt bei der Erstellung und der erteilten Abnahme bei Fertigstellung.

Auch hier erweist sich das BCF-Format vorteilhaft bei der Kommunikation von Problemen.

Auf Basis zweckmäßig artikulierter Modelle können modellbasierte Besprechungen durchgeführt werden. In regelmäßigen Koordinationsmeetings wird dem Projektteam der aktuelle Planungs- bzw. Ausführungsstand am 3D-Modell präsentiert. Bestehende Probleme können bei dieser Gelegenheit besprochen und Aufgaben sowie Verantwortlichkeiten zu deren Beseitigung festgelegt werden. Derartige Besprechungen können sowohl online als auch als Präsenz-Meeting durchgeführt werden.

Je nach Zielsetzung des Meetings sind die verantwortlichen Repräsentanten der jeweiligen Aufgabenteams, also beispielsweise Fachplaner, oder ausführenden Unternehmen anwesend. Geplant und durchgeführt werden entsprechende Meetings von dem federführenden Bereitstellungsteam, also beispielsweise dem Gesamtplaner, dem Objektplaner oder dem Generalunternehmen. Der verantwortliche BIM-Manager auf Auftragnehmerseite lädt den jeweiligen Personenkreis ein und verfasst das Besprechungsprotokoll und leitet die Aufgaben den entsprechenden Bereitstellungsteams bzw. Aufgabenteams zu.

5.8 Projektprobelauf – Mobilisierung

Nach erfolgreicher Vergabe erstellen die beauftragten Unternehmen den BIM-Abwicklungsplan BAP. Nachdem dieser erstellt wurde, erfolgt nicht blindlings der Sprung ins kalte BIM-Wasser, sondern der BAP wird zunächst auf seine Praxistauglichkeit getestet. Diese Testphase wird in der ISO als Mobilisierung bezeichnet.

Wie im Kapitel 4 Standards, Abschnitt Projektaktivierung (Mobilisierung), dargelegt, wird dabei das reibungslose Zusammenspiel der Ressourcen, Technologien und Methoden zur Informationserzeugung getestet. ISO 19650 Abs. 5.5 nimmt den federführenden Auftragnehmer in die Pflicht, alle Informationsaustauschanforderungen AIA umzusetzen, und sieht die verbindliche Durchführung einer Testphase vor Beginn des eigentlichen BIM-Projekts vor.

Erst nach diesem Projektprobelauf und ggf. Verbesserung des BAP beginnt dann die reale Produktion und Lieferung von BIM-Informationen.

5.8.1 Mobilisierungsmeetings

Jetzt geht es vom digitalen Denken im Ganzen zum digitalen Handeln im Ganzen. Im Mobilisierungsmeeting werden fachübergreifende inhaltliche und technische Aktivitäten des BIM-Informationsmanagements erprobt.

Dazu zählen inhaltliche Abstimmungen wie

- das zu verwendende Achsraster und der von allen zu verwendende Modellnullpunkt und weitere im Abschnitt Modellierungsregeln beschriebene Übereinkünfte hinsichtlich der Modellierung,
- Informationsmanagement und Datenaustausch. Hierzu zählt die Anwendung einer Gemeinsamen Datenumgebung CDE für die Projektkommunikation, den Datenaustausch und die Qualitätssicherung.

Hierzu werden von den Beteiligten Testdaten erstellt, Prozesse im CDE angestoßen und geübt. Hier wird auch die Art und Weise, in der die Projektkommunikation ablaufen wird, technisch erprobt und festgelegt. Nebenläufige Kommunikation, beispielsweise über E-Mails, ist für die zentralen Abstimmungen innerhalb des Projekts auszuschließen. Deswegen sollten die grundsätzlichen Vorgehensweisen, wie die Durchführung von Informationsanfragen oder deren Vermeidung, der Ablauf von Informationslieferungen, Qualitätssicherung, Freigaben und Informationsverteilung von jedem Projektteilnehmer auf der CDE geübt werden.

Am Ende des Meetings müssen alle Beteiligten Klarheit über

- die von ihnen zu verwendenden Workflows und
- die dazu verwendeten technischen Instrumente

besitzen.

Nicht die Erstellung von Informationen ist bereits die Erfüllung der Informationsanforderungen, sondern erst

- die **Einhaltung des Lieferweges,**
- die **korrekte Verwendung einer Gemeinsamen Datenumgebung CDE** und
- das erfolgreiche **Durchlaufen des Qualitätssicherungs- und Freigabeprozesses**

sind als vollständige Leistungserbringung zu werten.

Wird also beispielsweise im Rahmen des BAP das Hochladen von Dokumenten und Modellen in ein CDE verbindlich festgelegt, so gilt eine Zusendung über andere Kommunikationskanäle, z. B. per E-Mail, nicht als korrekte Leistungserbringung und ist daher zu ignorieren. Nur durch ein sehr striktes Vorgehen lassen sich alle Beteiligten von einer konsistenten Arbeitsweise überzeugen. Alles andere führt zu einem erheblichen Mehraufwand mit entsprechenden Fehlerquellen.

5.8.2 Probe aufs Exempel

Diese Erprobungsphase erfolgt auf Grundlage des BAP, daher ist die Teilnahme aller an Freigabe- und Qualitätssicherungsprozessen Beteiligten sowie der gesamten Informationslieferkette, verpflichtend. Die Anwesenheit und aktive Teilnahme von BIM-Koordinatoren der jeweiligen Bereitstellungs- und Aufgabenteams sowie der fachlich am Informationserstellungsprozess beteiligten BIM-Autoren, also in der Regel Fachplaner, sowie den BIM-Nutzern und allen Personen, die BIM-Informationen für ihre weiteren Arbeiten nutzen, ist daher erfolgsentscheidend für das Gelingen des BIM-Projekts. Zu nennen sind hier beispielsweise auch Fachplaner, die Modelle nach energetischen Gesichtspunkten analysieren bzw. kaufmännische Analysen, wie Kostenberechnungen, anstellen.

Für die Bauphase gilt dies analog, ist aber aus den bereits genannten Gründen nicht so einfach in einem einzelnen umfassenden Meeting zu realisieren. Die Mobilisierung der Bauphase erfordert zwar ebenfalls das Einüben von Prozessen und die Nutzung zentraler Instrumente des Informationsmanagements, wie beispielsweise einer Gemeinsamen Datenumgebung, die Informationslieferungen sind jedoch inhaltlich homogener, dafür sind die zeitlichen Beteiligungen der ausführenden Unternehmen deutlich inhomogener. Das Reporting zu eingebauten und fertiggestellten Bauteilen dürfte sich über viele ausführende Fachrichtungen hinweg prinzipiell ähnlich gestalten. Auch die

Abnahme, Leistungsmeldung und Rechnungsfreigabe dürften sich zwischen den Gewerken vom Ablauf her nicht großartig unterscheiden.

Der Informationsbesteller dieser Informationslieferungen, der Betreiber bzw. Bauherr, muss jedoch ein besonderes Augenmerk auf die Qualität der gelieferten Gebäudeinformationen richten, da minderwertige Informationen nach der Übergabe an den Betrieb in der Regel nicht oder nur sehr schwer korrigiert werden können. Auch hier kann die Verbindung der Rechnungsfreigabe in Abhängigkeit von der Qualitätsprüfung der Informationslieferungen erfolgen. Eine eingebaute Heizanlage ist somit nicht bereits fertiggestellt, wenn der physische Teil des Einbaus erledigt ist, sondern ist nur in Verbindung mit den gleichzeitig fertigzustellenden Informationslieferungen als fertig zu bewerten. Auch dies sollte allen Beteiligten klargemacht und mit dem notwendigen vertraglichen Nachdruck hinterlegt werden, beispielsweise, indem die Rechnungsfreigabe auf Basis der Informationslieferungen erfolgt.

5.8.3 Checkliste Mobilisierung

Unabhängig davon, was im konkreten Projekt unter einer Gemeinsamen Datenumgebung genau verstanden wird, die gewählte Umgebung muss gewissen Mindestanforderungen genügen. Genau sie werden in der Mobilisierungsphase durchgespielt. Dabei stellt sich ggf. auch die Eignung oder Nichteignung einer Datenumgebung heraus.

Der federführende Informationsbereitsteller (GU, Objektplaner) hat *vor* der Mobilisierung die Voraussetzungen für die Durchführung von Tests zu organisieren und zu implementieren. Zentraler Punkt ist hier die Gemeinsame Datenumgebung CDE.

5.8.3.1 Projekt-CDE – Gemeinsame Datenumgebung

Das Projekt-CDE ist vorab so zu konfigurieren, dass

- Aktivitäten je nach Verantwortlichkeit durchführt werden können:
  - BIM-Autoren ihre Informationslieferungen durchführen können,
  - BIM-Koordinatoren Prüf- und Qualitätssicherungsprozesse durchführen können,
  - BIM-Koordinatoren Freigabeprozesse, inklusive Freigabe durch den Bauherrn, durchführen können,
  - BIM-Autoren in den Fehlerbehebungsprozess eingebunden sind, z. B. Fehlerreports (möglichst im BCF-Format) erhalten und darauf mit verbesserten Modelllieferungen reagieren können.

Dazu sind vor dem CDE-Einsatz

- Zugänge (Nutzername, Passwort) für alle beteiligten Personen und Organisationen einzurichten,
- notwendige Projektkommunikationsprozesse einzurichten,
- notwendige Projektabläufe (Workflows), zum Beispiel für Prüfungen, Freigaben und Informationsverteilung einzurichten,
- Metadaten, die beim Hochladen und beim Suchen von Informationen verwendet werden sollen, zu konfigurieren,
- rollenspezifische Rechte für die jeweiligen Zugänge zu konfigurieren,

- sofern das CDE die Möglichkeit anbietet, externe Software (CAD-Systeme, Prüfsoftware, etc.) anzubinden, sind entsprechende Konfigurationen der Anbindungen vorzunehmen,
- gewünschte Nachvollziehbarkeit, wie Protokollierung (Audit-Trails) und Versions-Archivierung, einzurichten.

Nachdem diese vorbereitenden Schritte vom federführenden Informationsbereitsteller durchgeführt wurden, müssen alle CDE-Funktionen mit den Beteiligten mit Beispieldaten getestet werden.

5.8.3.2 Funktions-Checks für alle Mitglieder des BIM-Projekts

Gewisse Konzepte und Abläufe beim Informationsmanagement in BIM-Projekten betreffen alle Teammitglieder.

Es ist daher durch Einführungstrainings sicherzustellen, dass

- der Sinn und die Handhabung von Informationscontainer und Metadaten verstanden wurde und an Probedaten erprobt wurde,
- die Angabe von Metadaten beim Hochladen von Informationen in ein CDE und die Verwendung von Metadaten bei der Suche von Informationen in Dokumentenmanagementsystem (z. B. in einem CDE) verstanden wurde und sicher eingesetzt werden kann,
- der grundsätzliche Ablauf aller wesentlichen Arbeitsabläufe in einem CDE durchgespielt und geprobt wurden. Informationslieferungen, Qualitätsprüfungs- und -sicherungs- sowie Freigabeprozesse müssen von allen Mitgliedern des BIM-Teams beherrscht werden,
- die Projektkommunikation in projektweit einheitlicher Form über ein zentrales Kommunikationsinstrument ausgeübt wird. Die im Projekt konfigurierten Kommunikationsarten sind allen Teammitgliedern bekannt zu machen und zu erproben, bspw. Informationsanfragen, Aufträge, Änderungen usw.

Spezielle Rollen verlangen spezielle Kenntnisse. Sie sind im Folgenden kurz zusammen gefasst.

5.8.3.3 Funktions-Checks für BIM-Autoren

Es ist zu prüfen und sicherzustellen, dass

- jeder BIM-Autor weiß, wo er **Informationen**, die seinen Teil der Informationserstellung betreffen, an **zentraler Stelle (CDE) und in aktueller Fassung** findet,
- jedem BIM-Autor die betreffenden **Modellierungsregeln** zugänglich sind (CDE) und er Zugang zu den **TIDPs** (Lieferungen, Abgabetermine) seines Aufgabenteams hat,
- jeder BIM-Autor die Modellierungsregeln in den betreffenden **Software-Werkzeugen** umsetzen kann,
- jeder BIM-Autor die **Informationsaustauschanforderungen** für seinen Anwendungsfall (MVD, Modell/Element-Matrix) kennt und weiß, wie diese in seinem Software-Werkzeug umzusetzen sind,

- jeder BIM-Autor einen **Ansprechpartner** in seinem Aufgabenteam hat, an den er sich bei Fragen und Problemen wenden kann,
- jeder BIM-Autor den **Lieferprozess** auf einem CDE für die von ihm erstellten Informationen kennt (Dateiformate, Metadaten für Informationscontainer beim Hochladen in ein CDE),
- jeder BIM-Autor den **Qualitätssicherungsprozess** in einem CDE für die von ihm erstellten Informationen kennt,
- jeder BIM-Autor den **Freigabeprozess** auf einem CDE für die von ihm erstellten Informationen kennt,
- jeder BIM-Autor in die für ihn wesentliche **Projektkommunikation** eingebunden ist.

5.8.3.4 Funktions-Checks für BIM-Koordinatoren

Es ist zu prüfen und sicherzustellen, dass

- jeder BIM-Koordinator weiß, wo er **Informationen**, die sein Aufgabenteam oder sein Informationsbereitstellungsteam betreffen (BAP, inklusive Modellierungsregeln, TIDP, MIDP, Verantwortlichkeitsmatrix und Risikoregister), an **zentraler Stelle (CDE) und in aktueller Fassung** findet,
- jeder BIM-Koordinator die **inhaltlichen Anforderungen** seines Teams hinsichtlich der **Informationserstellung** (Modellierungsregeln, AIA, IAA, Dateiformate, Metadaten) kennt und weiß, wie sie im Rahmen seines Teams fachlich und technisch umgesetzt werden müssen,
- jeder BIM-Koordinator die Anforderungen seines Teams hinsichtlich des **Informationsmanagements** (Lieferung, Koordination, Prüfung, Verbesserung, Freigabe, Verteilung) kennt und weiß, wie sie im Rahmen seines Teams umgesetzt werden müssen,
- jeder BIM-Koordinator einen **Ansprechpartner** im übergeordneten Bereitstellungsteam, beim federführenden BIM-Manager oder der Projektleitung kennt, an den er sich bei Fragen und Problemen wenden kann,
- jeder BIM-Koordinator weiß, mit welchen anderen Teams er **Koordinations- und Qualitätssicherungsprozesse abstimmen** muss. Diese sind im MIDP festgehalten. Er findet ihn an zentraler Stelle (CDE) in aktueller Fassung,
- jeder BIM-Koordinator den **Freigabeprozess** auf einem CDE für die von ihm erstellten Informationen kennt,
- jeder BIM-Koordinator in die für ihn wesentliche Projektkommunikation eingebunden ist.

5.8.3.5 Funktions-Checks für das federführende Informationsbereitstellungsteam

Der GU oder Objektplaner als der federführende Auftragnehmer koordiniert und verantwortet die Erbringung von BIM-Leistungen im Projekt. Er bildet die Schnittstelle zwischen dem Bauherrn und dem BIM-Team. Die Einbindung des Bauherrn oder seines Stellvertreters für Informations- und Freigabeprozesse erfolgt vorteilhafterweise ebenfalls über CDE-Lösungen innerhalb der Datenumgebung im BIM-Projekt.

Der federführende Informationsbesteller unterstützt den Bauherrn ggf. bei der Einrichtung der technischen Abläufe.

Er stellt sicher, dass

- der Bauherr die von ihm durchzuführenden Prozesse kennt,
- dem Bauherrn durch ihn verursachte Verzögerungen und deren Folgen im weiteren Verlauf der Informationslieferkette bewusst sind,
- das technische Verfahren von Freigaben in einem CDE im BAP festgehalten wird.

Die Transparenz von Informationsvorgängen, beispielsweise durch ein anschauliches Prozessdiagramm im BAP, kann helfen, Freigabestaus zu vermeiden.

5.8.3.6 Funktions-Checks für die Projektleitung

Das BIM-Team, also die Gesamtheit aller Aufgaben- und Bereitstellungsteams in einem BIM-Projekt, steht im Kontext des Gesamtprojekts und unterhält daher eine kontinuierliche Kommunikation mit der Gesamtprojektleitung und ggf. den Teilprojektleitern unter Einhaltung und Nutzung der im BAP vorgesehenen Kommunikations- und Informationslieferwege.

Die Inhalte von Informationsvorgängen und deren technische Umsetzung der Kommunikation über ein CDE ist bei der Mobilisierung zu erproben und im BAP festzuhalten.

Dazu sind zwischen Projektleitung und federführendem Bereitstellungsteam zu vereinbaren:

- Ansprechpartner gemäß Verantwortlichkeitsmatrix,
- auszutauschende Informationen (Inhalte, Format)
  - planmäßige bzw. regelmäßige Informationsvorgänge (Anfragen, Reports, Protokolle, Fertigstellungen, Anträge etc.),
  - BIM-Projektstandsberichte vom BIM-Team an die Projektleitung,
  - Einladungen zu BIM-Meetings (Kalender),
  - BAP-relevante Änderungen und andere wesentliche Informationen von der Projektleitung an das BIM-Team,
- Frequenz planmäßiger bzw. regelmäßiger Informationsvorgänge (Anfragen, Reports, Protokolle, Fertigstellungen, Anträge etc.),
- Ablauf außerplanmäßiger Informationsvorgänge (Änderungen, Meldungen etc.),
- die technische Implementierung dieser Informationsvorgänge.

5.9 BIM-Projekt erfolgreich durchführen

Nach der Mobilisierung folgt nun der „Ernstfall". Die Erstellung von Informationen gemäß den im BAP spezifizierten Anforderungen und den vorgegebenen Prozessen des Informationsmanagements kann nun beginnen. Die folgenden Abschnitte geben einen Überblick zu Lieferprozessen und Lieferinhalten aus Sicht der verschiedenen Beteiligten, zum Beispiel des Fachplaners, des Bauherrn, des BIM-Koordinators oder BIM-Managers, in den diversen Projektphasen.

Jetzt zu glauben, ab jetzt liefe alles „von selber", widerspricht der täglichen Erfahrung realer Bauprojekte. Das geflügelte Wort „Vertrauen ist gut, Kontrolle ist besser" – von welchem Zeitgenossen es auch immer stammt – trifft auf Bauprojekte besonders gut zu. Mangelnde Koordination ist das Problem vieler Bauvorhaben. Der Erfolg von BIM hängt davon ab, ob Dinge, die auf dem Papier oder auch in einem BAP stehen, in der Praxis wirklich umgesetzt werden. Daher ist der BAP ein unabdingbarer Bestandteil aller vertraglichen Vereinbarungen zwischen den Projektbeteiligten, siehe dazu auch Abschnitt 5.3.1.2 „Vertragliche Vereinbarungen für BIM-Projekte".

Sofern der BAP zuvor sorgfältig erstellt und in der Mobilisierung auf Herz und Nieren geprüft wurde müssen sich die Beteiligten „nur" noch an die dort getroffenen Vereinbarungen halten. Alles Wissen der vorangegangenen Kapitel kommt nun zum Einsatz. Einige Formalitäten subsumieren die Erkenntnisse und das Grundwissen, das wir bis hierher gewonnen haben, in einer einzigen einfachen Tabelle. Eine solche einfache Tabelle ist der Master-Informationslieferplan MIDP (Englisch: Master Information Delivery Plan). Ohne das Vorwissen hätten wir diesen und andere einfache BIM-Projektunterlagen freilich nicht qualifiziert erstellen können. Es versetzt uns jetzt in die Lage, Formalismen und Formulare nicht stumpf bürokratisch einzusetzen, sondern sie intelligent an den Projektkontext anzupassen. Das gilt für **Informationslieferpläne**, die die Informationslieferpflichten für jeden einzelnen Projektpartner tabellarisch auf-

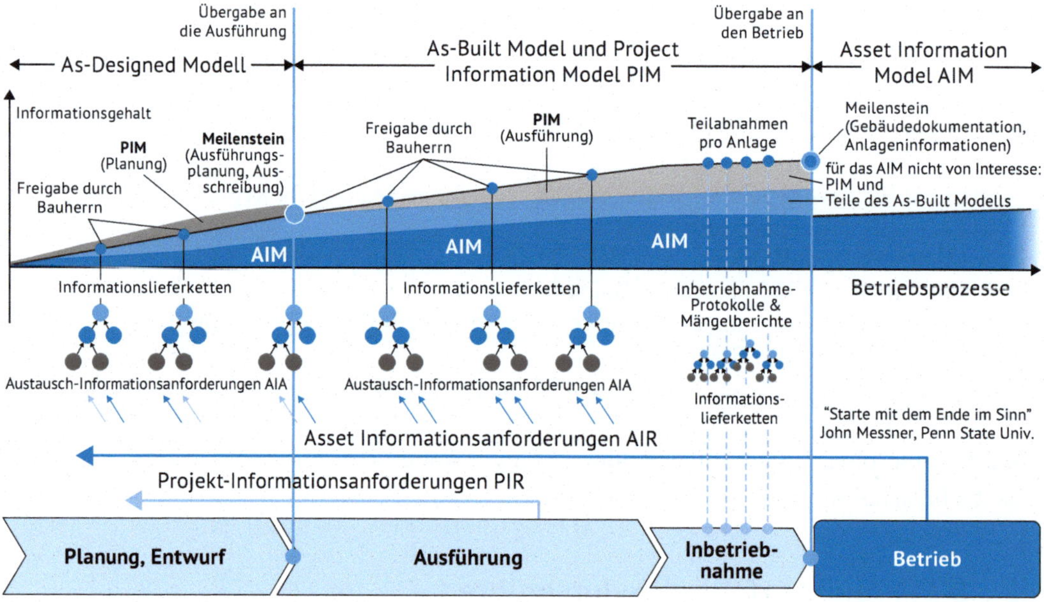

Bild 5.42 Der Projektablauf im Überblick. Aus Betriebssicht und aus Projektsicht fließen Anforderungen in die Planung, den Entwurf und die Ausführung ein. Sie werden als Austausch-Informationsanforderungen AIA an die Lieferkette weitergegeben. Während die Lieferkette im BIM-Projekt modellbasiert arbeitet, benötigt der Bauherr möglicherweise Excel-Listen und Pläne für seine Entscheidungsprozesse. Deshalb werden entsprechende Formate aus dem Informationsmodell AIM abgeleitet und zur Freigabe an den Bauherrn übermittelt. Dies geschieht an vereinbarten Übergabepunkten. Meilensteine werden an wichtigen Projektpunkten erreicht und bündeln Informationen zur Übergabe an den nächsten Projektschritt. Die Inbetriebnahme ist eine intensive Phase des Informationsaustausches. Hier werden der physische und der Digitale Zwilling auf Herz und Nieren geprüft. Erst wenn hier die Qualität stimmt, kommt es zur Übergabe des gesamten realen und digitalen Gebäudes an den Betrieb. Der Meilenstein zur Übergabe enthält, was zu Beginn „mit dem Ende im Sinn" gefordert wurde.

listen, genauso wie für das **Informationsmanagement**, das Prozesse und Verantwortlichkeiten für alle transparent macht.

Bild 5.42 zeigt den Fluss von Informationsanforderungen von den Asset-Informationsanforderungen AIR in Richtung Lieferketten und die dementsprechend erfolgenden Informationslieferungen von unten nach oben in der Lieferkette aufsteigend. Die gelieferten Informationen führen zu einem Zuwachs an Informationen im Asset-Informations-Modell AIM oder im Projekt-Informations-Modell PIM, wo sie für ihren Zweck genutzt werden. Meilensteine, wie „Übergabe an die Ausführung“ und „Übergabe an den Betrieb“, kennzeichnen wesentliche Übergabepunkte durch das Informationsmanagement. Am Projektende hat das PIM seine Schuldigkeit getan. An den Betrieb übergeben werden nur die für die Belange des Betriebs geforderten Informationen. Hiermit schließt sich der Kreis von der originären Informationsanforderung des Bauherrn bzw. Betreibers bis zur abschließenden Informationslieferung. Jede zu erfolgende Informationslieferung wird in Informationslieferplänen festgelegt. Vollständige Informationslieferpläne sind die Voraussetzung für ein erfolgreiches BIM-Projekt und essenzieller Bestandteil der Projekt-Informationsstrategie.

5.9.1 Informationslieferpläne

Maßgeblich für die Lieferungen von Informationen ist der Master-Informationsbereitstellungsplan MIDP. Dieser setzt sich aus den einzelnen aufgabenbezogenen Informationsbereitstellungsplänen zusammen und enthält Informationslieferungen in einer zeitlich abgestimmten Reihenfolge.

5.9.1.1 Lieferplan in der Planungsphase

Bei Erstellung ihres jeweiligen TIDP kann ein einzelnes Aufgabenteam die zeitlichen Rahmenbedingungen anderer Teams naturgemäß nicht kennen. Erst nach Zusammenfügen der TIDPs zu einem Gesamtplan, dem MIDP, liegen die Abgabetermine aller

Informationslieferplan Tragwerksplanung **Projekt:** **Aufgabenteam:**						
Unternehmen/Organisation:						
TIDP Nr.	**Dateiname**	**Meilensteine/Bereitstellungszeitpunkte**				
TIDP Referenz	Dateiname des Informations-containers	Beispiel-status	Beispiel-status	Beispiel-status	Beispiel-status	Beispiel-status
		zur Information	Koordination	Review und Kommen-tierung	autorisiert für PIM	autorisiert für AIM
TW-1	Fundamentplan A	01.01.2021	01.02.2021	01.03.2021		
TW-2					01.04.2021	01.08.2021
TW-3	Fundamentplan B					

Bild 5.43 Der Auszug der Angaben aus dem koordinierten MIDP listet Art und Zeitpunkte für Informationslieferleistungen für ein bestimmtes Aufgabenteam auf (hier Team Tragwerksplanung).

Informationslieferleistungen in einer zeitlich koordinierten Form vor. Danach kann für jedes Aufgabenteam ein Informationslieferplan aus dem MIDP abgeleitet werden. Ein solcher Informationslieferplan fasst die erforderlichen Informationslieferungen für jedes Team übersichtlich und nachvollziehbar zusammen.

Die Tabelle in Bild 5.43 enthält beispielhaft einen Informationslieferplan für Informationslieferungen in der Planungsphase.

5.9.1.2 Lieferplan in der Bauphase

In der Bauphase geht es darum, Lieferprozesse zu starten, den Baufortschritt zu dokumentieren und abhängige Prozesse wie die Rechnungsfreigabe anzustoßen. Diese Informationen beziehen sich auf den Herstellungsprozess und sind daher Bestandteil eines PIM.

Die Dokumentation des fertiggestellten Zustandes (as-built), die für den Betrieb von Belang sind, ist dagegen Bestandteil des Asset-Informations-Modells AIM. Welche Teile des As-Built-Modells in das AIM übernommen werden, ist dem BAP, genauer den dort festgelegten AIA, zu entnehmen.

Unternehmen, die eine physische Bauleistung ausgeführt haben, dokumentieren dies durch Angeben der geforderten Bauteilinformationen, wie Bauteiltyp, Seriennummer, Systemzugehörigkeit, Anlagenklassifikationsnummer, Hersteller usw., sowie durch Bereitstellung von Dokumenten, die das fertiggestellte Bauteil bzw. die technische Einrichtung beschreiben. Hierzu gehören Zulassungen, Bedienungs- und Wartungshandbücher usw. (siehe Anwendungsfall Asset-Informations-Modell / Betriebsrelevante Informationen). Die Lieferung ist mit dem physischen Fertigstellungstermin verknüpft, sie erfolgt nicht schrittweise mit zunehmendem Detaillierungsgrad wie in der Planungsphase.

5.9.2 Führungsaufgaben

Wegen des besseren Kommunikationsverhaltens können agile Teams besser sein als abgeschlossene Kommunikationsinseln. Digitales Denken im Ganzen lautet auch hier das Motto. Eine Lieferkette ist so stark wie ihr schwächstes Glied. Die Führungsaufgabe auf jeder Teamebene ist es, dies zu erkennen und steuernd einzugreifen. Neben einem Gerüst aus klaren Abläufen und Rahmenbedingungen, das in den Kapitel dieses Buches vermittelt wurde, gibt das hier vermittelte Hintergrundwissen die notwendige Sicherheit, Wesentliches vom Unwesentlichen zu unterscheiden und das BIM-Ziel nicht aus dem Auge zu verlieren. Führung heißt im BIM-Kontext, die richtigen Kommunikationspartner zusammenzubringen. Die BIM-Methodik gibt die Mittel zur qualifizierten Umsetzung von Führungsfunktionen an die Hand.

5.9.3 Informationsmanagement

5.9.3.1 Planungsphase

Die Anwendungsfälle der Planungsphase wurden eingehend beschrieben. In allen Fällen stehen das koordinierte Zusammenführen von Informationen zur Sicherung der Gesamtqualität sowie die Ableitung von Informationen für die weiteren Entscheidungsprozesse, wie zum Beispiel die Kostenanalyse, die Energiesimulation und andere modellbasierte Analyseprozesse, im Mittelpunkt. Entsprechende Informationsmanagementprozesse wurden bereits im Kapitel 3 Informationsmanagement eingehend beschrieben. Eine Gemeinsame Datenumgebung als Instrument für die technische Umsetzung des Informationsmanagements in BIM-Projekten implementiert die dazu notwendigen Prozesse.

Entsprechende Meilensteine stehen am Ende der verschiedenen Planungsabschnitte. Sie fassen Informationen in geeigneter Weise zusammen. Für den Bauantrag werden die erforderlichen Informationen aus Modellen abgeleitet, zum Beispiel in Form von 2D-Plänen, und mit weiteren Dokumenten versehen. Für die Ausschreibung und Vergabe werden gewerkespezifische Pakete zusammengestellt und den potenziellen Bietern übermittelt. Auch hier sind modellbasierte Informationen, beispielsweise gewerkespezifische Auszüge für anfallende Malerarbeiten, zu erstellen. Rückläufe (Angebote) werden in einem koordinierten Prozess wiederum in den Modellkontext integriert. Für die modellbasierte Ausführungsplanung werden vergleichbare Angaben zu Produkten benötigt, um Produktentscheidungen treffen zu können. Häufig werden hierzu in Projekten Produktbibliotheken angelegt, die den Planenden eine Auswahl der zur Verfügung stehenden Produkte und Hersteller vorschreiben.

Jeder dieser genannten Meilensteine verlangt eigene Informationsmanagementprozesse. Sie wurden teilweise im Abschnitt Anwendungsfälle beschrieben und sind in einem BAP für die Planungsphase festzuhalten.

5.9.3.2 Bauphase

Informationsmanagement in der Bauphase heißt vor allem, den primär auf die Erbringung physischer Bauleistungen fokussierten Unternehmen die Lieferung ihrer Informationen so einfach wie möglich zu machen. Auf das Wesentliche beschränkte Eingabeformulare online oder als Excel-Tabelle mit vorgegebenen Eingabezellen und einer klar strukturierten Liste von erwarteten Dokumenten hilft, jeglichen Overhead zu vermeiden. Vom Fliesenleger bis zum Heizungsbauer sind maßgeschneiderte Eingabehilfen ratsam. Ob hierzu spezifische Webseiten gebaut oder in einer Gemeinsamen Datenumgebung komfortable Abfragemasken verwendet werden, ist ein Implementierungsdetail dieses Informationsmanagementprozesses, wichtig ist, dass jedes Gewerk die für seine technische Fachrichtung relevanten Eingaben ohne großen zeitlichen Aufwand tätigen kann. Natürlich sind mobile Applikationen hier hilfreich, denn sie können Seriennummern der Geräte vor Ort und Fotos des Einbauortes und andere Zustände miteinander verknüpfen. Sehr wesentlich sind jedoch auch die technischen Dokumente, die ebenfalls in einem Atemzug und im gleichen Lieferprozess bereitgestellt werden können.

Wichtig ist überdies der Qualitätsmanagementprozess, der mit Lieferungen verbunden sein muss. Nur so kann sichergestellt werden, dass physische Leistungserbringung und Informationslieferung inhaltlich korrekt und konsistent sind.

5.10 BIM-Projekt erfolgreich beenden

Nach Ende der Bauphase mag das Projekt abgeschlossen sein, die BIM-Prozesse sind es aber noch lange nicht. Natürlich haben wir all diese Informationen während der Planungs- und der Ausführungsphase nicht umsonst gesammelt. Eine offensichtliche Verwendung der Daten ist deren Nutzung in der Betriebsphase, eine der Hauptmotivationen von BIM.

Das Projektende bietet einige sehr erfolgsrelevante Anwendungsmöglichkeiten für die BIM-Methodik.

5.10.1 Inbetriebnahme

Im Anwendungsfall Inbetriebnahme wurde die BIM-konforme Umsetzung von Inbetriebnahmen beschrieben. Wenn wir während der Bauausführung alles richtig gemacht haben, sind jetzt die Voraussetzungen zur Durchführung des Anwendungsfalls erfüllt: Alle Informationen zu den installierten Anlagen liegen vor und können für die jeweils zu überprüfende Anlage zusammengestellt werden. Das Inbetriebnahmeprotokoll und ggf. die Mängelliste können auf das CDE hochgeladen werden. Mängelbeseitigungsprozesse können, sofern nötig, gestartet werden.

Der Zeitdruck, unter dem Inbetriebnahmen am Projektende oft stehen, kann erheblich gemildert werden. Gewährleistungen und Garantiezeiten werden für die Betriebsphase von Beginn an digital verfügbar gemacht. Qualität und Nachvollziehbarkeit von Inbetriebnahmen werden erheblich gesteigert. Die Vertragserfüllung der Subunternehmer wird rechtssicher dokumentiert.

5.10.2 Betriebsübergabe

Was bei der Inbetriebnahme zwischen Auftraggeber und Subunternehmen gilt, ist bei der Betriebsübergabe zwischen federführendem Unternehmen und dem Bauherren in besonderem Umfang der Fall: die nachvollziehbare Dokumentation der Vertragserfüllung und der rechtliche Übergang der Verantwortlichkeit für das ausgeführte Bauwerk auf den Bauherrn. Der Anwendungsfall Übergabe an den Betrieb beschreibt die Voraussetzungen und die Aktivitäten der Betriebsübergabe. Danach hat der Bauherr alle von ihm in den AIR spezifizierten Informationen erhalten. Er kann das an ihn übergebene Asset-Informations-Modell nun in seinen Betriebsprozessen einsetzen.

5.10.3 Schlussabrechnung

Die modellbasierte Kostenberechnung haben wir bei den Anwendungsfällen der Massen- und Mengenermittlung und bei der Rechnungsfreigabe schon kennengelernt. Diese Anwendungsfälle können bei der Schlussabrechnung mit dem Bauherrn wieder eingesetzt werden. Die Übereinstimmung des As-Built-Modells mit der gebauten Wirklichkeit muss durch Abnahmeprozesse sichergestellt sein, damit das Modell zur Abrechnung verwendet werden kann. Sowohl der Bauherr als auch der hauptverantwortliche Unternehmer erhalten damit eine äußerst verlässliche Kostentransparenz.

5.10.4 Schlussfolgerungen – Lessons Learned

Was ist gut gelaufen, was nicht? Nur wer das herausfindet, kann das nächste Mal besser werden. Unterschätzte Risiken, problematische Prozesse, Reaktion auf unvorhergesehene Projektsituationen – was waren die Auswirkungen, wie hätte man besser darauf reagieren können? Was hätte die BIM-Methodik dazu beitragen können? Im Abschnitt 5.2.7 Wie kommt BIM ins Projekt? und in der Checkliste: Strategie und Taktik (Abschnitt 5.2.7.1) haben wir Kriterien für den Projekterfolg kennengelernt. Auf sie können wir im Rückblick auf den Projektverlauf zurückgreifen und Antworten auf die Fragen erarbeiten, was nicht so gut lief und wir im nächsten BIM-Projekt besser machen könnten. Es lohnt sich daher, diese Erkenntnisse in die unternehmensinterne BAP-Vorlage zu integrieren und im nächsten BIM-Projekt in die Tat umzusetzen.

Auch für Subunternehmer lohnt sich ein Resümee. Wo entstehen Aufwände durch BIM, wie kann ich sie reduzieren? Wie können meine eigenen Prozesse von BIM profitieren?

Literatur

[52] McKinsey (2015) *Imagining construction's digital future.* https://www.mckinsey.com/business-functions/operations/our-insights/imagining-constructions-digital-future [Zugriff am 07.12.2021]

[53] BauInfoConsult (2020) *Baukatastrophen „Made in Germany": fast 21 Milliarden Euro Fehlerkosten in 2019.* https://bauinfoconsult.de/presse-baukatastrophen-made-in-germany-fast-21-milliarden-euro-fehlerkosten-in-2019/ [Zugriff am 07.12.2021]

[54] Institut für Bauforschung e. V. (2015) *Analyse der Entwicklung der Bauschäden und der Bauschadenkosten. Forschungsbericht_20150219,* IFB – 14553 / 2015. Hannover: Institut für Bauforschung e. V.

[55] Borrmann, A.; Lang, W.; Petzold, F. (2018) *Digitales Planen und Bauen Schwerpunkt BIM.* https://www.vbw-bayern.de/vbw/Themen-und-Services/Zukunftsrat/Digitales-Planen-und-Bauen-Schwerpunkt-BIM.jsp [Zugriff am: 07.12.2021]

[56] GEFMA (2018) *GEFMA 460 – Wirtschaftlichkeit von CAFM-Systemen.* https://www.gefma.de/shop/ [Zugriff am: 07.12.2021]

[57] buildingSMART International (2021) Use *Case management UCM – a service by buildingSMART International.* buildingSMART International, United Kingdom. https://ucm.buildingsmart.org [Zugriff am: 07.12.2021]

[58] DB Netz AG (2021) DB Netze – *Informationsplattform, Anlagentechnik, Bautechnik und ITK, Vorgaben zur Anwendung der BIM-Methodik.* https://www1.deutschebahn.com/sus-infoplattform/start/Vorgaben-zur-Anwendung-der-BIM-Methodik [Zugriff am: 05.12.2021]

[59] DEGES (2021) *Building Information Modeling (BIM),* BIM-Leitfaden, AIA-Muster, BAP-Muster LOD-Konzept und weitere Dokumente. https://www.deges.de/building-information-modeling-bim [Zugriff am: 05.12.2021]

[60] Freber, P.-S.; Schober, K.-S.; Kirchner, F.; Baumanns, T. (2016) *Bauwirtschaft im Wandel – Trends und Potenziale bis 2020.* München: Roland Berger. https://www.rolandberger.com/publications/publication_pdf/roland_berger_hvb_studie_bauwirtschaft_20160415_1_.pdf [Zugriff 10.05.2022]

[61] Bundesverband der Deutschen Industrie e. V. (BDI) (2016) *INDUSTRIEPOLITIK DOSSIER.Produktivitätswachstum in Deutschland – Wege aus der Sackgasse.* November 2016. https://bdi.eu/media/publikationen/#/publikation/news/industriepolitik-dossier-11-2016 [Zugriff am: 05.12.2021]

[62] McKinsey (2018) *McKinsey Quarterly: Why digital strategies fail.* https://www.mckinsey.com/business-functions/mckinsey-digital/our-insights/why-digital-strategies-fail [Zugriff 10.05.2022]

[63] Global Industry Council; ORACLE Aconex, Boston Consulting Group (2018) *Five Keys to Unlocking Digital Transformation in Engineering & Construction.* https://media-publications.bcg.com/Oracle-Acconex-BCG-Unlock-Digital-Transformation-E-C.pdf [Zugriff am: 05.12.2021]

[64] Bundesministerium für Verkehr und digitale Infrastruktur (2015) *Reformkommission Bau von Großprojekten – Endbericht.* https://www.bmvi.de/SharedDocs/DE/Publikationen/G/reformkommission-bau-grossprojekte-endbericht.html [Zugriff am: 05.12.2021]

[65] Bundesministerium für Umwelt, Naturschutz, Bau und Reaktorsicherheit (2017) *BMUB und BMWi setzen wichtigen Impuls für Digitalisierung im Hochbau* (24.05.2017). https://www.bmu.de/pressemitteilung/bmub-und-bmwi-setzen-wichtigen-impuls-fuer-digitalisierung-im-hochbau [Zugriff am: 5.12.2021]

[66] Ministerium für Heimat, Kommunales, Bau und Gleichstellung des Landes Nordrhein-Westfalen (2021) *Digitales Bauen.* https://www.mhkbg.nrw/themen/bau/digitales-bauen [Zugriff am: 05.12.202]

[67] Jernigan, F. (2008) *BIG BIM little bim*, 2. Auflage, Salisbury, USA: 4site Press.

[68] planen-bauen 4.0 (2021) *Gesellschaft zur Digitalisierung des Planens, Bauens und Betreibens mbH*, Berlin, ARGE BIM4INFRA2020. https://bim4infra.de [Zugriff am: 05. Dez. 2021]

[69] ISO 22263 (2008) *Organisation des Austausches von Informationen über die Durchführung von Hoch-und Tiefbauten – Struktur für die Handhabung von Projektdaten.* Berlin: Beuth Verlag.

[70] DIN EN ISO 29481-1:2017 (2017) *Bauwerksinformationsmodelle – Handbuch der Informationslieferungen – Teil 1: Methodik und Format (ISO 29481-1:2016)*; Deutsche Fassung EN ISO 29481-1:2017. Anhang C, Tabelle C.1 Lebenszykluspasen in ISO 22263. Beuth, Berlin.

[71] König, M.; Theiler, M. (2020) *BIM-basierter Bauantrag/Ergebnisse/Abschlussbericht/Modellierungsrichtlinie (April 2020).* Planen Bauen 4.0: Berlin. https://bim-bauantrag.blogs.ruhr-uni-bochum.de/wp-content/uploads/2020/09/Modellierungs richtlinie_2020-08-18.pdf [Zugriff am: 5.12.2021]

[72] UK BIM Framework (2021) *Information management according to BS EN ISO 19650 Guidance Part 2 – Parties, teams and processes for the delivery phase of the assets* (Edition 6, February 2021). UK BIM Framework: London, UK. https://ukbimframework.org

[73] DIN EN ISO 21597-1:2018-10 (2018) *Entwurf Informationscontainer zur Datenübergabe -Austausch-Spezifikation – Teil 1: Container (ISO/DIS 21597-1:2018).* Deutsche und Englische Fassung prEN ISO 21597-1:2018. Beuth: Berlin.

[74] DIN EN ISO 29481-1:2017 (2017) *Bauwerksinformationsmodelle – Handbuch der Informationslieferungen – Teil 1: Methodik und Format (ISO 29481-1:2016);* Deutsche Fassung EN ISO 29481-1:2017. Beuth: Berlin.

Resümee und Ausblick

BIM ist der erste Einstieg der Bauwirtschaft in das Thema Digitalisierung. Die Digitalisierung und damit auch BIM stehen am Anfang einer schier unabsehbaren Fülle neuer Möglichkeiten. Natürlich können diese hier nicht annähernd erschöpfend ausgerollt werden, denn schließlich ist dieses das Ende und nicht der Anfang eines Buches ...

Begriffe wie IoT, Drohnen, Point Clouds, Machine Learning, künstliche Intelligenz, GIS, Smart Buildings und Smart Cities sind in aller Munde und werden mehr und mehr Teil der realen Anwendung. Noch sind Insellösungen die Regel, doch der Erfolg einzelner Umsetzungen führt zur Anwendung in der Breite, die nach stärkerer Integration verlangt, damit Möglichkeiten im Zusammenspiel umfassender ausgeschöpft werden können. Das Thema Digitale Zwillinge ist zwar derzeit das Top-Thema, steckt jedoch, was die Erschließung seiner Möglichkeiten anbelangt, noch ziemlich in den Kinderschuhen.

Digitaler Zwilling – BIM war gestern ...?

Ein Digitaler Zwilling, also eine virtuelle Replik eines zukünftigen oder bereits existierenden physischen Gegenstandes, ist prinzipiell nichts Neues. In der Automobilindustrie und in vielen anderen Industriezweigen wird teilweise seit Jahrzehnten zunächst am virtuellen Modell getestet, beispielsweise bei Crash- oder Strömungstests, was mit echten Modellen sehr sehr teuer wäre.

Auch im Bau- und Städtebereich setzt sich das mehr und mehr durch, siehe Bild A.1. Viele Städte haben 3D-Modelle entwickelt –nicht nur für die Optik, sondern auch, um andere Informationen, zum Beispiel Katasterangaben, darin abzubilden und für Anwendungsfälle der Stadtplanung und Bürgereinbindung zugänglich zu machen. Aber das Ganze geht über den digitalen Bauantrag und die Vorabbeurteilung von städtebaulich relevanten Maßnahmen weit hinaus.

Die Prozesse des Planens, Bauens und Betreibens von Bauwerken stehen im Kontext der gebauten Umgebung und der natürlichen Umwelt. Die BIM-Methodik berücksichtigt die Abhängigkeiten zu diesen umgebenden Systemen und ist in deren Prozesse eingebunden. Planungsprozesse interagieren mit dem urbanen Kontext und beeinflussen die Wechselwirkungen zwischen Bauwerk und Umwelt. Die Herstellung von Bauwerken unterliegt daher neben wirtschaftlichen Kriterien auch Anforderungen aus der regionalen und der globalen Umwelt.

Nach Abschluss der projektorientierten Prozesse des Planens und Bauens werden Bauwerke Teil der sie umgebenden Systeme und treten in systemische Wechselwirkung mit diesen. Reale Wechselwirkungen mit der physischen Umgebung sind reaktiv, virtuelle Modelle können dagegen pro-aktiv in vorausschauender oder interaktiver Weise auf

Building Information Modeling – Grundlagen, Standards, Praxis. Ulrich Hartmann

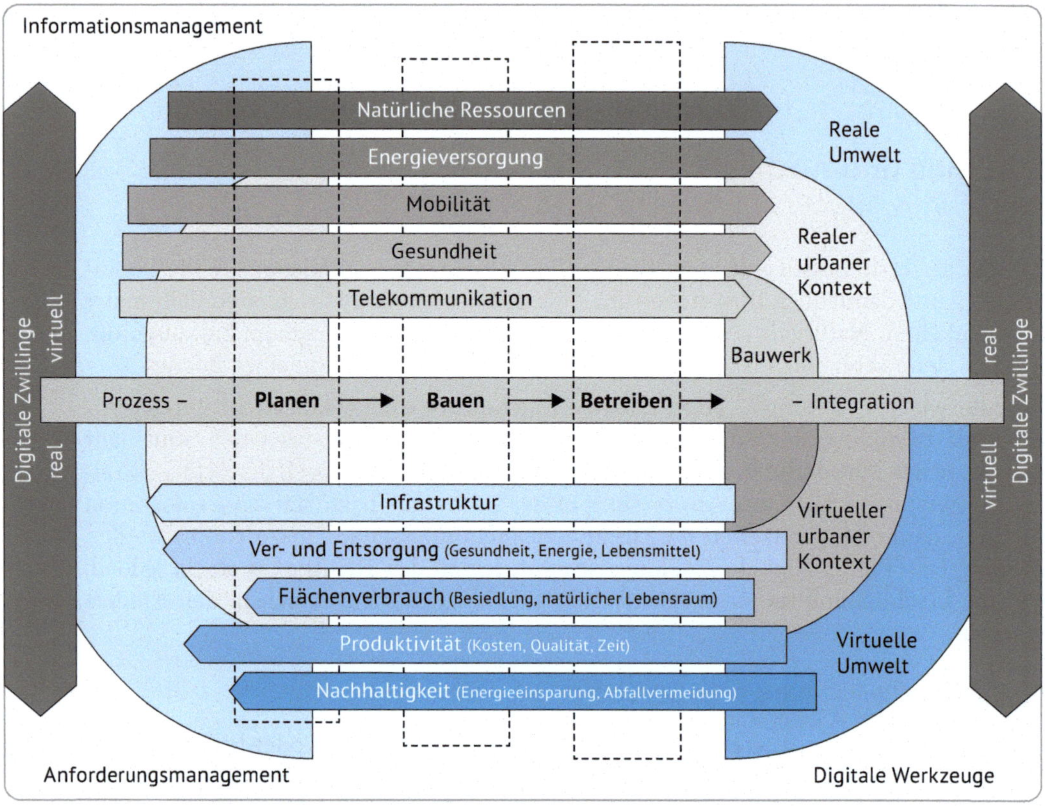

Bild A.1 Ein digitales Bauwerksmodell wird als Abbild des realen Gebäudes zum Digitalen Zwilling und kann Bestandteil eines Analyseprozesses sein, der Digitale Zwillinge der gebauten Umgebung oder der Umwelt einbezieht. Das Informationsmanagement bietet den konzeptuellen Rahmen für die Formulierung der jeweils zweckgerichteten Informationsanforderungen sowie der Erstellung und Lieferung von Informationen zur Entscheidungsfindung. Digitale Werkzeuge setzen die Prozesse der Informationserstellung und -lieferung um und tragen zur Optimierung von Entscheidungen bei.

Systeme einwirken. Hierzu müssen Einflussgrößen zutreffend modelliert und abgebildet werden. Der Verwendungszweck von Modellen bestimmt dabei die maßgeblichen und erforderlichen Modelleigenschaften. So sind die Anforderungen der umgebenden Systeme bereits im Planungsprozess zu berücksichtigen. So kann in die Wechselwirkungen des Bauwerks während der Herstellung und im Betrieb schon vorab eingegriffen werden.

Informationslieferketten können nur dann zuverlässig arbeiten, wenn die Schnittstellen zwischen Systemen einen korrekten Informationsaustausch gewährleisten. Daher ist die Spezifikation von Schnittstellen, sowohl auf Informations- als auch auf Prozessebene, für die Systemintegration von entscheidender Bedeutung.

Natürlich kennt jeder bereits Verkehrsleitsysteme und die Informationssysteme an Flughäfen und im öffentlichen Nahverkehr. Dennoch fragen wir uns häufig, warum an mehreren kritischen Stellen im Verkehrswegenetz zur gleichen Zeit Baumaßnahmen durchgeführt werden und dadurch der morgendliche und abendliche Berufsverkehr zum Erliegen kommt. Offensichtlich können die verschiedenen Systeme nicht miteinander reden, sonst wären Baumaßnahmen und Verkehrsleitsysteme besser koordiniert. Bei Systemen, die uns unmittelbar betreffen, wie Verkehrswegen und öffentlichem Nah- und Fernverkehr, wird ein Nicht-Funktionieren besonders augenfällig.

Das ist jedoch nur die Spitze eines ziemlich großen Eisbergs. Es gibt eine Fülle anderer Systeme, Versorgungssysteme für Energie, Wasser sowie Entsorgungssysteme, Ökosysteme, Gesundheitssysteme und dergleichen mehr. All diese Systeme sind eigene Digitale Zwillinge. Sie fokussieren sich, ganz getreu den Modellierungsprinzipien des Pragmatismus (siehe Kapitel 2 Modelle), auf einen bestimmten Zweck, auf einen bestimmten Anwendungsbereich und nicht auf eine ganzheitliche Sicht. Nachteil dieser vielen kleinen Parallelwelten ist, dass sie nur die eigene Steuerung und Optimierung im Auge haben. Ein übergeordnetes Vorhaben, beispielsweise den CO_2-Ausstoß eines gesamten Landes zu verringern, kann man jedoch mit so punktuellen Ansätzen nicht in den Griff bekommen. Systeme müssen miteinander reden, um insgesamt eine systemische Verbesserung zu erreichen.

Wie schon bei BIM, haben hier die Briten die Nase wieder einmal vorn und setzen mit ihrem Digital Built Britain neue Maßstäbe. Auch hier wird das Ganze mit dem Centre for Digital Built Britain cdbb auf eine eigene aktive und staatlich gepushte Stoßrichtung gesetzt, siehe Bild A.2. Aufbauend auf dem Erfolg von BIM wird hier visionär weiter gedacht. BIM ist hier ein Zulieferer von vielen, um digitale Inhalte für diese Systeme zu liefern.

Die folgenden Fragen verlangen nach einer systemischen Betrachtung. Sollen Energiesteuern in Zukunft nach dem realen Energieverbrauch eines Hauses bemessen werden und nicht nach einem angeblichen Energiestandard, der im realen Betrieb gar nicht erreicht wird? Können Spitzenlasten im Verkehr, Energieverbrauch oder im Gesundheitsbereich vermieden werden und damit ressourcensparender gewirtschaftet werden? Soll Bauland zukünftig nach Überflutungssicherheit und ökologischen Gefahren-

Bild A.2 Mit dem Centre for Digital Built Britain geben die Briten der Digitalisierung eine neue visionäre Zielrichtung. Ihr Plan hebt Erfahrungen und Erfolge von BIM auf die nächste Stufe und verfolgt ökologische, wirtschaftliche und gesellschaftliche Ziele. https://www.cdbb.cam.ac.uk/

potenzialen ausgewiesen werden? Auf diese Fragen gibt nicht ein Digitaler Zwilling allein die Antwort. Nur durch intelligente Vernetzung Digitaler Zwillinge kann eine Antwort systemübergreifend ermittelt werden.

Nicht erst mit BIM ist man auf den Trichter gekommen, dass es unzählige Systeme gibt, von denen es sehr nützlich wäre, wenn sie miteinander reden würden. Das Problem ist tatsächlich jedoch, dass diese Systeme so unterschiedlich sind, dass sie nicht so einfach miteinander zu verstöpseln sind. Hier ist mehr Gehirnschmalz notwendig, um die Datenstrukturen so zu verbinden, dass die gewünschten Analysemöglichkeiten geschaffen werden. Ontologien und Technologien des Semantic Web können dazu beitragen, diese Hürden zu überwinden.

buildingSMART International hat erste Ansätze einer standardisierten Behandlung dieses Themas entwickelt und ein erstes Positioning Paper publiziert (Bild A.3). Auch andere Organisationen, wie das digital twin consortium (www.digitaltwinconsortium.org) bearbeiten das Thema intensiv.

Das cdbb hat eine Reihe von sehr lesenswerten Veröffentlichungen zu diesem Thema herausgegeben.

Bei so viel Vernetzung darf das Thema Datenschutz und Persönlichkeitsschutz nicht zu kurz kommen. Bewusst wird daher von Anfang an auf „Europäische Werte" gesetzt, um die Früchte der Digitalisierung der Zivilgesellschaft zu erschließen und Killerphrasen, wie dem Verweis auf missbräuchliche Verwendung in nicht-demokratischen Staaten, von vornherein mit einen eigenen positiven Gegenmodell entgegenzutreten.

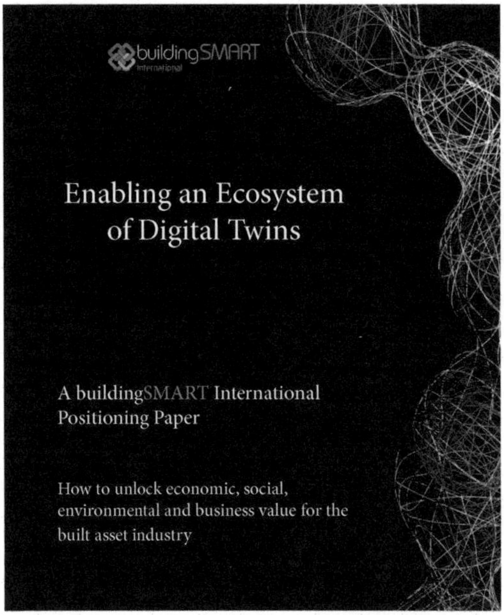

Bild A.3 Arbeitsgruppen von buildingSMART International beschäftigen sich intensiv mit dem Thema Digitale Zwillinge. Ein Positionspapier zum Thema Ökosysteme Digitaler Zwillinge findet sich unter https://buildingsmart-1xbd3ajdayi.netdna-ssl.com/wp-content/uploads/2020/05/Enabling-Digital-Twins-Positioning-Paper-Final.pdf

Glossare …

… können den Umfang eines Buches ganz schön aufblähen. Das allerdings liegt mir fern. Ich möchte den Leser daher auf von mir sehr geschätzte Online-BIM-Glossare verweisen.

BIMe – BIMDictionary

Das BIM Dictionary https://bimdictionary.com/ ist ein kostenlos nutzbares BIM-Wörterbuch, das Teil der BIMe Initiative ist und von freiwilligen Unterstützern und offiziellen Sponsoren erweitert wird. Es erklärt BIM-Begriffe auf Deutsch und in anderen Sprachen und wird laufend aktualisiert (Bild A.4).

Bild A.4 Das BIM Dictionary ist eine Bibliothek mit derzeit fast 800 BIM-Begriffen in Deutsch und anderen Sprachen.

ISO – Online Browsing Platform (OBP)

Die ISO betreibt online eine sehr umfangreiche öffentlich zugängliche Terminologie-Datenbank (Bild A.5), die unter vielen anderen Begriffen aus den ISO-Standards auch BIM-Begriffe beinhaltet. Eine sehr gute Quelle für die Suche nach Standards. https://www.iso.org/obp

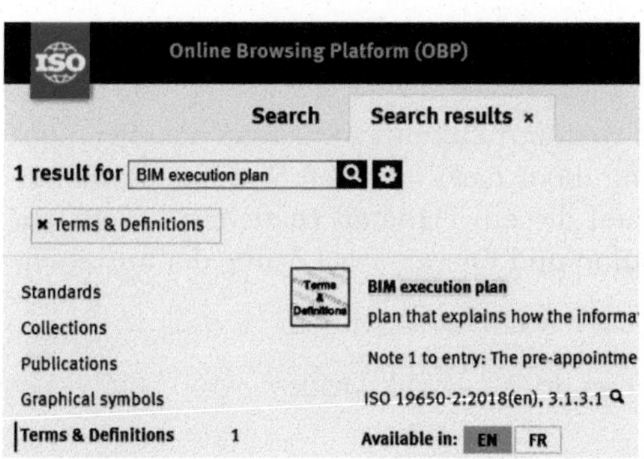

Bild A.5 Die ISO stellt ihre Datenbank zu Begriffen und Definitionen öffentlich zur Verfügung. Auch Standards, Publikationen und andere normenrelevante Begriffe können hier recherchiert werden.

Schlussbemerkungen

Um dieses Buch mit weiteren Douglas-Adams-Zitaten aus seinem Klassiker „Per Anhalter durch die Galaxis“ zu beschließen: „Am Anfang wurde das Universum erschaffen. Das machte viele Leute sehr wütend und wurde allenthalben als Schritt in die falsche Richtung angesehen.“ (Das Restaurant am Ende des Universums). Bei manchem galt Gleiches noch jüngst für das BIM-Universum. Inzwischen ist die Einschätzung zumindest in ein zuversichtlicheres „Don’t panic!“ (Per Anhalter durch die Galaxis) übergegangen. Aber auch für die Umsetzung von BIM gilt: „Der beliebteste Fehler unter den Leuten, die etwas absolut Idiotensicheres konstruieren wollen, ist der, dass sie den Erfindungsreichtum von absoluten Idioten unterschätzen.“ (Einmal Rupert und zurück), womit ich keinerlei Urteil über die Baubranche fällen, sondern nur auf ein paar menschliche Eigenheiten hinweisen möchte …

„Würde es nicht eine Menge Zeit sparen, einfach aufzugeben und verrückt zu werden?“ Für diesen Weg, lieber Leser, haben Sie sich ganz offenkundig nicht entschieden.

Egal, ob Sie sich auf dem Panoramaweg oder über die Schnellstraße durch dieses Buch geschlagen haben, ich wünsche Ihnen viel Erfolg auf dem weiteren Weg durch Ihr ganz persönliches BIM-Universum.

Mit kollegialen Grüßen

Ihr

Ulrich Hartmann

Zu guter Letzt …

Bei allen Herausforderungen der nahen und weiteren Zukunft sollte man das Ziel nicht aus den Augen verlieren. Die Digitalisierung dient dazu, unseren Wohlstand, unsere Gesundheit und vielleicht unsere Zukunft auf diesem Planeten zu sichern. Weitsicht und Visionen geben die notwendige Motivation und Energie zur Lösung der anstehenden Aufgaben.

„If you can dream it, you can do it.“ – Walt Disney

Building Information Modeling – Grundlagen, Standards, Praxis. Ulrich Hartmann

BIM in der Anwendung – Revitalisierung Bonatzbau

Zur Titelbildgrafik

Autoren: Hinrich Münzner, Olaf Reiner, BuP. Boll Beraten und Planen

Grafiken: BuP. Boll Beraten und Planen

Im Zuge der Modernisierung des so genannten Bonatzbaus, des historischen Empfangsgebäudes des Stuttgarter Hauptbahnhofs, werden Teile des Bestandes entkernt und für die Anforderungen der neuen Nutzung neu erstellt. Die Deutsche Bahn macht ihn zu einer modernen Mobilitätszentrale und einem urbanen Treffpunkt zwischen Königstraße und neuem Stadtquartier als Teil der Zukunft Stuttgarts. Damit Reisende den neuen Stuttgarter Hauptbahnhof zukünftig einfach erreichen können, wird im Bonatzbau eine neue Haupterschließungsebene geschaffen, die den rundum ebenerdigen und barrierefreien Zugang ins Empfangsgebäude sicherstellt. Für die Zwischenzustände während der Bauphase ist die zu erhaltende, denkmalgeschützte Fassade durch eine Hilfskonstruktion horizontal abzustützen. Die Fassadensicherung wird sowohl mit einer herkömmlichen Stahlkonstruktion als auch mittels MERO-Raumgerüsttechnik realisiert.

Hierbei wird die BIM-Methode erfolgreich für das Informationsmanagement beim Umbau von Bestandsgebäuden eingesetzt.

Baustellenlogistik
Fassadenhalterung

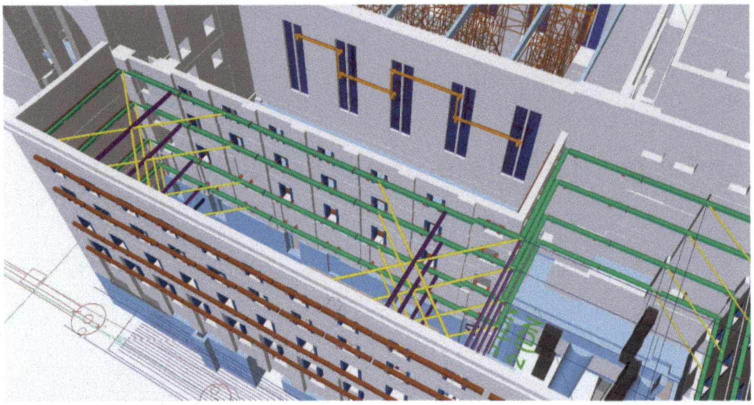

Fassadenhalterung
Queraussteifung

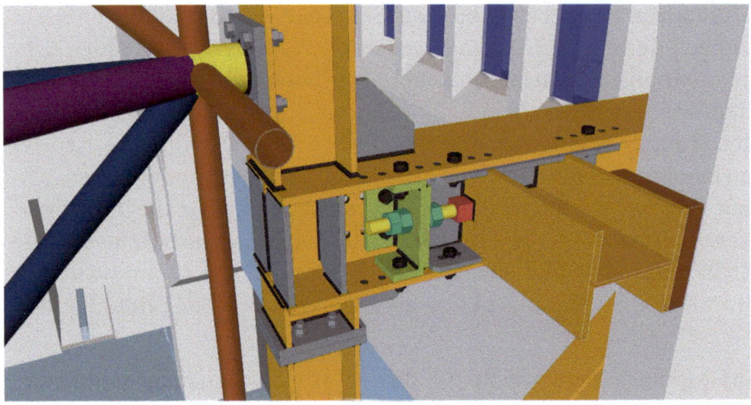

Anschlussdetail
Klemme

Herausforderungen & Erfolgsfaktoren

Eine besondere Herausforderung beim Arbeiten mit historischer Bausubstanz ist es, die reduzierten Inhalte der Errichtungszeit, die damaligen Ausführungstoleranzen und die durch Umbauten hinzugekommenen Änderungen am Bestand zu einer konsistenten Planungsgrundlage mit den hohen Genauigkeitsanforderungen des Stahlbaus zusammenzuführen.

Durch die Modellierung des Bestandes anhand von Laserscan-Aufmaßen und Vermessungsprotokollen wurde eine sehr genaue Konstruktion innerhalb der Stahlbautoleranzen umgesetzt. Die mit allen zuständigen Genehmigungsbehörden abgestimmten Eingriffe in die denkmalgeschützte Fassade für Befestigungen und Klemmungen konnten durch die Anwendung der BIM-Methode auf ein Minimum reduziert werden.

Die Umsetzung der an die Fassadenhalterung gestellten Anforderungen für ein Bauwerk dieser Größe und Komplexität ist durch den Einsatz der BIM-Bearbeitung erst möglich geworden.

Liste der Normen und Standards

BS/PAS 1192

BS 1192 (2007) Collaborative production of architectural, engineering and construction information – Code of practice, British Standards Institution: London

BS 1192-4 (2014) Collaborative production of information Part 4: Fulfilling employer's information exchange requirements using COBie – Code of practice, British Standards Institution: London

PAS 1192-2 (2013) Specification for information management for the capital/delivery phase of construction projects using building information modelling, British Standards Institution: London

PAS 1192-3 (2014) Specification for information management for the operational phase of assets using building information modelling, British Standards Institution: London

PAS 1192-5 (2015) Specification for security-minded building information modelling, digital built environments and smart asset management, British Standards Institution: London

DIN Normen

DIN 276 (Dez. 2018) Kosten im Bauwesen, Beuth: Berlin

DIN 277 (Aug. 2021)Grundflächen und Rauminhalte im Hochbau, Beuth: Berlin

DIN SPEC 91350 (Nov.2016) Verlinkter BIM-Datenaustausch von Bauwerksmodellen und Leistungsverzeichnissen, Beuth: Berlin

DIN SPEC 91391-1 (Apr. 2019) Gemeinsame Datenumgebungen (CDE) für BIM-Projekte – Funktionen und offener Datenaustausch zwischen Plattformen unterschiedlicher Hersteller – Teil 1: Module und Funktionen einer Gemeinsamen Datenumgebung; mit digitalem Anhang

DIN SPEC 91391-2 (Apr. 2019) Gemeinsame Datenumgebungen (CDE) für BIM-Projekte – Funktionen und offener Datenaustausch zwischen Plattformen unterschiedlicher Hersteller – Teil 2: Offener Datenaustausch mit Gemeinsamen Datenumgebungen

DIN SPEC 91400 (Feb. 2017) Building Information Modeling (BIM) – Klassifikation nach STLB-Bau, Beuth: Berlin

Building Information Modeling – Grundlagen, Standards, Praxis. Ulrich Hartmann

CEN Normen

DIN EN 17412 (Juni 2021) Building Information Modelling – BIM-Definitionsgrade – Konzepte und Definitionen; Englischer Titel: Building Information Modelling – Level of Information Need – Concepts and principles, Beuth: Berlin

DIN EN 17412-1 (Juni 2021) Bauwerksinformationsmodellierung – Informationsbedarfstiefe – Teil 1: Konzepte und Grundsätze; Deutsche Fassung EN 17412-1:2020, Beuth: Berlin

GEFMA Deutscher Verband für Facility Management e.V.: Bonn

GEFMA 100-1 Entwurf (Juli 2004) Facility Management – Grundlagen, GEFMA Deutscher Verband für Facility Management e.V.: Bonn

GEFMA 100-2 Entwurf (Juli 2004) Facility Management – Leistungsspektrum, GEFMA Deutscher Verband für Facility Management e.V.: Bonn

GEFMA 198-1 (Nov. 2013) Dokumentation im Facility Management – Begriffsabgrenzung, Vorgehensweise, Gliederung und Instrumente, GEFMA Deutscher Verband für Facility Management e.V.: Bonn

GEFMA 198-2 (Nov. 2013) Dokumentation im Facility Management – Einzeldokumente (Dokumentenliste), GEFMA Deutscher Verband für Facility Management e.V.: Bonn

GEFMA 460 n n n n [55]

GEFMA 924.10 (2013) Klassifikation von Bauwerkstypen, GEFMA Deutscher Verband für Facility Management e.V.: Bonn

GEFMA 924.30 (2013) Klassifikation von Lebenszyklusphase, GEFMA Deutscher Verband für Facility Management e.V.: Bonn

GEFMA 924.60 (2013) Klassifikation von Dokumententypen, GEFMA Deutscher Verband für Facility Management e.V.: Bonn

ISO 19650 Organisation und Digitalisierung von Informationen zu Bauwerken und Ingenieurleistungen, einschließlich Bauwerksinformationsmodellierung (BIM)

ISO 19650-1 (Dez. 2018) Organisation und Digitalisierung von Informationen zu Bauwerken und Ingenieurleistungen, einschließlich Bauwerksinformationsmodellierung (BIM) – Informationsmanagement mit BIM – Teil 1: Begriffe und Grundsätze, Beuth: Berlin

ISO 19650-2 (Dez. 2018) Organisation und Digitalisierung von Informationen zu Bauwerken und Ingenieurleistungen, einschließlich Bauwerksinformationsmodellierung (BIM) – Informationsmanagement mit BIM – Teil 2: Planungs-, Bau- und Inbetriebnahmephasermationsmanagement mit BIM, Beuth: Berlin

ISO 19650-3 (Juli 2020) Organisation von Informationen zu Bauwerken – Informationsmanagement mit Bauwerksinformationsmodellierung – Teil 3: Betriebsphase der Assets, Beuth: Berlin

ISO 19650-4 (Entwurf) Organisation von Daten zu Bauwerken – Informationsmanagement mit BIM – Teil 4: Information exchange, Beuth: Berlin

ISO 19650-5 (Juni 2020) Organisation von Daten zu Bauwerken – Informationsmanagement mit BIM – Teil 5: Spezifikation für Sicherheitsbelange von BIM, der digitalisierten Bauwerke und des smarten Assetmanagements, Beuth: Berlin

Weitere ISO Normen

DIN EN IEC 81346-1 Entwurf (Aug. 2020) Industrielle Systeme, Anlagen und Ausrüstungen und Industrieprodukte – Strukturierungsprinzipien und Referenzkennzeichnung – Teil 1: Allgemeine Regeln, Beuth: Berlin

DIN EN IEC 81346-2 (Okt. 2020) Industrielle Systeme, Anlagen und Ausrüstungen und Industrieprodukte – Strukturierungsprinzipien und Referenzkennzeichnung – Teil 2: Klassifizierung von Objekten und Kennbuchstaben für Klassen, Beuth: Berlin

DIN EN ISO 12006-3 Entwurf (Sept. 2021) Bauwesen – Organisation von Daten zu Bauwerken – Teil 3: Struktur für den objektorientierten Informationsaustausch (ISO/DIS 12006-3:2021); Englische Fassung prEN ISO 12006-3:2021, Beuth: Berlin

DIN EN ISO 16739-1 (Nov. 2021) Industry Foundation Classes (IFC) für den Datenaustausch in der Bauwirtschaft und im Anlagenmanagement – Teil 1: Datenschema (ISO 16739-1:2018); Englische Fassung EN ISO 16739-1:2020, Beuth: Berlin

DIN EN ISO 16757-1:2019-10 Datenstrukturen für elektronische Produktkataloge der Technischen Gebäudeausrüstung – Teil 1: Konzepte, Architektur und Modelle (ISO 16757-1:2015); Deutsche Fassung EN ISO 16757-1:2019, Beuth: Berlin

DIN EN ISO 16757-2:2019-10 Datenstrukturen für elektronische Produktkataloge der Technischen Gebäudeausrüstung – Teil 2: Geometrie (ISO 16757-2:2016); Deutsche Fassung EN ISO 16757-2:2019, Beuth: Berlin

DIN EN ISO 23386 (Nov.:2020) Bauwerksinformationsmodellierung und andere digitale Prozesse im Bauwesen – Methodik zur Beschreibung, Erstellung und Pflege von Merkmalen in miteinander verbundenen Datenkatalogen (ISO 23386:2020), Beuth: Berlin

DIN EN ISO 29481-1 (Jan. 2018) Bauwerksinformationsmodelle – Handbuch der Informationslieferungen – Teil 1: Methodik und Format (ISO 29481-1:2016); Deutsche Fassung EN ISO 29481-1:2017, Beuth: Berlin

DIN EN ISO 29481-2 (Sept. 2017) Bauwerksinformationsmodelle – Handbuch der Informationslieferungen – Teil 2: Interaktionsframework, Beuth: Berlin

DIN EN ISO 9001 (Nov. 2015) Qualitätsmanagementsysteme – Anforderungen, Beuth: Berlin

DIN ISO 21500 Entwurf (Dez. 2021) Projekt-, Programm- und Portfoliomanagement – Kontext und Konzepte (ISO 21500:2021), Beuth: Berlin

DIN ISO 55000 (Mai 2017) Asset Management – Übersicht, Leitlinien und Begriffe (ISO 55000:2014), Beuth: Berlin

ISO 1087 (Sept. 2019) Terminologiearbeit – Begriffe, Beuth: Berlin

ISO 22274 (Jan. 2013) Systeme für die Verwaltung von Terminologie, Wissen und Content – Begriffsbezogene Aspekte für Entwicklung und Internationalisierung von Klassifikationssystemen, Beuth: Berlin

ISO 23387 (Juli 2020) Bauwerksinformationsmodellierung (BIM) – Datenvorlagen für Bauobjekte während des Lebenszyklus eines baulichen Vermögensgegenstandes – Konzepte und Grundsätze, Beuth: Berlin

ISO 81346-12 (Mai 2018) Industrielle Systeme, Anlagen und Ausrüstungen und Industrieprodukte – Strukturierungsprinzipien und Referenzkennzeichnung – Teil 12: Bauwerke und Technische Gebäudeausrüstung, Beuth: Berlin

ISO/FDIS 704 Entwurf (Feb. 2022) Terminologiearbeit – Grundsätze und Methoden, Beuth: Berlin

VDI 2552 Building Information Modeling

VDI 2552 Blatt 1 (2020) Building Information Modeling – Grundlagen, Beuth: Berlin

VDI 2552 Blatt 2 Entwurf (Apr. 2021) Building Information Modeling – Begriffe, Beuth: Berlin

VDI 2552 Blatt 3 (2018-05 Building Information Modeling – Modellbasierte Mengenermittlung zur Kostenplanung, Terminplanung, Vergabe und Abrechnung, Beuth: Berlin

VDI 2552 Blatt 4 (2020-08 Building Information Modeling – Anforderungen an den Datenaustausch, Beuth: Berlin

VDI 2552 Blatt 5 (2018-12 Building Information Modeling – Datenmanagement, Beuth: Berlin

VDI 2552 Blatt 6 (in Entwicklung) Building Information Modeling – Betrieb, Beuth: Berlin

VDI 2552 Blatt 7 (Juni 2020) Building Information Modeling – Prozesse, Beuth: Berlin

VDI/BS-MT 2552 Blatt 8.1 (Jan. 2019) Building Information Modeling – Qualifikationen – Basiskenntnisse, Beuth: Berlin

VDI/BS-MT 2552 Blatt 8.2 Entwurf (Juni 2021) Building Information Modeling – Qualifikationen – Vertiefende Kenntnisse, Beuth: Berlin

VDI 2552 Blatt 9 Entwurf (Aug. 2020) Building Information Modeling – Klassifikationssysteme, Beuth: Berlin

VDI 2552 Blatt 10 (Feb. 2021)Building Information Modeling – Auftraggeber-Informations-Anforderungen (AIA) und BIM-Abwicklungspläne (BAP), Beuth: Berlin

VDI/bS 2552 Blatt 11.1 (Okt. 2021) Building Information Modeling – Informationsaustauschanforderungen zu BIM-Anwendungsfällen, Beuth: Berlin

VDI/bS 2552 Blatt 11.2 Entwurf (Nov. 2020-11) Building Information Modeling – Informationsaustauschanforderungen – Schlitz- und Durchbruchsplanung, Beuth: Berlin

VDI/bS 2552 Blatt 11.3 (Juli 2020) Building Information Modeling – Informationsaustauschanforderungen – Schalungs- und Gerüsttechnik (Ortbetonbauweise), Beuth: Berlin

VDI/bS 2552 Blatt 11.4 (in Vorbereitung) Building Information Modeling – Ökobilanzierung, Beuth: Berlin

VDI/bS 2552 Blatt 11.5 Entwurf (Juli 2021) Building Information Modeling – Informationsaustauschanforderungen – Aufzugstechnik, Beuth: Berlin

Weitere VDI

VDI 3805 Blatt 1 (Okt. 2011) Produktdatenaustausch in der Technischen Gebäudeausrüstung; Grundlagen (Product data exchange in the Building Services; Fundamentals), Beuth: Berlin

Haftungsausschluss / Disclaimer / Safe Harbor Statement

Dieses Buch beleuchtet BIM vorwiegend von der technischen und der organisatorischen Seite, zögert jedoch nicht, kulturelle, politische oder menschliche Hemmnisse offen anzusprechen. Jede Ähnlichkeit mit toten oder lebendigen Personen, Interessengruppen, Organisationen oder Institutionen ist daher weder zufällig noch frei erfunden. Der Erfolg einer Branche, einer Technologie oder einer neuen Methodik entscheidet sich nicht allein durch deren fachliche Brillanz. In einem Industriesektor mit der wirtschaftlichen Bedeutung der Bauindustrie ist ein Umbruch, wie ihn die Digitalisierung mit sich bringt, immer auch ein Politikum. Die politisch-sozialen Rahmenbedingungen sind für die Innovation einer ganzen Industrie erfolgsentscheidend. Das zeigt Großbritannien, das seine am Boden liegende Bauindustrie seit 2008 einer politisch gesteuerten digitalen Verjüngungskur unterzog, die heute deutliche Früchte zeigt und weltweit zu einer Vorreiterrolle geführt hat. Es ist daher das ausdrückliche Anliegen des Autors, dem Leser neben dem eingehenden Fachwissen, das das Buch vermittelt, Einblicke und Hintergrundwissen zu verschaffen, um nationale und globale Entwicklungen besser einschätzen und eigenes Handeln optimal ausrichten zu können. Alle diesbezüglichen Äußerungen stellen allein die Meinung des Autors dar. Keinesfalls gibt der Autor die Meinung, Wertung oder die Strategie eines Unternehmens oder einer Organisation wieder, mit der er fachlich oder beruflich verbunden war oder ist. Der Autor übernimmt keinerlei Haftung, falls Chancen besser als erwartet oder Risiken geringer als befürchtet ausfallen. Gleiches gilt für den umgekehrten Fall. Der Autor fühlt sich allerdings in jedem Fall verpflichtet, Sie – lieber Leser – bestmöglich informiert und BIM auf eine verständliche Weise vermittelt zu haben.

Building Information Modeling – Grundlagen, Standards, Praxis. Ulrich Hartmann

Register

B